AF513790

Praxishandbuch der Kreislauf- und Rohstoffwirtschaft

Peter Kurth • Anno Oexle
Martin Faulstich
Hrsg.

Praxishandbuch der Kreislauf- und Rohstoffwirtschaft

2., überarbeitete und aktualisierte Auflage

Hrsg.
Peter Kurth
BDE Bundesverband der Deutschen
Entsorgungs-, Wasser- und
Rohstoffwirtschaft . e.V.
Berlin, Deutschland

Anno Oexle
Sozietät Oexle Kopp-Assenmacher Lück
Köln, Deutschland

Martin Faulstich
Lehrstuhl Ressourcen- und Energiesysteme
Technische Universität Dortmund
Dortmund, Deutschland

ISBN 978-3-658-36261-4 ISBN 978-3-658-36262-1 (eBook)
https://doi.org/10.1007/978-3-658-36262-1

Die Deutsche Nationalbibliothek verzeichnet diese Publikation in der Deutschen Nationalbibliografie; detaillierte bibliografische Daten sind im Internet über http://dnb.d-nb.de abrufbar.

Springer Vieweg

Planung: Dr. Daniel Fröhlich
Springer Vieweg ist ein Imprint der eingetragenen Gesellschaft Springer Fachmedien Wiesbaden GmbH und ist ein Teil von Springer Nature.
Die Anschrift der Gesellschaft ist: Abraham-Lincoln-Str. 46, 65189 Wiesbaden, Germany

Vorwort

Die Kreislaufwirtschaft steht im medialen und wissenschaftlichen Interesse wie nie zuvor. Immer mehr Unternehmen verstehen, dass die Weiterentwicklung unserer Wirtschaft von einer überwiegend linearen zu einer zirkulären unverzichtbar für das Erreichen ambitionierter Klimaziele ist.

Die Europäische Union stellt mit dem Green Deal und dem Kreislaufwirtschaftsaktionsplan die Kreislaufwirtschaft in den Mittelpunkt ihrer Anstrengungen zur Klimaneutralität.

Das Bemühen darum, aus Abfällen mehr und bessere Rohstoffe zu gewinnen, hat massive Auswirkungen auch auf die Regulatorik der Entsorgungswirtschaft und der einzelnen Stoffströme.

Die Veränderungen der Kreislauf- und Entsorgungswirtschaft in rechtlicher, technischer, wirtschaftlicher und nicht zuletzt politischer Hinsicht sind Anlass für die Neuauflage unseres Praxishandbuchs. Wir danken den Autorinnen und Autoren für ihre erneut engagierte Zuarbeit aus der Sicht der Praxis. Herrn Dipl.-Volkswirt Sebastian Reuther danken wir für die Betreuung der Erstellung des Werkes.

Dortmund, Deutschland — Martin Faulstich
Berlin, Deutschland — Peter Kurth
Köln, Deutschland — Anno Oexle

Inhaltsverzeichnis

Autorenverzeichnis

Thomas Lammers Sozietät Oexle Kopp-Assenmacher Lück, Köln, Deutschland

Joachim Wuttke SJW-Beratung, Berlin, Deutschland

Sandra Giern BDE Bundesverband der Deutschen Entsorgungs-, Wasser- und Kreislaufwirtschaft e.V., Berlin, Deutschland

Hagen Weishaupt Sozietät Oexle Kopp-Assenmacher Lück, Köln, Deutschland

Anno Oexle Sozietät Oexle Kopp-Assenmacher Lück, Köln, Deutschland

Joachim Hagmann Baumeister Rechtsanwälte Partnerschaft mbB, Münster, Deutschland

Markus Figgen avocado rechtsanwälte, Köln, Deutschland

Gregor Ischebeck avocado rechtsanwälte, Köln, Deutschland

Alexander de Diego Sozietät Oexle Kopp-Assenmacher Lück, Köln, Deutschland

Jens Tobias Gruber Baumeister Rechtsanwälte Partnerschaft mbB, Münster, Deutschland

Andreas Zühlsdorff Evonik Industries AG, Essen, Deutschland

Rainer Geesmann Sozietät Oexle Kopp-Assenmacher Lück, Köln, Deutschland

Dominik R. Lück Sozietät Oexle Kopp-Assenmacher Lück, Köln, Deutschland

Christine Radeloff Sozietät Oexle Kopp-Assenmacher Lück, Köln, Deutschland

Boris Rigod ALBA Group plc & Co. KG, Berlin, Deutschland

Hendrik Reffken Schindler Deutschland AG & Co. KG, Berlin, Deutschland

Christoph Lepper tdwe Rechtsanwälte, Düsseldorf, Deutschland

Christian Suhl PricewaterhouseCoopers Legal AG Rechtsanwaltsgesellschaft, Hamburg, Deutschland

Jens Loschwitz BDE Bundesverband der Deutschen Entsorgungs-, Wasser- und Kreislaufwirtschaft e.V., Berlin, Deutschland

Stefan Kopp-Assenmacher Sozietät Oexle Kopp-Assenmacher Lück, Berlin, Deutschland

Jurek Zaroffe BDE Bundesverband der Deutschen Entsorgungs-, Wasser- und Kreislaufwirtschaft e.V., Brüssel, Belgien

Nicolas Ballester BDE Bundesverband der Deutschen Entsorgungs-, Wasser- und Kreislaufwirtschaft e.V., Berlin, Deutschland

Andreas Bruckschen BDE Bundesverband der Deutschen Entsorgungs-, Wasser- und Kreislaufwirtschaft e.V., Berlin, Deutschland

Christoph Bildstein REMONDIS Recycling GmbH & Co. KG, Essen, Deutschland

Rob Pattison Veolia Umweltservice GmbH, Hamburg, Deutschland

Dirk Mellen MRS Materialis Recycling Solutions GmbH, Beelitz, Deutschland

Tobias Becker Parley for the Oceans, New York, NY, USA

Jan Hendrik Kempkes Interseroh+ GmbH, Köln, Deutschland

Annette Ochs Hochschule Wismar, Wismar, Deutschland

Aloys Oechtering RETERRA Service GmbH, Lünen, Deutschland

Matthias Staub Veolia Klärschlammverwertung Deutschland GmbH, Leipzig, Deutschland

Christel Pfefferkorn PICON GmbH, Dresden, Deutschland

Simon Obert BAV - Bundesverband der Altholzaufbereiter und -verwerter e. V., Berlin, Deutschland

Gerhard Jokic REMONDIS-Electrorecycling GmbH, Lünen, Deutschland

Marcus Eschen Aurubis AG, Lünen, Deutschland

Ralf Schmitz VDM Verband Deutscher Metallhändler e. V., Berlin, Deutschland

Berthold Heuser REMEX GmbH, Düsseldorf, Deutschland

Wolfgang Pfaff-Simoneit WPS Consult UG, Darmstadt, Deutschland

Ralf Gruner Axians Athos GmbH, Sindelfingen, Deutschland

Hans-Dieter Huber Universität Stuttgart, Stuttgart, Deutschland

Ewa Harlacz INZIN Institut für die Zukunft der Industriegesellschaft, Düsseldorf, Deutschland

Jan Henning Seelig CUTEC Clausthaler Umwelttechnik Forschungszentrum, Clausthal-Zellerfeld, Deutschland

Jule Jeschonowski INZIN Institut für die Zukunft der Industriegesellschaft, Düsseldorf, Deutschland

Martin Faulstich TU Dortmund, Dortmund, Deutschland

Klaus Hieronymi Circular Economy Research GmbH, Oberursel, Deutschland

Johannes F. Kirchhoff KIRCHHOFF GmbH & Co. KG, Iserlohn, Deutschland

Markus Gleis Umweltbundesamt, Dessau-Roßlau, Deutschland

Sabine Flamme FH Münster - Univ. of Applied Sciences, Münster, Deutschland

Sigrid Hams Gütegemeinschaft Sekundärbrennstoffe und Recyclingholz e.V. (BGS), Münster, Deutschland

Peter Quicker RWTH Aachen University, Aachen, Deutschland

Christian Kabbe EMG EasyMining Germany GmbH, Berlin, Deutschland

Fabian Kraus Kompetenzzentrum Wasser Berlin gGmbH, Berlin, Deutschland

Gerhard Rettenberger Hochschule Trier, Trier, Deutschland

Michael Krüger PreZero Deutschland KG, Porta Westfalica, Deutschland

Klaus Fricke TU Braunschweig, Braunschweig, Deutschland

Kai Münnich TU Braunschweig, Braunschweig, Deutschland

Sebastian Wanka TU Braunschweig, Braunschweig, Deutschland

Teil I

Rechtlicher Rahmen der Kreislauf- und Rohstoffwirtschaft

1 Abfallbegriff – Beginn und Ende der Abfalleigenschaft

Thomas Lammers

1.1 Einführung

1.1.1 Abfallbegriff und Anwendungsbereich des Abfallrechts

Der Begriff „Abfall“ ist der zentrale Rechtsbegriff des Abfallrechts. Diese vermeintlich offensichtliche Aussage verweist auf die rechtliche Funktion des Abfallbegriffs, den Anwendungsbereich des Abfallrechts zu bestimmen. Der enge Zusammenhang zwischen Abfallbegriff und Anwendbarkeit des Abfallrechts ergibt sich dabei nicht nur aus § 2 Abs. 1 KrWG, wonach die Vorschriften des KrWG für die Vermeidung, die Verwertung und die Beseitigung von *Abfällen* sowie die sonstigen Maßnahmen der *Abfallbewirtschaftung* gelten, sondern auch aus den Einzelregelungen des KrWG (und der abfallrechtlichen Spezialgesetze und -verordnungen, wie z. B. ElektroG, AltfahrzeugV), die eben – soweit nicht der gesetzlich nur spärlich geregelte Bereich der Abfallvermeidung betroffen ist – tatbestandlich an das Vorhandensein von Abfällen anknüpfen. Kurz gesagt: Wo kein Abfall vorliegt, gilt – mit der genannten Einschränkung der Abfallvermeidung – auch kein Abfallrecht.

Allerdings unterliegt nicht umgekehrt alles, was die rechtlichen Voraussetzungen eines Abfalls erfüllt und damit unter den Abfallbegriff fällt, auch dem Abfallrecht. Denn der Anwendungsbereich des KrWG wird nicht nur durch den Abfallbegriff begrenzt, sondern darüber hinaus durch die in § 2 Abs. 2 KrWG geregelten Bereichsausnahmen. Diese betreffen in vielen Fällen Materialien, deren Entsorgung durch Spezialregelungen außerhalb des Abfallrechts geregelt ist. So ist zum Beispiel die Abwasserbeseitigung Regelungsgegenstand des Wasserrechts mit der Folge, dass Stoffe nach § 2 Abs. 2 Nr. 9 KrWG nicht mehr dem Abfallrecht unterliegen, sobald sie in Gewässer oder Abwasseranlagen ein-

T. Lammers (✉)
Sozietät Oexle Kopp-Assenmacher Lück, Köln, Deutschland
E-Mail: thomas.lammers@oklp.de

P. Kurth et al. (Hrsg.), *Praxishandbuch der Kreislauf- und Rohstoffwirtschaft*,
https://doi.org/10.1007/978-3-658-36262-1_1

geleitet oder eingebracht werden. Umgekehrt endet diese Ausnahme allerdings, sobald die Abwasserbeseitigung nach Wasserrecht abgeschlossen ist, sodass danach das Abfallrecht wieder anwendbar wird.[1] Vom Abfallrecht ausgenommen sind zudem grundsätzlich sog. tierische Nebenprodukte, deren Entsorgung durch das Hygienerecht, insbesondere die Verordnung (EG) Nr. 1069/2009 geregelt wird (vgl. § 2 Abs. 2 Nr. 2 KrWG). Eine interessante Rückausnahme gilt jedoch für tierische Nebenprodukte, die zur Verbrennung, Lagerung auf einer Deponie oder Verwendung in einer Biogas- oder Kompostieranlage bestimmt sind.

► **Praxishinweis** Für die Anwendung des Abfallrechts auf Gülle gilt Folgendes: Gülle unterliegt als tierisches Nebenprodukt dem Hygienerecht und damit grundsätzlich nicht dem Abfallrecht. Dies gilt jedoch nicht für Gülle, die in Biogasanlagen verwendet werden soll. Solche Gülle lässt sich allerdings möglicherweise als Nebenprodukt (dazu unten Abschn. 2.3) einstufen; ist das der Fall, liegt kein Abfall vor, sodass im Ergebnis wiederum kein Abfallrecht zu Anwendung kommt. Gärreste aus der Verwendung von Gülle, die in der Landwirtschaft verwendet werden, sind demgegenüber nach § 2 Abs. 2 Nr. 4 KrWG unabhängig von der Einstufung der Gülle als Nebenprodukt oder Abfall wieder aus dem Anwendungsbereich des KrWG ausgenommen, sofern bei der Vergärung neben Gülle nur andere natürliche nicht gefährliche land- oder forstwirtschaftliche Materialien eingesetzt werden.[2]

Da sowohl der Abfallbegriff als auch die im KrWG geregelten Bereichsausnahmen den Anwendungsbereich des Abfallrechts umgrenzen, macht es aus abfallrechtlicher Perspektive keinen nennenswerten Unterschied, ob die Voraussetzungen des Abfallbegriffs nicht erfüllt sind oder eine Bereichsausnahme eingreift. Außerhalb des Abfallrechts kann diese Unterscheidung allerdings sehr wohl von praktischer Bedeutung sein: So wird z. B. zwar der Abfallbegriff des Bundes-Immissionsschutzgesetzes mit dem des KrWG gleichgesetzt – was abfallrechtlich kein Abfall ist, ist es also auch immissionsschutzrechtlich nicht. Die Bereichsausnahmen des KrWG werden demgegenüber vom Immissionsschutzrecht nicht rezipiert. Sind die Voraussetzungen eines Abfalls erfüllt, können die abfallbezogenen Regelungen des Bundes-Immissionsschutzgesetzes also auch dann zur Anwendung kommen, wenn die Anwendbarkeit des KrWG ausgeschlossen ist. § 2 Abs. 3

---

[1] BVerwG, Urt. v. 08.07.2020, 7 C 19.18, Rn. 18.

[2] Vgl. hierzu Bundesministerium für Umwelt, Naturschutz und Reaktorsicherheit/Bundesministerium für Landwirtschaft, Ernährung und Verbraucherschutz, Auslegungshinweise zur „Einstufung von Gülle zur Verwendung in Biogasanlagen als Abfall oder Nebenprodukt nach § 4 Absatz 1 KrWG" vom 31.01.2013, Anlage 1 („Rechtsfolgen der Einstufung von Gülle zur Verwendung in Biogasanlagen als Abfall"), S. 1, abrufbar unter www.bmub.bund.de/themen/wasser-abfall-boden/abfallwirtschaft/wasser-abfallwirtschaft-download/artikel/einstufung-von-guelle-zur-verwendung-in-biogasanlagen-als-abfall-oder-nebenprodukt-nach-4-absatz-1-KrWG/.

BImSchG normiert zwar eigene immissionsschutzrechtliche Bereichsausnahmen für bestimmte Abfälle, die sich mit den Ausnahmetatbeständen des Abfallrechts jedoch nicht decken.

Inhaltlich ist der Abfallbegriff – ebenso wie die Regelungen über die Bereichsausnahmen – stark durch das EU-Recht determiniert. Die Abfallrahmenrichtlinie und ihre Auslegung durch den EuGH haben daher eine große Bedeutung für die Rechtsanwendung. Allerdings handelt es sich nicht bei allen in diesem Zusammenhang stehenden Regelungen des KrWG um 1:1-Umsetzungen europäischer Vorgaben. Kein Pendant im Unionsrecht haben etwa die Absätze 2 bis 4 des § 3 KrWG, welche die Entledigungstatbestände der Abfalldefinition konkretisieren. In Bereichen, in denen die Einstufung als Abfall unmittelbar anhand des Unionsrechts vorzunehmen ist, namentlich im Anwendungsbereich der VO (EG) Nr. 1013/2006 (sog. Abfallverbringungsverordnung), können diese Regelungen allenfalls sinngemäß herangezogen werden. Unterschiede zwischen deutschem und europäischem Recht bestehen zudem im Bereich des Abfallendes (s. dazu Abschn. 1.2.4.1).

1.1.2 Zum abfallrechtlichen Sprachgebrauch

Als Oberbegriff, der Abfälle und Nicht-Abfälle umfasst, dient im KrWG das Begriffspaar „Stoff oder Gegenstand". Die Frage, wie diese Begriffe präzise zu definieren sind und wie sie sich voneinander abgrenzen lassen, ist eher theoretischer Natur und ohne praktischen Nutzen: Alles, von dem sich sinnvollerweise fragen lässt, ob es ein Abfall ist und deshalb dem Abfallrecht unterliegt, ist auch ein Stoff oder Gegenstand. Von größerer Bedeutung ist, was der „neue" Oberbegriff im Vergleich zur Rechtslage nach dem früheren KrW-/AbfG nicht mehr fordert: Beweglichkeit. Anders als vor Inkrafttreten des KrWG können daher auch unbewegliche Sachen, also Grundstücke und deren wesentliche Bestandteile wie Bauwerke, unter den Abfallbegriff fallen. Allerdings sieht § 2 Abs. 2 Nr. 10 KrWG eine weitreichende Bereichsausnahme für Böden am Ursprungsort („in situ") vor, einschließlich nicht ausgehobener kontaminierter Böden und Bauwerke, die dauerhaft mit dem Grund und Boden verbunden sind. Für die Anwendung dieser Bereichsausnahme kommt es – ebenso wie nach früherer Rechtslage für die Beweglichkeit – darauf an, ob der fragliche Stoff oder Gegenstand ein „wesentlicher Bestandteil" der Grundstücks im Sinne des Zivilrechts ist.[3] Anders als im Zivilrecht wird dabei allerdings auf eine spezifisch abfallrechtliche Verkehrsanschauung abgestellt, nach der z. B. illegal in den Boden eingebrachte Abfälle nicht zu einem wesentlichen Grundstücksbestandteil werden, solange sie nicht derart mit dem Boden „verwachsen" sind, dass eine Trennung unmöglich ist.[4] Im Ergebnis bleibt es damit dabei, dass nur bewegliche Stoffe und Gegenstände dem Abfallrecht unterliegen.

[3] BVerwG, Beschl. v. 26.07.2016, 7 B 28.15, Rn. 6; Urt. v. 08.07.2020, 7 C 19.18, Rn. 33.

[4] BVerwG, Urt. v. 08.07.2020, 7 C 19.18, Rn. 32.

Als Gegenbegriff zum Abfallbegriff hat sich im abfallrechtlichen Sprachgebrauch der Begriff „Produkt“ etabliert. Wenn in abfallrechtlichen Zusammenhängen von einem Produkt die Rede ist, impliziert dies also, dass es sich bei dem fraglichen Stoff oder Gegenstand nicht um einen Abfall handelt. Treffend wird daher z. B. ein in einem Herstellungsverfahren unbeabsichtigt erzeugter Stoff oder Gegenstand, der kein Abfall im Rechtssinne ist, als „Nebenprodukt“ bezeichnet (dazu näher Abschn. 1.2.3). Im (rechtlichen) Sprachgebrauch außerhalb des Abfallrechts umfasst der Produktbegriff demgegenüber mitunter auch Abfälle im Rechtssinne.

▶ **Praxishinweis** Die VO (EG) Nr. 305/2011 (sog. EU-Bauproduktenverordnung) regelt die Verkehrs- und Verwendungsfähigkeit von Bauprodukten innerhalb der EU. Bauprodukt im Sinne dieser Verordnung ist jedes Produkt oder jeder Bausatz, das bzw. der hergestellt wird, um dauerhaft in Bauwerke oder Teile davon eingebaut zu werden, und dessen Leistung sich auf die Leistung des Bauwerks im Hinblick auf die Grundanforderungen an Bauwerke auswirkt (Art. 2 Nr. 1 VO 305/2001). Der Zweck dieser Regelung, die Leistungsfähigkeit von Bauprodukten im Hinblick auf Anforderungen wie Standsicherheit und Brandschutz zu gewährleisten, schließt es aus, die Anwendung der EU-Bauproduktenverordnung davon abhängig zu machen, ob verwendete Baumaterialien rechtlich noch als Abfall anzusehen sind. Der Begriff „Produkt" hat hier also eine andere Bedeutung als im abfallrechtlichen Kontext. Daher fallen etwa Recycling-Baustoffe unabhängig von der Frage, ob sie bereits das Ende der Abfalleigenschaft erreicht haben (dazu unten Abschn. 1.2.4), unter das EU-Bauproduktenrecht.

Da Produkte insgesamt nicht dem Anwendungsbereich des Abfallrechts unterliegen, gibt es aus der Perspektive des Abfallrechts nur einen einzigen Produktstatus, der unabhängig von dem Grund ist, aus welchem die Abfalleigenschaft verneint wird. Das Abfallrecht bietet daher keine Grundlage dafür, zum Beispiel Sekundärprodukte, die das Abfallende erreicht haben, rechtlich anders zu behandeln als vergleichbare Primärprodukte. Im Gegenteil würde eine solche Diskriminierung den mit der Abfallenderegelung verfolgten Gesetzeszweck konterkarieren. Gleichwohl gibt es neuerdings produktrechtliche Regelungen, welche an Hauptprodukte, Nebenprodukte und Abfallendematerialien unterschiedliche Rechtsfolgen knüpfen. So dürfen nach der neuen EU-Düngeprodukteverordnung,[5] die am 16.07.2022 in Kraft tritt, grundsätzlich weder Abfälle noch Abfallendematerialien, für die keine EU-Abfallendeverordnung existiert, oder aus solchen Abfallendematerialien hergestellte Stoffe zur Herstellung von EU-Düngemitteln verwendet werden. Der Einsatz von Nebenprodukten ist demgegenüber unter bestimmten

[5] Verordnung (EU) 2019/1009 mit Vorschriften für die Bereitstellung von EU-Düngeprodukten auf dem Markt und zur Änderung der Verordnungen (EG) Nr. 1069/2009 und (EG) Nr. 1107/2009 sowie zur Aufhebung der Verordnung (EG) Nr. 2003/2003.

Voraussetzungen zulässig.[6] Rechtspolitisch ist diese Differenzierung fragwürdig, zumal die an Nebenprodukte und Abfallendematerialien gestellten strengen Anforderungen gerade sicherstellen sollen, dass diese ohne Gefahr für Mensch und Umwelt wie vergleichbare Primärprodukte verwendet werden können.

Viele weitere wichtige abfallrechtliche Grundbegriffe bauen auf dem Abfallbegriff auf. Im KrWG gilt dies etwa für die Begriffe „Verwertung" und „Beseitigung" (Oberbegriff: „Entsorgung"); bei beiden handelt es sich um Verfahren, die sich definitionsgemäß auf Abfälle beziehen.[7] An den Abfallbegriff knüpfen zudem regelmäßig die Rechtsbegriffe an, mit denen die Regelungsgegenstände abfallrechtlicher Spezialgesetze und -verordnungen bezeichnet werden. So sind „Altgeräte" im Sinne des Elektro- und Elektronikgerätegesetzes und „Altfahrzeuge" im Sinne der Altfahrzeugverordnung Elektro- und Elektronikgeräte bzw. Fahrzeuge, die Abfall im Sinne des KrWG sind.[8] Die Rechtsfragen, die mit der Abgrenzung von Abfällen und Produkten verbunden sind, und die hier anhand der Regelungen des KrWG behandelt werden, stellen sich damit auch für die Gegenstände, die von diesen abfallrechtlichen Spezialmaterien erfasst sind; ihre Beantwortung folgt den allgemeinen Regeln.

1.2 Die Abgrenzung von Abfall und Produkt

1.2.1 Beginn und Ende der Abfalleigenschaft

Maßgeblich dafür, ob ein Stoff oder Gegenstand ein Abfall oder ein Produkt ist, ist zunächst die gesetzliche Definition des Abfallbegriffs, die sich in § 3 Abs. 1 Satz 1 KrWG findet. Abfälle sind danach alle Stoffe oder Gegenstände, derer sich ihr Besitzer entledigt, entledigen will oder entledigen muss. Konkretisierungen dieser drei Entledigungstatbestände finden sich in den Absätzen 2 bis 4 des § 3 KrWG. Zudem ist die Regelung des § 4 KrWG mit in den Blick zu nehmen, der regelt, wann bestimmte Stoffe oder Gegenstände als Nebenprodukte kein Abfall sind (dazu Abschn. 1.2.3).

Bei näherer Betrachtung der Abfalldefinition zeigt sich, dass dort nicht – wie man es von einer Begriffsbestimmung erwarten könnte – charakteristische Eigenschaften von Abfällen beschrieben werden; vielmehr wird geregelt, wodurch ein Stoff oder Gegenstand zu Abfall im Rechtssinne wird. Überhaupt legt das Abfallrecht keine Eigenschaften fest, die Stoffe und Gegenstände aufweisen müssen, um Abfall zu sein. Der EuGH hat dies treffend so formuliert, dass „ein Stoff nicht seiner Natur nach Abfall [ist], sondern als Folge des Willens oder der Verpflichtung seines Besitzers, sich seiner zu entledigen,

[6] Siehe dazu die Regelungen für die Komponentenmaterialkategorien (CMC) 1 und 11 in Anhang II der Verordnung.

[7] Vgl. § 3 Abs. 23 und 26 KrWG.

[8] Vgl. § 3 Nr. 3 ElektroG, § 2 Nr. 2 AltfahrzeugV.

d. h. aufgrund des Willens des Besitzers oder des Gesetzgebers."[9] Über die Erfüllung eines Entledigungstatbestandes hinaus ergeben sich aus dem Abfallrecht keine Voraussetzungen für die Entstehung von Abfall im Rechtssinne. In dieser Hinsicht unterscheidet sich der rechtliche Abfallbegriff vom Abfallbegriff des alltäglichen Sprachgebrauchs, nach dem als Abfall in der Regel nur wertlose, gebrauchsuntaugliche Stoffe und Gegenstände angesehen werden. Der rechtliche Abfallbegriff wie auch der Anwendungsbereich des Abfallrechts gehen somit über die außerrechtliche Bedeutung des Begriffs „Abfall" weit hinaus.

Gegenläufig zur Abfalldefinition, die sich als Regelung des Beginns der Abfalleigenschaft auffassen lässt, regeln § 5 KrWG und einige stoffstromspezifische EU-Verordnungen, welche Voraussetzungen erfüllt sein müssen, damit zu Abfall gewordene Stoffe oder Gegenstände nicht mehr als Abfall anzusehen sind. Die Abfalleigenschaft lässt sich damit als rechtliche Eigenschaft eines Stoffes oder Gegenstandes beschreiben, die mit der Erfüllung der Voraussetzung der Abfalldefinition beginnt und dem Stoff oder Gegenstand anschließend so lange anhaftet, bis die Voraussetzungen der Regelungen über das Ende der Abfalleigenschaft erfüllt sind. Wie sich der Definition des Begriffs „Zweiterzeuger" in § 3 Abs. 8 Nr. 2 KrWG entnehmen lässt, überdauert sie dabei sogar Veränderungen der Beschaffenheit oder Zusammensetzung des ursprünglichen Stoffes oder Gegenstandes. Mit dessen vollständigem Untergang (z. B. infolge Verbrennung) wird allerdings auch die Abfalleigenschaft – im wahrsten Sinne des Wortes – gegenstandslos und erlischt.[10]

► **Praxisbeispiel** Wird bei der Entrümpelung einer Wohnung ein altes, nicht mehr genutztes Bettgestell aus Metall vorgefunden, ist nach § 3 Abs. 3 Satz 1 Nr. 2 KrWG ein Entledigungswille des Besitzers zu vermuten; es ist daher grundsätzlich anzunehmen, dass das Bettgestell zu Abfall geworden ist. Wenn das Bettgestell bei einem Schrottplatz abgegeben wird, ändert dies allein an der Abfalleigenschaft nichts, obwohl der Schrottplatzbetreiber als neuer Besitzer keinen Entledigungswillen hat. Auch das anschließende Shreddern des Gestells und die Vermischung mit anderen Metallabfällen führt lediglich zu einer Zweiterzeugung, welche die Abfalleigenschaft unberührt lässt. Sie endet allerdings, wenn eine Aufbereitung des Altmetalls nach den Anforderungen einer einschlägigen EU-Abfallendeverordnung erfolgt oder aus dem Metall ein neues Produkt hergestellt wird, das die Voraussetzungen des § 5 Abs. 1 KrWG erfüllt.

Zusammenfassend kann also festgehalten werden: Abfall im Rechtssinne ist ein Stoff oder Gegenstand, wenn im Hinblick auf ihn einer der drei Entledigungstatbestände des § 3

[9] EuGH, Urt. v. 14.03.2019, Rs. C-399/17 (*Kommission ./. Tschechien*), Rn. 74.

[10] BVerwG, Urt. v. 28.06.2007, 7 C 5.07, E 129, 93 (99); OLG Celle, Beschl. v. 13.05.2019, 13 Verg 2/19, NVwZ 2019, 1460 (1462); *Beckmann*, in: Landmann/Röhner, Umweltrecht, Stand: 95. EL Mai 2021, § 5 KrWG Rn. 18.

Abs. 1 KrWG erfüllt worden ist, ohne dass ein Nebenprodukt (§ 4 KrWG) vorliegt, und das Ende der Abfalleigenschaft (§ 5 KrWG und EU-Abfallendeverordnungen) noch nicht erreicht wurde.

Die mitunter schwierige Abgrenzung von Abfällen und Produkten ist von den abfallrechtlich Verantwortlichen (Abfallerzeuger und -besitzer) grundsätzlich in eigener Verantwortung vorzunehmen. Dies gilt nicht nur für die Frage, ob ein Stoff oder Gegenstand zu Abfall geworden ist, sondern auch hinsichtlich der Einstufung als Nebenprodukt oder als Produkt, das das Ende der Abfalleigenschaft erreicht hat. Dies bedeutet einerseits, dass ein Stoff oder Gegenstand, der die rechtlichen Voraussetzungen nach den §§ 4 und 5 KrWG erfüllt, kein „Produktanerkennungsverfahren" durchlaufen muss, um als Produkt in Verkehr gebracht oder verwendet werden zu können. Andererseits trägt der Erzeuger bzw. Besitzer das (Haftungs-)Risiko für Fehlbeurteilungen; denn die von ihm vorgenommene Einstufung unterliegt uneingeschränkt der behördlichen Überwachung (vgl. § 47 Abs. 6 KrWG).

1.2.2 Die Entledigungstatbestände im Einzelnen

Wie bereits mehrfach erwähnt, sieht § 3 Abs. 1 Satz 1 KrWG drei verschiedene Entledigungstatbestände vor: die Entledigung durch den Besitzer (sog. faktische Entledigung), den Entledigungswillen des Besitzers sowie das „Entledigenmüssen". Da die ersten beiden Alternativen an ein bestimmtes Verhalten bzw. an einen bestimmten Willen des Abfallbesitzers anknüpfen und ihm damit eine Einflussmöglichkeit auf die Entstehung von Abfall einräumen, wird insoweit auch vom subjektiven Abfallbegriff gesprochen. Die dritte Alternative ist dagegen vom Abfallbesitzer unabhängig, sodass in Bezug auf diese vom objektiven Abfallbegriff gesprochen wird. Für die Entstehung von Abfall im Rechtssinne genügt es, wenn ein einzelner Entledigungstatbestand vorliegt; es ist jedoch durchaus denkbar, dass in Bezug auf denselben Stoff oder Gegenstand mehrere Entledigungstatbestände gleichzeitig erfüllt werden.

1.2.2.1 Faktische Entledigung

Sich eines Stoffes oder Gegenstandes zu entledigen, bedeutet nach allgemeinem Sprachgebrauch, ihn loszuwerden, sich von ihm zu entlasten. Dem Begriff liegt somit die Vorstellung zugrunde, dass der betroffene Stoff oder Gegenstand für seinen Besitzer zu einer Last geworden ist. Deshalb ist etwa die Veräußerung einer gebrauchsfähigen Sache im Allgemeinen keine Entledigung, weil in diesem Fall zwar der Besitz aufgegeben wird, dies jedoch nicht zum Zweck einer Entlastung erfolgt. Gleiches gilt für Schenkungen, die in der Erwartung vorgenommen werden, dass das Geschenk seinem Zweck entsprechend verwendet wird.

▶ **Praxisbeispiel** In der Rechtssache *Shell* musste sich der EuGH mit der Frage befassen, ob die Rückgabe verunreinigten und damit für den Käufer unbrauchbaren Diesels an den

Verkäufer eine Entledigung darstellt. Der EuGH hat diese Frage im Wesentlichen mit dem Argument verneint, dass der Käufer durch die Rückgabe den Kaufpreis zurückerlangen wollte.[11]

Ein willentliches Verhalten des Besitzers ist nach der Rechtsprechung des EuGH für eine Entledigung nicht erforderlich. Dies hat Bedeutung insbesondere für versehentlich in die Umwelt freigesetzte Stoffe, die danach als Abfall anzusehen sein können.

▶ **Praxisbeispiel** Bejaht hat der EuGH die Abfalleigenschaft daher z. B. für Abwasser, das aus einer Kanalisation ausgetreten ist, und für Schweröl, das infolge eines Schiffsunglücks ins Meer gelaufen ist.[12] Genauso hat der EuGH in der Rechtssache *Van de Walle* für in das Erdreich gelangte Kraftstoffen entschieden.[13] Diese Entscheidung ist heute wegen der Bereichsausnahme für Böden in situ (dazu oben Abschn. 1.1.2) allerdings im praktischen Ergebnis überholt.

In zwei Fällen besteht eine gesetzliche Vermutung für das Vorliegen einer Entledigung: erstens, wenn der Besitzer die fraglichen Stoffe oder Gegenstände einem in den Anlagen zum KrWG genannten Verwertungs- oder Beseitigungsverfahren zuführt (§ 3 Abs. 2 Variante 1 KrWG), und zweitens, wenn er die tatsächliche Sachherrschaft über sie unter Wegfall jeder weiteren Zweckbestimmung aufgibt (§ 3 Abs. 2 Variante 2 KrWG). In beiden Fällen ist die Vermutung weder unwiderleglich noch abschließend. Auch wenn die Voraussetzungen einer der beiden Varianten erfüllt sind, kann es also an einer Entledigung fehlen; ebenso kann eine Entledigung vorliegen, ohne dass die Voraussetzungen von § 3 Abs. 2 KrWG erfüllt sind.

▶ **Praxishinweis** § 3 Abs. 2 Variante 2 KrWG wird in der Rechtsprechung herangezogen, um die Abfalleigenschaft von Alttextilien zu begründen, die in einen Sammelcontainer eingeworfen werden. Der Besitzer gebe durch den Einwurf seine tatsächliche Sachherrschaft an den Textilien auf. Die „Hoffnung" der Einwerfenden, die Textilien könnten weitergetragen werden, sei keine Zweckbestimmung im Sinne einer realistischen und verbindlichen Festlegung einer entsprechenden Funktion.[14]

---

[11] EuGH, Urt. v. 12.12.2013, Rs. C-241/12 u. a. (*Shell*), Rn. 46.

[12] EuGH Urt. v. 10.05.2007, Rs. C-252/05 (*Thames Water*), Rn. 28 und EuGH, Urt. v. 24.06.2008, Rs. C-188/07 (*Commune de Mesquer*), Rn. 59.

[13] EuGH, Urt. v. 07.09.2004, Rs. C-1/03 (*Van de Walle*), Rn. 50 und 52.

[14] OVG Münster, Urt. v. 21.09.2015, 20 A 2220/14, BeckRS 2015, 55474, Rn. 44; VG Düsseldorf, Urt. v. 08.07.2014, 17 K 4917/13, BeckRS 2014, 55375.

1.2.2.2 Entledigungswille

Ein Stoff oder Gegenstand wird nach § 3 Abs. 1 Satz 1 KrWG auch zu Abfall, wenn sich der Besitzer seiner entledigen will. Als eigenständige Alternative neben der faktischen Entledigung hat der Entledigungswille Bedeutung vor allem dadurch, dass er zu einer zeitlichen Vorverlagerung der Abfallentstehung führt; denn in der Regel wird der Entschluss zur Entledigung schon gefasst sein, wenn der eigentliche Entledigungsvorgang beginnt.

► **Praxishinweis** Der Zeitpunkt der Abfallentstehung ist etwa für die Frage von Bedeutung, ob ein Abfallgemisch bereits als Gemisch anfällt oder durch nachträgliche Vermischung verschiedener Abfälle entsteht. Eine nachträgliche Vermischung liegt etwa bei Abfällen vor, die auf den Stationen eines Krankenhauses in Sammelbehältern erfasst werden. Denn die eingeworfenen Gegenstände werden bereits durch den Entledigungswillen der jeweiligen Besitzer (Krankenhauspersonal, Patienten, Besucher etc.) zu Abfall, also nicht erst durch die in dem Einwurf liegende Entledigung. Dies hat zur Folge, dass bei der Erfassung die Getrennthaltungsgebote nach der GewAbfV einzuhalten sind.[15]

Auch der Entledigungswille wird in zwei Fällen gesetzlich vermutet (§ 3 Abs. 3 Satz 1 KrWG): erstens, wenn ein Stoff oder Gegenstand bei der Energieumwandlung, Herstellung, Behandlung oder Nutzung von Stoffen oder Erzeugnissen oder bei Dienstleistungen anfällt, ohne dass der Zweck der jeweiligen Handlung hierauf gerichtet ist, und zweitens, wenn die ursprüngliche Zweckbestimmung entfällt oder aufgegeben wird, ohne dass ein neuer Verwendungszweck unmittelbar an deren Stelle tritt. Für die Beurteilung der Zweckbestimmung ist nach § 3 Abs. 3 Satz 2 KrWG die Auffassung des Erzeugers oder Besitzers unter Berücksichtigung der Verkehrsauffassung zugrunde zu legen. Das Korrektiv der Verkehrsauffassung soll dabei insbesondere die Berufung des Besitzers auf unrealistische oder vorgeschobene Verwendungsabsichten ausschließen.

► **Praxishinweis** Werden auf einem Grundstück Gegenstände auf unbestimmte Zeit gelagert, ist nach § 3 Abs. 3 Satz 1 Nr. 2 KrWG der Entledigungswille zu vermuten, wenn überhaupt keine Verwendungsabsicht (mehr) besteht. Aber auch wenn der Besitzer geltend macht, die Gegenstände zu einem späteren Zeitpunkt gegebenenfalls wiederverwenden zu wollen, kann die Vermutung des Entledigungswillen eingreifen. Denn das Merkmal der Verkehrsauffassung ermöglicht es, in einem solchen Fall auch die äußeren Umstände zu berücksichtigen. Schließt etwa der gegenwärtige Zustand des Gegenstandes eine weitere Verwendung aus oder lässt die Art und Weise der Lagerung erwarten, dass (z. B. durch Verwitterung) ein solcher Zustand eintritt, erscheint die Verwendungsabsicht nur vorgeschoben und ist unbeachtlich.

[15] Vgl. OVG Rheinland-Pfalz, Urt. v. 11.03.2015, 8 A 11003/14.OVG, Rn. 36.

1.2.2.3 Entledigenmüssen

Der in der dritten Variante des § 3 Abs. 1 Satz 1 KrWG („Entledigenmüssen") geregelte objektive Abfallbegriff hat in erster Linie eine Auffangfunktion, indem die Regelung gewährleisten soll, dass alle Stoffe und Gegenstände, deren Gefahrenpotenzial nur mit abfallrechtlichen Mitteln begegnet werden kann, als Abfälle vom KrWG erfasst werden. Dementsprechend bestimmt § 3 Abs. 4 KrWG, dass sich der Besitzer im Sinne der Abfalldefinition Stoffen oder Gegenständen entledigen muss, wenn diese nicht mehr entsprechend ihrer ursprünglichen Zweckbestimmung verwendet werden, auf Grund ihres konkreten Zustandes geeignet sind, gegenwärtig oder künftig das Wohl der Allgemeinheit, insbesondere die Umwelt, zu gefährden und deren Gefährdungspotenzial nur durch eine ordnungsgemäße und schadlose Verwertung oder gemeinwohlverträgliche Beseitigung nach dem Abfallrecht ausgeschlossen werden kann. Bei der Feststellung der maßgeblichen Zweckbestimmung ist in analoger Anwendung des § 3 Abs. 3 Satz 2 KrWG (s. dazu Abschn. 1.2.2.2) die Verkehrsauffassung zu berücksichtigen.[16]

Das im Rahmen des objektiven Abfallbegriffs zu berücksichtigende Gefährdungspotenzial ist umfassend: Zu berücksichtigen sind zunächst alle der Sache anhaftenden, potenziell gefahrbegründenden Eigenschaften. Darüber hinaus kann sich ein Gefährdungspotenzial auch aus der Nutzung des Stoffes oder Gegenstandes sowie der Art und Weise seiner Aufbewahrung ergeben.[17] Das Vorliegen einer konkreten Gefahr im Sinne des Ordnungsrechts wird in § 3 Abs. 4 KrWG nicht vorausgesetzt. Wegen der vorsorgeorientierten Zielsetzung des Abfallrechts genügt es vielmehr, wenn die gegenwärtige Aufbewahrung der Sache und ihre künftige Verwendung oder Verwertung typischerweise zu einer Gefährdung des Gemeinwohls, insbesondere der Umwelt, führt.[18] Da die Regelung ausdrücklich auch das künftige Gefährdungspotenzial erfasst, sind zu erwartende Änderungen ebenfalls zu berücksichtigen.

Das gegenwärtige oder künftige Gefährdungspotenzial führt jedoch nur dann zum Vorliegen eines „Zwangsabfalls", wenn es nur durch eine Verwertung oder Beseitigung als Abfall ausgeschlossen werden kann. Diese Voraussetzung beinhaltet, dass die Anwendung des Abfallrechts dem Grundsatz der Verhältnismäßigkeit (Eignung, Erforderlichkeit, Angemessenheit) entsprechen muss.[19] Genügen rechtliche Regelungen außerhalb des Abfallrechts (z. B. des Stoff- oder Immissionsschutzrechts), um dem Gefährdungspotenzial zu begegnen, bedarf es der Anwendung des Abfallrechts nicht. Maßgeblich ist, wie der Besitzer voraussichtlich mit dem fraglichen Stoff oder Gegenstand umgehen wird, ob er ein erkennbares Nutzungsinteresse hat, ob eine Nutzungswahrscheinlichkeit besteht und ob im Falle dieser Nutzung das Gefährdungspotenzial hinreichend beherrscht wird.[20]

---

[16] BVerwG, Urt. v. 29.05.2018, 7 C 34.15, Rn. 29; *Petersen*, in: Jarass/Petersen (Hrsg.), KrWG, 1. Auflage 2014, § 3 Rn. 101.

[17] *Petersen*, in: Jarass/Petersen (Hrsg.), KrWG, § 3 Rn. 109.

[18] BVerwG, Urt. v. 29.05.2018, 7 C 34.15, Rn. 35.

[19] *Petersen*, in: Jarass/Petersen (Hrsg.), KrWG, § 3 Rn. 113.

[20] BVerwG, Urt. v. 29.05.2018, 7 C 34.15, Rn. 37; *Jacobj*, in: Jacobj/Mann/Schomerus (Hrsg.), Kreislaufwirtschaftsgesetz, 4. Auflage 2019, § 3 Rn. 41.

1.2.3 Nebenprodukte

Der Idee nach lassen sich Nebenprodukte beschreiben als Stoffe oder Gegenstände, die unbeabsichtigt in einem Produktionsprozess anderer Güter anfallen („Produktionsrückstände"), gleichwohl aber keine Abfälle sind. Das KrWG enthält in § 4 eine Regelung über solche Nebenprodukte. § 4 KrWG ist also in dem Sinne komplementär zur Abfalldefinition, dass er Voraussetzungen normiert, unter denen bestimmte „abfallverdächtige" Stoffe oder Gegenstände keine Abfälle sind.

> **Praxishinweis** Als typische Beispiele für Nebenprodukte werden bei der Stahlproduktion anfallende Hochofenschlacke und Gips aus Rauchgasentschwefelungsanlagen von Kraftwerken (REA-Gips) angesehen. Gülle kann ein Nebenprodukt der Tierhaltung sein.

Die Anwendung der Nebenproduktregelung ist allerdings nur möglich, wenn es sich bei dem Produktionsprozess, in dem die fraglichen Stoffe oder Gegenstände „nebenbei" entstehen, nicht um ein Verfahren der Abfallentsorgung handelt. Auf den Umfang des Abfalleinsatzes im Produktionsprozess soll es dabei nicht ankommen.[21] Stoffe und Gegenstände, die bei der Abfallentsorgung anfallen, können danach niemals Nebenprodukte sein und Produktstatus ausschließlich nach den Regelungen über das Ende der Abfalleigenschaft erlangen.

§ 4 KrWG ist die erste gesetzliche Regelung über Nebenprodukte. Die rechtliche Kategorie der Nebenprodukte war jedoch bereits zuvor bekannt und insbesondere Gegenstand einiger grundlegender Entscheidungen des EuGH,[22] auf die sich die in § 4 KrWG enthaltenen Kriterien zumindest teilweise zurückführen lassen. Davon abgesehen fehlt es allerdings, obwohl die Regelung inzwischen seit mehr als 9 Jahren gilt, noch weitgehend an konkretisierender Rechtsprechung. Eine Vielzahl von Auslegungsfragen – auch solcher mit großer praktischer Bedeutung – ist daher nach wie vor ungeklärt und wird im juristischen Schrifttum kontrovers diskutiert.

§ 4 Abs. 2 KrWG sieht vor, dass die Kriterien, nach denen bestimmte Stoffe oder Gegenstände als Nebenprodukt anzusehen sind, und Anforderungen zum Schutz von Mensch und Umwelt nach Maßgabe der in § 4 Abs. 1 KrWG genannten Anforderungen durch Rechtsverordnung der Bundesregierung geregelt werden können. Bisher wurde von dieser Ermächtigung noch kein Gebrauch gemacht. Auch auf der Ebene der EU wurden bisher keine stoffstromspezifischen Regelungen für Nebenprodukte erlassen. Eine Rechtsgrundlage für derartige Durchführungsrechtsakte wurde jedoch im Zuge der Novelle

---

[21] In diesem Sinne wohl EuGH, Urt. v. 14.10.2020, C-629/19 (Sappi Austria), Rn. 58; a. A. mit beachtlichen Argumenten *Oexle*, in: Schmehl/Klement (Hrsg.), GK-KrWG, 2. Auflage 2019, § 4 Rn. 9.

[22] Grundlegend EuGH, Urt. v. 18.04.2002, Rs. C-9/00 (*Palin Granit*) und Urt. v. 11.09.2003, Rs. C-114/01 (*Avesta Polarit*).

2018 in die Abfallrahmenrichtlinie eingefügt, sodass die EU-Kommission nunmehr über eine entsprechende Regelungskompetenz verfügt. Ob und inwieweit sie davon Gebrauch macht, bleibt abzuwarten. Konkrete Regelungsvorhaben sind gegenwärtig nicht bekannt.

1.2.3.1 Abgrenzung zu Hauptprodukten

Nebenprodukte sind in zwei Richtungen abzugrenzen: zum einen gegenüber Abfällen und zum anderen gegenüber Hauptprodukten. Während die in § 4 Abs. 1 Nr. 1 bis 4 KrWG geregelten Anforderungen der Abgrenzung gegenüber Abfällen dienen, erfolgt die Abgrenzung gegenüber Hauptprodukten durch die Voraussetzung, dass ein Nebenprodukt bei einem Herstellungsverfahren anfallen muss, dessen hauptsächlicher Zweck nicht auf die Herstellung dieses Stoffes oder Gegenstandes gerichtet ist. Die Nebenproduktregelung gilt also nur für Produktionsrückstände. Hieraus lässt sich im Umkehrschluss ableiten, dass Erzeugnisse, deren Herstellung der hauptsächliche Zweck ist, Hauptprodukte sind. Ihr Produktstatus hängt nicht von den weiteren Voraussetzungen des § 4 KrWG ab; zu Abfall können Hauptprodukte nur nach § 3 Abs. 1 KrWG (Entledigungstatbestände) werden. Dieser Unterschied hat auch praktische Relevanz, da sich die Gesichtspunkte, auf die es nach diesen Regelungen ankommt, zum Teil erheblich unterscheiden. Für das Vorliegen einer Herstellungsabsicht und damit eines (zweiten) Hauptprodukts spricht es insbesondere, wenn eine bewusste technische Entscheidung getroffen wird, um die Qualität eines miterzeugten Produktes zu beeinflussen.

> ► **Praxishinweis** In der Rechtsprechung des EuGH ist das Vorliegen eines Hauptproduktes als Ergebnis einer technischen Entscheidung für Petrolkoks, der bei der Raffination von Erdölprodukten erzeugt wird, bejaht worden.[23]

Den für die Abgrenzung von gezielt hergestellten Hauptprodukten und unbeabsichtigten Produktionsrückständen maßgeblichen Zweck des Herstellungsverfahrens zu bestimmen, kann schwierig sein. Dies gilt selbst dann, wenn als Korrektiv zum subjektiven Herstellerwillen zusätzlich die Verkehrsanschauung herangezogen wird.[24] Abgrenzungsprobleme stellen sich insbesondere bei Produktionsausschüssen, die sich dadurch auszeichnen, dass ein Teil der an sich gezielt hergestellten Erzeugnisse im Laufe des Produktionsprozesses – aus welchen Gründen auch immer – ausgesondert wird. Ein Produktionsausschuss in diesem Sinne liegt zum Beispiel vor, wenn aufgrund individueller Qualitätsanforderungen des Herstellers Erzeugnisse trotz objektiver Verwendbarkeit einer anderen als der für die hergestellte Ware eigentlich vorgesehenen Verwendung zugeführt werden.

In solchen Fällen liegt in der Bestimmung des Verfahrenszwecks eine zentrale Weichenstellung für die Einstufung als Hauptprodukt, Nebenprodukt oder Abfall. Werden nämlich die vom Hersteller individuell gestellten Qualitätsanforderungen als Teil der Zweckbestimmung des Herstellers angesehen, handelt es sich bei den Erzeugnissen, die diesen

---

[23] EuGH, Urt. v. 15.01.2005, C-235/02 (*Saetti und Frediani*), Rn. 45.

[24] Dafür *Petersen*, in: Jarass/Petersen (Hrsg.), KrWG, § 4 Rn. 22.

Qualitätsanforderungen nicht entsprechen, um „unbeabsichtigt" angefallene Produktionsrückstände, die Produktstatus nur unter den Voraussetzungen des § 4 KrWG erlangen. Allerdings spricht einiges dafür, solche Anforderungen bei der Bestimmung des Verfahrenszwecks außer Betracht zu lassen und nur auf die Art der produzierten Ware abzustellen. Nach dieser Betrachtungsweise sind die den individuellen Qualitätsanforderungen nicht entsprechenden Erzeugnisse nicht Produktionsrückstand, sondern Hauptprodukt. Folglich spielen die Voraussetzungen des § 4 KrWG für ihre Einstufung als Abfall oder Produkt keine Rolle; die Abgrenzung ist vielmehr anhand von § 3 Abs. 1 Satz 1 KrWG vorzunehmen.

Praxisbeispiel Bei der Herstellung von Markensüßwaren werden Erzeugnisse, die zwar für den menschlichen Verzehr geeignet sind, den herstellereigenen Anforderungen an Größe und Form aber nicht entsprechen, aussortiert und anschließend zur Futtermittelproduktion eingesetzt.

Nach hier vertretener Auffassung liegt kein Produktionsrückstand vor, weil es sich bei den Erzeugnissen unabhängig von ihren Mängeln um die Art von Süßwaren handelt, die der Hersteller produzieren wollte. Über die Abfalleigenschaft entscheidet somit nicht § 4 KrWG, sondern die Frage, ob ein Entledigungstatbestand erfüllt ist. Das ist im Ergebnis zu verneinen: Selbst wenn die von vornherein geplante Alternativverwendung als Futtermittel nicht als Teil der ursprünglichen Zweckbestimmung angesehen werden könnte, würde der neue Zweck unmittelbar an die Stelle des alten treten (vgl. § 3 Abs. 3 Nr. 2 KrWG). Ein Entledigungswille besteht folglich nicht.

1.2.3.2 Voraussetzungen der Nebenprodukteigenschaft

Handelt es sich bei dem im Herstellungsverfahren erzeugten Stoff oder Gegenstand nicht um ein Hauptprodukt, bestimmt sich seine Nebenprodukteigenschaft nach den in § 4 Abs. 1 Nr. 1 bis 4 KrWG aufgezählten Kriterien. Es muss also sichergestellt sein, dass der Stoff oder Gegenstand weiterverwendet wird (Nr. 1), eine weitere, über ein normales industrielles Verfahren hinausgehende Vorbehandlung hierfür nicht erforderlich ist (Nr. 2), der Stoff oder Gegenstand als integraler Bestandteil eines Herstellungsprozesses erzeugt wird (Nr. 3) und die weitere Verwendung rechtmäßig ist (Nr. 4). Letzteres ist der Fall, wenn der Stoff oder Gegenstand alle für seine jeweilige Verwendung anzuwendenden Produkt-, Umwelt- und Gesundheitsschutzanforderungen erfüllt und insgesamt nicht zu schädlichen Auswirkungen auf Mensch und Umwelt führt.

Als Indiz für die Sicherstellung der Verwendung (§ 4 Abs. 1 Nr. 1 KrWG) kann ein positiver Marktwert dienen. Ein solcher ist allerdings keine zwingende Voraussetzung für das Vorliegen eines Nebenprodukts; die weitere Verwendung kann auch bei negativem Marktwert sichergestellt sein, insbesondere durch langfristige Abnahmeverträge.[25] Nicht

[25] *Petersen*, in: Jarass/Petersen (Hrsg.), KrWG, § 4 Rn. 30; *Oexle*, in: Schmehl/Klement (Hrsg.), GK-KrWG, 2. Auflage 2019, § 4 Rn. 14.

sichergestellt ist eine weitere Verwendung indes dann, wenn vor einer möglichen Verwendung zunächst eine Lagerung von unbestimmter Dauer erfolgen soll.[26]

Die zweite Voraussetzung, wonach die Verwendung ohne eine Vorbehandlung möglich sein muss, die über ein normales industrielles Verfahren hinausgeht, stellt eine Erleichterung gegenüber der früheren Rechtsprechung des EuGH dar, die jegliche Vorbehandlung ausschloss.[27] Sie beruht auf der Erwägung, dass auch gezielt gewonnene Primärstoffe vor einer weiteren Verwendung häufig einer gewissen Vorbehandlung bedürfen. Nicht einfach zu beantworten ist allerdings die Frage, wo genau die Grenze der normalen industriellen Verfahren verläuft. Überwiegend wird hier darauf abgestellt, ob das Vorbehandlungsverfahren auch bei vergleichbaren Primärstoffen erforderlich ist; keine normalen industriellen Verfahren sollen danach solche sein, die abfalltypisch sind.[28] Ob sich der Begriff des abfalltypischen Verfahrens tatsächlich als Gegenbegriff zum normalen industriellen Verfahren eignet, erscheint wegen der großen Schnittmenge abfall- und industrietypischer Verfahren jedoch zweifelhaft.[29]

► **Praxishinweis** Unter die normalen industriellen Verfahren fallen etwa solche Verfahren, die lediglich der Veränderung der Form eines Materials (z. B. durch Zerkleinerung) dienen. Demgegenüber werden Sortier- und Reinigungsverfahren in der Regel als abfalltypisch angesehen und nicht den normalen industriellen Verfahren zugeordnet.

Besonders unklar ist die dritte Voraussetzung, wonach der Stoff oder Gegenstand als integraler Bestandteil eines Herstellungsverfahrens erzeugt werden muss. Die Gesetzesbegründung zum KrWG führt dazu aus, diese Voraussetzung solle gewährleisten, dass der Stoff für eine spätere Verwendung aufbereitet und tatsächlich einer Verwendung zugeführt werden kann.[30] Dieser Zweck ist indes bereits durch § 4 Abs. 1 Nr. 1 und 2 KrWG abgedeckt.[31] Auch die frühere Nebenproduktrechtsprechung des EuGH, nach der die Wiederverwendung eines Gegenstandes ohne vorherige Bearbeitung „in Fortsetzung des Gewinnungsverfahrens" gewiss sein musste,[32] erweist sich für die Auslegung von § 4

---

[26] EuGH, Urt. v. 18.04.2002, Rs. C-9/00 (*Palin Granit*), Rn. 40; Urt. v. 03.10.2013, Rs. C-113/12 (*Brady*), Rn. 56.

[27] Vgl. EuGH, Urt. v. 18.04.2002, Rs. C-9/00 (*Palin Granit*), Rn. 36; Urt. v. 11.09.2003, Rs. C-114/01 (*AvestaPolarit*), Rn. 36.

[28] *Petersen*, in: Jarass/Petersen (Hrsg.), KrWG, § 4 Rn. 33; *Beckmann*, in: Landmann/Rohmer, Umweltrecht, Stand: 95. EL Mai 2021, § 4 KrWG Rn. 18; *Jacobj*, in: Jacobj/Mann/Schomerus, Kreislaufwirtschaftsgesetz, 4. Auflage 2019, § 4 Rn. 21 f.

[29] *Oexle*, in: Schmehl/Klement (Hrsg.), GK-KrWG, 2. Auflage 2019, § 4 Rn. 17.

[30] BT-Drs. 17/6052, S. 76.

[31] *Oexle*, in: Schmehl/Klement (Hrsg.), GK-KrWG, 2. Auflage 2019, § 4 Rn. 21.

[32] EuGH, Urt. v. 11.09.2003, Rs. C-114/01 (*AvestaPolarit*), Rn. 36.

Abs. 1 Nr. 3 KrWG nicht als hilfreich, weil diese Regelung im Gegensatz zur früheren Rechtsprechung nicht an die Verwendung, sondern an die Erzeugung anknüpft.

Am sinnvollsten erscheint ein Verständnis des § 4 Abs. 1 Nr. 3 KrWG, wonach dieser die Grenze zwischen dem Ende des Produktionsverfahrens und dem Beginn der Vorbehandlung zieht: Nur der Stoff oder Gegenstand, der unmittelbar bei der Herstellung des Hauptproduktes anfällt und insofern als „integraler Bestandteil" dieses Verfahrens erzeugt wird, kommt danach für die Einstufung als Nebenprodukt in Betracht. Sämtliche Verfahrensschritte, die nicht (mehr) zur Herstellung des Hauptproduktes gehören, weil sie auf dieses keinen Einfluss haben, sind dem Herstellungsverfahren im Sinne des § 4 KrWG nachgelagert und somit als Vorbehandlung in die Prüfung nach § 4 Abs. 1 Nr. 2 KrWG einzubeziehen.[33]

Beispiel Produktionsrückstand

In einem Herstellungsprozess fällt als Produktionsrückstand ein verunreinigtes Lösungsmittel an, welches nach einer Filtration für andere Zwecke verwendet werden kann. Das Lösungsmittel wird dem in die Produktionsanlage eingebauten Filter automatisch zugeleitet, anschließend in einem Tank gesammelt und an einen Dritten veräußert, der es ohne weitere Zwischenschritte in seiner eigenen Produktion einsetzt.

Nach hier vertretener Auffassung liegt kein Nebenprodukt vor: Das ungefilterte Lösungsmittel fällt zwar unmittelbar im Produktionsprozess an, muss aber in abfalltypischer Weise vorbehandelt werden, bevor es verwendet werden kann; daher ist § 4 Abs. 1 Nr. 2 KrWG nicht erfüllt. Die Nebenprodukteigenschaft des gefilterten Lösungsmittels scheitert demgegenüber an § 4 Abs. 1 Nr. 3 KrWG. Es wird nämlich nicht „als integraler Bestandteil des Herstellungsverfahrens erzeugt", da die Herstellung des Hauptproduktes von der Filtration des Lösungsmittels unabhängig ist und letztere deshalb nicht mehr zum Herstellungsprozess gerechnet werden kann. Im Ergebnis wird auf diese Weise sichergestellt, dass anlageninterne und anlagenexterne Vorbehandlungen rechtlich gleichbehandelt werden.[34] ◄

Die vierte Voraussetzung, die Rechtmäßigkeit der Verwendung im Sinne von § 4 Abs. 1 Nr. 4 Halbsatz 2 KrWG, soll als zentraler materieller Maßstab für die Abgrenzung von Abfällen und Nebenprodukten dienen. Ein Vorbild in der bisherigen Rechtsprechung des EuGH, in der für die Abgrenzung nicht auf umweltbezogene Aspekte abgestellt wurde,[35] hat dieses Kriterium nicht.

---

[33] *Oexle*, in: Schmehl/Klement (Hrsg.), GK-KrWG, 2. Auflage 2019, § 4 Rn. 22.

[34] Zur Irrelevanz des Ortes der Vorbehandlung *Oexle*, in: Schmehl/Klement (Hrsg.), GK-KrWG, 2. Auflage 2019, § 4 Rn. 18.

[35] Vgl. etwa EuGH, Urt. v. 18.04.2002, Rs. C-9/00 (*Palin Granit*), Rn. 48; Urt. v. 14.03.2019, Rs. C-399/17 (*Kommission ./. Tschechien*), Rn. 66.

Nicht erfüllt ist § 4 Abs. 1 Nr. 4 KrWG zunächst dann, wenn die vorgesehene Verwendung gegen Rechtsvorschriften, insbesondere des einschlägigen Produktrechts verstößt. Die Formulierung „anzuwendende Produkt-, Umwelt- und Gesundheitsschutzanforderungen" bezieht sich allerdings nicht nur auf Rechtsvorschriften, sondern erfasst darüber hinaus auch technische Normen. Wenngleich die Einhaltung technischer Normen grundsätzlich rechtlich nicht geboten ist, ist die Verwendung eines nicht normkonformen Stoffes oder Gegenstandes also nicht rechtmäßig im Sinne von § 4 Abs. 1 Nr. 4 KrWG und steht der Nebenprodukteigenschaft entgegen.

Neben der Einhaltung solcher „geschriebener Anforderungen" setzt § 4 Abs. 1 Nr. 4 Halbsatz 2 KrWG in Form einer Generalklausel voraus, dass die Verwendung des Stoffes oder Gegenstandes insgesamt nicht zu schädlichen Auswirkungen auf Mensch oder Umwelt führt. Das Merkmal „insgesamt" bezieht sich dabei auf den gesamten Lebenszyklus des Produkts und erfasst daher etwa auch den Transport und die Lagerung.[36] Bisher ungeklärt ist, nach welchem Maßstab zu beurteilen ist, ob ein Stoff oder Gegenstand insgesamt zu schädlichen Auswirkungen auf Mensch oder Umwelt führt. Eine teilweise vertretene Ansicht, der sich die Vollzugsbehörden verstärkt anschließen, fordert insoweit eine vergleichende Sicherheitsbetrachtung, bei der das Schutzniveau der im Falle einer Einstufung als Nebenprodukt anwendbaren Rechtsvorschriften mit demjenigen des Abfallrechts verglichen werden soll; sind beide Niveaus nicht gleichwertig, soll danach die Nebenprodukteigenschaft zu verneinen sein.[37]

Im Ergebnis ist diese Auffassung – die entsprechend auch für die parallele Anforderung beim Abfallende in § 5 Abs. 1 Nr. 4 KrWG (dazu unten Abschn. 1.2.4.3) vertreten wird – abzulehnen: Gegen sie spricht bereits, dass der Wortlaut der §§ 4 und 5 KrWG keine Grundlage für die Durchführung eines abstrakten Vergleichs bestimmter Rechtsbereiche bietet. Dementsprechend schwach sind die von den Vertretern der vergleichenden Sicherheitsbetrachtung zur Rechtfertigung ihres Ansatzes angeführten Gründe, die sich im Wesentlichen auf die Entstehungsgeschichte der Abfallrahmenrichtlinie 2008 stützen. Die vergleichende Sicherheitsbetrachtung ist zudem kaum praktizierbar, weil allein das Auffinden aller maßgeblichen Rechtsvorschriften einen nur schwer zu bewältigenden Aufwand verursacht.

Entscheidend spricht gegen die vergleichende Sicherheitsbetrachtung letztlich aber zweierlei:

Erstens führt die vergleichende Sicherheitsbetrachtung unweigerlich zu Fragestellungen, die nicht rechtlicher, sondern rechtspolitischer Natur sind. Denn letztlich läuft sie auf die Frage hinaus, ob bestimmte Stoffe und Gegenstände im Hinblick auf bestehende Unterschiede zwischen Abfall- und Produktrecht besser im Abfallregime aufgehoben sind als im Produktrecht. Solche Fragen mag sich ein Gesetz- oder Verordnungsgeber stellen, wenn er stoffstromspezifische Kriterien für die Abgrenzung von Abfällen und Produkten

[36] *Jarass*, NVwZ 2019, 1545 (1551); *Petersen*, in: Jarass/Petersen (Hrsg.), KrWG, § 4 Rn. 50.

[37] Grundlegend *Petersen*, in: Jarass/Petersen (Hrsg.), KrWG, § 4 Rn. 50 f.; zustimmend *Hofmann*, in: Schmehl/Klement, GK-KrWG, 2. Auflage 2019, § 5 Rn. 24; ablehnend *Oexle*, in: Schmehl/Klement, GK-KrWG, 2. Auflage 2019, § 4 Rn. 28 ff.

regelt. Abfallerzeuger und -besitzer, welche im ersten Zugriff über die Abfalleinstufung entscheiden müssen und bei einer Fehleinstufung erheblichen haftungsrechtlichen Risiken ausgesetzt sind, können sie indes nicht beantworten.

Zweitens führt die vergleichende Sicherheitsbetrachtung dazu, dass die Bejahung des Produktstatus im Wesentlichen auf Fälle beschränkt bleibt, in denen Abfall- und Produktrecht identische oder zumindest ähnliche Anforderungen stellen. Dies sind aber zugleich die Fälle, in denen die mit der Verneinung der Abfalleigenschaft verbundenen Vorteile nur gering sind. In den Fällen, in denen die Anforderungen des Produktrechts erheblich hinter denen des Abfallrechts zurückbleiben, weil nach der Einschätzung des Produktgesetzgebers das fragliche Produkt keiner strengen Regulierung bedarf, und die Anwendung des Abfallregimes mithin zu einer signifikanten Benachteiligung von Sekundärrohstoffen und -produkten mit Abfallstatus gegenüber konkurrierenden Primärrohstoffen bzw. -produkten führt, wird demgegenüber durch die vergleichende Sicherheitsbetrachtung eine Gleichstellung tendenziell verhindert. Dies läuft dem Regelungszweck des § 4 KrWG (wie auch des § 5 KrWG im Fall des Abfallendes) diametral zuwider.

Richtigerweise kann im Rahmen von § 4 Abs. 1 Nr. 4 KrWG (und § 5 Abs. 1 Nr. 4 KrWG) daher nur ein Vergleich mit dem Gefahrenpotenzial entsprechender Primärstoffe oder -produkte maßgeblich sein: Weist der fragliche Stoff oder Gegenstand nur Gefahren auf, die auch Primärstoffen bzw. -produkten innewohnen, liegt – bei Erfüllung der übrigen Voraussetzungen – ein Nebenprodukt vor; anderenfalls handelt es sich – insbesondere beim Vorhandensein abfalltypischer Gefahren – um einen Abfall.[38]

1.2.4 Ende der Abfalleigenschaft

Der Idee der Kreislaufwirtschaft ist immanent, dass die Abfalleigenschaft nicht zwangsläufig das Ende des Lebenszyklus eines Stoffes oder Gegenstandes bedeuten muss. Der Abfall soll zum Zweck der Ressourcenschonung vielmehr nach Durchführung einer entsprechenden Verwertung möglichst wieder dem Wirtschaftskreislauf zugeführt werden. Rechtlich entspricht dem die Möglichkeit, dass ein zu Abfall gewordener Stoff oder Gegenstand seine Abfalleigenschaft wieder verliert und damit erneut Produktstatus erlangt.

1.2.4.1 Verhältnis von EU-Recht und nationalem Recht

Maßgebliche Regelungen über das Abfallende finden sich sowohl unmittelbar im EU-Recht als auch im nationalen Recht. Während das nationale Recht in § 5 Abs. 1 KrWG abschließende Voraussetzungen normiert, unter denen beliebige Abfälle das Ende der Abfalleigenschaft erreichen, ist die unionsrechtliche Regelung komplexer:

[38] Ähnlich *Jarass*, NVwZ 2019, 1545 (1548); *Jacobj*, in: Jacobj/Mann/Schomerus (Hrsg.), Kreislaufwirtschaftsgesetz, 4. Auflage 2019, Rn. 23.

Für die Rechtslage vor der Novellierung der Abfallrahmenrichtlinie 2018 war in der Rechtsprechung des EuGH anerkennt, dass es sich bei den in Art. 6 Abs. 1 AbfRRL enthaltenen materiellen Anforderungen, die inhaltlich mit § 5 Abs. 1 KrWG übereinstimmen, lediglich um Mindestanforderungen handelte, die aus unionsrechtlicher Perspektive über das Ende der Abfalleigenschaft noch nicht abschließend entscheiden.[39] Die abschließende Entscheidung blieb danach grundsätzlich einer stoffstromspezifischen Konkretisierung vorbehalten, für die Art. 6 AbfRRL ein Rechtssetzungsverfahren der EU-Kommission vorsah; allein durch solche konkretisierenden Rechtsakte – die in der Praxis stets in Form einer EU-Verordnung erlassen wurden – konnte ein Stoff oder Gegenstand unmittelbar kraft Unionsrechts seine Abfalleigenschaft verlieren (zu EU-Abfallendeverordnungen unten Abschn. 1.2.4.2).[40] Soweit von der Regelungskompetenz der EU kein Gebrauch gemacht wurde, waren allerdings mitgliedstaatliche Regelungen und Einzelfallenscheidungen möglich.

Durch die Novelle der Abfallrahmenrichtlinie 2018 wurde Art. 6 AbfRRL in wesentlichen Punkten geändert. Die Befugnis zum Erlass stoffstromspezifischer Abfallenderegelungen wurde dabei zwar beibehalten; die neue Regelung ist allerdings wesentlich detaillierter als die vorherige. Insbesondere unterwirft sie Abfallenderegelungen bestimmten inhaltlichen Anforderungen. Zwingend zu regeln sind danach die zulässigen Inputmaterialien des Verwertungsverfahrens, die zulässigen Behandlungsverfahren und -methoden, outputbezogene Qualitätskriterien, Anforderungen an Qualitätsmanagementsysteme und das Erfordernis einer Konformitätserklärung. Dieselben Anforderungen gelten, wenn die Mitgliedstaaten stoffstromspezifische Abfallenderegelungen erlassen. Für den Fall, dass es weder auf Unionsebene noch auf nationaler Ebene konkretisierende Regelungen gibt, ermöglicht Art. 6 Abs. 4 AbfRRL weiterhin Einzelfallentscheidungen der Mitgliedstaaten. Die für den Erlass konkretisierender Regelungen geltenden Anforderungen sind dabei „gegebenenfalls zu berücksichtigen".

Ob sich die „selbstvollziehende" deutsche Regelung des § 5 Abs. 1 KrWG, durch welche die Voraussetzungen des Art. 6 Abs. 1 AbfRRL 1:1 in eine abschließende Regelung über das Ende der Abfalleigenschaft transformiert werden, in das gestufte System mitgliedstaatlicher Entscheidungsbefugnisse nach Art. 6 AbfRRL noch nahtlos einfügt, erscheint nicht unzweifelhaft. Dies gilt jedenfalls dann, wenn es sich bei Art. 6 Abs. 1 AbfRRL selbst weiterhin nur um eine Regelung von Mindestvoraussetzungen handeln sollte; ob dies der Fall ist, wird künftig der EuGH zu klären haben.[41]

---

[39] EuGH, Urt. v. 28.03.2019, C-60/18 (*Tallina Vesi*), Rn. 21 ff.; Urt. v. 24.10.2019, C-212/18 (*Prato Nevoso*), Rn. 30 ff.

[40] EuGH, Urt. v. 07.03.2013, C-358/11 (*Lapin ELY-keskus, liiken-ne ja infrastruktuuri*), Rn. 55; Urt. v. 28.03.2019, C-60/18 (*Tallinna Vesi AS*), Rn. 29.

[41] Vorlagefragen, die zu einer Klärung dieser Frage führen könnten, wurden dem EuGH in der Rechtssache C-238/21 bereits vorgelegt.

1.2.4.2 Abfallendeverordnungen der EU

Stoffstromspezifische „EU-Abfallendeverordnungen“, welche die EU-Kommission aufgrund ihrer Konkretisierungsbefugnis nach Art. 6 Abs. 2 AbfRRL erlässt, gelten unmittelbar in allen Mitgliedstaaten und verdrängen in ihrem Anwendungsbereich die nationalen Regelungen über das Abfallende. Der Erlass solcher Regelungen bietet den Vorteil, dass die stofflichen Anforderungen, die für das Erreichen des Abfallendes maßgeblich sind, unter Berücksichtigung der konkreten Eigenschaft des jeweiligen Stoffes oder Gegenstandes und damit bestimmter festgelegt werden können als durch eine für beliebige Abfälle geltende Generalklausel. Der Nachteil dieses Ansatzes besteht allerdings darin, dass es angesichts der Weite des Abfallbegriffs und der sich daraus ergebenden Vielfalt von Abfällen immer Abfallfraktionen geben wird, für die keine stoffstromspezifische Regelung existiert.

Bisher sind nur drei EU-Abfallendeverordnungen geschaffen worden, nämlich die VO (EU) Nr. 333/2011 für Eisen-, Stahl- und Aluminiumschrott, die VO (EU) Nr. 1179/2012 für Bruchglas und die VO (EU) Nr. 715/2013 für Kupferschrott. Der „Neue Aktionsplan für die Kreislaufwirtschaft“,[42] der Teil des europäischen Grünen Deals zum Klimaschutz ist, sieht zwar vor, dass der Erlass weiterer Abfallendeverordnungen von der EU-Kommission geprüft wird, ohne jedoch bestimmte Stoffströme als Kandidaten für solche Regelungen zu benennen.

Obwohl die bisher geltenden EU-Abfallendeverordnungen schon vor der Novellierung der Abfallrahmenrichtlinie 2018 erlassen wurden, verfügen sie bereits über die heute in Art. 6 Abs. 2 AbfRRL geforderte Regelungsstruktur. Insbesondere sind nach den jeweiligen Verordnungen bestimmte Anforderungen an die Qualität der eingesetzten Abfälle und das recycelte Produkt zu erfüllen; außerdem muss das Verwertungsverfahren bestimmten Anforderungen genügen. Um die Einhaltung dieser Anforderungen sicherzustellen, muss zudem ein zertifiziertes „Managementsystem“ bestehen. Schließlich muss der Verwerter an den Empfänger eine Konformitätserklärung abgeben. Sind alle genannten Voraussetzungen erfüllt, dann endet die Abfalleigenschaft mit der Übergabe vom Verwerter an den Empfänger.

1.2.4.3 Ende der Abfalleigenschaft nach § 5 KrWG

Für alle Abfälle, für die es keine EU-Abfallendeverordnung gibt, bestimmt sich das Ende der Abfalleigenschaft nach § 5 Abs. 1 KrWG. Danach endet die Abfalleigenschaft eines Stoffes oder Gegenstandes, wenn dieser ein Verwertungsverfahren durchlaufen hat und so beschaffen ist, dass er üblicherweise für bestimmte Zwecke verwendet wird (Nr. 1), ein Markt oder eine Nachfrage für ihn besteht (Nr. 2), er alle für seine jeweilige Zweckbestimmung geltenden technischen Anforderungen sowie alle Rechtsvorschriften und anwendbaren Normen für Erzeugnisse erfüllt (Nr. 3) und seine Verwertung insgesamt nicht zu schädlichen Auswirkungen auf Mensch oder Umwelt führt (Nr. 4). § 5 Abs. 2 KrWG enthält eine Ermächtigungsgrundlage, die Bedingungen für das Abfallende durch Rechts-

---

[42] COM(2020) 98 final.

verordnung der Bundesregierung näher zu bestimmen und Anforderungen zum Schutz von Mensch und Umwelt, insbesondere durch Grenzwerte für Schadstoffe, festzulegen. Derartige Rechtsverordnungen sind bisher noch nicht erlassen worden.

Erste Voraussetzung dafür, dass ein Abfall nach § 5 Abs. 1 KrWG das Ende der Abfalleigenschaft erreichen kann, ist, dass dieser ein Verwertungsverfahren durchlaufen hat. Das Vorliegen einer Verwertung bestimmt sich nach der gesetzlichen Definition in § 3 Abs. 23 KrWG. Es kommt also darauf an, ob als Hauptergebnis des fraglichen Verfahrens Abfälle innerhalb der Anlage oder in der weiteren Wirtschaft einem sinnvollen Zweck zugeführt werden, indem sie entweder andere Materialien ersetzen, die sonst zur Erfüllung einer bestimmten Funktion verwendet worden wären, oder indem Abfälle so vorbereitet werden, dass sie diese Funktion erfüllen. Wie sich aus der 22. Begründungserwägung zur Abfallrahmenrichtlinie ergibt, kann die Verwertung auch in einer bloßen Sichtung des Abfalls mit dem Ziel, die materiellen Anforderungen des Abfallendes zu prüfen, bestehen.

Vielfach wird dem Begriff „Durchlaufen" das Erfordernis entnommen, dass die Verwertung bereits „abgeschlossen" sein muss. Diese Auffassung, die auf eine vor Inkrafttreten des KrWG ergangene Rechtsprechung des Bundesverwaltungsgerichts zurückgeht,[43] ermöglicht es, das Ende der Abfalleigenschaft insbesondere in Fällen zu verneinen, in denen bis zur Herstellung eines Endproduktes noch weitere Behandlungsschritte erforderlich sind. Dagegen spricht allerdings, dass insbesondere bei der Schaffung der heute geltenden Abfallrahmenrichtlinie eine Erweiterung der Möglichkeiten von Sekundärrohstoffen, die als Vorprodukt in der Industrie eingesetzt werden, das Abfallende zur erreichen, angestrebt wurde. Zudem birgt die vorgenannte Auffassung die Gefahr, dass die materiellen Voraussetzungen für das Erreichen des Abfallendes mithilfe des gesetzlich nicht definierten Begriffs des Verwertungsabschlusses über die in § 5 Abs. 1 Nr. 1 bis 4 KrWG vorgesehenen Anforderungen hinaus nahezu beliebig erweitert werden. Schließlich belegt die Entstehungsgeschichte der Richtlinie, dass es auf die Beendigung der Verwertung gerade nicht ankommen sollte.[44]

Die Voraussetzung des § 5 Abs. 1 Nr. 1 KrWG, dass der Stoff oder Gegenstand üblicherweise für bestimmte Zwecke verwendet werden muss, soll in erster Linie Stoffe und Gegenstände mit undefinierbarem Nutzen ausschließen, weil solche dem Risiko unterliegen, kurzfristig wieder zu Abfall zu werden. Eine ähnliche Zielrichtung hat § 5 Abs. 1 Nr. 2 KrWG, wonach für den Stoff oder Gegenstand ein Markt oder eine Nachfrage bestehen muss. Auch dieses Kriterium dient letztlich dazu, eine weitere Verwendung sicherzustellen. Der Markt bzw. die Nachfrage muss bereits gegenwärtig vorhanden sein; die Möglichkeit, sie zu schaffen, genügt nach einhelliger Auffassung nicht.[45] Andererseits sind insoweit keine hohen Anforderungen zu stellen, sodass es für das Vorhandensein eines Marktes genügen dürfte, wenn ein Anbieter auf einen Nachfrager trifft.[46]

---

[43] Vgl. BVerwG, Urt. v. 14.12.2006, 7 C 4.06.

[44] Hierzu *Petersen*, in: Jarass/Petersen (Hrsg.), KrWG, § 5 Rn. 30; *Jarass*, NVwZ 2019, 1545 (1548).

[45] *Petersen*, in: Jarass/Petersen (Hrsg.), KrWG, § 5 Rn. 36.

[46] *Petersen*, in: Jarass/Petersen (Hrsg.), KrWG, § 5 Rn. 35.

Fraglich ist, ob sich aus § 5 Abs. 1 Nr. 2 KrWG ergibt, dass der fragliche Stoff oder Gegenstand über einen positiven Marktwert verfügen muss.[47] Aus dem Wortlaut folgt dies nicht, denn bereits die begriffliche Unterscheidung zwischen positiven und negativen Marktwerten zeigt, dass das Vorhandensein eines Marktes nicht von einem positiven Wert abhängig ist. Für das Erfordernis eines positiven Marktwerts spricht allerdings der Zweck des Merkmals, da bei einem negativen Marktwert die weitere Verwendung keineswegs allein durch die Existenz eines Marktes sichergestellt ist. Stoffe und Gegenstände mit negativem Marktwert können die Voraussetzung des § 5 Abs. 1 Nr. 2 KrWG deshalb – wenn überhaupt – nur dann erfüllen, wenn ihre weitere Verwendung auf andere Weise sichergestellt ist.

§ 5 Abs. 1 Nr. 3 KrWG verlangt, dass der Stoff oder Gegenstand alle für seine jeweilige Zweckbestimmung geltenden technischen Anforderungen sowie alle Rechtsvorschriften und anwendbaren Normen für Erzeugnisse erfüllt. Unter Normen sind dabei, wie sich aus der englischen Sprachfassung des Art. 6 AbfRRL („standards") ergibt, technische Normen zu verstehen. Alle einschlägigen Rechtsvorschriften und Normen sind auch dann erfüllt, wenn es solche überhaupt nicht gibt.[48] Die teilweise vertretene Gegenauffassung, wonach eine Entlassung aus dem Abfallrecht nur bei einer „positiven Akzeptanz" durch das Produktrecht möglich sein soll,[49] ist abzulehnen. Denn es gibt durchaus Recyclingprodukte, die weder in technischer noch in rechtlicher Hinsicht ein Bedürfnis nach Regulierung aufwerfen.

Die Verwendung des Stoffes oder Gegenstandes darf schließlich insgesamt nicht zu schädlichen Auswirkungen auf Mensch oder Umwelt führen, § 5 Abs. 1 Nr. 4 KrWG. Diese Anforderung stimmt inhaltlich mit dem Schadlosigkeitserfordernis nach § 4 Abs. 1 Nr. 4 KrWG überein. Für das Ende der Abfalleigenschaft gilt somit der gleiche umweltbezogene Maßstab wie für die Anerkennung von Nebenprodukten, sodass die sich stellenden Rechtsfragen in beiden Fällen parallel zu beantworten sind. Auch im Kontext des § 5 Abs. 1 Nr. 4 KrWG kommt es daher nicht auf eine „vergleichende Sicherheitsbetrachtung" im Sinne eines abstrakten Vergleichs der Anforderungen von Abfall- und Produktrecht an, sondern auf die konkreten, von dem Stoff oder Gegenstand ausgehenden Gefahren (s. dazu Abschn. 1.2.3.2).

► **Praxisbeispiel** Wird aus Alttextilien, die über eine Containersammlung erfasst wurden (zur Abfalleigenschaft s. 1.2.2.1), gebrauchsfähige Ware aussortiert, endet damit deren Abfalleigenschaft: Die Textilien durchlaufen mit dem Sortier-

---

[47] So die herrschende Meinung, *Jarass*, NVwZ 2019, 1545 (1548); *Petersen*, in: Jarass/Petersen (Hrsg.), KrWG, § 5 Rn. 35; *Hofmann*, in: Schmehl/Klement, GK-KrWG, 2. Auflage 2019, § 5 Rn. 20; zweifelnd *Beckmann*, in: Landmann/Röhner, Umweltrecht, Stand: 95. EL Mai 2021, § 5 KrWG Rn. 38.

[48] *Jarass*, NVwZ 2019, 1545 (1550); *Beckmann*, in: Landmann/Röhner, Umweltrecht, Stand: 95. EL Mai 2021, § 5 KrWG Rn. 44 f.

[49] *Petersen*, in: Jarass/Petersen (Hrsg.), KrWG, § 5 Rn. 43.

prozess ein Verwertungsverfahren, sie werden üblicherweise für bestimmte Zwecke (Bekleidung) verwendet, für sie besteht ein Markt und sie erfüllen – ebenso wie die ursprüngliche Kleidung – die umweltbezogenen Anforderungen nach § 5 Abs. 1 Nr. 3 und 4 KrWG.

Putzlappen, die häufig aus nicht mehr tragfähigen Alttextilien hergestellt werden, können nach hier vertretener Auffassung ebenfalls das Abfallende erreichen, sofern für sie ein Markt oder eine Nachfrage besteht und von ihnen keine Umweltgefahren ausgehen.

1.2.5 Exkurs: Nachweis der fehlenden Abfalleigenschaft bei exportierten Elektrogeräten und anderen Abfällen

Die Abgrenzung zwischen Abfällen und Produkten nach der Abfalldefinition und den sie flankierenden Regelungen über Nebenprodukte und das Ende der Abfalleigenschaft ist stark einzelfallabhängig. Das Abstellen auf das Verhalten bzw. den Willen des Besitzers durch den subjektiven Abfallbegriff ermöglicht in gewissem Umfang missbräuchliche Umgehungsstrategien und erschwert dadurch auch den Gesetzesvollzug. Missstände hat der europäische Richtliniengeber insbesondere im Bereich des Exports von gebrauchten Elektro- und Elektronikgeräten gesehen. In Umsetzung der unionsrechtlichen Vorgaben enthält nun § 23 ElektroG i. V. m. Anlage 6 zu diesem Gesetz eine Vermutung für die Abfalleigenschaft gebrauchter Elektro- und Elektronikgeräte, bei denen es sich möglicherweise um Altgeräte handelt. Zur Widerlegung dieser Vermutung müssen – vereinfacht gesagt – Belege für die Funktionsfähigkeit des Geräts, welche vom Veranlasser der Beförderung zu prüfen ist, und weitere Dokumente vorgelegt werden können und ein angemessener Beschädigungsschutz bei der Beförderung gewährleistet sein. Unter bestimmten Voraussetzungen gelten allerdings Ausnahmen vom Erfordernis der vollen Funktionsfähigkeit und dessen Nachweis, z. B. wenn Elektrogeräte im Rahmen der Gewährleistung mit der Absicht einer Wiederverwendung an einen ausländischen Hersteller zurückgesendet werden.

In eine ähnliche Richtung geht Art. 50 Abs. 4a der EU-Abfallverbringungsverordnung. Danach können die zuständigen Behörden zur Feststellung der Abfalleigenschaft neben Nachweisen über den Herkunfts- und Bestimmungsort des betreffenden Stoffes oder Gegenstandes auch „den Nachweis, dass es sich nicht um Abfälle handelt, gegebenenfalls einschließlich eines Nachweises der Funktionsfähigkeit" verlangen. Diese Regelung betrifft alle Abfallverbringungen, ist also im Gegensatz zu § 23 ElektroG nicht auf den Export von Elektrogeräten beschränkt. Allerdings enthält Art. 50 Abs. 4a EU-Abfallverbringungsverordnung keine Vorgaben, wie der Nachweis der fehlenden Abfalleigenschaft zu erbringen ist, und bietet somit einen größeren Spielraum für eine sachgerechte Handhabung in der Praxis.

Die vorstehend genannten Vorschriften betreffen die Frage des Nachweises der Abfall- bzw. Produkteigenschaft. Sie liegen damit auf einer anderen Ebene als die bisher erörterten materiellen Regelungen der §§ 3 Abs. 1, 4 und 5 KrWG. Wenngleich sie somit den Abfallbegriff nicht modifizieren, kommt das praktische Ergebnis einer solchen Modifikation zumindest nahe. Denn im Anwendungsbereich solcher Nachweisregelungen wird jedenfalls der Schwerpunkt bei der Abgrenzung zwischen Abfall und Produkt verschoben: Im Vordergrund stehen nicht mehr die Entledigungstatbestände der Abfalldefinition und die sie flankierenden Regelungen, sondern die Merkmale, an die nach den jeweiligen Normen der Nachweis des Fehlens der Abfalleigenschaft geknüpft ist. Da es sich dabei um objektive Umstände wie die Funktionsfähigkeit handelt, während der materielle Abfallbegriff in erster Linie auf subjektive Umstände abstellt, besteht die Gefahr, dass im Ergebnis Stoffe und Gegenstände dem abfallrechtlichen Regime unterworfen werden, obwohl sie die rechtlichen Voraussetzungen eines Abfalls nicht erfüllen. Das erscheint systemwidrig – sollte die gegenwärtige Abfalldefinition mit ihrem stark subjektiven Einschlag tatsächlich zu kaum behebbaren Vollzugsdefiziten führen, wäre ein neuer, mehr an objektiven Kriterien orientierter Abfallbegriff die konsequentere und letztlich sachgerechtere Lösung.

2 Einstufung von Abfällen

Joachim Wuttke

2.1 Einleitung

Abfalleinstufungssysteme können nach unterschiedlichen Prinzipien entwickelt und ausgestaltet werden. Dabei kann die Abfalleinstufung grundsätzlich stoffbezogen oder herkunftsbezogen unter Berücksichtigung von stoffinhärenten Gefahreneigenschaften und/oder Risikobetrachtungen erfolgen.

Systematisch reine Ausprägungen sind in der Praxis aber kaum anzutreffen, sondern eher mehr oder weniger gemischte Systeme. So wurde das erste Abfalleinstufungssystem in Deutschland von den im Vollzug der Abfallwirtschaft tätigen Mitarbeitern in den Bundesländern aus praktischen Erwägungen heraus entwickelt. Die in der Praxis anfallenden Abfallströme wurden nach den gemeinsamen Merkmalen von Zusammensetzung und Herkunft für die jeweilige Abfallart nach einem numerischen Sortiersystem in Obergruppe, Gruppe, Untergruppe und Abfallart gegliedert, wobei von der Obergruppe zur Abfallart hin eine immer präzisierendere Beschreibung erfolgte. Zusammenfassend galt für diese Auflistung, dass eine *Abfallart* durch *Abfallschlüssel*, Bezeichnung der Abfallart und Angabe der Herkunft charakterisiert ist. Das als LAGA-Abfallartenkatalog bezeichnete Abfalleinstufungssystem war weder strikt nach Gefährlichkeitskriterien noch strikt nach Herkunft, sondern in einem gemischten System nach den Merkmalen Zusammensetzung und Herkunft aufgebaut.[1]

[1] LAGA 1992.

J. Wuttke (✉)
SJW-Beratung, Berlin, Deutschland

P. Kurth et al. (Hrsg.), *Praxishandbuch der Kreislauf- und Rohstoffwirtschaft*,
https://doi.org/10.1007/978-3-658-36262-1_2

Dieses System kam in Deutschland bis Ende 1998 im abfallrechtlichen bzw. abfalltechnischen Vollzug zur Anwendung und wurde dann vom überwiegend herkunftsbezogen aufgebauten *Europäischen Abfallverzeichnis* (EAV) abgelöst, das mit der *Abfallverzeichnisverordnung* (AVV) ins nationale Recht[2] umgesetzt wurde.

Im Bereich der grenzüberschreitenden Abfallverbringung wird seit Inkrafttreten der EG-Abfallverbringungsverordnung im Jahre 1994 parallel dazu ein überwiegend stoffbezogen aufgebautes Abfalleinstufungssystem angewendet. Das zunächst nach Risiko dreigestufte System der Organisation für wirtschaftliche Zusammenarbeit und Entwicklung (OECD) mit einer Einstufung von Abfällen in die sogenannte Grüne, Gelbe und Rote Abfallliste[3] wurde 2001 auf ein Zwei-Listen-System (*Grüne und Gelbe Liste*) umgestellt und mit einer Novelle des europäischen Abfallverbringungsrechts – der europäischen Verordnung über die Verbringung von Abfällen[4] (VVA) – in europäisches Recht umgesetzt.

Damit kommen in der abfallwirtschaftlichen Praxis zwei auf unterschiedlichen Grundlagen beruhende Abfalllistensysteme zur Anwendung, die noch von einem weiteren System ergänzt werden, das auf dem *Besorgnisgrundsatz* des Wasserhaushaltsrechts[5] aufbaut.

2.2 Europäisches Abfallverzeichnis

Das EAV ist maßgebend für die Abfallbezeichnungen in der EU. Stoffe oder Gegenstände werden allerdings nicht automatisch zu Abfall, wenn sie einer der Bezeichnungen im EAV oder aber der Grünen oder Gelben Liste zugeordnet werden können. Für die Einstufung als Abfall allein maßgebend ist die Erfüllung der *Abfalldefinition* gemäß EG-Abfallrahmenrichtlinie (EG-AbfRRL)[6] und/oder dem Kreislaufwirtschaftsgesetz (KrWG).[7] Es ist somit entscheidend, ob der Besitzer einer beweglichen Sache oder eines Stoffes sich dieser

[2] Verordnung über das europäische Abfallverzeichnis (Abfallverzeichnis-Verordnung – AVV) vom 10.12.2001, BGBl. I, S. 3379; zuletzt geändert durch Artikel 1 der Verordnung vom 30. Juni 2020 (BGBl. I S. 1533).

[3] Sogenannte Ampellisten der OECD entsprechend den Farben der Ampellichter.

[4] Verordnung (EG) Nr. 1013/2006 v. 14.06.2006 über die Verbringung von Abfällen, ABl. L 190 vom 12.07.2006, S. 1, zuletzt geändert mit Delegierter Verordnung (EU) 2020/2174 der Kommission vom 19. Oktober 2020 zur Änderung der An-hänge IC, III, IIIA, IV, V, VII und VIII der Verordnung (EG) Nr. 1013/2006 des europäischen Parlaments und des Rates über die Verbringung von Abfällen, Abl. L 433 S. 11 vom 22.12.2020.

[5] Gesetz zur Ordnung des Wasserhaushalts (Wasserhaushaltsgesetz – WHG) vom 31. Juli 2009, BGBl. I, S. 2585, zuletzt geändert durch Artikel 3 des Gesetzes vom 9. Juni 2021 (BGBl. I S. 1699).

[6] Richtlinie 2008/98/EG v. 19.11.2008 über Abfälle und zur Aufhebung bestimmter Richtlinien (Abfallrahmenrichtlinie), ABl. der EU, L 312, S. 3 v. 22.11.2008, in der jeweils geltenden Fassung.

[7] Gesetz zur Förderung der Kreislaufwirtschaft und Sicherung der umweltverträglichen Bewirtschaftung von Abfällen (Kreislaufwirtschaftsgesetz – KrWG) v. 24.02.2012, BGBl. I, S. 212, v. 29.02.2012,. zuletzt geändert durch Artikel 2 des Gesetzes vom 9. Juni 2021 (BGBl. I S. 1699).

entledigt, entledigen will oder entledigen muss. Das EAV oder die AVV gilt für alle Abfälle, ungeachtet dessen, ob sie zur Beseitigung oder zur Verwertung bestimmt sind.

Das Abfallverzeichnis muss regelmäßig überprüft und geändert werden, um sowohl der Dynamik des Standes der Technik in der Abfallwirtschaft, als auch dem wissenschaftlichen und technischen Fortschritt Rechnung zu tragen. Ende 2014 wurde das EAV letztmalig novelliert.[8] Diese Novelle des EAV war aufgrund von Veränderungen des als Grundlage genutzten Chemikalienrechts,[9] insbesondere dem Erlass der *EU CLP-Verordnung*,[10] sowie abfallwirtschaftlicher und abfallrechtlicher Entwicklungen erforderlich.

2.2.1 Entstehung des Europäischen Abfallverzeichnisses

Gemäß den Vorgaben der Abfallrahmenrichtlinie hatte die Kommission der EU den Auftrag, bis April 1993 ein Verzeichnis von Abfallarten zu erstellen, um die Abfallarten europaeinheitlich zu konkretisieren. Das mit Entscheidung 94/3/EG eingeführte erste Europäische Abfallverzeichnis[11] klassifizierte insgesamt 645 Abfälle. Ferner war gemäß der inzwischen in der Abfallrahmenrichtlinie aufgegangenen Richtlinie über gefährliche Abfälle (EG-GefAbfRL) und auf der Grundlage der in dieser Richtlinie enthaltenen Anhänge I, II, und III von der Kommission unter Beteiligung des Technischen Anpassungsausschusses eine Liste gefährlicher Abfälle aufzustellen. Beide Verzeichnisse wurden mit der 2001 erfolgten Novelle in einem Verzeichnis zusammengeführt und die gefährlichen Abfälle zusätzlich zum eindeutigen sechsstelligen Code besonders hervorgehoben mit einem Sternchen (*) gekennzeichnet. Im Zuge der chemikalienrechtlichen und abfallrechtlichen Entwicklungen wurde 2014 mit Änderung des Anhangs III eine neue noch unvollständige Einstufungsgrundlage für die gefährlichen Abfälle[12] geschaffen, die 2017 um das HP Kriterium ökotoxisch[13] ergänzt und vervollständigt wurde.

---

[8] Beschluss der Kommission vom 18. Dezember 2014 zur Änderung der Entscheidung 2000/532/EG über ein Abfallverzeichnis gemäß der Richtlinie 2008/98/EG des Europäischen Parlaments und Rates, Abl. L370. S. 44 vom 30.12.2014.

[9] Die Ablösung des bisherigen Einstufungs- und Kennzeichnungssystems der EU wird durch die CLP-Verordnung (CLP = *Classification*, *Labelling* and *Packaging* im englischsprachigen Titel der Verordnung) geregelt.

[10] Verordnung (EG) Nr. 1272/2008 v. 16.12.2008 über die Einstufung, Kennzeichnung und Verpackung von Stoffen und Gemischen, zur Änderung und Aufhebung der Richtlinien 67/548/EWG und 1999/45/EG und zur Änderung der Verordnung (EG) Nr. 1907/2006, EU ABl. L 353, S. 1, in der jeweils geltenden Fassung.

[11] Entscheidung der Kommission 94/3/EG v. 20.12.1993 über ein Abfallverzeichnis gem. Art. 1 Buchstabe a der Richtlinie des Rates 75/442 EWG über Abfälle, ABl. Nr. L 5 v. 07.01.1994.

[12] Verordnung (EU Nr. 1357/2014) der Kommission zur Ersetzung von Anhang III der Richtlinie über Abfälle und zur Aufhebung bestimmter Richtlinien, Abl. L 365, S. 89 vom 19.12.2014.

[13] Verordnung (EU) 2017/997 des Rates vom 8. Juni 2017 zur Änderung von Anhang III der Richtlinie 2008/98/EG des Europäischen Parlaments und des Rates in Bezug auf die gefahrenrelevante Eigenschaft HP 14 „ökotoxisch", ABl. L 150 vom 14.06.2017, S. 1.

Bei der Entwicklung des EAVs wurde versucht, eine Regelung unter Berücksichtigung der national bestehenden Listen sowie in Abgleich mit der harmonisierten Nomenklatur des Zolltarifs und mit den bereits damals laufenden Arbeiten zur Abfallstatistik herbeizuführen. Zum damaligen Zeitpunkt kamen in den Mitgliedstaaten der EU sowohl eher herkunftsspezifische (beispielsweise in Frankreich) oder eher stoffspezifische (beispielsweise in Deutschland) Klassifikationssysteme zur Anwendung. Die systematischen Unterschiede der verschiedenen Staaten zur Klassifizierung von Abfällen und gefährlichen Abfällen waren deshalb erheblich. Die beiden extremen Pole bildeten entweder „Schadstofflisten" wie im Anhang der Richtlinie über gefährliche Abfälle oder Abfallartenkataloge wie in Deutschland. Dazwischen bewegten sich Listen mit Einfügung zusätzlicher Kriterien, vorwiegend technologischer oder physikalisch-chemischer Art, sowie von Konzentrationsgrenzwerten oder der Verwertbarkeit des Abfalls.

2.2.2 Aufbau des Abfallverzeichnisses

In den Beratungen zu einem einheitlichen europäischen Abfallverzeichnis fiel dann letztendlich die Entscheidung zu Gunsten eines überwiegend *herkunftsspezifischen* Systems. Dieses baut auf 20 Kapiteln auf, die ihrerseits wieder in überwiegend herkunftsspezifische Gruppen unterteilt sind. Jede Gruppe kann bis zu 99 spezifische Abfallschlüsselnummern oder Abfallcodes enthalten. Das Prinzip der herkunftsbezogenen Beschreibung im Europäischen Abfallverzeichnis wird allerdings nicht konsequent durchgehalten, wie die mehr stoffbezogenen Kap. 13, 14 und vor allem Kap. 15 zeigen.

Von den Kapiteln bis hin zu den Abfallcodes erfolgt im AVV/EAV eine grundsätzlich immer präziser werdende Abfallbeschreibung. Die Abfallcodes werden durch eine sechsstellige Zahlenfolge repräsentiert, wobei die ersten zwei Stellen die Kapitelzugehörigkeit und die zweiten zwei Stellen die Zuordnung zu der Gruppe darstellen. Mit den beiden letzten Stellen wird dann die Abfallart endgültig bestimmt. Mit der Endzahl 99 werden Auffangcodes bezeichnet, unter denen Abfälle eingeordnet werden können, für die keine herkunftsspezifischen Codes vorhanden sind. Die Bezeichnungen dieser Codes werden im AVV/EAV um die Abkürzung „a.n.g." ergänzt, was „anderweitig nicht genannt" bedeutet, jedoch bezieht sich das „a.n.g." nur auf die in einer Gruppe enthaltenen Abfallarten.

Den im AVV/EAV enthaltenen Abfallarten, in denen ähnliche Abfälle zusammengefasst sind, werden die zu entsorgenden Abfälle zugeordnet. Obwohl die Bezeichnung der Abfallarten weitgehend nach stofflichen Kriterien erfolgt, sind die Abfallarten im AVV/EAV überwiegend herkunftsbezogen eingruppiert worden und können nur im Zusammenhang mit den herkunftsbezogenen Kapitel- und Gruppenbezeichnungen betrachtet werden.

2.2.2.1 Auf- und Abstufungsklausel

Die AVV enthält in § 3 Abs. 3 (EG-AbRRL Art. 7, Abs. 2 und 3) eine Klausel, mit der – in Ausnahmefällen – nicht gefährliche Abfälle zu gefährlichen Abfällen heraufgestuft, oder aber gefährliche Abfälle zu nicht gefährlichen Abfällen herabgestuft werden können.

- Für eine evtl. Herabstufung von gefährlichen Abfällen hat der Abfallerzeuger oder -besitzer der zuständigen Behörde im Mitgliedstaat geeignete Unterlagen vorzulegen, auf deren Basis eine Abstufung durch die Behörde erfolgen kann.
- Darüber hinaus können die Mitgliedstaaten nicht gefährliche Abfälle zum gefährlichen Abfall heraufstufen, wenn eines oder mehrere der Gefährlichkeitskriterien aus Anhang III der EG-AbfRRL erfüllt sind.

Entsprechende Entscheidungen der Mitgliedstaaten sind der Kommission zu notifizieren, die prüft, ob es erforderlich ist, das Abfallverzeichnis erneut zu novellieren.

2.2.2.2 Generelle Definitionen

Die Anlage der AVV, die als Kernelement das Abfallverzeichnis enthält, trifft in Nr. 1 der Einleitung (Definitionen des EAVs) unter anderem folgende grundsätzliche Begriffsbestimmungen im Sinne und für die Zwecke des Abfallverzeichnisses, die bedeutsam für die Anwendung sind:

- *Gefährlicher Stoff*
- jeder Stoff, der gemäß CLP als gefährlich eingestuft wurde oder künftig so eingestuft wird;
- *Schwermetall*
- jede Verbindung von Antimon, Arsen, Cadmium, Chrom(VI), Kupfer, Blei, Quecksilber, Nickel, Selen, Tellur, Thallium oder Zinn sowie diese Stoffe in metallischer Form, sofern die Verbindung oder der Stoff als gefährliche eingestuft ist.

2.2.3 Klassifizierungsgrundlagen und Anwendung des Abfallverzeichnisses

Wie bereits dargestellt sind im AVV/EAV die Abfallarten überwiegend nach der Herkunft (z. B. Abfälle aus der Lederindustrie) eingestuft. Aus pragmatischen Gründen sind einige andere Abfälle nach der früheren Funktion des Produkts (beispielsweise Abfälle von als Lösemittel verwendeten organischen Stoffen oder Verpackungsabfälle) eingestuft, um die Zahl der Einträge im Katalog in einem überschaubaren Rahmen zu halten.

2.2.3.1 Klassifizierungsgrundlagen

Die Einstufung von gefährlichen Abfällen im AVV/EAV lehnt sich stark an die Einstufung von Stoffen und Gemischen nach Chemikalienrecht an, obwohl dieses System nur begrenzt direkt auf Abfälle anwendbar ist. Es wurde grundsätzlich so vorgegangen, dass jeder Stoff, der gemäß europäischem Chemikalienrecht als gefährlich eingestuft wurde, auch als *gefährlicher Abfall* eingestuft werden sollte, sobald er zu Abfall wird. Das gleiche Prinzip gilt für Gemische.

Im Rahmen der Überarbeitung der Gefährlichkeitskriterien in der EU wurde nur eine teilweise Harmonisierung des Abfallrechts mit dem Chemikalienrecht (CLP-Verordnung) vorgenommen. Es ist deshalb durchaus möglich, dass ein nach Chemikalienrecht gefährlicher Stoff als Abfall als nicht-gefährlich einzustufen ist,[14] oder aber, dass ein nach Chemikalienrecht als nicht-gefährlich einzustufender Stoff aufgrund der Anwendung des Gefährlichkeitskriteriums „ökotoxisch“ (HP14) oder zusätzlicher abfallrechtlicher Gefährlichkeitskriterien wie HP9 oder HP15 als gefährlicher Abfall einzustufen ist.[15]

Das EAV enthält deshalb einen dynamischen Verweis auf die Einstufung gefährlicher Stoffe gemäß der CLP. Der Verweis auf gefährliche Stoffe wurde so formuliert, dass künftige Änderungen bei der Einstufung gefährlicher Stoffe in das Abfallverzeichnis übernommen werden können, ohne die Verabschiedung einer neuen Entscheidung erforderlich zu machen.

Hinsichtlich der Konzentrationsgrenzen wurde ein anderer Ansatz verfolgt. Änderungen der einschlägigen Bestimmungen der CLP-Verordnung müssen in Form einer Änderung von Anhang III der EG-AbfRRL aufgenommen werden.

Der Grund hierfür ist, dass Änderungen der *Konzentrationsgrenzen* und Änderungen der Eigenschaften, die einen Abfall zu einem gefährlichen Abfall machen, die Grundlage für die Einstufung sind und deshalb diese Änderungen explizit in einem formellen Verfahren getroffen werden müssen. Bei der Festlegung der *Grenzwerte* in Anhang III der EG-AbfRRL wurden die einschlägigen Bestimmungen des europäischen Chemikalienrechts berücksichtigt.

Die 2016 novellierte AVV verweist hinsichtlich der *Gefährlichkeitsmerkmale* (HP) in § 3 Abs. 2 auf Anhang III der EG-AbfRRL. Bei der Bewertung der Gefährlichkeitskriterien HP4, HP6, und HP8 gelten *Berücksichtigungsgrenzwerte* für die einzelnen Stoffe gemäß Anhang III der AbfRRL. Ist im Abfall ein Stoff in einer Konzentration unterhalb des Berücksichtigungsgrenzwertes vorhanden, so wird er bei der Berechnung des Schwellenwertes nicht berücksichtigt. Die Gefährlichkeitsmerkmale sind in der Tab. 2.1 aufgeführt. Für das Kriterium HP 9 infektiös, welches nicht gemeinschaftlich festgelegt wurde, verweist die AVV in Nr. 2.2.1 ihrer Einleitung auf die Belastung von Abfällen mit den in entsprechenden Gesetzen[16] aufgeführten gefährlichen Erregern.

---

[14] So z. B. aufgrund des höheren Grenzwertes für „sensibilisierend“ (HP13).

[15] Zur nationalen Festlegung von Eluateigenschaften und Schadstoffgehalten siehe: LAGA 2019.

[16] Das Vorliegen der gefahrenrelevanten Eigenschaft HP 9 wird angenommen bei mit gefährlichen Erregern behafteten Abfällen gemäß § 17 des Infektionsschutzgesetzes vom 20. Juli 2000 (BGBl. I, S. 1045), das zuletzt durch Artikel 6a des Gesetzes vom 10. Dezember 2015 (BGBl. I S. 2229) geändert worden ist, sowie bei Abfällen mit Erregern (Ansteckungsstoffen) der Tierkrankheiten, die in der Verordnung über anzeigepflichtige Tierseuchen in der Fassung der Bekanntmachung vom 19. Juli 2011 (BGBl. I S. 1404), die zuletzt durch Artikel 6 der Verordnung vom 29. Dezember 2014 (BGBl. I, S. 2481) geändert worden ist, oder der Anlage zu § 1 der Verordnung über meldepflichtige Tierkrankheiten in der Fassung der Bekanntmachung vom 11. Februar 2011 (BGBl. I S. 252), die zuletzt durch Artikel 381 der Verordnung vom 31. August 2015 (BGBl. I S. 1474) geändert worden ist, genannt werden.

Tab. 2.1 Gefährlichkeitsmerkmale (HP) und Gefahrenhinweise gemäß Anhang III der EG-AbfRRL mit Grenzkonzentrationen bzw. Flammpunkt

HP	Gefahrenhinweise		ggf. Konzentrationswert
HP 1	H200	Instabil, explosiv	
	H201	Explosiv, Gefahr der Massenexplosion	
	H202	Explosiv; große Gefahr durch Splitter, Spreng- und Wurfstücke	
	H203	Explosiv; Gefahr durch Feuer, Luftdruck oder Splitter, Spreng- und Wurfstücke	
	H204	Gefahr durch Feuer oder Splitter, Spreng- und Wurfstücke	
	H240	Erwärmung kann Explosion verursachen	
	H241	Erwärmung kann Brand oder Explosion verursachen	
HP 2	H270	Kann Brand verursachen oder verstärken; Oxidationsmittel	
	H271	Kann Brand oder Explosion verursachen; starkes Oxidationsmittel	
	H272	Kann Brand verstärken; Oxidationsmittel	
HP 3	H220	Extrem entzündbares Gas	
	H221	Entzündbares Gas	
	H222	Extrem entzündbares Aerosol	
	H223	Entzündbares Aerosol	
	H224	Flüssigkeit und Dampf extrem entzündbar	Flammpunkt < 60° >55 und ≤75° für Gasöl, Diesel, leichtes Heizöl
	H225	Flüssigkeit und Dampf leicht entzündbar	
	H226	Flüssigkeit und Dampf entzündbar	
	H228	Entzündbarer Feststoff	
	H242	Erwärmung kann Brand verursachen	
	H250	Entzündet sich in Berührung mit Luft von selbst	
	H251	Selbsterhitzungsfähig; kann in Brand geraten	
	H252	In großen Mengen selbsterhitzungsfähig; kann in Brand geraten	
	H260	In Berührung mit Wasser entstehen entzündbare Gase, die sich spontan entzünden können	
	H261	In Berührung mit Wasser entstehen entzündbare Gase.	
HP 4	H314	Verursacht schwere Verätzungen der Haut und schwere Augenschäden	$\Sigma_{Stoffe} \geq 1$ %; BG* = 1 % [≥ 5 % ⇒ HP8]
	H318	Verursacht schwere Augenschäden	$\Sigma_{Stoffe} \geq 10$ %; BG* = 1 %
	H315	Verursacht Hautreizungen	$\Sigma_{Stoffe} \geq 20$ %; BG* = 1 %
	H319	Verursacht schwere Augenreizung	$\Sigma_{Stoffe} \geq 20$ %; BG* = 1 %

(Fortsetzung)

Tab. 2.1 (Fortsetzung)

HP	Gefahrenhinweise		ggf. Konzentrationswert
HP 5	H304	Kann bei Verschlucken und Eindringen in die Atemwege tödlich sein	10 %
	H335	Kann die Atemwege reizen	20 %
	H370	Schädigt die Organe	1 %
	H371	Kann die Organe schädigen	10 %
	H372	Schädigt die Organe	1 %
	H373	Kann die Organe schädigen	10 %
HP 6	H300	Lebensgefahr bei Verschlucken	0,1 % (akut 1) 0,25 % (akut 2); BG* = 0,1 %
	H301	Giftig bei Verschlucken	5 %; BG* = 0,1 %
	H302	Gesundheitsschädlich bei Verschlucken	25 %; BG* = 1 %
	H310	Lebensgefahr bei Hautkontakt	0,25 % (akut 1) 2,5 % (akut 2); BG* = 0,1 %
	H311	Giftig bei Hautkontakt	15 %; BG* = 0,1 %
	H312	Gesundheitsschädlich bei Hautkontakt	55 %; BG* = 1 %
	H330	Lebensgefahr bei Einatmen	0,1 %; BG* = 0,1 %
	H331	Giftig bei Einatmen	3,5 %; BG* = 0,1 %
	H332	Gesundheitsschädlich bei Einatmen	22,5 %; BG* = 1 %
HP 7	H351	Kann vermutlich Krebs erzeugen	1 %
	H350	Kann Krebs erzeugen	0,1 %
HP 8	H314	Verursacht schwere Verätzungen der Haut und schwere Augenschäden	Σ_{Stoffe} H314 (1a, 1b, 1c) $\geq$ 5 %; BG* = 1 %
HP 10	H360	Kann die Fruchtbarkeit beeinträchtigen oder das Kind im Mutterleib schädigen	0,3 %
	H361	Kann vermutlich die Fruchtbarkeit beeinträchtigen oder das Kind im Mutterleib schädigen	3 %
HP 11	H340	Kann genetische Defekte verursachen	0,1 %
	H341	Kann vermutlich genetische Defekte verursachen	1 %
HP 12	EUH029	Entwickelt bei Berührung mit Wasser giftige Gase	
	EUH031	Entwickelt bei Berührung mit Säure giftige Gase	
	EUH032	Entwickelt bei Berührung mit Säure sehr giftige Gase	
HP13	H317	Kann allergische Hautreaktionen verursachen	$\geq$ 10 %
	H334	Kann bei Einatmen Allergie, asthmaartige Symptome oder Atembeschwerden verursachen	$\geq$ 10 %

(Fortsetzung)

Tab. 2.1 (Fortsetzung)

HP	Gefahrenhinweise		ggf. Konzentrationswert
HP 14	H400	Sehr giftig für Wasserorganismen	$\geq 25\ \%$
	H410	Sehr giftig für Wasserorganismen mit langfristiger Wirkung	$100 \times \Sigma c$ (H410)) + $10 \times \Sigma c$ (H411) + Σc (H412) $\geq 25\ \%$ für eine oder mehrere aquatische chronische 1,2 und 3 Stoffe**): Σ c H410 + Σ c H411 + Σ c H412 + Σ c H413 $\geq 25\ \%$ für eine oder mehrere aquatische chronische 1,2, 3 und 4 Stoffe***)
	H411	Giftig für Wasserorganismen, mit langfristiger Wirkung.	
	H412	Schädlich für Wasserorganismen, mit langfristiger Wirkung	
	H413	Kann für Wasserorganismen schädlich sein, mit langfristiger Wirkung	
	H420	Schädigt die öffentliche Gesundheit und die Umwelt durch Ozonabbau in der äußeren Atmosphäre	$\geq 0{,}1\ \%$
HP 15	H205	Gefahr der Massenexplosion bei Feuer	
	EUH001	In trockenem Zustand explosiv.	
	EUH019	Kann explosionsfähige Peroxide bilden	
	EUH044	Explosionsgefahr bei Erhitzen unter Einschluss	

Σ = Summe c = Konzentration
*BG = Berücksichtigungsgrenzwert
**der Berücksichtigungsgrenzwert für als H410 eingestufte Substanzen ist 0.1 % und für als H411 oder H412 eingestufte Substanzen ist 1 %
***der Berücksichtigungsgrenzwert für als H410 eingestufte Substanzen ist 0.1 % und für als H411, H412 oder H413 eingestufte Substanzen ist 1 %

Ein Abfall wird im Abfallverzeichnis als gefährlich eingestuft, wenn dieser Abfall relevante gefährliche Stoffe enthält, aufgrund derer er eine oder mehrere der in Anhang III der EG-AbfRRL aufgeführten Gefährlichkeitskriterien HP 1 bis HP 8 oder HP 10 bis HP 15 aufweist. Das Vorliegen des Gefährlichkeitskriteriums HP 9 wird angenommen bei mit gefährlichen Erregern behafteten Abfällen gemäß Infektionsschutzgesetz oder der Verordnung über anzeigepflichtige Tierseuchen.

Eine gefahrenrelevante Eigenschaft kann anhand der Konzentrationen von Stoffen im Abfall gemäß Anhang III der EG-AbfRRL oder sofern die CLP-Verordnung nichts anderes bestimmt anhand einer Prüfung im Einklang mit der REACH-Verordnung oder anhand anderer international anerkannter Prüfmethoden und Leitlinien bewertet werden, wobei Art. 7 der CLP-Verordnung in Bezug auf Tierversuche und Versuche am Menschen zu berücksichtigen ist.

In Deutschland sind darüber hinaus Abfälle, bei denen mindestens eine der in Anhang IV der EG-POP-Verordnung genannten Konzentrationsgrenzen für *persistente organische Schadstoffe* erreicht oder überschritten ist, gemäß der POP-Abfall-Überwachungsverordnung[17] als überwachungsbedürftig einzustufen. Dies gilt für die folgenden Abfallschlüsselnummern der AVV: 16 01 22, 16 02 14, 16 02 16, 17 02 03, 17 06 04, 17 09 04, 19 10 04, 19 10 06 und 20 01 36, sofern sie aus POPs bestehen, diese enthalten oder durch sie verunreinigt sind.

Die in Anhang III der EG-AbfRRL festgelegten Konzentrationsgrenzwerte gelten für reine Metalllegierungen in massiver Form nur dann, sofern diese durch gefährliche Stoffe verunreinigt sind.

Bei der Feststellung der gefahrenrelevanten Eigenschaften von Abfällen können die folgenden Anmerkungen in Anhang VI der CLP-Verordnung berücksichtigt werden:

- die in Anhang VI in Ziffer 1.1.3.1 genannten Anmerkungen zur Identifizierung, Einstufung und Kennzeichnung von Stoffen: Anmerkungen B, D, F, J, L, M, P, Q, R und U,
- die in Anhang VI in Ziffer 1.1.3.2 genannten Anmerkungen zur Einstufung und Kennzeichnung von Gemischen: Anmerkungen 1, 2, 3 und 5.

Nach der Bewertung der gefahrenrelevanten Eigenschaften eines Abfalls im Einklang mit den vorgenannten Verfahrensschritten wird dem Abfall ein passender Eintrag (gefährlich oder nicht gefährlich) aus dem Abfallverzeichnis zugewiesen. Bei der Einstufung nach HP 4 und HP 8 kommt einem pH-Wert ≤ 2 oder einem pH-Wert $\geq 11{,}5$ Indizwirkung zu.

Die überwiegende Zahl der gefährlichen Abfälle erfüllt immer ein Gefahrenmerkmal und ist deshalb generell und ohne Prüfung als gefährlicher Abfall[18] eingestuft. Beispiele hierfür sind:

06 01 02* Salzsäure
14 06 01* Fluorchlorkohlenwasserstoffe, HFCKW, HFKW
16 01 06* Ölfilter

Es liegt auf der Hand, dass die Grenzwerte (vergl. Tab. 2.1) vor allem für solche Abfälle wichtig sind, die in Form von *„Spiegeleinträgen"* gelistet sind. Diese Abfälle können je nach den Umständen ihres Anfalls gefährlich oder ungefährlich sein und sind im Verzeichnis durch mindestens zwei Einträge gekennzeichnet, und zwar durch einen für den gefährlichen und einen für den nicht gefährlichen Abfall.

---

[17] POP-Abfall-Überwachungs-Verordnung vom 17. Juli 2017 (BGBl. I S. 2644), zuletzt geändert durch Artikel 5 Absatz 4 des Gesetzes vom 23. Oktober 2020 (BGBl. I S. 2232).

[18] Diese Abfälle werden auch als absolut gefährlich bezeichnet; wie es auch Einträge gibt die generell als nicht gefährlich eingestuft sind und die als absolut ungefährlich bezeichnet werden.

Beispiel für alternative Einträge, bei denen die Zuordnung des Abfalls zu den korrespondierenden Abfallarten davon abhängig ist, ob der Abfall „gefährliche Stoffe" enthält oder nicht

17 04 10* Kabel, die Öl, Kohlenteer oder andere gefährliche Stoffe enthalten
17 04 11 Kabel mit Ausnahme derjenigen, die unter 170410 fallen ◄

Beispiel für alternative Einträge, bei denen die Zuordnung des Abfalls zu den korrespondierenden Abfallarten davon abhängig ist, ob der Abfall bestimmte, in der Abfallbezeichnung genannte, gefährliche Inhaltsstoffe enthält oder nicht

06 03 15* Metalloxide, die Schwermetalle enthalten
06 03 16 Metalloxide mit Ausnahme derjenigen, die unter 06 03 15 fallen ◄

Die Beispiele zeigen, dass die oben genannten generellen Definitionen dabei eine wesentliche Rolle spielen. Es werden aber auch konkret bestimmte Inhaltsstoffe wie Cyanide genannt.

Beispiel für Einträge die einen multiplen Bezug auf mehrere korrespondierende Abfallarten aufweisen; die Zuordnung ist abhängig von der spezifischen Abfallherkunft oder bestimmten Abfalleigenschaften sowie den enthaltenen gefährlichen Stoffen

06 03 11* feste Salze und Lösungen, die Cyanid enthalten
06 03 13* feste Salze und Lösungen, die Schwermetalle enthalten
06 03 14 feste Salze und Lösungen mit Ausnahme derjenigen, die unter 06 03 11 und 06 03 13 fallen ◄

2.2.3.2 Zuordnung eines Abfalls zur Abfallart

Die richtige *Zuordnung* eines konkreten Abfalls zu einem Abfallschlüssel oder Abfallcode des EAV/AVVs, d. h. zu einer der 842 Abfallarten, von denen 408 als gefährlich gelten, ist aus zwei Gründen von großer Bedeutung, weil:

- mit der im Genehmigungsbescheid von Abfallentsorgungsanlagen enthaltenen Positivliste zugelassener Abfallarten die möglichen Entsorgungswege vorgegeben sind, und
- für als gefährlich eingestufte Abfälle das Verfahren der Vorab- und Verbleibkontrolle der Nachweisverordnung[19] zum Tragen kommt.

Bei der Zuordnung eines Abfalls zu einer Abfallart ist die Branche oder der Herstellungsprozess, in dem der Abfall angefallen ist, entscheidend. Das abgestufte Verfahren der Zuordnung ist in der Einleitung des Abfallverzeichnisses beschrieben und in Abb. 2.1 dargestellt.

[19] Verordnung über die Nachweisführung bei der Entsorgung von Abfällen (Nachweisverordnung – NachweisV) v. 20.10.2006, BGBl. I, S. 2298, in der jeweils geltenden Fassung.

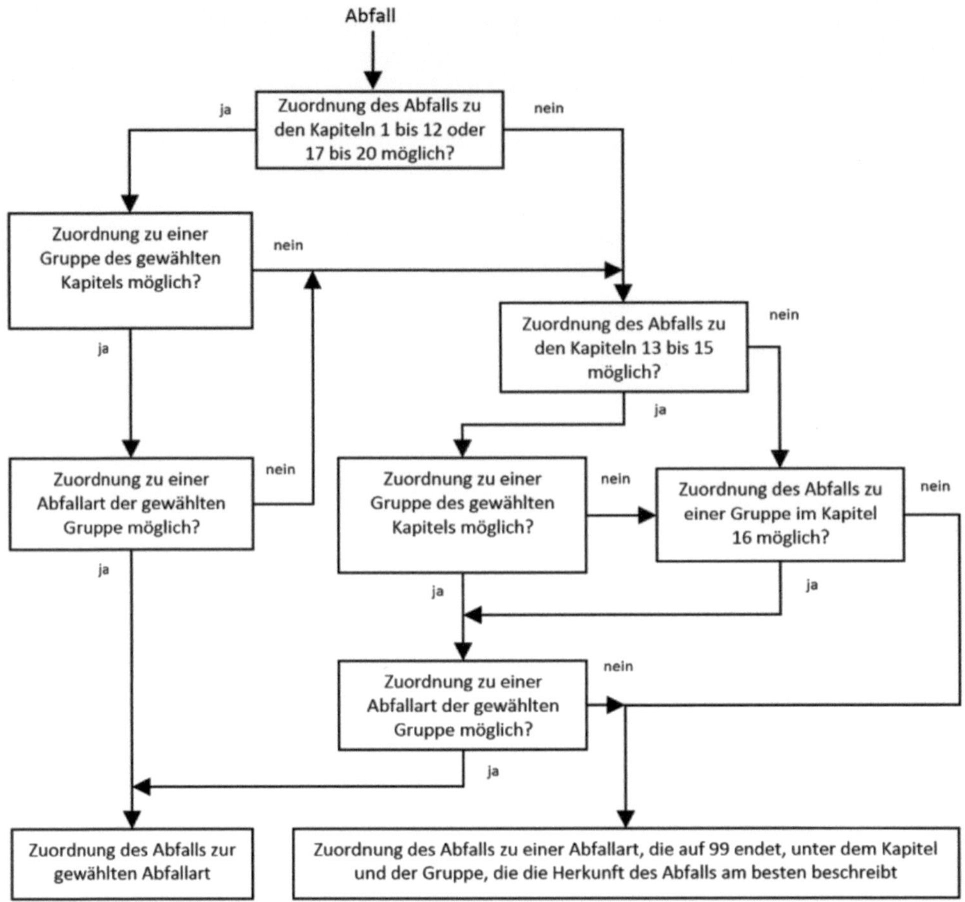

Abb. 2.1 Generelles Abfallzuordnungsschema

Das Abfallverzeichnis kennt jedoch auch Abweichungen von dieser strikten Vorgabe. Bei 19 Gruppen des Abfallverzeichnisses in den Kap. 6 und 7 welche das Kürzel HZVA (Herstellung, Zubereitung, Verwendung, Anwendung) in der Gruppenüberschrift aufweisen, können den Abfallarten der entsprechenden Gruppen auch Abfälle aus der Zubereitung, der Verwendung und Anwendung zugeordnet werden. Ferner können den Abfallarten der beiden Gruppen 1908 und 1912 die ein „a.n.g“ in der Gruppenüberschrift aufweisen Abfälle unabhängig von der Herkunft zugeordnet werden. Anhand der folgenden konkreten Beispiele wird diese Vorgehensweise noch einmal verdeutlicht.

Beispiel 1:

Aluminiumsalzschlacken

1. Zuordnung zur Kapitelüberschrift „10 Abfälle aus thermischen Prozessen“

2. Zuordnung zur Gruppenüberschrift „10 03 Abfälle aus der thermischen Aluminium-Metallurgie“
3. Zuordnung zur Abfallart „10 03 08* Salzschlacken aus der Zweitschmelze“

Beispiel 2:

Einwegpaletten

1. Zuordnung zu den Kap. 1 bis 11 und 16 bis 19 ist nicht zielführend
2. Zuordnung zur Kapitelüberschrift „15 Verpackungsabfall, Aufsaugmassen, Wischtücher, Filtermaterialien und Schutzkleidung (a. n. g.)“
3. Zuordnung zur Gruppenüberschrift „15 01 Verpackungen (einschließlich getrennt gesammelter kommunaler Verpackungsabfälle)“
4. Zuordnung zur Abfallart „15 01 03 Verpackungen aus Holz“

Beispiel 3:

Ölfilter aus Kraftfahrzeugen

1. Zuordnung zu den Kap. 1 bis 11 und 16 bis 19 ist nicht zielführend
2. Zuordnung zu den Kap. 12 bis 14 ist nicht zielführend
3. Zuordnung zur Kapitelüberschrift „16 Abfälle, die nicht anderswo im Verzeichnis aufgeführt sind“
4. Zuordnung zur Gruppenüberschrift „16 01 Altfahrzeuge verschiedener Verkehrsträger (einschließlich mobiler Maschinen) und Abfälle aus der Demontage von Altfahrzeugen sowie der Fahrzeugwartung (außer 13, 14, 16 06 und 16 08)“
5. Zuordnung zur Abfallart „16 01 07 Ölfilter“

Beispiel 4:

Fettabscheiderabfälle aus Kantinenbetrieben

1. Zuordnung zu den Kap. 1 bis 17 und 19 ist nicht zielführend
2. Zuordnung zur Kapitelüberschrift „19 Abfälle aus Abfallbehandlungsanlagen, öffentlichen Abwasserbehandlungsanlagen sowie der Aufbereitung von Wasser für den menschlichen Gebrauch und Wasser für industrielle Zwecke“
3. Zuordnung zur Gruppenüberschrift „19 08 Abfälle aus Abwasserbehandlungsanlagen a. n. g.“
4. Zuordnung zur ungefährlichen Abfallart „19 08 09 Fett- und Ölmischungen aus Ölabscheidern, die ausschließlich Speiseöle und -fette enthalten“

► **Praxishinweis** Sofern sich die Zuordnung eines Abfalls zur Abfallart als schwierig erweist, empfiehlt es sich Kontakt zur Erzeugerbehörde aufzunehmen, um die Einstufung mit dieser abzustimmen oder ggf. gemeinsam zu treffen. Bitten Sie ferner die Behörde, Ihnen die getroffene Zuordnung schriftlich zu bestätigen.

2.2.3.3 Zuordnung von Abfällen zu Spiegeleinträgen

AVV und EAV enthalten Spiegeleinträge mit 178 gefährlichen Abfallarten, die zu Problemen durch unterschiedliche Interpretationen hinsichtlich der Einstufung führen können, denn es gibt keine bundeseinheitliche Vollzugspraxis. Grundsätzlich ist hinsichtlich der

Zuordnung eines Abfalls zur gefährlichen oder nicht gefährlichen Abfallart eines Spiegeleintrages die Definition für gefährliche Abfälle zugrunde zu legen. Nach § 3 Nr. 5 KrWG werden Abfälle durch Rechtsverordnung gem. § 48 Satz 2 KrWG bestimmt. Dies ist mit Erlass der AVV erfolgt, die durch Verweis auf die Definition für gefährliche Abfälle gemäß der EG-AbfRRL und die dort in Anhang III genannten Gefährlichkeitskriterien zurückgreift. Dies bedeutet:

- Ein Abfall ist der gefährlichen Abfallart zuzuordnen, sobald ein Gefährlichkeitskriterium erfüllt ist.
- Ein Abfall kann nur der nicht als gefährlich gekennzeichneten Abfallart zugeordnet werden, wenn plausibel nachgewiesen wird, dass alle Gefährlichkeitskriterien nicht erfüllt sind.

Abfälle sind gemäß § 2 AVV vom Erzeuger, Besitzer, Händler, Makler, Transporteur sowie Entsorger den in der Anlage zur AVV genannten Abfallarten zuzuordnen. Sollte eine der o. g. Personen eine Einstufung zu dem nicht als gefährlich gekennzeichneten Schlüssel des Spiegeleintrags vornehmen wollen, hat sie dies durch Vorlage geeigneter Nachweise zu untermauern, es sei denn aus der Vollzugserfahrung liegen entsprechende Informationen bereits vor. Diese Regelvermutung basiert auf dem allgemeinen umweltpolitischen Vorsorgeprinzip und findet seine Entsprechung in vielen umweltrechtlichen Regelungen. Das gilt beispielsweise auch für das inzwischen ebenfalls sehr stark auf europäischem Gefahrstoffrecht aufbauende Wasserrecht. Hier werden Stoffgemische von weitgehend unbekannter Zusammensetzung vorsorglich als wassergefährdend eingestuft.

Ein abstraktes Potenzial zur Gefährdung der im Abfallrecht genannten Schutzgüter dürfte in der Regel insbesondere bei Abfällen aus dem industriellen und gewerblichen Bereich gegeben sein. Dabei ist es notwendig, einen Maßstab festzulegen, bei welchen Abfällen dieses Gefährdungspotenzial besteht und demzufolge besondere Anforderungen an ihre Entsorgung und Überwachung zu stellen sind. Nach übereinstimmender Meinung in der Literatur[20] ist hierfür weniger auf die ordnungsgemäße Entsorgung verbunden mit den hierfür getroffenen Vorkehrungen abzustellen, als vielmehr auf die nachlässige, unsachgemäße oder illegale Handhabung des Abfalls.

Basierend auf diesen Grundaussagen erfolgt die Zuordnung eines konkreten Abfalls zu einer der beiden Abfallarten eines Spiegeleintrags nach einem abgestuften Verfahren. Zunächst wird der Abfall einem Spiegeleintrag zugeordnet und danach wird schrittweise geprüft, inwieweit vorliegende Erkenntnisse über die gefahrstoffrechtliche Einstufung und Kennzeichnung des Abfalls, nach abfallspezifischen *Regelvermutungen*, aus der Durchführung einer *Deklarationsanalyse* – ohne Durchführung zusätzlicher, aufwendiger che-

[20] *Wendenburg*, in: von Lersner/ders., Recht der Abfallbeseitigung, Rn. 9 zu § 41; *Paetow*, in: Kunig/ders./Versteyl, Kreislaufwirtschafts- und Abfallgesetz, Rn. 12 zu § 41; *Jung/Winter*, in: Birn (Hrsg.), Kreislaufwirtschafts- und Abfallgesetz in der betrieblichen Praxis, Anm. 1 zu § 41 KrW-/AbfG; *Donner/Röckeisen*, in: Jarass/Petersen/Weidemann, KrW-/AbfG, B100 § 41 Rn. 230.

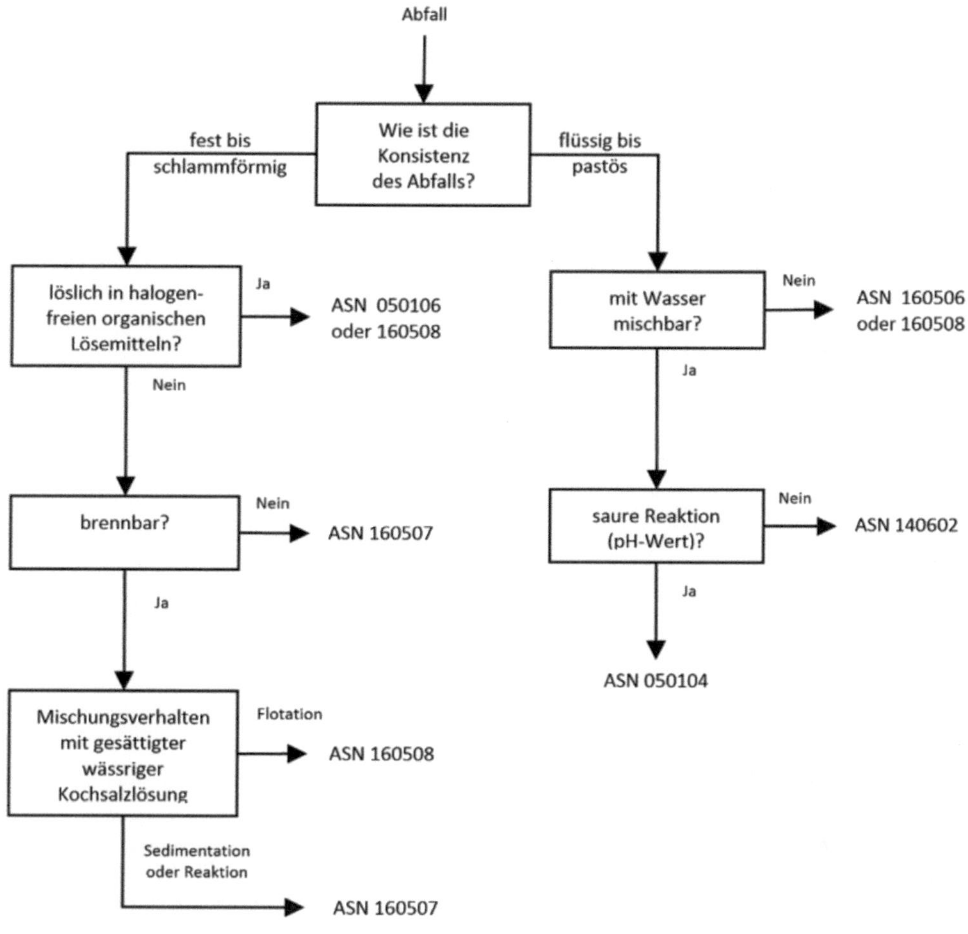

Abb. 2.2 Abfallzuordnung bei unbekannter Abfallzusammensetzung

mischer Analysen – eine abschließende Zuordnung des Abfalls zulassen (vgl. Abb. 2.2). Es kann wie folgt in einem abgestuften Verfahren vorgegangen werden:

1. Zuordnung des Abfalls aufgrund von Erfahrungswerten
2. Zuordnung des Abfalls aufgrund von vorliegenden Erfahrungen (Regelvermutung)
3. Zuordnung des Abfalls aufgrund von Kenntnissen des Produktionsprozesses und der Abfallentstehung
4. Zuordnung des Abfalls aufgrund von Plausibilitätsbetrachtungen hinsichtlich des Gehalts an gefährlichen Inhaltsstoffen (Konzentrationswerte)
5. Zuordnung des Abfalls aufgrund chemisch-analytischer Untersuchung

Der chemisch-analytische Nachweis für das Vorhandensein oder Nichtvorhandensein von gefährlichen Stoffen im Abfall erfordert grundsätzlich umfangreiche und komplizierte Untersuchungen, die bei der Untersuchung des fast überwiegend heterogenen Gemischs Abfall Probleme bereiten. Ein Problem stellt die repräsentative *Probenahme* dar, die in der Kette Probenahme – Probenaufbereitung – Analytik mit dem größten zudem noch schlecht zu beziffernden Fehler behaftet ist und gemäß Fehlerfortpflanzungsgesetz den Gesamtfehler dominiert. Um eine Probe zu ziehen, deren Eigenschaften weitestgehend den Durchschnittseigenschaften des Abfalls entsprechen, sind deshalb entsprechende Probenahmevorschriften[21] zu beachten.

Von den Methoden zur Bestimmung von Gefahreneigenschaften sind nur wenige, wie die Bestimmung von Flammpunkt, der Gasbildungsrate oder dem pH-Wert, unmittelbar heranziehbar; so ist es nahezu ausgeschlossen im täglichen abfalltechnischen Vollzug beispielsweise die CMR-Kriterien (kanzerogen, mutagen und reproduktionstoxisch) chemisch-analytisch zu bestimmen.

Diese Nachweise sind aber häufig aufgrund des fachlichen Erkenntnisstandes entbehrlich. Meist liegen ausreichend fachliche Informationen vor, die es gestatten, in Kenntnis der Herkunft oder des ehemaligen Verwendungszwecks einer beweglichen Sache, die zu Abfall geworden ist, das Vorliegen von gefährlichen Stoffen zu bestimmen und damit den Abfall einer Abfallart eines Spiegeleintrags zuzuordnen.

► **Praxishinweis** Bei Zweifeln hinsichtlich der Einstufung zu einem Spiegeleintrag sollte der Abfallerzeuger die zuständige Behörde konsultieren.

2.3 Abfalllistensystem gemäß EU-Abfallverbringungsrecht

Die Abfalleinstufung in das Listensystem der VVA, die *Grünen und Gelben Abfalllisten* der OECD, die wiederum auf den Abfalllisten des Basler Übereinkommens[22] beruhen, erfolgt stoffbezogen. Die Abfälle werden entsprechend ihrer stofflichen Zusammensetzung gruppiert in

- Metallabfälle und metallhaltige Abfälle,
- vorwiegend anorganische Abfälle, die Metalle und organische Stoffe enthalten können,
- vorwiegend organische Abfälle, die Metalle und anorganische Stoffe enthalten können, sowie
- Abfälle, die sowohl anorganische als auch organische Stoffe enthalten können.

[21] LAGA 2002.

[22] Basler Übereinkommen v. 22.03.1989 über die Kontrolle der grenzüberschreitenden Verbringung gefährlicher Abfälle und ihrer Entsorgung; amtliche deutsche Übersetzung veröffentlicht im Zustimmungsgesetz zum Basler Übereinkommen v. 30.09.1994, BGBl. II, S. 2703, geändert durch Beschlüsse v. 22.09.1995 und v. 27.02.1998 (BGBl. II 2002, S. 89), v. 09. bis 13.12.2003 (BGBl. II 2003, S. 1626) und v. 25. bis 29.10.2004 (BGBl. II 2005, S. 1122), in der jeweils geltenden Fassung.

Die VVA bietet die Möglichkeit, Abfälle oder Abfallgemische, die bisher nicht gelistet sind, ergänzend zu der *Grünen Liste* (Anhang III der VVA) und der *Gelben Liste* (Anhang IV der VVA) in drei weiteren Anhängen aufzuführen:

- Anhang III A für Mischungen grüner Abfälle
- Anhang III B für zusätzliche grüne Abfälle
- Anhang IV A für zusätzliche gelbe Abfälle

Diese Option wurde bisher genutzt, um Mischungen in Anhang III A sowie einige Abfallströme in Anhang III B zu listen.

► **Praxishinweis** Eine regelmäßig aktualisierte und konsolidierte Version der Abfalllisten der VVA ist auf der Webseite des Umweltbundesamtes[23] oder der Webseite des Autors[24] abrufbar.

Da die Einstufung von Abfällen in die Abfalllisten der VVA stoffbezogen erfolgt, haben vereinzelte Herkunftsnennungen nur hinweisenden Charakter.

► **Praxisbeispiel** Kunststoff-Aluminium-Verbundfolien aus Verpackungen: Kunststoff-Aluminium-Verbundfolien aus Verpackungen, die nicht aus der Vorbehandlung von Flüssigkeitsverpackungen stammen, können dem Unteranstrich „Nichttrennbare Kunststoff-Aluminium-Fraktion" des Abfallschlüssels B3026 … „Abfälle aus der Vorbehandlung gebrauchter Flüssigkeitsverpackungen …" des Anhangs III zugeordnet werden. Hierfür sprechen der Stoffbezug, der den Abfalllisten zugrundeliegenden *Risikoansatz* der VVA, sowie das Gleichbehandlungsprinzip.

Hintergrund für die Übernahme der auf den Anlagen VIII und IX des Basler Übereinkommens basierenden OECD-Abfalllisten in die entsprechenden Anhänge der VVA war der allgemeine Wunsch zur möglichst weitgehenden weltweiten Harmonisierung der in der grenzüberschreitenden Abfallverbringung zur Anwendung kommenden Abfalllistensysteme. Die OECD hat deshalb auf das Einstufungssystem des Basler Übereinkommens zurückgegriffen und dieses mit wenigen Ergänzungen oder Veränderungen übernommen. Die EU hat dann das OECD-System in die VVA übernommen und weiter ergänzt.

Damit unterscheidet sich dieses Klassifizierungssystem grundlegend von demjenigen des Europäischen Abfallverzeichnisses. Auch bei der Einreihung in die Grüne oder Gelbe Abfallliste kommt eine andere Systematik als im EAV zum Tragen, denn bei den Listen der VVA erfolgt diese Einstufung unter Anwendung einer *Risikobetrachtung*, während beim Europäischen Abfallverzeichnis die Einstufung als gefährlich fast ausschließlich durch Anwendung der *stoffinhärenten Gefahreneigenschaft* ohne Durchführung einer Risikobetrachtung erfolgt.

[23] https://www.umweltbundesamt.de/sites/default/files/medien/2503/dokumente/konsolidierte_abfalllisten_de_1-2021.pdf, aufgerufen am 23.07.2021.

[24] www.waste-move.eu.

Vor der Einreihung in das Listensystem der VVA wird zunächst in einem ersten Schritt geprüft, ob Abfälle ein Gefährlichkeitskriterium aufweisen – vergleichbar mit der Vorgehensweise im EAV oder der AVV. In einem zweiten Schritt wird abweichend von EAV/AVV zusätzlich noch eine Risikoabschätzung durchgeführt. Wesentliche Grundlage hierfür ist Anlage 6 des OECD-Ratsbeschlusses C(2001)107/endgültig,[25] die sogenannten „Kriterien für den OECD-Risikoansatz", der unverändert aus der Vorläuferregelung C(92)39/endgültig übernommen wurde.

Auf dieser Grundlage wird geprüft, ob der in Rede stehende Abfall im vorhandenen physikalischen Zustand eine Gefährdung aufweist. Mit anderen Worten: Es muss geschätzt werden, ob die mit dem Material verbundene gefährliche Eigenschaft ein Risiko darstellt. Beispielsweise ist für Metall in massiver Form das Gefährlichkeitskriterium „toxisch beim Einatmen oder Verschlucken" nicht anwendbar.

Andererseits können aber auch Abfälle, die kein Gefährlichkeitskriterium aufweisen, aufgrund abfallwirtschaftlicher Kriterien auf die Gelbe Liste gesetzt werden. Das Chapeau der Grünen Liste (einleitender Satz über der Grünen Liste) und die erläuternde Fußnote zum „Dispersionsrisiko" geben weitere Hinweise hinsichtlich der Anwendung der Abfalleinstufung im Abfalllistensystem der VVA. Danach dürfen Abfälle nicht als „Grün" eingestuft werden, wenn aufgrund der Kontaminierung durch andere Materialien die Risiken im Zusammenhang mit den Abfällen soweit erhöht sind, dass unter *Berücksichtigung* der Gefährlichkeitskriterien gemäß Anhang III der AbfRRL, die Anwendung des Verfahrens der schriftlichen Notifizierung und Zustimmung angemessen erscheint, oder die umweltgerechte Verwertung der Abfälle verhindert wird.

► **Praxishinweis** Hilfestellungen zur Einstufung in das Listensystem anhand von Beispielen bieten die Hessische Abfalltransportdatenbank[26] sowie die Anwendungshinweise zu den Anhängen III bis V der VVA aus dem Bundes-Abfallwirtschaftsplan 2017 – Teil 2 des österreichischen Bundesministerium für Klimaschutz, Umwelt, Energie, Mobilität, Innovation und Technologie.[27]

Als Konsequenz aus den unterschiedlichen Klassifizierungsgrundlagen führt dies sowohl dazu, dass die Grüne Liste Abfälle auflistet, die stoffinhärente gefährliche Eigenschaften aufweisen, als auch dazu, dass nicht gefährliche Abfälle auf der Gelben Liste aufgeführt werden und somit bei der grenzüberschreitenden Verbringung (zur Verwertung) der Vorab-Kontrolle unterliegen. Beispiele für die unterschiedliche Einstufung in das Listensystem der VVA und der AVV sind in Tab. 2.2 aufgeführt.

---

[25] Beschl. des OECD-Rates C(2001)107/endgültig zur Änderung des Beschl. C(92)39 endgültig über die Überwachung der grenzüberschreitenden Verbringung von Abfällen zur Verwertung, in der jeweils geltenden Fassung; von der OECD nur in den Amtssprachen Englisch und Französisch publiziert, deutsche Übersetzung siehe Wuttke 2021, S. 475 ff.

[26] Abgerufen am 23.07.2021 unter: https://abfalltransportdatenbank.hlnug.de/.

[27] Herunterladbar unter: https://www.bmk.gv.at/themen/klima_umwelt/abfall/aws/bundes_awp/bawp.html abgerufen am 23.07.2021.

Tab. 2.2 Unterschiede in der Abfalleinstufung auf Basis des Risikoansatzes (Beispiele)

	VVA-Code		EAV/AVV-Code	
Abfallbezeichnung	Gelb	Grün	gefährlich	nicht gefährlich
Klärschlamm (Abwasserschlamm)	AC 270			19 08 09
Hausmüll	Y46			20 01 03
Schweinemist, Fäkalien	AC260			02 01 06 20 03 04
Abfälle von behandeltem Kork und behandeltem Holz	AC170			03 03 01#) 03 01 05
Strahlmittelabfälle	AB130			12 01 17
Verbrauchte Katalysatoren		B1120	16 08 02*	
Autokatalysatoren im Metallgehäuse		B1130	16 07 08*	

#) aufgrund des Herkunftsbezugs gibt es weitere Einträge zu Holzabfällen im EAV, u. a. auch die Spiegeleinträge 03 01 04*, 150110*, 170204* und 191206* die zur Altholzklasse A IV der Altholzverordnung gehören; die VVA stuft aber alle mehr als mechanisch behandelten Hölzer als gelb ein

Im Folgenden werden Beispiele für die Zuordnung von Abfällen anhand der dargestellten Grundlagen und Zuordnungssystematik zur Grünen Liste genannt.

▶ **Praxisbeispiele** Autokatalysatoren und Industriekatalysatoren

Platinhaltige gebrauchte Autokatalysatoren können dem Eintrag B1130 der VVA bei gleichzeitiger Einstufung in den EAV-Schlüssel 16 08 07* zugeordnet werden, da bei diesen kein Dispersionsrisiko vorliegt.

Eine Einstufung in die Gelbe Liste A 2030 kommt für verbrauchte metallhaltige Katalysatoren nur dann in Betracht, wenn diese beispielweise mit halogenierten oder entzündlichen Lösemitteln beladen sind oder das Metall pyrophore (selbstentzündliche) Eigenschaften aufweist und damit das Chapeau der Grünen Liste erfüllt ist, d. h. das Risiko erhöht wird.

Industriekatalysatoren wie beispielweise Nickelkatalysatoren aus der Speiseölhydrierung, dem Reforming oder der Ammoniaksynthese, Samariumoxidkatalysatoren aus der Hydrierung und Dehydrierung von Alkohol oder Lanthankatalysatoren aus dem Cracken von Petroleum sind, sofern sie nicht anderweitig kontaminiert sind, dem Eintrag B1120 der VVA zuzuordnen bei gleichzeitiger Einstufung in den EAV/AVV-Schlüssel 16 08 02* oder 16 08 03.

2.3.1 Neueinstufung von Kunststoffabfällen

Gemäß Beschluss 12 der 14. Vertragsstaatenkonferenz (VSK) des Basler Übereinkommens[28] können zukünftig nur noch sortenreine Abfälle und so gut wie störstofffreie Mi-

[28] Beschluss BC-14/12: „Amendments to Annexes II, VIII and IX to the Basel Convention", abrufbar unter: http://www.basel.int/TheConvention/ConferenceoftheParties/Meetings/COP14.

schungen aus den Kunststoffen Polypropylen (PP), Polyethylen (PE) und Polyethylenterephthalat (PET), die nachweislich zum Recycling bestimmt sind, mit anderen Ländern frei gehandelt werden. Gefährliche *Kunststoffabfälle* und solche, die sich kaum recyceln lassen, unterliegen den Vorgaben des Basler Übereinkommens und können somit nur mit Zustimmung der Behörden der Export- und der Importstaaten verbracht und umweltgerecht entsorgt werden. Mit der Neuregelung gibt es im Basler Übereinkommen einen multiplen Spiegeleintrag zu Kunststoffabfällen. Neben dem neuen Eintrag B 3011 in Anlage IX, der den alten Eintrag B3010 ersetzt, gibt es in Anlage VIII einen neuen Eintrag A3210 für gefährliche Kunststoffabfälle, sowie in Anlage II einen neuen Eintrag Y48 für nicht gefährliche, aber überwachungsbedürftige Kunststoffabfälle.

Mit Beschluss vom 7. September 2020[29] wurden die Anhänge 3 und 4 des OECD-Ratsbeschlusses geändert, allerdings gab es keinen Konsens unter den OECD Mitgliedsländern die Baseleinträge zu übernehmen. Mit der Delegierten Verordnung (EU) 2020/2174 vom 19. Oktober 2020[30] wurden angepasste Einträge in die VVA übernommen, und zwar jeweils unterschiedliche Einträge für die Verbringung innerhalb der EU, der OECD und für Drittstaaten.

Die Neuregelung in der EU umfasst für Verbringungen zur stofflichen und energetischen Verwertung innerhalb der Gemeinschaft einen angepassten Eintrag EU3011 für nicht gefährliche Kunststoffabfälle, einen aus dem OECD-Beschluss stammenden Eintrag AC300 für gefährliche Kunststoffabfälle und einen Eintrag EU48 für nicht gefährliche aber überwachungsbedürftige Kunststoffabfälle.

Seit 1. Januar 2021 unterliegt die Ausfuhr von Kunststoffabfällen der Einträge AC300 und Y48 aus der Union in Länder, für die der OECD-Beschluss gilt, sowie die Einfuhr solcher Kunststoffabfälle aus OECD-Ländern in die Union dem Verfahren der vorherigen schriftlichen Notifizierung und Zustimmung. Gemäß Art. 36 Abs. 1 Buchstaben a und b und Anhang V der VVA wird die Ausfuhr von Kunststoffabfällen der Einträge A3210 und Y48 in Drittländer, für die der OECD-Beschluss nicht gilt, verboten. Die Einfuhr solcher Abfälle in die EU ist notifizierungspflichtig.

Die Ausfuhr von in den Anhängen III und IIIA der VVA gelisteten Abfällen in Nicht-OECD-Staaten wird durch die Verordnung (EG) 1418/2007 geregelt. Da diese Verordnung derzeit novelliert wird, unterliegt die Ausfuhr von Kunststoffabfällen (Eintrag B3011) in alle Nicht-OECD-Staaten bis auf Weiteres dem Verfahren der vorherigen schriftlichen Notifizierung und Zustimmung. Tab. 2.3 gibt einen Überblick über die geltenden Regelungen für die grenzüberschreitende Verbringung von Kunststoffabfällen.

[29] Siehe: http://www.oecd.org/environment/waste/theoecdcontrolsystemforwasterecovery.htm.

[30] Delegierte Verordnung (EU) 2020/2174 der Kommission vom 19. Oktober 2020 zur Änderung der Anhänge IC, III, IIIA, IV, V, VII und VIII der Verordnung (EG) Nr. 1013/2006 des Europäischen Parlaments und des Rates über die Verbringung von Abfällen, Abl. L 433, S. 11 vom 22.10.2020.

Tab. 2.3 Übersicht über die geltenden Verfahren für die Verbringung von Kunststoffabfällen

Kunststoffabfälle	Innerhalb der EU	Ausfuhr in / Einfuhr aus OECD -Staaten außerhalb EU	Ausfuhr in /Einfuhr aus Nicht-OECD-Staaten
EU3011	Informationspflichten (Art. 18)	nicht anwendbar	nicht anwendbar
B3011	nicht zutreffend	Informationspflichten (Art. 18)	*Ausfuhr:* Verbot, Verfahren der vorherigen schriftlichen Notifizierung und Zustimmung, bzw. Informationspflichten gemäß der Kommissionsverordnung (EG) Nr. 1418/2007 in ihrer geltenden Fassung Einfuhr: Informationspflichten (Art. 18)
Gemische von Kunststoffabfällen, die unter Nr. 4 von Anhang IIIA der VVA fallen	Informationspflichten (Art. 18)	nicht zutreffend	nicht zutreffend
EU48	Verfahren der vorherigen schriftlichen Notifizierung und Zustimmung	nicht zutreffend	nicht zutreffend
Y48	nicht zutreffend	Verfahren der vorherigen schriftlichen Notifizierung und Zustimmung	*Ausfuhr*: Verbot *Einfuhrt*: Verfahren der vorherigen schriftlichen Notifizierung und Zustimmung
AC300	Verfahren der vorherigen schriftlichen Notifizierung und Zustimmung	Verfahren der vorherigen schriftlichen Notifizierung und Zustimmung	nicht zutreffend

Zu den neuen Einträgen und deren Anwendung hat die EU die *Anlaufstellenleitlinie Nr. 12 erarbeitet*, die auch Aussagen über zulässige Verunreinigungen enthält.

2.4 Einstufung von Stoffen und Gemischen nach Wasserrecht

Wassergefährdende Stoffe werden über ihre physikalischen, chemischen, human- und ökotoxikologischen Eigenschaften definiert. Wassergefährdende Stoffe sind feste, flüssige und gasförmige Stoffe und Gemische, die geeignet sind nachteilige Veränderungen der Wasserbeschaffenheit herbeizuführen. Diese Definition umfasst grundsätzlich auch Abfälle.

Stoffe und Gemische werden in drei *Wassergefährdungsklassen* (WGK) eingestuft:

- WGK 1: schwach wassergefährdend (z. B. Essigsäure, Natronlauge oder Alkohol)
- WGK 2: deutlich wassergefährdend (z. B. Heizöl, Formaldehyd, Natriumhypochlorit)
- WGK 3: stark wassergefährdend (z. B. Altöl, chlorierte Kohlenwasserstoffe, Benzol)

Über die WGK hinaus gibt es für die Einstufung von Stoffen und Gemischen noch die folgenden Kategorien:

- *allgemein wassergefährdend*, sowie
- *nicht wassergefährdend.*

Mit der Verordnung über Anlagen zum Umgang mit wassergefährdenden Stoffen (AwSV)[31] wurde das Einstufungssystem an das europäische Chemikalienrecht angepasst.

Beispiele für allgemein wassergefährdende Stoffe oder Gemische sind:

- Wirtschaftsdünger, Gülle, Festmist, Jauche, tierische Ausscheidungen nicht landwirtschaftlicher Herkunft,
- Silagesickersaft, Silage oder Siliergut, bei denen Silagesickersaft anfallen kann,
- Gärsubstrate landwirtschaftlicher Herkunft zur Gewinnung von Biogas sowie die bei der Vergärung anfallenden Gärreste,
- aufschwimmende flüssige Stoffe (vom Umweltbundes veröffentlicht) und
- feste Gemische.

Feste Gemische gelten davon abweichend als nicht wassergefährdend wenn:

- sie vom UBA als nicht wassergefährdend veröffentlicht sind,
- eine nachteilige Veränderung der Gewässereigenschaften nicht zu besorgen ist oder
- sie vom Betreiber als nicht wassergefährdend eingestuft werden,
- sie nach Anlage 1 der AwSV als nicht wassergefährdend eingestuft werden können,
- sie nach anderen Rechtvorschriften offen eingebaut werden dürfen oder
- sie als Z0 oder Z1.1 Material[32] der Mitteilung 20 der Länderarbeitsgemeinschaft Abfall (LAGA) eingestuft werden können.

2.4.1 Regelungssystem der AwSV

Die Verordnung über Anlagen zum Umgang mit wassergefährdenden Stoffen (AwSV) verpflichtet die Betreiber von Anlagen zum Umgang mit wassergefährdenden Stoffen, die von ihnen verwendeten Stoffe und Gemische in eine Wassergefährdungsklasse (WGK) einzustufen, sofern ein Stoff oder Gemisch noch nicht eingestuft ist. Eine Recherche, wel-

[31] Verordnung über Anlagen zum Umgang mit wassergefährdenden Stoffen vom 18. April 2017 (BGBl. I S. 905), zuletzt geändert durch Art. 256 der Verordnung vom 19. Juni 2020 (BGBl. I S. 1328).

[32] LAGA 2004.

cher Stoff oder Gemisch schon eingestuft wurde, kann im Internet online aus einer beim Umweltbundesamt abrufbaren Datenbank[33] erfolgen.

Die Verordnung gilt u. a. nicht für

- veröffentlichte nicht wassergefährdende Stoffe,
- nicht ortsfeste oder nicht ortsfest benutzten Anlagen (Ortsfest: länger als ein halbes Jahr an einem Ort) und
- oberirdische Anlagen mit einem Volumen 220 Liter flüssigen Stoffen oder 200 kg gasförmigen und festen Stoffe außerhalb von Überschwemmungsgebieten, Heilquellen und Wasserschutzgebieten der Zonen I, II, III, IIIA.

Stoffe und Gemische, deren Einstufung (noch) nicht geregelt ist, muss der Betreiber vorsorglich als stark wassergefährdend mit WGK 3 betrachten oder selbst einstufen. Die Dokumentation der Selbsteinstufung eines Gemisches muss auf Verlangen der wasserrechtlichen Genehmigungsbehörde vorgelegt werden. Die Selbsteinstufung von Stoffen durch den Betreiber hat dieser dem Umweltbundesamt mitzuteilen.

2.4.2 Anwendung auf Abfälle

Für flüssige oder gasförmige Abfälle gelten praktisch die gleichen AwSV-Regelungen wie für andere flüssige oder gasförmige wassergefährdende Stoffe. Feste Abfälle fallen zwar auch unter die AwSV aber mit Einschränkungen und Ausnahmen. Diese müssen nicht mehr unmittelbar in die die WGK 3 eingestuft werden sondern können als „allgemein wassergefährdend" eingestuft werden. Das sind Stoffe und Gemische, bei denen die Eigenschaft der Wassergefährdung unstrittig ist, bei denen jedoch keine Einstufung in eine Wassergefährdungsklasse vorgenommen werden soll, und zwar deshalb, um bei Gemischen hoher Komplexität und sich ändernder Zusammensetzung keine Einstufung vornehmen zu müssen. Diese Regelung ist einfach und vermeidet den hohen bürokratischen Aufwand, der bei konsequenter Umsetzung der Einstufungsregelungen gegeben ist.

Beispiele für Gemische, die als nicht wassergefährdend eingestuft und vom Umweltbundesamt veröffentlicht wurden sind:

- Metalle (soweit nicht in Lösung oder mit Wasser oder Luftsauerstoff reagierend),
- Rostendes Eisen,
- Naturstoffe wie Mineralien, Sand, Holz, Kohle oder Zellstoffe,
- Gläser, keramische Materialien, Kunststoffe soweit sie fest, nicht dispergiert, wasserunlöslich und indifferent sind,
- Hochofenschlacke, Stahlwerksschlacke aus dem Linz-Donawitzverfahren,

[33] http://webrigoletto.uba.de/rigoletto/public/welcome.do, abgerufen am 24.07.2021.

- Behandelter Bioabfall im Sinne von § 2 Nr. 4 Bioabfallverordnung, ausschließlich einer Vermischung mit anderen Materialien der Nr. 5, mit einem Rottegrad größer 3

Stoffe und Gemische, deren Einstufung (noch) nicht geregelt ist, muss der Betreiber vorsorglich als stark wassergefährdend mit WGK 3 betrachten oder selbst einstufen. Dies gilt nicht für Stoffe und Gemische, die während der Durchführung einer Beförderung in Behältern oder Verpackungen oder im intermodalen Verkehr umgeschlagen werden.

Die Dokumentation der *Selbsteinstufung* eines Gemisches muss auf Verlangen der wasserrechtlichen Genehmigungsbehörde vorgelegt werden. Die Selbsteinstufung von Stoffen durch den Betreiber hat dieser dem Umweltbundesamt mitzuteilen.

2.4.3 Einstufung von Stoffen und Gemischen gemäß Anlage 1 AwSV

Die Einstufung von Stoffen und Gemischen als nicht wassergefährdend und in Wassergefährdungsklassen (WGK) sowie die Bestimmung aufschwimmender flüssiger Stoffe als allgemein wassergefährdend wird in Anlage 1 der AWSV beschrieben. Dort sind die Kriterien aufgeführt, nach denen die wassergefährdenden Stoffe und Gemische entsprechend ihrer Gefährlichkeit in die WGK 1, 2 oder 3 bzw. als nicht wassergefährdend eingestuft werden (sofern sie nicht als allgemein wassergefährdend gelten).

Grundlage für die Einstufung sind wissenschaftliche Prüfungen an dem jeweiligen Stoff. Wurden aus diesen wissenschaftlichen Prüfungen für den jeweiligen Stoff Gefahrenhinweise gemäß Verordnung (EG) Nr. 1272/2008 (CLP-Verordnung) abgeleitet, werden diesen Gefahrenhinweisen entsprechende Bewertungspunkte zugeordnet. Je giftiger ein Stoff ist, desto mehr Punkte werden zugeordnet.

Der Basisdatensatz besteht dabei aus den vier Gefährlichkeitsmerkmalen:

- Akute orale oder dermale Säugetiertoxizität
- Akute aquatische Toxizität
- Biologische Abbaubarkeit
- Bioakkumulationspotential

Für die Bewertung als „nicht wassergefährdend“ sind weitere Daten erforderlich (siehe Anlage 2 der AwSV).

Grundsätzlich gibt es zwei Wege die Daten des Basisdatensatzes nachzuweisen:

- der Stoff ist mit einem entsprechenden Gefahrenhinweis eingestuft (Legaleinstufung nach den Anhängen I, II und VI der CLP-Verordnung) oder
- entsprechende Untersuchungen wurden durchgeführt und sind dem Einstufer bekannt.

Ist einem Stoff nach der CLP-Verordnung ein bestimmter Gefahrenhinweis bezüglich des Basisdatensatzes nicht zugeordnet, bedeutet dies nicht notwendigerweise, dass der Stoff dieses Gefährlichkeitsmerkmal nicht aufweist. Es kann auch sein, dass keine entsprechende Untersuchung durchgeführt wurde.

Um dem im Wasserhaushaltsgesetz verankerten *Besorgnisgrundsatz* zu genügen, wird deshalb bei der WGK-Einstufung wie folgend vorgegangen: Liegen keine Gefahrenhinweise und keine Prüfergebnisse zur Gewässergefährdung oder Säugetiertoxizität eines Stoffes vor, wird vorsorglich die höchste Toxizität (bzw. vorhandenes Bioakkumulationspotential sowie fehlende leichte biologische Abbaubarkeit) unterstellt und die entsprechenden Punkte werden als Vorsorgepunkte vergeben.

Zur Anwendung der Einstufungsregeln stellt das Umweltbundesamt das in Abb. 2.3 wiedergegebene Fließschema zur Verfügung, das die Vorgaben der AwSV abbildet; allein rechtsverbindlich ist jedoch nur der Text der AwSV.

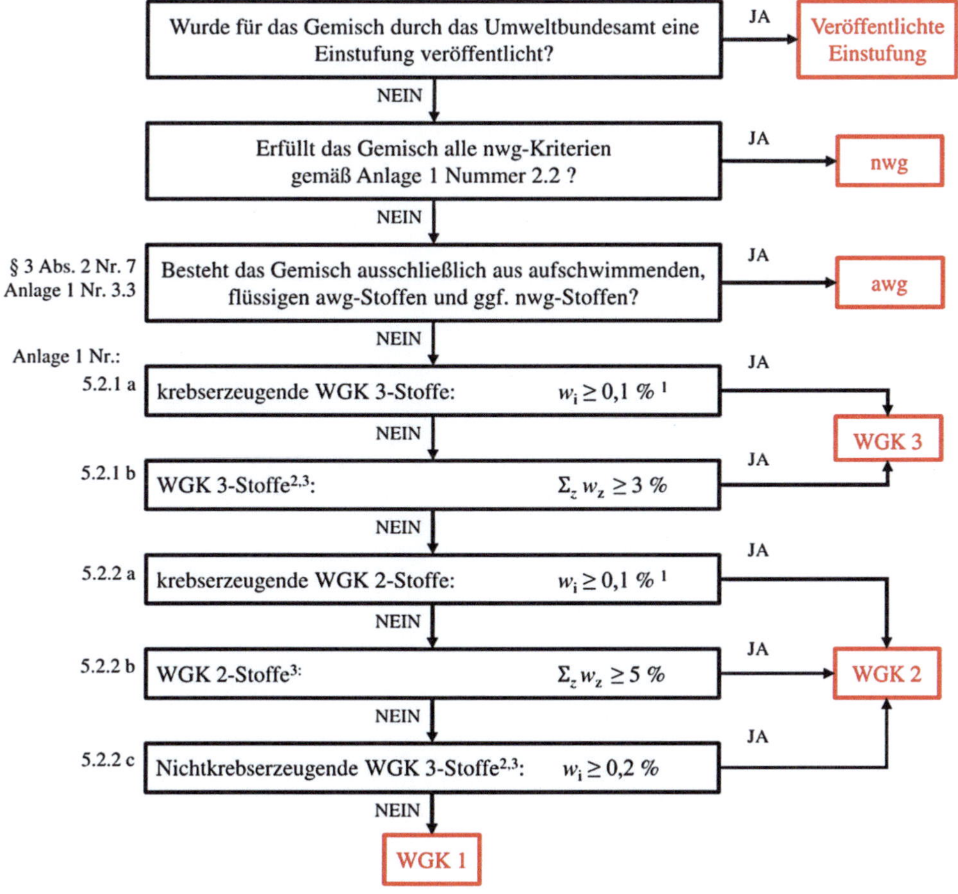

w_i Massenanteil eines Einzelstoffes
$\Sigma_z w_z$ Summe der Massenanteile
[1] Sind für die Einstufung als krebserzeugend andere Prozentsätze maßgebend, gelten diese (Nummer 5.1.3).
[2] Als Stoffe der WGK 3 gelten auch Stoffe, für die bisher noch keine Einstufung durch das Umweltbundesamt veröffentlicht worden ist (Nummer 5.1.1), sowie Komponenten, die nicht identifiziert worden sind (Nummer 5.1.1), sowie zugesetzte feste Gemische (Nummer 5.1.2), die als allgemein wassergefährdend gelten.
[3] Muss für einen Stoff der WGK 2 oder WGK 3 ein M-Faktor berücksichtigt werden, muss der prozentuale Gehalt dieses Stoffes zunächst mit dem M-Faktor multipliziert werden. Das sich ergebende Produkt geht in die weitere Berechnung ein (Nummer 5.2).

Abb. 2.3 Fließschema des Umweltbundesamtes zur Ermittlung der WGK eines Gemisches gemäß AwSV vom 18. April 2017

Literatur

[EU 2018] Bekanntmachung der Kommission: „Technischer Leitfaden zur Abfalleinstufung" vom 9. April 2018, Abl. C124, S. 1

[Kropp 2021] Kropp, O. (Hrsg.): „Kreislaufwirtschaftsgesetz in der betrieblichen Praxis", Loseblattsammlung, WEKA MEDIA GmbH & Co KG, Kissing 1995–2021

[LAGA 1992] LAGA-Informationsschrift Abfallarten, 4. durchgesehene Aufl. 1992, Erich Schmidt Verlag, Berlin.

[LAGA 2019] LAGA „Technische Hinweise zur Einstufung von Abfällen nach ihrer Gefährlichkeit", Berlin März 2019

[LAGA 2002] LAGA PN 98 „Richtlinie für das Vorgehen bei physikalischen, chemischen und biologischen Untersuchungen im Zusammenhang mit der Verwertung/Beseitigung von Abfällen", Erich Schmidt Verlag, Berlin 2002.

[LAGA 2004] „Anforderungen an die stoffliche Verwertung von mineralischen Abfällen – Technische Regeln", Stand 6. 11. 2003, Erich Schmidt Verlag, Berlin 2004.

[Wuttke 2021] Wuttke, J.: „Praxishandbuch zur grenzüberschreitenden Abfallverbringung", 1. Auflage, Verkehrs-Verlag J. Fischer, Düsseldorf 2021.

Abfallnachweis- und Registerführung 3

Sandra Giern und Hagen Weishaupt

3.1 Einführung

Das Brutto-Abfallaufkommen in Deutschland beträgt pro Jahr in etwa 417,2 Mio. Tonnen. Der Anteil an gefährlichen Abfällen umfasst dabei zirka 25,0 Mio. Tonnen.[1] Da nur ein geringer Anteil an Abfällen direkt an der Anfallstelle entsorgt wird, ist es erforderlich, die Mehrzahl der Abfälle zwischen den an der Entsorgung Beteiligten zu befördern. Diese Abfallströme zu überwachen, ist Ziel des Abfallnachweisrechts. Dabei erfolgt die Überwachung nicht lückenlos für sämtliche Abfälle, sondern, orientiert an deren Gefährdungspotential, insbesondere für gefährliche Abfälle.

Das Abfallnachweisrecht dient dazu, den Verbleib von gefährlichen Abfällen einer betrieblichen Dokumentation und behördlichen Überwachung zu unterwerfen. Dabei prüft die Behörde grundsätzlich präventiv, also bevor die Entsorgung vorgenommen wird, anhand der von den Beteiligten einzureichenden Nachweisdokumente, welchen Weg die Abfälle nehmen werden (Vorabkontrolle). Anschließend erfolgt durch Begleit- und Übernahmescheine die Dokumentation, wo die Abfälle verblieben sind (Verbleibkontrolle).

[1] Umweltbundesamt, Daten zur Umwelt, Abfallaufkommen 2018, abrufbar unter: https://www.umweltbundesamt.de/daten/ressourcen-abfall/abfallaufkommen#deutschlands-abfall.

S. Giern (✉)
BDE Bundesverband der Deutschen
Entsorgungs-, Wasser- und Kreislaufwirtschaft e.V., Berlin, Deutschland
E-Mail: giern@bde.de

H. Weishaupt
Sozietät Oexle Kopp-Assenmacher Lück, Köln, Deutschland
E-Mail: h.weishaupt@koehler-klett.de

P. Kurth et al. (Hrsg.), *Praxishandbuch der Kreislauf- und Rohstoffwirtschaft*,
https://doi.org/10.1007/978-3-658-36262-1_3

Die grundsätzlichen Regelungen zum Abfallnachweisrecht sind in den §§ 49, 50 Kreislaufwirtschaftsgesetz (KrWG)[2] enthalten. Sie regeln, in welchen Fällen Register- und Nachweispflichten bestehen. Konkretisiert werden diese Vorgaben durch die Nachweisverordnung (NachwV).[3] Für die Praxis und den Vollzug relevant, aber nicht rechtsverbindlich, ist daneben die Vollzugshilfe zum abfallrechtlichen Nachweisverfahren der Bund/Länder-Arbeitsgemeinschaft vom 30.09.2009.[4]

In Deutschland werden durchschnittlich pro Jahr etwa 120.000 Entsorgungsnachweise und etwa 3 Mio. Begleitscheine sowie eine nicht bezifferbare Anzahl von Übernahmescheinen zwischen den Beteiligten ausgetauscht.[5] Um einen effektiveren Austausch von Dokumenten zwischen den Beteiligten sicherstellen zu können, ist durch die im Jahr 2006 novellierte NachwV, die Nachweisführung von der Papierform auf ein elektronisches Verfahren umgestellt worden.

3.2 Die Nachweisverordnung im Überblick

Das Nachweisrecht ist in den vergangen Jahren mehrfach novelliert worden.[6] Ziel dieser Änderungen war es insbesondere, das deutsche Abfallrecht den europarechtlichen Vorgaben anzupassen, Vereinfachungen zum Bürokratieabbau umzusetzen und die Nutzung moderner Kommunikationstechnik für die abfallrechtliche Überwachung einzuführen. Dabei ist insbesondere die ursprüngliche Einteilung der Abfälle in die drei Gefährlichkeitskategorien „besonders überwachungsbedürftig – überwachungsbedürftig – nicht überwachungsbedürftig" aufgegeben und durch die zweistufige Einordnung in „gefährliche und nicht gefährliche Abfälle" ersetzt worden. Die größten Veränderungen für die Abfallwirtschaft wurden durch die Einführung der elektronischen Nachweisführung und die hiermit verbundene Pflicht, die Nachweisdokumente zukünftig grundsätzlich nur noch in elektronischer Form zu erstellen, bewirkt.

---

[2] Gesetz zur Förderung der Kreislaufwirtschaft und Sicherung der umweltverträglichen Bewirtschaftung von Abfällen (Kreislaufwirtschaftsgesetz – KrWG), vom 24.02.2012 (BGBl. I S. 212), zuletzt geändert durch Art. 15 des Gesetzes zur Anpassung des ProduktsicherheitsG und zur Neuordnung des Rechts der überwachungsbedürftigen Anlagen vom 27.07.2021 (BGBl. I S. 3146).

[3] Verordnung über die Nachweisführung bei der Entsorgung von Abfällen v. 20.10.2006 (BGBl. I S. 2298), zuletzt geändert durch Art. 5 Abs. 5 des Gesetzes zur Umsetzung der Abfallrahmenrichtlinie der Europäischen Union vom 23.10.2020 (BGBl. I S. 2232).

[4] Mitteilung der LAGA 27, abrufbar unter: https://www.laga-online.de/documents/m27_vh_abfallnachweisverfahren_2_1517834629.pdf.

[5] Gesetzentwurf der Bundesregierung zur Vereinfachung der abfallrechtlichen Überwachung, BT-Drs. 16/400.

[6] Gesetz zur Vereinfachung der abfallrechtlichen Überwachung vom 15.07.2006, BGBl. I. S. 1619; Verordnung zur Vereinfachung der abfallrechtlichen Überwachung vom 20.10.2006, BGBl. I. S. 2298; Verordnung zur Fortentwicklung der abfallrechtlichen Überwachung vom 05.12.2013, BGBl. I S. 4043; zuletzt Gesetz zur Umsetzung der Abfallrahmenrichtlinie der Europäischen Union vom 23.10.2020 (BGBl. I S. 2232).

3.2.1 Der Anwendungsbereich des Nachweisrechts

3.2.1.1 Gefährliche Abfälle

In sachlicher Hinsicht besteht die Pflicht zur Nachweis- und Registerführung für Abfallerzeuger und Abfallbeförderer grundsätzlich nur bei der Entsorgung gefährlicher Abfälle. Nur Abfallentsorger haben darüber hinaus auch bei nicht gefährlichen Abfällen ein Register zu führen (siehe hierzu Nr. 3.3.).

Für die Anwendung der Vorschriften zum Abfallnachweisrecht ist damit zunächst die Einstufung des Abfalls als gefährlich oder nicht gefährlich maßgeblich. Unerheblich ist dabei, ob es sich um Abfälle zur Verwertung oder Beseitigung handelt.

Die Einstufung, ob gefährliche oder nicht gefährliche Abfälle vorliegen, richtet sich nach den Vorgaben der Abfallverzeichnisverordnung (AVV)[7] sowie den Vorgaben des Gefahrstoffrechts. Die AVV enthält ein gemeinschaftsrechtlich harmonisiertes Abfallverzeichnis. Die mit einem Sternchen (*) versehenen Abfallarten im Abfallverzeichnis sind als gefährlich einzustufen.

Die richtige Einstufung der Abfälle ist in der Praxis nicht immer einfach, wegen der hiermit verbundenen Folgen – auch für das Abfallnachweisrecht – jedoch von erheblicher Bedeutung.

3.2.1.2 Adressaten

In persönlicher Hinsicht sind sowohl die Erzeuger als auch die Besitzer, Einsammler, Beförderer und Entsorger von Abfällen zur Nachweis- und Registerführung verpflichtet. Mit der Novelle des KrWG wurde der Kreis der Registerpflichtigen auch auf Händler und Makler von gefährlichen Abfällen erweitert, § 49 Abs. 3 KrWG. Die NachwV enthält in § 1 Abs. 1 NachwV eine Definition der Adressaten. Diese weicht jedoch zum Teil von den aus dem KrWG bekannten Definitionen ab. So werden etwa Erzeuger und Besitzer von Abfällen in der NachwV gemeinsam als Abfallerzeuger definiert. Dies kann insoweit von Bedeutung sein, als bei einem Entsorgungsvorgang sowohl der Abfallbesitzer als auch der Abfallerzeuger als Pflichtiger im Sinne des Nachweisrechts in Frage kommt. In diesen Fällen ist es denkbar, vertraglich zu regeln, wer die Nachweispflichten erfüllt.

Als Abfallbeförderer angesprochen werden sowohl der Einsammler als auch der Beförderer von Abfällen. Abfallentsorger im Sinne der NachwV ist, wer Anlagen oder Unternehmen betreibt, die Abfälle in einem Verfahren nach Anlage 1 oder Anlage 2 des KrWG entsorgen.

Als Problem mit besonderer Praxisrelevanz hat sich ergeben, ob bezüglich der Nachweisführung auf Baustellen, bei Gebäudeabbrüchen und Altlastensanierungen der Bauherr oder das beauftragte Abbruchunternehmen als Abfallerzeuger anzusehen ist. Dabei han-

[7] Abfallverzeichnis-Verordnung vom 10. Dezember 2001 (BGBl. I S. 3379), zuletzt geändert durch Art. 1 der Verordnung zur Änderung der AVV und der Deponieverordnung vom 30.06.2020 (BGBl. I S. 1533).

delt es sich weder um ein spezifisch nachweisrechtliches noch um ein neues Problem.[8] Die Frage wird im Rahmen des Abfallnachweisrechts jedoch besonders virulent, weil die Nachweisformulare, etwa im Formblatt der „Verantwortlichen Erklärung" und in den „Begleitscheinen" eine Zuordnung der Rolle und Unterschrift des jeweils Beteiligten verlangen. Insbesondere vor dem Hintergrund, dass mit der Einführung des elektronischen Nachweisverfahrens zum 01.04.2010 technische Vorrichtungen beschafft bzw. unterhalten werden müssen, um die elektronische Form einhalten zu können, hat die Frage eine neue Brisanz erhalten. In der Praxis ist dabei die Tendenz festzustellen, dass die Bauherren versuchen, die Rolle des Abfallerzeugers vertraglich auf das beauftragte Abbruchunternehmen zu übertragen.

Unter dem 15.10.2014[9] und dem 24.10.2014[10] hat sich das Bundesverwaltungsgericht zum Begriff des Abfallerzeugers geäußert. Im sogenannten Löschwasserfall, in dem die Anlagenbetreiberin im Zeitpunkt der Abfallentstehung keine Sachherrschaft über das Löschwasser hatte, das zu Abfall wurde, hat das Bundesverwaltungsgericht festgestellt, dass grundsätzlich daran festgehalten werden muss, dass derjenige Abfallerzeuger ist, der als Inhaber der tatsächlichen Sachherrschaft die letzte Ursache für die Umwandlung einer Sache in Abfall gesetzt hat. Eine Ausnahme ist nach dem Bundesverwaltungsgericht aber mit Blick auf das Verursacherprinzip dann geboten, wenn aufgrund besonderer Umstände bei wertender Betrachtung ein vorgelagertes Verhalten sich als wesentliche Ursache für die Abfallentstehung darstellt. Damit kann auch Abfallerzeuger sein, wer im Zeitpunkt der Entstehung des Abfalls nicht die tatsächliche Sachherrschaft über diesen hatte, die besonderen Umstände aber die Zurechnung dieser Rolle rechtfertigen. In dem kurz danach ergangenen Beschluss des Bundesverwaltungsgerichts zur Beauftragung von Abbruch- und Räumungsarbeiten hat das Bundesverwaltungsgericht diese Grundsätze angewendet und eine Versicherung, die einen Auftrag für den Abbruch einer abgebrannten Druckerei erteilt hatte, als Abfallerzeugerin eingestuft.

Die beiden Entscheidungen stellen eine Ausweitung der Abfallerzeugerstellung auf Nichtbesitzer von Abfällen dar, wenn bereits die Auftragserteilung für diese Einstufung

---

[8] Siehe hierzu die Betrachtung von Kropp, Erzeuger und Besitzer von Bauabfällen, ZUR 2010, 461 ff. Zum Streitstand: Bauherr = Abfallerzeuger: VG Arnsberg, Urt. v. 07.12.2009 – 14 K 868/09, NRWE Rn. 30 ff.; bestätigt durch OVG Münster, Urt. v. 10.08.2012 – 20 A 222/10; *Kropp*, (siehe vorne) ZUR 2010, 461 (465); *Kropp*, Abfallrechtliche Verantwortung im Bauwesen, UPR 2003, 284 (285); *Klett/Enders*, Der Bauherr als Abfallbesitzer und Abfallerzeuger nach geltendem und künftigem Abfallrecht, BB 1996, 2003 (2005); Bauunternehmen = Abfallerzeuger: *v. Lersner*, in: v. Lersner/Wendenburg, Recht der Abfallbeseitigung, § 3 KrW-/AbfG, Rn. 38, siehe auch *Reese/Schütte*, Die abfallrechtliche Verantwortung des Abfallerzeugers, ZUR 1999, 136 (138), die die Erzeugerstellung vom Organisationsbereich und der Verfügungsgewalt abhängig machen.

[9] BVerwG, Urt. v. 15.10.2014 – 7 C 1.13 (Löschwasserurteil).

[10] BVerwG, Beschl. v. 24.10.2014 – 7 C 2.13 (Beauftragung von Abbruch- und Räumungsarbeiten), Vorinstanzen VG Arnsberg, Urt. v. 07.12.2009 – 14 K 868/09, OVG Münster, Urt. v. 10.08.2012 – 20 A 222/10.

als Abfallerzeuger ausreichen soll.[11] Wo die Grenze jedoch genau verläuft, war auch nach diesen Entscheidungen des Bundesverwaltungsgerichts weiterhin Gegenstand der Diskussion,[12] und ist bis heute nicht abschließend geklärt.

Klarer verläuft die Abgrenzung bei der Bestimmung des Abfallbesitzes, wenn der Bauunternehmer mit dem zugrunde liegenden Werkvertrag zugleich mit der Entsorgung beauftragt wird. In diesem Fall geht der Abfallbesitz regelmäßig mit dem Abtransport der Abfälle vom Grundstück des Bauherrn auf den Bauunternehmer über.[13]

Festzuhalten ist damit, dass bei Baumaßnahmen regelmäßig sowohl der Auftraggeber als Abfallerzeuger im Sinne von § 3 Abs. 8 KrWG als auch der Bauunternehmer als Abfallbesitzer im Sinne von § 3 Abs. 9 KrWG für gefährliche Abfälle nachweispflichtig sind.

► **Praxishinweis** Eine diesbezügliche Klarstellung in der Begriffsdefinition des Abfallerzeugers ist auch in § 3 Abs. 8 KrWG bislang nicht erfolgt, so dass die Problematik der Abfallerzeugerstellung auf Baustellen bleibt. Für das Nachweisrecht ist jedoch insoweit auf die angesprochene Möglichkeit der vertraglichen Regelung zur Erfüllung von Nachweispflichten zu verweisen.

3.2.1.3 Ausnahmen von der Nachweispflicht

Während die Nachweispflichten grundsätzlich nur greifen, wenn eine Entsorgung gefährlicher Abfälle vorliegt, kann die Nachweispflicht im Einzelfall für nicht gefährliche Abfälle durch die zuständige Behörde angeordnet werden, § 51 Abs. 1 Satz 1 Nr. 1 KrWG. Anders als bei den gesetzlich verankerten Pflichten handelt es sich hierbei um keinen Automatismus, denn die Behörde wird hier auf besondere Veranlassung tätig.

Sowohl das KrWG wie auch die NachwV enthalten neben den grundsätzlichen Regelungen zur Nachweispflicht eine Reihe von Ausnahmen. So bestehen keine Nachweispflichten für Hersteller/Vertreiber bis zum Abschluss der durch die Verordnung nach § 25 KrWG vorgeschriebenen Rücknahme oder freiwilligen Rückgabe, § 50 Abs. 3 KrWG, z. B. von Altbatterien, Verpackungen, Altfahrzeugen. Auch bei der Entsorgung in eigenen Anlagen des Abfallerzeugers oder -besitzers entfällt die Nachweispflicht, wenn die Anlage in einem engem räumlichem Zusammenhang mit der Anfallstelle steht, § 50 Abs. 2 KrWG. Generell ausgenommen von den Nachweispflichten sind ferner private Haushaltungen, § 50 Abs. 4 KrWG, § 1 Abs. 3 NachwV, sowie die grenzüberschreitende Verbringung von Abfällen, § 1 Abs. 4 NachwV. Eine weitere Ausnahme von der Nachweispflicht gilt für sog. Kleinmengenerzeuger, § 2 Abs. 2 NachwV, also Abfallerzeuger mit jährlich nicht mehr als insgesamt zwei Tonnen gefährlicher Abfälle. Die Pflicht zur Führung von Übernahmescheinen (ÜS) bleibt jedoch auch für die Kleinmengenerzeuger bestehen.

---

[11] Vgl. auch *Giesberts/Reinhardt*, in: BeckOK Umweltrecht, 58. Edition, Stand 01.04.2019, § 3 KrWG, Rn 31.

[12] *Frenz*, Verantwortlichkeit für Abfälle im Baubereich in neuem Licht?, AbfallR 2015, 135; *Kropp*, Wer ist Erzeuger von Bau- und Abbruchabfällen?, AbfallR 2015, 226.

[13] Klett/Enders, (Fn. 8) BB 1996, 2003 (2005).

3.2.2 Das Verfahren der Nachweisführung

Die Überwachung der Entsorgung von gefährlichen Abfällen erfolgt gemäß NachwV durch das zweistufige Verfahren der Vorab- und Verbleibkontrolle. Vor Beginn der Entsorgung erfolgt im Rahmen der sogenannten Vorabkontrolle eine Prüfung der Zulässigkeit der geplanten Entsorgung durch die Einreichung und Prüfung von Einzel- und Sammelentsorgungsnachweisen (EN und SN). Die schließlich durchgeführte Entsorgung wird im Rahmen der Verbleibkontrolle durch die Führung von Begleit- und Übernahmescheinen (BGS und ÜS) nachvollzogen.

3.2.2.1 Vorabkontrolle

Gefährliche Abfälle, die zur Entsorgung in eine Entsorgungsanlage verbracht werden sollen, bedürfen vor Beginn der Entsorgung grundsätzlich eines Entsorgungsnachweises. Dabei lassen sich zwei Arten von Entsorgungsnachweisen unterscheiden: der Einzel- und der Sammelentsorgungsnachweis. Das von der NachwV vorgesehene „Grundmodell" ist der Einzelentsorgungsnachweis. Dieser ist in § 3 NachwV näher geregelt und sieht vor, dass die am Entsorgungsvorgang beteiligten Abfallerzeuger und Abfallentsorger, die jeweils für sie bestimmten Nachweiserklärungen abgeben und der zuständigen Behörde zur Bestätigung vorlegen. Für die Abgabe der erforderlichen Nachweiserklärungen sind die in der Anlage zur NachwV veröffentlichten Formblätter (Deckblatt Entsorgungsnachweise, Verantwortliche Erklärung einschließlich Deklarationsanalyse des Abfallerzeugers, Annahmeerklärung des Abfallentsorgers und Behördenbestätigung) zu verwenden.

Ausnahmsweise kann der Entsorgungsnachweis im Rahmen der sogenannten Sammelentsorgung vom Einsammler statt vom Erzeuger geführt werden. Voraussetzungen für die Sammelentsorgung sind, dass die einzusammelnden Abfälle den gleichen Abfallschlüssel (AVV-ASN), den gleichen Entsorgungsweg sowie die gleiche Beschaffenheit im Sinne der Sammelcharge haben und die bei dem einzelnen Abfallerzeuger am jeweiligen Standort anfallende Abfallmenge 20 Tonnen pro Jahr nicht überschreitet. Ausnahmen von der Mengenbegrenzung finden sich für die AVV-ASN, die in der Anlage 2 Buchstabe a zur NachwV aufgeführt sind. Ferner sind auch für Altöl und Altholz unter den in § 9 Abs. 2 S. 1 NachwV genannten Voraussetzungen Sammelmengen größer 20 Tonnen möglich. Wichtig ist, dass der Sammelentsorgungsnachweis personengebunden und nicht auf andere Einsammler übertragbar ist, § 9 Abs. 6 NachwV.

Im Grundverfahren erfolgt nach Ausfüllung des Einzel- oder Sammelentsorgungsnachweises durch den Abfallerzeuger bzw. Einsammler und Abfallentsorger die behördliche Bestätigung, sofern

- die Abfälle in der vorgesehenen Entsorgungsanlage behandelt, stofflich oder energetisch verwertet, gelagert oder abgelagert werden,
- die Ordnungsgemäßheit und Schadlosigkeit der Verwertung oder die Gemeinwohlverträglichkeit der Beseitigung der Abfälle gewährleistet ist und

- im Falle einer Lagerung der Abfälle die weitere Entsorgung durch entsprechende Entsorgungsnachweise bereits festgelegt ist.

Dabei sind auch Zwischenlager bestätigungsfähig, wenn die weitere Entsorgung durch entsprechende Entsorgungsnachweise bereits festgelegt ist, § 5 Abs. 1 Satz 1 Nr. 3 NachwV.

Auf die behördliche Bestätigung kann verzichtet werden, wenn der Abfallentsorger gemäß § 7 NachwV entweder privilegiert oder von der Einholung einer behördlichen Bestätigung freigestellt ist. Voraussetzung für die Privilegierung ist, dass der Abfallentsorger als Entsorgungsfachbetrieb zertifiziert oder als EMAS-Betrieb anerkannt ist, wobei die Abfallentsorgungsanlage zu einem in das EMAS-Register eingetragenen Standort oder Teilstandort des Unternehmens gehören muss.

Seit dem 01.02.2007 gilt die Privilegierung für die in Anlagen 2a und 2b der NachwV aufgeführten Abfälle (z. B. Bilgenöle, sonstige Altöle) auch für Sammelentsorgungsnachweise, § 9 Abs. 3 Satz 2 NachwV.

Im Rahmen der Vorabkontrolle können sich Abfallerzeuger durch die Erteilung einer Verfahrensbevollmächtigung und Beauftragung im Entsorgungsnachweisverfahren vertreten lassen, § 3 Abs. 4 NachwV. Dabei bezieht sich die Vorschrift in § 3 Abs. 4 NachwV ausdrücklich lediglich auf die Abgabe der verantwortlichen Erklärung. Wegen dieser ausdrücklichen Bezugnahme stellt sich die Frage, ob und inwiefern eine solche Bevollmächtigung auch bei anderen Erklärungen im Nachweisverfahren möglich ist. Die Frage ist bislang noch nicht gerichtlich geklärt worden,[14] ist jedoch auch nach Einführung der qualifizierten elektronischen Signatur (siehe dazu unter Nr. 3.3.2.2) und der elektronischen Nachweisführung mit ihren Möglichkeiten, externe Dienstleister einzuschalten, weiterhin aktuell.

3.2.2.2 Verbleibkontrolle

Die Verbleibkontrolle wird bei der Verwendung eines Einzelentsorgungsnachweises durch Begleitscheine und bei der Sammelentsorgung durch Sammelbegleitschein und Übernahmeschein geführt. Jeder an der Entsorgung Beteiligte erhält dabei eine Kopie, die er anschließend sachlich und zeitlich geordnet in sein Register einzustellen hat (siehe hierzu Nr. 3.2.3).

Die Nachweispapiere sind beim Verfahren in Papierform während des Transports mitzuführen und bei Kontrollen vorzulegen. Eine Besonderheit gilt im elektronischen Abfallnachweisverfahren (eANV). Gemäß § 18 Abs. 2 NachwV reicht es nämlich aus, während des Transports lediglich die Angaben aus Begleit- und Übernahmeschein mitzuführen. Weiterer Begleitpapiere nach dem Nachweisrecht bedarf es nicht.

[14] Zum Streitstand: LAGA-Vollzughilfe zum abfallrechtlichen Nachweisverfahren, Stand 30.09.2009, Rn. 126 f.; Wittmann, Bevollmächtigungsverbot im Nachweisverfahren?, AbfallR 2009, 2 (4).

3.2.2.3 Gebührenerhebung

Die Erhebung von Gebühren bei der Überwachung der Nachweisführung ist in vielen Ländern (wie etwa Hamburg, Rheinland-Pfalz, dem Saarland, Bayern, Sachsen-Anhalt, Nordrhein-Westfalen) gängige Praxis. Dazu sind auch die Gerichte bereits befasst worden und haben Gebühren für die Kontrolle von Begleitscheinen grundsätzlich für rechtmäßig befunden.[15] Dabei sei eine Gebühr pro Begleitschein in Höhe von fünf bis zehn Euro nicht zu beanstanden.

Zulässig soll es nach der Rechtsprechung sein dass Behörden auch Gebühren für fehlerhafte Begleitscheine erheben, etwa wenn bei der automatisierten Prüfung von Begleitscheinen im behördlichen Überwachungssystem ASYS vermeintliche Fehler beim Zeitpunkt der Signatur auftreten und eine Fehlermeldung ausgelöst wird. Denn dies mache eine händische Prüfung durch einen Sachbearbeiter erforderlich, der dann anhand der vorhandenen Unterlagen prüfe, ob noch weitere Auffälligkeiten bestehen, die eine vertiefte Prüfung des Entsorgungsvorgangs notwendig machen. Damit werde ein erhöhter Aufwand ausgelöst, für den die Festsetzung einer Gebühr in Höhe von 12,50 € pro Begleitschein nicht zu beanstanden sei.[16]

3.2.2.4 Abschaffung des vereinfachten Nachweisverfahrens

Mit der Umsetzung der novellierten NachwV wurde das vereinfachte Nachweisverfahren für nicht gefährliche Abfälle abgeschafft. Es ist seitdem dem Abfallerzeuger überlassen, wie er die Einhaltung seiner Sorgfaltspflicht gemäß § 22 KrWG bei Überlassung von nicht gefährlichen Abfällen an Dritte nachweist. Zusätzlich benötigen die Abfallentsorger trotz des Wegfalls des vereinfachten Nachweises weiterhin Informationen über diese Abfälle: Zum einen zur Durchführung der Entsorgung und zum anderen zur Führung des Registers, das die Entsorger auch für nicht gefährliche Abfälle anzulegen haben. Zudem werden Informationen über die Abfälle auch aus Arbeitsschutzgründen für den konkreten Umgang mit den jeweils nicht gefährlichen Abfällen benötigt. Dies gilt gleichermaßen für den Abfallerzeuger. Die Entsorgungsanlagen werden daher weiterhin die in den vereinfachten Nachweisen bislang enthaltenen Daten oder zumindest einen Teil dieser Daten benötigen.

► **Praxishinweis** Um diesen Anforderungen gerecht zu werden, bietet sich die Erstellung eines „Abfallpasses“ an, der in Absprache zwischen dem jeweiligen Erzeuger und Entsorger *freiwillig* geführt werden kann. Er sollte vom Abfallerzeuger und -entsorger unterschrieben werden und Informationen zu den Beteiligten, der Herkunft und Art des Abfalls sowie zum Entsorgungsweg enthalten.

---

[15] BVerwG, Beschl. v. 15.10.2014 – 9 B 1.14; OVG Koblenz, Urt. v. 10.12.2014 – 6 A 10051/14.

[16] VG Greifswald, Urt. v. 25.07.2018 – 3 A 1260/17.

3.2.2.5 Sonderfall Schadstoffsammlung aus Haushaltungen

Besondere Fragen für die Abwicklung des Abfallnachweisrechts wirft die Sammlung von gefährlichen Abfällen aus Haushaltungen auf, weil die Schadstoffsammlung als Hol- oder Bringsystem unterschiedlich ausgestaltet sein kann.

Zu berücksichtigen ist bei allen Modellen, dass die privaten Haushaltungen selbst keine Nachweis- und Registerpflicht treffen, §§ 49 Abs. 6, 50 Abs. 4 KrWG, § 1 Abs. 3 NachwV. Derjenige, der die Abfälle übernimmt, ist jedoch gemäß § 27 Abs. 1 Satz 1 NachwV verpflichtet, Name und Anschrift des privaten Haushalts auf den für ihn bestimmten und auf den von ihm weiter zu übermittelnden oder weiter zu gebenden Ausfertigungen und Dokumenten anzugeben.

Da die Sammlung von Schadstoffen aus privaten Haushaltungen im Rahmen der Überlassungspflichten regelmäßig nur Kleinstmengen betrifft und unterschiedliche Abfallarten betroffen sein können, wird die Anwendung der Nachweis- und Registerpflichten in diesen Fällen als unverhältnismäßig angesehen. Daher werden in der behördlichen Praxis regelmäßig Befreiungen und vom Grundfall abweichende Dokumentationspflichten zugelassen, um eine gemessen am Zeit- und Kostenaufwand angemessene Abwicklung zu ermöglichen. Zu beachten ist hierbei, dass die Erlasslage in den Bundesländern unterschiedlich ausgestaltet ist.[17]

3.2.3 Die Registerführung

Die Pflicht, ein Register über die Entsorgung von Abfällen zu führen, greift für Erzeuger, Besitzer, Einsammler und Beförderer sowie auch für Händler und Makler gemäß § 49 Abs. 3 KrWG nur bei der Entsorgung gefährlicher Abfälle. Hingegen haben Entsorger gemäß § 49 Abs. 1 KrWG zusätzlich die Pflicht, ein Register auch für die Entsorgung nicht gefährlicher Abfälle zu führen (s. Tab. 3.1). Die Behörde kann jedoch auch für Beförderer und Erzeuger die Registerpflicht für nicht gefährliche Abfälle im Einzelfall anordnen. Hierzu bedarf es allerdings einer besonderen Rechtfertigung, da der Gesetzgeber ein besonderes behördliches Informationsbedürfnis grundsätzlich nur in den bereits vorgenannten gesetzlichen Fällen erkannt hat.[18] Die Registerpflichten gelten nicht für private Haushaltungen.

---

[17] Siehe z. B.: Allgemeinverfügung der Sonderabfall-Management-Gesellschaft Rheinland-Pfalz mbH (SAM) zur Nachweisführung bei der Sammlung und Entsorgung von Problemabfällen aus privaten Haushaltungen vom 29.09.2011, Staatsanzeiger für Rheinland-Pfalz vom 17.10.2011, Nr. 38 S. 1860, abrufbar unter: http://www.sam-rlp.de/fileadmin/pdf/nachweisfuehrung/allgem_verf_pivat_haus.pdf; Merkblatt des Staatlichen Gewerbeaufsichtsamtes Hildesheim für die (elektronische) Nachweisführung bei der Schadstoffsammlung aus Haushaltungen, sogenannten Sonderabfallkleinmengen (< 2 t/a) gefährlichen Abfällen gewerblicher Abfallerzeuger (> 2 < 20 t/a) im Bringsystem, Stand 03/2010, abrufbar unter: http://www.ngsmbh.de/bin/pdfs/eANV_Merkblatt_170310.pdf.

[18] *Beckmann*, Registerpflichten nach § 49 KrWG, AbfallR 2015, 157, 158.

Tab. 3.1 Übersicht zur Registerführung:

		Adressat Registerpflichten	Registerinhalt
nicht gefährliche Abfälle		Entsorger	Input-/Output-Register
gefährliche Abfälle	Einzelentsorgung	Erzeuger	EN, BGS (weiß und altgold), § 24 Abs. 2 S. 1 Nr. 1 NachwV
		Beförderer	BGS (gelb), § 24 Abs. 2 S. 1 Nr. 3 NachwV
		Entsorger	EN, BGS (grün), § 24 Abs. 2 S. 1 Nr. 1 NachwV
	Sammelentsorgung	Erzeuger	ÜS (weiß), § 24 Abs. 3 NachwV
		Einsammler	SN, BGS (weiß, gelb, altgold), ÜS (gelb), § 24 Abs. 2 S. 1 Nr. 2 NachwV
		Entsorger	SN, BGS (grün), § 24 Abs. 2 S. 1 Nr. 1 NachwV
	besondere Fälle	Händler	Eigenes Verzeichnis je erworbener und veräußerter Abfälle, § 25a Abs. 1 NachWV
		Makler	Registrierung und Angaben zu jeweiligem Vertragsabschluss, § 25a Abs. 2 NachwV
		Kleinmengenerzeuger/ -entsorger	ÜS, §§ 16, 24 Abs. 3 NachwV
		nicht nachweispflichtige Erzeuger	eigenes Verzeichnis je Abfallart und Anfallstelle, § 24 Abs. 6 NachwV
		nicht nachweispflichtige Beförderer	eigenes Verzeichnis je Abfallart, § 24 Abs. 7 NachwV
		nicht nachweispflichtige Entsorger	eigenes Verzeichnis je Abfallart und Entsorgungsanlage (Input-/ Output-Register), § 24 Abs. 4 und 5 NachwV

▶ **Praxishinweis** Register- und Nachweispflicht laufen nicht parallel; besteht für Abfälle keine Nachweispflicht heißt dies nicht automatisch, dass auch die Registerpflicht für diese Abfälle entfällt.

3.2.3.1 Registerführung für gefährliche Abfälle

3.2.3.1.1 Inhalt des Registers

Den Inhalt des Registers legt in allgemeiner Form bereits § 49 Abs. 1 KrWG fest. Danach hat das Register Angaben zu der Menge, der Art, dem Ursprung und, soweit diese Angaben zur Gewährleistung einer ordnungsgemäßen Entsorgung von Bedeutung sind, die Bestimmung, die Häufigkeit des Einsammelns, das Beförderungsmittel sowie die Art der Behandlung der Abfälle zu enthalten.

Konkretisiert werden diese Vorgaben des KrWG durch die Vorschriften der NachwV. Danach erfordert das Register eine sachlich und zeitlich geordnete Darstellung, § 24 Abs. 1 NachwV. Das Register ist wie folgt aufgebaut:

Oberste Ordnungshierarchie: Gesamt-Register pro Erzeugernummer/ Anfallstelle. Sachliche Untergliederung nach AVV-ASN und EN.	Mittlere Ordnungshierarchie: AVV-ASN. Innerhalb des jeweiligen AVV-ASN chronologische Sortierung der EN.	Unterste Ordnungshierarchie: EN. Innerhalb des EN müssen die zugehörigen Belege zeitlich geordnet werden.

Die Registerinhalte sind für die Dauer von drei Jahren ab Einstellung in das Register aufzubewahren, § 25 Abs. 1 Satz 1 NachwV. Ausnahmen von dieser Frist können sich für die Entsorgungsanlagen aus den entsprechenden Genehmigungsbescheiden ergeben.

► **Praxishinweis** Sollen die Unterlagen (auch) dazu dienen, eine ordnungsgemäße Entsorgung zu belegen, um eine öffentlich-rechtliche, zivilrechtliche oder strafrechtliche Haftung abzuwehren, kann eine längere Aufbewahrungsdauer empfehlenswert sein.

Für den Fristbeginn stellt § 25 Abs. 1 Satz 2 NachwV auf den Zeitpunkt der Einstellung in das Register ab. Für die Dokumente der Verbleibkontrolle ist dies unproblematisch. Im Hinblick auf den Entsorgungsnachweis beträgt dessen Gültigkeitsdauer jedoch regelmäßig fünf Jahre, § 5 Abs. 4 Satz 1 NachwV. Es wäre jedoch nicht sinnvoll, wenn der Entsorgungsnachweis vor Ablauf seiner Gültigkeit aus dem Register wieder entfernt würde, weil dann eine sachliche Zuordnung der jeweiligen Begleitscheine nicht mehr möglich wäre, vgl. § 24 Abs. 2 Satz 1 Nr. 1 NachwV. Nach dem Sinn und Zweck des Registers ist daher der Fristbeginn für die insoweit mittelbar registrierungspflichtigen Entsorgungsnachweise auf den Ablauf ihrer Gültigkeit bzw. dann anzusetzen, wenn der letzte hierauf bezogene Begleitschein in das Register eingestellt wurde. Bei einer derartigen Berechnung ist es möglich, dass der Entsorgungsnachweis bis zu maximal acht Jahren im Register aufzubewahren ist.

3.2.3.1.2 Sonderfall Händler und Makler

Infolge der Änderung der NachwV im Jahr 2013 ist zur Konkretisierung der Registerpflicht für Händler und Makler die Vorschrift des § 25a NachwV eingefügt worden.

Die Vorschrift des § 25a Abs. 1 NachwV betrifft das Händlerregister, das von der Struktur her an die Register der nicht nachweispflichtigen Erzeuger und Entsorger angelehnt ist.[19]

Die Vorschrift des § 25a Abs. 2 NachwV betrifft das Maklerregister. Die oberste Ordnungshierarchie bezieht sich beim Maklerregister auf die jeweiligen Vertragabschlüsse. Zu jedem registrierten Vertrag sind innerhalb von zehn Kalendertagen nach Veräußerung der jeweiligen Abfallcharge die Vertragsparteien mit Namen und Anschrift, Art, Umfang und voraussichtliche Dauer der vermittelten Bewirtschaftungstätigkeit sowie die Art und Beschaffenheit der Abfälle zu vermerken und diese Angaben zu unterschreiben.

3.2.3.1.3 Sonderfall Kleinmengenerzeuger

Für Kleinmengenerzeuger gilt gemäß § 24 Abs. 3 NachwV eine vereinfachte Registerpflicht. Danach ist das Register nur für die Übernahmescheine zu führen und zwar getrennt nach Abfallarten und in zeitlicher Reihenfolge sortiert. Den Einsammler, der zur Nachweisführung verpflichtet ist (§§ 12, 13 NachwV), trifft dabei zusätzlich die Pflicht, die Übernahmescheine dem jeweiligen Sammelentsorgungsnachweis und Begleitschein zuzuordnen.[20]

3.2.3.2 Registerführung für nicht nachweisbedürftige Abfälle

In § 24 Abs. 4, 5, 6 und 7 NachwV ist näher ausgeführt, wie die Register derjenigen auszusehen haben, die ausnahmsweise nicht zur Führung von Nachweisen verpflichtet sind. Gemeint sind etwa Fälle, in denen Erzeuger, Besitzer, Beförderer oder Entsorger Abfälle im Rahmen der verordneten oder freiwilligen Rücknahme entsorgen.

Die Vorschriften in § 24 Abs. 4 bis 7 NachwV sehen im Detail unterschiedliche Angaben vor. Als grundlegende Angaben sind jedoch erforderlich:[21]

- Überschrift des Abfallschlüssels der Abfallart nach AVV,
- Firmenname und Anschrift des Entsorgers bzw. Erzeugers bzw. Beförderers,
- Bezeichnung und Anschrift der Entsorgungsanlage bzw. des Erzeugers bzw. des Beförderers,
- (Soweit vorhanden) Entsorger- bzw. Erzeuger- bzw. Beförderernummer.

Unterhalb dieser Angaben sind fortlaufend für jede angenommene bzw. abgegebene bzw. übergebene Abfallcharge spätestens zehn Kalendertage nach ihrer Annahme bzw. Abgabe bzw. Übergabe die Menge und das Datum der Annahme bzw. Abgabe bzw. Übergabe anzugeben. Abfallerzeuger und Abfallentsorger haben im Falle der Abgabe der Abfälle zu-

[19] BR-Drs. 665/13, S. 81.

[20] Rüdiger, Die neuen abfallrechtlichen Registerpflichten ab 1. Februar 2007 – mehr als „alter Wein in neuen Schläuchen", AbfallR 2007, 2 (7).

[21] Ausführlich hierzu: Rüdiger, (Fn. 19) AbfallR 2007, 2 (7 ff.).

sätzlich die Person anzugeben, die die jeweilige Abfallcharge übernimmt. Der Abfallentsorger hat in den Fällen der Annahme nunmehr zusätzlich zu vermerken, von wem er die Abfälle angenommen hat (Name und Anschrift). Die Richtigkeit und Vollständigkeit der Angaben ist durch Unterschrift zu versichern.

Für die Form eröffnen die Vorschriften unterschiedliche Möglichkeiten. So können für die Registerführung Praxisbelege (z. B. Liefer- und Wiegescheine) verwendet werden, wenn diese den Abfall, i. d. R. durch Abfallschlüssel, erkennen lassen und sie die vorgegebene sachliche und zeitliche Zuordnung, also abfallschlüsselscharfe Sortierung, ermöglichen. Möglich ist auch, die in der NachwV vorgesehenen Formblätter zu verwenden. Daneben kann (freiwillig) ein elektronisches Register nach den Vorgaben des § 25 Abs. 2 NachwV geführt werden.

3.2.3.3 Weitere Pflichten für Abfallentsorger zur Registerführung

Mit dem Gesetz zur Umsetzung der Abfallrahmenrichtlinie der Europäischen Union vom 23.10.2020 wurde das KrWG um eine Verpflichtung für Entsorger erweitert, ein Verzeichnis für Erzeugnisse, Materialien und Stoffe zu führen, die aus der Vorbereitung zur Wiederverwendung, aus dem Recycling oder einem sonstigen Verwertungsverfahren hervorgegangen sind, § 49 Abs. 2 S. 2 KrWG. Als Folgeänderung sieht der neu eingeführte § 24 Abs. 8 NachwV vor, dass Abfallentsorger, die Abfälle behandeln und lagern, unabhängig davon, ob sie zur Nachweisführung verpflichtet sind oder nicht, zusätzlich die Menge an Erzeugnissen, Materialien und Stoffen, die aus der Vorbereitung zur Wiederverwendung, aus dem Recycling oder aus einem sonstigen Verwertungsverfahren hervorgehen, registrieren, indem sie für jedes Erzeugnis, Material und jede Stoffart ein eigenes Verzeichnis erstellen, in welchem sie als Überschrift die Erzeugnis-, Material- oder Stoffart angeben, die Menge der aus den Verwertungsverfahren hervorgegangenen Erzeugnisse, Materialien oder Stoffe sowie unterhalb dieser Angaben fortlaufend für jede aus der Behandlung hervorgegangene Erzeugnis-, Material- oder Stoffcharge spätestens zehn Kalendertage nach Abschluss der Behandlung ihre Menge und das Datum, an dem das Ende der Abfalleigenschaft erreicht wurde.

Mit dieser Ausweitung der Registerpflicht für Abfallentsorger soll eine bessere Rückverfolgbarkeit der Abfallströme erreicht werden.[22]

3.3 Elektronische Nachweisführung

Die Regelungen zum elektronischen Abfallnachweisverfahren (eANV) und der Registerführung sind seit dem 01.04.2010 in Kraft.

[22] Vgl. Gesetzesbegründung, BT-Drs. 19/19373, S. 75.

3.3.1 Anwendungsbereich des eANV

Die Pflicht zur elektronischen Nachweisführung trifft gemäß § 17 NachwV grundsätzlich alle, die an der Entsorgung von gefährlichen Abfällen beteiligt sind.

Eine für die Praxis bedeutsame Ausnahme besteht gemäß § 21 NachwV für Erzeuger gefährlicher Abfälle, die an einer Sammelentsorgung teilnehmen. Sie dürfen die Übernahmescheine auch in Papierform führen. Entsprechend anwendbar ist die Ausnahmeregelung in § 21 NachwV auch auf Kleinmengenerzeuger im Sinne von § 16 NachwV.

Korrespondierend zu der Pflicht der elektronischen Nachweisführung bestimmt § 25 Abs. 2 Satz 1 NachwV, dass auch die Register über nachweispflichtige Abfälle elektronisch zu führen sind, soweit für die in die Register einzustellenden Nachweise die elektronische Nachweisführung zwingend bestimmt ist. Im Übrigen können die Register elektronisch geführt werden. Für Händler und Makler ist hingegen diese Möglichkeit zur optionalen Führung eines elektronischen Registers ausgeschlossen worden, § 25a Abs. 4 NachwV. Tab. 3.2 gibt eine Übersicht zum Anwendungsbereich des eANV.

3.3.2 Eckpfeiler der elektronischen Nachweisführung

Um an der elektronischen Nachweisführung teilnehmen zu können, müssen Betroffene eine kommunikationsfähige EDV-Technik vorhalten oder sich eines Dritten (Providers) bedienen, der die entsprechende Technik zur Verfügung stellt.

Tab. 3.2 Anwendungsbereich eANV

<table>
<tr><td>nicht gefährliche Abfälle</td><td colspan="3">kein eANV</td></tr>
<tr><td rowspan="6">gefährliche Abfälle</td><td rowspan="4">kein eANV</td><td colspan="2">Entsorgung in engem räumlichen Zusammenhang, § 50 Abs. 2 KrWG</td></tr>
<tr><td colspan="2">verordnete Rücknahme oder Rückgabe, § 50 Abs. 3 KrWG</td></tr>
<tr><td colspan="2">Abfälle aus privaten Haushaltungen, § 50 Abs. 4 KrWG</td></tr>
<tr><td colspan="2">Kleinmenge < 2 Tonnen, nur Führung von Übernahmescheinen, § 2 Abs. 2 NachwV</td></tr>
<tr><td rowspan="2">eANV</td><td rowspan="2">elektronische Nachweisführung für Erzeuger, Besitzer, Einsammler, Beförderer und Entsorger sowie auf Anordnung</td><td>(Einzel-) Entsorgungsnachweis, §§ 3 ff. NachwV und Begleitscheinverfahren, §§ 10 ff. NachwV</td></tr>
<tr><td>Sammelentsorgungsnachweis, § 8 NachwV und Begleitschein, Übernahmeschein, §§ 12, 13 NachwV möglich, wenn Abfallmenge < 20 Tonnen pro Jahr, kein eANV für den Abfallerzeuger</td></tr>
</table>

▶ **Praxishinweis** Wer sich eines IT-Dienstleisters bedient, sollte darauf achten, dass auch das Zusammenspiel der eANV-Software mit der vorhandenen Abfallwirtschaftssoftware sichergestellt ist. Zeigen sich Mängel bei der Abwicklung, greifen je nach vertraglicher Gestaltung ggf. Mängelhaftungspflichten.[23] Auch bei Beauftragung eines IT-Dienstleisters bleibt der Nachweispflichtige selbst dafür verantwortlich, dass er seinen gesetzlichen Verpflichtungen im Nachweisverfahren nachkommt.

Die Eckpfeiler des eANV bestehen darin, dass die Betroffenen einen für den Empfang elektronischer Nachweisdokumente geeigneten Empfangszugang eröffnen, die elektronischen Nachweisdokumente unter Benutzung bestimmter Dateiformate und -schnittstellen erstellen, qualifiziert elektronisch signieren und die Dokumente unter Nutzung der hierfür von den Ländern eingerichteten Zentralen Koordinierungsstelle (ZKS-Abfall) an die jeweiligen Adressaten versenden.

3.3.2.1 Teilnahme an der elektronischen Kommunikation

Die Nachweispflichtigen wie auch die jeweils zuständigen Behörden haben die zur Nachweisführung erforderlichen Erklärungen als strukturierte Nachrichten unter Verwendung standardisierter Schnittstellen nach den Vorgaben der Anlage 3 zur NachwV, jeweils unter Angabe des von ihnen eröffneten Empfangszugangs, zu übermitteln, § 18 Abs. 1 Satz 1 NachwV. Die entsprechend zu verwendenden Datenschnittstellen werden vom Bundesministerium für Umwelt, Naturschutz und Reaktorsicherheit (BMU) im Internet bekannt gemacht. Die BMU-Datenschnittstelle basiert auf einem XML-Format, das die verbindlich festgelegte gemeinsame Sprache der verschiedenen Anwendungssysteme im eANV darstellt.

Der elektronische Entsorgungsnachweis wie auch die elektronischen Begleitscheine bestehen nach der bekanntgemachten Schnittstelle aus mehreren elektronischen Schichten (Layern), die jeweils von dem Erzeuger, Beförderer, Entsorger und der Behörde auszufüllen sind. Die Layer beinhalten die jeweils für die Nachweisführung vorgesehenen Formblätter und sind so miteinander verschachtelt, dass das jüngste Layer alle davor erstellten Layer mit umfasst.[24]

▶ **Praxishinweis** Die aktuelle Version der BMU-Datenschnittstelle ist die Juni 2008 veröffentlichte Version 1.04. Eine Änderung der Schnittstelle erfolgte zuletzt zum 10.12.2021, um eine elektronische Übermittlung der Daten des Registers gemäß dem im Zuge der Umsetzung der Abfallrahmenrichtlinie der Europäischen Union neu eingeführten § 24 Abs. 8 NachwV zu ermöglichen (siehe

[23] Kremer, Probleme unterschätzt, Recycling magazin 2010, 22.

[24] Kropp, Qualifizierte elektronische Signaturen im elektronischen Abfallnachweisverfahren, UPR 2010, 326 (327).

dazu Nr. 3.2.3.3). Die bisherige Vielzahl an begleitenden Dokumentationstexten zur Beschreibung der Schnittstelle wurden zur besseren Übersichtlichkeit in einer konsolidierten Dokumentation zusammengefasst.[25]

Zur Sicherstellung der elektronischen Kommunikation werden in § 20 NachwV die Bundesländer verpflichtet. Sie haben hierfür die Zentrale Koordinierungsstelle (ZKS-Abfall) eingerichtet. Hierbei handelt es sich nicht um eine Behörde, sondern um eine technische Infrastruktur, über die der Datenaustausch zwischen den Nachweispflichtigen und der Behörden erfolgen soll.[26] Sie beinhaltet eine Virtuelle Poststelle (VPS), die den Empfang, die Verteilung und die Versendung der Nachrichten ermöglicht.

Ebenfalls entwickelt und in die ZKS-Abfall integriert ist das sog. Länder-eANV. Hierbei handelt es sich um ein Internetportal, das die grundlegenden Funktionen für die Teilnahme am eANV zur Verfügung stellt und sich damit für Nachweispflichtige eignet, die nur ein geringes Aufkommen an nachweispflichtigen Vorgängen im Jahr zu bearbeiten haben.

► **Praxishinweis** Bei Nutzung des Länder-eANV ist zu beachten, dass mit diesem Modul die Erstellung eines elektronischen Abfallregisters nicht möglich ist. Die Speicherung der elektronischen Dokumente im eigenen System muss der Nachweispflichtige daher zusätzlich selbst sicherstellen.

3.3.2.2 Qualifizierte elektronische Signatur

Grundsätzlich beinhaltet die Anwendung der elektronischen Form auch die Pflicht, Nachweisdokumente qualifiziert elektronisch zu signieren.

Die qualifizierte elektronische Signatur ist im Signaturgesetz[27] und in der Signaturverordnung[28] geregelt. Sie ist von der elektronischen und fortgeschrittenen elektronischen Signatur zu unterscheiden, die für das elektronische Nachweisverfahren nicht ausreichend sind. Nur die qualifizierte elektronische Signatur ist der handschriftlichen Unterschrift rechtlich gleichgestellt. Um ein elektronisches Dokument signieren zu können, bedarf es einer personenbezogenen Signaturkarte des Signierenden, eines Computers mit Internetverbindung sowie eines Signaturkarten-Lesegerätes. Qualifizierte elektronische Signaturen sind auch mit dem neuen Personalausweis möglich.

[25] Dokumentation der BMU-Schnittstelle V1.04 i. d. F. v. 17.03.2017 – Anpassung 2020, abrufbar unter: https://www.bmu.de/fileadmin/Daten_BMU/Download_PDF/Abfallwirtschaft/abfall_schnittstelle_dokumentation_bf.pdf.

[26] Kropp, Freiwillige elektronische Nachweis- und Registerführung vor dem 1. April 2010, AbfallR 2007, 199 (200).

[27] Gesetz über Rahmenbedingungen für elektronische Signaturen v. 16.05.2001 (BGBl. I S. 876), zuletzt. geändert durch Art. 12 Abs. 1 S. 2 Nr. 1 eIDAS-DurchführungsG vom 18.07.2017(BGBl. S. 2745).

[28] Verordnung zur elektronischen Signatur v. 16.11.2001 (BGBl. I S. 3074), zuletzt geändert durch Art. 12 Abs. 1 S. 2 Nr. 1 eIDAS-DurchführungsG vom 18.07.2017(BGBl. I S. 2745).

Die zeitliche Reihenfolge bei der Abgabe der qualifizierten elektronischen Signatur richtet sich gemäß § 19 Abs. 1 Satz 1 NachwV auch im eANV grundsätzlich nach § 11 Abs. 1 Satz 1 NachwV.

Das bedeutet bei der Vorabkontrolle gemäß § 19 Abs. 1 Satz 2 Nr. 1 NachwV:

- Der Abfallerzeuger bzw. sein Bevollmächtigter signiert das Erzeuger-Layer vor Zuleitung an den Entsorger,[29]
- Der Abfallentsorger signiert vor Zuleitung des Entsorger-Layers an die Behörde.

Im Rahmen der Verbleibkontrolle gilt gemäß § 19 Abs. 1 Satz 2 Nr. 2 NachwV:

- Der Erzeuger signiert als Erster vor oder spätestens bei Übergabe an den Beförderer,
- Der Beförderer oder Einsammler sowie jeder weiterer Beförderer signiert bei Übernahme der Abfälle,
- Der Betreiber eines Geländes zur kurzfristigen Lagerung oder zum Umschlag signiert bei Übernahme der Abfälle,
- Der Entsorger signiert unverzüglich bei Annahme der Abfälle zur ordnungsgemäßen Entsorgung.

Die Vorschrift des § 11 Abs. 1 Satz 1 NachwV, auf die sich § 19 Abs. 1 Satz 2 Nr. 2 NachwV bezieht, ist im Rahmen der Änderung der NachwV im Jahr 2013 ergänzt worden. Zur Klarstellung wurde mit aufgenommen, dass auch im Falle einer kurzfristigen Zwischenlagerung oder eines Umschlags die Übergabe der Abfälle zu bescheinigen ist. Die Begriffe der kurzfristigen Lagerung und des Umschlags, die zuvor nur im Begleitscheinformular erschienen, haben damit Eingang in den Text der NachwV gefunden. Hinsichtlich des Zeitpunktes der Signatur durch den Entsorger wurde klargestellt, dass es für das Ausfüllen und Unterschreiben des Begleitscheins durch den Entsorger auf den Zeitpunkt der Annahme der Abfälle zur ordnungsgemäßen Entsorgung ankommt.[30] Damit wurde dem Umstand Rechnung getragen, dass der Abfallentsorger die mit seiner Unterschrift auf dem Begleitschein erfolgende „Versicherung der Annahme zur ordnungsgemäßen Entsorgung" nur abgeben kann, wenn er zuvor seinen Kontrollpflichten nachgekommen ist und überprüfen konnte, ob der angelieferte Abfall der Deklaration und dem Entsorgungsnachweis entspricht.[31]

Im Rahmen des eANV sieht § 19 Abs. 2 NachwV allerdings die Möglichkeit für den Abfallbeförderer, den Einsammler, den weiteren Beförderer oder den Betreiber eines Ge-

[29] Im Falle der Sammelentsorger signiert der Einsammler das Erzeuger-Layer anstelle des Abfallerzeugers.

[30] BR-Drs. 665/13, S. 77.

[31] *Kropp*, Fortentwicklung der abfallrechtlichen Überwachung – „Kleine" Novelle der Nachweisverordnung, AbfallR 2014, 89, 92.

ländes zur kurzfristigen Lagerung oder zum Umschlag vor, abweichend von § 11 Abs. 1 Satz 1 NachwV, die Signatur nach der Übernahme im eigenen Büro zu leisten oder aber spätestens bei Übergabe an den Entsorger. Voraussetzung hierfür ist allerdings, dass hierüber eine schriftliche Vereinbarung zwischen den Beteiligten geschlossen wurde, § 19 Abs. 2 Satz 1 NachwV.

▶ **Praxishinweis** Zur Formulierung einer Vereinbarung gemäß § 19 Abs. 2 NachwV hat die LAGA eine vorläufige Empfehlung zu den Anforderungen an die schriftliche Vereinbarung im Sinne des § 19 Abs. 2 NachwV zwischen Abfallerzeuger und Abfallbeförderer veröffentlicht.[32]

Der Abfallerzeuger, der eine solche Vereinbarung abschließt, muss die Vorteile, die hiermit im Hinblick auf die Abwicklung der qualifizierten elektronischen Signatur verbunden sind, mit den möglichen strafrechtlichen, zivilrechtlichen und öffentlich-rechtlichen Haftungsrisiken abwägen. Diese Haftungsrisiken liegen darin, dass der Abfallerzeuger über keinen Nachweis verfügt, aus dem sich die Übergabe bzw. Übernahme der Abfälle ergibt und er im Falle einer illegalen Entsorgung daher nicht widerlegen kann, dass er selbst Abfälle illegal entsorgt hat.[33] Es empfiehlt sich daher, dass sich der Abfallerzeuger die Abholung der Abfälle quittieren lässt und eine sorgfältige Auswahl und Überwachung des Beförderers erfolgt.

3.3.2.3 Störung der Kommunikation

Treten Probleme bei der Abwicklung des eANV auf, regelt § 22 NachwV, wie sich der Pflichtige zu verhalten hat. Die Vorschrift wirft in der Umsetzung eine Reihe praktischer Fragen auf.[34] Grundsätzlich gilt jedoch, dass der Nachweispflichtige, der die Störung feststellt, die übrigen Beteiligten hierüber unverzüglich zu informieren hat, § 22 Abs. 1 Satz 5 NachwV.

Damit die Abfälle während einer Störung weiter entsorgt werden können, haben die Beteiligten das Quittungsbelegverfahren anzuwenden, § 22 Abs. 1 Satz 1–4 NachwV. Das bedeutet, dass der Begleitschein dann in Papierform zu führen ist.

Nach Behebung der Störung sind die Daten innerhalb von zehn Kalendertagen nachträglich elektronisch zu übermitteln, § 22 Abs. 4 NachwV. Nunmehr ist dabei klargestellt,

[32] Vorläufige Empfehlung der LAGA zu der Frage: Welche Anforderungen sind an die schriftliche Vereinbarung im Sinne des § 19 Abs. 2 NachwV zwischen Abfallerzeuger und Abfallbeförderer zur nachträglichen qualifizierten elektronischen Signatur des Abfallbeförderers zu stellen? Abrufbar unter: http://www.laga-online.de/servlet/is/23875/zu_M27_Anforderungen_19_II_NachwV.pdf?command=downloadContent&filename=zu_M27_Anforderungen_19_II_NachwV.pdf.

[33] Rüdiger, NachwV, § 19 Rn. 3; Kropp, in: Fluck, Kreislaufwirtschafts-, Abfall- und Bodenschutzrecht, § 19 NachwV Rn. 64.

[34] Siehe hierzu: Heidmann/Zimack, Der Umgang mit Störungen der elektronischen Abfallnachweisführung, AbfallR 2011, 114 ff.

dass bereits begonnene elektronische Verfahren nach Behebung der Störung oder Wegfall des Hinderungsgrundes fortgeführt werden können und nicht von Anfang an neu begonnen werden müssen.

3.3.3 Elektronische Registerführung

Für die elektronische Registerführung gilt der Grundsatz, dass das Register elektronisch zu führen ist, wenn auch die Nachweisführung elektronisch zu führen ist, § 25 Abs. 2 NachwV. Eine Pflicht zur elektronischen Registerführung entfällt damit für gefährliche aber nicht nachweisbedürftige Abfälle.[35]

Neben der elektronischen Registerführung sind weiterhin auch Papierregister zu führen. So besteht bei der Sammelentsorgung das Register des Abfallerzeugers aus Übernahmescheinen, die weiterhin in Papierform vorliegen können, § 17 Satz 1 NachwV. Dasselbe gilt für Kleinmengenerzeuger im Sinne von § 2 Abs. 2 NachwV. Auch dort besteht das Register lediglich aus Übernahmescheinen in Papierform, die auch weiterhin nicht elektronisch geführt werden müssen. Allerdings besteht die Möglichkeit, freiwillig ein elektronisches Register zu führen, § 25 Abs. 2 Satz 2 NachwV. Für Händler und Makler ist hingegen die Möglichkeit zur freiwilligen Führung eines elektronischen Registers ausgeschlossen worden, § 25a Abs. 4 NachwV.

Eine Besonderheit besteht gemäß § 25 Abs. 3 NachwV insoweit für Einsammler. Sie trifft nämlich durch den Verweis in § 25 Abs. 3 NachwV auf § 25 Abs. 2 Satz 1 NachwV die Pflicht, die in ihr Register einzustellenden Übernahmescheine, die in Papierform vorliegen, in die elektronische Form zu überführen. Dabei stellt sich in der Praxis die Frage, ob der Einsammler die in Papierform geführten Übernahmescheine bei deren Einstellung in das elektronische Register qualifiziert elektronisch zu signieren hat. Während in der Vollzugshilfe der LAGA zum abfallrechtlichen Nachweisverfahren hiervon ohne weiteres ausgegangen wird,[36] spricht dagegen, dass sich dafür im Gesetz kein rechtlicher Anknüpfungspunkt findet. Weder sieht § 24 Abs. 2 NachwV eine Unterschrift bei der Einstellung von Dokumenten in das Register vor, noch verlangen dies die Regelungen in § 19 NachwV zur elektronischen Signatur. Sämtliche nach der NachwV erforderlichen Unterschriften sind bereits getätigt und liegen in Papierform vor, wenn der Einsammler die Übernahmescheine in Papierform gemäß § 25 Abs. 3 NachwV digitalisiert.

Die elektronische Registerführung erfolgt in der Form, dass die vorliegenden elektronische Nachweisdokumente in der XML-Struktur sowie mit den qualifizierten elektronischen Signaturen zu archivieren sind, § 25 Abs. 2 Satz 3 NachwV. Die Speicherung der

[35] Der Behörde kann gemäß § 44 Abs. 1 Satz 2 KrW-/AbfG anordnen, dass das Register in elektronischer Form oder elektronisch zu führen ist. Ferner kann sie von der Pflicht zur elektronischen Registerführung befreien, wenn sich diese im Verhältnis zum technischen Aufwand als unverhältnismäßig erweist, § 26 Abs. 1 NachwV.

[36] LAGA-Vollzughilfe zum abfallrechtlichen Nachweisverfahren, Stand 30.09.2009, Rn. 409.

Dokumente in der XML-Struktur einschließlich der qualifizierten elektronischen Signaturen hat für mindestens drei Jahre zu erfolgen. Soweit allerdings die Entsorgungsnachweise eine längere Gültigkeitsdauer als drei Jahre aufweisen und daher nicht auf das Datum der Einstellung in das Register, sondern auf den Ablauf der Gültigkeit abzustellen ist (siehe dazu unter B. III. 1.a), kann eine Archivierung von bis zu acht Jahren erforderlich sein. Im Hinblick auf die Archivierung der qualifizierten elektronischen Signaturen kann bei einer derart langen Aufbewahrung eine „Übersignierung" notwendig werden, weil die Fälschungssicherheit der Signaturen nicht über einen so langen Zeitraum sichergestellt werden kann.

Ein Register kann dabei auch in Form von Teilregistern bei verschiedenen Dritten (Providern) auf verschiedenen Servern geführt werden kann.[37] Voraussetzung ist dann allerdings, dass die Anforderungen an eine sachlich und zeitlich geordnete Darstellung eingehalten werden, §§ § 25 Abs. 2 Satz 3, 24 Abs. 1 NachwV und die Teilregister zusammengeführt werden können.

Die Behörde kann die Vorlage des Registers oder einzelner Angaben aus dem Register verlangen, §§ 49 Abs. 4, 51 Abs. 1 Satz 1 Nr. 1 KrWG. Die Erfüllung dieser Anordnung muss gemäß § 25 Abs. 2 Satz 4 NachwV ebenfalls elektronisch erfolgen. Praktisch geschieht dies dadurch, dass der Pflichtige auf die Registeranforderung der Behörde einen elektronischen Registerauszug erstellt, der qualifiziert elektronisch zu signieren ist, § 25 Abs. 2 Satz 4 NachwV.

Literatur

Beckmann (2015) Registerpflichten nach § 49 KrWG, AbfallR 2015, 157, 158.

Frenz (2015) Verantwortlichkeit für Abfälle im Baubereich in neuem Licht?, AbfallR 2015, 135

Giesberts/Reinhardt (2019), in: BeckOK Umweltrecht, 58. Edition, Stand 01.04.2019, § 3 KrWG, Rn 31.

Heidmann/Zimack (2011) Der Umgang mit Störungen der elektronischen Abfallnachweisführung, AbfallR 2011, 114 ff.

Kropp (2010) Erzeuger und Besitzer von Bauabfällen, ZUR 2010, 461 ff.

Kropp (2003) Abfallrechtliche Verantwortung im Bauwesen, UPR 2003, 284 (285);

Klett/Enders (2005) Der Bauherr als Abfallbesitzer und Abfallerzeuger nach geltendem und künftigem Abfallrecht, BB 1996, 2003 (2005)

Kremer (2010) Probleme unterschätzt, Recycling magazin 2010, 22.

Kropp (2007), Freiwillige elektronische Nachweis- und Registerführung vor dem 1. April 2010, AbfallR 2007, 199 (200).

Kropp (2010), Qualifizierte elektronische Signaturen im elektronischen Abfallnachweisverfahren, UPR 2010, 326 (327).

Kropp (2014), Fortentwicklung der abfallrechtlichen Überwachung – „Kleine" Novelle der Nachweisverordnung, AbfallR 2014, 89, 92.

[37] LAGA, Vorläufige Empfehlung zur Registerführung, abrufbar unter: https://www.laga-online.de/documents/elektronische_fuehrung_registern_1503988305.pdf.

Kropp (2015) Wer ist Erzeuger von Bau- und Abbruchabfällen?, AbfallR 2015, 226.
Rüdiger (2007) Die neuen abfallrechtlichen Registerpflichten ab 1. Februar 2007 – mehr als „alter Wein in neuen Schläuchen", AbfallR 2007, 2 (7).
Rüdiger (2014), NachwV, § 19 Rn. 3; Kropp, in: Fluck, Kreislaufwirtschafts-, Abfall- und Bodenschutzrecht, § 19 NachwV Rn. 64.
Umweltbundesamt (2018) Daten zur Umwelt, Abfallaufkommen 2018, abrufbar unter: https://www.umweltbundesamt.de/daten/ressourcen-abfall/abfallaufkommen#deutschlands-abfall

4 Die Überlassungspflicht als Grenze zwischen Marktwirtschaft und Daseinsvorsorge

Anno Oexle

4.1 Einführung

Die Verteilung der Entsorgungsverantwortung zwischen öffentlichem und privatem Sektor gehört zu den klassischen Problemstellungen des Abfallrechts. Daran hat das Kreislaufwirtschaftsgesetz nichts geändert, wie der nach wie vor um Wertstoffe aus privaten Haushalten geführte „Kampf um den Abfall" zwischen privater und kommunaler Entsorgungswirtschaft zeigt. Der nachstehende Beitrag zeigt, wo die Grenzen verlaufen und welche Folgen dies für die Entsorgungsmärkte hat.[1]

Das Kreislaufwirtschaftsgesetz bestimmt – dem allgemeinen umweltrechtlichen Verursacherprinzip folgend[2] – zunächst, dass die Erzeuger und Besitzer von Abfällen für die Entsorgung ihrer Abfälle selbst verantwortlich sind.[3] Zur Erfüllung dieser Pflichten können sie Dritte, insbesondere private Entsorgungsunternehmen, beauftragen.[4] Die Verantwortung für die Erfüllung ihrer Entsorgungspflichten bleibt von einer solchen Beauftragung „unberührt und so lange bestehen, bis die Entsorgung endgültig und ordnungsgemäß abgeschlossen ist".[5]

[1] Der hinter den entsprechenden gesetzlichen Regelungen stehende Grundkonflikt zwischen einem stärker etatistisch-kommunal und einem stärker wettbewerblich-privatwirtschaftlich geprägten Verständnis der Abfallentsorgung hat das Gesetzgebungsverfahren zum Kreislaufwirtschaftsgesetz maßgeblich geprägt.

[2] BT-Drucksache 17/6052, S. 79.

[3] § 7 Abs. 2 Satz 1 KrWG, § 15 Abs. 1 Satz 1 KrWG.

[4] § 22 Abs. 1 Satz 1 KrWG.

[5] § 22 Abs. 1 Satz 2 KrWG.

A. Oexle (✉)
Sozietät Oexle Kopp-Assenmacher Lück, Köln, Deutschland
E-Mail: anno.oexle@oklp.de

P. Kurth et al. (Hrsg.), *Praxishandbuch der Kreislauf- und Rohstoffwirtschaft*,
https://doi.org/10.1007/978-3-658-36262-1_4

Eine Ausnahme von diesem Grundprinzip begründet § 17 Abs. 1 KrWG, der unter bestimmten Voraussetzungen die Rechte und Pflichten der Abfallerzeuger und -besitzer zur Entsorgung ihrer Abfälle auf Rechte und Pflichten zur Überlassung an den öffentlich-rechtlichen Entsorgungsträger verkürzt. So sind für die Entsorgung aller Abfälle aus privaten Haushaltungen sowie der Abfälle zur Beseitigung aus anderen Herkunftsbereichen nach § 17 Abs. 1 i. V. m § 20 KrWG grundsätzlich die öffentlich-rechtlichen Entsorgungsträger verantwortlich.

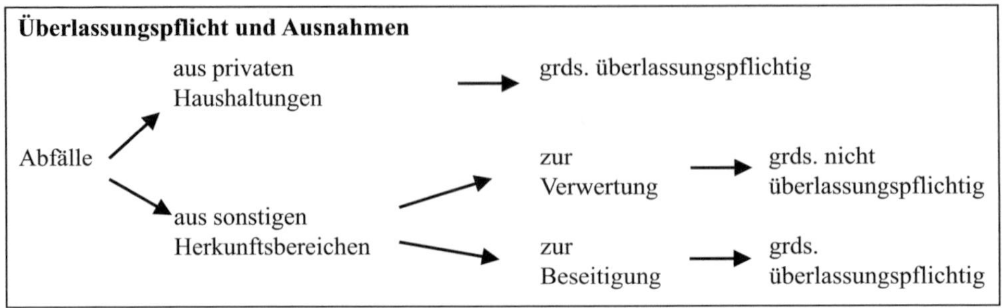

Ausnahmen von der Überlassungspflicht finden sich in

- stoffstromspezifischen Gesetzen und Verordnungen (im letzteren Fall i. V. m. § 17 Abs. 2 Satz 1 Nr. 1 KrWG),
- den Regelungen über die freiwillige Rücknahme in Wahrnehmung der Produktverantwortung (§ 17 Abs. 2 Satz Nr. 1 Nr. 2 KrWG),
- den Regelungen über die gemeinnützige Sammlung (§ 17 Abs. 2 Satz 1 Nr. 3 KrWG),
- den Regelungen über die gewerbliche Sammlung (§ 17 Abs. 2 Satz 1 Nr. 4 KrWG).

4.2 Überlassungspflicht für Abfälle aus privaten Haushaltungen

Gemäß § 17 Abs. 1 Satz 1 KrWG sind Erzeuger und Besitzer von Abfällen aus privaten Haushaltungen verpflichtet, diese Abfälle den öffentlich-rechtlichen Entsorgungsträgern zu überlassen, soweit sie zu einer Verwertung auf den von ihnen im Rahmen ihrer privaten Lebensführung genutzten Grundstücken nicht in der Lage sind oder diese nicht beabsichtigen.

4.2.1 Begriff der privaten Haushaltung

Die Überlassungspflicht nach § 17 Abs. 1 Satz 1 KrWG greift nur, wenn es sich um einen Abfall aus einer privaten Haushaltung handelt. Der im Kreislaufwirtschaftsgesetz nicht definierte Begriff der privaten Haushaltung setzt nach der Rechtsprechung des Bundesverwaltungsgerichts (BVerwG) die Möglichkeit einer eigenständigen Haushaltsführung voraus, die eine selbstbestimmte Lebensgestaltung ermöglicht und auf Dauer angelegt ist.[6]

▶ **Praxisbeispiel** Diese Voraussetzung erfüllen nicht nur klassische Ein- oder Mehrpersonenhaushalte, sondern auch Apartmentwohnungen in Seniorenheimen, wenn sie mit den für eine eigenständige Haushaltsführung erforderlichen Einrichtungen ausgestattet sind und den Bewohnern nicht nur vorübergehend eine selbstbestimmte Lebensführung ermöglichen.[7] Auch bei Wochenende- oder Ferienwohnungen sollen diese Voraussetzungen (noch) erfüllt sein.[8] Nicht erforderlich ist nach der Rechtsprechung, dass der private Haushalt stets von ein und demselben Personenkreis genutzt wird; insbesondere soll der Umstand, dass die Nutzer in zeitlichen Abständen von ein oder zwei Wochen wechseln, eine an vorhandenen Hausrat anknüpfende Haushaltsführung nicht in Frage stellen. Für die geforderte Dauerhaftigkeit der Nutzung komme es vielmehr darauf an, dass die Ferienwohnung aufgrund ihrer Ausstattung für den jeweiligen Nutzer ein funktionales Äquivalent der Hauptwohnung darstelle und in diesem Sinne auf eine dauerhafte Nutzung angelegt sei. Keine privaten Haushaltungen in diesem Sinne sind demgegenüber z. B. klassische Hotels (bloße Übernachtungsmöglichkeit; für eine darüberhinausgehende private Haushaltsführung schon mangels Hausrat ungeeignet) oder Krankenhäuser, Seniorenpflegeheime und Mannschaftsunterkünfte in Kasernen (jeweils wegen fremdbestimmter Lebensführung).

Entscheidend für die Abgrenzung ist damit die Herkunft des Abfalls und nicht seine Menge oder Beschaffenheit. Nicht überlassungspflichtig gemäß § 17 Abs. 1 Satz 1 KrWG sind folglich insbesondere Abfälle aus Industrie, Gewerbe oder aus Einrichtungen der öffentlichen Verwaltung, die von ihrer Art, Beschaffenheit und Zusammensetzung mit den in privaten Haushaltungen typischerweise anfallenden Abfällen vergleichbar sind.

Zu beachten ist weiterhin, dass die Herkunft des Abfalls nicht grundstücksbezogen, sondern tätigkeitsbezogen definiert wird. Auf ein und demselben Grundstück können deshalb sowohl Abfälle aus privaten Haushaltungen als auch Abfälle aus anderen Herkunftsbereichen anfallen.

▶ **Praxisbeispiel** Der Grünschnitt, der bei der Arbeit eines Gartenbetriebs auf einem Wohngrundstück anfällt, unterliegt ebenso wenig der Überlassungspflicht[9] wie die von einem Handwerksbetrieb ausgebaute Heizungsanlage oder die beim Bau- oder Abbruch

---

[6] BVerwG, Urt. v. 27.04.2006 – 7 C 10/05, Rn. 14. Vgl. insoweit auch die Definition in § 2 Nr. 2 GewAbfV: „Abfälle, die in privaten Haushalten im Rahmen der privaten Lebensführung anfallen, insbesondere in Wohnungen und zugehörigen Grundstücks- oder Gebäudeteilen sowie in anderen vergleichbaren Anfallorten, wie Wohnheimen oder Einrichtungen des betreuten Wohnens."

[7] BVerwG, Urt. v. 27.04.2006, 7 C 10/05.

[8] BVerwG, Urt. v. 07.08.2008, 7 C 51/07, Rn. 10 ff.

[9] BT-Drucksache 17/6052, S. 86.

eines Wohnhauses anfallenden Bau- und Abbruchabfälle;[10] das gilt jedenfalls dann, wenn ein gewerbliches Unternehmen die Arbeit ausführt.

4.2.2 Keine Verwertung auf privat genutzten Grundstücken

Eine Überlassungspflicht für Abfälle aus privaten Haushaltungen besteht – unabhängig von der Frage des Vorliegens einer Ausnahme nach § 17 Abs. 2 KrWG (dazu unten 4.4 und 4.5) – nicht uneingeschränkt, sondern nur, soweit die Erzeuger oder Besitzer „zu einer Verwertung auf den von ihnen im Rahmen ihrer privaten Lebensführung genutzten Grundstücken nicht in der Lage sind oder diese nicht beabsichtigen".[11] Nicht überlassungspflichtig sind danach Abfälle, die einer Eigenverwertung zugeführt werden. Allerdings beschränkt das Kreislaufwirtschaftsgesetz die Option der Eigenverwertung räumlich ausdrücklich auf die Grundstücksphäre. Die Beauftragung Dritter ist damit nur in engen Grenzen zulässig.[12]

► **Praxisbeispiel** Kompostierung auf dem eigenen Privatgrundstück durch einen angestellten Gärtner.

4.3 Überlassungspflicht für Abfälle aus anderen Herkunftsbereichen

Gemäß § 17 Abs. 1 Satz 2 KrWG sind zur Überlassung ihrer Abfälle auch die Erzeuger und Besitzer von Abfällen zur Beseitigung aus anderen Herkunftsbereichen verpflichtet, soweit sie diese nicht in eigenen Anlagen beseitigen.

4.3.1 Begriff der anderen Herkunftsbereiche

Der Begriff der „anderen Herkunftsbereiche" ist im Kreislaufwirtschaftsgesetz nicht definiert. In Abgrenzung zu § 17 Abs. 1 Satz 1 KrWG handelt es sich dabei um alle Abfälle, die nicht aus privaten Haushaltungen stammen, also insbesondere solche aus Industrie, Gewerbe, Landwirtschaft, Bergbau, öffentlichen Einrichtungen, medizinischen Einrichtungen, Einrichtungen des Bildungswesens, Büros.

[10] Klement in Schmehl/Klement 2019, § 17 Rn. 85 m. w. N.

[11] § 17 Abs. 1 Satz 1 Halbsatz 2 KrWG. Wegen der geforderten Zweckbindung des Grundstücks (Nutzung „im Rahmen der privaten Lebensführung") entfällt die Option, eigens zur Entsorgung von Abfällen ein Grundstück zu erwerben oder anzumieten, vgl. BT-Drucksache 17/6052, S. 86.

[12] BT-Drucksache 17/6052, S. 86.

4.3.2 Abgrenzung zwischen Abfällen zur Verwertung und Abfällen zur Beseitigung

Abfälle aus anderen Herkunftsbereichen sind gemäß § 17 Abs. 1 Satz 2 KrWG nur dann überlassungspflichtig, wenn sie nicht zur Verwertung bestimmt sind. Damit markiert die Abgrenzung zwischen Verwertung und Beseitigung für Abfälle aus anderen Herkunftsbereichen als privaten Haushaltungen die Grenze zwischen privater und kommunaler Entsorgungsverantwortung. Die Möglichkeit einer Verwertung allein genügt allerdings nicht, um einen Abfall als nicht überlassungspflichtigen Abfall zur Verwertung einzustufen. Dafür muss vielmehr ein konkreter Verwertungsweg für den Abfall vorgesehen sein; dem Abfallerzeuger/besitzer ist insoweit eine gewisse Entscheidungsfrist einzuräumen.[13]

Verwertung ist gemäß § 3 Abs. 23 KrWG jedes Verfahren, als dessen Hauptergebnis die Abfälle innerhalb der Anlage oder in der weiteren Wirtschaft einem sinnvollen Zweck zugeführt werden, indem sie entweder andere Materialien ersetzen, die sonst zur Erfüllung einer bestimmten Funktion verwendet worden wären, oder indem die Abfälle so vorbereitet werden, dass sie diese Funktion erfüllen. Beseitigung ist demgegenüber gemäß § 3 Abs. 26 KrWG jedes Verfahren, das keine Verwertung ist, auch wenn das Verfahren zur Nebenfolge hat, dass Stoffe oder Energie zurückgewonnen werden. Danach ist ein Verfahren ein Beseitigungsverfahren, wenn es kein Verwertungsverfahren ist.

Nach der Verwertungsdefinition ist entscheidend, dass beim Entsorgungsverfahren als Hauptergebnis Abfälle innerhalb der Anlage oder in der weiteren Wirtschaft einem sinnvollen Zweck zugeführt werden, indem sie andere Materialien ersetzen, die ansonsten zur Erfüllung der Funktion verwendet worden wären. Entscheidend ist somit die Substitutionswirkung des Entsorgungsverfahrens, welche sich auf einen Rohstoff- oder Brennstoffersatz richten kann. Umweltbezogene Aspekte, wie etwa die Schädlichkeit des Abfalls oder seine Vermischung, spielen für die Abgrenzung keine Rolle.[14] Der Substitutionseffekt kann auch außerhalb der entsorgenden Anlage eintreten, z. B. durch die Auskoppelung von Fernwärme einer Müllverbrennungsanlage in ein Fernwärmenetz.[15]

4.3.3 Keine Beseitigung in eigenen Anlagen

Die Überlassungspflicht für zur Beseitigung bestimmte Abfälle aus anderen Herkunftsbereichen greift ausweislich der negativen Tatbestandsvoraussetzung des § 17 Abs. 1 Satz 2 Halbsatz 2 KrWG nur, soweit solche Abfälle nicht „in eigenen Anlagen“ der Erzeuger oder Besitzer beseitigt werden. Gemäß § 17 Abs. 1 Satz 3 KrWG besteht das Recht zur

[13] BVerwG, Urt. v. 01.12.2005, 10 C 4.04, Rn. 39.

[14] BT-Drucksache 17/6052, S. 74.

[15] BT-Drucksache 17/6052, S. 74.

Beseitigung in eigenen Anlagen nicht, soweit die Überlassung dieser Abfälle an den öffentlich-rechtlichen Entsorgungsträger auf Grund überwiegender öffentlicher Interessen erforderlich ist.

§ 17 Abs. 1 Satz 2 Halbsatz 2 KrWG setzt nicht voraus, dass die Anlage im Eigentum des Erzeugers oder Besitzers steht. Insoweit ist daran zu erinnern, dass auch der Betreiber einer Anlage nicht zwingend ihr Eigentümer sein muss. Ausreichend ist, dass dem Abfallerzeuger oder besitzer eine eigentümerähnliche Verfügungsbefugnis über die Anlage zusteht. Eine solche Position erlangt der Erzeuger oder Besitzer nicht bereits dann, wenn er aufgrund eines Entsorgungsvertrags mit einem Dritten das obligatorische Recht erhält, seine Abfälle in einer bestimmten Anlage des Dritten zu beseitigen.

4.4 Ausnahmen von der Überlassungspflicht

Nachfolgend werden die Ausnahmen von der Überlassungspflicht kurz dargestellt.

4.4.1 Stoffstromspezifische Gesetze und Verordnungen

Gemäß § 17 Abs. 2 Satz 1 Nr. 1 KrWG entfällt die Überlassungspflicht für Abfälle, die einer durch Rechtsverordnung im Sinne des § 25 KrWG bestimmten Rücknahmepflicht des Herstellers oder Vertreibers unterliegen. Solche Pflichten begründet z. B. die Altölverordnung.

Wird die Rücknahmepflicht nicht in einer Rechtsverordnung, sondern in einem formellen Gesetz angeordnet (wie z. B. im Batteriegesetz, im Elektro- und Elektronikgerätegesetz oder im Verpackungsgesetz), führt dies ebenfalls zu einer Durchbrechung der Überlassungspflicht – in diesem Fall allerdings nicht über § 17 Abs. 2 Satz 1 Nr. 1 KrWG, sondern über den lex specialis-Grundsatz.

Der formalgesetzlich oder durch Verordnung angeordnete Wegfall der Überlassungspflicht führt nicht zwangsläufig dazu, dass der Abfallbesitzer das *Recht* zur Überlassung an den öffentlich-rechtlichen Entsorgungsträger verliert; vielmehr ist dieses Recht nur dann ausgeschlossen, wenn in dem betreffenden Gesetz oder der betreffenden Verordnung eine Rückgabepflicht an den Produktverantwortlichen angeordnet wird.

► **Praxishinweis** Gemäß § 11 Abs. 2 BattG ist der Endnutzer von Geräte-Altbatterien verpflichtet, diese einem herstellereigenen Rücknahmesystem zu überlassen; eine Überlassung an den öffentlich-rechtlichen Entsorgungsträger ist damit ausgeschlossen.

4.4.2 Freiwillige Rücknahme (Nr. 2)

Nach § 17 Abs. 2 Satz 1 Nr. 2 KrWG besteht die Überlassungspflicht nicht für Abfälle, die in Wahrnehmung der Produktverantwortung nach § 26 KrWG freiwillig zurückgenommen werden, soweit dem zurücknehmenden Hersteller oder Vertreiber ein Feststellungs- oder Freistellungsbescheid nach § 26 Abs. 3 oder § 26a Abs. 1 Satz 1 KrWG erteilt worden ist. Entscheidend für das Entfallen der Überlassungspflicht ist die Wirksamkeit des Bescheids; auf seine Rechtmäßigkeit oder Bestandskraft kommt es nicht an.[16] Die in dem Feststellungs- oder Freistellungsbescheid getroffenen Regelungen beanspruchen grundsätzlich bundesweite Geltung.[17]

Problem „Annahme fremder Produkte"

Die in den letzten Jahren insbesondere von Textilhandelsunternehmen eingeführten filialbasierten Rücknahmesysteme für Altkleider haben zu der Frage geführt, ob das Kreislaufwirtschaftsgesetz im Rahmen der freiwilligen Produktverantwortung auch die Annahme gattungsgleicher Erzeugnisse anderer Hersteller und Vertreiber zulässt.[18] Für die betroffenen Rücknahmesysteme ist dies von erheblicher Bedeutung: Gerade bei Textilien handelt es sich um Massenwaren, die die Kunden üblicherweise nicht nur von einem Vertreiber beziehen und die sich am Ende ihres Gebrauchs kaum noch dem Vertreiber zuordnen lassen, bei dem sie einst erworben wurden. Durch das in bestimmten Kundenkreisen verbreitete Delabeling wird die Rückverfolgbarkeit weiter erschwert. Praktisch unmöglich ist sie, will man vom Kunden nicht die Aufbewahrung des Kassenbons verlangen, wenn es sich bei den zurückgegebenen Textilien nicht um die Eigenmarke des Betreibers des Rücknahmesystems handelt; denn dann kommen – auch wenn die Marke noch erkennbar ist – verschiedene Unternehmen als Vertreiber in Betracht. Diese Problematik hat der Gesetzgeber in der KrWG-Novelle 2020 gelöst, indem er – unter bestimmen Voraussetzungen – die Rücknahme fremder Erzeugnisse ausdrücklich zulässt.[19] ◄

§ 17 Abs. 2 Satz 1 Nr. 2 KrWG dient der Förderung der Produktverantwortung. Er verfolgt damit andere Ziele als die Ausnahmetatbestände für gemeinnützige und gewerbliche

[16] VG Düsseldorf, Urt. v. 07.05.2013, 17 K 8650/1; Klement in: Schmehl und Klement 2019, § 17 Rn. 127.

[17] § 26 Abs. 3 KrWG.

[18] Ausführlich dazu Oexle in Schmoll/Boeminghaus 2021, S. 191 ff.; Oexle und Lammers in NVwZ 2015, 1490 ff.

[19] Siehe § 26 Abs. 4 KrWG. Zum Streitstand vor der Novelle siehe VGH Mannheim, Urt. v. 14.05.2019, 10 S 1990/18, BeckRS 2019, 11319; VG Würzburg, Urt. v. 10.02.2015, W 4 K13.1015, BeckRS 2015, 54286; Oexle und Lammers in NVwZ 2015, 1490 ff. jeweils für die grundsätzliche Zulässigkeit der Rücknahme (auch) gattungsgleicher fremder Erzeugnisse; a. A. Wenzel in AbfallR 2015, 187 (190).

Sammlungen in § 17 Abs. 2 Satz 1 Nr. 3 und 4 KrWG (dazu noch Abschn. 4.4.3 sowie Abschn. 4.4.4 und Abschn. 4.5). Es handelt sich mithin um eine eigenständige Sonderregelung auf die insbesondere die strengen Anforderungen, die § 17 Abs. 2 Satz 1 Nr. 4 KrWG an die Zulässigkeit einer gewerblichen Sammlung stellt, selbst dann keine Anwendung finden, wenn die freiwillige Rücknahme haushaltsnah erfolgt.[20]

▶ **Praxishinweis** Es handelt sich um eine freiwillige Rücknahme der Hersteller oder Vertreiber und nicht der Entsorgungsunternehmen. Entsorgungsunternehmen, die nicht zugleich Hersteller oder Vertreiber sind, können im Rahmen dieses Ausnahmetatbestands aber als Drittbeauftragte der Hersteller oder Vertreiber tätig werden.

4.4.3 Gemeinnützige Sammlung (Nr. 3)

Gemäß § 17 Abs. 2 Satz 1 Nr. 3 KrWG besteht eine Überlassungspflicht weiterhin nicht für solche Abfälle, die durch gemeinnützige Sammlung einer ordnungsgemäßen und schadlosen Verwertung zugeführt werden. Eine Definition der gemeinnützigen Sammlung enthält § 3 Abs. 17 Satz 1 KrWG. Danach ist eine Sammlung gemeinnützig, soweit sie von einer steuerbefreiten Körperschaft, Personenvereinigung oder Vermögensmasse im Sinne des Körperschaftssteuergesetzes getragen wird und der Verfolgung gemeinnütziger, mildtätiger oder kirchlicher Zwecke im Sinne der §§ 52 bis 54 der Abgabenordnung dient.

Gemäß § 3 Abs. 17 Satz 2 KrWG steht es der Annahme einer gemeinnützigen Sammlung nicht entgegen, wenn die Körperschaft, Personenvereinigung oder Vermögensmasse einen gewerblichen Sammler mit der Sammeltätigkeit beauftragt und dieser den Veräußerungserlös nach Abzug seiner Kosten und eines angemessenen Gewinns vollständig an die Körperschaft, Personenvereinigung oder Vermögensmasse auskehrt.

Der Ausnahmetatbestand des § 17 Abs. 2 Satz 1 Nr. 3 KrWG gilt nicht für gemischte Abfälle aus privaten Haushaltungen und gefährliche Abfälle, § 17 Abs. 2 Satz 2 KrWG.

4.4.4 Gewerbliche Sammlung (Nr. 4)

Die Überlassungspflicht entfällt schließlich gemäß § 17 Abs. 2 Satz 1 Nr. 4 KrWG für gewerbliche gesammelte Abfälle (zu den materiell-rechtlichen Anforderungen im Einzelnen unten Abschn. 4.5.1). Auch dieser Ausnahmetatbestand gilt nicht für gemischte Abfälle aus privaten Haushaltungen und gefährliche Abfälle, § 17 Abs. 2 Satz 2 KrWG; hier gilt die gleiche Einschränkung wie für gemeinnützige Sammlungen.

[20] VGH Mannheim, Urt. v. 14.05.2019, 10 S 1990/18, BeckRS 2019, 11319; VG Düsseldorf, Urt. v. 07.05.2013, 17 K 8650/13, BeckRS 2015, 46444; Karpenstein und Dingemann in Jarass und Petersen 2014, § 17 Rn. 130; Oexle und Lammers in NVwZ 2015, 1490 (1491).

► **Praxishinweis** Höchstrichterlich entschieden ist, dass Sperrmüll (AVV-AS 20 03 07) nicht unter die Rückausnahme des § 17 Abs. 2 Satz 2 KrWG fällt und daher einer gewerblichen (oder gemeinnützigen) Sammlung zugänglich ist.[21]

Der Begriff der gewerblichen Sammlung ist in § 3 Abs. 18 KrWG definiert als Sammlung, die zum Zweck der Einnahmeerzielung erfolgt. Danach steht es – in Abkehr von der sog. „Altpapier"-Entscheidung des BVerwG[22] – der Annahme einer gewerblichen Sammlung nicht entgegen, wenn die Sammlung auf der Grundlage vertraglicher Bindungen zwischen dem Sammler und der privaten Haushaltung in dauerhaften Strukturen durchgeführt wird.

Gewerbliche Sammlungen können auch von Personengesellschaften (GbR, OHG, KG) durchgeführt werden; aus der Definition des Sammlerbegriffs in § 3 Abs. 10 KrWG ergibt sich insoweit keine Einschränkung.[23]

4.5 Vertiefender Exkurs: Gewerbliche Sammlung

4.5.1 Zulässigkeitsvoraussetzungen für gewerbliche Sammlungen

Gewerbliche Sammlungen von Abfällen aus privaten Haushaltungen sind nach § 17 Abs. 2 Satz 1 Nr. 4 KrWG zulässig, wenn die gesammelten Abfälle einer ordnungsgemäßen und schadlosen Verwertung zugeführt werden und überwiegende öffentliche Interessen nicht entgegenstehen.

4.5.1.1 Zuführung zu einer ordnungsgemäßen und schadlosen Verwertung

Für die Anforderungen an die Verwertung der gesammelten Abfälle gilt der allgemeine, in § 7 Abs. 3 KrWG normierte Maßstab. Rechtliche Probleme wirft dieses Merkmal in materieller Hinsicht daher nicht auf; von erheblicher praktischer Bedeutung ist allerdings die damit in engem Zusammenhang stehende formelle Frage, welche Anforderungen an die Darlegung einer ordnungsgemäßen und schadlosen Verwertung durch den gewerblichen Sammler im Anzeigeverfahren zu stellen sind (dazu unten Abschn. 4.5.2).

4.5.1.2 Kein Entgegenstehen überwiegender öffentlicher Interessen

§ 17 Abs. 3 KrWG legt in einer dreistufigen Kaskade fest, wann einer gewerblichen Sammlung überwiegende öffentliche Interessen entgegenstehen. Insoweit bestimmt § 17

[21] BVerwG, AbfallR 2018, 201 (204).

[22] BVerwG, Urt. v. 18.06.2009, 7 C 16/08, BVerwGE 134, 154 ff. = NVwZ 2009, 1292 ff.

[23] BVerwG, Urt. 01.10.2015, 7 C 8.14, Rn. 22 ff.; in diesem Sinne bereits Oexle et al. 2014, 242 ff.

Abs. 3 Satz 1 KrWG zunächst, dass dies – dann und nur dann – der Fall ist, wenn die Sammlung die Funktionsfähigkeit des öffentlich-rechtlichen Entsorgungsträgers, seines Drittbeauftragten oder eines verordneten Rücknahmesystems nach § 25 KrWG gefährdet. Die Gefährdung der Funktionsfähigkeit des öffentlich-rechtlichen Entsorgungsträgers oder seines Drittbeauftragten ist auf der zweiten Stufe nach § 17 Abs. 3 Satz 2 KrWG anzunehmen, wenn die Erfüllung der Entsorgungspflichten zu wirtschaftlich ausgewogenen Bedingungen verhindert oder die Planungssicherheit und Organisationsverantwortung wesentlich beeinträchtigt wird. Schließlich benennt § 17 Abs. 3 Satz 3 KrWG auf der dritten Stufe (beispielhaft) drei Fallgruppen, in denen eine wesentliche Beeinträchtigung der Planungssicherheit und Organisationsverantwortung anzunehmen ist.

Von den Regelungen des § 17 Abs. 3 KrWG hat bislang § 17 Abs. 3 Satz 3 Nr. 1 KrWG die größte praktische Bedeutung erlangt. Danach ist eine wesentliche Beeinträchtigung der Planungssicherheit und Organisationsverantwortung des öffentlich-rechtlichen Entsorgungsträgers anzunehmen, wenn durch die gewerbliche Sammlung Abfälle erfasst werden, für die der öffentlich-rechtlichen Entsorgungsträger oder dessen Drittbeauftragter eine haushaltsnahe oder sonstige hochwertige getrennte Erfassung und Verwertung der Abfälle durchführt. Viele Behörden vertraten zunächst die denkbar weiteste Interpretation, nach der jegliche Konkurrenz zwischen einer Getrennterfassung durch den öffentlich-rechtlichen Entsorgungsträger – an deren Hochwertigkeit keine hohen Voraussetzungen gestellt werden – und gewerblichen Sammlungen ausgeschlossen sein sollte. Vor den Gerichten hatte diese – unionsrechtswidrige – Auslegung zwar keinen Bestand; lange Zeit war jedoch unklar, wie § 17 Abs. 3 Satz 3 Nr. 1 KrWG zu handhaben ist.

Eine (erste) Klärung hat das BVerwG in einer Grundsatzentscheidung vom 30.06.2016 vorgenommen: Danach ist § 17 Abs. 3 Satz 3 Nr. 1 KrWG unionsrechtskonform als widerlegliche Vermutung auszulegen, wobei für die Widerlegung der Vermutung eine sog. „Irrelevanzschwelle“ als generalisierender Maßstab heranzuziehen ist. Für den Bereich der Alttextilien hat das BVerwG diese Irrelevanzschwelle, deren Überschreitung zur Unzulässigkeit von gewerblichen Sammlungen führt und die daher besser als „Wesentlichkeitsschwelle“ oder „Gefährdungsschwelle“ bezeichnet werden sollte, auf 10–15 % der im betroffenen Sammelgebiet anfallenden Alttextilien festgelegt.[24] Die Ausführungen des Urteils lassen darauf schließen, dass das BVerwG hierin einen eher großzügigen Maßstab sieht.

In der Folgezeit hat das BVerwG diese Rechtsprechungslinie weiterentwickelt und konkretisiert:

Eine wesentliche Klarstellung besteht dabei darin, dass die Rechtsprechung zur Irrelevanzschwelle nur für neu hinzutretende Sammlungen gilt. Bestandssammlungen können demgegenüber keinen negativen Einfluss auf die Funktionsfähigkeit der Sammlung des öffentlich-rechtlichen Entsorgungsträgers haben, weil sie nicht neu hinzutreten und

[24] BVerwG, Urt. v. 30.06.2016, 7 C 4.15, Rn. 59.

sich dessen System hierauf bereits eingestellt hat.[25] Bestandssammlungen bleiben dementsprechend auch bei der Anwendung der Irrelevanzschwelle auf neu hinzutretende Sammlungen als Status quo außer Betracht.[26]

Präzisiert wurde vom BVerwG auch, wie bei der Prüfung vorzugehen ist, ob die Irrelevanzschwelle überschritten wird. Dies betrifft zunächst die Frage, welche Sammlungen derjenigen des öffentlich-rechtlichen Entsorgungsträgers gegenüberzustellen sind. Bereits aus dem Urteil vom 30.06.2016 ergibt sich insoweit, dass neben gewerblichen auch gemeinnützige Sammlungen zu berücksichtigen sind.[27] Darüber hinaus sind Sammlungen zu berücksichtigen, die wegen einer sofort vollziehbaren Untersagungsverfügung nicht durchgeführt werden dürfen; dies gilt solange, bis die Untersagungsverfügung bestandskräftig geworden ist.[28] An diesen Grundsätzen hat das BVerwG auch in seiner späteren Rechtsprechung festgehalten.[29] Einschränkend hat es allerdings entschieden, dass angezeigte Sammlungen, die nicht untersagt wurden, aber gleichwohl nicht durchgeführt werden, nicht berücksichtigungsfähig sind.[30] Welcher Zeitraum verstreichen muss, bis davon ausgegangen werden kann, dass der Sammler von seinem Vorhaben Abstand genommen hat, ist letztlich eine Frage des Einzelfalls.

Eine weitere wichtige Klarstellung liegt darin, dass in Fällen, in denen bereits mehrere Sammlungen am (lokalen) Markt existieren, die Sammelmengen einer neu hinzutretenden Sammlung nicht rechnerisch in voller Höhe zu Lasten des öffentlich-rechtlichen Entsorgungsträgers gehen dürfen. Denn in einer solchen Situation tritt eine neue Sammlung in Konkurrenz zu allen bestehenden Sammlungen. Diesem Umstand ist nach der Rechtsprechung des BVerwG dadurch Rechnung zu tragen, dass die Sammelmengen des neuen Sammlers entsprechend den bisherigen Marktanteilen rechnerisch auf die einzelnen Sammlungen zu verteilen sind.[31] In die Prüfung, ob die Irrelevanzschwelle überschritten ist, fließt dann nur der auf den öffentlich-rechtlichen Entsorgungsträger entfallende Anteil ein.

► **Praxisbeispiel** Der öffentlich-rechtliche Entsorgungsträger erzielt eine jährliche Sammelmenge von 400 t Alttextilien. Die Gesamtsammelmenge in seinem Sammelgebiet beträgt 600 t. Damit beträgt der Marktanteil des öffentlich-rechtlichen Entsorgungsträgers 67 % (= 400 t/600 t). Eine einzelne neue Sammlung mit einer Sammelmenge von 50 t pro

---

[25] BVerwG, Urt. v. 11.07.2017, 7 C 35.15, Rn. 27; Urt. v. 23.02.2018, 7 C 9.16, Rn. 36; Urt. v. 08.07.2020, 7 C 30.18, Rn. 12.

[26] BVerwG, Urt. v. 30.06.2016, 7 C 4.15, Rn. 55.

[27] BVerwG, Urt. v. 30.06.2016, 7 C 4.15, Rn. 56.

[28] BVerwG, Urt. v. 30.06.2016, 7 C 4.15, Rn. 54.

[29] BVerwG, Urt. v. 11.07.2017, 7 C 35.15, Rn. 27; Urt. v. 11.07.2017, 7 C 36.15, Rn. 30; Urt. v. 08.07.2020, 7 C 30.18, Rn. 14.

[30] BVerwG, Urt. v. 08.07.2020, 7 C 30.18, Rn. 14.

[31] BVerwG, Urt. v. 08.07.2020, 7 C 30.18, Rn. 15 ff.

Jahr wird angezeigt. Der davon rechnerisch auf den öffentlich-rechtlichen Entsorgungsträger entfallende Anteil beträgt 67 % davon, also 33,3 t. Dies entspricht einem Anteil von etwa 8 % (= 33,3 t/400 t) der jährlichen Sammelmenge des öffentlich-rechtlichen Entsorgungsträgers. Damit ist die Irrelevanzschwelle von 10–15 % unterschritten und die Sammlung zulässig.

Ungeachtet dieser Klarstellungen in der nachfolgenden Rechtsprechung, die zu gewissen Erleichterungen für gewerbliche Sammler geführt haben, vermag die mit der Grundsatzentscheidung vom 30.06.2016 begründete Rechtsprechungslinie nicht zu überzeugen: Der im Zentrum der Entscheidung stehenden Irrelevanzschwelle fehlt es an einer gesetzlichen Grundlage und auch sonst an jeglichem Versuch einer Herleitung. Zudem ist keine Rückkopplung dieser Irrelevanzschwelle an die unionsrechtlichen Erwägungen in dem Urteil vom 30.06.2016 erkennbar; im Ergebnis dürfte das BVerwG die von ihm selbst angenommenen unionsrechtlichen Anforderungen verfehlt haben.[32]

Wesentlich weniger Bedeutung als § 17 Abs. 3 Satz 3 Nr. 1 KrWG haben bisher die beiden anderen Fallgruppen des § 17 Abs. 3 Satz 3 KrWG erlangt. Die in § 17 Abs. 3 Satz 3 Nr. 2 KrWG genannte Gebührenstabilität, die nicht mit dem Interesse an möglichst niedrigen Gebühren verwechselt werden darf, ist nicht bereits dann gefährdet, wenn das Vorhandensein konkurrierender gewerblicher Sammlungen zu Mindereinnahmen beim öffentlich-rechtlichen Entsorgungsträger führt; anderenfalls wären gewerbliche Sammlungen stets unzulässig, was ihrer grundsätzlichen Zulassung durch das KrWG widerspräche. § 17 Abs. 3 Satz 3 Nr. 2 KrWG greift deshalb erst ein, wenn sich die Gebühren für die Entsorgung des gesamten Hausmülls nicht mehr in einem vertretbaren und akzeptablen Rahmen halten.[33]

§ 17 Abs. 3 Satz 3 Nr. 3 KrWG soll verhindern, dass die diskriminierungsfreie und transparente Vergabe von Entsorgungsdienstleistungen erschwert oder unterlaufen wird. Bei der Anwendung dieser Regelung ist zu beachten, dass es sinnwidrig wäre, dem Gewinner eines Vergabeverfahrens einen größeren Schutz einzuräumen als dem öffentlich-rechtlichen Entsorgungsträger selbst. Auch das Entsorgungsunternehmen, das den Zuschlag erhalten hat, ist daher nicht vor jeglicher Konkurrenz durch gewerbliche Sammlungen geschützt.[34] Nur wenn die Erfüllung der Entsorgungspflichten im Wege der Drittbeauftragung in Frage gestellt wird, liegt daher ein „Unterlaufen" vor.[35] Zudem wird die Durchführung eines Vergabeverfahrens nicht bereits dadurch im Sinne des § 17 Abs. 3 Satz 3 Nr. 3 KrWG erschwert, dass das Vorhandensein anderer Sammlungen naturgemäß zu höheren Unsicherheiten bei den zu erwartenden Sammelmengen führt, denn dieser Unsicherheit lässt sich im Vergabeverfahren Rechnung tragen.[36]

[32] Zu den unionsrechtlichen Anforderungen BVerwG, Urt. v. 30.06.2016, 7 C 4.15, Rn. 21 ff.

[33] OVG Münster, Urt. v. 15.08.2013, 20 A 2798/11.

[34] Im Ergebnis ebenso BVerwG, Urt. v. 28.11.2019, 7 C 10.18, Rn. 12.

[35] OVG Münster, Urt. v. 26.01.2016, 20 A 319/14, Rn. 236.

[36] BVerwG, Urt. v. 28.11.2019, 7 C 10.18, Rn. 14; Urt. v. 23.02.2018, 7 C 9.16, Rn. 39.

Nach § 17 Abs. 3 Satz 4 KrWG kommen Nummern 1 und 2 des § 17 Abs. 3 Satz 3 KrWG nicht zur Anwendung – wohl aber Nr. 3 –, wenn die vom gewerblichen Sammler angebotene Sammlung und Verwertung wesentlich leistungsfähiger ist als diejenige des öffentlich-rechtlichen Entsorgungsträgers oder seines Drittbeauftragten. In der Theorie bietet diese Regelung gewerblichen Sammlern einen Weg, einer Untersagung ihrer Sammlung aus bestimmten Gründen im Wege eines Leistungsvergleichs zu entgehen. Die Voraussetzungen dafür sind allerdings sehr hochgesteckt („wesentlich leistungsfähiger"), zumal die Aspekte, die bei dem Vergleich berücksichtigt werden dürfen, durch § 17 Abs. 3 Satz 5 und 6 KrWG stark eingegrenzt werden.

4.5.2 Das Anzeigeverfahren nach § 18 KrWG

Die Durchführung einer gewerblichen Sammlung bedarf keiner behördlichen Gestattung; es genügt eine Anzeige nach § 18 Abs. 1 und 2 KrWG gegenüber der zuständigen Behörde, die drei Monate vor dem geplanten Beginn der Sammlung zu erfolgen hat.

► **Praxishinweis** Die Kehrseite des Verzichts auf ein Genehmigungsverfahren ist, dass der Sammler bei einem für ihn positiven Ausgang des Anzeigeverfahrens keine verbindliche Entscheidung über die Zulässigkeit seiner Sammlung erhält. Nach hier vertretener Ansicht kann der gewerbliche Sammler allerdings unter den Aspekten der Rechtssicherheit und des schützenswerten Interesses an einer verlässlichen Planungs- und Kalkulationsgrundlage einen aus seinen Grundrechten (Art. 12 Abs. 1, Art. 2 Abs. 1 GG) abgeleiteten Anspruch auf behördliche Feststellung der Rechtmäßigkeit seiner Sammlung haben.

Wer „zuständige Behörde" im Sinne des § 18 Abs. 1 KrWG ist, bestimmt sich nach dem jeweiligen Landesrecht. In einigen Bundesländern ist diese Zuständigkeit bei den kommunalen Körperschaften angesiedelt, die auch die Aufgaben des öffentlich-rechtlichen Entsorgungsträgers wahrnehmen. Dies begegnet im Hinblick auf die rechtsstaatliche Neutralitätspflicht von Behörden Bedenken, wird in der Rechtsprechung jedoch als zulässig angesehen, sofern eine hinreichende personelle und organisatorische Trennung der beiden Aufgabenbereiche gewährleistet ist.[37] Eine strikte Trennung kann es in diesem Zusammenhang jedoch schon deshalb nicht geben, weil jedenfalls auf der höchsten Ebene der kommunalen Verwaltungshierarchie beim Landrat bzw. Bürgermeister die Aufgabenbereiche zwangsläufig zusammenlaufen. Vorzugswürdig ist daher das von anderen Bundesländern verwirklichte Modell, die Behördenzuständigkeit nach § 18 KrWG bei einer oder mehreren Landesbehörden zu konzentrieren.[38]

[37] VGH Mannheim, Beschl. v. 04.03.2014 – 10 S 1127/13; OVG Münster, Urt. v. 07.05.2015, 20 A 2670/13, Rn. 32.

[38] Gegen Doppelzuständigkeit auch Dippel in Schink/Versteyl, 2016, § 18 Rn. 9 f.; Schomerus in Versteyl et al. 2019, § 17 Rn. 11.

Die Anzeige bedarf der Schriftform. Welche Informationen der Anzeige beizufügen sind, ist abstrakt in § 18 Abs. 2 KrWG geregelt. Was die im Einzelnen vorzulegenden Unterlagen und den erforderlichen Detaillierungsgrad der Angaben anbelangt, lässt die Vorschrift allerdings erhebliche Auslegungsspielräume. Umstritten ist etwa, um nur ein Beispiel zu nennen, ob die Behörde bei Containersammlungen eine Auflistung der Containerstandorte verlangen kann.[39]

► **Praxishinweis** Die Unklarheit des § 18 Abs. 2 KrWG beeinträchtigt die Rechtssicherheit gewerblicher Sammler in zweierlei Hinsicht:

Einerseits ist zu berücksichtigen, dass erst der Zugang einer vollständigen Anzeige bei der jeweils zuständigen Behörde die sich aus § 18 Abs. 1 KrWG ergebende dreimonatige Wartefrist für die Aufnahme der Sammlung in Lauf setzt, und eine Anzeige nur dann vollständig ist, wenn (auch) alle erforderlichen Angaben nach § 18 Abs. 2 KrWG vorliegen.

Andererseits empfiehlt es sich nicht, in die Anzeige deswegen jede nur erdenkliche Information über die geplante Sammlung aufzunehmen: Je mehr Angaben die Anzeige enthält, desto größer ist die Wahrscheinlichkeit, dass es bei der Durchführung der Sammlung später zu Abweichungen oder Änderungen kommt (z. B. zusätzlicher Containerstandort im Vergleich zur vorgelegten Standortliste, Kooperation mit einer anderen als der in der Anzeige angegebenen Verwertungsanlage) und infolgedessen von der Behörde der Vorwurf einer anzeigewidrigen Sammlung erhoben oder eine erneute Durchführung des Anzeigeverfahrens gefordert wird.

In jedem Fall sollte der Anzeigende die Behörde auffordern, schriftlich die Vollständigkeit der Anzeige zu bestätigen oder – falls nach Auffassung der Behörde noch weitere Informationen erforderlich sind – die vorzulegenden Unterlagen konkret zu benennen.

Besondere Bedeutung hat in der Praxis die Frage erlangt, welche Anforderungen an die Darlegung der Verwertungswege zu stellen sind. Hierzu wurde von Behörden und Gerichten teilweise die Auffassung vertreten, dass eine lückenlose Darstellung der gesamten Verwertungskette erforderlich sei. Damit werden die Anforderungen indes jedenfalls bei Abfallfraktionen überspannt, für die etablierte Verwertungswege bestehen und die über einen positiven Marktwert verfügen (z. B. Alttextilien, Altpapier, Altmetall). Bei solchen Abfällen muss es genügen, wenn der Sammler in der Anzeige den Verwertungsweg pau-

[39] Gegen das Erfordernis solcher Standortlisten OVG Lüneburg, Beschl. v. 15.08.2013, 7 ME 62/13; VGH Mannheim, Beschl. v. 26.09.2013, 10 S 1345/13; a. A. VGH München, Beschl. v. 08.04.2013, 20 CS 13.377, Rn. 10.

schal beschreibt, seine jeweiligen Abnehmer angibt und deren Willen und Fähigkeit zur Verwertung darlegt.[40]

Die zuständige Behörde hat dem von der Sammlung betroffenen öffentlich-rechtlichen Entsorgungsträger nach § 18 Abs. 4 KrWG die Möglichkeit zur Stellungnahme zu geben. Erfolgt innerhalb von zwei Monaten keine Stellungnahme, ist davon auszugehen, dass sich der öffentlich-rechtliche Entsorgungsträger nicht äußern will. Gibt der öffentlich-rechtliche Entsorgungsträger eine Stellungnahme ab, ist die zuständige Behörde an dessen Beurteilung des Entgegenstehens öffentlicher Interessen nicht gebunden; sie muss in jedem Fall eine eigenständige Entscheidung treffen.

Ergeht innerhalb von drei Monaten nach vollständiger Anzeige keine vollziehbare Verfügung, durch welche die geplante Sammlung untersagt oder von einer aufschiebenden Bedingung abhängig gemacht wird, darf die Sammlung nach Ablauf dieser Frist aufgenommen werden. Dies gilt auch dann, wenn die Behörde mitgeteilt hat, dass die Prüfung – etwa wegen Überlastung – eine längere Zeit in Anspruch nimmt. Behördliche Maßnahmen gegen die Sammlung zu einem späteren Zeitpunkt bleiben jedoch möglich, da es sich bei der Dreimonatsfrist nicht um eine Entscheidungsfrist für die Behörde handelt.[41]

---

[40] So auch BVerwG, Urt. v. 30.06.2016, 7 C 5.15, Rn. 28 zu einer Altmetallsammlung durch Kleinsammler.

[41] BVerwG, Urt. v. 11.07.2017, 7 C 35.15, Rn. 18.

5 Haftung und Verantwortung im Abfallrecht

Joachim Hagmann

5.1 Einführung

Wie bereits das Kreislaufwirtschafts- und Abfallgesetz knüpft auch das Kreislaufwirtschaftsgesetz die persönliche Verantwortlichkeit zur Erfüllung vieler abfallrechtlicher Verpflichtungen an die Abfallerzeugereigenschaft und die Abfallbesitzereigenschaft. Dies trifft beispielsweise auf die Verwertungspflicht (§ 7 Abs. 2 S. 1 KrWG), die Beseitigungspflicht (§ 15 Abs. 1 S. 1 KrWG) oder die Überlassungspflicht (§ 17 Abs. 1 S. 1 KrWG) zu.

Gesetzliche Definitionen der Abfallerzeuger- und Abfallbesitzereigenschaft enthält § 3 Abs. 8, Abs. 9 KrWG. Nach § 3 Abs. 8 KrWG ist Erzeuger von Abfällen im Sinne des Gesetzes jede natürliche oder juristische Person, durch deren Tätigkeit Abfälle anfallen (Ersterzeuger), oder die Vorbehandlungen, Mischungen oder sonstige Behandlungen vornimmt, die eine Veränderung der Beschaffenheit oder der Zusammensetzung der Abfälle bewirken (Zweiterzeuger). Die im Gesetzestext kenntlich gemachten Begriffe „Ersterzeuger" und „Zweiterzeuger" waren im Kreislaufwirtschafts- und Abfallgesetz noch nicht vorhanden. Sie tangieren den Regelungsinhalt aber nicht. Abfallbesitzer im Sinne des Gesetzes ist nach § 3 Abs. 9 KrWG jede natürliche oder juristische Person, die die tatsächliche Sachherrschaft über Abfälle hat.

[1] BVerwG, Urt. v. 18.10.1991 –7 C 2.91, BVerwGE 89, 138; Urt. v. 11.02.1983 – 7 C 168.81, Buchholz 451.22 AbfG Nr. 12, S. 27, 28; BVerwG, Beschl. v. 30.10.1987 – 7 C 87/86, NVwZ 1988, S. 1126; BVerwG, Urt. v. 11.02.1983 – 7 C 45.80, BVerwGE 67, S. 8.

J. Hagmann (✉)
Baumeister Rechtsanwälte Partnerschaft mbB, Münster, Deutschland
E-Mail: hagmann@baumeister.org

P. Kurth et al. (Hrsg.), *Praxishandbuch der Kreislauf- und Rohstoffwirtschaft*,
https://doi.org/10.1007/978-3-658-36262-1_5

Der Kreis der zur Abfallentsorgung verpflichteten Personen wird durch diese Regelungen abschließend festgelegt und kann nicht durch landesrechtliche oder andere bundesrechtliche Regelungen erweitert werden. Dies hatte die Rechtsprechung bereits zum Abfallgesetz vom 27.08.1986[1] und zum Kreislaufwirtschafts- und Abfallgesetz vom 27.09.1994 entschieden.[2] Da die Begriffsbestimmungen des Kreislaufwirtschaftsgesetzes und des Kreislaufwirtschafts- und Abfallgesetzes – in Übereinstimmung mit den Vorgaben der Europäischen Abfallrahmenrichtlinie[3] – deckungsgleich sind, ist weiterhin von einem abschließenden Charakter auszugehen.

Landesrechtliche Regelungen zur abfallrechtlichen Verantwortlichkeit werden von der Rechtsprechung allerdings dann akzeptiert, wenn die bundesgesetzlichen Regelungen über die abfallrechtliche Verantwortlichkeit nicht modifiziert werden, sondern Vorgaben dazu geschaffen werden, unter welchen Voraussetzungen sich Personen in die durch Bundesgesetz definierte abfallrechtliche Verantwortlichkeit zu begeben haben.[4] Für solche Regelungen sieht das Bundesverwaltungsgericht in zwei Fallgruppen ein besonderes Bedürfnis, nämlich erstens für diejenigen Fälle, in denen Abfall dem abfallrechtlichen Regime entzogen wird (z. B. Ausgießen von flüssigen Abfällen auf das Erdreich) und zweitens in den Fällen, in denen ein früherer Abfallbesitzer im Zusammenhang mit unzulässigen Maßnahmen der Abfallentsorgung den Besitz an Abfällen aufgegeben hat, ohne dass neuer Besitz begründet worden ist.[5]

Im Nachweisrecht gilt eine andere Terminologie. So werden nach § 1 Abs. 1 Nr. 1 NachwV sowohl Erzeuger als auch Besitzer von Abfällen ausdrücklich unter den Begriff des Abfallerzeugers gefasst. Dies kann Konsequenzen für die Abgrenzung des Kreises der nachweisrechtlich verpflichteten Personen haben.[6]

Jenseits der abfallrechtlichen Verantwortlichkeit ist eine Inanspruchnahme schließlich auch dann denkbar, wenn die behördliche Handlung an eine Gefahr für ein anderweitig geschütztes Rechtsgut anknüpft, z. B. also im Falle einer Inanspruchnahme auf der Grundlage des Wasserrechts oder Bodenschutzrechts. Dann gelten die dort festgelegten Verantwortlichkeiten auch dann, wenn die Inanspruchnahme (auch) Abfälle betrifft.

Ein Vorrangverhältnis zwischen der Inanspruchnahme des Abfallerzeugers und der Inanspruchnahme des Abfallbesitzers besteht nicht.[7] Weder ist der Abfallerzeuger grundsätz-

---

[2] OVG Greifswald, Beschl. v. 17.12.2005 – 3 M 71/04, NVwZ-RR 2006, S. 668 f.; VG Hannover, Urt. v. 09.11.2000 – 12 A 3251/98, NdsVBl. 2001, S. 293 ff.

[3] Vgl. Art. 3 Nr. 5 und 6 der Richtlinie 2008/98/EG.

[4] BVerwG, Beschl. v. 05.11.2012 – 7 B 25/12, AbfallR 2013, 44; BVerwG, Beschl. v. 30.10.1987 – 7 C 87/86, NVwZ 1988, S. 1126 zu § 11 HessAbfG a. F.; OVG Greifswald, Beschl. v. 17.12.2005 – 3 M 71/04, NVwZ-RR 2006, S. 668 f. zu § 27 AbfAlG MV; OVG Koblenz, Urt. v. 26.01.2012 – 8 A 11081/11, DVBl 2012, 513 zu § 17 LAbfG RP a. F.

[5] BVerwG, Beschl. v. 30.10.1987 – 7 C 87/86, NVwZ 1988, S. 1126.

[6] Siehe dazu die Ausführungen in Abschn. 5.2.1.2.3.

[7] OVG Lüneburg, Beschl. v. 09.03.2011 – 7 LA 50/10; *Frenz* in: Fluck/Frenz/Fischer/Franßen, Kreislaufwirtschafts-, Abfall- und Bodenschutzrecht, Stand 2012, § 3 Abs. 9 KrWG, Rn. 35; ders., DVBl. 2014, 1300; a. A. offenbar *Versteyl*, NVwZ 2007, S. 1150, 1151.

lich vor dem Abfallbesitzer heranzuziehen, noch gilt dies umgekehrt. Stattdessen hat die Behörde die Freiheit, eine der verantwortlichen Personen in pflichtgemäßer Ermessensausübung auszuwählen. Dabei erkennt die Rechtsprechung insbesondere die Effektivität der Gefahrenabwehr als ein sachgerechtes Ermessenskriterium an.[8]

> **Praxishinweis**
> 1. Im Falle einer möglichen Inanspruchnahme sollte auch geprüft werden, ob der Kreis der verantwortlichen Personen vollständig durch die Behörde erfasst worden ist. Kann der Kreis erweitert werden, indem weitere verantwortliche Personen aufgezeigt werden, sinkt naturgemäß die Wahrscheinlichkeit der eigenen Inanspruchnahme.
> 2. Kann die Inanspruchnahme nicht abgewehrt werden, enthält das Kreislaufwirtschaftsgesetz – anders als z. B. das Bundes-Bodenschutzgesetz – keinen finanziellen Rückgriffsanspruch gegen andere verantwortliche Personen (insbesondere den Abfallerzeuger). Schadensersatz- bzw. Entschädigungsansprüche können sich aber aus zivilrechtlichen Anspruchsgrundlagen, z. B. den bestehenden zivilrechtlichen Verträgen (z. B. Entsorgungsverträge oder Transportverträge) ergeben.

5.2 Reichweite der Erzeuger-/Besitzerhaftung

Die Reichweite der Erzeuger- und Besitzerhaftung ist zum einen in sachlicher Hinsicht (dazu 5.2.2) und zum anderen in zeitlicher Hinsicht (dazu 5.2.2) abzugrenzen.

5.2.1 Sachliche Reichweite

Anknüpfungspunkt für die sachliche Reichweite der Verantwortungstatbestände sind die bereits oben wiedergegebenen gesetzlichen Definitionen des Abfallerzeugers (dazu 5.2.1.1) und des Abfallbesitzers (dazu 5.2.1.2).

5.2.1.1 Abfallerzeuger

Erzeuger von Abfällen im Sinne des Gesetzes ist jede natürliche oder juristische Person,

1. durch deren Tätigkeit Abfälle anfallen (Ersterzeuger), oder
2. die Vorbehandlungen, Mischungen oder sonstige Behandlungen vornimmt, die eine Veränderung der Beschaffenheit oder der Zusammensetzung der Abfälle bewirken (Zweiterzeuger).

[8] Vgl. z. B. VG Frankfurt/Oder, Urt. v. 28.09.2016 – 5 K 519/15, Rn. 31 nach juris; VG Ansbach, Urt. v. 28.01.2015 – AN 11 K 14.00032, Rn. 43 nach juris; VG Koblenz, Urt. v. 05.04.2011 – 7 K 574/10. KO, AbfallR 2011, 189; VG Aachen, Beschl. v. 10.05.2011 – 9 L 165/11, AbfallR 2011, 189.

Der Begriff „natürliche Personen“ knüpft an die Rechtsfähigkeit des Menschen an. Sie beginnt mit der Vollendung der Geburt (§ 1 BGB) und endet mit dem Tod. Juristische Personen sind rechtlich geregelte Organisationen, denen die Rechtsordnung Rechtsfähigkeit verliehen hat und die dadurch als Träger eigener Rechte und Pflichten verselbstständigt worden sind. Häufig in der Praxis anzutreffen sind die Gesellschaft mit beschränkter Haftung (GmbH) und die Aktiengesellschaft (AG). Ihnen gleichgestellt sind die teilrechtsfähigen Personengesellschaften, nämlich die Kommanditgesellschaft (KG) die offene Handelsgesellschaft (oHG) und auch die Gesellschaft bürgerlichen Rechts (GbR).[9]

5.2.1.1.1 Ersterzeuger

Maßgeblich für die Verantwortlichkeit des Abfallersterzeugers ist das Anfallen der Abfälle. Als „Anfallen“ ist das Entstehen des Abfalls im Rechtssinn zu verstehen.[10] Maßgeblich ist demnach der Zeitpunkt, zu dem erstmalig alle Merkmale des gesetzlichen Abfallbegriffs nach § 3 Abs. 1 KrWG eingreifen.[11] Dazu bedarf es einer bestimmten Tätigkeit, die entweder in einem Handeln oder auch in einem Unterlassen bestehen kann, und die nicht von dem Vorsatz getragen sein muss, Abfälle entstehen zu lassen.[12] Dies wird im Regelfall die Person sein, die unmittelbar vor der Entstehung des Abfalls Besitz an den Produkten innehatte, aus denen der Abfall entsteht.[13]

Schwierig abzugrenzen ist, welche Anforderungen an die Kausalität bzw. Ursächlichkeit des Verhaltens zu stellen sind, das zum Anfallen der Abfälle geführt hat. Die Formulierung „durch deren Tätigkeit“ könnte ein weites Verständnis nahelegen, und zwar in dem Sinne, dass jedes Verhalten erfasst wird, das als Handeln oder sonstiges Tätigwerden zu Entstehung des Abfalls beigetragen hat. Dies würde allerdings zu einer zu starken Ausdehnung der Abfallerzeugereigenschaft führen. Daher wendet die Rechtsprechung – wie in anderen ordnungsrechtlichen Materien auch – im Ausgangspunkt die so genannte Unmittelbarkeitstheorie an. Verursacher ist danach derjenige, dessen Verhalten die Gefahr „unmittelbar“ herbeigeführt, also bei einer wertenden Zurechnung die letzte Ursache gesetzt hat, die zu einem Überschreiten der polizeirechtlichen Gefahrenschwelle führt.

---

[9] BVerwG, Urt. v. 01.10.2015 – 7 C 8/14, Rn. 23 ff.; *Dieckmann* in: Jarass/Petersen, KrWG, 1. Aufl., 2014, § 3, Rn. 156; *Schink/Krappel* in: Schink/Versteyl, KrWG, 2. Aufl., 2016, § 3, Rn. 72.

[10] BVerwG, Urt. v. 13.12.2007 – 7 C 42/07, BVerwGE 130, S. 127 ff.; *Schink/Krappel*, in: Schink/Versteyl, KrWG, § 3, Rn. 73 m. w. N.; *Frenz* in: Fluck/Frenz/Fischer/Franßen, Kreislaufwirtschafts-, Abfall- und Bodenschutzrecht, § 3 Abs. 8 KrWG, Rn. 7; *Kropp* in: von Lersner/Wendenburg, Recht der Abfallbeseitigung, Stand 2021, § 3 KrWG, Rn. 92.

[11] *Kropp* in: von Lersner/Wendenburg, Recht der Abfallbeseitigung, § 3 KrWG, Rn. 92; *Frenz*, DVBl. 2014, 1295, 1296.

[12] *Kropp* in: von Lersner/Wendenburg, Recht der Abfallbeseitigung, § 3 KrWG, Rn. 92; *Delfs* in: Schmehl/Klement, GK-KrWG, 2. Aufl., 2019, § 3, Rn. 71; *Hagmann*, AbfallR 2013, S. 151, 153.

[13] EuGH, Urt. v. 03.10.2013 – C-113/12, Rn. 51; BVerwG, Urt. v. 15.10.2014 – 7 C 1.13, Rn. 22, juris.

Personen, die entferntere, nur mittelbare Ursachen für den eingetretenen Erfolg gesetzt haben, sind im Ausgangspunkt keine Verursacher in diesem Sinn.[14]

Die Rechtsprechung durchbricht den Unmittelbarkeitsansatz allerdings nicht selten unter Heranziehung der von ihr vorgenommenen „wertenden Zurechnung“. So soll unter Umständen auch ein als „Veranlasser“ auftretender Hintermann (mit)verantwortlich sein, wenn dessen Handlung zwar nicht zu einem Überschreiten der polizeirechtlichen Gefahrenschwelle führt, aber mit der durch den Verursacher unmittelbar herbeigeführten Gefahr oder Störung eine natürliche Einheit bildet, die in einer „wertenden Betrachtung“ die Einbeziehung des Hintermanns in die Polizeipflicht rechtfertigt.[15] Abfallerzeuger sei demnach auch, wer einen Ursachenbeitrag für das Anfallen der Abfälle gesetzt habe und wem das Anfallen der Abfälle wertend zuzurechnen sei. Dementsprechend müsse der Ursachenzusammenhang zwischen der Tätigkeit und dem Entstehen des Abfalls bei wertender Betrachtung unter Berücksichtigung der jeweiligen Risikosphäre die Verantwortlichkeit für die Entsorgung des Abfalls rechtfertigen.[16] Begründet wird dies mit der Erwägung, dass das Abfallrecht Teil des Ordnungsrechts sei und es deshalb allgemeinen Grundsätzen entspreche, auch vorgelagerte Ursachen für die Begründung der Verantwortlichkeit heranzuziehen, wenn sich diese bei wertender Betrachtung als „wesentlich“ darstelle.[17]

Dies kann zu einer deutlichen Ausweitung der Abfallerzeugereigenschaft führen und die rechtssichere Bestimmung der Ersterzeugereigenschaft stark erschweren.[18] Ob ein Verursachungsbeitrag in einer wertenden Betrachtung von der Rechtsprechung für ausreichend gehalten wird, um die Abfallerzeugereigenschaft anzunehmen, ist individuelle Tatfrage[19] und daher schwer zu prognostizieren. Klare Abgrenzungsmaßstäbe fehlen,

---

[14] BVerwG, Urt. v. 15.10.2014 – 7 C 1/13, NVwZ 2015, 153; BVerwG, Beschl. v. 12.04.2006 – 7 B 30/06, AbfallR 2006, 143.

[15] BVerwG, Urt. v. 15.10.2014 – 7 C 1/13, NVwZ 2015, 153; BVerwG, Beschl. v. 12.04.2006 – 7 B 30/06, AbfallR 2006, 143; vgl. auch EuGH, Urt. v. 07.09.2004 – Rs. C-1/03 („van der Walle“; Erzeugereigenschaft eines Tankstellenbetreibers hinsichtlich des von Kraftstoffen kontaminierten Erdreichs); EuGH, Urt. v. 24.08.2008 – Rs. C-188/07 („Commune de Mesquer“, Erzeugereigenschaft eines Schiffscharterers für Abfälle aus einem Ölunfall auf See).

[16] BVerwG, Urt. v. 15.10.2014 – 7 C 1/13, NVwZ 2015, 154, 154; das OVG Münster als Vorinstanz war im Ergebnis gleicher Auffassung, stellte im Urt. v. 07.10.2011 – 20 A 1181/10, NWVBl 2010, 141 jedoch maßgeblich auf das Erfordernis der Berücksichtigung „des Grundsatzes der Verhältnismäßigkeit“ ab. Vgl. ferner *Frenz* in: Fluck/Frenz/Fischer/Franßen, Kreislaufwirtschafts-, Abfall- und Bodenschutzrecht, § 3 Abs. 8 KrWG, Rn. 7; *Kropp* in: von Lersner/Wendenburg, Recht der Abfallbeseitigung, § 3 KrWG, Rn. 92.

[17] BVerwG, Urt. v. 15.10.2014 – 7 C 1/13, NVwZ 2015, 153, 155.

[18] Auch das Bundesverwaltungsgericht betont, eine Entgrenzung des Begriffs, die die Handhabbarkeit und Berechenbarkeit der Regelungen zur Bestimmung des Beseitigungspflichtigen in Frage stellen würde, müsse vermieden werden (BVerwG, Urt. v. 15.10.2014 – 7 C 1/13, NVwZ 2015, 153, 155).

[19] Auf den Ausnahmecharakter und das Erfordernis der Berücksichtigung der besonderer Umstände des jeweiligen Einzelfalles weist auch das BVerwG hin (BVerwG, Urt. v. 15.10.2014 – 7 C 1/13, NVwZ 2015, 153, 154).

wenn die Rechtsprechung mehr und mehr dazu übergeht, auf die Prüfung der Unmittelbarkeit des Verursachungsbeitrags zu verzichten und in einem weiten Umfang auch mittelbare Beiträge zur Annahme der Abfallerzeugereigenschaft ausreichen lässt.

▶ **Praxisbeispiel** Das Bundesverwaltungsgericht hat in der zuvor zitierten Entscheidung verunreinigtes Löschwasser, das zum Löschen eines Brandes in einer Abfallbehandlungsanlage eingesetzt worden war, dem Anlagenbetreiber im Sinne der Abfallerzeugereigenschaft zugerechnet. Zwar habe die Feuerwehr das Wasser zum Löschen des Brandes eingesetzt, ohne dass der Anlagenbetreiber hierauf und auf die sonstigen Maßnahmen zur Brandbekämpfung und zur Abwehr der von dem Löschwasser ausgehenden Umweltgefahren Einfluss gehabt habe. Jedoch sei der Brand, der zum Einsatz der Feuerwehr geführt habe, durch die gefahrgeneigte betriebliche Tätigkeit des Anlagenbetreibers ausgelöst worden. Dies genüge für die Annahme der Abfallerzeugereigenschaft.[20]

Sehr häufig kommt es in der Praxis vor, dass die tatsächlichen Handlungen, die zum Anfallen des Abfalls führen, durch einen weisungsabhängigen Arbeitnehmer vorgenommen werden. In diesem Fall liegt die Abfallerzeugereigenschaft nach allgemeiner Auffassung nicht beim Arbeitnehmer, sondern beim Arbeitgeber, für den der Arbeitnehmer gehandelt hat.[21] Dies gilt in gleicher Weise dann, wenn nicht ein Arbeitnehmer, sondern ein organschaftlicher Vertreter einer Gesellschaft gehandelt hat (beispielsweise der Geschäftsführer einer GmbH oder der Vorstand einer AG). Auch diese Personen handeln nicht für sich selbst, sondern für die Gesellschaft, die sie vertreten. Dementsprechend ist nicht die Person des Vertreters (Geschäftsführer oder Vorstand), sondern die vertretene juristische Person Abfallerzeuger.

Schwierig abzugrenzen und letztlich auch umstritten ist, wie die Abfallerzeugereigenschaft im Sinne des § 3 Abs. 8 KrWG zu beurteilen ist, wenn Abfälle in Erfüllung eines dienstvertraglichen oder werkvertraglichen Auftragsverhältnisses anfallen. Typischer Anwendungsfall sind Baustellenabfälle, bei denen sich die Frage stellt, ob der Abfall dem Auftraggeber (z. B. dem Bauherrn) oder dem Auftragnehmer (z. B. dem beauftragten Bauunternehmen) zuzurechnen ist. Oftmals enthalten die abgeschlossenen Verträge hierzu Regelungen, und zwar nicht selten des Inhalts, dass der Auftragnehmer eigenverantwortlich für die Entsorgung einstehen oder sogar kraft Vertrags als Abfallerzeuger nach § 3 Abs. 8 KrWG gelten soll.[22]

[20] Vgl. Fußnote 19.

[21] *Kopp-Assenmacher/Schwartz*, in: Kopp-Assenmacher, KrWG, 1. Aufl., 2015, § 3, Rn. 46; *Kropp*, ZUR 2010, S. 461, 463; *Enders*, AbfallR 2008, S. 56, 58; *Reese/Schütte*, ZUR 1999, S. 136, 137; *Klett/Enders*, BB 1996, S. 2004, 2005.

[22] Vgl. die Beispiele bei *Kropp*, ZUR 2010, S. 461, insbesondere aus dem Bereich öffentlicher Ausschreibungen.

Im Ergebnis ist zu differenzieren. Relativ unproblematisch einzuordnen ist die Abfallerzeugereigenschaft hinsichtlich der Abfälle, die aus dem Organisationsbereich des Auftragnehmers stammen (z. B. Verpackungen der eingesetzten Baustoffe). Diese sind dem Auftragnehmer zuzurechnen, sodass er insoweit als Abfallerzeuger im Sinne des § 3 Abs. 8 KrWG gilt.[23]

Schwieriger ist die Einordnung hinsichtlich der Abfälle, die aus dem Organisationsbereich des Auftraggebers stammen (z. B. Bauschutt). Hier ist umstritten, ob der Auftraggeber oder der Auftragnehmer Abfallerzeuger nach § 3 Abs. 8 KrWG ist. Teilweise wird vertreten, grundsätzlich sei der Auftragnehmer Abfallerzeuger.[24] Zur Begründung wird angegeben, die Erzeugereigenschaft knüpfe an die Tätigkeit im Sinne eines tatsächlichen Umgangs mit der Sache an. Auch der systematische und inhaltliche Zusammenhang des Erzeugerbegriffs mit dem Abfallbegriff, der auf die Entstehung durch den Besitzer abstelle, spreche dafür, den Auftragnehmer als Erzeuger anzusehen.[25] Die herrschende Meinung sieht demgegenüber regelmäßig den Auftraggeber als Abfallerzeuger an.[26] Zur Begründung wird ausgeführt, dass der Auftraggeber/Besteller eines Werkes „wertungsmäßig" die wesentliche Ursache für die Entstehung der Abfälle setze und diese somit „beherrsche".[27] Der Auftragnehmer handele demgegenüber lediglich als beauftragter Dritter. Zudem entstehe der Abfall in der Regel bereits vor Durchführung der Werkleistung, weil der Auftraggeber mit der Auftragsvergabe einen bestehenden Entlegungswillen manifestiere.[28]

Im Ausgangspunkt ist der herrschenden Meinung zuzustimmen. Im Regelfall wird der Auftraggeber als Abfallerzeuger anzusehen sein, wenn und soweit die Tätigkeit des Auftragnehmers auftrags- und weisungsgebunden ist. In diesen Fällen liegt kein relevanter

---

[23] So auch *Kropp*, ZUR 2010, S. 461; ders. in: von Lersner/Wendenburg, Recht der Abfallbeseitigung, § 3 KrWG, Rn. 98; *Dieckmann* in Jarass/Petersen, KrWG, § 3, Rn. 163; *Jakobj* in: Versteyl/Mann/Schomerus, KrWG, 4. Aufl., 2019, § 3, Rn. 60.

[24] *Frenz*, DVBl. 2014, 1295, 1297; ders., AbfallR 2015, 135, 138; ders. in: Fluck/Frenz/Fischer/Franßen, Kreislaufwirtschafts-, Abfall- und Bodenschutzrecht, § 3 Abs. 8 KrWG, Rn. 18; in diesem Sinne wohl auch der Abfallrechtsausschuss (ARA) der Länderarbeitsgemeinschaft Abfall (LAGA), Sondersitzung am 09./10.06.1998, TOP 1 und 98. Sitzung am 22./23.06.2010, TOP 5.2 (zitiert nach *Kropp*, ZUR 2010, S. 461, Fn. 38).

[25] Abfallrechtsausschuss (ARA) der Länderarbeitsgemeinschaft Abfall (LAGA), vgl. Fn. 24.

[26] OVG Münster, Urt. v. 10.08.2012 – 20 A 222/10, AbfallR 2012, 294 (bestätigt durch BVerwG, Beschl. v. 28.10.2014 – 7 C 2.13); vgl. ferner *Kropp*, AbfallR 2015, 226, 228; ders. in: von Lersner/Wendenburg, Recht der Abfallbeseitigung, § 3 KrWG, Rn. 99; *Kopp-Assenmacher/Schwartz*, in: Kopp-Assenmacher, KrWG, § 3, Rn. 46; *Enders*, NVwZ 2005, S. 381, 383; ders., AbfallR 2008, S. 56, 57; *Versteyl*, NVwZ 2007, S. 1150, 1151; vgl. ferner VG Ansbach, Urt. v. 22.06.2006 – AN 11 K 05.01428; VG Arnsberg, Urt. v. 07.12.2009 – 14 K 868/09 als Vorinstanz zur o. g. Entscheidung des OVG Münster; ausdrücklich offen gelassen dagegen durch OVG Berlin-Brandenburg, Urt. v. 23.11.2006 – OVG 11 B 5.05.

[27] OVG Münster, Urt. v. 10.08.2012 – 20 A 222/10, AbfallR 2012, 294.

[28] *Kropp* in: von Lersner/Wendenburg, Recht der Abfallbeseitigung, § 3 KrWG, Rn. 99.

Unterschied zum Einsatz eines Arbeitnehmers vor, der ebenfalls nicht als Abfallerzeuger angesehen wird. Allerdings sind auch Fallgestaltungen denkbar, in denen die Verträge zwischen dem Auftraggeber und dem Auftragnehmer so ausgestaltet sind, dass keine Weisungsabhängigkeit des Auftragnehmers vorliegt.[29] Ein Beispiel könnte ein Bauträgervertrag sein, der dem Bauträger eine sehr weitgehende Unabhängigkeit bei der Ausführung seiner Leistungen belässt. Die von der Rechtsprechung geforderte wertende Betrachtung wird in solchen Fällen zu dem Ergebnis führen, dass doch der Auftragnehmer und nicht der Auftraggeber als Abfallerzeuger anzusehen ist. Bislang nicht abschließend geklärt ist, ob in denen Fällen, in denen der Auftraggeber als Abfallerzeuger angesehen wird, der Auftragnehmer gleichzeitig Abfallerzeuger sein kann.[30] Konsequenterweise ist dies abzulehnen, da die in der wertenden Betrachtung zu ermittelnde Handlungsherrschaft über einen Vorgang nicht mehreren Personen gleichzeitig zugerechnet werden kann.[31]

► **Praxishinweis** Auch wenn nach der herrschenden Meinung und der hier vertretenen Auffassung grundsätzlich der Auftraggeber als Abfallerzeuger anzusehen ist, sollte in der Praxis nicht darauf verzichtet werden, Regelungen zur Verteilung der Entsorgungsverantwortlichkeit in die Werk- und Dienstleistungsverträge aufzunehmen. Zum einen sind durchaus Fallgestaltungen denkbar, in denen die durch den Vertrag vorgenommene Aufteilung der Auftrags-/Weisungsabhängigkeit zu einem Übergang der Abfallerzeuger- oder Abfallbesitzereigenschaft auf den Auftragnehmer führt. Zum anderen haben solche Regelungen unabhängig von der Frage der öffentlich-rechtlichen Verantwortlichkeit auch eine zivilrechtliche Funktion. Sie können eine Grundlage für spätere Schadensersatzansprüche sein.

5.2.1.1.2 Zweiterzeuger

Als Abfallerzeuger gilt nach § 3 Abs. 8 Nr. 2 KrWG auch jede Person, die Vorbehandlungen, Mischungen oder sonstige Behandlungen vornimmt, die eine Veränderung der Beschaffenheit oder der Zusammensetzung der Abfälle bewirken. Unter „Natur" des Abfalls ist dessen chemische bzw. physikalische Struktur zu verstehen. Mit „Zusammensetzung" wird auf die Stoffanteile bei Gemischen Bezug genommen.[32] Bewirkt wird die Abfallveränderung von der Person, die während des Veränderungsvorgangs die tatsächliche Sach-

[29] *Hagmann*, AbfallR 2013, 150, 155; ähnlich: *Frenz* in: Fluck/Frenz/Fischer/Franßen, Kreislaufwirtschafts-, Abfall- und Bodenschutzrecht, § 3 Abs. 8 KrWG, Rn. 18; *Versteyl/Grunow*, AbfallR 2018, S. 71 ff.; a. A.: *Kropp* in: von Lersner/Wendenburg, Recht der Abfallbeseitigung, § 3 KrWG, Rn. 99.

[30] Offen gelassen in OVG Münster, Urt. v. 10.08.2012 – 20 A 222/10, Rn. 47, 52, juris.

[31] So auch *Dieckmann* in: Jarass/Petersen, KrWG, § 3, Rn. 164.

[32] *Versteyl*, in: Versteyl/Mann/Schomerus, KrWG, § 3, Rn. 44; *Dieckmann*, in: Jarass/Petersen, KrWG, § 3, Rn. 170.

herrschaft über die Abfälle besitzt.[33] Typische Zweiterzeuger sind Betreiber von Vorbehandlungsanlagen.

Keine Abfallveränderung in diesem Sinne liegt nach der Rechtsprechung jedoch dann vor, wenn Abfälle ununterscheidbar mit Abfällen gleicher Art vermischt werden, da die Mischung in diesem Fall keine Veränderung der Natur oder der Zusammensetzung der Abfälle bewirken soll.[34] Dies hat letztlich zur Konsequenz, dass ein Vermischen von Abfällen eines Ersterzeugers mit gleichartigen Abfällen eines anderen Ersterzeugers nicht zu einem Erlöschen der Entsorgungspflicht der Ersterzeuger führt. Vielmehr sind den Ersterzeugern aufgrund des Verursacherprinzips die Anteile der Abfälle zuzurechnen, die der von ihnen jeweils angelieferten Menge entsprechen.[35]

5.2.1.2 Abfallbesitzer

Abfallbesitzer ist nach § 3 Abs. 9 KrWG jede natürliche oder juristische Person, die die tatsächliche Sachherrschaft über Abfälle hat. Hinsichtlich des Begriffs der „natürlichen oder juristischen Person" ist auf die Ausführungen zur deckungsgleichen Voraussetzung in § 3 Abs. 8 KrWG zu verweisen.[36]

Tatsächliche Sachherrschaft liegt vor, wenn die Möglichkeit besteht, auf die Abfälle einzuwirken.[37] Im Unterschied zum zivilrechtlichen Besitzbegriff setzt das Abfallrecht keinen Besitzbegründungswillen voraus.[38] Daher kann im abfallrechtlichen Sinne auch derjenige Abfallbesitzer sein, der ohne sein Wissen oder gegen seinen Willen Besitz an den Abfällen erlangt. Abfallbesitz wird beispielsweise dann begründet, wenn Abfälle ohne Wissen oder gegen den Willen eines Grundstückeigentümers auf ein Grundstück gelangen, weil sie dann der tatsächlichen Sachherrschaft des Grundstückseigentümers unterliegen.[39] Dies gilt jedenfalls dann, wenn der Eigentümer sein Grundstück rechtlich und tatsächlich dem Zugriff oder Zutritt der Allgemeinheit entziehen kann. Legt die Rechtsordnung einem Grundstückseigentümer hingegen im Allgemeininteresse die Last der freien Zugänglich-

---

[33] *Versteyl*, in: Versteyl/Mann/Schomerus, KrWG, § 3, Rn. 44; *Dieckmann*, in: Jarass/Petersen, KrWG, § 3, Rn. 171.

[34] BVerwG, Urt. v. 28.06.2007 – 7 C 5/07, BVerwGE 129, S. 93 ff. für den Fall der Vermischung von Baumischabfällen; vgl. auch BVerwG, Beschl. v. 14.04.2014 – 7 B 26/13, BayVBl 2014, 669 zu den Konsequenzen für das Abfallverbringungsrecht; OVG Berlin-Brandenburg, Urt. v. 23.11.2006 – 11 B 5.05; ähnlich: VG Freiburg, Urt. v. 14.03.2001 – 2 K 2191/99.

[35] BVerwG, Urt. v. 28.06.2007 – 7 C 5/07, BVerwGE 129, S. 93 ff.; OLG Berlin-Brandenburg, Beschl. v. 14.11.2019 – 11 S 11.18, Rn. 20, juris.

[36] Siehe oben Abschn. 5.2.1.1 Abfallerzeuger.

[37] VG Schleswig, Beschl. v. 19.12.1995 – 12 A 123/94, UPR 1006, 199; *Schink/Krappel*, in: Schink/Versteyl, KrWG, § 3, Rn. 82; *Dieckmann* in: Jarass/Petersen, KrWG, § 3, Rn. 182.

[38] Statt aller: *Dieckmann* in: Jarass/Petersen, KrWG, § 3, Rn. 182.

[39] BVerwG, Urt. v. 19.01.1989 – 7 C 82/87, NJW 1989, S. 1295 ff.; BGH, Urt. v. 14.03.1985 – III ZR 12/84, NVwZ 1985, S. 447 f.; zustimmend: OVG Bautzen, Urt. v. 27.02.2012 – 5 A 48/10, AbfallR 2012, 137 f.; *Kropp* in: von Lersner/Wendenburg, Recht der Abfallbeseitigung, § 3 KrWG, Rn. 105.

keit auf, z. B. durch naturschutz- oder waldrechtliche Betretungsrechte, so trifft nicht ihn, sondern die Allgemeinheit in Gestalt der beseitigungspflichtigen Körperschaft die Verpflichtung zur Entsorgung der dort unerlaubt fortgeworfenen Abfälle.[40]

Besitzen Arbeitnehmer Abfälle für ihren Arbeitgeber, so ist allein der Arbeitgeber Abfallbesitzer.[41] Auch wenn sich der abfallrechtliche Besitzbegriff vom zivilrechtlichen Besitzbegriff unterscheidet, führt die Übertragung von Überlegungen zu den zivilrechtlichen Besitzvorschriften insoweit auch im Abfallrecht zu angemessenen Ergebnissen. So sind Arbeitnehmer zivilrechtlich als sog. Besitzdiener nach § 855 BGB einzuordnen, sodass allein der Arbeitgeber Besitzer im rechtlichen Sinne ist. Setzt ein Transportunternehmen also einen angestellten Fahrer ein, so ist nicht der Fahrer, sondern das Transportunternehmen Besitzer der Abfälle, die sich auf dem Fahrzeug befinden.[42] Dasselbe gilt für Organe juristischer Personen (z. B. Geschäftsführer einer GmbH oder Vorstände einer Aktiengesellschaft). Diese sind zwar nicht Besitzdiener im Sinne des § 855 BGB. Die zivilrechtliche Rechtsprechung hat allerdings die Rechtsfigur des Organbesitzes geprägt, nach der die von den Organen ausgeübte Sachherrschaft der juristischen Person zugerechnet wird.[43] Dieser Rechtsgedanke wird auf das Abfallrecht übertragen. Dementsprechend ist nicht das Organ einer juristischen Person Abfallbesitzer, sondern die juristische Person, für die das Organ handelt.[44]

Nicht einheitlich wird die Frage beantwortet, wer Abfallbesitzer ist, wenn ein beauftragtes Unternehmen auf einem fremden Grundstück tätig wird. Nach zutreffender Ansicht wird dies im Regelfall der Grundstücksbesitzer sein, da er die tatsächliche Sachherrschaft über das Grundstück ausübt. Dem beauftragten Unternehmen wird zwar das Recht zum Betreten des Grundstücks eingeräumt. Damit wird jedoch regelmäßig nicht die Übertragung der Sachherrschaft über die auf dem Grundstück liegenden Gegenstände verbunden sein.[45]

---

[40] BVerwG, Urt. v. 19.01.1989 – 7 C 82/87, NJW 1989, S. 1295 ff.; *Kropp* in: von Lersner/Wendenburg, Recht der Abfallbeseitigung, § 3 KrWG, Rn. 105; *Beckmann* in: Landmann/Rohmer, UmweltR, Stand 2020, § 3 KrWG, Rn. 131.

[41] *Dieckmann*, in Jarass/Petersen, KrWG, § 3, Rn. 184; *Kropp* in: von Lersner/Wendenburg, Recht der Abfallbeseitigung, § 3 KrWG, Rn. 107.

[42] Anders ist dies zu beurteilen, wenn ein selbstständiger Frachtführer die Abfälle in seinem Besitz hat. Dann gilt der selbstständige Frachtführer als Abfallbesitzer; vgl. OLG Naumburg, Urt. v. 22.06.2000 – 7 U (Hs) 64/99, NVwZ 2002, S. 251 f.

[43] OLG Düsseldorf, Urt. v. 08.12.1999 – 11 U 23/99, GmbHR 2000, S. 283 ff.; *Herrler* in: Grüneberg, BGB, 81. Aufl., 2022, § 854, Rn. 10.

[44] OVG Berlin-Brandenburg, Beschl. v. 14.09.2005 – 11 S 4.05; OVG Schleswig, Urt. v. 09.03.1995 – 4 L 90/94; *Kopp-Assenmacher/Schwartz*, in: Kopp-Assenmacher, KrWG, § 3, Rn. 51; *Dieckmann* in: Jarass/Petersen, KrWG, § 3, Rn. 185; *Enders*, AbfallR 2008, S. 56, 58.

[45] *Kopp-Assenmacher/Schwartz*, in: Kopp-Assenmacher, KrWG, § 3, Rn. 51; *Kropp* in: von Lersner/Wendenburg, Recht der Abfallbeseitigung, § 3 KrWG, Rn. 110; ders., ZUR 2010, S. 461, 462; im Ergebnis anders, aber mit nicht überzeugender Begründung: VG Arnsberg, Urt. v. 07.12.2009 – 14 K 868/09, AbfallR 2010, S. 110.

Etwas anderes gilt dann, wenn die Umstände des Einzelfalls so liegen, dass die durch das beauftragte Unternehmen erzeugten Abfälle außerhalb der Sachherrschaft des Grundstücksbesitzers liegen und das beauftragte Unternehmen die Sachherrschaft über die Abfälle allein ausübt, z. B., weil sich die Abfälle in einem verschlossenen Raum befinden, zu dem allein das beauftragte Unternehmen Zugang hat. In diesen Fällen muss das beauftragte Unternehmen als Abfallbesitzer gelten. Dagegen genügt aber noch nicht, dass das beauftragte Unternehmen ein Abfallbehältnis (z. B. einen Container) auf dem Grundstück aufstellt.[46] Im Regelfall übt der Grundstücksbesitzer die tatsächliche Sachherrschaft über das Abfallbehältnis aus, solange es sich auf dem Grundstück befindet. Erst mit der Übernahme durch das beauftragte Unternehmen erlangt dieses die Sachherrschaft über das Abfallbehältnis und die in ihm lagernden Abfälle. Ab diesem Zeitpunkt ist das beauftragte Unternehmen Abfallbesitzer im Sinne des § 3 Abs. 9 KrWG.[47]

► **Praxishinweis** Ein Entsorgungsunternehmen, das seinem Kunden ein Abfallbehältnis (z. B. einen Container) zur Verfügung stellt, sollte sich darüber bewusst sein, dass es im Zeitpunkt der Übernahme des gefüllten Containers Abfallbesitzer nach § 3 Abs. 9 KrWG wird und damit in die öffentlich-rechtliche Verantwortung für den Abfall eintritt. Dies gilt auch dann, wenn der Container durch den Kunden mit anderen Abfällen befüllt worden ist, als dies zuvor vertraglich vereinbart war. Bis zur Übernahme ist hingegen regelmäßig der Grundstücksbesitzer Abfallbesitzer und als solcher öffentlich-rechtlich für den Abfall verantwortlich.

Schwieriger ist die Rechtslage, wenn das Abfallbehältnis nicht auf einem privaten Grundstück, sondern im öffentlichen Verkehrsraum aufgestellt worden ist. In diesem Fall ist eine Inanspruchnahme des Entsorgungsunternehmens durch die Straßenbehörde denkbar, da das im Verkehrsraum liegende Abfallbehältnis die Sicherheit und Leichtigkeit des Straßenverkehrs beeinträchtigen kann. Kommt das Entsorgungsunternehmen einer Aufforderung der Straßenbehörde nach und übernimmt das gefüllte Abfallbehältnis, so wird es ab diesem Zeitpunkt Abfallbesitzer nach § 3 Abs. 9 KrWG und damit öffentlich-rechtlich für den Abfall verantwortlich.

Auch im Baubereich – insbesondere für Bau- und Abbruchabfälle – gilt im Ausgangspunkt, dass der Auftraggeber Besitzer der Abfälle ist, weil der Auftraggeber die Sachherrschaft über das Grundstück ausübt und die Abfälle in seinem Organisationsbereich ent-

---

[46] So auch *Kropp* in: von Lersner/Wendenburg, Recht der Abfallbeseitigung, § 3 KrWG, Rn. 110; ders., ZUR 2010, S. 461, 462; a. A.: *Reese/Schütte*, ZUR 1999, S. 136, 138.

[47] *Kropp* in: von Lersner/Wendenburg, Recht der Abfallbeseitigung, § 3 KrWG, Rn. 110; ders., ZUR 2010, S. 461, 462; VG Ansbach, Urt. v. 22.06.2006 – AN 11 K 05.01428, AbfallR 2006, S. 240.

stehen.[48] Eine andere Bewertung ist indes dann angezeigt, wenn der Auftragnehmer mit der eigenverantwortlichen Organisation von Transport und Entsorgung der Abfälle beauftragt wird. In diesem Fall erlangt er die tatsächliche Sachherrschaft über die Abfälle und kann als Abfallbesitzer im Sinne des § 3 Abs. 9 KrWG gelten. Dies kann im Falle der Entsorgung gefährlicher Abfälle im Sinne des § 48 KrWG wiederum Konsequenzen für das Nachweisverfahren haben, da der nachweisrechtliche Begriff des Abfallerzeugers auch Abfallbesitzer einschließt (vgl. § 1 Abs. 1 Nr. 1 NachwV). Unter diesen Voraussetzungen kann ein beauftragtes Unternehmen jedenfalls nachweisrechtlich als Abfallerzeuger auftreten.[49]

Wird über das Vermögen eines Abfallbesitzers das Insolvenzverfahren eröffnet, so wird der Insolvenzverwalter Abfallbesitzer.[50] Durch die Eröffnung des Insolvenzverfahrens geht nach § 80 Abs 1 InsO das Recht des Schuldners, das zur Insolvenzmasse gehörende Vermögen zu verwalten und über es zu verfügen, auf den Insolvenzverwalter über. Dieser hat gemäß § 148 Abs. 1 InsO nach der Eröffnung des Insolvenzverfahrens das gesamte zur Insolvenzmasse gehörende Vermögen sofort in Besitz und Verwahrung zu nehmen. Für die Massebefangenheit eines Pachtgrundstücks, auf dem Abfälle lagern, genügt dessen tatsächliche Inanspruchnahme in der Weise, als darauf auch andere Gegenstände des Gemeinschuldners gelagert werden, die der Verwaltungsbefugnis des Antragstellers unterliegen (z. B. Maschinen oder Rohstoffe).[51]

Nach neuerer Rechtsprechung kann der Insolvenzverwalter seine Entsorgungspflicht jedoch dadurch zum Erlöschen bringen, dass er die als Abfall zu qualifizierenden Gegenstände durch eine entsprechende Erklärung aus der Insolvenzmasse freigibt.[52] Die ältere Rechtsprechung hatte dies noch abgelehnt.[53] Seit einer richtungsweisenden Entscheidung

---

[48] *Hagmann*, AbfallR 2013, S. 150, 156; *Kopp-Assenmacher/Schwartz*, in: Kopp-Assenmacher, KrWG, § 3, Rn. 51; *Kropp* in: von Lersner/Wendenburg, Recht der Abfallbeseitigung, § 3 KrWG, Rn. 110.

[49] So auch *Kropp* in: von Lersner/Wendenburg, Recht der Abfallbeseitigung, § 3 KrWG, Rn. 99, 110;

[50] OVG Lüneburg, Beschl. v. 25.01.2010 – 7 LA 130/09, NJW 2010, S. 2453 f.; OVG Lüneburg, Beschl. v. 03.12.2009 – 7 ME 55/09, NJW 2010, S. 1546 f.; VGH München, Beschl. v. 18.10.2010 – 22 CS 10.439, BayVBl. 2011, S. 762 ff.; OVG Greifswald, Beschl. v. 17.11.2005 – 3 M 71/04, NVwZ-RR 2006, S. 668 f.

[51] VGH München, Beschl. v. 18.10.2010 – 22 CS 10.439, BayVBl. 2011, S. 762 ff. unter Verweis auf BGH, Urt. v. 05.10.1994 – XII ZR 53/93, BGHZ 127, S. 156 ff.

[52] BVerwG, Urt. v. 23.09.2004 – 7 C 22/03, BVerwGE 122, S. 75 ff.; VGH München, Beschl. v. 18.10.2010 – 22 CS 10.439, BayVBl. 2011, S. 762 ff.; OVG Lüneburg, Beschl. v. 25.01.2010 – 7 LA 130/09, NJW 2010, S. 2453 f.; OVG Lüneburg, Beschl. v. 03.12.2009 – 7 ME 55/09, NJW 2010, S. 1546 f.; OVG Greifswald, Beschl. v. 17.11.2005 – 3 M 71/04, NVwZ-RR 2006, S. 668 f.

[53] VG Potsdam, Beschl. v. 19.12.2001 – 5 L 359/01; VG Leipzig, Urt. v. 31.05.2002 – 3 K 1872/97; OVG Greifswald, Urt. v. 16.01.1997 – 3 L 94/96; OVG Lüneburg, Urt. v. 20.03.1996 – 7 L 2062/95; VG Kassel, Beschl. v. 14.05.2003 – 7 G 545/03.

des Bundesverwaltungsgerichts vom 23.09.2004[54] haben sich jedoch nunmehr alle Gerichte der neuen Auffassung angeschlossen.[55]

5.2.2 Zeitliche Reichweite

Zur Abgrenzung der zeitlichen Reichweite der abfallrechtlichen Verantwortlichkeit ist wiederum zwischen dem Abfallerzeuger (dazu 1.) und dem Abfallbesitzer (dazu 2.) zu differenzieren.

5.2.2.1 Abfallerzeuger

Die Verantwortung der Abfallerzeuger erlischt erst mit der vollständigen Erfüllung der ihnen obliegenden Verpflichtungen. Im Hinblick auf die Grundpflichten der Kreislaufwirtschaft (§ 7 ff. KrWG) bedeutet dies konkret, dass die Pflichten zur ordnungsgemäßen und schadlosen Verwertung bzw. allgemeinwohlverträglichen Beseitigung des Abfalls erst mit der vollständigen Durchführung der Entsorgungsmaßnahme enden.[56] Werden die Abfälle in Erfüllung einer nach § 17 KrWG bestehenden Überlassungspflicht den nach Landesrecht zur Entsorgung verpflichteten juristischen Personen (öffentlich-rechtliche Entsorgungsträger) überlassen, erlischt die Verantwortung der Abfallerzeuger mit der Überlassung. Dasselbe gilt, wenn Länder nach § 17 Abs. 4 KrWG Andienungs- oder Überlassungspflichten für gefährliche Abfälle bestimmt haben. Auch in diesem Fall endet die Verantwortlichkeit mit der ordnungsgemäßen Erfüllung der Anforderungen und Vorgaben der Andienungs- bzw. Überlassungsstelle.[57]

Das Bundesverwaltungsgericht hat in seinem insoweit grundlegenden Urteil vom 28.06.2007 ausdrücklich betont, dass die Verantwortlichkeit des Abfallerzeugers vor der vollständigen Verwertung/Beseitigung bzw. der Andienung/Überlassung insbesondere nicht dadurch endet, dass der Abfallerzeuger die Abfälle einer anderen Person (z. B. einem beauftragten Entsorgungsunternehmen) übergibt und dadurch den Besitz an den Abfällen verliert.[58] Dies wird auch ausdrücklich im Gesetz klargestellt. Nach § 22 S. 1 KrWG kön-

---

[54] BVerwG, Urt. v. 23.09.2004 – 7 C 22/03, BVerwGE 122, S. 75 ff.

[55] Vgl. Fußnote 52.

[56] BVerwG, Urt. v. 28.06.2007 – 7 C 5/07, BVerwGE 129, S. 93 ff, *Kopp-Assenmacher/Schwartz*, in: Kopp-Assenmacher, KrWG, § 3, Rn. 48; *Dieckmann*, in: Jarass/Petersen, KrWG, § 3, Rn. 173; *Frenz*, DVBl. 2014, 1295, 1301; *Enders*, AbfallR 2008, S. 56, 59; *Versteyl*, NVwZ 2007, S. 1150, 1151.

[57] *Beckmann* in: Landmann/Rohmer, Umweltrecht, § 3 KrWG, Rn. 24; *Kopp-Assenmacher/Schwartz*, in: Kopp-Assenmacher, KrWG, § 3, Rn. 48; *Dieckmann*, in: Jarass/Petersen, KrWG, § 3, Rn. 173; *Enders*, AbfallR 2008, S. 56, 59; *Versteyl*, NVwZ 2007, S. 1150, 1151.

[58] BVerwG, Urt. v. 28.06.2007 – 7 C 5/07, BVerwGE 129, S. 93 ff.; vgl. dazu *Gaßner/Thärichen*, AbfallR 2007, S. 164 ff.; *Kopp-Assenmacher/Schwartz*, in: Kopp-Assenmacher, KrWG, § 3, Rn. 48; *Dieckmann*, in: Jarass/Petersen, KrWG, § 3, Rn. 173; *Enders*, AbfallR 2008, S. 56 ff.; *Versteyl*, NVwZ 2007, S. 1150 ff.; *Shirvani*, UPR 2008, S. 41 ff.; *Kropp*, ZUR 2008, S. 401 ff.

nen die zur Verwertung und Beseitigung Verpflichteten Dritte mit der Erfüllung ihrer Pflichten beauftragen. Ihre Verantwortlichkeit für die Erfüllung der Pflichten bleibt nach § 22 S. 2 KrWG jedoch unberührt und so lange bestehen, bis die Entsorgung endgültig und ordnungsgemäß abgeschlossen ist.

5.2.2.2 Abfallbesitzer

Die Bestimmung der zeitlichen Reichweite der Verantwortung des Abfallbesitzers war lange umstritten. Insbesondere war unklar, ob die Verantwortlichkeit endet, wenn der Abfallbesitzer seinen Besitz an den Abfällen durch Übergabe an eine andere Person (z. B. ein Entsorgungsunternehmen) verliert, ob also auch der frühere Abfallbesitzer verantwortlich bleibt und hoheitlich zur Erfüllung seiner Pflichten herangezogen werden kann (z. B. durch den Erlass einer auf § 62 KrWG gestützten Verfügung). Auch in der verwaltungsgerichtlichen Rechtsprechung wurde diese Frage nicht einheitlich beantwortet. Teilweise wurde angenommen, die Verantwortung des früheren Abfallbesitzers bleibe trotz der Übergabe des Abfalls bestehen,[59] teilweise wurde angenommen, mit dem Besitzverlust entfalle auch die aus dem Abfallrecht folgende Entsorgungspflicht.[60]

Eine höchstrichterliche Klärung erfuhr diese Frage durch das Urteil des Bundesverwaltungsgerichts vom 28.06.2007.[61] Maßgeblich ist danach, ob der Abfallbesitzer einen Dritten nach § 22 KrWG mit der Erfüllung seiner Entsorgungspflichten beauftragt und ihm aufgrund des Auftrags den Abfallbesitz überträgt. In diesem Fall bleibt die Verantwortlichkeit des bisherigen Abfallbesitzers für die Erfüllung seiner Entsorgungspflicht gemäß § 22 S. 2 KrWG bestehen, weil er sich das Verhalten der beauftragten Person zurechnen lassen muss. Geht der Abfallbesitz dagegen über, ohne dass ein Entsorgungsauftrag nach § 22 KrWG zugrunde liegt, endet die abfallrechtliche Verantwortlichkeit des Vorbesitzers mit dem Übergang des Besitzers.

Somit sind folgende Varianten zu unterscheiden:

Fallvariante 1

Der Abfallbesitzer übergibt die Abfälle einem Dritten, ohne Auftraggeber eines Entsorgungsvertrags nach § 22 KrWG zu sein.

Beispiele:

- Der Abfallbesitzer erbringt ausschließlich Transportleistungen. Die Person des Dritten, dem er die Abfälle übergibt, hat er nicht selbst ausgewählt und beauftragt; sie ist ihm stattdessen durch seinen Auftraggeber vorgegeben worden; oder
- Abfälle lagern auf einem Grundstück und stehen im Besitz des Grundstücksbesitzers. Der Grundstücksbesitzer überträgt den Besitz am Grundstück auf eine dritte Person, die auf diese Weise auch den Besitz an den Abfällen übernimmt.

[59] VG Freiburg, Urt. v. 14.03.2001 – 2 K 2191/99.

[60] OVG Berlin-Brandenburg, Urt. v. 23.11.2006 – OVG 11 B 5.05.

[61] Vgl. Fußnote 58.

Folge:

Mit der Übergabe der Abfälle an die dritte Person endet die abfallrechtliche Verantwortlichkeit des früheren Abfallbesitzers für die ordnungsgemäße und schadlose bzw. allgemeinwohlverträgliche Entsorgung des Abfalls. Die dritte Person wird mit der Übernahme der Abfälle Abfallbesitzer nach § 3 Abs. 9 KrWG und damit für die Abfälle öffentlich-rechtlich verantwortlich. ◄

Fallvariante 2

Der Abfallbesitzer übergibt die Abfälle einem Dritten als Auftraggeber eines Entsorgungsvertrags nach § 22 KrWG.

Beispiel:

- Ein Entsorgungsunternehmen übernimmt Abfälle von einem Abfallerzeuger. Es schließt einen Entsorgungsvertrag mit einer dritten Person (einem weiteren Entsorgungsunternehmen). In Erfüllung dieses Vertrags werden die Abfälle an die dritte Person (das weitere Entsorgungsunternehmen) übergeben; oder
- eine Servicegesellschaft in einem Industriepark koordiniert zentral die Abfallentsorgung aller Industrieparknutzer. Zu diesem Zweck schließt es Entsorgungsverträge mit dritten Entsorgungsunternehmen ab. Die von den Industrieparknutzern übernommenen Abfälle werden in Erfüllung der abgeschlossenen Verträge an die beauftragten Entsorgungsunternehmen übergeben.

Folge:

Mit der Übergabe der Abfälle an die dritte Peron (das weitere Entsorgungsunternehmen) endet die Verantwortlichkeit des früheren Abfallbesitzers für die ordnungsgemäße und schadlose bzw. allgemeinwohlverträgliche Entsorgung des Abfalls nicht. Er bleibt weiterhin für den Abfall öffentlich-rechtlich verantwortlich. Die Verantwortlichkeit des neuen Abfallbesitzers tritt hinzu. ◄

Die vom Bundesverwaltungsgericht geprägten Grundsätze der Verantwortlichkeit des früheren Abfallbesitzers gelten nicht, wenn der frühere Abfallbesitzer zugleich Abfallerzeuger (Ersterzeuger oder Zweiterzeuger) ist. In diesem Fall überlagert die Erzeugereigenschaft die Abfallbesitzereigenschaft. Abfallerzeuger sind grundsätzlich bis zur vollständigen Erfüllung der abfallrechtlichen Verpflichtungen verantwortlich. Dies gilt auch dann, wenn der Besitz auf eine andere Person übergeht.

Schließlich kommen frühere Abfallbesitzer auch dann nicht aus ihrer Verantwortung frei, wenn sie die Abfälle – ohne einen Entsorgungsvertrag abzuschließen – illegal entsorgen, z. B. im Falle des so genannten „wilden Wegwerfens“ von Abfall. In der rechtlichen Praxis kommt es beispielsweise gelegentlich vor, dass Entsorgungsunternehmen die dem Kunden zur Verfügung gestellten Abfallbehältnisse (z. B. Container) ohne Wissen oder gegen den Willen des Kunden vor Ort entleeren, beispielsweise deshalb, weil der Kunde weder zahlt noch das Abfallbehältnis freigibt. In solchen Fallgestaltungen wird das

Entsorgungsunternehmen für einen kurzen Zeitraum Abfallbesitzer, nämlich in dem Zeitraum, in dem es mit das gefüllte Abfallbehältnis ausleert. Zwar verliert das Entsorgungsunternehmen mit dem Auskippen recht schnell den Abfallbesitz. Da es sich aber um eine illegale Entsorgungshandlung handelt, bleibt die abfallrechtliche Verantwortlichkeit trotz des Verlustes des Abfallbesitzes bestehen.

Erweiterte Herstellerverantwortlichkeit 6

Anno Oexle

6.1 Einführung und Problemstellung

Rohstoffe sind eine wichtige Grundlage für das Leben heutiger und künftiger Generationen. Allerdings verursachen ihre Gewinnung sowie die Herstellung, Nutzung und Entsorgung von Produkten aus diesen Rohstoffen erhebliche Umweltschäden. Schätzungen gehen davon aus, dass bis zu 30 % der globalen Treibhausgasemissionen allein auf die Verarbeitung von Rohstoffen zu Produkten (ohne Emissionen in der Nutzungsphase) entfallen. In der Nutzungsphase der Produkte kommt es zu weiteren Umweltbelastungen. Schließlich fallen alle Produkte früher oder später als Abfall zur Entsorgung an, was ebenfalls mit belastenden Umweltauswirkungen und irreversiblen Materialverlusten verbunden ist. Dies führt unter anderem zu der Notwendigkeit, den Bedarf an primären Rohstoffen zu verringern, Produkte umweltfreundlicher zu gestalten und als Abfall angefallene Materialien in größerem Umfang zu recyceln und als sekundäre Rohstoffe in den Produktkreislauf zurückzuführen.[1]

Um diese Ziele zu erreichen, darf ein modernes Kreislaufwirtschaftsrecht nicht allein auf die letzte Lebensphase eines Produkts – also die Abfallphase – ausgerichtet werden; vielmehr hat es den gesamten Produktlebenszyklus in den Blick nehmen. Hier setzt die

[1] SRU, Umweltgutachten 2020, S. 114 ff.

A. Oexle (✉)
Sozietät Oexle Kopp-Assenmacher Lück, Köln, Deutschland
E-Mail: anno.oexle@oklp.de

P. Kurth et al. (Hrsg.), *Praxishandbuch der Kreislauf- und Rohstoffwirtschaft*,
https://doi.org/10.1007/978-3-658-36262-1_6

abfallrechtliche Produktverantwortung an, die Hersteller und Vertreiber von Produkten adressiert und in die abfallrechtliche Steuerung einbezieht.

6.2 Die Idee hinter der Produktverantwortung

Bei der abfallrechtlichen Produktverantwortung handelt es sich primär um ein ökonomisches Steuerungsinstrument, welches auf der Idee beruht, dass wesentliche Voraussetzung für eine funktionierende Kreislaufwirtschaft nicht gesetzliche Verbote, sondern wirtschaftliche Anreize sind. Mit anderen Worten: Ein den Grundsätzen der Kreislaufwirtschaft entsprechendes Verhalten muss sich für Unternehmen und Verbraucher wirtschaftlich auszahlen, indem es beispielsweise zu Wettbewerbsvorteilen, Kostenersparnissen oder Wohlstandsgewinnen führt. Um dieses Ziel zu erreichen, muss die klassische Trennung von privatwirtschaftlich organisierter Produktion und privatem Konsum auf der einen und staatlich getragener Entsorgung der zu Abfall gewordenen Produkte auf der anderen Seite aufgehoben werden.[2]

Das deutsche Kreislaufwirtschaftsrecht trägt dieser ökonomischen Steuerungsidee bislang primär in der Abfallphase des Lebenszyklus eines Produkts Rechnung, indem es die unmittelbaren Verursacher von Abfällen (jedenfalls) zur Tragung der Kosten der Entsorgung verpflichtet und so wirtschaftliche Anreize insbesondere zur Abfallvermeidung setzt.

► **Praxishinweis** Verantwortung der unmittelbaren Verursacher in der Abfallphase: Den Erzeugern und Besitzern nicht überlassungspflichtiger Abfälle, also primär den zur Verwertung bestimmten industriellen und gewerblichen Abfällen, wird in § 7 Abs. 2 KrWG die vollständige Entsorgungsverantwortung individuell zugewiesen. Bei den nach § 17 KrWG überlassungspflichtigen Abfällen, also in erster Linie den Abfällen aus privaten Haushalten, wird dem Verursacherprinzip durch die Zuweisung der Kostentragungslast in Form von Abfallgebühren Rechnung getragen; wirksame Anreize zur Abfallvermeidung und Abfallverwertung werden dadurch jedenfalls dann gesetzt, wenn die Gebührensatzungen so ausgestaltet sind, dass sich umweltgerechtes Verhalten belastungsmindernd auswirkt.[3]

Der auf die unmittelbaren Abfallverursacher bezogene Ansatz ist naturgemäß auf die Abfallphase des Produktlebenszyklus begrenzt, die damit verbundene Steuerungswirkung entsprechend beschränkt. Das Kreislaufwirtschaftsrecht verfolgt daher noch einen zwei-

[2] Klement und Roller in Rodin 2021, Hdb Klimaschutzrecht, § 39 Rn. 31.

[3] Zu den abfallrechtlichen Lenkungszielen als gebührenrechtliche Anreizgebote Breuer/Oexle, NVwZ 2021, 1321 (1325 f.).

ten, insbesondere auf die Hersteller und Vertreiber von Produkten zielenden Ansatz, der entsprechend dem Kreis der Verantwortlichen neben der Abfallphase auch die Entwicklungs-, Herstellungs- und Vertriebsphase eines Produkts einbezieht. Im KrWG wird dieser Ansatz als „Produktverantwortung“ bezeichnet.[4]

6.3 Das Regelungsregime der Produktverantwortung

Im KrWG finden sich die Regelungen über die Produktverantwortung in den §§ 23 bis 27. Nach § 23 Abs. 1 KrWG sollen die Produktverantwortlichen ihre Produkte so gestalten, dass bei Herstellung und Gebrauch das Entstehen von Abfällen vermindert und die nach Gebrauch entstehenden Abfälle umweltverträglich entsorgt werden. Nach § 23 Abs. 2 KrWG soll bereits bei der Entwicklung von Produkten darauf geachtet werden, dass diese ressourceneffizient, schadstoffarm, mehrfach verwendbar, technisch langlebig, reparierbar und nach Gebrauch zur ordnungsgemäßen und schadlosen Verwertung bzw. zur umweltgerechten Beseitigung geeignet sind.

Aus diesen – allgemeinen – Regelungen zur Produktverantwortung lassen sich allerdings noch keine durchsetzbaren materiellen Pflichten ableiten.[5] Hierzu bedarf es ihrer „Scharfschaltung“ durch weitere Normsetzung in der Form von Parlamentsgesetzen (z. B. BattG, ElektroG, VerpackG) oder Rechtsverordnungen (z. B. AltfahrzeugV);[6] die zum Erlass solcher Rechtsverordnungen erforderlichen Ermächtigungsgrundlagen finden sich in den §§ 24 bis 25 KrWG.

► **Praxishinweis** Dies gilt auch für die im Zuge der KrWG-Novelle 2020 eingeführte sog. „Obhutspflicht" (§ 23 Abs. 2 Nr. 11 KrWG), die insbesondere, aber nicht ausschließlich, auf das Problem der Vernichtung funktionstüchtiger und neuwertiger Retouren im Online-Handel sowie der Vernichtung unverkaufter Lagerbestände im stationären und Online-Handel zielt. Auch bei dieser „Pflicht" handelt es sich lediglich um einen Programmsatz ohne unmittelbare Rechtsverbindlichkeit. Seine „Scharfschaltung" durch eine konkretisierende Rechtsverordnung ist geplant, bislang aber nicht erfolgt.

[4] Auf Unionsebene wird dafür in Art. 8 RL 2008/98 der Begriff „erweiterte Herstellerverantwortung“ („extended producer responsibility“ – kurz: EPR) verwendet, ohne damit in der Sache wesentlich andere Inhalte zu verbinden.

[5] Zu dem akademischen Streit über die Rechtsnatur des § 23 KrWG als „latente Grundpflicht“ oder „reine Programmregelung“ mit zahlreichen Nachweisen Kloepfer, Umweltrecht, 4. Auflage 2016, Rn. 193 ff.

[6] Tünneseen-Harmes in: Jarass und Petersen, KrWG, 2014, § 23 Rn. 6; Konzak in BeckOK, KrWG, Stand 01.04.2019, § 23 Rn. 7.

Die Gemeinsamkeit der im Detail sehr unterschiedlich ausgestalteten, stoffstromspezifischen Sonderregelungen zur abfallrechtlichen Produktverantwortung liegt darin, dass die Produktverantwortlichen für die Kosten der Rücknahme und Entsorgung ihrer Produkte aufkommen müssen. Dabei lassen sich zwei Grundmodelle unterscheiden: Über die individuelle Produktverantwortung werden die Hersteller unmittelbar zur Rücknahme und Verwertung ihrer Altprodukte verpflichtet (z. B. § 15 VerpackG, §§ 3 ff. AltfahrzeugV). Bei der kollektiven Produktverantwortung werden sie über die zwingende und entgeltliche Beteiligung an „Systemen", die die Rücknahme und Verwertung von Altprodukten einer Vielzahl von Herstellern verantworten, ganz oder teilweise zur Tragung der entsprechenden Kosten verpflichtet (z. B. § 7 VerpackG, § 6 BattG; §§ 12, 13 ElektroG unter Einbindung der öffentlich-rechtlichen Entsorgungsträger). Für die Produktverantwortlichen sollen auf diese Weise ökonomische Anreize, insbesondere zur Abfallvermeidung sowie zur Wahl eines verwertungsfreundlichen Produktdesigns, gesetzt werden.

Neben der Errichtung eines individuellen oder kollektiven Rücknahme- und Verwertungsregimes stellen die sondergesetzlichen Regelungen über die Produktverantwortung unmittelbare Anforderungen an die Gestaltung (z. B. § 4 ElektroG), die Herstellung (z. B. § 3 BattG, § 3 ElektroStoffV, § 5 Abs. 1 VerpackG) sowie den Vertrieb (z. B. § 33 Abs. 1 VerpackG) von Produkten und sehen teilweise sogar Produktverbote (z. B. § 5 Abs. 2 VerpackG, EWKVerbotsV) vor.

Die Wirkung der Regelungen zur abfallrechtlichen Produktverantwortung bleibt in der Praxis hinter den Erwartungen zurück.[7] Die Gründe dafür sind vielfältig. Eine Rolle spielt sicherlich der Umstand, dass die Entsorgungskosten immer noch vergleichsweise gering sind und von den Herstellern in der Regel auf die Verbraucher abgewälzt werden können.[8] Bei den kollektiven Systemen kommt hinzu, dass von der Kostenersparnis eines umweltfreundlichen Verhaltens alle Teilnehmer des Systems gleichermaßen profitieren oder sich dieses jedenfalls nicht vollständig in einer niedrigeren Kostentragungspflicht abbildet. Die kollektiven Systeme selbst, die häufig in einem harten Wettbewerb stehen, haben an einer Verminderung der Menge des ihnen überlassenen Abfalls aufgrund ihres eigenen Finanzierungsbedürfnisses jedenfalls kein wirtschaftliches Interesse und werden umweltfreundliches oder -unfreundliches Verhalten eines Produktverantwortlichen daher nicht ohne weiteres durch niedrigere oder höhere Beteiligungsentgelte sanktionieren.[9] Die Wirksamkeit solcher Systeme ist zudem abhängig von ihrem Erfassungsgrad („Trittbrettfahrerproblematik"),[10] der behördlichen Kontrolldichte sowie den vorhandenen Sanktionsmöglichkeiten und dem Willen, von diesen auch Gebrauch zu machen.

[7] SRU, Umweltgutachten 2020, Kurzfassung, S. 8; kritisch auch Klement und Roller in Rodin 2021, Hdb Klimaschutzrecht, § Rn. 34 sowie Prelle ZUR 2010, 512 (513).

[8] Klement und Roller in Rodin 2021, Hdb Klimaschutzrecht, § 39 Rn. 34 m. w. N.; Prelle AbfallR 2018, 106 (111).

[9] In Reaktion darauf nunmehr z. B. die Ansätze in § 21 VerpackG und § 7a BattG.

[10] Im Bereich der Verpackungsentsorgung z. B. in Gestalt von sog. Nicht- oder Unterlizenzierung.

Hinzuweisen ist in diesem Zusammenhang auch darauf, dass für zahlreiche mengen- und umweltrelevante Produktgruppen, wie z. B. Textilien, Möbel oder Baustoffe, bis heute keine Sonderregelungen zur abfallrechtlichen Produktverantwortung erlassen wurden und es für sie folglich bei den allgemeinen Programmsätzen des § 23 KrWG bleibt.

Die allgemeinen Programmsätze des § 23 KrWG und die rechtsverbindlichen stoffstromspezifischen Sonderregelungen zur Produktverantwortung werden schließlich ergänzt durch das Institut der „freiwilligen Rücknahme in Wahrnehmung der Produktverantwortung" (§§ 26 ff. KrWG). Dieses Institut privilegiert Unternehmen, die von ihnen hergestellte oder vertriebene Produkte, nachdem sie zu Abfall geworden sind, freiwillig, also ohne dazu gesetzlich verpflichtet zu sein, zurücknehmen und entsorgen (s. dazu Abschn. 6.4).

6.4 Vertiefung: Freiwillige Rücknahme in Wahrnehmung der Produktverantwortung

6.4.1 Grundlagen

Im KrWG ist die freiwillige Rücknahme von Abfällen in Wahrnehmung der Produktverantwortung in den §§ 26 bis 27 geregelt. Diese Vorschriften, die im Folgenden näher dargestellt werden, gelten grundsätzlich für Abfälle aller Art. Bestimmte stoffstromspezifische Spezialgesetze wie das ElektroG enthalten jedoch Sonderregelungen für freiwillige Rücknahmen durch Produktverantwortliche, welche einen Rückgriff auf die allgemeineren Regelungen des KrWG ausschließen.

Die Regelungen über die freiwillige Rücknahme hatten jahrelang keine größere praktische Bedeutung. Dies hat sich erst in jüngerer Zeit geändert. Denn die freiwillige Rücknahme ermöglicht produktverantwortlichen Unternehmen einen – primären und privilegierten – Zugriff auf Produkte, sobald diese die Abfallphase erreicht haben. Ein solcher Zugriff ist nicht nur unter Nachhaltigkeitsaspekten und aus Imagegründen interessant; wegen des positiven Marktwerts vieler Abfälle (z. B. Alttextilien, Altpapier) kann er für Unternehmen auch unmittelbar wirtschaftlich vorteilhaft sein.

Dass die Regelungen über die freiwillige Rücknahme einen privilegierten Zugriff ermöglichen, zeigt sich insbesondere, wenn es sich bei den Abfällen um solche aus privaten Haushalten handelt. In privaten Haushalten anfallende Abfälle sind, auch wenn sie zur Verwertung bestimmt sind, grundsätzlich an den örtlich zuständigen öffentlich-rechtlichen Entsorgungsträger, regelmäßig also an die Kommune zu überlassen. Eine Abgabe solcher Abfälle an Dritte ist nur zulässig, wenn eine der in § 17 Abs. 2 KrWG geregelten Ausnahmen von der Überlassungspflicht eingreift. Die freiwillige Rücknahme nach den §§ 26 ff. KrWG bildet dabei gemäß § 17 Abs. 2 Satz 1 Nr. 2 KrWG einen eigenständigen Ausnahmetatbestand. Unternehmen können daher, soweit die Vorschriften über die freiwillige Rücknahme in Wahrnehmung der Produktverantwortung reichen, auf an sich überlassungspflichtige Abfälle zugreifen, ohne die weit restriktiveren Voraussetzungen, die für gewerbliche Sammlungen gelten, erfüllen zu müssen. Voraussetzung dafür ist lediglich, dass dem das freiwillige Rücknahmesystem betreibenden Unternehmen ein Freistellungs- oder Feststellungsbescheid erteilt wurde. Von dieser Erleichterung profitieren unmittelbar die produktverantwortlichen Hersteller und Vertreiber, welche die freiwillige Rücknahme durchführen, mittelbar jedoch auch die von diesen als Drittbeauftragte in die operative Durchführung eingeschalteten privaten Entsorgungsunternehmen.

Die privilegierte Zugriffsmöglichkeit auf überlassungspflichtige Abfälle, wenn diese in Wahrnehmung der Produktverantwortung freiwillig zurückgenommen werden, steht in einem besonderen Spannungsverhältnis zu den wirtschaftlichen Interessen der betroffenen öffentlich-rechtlichen Entsorgungsträger. Einige Kommunen haben daher in jüngerer Vergangenheit den Versuch unternommen, freiwillige Rücknahmen auf dem Rechtsweg zu verhindern oder zu begrenzen. Zentraler Streitpunkt in solchen Verfahren war die Frage, ob die freiwillige Rücknahme auf eigene Produkte des Unternehmens zu beschränken ist oder auch fremde Produkte, die von dem Unternehmen selbst weder hergestellt noch vertrieben wurden, zurückgenommen werden dürfen. Produkt meint in diesem Zusammenhang nicht die jeweilige Produktgattung, sondern das einzelne Stück. Die praktische Bedeutung dieser Rechtsfrage liegt auf der Hand: Dürfte z. B. ein Unternehmen der Modebranche ein Hemd nur dann zurücknehmen, wenn es gerade dieses Hemd zuvor selbst verkauft hätte, müsste bei der Durchführung einer freiwilligen Rücknahme die Herkunft jedes einzelnen Erzeugnisses, das zurückgegeben wird, geprüft werden. Dies ist bestenfalls mit erheblichem Aufwand verbunden, bei den Massenwaren des täglichen Bedarfs häufig jedoch gar nicht möglich, weil Herkunftsnachweise (z. B. Kassenbons) am Ende der Lebensphase eines Produkts regelmäßig nicht mehr verfügbar sind. Eine Beschränkung auf eigene Produkte würde das Institut der freiwilligen Rücknahme mithin weitgehend leerlaufen lassen.

Mit der KrWG-Novelle 2020 hat der Gesetzgeber die Problematik der Rücknahme inzwischen in der Weise gelöst, dass er im Bereich der nicht gefährlichen Abfälle – unter bestimmen Voraussetzungen – die Rücknahme fremder Erzeugnisse ausdrücklich zulässt.[11] Für gefährliche Abfälle bedeutet dies im Umkehrschluss, dass freiwillige Rücknahmen zwingend auf eigene Produkte zu begrenzen sind.

6.4.2 Rechtliche Anforderungen an die freiwillige Rücknahme

Die sachlichen Zulässigkeitsvoraussetzungen für eine freiwillige Rücknahme in Wahrnehmung der Produktverantwortung sind in § 26 Abs. 3 und 4 KrWG geregelt. In formeller Hinsicht ist nach § 26 Abs. 2 KrWG eine Anzeige bei der zuständigen Behörde er-

[11] Siehe § 26 Abs. 4 KrWG. Zum Streitstand vor der Novelle siehe VGH Mannheim, Urt. v. 14.05.2019, 10 S 1990/18, BeckRS 2019, 11319; VG Würzburg, Urt. v. 10.02.2015, W 4 K13.1015, BeckRS 2015, 54286; Oexle und Lammers in NVwZ 2015, 1490 ff. jeweils für die grundsätzliche Zulässigkeit der Rücknahme (auch) gattungsgleicher fremder Erzeugnisse; a. A. Wenzel in AbfallR 2015, 187 (190).

forderlich. Eine solche Anzeige genügt für sich genommen allerdings noch nicht für einen privilegierten Zugriff auf überlassungspflichtige Abfälle; dafür bedarf es nach § 17 Abs. 2 Satz 1 Nr. 2 KrWG vielmehr eines Bescheides nach § 26 Abs. 3 KrWG, durch den festgestellt wird, dass die freiwillige Rücknahme in Wahrnehmung der Produktverantwortung erfolgt, oder eines Bescheides nach § 26a KrWG, durch den eine freiwillige Rücknahme gefährlicher Abfälle von der Nachweispflicht freigestellt wird. In der Praxis wird es daher in aller Regel erforderlich sein, einen solchen Feststellungsbescheid – bei nicht gefährlichen Abfällen – oder Freistellungsbescheid – bei gefährlichen Abfällen – zu beantragen. Ein solcher Antrag kann, wie § 26a Abs. 2 Satz 2 KrWG ausdrücklich klarstellt, mit der Anzeige verbunden werden. Es empfiehlt sich, von dieser Möglichkeit Gebrauch zu machen. Der Geltungsbereich des Feststellungs- oder Freistellungsbescheides erstreckt sich auf ganz Deutschland; beschränkt wird der Geltungsbereich nur auf Antrag des Produktverantwortlichen, was diesem in der Regel jedoch keinen Vorteil bringen dürfte.

6.4.2.1 Allgemeine Voraussetzungen

Gesetzessystematisch werden in § 26 Abs. 3 KrWG Voraussetzungen für eine freiwillige Rücknahme eigener Erzeugnisse (§ 26 Abs. 3 Satz 1 Nr. 1 KrWG) geregelt. Kraft Verweisung in § 26 Abs. 4 Nr. 1 KrWG gelten die Voraussetzungen nach § 26 Abs. 3 Satz 1 Nr. 2 bis 4 KrWG aber auch für eine Rücknahme fremder Erzeugnisse. Damit handelt es sich der Sache nach um allgemeine Zulässigkeitsvoraussetzungen für die Durchführung einer freiwilligen Rücknahme. Erforderlich ist danach, dass durch die freiwillige Rücknahme die Ziele der Produktverantwortung nach § 23 KrWG umgesetzt werden (§ 26 Abs. 3 Satz 1 Nr. 2 KrWG), die umweltverträgliche Verwertung oder Beseitigung der Abfälle gewährleistet bleibt (§ 26 Abs. 3 Satz 1 Nr. 3 KrWG) und durch die Rücknahme die Kreislaufwirtschaft gefördert wird (§ 26 Abs. 3 Satz 1 Nr. 4 KrWG).

Die Regelung des § 26 Abs. 3 Satz 2 Nr. 2 KrWG, wonach eine Umsetzung der Ziele der Produktverantwortung im Sinne des § 23 KrWG erfolgen muss, nimmt stärker als die frühere Regelung die Einzelziele und Einzelregelungen der Produktverantwortung in den Fokus. „Umsetzung" heißt in diesem Zusammenhang selbstverständlich nicht, dass der einzelne Hersteller oder Vertreiber die in § 23 KrWG aufgelisteten Ziele im Alleingang vollständig verwirklichen müsste. Als Beispiele werden in der Gesetzesbegründung die Förderung von Innovationsprozessen bei den Herstellern, die über ein optimiertes Design oder eine bessere Qualität bei der Herstellung zu ökologisch vorteilhaften, insbesondere abfallärmeren Erzeugnissen führen sowie die Nutzung der zurückgenommenen Abfälle für die Herstellung eigener Erzeugnisse genannt.[12]

Dass – wie von § 26 Abs. 3 Satz 1 Nr. 4 KrWG vorausgesetzt – durch die freiwillige Rücknahme die Kreislaufwirtschaft gefördert wird, ist nach § 26 Abs. 3 Satz 2 KrWG anzunehmen, wenn die geplante Rücknahme und Verwertung der Abfälle insgesamt mindestens so hochwertig erfolgen wie die Rücknahme und Verwertung, die von dem zuständigen

---

[12] BT-Drucksache 19/19373, Seite 66.

öffentlich-rechtlichen Entsorgungsträger, dessen Drittbeauftragten oder gemeinnützigen und gewerblichen Sammlungen im Entsorgungsgebiet angeboten wird.

Gesetzgebungsverfahren

Die Anforderungen, die an eine Förderung der Kreislaufwirtschaft zu stellen sind, waren im Gesetzgebungsverfahren der KrWG-Novelle 2020 besonders umstritten. Bei der geltenden Regelung, die auf Gleichwertigkeit abstellt, handelt es sich um einen politischen Kompromiss. Das Bundesumweltministerium hatte ursprünglich gefordert, dass die Rücknahme und Verwertung durch den freiwillig Zurücknehmenden „hochwertiger" sein müssten als diejenige der öffentlich-rechtlichen Entsorgungsträger und anderen Marktteilnehmern.[13] Das Institut der freiwilligen Rücknahme wäre durch eine solche Regelung – mehr noch als durch eine Beschränkung auf eigene Produkte – ad absurdum geführt worden. Die freiwillig zurücknehmenden Hersteller und Vertreiber hätten damit nur dann mit ihren Rücknahmesystemen überhaupt in den Markt eintreten dürfen, wenn sie vom ersten Tag an über bessere Verwertungsmöglichkeiten verfügt hätten als jeder andere Marktteilnehmer einschließlich der öffentlich-rechtlichen Entsorgungsträger. Eine solche Forderung ist insbesondere vor dem Hintergrund abwegig, dass es sich bei den produktverantwortlichen Herstellern oder Vertreibern gerade nicht um Unternehmen der Entsorgungswirtschaft handelt mit der Folge, dass sie für die Verwirklichung von Rücknahmesystemen in der Regel auf Kooperationen mit der Entsorgungswirtschaft angewiesen sind.[14] ◄

Bei der Prüfung, ob die in § 26 Abs. 3 Satz 2 KrWG geforderte Gleichwertigkeit („mindestens so hochwertig wie") vorliegt, ist ein Vergleich mit verbreiteten, üblichen Verwertungsstandards von öffentlich-rechtlichen Entsorgungsträgern und anderen Marktteilnehmern erforderlich und ausreichend. Insbesondere ist die zuständige Behörde nicht verpflichtet, sämtliche im Entsorgungsgebiet bestehenden Angebote öffentlich-rechtlicher Entsorgungsträger als Referenz heranzuziehen.[15]

[13] Nach dem BMU-Referentenentwurf vom 05.08.2019 (KrWG-RefE) sollte eine „besondere Förderung der Kreislaufwirtschaft" erforderlich sein; eine solche wiederum sollte nach § 26 Abs. 3 Satz 2 KrWG-RefE nur dann anzunehmen sein, wenn die geplante Verwertung „hochwertiger" ist als die Verwertung, die von dem zuständigen öffentlich-rechtlichen Entsorgungsträger, den von ihm beauftragten Dritten oder einer karitativen oder gewerblichen Sammlung im Entsorgungsgebiet angeboten wird.

[14] Zur (fehlenden) rechtlichen Vereinbarkeit der im KrWG-RefE vorgesehenen Höherwertigkeit als Voraussetzung einer freiwilligen Rücknahme in Wahrnehmung der Produktverantwortung siehe Breuer/Oexle, Freiwillige Rücknahmesysteme im Rahmen der Produktverantwortung – rechtliche Stellungnahme zu den im Referentenentwurf zur Novellierung des Kreislaufwirtschaftsgesetzes (Stand: 05.08.2019) vorgesehenen Änderungen des § 26 KrWG, Januar 2020 (nicht veröffentlicht).

[15] BT-Drucksache 19/19373, Seite 113.

6.4.2.2 Zusatzanforderungen für die Rücknahme fremder Produkte

Der Feststellungsbescheid für eine freiwillige Rücknahme ist nach § 26 Abs. 4 KrWG auf nicht gefährliche fremde Produkte zu erstrecken, wenn zusätzlich zu den allgemeinen Anforderungen folgende Voraussetzungen erfüllt sind:

Zunächst müssen die zurückgenommenen fremden Erzeugnisse derselben Gattung oder Produktart angehören wie seine eigenen Erzeugnisse (§ 26 Abs. 4 Nr. 2 KrWG) und die Rücknahme muss in einem engen Zusammenhang mit der wirtschaftlichen Tätigkeit des Herstellers oder Vertreibers stehen (§ 26 Abs. 4 Nr. 3 KrWG). Durch diese Voraussetzungen wird sichergestellt, dass ein hinreichender inhaltlicher Bezug der Rücknahme zu der wirtschaftlichen Haupttätigkeit steht. Ein solcher ist nach dem Grundkonzept der Produktverantwortung zwingend, denn die Produktverantwortung richtet sich eben nicht an jedermann, sondern betrifft einen beschränkten Personenkreis, dem aufgrund seiner wirtschaftlichen Tätigkeit in der Produktphase eine besondere Verantwortung für die Entsorgung nach Eintritt der Abfallphase auferlegt wird.

Darüber hinaus muss die Menge der zurückgenommenen Abfälle nach § 26 Abs. 4 Nr. 4 KrWG in einem angemessenen Verhältnis zur Menge der vom Hersteller oder Vertreiber selbst hergestellten und vertriebenen Erzeugnisse stehen. Diese Einschränkung der freiwilligen Rücknahme in quantitativer Hinsicht dient letztlich der Vermeidung von missbräuchlichen Gestaltungen, in dessen Zuge die Herstellung oder der Vertrieb eigener Produkte nur vorgeschoben ist, um über die freiwillige Rücknahme privilegierten Zugriff auf eine wesentlich größere Menge von Abfällen zu erhalten. Die Anforderung bezieht sich auf die Gesamtmenge von zurückgenommenen eigenen und fremden Produkten. In einem angemessenen Verhältnis zur Referenzmenge der eigenen Produkte steht diese Gesamtmenge dann, wenn die Menge der eigenen Produkte nicht wesentlich überschritten wird. Dass die Referenzmenge der eigenen Produkte nicht unterschritten werden muss, folgt bereits aus § 26 Abs. 3 KrWG, der die Rücknahme eigener Produkte ohne mengenmäßige Beschränkung zulässt. Es wäre wertungswidersprüchlich, wenn ein Hersteller oder Vertreiber jedes einzelne der von ihm hergestellten oder vertriebenen Erzeugnisse freiwillig zurücknehmen dürfte, ihm die Rücknahme einer gleichgroßen Mengen von Abfällen jedoch verwehrt wäre, wenn sich diese aus eigenen und fremden Produkten zusammensetzt.[16]

Schließlich verlangt § 26 Abs. 4 Nr. 5 KrWG, dass bereits bei Erteilung des Feststellungsbescheids sichergestellt sein muss, dass die Rücknahme und die Verwertung mindestens für einen Zeitraum von drei Jahren durchgeführt werden. Diese – im Gesetzgebungsverfahren erst spät eingefügte – Voraussetzung soll eine gewisse zeitliche Kontinuität der freiwilligen Rücknahme gewährleisten und es den öffentlich-rechtlichen Entsorgungsträgern ermöglichen, sich auf den Bestand des Rücknahmesystems verlässlich einzustellen. Der Gesetzgeber hat damit die Interessen von öffentlich-rechtlichen Entsorgungsträgern und den Produktverantwortlichen in einen angemessenen Ausgleich gebracht.

[16] So bereits zur Rechtslage vor der KrWG-Novelle Oexle und Lammers in AbfallR 2019, 223 (225 f.).

6.5 Ausblick

Das Konzept der Produktverantwortung hat durch den europäischen Grünen Deal, also der zentralen politischen Strategie der EU zur Verwirklichung der angestrebten Treibhausgas-Minderungsziele, sowie den neuen Aktionsplan für die Kreislaufwirtschaft, der zutreffend als eines der wichtigsten Elemente des Green Deal angesehen wird, erheblich an (politischer) Bedeutung gewonnen. Damit steht die abfallrechtliche Produktverantwortung – vorausgesetzt, dass der politischen Rhetorik auch entsprechende legislative Taten folgen – unmittelbar vor einem weitreichenden Entwicklungsschub. Hervorzuheben ist unter den politischen Vorhaben der EU-Kommission zum einen die beabsichtigte Ausweitung des Ökodesignrechts auf nicht energieverbrauchsrelevante Produkte. Zum anderen beabsichtigt die Kommission, einen Mindest-Rezyklatanteil bei der Herstellung bestimmter Produkte einzuführen (dazu ausführlich Kap. 17). Wesentliche Aspekte der Produktverantwortung, die im KrWG der Idee nach zwar bereits angelegt sind (vgl. § 23 Abs. 2 Nr. 1 und 2 KrWG), auf nationaler Ebene bisher aber nicht in durchsetzbare materielle Pflichten transformiert wurden (dazu oben 6.2) und deshalb praktisch leerliefen, sollen somit nunmehr auf der EU-Ebene umgesetzt werden. Dies wird zu einer weiteren Stärkung der Produktverantwortung als einem Grundpfeiler eines modernen Kreislaufwirtschaftsrechts führen, die weit über den bisher im Vordergrund stehenden Bereich der Rücknahme und Entsorgung von Erzeugnissen in der Abfallphase hinaus geht.

Besondere Anforderungen an Händler und Makler

7

Markus Figgen und Gregor Ischebeck

7.1 Begriff des Händlers und Maklers

7.1.1 Rechtslage vor Inkrafttreten des KrWG

Vor Inkrafttreten des Kreislaufwirtschaftsgesetzes (KrWG) existierte im deutschen Abfallrecht weder eine Definition des Abfallhändlers, noch des Abfallmaklers. Entsprechend wurden hierunter in der Praxis zahlreiche Tätigkeiten subsumiert, die nur in irgendeiner Weise die Zusammenführung von Abfallerzeugern mit Transport- bzw. Entsorgungsunternehmen oder mit Besitzern von Entsorgungskontingenten bzw. Betreibern von Entsorgungsanlagen zum Gegenstand hatten. Viele Unternehmen traten daher im Rechtsverkehr selbst dann als „Abfallmakler“ oder „Abfallhändler“ auf, wenn ihre Tätigkeiten eigentlich die ordnungsgemäße Entsorgung von Abfällen in Entsorgungsanlagen Dritter zum Gegenstand hatte, sie also rechtlich sogenannter Generalunternehmer oder aber zumindest Generalübernehmer waren.

Tatsächlich war der Begriff des Abfallhändlers oder Abfallmaklers im Rechtssinne jedoch auch schon bisher wesentlich enger. Beide Rechtsbegriffe entstammen ursprünglich Art. 12 der *Abfallrahmenrichtlinie 75/442/EWG*[1] in ihrer durch die Änderungsrichtlinie

[1] Richtlinie 75/442/EWG v. 15.07.1975 über Abfälle (ABl. EG 1975 L 194 v. 25.07.1975, S. 39), aufgehoben durch Richtlinie 2006/12/EG v. 05.04.2006 über Abfälle (ABl. EU 2006 L 114, S. 9).

M. Figgen (✉) · G. Ischebeck
avocado rechtsanwälte, Köln, Deutschland
E-Mail: m.figgen@avocado.de; g.ischebeck@avocado.de

P. Kurth et al. (Hrsg.), *Praxishandbuch der Kreislauf- und Rohstoffwirtschaft*,
https://doi.org/10.1007/978-3-658-36262-1_7

91/156/EWG[2] erlangten Fassung, welche hierunter – ohne freilich zwischen „Händler" einerseits und „Makler" andererseits zu differenzieren – „alle Anlagen und Unternehmen, die für die Beseitigung oder Verwertung von Abfällen für andere sorgen", fasste und für diese Anlagen und Unternehmen eine Anzeigepflicht vorsah, soweit die entsprechende Tätigkeit nicht nach dem nationalen Recht einer Genehmigung bedurfte. Diese europarechtliche Vorgabe wurde durch den deutschen Gesetzgeber im Rahmen des am 07.10.1996 in Kraft getretenen Kreislaufwirtschafts- und Abfallgesetzes (KrW-/AbfG) durch § 50 umgesetzt,[3] welcher die *Person des „Vermittlers"* in das deutsche Abfallrecht einführte. Einer Genehmigung als „Vermittler" im Sinne des § 50 KrW-/AbfG bedurfte danach grundsätzlich, „wer ohne im Besitz der Abfälle zu sein, für Dritte Verbringungen gewerbsmäßig vermitteln will". Unter *„vermitteln"* im Sinne des § 50 Abs. 1 Satz 1 KrW-/AbfG wurden dabei sämtliche Handlungen gefasst, die darauf gerichtet waren, eine Geschäftsbeziehung zwischen einem Erzeuger oder Besitzer von Abfällen und einem Anbieter von Verbringungsleistungen herzustellen.[4] Unter einer *„Verbringung"* wiederum wurde in Übereinstimmung mit der Definition der *EG-Abfallverbringungsverordnung* (Verordnung 1013/2006)[5] jede Tätigkeit gefasst, die als Einsammeln und Befördern von Abfällen im Rahmen der Abfallentsorgung anzusehen ist bzw. damit in einem unmittelbaren Zusammenhang steht; dazu wurden etwa auch Vorgänge des Be- und Entladens zum Zwecke der Beförderung zu einer Verwertungs- oder Beseitigungsanlage gezählt.[6] Unerheblich sollte demgegenüber sein, ob es sich bei der vermittelten Verbringung um einen innerdeutschen Transport oder eine grenzüberschreitende Abfallverbringung im Sinne der Verordnung 1013/2006 handelte.[7]

Der Begriff des „Vermittlers" in § 50 KrW-/AbfG konnte somit letztlich als Oberbegriff für Abfallhändler und Abfallmakler verstanden werden. Erfasst wurde sowohl der klassische Abfallmakler, der einem Abfallerzeuger oder -besitzer eine Entsorgungsmöglichkeit in Anlagen Dritter vermittelt und (gleichfalls für den Erzeuger oder Besitzer) für den Transport der Abfälle zu dieser Anlage sorgt, als auch der Abfallhändler, der Abfälle übernimmt und sodann im eigenen Namen einen Transporteur und Abfallentsorger einschaltet. Unklar blieb jedoch, ob die Definition des „Vermittlers" erforderte, dass die Tätigkeit in

---

[2] Richtlinie 91/156/EWG v. 18.03.1991 zur Änderung der Richtlinie 75/442/EWG über Abfälle (ABl. EG 1991 L 78, S. 32).

[3] Vgl. Franßen in: Fluck, KrW-/Abf- u. BodSchR, § 50 KrW-/AbfG Rn. 31; Locher, DVBl 1997, S. 145, 150.

[4] Vgl. Kerstig in: Landmann/Rohmer, Umweltrecht, 62. Ergänzungslieferung 2011, § 50 KrW-/AbfG Rn. 5; VG Düsseldorf Urt. v. 04.02.2003 – 17 K 316/03.

[5] Verordnung (EG) Nr. 1013/2006 v. 14.06.2006 über die Verbringung von Abfällen (ABl. EU 2006 L 190 v. 12.07.2006, S. 1), zuletzt geändert durch Verordnung (EU) Nr. 135/2012 v. 16.02.2012 (ABl. EU 2012 L 46 v. 17.02.2012, S. 30).

[6] Franßen in: Fluck, KrW-/Abf- u. BodSchR, § 50 KrW-/AbfG Rn. 26.

[7] Von Lersner/Wendenburg, Recht der Abfallbeseitigung, Stand: 12/2011, § 50 Rn. 7; Frenz, Kreislaufwirtschafts- und Abfallgesetz, § 50 Rn. 1.

jedem Fall nicht mit der *Erlangung von Besitz* an den betreffenden Abfällen einhergehen durfte oder ob nicht der fehlende Besitz lediglich für die Genehmigungspflichtigkeit der Vermittlungstätigkeit eine Rolle spielte (dazu B.). Jedenfalls aber war die Annahme von Abfällen zur eigenverantwortlichen Entsorgung – gleich, ob sie mit einem Übergang des Besitzes verbunden war oder nicht – ebenso wenig der Tätigkeit eines Abfallhändlers oder -maklers zuzurechnen wie die bloße Vermittlung eines Entsorgers bei fortbestehender Transportpflicht des Abfallerzeugers oder -besitzers.

7.1.2 Rechtslage nach Inkrafttreten des KrWG

Anders als noch in der Abfallrahmenrichtlinie 75/442/EWG und der Abfallrahmenrichtlinie 2006/12/EG[8] wurde mit der novellierten *Abfallrahmenrichtlinie 2008/98/EG* (AbfRRL)[9] erstmals eine Unterscheidung zwischen einem Händler von Abfällen einerseits und einem Makler von Abfällen andererseits eingeführt. Art. 3 Nr. 7 der AbfRRL bestimmt insoweit, dass „Händler" jedes Unternehmen ist, „das in eigener Verantwortung handelt, wenn es Abfälle kauft und anschließend verkauft, einschließlich solcher Händler, die die Abfälle nicht physisch in Besitz nehmen". Art. 3 Nr. 8 der AbfRRL bestimmt demgegenüber, dass ein „Makler" jedes Unternehmen ist, „das für die Verwertung oder die Beseitigung von Abfällen für andere sorgt, einschließlich solcher Makler, die die Abfälle nicht physisch in Besitz nehmen".

Die Definitionen der AbfRRL hat der deutsche Gesetzgeber in § 3 Abs. 12 und 13 KrWG in leicht veränderter Fassung übernommen. Ein *„Händler von Abfällen"* ist nach *§ 3 Abs. 12 KrWG* nunmehr jede natürliche oder juristische Person, die gewerbsmäßig oder im Rahmen wirtschaftlicher Unternehmen oder öffentlicher Einrichtungen in eigener Verantwortung Abfälle erwirbt und weiter veräußert, ohne dass die Erlangung der tatsächlichen Sachherrschaft über die Abfälle erforderlich wäre. Nach Auffassung der Vollzugsbehörden soll auch unerheblich sein, ob der Abfall einen positiven Marktwert hat; die Händlereigenschaft soll also auch vorliegen, wenn die Person bei der Übernahme der Abfälle von ihrem Vorbesitzer ein Entgelt erhält und bei ihrer Weitergabe ihrem Empfänger ein Entgelt für die Entsorgung bzw. Veranlassung der Entsorgung zahlt.[10] Ein *„Makler von Abfällen"* ist nach *§ 3 Abs. 13 KrWG* jede natürliche oder juristische Person, die gewerbsmäßig oder im Rahmen wirtschaftlicher Unternehmen oder öffentlicher Einrichtungen für

[8] Richtlinie 2006/12/EG v. 05.04.2006 über Abfälle, zuletzt geändert durch Richtlinie 2009/31/EG v. 23.04.2009 (ABl. EG 2009 L 140, S. 114).

[9] Richtlinie 2008/98/EG v. 19.11.2008 über Abfälle und zur Aufhebung bestimmter Richtlinien (ABl. EG 2008 L 312, S. 3).

[10] Zu den Einzelheiten des Händlerbegriffes aus Sicht des Verwaltungsvollzugs vgl. auch Vollzugshinweise des Bayerischen Staatsministeriums für Umwelt und Gesundheit v. 22.05.2012, dort unter Ziffer 1.1.3.

die Bewirtschaftung von Abfällen für Dritte sorgt; auch hierfür soll die Erlangung der tatsächlichen Sachherrschaft über die Abfälle ausdrücklich nicht erforderlich, aber auch nicht hinderlich sein. Sowohl im europäischen als auch im deutschen Recht werden Händler und Makler von Abfällen mithin nunmehr maßgeblich danach abgegrenzt, dass der Händler Abfälle in eigener Verantwortung, d. h. in eigenem Namen, kauft und verkauft, während Makler lediglich dazu beitragen, dass Abfälle in Verantwortung eines Dritten entsorgt werden. Auf die Vermittlung einer Verbringung, also einer Tätigkeit des Einsammelns oder des Transports von Abfällen zum Zwecke der späteren Entsorgung, kommt es demgegenüber nicht (mehr) an. Während allerdings für die EU-rechtlichen Definitionen des Abfallhändlers wie auch des Abfallmaklers vorausgesetzt wird, dass es sich um ein Unternehmen handelt, fordert das KrWG allein, dass es sich beim Handeln oder Makeln um *„gewerbsmäßige Tätigkeiten"* oder um *„Tätigkeiten im Rahmen wirtschaftlicher Unternehmen oder öffentlicher Einrichtungen"* handeln muss.[11] Mit wirtschaftlichen Unternehmen sind dabei solche Unternehmen gemeint, die aus Anlass einer anderweitigen gewerblichen oder wirtschaftlichen Tätigkeit, die nicht auf die Sammlung, die Beförderung, den Handel oder das Makeln von Abfällen gerichtet ist, vorgenommen werden.[12]

7.2 Pflichten des Händlers und Maklers

7.2.1 Genehmigungs- und Anzeigepflichten nach dem KrW-/AbfG

Nach § 50 KrW-/AbfG bedurfte eine Tätigkeit als Abfallhändler oder -makler immer dann einer *Genehmigung*, wenn der Händler oder Makler, ohne Besitzer der Abfälle zu sein, gewerbsmäßig Verbringungsleistungen vermitteln wollte. Eine Genehmigungspflicht bestand damit nur, wenn der Betroffene nicht zugleich auch Besitzer im Sinne des § 3 Abs. 6 KrW-/AbfG war. Hatte der Betreffende zu irgendeinem Zeitpunkt die *tatsächliche Sachherrschaft* über die Abfälle inne (z. B. als Einsammler oder als Beförderer), so unterfiel seine Tätigkeit demgegenüber nicht der Genehmigungspflicht des § 50 KrW/-AbfG, sondern gegebenenfalls derjenigen des § 49 KrW-/AbfG. Einer Makler- oder Händlergenehmigung (und ebenso einer Transportgenehmigung nach § 49 KrW-/AbfG) bedurfte darüber hinaus gemäß § 51 Abs. 1 KrW-/AbfG nicht, wer *Entsorgungsfachbetrieb* im Sinne des § 52 Abs. 1 KrW-/AbfG war und die beabsichtigte Aufnahme der Vermittlungstätigkeit unter Beifügung des Nachweises der Fachbetriebseigenschaft der zuständigen Behörde angezeigt hatte.

Gemäß § 50 Abs. 1 Satz 2 KrW-/AbfG durfte eine beantragte Händler- bzw. Maklergenehmigung nur versagt werden, wenn Tatsachen vorlagen, die die Annahme der *Unzuverlässigkeit* des Antragstellers oder einer mit der Leitung oder Beaufsichtigung des Betriebs

[11] Vgl. BT-Drucks. 17/6052, S. 73.

[12] Vgl. BT-Drucks. 17/6052, S. 73.

oder einer Zweigniederlassung beauftragten Person rechtfertigten. Voraussetzung für die Erteilung der Genehmigung war also letztlich allein die fehlende Unzuverlässigkeit des Antragstellers.[13]

7.2.2 Erlaubnis- und Anzeigepflichten nach dem KrWG

Die Genehmigungs- und Anzeigepflichten für Händler und Makler von Abfällen sind in den *§§ 53, 54 KrWG* neu geregelt worden. Händler und Makler von Abfällen haben nunmehr gemäß § 53 Abs. 1 KrWG, ebenso wie Sammler und Beförderer von Abfällen, die Tätigkeit ihres Betriebes vor Aufnahme der Tätigkeit der zuständigen Behörde anzuzeigen, es sei denn, der Betrieb verfügt über eine Erlaubnis nach § 54 Abs. 1 KrWG. Die identischen Anzeige- bzw. Erlaubnispflichten von Sammlern und Beförderern einerseits sowie Händlern und Maklern von Abfällen andererseits sollen dabei dem Umstand Rechnung tragen, dass ihre Tätigkeiten jeweils auch eine ähnliche Umweltrelevanz aufweisen, so dass sie gleichermaßen eine besondere Verantwortung für die Entsorgung von Abfällen tragen.[14] Entsprechend dem Wegfall der unterschiedlichen Genehmigungserfordernisse wird nunmehr auch weder die Anzeigepflicht aus § 53, noch die Erlaubnispflicht nach § 54 KrWG an eine Besitzerstellung des Händlers oder Maklers geknüpft. Entscheidend für die Frage, ob eine Händler- oder Maklertätigkeit erlaubnis- oder anzeigepflichtig ist, ist nach neuer Rechtslage vielmehr allein die *Gefährlichkeit der gehandelten oder gemakelten Abfälle* und das damit verbundene Risikopotenzial der jeweiligen Abfallbewirtschaftungsmaßnahme.[15]

7.2.2.1 Erlaubnispflicht nach § 54 KrWG bei gefährlichen Abfällen

Die Tätigkeit eines (besitzenden oder besitzlosen) Maklers oder Händlers bedarf nach § 54 Abs. 1 Satz 1 KrWG immer dann einer Erlaubnis, wenn diese *gefährliche Abfälle* betrifft. Ausgenommen von der Erlaubnispflicht sind nach § 54 Abs. 3 Nr. 1 KrWG allein öffentlich-rechtliche Entsorgungsträger sowie nach § 54 Abs. 3 Nr. 2 KrWG *Entsorgungsfachbetriebe* im Sinne von § 56 KrWG, soweit sie für jede der von ihnen wahrgenommenen erlaubnispflichtigen Tätigkeiten (Handeln und/oder Makeln) zertifiziert sind. Eine Genehmigung von Vermittlungsgeschäften nach § 50 Abs. 1 KrW-/AbfG gilt gemäß § 72 Abs. 4 KrWG noch bis zum Ende ihrer Befristung als Erlaubnis nach § 54 Abs. 1 KrWG fort.[16] Besteht bereits eine Erlaubnis für das Sammeln und/oder Befördern von

---

[13] Franßen in: Fluck, KrW-/Abf- u. BodSchR, § 50 KrW-/AbfG Rn. 43.

[14] BT-Drucks. 17/6052, S. 98.

[15] BT-Drucks. 17/6052, S. 97.

[16] Jedenfalls nach Auffassung des Verwaltungsvollzugs in Bayern soll allerdings eine Händlertätigkeit stets einer gesonderten Erlaubnis bedürfen, da es hierfür bislang keine Anzeige- oder Genehmigungspflichten gab, vgl. Vollzugshilfe des Bayerischen Staatsministeriums für Umwelt und Gesundheit v. 22.05.2012, dort unter Ziffer 1.3.1.

gefährlichen Abfällen, soll dies zwangsläufig auch ein Handeln dieser Abfälle mit einschließen. Nur wenn noch Handel mit anderen als den von der Erlaubnis erfassten gesammelten oder beförderten gefährlichen Abfällen betrieben wird, wäre demnach (zusätzlich) eine Erlaubnis für das Handeln zu beantragen.[17]

Gemäß § 54 Abs. 1 Satz 2 KrWG werden neben der *Zuverlässigkeit* des Antragstellers erstmals auch die *Fach- und Sachkunde* der für die Leitung und Beaufsichtigung des Betriebes verantwortlichen Personen sowie des gesamten Personals des Betriebes zur Voraussetzung der Erlaubniserteilung gemacht. Die mit der zusätzlichen präventiven Sach- und Fachkundeüberprüfung verbundene verstärkte Kontrolldichte wird dabei durch den Gesetzgeber mit dem erhöhten Risikopotenzial der gefährlichen Abfälle gerechtfertigt.[18]

§ 54 Abs. 1 Satz 2 KrWG ist als *gebundene Entscheidung* ausgestaltet; die zuständige Behörde muss also eine Erlaubnis erteilen, wenn die Voraussetzungen der Zuverlässigkeit, Sach- und Fachkunde erfüllt sind. Nach § 54 Abs. 2 KrWG kann die zuständige Behörde jedoch die Erlaubnis mit *Nebenbestimmungen* im Sinne des § 36 Verwaltungsverfahrensgesetz (VwVfG) versehen, soweit dies zur Wahrung des Wohls der Allgemeinheit erforderlich ist; insoweit ist ihr ein Ermessen eingeräumt.[19] Zudem überprüft die zuständige Behörde nach *§ 47 Abs. 2 KrWG* in regelmäßigen Abständen und in angemessenem Umfang den Fortbestand der Erlaubnisvoraussetzungen für Händler und Makler.

► **Praxishinweis** § 47 Abs. 2 KrWG greift eine bislang im Vollzug nur vereinzelt anzutreffende Praxis auf und überführt diese erstmalig in eine Verpflichtung der Behörde zur regelmäßigen Überprüfung.[20] Durch die Wandlung des Rechts zur Überprüfung in eine Pflicht zur Überprüfung werden die Behörden nunmehr zudem in die Lage versetzt, bei den betroffenen Händlern und Maklern Gebühren für ihre Prüftätigkeiten zu fordern. Möglicherweise kommt es auch deshalb inzwischen zu einer erheblich höheren Kontrolldichte für Händler und Makler als dies früher, d. h. vor Inkrafttreten der genannten Regelung, der Fall war.

7.2.2.2 Anzeigepflicht nach § 53 KrWG bei nicht gefährlichen Abfällen

Im Falle des Handelns oder Makelns mit *nicht gefährlichen Abfällen* ist eine Erlaubnis oder Genehmigung der Tätigkeit nicht mehr erforderlich; vielmehr genügt insoweit eine Anzeige nach § 53 Abs. 1 Satz 1 KrWG. § 53 KrWG führt damit einerseits die bisherige Genehmigungspflicht für das Handeln oder Makeln mit nicht gefährlichen Abfällen entsprechend dem Gefahrenpotenzial der Abfälle auf das Niveau einer Anzeigepflicht zurück,

---

[17] Bundesministerium für Umwelt, Naturschutz, Bau und Reaktorsicherheit („BMUB"): Vollzugshilfe Anzeige- und Erlaubnisverfahren nach §§ 53 und 54 KrWG und AbfAEV, Stand: 29.01.2014 („Vollzugshilfe AbfAEV"), Rn. 11.

[18] BT-Drucks. 17/6052, S. 99.

[19] BT-Drucks. 17/6052, S. 99.

[20] BT-Drucks. 17/6052, S. 228.

so dass der Kontrollaufwand für die Vollzugsbehörden sowie der bürokratische Aufwand für die Antragsteller bzw. Anzeigeerstatter gesenkt wird.[21] Andererseits werden durch die Ausweitung des persönlichen Anwendungsbereichs des § 53 KrWG gegenüber § 50 KrW-/AbfG Anzeigepflichten auch für solche Händler und Makler etabliert, die bislang keinerlei Anzeige- oder Genehmigungspflichten unterlagen.

► **Praxishinweis** Nach dem insoweit eindeutigen Wortlaut der Vorschrift werden insbesondere auch *Entsorgungsfachbetriebe*, die bereits für eine Händler- und Maklertätigkeit zertifiziert sind, von der Anzeigepflicht des § 53 KrWG erfasst, da sie – gleich, ob sich ihre Tätigkeit auf gefährliche oder nicht gefährliche Abfälle bezieht – gerade nicht über eine Erlaubnis nach § 54 KrWG verfügen. Diese (wohl der umfassenden Registrierungspflicht für Händler und Makler aus Art. 26 b) AbfRRL geschuldete) Doppelregelung erscheint insgesamt wenig praxistauglich. Entsorgungsfachbetriebe haben bei der insoweit vorzunehmenden Anzeige gemäß § 7 Abs. 1 S. 2 Anzeige- und Erlaubnisverordnung ihr aktuell gültiges Entsorgungsfachbetriebe-Zertifikat beizufügen.

Grundsätzlich gilt eine Erlaubnis nur für den Umgang mit gefährlichen Abfällen. Werden darüber hinaus nicht gefährliche Abfälle gehandelt oder gemakelt, so wird vertreten, dass diese Tätigkeit zusätzlich angezeigt werden muss, und zwar ungeachtet der bestehenden Erlaubnis für den Bereich der gefährlichen Abfälle.[22] Einer zusätzlichen Anzeige für das Handeln von Abfällen soll es jedoch nicht bedürfen, wenn bereits eine Anzeige für das Sammeln oder Befördern von Abfällen erstattet wurde und sich die Handelstätigkeit lediglich auf die gesammelten/beförderten Abfälle bezieht.[23]

Nach § 53 Abs. 2 KrWG müssen die Inhaber eines Betriebes zum Handeln bzw. Makeln mit nicht gefährlichen Abfällen sowie die für die Leitung und Beaufsichtigung des Betriebes verantwortlichen Personen *zuverlässig* sein und über die für ihre Tätigkeit notwendige *Sach- und Fachkunde* verfügen. Es liegt jedoch, anders als bei der Erlaubnis nach § 54 KrWG, im Ermessen der Vollzugsbehörde, ob und in welchem Umfang sie diese Anforderungen bei der Anzeige einer Händler- oder Maklertätigkeit, die nicht gefährliche Abfälle betrifft, kontrolliert bzw. inwieweit sie entsprechende Nachweise anfordert.[24] Die konkreten Anforderungen sollen dabei an den Erfordernissen des jeweiligen Tätigkeits- und Verantwortungsbereichs auszurichten sein.[25]

---

[21] BT Drucks. 17/6052, S. 97.

[22] Brinktrine in: Schmehl, GK-KrWG, § 53 Rn. 20; Schomerus in: Versteyl/Mann/Schomerus, KrWG, § 53 Rn. 22. A. A. Dippel in; Schink/Versteyl, KrWG, § 53 Rn. 11; Beckmann in: Landmann/Rohmer, Umweltrecht, § 53 KrWG Rn. 7.

[23] Vollzugshilfe AbfAEV (s. o. Fn. 17), Rn. 11.

[24] BT Drucks. 17/6052, S. 98.

[25] BT-Drucks. 17/6052, S. 98.

Wenn Tatsachen bekannt sind, aus denen sich Bedenken gegen die Zuverlässigkeit des Inhabers oder der für die Leitung und Beaufsichtigung des Betriebes verantwortlichen Personen ergeben, oder wenn die erforderliche Fach- oder Sachkunde nicht nachgewiesen wurde, hat die zuständige Behörde die Tätigkeit gemäß § 53 Abs. 3 KrWG zu untersagen. Eine *Untersagungsverfügung* nach dieser Vorschrift kann auch ergehen, wenn die genannten Voraussetzungen nicht in einem unmittelbaren zeitlichen Zusammenhang mit der Anzeige, sondern erst zu einem späteren Zeitpunkt eintreten oder der Behörde, etwa im Rahmen einer Überprüfung nach § 47 KrWG, bekannt werden.[26] Zudem kann die zuständige Behörde gemäß § 53 Abs. 3 KrWG die angezeigte Tätigkeit jederzeit von Bedingungen abhängig machen, sie zeitlich befristen oder Auflagen für sie vorsehen, soweit dies zur Wahrung des Wohls der Allgemeinheit erforderlich ist. Werden solche *Bedingungen, Befristungen oder Auflagen* erlassen, handelt es sich hierbei um eigenständige Verwaltungsakte, die isoliert mit einer Anfechtungsklage angegriffen werden können.[27]

7.2.2.3 Anzeige- und Erlaubnisverordnung

Die Vorgaben aus §§ 53 und 54 KrWG werden durch die am 01.06.2014 in Kraft getretene Anzeige- und Erlaubnisverordnung (AbfAEV) konkretisiert. Die AbfAEV enthält insbesondere nähere Regelungen zur erforderlichen Zuverlässigkeit sowie Fach- und Sachkunde und legt den Ablauf des Verfahrens zur Erstattung der Anzeige und der Erlaubniserteilung im Einzelnen fest. Eine Erläuterung der Vorschriften der AbfAEV findet sich in der Vollzugshilfe AbfAEV des BMUB.[28]

Bezüglich der Zuverlässigkeit sowie Fachkunde enthält § 2 AbfAEV Definitionen der Adressaten dieser personenbezogenen Anforderungen, also des Betriebsinhabers und der für die Leitung und Aufsicht des Betriebs verantwortlichen Personen. Sofern es sich beim Inhaber des Betriebes um eine juristische Person (z. B. GmbH oder AG) oder eine Personenvereinigung (z. B. KG, OHG) handelt, ist gemäß § 2 Abs. 1 Satz 2 AbfAEV Adressat die nach Gesetz, Satzung oder Gesellschaftsvertrag zur Vertretung oder Geschäftsführung des Betriebs berechtigte Person. Die für die Leitung und Aufsicht des Betriebs verantwortlichen Personen sind gemäß § 2 Abs. 2 AbfAEV diejenigen, die vom Inhaber mit der fachlichen Leitung, Überwachung und Kontrolle der vom Betrieb durchgeführten Tätigkeiten beauftragt wurden und die über entsprechende Entscheidungs- und Mitwirkungsbefugnisse verfügen.

Die in § 3 AbfAEV geregelte Zuverlässigkeit bezieht sich auf die Eignung der Person für die abfallwirtschaftlichen Tätigkeiten des jeweiligen Betriebes.[29] Dabei ist das Zuverlässigkeitserfordernis jedoch nicht allein umweltbezogen ausgerichtet, auch Verstöße

[26] BT-Drucks. 17/6052, S. 98.

[27] BT-Drucks. 17/6052, S. 98.

[28] Siehe Vollzugshilfe AbfAEV (s. o. Fn. 17).

[29] So zu § 8 Abs. 1 EfBV Kaminski/Konzak, Das untergesetzliche Regelwerk zum KrW-/AbfG, § 8 EfBV Rn. 7.

gegen andere Rechtsvorschriften können bei der von der zuständigen Behörde vorzunehmenden Prognoseentscheidung von Bedeutung sein.[30] In weiten Teilen der Rechtsprechung wird insoweit davon ausgegangen, dass auch Verstöße gegen Vorschriften des Privatrechts und des öffentlichen Straßenrechts die Annahme einer Unzuverlässigkeit rechtfertigen können.[31] § 3 Abs. 2 AbfAEV enthält zudem Regelbeispiele, bei deren Verwirklichung die Unzuverlässigkeit (widerleglich) vermutet wird.[32] Dies ist zum einen der Fall, wenn die betroffene Person wegen der Verletzung der in § 3 Abs. 2 Nr. 1 AbfAEV genannten Vorschriften (insbesondere Umweltrecht, aber z. B. auch Arbeitsschutz- oder Betäubungsmittelrecht) mit einer Geldbuße in Höhe von mehr als 2500 Euro belegt oder zu einer Strafe (Geld- oder Freiheitsstrafe) verurteilt worden ist. In zeitlicher Hinsicht sind dabei aber nur die letzten fünf Jahre vor Anzeige bzw. Antragstellung zu betrachten. Zum anderen wird gemäß § 3 Abs. 2 Nr. 2 AbfAEV eine Unzuverlässigkeit vermutet, wenn wiederholt oder grob pflichtwidrig gegen die in Nummer 1 genannten Vorschriften verstoßen wurde.

► **Praxishinweis** Nach dem Willen des Verordnungsgebers sollen für die Annahme einer wiederholten Begehung grundsätzlich bereits zwei Verstöße ausreichend sein.[33] Ob überhaupt oder in welcher Höhe eine Ahndung durch Bußgeld oder Strafe stattgefunden hat, ist nach § 3 Abs. 2 Nr. 2 AbfAEV unbeachtlich.[34] Der wiederholte oder grob pflichtwidrige Verstoß muss jedoch bestands- bzw. rechtskräftig festgestellt worden sein.[35]

Die §§ 4, 5 AbfAEV regeln die Fachkundeanforderungen differenziert nach Erlaubnis- (§ 5 AbfAEV) und Anzeigepflicht (§ 4 AbfAEV). Adressaten der Normen sind der Inhaber des Betriebes, sofern er selbst für dic Leitung des Betriebes verantwortlich ist, und das Leitungspersonal. Für erlaubnispflichtige Tätigkeiten wird gefordert, dass während einer zweijährigen praktischen Tätigkeit Kenntnisse über die vom Betrieb angezeigte Tätigkeit erworben wurden. Bei Abfallhändlern genügt es gemäß § 5 Abs. 2 Nr. 2 AbfAEV jedoch auch, wenn die erworbenen Kenntnisse sich auf das Sammeln oder Befördern von Abfällen beziehen. Nicht nachvollziehbar ist, warum insoweit nicht auch die Maklertätigkeit aufgelistet wird, obwohl diese dem Handeln von Abfällen am Nächsten kommt.[36] Umgekehrt werden gemäß § 5 Abs. 2 Nr. 3 AbfAEV für Abfallmakler neben dem Sammeln und

[30] Zur Verurteilung wegen Diebstahls werthaltiger Abfälle als relevante Anknüpfungstatsache vgl. OVG NRW, Urteil vom 06.03.2015, 20 A 1488/13, juris Rn. 21, 22.

[31] Zur Aufstellung von Altkleidercontainern auf privaten und öffentlichen Grundstücken ohne die erforderliche Erlaubnis HessVGH, Beschluss vom 04.01.2021, 5 A 976/18, juris, Rn. 32, 69 (mwN).

[32] Kropp, AbfallR 2014, S. 15.

[33] BR-Drucks. 665/13, S. 52.

[34] So auch HessVGH, Beschluss vom 04.01.2021, 5 A 976/18, juris, Rn. 45.

[35] Vgl. Kropp, AbfallR 2014, S. 15.

[36] So auch Kropp, Anzeige- und Erlaubnisverordnung, § 4 Rn. 28.

Befördern auch Vorkenntnisse aus dem Handel mit Abfällen anerkannt. Der fehlende Verweis auf die Maklertätigkeit in § 5 Abs. 2 Nr. 2 AbfAEV ist daher systemwidrig. Bereits eine einjährige praktische Tätigkeit ist ausreichend, wenn eine bestimmte berufliche Qualifikation (Studium, kaufmännische oder technische Ausbildung, Qualifikation als Meister) auf einem dem Betrieb zuzuordnenden Fachgebiet vorgewiesen werden kann. Beispiele werden in der Vollzugshilfe AbfAEV genannt, unter anderem sollen neben einem technischen Studium auch betriebswirtschaftliche oder juristische Studiengänge in Betracht kommen.[37] Neben der praktischen Erfahrung muss für das Erlaubnisverfahren die Teilnahme an einem behördlich anerkannten Fachkundelehrgang nachgewiesen werden, zudem sind regelmäßige Fortbildungen, mindestens alle drei Jahre, erforderlich. Die Fachkundeanforderungen bei anzeigepflichtigen Betrieben sind in entsprechender Weise ausgestaltet, allerdings bedarf es der Teilnahme an einem Fachkundelehrgang nur für Berufsanfänger. Geringere Anforderungen werden für anzeigepflichtige abfallwirtschaftliche Tätigkeiten im Rahmen wirtschaftlicher Unternehmen gestellt. Insoweit genügt es gemäß § 4 Abs. 4 S. 2 AbfAEV, wenn die jeweilige Person über die erforderliche berufliche Qualifikation für die vom Unternehmen im Hauptzweck ausgeübte Tätigkeit verfügt.[38] Das weitere Personal ist gemäß § 6 AbfAEV auf Grundlage eines Einarbeitungsplanes betrieblich einzuarbeiten, insoweit müssen die für die jeweilige Tätigkeit erforderlichen Kenntnisse, einschließlich relevanter abfallrechtlicher Vorschriften vermittelt werden.

Erlaubnis und Anzeige sind dann erforderlich, wenn ein Handeln oder Makeln von Abfällen mit Bezug zum Gebiet der Bundesrepublik Deutschland erfolgt. Eine Erlaubnis- oder Anzeigepflicht kann demnach auch für Händler und Makler mit Sitz im Ausland bestehen. Ein ausreichender Bezug zum Inland soll aber beispielsweise bei einem Makler, der im Ausland ansässig ist und von dort aus per Telefon, Fax oder Email den Abschluss von Verträgen vermittelt, also alle Maklerhandlungen außerhalb Deutschlands vornimmt, nicht gegeben sein.[39] Sofern eine Erlaubnis oder Anzeigepflicht besteht, richtet sich die Behördenzuständigkeit nach dem jeweiligen Landesrecht. Bei Händlern und Maklern, die keinen Sitz im Inland haben, ist diejenige Landesbehörde zuständig, in deren Bezirk die Händler- bzw. Maklertätigkeit erstmals vorgenommen wird (vgl. §§ 7 Abs. 2 und 9 Abs. 2 AbfAEV). Bei mehreren Betriebsstätten im Inland ist der Antrag oder die Anzeige lediglich bei der am Hauptsitz des Unternehmens zuständigen Behörde zu stellen.[40] Dies gilt jedoch nicht für eigenständige Tochtergesellschaften, die insoweit gesondert einen Antrag bzw. eine Anzeige bei der für sie zuständigen Behörde einreichen müssen.[41]

---

[37] Vollzugshilfe AbfAEV (s. o. Fn. 17), Rn. 53.

[38] Hierzu ausführlich Vollzugshilfe AbfAEV (s. o. Fn. 17), Rn. 57 ff.

[39] Vollzugshilfe AbfAEV (s. o. Fn. 17), Rn. 38.

[40] Vollzugshilfe AbfAEV (s. o. Fn. 17), Rn. 83, 109.

[41] Kropp, Anzeige- und Erlaubnisverordnung, § 9 Rn. 13.

► **Praxishinweis** Erlaubnisantrag und Anzeige können über die Online-Plattform der Zentralen Koordinierungsstelle der Länder („ZKS-Abfall") erstellt werden: http://www.zks-abfall.de

Das Verfahren zum Erhalt der Erlaubnis nach § 54 KrWG ist in §§ 9 bis 12 AbfAEV geregelt. Neben den in § 54 Abs. 3 KrWG genannten Fällen (öffentlich-rechtliche Entsorgungsträger und Entsorgungsfachbetriebe) enthält § 12 AbfAEV weitere Ausnahmen von der Erlaubnispflicht, unter anderem für Handeln und Makeln im Rahmen wirtschaftlicher Unternehmen oder bei freiwilliger Rücknahme von Abfällen.[42] Sofern eine Erlaubnispflicht besteht, ist für die Antragstellung der Vordruck in Anlage 3 der AbfAEV zu benutzen. Welche Unterlagen mit dem Antrag einzureichen sind, wird in § 9 Abs. 3 AbfAEV aufgeführt. Eine Übersicht über die einzureichenden Unterlagen und die Beifügungsmodalitäten findet sich in der Vollzugshilfe AbfAEV.[43] Fehlen Unterlagen, weist die zuständige Behörde den Antragsteller hierauf hin. Andernfalls erhält der Antragsteller eine Empfangsbestätigung über den Eingang der vollständigen Antragsunterlagen. Für die Aufnahme der Tätigkeit genügt das Vorliegen der Empfangsbestätigung nicht, vielmehr muss die Erlaubniserteilung abgewartet werden. Sollte jedoch nach Ablauf von drei Monaten keine Erlaubnis erteilt worden sein, gilt insoweit eine Genehmigungsfiktion.

Das Anzeigeverfahren ist in §§ 7, 8 AbfAEV geregelt. Neben den bereits dargestellten Ausnahmen zur Anzeigepflicht im Rahmen des § 53 KrWG sind weitere Ausnahmen in § 7 Abs. 8 und 9 AbfAEV enthalten. Gemäß § 7 Abs. 8 AbfAEV werden Hersteller und Vertreiber, die Abfälle im Rahmen einer durch Rechtsverordnung angeordneten Rücknahme von Abfällen zurücknehmen (z. B. Altfahrzeugverordnung oder Altölverordnung[44]) und insoweit mit diesen Abfällen handeln oder makeln, von der Anzeigepflicht freigestellt. Hierzu wird teilweise eine einschränkende Auslegung vertreten, wonach das Handeln grundsätzlich nicht von dieser Ausnahme umfasst sein soll. Begründet wird dies damit, dass Hersteller und Vertreiber, die Abfälle aufgrund einer normativen Verpflichtung zurücknehmen, per se keine Händler von Abfällen sein können.[45] Dieser einschränkenden Auslegung steht jedoch der eindeutige Wortlaut der Vorschrift entgegen, der eine Bezugnahme auf Abfallhändler enthält. Ohnehin dürfte der Anwendungsbereich der Ausnahme aber gering sein, da sie nur für die Hersteller und Vertreiber der betroffenen Produkte selbst gilt und nicht für insoweit beauftragte Dritte. Die in § 7 Abs. 9 AbfAEV geregelte Ausnahme für Bagatellfälle ist nur auf Sammler und Beförderer und nicht auf Händler und Makler anwendbar.

---

[42] Ausführlich hierzu Vollzugshilfe AbfAEV (s. o. Fn. 17), Rn. 136 ff.

[43] Vollzugshilfe AbfAEV (s. o. Fn. 17), Rn. 112.

[44] Auf gesetzliche Rücknahmepflichten des Verpackungsgesetzes, Elektro- und Elektronikgerätegesetz und des Batteriegesetzes ist die Ausnahme nicht unmittelbar anwendbar, teilweise wird insoweit jedoch eine entsprechende Anwendung befürwortet, vgl. hierzu Kropp, Anzeige- und Erlaubnisverordnung, § 7 Rn. 49.

[45] Vollzugshilfe AbfAEV (s. o. Fn. 17), Rn. 100.

Für die Vornahme der Anzeige ist der Vordruck in Anlage 2 AbfAEV zu benutzen. Der Anzeige sind, soweit durch die Behörde nicht anderweitig angeordnet, keine Nachweise über die Zuverlässigkeit oder die Fachkunde und auch sonst keine Unterlagen beizufügen. Nur Entsorgungsfachbetriebe und EMAS-Betriebe[46] haben bei der erstmaligen Anzeige das aktuell gültige Entsorgungsfachbetriebezertifikat bzw. die EMAS-Registrierungsurkunde beizufügen sowie Folgezertifikate/Folgeurkunden unaufgefordert vorzulegen. Die zuständige Behörde hat den Eingang der vollständigen Anzeige durch Übersendung des ausgefüllten und unterschriebenen Anzeigevordrucks zu bestätigten. Dies soll in der Regel innerhalb von zwei Wochen nach Eingang der vollständigen Anzeige erfolgen.[47]

▶ **Praxishinweis** Bereits mit Einreichung der Anzeige kann grundsätzlich die Tätigkeit aufgenommen werden. Die Eingangsbestätigung der Behörde muss nicht abgewartet werden. Allerdings ist zu beachten, dass nicht nur eine nicht rechtzeitige, sondern auch eine unvollständige oder eine nicht richtige Anzeige mit einem Bußgeld von bis zu 10.000 Euro geahndet werden kann. Der Beginn der Tätigkeit vor Erhalt der Eingangsbestätigung ist daher risikobehaftet.

Nachdem die Erlaubnis erteilt wurde oder die Anzeige erstattet worden ist, bedarf es der erneuten Beantragung einer Erlaubnis bzw. der erneuten Anzeige nur dann, wenn wesentliche Änderungen eintreten (vgl. § 10 Abs. 6 S. 1 AbfAEV und § 7 Abs. 7 AbfAEV). Als wesentlich werden Änderungen des Antragstellers, des Betriebssitzes, des Betriebsinhabers sowie der durchgeführten abfallwirtschaftlichen Tätigkeiten angesehen.[48] Keine wesentliche Änderung ist ein Wechsel des Leitungspersonals, dies ist gemäß § 10 Abs. 6 Satz 2 AbfAEV lediglich anzeigepflichtig. Wesentliche Änderungen im Rahmen der Anzeige sollen die Angaben zur Person des Anzeigenden und zu seinem Hauptsitz, die durchgeführten abfallwirtschaftlichen Tätigkeiten, die Art der Tätigkeit (gewerbsmäßig oder im Rahmen wirtschaftlicher Unternehmen), das Vorliegen und der Grund für die Befreiung von der Erlaubnispflicht und ein Wechsel des Betriebsinhabers oder des Leitungspersonals sein.[49]

---

[46] Gemeinschaftssystem für Umweltmanagement und Umweltbetriebsprüfung (Englisch: Eco-Management and Audit Scheme).

[47] Vollzugshilfe AbfAEV (s. o. Fn. 17), Rn. 90.

[48] Anlage 3 Felder 1.1 bis 1.4, 2, 4.1, 4.2 und 4.6, 4.7 AbfAEV, vgl. Vollzugshilfe AbfAEV (s. o. Fn. 17), Rn. 135.

[49] Anlage 2 Felder 1.1 bis 1.4 und 2 bis 6 AbfAEV, vgl. Vollzugshilfe AbfAEV (s. o. Fn. 17), Rn. 96.

7.2.3 Registerführungspflicht nach § 49 KrWG

§ 49 KrWG führt für Händler und Makler von gefährlichen Abfällen erstmals eine Pflicht zur Führung eines Registers ein, welches Angaben zur Menge, Art und Ursprung sowie zur Bestimmung der Abfälle, zur Häufigkeit der Händler- bzw. Maklertätigkeit sowie zur Art der Verwertung oder Beseitigung einschließlich der Vorbereitung vor der Verwertung oder Beseitigung beinhalten muss. Die bereits vor Inkrafttreten des KrWG bestehenden Registerführungspflichten für Erzeuger, Besitzer, Einsammler und Beförderer gefährlicher Abfälle sowie für Abfallentsorger aus § 42 KrW-/AbfG werden damit auch auf Händler und Makler von gefährlichen Abfällen erstreckt.

7.3 Die Rolle des Händlers und Maklers bei einer grenzüberschreitenden Abfallverbringung

Da grenzüberschreitende Abfallverbringungen oftmals nicht vom Erzeuger der Abfälle selbst, sondern von einem zwischengeschalteten Händler oder Makler organisiert werden, stellt sich in der Praxis häufig die Frage, ob diese Personen auch das in Art. 3 Abs. 1 der Verordnung 1013/2006 für Beseitigungsabfälle und bestimmte Abfälle zur Verwertung mit einem erhöhten Gefährdungspotenzial vorgesehene Verfahren der vorherigen schriftlichen Notifizierung und Zustimmung durchführen dürfen bzw. ob sie im Hinblick auf die allgemeinen Informationspflichten nach Art. 3 Abs. 2 der Verordnung 1013/2006 bei nicht notifizierungspflichtigen Abfällen in der Rolle des Veranlassers der Verbringung auftreten dürfen.

Für notifizierungspflichtige Abfallverbringungen regelt Art. 2 Nr. 15 a) Satz 2 Ziff. i bis vi der Verordnung 1013/2006 die Anforderungen an die Person des Notifizierenden. Danach kommt als Notifizierender zunächst gleichrangig der Ersterzeuger (i), der Neuerzeuger (ii), der Einsammler (iii), der Händler (iv) und der Makler (v) in Betracht. Der in der früheren Verordnung (EWG) Nr. 259/93[50] vorgesehene Vorrang des Abfallerzeugers vor dem Einsammler, Händler und Makler ist insoweit in der Verordnung 1013/2006 aufgegeben worden.[51] Nachrangig zu den vorgenannten Personen kommt außerdem der Besitzer (vi) als Notifizierender in Frage, wenn die in den Ziffern i bis v genannten Personen unbekannt oder insolvent sind. Händler und Makler müssen jedoch, um als Notifizierender aufzutreten, zunächst als solcher eingetragen sein. Dabei gilt als eingetragen, wer über

[50] Verordnung (EWG) Nr. 259/93 v. 01.02.1993 zur Überwachung und Kontrolle der Verbringung von Abfällen in der, in die und aus der Europäischen Gemeinschaft (ABl. EG 1993 L 30, S. 1), aufgehoben durch Verordnung (EG) 1013/2006 v. 14.06.2006 (ABl. EU 2006 L 190 v. 12.07.2006, S. 1).

[51] Vgl. Schröder in: Jarass/Petersen/Weidemann, KrW-/AbfG, Art. 2 AbfVerbrVO (Stand: 05/2011) Rn. 3; Kropp, AbfallR 2012, S. 11, 14; „Vollzugshilfe zur Abfallverbringung" der Bund/Länder-Arbeitsgemeinschaft Abfall (Stand: 30.09.2009), S. 10.

eine Erlaubnis nach § 54 KrWG verfügt oder gemäß §§ 53, 54 KrWG keiner solchen Erlaubnis bedarf und der zuständigen Behörde die Aufnahme der Händler- bzw. Maklertätigkeit angezeigt hat.[52] Zudem müssen Händler und Makler vom Ersterzeuger, Neuerzeuger oder Einsammler schriftlich ermächtigt worden sein, in seinem Namen als Notifizierender aufzutreten. Dies setzt zudem voraus, dass der Ermächtigende selbst auch tatsächlich die materiellen Voraussetzungen der Verordnung 1013/2006 an die Einstufung als Ersterzeuger, Neuerzeuger oder Einsammler erfüllt, dieser also selbst zur Notifizierung grundsätzlich berechtigt wäre.[53] Führt ein Händler oder Makler die Notifizierung dagegen für den Ersterzeuger, Neuerzeuger oder Einsammler in dessen Namen durch, bleibt der Vollmachtgeber selbst Notifizierender.

► **Praxishinweis** Im Falle der Notifizierung durch den Händler oder Makler ist im Notifizierungs- wie auch im Begleitformular in Spalte 9 stets der Erzeuger der Abfälle einzutragen. Näheres hierzu regelt Anhang II Teil 1 Nr. 3 und 16 der Verordnung 1013/2006. Diese Verpflichtung gilt auch für einen Streckenhändler, selbst wenn er hierdurch verpflichtet wird, gegenüber dem Empfänger der Abfälle seine Bezugsquellen und damit Geschäftsgeheimnisse zu offenbaren.[54]

Bei der Verbringung von nicht notifizierungspflichtigen Abfällen kann Veranlasser einer solchen Verbringung jede Person sein, die auch als Notifizierender in Betracht kommt, insbesondere also auch der Händler oder Makler von Abfällen, ohne dass insoweit eine Rangfolge zu beachten wäre. Bei der Verbringung von nicht notifizierungspflichtigen Abfällen ist gemäß Art. 18 Abs. 1 der Verordnung 1013/2006 ein Begleitformular auszufüllen und durch den Veranlasser zu unterzeichnen.

Dem korrekten Ausfüllen der jeweiligen Formulare ist besondere Aufmerksamkeit zu schenken. Fehlerhafte oder inkohärente Angaben, insbesondere zum Empfänger und der annehmenden Entsorgungsanlage, können bereits eine illegale Verbringung begründen, ohne dass es darauf ankommt, ob die Angaben vorsätzlich falsch erfolgten.[55]

---

[52] Vgl. zur Rechtslage nach dem KrW-/AbfG „Vollzugshilfe zur Abfallverbringung" der Bund/Länder-Arbeitsgemeinschaft Abfall (Stand: 30.09.2009), S. 11.

[53] Zur Einstufung des Einsammlers von Kleinmengen als Notifizierungsberechtigter SächsOVG, Beschluss vom 31.03.2020, 4 B 43/20, juris Rn. 35.

[54] Vgl. EuGH, Urt. v. 29.03.2012 – Rs. C-1/11.

[55] Vgl. EuGH, Urt. v. 09.06.2016 – Rs. C-69/15, Rn. 39, 40.

7.4 Haftung des Händlers und Maklers

7.4.1 Haftung für eine ordnungsgemäße Entsorgung der betroffenen Abfälle

Eine Haftung des Abfallhändlers bzw. -maklers für die ordnungsgemäße Entsorgung der von ihm gehandelten bzw. gemakelten Abfälle kommt nach den §§ 7 und 15 KrWG nur in Betracht, wenn der Händler bzw. Makler selbst zu irgendeinem Zeitpunkt *Besitzer* der Abfälle geworden ist und er daher zum *Adressatenkreis der Grundpflichten* der Kreislaufwirtschaft bzw. der Abfallbeseitigung gehört. Jedoch hindern die §§ 7 und 15 KrWG den Landesgesetzgeber nicht, durch gefahrenabwehrrechtliche Bestimmungen[56] festzulegen, unter welchen Voraussetzungen auch ein Dritter, der nicht zum Adressatenkreis der abfallrechtlichen Grundpflichten gehört, aufgrund vorangegangenen Tuns in die Position eines Abfallbesitzers und die damit verbundene Pflichtenstellung gewissermaßen „hineingezwungen" werden kann, indem ihm aufgegeben wird, an den als Abfall zu entsorgenden beweglichen Sachen Besitz zu begründen.[57] Auch ein besitzloser Abfallhändler oder -makler kann somit über den Umweg einer *landesordnungsrechtlichen Gefahrbeseitigungsverfügung* potenzieller Adressat einer Verfügung zur Sicherstellung einer ordnungsgemäßen Entsorgung nach § 62 KrWG sein, wenn er, sei es auch nur als Zweckveranlasser, für eine rechtswidrige Abfallentsorgung (mit-)verantwortlich ist.[58]

In Fällen rechtswidriger Abfallentsorgungen unter Beteiligung eines Abfallhändlers oder -maklers kommt neben einem Vorgehen gegen den Abfallhändler bzw. -makler aber weiterhin auch ein Vorgehen nach § 62 KrWG oder nach dem Landesrecht gegen den Abfallerzeuger bzw. einen früheren Abfallbesitzer in Betracht. Denn nach *§ 22 KrWG* behalten die Abfallerzeuger und -besitzer ihre Verantwortlichkeit für die Erfüllung ihrer Entsorgungspflichten auch dann, wenn sie Dritte mit der Erfüllung ihrer Pflichten beauftragen. Zwar hat das BVerwG zur Vorgängervorschrift des § 22 KrWG, § 16 Abs. 1 KrW-/AbfG, in einer Grundsatzentscheidung ausgeführt, dass jeder Entsorgungspflichtige bei Einschaltung eines Dritten in den Entsorgungsvorgang stets nur für die Abfälle, die er besessen hatte, oder für eine gleichgroße Menge Abfälle gleicher Art verantwortlich sein könne.[59] Soweit Abfälle in einer *Entsorgungskette* behandelt, sortiert und/oder vermischt

[56] Entsprechende Vorschriften beinhalten § 16 LKrWG RP, § 4 LKreiWiG BW, Art. 27 BayAbfG, § 19 KrW-/AbfG Bln, § 23 BbgAbfBodG, § 10 HmbAbfG, § 27 AbfWG M-V, § 36 SAWG und § 5 SächsABG; für Fälle wild abgelagerter Abfälle auch § 2 HAKrWG, § 10 NAbfG, § 11 AbfG LSA und § 6 LAbfWG S-H.

[57] Vgl. zum AbfG 1986 bereits BVerwG Beschl. v. 30.10.1987 – 7 C 87/86, NVwZ 1988, S. 1126 ff.; bestätigt für das KrW-/AbfG durch VG Koblenz Urt. v. 05.04.2011 – 7 K 574/10.KO Rn. 49 und nachfolgend OVG Koblenz Urt. v. 26.01.2012 – 8 A 11081/11.OVG.

[58] Vgl. VG Koblenz Urt. v. 05.04.2011 – 7 K 574/10.KO Rn. 58.

[59] BVerwG Urt. v. 28.06.2007 – 7 C 5/07, BVerwGE 129, 93 ff.; zuletzt bestätigt durch OVG Berlin-Brandenburg, Beschluss vom 14.11.2019, OVG 11 S 11.18.

werden, konnte daher der ursprüngliche Abfallerzeuger und/oder -besitzer gegebenenfalls nicht mehr oder jedenfalls nicht mehr für die gesamte Menge rechtswidrig entsorgter Abfälle zur Verantwortung gezogen werden, so dass zumindest in solchen Fällen eine Heranziehung des Abfallhändlers oder -maklers als Gesamtverantwortlichem nahelag.[60] Ob die Rechtsprechung des BVerwG zum Ende der Verantwortlichkeit eines Entsorgungspflichtigen auch nach Inkrafttreten des KrWG weiter Bestand haben kann, ist jedoch zumindest unklar. Denn nach § 22 KrWG soll die Verantwortlichkeit des Erzeugers oder Besitzers von Abfällen nunmehr ausdrücklich so lange bestehen bleiben, bis die Entsorgung „endgültig und ordnungsgemäß abgeschlossen ist". Da aber ausweislich der amtlichen Anmerkung 4 zur Anlage 2 zum KrWG auch die Sortierung, Behandlung, Trennung, Vermischung und Vermengung von Abfällen lediglich als die spätere endgültige Entsorgung vorbereitende Verfahren anzusehen sein sollen, dürfte die ursprüngliche Entsorgungsverantwortlichkeit des Abfallerzeugers und -besitzers nunmehr auch dann noch fortbestehen, wenn Abfälle in einer Entsorgungskette unter Verwendung derartiger Verfahren im Ergebnis zu andersartigen Abfällen geworden sind.[61]Auch wenn die praktische Umsetzbarkeit dieser Neuregelung (insbesondere bei langen vielstufigen Entsorgungsketten) bezweifelt werden darf, ist daher davon auszugehen, dass Erzeuger und (frühere) Besitzer rechtswidrig entsorgter Abfälle in Zukunft grundsätzlich immer neben dem Abfallhändler und -makler als Empfänger einer Ordnungsverfügung in Betracht kommen. In diesem Fall hat die zuständige Behörde nach pflichtgemäßem Ermessen über die *Auswahl des Verantwortlichen* zu entscheiden, wobei neben dem Grundsatz der effektiven Gefahrenabwehr der jeweilige Verursachungsbeitrag und das maßgebliche In-den-Händen-halten des rechtswidrigen Entsorgungsgeschehens ausschlaggebend sein dürften.[62]

7.4.2 Haftung für eine illegale Verbringung

Soweit ein Abfallhändler oder Abfallmakler als Notifizierender einer Abfallverbringung im Sinne der Verordnung 1013/2006 auftritt, trifft ihn im Falle einer nicht abgeschlossenen oder illegalen Verbringung eine *Rücknahmeverpflichtung* nach den Art. 22 und 24 der Verordnung 1013/2006.[63] Versäumt es der Händler oder Makler, seine Rücknahmever-

[60] In diesem Sinne auch OVG Koblenz, Urt. v. 26.01.2012 – 8 A 11081/11.OVG.

[61] In diesem Sinne zumindest für den Abfallersterzeuger auch Dieckmann, in: Jarass/Petersen, Kreislaufwirtschaftsgesetz, 1. Auflage 2014, § 3 Rdn. 173; a. A. wohl OVG Berlin-Brandenburg, Beschluss vom 14.11.2019, OVG 11 S 11.18, juris Rn. 20.

[62] Vgl. VG Koblenz Urt. v. 05.04.2011 – 7 K 574/10.KO.

[63] Fraglich ist, was gilt, wenn ein Abfallhändler oder Abfallmakler lediglich als Veranlasser einer grenzüberschreitenden Abfallverbringung von zur Verwertung bestimmten Abfällen des Anhangs III zur Verordnung 1013/2006 auftritt. Nach Oexle, in: Oexle/Epiney/Breuer, Abfallverbringungsverordnung, Art. 18 Rn. 49 und Hurst, Abfallverbringungsverordnung, Art. 22 Rn. 1 soll den Veranlasser eine Rücknahmepflicht nur im Falle einer illegalen Verbringung (Art. 24 der Verordnung

pflichtungen zu erfüllen, trifft die Pflicht stattdessen den Ersterzeuger, Neuerzeuger bzw. zugelassenen Einsammler, der diesen Händler oder Makler ermächtigt hat, in seinem Namen aufzutreten. Bei einer *illegalen Verbringung* nach Durchführung einer Notifizierung durch einen Händler oder Makler gilt jedoch auch der Ersterzeuger, Neuerzeuger bzw. zugelassene Einsammler selbst als Notifizierender im Sinne der Verordnung; der an der illegalen Verbringung beteiligte Händler oder Makler wird daneben als Notifizierender de facto im Sinne des Art. 24 Abs. 2 a) der Verordnung 1013/2006 eingestuft, wenn er tatsächlich schriftlich ermächtigt worden war, als Notifizierender aufzutreten.

▶ **Hintergrund** Durch diese Regelung soll der zuständigen Behörde die Möglichkeit eröffnet werden, trotz der in der Praxis oftmals bestehenden Schwierigkeiten bei der Ermittlung der tatsächlichen Beteiligung des Händlers oder Maklers an der illegalen Abfallverbringung und des Vorliegens einer schriftlichen Ermächtigung des Händlers oder Maklers unverzüglich gegen eine illegale Verbringung einschreiten zu können.[64]

7.4.3 Straf- und ordnungswidrigkeitenrechtliche Risiken für Händler und Makler

Mit Datum zum 14.12.2011 ist das *45. Strafrechtsänderungsgesetz*[65] in Kraft getreten, welches unter anderem in § 326 Strafgesetzbuch (StGB) zusätzliche für Abfallhändler und -makler relevante Straftatbestände einführt. So wird nunmehr erstmals mit Freiheitsstrafe bis zu fünf Jahren oder mit Geldstrafe bestraft, wer unbefugt bestimmte in § 326 Abs. 1 Nr. 1 bis 4 StGB genannte gefährliche Abfälle handelt oder makelt. Bislang wurde demgegenüber als Tathandlung lediglich das rechtswidrige Behandeln, Lagern, Ablagern, Ablassen oder sonstige Beseitigen von Abfällen erfasst. Zudem haben Händler und Makler

1013/2006), nicht aber im Falle einer nicht abgeschlossenen Verbringung (Art. 22 der Verordnung 1013/2006) treffen. Diese Auffassung vertritt auch die Bund/Länder-Arbeitsgemeinschaft Abfall (Stand: Mai 2017) in ihrer „Vollzugshilfe zur Abfallverbringung unter Ziffer 3.2.1.2. Diese Vollzugshilfe weist unter Ziffer 3.2.1.2 allerdings auch darauf hin, dass den Veranlasser im Falle einer nicht abgeschlossenen Verbringung dem Wortlaut des Art. 18 Abs. 2 der Verordnung 1013/2006 entsprechend jedenfalls eine zivilrechtliche Rücknahmeverpflichtung aus dem nach Art. 18 Abs. 2 der Verordnung 1013/2006 mit dem Empfänger der Abfälle zu schließenden Vertrag treffe“. Oexle, in: Oexle/Epiney/Breuer, Abfallverbringungsverordnung, Art. 18 Rn. 44, vertritt in diesem Zusammenhang die Auffassung, dass die zuständigen Behörden die Durchsetzung dieser Rücknahmepflichten in einem solchen Fall jedoch nicht erzwingen könnten, da diese rein zivilrechtlicher Natur seien.

[64] „Vollzugshilfe zur Abfallverbringung“ der Bund/Länder-Arbeitsgemeinschaft Abfall (Stand: Mai 2017), S. 12.

[65] Fünfundvierzigstes Strafrechtsänderungsgesetz zur Umsetzung der Richtlinie des Europäischen Parlaments und des Rates über den strafrechtlichen Schutz der Umwelt v. 06.12.2011 (BGBl. 2011 I 64, S. 2557).

zu beachten, dass sie sich als Notifizierender oder Verursacher einer illegalen grenzüberschreitenden Verbringung von Abfällen gegebenenfalls auch nach § 18 a, b Abfallverbringungsgesetz[66] (AbfVerbrG) und § 326 Abs. 2 StGB strafbar machen können. Gemäß § 18 a Abs. 1 AbfVerbrG kann die illegale Verbringung von gefährlichen Abfällen mit einer Freiheitsstrafe von bis zu fünf Jahren oder einer Geldstrafe geahndet werden, § 18 b Abs. 1 AbfVerbrG sieht für die illegale Verbringung nicht gefährlicher Abfälle eine Freiheitsstrafe von bis zu zwei Jahren oder eine Geldstrafe vor. In beiden Fällen entfällt die Strafbarkeit, wenn eine lediglich unerhebliche Abfallmenge betroffen ist (§ 18 a Abs. 10 AbfVerbrG, § 18 b Abs. 10 AbfVerbrG).[67] Überdies sehen § 18 AbfVerbrG und §§ 1, 2 Abfallverbringungsbußgeldverordnung[68] bestimmte Ordnungswidrigkeitstatbestände im Zusammenhang mit der grenzüberschreitenden Verbringung von Abfällen vor, bei deren Verwirklichung *Bußgelder* von bis zu 50.000,00 Euro verhängt werden können. Bußgeldtatbestände bestehen auch im Hinblick auf die Erlaubnis- und Anzeigepflichten nach §§ 53, 54 KrWG. Wer entgegen § 53 Abs. 1 Satz 1 KrWG vorsätzlich oder fahrlässig eine Anzeige nicht, nicht richtig, nicht vollständig oder nicht rechtzeitig erstattet, erfüllt den Bußgeldtatbestand des § 69 Abs. 2 Nr. 1 KrWG. Die Ordnungswidrigkeit kann gemäß § 69 Abs. 3 KrWG mit einer Geldbuße von bis zu 10.000 Euro geahndet werden. Für das Handeln und Makeln von gefährlichen Abfällen ohne Erlaubnis ist gemäß § 69 Abs. 1 Nr. 7, Abs. 2 KrWG die Verhängung einer Geldbuße von bis zu 100.000 Euro möglich.

Literatur

Fluck J (Hrsg), Kreislaufwirtschafts-, Abfall- und Bodenschutzrecht, 102. Ergänzungslieferung Stand 2011. C.F. Müller Verlag, Heidelberg

Frenz W, Kommentar zum Kreislaufwirtschafts- und Abfallgesetz, 3. Auflage 2002. Carl Heymanns Verlag, Köln

Hurst M, Kommentar zur Abfallverbringungsverordnung (VVA), 1. Auflage 2008. Bundesverband Sekundärrohstoffe und Entsorgung (bvse), Bonn

Jarass H/Petersen F/Weidemann C (Hrsg), Kommentar zum Kreislaufwirtschafts- und Abfallgesetz, Stand Mai 2011. Beck Verlag, München

Jarass H/Petersen F (Hrsg), Kommentar zum Kreislaufwirtschaftsgesetz, 1. Auflage 2014, Beck Verlag, München

Kaminski R/Konzak O, Das untergesetzliche Regelwerk zum Kreislaufwirtschafts- und Abfallgesetz, 1997. Erich Schmidt, Berlin

Kropp O, Grenzüberschreitende Abfallverbringungen durch Einsammler, Händler und Makler. AbfallR 2012: 11-17

[66] Gesetz zur Ausführung der Verordnung 1013/2006 v. 14.06.2006 über die Verbringung von Abfällen und des Basler Übereinkommens v. 22.03.1989 über die Kontrolle der grenzüberschreitenden Verbringung gefährlicher Abfälle und ihrer Entsorgung v. 19.07.2007 (BGBl. I S. 1462).

[67] Vgl. zum Begriff der „nicht unerheblichen Menge“ Kropp, AbfallR 2012, S. 60 ff.

[68] Verordnung zur Durchsetzung von Vorschriften in Rechtsakten der Europäischen Gemeinschaft über die Verbringung von Abfällen v. 29.07.2007 (BGBl. I S. 1761).

Kropp O, Anzeige- und Erlaubnisverordnung, Praxiskommentar, 1. Auflage 2014, Erich Schmidt Verlag, Berlin

Kropp O, Der Begriff der „nicht unerheblichen Menge" in § 326 Abs. 2 Nr. 1 StGB. AbfallR 2012: 60–65

Kropp O, Fortentwicklung der abfallrechtlichen Überwachung – Anzeige- und Erlaubnisverordnung. AbfallR 2014: 12–22

Landmann R/Rohmer G (Hrsg), Umweltrecht, 95. Ergänzungslieferung Stand Mai 2021. Beck Verlag, München

Landmann R/Rohmer G (Hrsg), Umweltrecht, 62. Ergänzungslieferung Stand Juli 2011. Beck Verlag, München

Locher M, Transportgenehmigung und Genehmigung für Vermittlungsgeschäfte nach dem Kreislaufwirtschafts- und Abfallgesetz. DVBl 1997: 145–151

Oexle A/Epiney A/Breuer R (Hrsg), EG-Abfallverbringungsverordnung – Kommentar, 1. Auflage 2010. Carl Heymanns Verlag, Köln

Schink A/Versteyl A (Hrsg), Kommentar zum Kreislaufwirtschaftsgesetz, 2. Auflage 2017. Lexxion Verlagsgesellschaft, Berlin

Schmehl A (Hrsg), Gemeinschaftskommentar zum Kreislaufwirtschaftsgesetz, 1. Auflage 2013. Carl Heymanns Verlag, Köln

Versteyl L-A/Mann T/Schomerus T (Hrsg), Kreislaufwirtschaftsgesetz – Kommentar, 4. Auflage 2019. Beck Verlag, München

Von Lersner H/Wendenburg H (Hrsg), Recht der Abfallbeseitigung, Stand Dezember 2011. Erich Schmidt Verlag, Berlin

8 Grenzüberschreitende Abfallverbringung

Anno Oexle

8.1 Einführung

Abfälle werden grenzüberschreitend verbracht, weil die Märkte für ihre Entsorgung nicht an den nationalen Grenzen enden. Das gilt insbesondere für (noch) als Abfall einzustufende Sekundärrohstoffe, wie z. B. Altpapier oder Stahlschrott, also Materialien, die weltweit nachgefragt und gehandelt werden. Aus rechtlicher Sicht zu beachten ist bei grenzüberschreitenden Verbringungen, dass für diese andere Voraussetzungen gelten als für rein innerstaatliche Transport- und Entsorgungsvorgänge.

Das Recht der grenzüberschreitenden Abfallverbringungen besteht aus einer Vielzahl völkerrechtlicher, unionsrechtlicher und nationaler Regelungen, in deren Zentrum die Verordnung 1013/2006 über die Verbringung von Abfällen steht. Die Verordnung 1013/2006 begründet, insbesondere in Abhängigkeit von dem Gefahrenpotenzial, der Herkunft und der Bestimmung der zu verbringenden Materialien, ein unübersichtliches und kompliziertes Kontrollsystem. Dieses System wird durch die Verordnung 1418/2007 ergänzt, die besondere Anforderungen an den Export bestimmter Abfälle in Nicht-OECD-Staaten stellt. Beide Verordnungen werden stetig fortgeschrieben. Das gilt insbesondere für ihre Anhänge.

Bei den Verordnungen 1013/2006 und 1418/2007 handelt es sich um Unionsrecht, das in allen EU-Mitgliedstaaten gleichermaßen und unmittelbar gilt. Anders als bei EU-Richtlinien ist dazu keine gesonderte Umsetzung in nationales Recht erforderlich.

Auf deutscher Ebene werden diese Regelungen flankiert durch das Abfallverbringungsgesetz, die Abfallverbringungsbußgeldverordnung und das Strafgesetzbuch. Diese nationalen Regelwerke enthalten überwiegend Straf- und Bußgeldtatbestände, die es den

A. Oexle (✉)
Sozietät Oexle Kopp-Assenmacher Lück, Köln, Deutschland
E-Mail: anno.oexle@oklp.de

P. Kurth et al. (Hrsg.), *Praxishandbuch der Kreislauf- und Rohstoffwirtschaft*,
https://doi.org/10.1007/978-3-658-36262-1_8

zuständigen nationalen Behörden ermöglichen sollen, Verstöße gegen das Verbringungsrecht zu ahnden. Das Abfallverbringungsgesetz enthält zudem Bestimmungen, die die Verordnung 1013/2006 ergänzen, z. B. betreffend die behördlichen Zuständigkeiten oder die Rücknahmeverpflichtungen bei illegalen Verbringungen.

Neben den vorstehenden (Außen-)Rechtsnormen wird die Praxis des Verbringungsrechts maßgeblich durch diverse Vollzugshinweise geprägt; diese enthalten Empfehlungen zur Auslegung und Anwendung des Verbringungsrechts. Hervorzuheben sind auf europäischer Ebene die „Anlaufstellen-Leitlinien“[1] und die „EU-FAQ“[2] sowie auf nationaler Ebene die „LAGA M 25“[3] und die „UBA-Fragen & Antworten“.[4] Die genannten Vollzugshinweise sind rechtlich nicht verbindlich; es handelt sich lediglich um die subjektive Ansicht der jeweiligen Verfasser.

8.2 Anwendungsbereich des Verbringungsrechts

Das Verbringungsrecht gilt nur für grenzüberschreitende Transport- und Entsorgungsvorgänge.

Neben dem grenzüberschreitenden Bezug setzt die Anwendung des Verbringungsrechts voraus, dass es sich bei dem zu transportierenden Material um Abfall handelt. Der Abfallbegriff ist in der EU-Abfallrahmenrichtlinie 2008/98 gemeinschaftsweit geregelt und findet durch den Verweis in Art. 2 Nr. 1 der Verordnung 1013/2006 im Verbringungsrecht unmittelbare Anwendung.

---

[1] Anlaufstellen-**Leitlinie 1** zur Verbringung von Elektro- und Elektronik-Altgeräten. Anlaufstellen-**Leitlinie 2** zur Einfuhr von Abfällen in die Gemeinschaft, die beim Einsatz von Streitkräften oder Hilfsorganisationen anfallen. Anlaufstellen-**Leitlinie 3** zur Bescheinigung für die nachfolgende nicht vorläufige Verwertung oder Beseitigung nach Art. 15 e) der Verordnung 1013/2006. Anlaufstellen-**Leitlinie 4** zur Einstufung von Elektro- und Elektronik-Altgeräten sowie Flugasche aus Kohlekraftwerken nach Anhang IV Teil I c) der Verordnung 1013/2006. Anlaufstellen-**Leitlinie 5** zur Einstufung von Holzabfällen in den Einträgen B3050 oder AC170. Anlaufstellen-**Leitlinie 6** zur Einstufung von Schlacken aus der Behandlung von Kupferlegierungen in den Einträgen GB 040 und B1100. Anlaufstellen-**Leitlinie 7** zur Einstufung von Glasabfällen, die von Kathodenstrahlröhren stammen, in den Einträgen B2020 oder A2010. Anlaufstellen-**Leitlinie 8** über die Einstufung von toner- und druckfarbenhaltigen Kartuschen. Anlaufstellen-**Leitlinie 9** über die Verbringung von Altfahrzeugen. Anlaufstellen-**Leitlinie 10** zur Verbringung von Abfällen gemäß Art. 18 der Verordnung 1013/2006. Anlaufstellen-**Leitlinie 11** über die Spezifikation eines Datenmodells für den elektronischen Datenaustausch unter der Verordnung 1013/2006. Anlaufstellen-**Leitlinie 12** zur Einstufung von Kunststoffabfällen.

[2] "Frequently Asked Questions on Regulation (EC) 1013/2006 on shipments of waste" der EU-Kommission (Stand: Juli 2012).

[3] Mitteilung 25, „Vollzugshilfe zur Abfallverbringung“ der Bund/Länder-Arbeitsgemeinschaft Abfall (Stand: Mai 2017).

[4] „Fragen & Antworten zum Anhang VII-Dokument (Versandinformationen) sowie zu Artikel 18 der VVA“ des Umweltbundesamtes (Stand: 25.05.2021).

▶ **Praxishinweis** Keine Anwendung findet dagegen der jeweils maßgebliche nationale Abfallbegriff, was von praktischer Bedeutung ist, wenn sich dieser von dem der Richtlinie 2008/98 unterscheidet.

Der Abfallbegriff ist äußerst unbestimmt. Die daraus resultierenden Rechtsunsicherheiten sind nicht zuletzt wegen der weitreichenden Haftungsfolgen in dem Fall der fehlerhaften Einstufung eines Materials als Nicht-Abfall (Produkt) problematisch.

▶ **Kollisionsregel** Können die zuständigen Behörden am Versand- und am Bestimmungsort keine Einigkeit über die Einstufung des zu verbringenden Materials als Abfall oder als Nicht-Abfall erzielen, greift die Kollisionsregel des Art. 28 Abs. 1 der Verordnung 1013/2006, wonach das Material als Abfall zu behandeln ist.

8.3 Kontrollregime des Verbringungsrechts

8.3.1 Bestimmung des richtigen Verfahrens

Wenn eine grenzüberschreitende Abfallverbringung nicht bereits ausnahmsweise abstrakt-generell, also unmittelbar durch Gesetz, verboten ist, unterliegt sie grundsätzlich entweder dem Kontrollverfahren der schriftlichen Notifizierung und Zustimmung[5] oder den allgemeinen Informationspflichten.[6] Im ersten Fall darf die Verbringung erst beginnen, wenn die zuständigen Behörden ihr zuvor zugestimmt haben. Im zweiten Fall sind keine vorherigen behördlichen Zustimmungen erforderlich; die beabsichtigte Verbringung ist den zuständigen Behörden auch nicht anzuzeigen. Voraussetzung für eine Verbringung in diesem Fall ist lediglich, dass ein bestimmtes Versanddokument ausgefüllt und mitgeführt sowie ein Vertrag mit einem gesetzlich vorgeschriebenen Mindestinhalt zwischen dem Veranlasser der Verbringung und dem Empfänger der Abfälle geschlossen wird.

Der Zustimmungsvorbehalt gilt zunächst für die Verbringung von zur Beseitigung bestimmten Abfällen; dieser Vorbehalt ist von der Art des Abfalls unabhängig. Die Verbringung von Abfällen zur Verwertung ist dagegen grundsätzlich nur dann zustimmungspflichtig, wenn es sich um Abfälle der Gelben Liste (Anhang IV zur Verordnung 1013/2006) handelt oder um Abfälle, die keiner Liste zugeordnet werden können. Die allgemeinen Informationspflichten sind dagegen zu beachten, wenn zur Verwertung bestimmte Abfälle der Grünen Liste (Anhänge III, IIIA und IIIB der Verordnung 1013/2006) verbracht werden. Bei zur Verwertung bestimmten Abfällen entscheidet damit die Einstufung in das Listensystem der Verordnung 1013/2006 über die Voraussetzungen einer Verbringung. Die Listen begründen ein eigenständiges, primär stoffbezogenes Klassifizierungssystem, das

---

[5] Art. 4 ff. Verordnung 1013/2006.

[6] Art. 18 Verordnung 1013/2006.

sich aus den völkerrechtlichen Vorgaben der Verordnung ableitet.[7] Es ist strikt von dem Listensystem der Abfallverzeichnisverordnung zu unterscheiden, das überwiegend einem herkunftsbezogenen Ansatz folgt.

Die im Listensystem der Verordnung 1013/2006 enthaltenen Codes, die ihren Ursprung überwiegend im Völkerrecht (Basler Übereinkommen und OECD-Beschlüsse), teilweise auch im Unionsrecht haben, sind nicht einfach zu handhaben; dies gilt gerade auch im Vergleich mit den sechsstelligen Schlüsseln der Abfallverzeichnisverordnung. Beispielhaft sei hier auf die neun verschiedenen Codes für Kunststoffabfälle[8] verwiesen, die mit Wirkung zum 01.01.2021 in das Listensystem der Verordnung 1013/2006 eingefügt wurden. Die Zuordnung zu diesen Codes hängt insbesondere von der Kunststoffart, der Frage, ob der Kunststoff gemischt oder sortenrein vorliegt, dem Gefahrenpotenzial des Kunststoffs, dem Ziel der beabsichtigten Verbringung, der Art der beabsichtigten Entsorgung sowie der Auslegung der in den Codes teilweise enthaltenen unbestimmten Rechtsbegriffe ab. Die richtige Einstufung seiner Abfälle kann den Rechtsanwender daher vor erhebliche Herausforderungen stellen.

▶ **Fremdstoffproblematik** Schwierigkeiten bei der Einstufung von Abfällen in das Listensystem der Verordnung 1013/2006 bereitet in der Praxis immer wieder die Frage, wann ein Fremdstoffanteil die Zuordnung eines Abfalls zu einem bestimmten Code der Grünen Liste verhindert oder – anders ausgedrückt – bis zu welcher Grenze ein Abfall, der grenzüberschreitend verbracht werden soll, Fremdstoffe enthalten darf, ohne dass eine Notifizierung erforderlich ist. Entgegen einer immer noch anzutreffenden behördlichen Praxis darf diese Frage nicht unter Rückgriff auf pauschale prozentuale Obergrenzen beantwortet werden, die je nach Land und Behörde irgendwo zwischen 1 % und 15 % liegen. Dies hat der Europäische Gerichtshof in seiner Grundsatzentscheidung vom 28.05.2020 (C-654/18 – Interseroh II) klargestellt. Nach Ansicht des Europäischen Gerichtshofs ist für die Zulässigkeit eines Fremdstoffanteils vielmehr entscheidend, ob durch diesen Anteil das Gefahrenpotenzial der Abfälle erhöht oder ihre umweltgerechte Verwertung verhindert wird. Die beiden Kriterien ergeben sich, wie der Europäische Gerichtshof bestätigt hat, aus der Verordnung 1013/2006 selbst und sind für die nationalen Behörden und Gerichte bindend. Wenngleich die Mitgliedstaaten einen gewissen Gestaltungsspielraum bei der Anwendung dieser Kriterien haben, müssen sie sich zwingend an ihnen orientieren. Die von diesen rechtlichen Kriterien völlig losgelöste Anwendung pauschaler prozentualer Fremdstoffobergrenzen, wie sie heute in der behördlichen Praxis immer noch vielfach anzutreffen ist, verstößt gegen die vom Europäischen Gerichtshof aufgestellten Grundsätze und ist daher rechtswidrig. Der Europäische Gerichtshof hat damit Unternehmen und Behörden einen rechtlich verbindlichen Maßstab für die Lösung der in der Praxis bedeutsamen Fremdstoffproblematik an die Hand gegeben. Das Ergebnis seiner Entscheidung ist

[7] Siehe dazu in diesem Handbuch den Beitrag von Wuttke, Einstufung von Abfällen (Kap. 2).

[8] EU3011; Anhang IIIA Nr. 4 Buchstabe a); Anhang IIIA Nr. 4 Buchstabe b); Anhang IIIA Nr. 4 Buchstabe c); AC 300; EU 48; A3210; Y48; B3011.

gerade auch im Vergleich mit rein innerstaatlichen Abfallverbringungen überzeugend: Denn es ist nicht nachvollziehbar, warum z. B. eine Altpapierfraktion mit einem Fremdstoffanteil von 7 %, der weder das Gefahrenpotenzial dieser Fraktion erhöht noch ihr beabsichtigtes Recycling verhindert, von Hamburg nach München ohne jedwede behördliche Restriktion (vom A-Schild einmal abgesehen) verbracht werden kann, im Fall einer Verbringung desselben Abfalls von Hamburg nach Dänemark dagegen wegen eben dieses Fremdstoffanteils vor der Verbringung ein äußerst komplexes, zeit- und kostenaufwändiges transnationales Verwaltungsverfahren durchgeführt werden soll.

▶ **Haftung für fehlerhafte Einstufung** Die Einstufung eines Abfalls in das Listensystem der Verordnung 1013/2006 ist von entscheidender Bedeutung für die Frage, unter welchen Voraussetzungen die beabsichtigte Verbringung erfolgen darf. Verantwortlich für die Einstufung ist die Person, die die Verbringung durchführen (lassen) will. In dem Fall einer zustimmungsbedürftigen Verbringung ist dies der Notifizierende; im Falle einer Verbringung, die lediglich den allgemeinen Informationspflichten unterliegt, die Person, die die Verbringung veranlasst. Die zuständigen Behörden können die so vorgenommene Einstufung überprüfen. In Abhängigkeit von dem jeweiligen rechtlichen Rahmen kann die Überprüfung im Notifizierungsverfahren erfolgen und/oder im Rahmen behördlicher (Transport-)Kontrollen. Besonders haftungsrelevant ist die Einstufung eines Abfalls in die Grüne Liste. Denn eine behördliche Vorabkontrolle, die zu einer Korrektur der Einstufung oder zumindest zu einer entsprechenden Diskussion mit den zuständigen Behörden führt, findet in diesem Fall regelmäßig nicht statt. Es wird damit auf eigenes Risiko verbracht. Die Verbringung notifizierungspflichtiger Abfälle ohne die erforderlichen behördlichen Zustimmungen hat gravierende verwaltungsrechtliche Konsequenzen; zudem können solche Fälle als Straftat[9] verfolgt werden.

Abweichungen von den vorstehend dargestellten Grundsätzen können für die Ausfuhr von Abfällen in Nicht-EU-Staaten[10] sowie für die Einfuhr aus solchen Staaten in die EU gelten.

Daraus ergibt sich das folgende Prüfprogramm zur Bestimmung der verfahrensrechtlichen Anforderungen einer grenzüberschreitenden Verbringung:

- Zunächst ist zu ermitteln, ob der Geltungsbereich der Verordnung 1013/2006 eröffnet ist (s. a. Tab. 8.1). Besondere Sorgfalt kann dabei die Klärung der Frage erfordern, ob die zu verbringenden Materialien (noch) als Abfall einzustufen sind.
- Wird dies bejaht, muss in einem zweiten Schritt geprüft werden, ob die betroffenen Abfälle zur Verwertung oder zur Beseitigung bestimmt sind. Sollen sie beseitigt werden, greift der Zustimmungsvorbehalt.

[9] § 326 Abs. 2 StGB; §§ 18a, 18b AbfVerbrG.

[10] Titel IV (Art. 34 ff.) Verordnung 1013/2006.

Tab. 8.1 Übersicht zur Bestimmung des Verfahrens nach der Verordnung 1013/2006

	Verbringung innerhalb der EU	Import in die EU	Export aus der EU	
Abfälle zur Beseitigung	zulässig nach Zustimmung (Art. 4–17)	in bestimmten Fällen verboten; sonst zulässig nach Zustimmung (Art. 41–42)	grundsätzlich verboten (Art. 34); in Ausnahmefällen zulässig nach Zustimmung (Art. 35)	
Abfälle zur Verwertung der Grünen Listen			Export in Staaten, für die der OECD-Beschluss gilt	Export in Staaten, für die der OECD-Beschluss nicht gilt
	zulässig bei Beachtung der Informations pflichten (Art. 18)	in bestimmten Fällen verboten; sonst zulässig bei Beachtung der Informations pflichten[1] (Art. 43–46)	zulässig bei Beachtung der Informationspflic hten (Art. 38)	grundsätzlich zulässig nach Maßgabe und ggf. Einschränkung der staatenbezogenen Anforderungen der Verordnung 1418/2007 (Art. 37)
Abfälle zur Verwertung der Gelben Listen und nicht gelistete Abfälle	zulässig nach Zustimmung (Art. 4–17)	in bestimmten Fällen verboten; sonst zulässig nach Zustimmung (Art. 43–46)	zulässig nach Zustimmung (Art. 38)	grundsätzlich verboten - für gefährliche Abfälle i.S.v. Art. 36 Abs. 1 a) bis e) - bei Verbot im Empfängerstaat - falls keine umweltgerechte Behandlung im Empfängerstaat

[a]Dies ist streitig, wenn der Export aus einem Staat erfolgen soll, für den der OECD-Beschluss nicht gilt, der aber Vertragspartei des Basler Übereinkommens ist. Nach anderer Ansicht soll in dieser besonderen Konstellation der Zustimmungsvorbehalt greifen; zur Begründung wird darauf verwiesen, dass Art. 45 Verordnung 1013/2006 nicht direkt auf die Bestimmungen des Titels II verweist, sondern zunächst auf Art. 42 Verordnung 1013/2006.

- Sind die Abfälle zur Verwertung bestimmt, ist ihre Zuordnung zu den Abfalllisten erforderlich. Passt ein Code der Grünen Liste, sind die allgemeinen Informationspflichten zu beachten; andernfalls ist die Verbringung regelmäßig notifizierungs- und zustimmungspflichtig.

- Schließlich ist zu prüfen, ob das so gefundene Ergebnis wegen des Vorliegens einer Sonderregelung korrigiert werden muss. Das gilt insbesondere bei der Ausfuhr von Abfällen in Nicht-EU-Staaten.

8.3.2 Allgemeine Informationspflichten

Die in Art. 18 der Verordnung 1013/2006 geregelten allgemeinen Informationspflichten verlangen, dass ein Versanddokument („Annex VII") ausgefüllt und während des Transports mitgeführt sowie ein Vertrag („Grüner Vertrag") zwischen dem Veranlasser der Verbringung und dem Empfänger der Abfälle geschlossen wird. Daneben sind besondere Aufbewahrungspflichten zu beachten.

8.3.2.1 Versanddokument

Das Versanddokument besteht aus dem Formblatt, das sich in Anhang VII der Verordnung 1013/2006 findet. Es ist beim Transport der Abfälle mitzuführen und von den am Verbringungsvorgang beteiligten Personen sukzessive auszufüllen und zu unterzeichnen.[11]

Das Versanddokument verlangt in insgesamt 14 Feldern Angaben über die Person, die die Verbringung veranlasst, den Importeur/Empfänger, die tatsächlich verbrachte Abfallmenge, das tatsächliche Datum der Verbringung, die beteiligten Transportunternehmen, den Abfallerzeuger, die Verwertungsanlage im Empfängerstaat, das angestrebte Verwertungsverfahren, die übliche Bezeichnung der Abfälle, den Abfallidentifizierungscode, die betroffenen Staaten sowie eine Erklärung des Veranlassers über die Richtigkeit der Angaben und den Abschluss des Grünen Vertrags. Anzugeben ist zudem der Tag der tatsächlichen Entgegennahme der Abfälle durch den Empfänger und den Betreiber der Verwertungsanlage.

Eine nähere Betrachtung verdient der in *Feld 1* anzugebende *Veranlasser*. Das Verbringungsrecht enthält keine Legaldefinition des Veranlassers. In der Praxis ist allgemein anerkannt, dass es sich dabei um die Person handelt, die die Verbringung initiiert und steuert.[12] Wer dies im Einzelfall ist, muss im Wege einer wertenden Betrachtung des Gesamtvorgangs ermittelt werden. Veranlasser kann danach z. B. der Ersterzeuger, der Neuerzeuger, der Besitzer, der Einsammler, ein Händler, der Empfänger oder sogar der Beförderer sein. Bei den gerade im Sekundärrohstoffbereich üblichen Streckengeschäften ist der Veranlasser häufig ein Händler, der keinen physischen Kontakt mit den zu verbringenden Abfällen hat.

Art. 18 der Verordnung 1013/2006 verlangt, dass der Veranlasser „der Gerichtsbarkeit des Versandstaats" unterliegt. Teile des Vollzugs – auch in Deutschland – leiten daraus die Forderung ab, der Veranlasser müsse einen *Sitz im Versandstaat* haben (sog. „Sitz-

[11] Art. 18 Abs. 1 Verordnung 1013/2006 i. V. m. § 5 Abs. 1 Nr. 1 bis 3 AbfVerbrG.

[12] Wuttke und Baehr 2008, S. 49; Oexle in Oexle et al. 2010, Art. 18 Rn. 14; Kropp 2016, 262 (265).

theorie“).[13] Dem Wortlaut des Art. 18 lässt sich ein solches Sitzerfordernis nicht entnehmen. Davon abgesehen ist ein solches Erfordernis jedenfalls nach hier vertretener Ansicht nicht mit den Grundfreiheiten des Primärrechts vereinbar. Gerichtlich geklärt ist diese Problematik nicht.[14] Folglich besteht insoweit nach wie vor Rechtsunsicherheit.

Feld 6 des Versanddokuments verlangt die Offenlegung des Abfallerzeugers oder Einsammlers einschließlich Anschrift, Kontaktperson, E-Mail, Telefon- und Faxnummer. Zu Schwierigkeiten führt dies, wenn es sich bei dem Veranlasser der Verbringung weder um den Erzeuger noch um den Einsammler, sondern um einen reinen *Streckenhändler* handelt. Denn da das Versanddokument am Ende des Transports dem Empfänger der Abfälle zu übergeben ist, erlangt dieser so alle relevanten Informationen über die Bezugsquellen seines die Verbringung veranlassenden Geschäftspartners. Dadurch wird der Empfänger der Abfälle in die Lage versetzt, die Bezugsquellen des Händlers direkt zu kontaktieren und das nächste Geschäft, ohne ihn abzuwickeln. Dies ist rechtlich problematisch, weil die Bezugsquellen des Händlers als Geschäftsgeheimnisse einzustufen sind und als solche besonderen rechtlichen Schutz genießen.[15]

Wegen dieses Schutzes stellt sich in Streckenhandelskonstellationen die Frage nach einer primärrechtskonformen – einschränkenden – Auslegung der vorliegend maßgeblichen Regelungen der Verordnung 1013/2006 oder, falls eine solche Auslegung nicht möglich ist, nach ihrer Vereinbarkeit mit dem EU-Primärrecht und damit ihrer (Un-)Wirksamkeit. Auf Vorlage eines nationalen Gerichts hat sich der Europäische Gerichtshof mit dieser Problematik befasst. Nach Ansicht des Europäischen Gerichtshofs soll wegen des eindeutigen Wortlauts der insoweit maßgeblichen Vorschriften eine primärrechtskonforme – einschränkende – Auslegung der Verordnung 1013/2006 zum Schutz der Streckenhändler nicht möglich sein. Dies führt den Europäischen Gerichtshof zu der von ihm explizit aufgeworfenen Frage nach der Vereinbarkeit der betroffenen Regelung der Verordnung 1013/2006 mit dem höherrangigen EU-Primärrecht und damit nach ihrer Gültigkeit, die er dann allerdings mit dem Hinweis, danach habe das nationale Gericht in seiner Vorlage an den Europäischen Gerichtshof nicht gefragt, unbeantwortet lässt.[16] Das

---

[13] So z. B. Kropp 2012, 11 ff.; Kropp 2016, 262 (266 f.); a. A. Oexle in Oexle et al. 2010, Art. 18 Rn. 14; Rogusch-Sießmayr 2012, 56 (56 ff.); Wuttke 2021, S. 75.

[14] In seinem Urt. v. 09.06.2016, C-69/15, Rn. 57–61, hat der EuGH die diesbezügliche Frage des vorlegenden ungarischen Gerichts als – jedenfalls für das konkrete Vorlageverfahren – hypothetisch eingestuft und daher für unzulässig erklärt.

[15] Geschäftsgeheimnisse werden nach der Rechtsprechung des EuGH als Teil des Rechts auf Achtung des Privatlebens durch Art. 7 der Charta der Grundrechte der EU geschützt (EuGH, Urt. v. 14.02.2008, C 450/06, Rn. 48). Darüber hinaus hat der EuGH den Schutz von Geschäftsgeheimnissen als allgemeinen Grundsatz des Unionsrechts anerkannt (EuGH, Urt. v. 24.06.1986, Rs. 53/85, Rn. 28). Damit sind Geschäftsgeheimnisse Teil des Primärrechts der Europäischen Union. Das EU-Primärrecht hat aber nicht nur Vorrang vor nationalem Recht, sondern auch Vorrang vor dem sog. EU-Sekundärrecht, zu dem insbesondere EU-Richtlinien und EU-Verordnung und damit auch die hier maßgebliche Verordnung 1013/2006 gehören.

[16] EuGH, Urt. v. 29.03.2012, C-1/11, Rn. 46.

Problem des Schutzes von Geschäftsgeheimnissen im grenzüberschreitenden Streckenhandel ist durch dieses Urteil folglich nicht abschließend geklärt worden. Die entscheidende rechtliche Frage wurde vom Europäischen Gerichtshof zwar gestellt, aber – aus formalen Gründen – nicht beantwortet.

Nach hier vertretener Ansicht stellt die Verpflichtung des Streckenhändlers zur Preisgabe seiner Geschäftsgeheimnisse gegenüber dem Empfänger der Abfälle einen unverhältnismäßigen Eingriff in den primärrechtlich verankerten Schutz seiner Geschäftsgeheimnisse dar. Verhältnismäßig kann ein solcher Eingriff nur sein, wenn er zur Erreichung eines legitimen Ziels geeignet, erforderlich und angemessen ist. Zweifelhaft ist bereits, ob die Angabe des Abfallerzeugers in dem Versanddokument überhaupt zur Erreichung eines legitimen Ziels geeignet ist. Aus Gründen des Umweltschutzes bedarf es dieser Angabe jedenfalls nicht, insbesondere hat sie keinen nennenswerten Mehrwert für die Beurteilung der Qualität des verbringungsgegenständlichen Abfalls bei einer behördlichen Kontrolle. Denn Angaben zum Abfall verlangen bereits Feld 9 („übliche Bezeichnung der Abfälle") und Feld 10 („Abfallidentifizierung") des Versanddokuments. Dabei sieht Feld 10 neben der Angabe des für die Einstufung in die Grüne Liste maßgeblichen Basel- oder OECD-Codes auch die Angabe des Abfallschlüssels nach dem EU-Abfallverzeichnis vor. Das EU-Abfallverzeichnis, das durch die Abfallverzeichnisverordnung in deutsches Recht umgesetzt wurde, basiert auf einem im wesentlichen herkunftsbezogenen System der Abfalleinstufung. Allein aus dem Abfallschlüssel ist daher im Regelfall der Herkunftsbereich des Abfalls seiner Art nach erkennbar. Welchen darüber hinausgehenden Erkenntniswert die Angaben des konkreten Abfallerzeugers, dessen betriebliche Verhältnisse der kontrollierenden Verbringungsbehörde im Allgemeinen unbekannt sind, im Hinblick auf die Beurteilung des beförderten Abfalls haben soll, erschließt sich nicht. Die Kenntnis des Abfallerzeugers ist für den Vollzug der Verordnung 1013/2006 auch nicht erforderlich. Der Abfallerzeuger ist – in den hier betrachteten Streckenhandelskonstellationen – an der Verbringung selbst nicht beteiligt; ihn selbst treffen daher keine Verpflichtungen im Hinblick auf eine Abfallverbringung nach Art. 18 der Verordnung 1013/2006. Dies gilt auch hinsichtlich der Rückfuhrpflichten im Fall einer illegalen Verbringung. Davon abgesehen gilt: Selbst wenn es einen sachlichen Grund gäbe, den Erzeuger der verbrachten Abfälle gegenüber den zuständigen Kontrollbehörden zu offenbaren, wäre die Verpflichtung zum Ausfüllen von Feld 6 in ihrer derzeitigen Ausgestaltung jedenfalls deshalb unverhältnismäßig, weil die Offenbarung dieser Information *gerade gegenüber dem Empfänger* nicht erforderlich ist; ausreichend und damit allein verhältnismäßig wäre allenfalls eine Pflicht zur Offenlegung dieser Information gegenüber der zuständigen Behörde. Es sind ohne Weiteres Gestaltungen möglich, die ohne Informationsverlust für die Behörde und damit bei gleicher Wirksamkeit die Geschäftsgeheimnisse des (Strecken-)Händlers gegenüber dem Empfänger wahren. So könnte etwa die Angabe des Erzeugers in codierter, nur durch die Behörde zu entschlüsselnder Form erfolgen. Alternativ könnte ein gesondertes, nur für den Empfänger bestimmtes Formular mitgeführt werden, welches die Angaben in Feld 6 nicht enthält. Gründe für den EU-Gesetzgeber, von solchen Gestaltungsmöglichkeiten keinen Gebrauch zu machen, sind nicht ersichtlich. Die danach unverhältnismäßige Beeinträchtigung der durch Unionsgrundrechte geschützten Geschäftsgeheimnisse der Streckenhändler führt nach hier vertretener Auffassung zur Unwirksamkeit der Verordnung 1013/2006, soweit sie eine Pflicht zum Ausfüllen von Feld 6 des Versanddokuments im Streckenhandelt begründet.

8.3.2.2 Vertrag

Die allgemeinen Informationspflichten erfordern zudem den Abschluss eines Vertrags zwischen dem Veranlasser der Verbringung und dem Empfänger der Ware.[17]

> **Praxishinweis** Sind Veranlasser und Empfänger derselben juristischen Person zuzurechnen, kann der Vertrag in entsprechender Anwendung des Art. 5 Abs. 5 der Verordnung 1013/2006 durch eine Erklärung der juristischen Person ersetzt werden, in der sich diese zur Verwertung der zu verbringenden Abfälle verpflichtet.

Der Vertrag bedarf der Schriftform; er muss bei Beginn der Verbringung wirksam sein und über den in Art. 18 Abs. 2 der Verordnung 1013/2006 beschriebenen Mindestinhalt verfügen.

Vertragsmuster

Vertrag

über die Verbringung von Abfällen nach Art. 18 der Verordnung (EG) Nr. 1013/2006

zwischen [Firma A]

- nachfolgend **Veranlasser** -

und [Firma B]

- nachfolgend **Empfänger** -

Vorbemerkung

Der Veranlasser beabsichtigt die grenzüberschreitende Verbringung von Abfällen, die den allgemeinen Informationspflichten nach Art. 18 der Verordnung (EG) Nr. 1013/2006 unterliegen. Zur Erfüllung der Anforderungen des Art. 18 Abs. 2 der Verordnung (EG) Nr. 1013/2006 treffen die Vertragsparteien folgende Regelungen:

§ 1 Vertragsgegenstand

Dieser Vertrag gilt für alle Verbringungen von Abfällen, die nach Maßgabe der allgemeinen Informationspflichten nach Art. 18 der Verordnung (EG) Nr. 1013/2006 zwischen den Parteien dieses Vertrags grenzüberschreitend verbracht werden.

[17] Art. 18 Abs. 2 Verordnung 1013/2006.

§ 2 Pflichten des Veranlassers

Der Veranlasser verpflichtet sich, die Abfälle zurückzunehmen oder ihre Verwertung auf andere Weise sicherzustellen und erforderlichenfalls in der Zwischenzeit für deren Lagerung zu sorgen, wenn die Verbringung der Abfälle nicht in der vorgesehenen Weise abgeschlossen werden kann oder als illegale Verbringung durchgeführt wurde.

§ 3 Pflichten des Empfängers

Soweit der Veranlasser zur Erfüllung seiner Pflichten aus § 2 dieses Vertrags bei der Durchführung der Verbringung oder der Verwertung nicht in der Lage ist (z. B. bei Insolvenz), verpflichtet sich der Empfänger, die Abfälle zurückzuführen oder deren Verwertung auf andere Weise sicherzustellen und erforderlichenfalls in der Zwischenzeit für deren Lagerung zu sorgen.

§ 4 Wirksamkeit

Dieser Vertrag wird mit Unterzeichnung wirksam und auf unbestimmte Zeit geschlossen.

Das vorstehende Vertragsmuster beschränkt sich auf den gesetzlich vorgeschriebenen Mindestinhalt. Grund dafür ist das Recht der Behörde, jederzeit eine Kopie des Vertrags anzufordern. Das ist problematisch, weil insbesondere das umfassende Umweltinformationsrecht weitreichende Einsichtsrechte Dritter in umweltrelevante behördliche Vorgänge begründet und daher nicht ausgeschlossen werden kann, dass auf diesem Weg Wettbewerber Kenntnis von dem Vertragsinhalt erlangen. Daher sollten alle wirtschaftlich sensiblen Daten, also insbesondere Preise und Mengen, einer gesonderten Vereinbarung vorbehalten bleiben. Bei einem solchen Vorgehen ist das betroffene Unternehmen nicht darauf angewiesen, dass solche Daten von der jeweils auskunftspflichtigen Stelle, also der zuständigen Behörde, als Geschäftsgeheimnisse eingestuft werden, zu deren Preisgabe auch das Umweltinformationsgesetz nicht verpflichtet.

Entgegen zum Teil anderslautender Forderungen des Vollzugs muss nicht für jeden einzelnen Transport ein gesonderter Vertrag geschlossen werden. Sollen beispielsweise bei einer zwischen Veranlasser und Empfänger vereinbarten Gesamtmenge von 100 t die einzelnen Lieferungen an fünf verschiedenen Tagen oder in fünf verschiedenen Fahrzeugen erfolgen, ist zwar für jeden einzelnen Transportvorgang ein gesondertes Versanddokument zu erstellen und mitzuführen, nicht aber jeweils auch ein gesonderter Vertrag zu schließen. Dementsprechend besteht für den Vertrag, anders als für das Versanddokument, auch keine Mitführungspflicht. Behördlicherseits nicht verlangt werden kann mangels gesetzlicher Grundlage zudem der Abschluss zeitlich befristeter Verträge.

8.3.2.3 Vorlage- und Nachweispflichten

Die zuständigen Behörden können jederzeit die Vorlage des Versanddokuments und des Grünen Vertrags verlangen, auch wenn beim Transport selbst nur das Versanddokument mitzuführen ist.[18]

Der Veranlasser kann behördlicherseits zudem aufgefordert werden, „schriftliche Nachweise" vorzulegen, die „von der vorläufigen und nicht vorläufigen Verwertungsanlage stammen und, falls nötig, von der zuständigen Behörde am Bestimmungsort bestätigt wurden".[19] Nachzuweisen ist die umweltgerechte Behandlung der verbringungsgegenständlichen Abfälle.

▶ **Praxishinweis** Die Regelung über die Erbringung „schriftlicher Nachweise" wirft zahlreiche Fragen auf, z. B.: Welche Behörden dürfen solche Nachweise verlangen? Was ist konkret nachzuweisen? Dürfen die Nachweise auch verlangt werden, wenn eine Kontrolle zu keinerlei Beanstandungen geführt hat? Darf ein Transport in der Zeit zwischen Nachweisverlangen und Vorlage der geforderten Nachweise gestoppt werden? Dürfen bei einer Verbringung, die zur vorläufigen Verwertung bestimmt ist, auch Nachweise verlangt werden, die von der nicht vorläufigen („nachgeschalteten") Anlage stammen? Wie viel Zeit muss die Behörde dem Betroffenen zur Übermittlung der Nachweise einräumen? Welche Konsequenzen hat die nicht fristgerechte oder nicht ausreichende Nachweiserbringung? Was kann der Veranlasser tun, wenn er ein Nachweisverlangen für rechtswidrig hält? Diese und andere Fragen beantwortet ein im Auftrag maßgeblicher Verbände der Entsorgungswirtschaft (BDE, bvse, BDSV, VDM) erstelltes Rechtsgutachten.[20] Die auf der Grundlage dieses Gutachtens verfassten FAQ[21] können – ebenso wie das Gutachten selbst – bei den genannten Verbänden angefordert werden.

8.3.2.4 Aufbewahrungspflichten

Die Versandinformationen und der Grüne Vertrag sind mindestens drei Jahre ab dem Zeitpunkt des Beginns der Verbringung aufzubewahren.[22] Adressaten dieser Aufbewahrungspflichten sind in Bezug auf die Versandinformationen der Veranlasser, der Empfänger und

---

[18] Art. 18 Abs. 3 Verordnung 1013/2006, § 12 Abs. 5 AbfVerbrG sowie Art. 18 Abs. 2 Verordnung 1013/2006.

[19] Art. 50 Abs. 4 c) Unterabsatz 2 i. V. m. Art. 49 Verordnung 1013/2006.

[20] *Oexle/Lammers*, Rechtsfragen der grenzüberschreitenden Verbringung von Abfällen nach der Novelle der Verordnung 1013/2006, Köln, Dezember 2015.

[21] *Oexle/Lammers*, „Fragen und Antworten zu den Nachweisen nach Art. 50 Absatz 4 c)" (Stand: Dezember 2015).

[22] Das bestimmt Art. 20 Abs. 2 Verordnung 1013/2006 für die Versandinformationen und § 5 Abs. 1 Nr. 4 AbfVerbrG für den Vertrag.

der Betreiber der Anlage, in der die Abfälle verwertet werden; in Bezug auf den Vertrag sind es der Veranlasser der Verbringung und der Empfänger der Abfälle.

8.3.3 Notifizierung und Zustimmung

Die von den Regelungen über die allgemeinen Informationspflichten streng zu unterscheidenden Vorschriften über die Notifizierung und Zustimmung[23] begründen zwei Kontrollverfahren: Ein Verfahren der Vorabkontrolle und ein Verfahren der Verbleibkontrolle. Die Vorabkontrolle besteht aus dem einheitlichen, transnationalen Verfahren der Notifizierung und Zustimmung, das vor der Verbringung der Abfälle durchzuführen ist. Endet dieses Verfahren mit einem rechtlichen Unbedenklichkeitstestat in Form der Zustimmungen der zuständigen Behörden, beginnt das Verfahren der Verbleibkontrolle, das gemeinhin als Begleitscheinverfahren bezeichnet wird. Rechtlich verknüpft werden die beiden Kontrollverfahren durch Art. 9 Abs. 6 der Verordnung 1013/2006. Danach darf die Verbringung auch im Falle des Vorliegens aller erforderlichen Zustimmungen erst beginnen, wenn der Notifizierende das Begleitformular – soweit möglich – ausgefüllt und den zuständigen Behörden sowie dem Empfänger mindestens drei Werktage vor Beginn der Verbringung unterzeichnete Kopien des so ausgefüllten Formulars übermittelt hat.

8.3.3.1 Vorabkontrolle

Das Verfahren der schriftlichen Notifizierung und Zustimmung wird durch einen – als Notifizierung bezeichneten – Antrag eingeleitet, der bei der zuständigen Behörde am Versandort einzureichen ist. Dabei muss grundsätzlich jeder Transport- und Entsorgungsvorgang gesondert notifiziert werden.

► **Praxishinweis** Unter bestimmten Voraussetzungen eröffnet Art. 13 der Verordnung 1013/2006 die Option, eine Sammelnotifizierung einzureichen. Gegenstand einer solchen Notifizierung können mehrere Transporte sein. Zulässig ist auch die Zusammenfassung verschiedener Abfälle, z. B. wenn die Sammlung kleinerer Mengen bei unterschiedlichen Erzeugern und deren Transport zur Entsorgung in derselben Anlage beabsichtigt ist.[24]

Antragsberechtigt sind ausschließlich die in Art. 2 Nr. 15 der Verordnung 1013/2006 genannten Personen, also der Erzeuger, Einsammler, Händler, Makler und Besitzer der Abfälle. Dabei stehen Erzeuger, Einsammler, Händler und Makler gleichrangig nebeneinander; im Rang dahinter folgt der Abfallbesitzer, der nur dann notifizieren darf, wenn die vorgenannten Personen „unbekannt oder insolvent" sind.

---

[23] Art. 4 bis 17 Verordnung 1013/2006.

[24] Baumann in Oexle et al. 2010, Art. 13 Rn. 4.

Die Notifizierung erfolgt mittels eines bestimmten Formularsatzes, den der Antragsteller von der zuständigen Behörde am Versandort erhält; er besteht aus einem Notifizierungsformular und einem Begleitformular. Die bei der Einreichung der Notifizierung zwingend anzugebenden Informationen ergeben sich aus Anhang II Teil 1 und Teil 2 der Verordnung 1013/2006. Dazu gehört insbesondere auch der Nachweis einer Haftpflichtversicherung, eines Vertrags zwischen Notifizierendem und Empfänger und einer Sicherheitsleistung oder entsprechenden Versicherung.

▶ **Praxishinweis** Spezifische Anweisungen für das Ausfüllen der Formulare enthält Anhang I C der Verordnung 1013/2006.

Nur auf besonderes Anfordern der zuständigen Behörden sind darüber hinaus die in Anhang II Teil 3 der Verordnung 1013/2006 genannten Informationen einzureichen. Der Katalog der zusätzlichen Informationen ist weit und offen gefasst. Danach können die zuständigen Behörden alle Informationen verlangen, die für die Beurteilung der Notifizierung sachdienlich sind.[25] Damit wird den zuständigen Behörden ein weites Ermittlungsermessen eingeräumt. Gleichwohl ist diese Befugnis nicht uferlos. Die zuständigen Behörden dürfen insbesondere nicht nach Belieben und schon gar nicht in sachwidriger oder grundloser Weise Unterlagen verlangen. Eine normative Schranke besteht in der geforderten Sachdienlichkeit. Diese muss aus dem behördlichen Ersuchen zumindest plausibel hervorgehen, also in nachvollziehbarer Weise begründet sein.[26]

▶ **Praxishinweis** Von einer solchen Plausibilität ist in der Praxis regelmäßig dann nicht mehr auszugehen, wenn die geforderten Informationen ersichtlich keinerlei Bedeutung für die behördliche Prüfung der Untersagungstatbestände der Art. 11 oder 12 der Verordnung 1013/2006 haben können.[27]

Ist die zuständige Behörde am Versandort der Auffassung, dass die Muss-Angaben vorliegen, also insbesondere die Formulare zutreffend ausgefüllt worden sind, gilt die Notifizierung als ordnungsgemäß ausgeführt.[28] Damit ist der einleitende Verfahrensabschnitt der Notifizierung als erste Phase des Kontrollverfahrens beendet.[29] Der Antrag ist in diesem Fall an die zuständige Behörde am Bestimmungsort weiterzuleiten und der Notifizierende darüber zu informieren.

Als ordnungsgemäß abgeschlossen gilt die Notifizierung erst, wenn die zuständige Behörde am Bestimmungsort der Auffassung ist, dass die Muss-Angaben sowie darüber hi-

[25] Siehe Anhang II Teil 3 Nr. 14 Verordnung 1013/2006.

[26] Breuer in Oexle et al. 2010, Art. 4 Rn. 27.

[27] Vgl. OVG NW, NVwZ 2004, 1261 ff.; *Oexle*, AbfallR 2004, 239 (241).

[28] Art. 4 Nr. 2 Verordnung 1013/2006.

[29] *Breuer*, in: Oexle/Epiney/Breuer, Kommentar zur EG-Abfallverbringungsverordnung, 2010, Art. 4 Rn. 25.

naus auch etwaige zusätzlich verlangte Informationen gemäß Anhang II Teil 3 vom Notifizierenden vorgelegt worden sind.[30] In diesem Fall muss die zuständige Behörde am Bestimmungsort dem Notifizierenden eine Empfangsbestätigung und den anderen betroffenen Behörden Kopien davon übermitteln. Dies muss innerhalb von drei Werktagen nach Eingang der ordnungsgemäß abgeschlossenen Notifizierung erfolgen.[31]

Danach haben die zuständigen Behörden 30 Tage Zeit, um über die Notifizierung zu entscheiden. In Betracht kommen eine Zustimmung ohne Auflagen, eine Zustimmung mit Auflagen oder die Erhebung von Einwänden.[32]

Haben die Behörden – mit oder ohne Auflagen – zugestimmt, ist die Gültigkeitsdauer der jeweiligen Zustimmungen zu beachten. Denn in zeitlicher Hinsicht darf die geplante Verbringung nur so lange erfolgen, wie die Zustimmungen aller Behörden gültig sind.[33] Eine Zustimmung ist grundsätzlich ein Jahr wirksam, es sei denn, dass behördlicherseits ein kürzerer Zeitraum bestimmt wurde.

> **Praxishinweis** Zu achten ist auf möglicherweise voneinander abweichende Geltungsdauern der einzelnen Zustimmungen. Da die Zustimmungen der zuständigen Behörden gesondert und kumulativ vorliegen müssen und eine Verbringung nur legal ist, solange sie von allen erforderlichen Zustimmungen gedeckt ist, kommt es auf die behördliche Zustimmung mit der kürzesten Geltungsdauer an.[34]

Die kurze Regel-Geltungsdauer einer Zustimmung von einem Jahr kann im Falle einer Sammelnotifizierung auf bis zu drei Jahre verlängert werden, wenn die Verwertungsanlage, zu der die Abfälle verbracht werden sollen, über eine Vorabzustimmung gemäß Art. 14 der Verordnung 1013/2006 verfügt.

Will eine zuständige Behörde der notifizierten Verbringung nicht zustimmen, muss sie einen Einwand erheben. Die formellen und materiellen Voraussetzungen der Einwanderhebung sind in der Verordnung 1013/2006 abschließend in Art. 11 (für zur Beseitigung bestimmte Abfälle) und Art. 12 (für zur Verwertung bestimmte Abfälle) geregelt. Dabei enthält Art. 11 die weitreichenderen Interventionsbefugnisse. Das entspricht der privilegierten Stellung, die die Kategorie der Verwertung im Verhältnis zur Beseitigung in der Umweltpolitik der Union einnimmt.[35] Das System der Untersagungstatbestände ist kom-

---

[30] Art. 4 Nr. 3 Verordnung 1013/2006.

[31] Art. 8 Abs. 2 Verordnung 1013/2006.

[32] Art. 9 Abs. 1 Verordnung 1013/2006.

[33] Art. 9 Abs. 6 Verordnung 1013/2006.

[34] Breuer in Oexle et al. 2010, Art. 9 Rn. 16.

[35] Durchbrochen wird dieses System durch Art. 3 Abs. 5 Verordnung 1013/2006, der dem Schutz kommunaler Entsorgungsbetriebe vor privater Konkurrenz dient. Danach ist die Verbringung gemischter Siedlungsabfälle, die in privaten Haushalten eingesammelt worden sind – einschließlich der Abfälle anderer Erzeuger, die in diesem Kontext mit eingesammelt werden – zur Verwertung so

plex; bei der Auslegung der einzelnen Tatbestände ist die Kohärenz des Gesamtsystems ebenso in den Blick zu nehmen wie das hinter der Verordnung 1013/2006 stehende Primärrecht.[36] Im Fall der Verbringung zu einer vorläufigen Beseitigung – Verfahren D13 bis D15 nach Anhang I der Richtlinie 2008/98 – oder Verwertung – Verfahren R12 und R13 nach Anhang II der Richtlinie 2008/98 – können sich die Einwände auch auf die Verbringung zu den nachgeschalteten (vorläufigen und endgültigen) Entsorgungsanlagen beziehen, die im Notifizierungsformular ebenfalls anzugeben sind.

► **Rechtsschutz** Einwände sind als selbstständige Rechtsakte in den Mitgliedstaaten anzugreifen, in denen sie erhoben wurden. Da das Verbringungsrecht diesbezüglich keine Regelung trifft, gilt das Prozessrecht des jeweils betroffenen Mitgliedstaats, soweit es den unionsrechtlichen Grundsätzen der Effektivität und Äquivalenz entspricht. In Deutschland gilt: Da in der Erhebung eines Einwands zugleich die Ablehnung der beantragten Zustimmung liegt, muss auf entsprechende Verpflichtung der Behörde geklagt werden, die den Einwand erhoben hat. Statthafte Klageart ist damit die Verpflichtungsklage gemäß § 42 Abs. 1 Fall 2 der Verwaltungsgerichtsordnung.[37]

Werden innerhalb der Frist von 30 Tagen keine Einwände erhoben,[38] gilt die Zustimmung der für die Durchfuhr zuständigen Behörde als (stillschweigend) erteilt.[39] Für die erforderlichen Zustimmungen der anderen Behörden gilt dies nicht. Lässt eine dieser Behörden die Frist verstreichen, liegt von ihrer Seite weder eine stillschweigend erteilte noch eine fingierte, sondern überhaupt keine Genehmigung vor. Solange es hierbei bleibt, darf die notifizierte Verbringung nicht ausgeführt werden.[40]

Zwar gelten die erforderlichen Zustimmungen der Versandort- und Bestimmungsortbehörde nach Ablauf der 30-tägigen Frist weder als stillschweigend erteilt noch werden sie fingiert. Allerdings führt der Fristablauf zur Präklusion. Nach Fristablauf erhobene Einwände sind daher unbeachtlich. Die Präklusion tritt zu Lasten der zuständigen Behörde auch dann ein, wenn Einwände gegen die Notifizierung berechtigt gewesen wären. Das gilt auch in einem späteren Gerichtsverfahren. Wird die Behörde in einem solchen Fall auf

---

zu behandeln, wie eine Verbringung zur Beseitigung bestimmter Abfälle; siehe dazu z. B. *Dieckmann*, ZUR 2008, 505 (506 f.); Oexle in Oexle et al. 2010, Art. 3 Rn. 47–58 sowie Art. 11 Rn. 101–106.

[36] Zum Verhältnis der Verbringungsverordnung zum Primärrecht siehe Oexle in Oexle, 2010, Art. 11 Rn. 27 ff.; Oexle 2003, 284 ff. jeweils mit Nachweisen aus der Rechtsprechung.

[37] So BVerwG, NVwZ 2004, 344 (345) auf Grundlage der Vorgängerregelung, also der Verordnung 259/93. Für die Verordnung 1013/2006 *Schröder*, in: Jarass/Petersen/Weidemann, KrW-/AbfG, VO 1013/2006, Art. 9 Rn. 8; Oexle et al. 2010, Art. 11 Rn. 24.

[38] Zur Fristberechnung *Oexle* in Oexle et al. 2010, Art. 11 Rn. 11.

[39] Art. 9 Abs. 1 a. E. der Verordnung 1013/2006.

[40] *Schröder*, in: Jarass/Petersen/Weidemann, KrW-/AbfG, VO 1013/2006, Art. 4 Rn. 6, Art. 9 Rn. 4 f.; *Breuer* in Oexle et al. 2010, Art. 9 Rn. 12.

Zustimmung verklagt, kann sie sich zur Abwehr der Klage nicht mit Erfolg auf das Vorliegen der Voraussetzungen der in Art. 11 oder 12 der Verordnung 1013/2006 geregelten Untersagungstatbestände berufen.[41]

8.3.3.2 Verbleibkontrolle

Der als Begleitscheinverfahren bezeichnete Prozess der Verbleibkontrolle ist in Art. 16 der Verordnung 1013/2006 geregelt. Er beginnt nach Abschluss des Verfahrens der Vorabkontrolle durch Erteilung der erforderlichen behördlichen Zustimmungen.

Im Begleitscheinverfahren trägt der Notifizierende das tatsächliche Datum der Verbringung in das Begleitformular ein und füllt dieses auch ansonsten soweit wie möglich aus (erster Schritt).

Daraufhin übermittelt der Notifizierende den betroffenen zuständigen Behörden und dem Empfänger der Abfälle mindestens 3 Werktage vor Beginn der geplanten Verbringung Kopien des so ausgefüllten und unterschriebenen Begleitformulars (zweiter Schritt).

Der Notifizierende hat sodann das Original des Begleitformulars sowie Kopien des Notifizierungsformulars, die die erteilten schriftlichen Zustimmungen enthalten, dem Beförderer auszuhändigen, der diese während des Transports mitführen muss (dritter Schritt).

Nach Beendigung des Transports zur Entsorgungsanlage verbleibt das Begleitformular beim Betreiber dieser Anlage, der den Erhalt der Abfälle innerhalb von drei Tagen schriftlich zu bestätigen hat. Der Anlagenbetreiber übermittelt dem Notifizierenden und den betroffenen zuständigen Behörden sodann unterzeichnete Kopien des um diese Bestätigung ergänzten Begleitformulars (vierter Schritt).

Schließlich hat der Anlagenbetreiber die endgültige Entsorgung der Abfälle im Begleitformular zu bestätigen. Dies hat unverzüglich, spätestens jedoch innerhalb einer Frist von 30 Tagen nach Abschluss der endgültigen Entsorgung und – sofern von den zuständigen Behörden kein kürzerer Zeitraum bestimmt worden ist – nicht später als ein Kalenderjahr nach Erhalt der Abfälle zu geschehen. Der Anlagenbetreiber hat dem Notifizierenden und den betroffenen zuständigen Behörden Kopien des um diese Bescheinigung ergänzten und entsprechend unterschiebenen Begleitformulars zu übermitteln (fünfter Schritt). Erfolgt die Verbringung zu einer vorläufigen Verwertungs- oder Beseitigungsanlage, hat der Anlagenbetreiber in der genannten Form und Frist zunächst den Abschluss der vorläufigen Verwertung bzw. Beseitigung zu bescheinigen. Darüber hinaus muss der Betreiber der vorläufigen Entsorgungsanlage sobald wie möglich, spätestens jedoch ein Kalenderjahr nach Lieferung der Abfälle an eine andere Entsorgungsanlage – sofern die zuständigen Behörden keine kürzere Frist festgelegt haben – von der anderen Anlage eine Bescheinigung über die Durchführung der endgültigen Entsorgung erhalten und diese unverzüglich dem Notifizierenden und den betroffenen zuständigen Behörden übermitteln.

---

[41] Ausführlich *Oexle* in Oexle 2010, Art. 11 Rn. 10.

8.4 Verbringungsrechtliche Kennzeichnungspflichten

Beförderer und den Transport unmittelbar durchführende Personen müssen ihre Fahrzeuge vor der Abfahrt mit dem A-Schild kennzeichnen.[42] Eine Ausnahme gilt für Fahrzeuge, mit denen Abfälle „im Rahmen wirtschaftlicher Unternehmen" befördert werden.[43] Hierunter fallen z. B. Handwerker, die im Rahmen ihrer Haupttätigkeit anfallende Abfälle befördern.

[42] § 10 Abs. 1 AbfVerbrG.

[43] § 10 Abs. 2 AbfVerbrG.

Kreislaufwirtschaft und Klimaschutz 9

Anno Oexle und Thomas Lammers

9.1 Einführung

Im Vergleich zur vorindustriellen Zeit ist die CO_2-Konzentration in der Atmosphäre um ca. 40 % angestiegen.[1] Verursacht wurde dieser erhebliche Anstieg vor allem durch weltweite CO_2-Emissionen infolge menschlicher Tätigkeiten. Allein in der EU-27 betrugen die Emissionen von CO_2 und anderen, ähnlich wirkenden Gasen – kollektiv als Treibhausgase[2] bezeichnet – im Jahr 2019 rund 3,6 Milliarden Tonnen CO_2-Äquivalente.[3] Die in der Erdatmosphäre befindlichen Treibhausgase absorbieren die von der Erde abgegebene Infrarotstrahlung und strahlen Teile davon zurück in Richtung der Erdoberfläche, was dort und in den unteren Schichten der Atmosphäre zu einer Erwärmung führt (sog. Treibhauseffekt).[4] Im Zeitraum zwischen 2011 und 2020 lag die globale Durchschnittstemperatur um etwa 1,1 °C höher als im Zeitraum zwischen 1850 und 1900.[5] In seinem jüngsten, dem 6. Sach-

[1] IPCC, 2015, Seite 44.

[2] Nach der Legaldefinition in § 2 Nr. 1 KSG fallen unter den Begriff „Treibhausgas" neben Kohlendioxid (CO_2) Methan (CH_4), Distickstoffoxid (N_2O), Schwefelhexafluorid (SF_6), Stickstofftrifluorid (NF_3) sowie teilfluorierte Kohlenwasserstoffe (HFKW) und perfluorierte Kohlenwasserstoffe (PFKW) gemäß Anhang V Teil 2 der Europäischen Governance-Verordnung.

[3] https://www.umweltbundesamt.de/daten/klima/treibhausgas-emissionen-in-der-europaeischen--union#hauptverursacher.

[4] IPCC, 2013, Seite 126.

[5] IPCC, 2021, Seite 5.

A. Oexle (✉) · T. Lammers
Sozietät Oexle Kopp-Assenmacher Lück, Köln, Deutschland
E-Mail: anno.oexle@oklp.de; thomas.lammers@oklp.de

P. Kurth et al. (Hrsg.), *Praxishandbuch der Kreislauf- und Rohstoffwirtschaft*,
https://doi.org/10.1007/978-3-658-36262-1_9

standsbericht, der bisher nur teilweise fertiggestellt und veröffentlicht ist, stellt der Zwischenstaatliche Ausschuss für Klimaänderungen (Intergovernmental Panel on Climate Change, IPCC) fest, dass die Erwärmung der Atmosphäre, des Ozeans und der Landflächen durch menschlichen Einfluss nicht zweifelhaft ist und hierdurch weit verbreitete und schnelle Veränderungen in Atmosphäre, Ozean, Kryosphäre und Biosphäre aufgetreten sind.[6] Zu den Folgen des Klimawandels gehören unter anderem ein Anstieg des Meeresspiegels und das verstärkte Auftreten extremer Wetterlagen wie Hitzewellen, Starkniederschläge, Dürren und tropischer Wirbelstürme.[7]

Der anthropogene, d. h. durch den Menschen verursachte, Klimawandel wird verbreitet als größte globale Herausforderung unserer Zeit angesehen. Zur Bewältigung dieser Herausforderung lassen sich zwei grundsätzliche Strategien verfolgen, die sich nicht gegenseitig ausschließen und sich in der klimapolitischen Praxis daher in Kombination finden: Unter *Vermeidung* (engl.: Mitigation) wird der Versuch verstanden, einen gefährlichen Klimawandel zu verhindern, indem das Fortschreiten der Klimaveränderungen durch Beseitigung ihrer anthropogenen Ursachen verlangsamt und idealerweise zu einem bestimmten Zeitpunkt gestoppt wird. Im Gegensatz zur Vermeidung verfolgt die *Anpassung* (engl.: adaptation) das Ziel, die gefährlichen Auswirkungen des Klimawandels abzumildern, um Schäden zu verringern. Sowohl Vermeidung als auch Anpassung erfordern in vielfältiger Hinsicht den Einsatz rechtlicher Instrumente durch den Staat, sei es in Form direkter Steuerung durch ordnungsrechtliche Ge- und Verbote, sei es in Form indirekter Steuerung, wie etwa durch finanzielle Maßnahmen zur Förderung klimaverträglichen Verhaltens. Vermeidung und Anpassung bilden zusammen den Regelungsgegenstand des Klimaschutzrechts, bei dem es sich infolge der Vielzahl der betroffenen Lebensbereiche um eine Querschnittsmaterie handelt, deren Entwicklung noch längst nicht abgeschlossen ist.

9.2 Grundlagen des Klimaschutzrechts

Klimaschutzrelevante Regelungen finden sich im Völkerrecht, im EU-Recht und im nationalen Recht, auf der Bundesebene wie auf der Landesebene.

9.2.1 Klimaschutz-Völkerrecht

9.2.1.1 Klimarahmenkonvention der Vereinten Nationen

Der globalen Natur der Klimaschutzaufgabe entsprechend werden wesentliche Entscheidungen zum Klimaschutz auf internationaler Ebene durch völkerrechtliche Verträge getroffen. Das grundlegende völkerrechtliche Instrument zur Bekämpfung des Klimawandels ist die Klimarahmenkonvention der Vereinten Nationen von 1992, die bisher von 196

[6] IPCC, 2021, Seite 5.

[7] IPCC, Seite 10 f.

Staaten ratifiziert wurde; außerdem ist die EU als „Organisation der regionalen Wirtschaftsintegration" Vertragspartei.

In der Klimarahmenkonvention erkannte die internationale Staatengemeinschaft die Änderungen des Erdklimas und deren nachteilige Auswirkungen auf die Menschheit an und einigte sich darauf, eine gefährliche anthropogene Störung des Klimasystems zu verhindern. Dieses Ziel soll innerhalb eines Zeitraums erreicht werden, der ausreicht, damit sich die Ökosysteme auf natürliche Weise den Klimaänderungen anpassen können, die Nahrungsmittelerzeugung nicht bedroht wird und die wirtschaftliche Entwicklung auf nachhaltige Weise fortgeführt werden kann.

Ein konkretes Ziel für die Begrenzung des Temperaturanstiegs enthält die Klimarahmenkonvention selbst zwar nicht, sie hat jedoch den institutionellen Rahmen für die Fortentwicklung des internationalen Klimaschutzrechts geschaffen. Zu diesem Zweck wurde als oberstes Entscheidungsgremium die – auch als Weltklimakonferenz bezeichnete – Vertragsstaatenkonferenz (Conference of the Parties, COP) eingesetzt, in der einmal jährlich die Vertragsstaaten zusammenkommen, um die wirksame Durchführung der Klimarahmenkonvention zu fördern und den internationalen Klimaschutz voranzutreiben. Die Vertragsstaaten können im Rahmen der Vertragsstaatenkonferenzen Zusätze zur Klimarahmenkonvention sowie eigenständige Abkommen verabschieden. Auf diesem Mechanismus beruhen sowohl das Kyoto-Protokoll von 1997, in dem erstmals rechtsverbindliche Begrenzungs- und Reduzierungsverpflichtungen für die Industrieländer in Bezug auf Treibhausgase festgelegt wurden, als auch das für die aktuelle Entwicklung des internationalen Klimaschutzrechts zentrale Übereinkommen von Paris von 2015.

9.2.1.2 Übereinkommen von Paris

Die Ziele des im Rahmen der 21. Vertragsstaatenkonferenz geschlossenen Übereinkommens von Paris sind in dessen Art. 2 festgelegt. Sie umfassen die für alle Vertragsparteien verbindliche Festlegung, dass der Anstieg der durchschnittlichen Erdtemperatur „deutlich unter 2 °C über dem vorindustriellen Niveau gehalten wird" und „Anstrengungen unternommen werden, um den Temperaturanstieg auf 1,5 °C über dem vorindustriellen Niveau zu begrenzen". Außerdem sind die Vertragsparteien verpflichtet, die Fähigkeit zur Anpassung an die nachteiligen Auswirkungen der Klimaänderungen zu erhöhen und die Widerstandsfähigkeit gegenüber Klimaänderungen sowie eine hinsichtlich der Treibhausgase emissionsarme Entwicklung so zu fördern, dass die Nahrungsmittelerzeugung nicht bedroht wird. Schließlich müssen die Finanzmittelflüsse mit einem Weg hin zu einer hinsichtlich der Treibhausgase emissionsarmen und gegenüber Klimaänderungen widerstandsfähigen Entwicklung in Einklang gebracht werden. Ratifiziert wurde das Übereinkommen von Paris von 194 Staaten und der EU.

In Deutschland hat das Temperaturziel des Übereinkommens von Paris eine erhebliche rechtliche Aufwertung dadurch erfahren, dass das Bundesverfassungsgericht in diesem Ziel – genauer gesagt: in dessen Rezeption durch das Bundes-Klimaschutzgesetz (dazu unten Abschn. 9.2.3.2) – eine Konkretisierung des aus Art. 20a GG (Schutz der natürlichen Lebengrundlagen) abgeleiteten Klimaschutzgebots sieht, welche der Gesetzgeber in Ausfüllung seines verfassungsrechtlichen Auftrags und seiner Einschätzungsprärogative vorgenommen hat.[8] Das Bundesverfassungsgericht hält den Gesetzgeber deshalb verfassungsrechtlich für verpflichtet, sich fortan – durch das Bundesverfassungsgericht überprüfbar – um das Erreichen dieses Ziels zu bemühen.[9] Das Ziel, die Erwärmung der Erde auf deutlich unter 2 °C, möglichst auf 1,5 °C zu begrenzen, hat damit – vorbehaltlich einer grundsätzlich möglichen neuen Konkretisierung durch den Gesetzgeber, die im Falle einer Absenkung des Klimaschutzziels (im Sinne der Zulassung einer höheren Erderwärmung) allerdings rechtfertigungsbedürftig wäre[10] – einen quasi-verfassungsrechtlichen Status erlangt.

Um dieses langfristige Temperaturziel zu erreichen, verpflichtet Art. 4 Abs. 1 des Übereinkommens von Paris die Vertragsparteien, so bald wie möglich den weltweiten Scheitelpunkt der Emissionen von Treibhausgasen zu erreichen, und danach rasche Reduktionen im Einklang mit den besten verfügbaren wissenschaftlichen Erkenntnissen herbeizuführen, um in der zweiten Hälfte dieses Jahrhunderts ein Gleichgewicht zwischen den anthropogenen Emissionen von Treibhausgasen aus Quellen und dem Abbau solcher Gase durch Senken herzustellen. Nach dem Grundsatz der gemeinsamen, aber unterschiedlichen Verantwortlichkeiten wurde Entwicklungsländern dabei ein größerer zeitlicher Rahmen eingeräumt.

Konkrete Emissionsminderungsziele für die einzelnen Vertragsstaaten sieht das Übereinkommen von Paris nicht vor. Vielmehr müssen die Staaten ihre Beiträge zur Zielerreichung selbst erarbeiten und an die Vertragsstaatenkonferenz übermitteln („intended nationally determined contributions"; INDC); sie sind verpflichtet, die übermittelten Beiträge beizubehalten und innerstaatliche Emissionsminderungsmaßnahmen zu ergreifen, um sie zu verwirklichen. Nach dem in Art. 13 des Übereinkommens von Paris festgelegten Transparenzrahmen müssen die Vertragsstaaten dabei regelmäßig über ihren Fortschritt bei der Zielumsetzung berichten. Diese Berichte werden dann einer internationalen Begutachtung unterzogen und anschließend in die globale Bestandsaufnahme eingespeist, in der der kollektive Fortschritt zur Erreichung der Langfristziele bilanziert wird. Die Ergebnisse dieser Bestandsaufnahme wiederum sollen bei der Festlegung der nationalen Klimaschutzbeiträge, die alle 5 Jahre zu erneuern sind, berücksichtigt werden und so zu einer Steigerung der Ambitionen beitragen.

Insgesamt ist das Übereinkommen von Paris mit seiner verbindlichen Festlegung eines konkreten Klimaziels und dem zu dessen Verwirklichung vorgesehenen Regelungs- und Überwachungsmechanismus gegenwärtig der zentrale völkerrechtliche Motor eines globalen Klimaschutzes.

---

[8] BVerfG, Beschl. v. 24.03.2021, 1 BvR 2656/18 u. a., Rn. 208 ff.

[9] BVerfG, Beschl. v. 24.03.2021, 1 BvR 2656/18 u. a., Rn. 242.

[10] BVerfG, Beschl. v. 24.03.2021, 1 BvR 2656/18 u. a., Rn. 212.

9.2.2 EU-Recht

Wie in anderen Bereichen des Umweltrechts auch, hat das Recht der EU, nicht zuletzt wegen seines Vorrangs gegenüber dem nationalen Recht, im Bereich des Klimaschutzes eine zentrale Bedeutung. Die EU hat nicht nur, wie bereits ausgeführt, die Klimarahmenkonvention und das Übereinkommen von Paris ratifiziert und ist somit zu deren Umsetzung verpflichtet; sie hat es sich auch zum Ziel gesetzt, international ein Vorreiter beim Klimaschutz zu sein. Vor diesem Hintergrund sind die rechtlichen Regelungen der EU zur Festlegung von Klimazielen und zur Verteilung der Lasten auf die einzelnen Mitgliedstaaten zu betrachten.

9.2.2.1 Europäisches Klimagesetz

In dem am 29.07.2021 in Kraft getretenen „Europäisches Klimagesetz“[11] wurde zur Verwirklichung des im Übereinkommen von Paris festgelegten Temperaturziels (Begrenzung der Erwärmung der Erde auf deutlich unter 2 °C, möglichst auf 1,5 °C) das Ziel einer klimaneutralen Wirtschaft und Gesellschaft in der EU bis 2050 festgeschrieben. Klimaneutralität ist dabei zu verstehen als Gleichgewicht von anthropogenen Treibhausgasemissionen und deren Abbau durch Senken. Als – ebenfalls rechtsverbindliches – Zwischenziel legt das Europäische Klimagesetz die Verringerung der Netto-Treibhausgasemissionen um mindestens 55 % bis 2030 gegenüber dem Stand von 1990 fest. Damit wurde die politische Zielerhöhung im Rahmen des europäischen Grünen Deals in eine rechtsverbindliche Regelung transformiert. Darüber hinaus sieht das europäische Klimagesetz ein Verfahren zur Festlegung eines Klimaziels für 2040 unter Berücksichtigung eines indikativen Treibhausgasbudgets für 2030–2050 vor. Für die Zeit nach 2050 werden negative Emissionen angestrebt. Durch die verbindlichen Zielfestlegungen soll auch gewährleistet werden, dass der Übergang zur Klimaneutralität unumkehrbar ist; dies nicht zuletzt, um Planungssicherheit für Investoren und sonstige Wirtschaftsakteure zu schaffen.

Rechtlich gesehen handelt es sich – entgegen der auch im amtlichen Titel verwendeten Bezeichnung – bei dem Europäischen Klimagesetz nicht um ein Gesetz, sondern um eine gewöhnliche EU-Verordnung; als solche besitzt das Europäische Klimagesetz allerdings unmittelbare Gültigkeit in der gesamten EU und entfaltet in den Mitgliedstaaten ähnliche Rechtswirkungen wie ein Gesetz. Es verpflichtet die Mitgliedstaaten unionsrechtlich, auf nationaler Ebene die zur Erreichung des Ziels erforderlichen Maßnahmen zu ergreifen. Soweit darüber hinaus in dem Europäischen Klimagesetz auch den Organen der EU Verpflichtungen auferlegt werden, ist allerdings zu beachten, dass dem Europäischen Klimagesetz kein höherer Rang zukommt als anderen Sekundärrechtsakten der EU. Etwaige spätere gleichrangige Rechtssetzungsakte, die in Widerspruch zum Europäischen Klimagesetz stehen, wären daher nicht unwirksam, sondern würden im Gegenteil nach allge-

[11] Verordnung (EU) 2021/1119 der Europäischen Parlaments und des Rates vom 30. Juni 2021 zur Schaffung des Rahmens für die Verwirklichung der Klimaneutralität und zur Änderung der Verordnungen (EG) Nr. 401/2009 und (EU) 2018/1999 („Europäisches Klimagesetz“).

meinen Rechtsgrundsätzen der älteren Regelung durch das Europäische Klimagesetz vorgehen. Für die Organe der EU erzeugt das Europäische Klimagesetz somit, soweit es um den Erlass anderer Sekundärrechtsakte geht, eher eine politische als eine rechtliche Verpflichtung. Im Gegensatz dazu entfaltet das Europäische Klimagesetz im administrativen Bereich auch gegenüber EU-Organen rechtliche Verbindlichkeit.

9.2.2.2 Europäische Klimaschutzverordnung

Die Europäische Klimaschutzverordnung[12] regelt die von den Mitgliedstaaten zur Erreichung der Klimaziele der EU zu erbringenden Treibhausgasminderungsbeiträge für den Zeitraum 2021–2030 in den nicht vom europäischen Emissionshandel erfassten Sektoren. Sie beruht im Wesentlichen auf dem gleichen Regelungsansatz wie die Lastenteilungsentscheidung Nr. 409/2009/EG, welche die zu erbringenden Emissionsminderung bis einschließlich des Jahres 2020 regelte.

Die im Zeitpunkt der Erstellung dieses Beitrags geltende Fassung der Europäischen Klimaschutzverordnung berücksichtigt noch nicht die im Rahmen des europäischen Grünen Deals erhöhten EU-weiten Minderungsziele bis 2030 (von 40 % auf 55 % jeweils im Vergleich zum Jahr 1990), die inzwischen durch das Europäische Klimagesetz verbindlich festgelegt wurden. Ein Entwurf der EU-Kommission für die notwendige Anpassung der Europäischen Klimaverordnung liegt allerdings bereits vor.[13] Die danach – grundsätzlich auf einem linearen Pfad – zu erreichenden Emissionsminderungen der Mitgliedstaaten weisen eine Spannweite von −10 % (Bulgarien) bis zu −50 % (Dänemark, Deutschland, Luxemburg, Finnland und Schweden) auf. Bezugsjahr ist dabei nicht – wie in anderen Regelungen üblich – das Jahr 1990, sondern das Jahr 2005. Für Deutschland entspricht die in dem Entwurf vorgesehene Minderung von 50 % in Bezug auf 2005 einer Minderung von mehr als 60 % in Bezug auf 1990.

9.2.2.3 Europäischer Grüner Deal

Bei dem europäischen Grünen Deal, der in einer Mitteilung der EU-Kommission vom 11.12.2019[14] vorgestellt wurde, handelt es sich um die zentrale politische Strategie der EU zur Verwirklichung der angestrebten Treibhausgas-Minderungsziele. Die EU-Kommission selbst beschreibt den europäischen Grünen Deal als „eine neue Wachstumsstrategie, mit der die EU zu einer fairen und wohlhabenden Gesellschaft mit einer modernen, ressourcen-

---

[12] Verordnung (EU) 2018/842 des Europäischen Parlaments und des Rates vom 30. Mai 2018 zur Festlegung verbindlicher nationaler Jahresziele für die Reduzierung der Treibhausgasemissionen im Zeitraum 2021 bis 2030 als Beitrag zu Klimaschutzmaßnahmen zwecks Erfüllung der Verpflichtungen aus dem Übereinkommen von Paris sowie zur Änderung der Verordnung (EU) Nr. 525/2013.

[13] EU-Kommission, Vorschlag für eine Verordnung des Europäischen Parlaments und des Rates zur Änderung der Verordnung (EU) 2018/842 zur Festlegung verbindlicher nationaler Jahresziele für die Reduzierung der Treibhausgasemissionen im Zeitraum 2021 bis 2030 als Beitrag zu Klimaschutzmaßnahmen zwecks Erfüllung der Verpflichtungen aus dem Übereinkommen von Paris, COM/2021/555 final.

[14] EU-Kommission, 2019.

effizienten und wettbewerbsfähigen Wirtschaft werden soll, in der im Jahr 2050 keine Netto-Treibhausgasemissionen mehr freigesetzt werden und das Wirtschaftswachstum von der Ressourcennutzung abgekoppelt ist. Außerdem soll das Naturkapital der EU geschützt, bewahrt und verbessert und die Gesundheit und das Wohlergehen der Menschen vor umweltbedingten Risiken und Auswirkungen geschützt werden. Gleichzeitig muss dieser Übergang gerecht und inklusiv sein."[15]

Der europäische Grüne Deal als solcher hat keinen Rechtscharakter und ist somit an sich nicht Bestandteil des Klimaschutzrechts. Zur Verwirklichung seiner Ziele sollen aber künftig alle Maßnahmen und Strategien der EU beitragen. Der europäische Grüne Deal wird daher absehbar die strategische Grundlage einer Vielzahl künftiger Gesetzgebungsakte der EU bilden und die Entwicklung des europäischen Klimaschutzrechts in den kommenden Jahren maßgeblich prägen. Dies rechtfertigt es, trotz fehlender Rechtsverbindlichkeit die wesentlichen Inhalte des europäischen Grünen Deals im Folgenden kurz zu skizzieren.

Wenngleich der europäische Deal auch die Verabschiedung einer ehrgeizigeren EU-Strategie zur Anpassung an den Klimawandel vorsieht,[16] steht im Vordergrund eindeutig die Vermeidung eines fortschreitenden Klimawandels (zur Unterscheidung s. Abschn. 9.1). Die Zielsetzung der EU ist dabei nicht weniger als eine Umgestaltung von Wirtschaft und Gesellschaft, um sie auf einen nachhaltigeren Weg zu bringen.[17]

Zu den wesentlichen im europäischen Grünen Deals vorgesehenen Maßnahmen gehört eine effektive CO_2-Bepreisung in der gesamten Wirtschaft, um Verhaltensänderungen der Verbraucher und Unternehmen zu fördern und die Steigerung nachhaltiger öffentlicher und privater Investitionen erleichtern. Zu diesem Zweck ist insbesondere eine Überprüfung und Überarbeitung des europäischen Emissionshandelssystems (dazu s. Abschn. 9.4.1), einschließlich einer möglichen Ausweitung auf neue Sektoren, geplant.[18]

Eine weitere zentrale Maßnahme zur Verwirklichung der EU-Klimaziele besteht in der Dekarbonisierung des Energiesystems durch einen raschen Ausstieg aus der Kohle, die Schaffung eines wettbewerbsfähigen Markts für dekarbonisierte Gase und die Entwicklung eines Energiesektors, der sich weitgehend auf erneuerbare Energiequellen stützt. Insgesamt soll eine „intelligente Integration von erneuerbaren Energien, Energieeffizienz und anderen nachhaltigen Lösungen in allen Sektoren" dazu beitragen, die Dekarbonisierung zu den geringstmöglichen Kosten zu erreichen. Das Risiko einer Energiearmut von Haushalten, die sich für die Sicherung des Mindestlebensstandards wichtige Energiedienstleistungen nicht leisten können, soll etwa durch Finanzierungsprogramme für die Renovierung von Wohnhäusern (um Energiekosten zu senken) verringert werden. Vorgesehen ist darüber hinaus eine Überarbeitung des Rechtsrahmens für die Energieinfrastruktur, der die Einführung innovativer Technologien und Infrastrukturen wie „intelligente Netzen",

[15] EU-Kommission, 2019, Seite 2.

[16] EU-Kommission, 2019, Seite 6.

[17] EU-Kommission, 2019, Seite 2.

[18] EU-Kommission, 2019, Seite 5 f.

Wasserstoffnetzen und CO_2-Abscheidung, -Speicherung und -Nutzung (CCS und CCU) sowie Energiespeichern fördern soll.[19]

Darüber hinaus wird ein Übergang zu einer stärker kreislauforientierten Wirtschaft angestrebt (dazu näher s. Abschn. 9.3).[20] Weitere Maßnahmen betreffen unter anderem die Energieeffizienz von Gebäuden,[21] die Schaffung eines effizienteren Verkehrssystems (u. a. durch Verlagerung des überwiegenden Teils des Binnengüterverkehrs auf die Schiene und/oder Binnenwasserstraßen, die Einführung intelligenter Systeme für das Verkehrsmanagement und die Entwicklung von Lösungen für „Mobilität als Dienstleistung"),[22] die Abschaffung von Subventionen für fossile Brennstoffe, die Förderung der Produktion und Verbreitung nachhaltiger alternativer Kraftstoffe, strengere Grenzwerte für Luftschadstoffemissionen von Fahrzeugen mit Verbrennungsmotor, die Verringerung des Einsatzes von chemischen Pestiziden, Düngemitteln und Antibiotika in der Landwirtschaft,[23] die Erhaltung und Wiederherstellung von Ökosystemen und Biodiversität[24] sowie die Verfolgung eines „Null-Schadstoff-Ziels".[25]

Um dem Risiko der Verlagerung von CO_2-Emissionen in Länder, die weniger ambitionierte Klimaziele als die EU verfolgen, zu begegnen, will die EU-Kommission für ausgewählte Sektoren ein CO_2-Grenzausgleichssystem vorschlagen, durch das sichergestellt werden soll, dass der Preis von Einfuhren ihren CO_2-Gehalt besser widerspiegelt.[26]

9.2.3 Klimaschutzrecht in Deutschland

9.2.3.1 Allgemeines

Dem Charakter des Klimaschutzrechts als Querschnittsmaterie entsprechend, finden sich Regelungen zum Klimaschutz nicht allein in einem einzelnen Gesetz. Vielmehr enthält eine Vielzahl von Gesetzen klimaschützende Regelungen. So sieht beispielsweise die 30. BImSchV (Verordnung über Anlagen zur biologischen Behandlung von Abfällen) in § 6 Nr. 3 Buchstabe a) einen Emissionsgrenzwert für das Treibhausgas N_2O vor, der speziell dem Klimaschutz dient.

Neben solchen Regelungen, die an sich einem anderen Rechtsgebiet angehören und gewissermaßen „nebenbei" Fragen des Klimaschutzes regeln, lassen sich einige Gesetze und Verordnungen identifizieren, in denen Klimaschutz zumindest einer der Hauptregelungszwecke ist. In vielen Fällen dienen diese Gesetze dazu, unionsrechtliche Vorgaben in

[19] EU-Kommission, 2019, Seite 6 ff.

[20] EU-Kommission, 2019, Seite 8 ff.

[21] EU-Kommission, 2019, Seite 11.

[22] EU-Kommission, 2019, Seite 12 f.

[23] EU-Kommission, 2019, Seite 15.

[24] EU-Kommission, 2019, Seite 15 ff.

[25] EU-Kommission, 2019, Seite 17 f.

[26] EU-Kommission, 2019, Seite 6.

deutsches Recht umzusetzen. Dies ist insbesondere dann erforderlich, wenn die Regelungen auf EU-Ebene nicht – was allerdings zunehmend der Fall ist – in Form einer Verordnung, sondern in Form einer Richtlinie erlassen wurden. Wichtige Regelungen des Klimaschutzrechts dieser Art sind das Treibhausgas-Emissionshandelsgesetz (TEHG) zur Umsetzung der Emissionshandels-Richtlinie,[27] das Erneuerbare-Energien-Gesetz (EEG) und die Biomasseverordnung (BiomasseV) zur Umsetzung der Erneuerbare-Energien-Richtlinie[28] sowie das Gebäudeenergiegesetz (GEG) zur Umsetzung der Energieeffizienz-Richtlinie[29] und der Richtlinie zur Gesamtenergieeffizienz von Gebäuden.[30] Ein rein nationales Element des Klimaschutzes in Deutschland ist der neu eingeführte Brennstoffemissionshandel (dazu s. Abschn. 9.4.2).

9.2.3.2 Insbesondere: Bundes-Klimaschutzgesetz

Das Bundes-Klimaschutzgesetz (KSG) dient dazu, einen übergreifenden Rahmen für die zur Verwirklichung der Klimaschutzziele erforderlichen Einzelmaßnamen in den einzelnen Wirtschaftssektoren zu schaffen und damit Planungssicherheit zu gewährleisten.[31] Es legt verbindlich die nationalen Ziele für die Minderung der Treibhausgasemissionen im Vergleich zum Jahr 1990 auf mindestens 65 % bis zum Jahr 2030 und mindestens 88 % bis zum Jahr 2040 fest (§ 3 Abs. 1 KSG). Bis zum Jahr 2045 müssen die Treibhausgasemissionen so weit gemindert werden, dass Netto-Treibhausgasneutralität erreicht wird; nach 2050 sollen dann negative Treibhausgasemissionen erreicht werden (§ 3 Abs. 2 KSG). Das KSG sieht selbst allerdings keine konkreten Maßnahmen vor, mit denen diese Ziele erreicht werden sollen. Kernstück des Gesetzes ist vielmehr die Normierung von Jahresemissionsmengen bezogen auf die sechs Sektoren Energiewirtschaft, Industrie, Verkehr, Gebäude, Landwirtschaft sowie Abfallwirtschaft und Sonstiges bis zum Jahr 2030 (§ 4 Abs. 1 i. V. m. Anlage 2 KSG). Nachdem das Bundesverfassungsgericht mit Beschluss vom 24.03.2021 das Fehlen einer gesetzlichen Regelung über die Fortschreibung der nationalen Minderungsziele für Zeiträume ab dem Jahr 2031 in der ursprünglichen Fassung des KSG beanstandet hatte,[32] sieht § 4 Abs. 1 Satz 6 i. V. m. Anlage 3 KSG nunmehr auch jährliche Minderungsziele bis zum Jahr 2040 vor, die im Gegensatz zu den bis 2030 geltenden Jahresemissionsmengen aber nicht sektorbezogen aufgeschlüsselt sind; diese Aufschlüs-

---

[27] Richtlinie 2003/87/EG des Europäischen Parlaments und des Rates vom 13. Oktober 2003 über ein System für den Handel mit Treibhausgasemissionszertifikaten in der Union und zur Änderung der Richtlinie 96/61/EG des Rates.

[28] Richtlinie (EU) 2018/2001 des Europäischen Parlaments und des Rates vom 11. Dezember 2018 zur Förderung der Nutzung von Energie aus erneuerbaren Quellen.

[29] Richtlinie 2012/27/EU des Europäischen Parlaments und des Rates vom 25. Oktober 2012 zur Energieeffizienz, zur Änderung der Richtlinien 2009/125/EG und 2010/30/EU und zur Aufhebung der Richtlinien 2004/8/EG und 2006/32/EG.

[30] Richtlinie 2010/31/EU des Europäischen Parlaments und des Rates vom 19. Mai 2010 über die Gesamtenergieeffizienz von Gebäuden.

[31] BT-Drs. 19/14337, Seite 2.

[32] BVerfG, Beschl. v. 24.03.2021, 1 BvR 2656/18 u. a., Rn. 256 ff.

selung soll vielmehr durch eine später zu erlassende Rechtsverordnung erfolgen. Die Jahresemissionsmengen und jährlichen Minderungsziele sind verbindlich. Subjektive Rechte und klagbare Rechtspositionen werden durch § 4 Abs. 1 Satz 10 KSG allerdings ausdrücklich ausgeschlossen. Verantwortlich für die Einhaltung der Zielwerte ist das für den jeweiligen Sektor überwiegend zuständige Bundesministerium. Dieses ist verpflichtet, die für die Einhaltung erforderlichen nationalen Maßnahmen zu veranlassen. Das KSG ist damit im Kern ein an die politische Leitungsebene gerichtetes Gesetz, mit dem die künftige Rechtsentwicklung gesteuert werden soll.

Neben der verbindlichen Festlegung von Minderungszielen und Jahresemissionsmengen statuiert das KSG Instrumente der Klimaschutzplanung in Form eines regulären, regelmäßig fortzuschreibenden Klimaschutzprogramms und von Sofortprogrammen bei Überschreitung von Jahresemissionsmengen. Das KSG verpflichtet die für die einzelnen Sektoren zuständigen Bundesministerien dazu, die in die Klimaschutzprogramme aufzunehmenden Maßnahmen vorzuschlagen. Diese müssen geeignet sein, die in den jeweiligen Sektoren erforderlichen Treibhausgasminderungen zu erzielen; dabei sind wissenschaftliche Abschätzungen zu den voraussichtlichen Treibhausgasminderungswirkungen und zu möglichen ökonomischen, sozialen und weiteren ökologischen Folgen zu berücksichtigen. Klimaschutzprogramme müssen von der Bundesregierung nach § 9 KSG mindestens nach jeder Fortschreibung des Klimaschutzplans – darunter ist gemäß § 2 Nr. 7 KSG die deutsche Langfriststrategie nach dem Übereinkommen von Paris und nach Art. 15 der Europäischen Governance-Verordnung[33] zu verstehen – beschlossen werden. In ihnen ist unter Berücksichtigung des jeweils aktuellen Klimaschutz-Projektionsberichts festzulegen, welche Maßnahmen die Bundesregierung zur Erreichung der nationalen Klimaschutzziele in den einzelnen Sektoren ergreifen wird.

Als Reaktionsmechanismus bei Nichteinhaltung der Jahresemissionsmengen sieht § 8 Abs. 1 KSG vor, dass das zuständige Bundesministerium ein Sofortprogramm erarbeitet, das die Einhaltung der Jahresemissionsmengen des Sektors für die folgenden Jahre sicherstellt und der Bundesregierung zur Beschlussfassung vorlegt. Vor Erstellung der Beschlussvorlage über die Maßnahmen sind dem Expertenrat für Klimafragen die den Maßnahmen zugrunde gelegten Annahmen zur Treibhausgasreduktion zur Prüfung zu übermitteln. Das Prüfungsergebnis des Expertenrats für Klimafragen wird der Beschlussvorlage für das Sofortprogramm beigefügt; eine rechtliche Bindungswirkung gegenüber der Bundesregierung entfaltet dieses Prüfungsergebnis aber nicht.

Bei dem Expertenrat für Klimafragen handelt es sich um ein durch das KSG geschaffenes unabhängiges Gremium aus fünf Sachverständigen verschiedener Disziplinen; neben

[33] Verordnung (EU) 2018/1999 des Europäischen Parlaments und des Rates vom 11. Dezember 2018 über das Governance-System für die Energieunion und für den Klimaschutz, zur Änderung der Verordnungen (EG) Nr. 663/2009 und (EG) Nr. 715/2009 des Europäischen Parlaments und des Rates, der Richtlinien 94/22/EG, 98/70/EG, 2009/31/EG, 2009/73/EG, 2010/31/EU, 2012/27/EU und 2013/30/EU des Europäischen Parlaments und des Rates, der Richtlinien 2009/119/EG und (EU) 2015/652 des Rates und zur Aufhebung der Verordnung (EU) Nr. 525/2013 des Europäischen Parlaments und des Rates.

der Prüfung von Sofortprogrammen gehören zu seinen Aufgaben unter anderem die Überprüfung und Bewertung von Emissionsdaten sowie die Erstellung regelmäßiger Gutachten zu den Entwicklungen der Treibhausgasemissionen, den Trends bezüglich der Jahresemissionsmengen und der Wirksamkeit von Maßnahmen mit Blick auf die Erreichung der Ziele des KSG. Mit der Einsetzung des Expertenrats für Klimafragen soll offenbar eine engere Anbindung der politischen Maßnahmen an wissenschaftliche Erkenntnisse – nicht beschränkt auf die Klimawissenschaft – erreicht werden.

9.3 Klimaschutz durch Kreislaufwirtschaft

Als Schlüssel zur Verwirklichung von Klimaneutralität gilt – neben der Energiewende – ein kreislauforientiertes Wirtschaftsmodell, welches die Industrie durch geringere Umweltauswirkungen, weniger Wettbewerb um knappe Ressourcen und niedrigere Produktionskosten sauberer und wettbewerbsfähiger machen soll.[34] In diesem Sinne ist die Kreislaufwirtschaft also ein Instrument des Klimaschutzes.

Der Begriff der Kreislaufwirtschaft umfasst dabei alle Bemühungen, die auf die Entkopplung des Wirtschaftens der Gesellschaft von den Ressourcen der natürlichen Umwelt abzielen. Damit wird nicht nur – wie es in § 1 Abs. 1 KrWG des geltenden Kreislaufwirtschaftsgesetzes festgelegt ist – die Schonung der natürlichen Ressourcen angestrebt. Im Vordergrund der Kreislaufwirtschaft als Instrument des Klimaschutzrechts steht vielmehr die Idee, dass mit einer Reduzierung des Bedarfs an neuen natürlichen Ressourcen zugleich die Treibhausgasemission eingespart werden, die mit ihrer Nutzung in Herstellungsprozessen unmittelbar oder mittelbar verbunden wären. So verstanden, bildet „Kreislaufwirtschaft" den Gegenbegriff zu einer „linearen Durchflusswirtschaft", die von einem Durchsatz neuer Werkstoffe, die abgebaut, gehandelt, zu Waren verarbeitet und schließlich als Abfall entsorgt oder als Emissionen ausgestoßen werden,[35] gekennzeichnet ist.

Allerdings griffe es zu kurz, die heutige Form des Wirtschaftens ausschließlich als lineare Durchflusswirtschaft in diesem Sinne zu begreifen: Das Wiederverwenden und Verwerten von noch nutzbaren Materialien hat in der Geschichte der Menschheit eine lange Tradition und wurde gerade in den letzten Jahrzehnten durch die Entwicklung einer hochspezialisierten Recyclingwirtschaft erheblich ausgeweitet.

Die EU-Kommission hat in Umsetzung des europäischen Grünen Deals einen „Neuen Aktionsplan für die Kreislaufwirtschaft" (im Folgenden: Aktionsplan) vorgelegt,[36] in dem sie ihre Vorstellungen von einem Übergang von der linearen Durchflusswirtschaft auf eine Kreislaufwirtschaft darstellt. Sie hat sich dabei zum Ziel gesetzt, die Kreislaufwirtschaft „von den Vorreitern auf die etablierten Wirtschaftsakteure" auszuweiten. Kreislaufwirt-

[34] EU-Kommission, „Eine neue Industriestrategie für Europa", Seite 11.

[35] EU-Kommission, 2019, Seite 8.

[36] EU-Kommission, 2020.

schaft wird damit künftig nicht mehr ausschließlich eine Angelegenheit der Abfallwirtschaft sein, sondern insbesondere auch die produzierende Industrie einbeziehen.

Der auf die gesamte Wirtschaft abzielende Ansatz der EU-Kommission geht über das bisherige Verständnis des Kreislaufwirtschaftsrechts weit hinaus. Denn nach bisherigem Verständnis ist das Kreislaufwirtschaftsrecht nach wie vor Abfallrecht, wenngleich sich dieses in seiner jüngeren Entwicklung von einem rein ordnungsrechtlichen Ansatz gelöst und – im Sinne der Kreislaufwirtschaft – zu einem Recht der Abfallbewirtschaftung entwickelt hat. Auch unter Berücksichtigung dieser Entwicklung ist das gegenwärtige Kreislaufwirtschaftsrecht allerdings nicht geeignet, einen Übergang von einer (im Kern) „linearen Durchsatzwirtschaft“ zu einer „echten Kreislaufwirtschaft“ zu bewirken; denn hierfür reicht ein im Wesentlichen auf bereits angefallene Abfälle bezogener Regelungsansatz (vgl. Abschn. 1.1.1) nicht aus.

Dem erweiterten Verständnis von Kreislaufwirtschaft entsprechend, besteht ein zentraler Schwerpunkt des Aktionsplans in einer Ausdehnung des Ökodesign-Rechts. Dabei handelt es sich um den Teil des Produktrechts, der Anforderungen an das Design von Produkten im Hinblick auf deren Umweltverträglichkeit stellt. Solche Regelungen sind erforderlich, weil empirische Erhebungen gezeigt haben, dass die Umweltverträglichkeit bei der Produktentwicklung bisher keine zentrale Rolle spielt und bei Zielkonflikten wie etwa mit der Funktionalität der Produkte regelmäßig zurücktritt.[37] Bisher nimmt das Ökodesignrecht allerdings vor allem die Energieeffizienz von Produkten in den Blick, wie sich etwa daran zeigt, dass die Ökodesign-Richtlinie[38] bisher nur für energieverbrauchsrelevante Produkte gilt. Im Rahmen des Aktionsplans soll sie nunmehr auf andere Produktbereiche erstreckt werden. Zweck dieser Maßnahme ist es unter anderem, künftig die Haltbarkeit, Wiederverwendbarkeit, Nachrüstbarkeit und Reparierbarkeit von Produkten zu verbessern, den Rezyklatanteil in Produkten bei gleichzeitiger Gewährleistung von deren Leistung und Sicherheit zu erhöhen, „Wiederaufarbeitung“ – gemeint ist wohl eine Vorbereitung zur Wiederverwendung im Sinne der üblichen kreislaufwirtschaftsrechtlichen Terminologie – und hochwertiges Recycling zu ermöglichen, einmaligen Gebrauch zu beschränken und Maßnahmen gegen vorzeitige Obsoleszenz zu ergreifen sowie ein Verbot der Vernichtung unverkaufter, nicht verderblicher Waren einzuführen. Der Schwerpunkt soll dabei auf Produktgruppen wie Elektronik, Informations- und Kommunikationstechnik, Textilien und Möbeln sowie Zwischenprodukten mit hohen Umweltauswirkungen (z. B. Stahl, Zement und Chemikalien) liegen.[39]

Daneben soll im Zuge der Umsetzung des Aktionsplans auch die Position von Verbrauchern gestärkt werden. Neben der Schaffung von weiteren produktbezogenen Infor-

---

[37] Vgl. *Graulich/Brunn/Prieß/Quack/Scherf/Wolff*, „Ökologisches Design als Qualitätskriterium in Unternehmen stärken. Endbericht“, Seite 26.

[38] Richtlinie 2009/125/EG des Europäischen Parlaments und des Rates vom 21. Oktober 2009 zur Schaffung eines Rahmens für die Festlegung von Anforderungen an die umweltgerechte Gestaltung energieverbrauchsrelevanter Produkte.

[39] Zum Ganzen EU-Kommission, 2020, Seite 4 ff.

mationsrechten wird dabei ein neuartiges „Recht auf Reparatur“ sowie im Falle von Informations- und Kommunikationstechnik und Elektronik ein „Recht auf Nachrüstungen“ – gemeint sind in erster Linie Software-Updates – angestrebt.[40] Den Verbraucher bei der Verwirklichung der Kreislaufwirtschaft mit in den Blick zu nehmen, ist konsequent, denn in einer echten Kreislaufwirtschaft kann die Entscheidung, ob ein Produkt zu Abfall wird, nicht allein dem Einzelnen überlassen werden; zumindest müssen daher Anreize und Möglichkeiten geschaffen werden, ein Produktes solange wie möglich „am Leben“ zu erhalten. Auf Dauer könnte sich auch eine grundsätzliche Abkehr vom subjektiven Abfallbegriff (dazu Abschn. 1.2.1) und damit ein grundlegender Umbau des Abfallrechts als erforderlich erweisen; gegenwärtig werden solche Erwägungen auf der politischen Entscheidungsebene allerdings noch nicht angestellt.

Vorgesehen ist im Aktionsplan über die genannten Maßnahmen hinaus die Schaffung eines gut funktionierenden EU-Marktes für Sekundärrohstoffe. Diese weisen nach Einschätzung der EU-Kommission „gegenüber Primärrohstoffen eine Reihe von Problemen auf, die nicht nur mit ihrer Sicherheit, sondern auch mit ihrer Leistung, Verfügbarkeit und ihren Kosten zusammenhängen.“[41] Dabei soll vor allem die bereits erwähnte Einführung von Anforderungen an den Rezyklatanteil in Produkten dazu beitragen, ein Missverhältnis zwischen Angebot und Nachfrage bei Sekundärrohstoffen zu vermeiden und eine reibungslose Ausweitung des Recyclingsektors in der EU zu gewährleisten. Die EU-Kommission hat also verstanden, dass an dieser Stelle nach bisheriger Rechtslage Defizite bestehen, die einer weitergehenden Realisierung der Kreislaufwirtschaft abträglich sind.

Einige weitere im Aktionsplan vorgesehene Maßnahmen bewegen sich innerhalb des Rahmens des klassischen, primär abfallbezogenen Kreislaufwirtschaftsrechts und führen bereits etablierte Regelungsansätze fort. So will die EU-Kommission prüfen, inwieweit zusätzliche EU-Abfallendeverordnungen für bestimmte Abfallströme entwickelt werden müssen, und grenzübergreifende Initiativen für die Zusammenarbeit zur Harmonisierung der nationalen Kriterien für das Ende der Abfalleigenschaft und für Nebenprodukte unterstützen. Geprüft werden soll zudem, ob die Einrichtung einer Marktbeobachtungsstelle für wichtige Sekundärstoffe durchführbar ist. Weitere Maßnahmen in diesem Bereich betreffen die Stärkung der Normung und die Durchsetzung von Beschränkungen für die Verwendung besonders besorgniserregender Stoffe in Erzeugnissen.

Im Ansatz ist das Vorhaben, die gesamte Wirtschaft an der Idee einer Kreislaufwirtschaft auszurichten, unter dem Aspekt des Klimaschutzes zu begrüßen, denn das damit verbundene Einsparpotential ist erheblich: Etwa die Hälfte der weltweiten Treibhausgasemissionen sind auf die Rohstoffgewinnung und die Verarbeitung von Materialien, Brennstoffen und Lebensmitteln zurückzuführen.[42] Jährlich werden durch die Herstellung und Bereitstellung von rohstoffbasierten Produkten in der EU 3,2 Gigatonnen CO_2-Äquivalente

---

[40] EU-Kommission, 2020, Seite 6.

[41] EU-Kommission, 2020, Seite 16.

[42] EU-Kommission, 2019, Seite 8.

freigesetzt; dies entspricht rund 10 % der weltweiten Treibhausgasemissionen.[43] Nicht völlig aus dem Blick geraten darf allerdings, dass die zur Verwirklichung der Kreislaufführung erforderlichen Maßnahmen der Abfallvermeidung und Abfallverwertung ihrerseits regelmäßig mit der Emission von Treibhausgasen verbunden sind. Dabei kann es sogar vorkommen, dass besonders aufwändige Maßnahmen mehr Treibhausgase verursachen, als durch die damit bewirkte Vermeidung des Einsatzes neuer Ressourcen vermieden werden können. Hieraus folgt, dass das Optimum des durch Kreislaufwirtschaft erreichbaren Klimaschutzes nicht identisch ist mit dem Maximum an Abfallvermeidung und Abfallverwertung.

▶ **Praxisbeispiel** Dass auch die Abfallvermeidung nicht zwangsläufig „klimaneutral" ist, zeigt sich z. B. in dem Fall, in dem ein Produkt immer wieder – unter Aufwand von Energie und anderen Ressourcen – repariert wird, um eine Weiterverwendung zu ermöglichen. Aber auch die bloße Weiterverwendung kann im Ergebnis einen klimaschädigenden Effekt haben, wenn man bedenkt, dass neuere Produkte häufig eine höhere Effizienz als ältere Produkte aufweisen, sodass sich durch die Verwendung eines neueren Produkts gebrauchsbedingte Treibhausgasemissionen vermeiden ließen, dieses Einsparpotential bei Weiterverwendung des alten Produkts aber unrealisiert bleibt.

Darüber hinaus wird zu bedenken sein, dass die Kreislaufführung von Produkten nicht nur ökologische Kosten in Form von Treibhausgasemissionen hat, sondern auch mit ökonomischen Kosten verbunden ist. Die EU-Kommission verbindet mit dem Modell einer Kreislaufwirtschaft zwar auch erhebliche ökonomische Erwartungen. So schätzt sie, dass bei Anwendung der Grundsätze der Kreislaufwirtschaft in der gesamten Wirtschaft der EU das BIP der EU bis 2030 um zusätzliche 0,5 % gesteigert und ca. 700.000 neue Arbeitsplätze geschaffen werden können. Sie geht zudem davon aus, dass Modelle mit geschlossenen Kreisläufen die Rentabilität von Unternehmen des verarbeitenden Gewerbes steigern und sie zugleich vor Schwankungen der Ressourcenpreise schützen können.[44] Auch in ökonomischer Hinsicht verbietet sich jedoch eine einseitige Betrachtung und muss eine Bilanzierung der mit der Kreislaufführung verbundenen Vor- und Nachteile vorgenommen werden.

▶ **Praxisbeispiel** Erfordert die Reparatur eine Elektroaltgeräts lediglich den Austausch eines defekten Bauteils durch ein Ersatzteil, schont sie im Vergleich zur Herstellung eines neuen Geräts die natürlichen Ressourcen und führt zu einer entsprechenden Kostenersparnis. Erfordert die Suche nach dem Defekt allerdings eine zeitaufwändige manuelle Prüfung durch einen Techniker, können die dadurch entstehenden Arbeitskosten größer sein

---

[43] Deloitte, „Circular economy potential for climate change mitigation", https://www2.deloitte.com/content/dam/Deloitte/fi/Documents/risk/Deloitte%20-%20Circular%20economy%20and%20Global%20Warming.pdf, Seite 15.

[44] EU-Kommission, 2020, Seite 2.

als die gesamten Herstellungskosten eines neuen Geräts. Die Reparatur ist dann zwar ökologisch vorteilhaft, aber ökonomisch nachteilig.

Dies wirft die Frage auf, ob es auch in einer künftigen Kreislaufwirtschaft eine wirtschaftliche Zumutbarkeitsgrenze (vgl. § 7 Abs. 4 KrWG) geben wird, bei deren Überschreitung eine Ausschleusung des fraglichen Produkts aus dem Kreislauf erfolgen darf. Verfassungsrechtlich erscheint dies im Hinblick auf den Grundsatz der Verhältnismäßigkeit, dem jedes Handeln des Staates unterworfen ist und der auch Bestandteil des EU-Primärrechts ist, zwingend.

Wenngleich viele Einzelfragen noch ungeklärt sind, lässt sich insgesamt feststellen, dass vom Klimaschutz in absehbarer Zeit erhebliche Impulse für die Kreislaufwirtschaft ausgehen werden. Auch wenn im Vordergrund der politischen Vorhaben die Einbeziehung neuer Beteiligter und die Ausdehnung der Kreislaufwirtschaft auf das gesamte Wirtschaften der EU stehen, ergeben sich daraus neue Chancen gerade auch für die in diesem Bereich bereits tätigen Unternehmen. Insbesondere dürfte der in dem Aktionsplan zum Ausdruck kommende Ansatz, künftig durch staatliche Maßnahmen einen besseren Marktzugang für Sekundärprodukte zu gewährleisten, dazu führen, dass Tätigkeiten im Rahmen der klassischen Kreislaufwirtschaft, verstanden insbesondere als hochwertige Verwertung von Abfällen, weiter an Bedeutung gewinnen werden.

9.4 Klimaschutzrecht in der Kreislaufwirtschaft

Die Kreislaufwirtschaft ist nicht nur Instrument zur Verwirklichung des Klimaschutzes (dazu s. Abschn. 9.3), sondern ihrerseits an die geltenden Vorschriften des Klimaschutzrechts gebunden. In diesem Abschnitt werden daher ausgewählte Klimaschutzregelungen und ihre Bedeutung für die Kreislaufwirtschaft näher dargestellt.

9.4.1 Europäischer Emissionshandel

Als marktwirtschaftlich bestes Instrument zur Reduzierung von Treibhausgasemissionen gilt die Bepreisung solcher Emissionen. Auf EU-Ebene wurde dafür bereits 2005 zur Umsetzung des Kyoto-Protokolls der europäische Emissionshandel (EU-ETS) als zentrales Klimaschutzinstrument geschaffen. Unionsrechtliche Grundlage ist Emissionshandelsrichtlinie, die durch das Treibhausgas-Emissionshandelsgesetz (TEHG) in deutsches Recht umgesetzt wurde.

Die Grundidee des europäischen Emissionshandels besteht darin, dass für jede ausgestoßene Tonne CO_2 oder eine äquivalente Menge eines anderen umfassten Treibhausgases – dies sind gegenwärtig N_2O und PFC[45] – von dem Verursacher eine Emissionsberech-

[45] Vgl. § 2 Abs. 1 i. V. m. Anhang 1 Teil 2 TEHG.

tigung abgegeben werden muss. Die Emissionsberechtigungen werden von den Mitgliedstaaten teilweise kostenlos, teilweise über Versteigerungen abgegeben. Dabei findet das Prinzip „Cap & Trade“ Anwendung: Durch das „Cap“ wird die Anzahl der ausgegebenen Emissionszertifikate festgelegt und damit die Gesamtmenge der Treibhausgasemissionen von den emissionshandelspflichtigen Anlagen nach oben begrenzt. Der „Trade“ ermöglicht es, die Emissionsberechtigungen auf dem Markt zu handeln. Der dadurch entstehende Marktpreis für den Ausstoß von Treibhausgasen setzt den beteiligten Unternehmen Anreize zur Emissionsminderung.

Der europäische Emissionshandel betrifft nicht alle Sektoren, sondern lediglich die Energiewirtschaft und die energieintensive Industrie, die zusammen rund 40 % der Treibhausgasemissionen verursachen,[46] sowie – seit 2012 – den innereuropäischen Luftverkehr. Die Ausweitung auf andere Bereiche soll im Rahmen des europäischen Grünen Deals (dazu näher s. Abschn. 9.2.2.3) aber zumindest geprüft werden.

Nicht einbezogen in den europäischen Emissionshandel sind bisher auch nach Nr. 8.1 des Anhangs zur 4. BImSchV genehmigungsbedürftige Anlagen zur Verbrennung von gefährlichen Abfällen oder Siedlungsabfällen, weil für diese nach § 2 Abs. 5 Nr. 3 TEHG eine Bereichsausnahme eingreift. Hieraus ist allerdings nicht zu folgern, dass der europäische Emissionshandel für die Kreislaufwirtschaft ohne Bedeutung wäre. Denn Anlagen wie Zementwerke, die eine Tätigkeit im Sinne von Anhang 1 Teil 2 zum TEHG ausüben, unterliegen dem europäischen Emissionshandel auch hinsichtlich derjenigen CO_2-Emissionen, die durch die Mitverbrennung von Abfällen entstehen. Teile der Kreislaufwirtschaft sind also bereits gegenwärtig in den europäischen Emissionshandel einbezogen. Die oben genannte Bereichsausnahme, die insbesondere klassische Hausmüllverbrennungsanlagen privilegiert, führt somit bisher zu ungleichen Wettbewerbsbedingungen innerhalb der Kreislaufwirtschaft in Bezug auf die CO_2-Bepreisung. Ob diese Ungleichbehandlung im Zuge künftiger Erweiterungen des europäischen Emissionshandels durch eine Einbeziehung der Abfallverbrennung beseitigt wird, ist noch nicht absehbar.

9.4.2 Brennstoffemissionshandelsgesetz

In Deutschland wird der europäische Emissionshandel ergänzt durch das am 20.12.2019 in Kraft getretene Brennstoffemissionshandelsgesetz (BEHG). Dieses Gesetz schafft zur Umsetzung der deutschen Klimaziele die Grundlagen für einen Handel mit Zertifikaten für Emissionen aus Brennstoffen, die nicht vom europäischen Emissionshandel erfasst sind (§ 1 Satz 1 BEHG). Es handelt sich somit beim BEHG um ein rein nationales Klimaschutzinstrument, welches nicht der Umsetzung entsprechender EU-Regelungen dient.

Auch das BEHG beruht auf der Grundidee, dass für die Verursachung von CO_2-Emissionen eine dazu proportionale Menge an Emissionszertifikaten abzugeben ist (§ 8 BEHG). Wie auch der europäische Emissionshandel beruht das BEHG dabei auf dem

[46] https://www.umweltbundesamt.de/daten/klima/der-europaeische-emissionshandel.

Prinzip „Cap & Trade". Der „Cap" wird für jedes Kalenderjahr so festgelegt, dass hinsichtlich der Brennstoffemissionen die Einhaltung der unionrechtlichen Minderungsverpflichtung Deutschlands gewährleistet ist (§ 4 Abs. 1 BEHG). Nach § 9 Abs. 2 BEHG sind die Emissionszertifikate übertragbar, sodass ein Handel mit ihnen möglich ist.

Ein wesentlicher Unterschied zum europäischen Emissionshandel besteht darin, dass Verantwortlicher im Sinne des BEHG und somit emissionshandelspflichtig nicht der unmittelbare Verursacher der Emission ist, sondern grundsätzlich der Inverkehrbringer eines Brennstoffs; in diesem Sinne verfolgt das BEHG einen „Upstream-Ansatz". Die Inanspruchnahme vorgelagerter Handelsebenen hat der Gesetzgeber als sachgerecht angesehen, da zum einen nicht erst durch die Verwendung, sondern schon durch das Inverkehrbringen fossiler Brennstoffe eine Ursache für die Emission von CO_2 gesetzt wird und zum anderen eine Inanspruchnahme der unmittelbaren Emissionsverursacher – also z. B. der Autofahrer – nicht praktikabel wäre.[47] Ein weiterer Unterschied zum europäischen Emissionshandel besteht darin, dass die Emissionszertifikate während einer Einführungsphase, die bis Ende 2025 andauert, vom Staat nicht versteigert, sondern zu einem gesetzlich festgelegten, jährlich ansteigenden Festpreis ausgegeben werden. Dieser Festpreis betrug im Jahr 2021 25 Euro pro Emissionszertifikat; im Jahr 2025 werden 55 Euro fällig.

Inhaltlich sind die Regelungen des BEHG eng mit dem Energiesteuerrecht verzahnt. Insbesondere knüpft der die Emissionshandelspflicht auslösende Begriff des „Inverkehrbringens" von Brennstoffen an die Entstehung der Energiesteuer nach den Regelungen des Energiesteuergesetztes (EnergieStG) an (§ 2 Abs. 2 BEHG). Nach dem Energiesteuerrecht richtet sich zudem, wer im Einzelnen „Verantwortlicher" in Sinne des BEHG ist; dies ist der jeweilige Steuerschuldner nach dem Energiesteuergesetz (§ 3 Nr. 3 BEHG).

Die erfassten Brennstoffe sind demgegenüber im BEHG selbst, nämlich in dessen Anlage 1, aufgezählt. Dies führt zu der Frage, ob im Energiesteuerrecht vorgesehene Ausnahmen gleichwohl für das BEHG Bedeutung haben. So gelten nach § 1b der Energiesteuer-Durchführungsverordnung (EnergieStV) bestimmte Abfälle (Klärschlamm, Siedlungsabfälle im Sinne der Gruppe 20 03 des Abfallverzeichnisses, andere Abfälle mit einem durchschnittlichen Heizwert von 18 MJ/kg oder weniger und bestimmte gasförmige Abfälle) nicht als Waren im Sinne des EnergieStG und unterliegen damit nicht der Energiesteuerpflicht. Nach zutreffender Ansicht unterliegen diese Abfälle auch nicht dem BEHG. Denn aufgrund der energiesteuerrechtlichen Ausnahmeregelung kann für sie keine Energiesteuer entstehen, sodass sie folglich nicht im Sinne von § 2 Abs. 2 BEHG in Verkehr gebracht werden können. Der die Emissionshandelspflicht auslösende Tatbestand ist für sie somit nicht erfüllt. § 2 Abs. 2 Satz 2 BEHG ist insoweit ohne Bedeutung, da danach ein Inverkehrbringen zwar auch dann vorliegt, wenn sich an die Entstehung der Energiesteuer ein Verfahren der Steuerbefreiung anschließt; dies ist bei den hier in Rede stehenden Ausnahmetatbeständen, bei denen von vornherein keine Energiesteuer entsteht, jedoch nicht der Fall.[48]

---

[47] BR-Drs. 533/19, Seite 21.

[48] In diesem Sinne auch *Frenz/Schink/Ley*, in: Frenz, Klimaschutzrecht, 2021, Ausbl. BEHG Rn. 146 ff.

Soweit die im Energiesteuerrecht vorgesehenen Ausnahmetatbestände nicht eingreifen, findet das BEHG demgegenüber auch auf Abfälle Anwendung, wenn die Voraussetzungen für einen Brennstoff erfüllt sind.

► **Praxishinweis** In den Anwendungsbereich des BEHG können etwa Ersatzbrennstoffe fallen, wenn sie einen Heizwert von mehr als 18 MJ/kg aufweisen.

Literatur

EU-Kommission, „Der europäische Grüne Deal", COM/2019/640 final.

EU-Kommission, „Ein neuer Aktionsplan für die Kreislaufwirtschaft. Für ein saubereres und wettbewerbsfähigeres Europa", COM(2020) 98 final.

IPCC, Climate Change 2014: Synthesis Report. Contribution of Working Groups I, II and III to the Fifth Assessment Report of the Intergovernmental Panel on Climate Change, 2015, Seite 44.

IPCC, Climate Change 2013: The Physical Science Basis. Contribution of Working Group I to the Fifth Assessment Report of the Intergovernmental Panel on Climate Change, 2013, Seite 126.

IPCC, Summary for Policymakers, in: Climate Change 2021: The Physical Science Basis. Contribution of Working Group I to the Sixth Assessment Report of the Intergovernmental Panel on Climate Change, 2021, Seite 5.

Entsorgungsvertragsrecht 10

Alexander de Diego und Anno Oexle

10.1 Einführung

Unternehmen, bei deren Tätigkeit Abfälle anfallen, sind zu deren Entsorgung verpflichtet, soweit gesetzlich nichts anderes, insbesondere die Überlassung an den öffentlich-rechtlichen Entsorgungsträger, bestimmt ist (§§ 7 Abs. 2 Satz 1, 15 Abs. 1 Satz 1 KrWG). In der Regel entsorgen diese Unternehmen ihre Abfälle nicht selbst, sondern beauftragen damit Fachunternehmen, die in der Praxis oftmals ihrerseits weitere Unternehmen zwecks Erbringung von Teilleistungen einschalten. Die einzelnen Glieder solcher Entsorgungsketten sind durch Entsorgungsverträge miteinander verbunden, die die wesentlichen Inhalte der jeweils zu erbringenden Entsorgungsleistungen und der dafür zu erbringenden Gegenleistungen regeln.

Spätestens wenn es zwischen den jeweiligen Vertragsparteien zu Differenzen über Art und Umfang der geschuldeten Leistungen kommt, also z. B. über Qualitäten, Mengen, Preise oder das durchzuführende Entsorgungsverfahren, stellt sich die Frage, ob und mit welchem Inhalt ein Entsorgungsvertrag geschlossen wurde.

10.2 Inhalt, Abschluss und Form von Entsorgungsverträgen

10.2.1 Vertragsinhalt

Im Vertragsrecht gilt der Grundsatz der Vertragsfreiheit. Das bedeutet, dass die Parteien über den Inhalt der von ihnen abzuschließenden Verträge frei bestimmen können, sofern

A. de Diego (✉) · A. Oexle
Kanzlei Oexle Kopp-Assenmacher Lück Partnerschaft von Rechtsanwälten mbB, Köln, Deutschland
E-Mail: alexander.dediego@oklp.de; anno.oexle@oklp.de

P. Kurth et al. (Hrsg.), *Praxishandbuch der Kreislauf- und Rohstoffwirtschaft*,
https://doi.org/10.1007/978-3-658-36262-1_10

sie nicht gegen zwingende Vorschriften des geltenden Rechts, gesetzliche Verbote oder die guten Sitten verstoßen. Das gilt auch für Entsorgungsverträge. Der Mindestinhalt eines Entsorgungsvertrags besteht bei Abfällen mit negativem Marktwert darin, dass sich die eine Partei zur Entsorgung bestimmter Abfälle und die andere Partei im Gegenzug zur Zahlung einer bestimmten Vergütung verpflichtet. Art und Umfang dieser Leistungspflichten werden in der Praxis des Entsorgungsvertragsrechts ganz unterschiedlich detailliert beschrieben und ausgestaltet.

Haben die Parteien in dem Vertrag bestimmte Punkte nicht geregelt, können ergänzend die gesetzlichen Vorschriften des Bürgerlichen Gesetzbuchs (BGB) und (unter Kaufleuten) gegebenenfalls auch die des Handelsgesetzbuchs (HGB) Anwendung finden und so den Inhalt des Vertrags gestalten. Welche gesetzlichen Vorschriften in solchen Fällen (subsidiär) zur Anwendung gelangen, hängt davon ab, wie Entsorgungsverträge rechtlich einzustufen sind.

Die Rechtsnatur von Verträgen richtet sich nach dem Inhalt der sie prägenden Leistungspflichten. Bei Entsorgungsverträgen besteht die wesentliche Leistungspflicht in der rechts-, insbesondere abfallrechtskonformen Entsorgung der vertragsgegenständlichen Materialien. Dieser Befund führt zu der Frage, ob diese Entsorgungspflicht tätigkeits- oder erfolgsbezogen ist. Wäre sie tätigkeitsbezogen, würde es sich bei dem Vertrag insoweit um einen Dienstvertrag im Sinne der §§ 611 ff. BGB handeln. Im Falle einer Erfolgsbezogenheit dieser Pflicht wäre der Entsorgungsvertrag dagegen als Werkvertrag im Sinne der §§ 631 ff. BGB einzustufen. Die Beantwortung dieser Frage hängt somit von der Bestimmung des Leistungsgegenstandes ab. Die wesentliche Leistungspflicht, die den Werkvertrag von den anderen im Bürgerlichen Gesetzbuch geregelten Vertragstypen unterscheidet, ist die Pflicht des Unternehmers zur Herstellung eines Werks im Sinne des § 631 Abs. 1 BGB. Im Gegensatz zum Dienstvertrag im Sinne des § 611 BGB, der den Dienstverpflichteten (lediglich) zur ordnungsgemäßen Erbringung bestimmter Dienste (im Sinne von Tätigkeiten) verpflichtet, ist für den Werkvertrag kennzeichnend, dass der Unternehmer dafür einzustehen hat, dass ein bestimmter (Leistungs-)Erfolg eintritt.[1] Die Abgrenzung von Dienst- und Werkvertrag ist damit in erster Linie eine Frage der Vertragsauslegung.[2] Diese Vertragsauslegung hat gemäß §§ 133, 157 BGB insbesondere anhand des Vertragswortlauts und der Vertragssystematik, der Begleitumstände des Vertragsschlusses, der Interessenlage der Vertragsparteien nach Treu und Glauben sowie mit Rücksicht auf die Verkehrssitte zu erfolgen.[3] Dem Vertragswortlaut kommt bei der Abgrenzung von Dienst- und Werkverträgen lediglich eine untergeordnete Bedeutung zu, da sich fast jede Tätigkeit angesichts des dem Werkvertrag zugrunde liegenden Erfolgsverständnisses erfolgsbezogen formulieren lässt.[4] Von entscheidender Bedeutung für die Bestimmung der Rechtsnatur von Entsorgungsverträgen ist dagegen die öffentlich-rechtliche Pflichtenbindung des

[1] Sprau in Grüneberg 2022, Einf. v. § 631 Rn. 8.

[2] Busche in Münchener Kommentar 2020, § 631 Rn. 15.

[3] Ellenberger in Grüneberg 2022, § 133 Rn. 14 ff.

[4] Busche in Münchener Kommentar 2020, § 631 Rn. 15.

Auftraggebers als Abfallerzeuger oder Abfallbesitzer. Gemäß § 7 Abs. 2 Satz 1 KrWG sind die Abfallerzeuger und -besitzer zur Verwertung ihrer Abfälle verpflichtet. Die Erzeuger und Besitzer von Abfällen, die nicht verwertet werden, sind gemäß § 15 Abs. 1 Satz 1 KrWG grundsätzlich verpflichtet, diese zu beseitigen. Die zur Verwertung und Beseitigung Verpflichteten können – durch einen Entsorgungsvertrag – Dritte mit der Erfüllung ihrer Pflichten beauftragen (§ 22 Satz 1 KrWG). Allerdings ordnet § 22 Satz 2 KrWG an, dass ihre Verantwortlichkeit für die Erfüllung der Pflichten von der Drittbeauftragung unberührt und so lange bestehen bleibt, bis die Entsorgung endgültig und ordnungsgemäß abgeschlossen ist. Der Sache nach handelt es sich bei dem Drittbeauftragten daher um einen Erfüllungsgehilfen, dessen sich der Auftraggeber zur Erfüllung seiner öffentlich-rechtlichen Entsorgungspflichten bedient. Dieser Erfolg besteht in der Entsorgung der vertragsgegenständlichen Abfälle, wobei der geschuldete Entsorgungserfolg, sofern die Parteien nichts anderes vereinbart haben, grundsätzlich erst eintritt, wenn der Auftraggeber dauerhaft von jeder öffentlich-rechtlichen Einstandspflicht für die Entsorgung seiner Abfälle befreit wird.[5] Dies ist gemäß § 22 Satz 2 KrWG erst dann der Fall, wenn die Entsorgung endgültig und ordnungsgemäß abgeschlossen ist. Da somit nicht nur eine Leistungshandlung, sondern auch ein Leistungserfolg geschuldet wird, sind Entsorgungsverträge grundsätzlich als Werkverträge im Sinne der §§ 631 ff. BGB zu qualifizieren.[6] Die im Gegenseitigkeitsverhältnis zur Entsorgungspflicht stehende Hauptleistungspflicht des Auftraggebers besteht in der Zahlung der Entsorgungsvergütung. Bei der Lieferung der vertragsgegenständlichen Abfälle handelt es sich – jedenfalls nach der gesetzlichen Konzeption des Werkvertragsrechts – nicht um eine (Haupt- oder Nebenleistungs-)Pflicht des Auftraggebers, sondern lediglich um eine Mitwirkungshandlung, die notwendig ist, damit die andere Vertragspartei ihre Entsorgungspflicht überhaupt erfüllen kann. Rechtlich handelt es sich dabei um eine bloße Obliegenheit,[7] die keinen Erfüllungsanspruch des Auftragnehmers zur Lieferung der Abfälle begründet.[8] Von dieser disponiblen gesetzlichen Konzeption können die Vertragsparteien abweichen, indem sie die diesbezügliche Mitwirkungshandlung des Auftraggebers im Entsorgungsvertrag – ausdrücklich oder stillschweigend – als Haupt- oder Nebenleistungspflicht ausgestalten.[9] In diesem Fall hat der Entsorger einen einklagbaren Leistungsanspruch auf Lieferung.

---

[5] OLG Brandenburg, OLG-Report Brandenburg, 1995, 3 (4).

[6] OLG Brandenburg, OLG-Report Brandenburg, 1995, 3 (4); OLG Schleswig, NJW-RR 2000, 896 (897); OLG Oldenburg, NJW-RR 1999, 1575 (1576); Sprau in Grüneberg 2022, Einf. v. § 631 Rn. 18; Jahn, in: Jahn et. al. 2014, § 22 Rn. 11; zur Qualifizierung eines Vertrags über Abwasserentsorgung als Werkvertrag BGH, NJW 2009, 913.

[7] Sprau in Grüneberg 2022, § 642 Rn. 2.

[8] Grüneberg in Grüneberg 2022, Einl. v. § 241 Rn. 13; die Rechte des Entsorgers im Falle einer Verletzung dieser Obliegenheit regeln die § §§ 642 f. BGB.

[9] Sprau in Grüneberg 2022, § 642 Rn. 2.

▶ **Praxishinweis** Bei bestimmten Abfällen (z. B. Rezyklate mit einem stabilen positiven Marktwert) steht für die Vertragsparteien nicht die rechtskonforme – regelmäßig weitere – Entsorgung im Vordergrund, sondern der wirtschaftliche Nutzen bzw. der mit der (Weiter-)Veräußerung der Abfälle erzielbare Erlös. Die Entsorgung stellt in solchen Fällen aus Sicht der Vertragsparteien lediglich einen – wenn auch wichtigen – Nebenaspekt dar, was auch insoweit gerechtfertigt erscheint, als sich das Risiko einer illegalen Entsorgung ganz erheblich reduziert, wenn der Verwerter für die von ihm zu verwertenden Abfälle ein Entgelt bezahlt. Dementsprechend geht es in der Praxis bei solchen Verträgen im Streitfall häufig auch weniger um die Frage der Einhaltung der abfallrechtlichen Vorgaben, sondern um die Einhaltung der vertraglich geschuldeten Qualitäten. Vertragsrechtlich kann dieser Interessenlage dadurch Rechnung getragen werden, dass der Erwerb der Abfälle auf kaufrechtlicher Grundlage erfolgt. Die Erfüllung der auch in diesen Fällen bestehenden abfallrechtlichen Pflichten lässt sich dadurch sicherstellen, dass diese Pflichten im Kaufvertrag als Nebenleistungspflichten ausgestaltet werden. Da durch die Rechtsprechung bislang nicht geklärt ist, ob auf solche Nebenleistungspflichten ohne ausgestaltet werden. Da durch die Rechtsprechung bislang nicht geklärt ist, ob auf solche Nebenleistungspflichten ohne ausdrückliche Vereinbarung das gesetzliche Werkvertragsrecht Anwendung findet, ist es ratsam, dass diese Pflichten sowie die im Falle der Nicht- oder Schlechterfüllung dieser Pflichten geltenden Rechtsfolgen im Kaufvertrag ausdrücklich vereinbart werden. Dies gilt insbesondere vor dem Hintergrund, dass es zur Entsorgungspflicht als kaufrechtlicher Nebenleistungspflicht so gut wie keine Rechtsprechung gibt. Die erforderliche Rechtssicherheit kann daher nur durch eine maßgeschneiderte Vertragsgestaltung gewährleistet werden.

In der Praxis werden in Entsorgungsverträgen darüber hinaus häufig weitere Vereinbarungen getroffen, die nicht unmittelbar die Entsorgung der vertragsgegenständlichen Abfälle betreffen, mit ihr aber im Zusammenhang stehen, wie z. B. die Gestellung von Abfallgefäßen und/oder der Transport der Abfälle zu der designierten Entsorgungsanlage. Bei solchen Verträgen handelt es sich nicht um reine Werkverträge, sondern um sog. typengemischte Verträge. Gleichwohl findet in Bezug auf den „Entsorgungsteil" in Ergänzung zu den vertraglichen Vereinbarungen das Werkvertragsrecht Anwendung. Die vertraglichen Regelungen, die die anderen Vertragsteile betreffen, werden durch diejenigen gesetzlichen Vorschriften ergänzt, denen der jeweilige Vertragsteil unterliegt,[10] also beispielsweise bei Vereinbarungen über die Erbringung von Dienstleistungen das Dienstvertragsrecht der §§ 611 ff. BGB oder bei der Vereinbarung einer Miete die mietrechtlichen Vorschriften der §§ 535 ff. BGB.

[10] Vgl. Grüneberg in Palandt 2022, Überbl. v. § 311 Rn. 24 ff.

10.2.2 Vertragsschluss

Der Abschluss eines Entsorgungsvertrags setzt grundsätzlich voraus, dass sich die Parteien „aktiv" über den Vertragsinhalt einigen, also die eine Vertragspartei das Angebot der anderen Vertragspartei ausdrücklich oder konkludent durch schlüssiges Verhalten annimmt.

Bloßes Schweigen auf das Angebot einer Partei führt nicht zum Vertragsschluss. Eine Ausnahme von diesem Grundsatz gilt in dem Sonderfall des Schweigens auf ein kaufmännisches Bestätigungsschreiben.[11] Haben Kaufleute oder Personen, die wie Kaufleute in größerem Umfang selbstständig beruflich tätig sind, miteinander Vertragsverhandlungen geführt, ohne dass es zu einem Vertragsschluss gekommen ist, führt dies nach den Grundsätzen des kaufmännischen Bestätigungsschreibens gleichwohl zu einem Vertragsschluss, wenn

- eine Partei der anderen Partei ein Schreiben übermittelt hat, in dem sich die schreibende Partei auf eine getroffene Absprache beruft und aus dem ersichtlich wird, dass sie davon ausgeht, es sei bereits zu einem Vertragsschluss gekommen,

> **Praxishinweis** Wie dieses Schreiben übermittelt wird, z. B. per Fax, Email oder SMS, ist nicht entscheidend, solange der Zugang bei der anderen Partei nachgewiesen werden kann.

- das Bestätigungsschreiben erkennbar darauf abzielt, die Tatsache des Vertragsschlusses sowie den Inhalt eines bereits geschlossenen Vertrags festzuhalten,
- der Inhalt des Bestätigungsschreibens nicht so stark von dem tatsächlich Besprochenen abweicht, dass der Verfasser des Bestätigungsschreibens bei vernünftiger Betrachtungsweise nicht (mehr) von dem Einverständnis des Empfängers ausgehen darf,
- das Bestätigungsschreiben zeitlich in unmittelbarem Zusammenhang mit den Vertragsverhandlungen versendet worden und der anderen Partei zugegangen ist

und

- die andere Partei dem Bestätigungsschreiben nicht unverzüglich nach Zugang widersprochen hat.[12]

Unter denselben Voraussetzungen kann der Inhalt eines bereits geschlossenen Vertrags durch das Schweigen auf ein kaufmännisches Bestätigungsschreiben geändert werden.[13]

---

[11] Vgl. Ellenberger in Grüneberg 2022, § 147 Rn. 8 ff.

[12] Ellenberger in Grüneberg 2022, § 147 Rn. 8 ff.

[13] Ellenberger in Grüneberg 2022, § 147 Rn. 18.

> **Praxishinweis** Im Falle eines mündlichen Vertragsschlusses empfiehlt es sich, den wesentlichen Inhalt der Einigung in einem Bestätigungsschreiben zusammenzufassen und dieses dem Vertragspartner unmittelbar nach Vertragsschluss per Fax zu übersenden, damit sich im Streitfall der Abschluss des Vertrags und sein Inhalt leichter beweisen lassen.

10.2.3 Form

In seinen regelmäßigen Erscheinungsformen als reiner Werkvertrag, Kaufvertrag mit werkvertraglichen Nebenleistungspflichten oder typengemischter Vertrag mit werk-, dienst- und/oder mietvertraglichen Elementen ist der Entsorgungsvertrag grundsätzlich nicht formbedürftig.[14] Er kann folglich auch dadurch wirksam geschlossen werden, dass sich die Vertragsparteien (fern-)mündlich, schriftlich, per Fax oder Email ein Angebot unterbreiten, welches diese mündlich oder durch schlüssiges Verhalten annehmen.

Etwas anderes gilt für Beauftragungen privater Entsorgungsunternehmen durch öffentliche Auftraggeber im Anwendungsbereich des Vergaberechts. Denn im Rahmen von Vergabeverfahren muss die Annahme des Angebots (Zuschlag) gemäß § 21 Abs. 2 VOL/A-EG (§ 18 Abs. 2 VOL/A) in Schriftform, elektronischer Form oder mittels Telekopie erfolgen.

10.3 Besondere Hinweise zur Gestaltung von Entsorgungsverträgen

10.3.1 Lieferrecht oder Lieferpflicht

In der Praxis werden Entsorgungsverträge im Regelfall so ausgestaltet, dass der Entsorgungspflicht der einen Partei eine Lieferpflicht der anderen Partei gegenübersteht. Ist der Entsorgungsvertrag als Kaufvertrag mit werkvertraglichen Nebenleistungspflichten ausgestaltet, ergibt sich der Lieferanspruch unmittelbar aus dem Gesetz (§ 433 Abs. 1 Satz 1 BGB). Anders verhält es sich, wenn der Entsorgungsvertrag als Werkvertrag ausgestaltet ist. Weil es sich bei der Lieferung der zu entsorgenden Abfälle nach der gesetzlichen Konzeption des Werkvertragsrechts lediglich um eine Obliegenheit und nicht um eine Pflicht des Auftraggebers handelt (siehe bereits Rn. 5), bedarf es dazu einer eigenen vertraglichen Regelung.

Ein Urteil des BGH vom 08.12.2011[15] zeigt, wie wichtig diesbezüglich hinreichend klare Formulierungen im Vertragstext sind. In dem zugrundeliegenden Fall hatten die Parteien vereinbart, dass der Auftraggeber „*bis zu 15.000 t pro Jahr*" liefert und der Entsorger „*jährlich bis zu 15.000 Jahrestonnen an Abfällen*" abnimmt und entsorgt. Nach Ansicht

---

[14] Vgl. Weidenkaff in Grüneberg 2022, § 611 Rn. 2; Sprau in Grüneberg 2022, § 631 Rn. 1.

[15] BGH, Urt. v. 08.12.2011, VII ZR 12/09.

des mit dem Streitfall in der Vorinstanz befassten OLG war der Auftraggeber danach lediglich berechtigt, nicht aber auch verpflichtet, pro Jahr bis zu 15.000 t Abfälle zu liefern.[16] Demgegenüber sei der Entsorger verpflichtet, pro Jahr bis zu 15.000 t Abfälle zu entsorgen. Danach war der Auftraggeber befugt, pro Jahr zwischen 0 und 15.000 t/a an den Entsorger zu liefern, während dieser verpflichtet war, die von dem Auftraggeber angelieferten Mengen bis zu einer Höhe von 15.000 t zu entsorgen. Diese Sichtweise teilte der BGH nicht. In seinem Urteil, mit dem er die Sache zur erneuten Verhandlung und Entscheidung an das OLG zurückverwiesen hat, führte er aus, dieses habe sich im Rahmen des weiteren Verfahrens erneut mit der Frage zu befassen, ob und ggf. in welchem Umfang der Auftraggeber durch den Entsorgungsvertrag nicht doch dazu verpflichtet gewesen sei, Abfälle anzuliefern.[17] Offen gelassen hat der BGH in seinem Urteil allerdings, ob er die vom OLG vorgenommene Auslegung aus Rechtsgründen für unzutreffend hielt oder ob er der Ansicht war, dieses hätte die für die Vertragsauslegung maßgeblichen Tatsachen nicht richtig gewürdigt. Unabhängig davon ist zu konstatieren, dass es zu dem Rechtsstreit und den divergierenden gerichtlichen Entscheidungen nicht gekommen wäre, wenn die Parteien im Entsorgungsvertrag eindeutig geregelt hätten, ob den Auftraggeber auch eine Lieferpflicht treffen soll.

10.3.2 Besonderheiten der Vertragsgestaltung bei Handelsgeschäften

In der Praxis sind Abfälle häufig Gegenstand von Handelsgeschäften. In diesen Fällen werden über die Entsorgung desselben Abfalls mehrere Entsorgungsverträge von verschiedenen Vertragsparteien (zwischen Erzeuger/Besitzer und Händler einerseits sowie zwischen Händler und Entsorger andererseits) geschlossen. Die Abfalllieferung erfolgt dann in der Regel im Wege des **Streckengeschäfts** vom Abfallbesitzer direkt zum Entsorger.

Streckengeschäft:

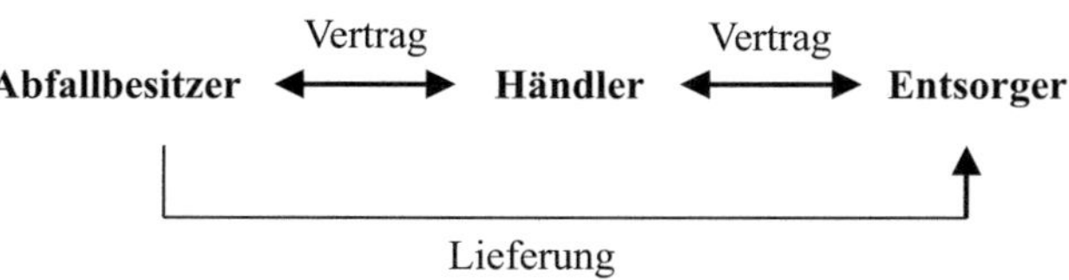

Wirtschaftlich betrachtet werden die Abfälle vom Händler in solchen Konstellationen lediglich „gekauft" und wieder „verkauft", da er selbst keine Entsorgungsleistung erbringt. Zivilrechtlich trifft den Händler in diesen Fällen indes eine eigenständige Entsorgungs-

[16] OLG Frankfurt a. M., Urt. v. 28.11.2008, 10 U 119/08.

[17] BGH, Urt. v. 08.12.2011, VII ZR 12/09.

pflicht. Zur Erfüllung dieser Pflichten schließt er mit einem Entsorger einen weiteren Vertrag über die Entsorgung der Abfälle. Bei der Gestaltung der Verträge mit dem Abfallbesitzer einerseits und dem Entsorger andererseits muss der Händler darauf achten, dass die Vertragspflichten, die er gegenüber seinen verschiedenen Vertragspartnern übernimmt, hinreichend aufeinander abgestimmt sind. Anderenfalls setzt er sich erheblichen Haftungs- und Schadensersatzrisiken aus.

▶ **Praxisbeispiel** Händler H hat sich gegenüber Abfallbesitzer A zur Entsorgung von 10.000 Jahrestonnen Abfällen der AVV-AS 20 03 01 verpflichtet; eine weitergehende vertragliche Konkretisierung der Qualität dieser Abfälle erfolgt nicht. Um die aus diesem Vertrag resultierende Entsorgungspflicht erfüllen zu können, schließt H mit C, dem Betreiber einer Müllverbrennungsanlage, einen weiteren Entsorgungsvertrag über die Lieferung und Entsorgung von Abfällen der AVV-AS 20 03 01. Dieser Entsorgungsvertrag enthält einen Anhang, in dem die Qualitäten der von H zu liefernden Abfälle näher beschrieben und u. a. Grenzwerte für Chlor und Chrom sowie ein Heizwertfenster definiert werden. Die Abfälle sollen direkt von A zu C geliefert werden.

Liefert A nun Abfälle der AVV-AS 20 03 01, die den zwischen H und C vereinbarten Qualitäten nicht entsprechen, z. B. wegen eines zu hohen Chlorgehalts, wird C diese Lieferung als nicht vertragskonform zurückweisen. Dennoch hat A mit dieser Lieferung seine vertraglichen Pflichten gegenüber H erfüllt, da er diesem nur eine Lieferung von Abfällen der AVV-AS 20 03 01 schuldet. H hingegen kann mit diesen Abfällen nicht seine gegenüber C bestehende Lieferpflicht erfüllen.

10.4 Allgemeine Geschäftsbedingungen

Bei den Regelungen eines Entsorgungsvertrags handelt es sich in der Praxis oftmals um Allgemeine Geschäftsbedingungen (AGB) im Sinne des Bürgerlichen Gesetzbuchs. In diesem Fall stellen die Vorschriften der §§ 305 ff. BGB besondere Anforderungen an die Einbeziehung dieser Klauseln in den Vertrag sowie an deren Wirksamkeit. Von erheblicher praktischer Bedeutung ist daher die Frage, ob eine bestimmte vertragliche Regelung als AGB zu qualifizieren ist.

10.4.1 Sachlicher Anwendungsbereich der §§ 305 ff. BGB

Gemäß der in § 305 Abs. 1 BGB enthaltenen Legaldefinition sind AGB alle für eine Vielzahl von Verträgen vorformulierten Vertragsbedingungen, die eine Vertragspartei (Verwender) der anderen Vertragspartei bei Abschluss eines Vertrags stellt.

10.4.1.1 Vorformulierte Vertragsbedingungen

Vertragsbedingungen im Sinne des § 305 Abs. 1 Satz 1 BGB sind Regelungen, die den Vertragsinhalt gestalten sollen.[18] Vorformuliert sind Vertragsbedingungen, wenn sie bereits vor dem Abschluss des Vertrags fertig formuliert vorliegen, um künftig in Verträge einbezogen zu werden.

► **Praxishinweis** Keine Voraussetzung für die Einstufung einer Vertragsbestimmung als AGB ist daher, dass es sich bei dieser um „Kleingedrucktes" handelt.

Das Erfordernis der Vorformulierung einer Klausel für eine Vielzahl von Verträgen bedeutet zudem nicht, dass der Verwender mehrfach eine wortgleiche Klausel stellen muss. Entscheidend ist vielmehr der sachliche Inhalt im Hinblick auf die eintretenden Rechtswirkungen. Ausreichend ist, dass die Rechtswirkungen im Wesentlichen gleich sind.[19]

10.4.1.2 Für eine Vielzahl von Verträgen vorformulierte Vertragsbedingungen

Die Qualifizierung einer Vertragsbedingung als AGB setzt gemäß § 305 Abs. 1 BGB zudem voraus, dass die Vertragsbedingung für eine Vielzahl von Verträgen vorformuliert ist. Nach der Rechtsprechung ist diese Voraussetzung erfüllt, wenn seitens des Verwenders mindestens drei Vertragsschlüsse ins Auge gefasst werden, bei denen die betreffende Vertragsbedingung Vertragsbestandteil werden soll.[20]

10.4.1.3 „Stellen" der Vertragsbedingungen durch den Verwender

Gemäß § 305 Abs. 1 Satz 1 BGB setzt die Qualifikation einer Vertragsbedingung als AGB weiterhin voraus, dass die eine Vertragspartei (Verwender) der anderen Vertragspartei die Vertragsbedingung bei Abschluss des Vertrags stellt. Ein Stellen in diesem Sinne ist immer dann gegeben, wenn es an den Voraussetzungen des § 305 Abs. 1 Satz 3 BGB fehlt. Danach liegen AGB nicht vor, soweit die Vertragsbedingungen zwischen den Vertragsparteien „im Einzelnen ausgehandelt" sind. Nach der Rechtsprechung des BGH bedeutet aushandeln mehr als verhandeln.[21] So genügt es nicht, dass der Vertragspartner das vom Verwender gestellte Formular kennt und der Vertragspartner keine Bedenken in Bezug auf die Verwendung äußert. Auch reicht es für ein Aushandeln nicht aus, dass dem Vertragspartner der Inhalt der gestellten Vertragsbedingungen erläutert wird.[22] Von einem

[18] Grüneberg in Grüneberg 2022, § 305 Rn. 4.

[19] BGH, NJW 1998, 2600 (2601); BGH, NJW 1979, 2387 (2388); Pfeiffer in Wolf et al. 2020, § 305 Rn. 17; Schlosser in Staudinger 2019, § 305 Rn. 20; vgl. auch Ulmer in Ulmer et al. 2022, § 305 Rn. 24a.

[20] BGH, NJW 2002, 138 (139); BGH, NJW 1998, 2286 (2287).

[21] BGH, WM 2000, 629 (632).

[22] BGH, WM 2000, 629 (632).

Aushandeln im Sinne des § 305 Abs. 1 Satz 1 BGB kann nach der Rechtsprechung des BGH vielmehr erst dann gesprochen werden, wenn der Verwender den in den AGB enthaltenen gesetzesfremden Kerngehalt, also die den wesentlichen Inhalt der gesetzlichen Regelung ändernde oder ergänzende Bestimmung ernsthaft zur Disposition stellt und dem Verhandlungspartner Gestaltungsfreiheit zur Wahrung eigener Interessen einräumt, so dass dieser zumindest die reale Möglichkeit hat, die inhaltliche Gestaltung der Vertragsbedingung zu beeinflussen.[23] Dabei schlägt sich eine solche Bereitschaft des Verwenders in der Regel in der erkennbaren Änderung des vorformulierten Textes nieder.[24]

Aus der negativen Fassung des § 305 Abs. 1 Satz 3 BGB folgt, dass die Darlegungs- und Beweislast dafür, dass eine Vertragsbedingung im Einzelnen ausgehandelt ist, beim Verwender liegt.[25]

10.4.2 Inhaltskontrolle

AGB unterliegen einer Inhaltskontrolle nach den §§ 307 ff. BGB. Dabei ist der Maßstab der Inhaltskontrolle danach abgestuft, ob die Verwendung gegenüber einem Verbraucher im Sinne des § 13 BGB (sog. „B2C"-AGB) oder gegenüber einem Unternehmer im Sinne des § 14 BGB (sog. „B2B"-AGB) erfolgt. Bei den in der Entsorgungswirtschaft tätigen Unternehmen handelt es sich um Unternehmer im Sinne des § 14 BGB, da sie im Entsorgungsmarkt in Ausübung ihrer gewerblichen Tätigkeit handeln. Bei in der Entsorgungswirtschaft verwendeten AGB handelt es sich daher um „B2B"-AGB.

Kontrollfest sind nach § 307 Abs. 3 Satz 1 BGB solche Vertragsbedingungen, die der unmittelbaren Beschreibung der Hauptleistungspflichten dienen.[26] Nach der ständigen Rechtsprechung wird von § 307 Abs. 3 Satz 1 BGB aber nur ein eng begrenzter Bereich von Regelungen, die Art, Umfang und Güte der geschuldeten Leistung festlegen, erfasst; nicht erfasst werden hingegen solche Regelungen, die das Hauptleistungsversprechen einschränken, verändern, ausgestalten oder modifizieren.[27] Hieraus folgt nicht, dass jede Klausel, die ein Entgelt für eine Leistung festlegt, schon allein deswegen kontrollfest ist. Nach der Rechtsprechung sind nur solche Klauseln kontrollfest, die „Art, Umfang und Güte der geschuldeten Leistung [regeln,] […] ohne deren Vorliegen mangels Bestimmtheit oder Bestimmbarkeit des wesentlichen Vertragsinhalts ein wirksamer Vertrag nicht mehr angenommen werden kann".[28] Umgekehrt sind Bestimmungen, die durch dispositives

---

[23] BGH, NJW 2013, 856; BGH, WM 2000, 629 (632); Basedow in Münchener Kommentar 2019, § 305 Rn. 35.

[24] BGH, WM 2000, 629 (632).

[25] BGH, NJW 1998, 2600 (2601).

[26] OLG Hamm, BeckRS 2012, 3701.

[27] OLG Hamm, BeckRS 2012, 3701; vgl. auch BGH, NJW 2001, 1934 ff.; OLG München, NJW 2006, 2416; OLG Köln, NJW-RR 2002, 598.

[28] BGH, NJW 2001, 2635 f.; BGH, NJW 2001, 1934 f.; BGH, NJW 2001, 1132 f.; BGH, NJW 1999, 2279 f.; OLG Hamm, BeckRS 2012, 3701.

Gesetzesrecht ersetzt werden können, wenn die Parteien sie nicht getroffen hätten, nicht kontrollfrei.[29] Ebenfalls nicht kontrollfrei sind Bestimmungen, die die Leistung des Verwenders wieder einschränken. Maßgeblich ist insoweit, ob der Verwender der Sache nach die Leistung, die er versprochen hat, wieder aushöhlt.[30] Nach § 307 Abs. 3 Satz 1 BGB kontrollfeste Bestimmungen können gemäß § 307 Abs. 3 Satz 2 BGB nur unwirksam sein, wenn sie gegen das Transparenzgebot verstoßen, also nicht hinreichend klar und verständlich sind.

Werden der Inhaltskontrolle unterliegende AGB gegenüber einem Verbraucher verwendet, gilt ein strengerer Prüfungsmaßstab als bei der Verwendung gegenüber Unternehmern. So enthält § 309 BGB einen Katalog von Klauseln, die in AGB stets unwirksam sind. § 308 BGB regelt Klauselverbote, die unbestimmte Rechtsbegriffe enthalten, so dass die Feststellung der Unwirksamkeit eine richterliche Wertung erfordert. § 307 Abs. 1 Satz 1 BGB enthält sodann eine Generalklausel, nach der AGB – auch wenn sie einer Inhaltskontrolle nach §§ 308, 309 BGB standhalten – unwirksam sind, wenn sie den Vertragspartner des Verwenders entgegen den Geboten von Treu und Glauben unangemessen benachteiligen. Dabei ist eine unangemessene Benachteiligung gemäß § 307 Abs. 2 BGB im Zweifel anzunehmen, wenn eine Bestimmung mit wesentlichen Grundgedanken der gesetzlichen Regelung, von der abgewichen wird, nicht zu vereinbaren ist oder wesentliche Rechte oder Pflichten, die sich aus der Natur des Vertrags ergeben, so eingeschränkt werden, dass die Erreichung des Vertragszwecks gefährdet ist.

Im Falle einer Verwendung von AGB gegenüber einem Unternehmer ordnet § 310 Abs. 1 Satz 1 BGB an, dass die §§ 308, 309 BGB keine Anwendung finden. Allerdings ist allgemein anerkannt, dass die Klauselverbote der §§ 308, 309 BGB den Beurteilungsmaßstab des § 307 BGB beeinflussen und Indizwirkung für eine unangemessene Benachteiligung haben können.[31]

Sind AGB ganz oder teilweise nicht Vertragsbestandteil geworden oder unwirksam, so bleibt der Vertrag gemäß § 306 Abs. 1 BGB im Übrigen wirksam. Soweit AGB nicht Vertragsbestandteil geworden oder unwirksam sind, richtet sich der Inhalt des Vertrags nach den gesetzlichen Vorschriften. Unwirksam ist der Vertrag nur, wenn das Festhalten an ihm auch unter Berücksichtigung der nach § 306 Abs. 2 BGB vorgesehenen Änderung eine unzumutbare Härte für die andere Vertragspartei darstellen würde (§ 306 Abs. 3 BGB).

[29] OLG Hamm, BeckRS 2012, 3701; vgl. auch BGH, NJW 2001, 2399 ff.; BGH, NJW 2000, 3348; BGH, NJW 2000, 577 ff.; BGH, NJW 1999, 2276 (2277).

[30] OLG Hamm, BeckRS 2012, 3701; vgl. auch Wurmnest in Münchener Kommentar 2019, § 307 Rn. 12 ff.

[31] OLG Hamm, BeckRS 2012, 3701.

10.4.3 Inhaltskontrolle sog. „Bring-or-Pay"-Klauseln

Die Anforderungen, die das AGB-Recht an eine Inhaltskontrolle stellt, werden nachfolgend am Beispiel einer sog. „Bring-or-Pay"-Klausel erläutert. Ein Entsorgungsvertrag mit einer Mindestlieferpflicht enthält in der Praxis häufig die Verpflichtung des Auftraggebers, dem Entsorger eine bestimmte (Mindest-)Abfallmenge innerhalb eines bestimmten Zeitraums zur Entsorgung zur Verfügung zu stellen. Auf eine solche Regelung wird ein Entsorger regelmäßig drängen, wenn er die Abfalllieferungen des Auftraggebers aus wirtschaftlichen Gründen, nämlich zur Auslastung seiner Anlage benötigt. In der Vertragspraxis werden Mindestlieferpflichten häufig durch Regelungen verschärft, wonach der Auftraggeber für die vertraglich vereinbarte Mindestmenge auch dann etwas zahlen muss, wenn er sie dem Entsorger innerhalb eines bestimmten Zeitraums nicht oder nur teilweise zur Verfügung stellt. Teilweise verpflichten solche Regelungen, die in Entsorgungsverträgen in ganz unterschiedlicher Gestalt anzutreffen sind, den Auftraggeber bei Unterschreitung der vereinbarten Mindestmenge sogar zur Zahlung des vollständigen Entsorgungsentgelts für die nicht gelieferte Differenzmenge. Dabei sind diese in der Abfallwirtschaft unter dem Schlagwort „Bring-or-Pay" verhandelten Regelungen klar von der Mindestmengenvereinbarung zu trennen. „Bring-or-Pay"-Klauseln stellen selbst keine Mindestmengenvereinbarung dar, sondern knüpfen an diese an und bestimmen für den Fall ihrer Verletzung eine besondere Rechtsfolge, nämlich die Pflicht zur Zahlung eines bestimmten Geldbetrags.

Da solche Vertragsklauseln den Auftraggeber wirtschaftlich stark belasten, liegt es nahe, dass der Auftraggeber im Falle der Verletzung einer mit einer „Bring-or-Pay"-Zahlungspflicht unterlegten Mindestmengenvereinbarung versuchen wird, dieser Zahlungspflicht zu entgehen. Aus juristischer Sicht ist dies in aller Regel nur im Falle der Unwirksamkeit der betreffenden „Bring-or-Pay"-Klausel möglich.

Mit der Frage der Wirksamkeit von „Bring-or-Pay"-Klauseln hat sich der BGH bislang in zwei Urteilen auseinandergesetzt.[32] In beiden Fällen hatte er zu prüfen, ob die „Bring-or-Pay"-Klauseln in zwischen Unternehmern geschlossenen Entsorgungsverträgen der strengen Inhaltskontrolle des AGB-Rechts standhalten. Die verfahrensgegenständliche Klausel, die Gegenstand der ersten Entscheidung war, verpflichtete den Auftraggeber zur Zahlung des vollen Entsorgungsentgelts auch für solche Abfallmengen, die er innerhalb einer bestimmten Lieferfrist hätte liefern müssen, aber nicht geliefert hat. Die Klausel, die Gegenstand der zweiten BGH-Entscheidung war, verpflichtete den Auftraggeber zur Zahlung von ca. 25 % des Entsorgungsentgelts für nicht gelieferte Abfallmengen.

10.4.3.1 Erste „Bring-or-Pay"-Entscheidung des BGH

Die „Bring-or-Pay"-Klausel, die den Auftraggeber zur Zahlung von 100 % des Entsorgungsentgelts für nicht gelieferte Abfallmengen verpflichtete, befand der BGH für unwirksam. Zur Begründung stellte er darauf ab, dass die Klausel den Auftraggeber wegen

---

[32] BGH, NJW 2013, 856; BGH, NZBau 2016, 213.

Nichtbeachtung wesentlicher Grundgedanken des Schadensrechts im Sinne der Generalklausel des § 307 BGB unangemessen benachteilige. Gründe, die diese Benachteiligung rechtfertigen könnten, bestanden nach Ansicht des BGH nicht. Die in dieser „Bring-or-Pay"-Klausel liegende Benachteiligung werde nicht durch im Vertrag vorgesehene Nachlieferungsmöglichkeiten kompensiert, weil die laufenden Lieferverpflichtungen hiervon unberührt blieben und zudem unklar sei, ob der Auftraggeber überhaupt einen Anspruch darauf habe, dass der Entsorger die Mehrmengen abnimmt.[33] Auch ein Investitionsschutzinteresse des Entsorgers rechtfertige die Benachteiligung des Auftraggebers nicht. Während der gesamten zehnjährigen Vertragslaufzeit seien die Vergütungsansprüche wegen der „Bring-or-Pay"-Klausel abgesichert, ohne dass der Entsorger im Extremfall auch nur ein einziges Mal Abfälle des Auftraggebers entsorgen müsse. Gerade dieser hypothetisch denkbare und von der „Bring-or-Pay"-Klausel erfasste Extremfall mache die unangemessene Benachteiligung des Auftraggebers besonders deutlich.[34]

Die Frage, ob die betreffende Klausel außerdem auch noch eine unzulässige Schadenspauschale im Sinne des § 309 Nr. 5 BGB beinhaltet und auch deshalb wegen unangemessener Benachteiligung unwirksam ist, hat der BGH dahinstehen lassen, weil diese Frage nicht mehr entscheidungserheblich war. Die Linie, auf der das Urteil liegt, spricht allerdings dafür, dass der BGH diese Frage im Falle ihrer Entscheidungserheblichkeit bejaht hätte.

10.4.3.2 Zweite „Bring-or-Pay"-Entscheidung des BGH

Die Frage, ob die „Bring-or-Pay"-Klausel, die den Auftraggeber zur Zahlung von ca. 25 % des Entsorgungsentgelts für nicht gelieferte Abfallmengen verpflichtete, unwirksam ist, konnte der BGH selbst nicht entscheiden, da das Berufungsgericht die hierfür erforderlichen Tatsachenfeststellungen nicht getroffen hatte. Allerdings stellte der BGH Leitlinien auf, anhand derer die Unwirksamkeit vom Berufungsgericht nach der erfolgten Zurückverweisung der Sache zu beurteilen war. Dabei stellte er maßgeblich darauf ab, dass die „Bring-or-Pay"-Klausel eine verschuldensunabhängige vertragliche Haftung anordnet. Nach ständiger Rechtsprechung des BGH ist ein wesentlicher Grundgedanke, den AGB einhalten müssen der, dass eine Verpflichtung zum Schadensersatz regelmäßig nur bei schuldhaftem Verhalten besteht.[35] Eine verschuldensunabhängige Haftung kann in AGB nur ausnahmsweise wirksam vereinbart werden. Das ist der Fall, wenn sie durch höhere Interessen des AGB-Verwenders gerechtfertigt oder durch Gewährung rechtlicher Vorteile ausgeglichen wird.[36] Ist dies nicht der Fall, ist die Klausel wegen unangemessener Benachteiligung des Vertragspartners des Verwenders unwirksam, und zwar auch dann, wenn die Klausel als „Bring-or-Pay"-Betrag nicht 100 % des Entsorgungsentgelts, sondern einen geringeren Betrag vorsieht. Entscheidend ist nicht die Höhe des „Bring-or-Pay"-Betrags,

[33] BGH, NJW 2013, 856 (858).

[34] BGH, NJW 2013, 856 (858).

[35] BGH, NZBau 2016, 213 (216).

[36] BGH, NZBau 2016, 213 (216).

sondern die Tatsache, dass die Pflicht zur Zahlung des Betrags verschuldensunabhängig ausgestaltet ist.[37]

10.5 Leistungsstörungen und Störungen der Vertragsgrundlage

10.5.1 Leistungsstörungen

Im Falle von Leistungsstörungen, also Nicht- und Schlechtleistungen, gelten vorrangig die hierzu getroffenen vertraglichen Vereinbarungen und ergänzend sowie in dem Fall, dass keine vertraglichen Vereinbarungen über Leistungsstörungen getroffen worden sind, die gesetzlichen Vorschriften.

Handelt es sich bei dem Vertrag um einen reinen Werkvertrag, gilt für Schlechtleistungen in Bezug auf die Pflicht zur Abfallentsorgung das werkvertragliche Gewährleistungsrecht der §§ 633 ff. BGB. Handelt es sich bei dem Vertrag um einen Kaufvertrag und ist die Pflicht zur Abfallentsorgung als werkvertragliche Nebenleistungspflicht zum Kaufvertrag ausgestaltet, dürfte, wenn diesbezüglich keine vertraglichen Vereinbarungen getroffen worden sind, für Schlechtleistungen in Bezug auf die Nebenpflicht zur Abfallentsorgung das werkvertragliche Gewährleistungsrecht grundsätzlich entsprechend heranzuziehen sein. Rechtsprechung zu dieser Frage existiert bislang soweit ersichtlich allerdings nicht.

Die rechtliche Behandlung von nicht rechtzeitig erfolgten Abfalllieferungen kann im Einzelfall erhebliche Schwierigkeiten bereiten, sofern im Vertrag nicht geregelt worden ist, welche Rechtsfolgen sich hieran knüpfen sollen.

► **Praxishinweis** Es empfiehlt sich, im Entsorgungsvertrag ausdrücklich zu regeln, wann bzw. in welchen Intervallen der Auftraggeber welche Abfallmengen zu liefern hat und wie lange er nicht rechtzeitig erfolgte Abfalllieferungen nachholen darf. Anderenfalls kann erhebliche Rechtsunsicherheit darüber entstehen, wie lange der Entsorger zur Annahme von Abfalllieferungen verpflichtet und der Auftraggeber zu solchen Lieferungen (noch) berechtigt ist.

10.5.2 Störungen der Geschäftsgrundlage

Die Entsorgungsmärkte verändern sich fortlaufend; dementsprechend volatil sind die Entsorgungspreise. Im Falle solcher Marktveränderungen stellt sich die Frage, ob bzw. wie sich diese auf bereits bestehende Entsorgungsverträge auswirken. So wird z. B. der Auftraggeber bei einem Verfall der Entsorgungspreise unter Umständen nach einer rechtlichen Möglichkeit suchen, den Vertrag an die veränderte Marktlage anzupassen oder sich sogar ganz von ihm zu lösen. Trifft der Vertrag diesbezüglich keine Regelung, kann eine

[37] Vgl. BGH, NZBau 2016, 213 (216).

Änderung oder Lösung vom Entsorgungsvertrag nur bei einer Störung der Geschäftsgrundlage im Sinne von § 313 BGB erfolgen. Gemäß § 313 Abs. 1 BGB steht in dem Fall, dass sich die Umstände, die zur Grundlage des Vertrags geworden sind, nach Vertragsschluss schwerwiegend verändert haben und die Parteien den Vertrag nicht oder mit anderem Inhalt geschlossen hätten, wenn sie diese Veränderung vorausgesehen hätten, und soweit einem Vertragsteil unter Berücksichtigung aller Umstände des Einzelfalls, insbesondere der vertraglichen oder gesetzlichen Risikoverteilung, das Festhalten am unveränderten Vertrag nicht zugemutet werden kann, der betreffenden Partei ein Anspruch auf Anpassung des Vertrags zu. Nach § 313 Abs. 2 BGB kommt es einer Veränderung der Umstände gleich, wenn wesentliche Vorstellungen, die zur Grundlage des Vertrags geworden sind, sich als falsch herausstellen. Ist eine Anpassung des Vertrags nicht möglich oder einem Teil nicht zumutbar, so kann der benachteiligte Teil sich gemäß § 313 Abs. 3 BGB einseitig durch Rücktritt oder Kündigung vom Vertrag lösen.

Nach der Rechtsprechung besteht die Möglichkeit, eine Vertragspflicht unter dem Gesichtspunkt der Störung der Geschäftsgrundlage an die geänderten Verhältnisse anzupassen oder sich von dem Vertrag insgesamt zu lösen, nur in eng begrenzten Ausnahmefällen.[38] Der Grundsatz der Vertragstreue muss nur dann zurücktreten, wenn anderenfalls ein untragbares, mit Recht und Gerechtigkeit schlechthin unvereinbares Ergebnis nicht zu vermeiden wäre. § 313 BGB ist daher nicht anwendbar, wenn sich durch die Veränderung ein Risiko verwirklicht hat, das nach der in dem Vertrag vorgenommenen Risikoverteilung von einer Partei zu tragen ist.[39] Nach der Rechtsprechung liegt in der Vereinbarung eines Festpreises eine stillschweigende Übernahme des Risikos von Leistungserschwerungen durch Kostenveränderungen im Sinne einer Preisgarantie, die einen Anspruch aus § 313 BGB auf Vertragsanpassung desjenigen, zu dessen Lasten der Festpreis vereinbart worden ist, regelmäßig ausschließt.[40] Der vereinbarte Festpreis bleibt grundsätzlich auch bei unerwarteten Kostenerhöhungen bindend. Diese Grundsätze gelten auch dann, wenn der Vertragspreis für einen Vertragspartner infolge von Preisänderungen nicht mehr kostendeckend ist, d. h. er im Falle der Durchführung des unveränderten Vertrags durch die Preisänderungen statt eines Gewinns nunmehr einen Verlust erleidet.[41]

► **Praxishinweis** Wegen der hohen Anforderungen, die die Rechtsprechung an einen Anspruch auf Anpassung eines Vertrags oder an ein Recht zur Kündigung eines Vertrags aus § 313 BGB stellt, kann eine Anpassung oder eine Kündigung auf der Grundlage des § 313 BGB in der Regel nicht erreicht werden. Eine Absicherung des Vertragspartners, der von einer solchen nachteiligen Änderung betroffen ist, kann dennoch sichergestellt werden. Erforderlich hierfür ist aber, dass im Entsorgungsvertrag auf den konkreten Fall möglichst „passgenaue"

---

[38] OLG Hamm, BeckRS 2011, 22783.

[39] OLG Hamm, BeckRS 2011, 22783.

[40] OLG Hamm, BeckRS 2011, 22783; vgl. auch BGHZ 129, 236 (253).

[41] OLG Hamm, BeckRS 2011, 22783.

Regelungen vereinbart werden. Dies kann beispielsweise dadurch geschehen, dass in dem Entsorgungsvertrag ein Preisanpassungsmechanismus vereinbart wird. Dieser kann z. B. vorsehen, dass ab dem Erreichen bestimmter Schwellen eine automatische Preisanpassung auf der Grundlage von zuvor genau festgelegten Parametern erfolgt oder ein Schiedsgutachter die Preise mit Bindungswirkung für die Parteien anpasst.

10.6 Vertragslaufzeit und -beendigung

Die Parteien sind in der Gestaltung der Laufzeit von Entsorgungsverträgen und der Ausgestaltung der Beendigungsgründe grundsätzlich frei. Handelt es sich bei den betreffenden Regelungen um AGB, ist Folgendes zu beachten:

Gemäß § 309 Nr. 9 BGB sind in einem Vertragsverhältnis, das die regelmäßige Erbringung von Werkleistungen durch den Verwender zum Gegenstand hat, bestimmte Regelungen zur Vertragslaufzeit unzulässig, wie beispielsweise eine länger als zwei Jahre bindende Laufzeit. Bei Entsorgungsverträgen, die als Werkverträge ausgestaltet sind, handelt es sich zwar grundsätzlich um Verträge im Sinne des § 309 Nr. 9 BGB. Allerdings findet diese Vorschrift im unternehmerischen Rechtsverkehr weder direkt noch über die Generalklausel des § 307 BGB auf Entsorgungsverträge Anwendung, weil sie auf die Verwendung gegenüber Verbrauchern zugeschnitten ist.[42] Eine einheitliche Höchstfrist für eine zulässige Laufzeit gibt es nicht, allerdings stellen länger als zehn Jahre bindende Laufzeiten grundsätzlich eine unangemessene Benachteiligung dar und verstoßen damit gegen § 307 BGB.[43] Etwas anderes gilt nur dann, wenn auf Seiten des Verwenders besondere Umstände gegeben sind, die die über zehn Jahre hinausgehende vertragliche Bindungsfrist ausnahmsweise als nicht unangemessen erscheinen lassen. Solche besonderen Umstände sind in der Rechtsprechung darin gesehen worden, dass ein Entsorger nach der Wiedervereinigung nicht unerhebliche Investitionen in den Aufbau eines Standorts in den neuen Bundesländern getätigt hatte; unter Hinweis auf diese Besonderheit wurde eine fünfzehnjährige Festlaufzeit eines Entsorgungsvertrags diesen Standort betreffend als AGB-rechtlich zulässig angesehen.[44]

► **Praxishinweis** Das Recht zur Kündigung eines Entsorgungsvertrags aus wichtigem Grund kann vertraglich nicht ausgeschlossen werden – weder durch Individualvereinbarung noch durch AGB.

---

[42] Vgl. Grüneberg in Grüneberg 2022, § 309 Rn. 96.

[43] Grüneberg in Grüneberg 2022, § 309 Rn. 96.

[44] OLG Dresden, Urt. v. 21.02.2000, 7 U 2052/99, Rn. 61.

Umweltmanagementsysteme 11

Jens Tobias Gruber

11.1 Einführung

Umweltmanagementsysteme sollen mit ihren detaillierten Verfahrensvorgaben zur Gewährleistung der materiellen abfallrechtlichen Anforderungen beitragen. Ihnen werden zahlreiche Vorteile teils tatsächlicher, teils rechtlicher Natur für die entsprechend zertifizierten Unternehmen zugeschrieben. Neben einer systematischen Erfassung und Reduzierung des Haftungsrisikos erhoffen sich Unternehmen von der Zertifizierung insbesondere eine positive(re) Wahrnehmung in der Öffentlichkeit und am Markt sowie eine Verbesserung ihrer Wettbewerbsposition und -chancen gegenüber Mitbewerbern.

Im Bereich der Abfallwirtschaft ist in Deutschland das „bewährte Instrument der Zertifizierung von Betrieben zu Entsorgungsfachbetrieben“[1] von erheblicher praktischer Bedeutung. Entsorgungsfachbetriebe stehen daher im Zentrum der nachfolgenden Ausführungen. Daneben sind für die Abfallwirtschaft insbesondere die zertifizierungsfähigen Umweltmanagementsysteme EMAS und DIN EN ISO 14001 (sowie die Qualitätsmanagementsysteme DIN EN ISO 9001 und 9004) praxisrelevant.

[1] BR-Drs. 477/16 v. 24.08.2016, S. 1.

J. T. Gruber (✉)
Baumeister Rechtsanwälte Partnerschaft mbB, Münster, Deutschland
E-Mail: gruber@baumeister.org

P. Kurth et al. (Hrsg.), *Praxishandbuch der Kreislauf- und Rohstoffwirtschaft*,
https://doi.org/10.1007/978-3-658-36262-1_11

11.2 Entsorgungsfachbetriebe

11.2.1 Einführung

Das Kreislaufwirtschaftsgesetz (KrWG) sieht in Teil 7 die Möglichkeit vor, ein Entsorgungsunternehmen als Entsorgungsfachbetrieb zertifizieren zu lassen. Die Vorschriften verfolgen Zwecke der Deregulierung und Selbstüberwachung, aber auch der Qualitätsverbesserung im Bereich der Abfallentsorgung. Zwar hängt die Befugnis zur Erbringung von Entsorgungsleistungen nicht von der Zertifizierung ab.[2] Durch die (freiwillige) Zertifizierung können Unternehmen jedoch von verfahrensrechtlichen Privilegierungen profitieren. Außerdem verlangen vielfach Einkäufer von Entsorgungsleistungen, dass ihre (potenziellen) Auftragnehmer als Entsorgungsfachbetrieb für die nachgefragten Leistungen zertifiziert sind.

11.2.2 Normative Grundlagen

KrWG und EfbV Regelungen zu Entsorgungsfachbetrieben finden sich in den §§ 56, 57 KrWG sowie in der Verordnung über Entsorgungsfachbetriebe, technische Überwachungsorganisationen und Entsorgergemeinschaften (Entsorgungsfachbetriebeverordnung, EfbV). Zentrale Regelungen sind seit Geltung des KrWG gesetzlich normiert. Dadurch sollte das Leitbild des Entsorgungsfachbetriebs stärker hervorgehoben und präziser konturiert werden. Eine Verordnungsermächtigung findet sich in § 57 KrWG.

Vollzugshilfe Als Auslegungshilfe, die allerdings keinen verbindlichen Regelungscharakter besitzt, kann die „Vollzugshilfe ‚Entsorgungsfachbetriebe'"[3] der Bund-Länder-Arbeitsgemeinschaft Abfall aus dem Jahr 2018 dienen. LAGA-Mitteilungen werden gegebenenfalls auch von der Rechtsprechung als Auslegungs- und Begründungshilfe herangezogen.[4]

11.2.3 Definition des Entsorgungsfachbetriebs

§ 56 KrWG umschreibt die Aufgaben und Anforderungen an einen Entsorgungsfachbetrieb. Nach § 56 Abs. 2 KrWG handelt es sich um einen Betrieb, der gewerbsmäßige, im

[2] OVG Schleswig, Urt. v. 26.05.2009, 1 LB 38/08, juris Rn. 53.

[3] Mitteilung der LAGA Nr. 36, „Vollzugshilfe Entsorgungsfachbetriebe", Stand: 31.01.2018.

[4] Vgl. nur BVerwG, Beschl. v. 22.04.2010, 7 B 43.09, NVwZ 2010, 1034.

Rahmen wirtschaftlicher Unternehmen oder öffentlicher Einrichtungen Abfälle sammelt, befördert, lagert, behandelt, verwertet, beseitigt, mit diesen handelt oder makelt, und der außerdem in Bezug auf eine oder mehrere der genannten Tätigkeiten durch eine technische Überwachungsorganisation oder eine Entsorgergemeinschaft als Entsorgungsfachbetrieb zertifiziert ist. Gem. § 56 Abs. 1 KrWG wirken die Entsorgungsfachbetriebe an der Förderung der Kreislaufwirtschaft und der Sicherstellung des Schutzes von Mensch und Umwelt bei der Erzeugung und Bewirtschaftung von Abfällen nach Maßgabe der hierfür geltenden Rechtsvorschriften mit. Demzufolge sind Entsorgungsfachbetriebe Entsorgungsunternehmen, die eine oder mehrere in § 56 Abs. 2 Nr. 1 KrWG genannte Abfallbewirtschaftungsmaßnahme(n) vornehmen und sich diesbezüglich der Überwachung durch eine Überwachungsorganisation oder Entsorgergemeinschaft unterwerfen. § 56 Abs. 2 Nr. 1 KrWG unterscheidet gewerbsmäßige, im Rahmen wirtschaftlicher Unternehmen und von öffentlichen Einrichtungen vorgenommenen Abfallbewirtschaftungsmaßnahmen.[5]

11.2.4 Zertifizierbare Entsorgungshandlungen

§ 56 Abs. 2 Nr. 1 KrWG listet als zertifizierbare Abfallbewirtschaftungsmaßnahmen ausdrücklich das Sammeln, Befördern, Lagern, Behandeln, Verwerten, Beseitigen, Handeln und Makeln auf. Diese Maßnahmen sind teilweise in § 3 KrWG gesetzlich näher definiert. Die Gesetzesbegründung geht davon aus, dass im Ergebnis für jede abfallwirtschaftliche Tätigkeit die EfB-Zertifizierung offensteht. Insbesondere sind auch abfallwirtschaftliche Maßnahmen in der Entsorgungskette erfasst, die vor der endgültigen Entsorgung durchgeführt werden. Dementsprechend ist in dem Vordruck für das Efb-Zertifikat gem. Anlage 3 EfbV u. a. die Möglichkeit vorgesehen, bei den Tätigkeiten „Verwerten“ und „Beseitigen“ jeweils auch anzukreuzen, dass diese lediglich „vorbereitend“ sind.

Teilzertifizierung und Beschränkung des Zertifizierungsumfangs Obwohl nicht ausdrücklich gem. § 56 KrWG geregelt, besteht unter den Voraussetzungen des § 24 Abs. 1 EfbV auch die Möglichkeit der sog. Teilzertifizierung, indem sich lediglich ein Teil eines Unternehmens als Entsorgungsfachbetrieb zertifizieren lässt. Ferner ermöglicht § 24 Abs. 2 EfbV auf Antrag eine Beschränkung des Zertifikats auf bestimmte Abfallarten,

[5] Gewerbsmäßigkeit erfordert eine Tätigkeit zum Zwecke der Gewinnerzielung. Im Rahmen wirtschaftlicher Unternehmen handelt hingegen in Anlehnung an § 3 Abs. 10 bis Abs. 13 KrWG, wer Abfallbewirtschaftungsmaßnahmen aus Anlass einer anderweitigen gewerblichen oder wirtschaftlichen Tätigkeit durchführt, die nicht auf die Bewirtschaftung von Abfällen gerichtet ist. Auch Unternehmen, die mit ihrer abfallwirtschaftlicher Betätigung keine Gewinnerzielungsabsicht verfolgen, können mithin Entsorgungsfachbetrieb werden. Ferner kann die Entsorgungstätigkeit im Rahmen öffentlicher Einrichtungen zertifiziert werden, die in der Regel ebenfalls nicht mit Gewinnerzielungsabsicht erfolgt und daher nicht als gewerbsmäßig zu bezeichnen ist.

bestimmte Tätigkeiten oder bestimmte Standorte. Bei einer tätigkeitsbeschränkten Zertifizierung muss diese allerdings alle Standorte einschließen, an denen die zu zertifizierende Tätigkeit durchgeführt wird (Satz 2). Bei einer standortbeschränkten Zertifizierung müssen hingegen alle Tätigkeiten zertifiziert werden, die an den Standorten vorgenommen werden (Satz 3).

11.2.5 Voraussetzungen für die Zertifizierung

Zertifizierungsverfahren Die Anforderungen an die Erteilung eines Zertifikats regelt § 56 Abs. 3 KrWG. Danach darf dieses nur erteilt werden, wenn der Betrieb die für die ordnungsgemäße Wahrnehmung seiner Aufgaben erforderlichen Anforderungen an seine Organisation, seine personelle, gerätetechnische und sonstige Ausstattung, seine Tätigkeit sowie die Zuverlässigkeit und Fach- und Sachkunde seines Personals erfüllt. Um welche Anforderungen es sich im Einzelnen handelt, ist gem. der EfbV auf Grundlage von § 57 Nr. 1 und 2 KrWG geregelt.

Zertifizierungsstellen Entsprechend dem Zweck der Vorschriften, i.S. einer Deregulierung die Selbstüberwachung der Entsorgungswirtschaft zu ermöglichen, sind gesetzlich als Zertifizierungsstellen technische Überwachungsorganisationen oder Entsorgergemeinschaften vorgesehen, also private Stellen, die ihrerseits aber staatlicher Überwachung unterliegen.

Sachverständige Die Zertifizierungsstellen haben sich nach § 56 Abs. 7 KrWG für die Überprüfung der Betriebe Sachverständiger zu bedienen, die die für die Überwachung erforderliche Zuverlässigkeit, Unabhängigkeit sowie Fach- und Sachkunde besitzen. Die Anforderungen an die Zuverlässigkeit und Unabhängigkeit sowie an die Fach- und Sachkunde der Sachverständigen sind auf Grundlage von § 576 Nr. 3 bis 5 KrWG gem. §§ 17 bis 20 EfbV konkretisiert. Den Sachverständigen kommt eine zentrale Bedeutung für das Funktionieren des gesamten Systems der Efb-Zertifizierung zu, weshalb für sie mit der Novelle der EfbV ein verbindliches einheitliches Anforderungsprofil geschaffen werden sollte.[6] Gem. § 21 Abs. 1 EfBV müssen die Zertifizierungsstellen die Sachverständigen auf die Einhaltung der Anforderungen der §§ 17 bis 20 EfbV kontrollieren, außerdem unterliegen sie Nachweis- und Mitteilungspflichten, § 21 Abs. Sätze 2 und 3 EfbV.

[6] BR-Drs. 477/16 v. 24.08.2016, S. 114.

11.2.5.1 Anforderungen an die Betriebsorganisation

Funktionsbeschreibungen und Organisationspläne Die Anforderungen an die Betriebsorganisation ergeben sich aus § 3 EfbV. Danach muss die erforderliche Überwachung und Kontrolle der durchgeführten abfallwirtschaftlichen Tätigkeiten sichergestellt sein. Für die vorgenommenen abfallwirtschaftlichen Tätigkeiten müssen Verantwortung und Entscheidungs- und Mitwirkungsbefugnisse festgelegt sowie in Form von Funktionsbeschreibungen und Organisationsplänen dargestellt werden, und zwar bezogen auf den Betriebsinhaber, die für die Leitung und Beaufsichtigung verantwortliche Person und die Betriebsbeauftragten, die nach Umwelt- oder Gefahrgutvorschriften zu bestellen sind, sowie für das sonstige Personal. Funktionsbeschreibungen und Organisationspläne sind den betroffenen Mitarbeitern bekanntzugeben.

Arbeitsanweisungen Zusätzlich müssen durch Arbeitsanweisungen die Arbeitsabläufe für die im Betrieb durchgeführten abfallwirtschaftlichen Tätigkeiten festgelegt werden (§ 3 Abs. 3 EfbV).

11.2.5.2 Mindestanforderungen an die personelle und gerätetechnische Ausstattung des Betriebs

Personelle Ausstattung Nach § 4 EfbV muss der Betrieb eine bestimmte Ausstattung aufweisen. Dies betrifft zunächst das Personal. Für jeden zu zertifizierenden Standort ist nach § 4 Abs. 1 EfbV mindestens eine für die Leitung und Beaufsichtigung des Betriebs verantwortliche Person (vgl. § 2 Abs. 2 EfbV; insbesondere Anlagen- oder Betriebsleiter) zu bestellen, es sei denn, für Leitung und Beaufsichtigung ist der Betriebsinhaber selbst verantwortlich (vgl. § 2 Abs. 1 EfbV; bei juristischen Personen/Personenvereinigungen kommt es für die personenbezogenen Anforderungen z. B. auf den Vorstandsvorsitzenden oder Geschäftsführer an). Jeder Entsorgungsfachbetrieb muss zur Sicherstellung eines fach- und sachgerechten Betriebsablaufs auch ausreichendes sonstiges Personal (vgl. § 2 Abs. 3 EfbV) vorhalten.

Bei mehreren Standorten, oder wenn mehrere Entsorgungsfachbetriebe Teile des gleichen Betriebes sind, ist im Regelfall für jeden Standort bzw. für jeden Entsorgungsfachbetrieb eine verantwortliche Person zu bestellen. Unter der Voraussetzung, dass dadurch die sachgemäße Aufgabenerfüllung nicht beeinträchtigt wird, darf abweichend davon auch eine gemeinsame verantwortliche Person bestellt werden.

Einsatzplan Der Nachweis einer ausreichenden Personalstärke erfolgt über einen sog. Einsatzplan (§ 4 Abs. 3 EfbV), wobei übliche Ausfälle durch Urlaub, Krankheit und Fortbildungsmaßnahmen zu berücksichtigen sind. Einsatzpläne dürfen sich nicht nur auf das sonstige Personal erstrecken, sondern müssen sich auch auf das Leitungspersonal beziehen, wie § 4 Abs. 3 EfbV klarstellt. Sie müssen eine konkrete Planung der für die jeweilige Tätigkeit notwendigen Personenstärke und die zeitliche Abfolge und Organisation der

Arbeiten enthalten.[7] Einsatzpläne dürfen „schriftlich, elektronisch oder in gleich geeigneter Weise“ erstellt werden, weil es in der Praxis neben der Schriftform auch andere Formen der Informationsweitergabe gibt, die gleich geeignet sind, wie z. B. E-Mails, Intranet, EDV-gestützte Einsatzpläne oder Magnettafeln.[8]

Gerätetechnische Ausstattung An jedem zu zertifizierenden Standort und für jede zu zertifizierende Tätigkeit müssen außerdem die gerätetechnische Ausstattung und die sonstigen Betriebsmittel vorhanden sein, die zur fach- und sachgerechten Ausführung der abfallwirtschaftlichen Tätigkeit notwendig sind (§ 4 Abs. 4 EfbV). Zutreffend nimmt die LAGA-Vollzugshilfe an, dass die technische Ausrüstung auch durch Dritte gestellt werden kann, was allerdings erfordert, dass dem Entsorgungsfachbetrieb der Zugriff auf die benötigten Betriebsmittel rechtlich und tatsächlich möglich ist.[9]

11.2.5.3 Anforderungen an Betriebsinhaber, verantwortliche Personen und sonstiges Personal

Der Betriebsinhaber, die für die Leitung und Beaufsichtigung des Betriebs verantwortlichen Personen und das sonstige Personal unterliegen nach der EfbV Zuverlässigkeitsanforderungen. Daneben gelten für verantwortliche Personen auch bestimmte Fachkundeanforderungen; das Gleiche gilt für Betriebsinhaber, soweit diese für die Leitung und Beaufsichtigung des Betriebes verantwortlich sind. An das sonstige Personal werden neben Zuverlässigkeits- lediglich Sachkundeanforderungen gestellt. Im Zentrum der Regelungen des dritten Abschnitts der EfbV stehen die besagten Vorschriften über die Zuverlässigkeit und deren Nachweis sowie die Regelungen über die Fachkunde der verantwortlichen Personen (und ggf. der Betriebsinhaber).

Zuverlässigkeit Die Zuverlässigkeit ist gem. §§ 8, 10 Abs. 1 EfbV geregelt. Mit diesem Erfordernis wird an den aus dem Gewerberecht stammenden unbestimmten Rechtsbegriff angeknüpft (vgl. § 35 GewO), der gerichtlich voll überprüfbar ist.[10] Die Zuverlässigkeit bestimmt sich generell gem. § 8 Abs. 1 Satz 2 EfbV (der auf sonstiges Personal entsprechend anzuwenden ist, § 10 Abs. 1 Satz 2 EfbV) anhand der persönlichen Eigenschaften, des Verhaltens und der Fähigkeiten der Person zur ordnungsgemäßen Erfüllung der ihr obliegenden Aufgaben.

Zur näheren Bestimmung der Zuverlässigkeit speziell der Betriebsinhaber und der verantwortlichen Personen (aber nicht: des sonstigen Personals) enthält § 8 Abs. 2 EfbV

[7] BR-Drs. 477/16 v. 24.08.2016, S. 92.

[8] BR-Drs. 477/16 v. 24.08.2016, S. 92.

[9] LAGA-Mitteilung Nr. 36, Vollzugshilfe „Entsorgungsfachbetriebe“, Stand 31.01.2018, S. 15.

[10] VG Berlin, Urt. v. 14.09.2005, 10 A 111.05, juris Rn. 25.

einen Negativkatalog von Regelbeispielen, bei deren Vorliegen die Zuverlässigkeit in der Regel zu verneinen ist. Hierzu gehören insbesondere Verstöße gegen die in § 8 Abs. 2 Nr. 1 EfbV genannten strafrechtlichen und fachgesetzlichen Regelungen, die innerhalb der letzten fünf Jahre in einer Geldbuße von mehr als 2500,00 Euro oder in einer Strafe resultierten.

► **Praxishinweis** Bei der Zuverlässigkeitsprognose ist nicht nur u. a. das Gefahrgutrecht zu berücksichtigen, sondern das gesamte Transportrecht, § 8 Abs. 2 Nr. 1 Buchst. d) EfbV. Damit sind insbesondere auch Verstöße gegen das Güterkraftverkehrsgesetz relevant.

Ein weiteres Regelbeispiel für die Unzuverlässigkeit bildet der wiederholte oder grob pflichtwidrige Verstoß gegen die bezeichneten strafrechtlichen und fachgesetzlichen Regelungen (§ 8 Abs. 2 Nr. 2 EfbV). Es müssen durch Tatsachen belegte Anhaltspunkte für entsprechende wiederholte oder grob pflichtwidrige Verstöße vorliegen; eine rechtskräftige Verurteilung ist nicht erforderlich. Wiederholte Verstöße können bereits bei zweimaliger Begehung gleichartiger Verfehlungen vorliegen. Grob pflichtwidrig handelt, wer Pflichten in besonders schwerem Maße verletzt oder gegen besonders gewichtige Pflichten verstößt.

Ein bloß „schlechter Gesamteindruck“ erfüllt die Voraussetzung jedenfalls nicht. Die Einleitung mehrerer Ermittlungsverfahren, die jedoch die erhobenen Vorwürfe (noch) nicht aufklären konnten, spricht für sich betrachtet noch nicht für das Vorliegen wiederholter oder grob pflichtwidriger Verstöße; auch die Feststellung der Unzuverlässigkeit in anderem Regelungszusammenhang belegt noch nicht automatisch die Unzuverlässigkeit, da hier ggf. andere Maßstäbe anzulegen sind.[11]

Die Unzuverlässigkeitsfeststellung setzt nicht nur die Prüfung vergangener Pflichtverletzungen voraus, sondern ist stets Prognoseentscheidung. Dabei muss beurteilt werden, ob die Person in Zukunft voraussichtlich geeignet ist, die ihr obliegenden Aufgaben im Unternehmen ordnungsgemäß zu erfüllen.[12] Auch bei Verwirklichung eines Regelbeispiels kann daher die Zuverlässigkeitsprognose positiv ausfallen, wenn es sich um einen atypischen Fall handelt. Insoweit kommt es auf eine Würdigung der Gesamtumstände des Einzelfalls an. Liegen keine hinreichenden Informationen vor, die zugunsten des Betroffenen streiten, wird es in dessen Interesse liegen, solche Informationen – soweit vorhanden – beizubringen.

Zuverlässigkeitsnachweise Zum Beleg der Zuverlässigkeit der betreffenden Personen muss der Entsorgungsfachbetrieb gegenüber der Zertifizierungsstelle fortlaufende Nach-

[11] Zu alledem ausführlich VG Berlin, Urt. v. 14.09.2005, 10 A 111.05, juris Rn. 28 ff. (seinerzeit entschieden für das Recht der Transportgenehmigung gem. KrW-/AbfG).

[12] Vgl. VG Berlin, Urt. v. 14.09.2005, 10 A 111.05, juris Rn. 35.

weise erbringen. Namentlich handelt es sich um: (1.) den erstmaligen Nachweis, (2.) die bei jeder dritten jährlichen Überprüfung zu erbringenden Nachweise, (3.) die Nachweise bei den übrigen jährlichen Überprüfungen, (4.) die Nachweis beim Wechsel des Betriebsinhabers und/oder verantwortlicher Personen und (5.) die sonstigen anlassbezogenen Nachweise.

Erstmaliger Nachweis Zum erstmaligen Zuverlässigkeitsnachweis sind ein Führungszeugnis, Belegart N (vgl. §§ 30 ff. Bundeszentralregistergesetz (BZRG)) sowie eine personenbezogene Auskunft aus dem Gewerbezentralregister, Belegart 1, und eine firmenbezogene Auskunft aus dem Gewerbezentralregister, Belegart 1 (vgl. §§ 149 ff. Gewerbeordnung (GewO)) vorzulegen. In das Gewerbezentralregister werden gem. § 149 Abs. 2 Nr. 3 GewO u. a. rechtskräftige Bußgeldentscheidungen eingetragen, die bei oder im Zusammenhang mit der Ausübung des Gewerbes oder dem Betrieb einer wirtschaftlichen Unternehmung vom Betriebsinhaber selbst oder einem Vertreter oder einer verantwortlichen Person begangen werden, wenn die Geldbuße mehr als 200 Euro beträgt. Rechtskräftige strafgerichtliche Verurteilungen werden nach § 149 Abs. 2 Nr. 4 GewO eingetragen, wenn die Verurteilungen wegen einer Straftat nach §§ 10, 11 des Schwarzarbeitsbekämpfungsgesetzes, nach §§ 15, 15a des Arbeitnehmerüberlassungsgesetzes oder nach § 266a Abs. 1, 2 und 4 des Strafgesetzbuches ergangen ist, wenn die Straftat bei oder im Zusammenhang mit der Ausübung eines Gewerbes oder dem Betrieb einer sonstigen wirtschaftlichen Unternehmung begangen wurde und zudem auf Freiheitsstrafe von mehr als drei Monaten oder auf Geldstrafe von mehr als 90 Tagessätzen erkannt wurde. Aufgrund gesetzlicher Vorschriften (§ 153 GewO, §§ 45 ff. BZRG) bereits getilgte Eintragungen dürfen bei der Zuverlässigkeitsprüfung nicht berücksichtigt werden.[13]

> **Praxishinweis** Kein Fall der Unzuverlässigkeit liegt vor, wenn die Eintragung in einer firmenbezogenen Auskunft eine Person betrifft, die bereits aus dem Betrieb ausgeschieden ist, und der Betrieb mit dem Ausscheiden entsprechende Konsequenzen aus dem Fehlverhalten gezogen hat.[14]

Fortlaufende Nachweise Für die Zuverlässigkeitsnachweise, die bei jeder dritten jährlichen Überprüfung erbracht werden müssen, gelten Anforderungen wie für den erstmaligen Nachweis. Demgegenüber genügt bei den übrigen jährlichen Überprüfungen eine schriftliche Zuverlässigkeitserklärung mit der Bestätigung des Betroffenen, dass gegen

[13] VG Berlin, Urt. v. 14.09.2005, 10 A 111.05, juris Rn. 27.

[14] Vgl. auch BR-Drs. 477/16 v. 24.08.2016, S. 97.

ihn seit der letzten Überprüfung keine relevanten Strafurteile ergangen oder Bußgelder verhängt worden sind.[15]

> **Praxishinweis** Die Zertifizierungsstelle soll für die Zuverlässigkeitsprognose auch Tatsachen zu berücksichtigen haben, von denen sie in anderer zulässiger Weise Kenntnis erlangt hat.

Anlassbezogene Nachweise Kommt es zum Wechsel des Betriebsinhabers und/oder der verantwortlichen Personen, gelten ebenfalls die Anforderungen entsprechend dem erstmaligen Nachweis der Zuverlässigkeit. Ist eine Überprüfung der Zuverlässigkeit aus anderen Gründen erforderlich, enthält die EfbV keine verbindlichen Vorgaben über Art um Umfang der Nachweise; vielmehr entscheidet die Zertifizierungsstelle im Einzelfall (§ 8 Abs. 3 Satz 2 EfbV).

Fachkunde Neben der Zuverlässigkeit müssen die verantwortlichen Personen auch die erforderliche Fachkunde aufweisen. Das Gleiche gilt für Betriebsinhaber, soweit diese für die Leitung und Beaufsichtigung des Betriebes verantwortlich sind. Die Fachkundeanforderungen sind gem. § 9 EfbV geregelt. Sie betreffen nach § 9 Abs. 1 Satz 2 EfbV kumulativ (1.) die berufliche Qualifikation (Hochschul- oder Fachhochschulstudium, kaufmännische oder technische Fachschul- oder Berufsausbildung oder Qualifikation als Meister), (2.) den Kenntniserwerb während mindestens zweijähriger praktischer Tätigkeit über die abfallwirtschaftliche Tätigkeit, für die die Übertragung einer Leitungs- oder Beaufsichtigungsfunktion beabsichtigt ist, und (3.) die Teilnahme an mindestens einem behördlich anerkannten Lehrgang, in dem Kenntnisse gem. Anlage 1 EfbV vermittelt werden. Ausnahmen sind lediglich für „Altfälle" vorgesehen, vgl. § 9 Abs. 2 EfbV.

Aufrechterhaltung der Fachkunde Die EfbV verlangt eine regelmäßige Fortbildung zur Aufrechterhaltung der Fachkunde. Dazu bedarf es der regelmäßigen, mindestens alle zwei Jahre erfolgenden Teilnahme an behördlich anerkannten Lehrgängen, in denen Kenntnisse entsprechend Anlage 1 EfbV vermittelt werden.

Fachkundenachweise Auch zum Beleg der Fachkunde müssen Nachweise erbracht werden. Ähnlich wie bei den Zuverlässigkeitsnachweisen wird unterschieden zwischen (1.) erstmaligem Nachweis, (2.) bei den jährlichen Überprüfungen zu erbringenden Nachweisen, (3.) dem Nachweis beim Wechsel der verantwortlichen Personen (und ggf. des Betriebsinhabers) und (4.) den übrigen anlassbezogenen Nachweisen.

Sachkunde Das sonstige Personal muss nach § 10 Abs. 2 Satz 1 EfbV sachkundig sein. Sachkunde ist gem. § 10 Abs. 2 Satz 2 EfbV gegeben, wenn die betroffene Person betrieb-

[15] BR-Drs. 477/16 v. 24.08.2016, S. 97.

lich eingearbeitet worden ist – auf der Grundlage eines schriftlich oder elektronisch erstellten Einarbeitungsplanes –, und wenn sie außerdem über den aktuellen Wissensstand verfügt, der für die jeweilige Tätigkeit notwendig ist. Welchen „Fortbildungsbedarf" das sonstige Personal hat, ermitteln die verantwortlichen Personen bzw. ermittelt der Betriebsinhaber, soweit er für die Leitung und Beaufsichtigung des Betriebes verantwortlich ist (§ 10 Abs. 3 EfbV).

11.2.5.4 Versicherungsschutz

Die Zertifizierung setzt weiter einen für die abfallwirtschaftlichen Tätigkeiten des Betriebs ausreichenden Versicherungsschutz voraus. Art und Umfang sind auf Grundlage einer betrieblichen Risikoabschätzung zu bestimmen (§ 6 Satz 2 EfbV). Zudem regelt die EfbV in Abhängigkeit von den jeweiligen abfallwirtschaftlichen Tätigkeiten unterschiedliche Mindestanforderungen. Eine Mindestversicherungssumme ist gem. EfbV nicht vorgegeben, womit § 114 Abs. 1 des Versicherungsvertragsgesetzes einschlägig ist. Die Mindestversicherungssumme bei einer Pflichtversicherung beträgt mithin 250.000 Euro je Versicherungsfall und 1 Million Euro für alle Versicherungsfälle eines Versicherungsjahres.[16]

11.2.5.5 Anforderungen an die abfallwirtschaftliche Tätigkeit

Der Betrieb unterliegt auch besonderen Anforderungen an die unternehmerische Tätigkeit (§ 7 EfbV). Zunächst muss er – was selbstverständlich ist[17] – die für ihn geltenden öffentlich-rechtlichen Vorschriften beachten. Darüber hinaus muss er der Zertifizierungsstelle nachweisen, dass die für die Tätigkeiten erforderlichen behördlichen Entscheidungen (Genehmigungen, Planfeststellungen, Erlaubnisse etc.) vorliegen und er damit verbundene Regelungen einhält.

Einschränkungen beim Subunternehmer Bedeutsame Einschränkungen für die Beauftragung von Subunternehmern bringt § 7 Abs. 2, 3 EfbV mit sich. Danach darf der Entsorgungsfachbetrieb im Rahmen seiner zertifizierten Tätigkeiten grundsätzlich einen Dritten nur (unter-)beauftragen, wenn dieser insoweit ebenfalls als Entsorgungsfachbetrieb zertifiziert ist. Mit dieser Vorgabe soll sichergestellt werden, dass die strengen Qualitätsanforderungen der EfbV nicht durch Drittbeauftragungen umgangen werden. Ausnahmsweise kommt eine Unterbeauftragung eines nicht-zertifizierten Subunternehmers in Betracht, wenn dieser nur in einem „insgesamt unerheblichen Umfang" eingesetzt wird. Wann ein insgesamt unerheblicher Umfang überschritten ist, definiert die EfbV nicht. Es muss jeweils im Einzelfall ermittelt werden, ob der wesentliche und steuernde Einfluss des

[16] Vgl. auch BR-Drs. 477/16 v. 24.08.2016, S. 94.

[17] Anders offenbar der Verordnungsgeber, BR-Drs. 477/16 v. 24.08.2016, S. 94 f.

Hauptunternehmers auf den konkreten Abfallentsorgungsvorgang noch gegeben ist.[18] In jedem Fall kann dadurch Ausnahmesituationen wie Ausfallzeiten wegen ungewöhnlich vieler Krankheitsfälle in der Mitarbeiterschaft, Zeiten des Anlagenausfalls oder unerwarteten Spitzenzeiten begegnet werden.[19]

Ist eine Drittbeauftragung trotz fehlenden Efb-Zertifikats des Subunternehmers ausnahmsweise zulässig, ist der Betrieb in jedem Fall verpflichtet, den Subunternehmer sorgfältig auszuwählen und durch hinreichende Kontrolle eine sach- und fachgerechte Ausführung der Tätigkeit sicherzustellen (§ 7 Abs. 3 Satz 2 EfbV). Insoweit muss er insbesondere dessen Genehmigungen und Zulassungen sowie die ordnungsgemäßen Organisations- und Arbeitsabläufe sowie Zuverlässigkeit und Fachkunde des Personals kontrollieren.

11.2.5.6 Betriebstagebuch

Zum Nachweis der sach- und fachgerechten Durchführung der abfallwirtschaftlichen Tätigkeiten ist nach § 5 EfbV für jeden zu zertifizierenden Standort ein Betriebstagebuch zu führen. Dadurch sollen alle für den Nachweis einer ordnungsgemäßen Bewirtschaftung der Abfälle wesentlichen Daten zusammengeführt und insoweit eine detaillierte Überwachung der Entsorgungsvorgänge ermöglicht werden. Es handelt sich um eine Obliegenheit im Zusammenhang mit der Zertifizierung und dient ausschließlich der Selbstkontrolle des Betriebs sowie dem Nachweis gegenüber der Zertifizierungsstelle, nicht hingegen dem Nachweis der Erfüllung abfallrechtlicher Pflichten gegenüber der Abfallbehörde. Demnach kann auch die Abfallbehörde die Führung eines Betriebstagebuchs nicht auf der Grundlage des § 5 EfbV anordnen.[20]

Die einzelnen Mindestanforderungen an die im Tagebuch aufzuführenden Daten sind in § 5 Abs. 1 Satz 2 Nr. 1 bis Nr. 5 EfbV aufgelistet. Die Liste ist nicht abschließend. Dadurch soll es nach dem Verständnis des Verordnungsgebers[21] den Betrieben ermöglicht werden, ggf. weitere Inhalte hinzuzunehmen. Denn auch in vielen anderen Bereichen (z. B. Gewerbeabfallverordnung, Altholzverordnung oder Altfahrzeug-Verordnung) würden Dokumentationspflichten bestehen. Um unnötigen bürokratischen Aufwand durch

---

[18] Ähnlich die frühere Kommentierung zur EfbV 1996 von *Martens*, in: Fluck u. a., Kreislaufwirtschaftsrecht, Abfallrecht und Bodenschutzrecht, Kommentar, EfbV § 7 Rn. 12. Nach *Doumet*, in: v.Lersner/Wendenburg/Kropp/Rüdiger, Recht der Abfall- und Kreislaufwirtschaft …, Kommentar, EfbV § 7 Rn. 11, soll sich die Erheblichkeit des Umfangs zunächst an der konkreten abfallwirtschaftlichen Tätigkeit orientieren, die das beauftragte Unternehmen übernehmen solle, darüber hinaus soll aber auch die gesamte zertifizierte Tätigkeit des Betriebes in den Blick zu nehmen sein, weshalb etwa die Leistungen verschiedener Drittbeauftragter in Summe zu betrachten seien.

[19] *Doumet*, in: v.Lersner/Wendenburg/Kropp/Rüdiger, Recht der Abfall- und Kreislaufwirtschaft …, Kommentar, EfbV § 7 Rn. 11.

[20] OVG Schleswig, Urt. v. 26.05.2009, 1 LB 38/08, juris Rn. 53.

[21] BR-Drs. 477/16 v. 24.08.2016, S. 92 f.

Mehrfachdokumentationen zu vermeiden und um dem Grundsatz der Datensparsamkeit zu entsprechen, sollen verschiedene Dokumentationspflichten gemeinsam erfüllt werden können. Dabei soll jedoch zu beachten sein, dass die Erfüllung der jeweiligen Anforderungen gewahrt bleibe; dies gelte vor allem für die Mengenstromnachweisführung des Elektro- und Elektronikgerätegesetzes. Bei der Hinzunahme weiterer Inhalte müsse auch stets gewährleistet sein, dass die Darstellung übersichtlich bleibe.

► **Praxishinweis** Ist auch aufgrund anderer Vorschriften ein Betriebstagebuch zu führen, und soll vermieden werden, mehrere Betriebstagebücher nebeneinander zu führen, sollten die Anforderungen an ein einheitliches Betriebstagebuch zur Vermeidung von Missverständnissen möglichst frühzeitig mit der Zertifizierungsstelle und der zuständigen Behörde abgestimmt werden.

Das Betriebstagebuch muss regelmäßig auf Richtigkeit und Vollständigkeit überprüft werden. Zuständig für die Überprüfung ist die von der für die Leitung und Beaufsichtigung des Betriebes verantwortlichen Person bzw. der Betriebsinhaber, soweit er für die Leitung und Beaufsichtigung des Betriebes verantwortlich ist. Die Überprüfung muss dokumentiert werden.

11.2.6 Zertifizierung durch eine technische Überwachungsorganisation

Eine mögliche Zertifizierungsstelle ist die technische Überwachungsorganisation. Nach § 56 Abs. 5 KrWG ist darunter ein rechtsfähiger Zusammenschluss mehrerer Sachverständiger zu verstehen, deren Sachverständigentätigkeit auf dauernde Zusammenarbeit angelegt ist. Einzelne Umweltgutachter können nicht als technische Überwachungsorganisation auftreten.[22]

Überwachungsvertrag Die Überwachungsorganisation stellt das EfB-Zertifikat auf der Grundlage eines Überwachungsvertrags aus (§ 56 Abs. 5 Satz 2 KrWG), aus dem auch die Berechtigung zum Führen des Überwachungszeichens folgt. Ein Überwachungsvertrag muss danach insbesondere die Anforderungen an den Betrieb und seine Überwachung festlegen, ferner die Anforderungen an die Erteilung und den Entzug des Zertifikats sowie die Anforderungen der Berechtigung zum Führen des Überwachungszeichens. Nach § 56 Abs. 5 Satz 3 KrWG bedarf ein Überwachungsvertrag der Zustimmung der zuständigen Behörde. Die Einzelheiten des Überwachungsvertrags, insbesondere dessen Form und (Mindest-)Inhalt, sind gem. § 56 Abs. 5 Satz 2 KrWG und §§ 11, 12 der EfbV geregelt.

[22] So für die alte Rechtslage bereits VG Düsseldorf, Urt. v. 11.02.2002, 17 K 2839/01, juris Rn. 28 ff.

Obligatorische Vorprüfung Gem. § 11 Abs. 5 EfbV hat die technische Überwachungsorganisation zwingend vor Abschluss eines Überwachungsvertrags eine Vorprüfung des betreffenden Betriebs durchzuführen. Sie darf den Überwachungsvertrag nur dann abschließen, wenn ihre Vorprüfung ergibt, dass der Betrieb die Gewähr für die Erfüllung der Anforderungen nach der EfbV bietet.

Behördliche Zustimmung Der Überwachungsvertrag bedarf ferner der behördlichen Zustimmung. Während das KrWG lediglich das entsprechende Erfordernis vorgibt, sind nähere Anforderungen gem. § 12 EfbV geregelt. Nach § 12 Abs. 2 EfbV besteht ein Anspruch auf Zustimmung, wenn der Überwachungsvertrag den EfbV-Anforderungen entspricht, die Vorprüfung der Überwachungsorganisation positiv ausgefallen ist und deren Sachverständige nachweislich die erforderliche Zuverlässigkeit, Unabhängigkeit sowie Fach- und Sachkunde besitzen. Es handelt sich um eine gebundene Entscheidung der Zustimmungsbehörde, die in Gestalt eines Verwaltungsakts ergeht. Nach § 12 Abs. 3 EfbV kann die Behörde die Zustimmung allerdings unter Bedingungen erteilen sowie mit Auflagen und Auflagenvorbehalten verbinden, soweit dies erforderlich ist, um die Erfüllung der Anforderungen des § 12 Abs. 2 EfbV sicherzustellen. Bei Versagung der Zustimmung kann Verpflichtungsklage zum Verwaltungsgericht erhoben werden. Klagebefugt ist sowohl der Betrieb als auch die Überwachungsorganisation.[23]

Besonderes Augenmerk ist darauf zu richten, dass der Überwachungsvertrag die zu zertifizierende Tätigkeit genau beschreibt. Die bezeichnete Tätigkeit muss von dem betroffenen Betrieb aktuell oder zumindest in absehbarer Zeit tatsächlich vorgenommen werden; zertifiziert und überwacht werden können nur reale Tätigkeiten, eine vorsorgliche Zertifizierung „auf Vorrat" kommt nicht in Betracht.[24] Die zuständige Behörde darf die Zustimmung zum Überwachungsvertrag nach Auffassung des Bundesverwaltungsgerichts[25] verweigern, wenn die zu zertifizierende Tätigkeit nach ihrer Erkenntnis in dem fraglichen Betrieb nicht ausgeführt wird. Diese Auffassung widerspricht zwar zunächst der gesetzlichen Konzeption, wonach die Behörde nur prüft, ob der Überwachungsvertrag die gesetzlichen Voraussetzungen erfüllt und die konkrete Überwachung des Betriebs der Überwachungsorganisation obliegt. Da die Behörde jedoch unter bestimmten Voraussetzungen zum Widerruf der Zustimmung berechtigt ist, muss es ihr nach Auffassung des Bundesverwaltungsgerichts auch erlaubt sein, die Zustimmung direkt zu versagen, wenn die zu zertifizierende Tätigkeit im Betrieb gar nicht ausgeübt wird.[26]

---

[23] VG Münster, Urt. v. 09.03.2007, 7 K 111/05, juris Rn. 18.

[24] OVG Münster, Urt. v. 03.09.2009, 20 A 1380/07, juris Rn. 28 ff. und Rn. 36.

[25] BVerwG, Beschl. v. 22.04.2010, 7 B 43.09.

[26] BVerwG, Beschl. v. 22.04.2010, 7 B 43.09, juris Rn. 7 ff.

11.2.6.1 Efb-Zertifikat und Berechtigung

Das Efb-Zertifikat wird erteilt, wenn die organisatorischen, personellen und sonstigen Anforderungen erfüllt sind, die die EfbV im Einzelnen definiert. Sobald die Überwachungsorganisation Entsprechendes festgestellt und die zuständige Behörde dem Überwachungsvertrag zugestimmt hat, stellt die Überwachungsorganisation ein schriftliches Überwachungszertifikat aus. Mit dem Überwachungszertifikat wird dem Betrieb die Berechtigung erteilt, für die Dauer der Zertifizierung ein Überwachungszeichen zu führen, das die Eigenschaft als Entsorgungsfachbetrieb nach außen dokumentiert (§ 56 Abs. 4 KrWG). In diesem sog. „Efb- Zertifikat" sind nach § 56 Abs. 3 Satz 2 KrWG die zertifizierten Tätig keiten des Betriebs genau zu bezeichnen, bezogen auf seine Standorte und Anlagen sowie die Abfallarten. Die im Einzelnen erforderlichen Angaben regelt § 56 Abs. 3 KrWG i.V.m. § 25 EfbV, der auf den Vordruck gem. Anlage 3 EfbV verweist, wodurch auch im Übrigen die Zertifikatsgestaltung vorgegeben wird. Das Zertifikat muss befristet werden, wobei die Gültigkeit einen Zeitraum von 18 Monaten nicht überschreiten darf. Das Vorliegen der Voraussetzungen für die Erteilung des Zertifikats ist mindestens jährlich von der Zertifizierungsstelle zu überprüfen.

► **Praxishinweis** Ein erteiltes Efb-Zertifikat sollte nicht nur „abgeheftet", sondern stets insbesondere auf inhaltliche Richtigkeit geprüft werden, um etwaige spätere Missverständnisse zu vermeiden.

11.2.6.2 Verlust der Berechtigung

Entzug der Berechtigung Nach § 56 Abs. 8 Satz 1 KrWG muss die Überwachungsorganisation ein Zertifikat und die Berechtigungen zur Führung eines Überwachungszeichens entziehen sowie den Betrieb auffordern, das Zertifikat zurückzugeben und das Überwachungszeichen nicht weiterzuführen, wenn die Voraussetzungen für die Erteilung des Zertifikats nach § 56 Abs. 3 Satz 1 KrWG entfallen. Kommt der Betrieb dieser Aufforderung innerhalb einer von der Überwachungsorganisation gesetzten Frist nicht nach, kann die Behörde dem Betrieb das Zertifikat und die Berechtigung selbst entziehen sowie ihm die sonstige weitere Verwendung der Bezeichnung „Entsorgungsfachbetrieb" untersagen (§ 56 Abs. 8 Satz 2 KrWG). Diese Regelungen werden durch § 26 EfbV konkretisiert. Bei einem Berechtigungsentzug gem. § 56 Abs. 8 Satz 2 KrWG handelt es sich um einen Verwaltungsakt. Hiergegen kann ggf. Anfechtungsklage vor dem Verwaltungsgericht erhoben werden.

Widerruf der Zustimmung Der Verlust der Berechtigung kann daneben auch aus einem Widerruf der Zustimmung zum Überwachungsvertrag durch die Zustimmungsbehörde resultieren (vgl. § 26 Abs. 2 Satz 1 Alt. 2 EfbV). Die Widerrufsvoraussetzungen sind abschließend gem. § 12 Abs. 4 EfbV geregelt. Danach gibt es fünf verschiedene Widerrufsgründe: (1.) mit der Zustimmung ist eine Auflage zulasten einer Vertragspartei verbunden, die nicht oder nicht innerhalb einer gesetzten Frist erfüllt wird; (2.) die Zustimmungsbehörde wäre auf Grund nachträglich eingetretener Tatsachen berechtigt, die Zustimmung nicht zu erteilen; (3.) die Überwachungsorganisation nimmt ihre Pflichten aus dem Überwachungsvertrag nicht ordnungsgemäß wahr; (4.) die Überwachungsorganisation erfüllt ihre Pflichten nach § 56 Abs. 8 Satz 1 KrWG i.V.m. § 26 Abs. 1 Satz 1 EfbV nicht; (5) zur Verhinderung oder Beseitigung schwerer Nachteile für das Wohl der Allgemeinheit. Beim Widerruf handelt es sich um eine behördliche Entscheidung in Ausübung pflichtgemäßen Ermessens („kann"), die deshalb zwar nur einer eingeschränkten gerichtlichen Kontrolle unterliegt, gleichwohl Gegenstand einer Anfechtungsklage vor dem Verwaltungsgericht sein kann.

Unwirksamwerden Dieselben Folgen wie im vorgenannten Fall des Widerrufs treten ein, falls der Überwachungsvertrag unwirksam wird (§ 26 Abs. 2 Satz 1 Alt. 1 EfbV). Der Entsorgungsfachbetrieb verliert dann ebenfalls ohne Weiteres seine Berechtigung, das Zertifikat und das Überwachungszeichen zu führen. Die EfbV enthält keinen abschließenden Katalog an Unwirksamkeitsgründen. In Betracht kommt insbesondere ein Unwirksamwerden wegen Ablaufs der Geltungsdauer. Einen weiteren möglichen Unwirksamkeitsgrund stellt die Kündigung des Überwachungsvertrags dar. § 27 EfbV regelt vier verpflichtende Kündigungsgründe, die eine Kündigung des Überwachungsvertrags durch die Überwachungsorganisation jeweils nicht nur rechtfertigen, sondern sogar zwingend erfordern: (1.) innerhalb von zwei Jahre nach der behördlichen Zustimmung zum Überwachungsvertrag wurde kein Zertifikat erteilt; (2.) ein Zertifikat wurde nicht innerhalb von drei Monaten nach Ablauf seiner Gültigkeit neu erteilt; (3.) ein Zertifikat wurde vor Ablauf seiner Gültigkeit entzogen; (4.) der Betrieb hat die zertifizierte Tätigkeit auf Dauer eingestellt.

Dauerhafte Tätigkeitseinstellung Schließlich führt gem. § 26 Abs. 3 EfbV die Einstellung der zertifizierten Tätigkeit auf Dauer ohne Weiteres dazu, dass der betreffende Betrieb seine Berechtigung verliert, das Zertifikat und das Überwachungszeichen zu führen.

11.2.7 Zertifizierung durch eine Entsorgergemeinschaft

Alternativ besteht die Möglichkeit der Zertifizierung durch eine Entsorgergemeinschaft, worunter ein rechtsfähiger Zusammenschluss von Entsorgungsfachbetrieben zu verstehen ist, der der Anerkennung der zuständigen Behörde – der sog. „Anerkennungsbehörde", vgl. § 14 Abs. 6 Satz 1 EfbV – bedarf (§ 56 Abs. 6 Satz 1, 2 KrWG). Näheres regeln §§ 13 bis 16 EfbV. Insbesondere besteht unter den Voraussetzungen des § 16 Abs. 1 EfbV ein Rechtsanspruch auf Anerkennung.

An die Stelle des Überwachungsvertrags tritt entweder die Aufnahme des Betriebs als Mitglied einer bestehenden Entsorgergemeinschaft, bei der es sich um einen rechtsfähigen Zusammenschluss von Entsorgungsfachbetrieben handelt (vgl. § 56 Abs. 6 Satz 1 KrWG), oder der Zusammenschluss mit anderen Betrieben zu einer neuen Entsorgergemeinschaft. Die Entsorgergemeinschaft handelt auf Grundlage einer Satzung oder sonstigen Regelung (§ 56 Abs. 6 Satz 3 KrWG), für die Schriftform vorgeschrieben ist (§ 13 Abs. 1 Satz 1 EfbV). Der Mindestinhalt folgt aus § 56 Abs. 6 Satz 3 KrWG und wird gem. der EfBV konkretisiert.

Für die Überwachung der Mitgliedsbetriebe muss ein Überwachungsausschuss gebildet werden (§ 14 Abs. 1 Satz 1 und 2 EfbV). Dieser ist kein Sachverständigenorgan, sondern ein mit Praktikern besetztes Gremium. Näheres ist gem. § 14 Abs. 2 bis 4 EfbV geregelt. Kein Mitglied ist die für die Anerkennung der Entsorgergemeinschaft zuständige Behörde. Dennoch darf diese gem. § 14 Abs. 6 EfbV an den Ausschusssitzungen teilnehmen, weshalb ihr die Sitzungstermine und -orte auf Verlangen mitgeteilt werden müssen.

Das Recht der Zertifizierung durch eine Entsorgergemeinschaft ist im Wesentlichen mit dem der Zertifizierung durch eine technischen Überwachungsorganisation vergleichbar. So setzt etwa die Aufnahme eines Betriebs als Mitglied eine Vorprüfung durch die Entsorgergemeinschaft voraus (§ 15 Abs. 1 Satz 1 EfbV), deren Übermittlung an die Anerkennungsbehörde sowie die behördliche Überprüfung.[27] Ein Efb-Zertifikat wird ausgestellt, wenn die Anforderungen der Regelung über die Entsorgergemeinschaft erfüllt sind; auch insoweit entsprechen die Maßgaben im Wesentlichen den Maßgaben der Zertifizierung aufgrund eines Überwachungsvertrags. Das Gleiche gilt für den Verlust der Berechtigung, mit strukturell bedingten Abweichungen (Widerruf der Anerkennung der Entsorgergemeinschaft anstelle des Widerrufs der Zustimmung zum Überwachungsvertrag; Verlust durch Ende der Mitgliedschaft oder durch Erlöschen der Entsorgergemeinschaft).

11.2.8 Anforderungen an die Überwachung

Überwachungsanforderungen sind gem. § 56 Abs. 3 Satz 5 KrWG geregelt, der eine mindestens jährliche Überprüfung durch die Zertifizierungsstelle vorschreibt, und werden durch die §§ 22, 23 EfbV konkretisiert. Nach § 22 Abs. 1 Satz 1 EfbV wird sowohl bei der

[27] § 15 Abs. 1 Satz 1 EfbV gilt nach seinem Wortlaut nur für die Aufnahme eines neuen Mitglieds in eine bereits bestehende Entsorgergemeinschaft und blendet damit den Fall aus, dass sich mehrere Betriebe zu einer neuen Entsorgergemeinschaft zusammenschließen wollen. Vor dem erstmaligen Zusammenschluss besteht noch keine anerkannte Entsorgergemeinschaft, die etwaige Vorprüfungen durchführen könnte. Mit Blick auf die Systematik der EfbV und unter Gleichbehandlungsgesichtspunkten wird man jedoch nicht annehmen können, es bestehe dann überhaupt keine Vorprüfungspflicht. Vielmehr wird hier vor der Vorprüfung zunächst der Zusammenschluss der Betriebe zur Entsorgergemeinschaft erfolgen müssen. Sobald dann die (zu diesem Zeitpunkt noch nicht behördlich anerkannte) Entsorgergemeinschaft gebildet ist, muss diese in Bezug auf alle in ihr vereinigten Betriebe Vorprüfungen durchführen. Ob dieses Ergebnis trotz des Wortlauts (noch) durch Auslegung des § 15 Abs. 1 Satz 1 EfbV erzielt werden kann, erscheint zweifelhaft; vorzugswürdig erscheint eine Analogie.

erstmaligen als auch der der jährlichen Überprüfung jeweils auf der Grundlage des Überwachungsplans durch einen Sachverständigen geprüft, ob der Betrieb die Anforderungen gem. Überwachungsvertrag bzw. Regelung über die Entsorgergemeinschaft erfüllt. Der Sachverständige muss nach § 23 EfbV Verlauf und Ergebnis der Überprüfung schriftlich in einem Überwachungsbericht mit dem Mindestinhalt nach Anlage 2 EfbV dokumentieren. Diese Dokumentation schuldet er gegenüber dem Betrieb, nicht gegenüber einer Behörde.

Angekündigte Vor-Ort-Termine Zur Überprüfung des Betriebs durch den Sachverständigen gehören nach § 22 Abs. 2 Satz 1 EfbV jeweils mindestens ein angekündigter Vor-Ort-Termin an jedem zu zertifizierenden Standort mit einem Zeitrahmen, der eine sachgerechte Überprüfung sicherstellt. Hinzu kommen ggf. erforderliche weitere angekündigte Vor-Ort-Termine (§ 22 Abs. 2 Satz 2 EfbV; etwa bei großen Betriebsstätten, komplizierten Behandlungsverfahren, fehlenden Unterlagen, Beanstandungen oder sonstigen Unzulänglichkeiten innerhalb des Betriebs[28]).

Unangekündigte Vor-Ort-Termine Hinzu kommen sollen nach § 22 Abs. 1 Satz 3 EfbV aber auch unangekündigte Vor-Ort-Termine des Sachverständigen, für die die Zertifizierungsstellen ein entsprechendes System zu entwickeln haben. Ausweislich der Verordnungsbegründung[29] sollen die unangekündigten Vor-Ort-Termine dazu dienen, die Erfüllung der Efb-Anforderungen im betrieblichen Alltag zu kontrollieren und eventuell bestehende Probleme oder Missstände frühzeitig aufzudecken, damit der Betrieb ausreichend Gelegenheit hat, diese abzustellen. Dass bei unangekündigten Vor-Ort-Terminen eventuell nicht alle Ansprechpartner anwesend oder alle Unterlagen greifbar sind, soll ohne Belang sein, weil die unangekündigten Vor-Ort-Termine die angekündigten Vor-Ort-Termine ergänzen, aber nicht ersetzen sollen.

Behördenteilnahme an Vor-Ort-Terminen § 22 Abs. 3 Satz 1 EfbV soll die Zustimmungsbehörde dazu legitimieren, die Sachverständigen bei ihren Vor-Ort-Terminen in den Betrieben zu begleiten. Nach § 22 Abs. 3 Satz 2 EfbV soll überdies die Überwachungsbehörde im Rahmen der Allgemeinen Überwachung nach § 47 KrWG zur Teilnahme an den Vor-Ort-Terminen berechtigt sein, weshalb ihr diese Termine von der Zertifizierungsstelle auf Verlangen mitgeteilt werden müssen (§ 22 Abs. 3 Satz 3 EfbV). Eine Beschränkung der Behördenteilnahme auf angekündigte Vor-Ort-Termine enthält die EfbV insoweit jeweils nicht.

[28] BR-Drs. 477/16 v. 24.08.2016, S. 120.

[29] BR-Drs. 477/16 v. 24.08.2016, S. 120.

Hinsichtlich der Anwesenheit der Zustimmungsbehörde vor Ort erscheint mindestens zweifelhaft, ob § 22 Abs. 3 Satz 1 EfbV noch von der Ermächtigungsgrundlage des § 57 KrWG gedeckt ist. Dies gilt insbesondere für die Teilnahme an unangekündigten Terminen. Obwohl die EfbV von einem „Begleiten" des Sachverständigen spricht, handelt es sich faktisch um eine Überwachung durch die Zustimmungsbehörde, die sich nicht nur auf den Sachverständigen, sondern auch auf den Betrieb erstreckt. Jedenfalls soweit Überwachungsvorschriften – wie hier – (auch) den Betrieb betreffen, dürften sich diese kaum auf § 57 KrWG stützen lassen, weil die Überwachung von Betrieben anderweitig im KrWG geregelt ist. Hinzu kommt, dass es für das behördliche „Begleiten" an einer ausdrücklichen gesetzlichen Einräumung von Betretungsrechten usw. der Zustimmungsbehörde entsprechend § 47 Abs. 3 Sätze 2 bis 4 KrWG fehlt. Ungeachtet dessen erscheint die Anwesenheit der Zustimmungsbehörde bei den Vor-Ort-Terminen des Sachverständigen auch mit dem Prinzip der Selbstüberwachung[30] unvereinbar, das dem Recht der Entsorgungsfachbetriebe zugrunde liegt.

Ebenfalls bzw. erst recht um einen Fall der Überwachung handelt es sich, wenn die Überwachungsbehörde an Vor-Ort-Terminen des Sachverständigen teilnimmt. Jedenfalls mit der Begründung einer Informationspflicht im Vorfeld eines Vor-Ort-Termins zugunsten der Überwachungsbehörde (§ 22 Abs. 3 Satz 3 EfbV) geht die EfbV über die in Bezug genommenen Vorgaben des § 47 KrWG hinaus, was ebenfalls nicht von der Ermächtigungsgrundlage des § 57 EfbV gedeckt sein dürfte. Zwar darf eine Überwachungsbehörde grundsätzlich unter den Voraussetzungen des § 47 KrWG in einem Betrieb anwesend sein. § 47 KrWG räumt ihr aber keine Befugnis ein, speziell dann anwesend zu sein, wenn sich ein im Rahmen der Selbstüberwachung des Betriebes tätiger Sachverständiger auf dem Betriebsgelände befindet.

EMAS und DIN EN ISO 9001 bzw. 14001 Haben im Rahmen einer EMAS-Validierung ein Umweltgutachter oder eine Umweltgutachterorganisation nach dem Umweltauditgesetz oder im Rahmen der Zertifizierung eines Qualitätsmanagementsystems nach DIN EN ISO 9001 bzw. eines Umweltmanagementsystems nach DIN EN ISO 14001 eine nach DIN EN ISO 17021 akkreditierte Stelle bereits Prüfungen vorgenommen, muss der Sachverständige die Ergebnisse dieser Prüfungen berücksichtigen (§ 22 Abs. 4 EfbV).

Sachverständigenwechsel Spätestens nach 5 Jahren der durchgängigen Überprüfung durch denselben Sachverständigen muss gem. § 22 Abs. 5 EfbV ein Sachverständigenwechsel vorgenommen werden. Dass regelmäßig andere Sachverständige die Überprüfung eines Betriebs durchzuführen, hat die Zertifizierungsstelle sicherzustellen.

[30] Vgl. dazu etwa auch BR-Drs. 477/16 v. 24.08.2016, S. 2.

11.2.9 Elektronisches Entsorgungsfachbetrieberegister

Gem. § 28 Abs. 1 EfbV bestehen für die Zertifizierungsstellen elektronische Mitteilungspflichten. Die elektronische Übermittlung dient dem von den Ländern eingerichteten, bundesweit einheitlichen elektronischen Register über zertifizierte Entsorgungsfachbetriebe, „eEFBV“.[31]

11.2.10 Privilegierungen

Durch die Zertifizierung können Entsorgungsfachbetriebe von verfahrensrechtlichen (und ggf. auch wettbewerblichen) Privilegierungen profitieren, was Anreiz genug für viele Unternehmen ist, sich dem aufwändigen und kostenverursachenden Zertifizierungsverfahren zu unterziehen. Auf bedeutende Privilegierungen sei nachfolgend beispielhaft hingewiesen.

Nachweisverfahren Bei der Entsorgung gefährlicher Abfälle bestehen insoweit Erleichterungen, als die Betriebe gem. § 7 Abs. 1 Satz 1 Nr. 1 der Nachweisverordnung am privilegierten Nachweisverfahren teilnehmen und damit die Pflicht zur Einholung einer Eingangsbestätigung sowie einer behördlichen Bestätigung des Entsorgungsnachweises entfällt. Dies gilt nur für die als Entsorgungsfachbetrieb zertifizierte Anlage und die zertifizierten Entsorgungstätigkeiten und Abfälle. Bei der Anordnung von Nachweis- und Registerpflichten im Einzelfall ist die Zertifizierung ebenfalls positiv zu berücksichtigen (§ 51 Abs. 2 KrWG).

Sammler/Beförderer/Händler/Makler gefährlicher Abfälle Eine weitere Privilegierung besteht darin, dass die Betriebe keiner Sammler-, Beförderer-, Händler- und Maklererlaubnis nach § 54 Abs. 1 KrWG bedürfen (§ 54 Abs. 3 Nr. 2 KrWG), soweit sie für die entsprechenden Tätigkeiten und Abfälle zertifiziert sind. Ob dies zugleich auch von der Anzeigepflicht des § 53 Abs. 1 KrWG befreit, wird nicht einheitlich beurteilt.[32]

---

[31] https://fachbetrieberegister.zks-abfall.de/fachbetrieberegister/.

[32] Dafür etwa: *Kropp*, in: Giesberts/Reinhardt, BeckOK Umweltrecht, 58. Ed. Stand 01.07.2020, KrWG § 53 Rn. 3; *ders.*, in: von Lersner/Wendenburg/Kropp/Rüdiger, Recht der Abfall- und Kreislaufwirtschaft …, Kommentar, AbfAEV § 1 Rn. 12; *Wilke*, in: von Lersner/Wendenburg/Kropp/Rüdiger, Recht der Abfall- und Kreislaufwirtschaft …, Kommentar, KrWG § 53 Rn. 53; *Dippel*, in: Schink/Versteyl, KrWG, Kommentar, 2. Aufl. 2016, § 53 Rn. 11; ebenso wohl auch *Beckmann*, in: Landmann/Rohmer, Umweltrecht, Kommentar, KrWG § 53 Rn. 7. Dagegen: etwa *Schomerus*, in: Versteyl/Mann/Schomerus, KrWG, Kommentar, 4. Aufl. 2019, § 53 Rn. 22 und § 54 Rn. 1; *Hurst*, in: Jarass/Petersen, KrWG, Kommentar, 1. Aufl. 2014, § 53 Rn. 2.

Erstbehandlungsanlagen gem. ElektroG Zudem gilt gem. § 21 Abs. 4 des Elektro- und Elektronikgerätegesetzes (ElektroG) eine Behandlungsanlage dann als Erstbehandlungsanlage i.S. des ElektroG zertifiziert, wenn der Betrieb Entsorgungsfachbetrieb ist und die Einhaltung der Anforderungen des ElektroG geprüft sowie im Efb-Zertifikat ausgewiesen ist.

Altfahrzeug-Verordnung Nach § 2 Abs. 2 Nr. 2 der Altfahrzeug-Verordnung sind Annahmestellen, Rücknahmestellen, Demontagebetriebe, Schredderanlagen und sonstige Anlagen zur weiteren Behandlung i.S. der Verordnung anerkannt, wenn der Betrieb Entsorgungsfachbetrieb ist und die Einhaltung der Anforderungen der Verordnung geprüft sowie dies im EfB-Zertifikat ausgewiesen ist.

Abfallbeauftragte Nach § 3 Abs. 1 Satz 1 der EMAS-Privilegierungs-Verordnung „soll" (= intendiertes Ermessen) die Behörde bei einem Entsorgungsfachbetrieb, der nicht schon unmittelbar aus § 59 Abs. 1 Satz 2 und 3 KrWG i. V. m. der Abfallbeauftragtenverordnung (AbfBeauftrV) zur Bestellung mindestens eines Abfallbeauftragten verpflichtet ist, auf die Anordnung eines Abfallbeauftragten verzichten. § 3 Abs. 1 Satz 1 der EMAS-Privilegierungs-Verordnung ist insoweit auf die Ermächtigungsgrundlage des § 61 Abs. 4 KrWG zurückzuführen, wonach Entsorgungsfachbetrieben durch Rechtsverordnung Erleichterungen im Genehmigungsverfahren sowie überwachungsrechtliche Erleichterungen gewährt werden können.

11.3 EMAS

Neben der Zertifizierung als Entsorgungsfachbetrieb können sich Abfallentsorgungsunternehmen nach der EMAS-III-Verordnung[33] (auch „Öko-Audit-Verordnung" genannt) zertifizieren lassen. Flankierende Regelungen enthält das Umweltauditgesetz.[34] In diesem Fall profitieren die Unternehmen vollumfänglich von der EMAS-Privilegierungs-Verordnung.[35] Diese sieht ebenfalls verfahrensrechtliche Erleichterungen für zertifizierte Unternehmen vor, die sich teilweise mit denen für Entsorgungsfachbetriebe decken, teilweise aber auch darüber hinausgehen.

Wird z. B. bezüglich einer EMAS-Anlage, deren Betreiber zur Bestellung eines Abfallbeauftragten unmittelbar aus § 59 Abs. 1 Satz 2 und 3 KrWG i.V.m. der AbfBeauftrV verpflichtet ist, eine Befreiung gem. § 7 AbfBeauftrV beantragt, muss die zuständige

[33] VO EG Nr. 1221/2009 v. 11.01.2010, zuletzt geändert durch VO EU Nr. 2018/2016 v. 19.12.2018.

[34] Umweltauditgesetz v. 04.09.2002, BGBl. I S. 3490, zuletzt geändert durch Art. 17 des Gesetzes v. 10.08.2021, BGBl. I S. 3436.

[35] Verordnung v. 24.06.2002, BGBl. I, S. 2247, zuletzt geändert durch Art. 3 Abs. 2 der Verordnung vom 06.07.2021, BGBl. I S. 2514.

Behörde bei ihrer Entscheidung berücksichtigen, dass es sich um eine EMAS-Anlage handelt (§ 3 Abs. 1 Satz 3 EMAS-Privilegierungs-Verordnung). Außerdem muss der Abfallbeauftragte ggf. keine gesonderten Jahresberichte verfassen (§ 3 Abs. 2 EMAS-Privilegierungs-Verordnung). Ferner kann die Pflicht des Unternehmens, die Bestellung eines Abfallbeauftragten bei der Behörde gesondert anzuzeigen, nach § 3 Abs. 3 EMAS-Privilegierungs-Verordnung suspendiert sein.

Unternehmen mit EMAS-Zertifizierung profitieren damit insgesamt von einer weitergehenden Privilegierung als Entsorgungsfachbetriebe. Da die EMAS-Zertifizierung aber mit einem ganz erheblichen Bürokratie- und Kostenaufwand verbunden ist, kann sie bei weitem keine vergleichbare Akzeptanz und Verbreitung aufweisen und stellt gerade für kleine Entsorgungsunternehmen keine Alternative zur Zertifizierung als Entsorgungsfachbetrieb dar.[36] Ungeachtet der wenigen unmittelbaren rechtlichen Privilegierungen können allerdings durch gutes, funktionierendes Umweltmanagement die Risiken für die Reputation des betreffenden Unternehmens und insbesondere die hohen Haftungsrisiken[37] möglichst vermieden, zumindest aber verringert bzw. begrenzt werden, die auch mit möglichen Verstößen gegen (teilweise zudem bußgeld- oder gar strafbewehrte[38]) abfallrechtliche Pflichten einhergehen.

Eine EMAS-III-Zertifizierung setzt Folgendes voraus:[39] (1.) eine Umweltprüfung i.S. einer erstmaligen Ermittlung u. a. der Umweltauswirkungen der Tätigkeiten, Produkte und Dienstleistungen des Unternehmens unter Berücksichtigung der maßgeblichen Rechts- und Verwaltungsvorschriften, (2.) die Etablierung des Umweltmanagementsystems nach Anhang III der EMAS-III-Verordnung, (3.) eine Überprüfung des Managementsystems im Rahmen einer internen Umweltbetriebsprüfung und einer Managementbewertung durch einen internen oder externen Prüfer, (4.) die Abgabe einer Umwelterklärung, die u. a. das Umweltmanagementsystem enthält, und (5.) eine Überprüfung der vorgenannten Schritte auf Einhaltung der EMAS III-Anforderungen durch einen unabhängigen, förmlich zugelassenen Umweltgutachter.

Ergibt die Überprüfung durch den Umweltgutachter, dass die EMAS III-Anforderungen eingehalten werden, wird die Umwelterklärung für gültig erklärt (validiert). Anschließend erfolgt die Registrierung im EMAS-Verzeichnis, womit das EMAS-Logo nach Anhang V der EMAS III-Verordnung verwendet werden darf. Allerdings müssen regelmäßig weitere Begutachtungen erfolgen.

---

[36] Vgl. dazu *Kropp*, in: Kunz, Kreislaufwirtschafts- und Abfallgesetz in der betrieblichen Praxis, Nr. 3.9.2.3.1, S. 2 ff.

[37] Vgl. hierzu auch *Schlemminger/Oexle*, Compliance-Berater 2016, 25, 26 ff.

[38] Vgl. etwa § 326 StGB, §§ 18a, 18 b des Abfallverbringungsgesetzes.

[39] Vgl. hierzu im Einzelnen *Oexle/Lammers*, in: Hauschka/Moosmeyer/Lösler, Corporate Compliance, 3. Aufl. 2016, § 52 Rn. 66.

11.4 DIN EN ISO 14001 (sowie DIN EN ISO 9001 und 9004)

Lediglich vereinzelte Regelungen im Abfallrecht finden sich zu dem Umweltmanagementsystem DIN EN ISO 14001, das geringere Anforderungen als EMAS stellt und insbesondere keine Pflicht zur Abgabe einer Umwelterklärung beinhaltet,[40] sowie zu den Qualitätsmanagementsystemen DIN EN ISO 9001 und 9004. Für die Unternehmen gehen die entsprechenden Zertifizierungen daher grundsätzlich nicht mit unmittelbaren abfallrechtlichen Privilegien einher. Teilweise reduziert sich jedoch in speziellen abfallrechtlichen Materien der Prüfungsaufwand für Sachverständige, worauf nachfolgend anhand von Beispielen hingewiesen wird.

ElektroG Nach § 21 ElektroG hat ein Sachverständiger im Rahmen der Zertifizierung einer Erstbehandlungsanlage die Ergebnisse von Prüfungen zu berücksichtigen, die von einer nach DIN EN ISO/IEC 17021 akkreditierten Stelle im Rahmen der Zertifizierung eines Qualitätsmanagements nach DIN EN ISO 9001 oder 9004 durchgeführt wurde.

Altfahrzeug-Verordnung Auch nach § 5 Abs. 3 Satz 9 Nr. 2 der Altfahrzeug-Verordnung hat ein Sachverständiger die Ergebnisse von Prüfungen durch eine nach DIN EN 45012 akkreditierte Stelle im Rahmen der Zertifizierung eines Qualitätsmanagements nach DIN EN ISO 9001 oder 9004 zu berücksichtigen, wenn er die Einhaltung der Anforderungen überprüft, die für die Betreiber von Annahmestellen, Rücknahmestellen, Demontagebetrieben, Schredderanlagen und sonstigen Anlagen zur weiteren Behandlung nach dem Anhang der Altfahrzeug-Verordnung gelten.

EfbV Ferner muss ein Sachverständiger bei der Überprüfung eines Entsorgungsfachbetriebs die Ergebnisse von Prüfungen einer nach DIN EN ISO 17021 akkreditierten Stelle berücksichtigen, wenn diese im Rahmen der Zertifizierung eines Qualitätsmanagementsystems nach DIN EN ISO 9001 bzw. eines Umweltmanagementsystems nach DIN EN ISO 14001 bereits Prüfungen vorgenommen hat (§ 22 Abs. 4 Nr. 2 EfbV).

Auch für das Umweltmanagementsystem DIN EN ISO 14001 lässt sich ungeachtet dessen festhalten, dass durch gutes, funktionierendes Umweltmanagement Risiken für die Reputation und insbesondere die hohen Haftungsrisiken bei Verstößen gegen abfallrechtliche Pflichten möglichst vermieden oder jedenfalls verringert bzw. begrenzt werden können.

---

[40] Vgl. *Oexle/Lammers*, in: Hauschka/Moosmeyer/Lösler, Corporate Compliance, 3. Aufl. 2016, § 52 Rn. 69.

Stoffrecht 12

Andreas Zühlsdorff

12.1 Einführung

Mit der Verkündung der REACH-Verordnung[1] am 30. Dezember 2006 wurde eines der umfangreichsten und komplexesten Gesetzgebungsvorhaben[2] in der Europäischen Union (EU) nach mehr als fünf Jahren der Beratungen implementiert. Die REACH-Verordnung trat sodann am 01. Juni 2007 in Kraft und gilt als unmittelbares Recht in allen EU-Mitgliedstaaten. Der Name „REACH" ist ein Akronym, das aus der Zielvorgabe der Verordnung gebildet ist: So bezweckt die REACH-Verordnung die europäische Harmonisierung in Hinblick auf die

„**R**egistration, **E**valuation, **A**uthorisation of **Ch**emicals",

[1] Verordnung (EG) Nr. 1907/2006 des Europäischen Parlaments und des Rates v. 18.12.2006 zur Registrierung, Bewertung, Zulassung und Beschränkung chemischer Stoffe (REACH), zur Schaffung einer Europäischen Agentur für chemische Stoffe, zur Änderung der Richtlinie 1999/45/EG und zur Aufhebung der Verordnung (EWG) Nr. 793/93 des Rates, der Verordnung (EG) Nr. 1488/94 der Kommission, der Richtlinie 76/769/EWG des Rates sowie der Richtlinien 91/155/EWG, 93/67/EWG, 93/105/EG und 2000/21/EG der Kommission.

Änderungsverordnungen und eine konsolidierte Fassung der REACH-Verordnung finden sich auf der Internetseite des Umweltbundesamts: http://www.reach-info.de/verordnungstext.htm.

[2] *Fink/Hanschmidt/Lulei*, StoffR 2007, 192 ff.

A. Zühlsdorff (✉)
Evonik Industries AG, Essen, Deutschland
E-Mail: andreas.zuehlsdorff@evonik.com

P. Kurth et al. (Hrsg.), *Praxishandbuch der Kreislauf- und Rohstoffwirtschaft*,
https://doi.org/10.1007/978-3-658-36262-1_12

zu Deutsch die Erfassung, Bewertung und Zulassung von Chemikalien. Statt reaktivem Handeln hoheitlicher Organe sollte jetzt proaktive Risikobewertung und Risikominderung der wirtschaftlichen Akteure im Vordergrund stehen. Zusammen mit der CLP-Verordnung (**c**lassification, **l**abelling and **p**ackaging) vom 16.12.2008[3] bilden die komplexen Regelwerke ein einheitliches europaweites Chemikalienrecht und damit maßgebliche Vorschriften für die chemische Industrie.

► **Hintergrund** Zugleich wurde mit der REACH-Verordnung die Grundlage für eine neue europäische Chemikalienagentur geschaffen. Die Europäische Chemikalienagentur (ECHA) hat ihren Sitz in Helsinki und ist für große Teile des Vollzuges der REACH-Verordnung zuständig.[4] Die Rolle und Aufgaben der nationalen Behörden werden in den Artikeln 121 bis 127 der REACH-Verordnung beschrieben. Die Überwachungsbehörden der Bundesländer überprüfen und betreuen die Betriebe vor Ort im Hinblick auf die Einhaltung ihrer durch REACH erwachsenen Pflichten.

Die chemikalienrechtlichen Regelungen vor der REACH-Verordnung sahen unterschiedliche Anforderungen an sog. „Altstoffe" und „Neustoffe" vor. Maßgeblich für die Abgrenzung zwischen einem Altstoff und einem Neustoff war, ob die Chemikalie bereits vor dem 18.09.1981 auf dem europäischen Markt war. Vor diesem Zeitpunkt auf dem Markt vorhandene Chemikalien waren Altstoffe; waren diese hingegen zu diesem Zeitpunkt noch nicht auf dem Markt, handelte es sich um Neustoffe. Eine systematische Prüfung der Eigenschaften der rund 100.000 Altstoffe war nicht vorgesehen, und die Altstoffe waren unbegrenzt verwendbar.[5] Für Neustoffe war hingegen eine Überprüfung vor der Markteinführung erforderlich. Die damit verbundene faktische Privilegierung der Verwendung der Altstoffe und das daraus resultierende Innovationshemmnis war ein wesentlicher Grund für den europäischen Gesetzgeber, das europäische Chemikalienrecht auf eine neue Grundlage zu stellen.[6]

---

[3] CLP-Verordnung (Regulation on Classification, Labelling and Packaging of Substances and Mixtures) – Verordnung (EG) Nr. 1272/2008 über die Einstufung, Kennzeichnung und Verpackung von Stoffen und Gemischen, auch GHS-Verordnung (abgeleitet durch die Implementierung des Globally Harmonised System of Classification and Labelling of Chemicals der Vereinten Nationen in die EU) genannt, ist am 20.01.2009 in Kraft getreten. Mit Inkrafttreten dieser Verordnung wurde europaweit ein neues System für die Einstufung, Kennzeichnung und Verpackung von Stoffen und Gemischen eingeführt. Die europäischen Richtlinien 67/548/EWG (Stoffrichtlinie) und 1999/45/EG (Zubereitungsrichtlinie), die rechtliche Basis für das bisher gültige Einstufungs- und Kennzeichnungssystem, wurden zum 01.06.2015 aufgehoben.

[4] Zu Grundfragen des Vollzuges siehe *Weidemann*, StoffR 2007, 232 ff.

[5] Die sog. Altstoffverordnung sah lediglich ein hoheitliches Prüfprogramm mit Empfehlungen für 140 Stoffe vor. Vgl. Verordnung (EWG) Nr. 793/93 des Rates vom 23. März 1993 zur Bewertung und Kontrolle der Umweltrisiken chemischer Altstoffe, Amtsblatt Nr. L 084 vom 05. April 1993, S. 0001–0075.

[6] Vgl. hierzu das Weißbuch der Kommission der Europäischen Gemeinschaft „Strategie für eine zukünftige Chemikalienpolitik" v. 27.02.2001 Kom 2001 (88). Zur Entstehungsgeschichte auch Führ, ZUR 2014, 270 ff.

Ziel der REACH-Verordnung ist es unter Anderem, ein hohes Schutzniveau für die menschliche Gesundheit und für die Umwelt sicherzustellen, Transparenz zu schaffen sowie den freien Verkehr von Stoffen als solchen, in Zubereitungen oder in Erzeugnissen zu gewährleisten (vgl. Art. 1 Abs. 1 REACH-Verordnung). Das europäische Chemikalienrecht hat mittlerweile einen Vorbildcharakter; zahlreiche Staaten – etwa für die Türkei oder für Süd-Korea und nach dem sog. „Brexit“ auch Großbritannien – weltweit orientieren sich bei der Neufassung ihrer nationalen chemikalienrechtlichen Bestimmungen am europäischen Regelwerk.

► **Hintergrund** Die REACH-Verordnung verteilt zudem die Aufgaben neu: Die Hauptakteure sind nicht mehr die Behörden; nicht mehr hoheitliche Prüfprogramme stehen im Mittelpunkt des Regulierungsansatzes. Die Verantwortung für die Beurteilung der Risiken und der Gefährlichkeit von Stoffen sollen im Sinne des Verursacherprinzips vielmehr in erster Linie die Personen tragen, die den Stoff herstellen oder einführen:[7] Hersteller und Importeure sollen die Verantwortung tragen (kontrollierte Eigenverantwortung, Art. 1 Abs. 3 Satz 1 REACH-Verordnung). Aber auch die nachgeschalteten Anwender werden erstmals in das System einbezogen. Ein weiteres Ziel der REACH-Verordnung ist nämlich auch die Verbesserung der Kommunikation entlang der Lieferkette, als wechselseitige Information zwischen Lieferanten und Kunden (Verantwortungskette).

Das Stoffrecht und das Kreislaufwirtschaftsrecht bilden grundsätzlich zwei getrennte Systeme: Das Chemikalienrecht ist ein „Stoffrecht“ und das Kreislaufwirtschaftsrecht ein „Abfallrecht“. Gleichwohl gibt es Berührungspunkte. Eine wesentliche Schnittstelle zwischen den beiden Systemen, die es im Folgenden zu betrachten gilt, ist die – häufig kontroverse – Abgrenzung zwischen Abfall und Produkt, die insbesondere im Rahmen von stofflichen Verwertungsverfahren (Recyclingverfahren) und der Entstehung von sog. Sekundärrohstoffen Relevanz hat. Die REACH-Verordnung spricht in diesem Zusammenhang von einer Rückgewinnung. Im Falle der Rückgewinnung kann das Unternehmen unter bestimmten Voraussetzungen das sog. „Recyclingprivileg“ in Anspruch nehmen, welches ihn teilweise von Pflichten nach der REACH-Verordnung befreit.[8]

Zunächst werden im Weiteren die Grundzüge der Pflichten nach der REACH-Verordnung (unter B) dargestellt. Im Anschluss wird auf die Interdependenzen zwischen der REACH-Verordnung bei Recyclingverfahren eingegangen (unter C).

[7] Siehe etwa Erwägungsgrund (25) und (29) REACH-Verordnung in Umsetzung des chemikalienpolitischen „Johannesburg-Ziels“ aus der Rio-Nachfolgekonferenz 2002.

[8] *Fluck*, AbfallR 2007, 14 ff. („Führt REACH zu mehr Abfall?“).

12.2 Grundzüge der Pflichten nach der REACH-Verordnung

Gemäß REACH-Verordnung gilt der Grundsatz nach Art. 5, dessen Überschrift lautet: „Ohne Daten – kein Markt".[9] Diese Vorschrift bestimmt, dass vorbehaltlich einzelner Registrierungsvorschriften Stoffe als solche oder in Gemischen (oder in Erzeugnissen (Fertigware)) nur noch dann in der Gemeinschaft hergestellt oder in Verkehr[10] gebracht werden dürfen, wenn sie nach den einschlägigen Vorschriften des Titels II der REACH-Verordnung, soweit vorgeschrieben, registriert wurden. Nach Art. 13 Nr. 12 REACH-Verordnung ist darauf hinzuweisen, dass die Einfuhr eines Stoffes (Import) im vorgenannten Sinne als ein Inverkehrbringen gilt. Dies bedeutet, dass Stoffe ab dem 01. Juni 2008 in einer Menge von mindestens einer Tonne pro Kalenderjahr nicht mehr hergestellt oder importiert werden dürfen, die nicht gemäß den Regelungen der REACH-Verordnung (vor-) registriert wurden; diese Stoffe dürfen auch nicht mehr in Verkehr gebracht werden.

Die Pflicht zur Registrierung von Stoffen ist eine der Hauptpflichten nach der REACH-Verordnung und deren Kernelement.[11] Sie ist wesentlich für einen Pflichtigen, da ohne erforderliche Registrierung für den Stoff eine Marktzutrittsschranke besteht; der Stoff ist nicht mehr verkehrsfähig. Für Aufwendungen im Zusammenhang mit diesen Registrierungen dürfen keine Rückstellungen gebildet werden.

Der vorsätzliche Verstoß gegen die Pflicht gemäß Art. 5 REACH-Verordnung ist eine Straftat nach § 27 b) Abs. 1 Nr. 1 des deutschen Chemikaliengesetzes (ChemG). Ein fahrlässiger Verstoß nach § 27 b) Abs. 5 ChemG kann von der Behörde als Ordnungswidrigkeit verfolgt werden.[12] Zuständig für die Überwachung sind in Deutschland die zuständigen Landesbehörden.

Die REACH-Verordnung enthält allerdings über die Registrierung hinaus noch weitere Regelungselemente. Das REACH-Instrumentarium ruht nämlich auf drei Säulen, die sich gegenseitig ergänzen. Stoffe, die in besonderer Weise Anlass zu Besorgnis geben („substances of very high concern – Art. 57 REACH-Verordnung), unterliegen einer Zulassungspflicht (Autorisierung). Schließlich sieht die REACH-Verordnung auch vor, Beschränkungen für die Verwendung von Stoffen einzuführen – siehe Anhang XVII der REACH-Verordnung. Das Registrierungs-, das Zulassungs- und das Beschränkungsverfahren stützen sich hinsichtlich der Einordnung der stoffbedingten Risiken auf ein weit-

[9] Genauer müsste es „Ohne Registrierung – kein Markt" heißen.

[10] Inverkehrbringen, Art. 3 Nr. 12 REACH-Verordnung: Entgeltliche oder unentgeltliche Abgabe an Dritte oder Bereitstellung für Dritte.

[11] Siehe hierzu etwa ECHA Guidance on registration: http://echa.europa.eu/documents/10162/17224/registration_en.pdf.

[12] Seit 01.05.2013 ist die Chemikalien-Sanktionsverordnung (ChemSanktionsV) in Kraft. Die Verordnung zum deutschen Chemikaliengesetz definiert Straf- und Bußgeldtatbestände für bisher noch nicht unmittelbar straf- und bußgeldbewehrte Zuwiderhandlungen unter anderem gegen die REACH- und CLP Verordnung.

gehend standardisiertes Verfahren der Risikobeurteilung, dessen einzelne Elemente im Anhang I der REACH Verordnung beschrieben sind.[13]

► **Praxishinweis** Die REACH-Verordnung ist ein sehr umfangreiches und komplexes Regelungswerk. Hilfestellung zu den eigenen Pflichten, zum Verständnis und zur Interpretation der REACH-Verordnung bieten die zahlreichen Leitfäden (Guidance Documents) der ECHA, die auf der Internetseite der Behörde eingesehen und herunter geladen werden können – http://echa.europa.eu/web/guest/support/guidance-on-reach-and-clp-implementation.

Die Interpretationen in den Guidance Documents sind jedoch nicht rechtlich bindend, werden aber in der Regel von den Vollzugsbehörden übernommen. Etwaige Abweichungen sind daher grundsätzlich möglich, sollten aber begründet und dokumentiert werden, um etwa gegenüber Vollzugsbehörden auskunftsfähig zu sein.

Informationen zur REACH-Verordnung finden sich unter anderem auch auf der Internetseite der Bundesanstalt für Arbeitsschutz und Arbeitsmedizin (BAuA), des Bundesverbandes der Deutschen Industrie e. V. (BDI) sowie des Verbandes der Chemischen Industrie e. V. (VCI).

12.2.1 Was ist zu registrieren (sachlicher Anwendungsbereich)?

Die REACH-Verordnung gilt in erster Linie für Stoffe und Gemische, enthält jedoch auch Anforderungen an Erzeugnisse. Ein Stoff ist nach der Definition unter Art. 3 Nr. 1 REACH-Verordnung ein chemisches Element und seine Verbindungen in natürlicher Form oder gewonnen durch ein Herstellungsverfahren, einschließlich der zur Wahrung seiner Stabilität notwendigen Zusatzstoffe und der durch das angewandte Verfahren bedingten Verunreinigungen, aber mit Ausnahme von Lösungsmitteln, die von dem Stoff ohne Beeinträchtigung seiner Stabilität und ohne Änderung seiner Zusammensetzung abgetrennt werden können.

Ein Gemisch (vormals Zubereitung) und ein Erzeugnis (Fertigware) unterliegen selbst nicht der Registrierungspflicht nach der REACH-Verordnung, sondern es sind die Stoffe in dem Gemisch oder dem Erzeugnis. Daher ist die REACH-Verordnung in erster Linie als Stoffrecht und nicht als „Produkt"-Recht zu qualifizieren.

Von einem Gemisch wird nach Art. 3 Nr. 2 REACH-Verordnung gesprochen, wenn ein Gemenge oder eine Lösung aus zwei oder mehr Stoffen gegeben ist. Metalllegierungen, Lacke oder Reinigungsmittel sind Beispiele für Gemische. Wird ein Gemisch hergestellt oder importiert sind die jeweiligen Stoffe im Gemisch zu registrieren, wenn die 1 t/a Grenze überschritten wird. Dies gilt nicht für Formulierer, wenn diese lediglich Stoffe vermischen.

[13] *Führ*, ZUR 2014,270 (275).

Gemäß Art. 3 Nr. 3 REACH-Verordnung liegt demgegenüber ein Erzeugnis vor, wenn für die Funktion des Gegenstands (der aus Stoffen und/oder Zubereitungen besteht) dessen Form, Oberfläche oder Gestalt (physikalische Erscheinung) in größerem Maße bestimmend ist als seine chemische Zusammensetzung.[14] Die Funktion eines Gegenstandes wird dadurch bestimmt, wozu er gemäß dem Hersteller verwendet werden soll und was die Person, die ihn erwirbt, als Funktion erwartet. Beispielhaft sind zu nennen: Textilien, Papier oder Batterien.

Für Erzeugnisse gelten Begrenzungen im Hinblick auf eine Registrierung: Ein Stoff in einem Erzeugnis muss nur dann registriert werden,[15] wenn die zwei folgenden Voraussetzungen erfüllt sind: Zum einen, dass der Stoff in dem Erzeugnis in einer Menge von insgesamt mehr als einer Tonne pro Jahr und pro Hersteller oder Importeur enthalten ist, und zum Zweiten, dass der Stoff unter normalen oder vernünftigerweise vorhersehbaren Verwendungsbedingungen freigesetzt werden soll. Die Abgrenzung zwischen einem Gemisch und einem Erzeugnis ist komplex und nicht immer eindeutig.[16]

Die REACH-Verordnung bestimmt in Art. 2 zudem für einige Stoffe, dass diese ganz oder teilweise aus ihrem sachlichen Anwendungsbereich entfallen, um Doppelregulierungen zu vermeiden. Art. 2 REACH-Verordnung enthält unter anderem auch eine Regelung zu Abfällen: Gemäß Art. 2 Abs. 2 REACH-Verordnung gilt demnach, dass Abfälle nicht als Stoff im Sinne von Art. 3 REACH-Verordnung zu betrachten sind. Hierdurch sollen nach dem Willen des europäischen Verordnungsgebers Anreize für die Verwertung von Abfällen geschaffen werden (vgl. 11. Erwägungsgrund der REACH-Verordnung). Damit gilt, dass Abfälle von sämtlichen Verpflichtungen, die die REACH-Verordnung statuiert, ausgenommen sind. Das Unternehmen muss demnach sorgsam prüfen, unter welches Regelungsregime es mit seiner Substanz fällt.

12.2.2 Wer muss registrieren (persönlicher Anwendungsbereich)?

Die REACH-Verordnung knüpft die Verpflichtung zur Registrierung an das Herstellen oder an den Import von Stoffen in einer Jahresmenge von mindestens einer Tonne pro Jahr (persönlicher Anwendungsbereich, vgl. Art. 6 REACH-Verordnung). Dementsprechend sind Adressaten der Registrierpflicht nur der Hersteller und/oder der Importeur eines Stoffes (Art. 3 Nr. 7 REACH-Verordnung). Dieser muss seinen Sitz in der Gemeinschaft[17]

[14] Siehe hierzu die ECHA Guidance on requirements for substances in articles: http://echa.europa.eu/documents/10162/17224/articles_en.pdf sowie die Brochüre der BAuA: http://www.baua.de/cae/servlet/contentblob/764668/publicationFile/47174/REACH-Info-06.pdf.

[15] Ein weiterer Fall ist in Art. 7 Abs. 5 REACH-Verordnung geregelt.

[16] Vgl. etwa *Kitzinger*, StoffR 2008, 143 (147) für Stahl.

[17] Eine Sonderregelung enthält Art. 8 REACH-Verordnung, wonach ein nicht in der Gemeinschaft ansässiger Hersteller über einen Alleinvertreter mit Sitz in der Gemeinschaft „als verlängerter Arm" registrieren kann.

haben. Hersteller oder Importeur können eine natürliche oder aber eine juristische Person sein. Andere Teilnehmer in der Lieferkette – wie etwa Händler – können einen Stoff unter der REACH-Verordnung nicht registrieren.

Hersteller im Sinne von Art. 3 Nr. 9 REACH-Verordnung ist die Person, die den bestimmenden Einfluss auf den Herstellungsvorgang hat. Dies wird regelmäßig der Betreiber im Sinne des Bundes-Immissionsschutzgesetzes einer Produktionsanlage sein, da dieser die Verantwortung für die Anlage trägt. Wird ein Stoff in der EU hergestellt und zu 100 % außerhalb der Gemeinschaft verbracht, unterfällt dieser nicht der Registrierungspflicht.[18]

▶ **Praxishinweis** Wird ein Herstellungsvorgang durch einen Lohnhersteller erledigt, ist nicht der Auftraggeber, sondern regelmäßig der Lohnhersteller Pflichtiger nach der REACH-Verordnung.

Die Pflicht zur Registrierung trifft den Importeur. Nach Art. 3 Nr. 9 REACH-Verordnung ist der Importeur die Person. die für die Einfuhr verantwortlich ist. Unter Import ist nach der REACH-Verordnung die physische Einfuhr von einem Nicht-EU-Land in die EU zu verstehen (vgl. Art. 3 Nr. 10 und Nr. 11 REACH-Verordnung). Es kommt auf die eigenverantwortliche Veranlassung der körperlichen Überführung der Ware (des Stoffes) über die Grenze an. Der Bezug eines Stoffes aus einem EU-Land ist folglich kein Import im Sinne der REACH-Verordnung. Es ist nicht erforderlich, dass die betreffende Person die Ware selbst in das Zollgebiet der Gemeinschaft verbringt. Vielmehr genügt die Veranlassung der Verbringung. Ein Eigentumswechsel ist nicht erforderlich. Ein Indiz für die eigenverantwortliche Veranlassung der körperlichen Überführung der Ware (des Stoffes) über die Grenze ist der Abschluss eines Vertrages mit dem Hersteller mit Sitz außerhalb der EG. Somit sind Spediteure, die mit dem eigentlichen Akt der physikalischen Verbringung beauftragt werden, in der Regel nicht als Importeure anzusehen.[19]

12.2.3 Bis wann ist ein Stoff zu registrieren?

Grundsätzlich müssen Stoffe seit dem 01. August 2008 vor der Herstellung und dem Import in einer Jahresmenge von mindestens einer Tonne registriert werden. Die Menge des hergestellten bzw. eingeführten Stoffs muss in Tonnen pro Kalenderjahr bestimmt werden.

[18] EuGH Urteil vom 27.04.2017 – C 535/15 – NVwZ-RR 2017, 523.

[19] *Fluck/Campen*, EuZW 2007, 326 (327).

Für die sog. Phase-in-Stoffe[20] – im Gegensatz zu den Non-Phase-in Stoffen[21] – galten jedoch gestaffelte mengenabhängige[22] Übergangsvorschriften, wenn diese bis zum 01. Dezember 2008 vom potenziellen Registrierungspflichtigen vorregistriert wurden (vgl. Art. 23 und Art. 28 REACH-Verordnung). Die letzte dieser Übergangsvorschriften ist am 01. Juni 2018 abgelaufen Mit Ablauf der Übergangsfristen ist die Unterscheidung zwischen Phase-in und Non-Phase- in Stoffen obsolet.[23]

12.2.4 Welche Anforderungen sind an eine Registrierung zu stellen?

12.2.4.1 Erstellung eines Registrierungsdossiers

Um seiner Registrierpflicht nachzukommen, hat der potenzielle Registrant ein Registrierdossier[24] für den Stoff bei der ECHA einzureichen, in dem die sich aus der Verwendung[25] des Stoffes gegebenenfalls ergebenden Risiken bewertet werden, um sie beherrschbar zu machen (risikobasierter Ansatz). Das einzureichende Registrierungsdossier muss die in Art. 10 REACH-Verordnung genannten Vorgaben enthalten.[26] Die erforderlichen

[20] Phase-in-Stoff, Art. 3 Nr. 20 REACH-Verordnung: Stoff, der mindestens einem der folgenden Kriterien entspricht:

a) der Stoff ist im Europäischen Verzeichnis der auf dem Markt vorhandenen chemischen Stoffe (EINECS) aufgeführt;

b) der Stoff wurde in der Gemeinschaft oder in den am 01.01.1995 oder am 01.05.2004 der Europäischen Union beigetretenen Ländern hergestellt, vom Hersteller oder Importeur jedoch in den 15 Jahren vor Inkrafttreten dieser Verordnung nicht mindestens einmal in Verkehr gebracht, vorausgesetzt, der Hersteller oder Importeur kann dies durch Unterlagen nachweisen:

c) der Stoff wurde in der Gemeinschaft oder in den am 01.01.1995 oder am 01.05.2004 der Europäischen Union beigetretenen Ländern vor dem Inkrafttreten dieser Verordnung vom Hersteller oder Importeur in Verkehr gebracht und galt als angemeldet im Sinne des Art. 8 Abs. 1 erster Gedankenstrich der Richtlinie 67/548/EWG, entspricht jedoch nicht der Definition eines Polymers nach der vorliegenden Verordnung, vorausgesetzt, der Hersteller oder Importeur kann dies durch Unterlagen nachweisen.

[21] Non Phase-in-Stoffe entsprechen der Definition eines Neustoffs nach der 67/548 EG und gelten als unter der REACH Verordnung registriert.

[22] Auch bestimmte gefährliche Eigenschaften bestimmen die Fristen.

[23] Siehe auch Durchführungsverordnung (EU) 2019/1692 der Kommission vom 9. Oktober 2019 über die Anwendung bestimmter Bestimmungen der Verordnung (EG) Nr. 1907/2006 des Europäischen Parlaments und des Rates über die Registrierung und gemeinsame Nutzung von Daten nach Ablauf der endgültigen Registrierungsfrist für Phase-in-Stoffe.

[24] Siehe hierzu die ECHA Guidance on registration: http://echa.europa.eu/documents/10162/17224/registration_en.pdf.

[25] Verwendung Art. 3 Nr. 24 REACH-Verordnung: Verarbeiten, Formulieren, Verbrauchen, Lagern, Bereithalten, Behandeln, Abfüllen in Behältnisse, Umfüllen von einem Behältnis in ein anderes, Mischen, Herstellen eines Erzeugnisses oder jeder andere Gebrauch.

[26] Für Zwischenprodukte – unterteilt in standortinterne oder transportierte Zwischenprodukte – ist eine Registrierung mit reduzierten Informationsanforderungen möglich (Art. 17 und 18 REACH-Verordnung).

Informationsanforderungen für das Registrierungsdossier sind im Wesentlichen aufgrund der generalisierenden Betrachtung abhängig vom Mengenband, in dem der Stoff hergestellt oder importiert wird und ergeben sich aus den Anhängen VII bis X der REACH Verordnung. Die höchsten Anforderungen werden an das Mengenband > 1000 t/a. gestellt.

Das Registrierungsdossier besteht zum Einen aus einem Technischen Dossier und zum Zweiten bei einer Mengenschwelle von ≥ 10 t/a zusätzlich aus einem Stoffsicherheitsbericht (Art. 14 REACH-Verordnung), in dem nachzuweisen ist, dass die Risiken für Mensch und Umwelt während des gesamten Lebensweges des Stoffes „angemessen beherrscht" werden. Auch Abfallmengen und Zusammensetzungen aus der Herstellung sollen im Registrierungsdossier angegeben werden.

Das Technische Dossier enthält unter Anderem folgende Angaben (Daten zu physikalisch-chemischen Eigenschaften, zum toxikologischem Potenzial sowie zum Umweltverhalten):

- die Identität des Herstellers/der Hersteller oder des Importeurs/der Importeure gemäß Anhang VI Abschn. 1 REACH-Verordnung;
- die Identität des Stoffes gemäß Anhang VI Abschn. 2 REACH-Verordnung;
- die Informationen zu Herstellung und Verwendung(en) des Stoffes gemäß Anhang VI Abschn. 3 REACH-Verordnung; diese Informationen müssen alle identifizierten Verwendungen des Registranten umfassen. Wenn der Registrant es für zweckmäßig erachtet, können die Informationen die relevanten Verwendungs- und Expositionskategorien umfassen;
- die Einstufung und Kennzeichnung des Stoffes gemäß Anhang VI Abschn. 4 REACH-Verordnung;
- die Leitlinien für die sichere Verwendung des Stoffes gemäß Anhang VI Abschn. 5 REACH-Verordnung;
- die einfachen Studienzusammenfassungen der aus der Anwendung der Anhänge VII bis XI REACH-Verordnung gewonnenen Informationen;
- die qualifizierten Studienzusammenfassungen der aus der Anwendung der Anhänge VII bis XI REACH-Verordnung gewonnenen Informationen, falls nach Anhang I erforderlich;
- die Versuchsvorschläge, falls in den Anhängen IX und X REACH-Verordnung aufgeführt;
- für Stoffe in Mengen von 1 bis 10 Tonnen Informationen über die Exposition gemäß Anhang VI Abschn. 6.

Der Stoffsicherheitsbericht enthält die Stoffsicherheitsbeurteilung, die auch eine Betrachtung der Abfallphase erforderlich macht. Denn der gesamte Lebenszyklus des Stoffes – Herstellung/Verwendung/Abfall – wird darin betrachtet, um Risiken zu ermitteln und daraus sichere Verwendungsbedingungen abzuleiten.

Zur Stoffsicherheitsbeurteilung ist in einem ersten Schritt eine Gefährdungsermittlung durchzuführen. Zu prüfen ist, ob von dem Stoff aufgrund seiner inhärenten Eigenschaften schädliche Wirkungen für Menschen oder die Umwelt (siehe Art. 58 Abs. 1 CLP-Verordnung) ausgehen. Dabei werden Sicherheitsgrenzwerte für den Stoff für Menschen[27] und Umwelt abgeleitet.[28]

Im zweiten Schritt gilt es dann, die jeweiligen Expositionsszenarien[29] inklusive einer Gefährdungsabschätzung und einer Risikobeschreibung während des Lebenszyklusses zu ermitteln. Dabei bedarf es auch einer Betrachtung der Abfallphase des Stoffes (vgl. Anhang I REACH-Verordnung Abschn. 5: Ermittlung der Exposition, die auch Maßnahmen zur Abfallbehandlung zur Verringerung oder Vermeidung der Exposition von Menschen und Umwelt gegenüber dem Stoff während der Abfallentsorgung und/oder -verwertung beinhalten.) wie der Dauer und der Häufigkeit der Emission des Stoffes in die verschiedenen Umweltkompartimente und in Kläranlagen sowie Maßnahmen zur Abfallbehandlung, zur Verringerung oder Vermeidung der Exposition von Menschen und Umwelt gegenüber dem Stoff während der Abfallbeseitigung und/oder -verwertung.

Schließlich sind im letzten Schritt Gefährdungsermittlung und Exposition gegenüber zu stellen und gegebenenfalls Risikominderungsmaßnahmen vorzunehmen. Die im Rahmen der Stoffsicherheitsbeurteilung ermittelten Risiken und die Ableitung von Grenzwerten und geeigneten Risikomanagementmaßnahmen sind im Stoffsicherheitsbericht zu dokumentieren. Die zentralen Aussagen aus dem Stoffsicherheitsbericht sind in einem Expositionsszenario dem Sicherheitsdatenblatt beizufügen.

► **Praxishinweis** Die geforderten Daten werden als Bestandteil eines Registrierungsdossiers nur in elektronischer Form in der IUCLID Software[30] über REACHT-IT[31] bei der ECHA eingereicht; eine Einreichung über andere Medien – etwa in Papierform – ist unstatthaft.

12.2.4.2 Datenaustausch und gemeinsame Einreichung von Daten

Die REACH-Verordnung begründet für ihre Adressaten die Pflicht, bestimmte Informationen über einen Stoff zu beschaffen und diese an die ECHA im Rahmen des Registrierungsvorgangs weiterzugeben (siehe Kap. B. IV. 1). Um insbesondere Wirbeltierstudien mög-

[27] DNEL = **D**erived **N**o-**E**ffect **L**evel. Damit wird ein aus Versuchs- und Beobachtungsdaten abgeleiteter Schwellenwert für die Expositionshöhe bezeichnet. Bei Werten unterhalb des DNEL sind für die menschliche Gesundheit keine Beeinträchtigungen zu erwarten. Zu Umweltwirkschwellen nach REACH siehe etwa Schmolke, ZUR 2015, 338 ff.

[28] PNEC = **P**redicted **N**o-**E**ffect **C**oncentration für Wasser, Boden, Luft. Als PNEC wird die vorausgesagte Konzentration eines in der Regel umweltgefährlichen Stoffes, bis zu der sich keine Auswirkungen auf die Umwelt zeigen, bezeichnet.

[29] Exposition: Der zu erwartende (beabsichtigte oder unbeabsichtigte) Kontakt eines Stoffes mit Mensch und/oder Umwelt, inklusive dessen Dauer, Häufigkeit und Intensität. Die ECHA hat dazu ein Softwaretoll „Chesar“ zur Durchführung der Stoffsicherheitsbeurteilung entwickelt.

[30] Ein von der EU-Kommission kostenfrei zur Verfügung gestelltes IT-Tool, z. B. zur Erstellung von Registrierungsdossiers.

[31] Das von der ECHA eingerichtete einheitliche IT-System zur Kommunikation. Hierüber werden Vorregistrierung, Registrierung etc. abgewickelt.

lichst zu vermeiden und die Kosten gering zu halten, soll die Anzahl neuer Studien auf das Unvermeidbare beschränkt werden. Zur Erreichung dieses Ziels sollen Zusammenwirkungs- und Datenteilungspflichten[32] der Akteure dienen; bestehende Studien sollen daher zwischen den potenziellen Registranten gegen anteilige Kostenübernahme ausgetauscht werden.

Ein potenzieller Registrant hat daher eine Anfrage (inquiry) an die ECHA zu richten, ob der Stoff bereits registriert ist, und Informationen über andere Registranten zu erhalten, um im Anschluss Verhandlungen über den Datenaustausch aufzunehmen.

Die anteilige Kostenteilung, die gemäß REACH-Verordnung fair, transparent und nicht-diskriminierend zu sein hat, führt in der Praxis häufig zu erheblichen Schwierigkeiten. Seit dem 26. Januar 2016 soll die Durchführungsverordnung 2016/1692[33] die Kostenteilung bei der gemeinsamen Vorlage und Nutzung von Daten erleichtern.

▶ **Praxishinweis** Die Zusammenarbeit zwischen den potenziellen Registranten sollte auf eine rechtliche – nämlich vertragliche – Grundlage gestellt werden, in der Umfang der Datennutzung sowie auch Kompensationszahlungen geregelt werden. Mustervertragstexte – auch zum Austausch von Nutzungsrechten an Studien – hat der Europäische Chemikalienverband Cefic erarbeitet; sie können auf dessen Internetseite abgerufen werden unter http://www.cefic.org/Industry-support/Implementing-reach/

Die Pflicht zur gemeinsamen Registrierung bezieht sich nach Art. 29 Abs. 1 REACH-Verordnung immer nur auf denselben Stoff Das setzt eine Stoffidentität („sameness-check“) voraus. Feste Regeln, wie die Stoffidentität festgestellt werden soll, gibt es nicht. Folglich ist die Ermittlung der Stoffidentität[34] eines Stoffes ein wesentlicher, aber auch technisch anspruchsvoller Schritt.[35]

Erste Anhaltspunkte bei der Ermittlung der Stoffidentität können der Stoffname sowie die EINEC Nummern geben. In diesem Rahmen sind Angaben über die Identität des Stoffes entsprechend Anhang VI Abschn. 2, nach Art. 26 Abs. 1 b) und Art. 10 a) Ziffer i) REACH-Verordnung gefordert.

Grundsätzlich werden Stoffe zur Aufklärung der Stoffidentität in zwei Gruppen eingeteilt: Stoffe mit definierter Zusammensetzung (Stoffe bestehend aus definierten Haupt-

[32] Siehe hierzu ECHA Guidance on data sharing: http://echa.europa.eu/documents/10162/17224/articles_en.pdf.

[33] Durchführungsverordnung (EU) 2019/1692 der Kommission vom 10. Oktober 2019 über die Anwendung bestimmter Bestimmungen der Verordnung (EG) Nr. 1907/2006 des Europäischen Parlaments und des Rates über die Registrierung und gemeinsame Nutzung von Daten nach Ablauf der endgültigen Registrierungsfrist für Phase-in-Stoffe.

[34] Dazu *Hansschmidt/Lulei*, StoffR 2008, 2 ff.

[35] Siehe hierzu ECHA Guidance for identififcation and naming of substances under REACH and CLP: http://echa.europa.eu/documents/10162/17235/substance_id_en.pdf.

komponenten und Verunreinigungen sowie Hilfsstoffe) sowie sog. UVCB-Stoffe[36] (Realstoffe mit (teilweiser) ungeklärter Zusammensetzung).

In der Gruppe der definierten Stoffe wird zusätzlich unterschieden: Zum Einen Stoffe mit einer Hauptkomponente. Hierunter fallen Stoffe, die eine definierte und charakterisierte Hauptkomponente mit einem Gehalt von mindestens 80 % enthalten (sog. „monoconstituent substance"), und zum Zweiten Stoffe mit mehreren Hauptkomponenten. Hierbei handelt es sich um Reaktionsgemische, die mehrere definierte und charakterisierte Hauptkomponenten jeweils mit einem Gehalt zwischen 10 % und 80 % enthalten („multiconstituent substance"). Stoffe, die absichtlich zugesetzt werden, fallen nicht unter die 80-Prozent-Regelung – sie sind keine Verunreinigungen, sondern eine Komponente.

UVCB-Stoffe sind Stoffe, deren qualitative und/oder quantitative Zusammensetzung mehr oder weniger unbekannt ist. UVCB-Stoffe wie komplexe Reaktionsgemische oder Extrakte werden daher in aller Regel nicht nur durch die genaue Zusammensetzung, sondern auch durch zusätzliche Parameter definiert. Grundsätzlich müssen aber UVCB-Stoffe eindeutig zu identifizieren sein, das heißt, alle für den Stoff relevanten Informationen sind anzugeben.

Ist das Registrierungsdossier von der ECHA nach Prüfung als vollständig erachtet (completness check)[37] und die Registriergebühr gezahlt worden, erhält der Registrierpflichtige eine Registriernummer (vgl. Art. 20 Abs. 3 REACH-Verordnung). Mit dem Erhalt der Registriernummer ist die Marktzutrittsschranke für den Pflichtigen aufgehoben[38] (siehe zu den Besonderheiten beim Recycling von Abfällen unten C.). Zu beachten ist, dass alle REACH-Mechanismen dynamisch" angelegt sind. Dies gilt auch für die Registrierungen. Art. 14 Abs. 7 REACH-Verordnung verlangt, dass der Stoffsicherheitsbericht „auf dem neuesten Stand" zu halten ist.

▶ **Hintergrund** Jede registrierungspflichtige (juristische) Person muss ein eigenes Registrierungsdossier einreichen und braucht eine eigene Registriernummer. Dies bedeutet in einem Konzern, dass die Muttergesellschaft kein Registrierungsdossier einreichen kann, das dann für alle verbundenen Unternehmen mit gilt, die denselben Stoff in der EU herstellen/importieren. Vielmehr muss jedes verbundene Unternehmen ein eigenes Registrierungsdossier einreichen. Dabei nimmt das Registrierungsdossier des Mit-Registranten auf das Registrierungsdossier des federführenden Registranten Bezug und enthält im Wesentlichen nur noch unternehmensbezogene Angaben. Um sicherzustellen, dass der

---

[36] UVCB-Stoffe = Substances of **U**nknown or **V**ariable composition, **C**omplex reaction products or **B**iological materials.

[37] Davon zu unterscheiden ist der compliance check – während bei completeness check nur die tatsächliche Vollständigkeit des Registrierungsdossiers geprüft wird, bezieht sich der compliance check darauf, ob der Inhalt die Anforderungen der REACH-Verordnung entspricht. Es schließen sich dann die Bewertungsverfahren an.

[38] Zur Rechtsnatur der Registrierung ist der REACH-Verordnung nichts zu entnehmen – sie ist als Verbot mit Anzeigevorbehalt zu werten.

Mit-Registrant zulässigerweise Bezug nimmt, braucht der Mit-Registrant vom federführenden Registranten einen Sicherheitstoken.

Schließlich ist ein weiteres Anliegen der REACH-Verordnung, Informationen für die allgemeine Öffentlichkeit zur Verfügung zu stellen. Wesentliche Teile der Registrierungsdossiers sind im Rahmen des Art. 119 über das Internet über das dissemination portal der ECHA unmittelbar für die allgemeine Öffentlichkeit zugänglich.

12.2.5 Was ist entlang der Lieferkette zu kommunizieren? Wann bedarf es eines Sicherheitsdatenblattes?

Eine wichtige Neuerung unter der REACH-Verordnung ist, dass ein Austausch von Informationen entlang der Lieferkette der Stoffe nach unten und nach oben zu erfolgen hat: Auf der einen Seite ist der Hersteller oder Importeur verpflichtet, seine Kunden über mögliche Gefahren und die gegebenenfalls zu ergreifenden Risikomanagementmaßnahmen zu informieren.[39] Auf der anderen Seite fällt den nachgeschalteten Anwendern[40] und Händlern die Aufgabe zu, Informationen aus der Lieferkette über die Verwendungen der Stoffe und die Eignung der empfohlenen Maßnahmen zum Registranten zu kommunizieren, damit dieser diese berücksichtigen kann (vgl. Titel V REACH-Verordnung), sowie ihrerseits erforderliche Informationen an ihre Kunden weiterzugeben. Zentrales Element zur Kommunikation entlang der Lieferkette ist das Sicherheitsdatenblatt. Die Anforderungen an die Inhalte und das Format des Sicherheitsdatenblattes sind in Artikel 31 und Anhang II der REACH-Verordnung.

Die Pflicht zur Erstellung eines Sicherheitsdatenblattes ist nicht neu und bestand bereits unter dem alten Chemikalienrecht,[41] jedoch erweitert die REACH-Verordnung die erforderlichen Angaben in Form und Inhalt. Verantwortlich für die Erstellung des Sicherheitsdatenblattes ist der Inverkehrbringer.

Das Sicherheitsdatenblatt ist dazu bestimmt, den beruflichen Verwendern von Stoffen oder Gemischen die notwendigen physikalisch-chemischen, sicherheitstechnischen, toxikologischen und ökotoxikologischen Daten klar und prägnant zu vermitteln. Es ist dem Abnehmer mit der ersten Lieferung[42] des Stoffes zu übermitteln und muss in der

---

[39] *Fluck*, StoffR 2007, 62 ff. Siehe hierzu auch ECHA Guidance on downstream user: http://echa.europa.eu/documents/10162/17226/du_en.pdf.

[40] Nachgeschalteter Anwender Art. 3 Nr. 13 REACH-Verordnung: Eine natürliche oder juristische Person mit Sitz in der Gemeinschaft, die im Rahmen ihrer industriellen oder gewerblichen Tätigkeit einen Stoff als solchen oder in einer Zubereitung verwendet, mit Ausnahme des Herstellers oder Importeurs. Händler oder Verbraucher sind keine nachgeschalteten Anwender.

[41] Sicherheitsdatenblattrichtlinie 91/155/EWG.

[42] Art. 3 Nr. 32 REACH-Verordnung: Hersteller, Importeur, nachgeschalteter Anwender oder Händler, der einen Stoff als solchen oder in einer Zubereitung oder eine Zubereitung in Verkehr bringt.

Sprache des Mitgliedstaates verfasst sein, in dem der Stoff in Verkehr gebracht wird. Zudem besteht eine Aktualisierungspflicht: Abnehmer, die einen Stoff in den vergangenen zwölf Monaten bezogen haben, erhalten unter den Voraussetzungen des Art. 31 Abs. 9 REACH-Verordnung automatisch eine aktualisierte Fassung des Sicherheitsdatenblattes. Für die Aktualisierung des Sicherheitsdatenblattes gibt es einige Auslöser – insbesondere, wenn neue Informationen über Risiken oder Gefährdungen verfügbar werden,

Ist im Zuge der Registrierung des Stoffes eine Stoffsicherheitsbeurteilung notwendig, müssen die Angaben in den einzelnen Abschnitten des Sicherheitsdatenblattes mit dieser Beurteilung übereinstimmen. Zusätzlich werden vom Registranten die Ergebnisse der Stoffsicherheitsbeurteilung als Expositionsszenarien dem Sicherheitsdatenblatt als Anhang angefügt. In diesem Fall wird vom „erweiterten Sicherheitsdatenblatt" gesprochen. Die Anforderungen an ein Sicherheitsdatenblatt sind Art. 31 in Verbindung mit Anhang II der REACH-Verordnung zu entnehmen.[43]

▶ **Praxishinweis** Stellt die Entsorgung eines Stoffes oder einer Zubereitung eine Gefährdung dar, müssen im Sicherheitsdatenblatt die Rückstände genannt und Hinweise für die sichere Handhabung gegeben werden (Anhang II Abschn. 13 REACH-Verordnung). Ist der Lebenszyklus des Stoffes beendet und wird er als Abfall zur Entsorgung abgegeben, handelt es sich bei dem Entsorger nicht um einen nachgeschalteten Anwender, dem ein (erweitertes) Sicherheitsdatenblatt gemäß REACH-Verordnung auszuhändigen ist. Denn der Lebenszyklus des Stoffes ist dann beendet.

Für die Erstellung von Sicherheitsdatenblättern auf der Grundlage der REACH-Verordnung hat die ECHA umfangreiche „Leitlinien zur Erstellung von Sicherheitsdatenblättern" herausgegeben.

Die erforderlichen Informationen für den sicheren Umgang mit dem Stoff sind dem Sicherheitsdatenblatt zu entnehmen, das der Lieferant zur Verfügung zu stellen hat, wenn der Stoff oder das Gemisch die Kriterien für die Einstufung als gefährlich gemäß den Richtlinien 67/548/EWG oder 1999/45/EG erfüllt, wenn der Stoff persistent, bioakkumulierbar und toxisch oder sehr persistent und sehr bioakkumulierbar gemäß den Kriterien des Anhangs XIII der REACH-Verordnung ist, oder wenn der Stoff aus anderen als den beiden vorgenannten Gründen in die gemäß Art. 59 Abs. 1 REACH-Verordnung erstellte Liste aufgenommen wurde.

Das Sicherheitsdatenblatt ist in 16 Abschnitte gegliedert. Neben einem Datum muss das Sicherheitsdatenblatt die folgenden Angaben enthalten:

- Bezeichnung des Stoffes bzw. der Zubereitung und Firmenbezeichnung;
- mögliche Gefahren;

[43] Siehe hierzu ECHA Guidance on the compilation of a safety data sheet: http://echa.europa.eu/documents/10162/17235/sds_en.pdf.

- Zusammensetzung/Angaben zu Bestandteilen;
- Erste-Hilfe-Maßnahmen;
- Maßnahmen zur Brandbekämpfung;
- Maßnahmen bei unbeabsichtigter Freisetzung;
- Handhabung und Lagerung;
- Begrenzung und Überwachung der Exposition/persönliche Schutzausrüstung;
- physikalische und chemische Eigenschaften;
- Stabilität und Reaktivität;
- toxikologische Angaben;
- umweltbezogene Angaben;
- Hinweise zur Entsorgung;
- Angaben zum Transport;
- Rechtsvorschriften;
- sonstige Angaben.

► **Hintergrund** Die Übergabe des Sicherheitsdatenblattes hat auch eine zivilrechtliche Komponente. Denn die Angabe im Sicherheitsdatenblatt kann als konkludente Beschaffenheitsvereinbarung verstanden werden, und Mängel können zu Nachbesserungs- und ggf. Schadensersatzforderungen führen.[44]

Neben dem Sicherheitsdatenblatt sieht die REACH-Verordnung auch eine Informationsverpflichtung vor, wenn nach Art. 31 REACH-Verordnung kein Sicherheitsdatenblatt erstellt werden muss. Dies folgt aus Art. 32 REACH-Verordnung und betrifft verfügbare und sachdienliche Informationen über den Stoff, die notwendig sind, damit geeignete Risikomanagementmaßnahmen ermittelt und angewendet werden können. In diesem Fall ist auch die Registrierungsnummer bekannt zu geben. Die Art der Informationsweitergabe ist nicht näher festgelegt, kann aber auch in Anlehnung an die Vorschriften für das Sicherheitsdatenblatt erfolgen. In der chemischen Industrie wird regelmäßig für jeden Stoff ein Sicherheitsdatenblatt erstellt.

12.3 REACH-Verordnung und Rückgewinnungsvorgang

Gemäß Art. 2 Abs. 2 REACH-Verordnung gilt, dass Abfälle nicht als Stoff im Sinne von Art. 3 REACH-Verordnung zu betrachten sind und die Pflichten aus der REACH-Verordnung damit keine Anwendung finden. Mit dieser Feststellung alleine ist die Betrachtung der beiden Regelungssysteme (Stoffrecht auf der einen Seite und Abfallrecht auf der anderen Seite) allerdings noch nicht abgeschlossen. Denn die Kreislaufwirtschaft zielt neben der Abfallvermeidung unter Anderem darauf ab, Abfälle wieder der Nutzung als Produkt nach der Durchführung eines ordnungsgemäßen Verwertungsverfahrens zuzu-

[44] *Winterle*, StoffR 2007, 118 ff.

führen, um den Verbrauch von Rohstoffen zu verringern und Ressourcen zu schonen. Bei mehrstufigen stofflichen Verwertungsprozessen ist vom Unternehmer zu prüfen, ob bzw. wann der Abfall seine Abfalleigenschaft verloren hat und zum Sekundärrohstoff geworden ist.

► **Praxishinweis** Ein Nebenprodukt (das nicht mit einem Zwischenprodukt nach Art. 3 Nr. 14 REACH-Verordnung zu verwechseln ist) ist per definitionem bereits kein Abfall[45] – hierbei handelt es sich um ein Produkt, das als Nebenstrom bei der Herstellung anfällt. Nebenprodukte unterliegen mithin originär den Bestimmungen der REACH-Verordnung. Gemäß Anhang V REACH Verordnung sind Nebenprodukte aber von der Registrierung ausgenommen, sofern sie nicht selbst eingeführt oder in Verkehr gebracht werden.

Die Abgrenzung des Status eines Materials ist nicht Gegenstand der REACH-Verordnung. Die Bewertung hängt vom Einzelfall ab und richtet sich ausschließlich aus den Vorgaben der EU-Abfallrahmenrichtline nebst nationalen Umsetzungsbestimmungen. Bisher wurden für Eisen-, Stahl- und Aluminiumschrott, Kupferschrott und Bruchglas Kriterien für das Ende der Abfalleigenschaft EU-weit festgelegt.[46]

12.3.1 Die Ausnahmemöglichkeit nach Art. 2 Abs. 7 d) REACH-Verordnung – das sog. „Recyclingprivileg"

Zur Förderung der Kreislaufwirtschaft sieht die REACH-Verordnung ein sog. Recyclingprivileg vor: Gemäß Art. 2 Abs. 7 d)[47] REACH-Verordnung werden Stoffe, die in der EU zurückgewonnen werden, von Titel II – nämlich von der Registrierverpflichtung – sowie Titel V (nachgeschaltete Anwender) und Titel VI (Bewertung) freigestellt, wenn der zurückgewonnen Stoff bereits vom Hersteller/Importeur registriert worden ist.

Um von der Ausnahmemöglichkeit des Art. 2 Abs. 7 d) REACH-Verordnung Gebrauch machen zu können, müssen zwei Voraussetzungen erfüllt werden:

- Erstens muss das Recyclingunternehmen nachweisen, dass der gewonnene Stoff tatsächlich mit einem bereits registrierten Stoff im Hinblick auf seine chemische Identität und Eigenschaften identisch ist.

[45] Vgl. Art. 5 EU-Abfallrahmenrichtlinie und § 4 Kreislaufwirtschaftsgesetz.

[46] Siehe insbesondere dazu den Anhang 1 Bestimmte Ströme zurückgewonnener Materialien in der Leitlinie zu Abfall und zurückgewonnenen Stoffen der ECHA Stand Mai 2010.

[47] Vgl. hierzu *Fluck*, in: ders./Fischer/von Hahn (Hrsg.), REACH + Stoffrecht, Loseblattsammlung Art. 2 Abs. 7 REACH-Verordnung, Rdnr. 60 ff.

- Zweitens müssen dem Unternehmen, das die Rückgewinnung durchführt, die in den Art. 31 und Art. 32 REACH-Verordnung vorgeschriebenen Informationen über den nach REACH registrierten Stoff zur Verfügung stehen.

> **Praxishinweis** Die Ausnahmemöglichkeit des Art. 2 Abs. 7 d) REACH-Verordnung gilt nur für die Wiedergewinnung eines Stoffes in der EU. Wird ein Stoff außerhalb der EU aus Abfall wiedergewonnen und in die EU importiert, muss der Importeur eine entsprechende Registrierung für den Stoff vorweisen können. Für den Import von Abfällen hingegen greift die Ausnahme des Art. 2 Abs. 2 REACH-Verordnung.

Nicht durch das Recyclingprivileg ausgenommen sind die Titel VII „Zulassung" REACH-Verordnung für besonders besorgniserregende Stoffe sowie Titel VIII „Beschränkung" REACH-Verordnung, wonach Stoffe, von denen unangemessene Risiken für die menschliche Gesundheit oder die Umwelt ausgehen, in Anhang XVII REACH-Verordnung Beschränkungen für Stoffe aufgenommen werden können. Etwa gibt es Grenzwerte für PVC Recycling im Hinblick auf Cadmium sowie etwaige Kennzeichnungspflichten („Enthält Recycling-PVC").[48]

In diesem Zusammenhang ist auf die „Leitlinien zu Abfall und zurückgewonnenen Stoffen" der ECHA aus 2010 hinzuweisen.

12.3.2 Die Voraussetzungen zur Inanspruchnahme der Ausnahmemöglichkeit des Art. 2 Abs. 7 d) REACH-Verordnung im Einzelnen

12.3.2.1 Rückgewinnungsverfahren

Voraussetzung zur Inanspruchnahme der Ausnahmemöglichkeit nach Art. 2 Abs. 7d REACH-Verordnung ist, dass ein Rückgewinnungsverfahren vorliegt. Dies setzt denknotwendig voraus, dass das Ausgangsmaterial ein Abfall ist. Denn mit der Abfalleigenschaft endet der Lebenszyklus des Stoffes, und er verlässt das Regelungsregime der REACH-Verordnung. Mit der Rückgewinnung entsteht ein Stoff erneut; damit beginnt ein neuer Lebenszyklus. Der Begriff der „Rückgewinnung" ist im Abfallrecht nicht definiert. Im Englischen wird von „recovery" gesprochen. Nach dem deutschen Duktus ist von „Verwertung" zu sprechen. Hierzu gehört auch das Recycling nach Art. 3 Nr. 17 EU-Abfallrahmenrichtlinie bzw. § 6 Nr. 3 Kreislaufwirtschaftsgesetz. Eine Anpassung der REACH-Verordnung an das abfallrechtliche Vokabular ist insoweit wünschenswert.

---

[48] Verordnung (EU) Nr. 494/2011 der Kommission vom 20. Mai 2011 zur Änderung der Verordnung (EG) Nr. 1907/2006 des Europäischen Parlaments und des Rates zur Registrierung, Bewertung, Zulassung und Beschränkung chemischer Stoffe (REACH) hinsichtlich Anhang XVII (Cadmium) – ABl. L 134/2 vom 21.05.2011.

Zu beachten ist in diesem Zusammenhang, dass eine Registrierpflicht an das Herstellen eines Stoffes anknüpft. Ein Herstellen von Chemikalien setzt im Allgemeinen eine chemische Umsetzung voraus. Stoffe, die im Abfall- und Rückgewinnungsprozess einer chemischen Modifikation unterzogen werden, erfüllen diese Definition. Allerdings ist dies bei einem Recylingvorgang nicht zwingend, da auch aufgrund mechanischer Bearbeitung wie etwa einem Sortieren ein Abfall seine Abfalleigenschaft verlieren kann. Gleichwohl ist anerkannt, dass der Begriff weit auszulegen ist und daher auch ein solcher mechanischer Rückgewinnungsvorgang ein Herstellungs- bzw. Zurückgewinnungsvorgang ist, zumal „Herstellen" in der REACH-Verordnung lediglich als „Produktion oder Extraktion" definiert wird. Darunter können auch mechanische Vorgänge gefasst werden. Mithin ist festzuhalten, dass alle Formen des Recyclingvorgangs ein Rückgewinnen und damit ein Herstellen im Sinne der REACH-Verordnung sein können,[49] wenn an dessen Ende ein Stoff steht. Das rückgewinnende Unternehmen ist folglich Hersteller im Sinne der REACH-Verordnung.

12.3.3 Ein bereits nach Titel II REACH-Verordnung registrierter Stoff

Der Stoff muss als erste Voraussetzung für die Inanspruchnahme des Recyclingprivilegs in seiner Zusammensetzung, das heißt, unter Berücksichtigung der Verunreinigungen, Additive etc., der gleiche Stoff wie ein bereits nach Titel II REACH-Verordnung registrierter Stoff[50] sein (vgl. Art. 2 Abs. 7 d) i) REACH-Verordnung – Stoffidentität). Dies bedeutet zunächst, dass das Unternehmen prüfen muss, welcher Stoff zurückgewonnen wurde. Der Sekundärrohstoff muss identisch mit dem Primärrohstoff sein. Dies ist anhand von entsprechenden Analysen aus repräsentativen Proben festzustellen und mit Sicherheitsdatenblättern der Hersteller des Primärrohstoffes abzugleichen und entsprechend zu dokumentieren. Bei mechanischen Verfahren von gemischten Abfällen wird es regelmäßig nicht möglich sein, Material mit 100 %iger Reinheit zu erhalten. Multi-constituent substances dürften beim Recycling die Ausnahme bilden.

In diesem Zusammenhang finden dieselben Kriterien Anwendung, die auch der Ermittlung der Stoffidentität dienen. Ist demnach ein zurückgewonnener Stoff zu 80 % mit dem registrierten Stoff (Hauptkomponente) identisch, ist von einer Stoffidentität auszugehen. Zudem können wiedergewonnene Stoffe Verunreinigungen enthalten, die nicht absichtlich zugesetzt wurden, sondern aufgrund des Rückgewinnungsprozesses nicht ausgeschlossen werden können. Von einer Verunreinigung kann aber nur solange ge-

[49] Siehe auch *Jepsen/Reihlen/Wirth*, in: Führ (Hrsg.), Praxishandbuch REACH, Kap. 13 Pflichten für Recycling-Unternehmen, Rdnr. 6.

[50] Die REACH-Verordnung kennt als Sonderform die Registrierung eines Stoffes als Zwischenprodukt nach Art. 17, 18 unter Reduzierung der Anforderungen an ein Registrierungsdossier; es ist überwiegend nach Sinn und Zweck davon auszugehen, dass eine Registrierung als Zwischenprodukt nicht als Registrierung im Sinne des Art. 2 Abs. 7 d) REACH-Verordnung zu werten ist.

sprochen werden, als sie im Stoff zu maximal 20 % enthalten ist. Dabei können auch unterschiedliche Verunreinigungen gegeben sein, ohne dass die Stoffidentität entfällt. Verunreinigungen sind daher für die Stoffidentität nicht relevant, müssen aber im Hinblick auf die Einstufung und Kennzeichnung berücksichtigt werden.

Die Verantwortung für die Ermittlung der Stoffidentität liegt beim Unternehmen. Hierbei handelt es sich um einen anspruchsvollen Vorgang, da der Abfall-Input im Rahmen der Rückgewinnung im Regelfall nicht von gleichbleibender Qualität ist und von unterschiedlichen Lieferanten teils mit unbekannter Herkunft kommt.

Zudem kommt der Beantwortung der Frage im Zusammenhang mit dem Rückgewinnungsprozess Bedeutung zu, ob tatsächlich ein Stoff, ein Gemisch oder aber ein Erzeugnis am Ende des Rückgewinnungsvorganges steht. Dies kann nicht allgemein beantwortet werden, sondern ist am konkreten Einzelfall zu entscheiden. Insbesondere, wenn bei der Rückgewinnung mehrere Stoffe anfallen, ist zu prüfen, ob ein Gemisch oder ein UVCB-Stoff vorliegt. Bei Erzeugnissen sind die darin enthaltenen Stoffe nach Art. 7 REACH-Verordnung nur ausnahmsweise zu registrieren.

► **Hintergrund** Art. 2 Abs. 7 d) REACH-Verordnung stellt eine Ausnahme von der Regel – nämlich der Registrierpflicht – dar. Daher muss das Recyclingunternehmen der Überwachungsbehörde bei einer Überprüfung substantiiert darlegen und belegen können, dass die Voraussetzungen des Art. 2 Abs. 7 d) REACH-Verordnung vorliegen und der Stoff damit nicht (mehr) registriert werden muss. Die Nachweispflicht obliegt nämlich demjenigen, der sich auf die Ausnahme beruft. Sind diese Voraussetzungen nicht gegeben, ist der Stoff vom Recyclingunternehmen zu registrieren oder darf nicht mehr zurückgewonnen werden. Eine Anzeige- oder Informationspflicht der Behörden besteht in diesem Fall aber nicht.

Steht die Stoffidentität fest, gilt es darüber hinaus zu prüfen, ob der zurückgewonnene Stoff seinerseits aus dem sachlichen Anwendungsbereich aus einem anderen Grund als dem der Abfalleigenschaft herausgenommen worden ist. Zu denken ist etwa an Naturstoffe (Art. 3 Nr. 39 REACH-Verordnung), an Polymere (Art. 2 Abs. 9 REACH-Verordnung).

Gesondert hinzuweisen ist auf Art. 2 Abs. 7 a) und b) in Verbindung mit den Anhängen IV und V REACH-Verordnung, wenn der zurückgewonnene Stoff in den vorgenannten Anhängen aufgeführt ist. Für die genannten Stoffe geht der Verordnungsgeber davon aus, dass entweder bereits ausreichende Informationen vorliegen (Anhang IV) oder aber eine Registrierung für unnötig betrachtet wird. Daher kommen Titel II, V und VI REACH-Verordnung in diesen Fällen nicht zur Anwendung. Mithin ist in diesen Fällen, eine Prüfung, ob der Stoff bereits registriert wurde, nicht erforderlich, wenn die Identität mit einem Anhang IV oder Anhang V der REACH-Verordnung gelisteten Stoff vorliegt.[51]

[51] Beispielsweise wird Zellstoff in Anhang IV REACH-Verordnung genannt sowie in Anhang V Mineralien und bestimmte Öle.

Greift keine weitere Ausnahme von der Registrierpflicht nach der REACH-Verordnung ein, muss vom rückgewinnenden Unternehmen durch Analysenvergleich geprüft werden, ob der Stoff bereits durch (irgend-) einen Hersteller oder Importeur registriert worden ist.[52] Da der Recyclingunternehmer von der Registrierpflicht freigestellt ist, ist für ihn nicht zu prüfen, ob die Verwendungen in seiner Lieferkette von der bestehenden Registrierung abgedeckt sind.

Um den Registrierstatus des Stoffes zu ermitteln, bieten sich im Wesentlichen folgende Informationsquellen an: Zunächst hat ECHA nach Art. 77 Abs. 2 e) REACH-Verordnung den Auftrag, über das Internet zu informieren,[53] für welche Stoffe ein Registrierungsdossier eingereicht wurde.[54] Auf der entsprechenden Internetseite der ECHA lassen sich alle registrierten Stoffe nach der REACH-Verordnung nebst chemischer Eigenschaften in einer Datenbank finden. Zudem ist daran zu denken, dass der Recycler einen bekannten Hersteller des Stoffes kontaktiert und die erforderlichen Informationen dort erfragt.

12.3.4 Informationen nach Art. 31 und Art. 32 REACH-Verordnung

Ziel der REACH-Verordnung ist es, den sicheren Umgang mit dem Stoff sowie dessen sichere Verwendung zu gewährleisten. Das recycelnde Unternehmen muss daher als zweite Voraussetzung für die Inanspruchnahme der Ausnahme nach Art. 2 Abs. 7 d) REACH-Verordnung Zugriff auf das Sicherheitsdatenblatt haben[55] bzw. bei Stoffen, für die kein Sicherheitsdatenblatt erforderlich ist, auf Informationen wie die stoffbezogene Registriernummer, Angaben über eine etwaige Zulassungspflicht, Beschränkungen, Risikomanagementmaßnahmen zugreifen können.[56] Diese Informationen müssen ihm zur Verfügung stehen. Dies bedeutet, dass eine berechtigte Nutzung dieser Informationen gegeben ist.[57]

---

[52] Der Recyclingvorgang stellt keine Verwendung des Stoffes dar. Daher ist ein Recyclingunternehmen kein nachgeschalteter Anwender und muss keine „Verwendungen" in der Lieferkette melden. Mit dem Abfallstatus ist die Lieferkette nach der REACH-Verordnung unterbrochen.

[53] Zum öffentlichen Zugang zu Registrierdaten nach REACH vgl. *von Holleben/Scheidmann*, StoffR 2008, 159 ff.

[54] Dissemination website ECHA: http://echa.europa.eu/web/guest/information-on-chemicals/registered-substances.

[55] Art. 31 REACH-Verordnung – Anforderungen an Sicherheitsdatenblätter – siehe dazu bereits oben Rdnr. 36.

[56] Art. 32 REACH-Verordnung – Informationspflicht gegenüber den nachgeschalteten Akteuren der Lieferkette bei Stoffen als solchen und in Gemischen, für die kein Sicherheitsdatenblatt erforderlich ist).

[57] Mit der Frage, ob der Recyclingunternehmer ein Sicherheitsdatenblatt vorhalten muss, ist in den Fachverbänden bereits ausführlich diskutiert worden. Ein Entscheidungsbaum dazu findet sich etwa beim Bundesverband der Deutschen Entsorgungswirtschaft, erarbeitet vom Ad hoc-AK REACH. Siehe auch die Leitlinien der ECHA zu Abfall und zurückgewonnene Stoffen, S. 20 http://echa.europa.eu/documents/10162/13632/waste_recovered_de.pdf.

Die Pflicht zur Erstellung eines Sicherheitsdatenblattes ist für das Recyclingunternehmen eine diffizile Aufgabe. Da das Recyclingunternehmen nicht ein Glied der Lieferkette ist, werden diese Informationen in der Regel nicht originär vorliegen. Allerdings beschränkt sich der Inhalt des Sicherheitsdatenblattes bei zurückgewonnenen Stoffen auf die Angaben nach Art. 31 Abs. 6 REACH-Verordnung.

► **Praxishinweis** Ein erweitertes Sicherheitsdatenblatt ist nicht erforderlich. Ein Stoffsicherheitsbericht nebst Risikobewertung und Expositionsbewertung muss mithin nicht erstellt werden. Nicht zu den erforderlichen Informationen gehört die Registriernummer und der Stoffsicherheitsbericht nach Art. 14 Abs. 1 REACH-Verordnung. Denn gemäß dem Recyclingprivileg ist das recycelnde Unternehmen von den Anforderungen nach Titel II REACH-Verordnung befreit.

Als Informationsquelle bieten sich die von der ECHA veröffentlichten Daten im Internet an. Auch die Verbände können Unterstützung bieten. Zudem ist daran zu denken, von einem Hersteller/Importeur die erforderlichen Informationen zu besorgen. Die Informationen können von einem beliebigen Hersteller stammen und müssen nicht zwangsläufig aus der Lieferkette des zurückgewonnenen Stoffes stammen. Die Informationen dürfen jedoch nur genutzt werden, wenn es sich tatsächlich um einen identischen Stoff handelt. In jedem Fall ist zu prüfen, ob etwaige Nutzungsrechte erforderlich sind, um die Informationen nutzen zu können.

Das Recyclingunternehmen hat zu berücksichtigen, dass der zurückgewonnene Stoff gegebenenfalls aufgrund von Verunreinigungen aus dem Recyclingvorgang Verunreinigungen aufweist, die eine abweichende Beurteilung erforderlich machen.

Wird ein Erzeugnis zurückgewonnen, gilt Art. 33 REACH-Verordnung. Danach hat der Lieferant eines Erzeugnisses, das einen die Kriterien des Art. 57 REACH-Verordnung erfüllenden und gemäß Art. 59 Abs. 1 REACH-Verordnung ermittelten Stoff in einer Konzentration von mehr als 0,1 Massenprozent (w/w) enthält, dem Abnehmer des Erzeugnisses die ihm vorliegenden, für eine sichere Verwendung des Erzeugnisses ausreichende Informationen zur Verfügung zu stellen und mindestens den Namen des betreffenden Stoffes anzugeben. Hierbei handelt es sich um die Stoffe, die in die Kandidatenliste nach Anhang XIV REACH-Verordnung aufgenommen wurden. Eine bestimmte Form zur Information ist nicht vorgeschrieben. Sind die vorgenannten Voraussetzungen erfüllt, ist zu prüfen, ob eine Mitteilungspflicht an die ECHA nach Art. 7 Abs. 2 REACH-Verordnung besteht.

► **Praxishinweis** Die Kandidatenliste wurde erstmals im Oktober 2008 von der ECHA im Internet veröffentlicht und wird laufend erweitert.

Als weitere Pflichten aus Titel IV REACH-Verordnung sind zu beachten:

- Art. 35 REACH-Verordnung: Zugang der Arbeitnehmer zu Informationen sowie
- Art. 36 REACH-Verordnung: Pflicht zur Aufbewahrung von Informationen. Danach gilt unter Anderem, dass Informationen, die erforderlich sind, um den REACH-Pflichten nachzukommen, für einen Zeitraum von zehn Jahren nach der letzten Herstellung zur Verfügung stehen müssen.

Schließlich ist darauf hinzuweisen, dass das Recyclingprivileg nicht von weiteren stoffrechtlichen Verpflichtungen befreit, die nicht in Titel II REACH-Verordnung enthalten sind. Dies betrifft insbesondere die Pflicht zur Meldung in das Einstufungs- und Kennzeichnungsinventar nach Art. 39 CLP-Verordnung, die neben einer Registrierungspflicht gemäß REACH-Verordnung für den Inverkehrbringer besteht. Diese Meldepflicht gilt auch für Fälle, in denen die in Art. 2 Abs. 7 d) REACH-Verordnung vorgesehene Ausnahme von der REACH-Registrierungspflicht für zurückgewonnene Stoffe in Anspruch genommen wird. Für Abfälle gilt die CLP-Verordnung nicht; sie gelten nicht als Stoff, Gemisch oder Erzeugnis.

Die CLP-Verordnung legt fest, dass bestimmte Angaben zur Einstufung und Kennzeichnung von Stoffen an die ECHA vom jeweiligen Hersteller/Importeur zu übermitteln sind. Die Meldung erfolgt elektronisch über REACH-IT unter Nutzung der IUCLID Software. Diese Meldung hat für registrierungspflichtige Stoffe nach der REACH-Verordnung zu erfolgen und darüber hinaus für alle in Verkehr gebrachten Stoffe, die der CLP-Verordnung unterliegen und die die Kriterien für die Einstufung als gefährlich erfüllen. Eine Mengenschwelle sieht die CLP-Verordnung im Gegensatz zur REACH-Verordnung nicht vor. Das Recyclingunternehmen kann die Einstufung und Kennzeichnung übernehmen, die bereits von den Herstellern des Primärstoffes gemeldet wurde.

► **Praxishinweis** Diese Informationen können vom Einstufungs- und Kennzeichnungsverzeichnis der ECHA im Internet abgerufen, und diesen Informationen kann zugestimmt werden. Damit akzeptiert der Pflichtige die dort hinterlegten Ergebnisse. Daher sollte geprüft werden, ob nicht Verunreinigungen das Gefahrenprofil des Stoffes verändert haben.

12.4 Schlussbetrachtung

Die REACH-Verordnung hat das Chemikalienrecht in Europa umfassend neu geregelt. Die Umsetzung der Pflichten – insbesondere die Pflicht zur Registrierung eines Stoffes, der in einer Menge von mindestens einer Tonne pro Jahr hergestellt oder importiert wird – stellt die betroffenen Unternehmen vor große Herausforderungen. Ist ein Stoff nicht registriert, darf er in der EU weder hergestellt noch importiert werden.

Für bestimmte Stoffgruppen sieht die REACH-Verordnung vom sachlichen Anwendungsbereich Ausnahmen vor. Nach Art. 2 Abs. 2 REACH-Verordnung gilt, dass Abfall kein Stoff, Gemisch oder Erzeugnis ist und somit von allen REACH-Pflichten ausgenommen ist. Abfälle sind demnach unter der REACH-Verordnung nicht zu registrieren. Was als Abfall zu qualifizieren ist, folgt nicht aus der REACH-Verordnung, sondern ausschließlich aus der Abfallrahmenrichtlinie und deren nationaler Umsetzung.

Interpendenzen zwischen dem Regelungssystem „Abfallrecht" und „Chemikalienrecht" ergeben sich beim Recyceln von Abfällen. Denn verliert ein Abfall durch ein stoffliches Verwertungsverfahren seine Abfalleigenschaft, unterliegt dieses Produkt im Anschluss grundsätzlich den Anforderungen der REACH-Verordnung. Auch insoweit gilt, dass die Frage, wann ein Abfall seine Abfalleigenschaft verliert, nach den Regelungen des Abfallrechts und nicht nach der REACH-Verordnung zu beantworten ist. Mit dem Ende der Abfalleigenschaft geht der rückgewonnene Stoff jedoch wiederum in ein komplexes Regelungssystem über, das erhebliche Anforderungen an den Betroffenen stellt: das Chemikalienrecht und hier im Wesentlichen die REACH-Verordnung.

Für solche Stoffe, die das Ergebnis eines Recyclingvorgangs sind, sieht die REACH-Verordnung allerdings unter bestimmten Voraussetzungen Erleichterungen vor. Maßgebliche Regelung ist Art. 2 Abs. 7 d) REACH-Verordnung. Voraussetzung für die Inanspruchnahme der Ausnahme ist, dass ein zurückgewonnener Stoff identisch ist mit einem bereits registrierten Stoff und dass Informationen zu Gefährlichkeitsmerkmalen vorliegen.

Gleichwohl befreit das Recyclingprivileg nach Art. 2 Abs. 7 d) REACH-Verordnung nicht umfassend von den Pflichten, welche die REACH-Verordnung statuiert. Daher sind etwa Informationspflichten entlang der Lieferkette zu berücksichtigen. Für Stoffe mit besonderen Gefährlichkeitsmerkmalen sieht die REACH-Verordnung zudem besondere Verfahren und Beschränkungen vor, die auch für recycelte Stoffe gelten können.

Anlagengenehmigungsrecht

13

Rainer Geesmann

13.1 Einführung

Unter den Begriff der Entsorgungsanlagen werden Anlagentypen gefasst, die hinsichtlich ihrer technischen Beschaffenheit und betrieblichen Abläufe unterschiedlicher Natur sind.[2] Der Betrieb von Entsorgungsanlagen bewirkt dabei die verschiedensten Umweltauswirkungen in unterschiedlicher Intensität. Diese sind abhängig von den Abfallarten und -mengen, die in der jeweiligen Entsorgungsanlage angenommen, (zwischen)gelagert und im weit verstandenen Sinne behandelt werden, von der dabei zum Einsatz kommenden Anlagentechnik und schließlich von dem Anlagenstandort und seiner näheren Umgebung. Entsprechend vielschichtig, komplex und teilweise unübersichtlich sind die rechtlichen Vorgaben, welche die Umweltauswirkungen des Betriebs von Entsorgungsanlagen regeln. Der Beitrag beleuchtet ausgewählte genehmigungsrechtliche Vorgaben für solche Entsorgungsanlagen, deren Errichtung und Betrieb einer Genehmigung nach dem Bundes-Immissionsschutzgesetz (BImSchG) bedürfen.

Genehmigungsrechtliche Fragen des Betriebs von Entsorgungsanlagen stellen sich anlässlich ihrer Neuerrichtung und Inbetriebnahme „auf der grünen Wiese", in der Praxis vor

[1] Vgl. § 3 Abs. 22 KrWG.

[2] Letzteres ist etwa nicht der Fall bei Anlagen zur Herstellung von Holzspanplatten, in denen aber auch Entsorgungsvorgänge im Rechtssinne stattfinden, etwa indem Energie zur Trocknung der Spanplatte durch Verbrennung von Althölzern im Sinne der AltholzV (Verordnung über Anforderungen an die Verwertung und Beseitigung von Altholz v. 15.08.2002, BGBl. I S. 3302) erzeugt wird.

R. Geesmann (✉)
Sozietät Oexle Kopp-Assenmacher Lück, Köln, Deutschland
E-Mail: rainer.geesmann@oklp.de

P. Kurth et al. (Hrsg.), *Praxishandbuch der Kreislauf- und Rohstoffwirtschaft*,
https://doi.org/10.1007/978-3-658-36262-1_13

allem aber anlässlich beabsichtigter baulicher oder betrieblich-technischer *Änderungen* bestehender Entsorgungsanlagen, und schließlich anlässlich ihrer behördlichen Überwachung.

Genehmigungsrechtliche Fragen werden regelmäßig zwischen dem Betreiber der Entsorgungsanlage und den zuständigen Behörden, ggf. aber auch mit Nachbarn der Entsorgungsanlage sowie der interessierten Öffentlichkeit einschließlich Umweltverbänden diskutiert. Kommt es zu keiner einvernehmlichen Klärung der aufgeworfenen Fragen, haben die Gerichte über deren verbindliche Beantwortung zu entscheiden. Darauf wird an gegebener Stelle jeweils unter dem Stichpunkt „Rechtsschutz" eingegangen werden.

Die Verschiedenartigkeit von Entsorgungsanlagen und der von ihnen ausgehenden Umwelteinwirkungen sowie die Komplexität der insoweit maßgeblichen rechtlichen Vorgaben machen eine Auswahl der genehmigungsrechtlichen Fragestellungen für die Zwecke dieses Beitrags unabdingbar. Sie wurde so vorgenommen, dass – gewissermaßen „vor die Klammer gezogen" – einzelne, ausgewählte genehmigungsrechtliche Fragen behandelt werden, die entweder für alle oder aber jedenfalls für einen Großteil solcher Entsorgungsanlagen von Relevanz sein können, deren Errichtung und Betrieb einer *Genehmigung nach dem BImSchG* bedürfen. Der Beitrag beabsichtigt dabei vornehmlich eine Sensibilisierung für bestimmte genehmigungsrechtliche Fragen, die in der Praxis häufiger auftreten, und weniger deren abschließende Aufbereitung und Beantwortung.

13.2 Genehmigungsbedürftigkeit von Entsorgungsanlagen

Die Genehmigungsbedürftigkeit der Errichtung und des Betriebs von Entsorgungsanlagen kann sich aus dem BImSchG, dem Bauordnungsrecht der Länder sowie dem WHG ergeben.[3]

13.2.1 Genehmigungsbedürftigkeit nach dem BImSchG

13.2.1.1 Nr. 8 des Anhangs 1 zur 4. BImSchV

§ 4 Abs. 1 Satz 3 BImSchG i.V.m. § 1 Abs. 1 Satz 1 4. BImSchV i.V.m. *Nr. 8 des Anhangs 1 zur 4. BImSchV*[4] regelt, unter welchen Voraussetzungen die Errichtung und der Betrieb einer Entsorgungsanlage einer Genehmigung nach dem BImSchG bedürfen.

[3] Zudem sind Errichtung und Betrieb von Deponien (§ 3 Abs. 27 KrWG) gemäß § 35 Abs. 2 KrWG planfeststellungsbedürftig.

[4] Verordnung über genehmigungsbedürftige Anlagen – 4. BImSchV v. 31.05.2017 (BGBl. I S. 1440).

Regelungsstruktur der Nr. 8

Unter Nr. 8 des Anhangs 1 zur 4. BImSchV („Verwertung und Beseitigung von Abfällen und sonstigen Stoffen") werden 15 verschiedene Grundtypen von Entsorgungsanlagen aufgeführt. Nr. 8 spiegelt die Bandbreite der verschiedenen technischen Verfahren und Zwecke der Entsorgung von Abfällen und damit die Vielfalt von Entsorgungsanlagen wider. Die Genehmigungsbedürftigkeit bestimmt sich dabei nach verschiedenen, kumulativ zu erfüllenden Kriterien.

Zunächst wird die immissionsschutzrechtliche Genehmigungsbedürftigkeit durch bestimmte *Abfallarten*[5] sowie *Verfahrenstechniken*, etwa unterschiedliche thermische Verfahren[6] oder spezielle Behandlungstechniken,[7] ausgelöst. Sind spezielle Behandlungstechniken nicht einschlägig, ist zu prüfen, ob der Auffangtatbestand der „sonstigen Behandlung" in Nr. 8.11.2, verstanden als jede physikalische Einwirkung auf den Abfall z. B. durch Brechen, Schneiden, Sieben etc., erfüllt ist.

Nahezu durchgängig hängt die Genehmigungsbedürftigkeit vom Erreichen oder Überschreiten bestimmter *Mengenschwellen* ab (etwa Durchsatzkapazität in t/Tag oder in t/Stunde, Aufnahmekapazität in t/Tag, Gesamtlagerkapazität in t), oder ergibt sich erst ab einer bestimmten Feuerungswärmeleistung in Megawatt (MW); dabei wird in der Regel zwischen gefährlichen und nicht gefährlichen Abfällen unterschieden.[8]

Änderungen durch die Umsetzung der IED9

Das BImSchG und die zu seiner Konkretisierung erlassenen Rechtsverordnungen – namentlich die 4. BImSchV – sind durch die Umsetzung der IED in deutsches Recht im Wesentlichen mit Wirkung zum 02.05.2013 geändert worden. Neu eingeführt wurde der Anlagentyp der sogenannten *IED-Anlage,*[10] für dessen Errichtung und Betrieb im Vergleich zu den übrigen nach BImSchG genehmigungsbedürftigen Anlagen gesteigerte rechtliche Anforderungen gelten.[11] Entsorgungsanlagen kommt der Status einer IED-Anlage ab Überschreitung bestimmter Mengenschwellen zu.[12]

---

[5] So etwa Nr. 8.1.2 (Verbrennen von Altöl oder Deponiegas), Nr. 8.5 (Erzeugung von Kompost aus organischen Abfällen).

[6] Etwa Nr. 8.1.1 (Entgasung, Plasmaverfahren, Pyrolyse etc.).

[7] Etwa Nr. 8.6 (biologische Behandlung), Nr. 8.10 (physikalische-chemische Behandlung).

[8] Etwa in Nr. 8.12.1 und 8.12.2 (zeitweilige Lagerung von Abfällen).

[9] Richtlinie 2010/75/EU v. 24.11.2010 über Industrieemissionen (ABl. L 334/17 v. 17.12.2010, S. 17 ff.); in Anlehnung an ihren englischsprachigen Titel „Directive on industrial emissions" im Folgenden „IED" genannt.

[10] Im Anhang 1 zur 4. BImSchV mit „E" gekennzeichnet, siehe § 3 Abs. 8 BImSchG i. V. m. § 3 4. BImSchV.

[11] Es sind dies im Wesentlichen die Pflicht zur Vorlage eines Ausgangszustandsberichts (§ 10 Abs. 1a BImSchG), Mitteilungspflichten (§ 31 BImSchG) sowie sogenannte Umweltinspektionen (§ 52a BImSchG). Zur Bedeutung von BVT-Schlussfolgerungen für IED-Anlagen siehe unter 5.

[12] Beispielsweise chemisch-physikalischen Behandlungsanlagen mit einer Durchsatzkapazität an gefährlichen Abfällen $\geqq$ 10 t/Tag (Nr. 8.10.1.1) bzw. an nicht gefährlichen Abfällen $\geqq$ 50 t/Tag (Nr. 8.10.2.1).

▶ **Praxishinweis** Die kleinteiligen Kriterien, welche die einzelnen Anlagentypen der Nr. 8 des Anhangs 1 zur 4. BImSchV definieren und voneinander abgrenzen, erfordern eine sorgfältige Subsumtion bei der Erstellung von Genehmigungsanträgen. Denn von der korrekten, aus den Antragsunterlagen nachvollziehbaren Zuordnung des beantragten Anlagenbetriebs zu den Unter-Nummern der Nr. 8 hängt ab, ob eine BImSchG-Genehmigung erforderlich ist, welches Genehmigungsverfahren durchzuführen ist,[13] ob es sich um eine IED-Anlage handelt und – je nach Bundesland – welche Behörde für die Anlage zuständig ist.

13.2.1.2 Erstmalige Errichtung und Änderung einer Entsorgungsanlage

Die erstmalige Errichtung einer nach dem BImSchG genehmigungsbedürftigen Entsorgungsanlage löst das Genehmigungserfordernis gemäß § 4 Abs. 1 BImSchG aus. In der Praxis überwiegen allerdings Änderungen der baulichen Substanz (z. B. durch die Erweiterung von Hallen) sowie – maßgeblich – der betrieblich-technischen Funktionsweise (z. B. durch die Erhöhung der Durchsatzkapazität, Installation technischer Aggregate) bereits bestehender Entsorgungsanlagen. Dann ist zu prüfen, ob es insoweit einer *Änderungsgenehmigung* nach § 16 BImSchG bedarf oder aber eine *Anzeige* nach § 15 BImSchG ausreichend ist. Dies beantwortet sich im Wesentlichen in zwei Schritten:

Änderung im Rechtssinne

Zunächst ist zu klären, ob eine Änderung im Rechtssinne vorliegt. Dies ist der Fall, wenn der beabsichtigte Betrieb der Entsorgungsanlage von dem genehmigten Betrieb abweicht. Ausgangspunkt und Maßstab für die Beantwortung der Frage ist also der genehmigte Anlagenbestand. Was im Einzelnen wie genehmigt ist, ergibt sich durch Auslegung der Genehmigung(en) unter, sofern erforderlich, Einbeziehung der maßgeblichen Antragsunterlagen.

▶ **Praxishinweis** Daher empfiehlt sich eine sorgfältige Aufbewahrung sämtlicher Genehmigungen einschließlich dazugehöriger Antragsunterlagen durch den Anlagenbetreiber. Oftmals lässt sich der Genehmigungsumfang einer Anlage rechtlich belastbar erst unter Berücksichtigung auch der Antragsunterlagen bestimmen.

Nicht als Änderung zu verstehen sind nach überwiegender Meinung Reparaturen von Anlagenbestandteilen oder aber deren Ersetzung, weil insoweit – jedenfalls in der Regel – nicht von der Genehmigung abgewichen wird.[14]

---

[13] Dazu unter 4.1.

[14] *Jarass*, BImSchG, 13. Auflage, § 15 Rn. 16 f. (m. w. N.).

► **Praxishinweis** Besteht Unsicherheit, ob eine Änderung im Rechtssinne vorliegt, sollte rein vorsorglich immer eine Anzeige gemäß § 15 BImSchG erfolgen. Andernfalls besteht die Gefahr eines illegalen Anlagenbetriebe, der ordnungswidrigkeitsrechtliche[15] oder gar strafrechtliche[16] Sanktionen nach sich ziehen kann.

Anzeige oder Änderungsgenehmigung

Liegt eine Änderung im Rechtssinne vor, ist zu prüfen, ob sie lediglich angezeigt (§ 15 BImSchG) oder genehmigt (§ 16 BImSchG) werden muss. Eine genehmigungsbedürftige wesentliche Änderung liegt gemäß § 16 Abs. 1 Satz 1 BImSchG vor,

> „wenn durch die Änderung nachteilige Auswirkungen hervorgerufen werden können und diese für die Prüfung nach § 6 Abs. 1 Nr. 1 erheblich sein können (wesentliche Änderung); […]".

§ 6 Abs. 1 Nr. 1 BImSchG benennt die Voraussetzungen und damit Prüfungsmaßstäbe für eine Genehmigung nach dem BImSchG. In Abgrenzung zur lediglich anzeigebedürftigen Änderung im Sinne von § 15 BImSchG gilt folgende – für die Zwecke der Praxis hier vereinfachte – Faustformel: Einer Änderungsgenehmigung gemäß § 16 BImSchG bedarf es immer dann, wenn die durch die Änderung hervorgerufenen Umwelteinwirkungen berechtigterweise einen vertieften emissions- und/oder immissionsseitigen Prüfungsbedarf der Behörde auslösen. Dies ist z. B. dann der Fall, wenn es durch die Änderung zu einem relevanten Mehr an Emissionen kommt, bspw. zu mehr Lärm, Staub oder Geruch. Denn in diesem Fall stellt sich die Frage nach der Einhaltung der maßgeblichen immissionsschutzrechtlichen Vorschriften durch den Betrieb der Entsorgungsanlage in ihrem geänderten Umfang.

Im Einzelfall kann die Abgrenzung zwischen anzeigebedürftiger Änderung nach § 15 BImSchG und genehmigungsbedürftiger wesentlicher Änderung im Sinne des § 16 BImSchG schwierig sein; rechtliche Einzelfragen sind zudem umstritten.[17]

Wird die Änderung lediglich nach § 15 BImSchG angezeigt, ist es Sache der Behörde, zu prüfen, ob eine Änderungsgenehmigung nach § 16 BImSchG erforderlich ist. Bestätigt die Behörde die Anzeige oder äußert sie sich nicht innerhalb eines Monats nach Eingang der Anzeige, bedarf es keiner Änderungsgenehmigung.[18] Dies gilt auch dann, wenn es von Rechts wegen einer Änderungsgenehmigung nach § 16 BImSchG bedurft hätte. Insoweit schafft die Anzeige Rechtssicherheit: Liegt die Anzeigenbestätigung vor oder ist die Monatsfrist verstrichen, kann dem Anlagenbetreiber daher beispielsweise nicht der Vorwurf eines illegalen Anlagenbetriebs gemacht werden.

---

[15] § 62 Abs. 2 Nr. 4 BImSchG.

[16] § 327 Abs. 2 Satz 1 Nr. 1 StGB.

[17] Nachweise etwa bei *Jarass*, a.a.O., § 16 Rn. 9.

[18] § 15 Abs. 2 Satz 2 BImSchG.

► **Praxishinweis** Bestehen Unsicherheiten darüber, ob ein Änderungsvorhaben einer Änderungsgenehmigung im Sinne des § 16 BImSchG bedarf oder aber eine Anzeige nach § 15 BImSchG ausreichend ist, sollte vorsorglich jedenfalls eine Anzeige erfolgen. Es wird sich allerdings empfehlen, mit der Behörde das Gespräch zu suchen, um zu verhindern, dass zunächst ein Anzeigeverfahren mit entsprechendem Zeitaufwand durchgeführt wird, es letztlich aber dann doch der Durchführung eines – aufwändigeren – Änderungsgenehmigungsverfahrens bedarf.

13.2.2 Genehmigungsbedürftigkeit nach sonstigem Recht

Anstelle oder ergänzend zur immissionsschutzrechtlichen Genehmigung können Genehmigungen aus anderen Rechtsgebieten erforderlich sein, z. B. aus dem Bauordnungsrecht oder Wasserrecht.

13.2.2.1 Bauordnungsrecht

Dient eine Anlage beispielsweise der „sonstigen Behandlung von nicht gefährlichen Abfällen" im Sinne der Nr. 8.11.2.4 des Anhangs 1 zur 4. BImSchV, unterschreitet sie aber die maßgebliche Mengenschwelle (Durchsatzleistung $\geqq$ 10 t/Tag), ist sie zwar nicht nach dem BImSchG genehmigungsbedürftig. Gleichwohl wird für den Betrieb einer derartigen Anlage regelmäßig eine *Baugenehmigung* nach dem Bauordnungsrecht des jeweiligen Bundeslandes benötigt. So bedarf beispielsweise gemäß § 60 Abs. 1 Bauordnung NRW die Errichtung, Änderung und Nutzungsänderung baulicher Anlagen einer Baugenehmigung, soweit das Vorhaben nicht ausnahmsweise genehmigungsfrei gestellt ist.

Zu beachten ist, dass der Begriff der baulichen Anlage weit verstanden wird, und nicht etwa auf aufstehende Bauten im engeren Sinne wie Lagerhallen, Büro- oder Sozialräume begrenzt ist. Unter bestimmten Voraussetzungen können daher beispielsweise auch Aufschüttungen sowie Lager- und Abstellplätze bauliche Anlagen sein,[19] deren Errichtung oder Änderung baugenehmigungspflichtig sein kann.

► **Praxishinweis** Ein besonderes Augenmerk ist bei bestehenden Anlagen auf die *Nutzungsänderung* zu richten. Sollen beispielsweise Flächen, die bisher für das Abstellen von LKW genehmigt sind, künftig für die Lagerung von Abfällen unterhalb der Mengenschwellen der Nr. 8.12 des Anhangs 1 zur 4. BImSchV genutzt werden, kann dies eine baugenehmigungspflichtige Nutzungsänderung darstellen.

[19] Siehe beispielsweise § 2 Abs. 1 Satz 3 Nrn. 1, 2 BauO NRW. Vergleichbare Regelungen finden sich – mit Abweichungen – auch in anderen Bundesländern.

13.2.2.2 Wasserrecht

Die BImSchG-Genehmigung schließt gemäß § 13 BImSchG „andere die Anlage betreffende behördliche Entscheidungen" ein (sogenannte *Konzentrationswirkung*). Durch § 13 BImSchG wird vor allem die Baugenehmigung, sofern sie für die Errichtung und den Betrieb einer nach dem BImSchG genehmigungspflichtigen Entsorgungsanlage erforderlich ist, in der BImSchG-Genehmigung konzentriert, und ergeht nicht gesondert neben dieser.

Ausgenommen von der Konzentrationswirkung sind u. a. *Erlaubnisse* und *Bewilligungen* nach §§ 8, 10 WHG. Stellt der Betrieb der Entsorgungsanlage bzw. ein Teil des Anlagenbetriebs eine erlaubnis- oder bewilligungspflichtige Gewässerbenutzung im Sinne des WHG dar – etwa die Direkteinleitung von bestimmtem Oberflächenwasser des Anlagenstandorts in ein Fließgewässer –, bedarf es hierfür – zusätzlich zur Genehmigung nach dem BImSchG – einer gesonderten wasserrechtlichen Erlaubnis oder Bewilligung.

> **Praxishinweis** Eine etwaige Genehmigungsbedürftigkeit des Änderungsvorhabens nach sonstigem Recht ist daher vor allem in Fällen des § 15 BImSchG zu prüfen, um nicht den Vorwurf eines ungenehmigten Anlagenbetriebs zu provozieren. Denn nicht alle Behörden weisen in ihren Anzeigebestätigungen darauf hin, dass die Anzeigebestätigung nicht von der Einholung der im Übrigen erforderlichen Genehmigungen entbindet.

13.3 Materiell-rechtliche Voraussetzungen der Errichtung und des Betriebs von Entsorgungsanlagen

Bedürfen die Errichtung und der Betrieb einer Entsorgungsanlage einer (Änderungs)Genehmigung nach dem BImSchG, wirft dies die Frage nach der Genehmigungsfähigkeit auf, d. h. die Frage, welche Voraussetzungen erfüllt sein müssen, damit die begehrte Genehmigung erteilt wird und die Entsorgungsanlage wie gewünscht errichtet und betrieben werden kann. Insoweit ist auch von den materiell-rechtlichen Anforderungen an die Errichtung und den Betrieb einer Entsorgungsanlage die Rede.

13.3.1 Vorgaben des BImSchG (Überblick)

13.3.1.1 Immissionsschutzrechtliche Pflichten

Die immissionsschutzrechtlichen Pflichten der Betreiber von nach dem BImSchG genehmigungsbedürftigen Entsorgungsanlagen sind in § 5 BImSchG geregelt. In der Praxis spielen dabei vor allem die *Schutz*- und die *Vorsorgepflicht* eine zentrale Rolle.[20]

---

[20] Nicht Gegenstand des Beitrags sind die übrigen Pflichten des § 5 BImSchG: die Entsorgungspflicht (§ 5 Abs. 1 Satz 1 Nr. 3 BImSchG), die Pflicht zur effizienten Energienutzung (§ 5 Abs. 1 Satz 1 Nr. 4 BImSchG), die Nachsorgepflichten (§ 5 Abs. 3 BImSchG) sowie die Pflicht zur Wiederherstellung des Ausgangszustands (§ 5 Abs. 4 BImSchG).

Schutzpflicht, § 5 Abs. 1 Satz 1 Nr. 1 BImSchG
Gemäß § 5 Abs. 1 Satz 1 Nr. 1 BImSchG sind genehmigungsbedürftige Anlagen so zu errichten und zu betreiben, dass zur Gewährleistung eines hohen Schutzniveaus für die Umwelt insgesamt

> „schädliche Umwelteinwirkungen und sonstige Gefahren, erhebliche Nachteile und erhebliche Belästigungen für die Allgemeinheit und die Nachbarschaft nicht hervorgerufen werden können; [...]".

Die Schutzpflicht betrachtet die im weitesten Sinne verstandenen Auswirkungen des Betriebs der Entsorgungsanlage in der Umgebung und ist damit immissionsbezogen. Immissionen sind gemäß § 3 Abs. 2 BImSchG „auf Menschen, Tiere und Pflanzen, den Boden, das Wasser, die Atmosphäre sowie Kultur- und sonstige Sachgüter einwirkende Luftverunreinigungen, Geräusche, Erschütterungen, Licht, Wärme, Strahlen und ähnliche Umwelteinwirkungen." Die immissionsseitig wirkende Schutzpflicht legt dem Betreiber der Entsorgungsanlage Begrenzungen dahingehend auf, wie viel – vereinfacht gesprochen – an Immissionen im Einwirkungsbereich der Entsorgungsanlage erlaubt ist. Den Emissionen des Betriebs der Entsorgungsanlage, d. h. den von der Anlage ausgehenden Luftverunreinigungen, Geräuschen, Erschütterungen, Licht, Wärme, Strahlen und ähnlichen Erscheinungen[21] wird durch *Grenz- oder Richtwerte* immissionsseitig eine Grenze gezogen, die durch den Betrieb der Anlage nicht überschritten werden darf.

Vorsorgepflicht, § 5 Abs. 1 Satz 1 Nr. 2 BImSchG
Gemäß § 5 Abs. 1 Satz 1 Nr. 2 BImSchG sind genehmigungsbedürftige Anlagen so zu errichten und zu betreiben, dass zur Gewährleistung eines hohen Schutzniveaus für die Umwelt insgesamt

> „Vorsorge gegen schädliche Umwelteinwirkungen und sonstige Gefahren, erhebliche Nachteile und erhebliche Belästigungen getroffen wird, insbesondere durch die dem Stand der Technik entsprechenden Maßnahmen; [...]".

Die Vorsorgepflicht greift emissionsseitig, d. h. sie setzt unmittelbar bei der Entsorgungsanlage an. In den maßgeblichen untergesetzlichen Regelwerken finden sich insoweit *Emissionswerte*, welche an bestimmten gefassten Emissionsquellen einzuhalten sind; ferner baulich-technische Anforderungen an die innerbetriebliche Handhabung von Abfällen einschließlich ihrer Lagerung, Vorgaben zur geschlossenen baulichen Ausführung bestimmter Anlagenbereiche sowie einem durch die Anlage einzuhaltenden Mindestabstand zur nächstgelegenen Wohnbebauung.

[21] § 3 Abs. 3 BImSchG.

Untergesetzliche Regelwerke

Die Begrifflichkeiten in § 5 Abs. 1 Satz 1 Nr. 1 und Nr. 2 BImSchG sind weitgehend unbestimmt und damit vergleichsweise interpretationsoffen („schädliche Umwelteinwirkungen", „sonstige Gefahren", „erhebliche Nachteile und erhebliche Belästigungen", „Stand der Technik"). Um in der Praxis vollzugsfähig zu werden, bedürfen die Vorsorge- und die Schutzpflicht daher der Konkretisierung bzw. Präzisierung. Diese erfolgt, indem bezogen auf den jeweiligen Parameter – etwa Lärm, Staub oder Geruch – mehr oder weniger präzise Vorgaben in den jeweils maßgeblichen untergesetzlichen Regelwerken gemacht werden:

Teilweise werden Vorsorgepflichten auf *Verordnungsebene* konkretisiert, etwa in der 17. BImSchV,[22] welche Anforderungen an die Verbrennung und Mitverbrennung von Abfällen enthält. Ein Großteil der auf Verordnungsebene konkretisierten Anforderungen sind für den Anlagenbetreiber unmittelbar verbindlich.

Auf der Ebene der *Verwaltungsvorschriften* sind Vorgaben der *TA Lärm*[23] und der neugefassten *TA Luft*[24] für Entsorgungsanlagen von Relevanz. Anders als bei Rechtsverordnungen binden Vorgaben aus Verwaltungsvorschriften den Anlagenbetreiber nicht unmittelbar; ihre Inhalte erhalten erst durch eine nachträgliche Anordnung gemäß § 17 BImSchG oder der Aufgabe entsprechender Inhalts-/Nebenbestimmungen im Genehmigungsbescheid Verbindlichkeit.

In den untergesetzlichen Regelwerken findet sich die Unterscheidung zwischen emissions- und immissionsseitigen Anforderungen und damit zwischen emissionsseitiger Vorsorge- und immissionsseitiger Schutzpflicht durchgängig wieder:

Emissionsseitige Anforderungen

So enthält die 17. BImSchV unter anderem baulich-technische Anforderungen an die Beschaffenheit und den Betrieb von Verbrennungs- oder Mitverbrennungsanlagen[25] sowie Emissionsgrenzwerte für eine Vielzahl von Parametern[26] einschließlich Vorgaben für ihre Messung und Überwachung.[27]

Differenzierte emissionsseitige Vorgaben zur Begrenzung von Luftschadstoffen, die von Entsorgungsanlagen ausgehen, enthält zudem die neugefasste TA Luft. Ihre Vorgängerfassung stammte aus dem Jahr 2002[28] und musste unter anderem wegen des seitdem

[22] Verordnung über die Verbrennung und die Mitverbrennung von Abfällen – 17. BImSchV) v. 02.05.2013 (BGBl. I S. 1021).

[23] Technische Anleitung zum Schutz gegen Lärm – TA Lärm – v. 26.08.1998 (GMBl S. 503).

[24] Technische Anleitung Luft – TA Luft – in der Neufassung vom 18.08.2021 (GMBl S. 1050). Datum des Inkrafttretens: 01.12.2021.

[25] §§ 3 – 7 17. BImSchV.

[26] §§ 8 – 10 17. BImSchV.

[27] §§ 14 ff. 17. BImSchV.

[28] TA Luft v. 24.07.2002 (GMBl. S. 511).

fortgeschrittenen Standes der Technik, wie er auch in den *BVT-Schlussfolgerungen „Abfallbehandlung“*[29] dokumentiert ist, überarbeitet werden.

Nach der Kollisionsregel in Nr. 5.4. i. V. m. Nr. 5.1.1 Abs. 2 TA Luft gelten für bestimmte Typen von Entsorgungsanlagen vorrangig die speziellen Vorgaben der Nr. 5.4.8 TA Luft („Verwertung und Beseitigung von Abfällen und sonstigen Stoffen“). Die Nummerierung der Anlagentypen im Abschnitt Nr. 5.4.8 TA Luft orientiert sich an der Nummerierung der Anlagentypen unter Nr. 8 des Anhangs 1 zur 4. BImSchV.[30] Sind die dort geregelten Vorgaben nicht einschlägig, ist zu prüfen, ob die allgemeinen emissionsseitigen Vorgaben der Nr. 5.2 TA Luft für die in Rede stehende Anlage greifen.

Im Rahmen der *Neufassung der TA Luft* wurden bestimmte Anlagentypen der Entsorgungswirtschaft erstmalig als eigenständiger Anlagentyp mit spezifischen emissionsseitigen Vorgaben aufgenommen.[31] Zudem wurden in Nr. 5.4.8 TA Luft je nach Entsorgungsanlagentyp neue und/oder verschärfte Emissionswerte sowie sonstige emissionsseitige Vorgaben, z. B. zur geschlossenen baulichen Ausführung, aufgenommen. Die Anforderungen der TA Luft gelten dabei grundsätzlich sowohl für nach BImSchG genehmigungsbedürftige IED- als auch Nicht-IED-Anlagen. Ausnahmsweise finden sich – strengere – Sonderregelungen für IED-Anlagen,[32] die zum Teil auf Anforderungen der BVT-Schlussfolgerungen „Abfallbehandlung“ zurückgehen.

Die TA Lärm enthält dagegen vergleichsweise wenige, zudem recht unscharfe emissionsseitige Vorgaben.[33]

Immissionsseitige Anforderungen

Die immissionsschutzrechtliche Schutzpflicht, die in den untergesetzlichen Regelwerken wie der TA Lärm und der TA Luft konkretisiert ist, gibt durchgängig die Einhaltung eines bestimmten *Immissionswertes* an einem Immissionsort in der (schutzwürdigen) Nachbarschaft der Anlage auf.

Die Frage, ob der jeweils maßgebliche Immissionswert bezogen auf den zu betrachtenden Parameter eingehalten wird, beantwortet sich in Genehmigungsverfahren grundsätzlich nach dem folgenden – hier vereinfachten – Grundschema: Zunächst ist die sogenannte *Vorbelastung* zu ermitteln. Vorbelastung ist die Belastung mit einem be-

[29] BVT = Beste Verfügbare Technik. Zu den BVT-Schlussfolgerungen „Abfallbehandlung“ siehe unter 5.

[30] Dazu oben, 2.1.1.1.

[31] Etwa Schredderanlagen in Nr. 5.4.8.9.1 TA Luft.

[32] So für regelmäßig wiederkehrende Messungen, die – abweichend von dem 3-Jahresintervall der Nr. 5.3.2.1 TA Luft – bei IED-Anlagen unter bestimmten Voraussetzungen halbjährlich bzw. jährlich gefordert werden können (etwa bei Schreddern – Nr. 5.4.8.9.1 TA Luft, Kompostierungsanlagen – Nr. 5.4.8.5 TA Luft).

[33] Nrn. 3.1 b) und 3.3 TA Lärm, wo im Wesentlichen auf die Einhaltung des Standes der Lärmminderungstechnik verwiesen wird.

stimmten Parameter, etwa Lärm, die an dem betrachteten Immissionsort vorhanden ist, bevor die durch das zu genehmigende Vorhaben verursachten Immissionen, die sogenannte *Zusatzbelastung*, auf den Immissionsort einwirken. Vorbelastung und Zusatzbelastung bilden die *Gesamtbelastung*. Die Gesamtbelastung wird daraufhin überprüft, ob sie den maßgeblichen Immissionswert einhält.

Wenn die Zusatzbelastung so gering ist, dass sie aus Sicht der Verfasser des untergesetzlichen Regelwerks als *irrelevant* für die Beantwortung der Frage anzusehen ist, ob durch die Zusatzbelastung überhaupt schädliche Umwelteinwirkungen und damit ein Verstoß gegen die immissionsschutzrechtliche Schutzpflicht hervorgerufen werden können, bedarf es nicht des – unter Umständen äußerst aufwendigen – gutachterlichen Nachweises, dass die Gesamtbelastung die Immissionsrichtwerte einhält.[34]

Die *neugefasste TA Luft* sieht neue bzw. verschärfte Immissionswerte für bestimmte Schadstoffdepositionen,[35] Regelungen zu Stickstoff-/Säureeinträgen in sogenannte Gebiete von gemeinschaftlicher Bedeutung („FFH-Gebiete")[36] und zu Stickstoffdepositionen[37] vor, die je nach Typ und Belegenheit der betroffenen Entsorgungsanlage von Bedeutung sein können. Zudem wurde die – zunächst per Erlass in einigen Bundesländern eingeführte – *GIRL*[38] in die TA Luft aufgenommen und gilt nunmehr bundeseinheitlich.[39] Bei der Prüfung der Irrelevanz wird der im Zuge der *Neufassung der TA Luft* eingeführten Unterscheidung zwischen Zusatz- und *Gesamtzusatzbelastung*[40] Rechnung zu tragen sein.

► **Rechtsschutz** Die Unterscheidung von Vorsorge- und Schutzpflichten spielt eine zentrale Rolle für die Frage, ob und unter welchen Voraussetzungen Dritte, die außerhalb des auf den Anlagenbetreiber und die Behörde bezogenen Genehmigungsverfahrens stehen – z. B. Personen aus der Wohnnachbarschaft eines Anlagenstandortes oder Betreiber anderer Anlagen – gegen Errichtung und Betrieb einer Entsorgungsanlage vor dem Verwaltungsgericht klagen können. Dies beurteilt sich danach, ob die (Umwelt)Norm, deren Verletzung gerügt wird, auch dem Schutz des klagenden Dritten, und nicht lediglich dem Schutz der Öffentlichkeit zu dienen bestimmt ist. Insoweit ist auch von dritt- oder nachbarschützenden Vorschriften die Rede, die der „Dritte" vor dem Verwaltungsgericht durchsetzen kann.

---

[34] Vgl. die Irrelevanzregelungen in Nrn. 4.1, 4.2.2, 4.3.2.2 TA Luft; Nr. 3.2.1 TA Lärm.

[35] Etwa für Chrom, PAK, Nickel, Cadmium, Dioxine, Furane (Nr. 4.5.1 TA Luft).

[36] Nr. 4.8 i. V. m. Anhang 8 TA Luft.

[37] Nr. 4.8 i. V. m. Anhang 9 TA Luft.

[38] Geruchsimmissionsrichtlinie (GIRL) der Bund/Länder-Arbeitsgemeinschaft für Immissionsschutz v. 29.02./10.09.2008. Bspw. in NRW eingeführt mit Runderlass v. 05.11.2009 (MBl. NRW Nr. 31 v. 27.11.2009, S. 533).

[39] Nr. 4.3.2 i. V. m. Anhang 7 TA Luft. Dazu unter 3.3.2.

[40] Nr. 2.2 TA Luft.

Normen, die die Schutzpflicht konkretisieren, sind regelmäßig drittschützend, denn sie bezwecken den Schutz des Dritten oder Nachbarn vor der durch die jeweilige Norm geregelten Umwelteinwirkung (z. B. Lärm, Staub, Geruch).

Normen zur Konkretisierung der Vorsorgepflicht sind dagegen – von bestimmten Ausnahmen abgesehen – nicht drittschützend; ihre Einhaltung kann daher von Dritten nicht vor dem Verwaltungsgericht durchgesetzt werden.[41]

Allerdings eröffnet inzwischen das UmwRG[42] anerkannten Vereinigungen („Umweltverbänden") unter bestimmten Voraussetzungen die Möglichkeit, die Einhaltung *sämtlicher Vorschriften, die dem Umweltschutz dienen*, vor dem Verwaltungsgericht durchzusetzen.

Praxishinweis: In Genehmigungsverfahren ist daher vor allem die Einhaltung der immissionsseitigen Schutzpflichten mit besonderer Sorgfalt zu betreiben, um möglichst weitreichende Rechts- und damit Investitionssicherheit zu gewährleisten. Steht das Vorhaben im Fokus anerkannter Vereinigungen, ist deren erweiterten gerichtlichen Angriffsmöglichkeiten Rechnung zu tragen.[43]

13.3.1.2 Voraussetzungen der BImSchG-Genehmigung

Gemäß § 6 Abs. 1 BImSchG ist die Genehmigung zu erteilen, wenn

> „1. sichergestellt ist, dass die sich aus § 5 […] ergebenden Pflichten erfüllt werden, und
> 2. andere öffentlich-rechtliche Vorschriften […] der Errichtung und dem Betrieb der Anlage nicht entgegenstehen."

Insoweit stellt sich die Frage nach den sogenannten materiell-rechtlichen Anforderungen an den Betrieb von Entsorgungsanlagen. Über § 6 Abs. 1 Nr. 1 BImSchG werden die immissionsschutzrechtlichen Pflichten und damit auch die vorstehend genannte Vorsorge- und die Schutzpflicht sowie ihre untergesetzlichen Konkretisierungen[44] Gegenstand der Prüfung durch die Genehmigungsbehörde. Gleiches gilt für die gemäß § 6 Abs. 1 Nr. 2 BImSchG beachtlichen sonstigen öffentlich-rechtlichen Vorschriften, namentlich solche des Bauordnungs- und Bauplanungsrechts.

Im Folgenden werden unter 13.3.2, 13.3.3 und 13.3.4 einige ausgewählte materiellrechtliche Fragestellungen des Betriebs von Entsorgungsanlagen näher beleuchtet.

13.3.2 Rechtliche Vorgaben zur Begrenzung von Lärm

Die Anwendung der *TA Lärm* kann – je nach Lärmintensität und Standort der Entsorgungsanlage – eine Vielzahl genehmigungsrechtlicher Fragen aufwerfen; auf einige sei hier näher eingegangen:

---

[41] BVerwG, Urt. v. 11.12.2003, 7 C 19/02, in: NVwZ 2004, 610 (611).

[42] Umwelt-Rechtsbehelfsgesetz – UmwRG v. 23.08.2017 (BGBl. I S. 3290).

[43] Dazu unter 4.2.

[44] Dazu oben, 3.1.1.

13.3.2.1 Die zutreffende Gebietseinstufung

Nr. 6.1 TA Lärm gibt unterschiedlich hohe Richtwerte für den maximal zulässigen Beurteilungspegel für Immissionsorte außerhalb von Gebäuden vor. Diese Beurteilungspegel orientieren sich an der vom Normgeber angenommenen Schutzwürdigkeit des Immissionsortes. Liegt dieser in einem Industriegebiet, sind bis zu 70 dB(A) tags/nachts zumutbar. In anderen Gebieten gelten – nach ihrer Schutzwürdigkeit abgestufte – Immissionsrichtwerte; der niedrigste Wert beträgt 35 dB(A) nachts in reinen Wohngebieten sowie in Kurgebieten, und gilt zudem für Krankenhäuser und Pflegeanstalten.[45]

Die Art der in Nr. 6.1 bezeichneten Gebiete und Einrichtungen ergibt sich gemäß Nr. 6.6. Satz 1 TA Lärm aus den Festlegungen in Bebauungsplänen. Sofern – wirksame – Bebauungspläne vorliegen, stellt sich die Zuordnung des maßgeblichen Immissionsrichtwerts in der Regel als unproblematisch dar.

> **Praxishinweis** Voraussetzung dafür ist eine sorgfältige Ermittlung der einschlägigen Bebauungspläne und Bewertung ihrer maßgeblichen Festsetzungen.

Schwieriger zu beurteilen können Fälle sein, in denen das Gebiet nicht bauplanungsrechtlich ausgewiesen und auch nicht als *faktisches Baugebiet* im Sinne des § 34 Abs. 2 BauGB zu beurteilen ist. Dies ist etwa der Fall beim sogenannten unbeplanten Innenbereich im Sinne des § 34 Abs. 1 BauGB. In diesen Fällen greift Nr. 6.6 Satz 2 TA Lärm, wonach Gebiete und Einrichtungen, für die keine bauplanungsrechtlichen Festsetzungen bestehen, „entsprechend ihrer Schutzbedürftigkeit nach Nr. 6.1 TA Lärm" zu beurteilen sind. Dies erfordert eine wertungsmäßige Zuordnung des Gebiets entsprechend seiner Schutzbedürftigkeit zu einem der Baugebietstypen, wie sie – spiegelbildlich zu den Baugebietstypen der BauNVO[46] – in Nr. 6.1 a) bis f) TA Lärm enthalten sind.

Insgesamt kommt der rechtlich zutreffenden Einordnung des Gebietes, in dem der Immissionsort liegt, eine erhebliche Bedeutung zu. Denn erfolgt die Einordnung fehlerhaft, kann, weil es sich bei den Immissionsrichtwerten der TA Lärm um drittschützende Vorschriften handelt, ein Nachbar des Standortes auf die Einhaltung des zutreffenden Richtwertes klagen.[47] Ist die Genehmigung unter Zugrundelegung eines zu hohen Richtwerts erteilt, droht ihre Aufhebung.

> **Praxishinweis** Eine zutreffende Einstufung der Schutzwürdigkeit des Gebiets, in welchem der maßgebliche Immissionsort gelegen ist, gemäß den Vorgaben der Nr. 6.6 Satz 2 TA Lärm kann oftmals nur erfolgen, indem die im Gebiet genehmigten und praktizierten einzelnen Nutzungsformen (beispielsweise Wohnnutzung, gewerbliche Nutzung, etc.) ermittelt und hierauf aufbauend die Schutzwürdigkeit bestimmt wird.

---

[45] Vgl. Nr. 6.1 e), f) TA Lärm.

[46] Baunutzungsverordnung – BauNVO v. 21.11.2017 (BGBl. I S. 3786).

[47] Siehe dazu den Praxishinweis oben unter 3.1.1.

13.3.2.2 Richtwerte für Gemengelagen

Nr. 6.7 TA Lärm regelt:

> „Wenn gewerblich, industriell oder hinsichtlich ihrer Geräuschauswirkungen vergleichbar genutzte und zum Wohnen dienende Gebiete aneinandergrenzen (Gemengelage), können die für die zum Wohnen dienenden Gebiete geltenden Immissionsrichtwerte auf einen geeigneten Zwischenwert der für die aneinandergrenzenden Gebietskategorien geltenden Werte erhöht werden, soweit dies nach der gegenseitigen Pflicht zur Rücksichtnahme erforderlich ist. Die Immissionsrichtwerte für Kern-, Dorf- und Mischgebiete von 45/60 dB(A) nachts/tags sollen dabei nicht überschritten werden."

Mit dieser Regelung trägt die TA Lärm Situationen Rechnung, in denen Gebiete unterschiedlicher Schutzbedürftigkeit nebeneinander historisch gewachsen sind.

> *Beispiel:* Der Standort einer Entsorgungsanlage wird seit Jahrzehnten in einem ausgewiesenen Industriegebiet betrieben. Innerhalb dieses Gebiets gilt der Immissionsrichtwert von 70 dB(A) nachts/tags. In der Nachbarschaft zu diesem Gebiet liegt ein ausgewiesenes allgemeines Wohngebiet. Dort gilt ein Immissionsrichtwert von 40/55 dB(A) nachts/tags.

Gemäß Nr. 6.6 Satz 1 TA Lärm ist die Entsorgungsanlage bei erster rechtlicher Einschätzung so zu betreiben, dass der Immissionsrichtwert von 40/55 dB(A) nachts/tags an dem maßgeblichen Immissionsort im Wohngebiet eingehalten wird. Dies kann, wenn die Gebiete unmittelbar aneinandergrenzen, aber auch dann, wenn unbebaute, die Schallausbreitung nicht beschränkende Flächen (z. B. Grünflächen) zwischen den Gebieten liegen, dazu führen, dass insbesondere der Immissionsrichtwert von 40 dB(A) nachts erst nach Durchführung kostenintensiver Lärmminderungsmaßnahmen, äußerstenfalls nach (deutlicher) Reduzierung der betrieblichen Aktivitäten der Entsorgungsanlage, eingehalten werden kann. Dagegen wird ein Zwischenwert von 45 dB(A) nachts möglicherweise mit weniger Aufwand eingehalten werden können.

Anwendbarkeit der Gemengelageregelung

Die Nr. 6.7 TA Lärm lässt eine Zwischenwertbildung unter bestimmten Voraussetzungen zu:

Es muss sichergestellt sein, dass die Anlage den Stand der Lärmminderungstechnik einhält.

Da die Anwendbarkeit der Gemengelageregelung der Nr. 6.7 TA Lärm maßgeblich durch die Pflicht zur gegenseitigen Rücksichtnahme ausgelöst wird, wird man ferner verlangen müssen, dass sich die gegenseitige Rücksichtnahmepflicht über einen gewissen Zeitraum verfestigt hat, in welchem die konfligierenden Nutzungen – Wohnen auf der einen, gewerbliche/industrielle Nutzung auf der anderen Seite – nebeneinander existiert haben („gewachsene" Gemengelage).

Die Zwischenwertbildung
Nr. 6.7 Abs. 2 TA Lärm schreibt vor, dass bei der Zwischenwertbildung die Immissionsrichtwerte für Kern,- Dorf- und Mischgebiete von 45/60 dB(A) nachts/tags nicht überschritten werden „sollen".

Für die Höhe des zu bildenden Zwischenwertes – bei einem allgemeinen Wohngebiet liegt dieser zwischen 40 und 45 dB(A) nachts sowie 55 und 60 dB(A) tags – „ist die konkrete Schutzbedürftigkeit des betroffenen Gebietes maßgeblich".[48] Wesentliche Kriterien für deren Bestimmung sind die Prägung des Einwirkungsgebiets der industriell/gewerblichen Lärmimmissionen durch den Umfang der Wohnbebauung einerseits und durch Gewerbe- und Industriebetriebe andererseits, die Ortsüblichkeit eines Geräuschs und die Frage, welche der unverträglichen Nutzungen zuerst verwirklicht wurde.[49]

Von der regelmäßig verbindlichen Obergrenze von 45/60 dB(A) nachts/tags kann nach der Rechtsprechung durch einen darüber hinaus gehenden Zwischenwert in Sonderfällen abgewichen werden.[50]

13.3.3 Rechtliche Vorgaben zur Begrenzung von Gerüchen

Der Betrieb bestimmter Typen von Entsorgungsanlagen kann, je nach Art und Menge der durchgesetzten Abfälle, der dabei zum Einsatz kommenden Verfahren und der Nähe schutzwürdiger Nutzungen, geruchsintensiv sein. Dann stellen sich Fragen zu den rechtlichen Vorgaben zur Begrenzung von Gerüchen. Diese finden sich u. a. in der TA Luft.

13.3.3.1 Emissionsseitige Vorgaben

Für Entsorgungsanlagen ist zunächst zu prüfen, ob spezielle Vorschriften in Nr. 5.4.8 TA Luft einschlägig sind.[51] Dies ist etwa der Fall bei Hausmüllsortieranlagen und Kompostierungsanlagen, die spezifische baulich-technische Maßnahmen zur Geruchsminderung umsetzen müssen und bestimmte Geruchsstoffkonzentrationen im behandelten Abgas nicht überschreiten dürfen.[52] Sind spezielle Vorgaben der Nr. 5.4.8 TA Luft nicht einschlägig, ist zu prüfen, ob allgemeine Anforderungen der TA Luft zur Geruchsbegrenzung greifen.[53]

13.3.3.2 Immissionsseitige Vorgaben

In der Genehmigungs- und Überwachungspraxis ist die Anwendung der *GIRL*[54] auch zur Beurteilung geruchsintensiver Entsorgungsanlagen seit langem etabliert. Der – nunmehr

---

[48] Nr. 6.7 Abs. 4 TA Lärm.

[49] Nr. 6.7 Abs. 5 TA Lärm.

[50] Etwa BVerwG, Beschl. v. 12.09.2007, 7 B 24.07, Rn. 4 f.

[51] Dazu oben, 3.1.1.

[52] Siehe Nrn. 5.4.8.4 und 5.4.8.5 TA Luft.

[53] Nr. 5.2.8 TA Luft („Geruchsstoffe").

[54] Wie Fn. 38.

in die neugefasste TA Luft inkorporierten[55] – GIRL liegt das sogenannte Geruchsstundenkonzept zugrunde, wonach die Erheblichkeit von Geruchsimmissionen nach der relativen Häufigkeit des Auftretens eines bestimmten Geruchs beurteilt wird. Dafür enthält die GIRL Immissionswerte. Maßgeblich ist insoweit die relative Häufigkeit der (Jahres)Geruchsstunden in Gebietstypen unterschiedlicher Schutzbedürftigkeit.[56] Überschreitet die (rechnerisch, durch Begehung oder durch eine Kombination von beidem) ermittelte Gesamtbelastung den nach der GIRL maßgeblichen Immissionswert, wird die Immission zunächst als erhebliche Belästigung im Rechtssinne gewertet.

Nach der zur GIRL ergangenen Rechtsprechung darf sich die immissionsschutzrechtliche Bewertung von Gerüchen nicht allein an den in der GIRL festgelegten Immissionswerten orientieren. Vielmehr hat eine *„umfassende Würdigung aller Umstände des Einzelfalls“* zu erfolgen.[57] Danach ist ein Vergleich mit den Immissionswerten der GIRL unter anderem dann nicht ausreichend, wenn Anhaltspunkte dafür bestehen, dass wegen

- der außergewöhnlichen Verhältnisse hinsichtlich Hedonik und Intensität der Geruchseinwirkung,
- der ungewöhnlichen Nutzungen in dem betroffenen Gebiet
- oder sonstiger atypischer Verhältnisse

trotz Überschreitung der Immissionswerte der GIRL eine erhebliche Belästigung der Nachbarschaft oder der Allgemeinheit durch Geruchsimmissionen nicht zu erwarten ist.

> Ein *Beispiel* für eine ungewöhnliche Nutzung in einem von Geruchseinwirkungen betroffenen Gebiet kann die räumliche Konzentration mehrerer Entsorgungsanlagen darstellen, mit deren Betrieb erhöhte Geruchseinwirkungen durch gelagerte und durchgesetzte Abfälle verbunden sind.

Zudem ist zu berücksichtigten, dass die Grundstücksnutzung mit einer gegenseitigen Pflicht zur Rücksichtnahme belastet sein kann, die unter anderem dazu führen kann, dass in höherem Maße Geruchseinwirkungen hinzunehmen sind.[58] Diese Regelung zielt – vergleichbar der Gemengelageregelung in Nr. 6.7 TA Lärm[59] – auf gewachsene Gemengelagen, die auch bei Geruchseinwirkungen gegeben sein können.

---

[55] Dazu oben, 3.1.2.

[56] Nr. 3.1 in Anhang 7 TA Luft: Wohn-/Mischgebiete: 0,10; Gewerbe-/Industriegebiete sowie Dorfgebiete: 0,15 relative Häufigkeit der Geruchsstunden.

[57] BVerwG, Beschl. v. 21.12.2010, 7 B 4.10, Rn. 32. Vgl. auch Nr. 5 Abs. 4 in Anhang 7 TA Luft: „Die Erheblichkeit [von Gerüchen] ist keine absolut festliegende Größe, sie kann in Einzelfällen nur durch Abwägung der dann bedeutsamen Zustände festgestellt werden.“ [Einfügung durch den Bearbeiter].

[58] Nr. 5 Abs. 6 in Anhang 7 TA Luft.

[59] Dazu oben, 3.2.2.

▶ **Praxishinweis** Es ist daher immer zu prüfen, ob es trotz gutachtlich nachgewiesener Überschreitung der Immissionswerte der GIRL im Wege der Einzelfallprüfung angezeigt ist, die Annahme schädlicher Umwelteinwirkungen durch Gerüche zu verneinen.

13.3.4 Vorgaben des Bauplanungsrechts

Gemäß § 6 Abs. 1 Nr. 2 BImSchG ist die BImSchG-Genehmigung nur zu erteilen, wenn gewährleistet ist, dass Errichtung und Betrieb der Entsorgungsanlage „mit anderen öffentlich-rechtlichen Vorschriften" vereinbar sind.[60] Zu diesen Vorschriften zählen auch solche des *Bauplanungsrechts*, wie es maßgeblich im Baugesetzbuch (BauGB) und der BauNVO[61] niedergelegt ist. Je nachdem, wo die Entsorgungsanlage – etwa im unbeplanten Innenbereich[62] oder aber im Geltungsbereich eines Bebauungsplans[63] – erstmalig errichtet oder geändert werden soll, können sich verschiedene bauplanungsrechtliche Fragestellungen ergeben.

Mit der Einhaltung der bauplanungsrechtlichen Anforderungen steht und fällt die Genehmigungsfähigkeit der Entsorgungsanlage. Stehen etwa Festsetzungen eines – wirksamen – Bebauungsplans der erstmaligen Errichtung oder Änderung der Entsorgungsanlage entgegen, kann die BImSchG-Genehmigung nicht erteilt werden, wenn keine Ausnahme (§ 31 Abs. 1 BauGB) oder Befreiung (§ 31 Abs. 2 BauGB) erteilt werden kann und auch keine politische Bereitschaft der Gemeinde besteht, den Bebauungsplan im Sinne des Vorhabenträgers zu ändern.

▶ **Rechtsschutz** Unter den Voraussetzungen etwa des Gebietsgewährleistungsanspruchs können bestimmte Kläger die Einhaltung bestimmter Regelungen des Bauplanungsrechts vor dem Verwaltungsgericht durchsetzen.[64] Daher ist eine sorgfältige Abarbeitung der maßgeblichen bauplanungsrechtlichen Vorschriften im BImSchG-Genehmigungsverfahren empfehlenswert.

Aus der Fülle der bauplanungsrechtlichen Fragestellungen, die die Änderung und Neuerrichtung von Entsorgungsanlagen aufwerfen können, seien hier einige herausgegriffen.

13.3.4.1 Entsorgungsanlagen in Gewerbegebieten

Gemäß § 8 Abs. 1 BauNVO dienen Gewerbegebiete „vorwiegend der Unterbringung von nicht erheblich belästigenden Gewerbebetrieben". Weil aber nach dem BImSchG ge-

[60] Dazu oben, 3.1.2.

[61] Wie Fn. 46.

[62] § 34 BauGB.

[63] § 30 BauGB.

[64] Dazu etwa OVG NRW, Urt. v. 09.03.2012 – 2 A 1626/10, Rn. 45 ff.

nehmigungsbedürftige Anlagen – und damit grundsätzlich auch Entsorgungsanlagen – nach der in § 4 Abs. 1 Satz 1 BImSchG enthaltenen Wertung ein erhebliches Belästigungspotenzial haben können, sind sie nach der Rechtsprechung im Gewerbegebiet unter Umständen nur zulässig, wenn sie durch eine *atypische* Betriebsweise gekennzeichnet sind und daher von vornherein keine Störungen im Gewerbegebiet befürchten lassen.[65]

► **Praxishinweis** Vom Betreiber ggf. umzusetzende und im BImSchG-Genehmigungsverfahren darzulegende Maßnahmen zur Begründung der Atypik können sein

- die vollständige oder überwiegende Einhausung emissionsträchtiger Bereiche des Standortes,
- sonstige technische Vorkehrungen zur Emissionsreduzierung,
- Einschränkung der Betriebszeiten der Anlage,
- Beschränkungen der Menge und Art der gelagerten sowie behandelten Abfälle,
- die (deutliche) Unterschreitung der maßgeblichen Grenz- bzw. Richtwerte.

Die Einordnung einer Anlage als atypisch erfordert letztlich eine wertende Gesamtschau ihrer Betriebseinheiten und -weisen. Die einschlägige Rechtsprechung[66] eröffnet insoweit Argumentationsansätze.

13.3.4.2 Störfallrecht

Das im Wesentlichen im BImSchG und der 12. BImSchV[67] geregelte, im Zuge der Umsetzung der *SEVESO-III-Richtlinie*[68] über den Jahreswechsel 2016/2017 novellierte *Störfallrecht* kann unter bauplanungsrechtlichen Aspekten auch für Entsorgungsanlagen von Bedeutung sein.

Abfälle im Störfallrecht

Ob eine Anlage dem Störfallrecht unterfällt, beurteilt sich nach Anhang I der 12. BImSchV. Dort sind Mengenschwellen für verschiedene gefährliche Stoffe/Gemische hinterlegt, ab deren Überschreiten eine Anlage dem Störfallrecht unterliegt.

Wie Nr. 8 des Anhangs I der 12. BImSchV zu entnehmen ist, müssen unter bestimmten Voraussetzungen auch in der Anlage vorhandene Abfälle den Mengenschwellen zugeordnet werden. In der Genehmigungs- und Überwachungspraxis verlangen Behörden

[65] Jüngst etwa OVG NRW, Beschl. v. 07.01.2021 – 8 B 548/20, Rn. 16 ff.

[66] Wie Fn. 65.

[67] Störfall-Verordnung – 12. BImSchV v. 15.03.2017 (BGBl. I S. 483, ber. S. 3527).

[68] Richtlinie 2012/18/EU zur Beherrschung der Gefahren schwerer Unfälle mit gefährlichen Stoffen v. 04.07.2012.

daher, am Anlagenstandort gelagerte und behandelte *gefährliche Abfälle* den Mengenschwellen zuzuordnen. Der Vorgang der Zuordnung ist im Wesentlichen naturwissenschaftlich-technischer Art und erfolgt in der Regel durch Hinzuziehung eines nach § 29b BImSchG bekanntgegebenen Sachverständigen. Bei der Zuordnung sind die einschlägigen, von der Kommission für Anlagensicherheit (KAS) veröffentlichten Leitfäden, Merkblätter, Arbeits- und Vollzugshilfen zu berücksichtigen. Der von der KAS veröffentlichte Leitfaden KAS-25[69] mit seinen abstrakt-pessimalen Einstufungen von 405 gefährlichen Abfallschlüsseln der AVV[70] und der darauf basierenden Zuordnung zu den Mengenschwellen in Anhang I der 12. BImSchV befindet sich – auch wegen diverser Kritiken von fachlicher Seite – nach wie vor in Überarbeitung. In NRW kommt daher bis auf Weiteres die „Arbeitshilfe für die Einstufung von Abfällen nach Anhang I der Störfallverordnung" vom 15.06.2018[71] zur Anwendung. Auch Vollzugsbehörden anderer Bundesländer wenden diese Arbeitshilfe an.

In der Genehmigungs- und Überwachungspraxis kann es zu Meinungsverschiedenheiten etwa bei der Bewertung der Frage kommen, inwieweit am Standort vorhandene, im weitesten Sinne verstandene Sicherungseinrichtungen die Ausklammerung gefährlicher Abfälle rechtfertigen können.

Störfallanlagen der Entsorgungswirtschaft im Bauplanungsrecht
Unterfällt die Entsorgungsanlage dem Störfallrecht, unterliegt der Anlagenbetreiber nicht nur den – immissionsschutzrechtlichen – Grundpflichten bzw. erweiterten Pflichten der 12. BImSchV mit ihren technischen und organisatorischen Sicherheitsanforderungen einschließlich Informationspflichten hinsichtlich der Öffentlichkeit. Die Einstufung als Störfallbetrieb kann auch bauplanungsrechtliche Fragestellungen aufwerfen. Auf ausgewählte Fragestellungen soll im Folgenden – angesichts der Komplexität der Materie überblicksartig – eingegangen werden:

Gelegentlich enthalten Bebauungspläne Festsetzungen, wonach im Plangebiet „Störfallbetriebe", „Anlagen im Sinne der 12. BImSchV", „Seveso-Betriebe" etc. unzulässig sind. Ist die Festsetzung wirksam und kommt insoweit keine Ausnahme/Befreiung in Betracht, kann die beantragte Neugenehmigung bzw. Änderungsgenehmigung schon aus bauplanungsrechtlichen Gründen nicht erteilt werden.

Spätestens seit der „Mücksch"-Rechtsprechung[72] kommt zudem der Wahrung des *angemessenen Sicherheitsabstands*[73] zwischen Störfallbetrieb und Schutzobjekten bzw.

[69] Leitfaden KAS-25 „Einstufung von Abfällen gemäß Anhang I der Störfallverordnung" aus Oktober 2012.

[70] Abfallverzeichnis-Verordnung – AVV v. 10.12.2001 (BGBl. I S. 3379).

[71] https://www.lanuv.nrw.de/fileadmin/lanuv/anlagen/pdf/Leitfaden_Abf%C3%A4lle_NRW.pdf. Abruf am 31.08.2021.

[72] EuGH, Urt. v. 15.11.2011 – C-53/10; BVerwG, Urt. v. 20.12.2012 – 4 C 11/11.

[73] Nach der Legaldefinition in § 3 Abs. 5c BImSchG der Abstand, der „zur gebotenen Begrenzung der Auswirkungen" eines Störfalls auf das Schutzobjekt „beiträgt".

schutzwürdigen Nutzungen im Sinne der § 3 Abs. 5d, § 50 Satz 1 BImSchG – etwa Wohngebieten, Freizeitgebieten oder öffentlich genutzten Gebäuden[74] – mit Blick auf das u. a. in § 34 Abs. 1 BauGB und § 15 Abs. 1 Satz 2 BauNVO verankerte Rücksichtnahmegebot gesteigerte Bedeutung zu. Nach dieser Rechtsprechung ist die erstmalige Unterschreitung eines bisher eingehaltenen angemessenen Sicherheitsabstands in aller Regel unzulässig. Befinden sich innerhalb des angemessenen Sicherheitsabstands bereits schutzwürdige Nutzungen, kann seine weitere Unterschreitung in Betracht kommen, wenn sogenannte „sozioökonomische Faktoren" sie im Wege einer „nachvollziehenden Abwägung" zu rechtfertigen vermögen.[75]

Die Problematik des angemessenen Sicherheitsabstands kann bei Genehmigungsverfahren des Störfallbetriebs zum Tragen kommen; aber auch dann, wenn eine schutzwürdige Nutzung innerhalb des angemessenen Sicherheitsabstands erstmalig angesiedelt oder dort erweitert werden soll („heranrückende schutzwürdige Nutzung"). Einzelheiten der Handhabung der Problematik werden in Rechtsprechung und der juristischen sowie sachverständig-technischen Literatur unterschiedlich beurteilt; dementsprechend bestehen gelegentlich auch bei den zuständigen Behörden Unsicherheiten im Umgang mit Fragen des angemessenen Sicherheitsabstands. Dass der beabsichtigte Erlass einer „TA Abstand"[76] daran etwas ändert wird, zweifelhaft. Denn wie zu hören ist, gestaltet sich der fachlich-politische Prozess der Ausarbeitung der „TA Abstand" als schwierig, so dass die Praxis wohl noch lange Zeit – vielleicht sogar für immer – ohne eine „TA Abstand" auskommen müssen wird.

► **Praxishinweis** Betreiber von als Störfallbetrieben eingestuften Entsorgungsanlagen sollten die Ansiedlung schutzwürdiger Nutzungen in ihrer Nachbarschaft beobachten und gegebenenfalls auf ihre Rechtmäßigkeit überprüfen. Andernfalls besteht die Gefahr, dass sich schutzwürdige Nutzungen innerhalb des angemessenen Sicherheitsabstands rechtlich verfestigen und für den Störfallbetrieb in Form von gesteigerten sicherheitsrechtlichen Anforderungen und/oder Erschwernissen in Genehmigungsverfahren von Nachteil sind.

13.4 Fragen betreffend das Genehmigungsverfahren

13.4.1 Verfahrensarten

Unterfällt eine Entsorgungsanlage dem BImSchG-Genehmigungserfordernis,[77] beantwortet § 2 4. BImSchV die Frage, in welchem Genehmigungsverfahren die BImSchG-

[74] Zur – zum Teil umstrittenen – Einstufung schutzwürdiger Nutzungen *Jarass*, a.a.O., § 3 Rn. 110 ff.; ferner etwa VGH Kassel, Beschl. v. 22.10.2020 – 4 B 1371/20, Rn. 11 ff.

[75] BVerwG, Urt. v. 20.12.2012 – 4 C 11/11, Rn. 21 ff.

[76] Rechtsgrundlage ist § 48 Abs. 1 Satz 1 Nr. 6 BImSchG.

[77] Dazu oben, 2.1.

Genehmigung zu erteilen ist. Vereinfacht gilt: Entsorgungsanlagen, die in Nr. 8 des Anhangs 1 zur 4. BImSchV mit einem „G“ gekennzeichnet sind, werden im förmlichen, mit einem „V“ gekennzeichnete Entsorgungsanlagen im vereinfachten Genehmigungsverfahren genehmigt.

Anders als im vereinfachten ist im förmlichen Genehmigungsverfahren die *Öffentlichkeit* zu beteiligen. Dies geschieht durch Bekanntmachung und Auslegung der Antragsunterlagen zu Zwecken der Einsichtnahme, Gelegenheit zur Erhebung von Einwendungen und deren Erörterung ggf. im Rahmen eines Erörterungstermins, sowie durch öffentliche Bekanntmachung der Genehmigung.[78] Um in Zeiten der *Corona-Pandemie* den allerorts angeordneten Kontaktbeschränkungen Rechnung zu tragen und die mit Einsichtnahmen in die Antragsunterlagen und mit Erörterungsterminen verbundenen Infektionsrisiken auszuschließen, hat der Gesetzgeber das PlanSiG erlassen,[79] das auch für immissionsschutzrechtliche Genehmigungsverfahren die Veröffentlichung von Antragsunterlagen im Internet[80] und die Durchführung eines Erörterungstermins im Wege einer Telefon-/Videokonferenz oder einer sogenannten Online-Konsultation[81] ermöglicht.

Wegen der durch die öffentliche Bekanntmachung der BImSchG-Genehmigung bewirkten *Zustellungsfiktion*[82] müssen Dritte – etwa Nachbarn, aber auch nach UmwRG anerkannte Vereinigungen – ihren Widerspruch/ihre Klage gegen die BImSchG-Genehmigung regelmäßig innerhalb eines Monats nach deren öffentlicher Bekanntmachung erheben. So hat der Anlagenbetreiber zeitnah nach Ablauf der Klagefrist Klarheit, ob geklagt wird und dadurch möglicherweise der Bestand der BImSchG-Genehmigung gefährdet ist.

In BImSchG-Genehmigungsverfahren ohne *Öffentlichkeitsbeteiligung* gilt dagegen für Klagen Dritter eine Jahresfrist. Diese beginnt ab Kenntnis oder Kennenmüssen des Dritten von der Genehmigungserteilung und kann dazu führen, dass Klagen auch noch Jahre nach Genehmigungserteilung zulässigerweise erhoben werden können.

▶ **Praxishinweis** Möchte sich der Antragsteller die Zustellungsfiktion für ein vereinfachtes Genehmigungsverfahren zu Nutze machen, kann er gemäß § 19 Abs. 3 BImSchG die Durchführung eines förmlichen Genehmigungsverfahrens beantragen.

Möchte der Antragsteller im förmlichen Verfahren die Öffentlichkeitsbeteiligung meiden, ist zu prüfen, ob die zuständige Behörde auf seinen Antrag unter den Voraussetzungen des § 16 Abs. 2 BImSchG gehalten ist, von der Öffentlichkeitsbeteiligung abzusehen.

---

[78] § 10 Abs. 3 – 9; § 19 Abs. 2 BImSchG.

[79] Planungssicherstellungsgesetz – PlanSiG v. 20.05.2020 (BGBl. I S. 1041).

[80] § 3 PlanSiG.

[81] § 5 PlanSiG.

[82] § 10 Abs. 8 Satz 5 BImSchG.

13.4.2 Verfahrensfehler

Neben den vorstehend exemplarisch beleuchteten Vorschriften des BImSchG, die das immissionsschutzrechtliche Genehmigungsverfahren steuern, enthält auch das UVPG[83] (Verfahrens)Vorschriften, die für Genehmigungsverfahren bestimmter Entsorgungsanlagen von Bedeutung sein können.

Auf welche Entsorgungsanlagen das UVPG Anwendung findet, regelt Nr. 8 der Anlage 1 zum UVPG. Die dort genannten Abfallarten, Verfahrenstechniken und Mengenschwellen entsprechen teilweise denjenigen der Nr. 8 des Anhangs 1 der 4. BImSchV.[84]

Die Zuordnung zu den Anlagentypen der Nr. 8 der Anlage 1 zum UVPG entscheidet (mit) darüber, ob das Vorhaben der Neuerrichtung oder Änderung einer Entsorgungsanlage zwingend einer *Umweltverträglichkeitsprüfung (UVP)* bedarf, oder ob zunächst eine – allgemeine oder standortbezogene – *Vorprüfung* gemäß § 7, § 9 Abs. 4 UVPG durchzuführen ist, die darüber entscheidet, ob es einer UVP bedarf oder nicht. Sowohl die Durchführung der UVP als auch die Vorprüfung unterliegen diversen, hier nicht dargestellten Anforderungen des UVPG, die maßgeblich durch die Rechtsprechung des EuGH konkretisiert worden sind.

Die Einhaltung der einschlägigen Anforderungen des UVPG ist mit Blick auf § 4 UmwRG („Verfahrensfehler") von Bedeutung. Denn gemäß § 4 Abs. 1 S. 1 Nr. 1, Abs. 3 S. 1 UmwRG können anerkannte Vereinigungen, aber auch Individualkläger unter bestimmten Voraussetzungen die Aufhebung einer BImSchG-Genehmigung verlangen, wenn die nach dem UVPG erforderliche UVP oder die Vorprüfung des Einzelfalls zur Feststellung der UVP-Pflichtigkeit nicht durchgeführt und auch nicht nachgeholt worden ist. Dabei wird eine Vorprüfung des Einzelfalls, die nicht dem in § 5 Abs. 3 S. 2 UVPG genannten Maßstab genügt, gemäß § 4 Abs. 1 S. 2 UmwRG als nicht durchgeführte Vorprüfung gewertet.

Gleichermaßen können *anerkannte Vereinigungen* und Individualkläger gemäß § 4 Abs. 1 S. 1 Nr. 2, Abs. 3 S. 1 UmwRG die Aufhebung einer BImSchG-Genehmigung verlangen, wenn die dafür erforderliche Öffentlichkeitsbeteiligung gemäß § 10 BImSchG[85] nicht durchgeführt und auch nicht nachgeholt worden ist.

Insgesamt stärkt § 4 UmwRG die Bedeutung von Verfahrensvorschriften: Allein der Umstand, dass ein bestimmter objektiver *Verfahrensfehler* vorliegt, kann zur Aufhebung der angefochtenen (Änderung)Genehmigung nach BImSchG führen. Dies gilt auch für Anfechtungsklagen von Individualklägern. Sie können – in Abweichung von § 113 Abs. 1 Satz 1 VwGO – allein wegen des objektiven Verfahrensfehlers die Aufhebung der angefochtenen BImSchG-Genehmigung verlangen, auch wenn diese sie nicht in einem subjektiven Recht – etwa durch Festsetzung zu hoher Lärmwerte[86] – verletzt.

---

[83] Gesetz über die Umweltverträglichkeitsprüfung – UVPG v. 24.02.2010 (BGBl. I S. 94).

[84] Dazu oben, 2.1.1.

[85] Dazu oben, 4.1.

[86] Dazu oben, 3.2.1.

▶ **Praxishinweis** Vor dem Hintergrund der Regelungen des UmwRG ist der Einhaltung der einschlägigen Verfahrensvorschriften auch in immissionsschutzrechtlichen Genehmigungsverfahren ein gesteigertes Augenmerk zu widmen.

13.4.3 Verfahrensdauer

Im förmlichen Genehmigungsverfahren ist über den Genehmigungsantrag innerhalb einer Frist von sieben, im vereinfachten Genehmigungsverfahren innerhalb von drei Monaten ab Eingang vollständiger Antragsunterlagen bei der Genehmigungsbehörde zu entscheiden.[87] Sofern die Behördenvertreter, welche mit der Prüfung der Antragsunterlagen befasst sind, berechtigterweise deren Ergänzung verlangen, etwa weil ein erforderliches Gutachten nicht vorliegt, beginnt die Frist also nicht zu laufen. Zudem können die Behörden die Entscheidungsfrist jeweils um bis zu drei Monate verlängern, wenn dies wegen der Schwierigkeiten der Prüfung erforderlich ist.[88]

▶ **Praxishinweis** Die Frage, ob die Antragsunterlagen vollständig sind oder wegen der Schwierigkeit der Prüfung eine Verlängerung der Bearbeitungsfrist erforderlich ist, eröffnet Bewertungsspielräume. Daher erweisen sich die gesetzlichen Bearbeitungsfristen in der Praxis oftmals als „stumpfes Schwert". Für die Zwecke der Beschleunigung des Verfahrens effektiver ist eine optimale Abstimmung der Verfahrensbeteiligten untereinander, d. h. zwischen Antragsteller, Behördenvertretern, Fachgutachtern und Rechtsanwälten.

Ab einem bestimmten Stadium des Genehmigungsverfahrens kann durch die Zulassung des vorzeitigen Beginns gemäß *§ 8 a) BImSchG ein vorzeitiger Baubeginn* und *Probebetrieb* erreicht werden. Ist parallel zum Genehmigungsverfahren die – in aller Regel ebenfalls zeitaufwendige – erstmalige Aufstellung oder Änderung eines Bebauungsplans erforderlich, kann dem Abschluss des Bebauungsplanverfahrens unter den Voraussetzungen des *§ 33 BauGB* (Zulässigkeit von Vorhaben während der Planaufstellung) vorgegriffen werden.

13.5 Ausblick – Weitere Umsetzung von BVT-Schlussfolgerungen

Die auf EU-Ebene ausgearbeiteten BVT[89]-Merkblätter beschreiben branchenbezogen die in den EU-Mitgliedsstaaten vorhandenen BVT zur Begrenzung anlagenbezogener Emissionen aller Art.[90] *BVT-Schlussfolgerungen* fassen die wesentlichen Erkenntnisse aus den

[87] § 10 Abs. 6a Satz 1 BImSchG i.V.m. § 7 9. BImSchV.

[88] § 10 Abs. 6a Satz 2 BImSchG.

[89] BVT = Beste Verfügbare Techniken.

[90] § 3 Abs. 6a BImSchG.

BVT-Merkblättern zusammen, indem sie unter anderem die mit den BVT *assoziierten Emissionswerte* benennen.[91]

Werden BVT-Schlussfolgerungen im Amtsblatt der EU veröffentlicht, müssen der Normgeber bzw. die zuständige Behörde – nicht der Anlagenbetreiber – prüfen, ob untergesetzliche Regelungen – Rechtsverordnungen, Verwaltungsvorschriften wie etwa die TA Luft oder aber Nebenbestimmungen einer BImSchG-Genehmigung – die mit den BVT assoziierten Emissionswerte überschreiten. Ist dies der Fall, kann eine Anpassung erforderlich sein, soweit nicht ausnahmsweise Abweichungen gestattet sind.[92]

Die Anpassungspflichten, die durch BVT-Schlussfolgerungen ausgelöst werden, betreffen ausschließlich IED-Anlagen. In der Regel muss innerhalb von vier Jahren nach Veröffentlichung von BVT-Schlussfolgerungen gewährleistet sein, dass IED-Anlagen die durch die BVT-Schlussfolgerungen vorgegebenen Anforderungen einhalten.[93]

Für den Betrieb von Entsorgungsanlagen maßgeblich ist vor allem das Dokument „*Best Available Techniques (BAT) Reference Document for Waste Treatment*“ aus dem Jahr 2018. Dessen wesentlichen Erkenntnisse fassen die am 17.08.2018 im Amtsblatt der EU veröffentlichten BVT-Schlussfolgerungen „Abfallbehandlung“[94] zusammen.

13.5.1 Abfallbehandlungs-VwV

Bestimmte Inhalte der BVT-Schlussfolgerungen „Abfallbehandlung“, die Luftschadstoffe betreffen, sind bereits bei der Neufassung der TA Luft berücksichtigt worden.[95]

Soweit dies noch nicht geschehen ist, ist der Erlass einer Allgemeinen Verwaltungsvorschrift „Abfallbehandlung“ *(Abfallbehandlungs-VwV)* beabsichtigt, die emissionsseitige Anforderungen u. a. an chemische und chemisch-physikalische Behandlungsanlagen beinhalten soll.[96] In ihrem emissionsseitigen Regelungsbereich wird die Abfallbehandlungs-VwV als sogenannte sektorale Verwaltungsvorschrift der TA Luft grundsätzlich vorgehen.

---

[91] § 3 Abs. 6b BImSchG.

[92] § 7 Abs. 1a, 1b; § 48 Abs. 1a, 1b; § 12 Abs. 1a, 1b BImSchG.

[93] § 52 Abs. 1 Sätze 5 – 7 BImSchG.

[94] Beschluss (EU) 2018/1147 v. 10.08.2018 über Schlussfolgerungen zu den besten verfügbaren Techniken (BVT) gemäß der Richtlinie 2010/75/EU für die Abfallbehandlung. Dieses und das zugrunde liegende BAT-Document Waste Treatment sind veröffentlicht unter: https://www.umweltbundesamt.de/themen/wirtschaft-konsum/beste-verfuegbare-techniken/sevilla-prozess/bvt-merkblaetter-durchfuehrungsbeschluesse. Abruf am 31.08.2021.

[95] Dazu oben, 3.1.1.

[96] Entwurf der Abfallbehandlungs-VwV v. 28.01.2020, veröffentlicht unter: https://www.bmu.de/fileadmin/Daten_BMU/Download_PDF/Glaeserne_Gesetze/19._Lp/abbe_vwv/Entwurf/abbe_vwv_refe_bf.pdf. Abruf am 31.08.2021.

13.5.2 Anhang 27 AbwV

Zur Umsetzung der in den BVT-Schlussfolgerungen „Abfallbehandlung“ enthaltenen Grenzwerte (einschließlich korrespondierender Analysevorschriften) für die *Direkteinleitung* und *Indirekteinleitung* von *Abwasser* ist eine Anpassung des Anhangs 27 der Abwasserverordnung (AbwV) beabsichtigt.[97] Danach werden Anlagentypen wie z. B. Schredder, Anlagen zur Herstellung von Ersatzbrennstoffen und Lager für gefährliche Abfälle eigens in den Anwendungsbereich des Anhangs 27 aufgenommen. Ferner wird der Begriff der „Anlagen zur sonstigen Behandlung“ durch eine nicht abschließende Aufzählung („insbesondere“) präzisiert; genannt werden u. a. Schrottplätze. Anhang 27 soll auch „betriebsspezifisch verunreinigtes Niederschlagswasser“ aus Lagerbereichen erfassen, die mit dem jeweiligen Anlagentyp in einem funktionalen und räumlichen Zusammenhang stehen.

Die bereits in deutsches Recht umgesetzten und noch umzusetzenden Inhalte der BVT-Schlussfolgerungen Abfallbehandlung werden die Genehmigungs- und Überwachungspraxis von Entsorgungsanlagen über Jahre prägen.

[97] Diskussionsentwurf BLAK vom 10.09.2020 – nicht veröffentlicht.

Vergaberecht

14

Dominik R. Lück und Christine Radeloff

14.1 Einführung

In der Entsorgungswirtschaft spielt das Vergaberecht eine bedeutende Rolle, weil die öffentliche Hand sich in ihrer Funktion als öffentlich-rechtlicher Entsorgungsträger zur Bewältigung der daraus erwachsenden Aufgaben regelmäßig privater Unternehmen bedient. Die Beauftragung von privaten Entsorgungsunternehmen durch öffentliche Auftraggeber unterliegt dabei den vergaberechtlichen Bestimmungen.

14.1.1 Grundsätze

Das Vergaberecht ist in die europäische und die nationale Ebene unterteilt. Wesentliches Abgrenzungsmerkmal ist dabei gemäß § 106 Abs. 1 Satz 1 des Gesetzes gegen Wettbewerbsbeschränkungen (GWB), ob der geschätzte Wert des zu vergebenden Auftrages die europaweit festgelegten Schwellenwerte erreicht. Eine Überprüfung und ggf. Anpassung der maßgeblichen Schwellenwerte erfolgt durch die EU-Kommission alle zwei Jahre (Art. 6 Abs. 1 der Richtlinie 2014/24/EU über die öffentliche Auftragsvergabe, Art. 17

D. R. Lück (✉) · C. Radeloff
Sozietät Oexle Kopp-Assenmacher Lück, Köln, Deutschland
E-Mail: dominik.lueck@oklp.de; christine.radeloff@oklp.de

P. Kurth et al. (Hrsg.), *Praxishandbuch der Kreislauf- und Rohstoffwirtschaft*,
https://doi.org/10.1007/978-3-658-36262-1_14

Abs. 1 der Richtlinie 2014/25/EU über die Vergabe von Aufträgen im Sektorenbereich und Art. 9 Abs. 1 der Richtlinie 2014/23/EU über die Konzessionsvergabe).[1]

Für Aufträge oberhalb der Schwellenwerte gilt das Kartellvergaberecht der §§ 97 ff. GWB. Dieses wird weiter durch die Regelungen der Vergabeverordnung (VgV) sowie durch die Vergabe- und Vertragsordnung für Bauleistungen Teil A (VOB/A), 2. Abschnitt für den Bereich der Bauleistungen konkretisiert. Soweit der Auftraggeber unterhalb dieser Schwellenwerte an das Vergaberecht durch entsprechende Regelungen gebunden ist, entfaltet bezüglich der Vergabe von Liefer- und Dienstleistungen die Unterschwellenvergabeordnung (UVgO) Wirkung, sofern hinsichtlich dieser durch die Bundesländer der Anwendungsbefehl erlassen wurde. Anderenfalls bleibt es bei der Anwendung des 1. Abschnitts der Vergabe- und Vertragsordnung für Leistungen (VOL/A).

▶ **Praxishinweis** In der Entsorgungswirtschaft werden überwiegend öffentliche Aufträge vergeben, die Dienstleistungen zum Gegenstand haben. Daher sind vornehmlich der Schwellenwert von aktuell 214.000 EUR und die Regelungen der VgV von Bedeutung.

Daneben werden bezogen auf werthaltige Abfälle, insbesondere im Bereich der Alttextilsammlung sowie im Abwassersektor, Dienstleistungskonzessionen vergeben. Allerdings wird durch diese der Schwellenwert für Konzessionen in Höhe von aktuell 5.225.000 EUR in der Regel nicht erreicht.

Die ordnungsgemäße Schätzung des Auftragswertes hat durch die öffentlichen Auftraggeber nach den in § 3 VgV geregelten Bestimmungen zu erfolgen. Maßgebender Auftragswert ist der Gesamtauftragswert einschließlich etwaiger Optionen oder Vertragsverlängerungen sowie Prämien oder sonstiger Zahlungen an den Bieter, § 3 Abs. 1 VgV. Die Schätzung des Auftragswertes darf nicht mit der Absicht einer bewussten Umgehung des GWB-Vergaberechts vorgenommen werden. Besonderheiten ergeben sich bei Dienstleistungsaufträgen zu der Erfassung und Verwertung werthaltiger Abfälle, bei denen neben an den Auftragnehmer zu zahlenden Entgelten vom Auftragnehmer an den Auftraggeber Erlöse gezahlt werden. In diesen Konstellationen berechnet sich der Auftragswert aus der Summe der eigentlichen Dienstleistungskosten und des Marktwertes der Abfälle abzüglich des auszukehrenden Erlöses (Auftragswert = Dienstleistungskosten + [Marktpreis verwertetes Altpapier/Alttextilien – auszukehrenden Erlösanteil].[2]

Öffentliche Auftraggeber sind zur Anwendung des GWB-Vergaberechts gemäß § 97 Abs. 1 GWB verpflichtet. Öffentliche Auftraggeber sind neben den Gebietskörperschaften (Bund, Kreise, Städte und Kommunen) auch juristische Personen des öffentli-

[1] Gemäß der Verordnung (EU) Nr. 2019/1828 v. 31.10.2019 (EU ABl. L 279/25) wurden die Schwellenwerte ab dem 01.01.2020 für Bauleistungen auf 5.350.000 EUR und für Liefer- und Dienstleitungen auf 214.000 EUR festgelegt.

[2] VK Rheinland-Pfalz, Beschl. v. 03.04.2021 – VK 2-5/21; OLG Düsseldorf, Beschl. v. 10.12.2014 – Verg 24/14.

chen und privaten Rechts (§ 99 Nr. 2 GWB). Letztere sind nur dann öffentliche Auftraggeber, wenn sie zunächst zu dem besonderen Zweck gegründet worden sind, im Allgemeininteresse liegende Aufgaben nicht gewerblicher Art zu erfüllen. Ferner müssen sie insbesondere durch die zu Beginn genannten originären öffentlichen Auftraggeber finanziert werden, deren Aufsicht unterliegen oder in einer anderen Form staatlich beherrscht werden. Zudem sind nach § 99 Nr. 3 GWB auch Verbände, insbesondere kommunale Zweckverbände, wie beispielsweise Abfallwirtschaftszweckverbände, öffentliche Auftraggeber.

Öffentliche Aufträge sind entgeltliche Verträge zwischen öffentlichen Auftraggebern und Unternehmen über die Beschaffung von Leistungen, die unter anderem die Erbringung von Dienstleistungen zum Gegenstand haben. Damit ist klargestellt, dass auch die Verträge zwischen zwei öffentlichen Auftraggebern als vergabepflichtiger öffentlicher Auftrag eingestuft werden können.

Ausnahmen von der Vergabepflicht sind für bestimmte öffentliche Aufträge in § 107 GWB sowie für besondere Auftragsarten in § 116 GWB abschließend geregelt. Die Zuweisung von Entsorgungsdienstleistungen an bestimmte Anlagen im Gebiet eines Entsorgungsträgers nach einer Landesverordnung über den Abfallwirtschaftsplan stellt dabei keinen besonderen Ausnahmetatbestand gemäß § 116 Abs. 1 Nr. 6 GWB zugunsten des betreffenden Anlagenbetreibers dar, der selbst öffentlicher Auftraggeber ist.[3] Nach § 116 Abs. 1 Nr. 6 GWB (§ 100 a Abs. 3 GWB alte Fassung) findet das GWB-Vergaberecht keine Anwendung auf Aufträge, welche Dienstleistungen zum Gegenstand haben, die an einen anderen öffentlichen Auftraggeber vergeben werden, der ein auf Gesetz oder Verordnung beruhendes ausschließliches Recht hat, die Leistung zu erbringen. Adressat der Zuweisung ist regelmäßig der Entsorgungsträger selbst, nicht der Anlagenbetreiber.

► **Praxishinweis** Die UVgO weist für den Unterschwellenbereich zur Vereinheitlichung des Vergaberechts unter anderem auf die entsprechende Geltung der für das GWB-Vergaberecht geltenden Ausnahmetatbestände der §§ 107, 116 GWB, § 1 Abs. 2 UVgO hin.

Grundsätze des Vergaberechts sind das Wettbewerbs-, Transparenz- und Gleichbehandlungsgebot sowie die Beachtung von mittelständischen Interessen und der Verhältnismäßigkeitsgrundsatz.[4] Letzteres verpflichtet die Vergabestelle, Aufträge in der Regel in Fach- und Teillose aufzuteilen.

---

[3] VK Schleswig-Holstein, Beschl. v. 26.05.2010 – VK-SH 1/10.

[4] 1. Erwägungsgrund zur Richtlinie 2014/24/EU über die öffentliche Auftragsvergabe, Amtsblatt der EU L 94/66.

14.1.2 Verfahrensablauf

Bei der Wahl der Verfahrensart steht dem Auftraggeber grundsätzlich das offene Verfahren[5] oder wahlweise das nicht offene Verfahren (beschränkte Ausschreibung) mit vorgeschaltetem Teilnahmewettbewerb[6] zur Verfügung, § 119 Abs. 2 Satz 1 GWB.[7] Nur in abschließend geregelten Ausnahmetatbeständen kann als Verfahrensart das Verhandlungsverfahren mit oder ohne Teilnahmewettbewerb gewählt werden.[8] Im Entsorgungsbereich wird die Zulässigkeit eines Verhandlungsverfahrens mit Teilnahmewettbewerb angenommen, wenn der Entsorgungsauftrag mit dem Erwerb von Gesellschaftsanteilen verknüpft wird.[9] In diesem Zusammenhang bietet sich ein Verhandlungsverfahren schon aufgrund der regelmäßig nicht abschließend beschreibbaren Auftragsinhalte und der damit verbundenen Notwendigkeit der Verhandlung von Detailfragen an. Besonders zwingende und äußerst dringliche Gründe für die Beauftragung von Liefer- und Dienstleistungen nach § 14 Abs. 4 Nr. 3 VgV wurden auch in der SARS-CoV-2 Pandemie bejaht.[10] Im Entsorgungsbereich kam eine pandemiebedingte Dringlichkeit etwa bezogen auf einen erhöhten Anfall entsprechender medizinischer Abfälle in Betracht.

Die Vergabestelle kann den Gegenstand und Inhalt einer jeden Beschaffung grundsätzlich frei bestimmen. In den Landesabfallgesetzen besteht beispielsweise regelmäßig nur eine Sollvorgabe, wonach es im Ermessen der Vergabestelle steht, Recyclingbaustoffe zuzulassen. Etwaige hierzu ergangene Verwaltungserlasse stellen lediglich Innenrecht dar, auf das sich ein Bieter nicht berufen kann. Die Vergabestelle hat jedoch unter Berücksich-

[5] Ein unbeschränkter Kreis an Bietern wird in einem streng formalisierten Verfahren aufgefordert, ein nicht verhandelbares Angebot abzugeben.

[6] Im Teilnahmewettbewerb wird ein unbeschränkter Kreis an Bietern zur Abgabe eines Teilnahmeantrages einschließlich der Eignungsnachweise aufgefordert. Von den geeigneten Bietern wird eine beschränkte Anzahl zur Abgabe eines Angebotes aufgefordert, welche einzelnen Verhandlungsrunden zugänglich sind.

[7] Mit § 8 Abs. 2 Satz 1 UVgO wird eine Harmonisierung mit dem GWB vorgenommen, so dass im Grundsatz zwischen öffentlicher Ausschreibung und beschränkter Ausschreibung mit Teilnahmewettbewerb gewählt werden kann.

[8] Vgl. § 14 Abs. 3–4 VgV; Nach § 13 Abs. 1 SektVO steht dem Sektorenauftraggeber die freie Wahl der Verfahrensart zu.

[9] VK Lüneburg, Beschl. v. 10.08.1999 – 203 VgK – 6/1999. Abgelehnt worden ist ein Verhandlungsverfahren von der VK Saarland, Beschl. v. 24.10.2008 – 3 VK 02/2008 aufgrund Dringlichkeit bei der Beschaffung von Altpapierbehältern, um gewerblichen Sammlern zuvorzukommen, weil vor allem wirtschaftliche Gründe nicht ausreichend sind.

[10] Rundschreiben zur Anwendung des Vergaberechts im Zusammenhang mit der Beschaffung von Leistungen zur Eindämmung der Ausbreitung des neuartigen Coronavirus SARS-CoV-2 des Bundesministeriums für Wirtschaft und Energie vom 19. März 2020; Leitlinien der Europäischen Kommission zur Nutzung des Rahmens für die Vergabe öffentlicher Aufträge in der durch die COVID-19-Krise verursachten Notsituation vom 01.04.2020 (2020/C 108I/01, EU-Amtsblatt CI 109/1).

tigung des Grundsatzes der produktneutralen Ausschreibung sachlich zu rechtfertigen, warum Recyclingbaustoffe ausgeschlossen werden.[11]

Die Vergabestelle ist nach §§ 29, 31 Abs. 1 VgV verpflichtet, allen Bietern vorab und im Laufe des Vergabeverfahrens die gleichen Informationen hinsichtlich des zu vergebenden Auftrages, der einzureichenden Angebots- bzw. Teilnahmeunterlagen, der Angebotswertung sowie etwaiger Änderungen hierzu zur Verfügung zu stellen. Dies betrifft vor allem eine Beschreibung der Abfälle sowohl nach deren Art als auch Umfang.

Für die Kommunikation zwischen Auftraggeber und Bieter während des gesamten Vergabeverfahrens sind nach § 9 Abs. 1 VgV grundsätzlich elektronische Mittel und nur in geregelten Ausnahmefällen analoge Kommunikationsmittel zu verwenden. Zu diesem Zweck – nicht jedoch für den Zugang zu den Vergabeunterlagen, § 9 Abs. 3 Satz 2 VgV – kann der Auftraggeber eine Registrierung verlangen, § 9 Abs. 3 Satz 1 VgV.

▶ **Praxishinweis** Eine Registrierung ist für die verfahrensgebundene Kommunikation sachdienlich, da der Bieter per E-Mail über neue, in das Onlineportal eingestellte Informationen zum Verfahren benachrichtigt werden kann.

Im offenen Verfahren beginnt das Verfahren mit der Auftragsbekanntmachung im Supplement zum Amtsblatt der europäischen Gemeinschaft, § 37 VgV (Anhang II der Durchführungsverordnung (EU) 2015/1986 zur Einführung von Standardformularen für die Veröffentlichung von Vergabebekanntmachungen auf dem Gebiet der öffentlichen Aufträge).

▶ **Praxishinweis** Die Erstellung und Veröffentlichung der Bekanntmachung erfolgt in der Regel automatisch über die für die elektronische Vergabe gewählte Vergabeplattform.

Der öffentliche Auftraggeber hat gemäß § 41 Abs. 1 VgV in der Bekanntmachung eine elektronische Adresse anzugeben, unter der die Vergabeunterlagen unentgeltlich, uneingeschränkt, vollständig und direkt von den interessierten Unternehmen abgerufen werden können.

Angebote sind auf der Grundlage der heruntergeladenen Vergabeunterlagen zu erstellen und fristgerecht bis zum angegebenen Abgabetermin einzureichen. Sie sind regelmäßig über die gewählte Vergabeplattform elektronisch in Textform nach § 126 b BGB hochzuladen, § 53 Abs. 1 VgV. Nur in Fällen, in denen die zu übermittelnden Daten eine erhöhte Anforderung an Sicherheit erfordern, kann eine fortgeschrittene oder qualifizierte elektronische Signatur verlangt werden, § 53 Abs. 3 VgV. Verspätete Angebote werden nach § 57 Abs. 1 Nr. 1 VgV zwingend vom Verfahren ausgeschlossen.

Die eingereichten Angebote werden vom Auftraggeber zunächst auf ihre formale Vollständigkeit geprüft. Anschließend erfolgt die inhaltliche Auswertung, deren Gegenstand

[11] VK Düsseldorf, Beschl. v. 27.05.2011 – VK 13/2011.

die Prüfung der Eignung anhand der vorgegebenen Eignungsnachweise, die Angemessenheit der Preise und die Wertung der Angebote anhand der vorgegebenen Zuschlagskriterien ist.

Soweit ein Angebot nicht alle geforderten oder nachgeforderten Erklärungen und Nachweise enthält oder den Anforderungen aus den Vergabeunterlagen nicht entspricht, ist der Auftraggeber im Sinne des Gleichbehandlungsgrundsatzes gezwungen, dieses Angebot vom weiteren Verfahren auszuschließen.

► **Praxishinweis** Fehlen Unterlagen oder Angaben weiterhin nach erfolgter Nachforderung oder wurden nicht fristgerecht eingereicht, steht dem Auftraggeber kein Ermessen zu. Ein Ausschluss hat zwingend zu erfolgen.

Der Zuschlag wird auf das wirtschaftlichste Angebot erteilt, § 127 Abs. 1 Satz 1 GWB. Bei Ermittlung des wirtschaftlichsten Angebotes ist das beste Preis-Leistungs-Verhältnis anhand der bestimmten Zuschlagskriterien zu ermitteln, § 127 Abs. 1 Satz 2 GWB. Dabei muss der niedrigste Angebotspreis nicht allein entscheidend sein. Bei der Ausschreibung der Klärschlammentsorgung ist es unzulässig, auf den Preis als alleiniges Zuschlagskriterium abzustellen, sofern der Entsorgungsweg technik-offen ausgeschrieben wird.[12]

Zur Bewertung des wirtschaftlich günstigsten Angebotes hat der Auftraggeber spätestens in den Vergabeunterlagen entsprechende Kriterien und deren Gewichtung betreffend die Berücksichtigung der Kriterien im Rahmen der Wertung anzugeben, § 127 Abs. 5 GWB i. V. m. § 58 Abs. 3 Satz 1 VgV. Der Auftraggeber darf eine Wertung der Angebote ausschließlich auf der Grundlage der von ihm vorab bekanntgegebenen Zuschlagskriterien durchführen, § 127 Abs. 1 Satz 1 GWB.

14.1.3 Rechtsschutz

Soweit der Auftraggeber die rechtlichen Bestimmungen zur Durchführung eines Vergabeverfahrens nicht befolgt, eröffnet das Vergaberecht dem Bieter die Möglichkeit zur Wahrnehmung von Rechtsschutzmöglichkeiten. Dabei besteht ein primärer Rechtsschutz vor den Nachprüfungsinstanzen nach den §§ 155 ff. GWB allerdings nur für solche Aufträge, deren Auftragswerte den maßgeblichen Schwellenwert erreicht haben und somit nach den Grundsätzen der § 97 ff. GWB zu vergeben sind. Die Nachprüfung eines Vergabeverfahrens erfolgt in erster Instanz vor den zuständigen Vergabekammern und in zweiter Instanz vor dem jeweils zuständigen Oberlandesgericht der Bundesländer mit spezialisiertem Vergabesenat.

[12] VK Thüringen, Beschl. v. 31.01.2020 – 250-4003-15476/2019-E.010-EA.

> **Praxishinweis** Wesentliche Zulassungsvoraussetzungen für die Einleitung eines Nachprüfungsverfahrens ist, dass erkannte Vergaberechtsverstöße innerhalb einer konkret bestimmten Frist von 10 Kalendertagen nach Kenntnis gegenüber dem Auftraggeber gerügt wurden.

Aus der Bekanntmachung erkennbare Vergaberechtsverstöße sind spätestens bis zum Ablauf der in der Bekanntmachung angegebenen Angebotsfrist zu rügen. Vergaberechtsverstöße, die aus den Vergabeunterlagen erkennbar sind, müssen bis zum Ablauf des tatsächlichen Termins zur Angebotsabgabe gerügt werden; eine Verlängerung der Angebotsfrist wird hierbei berücksichtigt.

Bei den Rügefristen handelt es sich um Präklusionsfristen; nach Fristablauf ist die Geltendmachung eines zwar erkennbaren oder erkannten, aber bislang nicht gerügten Vergaberechtsverstoßes im Rahmen eines Nachprüfungsverfahrens nicht mehr zulässig.

Im Hinblick auf nationale Auftragsvergaben, die nicht dem GWB-Vergaberecht unterfallen, ist ein entsprechender primärer Rechtsschutz auch nach der UVgO nicht vorgesehen. Allerdings ist es anerkannt, dass auch bei Vergaben im Unterschwellenbereich Rechtsschutz vor den ordentlichen Gerichten[13] in Form einer Klage auf Unterlassung der Zuschlagserteilung im Wege des Verfahrens auf Erlass einer einstweiligen Verfügung durchgesetzt werden kann. Ein Anspruch auf Akteneinsicht kann dem Antragsteller im Unterschwellenbereich unter Berücksichtigung der allgemeinen Grundsätze nach § 242 BGB zustehen. Zudem trifft den Kläger vor den Zivilgerichten die volle Beweislast für den Vergaberechtsverstoß; vor den Vergabekammern gilt ein eingeschränkter Untersuchungsgrundsatz. Überdies haben einzelne Bundesländer in ihren Landesvergabegesetzen[14] bzw. Rheinland-Pfalz in einer eigenständigen Verordnung eigenständige Regelungen zum Rechtsschutz im Unterschwellenbereich formuliert.[15]

Sowohl oberhalb als auch unterhalb der Schwellenwerte ist neben dem primären Rechtsschutz jedenfalls aber die Möglichkeit des sekundären Rechtsschutzes gegeben. Bieter können bei Verletzung vergaberechtlicher Vorschriften den ihnen daraus entstandenen Schaden aufgrund der Verletzung einer vorvertraglichen Pflicht in Form der Rücksichtnahmepflicht nach § 280 Abs. 1, § 311 Abs. 2 BGB i. V. m. § 241 Abs. 2 BGB

---

[13] BVerwG, Beschl. vom 02.05.2007 – 6 B 10/07; Das Bundesverwaltungsgericht bestätigte, dass für Streitigkeiten über die Vergabe von öffentlichen Aufträgen unterhalb der Schwellenwerte der Rechtsweg zu den ordentlichen Gerichten eröffnet ist.

[14] Thüringen, Sachsen-Anhalt sowie Sachsen (vgl. § 19 ThürVG, § 19 LVG LSA, § 8 Abs. 2 Satz 3 SächsVergG) haben vereinfachte Prüfverfahren geregelt.

[15] In Rheinland-Pfalz wurde eine „Landesverordnung über die Nachprüfung von Vergabeverfahren durch Vergabeprüfstellen" beschlossen, die am 01.06.2021 in Kraft getreten ist. Darin wird ein dem Nachprüfungsverfahren angelehntes Verfahren zur Überprüfung von Vergabeverfahren unterhalb der EU-Schwellenwerte geregelt.

geltend machen. Unproblematisch ist dabei regelmäßig der Anspruch auf Ersatz des negativen Interesses, welches die mit der Teilnahme am Vergabeverfahren verbundenen Aufwendungen erfasst, welche die Personalkosten für die Angebotserstellung als ersatzfähig implizieren.[16] Der Ersatz des positiven Interesses in Form des entgangenen Gewinns ist hingegen nur denkbar, wenn ein Zuschlag erteilt wird, jedoch nicht demjenigen Bieter, der bei Beachtung der vergaberechtlichen Vorschriften den Auftrag hätte erhalten müssen.[17]

14.2 Ausgewählte Einzelprobleme aus dem Bereich des Abfallrechts

14.2.1 Inhouse-Geschäfte

Bei sogenannten Inhouse-Geschäften handelt es sich dem Grunde nach um solche, bei denen der Auftraggeber den Auftrag an ihm zugehörige Einrichtung vergibt.

Die auf der Grundlage der Spruchpraxis des Europäischen Gerichtshofs[18] entwickelte und etablierte Rechtsprechung wurde gesetzlich manifestiert, wobei die Voraussetzungen der vergabefreien Inhouse-Vergabe im Detail Anpassungen erfahren haben. Nach § 108 Abs. 1 GWB ist eine Vergabefreiheit der Beauftragung einer juristischen Person des öffentlichen oder privaten Rechts durch einen öffentlichen Auftraggeber anzunehmen, soweit

- der öffentliche Auftraggeber über diese juristische Person eine ähnliche Kontrolle ausübt wie über eine eigene Dienststelle (Kontroll- und Beherrschungskriterium),
- mehr als 80 Prozent der Tätigkeiten der juristischen Person der Ausführung von Aufgaben dienen, mit denen sie von dem öffentlichen Auftraggeber oder von einer anderen juristischen Person, die von diesem kontrolliert wird, betraut wurde (Wesentlichkeitskriterium), und
- an der juristischen Person keine direkte private Kapitalbeteiligung besteht, mit Ausnahme nicht beherrschender Formen der privaten Kapitalbeteiligung und Formen der privaten Kapitalbeteiligung ohne Sperrminorität, die gesetzlich vorgeschrieben sind und keinen entscheidenden Einfluss auf die kontrollierte Person vermitteln.

14.2.1.1 Kontrollkriterium

Das sogenannte Kontroll- und Beherrschungskriterium wird als erfüllt angesehen, wenn der Auftraggeber neben der entsprechend mehrheitlichen Beteiligung das Recht hat, auf

[16] BGH, Urt. v. 08.12.2020 – XIII ZR 19/19.

[17] BGH, Urt. v. 08.12.2020 – XIII ZR 19/19.

[18] EuGH, Urt. v. 18.11.1999 – C-107/98.

die strategischen Ziele und die wichtigen Entscheidungen des Auftragnehmers im ausschlaggebenden Maße Einfluss zu nehmen, § 108 Abs. 2 GWB.[19]

▶ **Praxishinweis** Bei der erforderlichen Kontrollausübung ist in der praktischen Umsetzung möglichst an den Organzuständigkeiten anzuknüpfen, wobei der Einfluss auf wesentliche Entscheidungen des operativen Geschäftes die Steuerung des Vorstandes der Gesellschaft und die Einflussnahme auf die strategischen Ziele die Steuerung des Aufsichtsrates der Gesellschaft betrifft.[20]

Die ausgeübte Kontrolle muss wirksam, strukturell und funktionell sein.[21] Unschädlich ist es für die Annahme des Kontrollkriteriums, wenn verschiedene öffentliche Auftraggeber an dem zu beauftragenden Unternehmen Anteile halten und gemeinsam, aber nicht zwingend im Einzelnen auf dieses den erforderlichen Einfluss ausüben.[22] § 108 Abs. 4 GWB bestimmt ausdrücklich, dass auch bei gemeinsamer Kontrolle durch verschiedene öffentliche Auftraggeber eine vergabefreie Inhouse-Vergabe vorliegt, wenn der beauftragende öffentliche Auftraggeber gemeinsam mit anderen öffentlichen Auftraggebern über die juristische Person eine ähnliche Kontrolle ausübt wie jeder der öffentlichen Auftraggeber über seine eigene Dienststelle (Kontrollkriterium). Dabei muss das beschlussfassende Organ der zu beauftragenden juristischen Person aus Vertretern sämtlicher teilnehmender Auftraggeber bestehen, wobei Vertretung von Auftraggebern zulässig ist. Auf den Auftragnehmer muss gemeinsam der erforderliche Einfluss auf strategische Ziele sowie wesentliche Entscheidungen ausgeübt werden.

Ausreichend für eine Inhouse-Vergabe kann überdies sein, dass eine mittelbare Kontrolle über eine Tochtergesellschaft auf eine Enkelgesellschaft ausgeübt wird. § 108 Abs. 2 Satz 2 GWB regelt, dass eine Kontrolle auch im mehrstufigen Verhältnis auf eine andere juristische Person ausgeübt werden kann, die auf gleiche Weise vom Auftraggeber kontrolliert wird. Erforderlich ist allerdings, dass der entsprechende Einfluss auf die Enkelgesellschaft über die zwischengeschaltete Tochtergesellschaft gegeben ist.[23]

14.2.1.2 Wesentlichkeitskriterium

Neben dem Kontrollkriterium erfordert ein Inhouse-Geschäft, dass der Auftragnehmer hauptsächlich für den ihn kontrollierenden Auftraggeber tätig wird. Das setzt voraus, dass jedenfalls andere Tätigkeiten nur von rein nebensächlichem Charakter sein dürfen. Wann eine Erfüllung des Wesentlichkeitskriteriums angenommen werden kann, ist dabei gemäß der Spruchpraxis des Europäischen Gerichtshofes nach qualitativen und quantita-

[19] EuGH, Urt. v. 13.10.2005 – C-458/03.

[20] *Gaus*, VergabeR 2016, 418, 421.

[21] *Müller-Wrede*, VergabeR 2016, 292, 293.

[22] OLG Hamm, Urt. v. 13.11.2008 – C-324/07.

[23] OLG Düsseldorf, Beschl. v. 28.07.2011 – Verg 20/11.

tiven Umständen zu beurteilen.[24] Als quantitativer Faktor wird regelmäßig der Umfang des erwirtschafteten Umsatzes durch Aufträge für den beherrschenden öffentlichen Auftraggeber zugrunde gelegt. Auf die quantitativen Faktoren wird nunmehr als objektiv bestimmbare Größe im Rahmen der gesetzlichen Regelung in § 108 Abs. 1 Nr. 2, 7 GWB abgestellt.

Nach § 108 Abs. 1 Nr. 2 GWB genügt es für die Annahme der Wesentlichkeit, sofern 80 % der Tätigkeit der juristischen Person der Ausführung von Aufgaben dienen, mit denen sie von dem öffentlichen Auftraggeber oder von einer anderen juristischen Person, die von diesem kontrolliert wird, betraut wurde. Bei einer Kontrolle durch mehrere Auftraggeber müssen 80 % der Tätigkeiten aufgrund von Aufgaben erbracht werden, mit denen der Auftragnehmer durch die ihn beherrschenden Auftraggeber betraut wurde. Als Umsätze und damit Tätigkeiten des Auftraggebers sind solche anzusehen, die für diesen selbst und die ihm zuzurechnenden Stellen erbracht werden.[25] Danach werden Tätigkeiten nicht im Wesentlichen für den Auftraggeber und damit zugunsten Dritter ausgeführt, wenn sie dem Unternehmen von einer an ihm nicht beteiligten Behörde zugunsten von Gebietskörperschaften, die auch nicht an ihm beteiligt sind und keine Kontrolle über das Unternehmen ausüben, auferlegt werden.[26] Als „inhouse-schädliches" Fremdgeschäft sind demnach sämtliche Tätigkeiten anzusehen, welche nicht für Auftraggeber, sondern für Dritte erbracht werden.[27]

Fraglich ist, inwieweit in diesem Zusammenhang der Umsatz von Tochtergesellschaften zu berücksichtigen ist. Dabei soll möglichst eine wirtschaftlich ausgerichtete Betrachtung anzustellen sein. Im Einzelfall kann dies dazu führen, dass Umsätze von Tochtergesellschaften in die Betrachtung des Wesentlichkeitskriteriums mit einzubeziehen sind.[28]

► **Praxishinweis** Im Entsorgungsbereich wurde die Annahme und Verwertung von Abfällen, für die keine Annahmepflicht nach § 20 KrWG besteht, als eine Fremdtätigkeit eingestuft.[29] Betroffen sind davon beispielsweise nicht annahmepflichtige Gewerbeabfälle zur Verwertung sowie Abfälle, die nicht auf dem Gebiet des Entsorgungsträgers angefallen sind.

[24] EuGH, Urt. v. 11.05.2006 – C-340/04.

[25] OLG Düsseldorf, Beschl. v. 02.11.2016 – Verg 23/16; VK Lüneburg, Beschl. v. 11.11.2013 – VgK-33/2013; OLG Düsseldorf, Beschl. v. 07.08.2019 – Verg 9/19.

[26] EuGH, Urt. v. 08.12.2016 – C-553/15, Rn. 38.

[27] OLG Düsseldorf, Beschl. v. 02.11.2016 – Verg 23/16; VK Bund, Beschl. v. 18.05.2016 – VK 1-18/16.

[28] OLG Celle, Beschl. v. 17.12.2014 – 13 Verg 3/13; OLG Düsseldorf, Beschl. v. 02.11.2016 – VII-Verg 23/16.

[29] OLG Celle, Beschl. v. 17.12.2014 – 13 Verg 3/13.

14.2.2 Interkommunale Zusammenarbeit

Die interkommunale Zusammenarbeit zwischen zwei oder mehreren öffentlichen Auftraggebern stellt sich unter den Voraussetzungen nach § 108 Abs. 6 GWB als nicht ausschreibungspflichtig dar. Grund dafür ist, dass es in der freien Entscheidung einer öffentlichen Stelle liegt, ob sie ihre im Allgemeininteresse liegenden Aufgaben mit eigenen Mitteln und auch in Zusammenarbeit mit anderen öffentlichen Stellen erfüllen will, ohne gezwungen zu sein, sich an externe Einrichtungen zu wenden.[30] Da diese Konstellation aber eine Ausnahme von der grundsätzlich auch zwischen verschiedenen öffentlichen Stellen geltenden Pflicht zur Anwendung des Vergaberechts ist, werden an die Annahme einer vergaberechtsfreien Zusammenarbeit folgende Bedingungen gestellt:

- Die betreffende Vereinbarung muss eine Zusammenarbeit zwischen den beteiligten öffentlichen Auftraggebern begründen oder erfüllen, um sicherzustellen, dass die von ihnen zu erbringenden öffentlichen Dienstleistungen im Hinblick auf die Erreichung gemeinsamer Ziele ausgeführt werden.
- Die vorgenannte Zusammenarbeit muss ausschließlich durch Überlegungen im Zusammenhang mit dem öffentlichen Interesse bestimmt werden.
- Der öffentliche Auftraggeber muss auf dem Markt weniger als 20 % der Tätigkeiten erbringen, die durch die Zusammenarbeit erfasst sind.

Diese Voraussetzungen müssen kumulativ vorliegen. Die von der Kooperation betroffene Zusammenarbeit muss ausschließlich durch Überlegungen in Verbindung mit dem öffentlichen Interesse geprägt sein. Erforderlich ist zudem eine echte Zusammenarbeit zwischen den öffentlichen Auftraggebern, welche auf einem kooperativem Konzept beruht.[31] Diesem muss eine Initiative zugrunde liegen, die Ausdruck einer gemeinsamen Strategie ist und dem Zusammenwirken eine kollaborative Dimension verleiht, was zumindest eine gemeinsame Bedarfsprüfung und -definition voraussetzt.[32] Diese Voraussetzung ist nicht erfüllt, wenn ein öffentlicher Auftraggeber die Ressourcen, die er zur Aufgabenerfüllung einsetzt (etwa eine Abfallbehandlungsanlage), aufgrund eigenständiger Bedarfsfestlegung und -deckung bereits vorhält und im Rahmen seiner Suche nach Absatzmöglichkeiten zur Mitnutzung anbietet.[33] Die Zusammenarbeit muss auf die Erfüllung eines gemeinsamen Ziels ausgerichtet sein, wobei nicht erforderlich ist, dass die Kooperationspartner ein und dieselbe öffentliche Dienstleistung gemeinsam erbringen.[34]

---

[30] EuGH, Urt. v. 09.06.2009 – C-480/06.

[31] 32. Erwägungsgrund zur Richtlinie 2014/24/EU über die öffentliche Auftragsvergabe, Amtsblatt der EU L 94/66; EuGH, Urt. v. 4.6.2020 – C-429/19; OLG Koblenz, Beschl. v. 03.12.2014 – Verg 8/14.

[32] EuGH, Urt. v. 04.06.2020 – C-429/19.

[33] *Krohn/Müller*, NZBau 2020, 491, 493.

[34] EuGH, Urt. v. 28.05.2020 – C-796/18; 33. Erwägungsgrund zur Richtlinie 2014/24/EU über die öffentliche Auftragsvergabe, Amtsblatt der EU L 94/66.

Eine interkommunale Zusammenarbeit kann im Bereich von öffentlichen Aufgaben der Abfallentsorgung auch zwischen verschiedenen Entsorgungsträgern vereinbart werden. Fraglich ist, ob die von der interkommunalen Zusammenarbeit umfasste Abfallentsorgung nur überlassungspflichtige Abfälle oder aber auch beispielsweise Abfälle zur Verwertung aus dem gewerblichen Bereich umfassen darf. Nach dem Oberlandesgericht Celle sind nur Tätigkeiten als solche für den öffentlichen Auftraggeber anzusehen, die der Annahmepflicht nach § 20 KrWG unterliegen; offengelassen wurde, ob eine Abgrenzung nach der Überlassungspflicht zu erfolgen hat.[35] Gemäß § 108 Abs. 6 Nr. 3 GWB muss sich der Teil der wirtschaftlichen Tätigkeit der Kooperationspartner ebenfalls auf weniger als 20 % des von der Zusammenarbeit erfassten Tätigkeitsbereiches reduzieren.

Unerheblich ist es für die Annahme einer interkommunalen Zusammenarbeit, ob Dritte bzw. auch Private mit der Leistungsdurchführung unterbeauftragt werden. Bei der Beurteilung einer vergabefreien interkommunalen Zusammenarbeit ist auf den konkret abzuschließenden Kooperationsvertrag abzustellen. Weitere Verträge, die sich auf die Aufgabenerfüllung für einen der beteiligten öffentlichen Stellen durch einen Dritten beziehen und die letztlich als Folge der abgeschlossenen Kooperationsvereinbarung getroffen werden, bleiben unberücksichtigt.[36]

Die interkommunale Zusammenarbeit kann mit einer Inhouse-Vergabe in der Art und Weise kombiniert werden, dass das kommunale Unternehmen als verlängerter Arm der Kommune mit anderen Kommunen zusammenarbeitet.[37] Fraglich ist hierbei, ob der im Wege dieser interkommunalen Zusammenarbeit erzielte Umsatz als Fremdumsatz im Rahmen des Wesentlichkeitskriteriums zu berücksichtigen ist. Das Oberlandesgericht Düsseldorf lässt dies als eine entscheidungserhebliche Frage offen, die dem Europäischen Gerichtshof im Wege eines Vorabentscheidungsersuchens vorzulegen wäre.[38] Das Oberlandesgericht Düsseldorf scheint aber zu der Auffassung zu tendieren, dass die Grundsätze der Inhouse-Vergabe auch dann anwendbar sind, wenn der Auftragnehmer nicht im Wesentlichen für den beherrschenden öffentlichen Auftraggeber tätig wird, sondern stattdessen für einen kommunalen Partner des Auftraggebers.[39]

Abzugrenzen von der interkommunalen Zusammenarbeit nach § 108 Abs. 6 GWB und den danach erforderlichen Voraussetzungen ist die Übertragung von Befugnissen und Zuständigkeiten für die Ausführung öffentlicher Aufgaben zwischen öffentlichen Auftraggebern oder Gruppenzusammenschlüssen von öffentlichen Auftraggebern gemäß Art. 1 Abs. 6 der RL 2014/24/EU. Derartige Angelegenheiten werden als interne Organisation der Verwaltung betrachtet, die schon nicht die Merkmale eines öffentlichen Auftrages er-

[35] OLG Celle Beschl. v. 17.12.2014 – 13 Verg 3/13.

[36] Vgl. EuGH, Urt. v. 09.06.2009 – C-480/06.

[37] EuGH, Urt. v. 09.06.2009 – C-480/06.

[38] OLG Düsseldorf, Beschl. v. 28.07.2011, Verg 20/11.

[39] *Roth*, IBR 2012, 1003.

füllen.[40] Maßgeblich ist daher, dass die Vereinbarung zur Übertragung von Zuständigkeiten ohne Vergütung für die Leistung erfolgt. Hinsichtlich der Übertragung von Aufgaben auf einen Zweckverband im Sinne des Art. 1 Abs. 6 der RL 2014/24/EU wurde es durch den Europäischen Gerichtshof[41] als wesentliches Merkmal einer solchen Kompetenzübertragung vorgegeben, dass nicht nur ein Übergang der Zuständigkeiten für die mit der Kompetenz verbundenen Aufgaben erfolgen muss, sondern auch die damit einhergehenden Befugnisse erfasst sein müssen. Letzteres bedeutet, dass die Organisation der sich aus der Kompetenzübertragung zu erfüllenden Aufgaben einschließlich der rechtlichen Rahmenbedingungen und einer finanziellen Unabhängigkeit beim Aufgabenübernehmer gegeben sein muss.

14.2.3 Anforderungen an die Leistungserbringung

Dem öffentlichen Auftraggeber steht das Recht zu, die auszuschreibende Leistung unter Berücksichtigung der Grundsätze der Transparenz und Gleichbehandlung der Bieter frei zu bestimmen.[42] Der Transparenzgrundsatz verpflichtet den Auftraggeber, die zu beschaffende Leistung hinreichend genau, d. h. so eindeutig und erschöpfend wie möglich zu beschreiben, damit sie den Unternehmen im gleichen Sinne verständlich ist und eine ordnungsgemäße Angebotskalkulation ermöglicht wird, § 121 Abs. 1 GWB i. V. m. § 31 Abs. 1 VgV. Nach mittlerweile gefestigter Spruchpraxis der Nachprüfungseinrichtungen[43] kommen in Einzelfällen außerordentliche Wagnisse sowie Risikoverteilungen unter dem Gesichtspunkt der Unzumutbarkeit einer für Bieter oder Auftragnehmer kaufmännisch vernünftigen Kalkulation zum Tragen.[44] Für den Mangel an Zumutbarkeit genügt es in jedem Fall nicht, wenn dem Bieter gewisse Preis- und Kalkulationsrisiken aufgebürdet werden, die vertragstypischer Weise ihm ohnehin obliegen.[45] Dem Auftragnehmer dürfen aber jedenfalls solche Risiken nicht auferlegt werden, die auf Umständen oder Ereignissen beruhen, auf die dieser keinen Einfluss hat und die eine entsprechende Angebotskalkulation schlicht nicht ermöglichen.[46] In diesem Sinne ist ein ungewöhnliches Risiko anzuneh-

[40] EuGH, Urt. v. 09.06.2009 – C-480/06, Rn. 45; EuGH, Urt. v. 13.11.2008 – C-324/07, Rn. 48 f.; EuGH, Urt. v. 19.04.2007 – C-295/05, Rn. 65; EuGH, Urt. v. 12.06.2014 – C-156/13 Rn. 34; EuGH, Urt. v. 18.06.2020 – C-328/19.

[41] EuGH, Urt. v. 21.12.2016 – C-51/15.

[42] OLG Düsseldorf, Beschl. v. 13.04.2016 – Verg 47/15; OLG Koblenz Beschl. v. 05.09.2002 – 1 Verg 2/02.

[43] OLG Koblenz, Beschl. v. 29.11.2012 – 1 Verg 6/12; OLG Düsseldorf, Beschl. v. 19.10.2011 – Verg 54/11; OLG Karlsruhe, Beschl. v. 25.07.2014 – 15 Verg 5/14.

[44] OLG Düsseldorf, Beschl. v. 07.12.2011 – Verg 96/11; OLG Düsseldorf, Beschl. v. 07.11.2011 – Verg 90/11; OLG Karlsruhe, Beschl. v. 25.07.2014 – 15 Verg 5/14.

[45] OLG Düsseldorf, Beschl. v. 07.12.2011 – Verg 96/11.

[46] VK Münster, Beschl. v. 17.06.2011 – VK 5/11.

men, wenn mit der Forderung schwerwiegende wirtschaftliche Folgen für den Auftragnehmer verbunden sind.[47]

Der Auftraggeber ist im Sinne einer eindeutigen und umfassenden Leistungsbeschreibung gehalten, ihm bekannte Angaben zum Auftragsgegenstand zu machen, einer Pflicht zur Durchführung einer Markterkundung unterliegt er ausdrücklich nicht.[48] Allerdings stellt es bei Altpapiervergaben einen Vergaberechtsverstoß dar, wenn vom Auftraggeber nicht die Grundsätze des tauschähnlichen Umsatzes beachtet werden. Denn bei der Verwertung bzw. Vermarktung von kommunalem Altpapier handelt es sich einerseits um die Erbringung einer Dienstleistung (Entsorgungsleistung) durch den Auftragnehmer, andererseits um den Verkauf von wertstoffhaltigem Material auf Seiten des Auftraggebers. In der Leistungsbeschreibung sind daher sämtliche Preisbestandteile getrennt abzufragen, wobei eine ggf. enthaltene Umsatzsteuer stets herauszurechnen ist.[49] Ebenso ist es bei der Ausschreibung der Altpapiervermarktung unzulässig, im Rahmen einer Preisanpassungsklausel auf eine Preisbasis abzustellen, die dem Bieter zum Zeitpunkt der Angebotsabgabe noch nicht bekannt ist und somit in der Zukunft liegt.[50] Weiterhin stellt im Rahmen von Altpapiervergaben nur die gemeinsame Ausschreibung des kommunalen Anteils und des Anteils der dualen Systeme keinen Vergaberechtsverstoß dar. Nach § 23 Abs. 3 Verpackungsgesetz (VerpackG) können die Systeme und der öffentlich-rechtliche Entsorgungsträger die Sammelleistung gemeinsam ausschreiben, soweit Verpackungen aus Papier, Pappe und Karton zusammen mit stoffgleichen Nichtverpackungen im Wege der Mitbenutzung nach § 22 Abs. 4 in einem Sammelbehälter erfasst werden. Die Systeme und der öffentlich-rechtliche Entsorgungsträger können in diesem Fall auch den jeweils anderen mit der Durchführung des Ausschreibungsverfahrens beauftragen.

Grundsätzlich darf dem Auftragnehmer nicht abverlangt werden, sich zu verpflichten, Altpapier im Entsorgungsgebiet nicht gewerblich zu sammeln.[51] Fraglich ist, ob eine fehlende Preisgleitklausel und somit die Ausschreibung von Festpreisen bei Altpapiervergaben ein ungewöhnliches Risiko darstellt. Dies könnte dann der Fall sein, wenn die Vertragslaufzeit äußerst lang ist, eine über dem EUWID[52] liegende Preisuntergrenze für den Erlös vorgegeben wurde oder das Risiko von Herausgabeansprüchen der dualen Systeme für deren Altpapieranteil einseitig und nicht beschrieben bei dem Auftragnehmer liegt.

[47] OLG Düsseldorf, Beschl. v. 18.11.2009 – Verg 19/09.

[48] OLG Düsseldorf, Beschl. v. 13.04.2016 – Verg 47/15.

[49] VK Südbayern, Beschl. v. 24.06.2010, Z3-3-3194-1-23-/04/10.

[50] VK Baden-Württemberg, Beschl. v. 07.02.2019 – 1 VK 52/18.

[51] OLG Rostock, Beschl. v. 16.03.2009 – 17 Verg 1/09.

[52] In der Zeitschrift EUWID Recycling und Entsorgung, abgekürzt EUWID, werden regelmäßig die aktuellen Übersichten mit den durchschnittlich erzielten Preisen für werthaltige Abfälle – wie beispielsweise Altpapier oder Altmetall – veröffentlicht. Die Angaben im EUWID sind in rechtlicher und wirtschaftlicher Hinsicht als belastbare Grundlage für die Feststellung der Marktpreise anerkannt. Die Marktpreise sind auch im Internet unter www.euwid-recycling.de abrufbar.

Als unzumutbares Risiko ist es auch anzusehen, wenn keine Mindestliefermengen ausgeschrieben werden. Zumindest sind Mengenkorridore abzufragen mit Mengenschwankungen von etwa 20 % bis 25 %, um kein unzumutbares Risiko darzustellen.[53] Im Zusammenhang mit der Konkretisierung des Leistungsumfanges sind insbesondere Rahmenvereinbarungen zunehmend in den Fokus geraten. Mit Blick auf eine denkbare Auftragserweiterung wurde nunmehr durch den Europäischen Gerichtshof festgestellt, dass der Auftraggeber für Rahmenvereinbarungen den Schätzwert als auch die Höchstmenge oder den Höchstwert angeben muss, ab deren Erreichen die Rahmenvereinbarung als erfüllt gilt.[54] Das heißt, weitergehende Einzelabrufe müssen erneut vergeben und können nicht mehr auf diese Rahmenvereinbarung gestützt werden.

Die Bestimmung der Leistungsanforderungen finden ihre Grenzen regelmäßig in dem Gebot der Transparenz und Gleichbehandlung. Demgemäß ist es nicht ohne weiteres zulässig, wettbewerbsbeschränkende Vorgaben zur örtlichen Beschränkung der Erbringung von Entsorgungsleistungen vorzunehmen. So müssen etwa Entfernungsvorgaben bezüglich der Übernahme oder der Verwertungsanlage, die per se den Wettbewerb beschränken, sachlich gerechtfertigt sein. Anerkannt wurden derartige einschränkende Vorgaben unter Angabe konkreter Radien, in denen die Übernahme- oder die Behandlungsanlage gelegen sein musste, sofern diese durch die Minimierung des Zeitaufwandes für den Transport zur Gewährleistung der Einhaltung von Tourenplänen oder die Begrenzung von Transport- sowie Fahrkosten gerechtfertigt wurde.[55] Ohne vergleichbare Sachgründe wurde die Auftragsanforderung, dass bezüglich der Übernahme und Verwertung von Grünabfällen die Übernahmestelle im Stadtgebiet oder die Verwertungsanlage in einem 5 km-Radius von diesem gelegen sein muss, als diskriminierend und unzulässig angesehen.[56] Der Wettbewerb würde dadurch über das notwendige Maß hinaus eingeschränkt.

Abweichend von der bisherigen Rechtsprechung des Europäischen Gerichtshofes,[57] steht es dem öffentlichen Auftraggeber auch frei, einen Eigenleistungsanteil des Bieters vorzuschreiben, § 47 Abs. 5 VgV. Allerdings ist diese Möglichkeit ausschließlich auf die Ausführung besonders kritischer Aufgaben bei Dienstleistungsaufträgen oder kritische Verlege- oder Installationsarbeiten in Verbindung mit Lieferaufträgen beschränkt. Es wird sich in der Rechtsprechung erweisen müssen, welche Voraussetzungen an eine solche kritische Aufgabe gestellt werden.

---

[53] OLG München, Beschl. v. 06.08.2012 – Verg 14/12.

[54] EuGH, Urt. v. 17.06.2021 – C-23/20.

[55] OLG Düsseldorf, Beschl. v. 03.04.2008 – Verg 54/07; OLG Koblenz, Beschl. v. 22.07.2014 – Verg 3/14.

[56] OLG Koblenz, Beschl. v. 20.04.2016 – Verg 1/16.

[57] EuGH, Urt. v. 18.03.2004 – C-314/01.

14.2.4 Eignungsnachweise

14.2.4.1 Allgemein

Aus § 122 Abs. 1 GWB ergibt sich, dass öffentliche Aufträge an fachkundige und leistungsfähige Unternehmen zu vergeben sind. Verzichtet wird nach den novellierten Vergaberechtsbestimmungen zur Eignung auf das Kriterium der Zuverlässigkeit. An deren Stelle tritt die Prüfung, ob auf den jeweiligen Bieter ein Ausschlussgrund gemäß der §§ 123, 124 GWB zutrifft. Welche Anforderungen an diese Kriterien der Eignung für den zu vergebenden Auftrag gestellt werden, ist von dem Auftraggeber im Rahmen einer Ermessensentscheidung festzulegen. Maßgeblich ist aber, dass von ihm geforderte Nachweise der Fachkunde und Leistungsfähigkeit mit dem Auftragsgegenstand in Verbindung und zu diesem in einem angemessenen Verhältnis stehen, § 122 Abs. 4 Satz 1 GWB. Sie dürfen nach § 122 Abs. 2 GWB ausschließlich die Befähigung und Erlaubnis zur Berufsausübung sowie die wirtschaftliche als auch die technische Leistungsfähigkeit betreffen. Die geforderten Unterlagen zum Eignungsnachweis sind vom Auftraggeber gemäß § 122 Abs. 4 Satz 2 GWB i. V. m. § 48 Abs. 1 VgV neben der Benennung der Eignungskriterien in der Bekanntmachung oder, sofern zutreffend, in der Vorinformation, spätestens aber in der Aufforderung zur Interessensbestätigung aufzuführen. Die geforderten Eignungsnachweise müssen hinreichend konkret angegeben werden. Die Forderung eines Zertifikates als Entsorgungsfachbetrieb hat detailliert etwa unter Angabe der betroffenen Abfälle (Abfallschlüsselnummern) sowie ggf. des angebotenen Standortes einer Umschlagstelle oder Entsorgungsanlage zu erfolgen; anderenfalls würde die Vorlage irgendeines Zertifikates zugunsten des Bieters genügen.[58]

► **Praxishinweis** Bezogen auf die Übersichtlichkeit und Klarheit der Vergabeunterlagen als auch der Prüfbarkeit der Angebote ist es hilfreich, eine Checkliste über die einzureichenden Unterlagen den Vergabeunterlagen beizufügen, auch wenn diese von Gesetzes wegen nicht mehr gefordert wird.

Die im Rahmen der Eignung zu prüfenden zwingenden und auch fakultativen Ausschlusstatbestände sind in §§ 123 und 124 GWB enumerativ geregelt. Die Ausschlusstatbestände betreffen strafrechtlich oder in sonstiger Weise rechtlich relevante Tatbestände, die Zweifel an der ordnungsgemäßen Vertragserfüllung begründen. Bezüglich der fakultativen Ausschlusstatbestände stellt der Auftraggeber vorab eine Prognoseentscheidung an, ob der jeweilige Bieter gleichwohl eine ordnungsgemäße Auftragserfüllung erwarten lässt.[59] Dabei bezieht er auch eine etwaig erfolgte Selbstreinigung des Unternehmens mit ein, sofern auf dieses einer der fakultativen Ausschlusstatbestände in der Vergangenheit zugetroffen sein sollte. Die Einstellung eines Strafverfahrens nach § 153a StPO kann hier-

---

[58] OLG München, Beschl. v. 30.04.2014 – Verg 2/14.

[59] OLG Karlsruhe, Beschl. v. 10.07.2015 – 15 Verg 3/15.

bei keine schwere Verfehlung darstellen, die einen Ausschlussgrund nach § 124 Abs. 1 Nr. 3 GWB rechtfertigt.[60] Die erforderlichen Maßnahmen zur Selbstreinigung sind in § 125 GWB geregelt. Danach muss das betroffene Unternehmen aktiv zur Aufklärung der in Rede stehenden Vorgänge unter Zusammenarbeit mit den Behörden beigetragen haben, eine Schadensregulierung zumindest verbindlich erklärt haben sowie entsprechende technische, personelle und organisatorische Maßnahmen zur Vermeidung eines künftigen Fehlverhaltens im eigenen Unternehmen durchgeführt haben.[61] Der Auftragnehmer hat dann im Rahmen einer pflichtgemäßen Ermessensentscheidung zu bewerten, ob diese Selbstreinigungshandlungen glaubwürdig und erfolgversprechend waren, um Vergleichbares für die Zukunft auszuschließen,[62] § 125 Abs. 2 GWB.

Zum Nachweis der Befähigung und Erlaubnis zur Berufsausübung, zur finanziellen und wirtschaftlichen Leistungsfähigkeit sowie zur Fachkunde enthalten §§ 44 bis 46 VgV jeweils Angaben zu möglichen Eignungsnachweisen. Das sind nach § 45 Abs. 1 Satz 2 VgV für die finanzielle Leistungsfähigkeit beispielsweise Erklärungen des Bieters über dessen Umsatz. Zum Nachweis der Fachkunde werden in erster Linie Referenzen über bereits erbrachte vergleichbare Leistungen verlangt, welche nunmehr ausschließlich in Form einer Liste gefordert werden dürfen, § 46 Abs. 3 VgV. Die Auflistung möglicher Eignungsnachweise zur Fachkunde ist abschließend („numerus clausus").[63]

Typische Nachweise zur fachlichen Eignung, die bei Auftragsvergaben im Bereich der Abfallentsorgung – neben Referenzen – gefordert werden, sind die Zertifizierung als Entsorgungsfachbetrieb und behördliche Genehmigungen betreffend den Betrieb von Entsorgungs- oder Umschlaganlagen. Diese sind dem geregelten Kriterium „technische Ausrüstung und Qualitätssicherung", § 46 Abs. 3 Ziff. 3 VgV, zuzuordnen.[64] Zu beachten ist, dass Zertifikate unternehmensgebunden und nicht rechtsgeschäftlich übertragbar sind, sodass eine vom im geforderten Zertifikat genannten Unternehmen abgespaltene Gesellschaft dieses Zertifikat nicht erben kann.[65]

Nachweise zur Eignung sind von Bedingungen für die Auftragsdurchführung abzugrenzen; Bedingungen für die Auftragsdurchführung müssen erst zum Leistungsbeginn und nicht bereits zum Zeitpunkt der Angebotsabgabe vorliegen.[66] Demgemäß wurde etwa die im Abfallrecht verankerte Pflicht, vor der Verbringung von Abfällen die Zustimmung der zuständigen Behörden des Versandstaates, des Durchfuhrstaates und des Bestim-

[60] OLG Celle, Beschl. v. 13.05.20119 – 13 Verg 2/19.

[61] So auch bereits: OLG Rostock, Beschl. v. 06.03.2009 – 17 Verg 1/09; OLG Celle, Beschl. v. 13.12.2007 – 13 Verg 10/07; VK Bund, Beschl. v. 28.09.2005 – VK 1-123/05.

[62] So auch bereits: VK Lüneburg, Beschl. v. 24.03.2011 – VgK – 04/2011; OLG Düsseldorf, Beschl. v. 09.06.2010 – Verg 14/10.

[63] OLG Düsseldorf, Beschl. v. 17.02.2016 – Verg 37/14; VK Bund, Beschl. v. 23.05.2002 – VK 2-16/02; *Hausmann/von Hoff*, in: Kulartz et al. Kommentar zur VgV, 2017, § 46 Rn. 9.

[64] Vgl. VK Sachsen, Beschl. v. 15.03.2016 – 1/SVK/045-15.

[65] VK Bund, Beschl. v. 28.05.2020 – VK 2-29/20.

[66] EuGH, Urt. v. 10.05.2012 – C-368/10, NVwZ 2012, 867, 873.

mungsstaates einzuholen, als Bedingung der Auftragsausführung und nicht als Nachweis der Befähigung zur Berufsausübung kategorisiert. Unzulässig war es demnach, den Nachweis einer solchen Zustimmung bereits zum Zeitpunkt der Angebotsabgabe zu verlangen.[67]

Zum Nachweis der Eignung hat der öffentliche Auftraggeber nach § 48 Abs. 2 VgV in erster Linie Eigenerklärungen zu fordern. Dabei hat er zum vorläufigen Beleg der Eignung einschließlich des Nichtvorliegens von Ausschlussgründen eine Einheitliche Europäische Eigenerklärung (EEE)[68] zu akzeptieren, § 48 Abs. 3 VgV. Im Falle des Einreichens einer solchen EEE muss der Auftraggeber nach § 50 Abs. 2 Satz 2 VgV von dem Bieter, welcher als Auftragnehmer vorgesehen ist, noch vor Zuschlagserteilung die Beibringung der tatsächlich geforderten Eignungsnachweise und -unterlagen fordern. Die EEE hat sich bei Ausschreibungen im Entsorgungsbereich weitestgehend nicht durchgesetzt und wird nur vereinzelt gefordert.

14.2.4.2 Eignungsleihe

Sofern ein Bieter nicht selbst über die Eignung in wirtschaftlicher oder fachlicher Hinsicht verfügt, kann er sich gemäß § 47 Abs. 1 Satz 1 VgV auf die Kapazitäten eines anderen Unternehmens berufen bzw. diese in Anspruch nehmen. Der Nachweis über die Verfügbarkeit dieser Kapazitäten ist in Form einer Verpflichtungserklärung zu führen. Allerdings erfordert eine solche Eignungsleihe bezogen auf die berufliche Eignung gemäß § 47 Abs. 1 Satz 3 VgV gleichzeitig, dass das beliehene Unternehmen den betreffenden Leistungsteil selbst erbringen muss. Der Umstand, dass der Auftraggeber in den Vergabeunterlagen formulierte, der Bewerber habe „seine" Leistungsfähigkeit nachzuweisen, ist kein Hinweis auf einen Ausschluss der Eignungsleihe, da das Beleihen der fremden Fähigkeiten gerade den Zweck hat, die Eignung des Bieters – demnach „seine Leistungsfähigkeit" – zu belegen.[69]

14.2.4.3 Zeitpunkt der Vorlage

Die geforderten Eignungsnachweise sind in der Regel bis zum Ablauf der Angebotsfrist vorzulegen oder können auf Vorbehalt nachgefordert werden. Sofern ein Unternehmen zum Zeitpunkt der Angebotsabgabe noch nicht als Entsorgungsfachbetrieb zertifiziert ist, muss diesem zugestanden werden, gleichwertige Eignungsnachweise vorzulegen. Zudem wird die Vorlage von Genehmigungen bzw. der Nachweis einer betriebenen Umschlaganlage innerhalb eines bestimmten Umkreises bereits mit Angebotsabgabe nur ausnahmsweise zulässig sein, sofern dies zur fristgerechten Auftragsdurchführung zwingend erforderlich ist. Anderenfalls darf von den Bietern mit dem Angebot nicht verlangt werden, die für die Ausführung des Vertrags erforderliche technische Ausrüstung bereits beschafft zu

---

[67] EuGH, Urt. vom 08.07.2021 – C-295/20.

[68] Durchführungsverordnung (EU) 2016/7 der Kommission vom 05.01.2016 zur Einführung des Standardformulars für die Einheitliche Europäische Eigenerklärung (EU Abl. L 3/16).

[69] VK Bund, Beschl. v. 29.04.2021 – VK 2-5/21.

haben, erforderlich ist vielmehr die Einräumung einer hinreichenden Vorbereitungszeit.[70] Die Pflicht, vor der Verbringung von Abfällen die Zustimmung der zuständigen Behörden des Versandstaates, des Durchfuhrstaates und des Bestimmungsstaates einzuholen, darf als Bedingung der Auftragsausführung noch nicht zum Zeitpunkt der Einreichung des Angebots gefordert werden.[71] Ansonsten müsste der Bieter im Rahmen der Angebotsabgabe bereits Verpflichtungen eingehen und behördliche Vorgänge einleiten, ohne dass dieser weiß, ob er den Auftrag erhält und sich somit seine Aufwendungen amortisieren lassen.[72]

14.2.4.4 Nachforderung fehlender Eignungsnachweise

Mit § 56 Abs. 2 Satz 1 VgV wurde für den öffentlichen Auftraggeber die gesetzliche Grundlage geschaffen, fehlende, unvollständige oder fehlerhafte unternehmensbezogene Unterlagen nachreichen, vervollständigen oder korrigieren zu lassen. Abgegrenzt werden die unternehmensbezogenen Unterlagen, welche die Eignungsnachweise erfassen, von leistungsbezogenen Unterlagen. Letztere dürfen nach vorstehender Norm lediglich nachgereicht oder vervollständigt werden, sofern sie fehlen oder unvollständig sind. Unternehmensbezogen sind solche Unterlagen, die die Eignungsprüfung betreffen und leistungsbezogene dagegen solche, die sich auf die Angebotswertung beziehen.[73] Ausgenommen vom Nachforderungsrecht sind leistungsbezogene Unterlagen, welche die Wertung der Angebote betreffen; es sei denn, es handelt sich um unwesentlichen Preispositionen, § 56 Abs. 3 VgV. Der Auftraggeber kann nach § 56 Abs. 2 Satz 2 VgV bereits in der Bekanntmachung oder den Vergabeunterlagen vorab festlegen, vom Nachforderungsrecht keinen Gebrauch machen zu wollen.

Es steht im freien Ermessen des Auftraggebers, ob er von diesem Nachforderungsrecht Gebrauch machen möchte. Der Auftraggeber kann das ihm zustehende Ermessen auch bereits vor Abgabe der Angebote dahingehend ausüben, auf eine Nachforderung ausdrücklich zu verzichten und dies in den Vergabeunterlagen angeben, § 56 Abs. 2 Satz 2 VgV. Ein Anspruch auf Nachforderung besteht allerdings dann, wenn der Auftraggeber in den Vergabeunterlagen ausdrücklich vorgegeben hat, fehlende Unterlagen in jedem Fall nachzufordern. Zudem kann ein Bieter aus dem geltenden Gleichbehandlungsgrundsatz auch eine Nachforderung unter Festsetzung einer Frist beanspruchen, soweit der Auftraggeber Mitkonkurrenten dieses Recht eingeräumt hat.

[70] OLG Düsseldorf, Beschl. v. 07.05.2014 – Verg 46/13; OLG Düsseldorf, Beschl. v. 26.07.2017 – Verg 11/17.

[71] EuGH, Urt. vom 08.07.2021 – C-295/20.

[72] OLG Düsseldorf, Beschl. v. 17.02.2016 – Verg 37/14; so auch: VK Bund, Beschl. v. 25.08.2016 – VK 2-71/16.

[73] VK Lüneburg, Beschl. v. 29.10.2019 – VgK-38/2019.

> **Praxishinweis** Da das Recht zur Nachforderung im freien Ermessen des Auftraggebers steht, sollte vorsorglich immer auf die Vollständigkeit des Angebotes besonderen Wert gelegt werden. Ein bloßer Hinweis auf die gesetzliche Möglichkeit der Nachforderung oder ein Vorbehalt des Auftraggebers in den Vergabeunterlagen genügen nicht, um einen Anspruch des Bieters zu begründen.

Weiterhin ist nach § 48 Abs. 7 VgV – in Abgrenzung zu einer tatsächlichen Nachforderung – eine bloße Erläuterung der vorgelegten Eignungsnachweise zulässig.

Das Recht zur Nachforderung ist damit erheblich ausgeweitet worden. Unter Bezugnahme auf das Nachverhandlungsverbot war bisher eine Verbesserung oder Aufbesserung von bereits vorgelegten Nachweisen, die aber die an sie gestellten Anforderungen nicht erfüllen, unzulässig.[74] In Anbetracht der umfassenden Neuregelung des Nachforderungsrechtes wurde in der Rechtsprechung die Grenze zwischen der Korrektur „formaler Fehler" und der inhaltlichen Anpassung bzw. Verbesserung der Angebote entwickelt. Dabei tendiert die vergaberechtliche Rechtsprechung dazu, auf eine äußerst formale, vom Gedanken formaler Ordnung geprägte strenge Behandlung des Vergaberechts zugunsten des Wettbewerbs zu verzichten.[75] Ein Ausschluss eines Angebots unter rein formalen Gesichtspunkten, die nicht mit einem manipulativen Eingriff in die Vergabeunterlagen verbunden sind, soll nicht (mehr) in Betracht kommen.[76] Danach ist seitens des Auftraggebers konkret zu prüfen, ob eine Nachforderung oder Aufklärung eines Angebotes vorliegt oder ob die Grenze zur unzulässigen Nachverhandlung eines Angebotes überschritten wird. Eine inhaltliche Nachbesserung des Angebotes durch eine Korrektur körperlich vorhandener Unterlagen ist nach wie vor unzulässig, wenn letztere leistungsbezogen sind und selbst in formaler Hinsicht von den Anforderungen abweichen.[77] Unzulässig ist eine Nachforderung für solche Nachweise, die ohnehin erst auf Vorbehalt des öffentlichen Auftraggebers nachzureichen sind; werden diese Nachweise nicht oder unvollständig vorgelegt, ist das Angebot vom Verfahren auszuschließen.[78]

14.2.4.5 Festlegung von Mindestkriterien

An die Eignungsnachweise können durch den Auftraggeber sogenannte Mindestanforderungen gestellt werden, die in der Bekanntmachung anzugeben sind. Gefordert werden

---

[74] VK Bund, Beschl. v. 14.12.2011 – VK 1-153/11; VK Nordbayern, Beschl. v. 29.06.2016 – 21. VK-3194-07/16.

[75] BGH, Urt. v. 18.06.2019 – X ZR 86/17, Rn. 23.

[76] OLG Schleswig, Beschl. v. 12.11.2020 – 54 Verg 2/20; OLG Düsseldorf, Beschl. v. 01.04.2020 – Verg 30/19.

[77] VK Sachsen-Anhalt, Beschl. v. 05.08.2020 – 3 VK LSA 27/20; OLG Koblenz, Beschl. v. 11.09.2018 – Verg 3/18; VK Lüneburg, Beschl. v. 29.10.2019 – VgK-38/2019.

[78] OLG Düsseldorf, Beschl. v. 17.02.2016 – Verg 37/14.

kann demnach beispielsweise die Abfuhr eines Entsorgungsgebietes mit einer bestimmten Einwohneranzahl, die Entsorgung einer bestimmten Menge von Abfällen, die Abfuhr oder Entsorgung bestimmter Abfallfraktionen (Restmüll, Bioabfall, Sperrmüll etc.) oder die Entsorgung von kommunalen Abfällen, sodass etwaige Entsorgungsdienstleistungen für die dualen Systeme keine Referenz darstellen.[79] Grund hierfür ist auch, dass die geforderten Mindestkriterien im Rahmen der Eignungsleihe durch Drittunternehmen erbracht werden können.[80] Erforderlich ist jedoch stets, dass die Mindestanforderungen im angemessenen Verhältnis zu der ausgeschriebenen Leistung stehen, § 46 Abs. 1 Satz 1 VgV.

Soweit zum Nachweis der Fachkunde vergleichbare Referenzen gefordert werden, müssen diese nicht identisch mit der ausgeschriebenen Leistung sein.[81] Das ist anzunehmen, wenn sie im technischen oder organisatorischen Bereich einen gleich hohen oder höheren Schwierigkeitsgrad aufweisen und der Auftragsleistung so weit ähneln, dass sie einen tragfähigen Rückschluss auf die Leistungsfähigkeit des Bieters eröffnen.[82] Eine Behältersammlung wird demnach nicht vergleichbar mit der Sammlung von Altpapier in Bündelsammlung und am Straßenrand sein, weil die Behältersammlung ein deutlich umfassenderes Spektrum umfasst und einen deutlich höheren Planungs- und Organisationsaufwand voraussetzt.[83] Soweit Rest- und Bioabfall sowie Altpapier jeweils mittels Behältern haushaltsnah erfasst werden, werden diese Leistungen zumindest von der Art her vergleichbar sein.

14.2.5 Vertragsänderung und -verlängerung

Neben dem Abschluss neuer Entsorgungsverträge kann auch die Änderung bereits bestehender Entsorgungsverträge einen vergaberechtlich relevanten Vorgang darstellen. In einer wesentlichen Abänderung bestehender Verträge kann der Abschluss eines neuen öffentlichen Auftrages gemäß § 103 Abs. 1 GWB zu den abgeänderten Bedingungen gesehen werden, § 132 Abs. 1 Satz 1 GWB. Wesentlich sind Vertragsanpassungen, wenn

- mit der Änderung Bedingungen eingeführt werden, welche die Zulassung anderer als die ursprünglich zugelassenen Bieter oder die Annahme eines anderen als das ursprünglich angenommene Angebot erlaubt hätten oder das Interesse weiterer Teilnehmer am Verfahren geweckt hätten, soweit sie Gegenstand des ursprünglichen Vergabeverfahrens gewesen wären,

[79] OLG Koblenz, Beschl. v. 07.11.2007 – 1 Verg 6/07.

[80] Nach OLG Düsseldorf, Beschl. v. 30.06.2010, 13/10, ist es nicht erforderlich, dass das Drittunternehmen auch Nachunternehmer und somit operativ tätig ist.

[81] OLG Frankfurt, Beschl. v. 08.04.2014 – 11 Verg 1/14; OLG München, Beschl. v. 12.11.2012 – Verg 23/12.

[82] VK Westfalen, Beschl. v. 25.06.2020 – VK 1-14/20.

[83] VK Baden-Württemberg, Beschl. v. 28.10.2011 – 1 VK 54/11.

- aufgrund der nachträglichen Anpassung das wirtschaftliche Gleichgewicht des Vertrages in einer Weise verschoben wird, die ursprünglich nicht vorgesehen war,
- durch die vorgesehenen Änderungen der Umfang des Auftrages erheblich ausgeweitet wird *oder*
- ein neuer Auftragnehmer den ursprünglichen Auftragnehmer außer in den geregelten Ausnahmefällen ersetzt.

Keine wesentliche Vertragsänderung stellt es danach schon dar, wenn lediglich abwicklungsorientierte Vertragsbestimmungen oder Ausführungsmodalitäten geändert werden, die den eigentlichen Leistungsinhalt unberührt lassen. Ein Indiz im Hinblick auf die Beurteilung einer relevanten Erweiterung des Leistungsumfanges und einer damit verbundenen Verschiebung des Gleichgewichtes des Vertrages zugunsten des Auftragnehmers ist unter anderem, inwieweit die Hauptleistungspflichten des bestehenden Vertrages geändert werden und diese zusätzlichen Leistungen von der Hauptleistung abtrennbar sind sowie bei Vertragsschluss bereits vorhersehbar waren.[84] Eine bloße Verschiebung des Gleichgewichtes zugunsten des Auftragnehmers wurde bei der Einführung der blauen Tonne zur haushaltsnahen Erfassung von Altpapier angenommen, wenn die zusätzliche Leistung zu einer Mehrvergütung von über 10 % geführt hat und diese Änderung für sich genommen den Schwellenwert für Dienstleistungen übersteigt.[85] Der Umfang einer Änderung von mehr als 10 % ist nunmehr als sogenannte Bagatellgrenze festgehalten worden, unterhalb derer eine Auftragsänderung zulässig sein kann ohne Durchführung eines neuen Vergabeverfahrens, § 132 Abs. 3 Satz 1 Nr. 2 GWB.

Ausschreibungspflichtig ist gemessen an den Kriterien der Wesentlichkeit vor allem die Änderung der zu erbringenden Entsorgungsleistung durch eine Erweiterung um eine weitere Abfallfraktion.[86] Allerdings regelt § 132 Abs. 2 Satz 1 Nr. 1 und 2 GWB auch für den Fall zusätzlicher Leistungen oder sonstiger unvorhergesehener Änderungen einzelne Ausnahmetatbestände von einer Vergabepflicht.

Des Weiteren werden in der Entsorgungswirtschaft auch häufig die Verlängerung von bestehenden Verträgen[87] neben etwa dem Austausch des Auftragnehmers während der Vertragslaufzeit (§ 132 Abs. 1 Satz 3 Nr. 4 GWB) thematisiert. Von vergaberechtlicher Relevanz sind nach § 132 Abs. 2 Satz 1 Nr. 1 GWB jedoch nur solche Änderungen, die nicht bereits in dem ursprünglichen Auftrag konkret angelegt waren. Nach üblichen, in Entsorgungsverträgen enthalten automatischen Verlängerungsoptionen verlängert sich dieser ohne die Notwendigkeit einer erneuten Erklärung um einen bestimmten Zeitraum, wenn er nicht von einer Partei vor Ablauf der Vertragslaufzeit gekündigt wird. Bei solchen Ver-

[84] *Kulartz/Duikers*, VergabeR 2008, 728, 734.

[85] OLG Celle, Beschl. v. 29.10.2009 – 13 Verg 8/09.

[86] OLG Düsseldorf, Beschl. v. 28.07.2011 – Verg 20/11.

[87] Vgl. OLG Rostock, Beschl. v. 23.03.2016 – 17 Verg 4/15.

trägen handelt es sich um unbefristete Verträge, die mittlerweile auch im Vergaberecht als zulässig angesehen werden.[88]

In dem Vertrag kann auch bereits vorgesehen sein, dass der Auftragnehmer zu einem späteren Zeitpunkt eine Aufgabe übernimmt, die zu Vertragsbeginn noch nicht realisiert wurde.[89] Dementsprechend kann in einem abzuschließenden Entsorgungsvertrag über die Erfassung von Restmüll bereits eine Anpassungsregelung für den Fall vorgesehen werden, dass eine gesetzliche Pflicht zur Getrenntsammlung von Bioabfällen begründet wird.

Im Hinblick auf die Vereinbarung von vertraglichen Änderungsvorbehalten ist nach § 132 Abs. 2 Satz 1 Nr. 1 GWB jedoch zu beachten, dass diese in den ursprünglichen Vergabeunterlagen klar, genau und eindeutig formuliert waren, dabei Angaben zu Art, Umfang und Voraussetzung möglicher Auftragsänderung enthalten. Unzureichend ist insbesondere eine allgemein gehaltene Änderungsklausel, nach welcher die Änderung auf einer freien Entscheidung des Auftraggebers beruht.[90] Zudem darf mit der Anpassung keine Änderung des vertraglichen Gesamtcharakters einhergehen.

[88] BGH, Beschl. v. 01.02.2005 – X ZB 27/04; EuGH, Urt. v. 19.06.2008 – C-454/06, Rn. 73 f.; KG Berlin, Beschl. v. 19.04.2012 – Verg 7/11; OLG Rostock, Beschl. v. 23.03.2016 – 17 Verg 4/15.

[89] *Ziekow*, in: ders./Völlink, Vergaberecht, 2020, § 132 Rn. 39 f.

[90] OLG Düsseldorf, Beschl. v. 28.07.2011 – Verg 20/11; OLG Brandenburg, Beschl. v. 08.07.2011 – Verg W 4/09.

Kartellrecht 15

Boris Rigod und Hendrik Reffken

15.1 Einleitung

15.1.1 Bedeutung des Kartellrechts für die Entsorgungswirtschaft

Einer der Grundpfeiler der sozialen Marktwirtschaft ist der freie Wettbewerb. Dieser sorgt dafür, dass die Anbieter von Waren und Dienstleistungen ihre Waren weiterentwickeln und die Qualität ihrer Produkte stetig verbessern. Der freie Wettbewerb verhindert zudem Monopolrenditen und die hierdurch bedingte Verteuerung von Waren und Dienstleistungen. Schließlich sorgt ein freier Wettbewerb für Konsumentensouveränität, indem er die Konsumenten in die Lage versetzt, frei zwischen den Angeboten verschiedener Leistungserbringer zu wählen.[1] Ludwig Erhard beschrieb die Bedeutung des Wettbewerbs wie folgt: „‚Wohlstand für alle' und ‚Wohlstand durch Wettbewerb' gehören untrennbar zusammen; das erste Postulat kennzeichnet das Ziel, das zweite den Weg, der zu diesem Ziel führt."[2]

---

[1] Zu den ökonomischen Grundlagen des Wettbewerbsrechts siehe etwa *Kling/Thomas*, Kartellrecht, 2007, S. 7 ff.

[2] *Erhard,* Wohlstand für alle, 1957, S. 9.

B. Rigod (✉)
ALBA Group plc & Co. KG, Berlin, Deutschland
E-Mail: boris.rigod@albagroup.de

H. Reffken
Schindler Deutschland AG & Co. KG, Berlin, Deutschland
E-Mail: hendrik.reffken@schindler.com

P. Kurth et al. (Hrsg.), *Praxishandbuch der Kreislauf- und Rohstoffwirtschaft*,
https://doi.org/10.1007/978-3-658-36262-1_15

Aufgabe des Kartellrechts ist es, den freien Wettbewerb mit seinen wichtigen Funktionen zu schützen. Dies gilt auch und nicht zuletzt für die Entsorgungswirtschaft. Das Bundeskartellamt hat in zahlreichen Entscheidungen und Stellungnahmen stets die Bedeutung des freien Wettbewerbs für die Entsorgungsbranche betont und sich für den Erhalt und die Stärkung des Wettbewerbsgrundsatzes eingesetzt. Gleichzeitig wurde darauf hingewiesen, dass gerade im Entsorgungsbereich die Wettbewerbspolitik regelmäßig Gefahr laufe, hinter Partikularinteressen von Kommunen zurückgedrängt zu werden.[3]

Ein eindrucksvolles Beispiel für die Schaffung von Wettbewerb im Entsorgungsbereich ist der Markt für die Entsorgung von Verkaufsverpackungen (gelber Sack). Auf diesem Markt gab es nach der Einführung der Verpackungsverordnung zunächst nur einen Anbieter (Der Grüne Punkt – Duales System Deutschland GmbH – „DSD"). Nachdem dieser Markt durch kartellbehördliche und gesetzliche Maßnahmen seit 2003 für weitere duale Systeme geöffnet werden konnte, sanken die Kosten für die Erfassung und Verwertung des gelben Sackes von ehemals 2 Mrd. EUR pro Jahr auf ca. 1 Mrd. EUR im Jahr 2008. Neue innovative Techniken zur Sortierung und Verwertung von Verpackungen wurden etabliert.[4]

Für den Wettbewerb im Entsorgungsbereich ist allerdings nicht nur das Kartellrecht, sondern auch das Abfallrecht von Bedeutung.[5] Ohne das Abfallrecht würden viele Entsorgungsmärkte heute schlichtweg nicht existieren. So entsteht z. B. erst durch das Verpackungsrecht mit seinen regulatorischen Vorgaben für Sortier- und Recyclingquoten eine Nachfrage nach den entsprechenden Erfassungs- und Sortierdienstleistungen. Die starke Prägung durch regulatorische Vorgaben unterscheidet den Entsorgungsbereich daher auch von anderen Märkten.

Das Kartellrecht wird durch das Abfallrecht zwar nicht überlagert; beide Rechtsgebiete stehen jedoch in einem engen Spannungsverhältnis. Dieses Spannungsverhältnis wird durch das Bundeskartellamt wiederum mit Hilfe der folgenden leicht handhabbaren Formel aufgelöst: Die Ziele des Umwelt- und Abfallrechts sind so zu verfolgen, dass der Wettbewerb möglichst wenig beschränkt wird.[6]

15.1.2 Kartellrechtliche Instrumente, Gesetze und Behörden

Das Kartellrecht bedient sich im Wesentlichen der folgenden drei gesetzlichen Instrumente, um den Wettbewerb zu schützen:

[3] BT-Drucksache 17/13675, BKartA, Tätigkeitsbericht 2011/2012, S. 15.

[4] BT-Drucksache 17/13675, BKartA, Tätigkeitsbericht 2011/2012, S. 86.

[5] Siehe auch: *Schulze*, in: Bunte, Kartellrecht, Bd. 2, 14. Aufl., 2021, Syst. X Entsorgungswirtschaft, Rn 1.

[6] *Mundt*, Wettbewerb in der Entsorgungswirtschaft aus Sicht des Bundeskartellamtes, Jahrestagung 2010 des Bundesverbandes Sekundärrohstoffe und Entsorgung e. V., 30.09.2010, abrufbar unter: http://www.bundeskartellamt.de/SharedDocs/Publikation/DE/Reden/L1/Andreas%20Mundt%20-%20Wettbewerb%20in%20der%20Entsorgungswirtschaft%20aus%20Sicht%20des%20Bundeskartellamtes.html?nn=3591102.

1. Verbot und Sanktionierung von wettbewerbsbeschränkenden Vereinbarungen und Verhaltensweisen (insb. das Verbot von Preisabsprachen sowie Kunden- und Gebietsaufteilungen);
2. das Verbot des Missbrauchs einer marktbeherrschenden Stellung;
3. die Kontrolle von Unternehmenszusammenschlüssen (Fusionskontrolle).

Alle drei kartellrechtlichen Instrumente werden nachfolgend noch näher dargestellt. Für ihre Anwendung, d. h. den Gesetzesvollzug in Deutschland, sind auf behördlicher Seite primär das Bundeskartellamt in Bonn und die Europäische Kommission in Brüssel zuständig. Die Landeskartellbehörden nehmen die Aufgaben des Gesetzesvollzugs wahr, wenn sich das Verhalten, das Gegenstand des Verfahrens ist, im Gebiet nur eines Bundeslandes auswirkt. Während sich die Europäische Kommission in erster Linie um Märkte und Verhaltensweisen kümmert, die europaweite Bedeutung haben und grenzüberschreitende Märkte und Sachverhalte betreffen, konzentriert sich das Bundeskartellamt auf Fälle mit einer nationalen oder regionalen Bedeutung. Da es sich bei den Märkten im Bereich der Entsorgungswirtschaft aus kartellrechtlicher Sicht primär um nationale bzw. regionale Märkte handelt, liegt die Zuständigkeit im Entsorgungsbereich heute in der Regel beim Bundeskartellamt. Allerdings gab es in der Vergangenheit auch einige Verfahren, die von der Europäischen Kommission in Brüssel geführt wurden. Diese betrafen vor allem die Öffnung des Marktes für Verpackungsentsorgung für Wettbewerber. Die Europäische Kommission ist zudem für die Fusionskontrolle von Zusammenschlüssen von Unternehmen mit sehr hohen Umsätzen (zusammen mind. 2,5 Mrd. EUR Jahresumsatz) zuständig. Das Bundeskartellamt prüft Zusammenschlüsse, die unterhalb der Schwellenwerte der EU-Fusionskontrolle aber oberhalb der Schwellenwerte der deutschen Fusionskontrolle liegen.

Das Kartellrecht kann und soll daneben auch mit den Mitteln des Zivilrechts durchgesetzt werden. Unternehmen können Wettbewerber auf Unterlassung und Schadensersatz verklagen, wenn kartellrechtliche Vorschriften verletzt werden. Für entsprechende Klagen gibt es bei den Landgerichten spezielle Kammern, die die sog. Kartellsachen verhandeln. Stark an Bedeutung gewonnen haben in den letzten Jahren kartellrechtliche Schadensersatzklagen, mit Hilfe derer Kartellgeschädigte von den Kartellanten Schadensersatz verlangen (§ 33a Abs. 1 GWB), wobei eine Vielzahl von europarechtlich geprägten Sonderbestimmung Anwendung findet. Insbesondere wird widerleglich vermutet, dass ein Kartell einen Schaden verursacht (§ 33a Abs. 2 GWB). Zudem entfalten bestandskräftige kartellbehördliche Entscheidungen Bindungswirkung gegenüber den ordentlichen Gerichten (§ 33b GWB). Überdies gilt ein besonders Verjährungsregime (§ 33h GWB) und es existieren bereichsspezifische Offenlegungs- und Beweisregeln, um bestehende Informationsasymmetrien abzumildern (§§ 33g, 89b GWB).[7]

[7] Vgl. hierzu jüngst die Entscheidung des LG Hannover, NZKart 2021, 127 zum Altbatterienkartell.

Das nationale Kartellrecht findet sich im Gesetz gegen Wettbewerbsbeschränkungen (GWB). Die wichtigsten Vorschriften des europäischen Kartellrechts finden sich in den Artikeln 101 und 102 des Vertrages über die Arbeitsweise der Europäischen Union (AEUV) sowie in der EU Fusionskontrollverordnung (VO (EG) Nr. 139/2004 des Rates vom 20.01.2004). Die wichtigsten Vorschriften des deutschen und europäischen Kartellrechts wurden in den letzten Jahren weitgehend harmonisiert.[8] Sowohl die Europäischen Kommission[9] als auch das Bundeskartellamt[10] verfügen über umfangreiche Ermittlungsbefugnisse zur Durchsetzung des Kartellrechts. Beide Behörden sind unter anderem befugt Dursuchungen und Beschlagnahmen durchzuführen, können Zeugen befragen sowie Auskunftsersuchen an Unternehmen richten, bei deren Beantwortung der *nemo-tenetur*-Grundsatz nur sehr eingeschränkt gilt.

Im Folgenden wird aufgrund der größeren praktischen Bedeutung für den Entsorgungsbereich in erster Linie ein Überblick über die kartellrechtlichen Vorschriften im GWB und die Fallpraxis des Bundeskartellamtes gegeben. Der Bewertungsmaßstab nach dem europäischen Kartellrecht wäre im Prinzip aber derselbe.[11] In der Praxis stützt das Bundeskartellamt seine Entscheidungen daher in der Regel sowohl auf das europäische als auch das deutsche Kartellrecht.

15.2 Das Verbot wettbewerbsbeschränkender Vereinbarungen/ Verhaltensweisen (Kartellverbot)

15.2.1 Verbotene Vereinbarungen/Verhaltensweisen

Die Kernvorschrift des deutschen wie des europäischen Kartellrechts ist das Verbot von wettbewerbsbeschränkenden Vereinbarungen bzw. abgestimmten Verhaltensweisen (§ 1 GWB, Artikel 101 AEUV).

Unternehmen ist es insbesondere untersagt, mit ihren Wettbewerbern Preise und Konditionen abzusprechen oder Vertriebsgebiete bzw. Kunden aufzuteilen. Ausnahmen bestehen nur in engen Grenzen. Unter den Begriff „Vereinbarungen" fallen dabei nicht nur förmliche Verträge, sondern auch rechtlich nicht bindende Vereinbarungen, Gentlemen

[8] Etwas strenger als das europäische Kartellrecht ist das deutsche Kartellrecht im Bereich der Missbrauchskontrolle, wo missbräuchliche Verhaltensweisen auch schon unterhalb der Marktbeherrschungsschwelle untersagt werden können (20 GWB). Der 2021 mit der 10. GWB Novelle neu in GWB eingefügte § 19a GWB sieht in bestimmten Fällen für Unternehmen mit einer überragenden marktübergreifenden Bedeutung für den Wettbewerb eine Missbrauchskontrolle vor.

[9] Art. 17 ff. VO 1/2003.

[10] §§ 56 ff. GWB.

[11] Zusätzlich geprüft werden müsste lediglich, ob der konkrete Sachverhalt auch noch eine grenzüberschreitende Dimension hat. Die Anforderungen hierfür sind jedoch nicht sehr hoch.

Agreements oder sonstige Formen abgestimmter Verhaltensweisen.[12] Selbst der bloße Austausch von wettbewerblich sensiblen Informationen zwischen Wettbewerbern, wie etwa von aktuellen Preisen oder geplanten Preiserhöhungen, ist von den Kartellbehörden in der Vergangenheit als Verstoß gegen § 1 GWB verfolgt und sanktioniert worden.[13] Nicht unter das Kartellverbot fallen hingegen bloße parallele Verhaltensweisen von Wettbewerbern, die nicht auf eine Abstimmungshandlung, wie z. B. einen vorausgegangenen Informationsaustausch, zurückgeführt werden können.

Preis- und Gebietskartelle werden vom Bundeskartellamt und der Europäischen Kommission streng verfolgt und mit hohen Bußgeldern, häufig im mehrstelligen Millionenbereich, sanktioniert. Unzulässige Kartellabsprachen bei Ausschreibungen werden nicht nur als Ordnungswidrigkeit vom Bundeskartellamt verfolgt, sondern können nach § 298 StGB eine Straftat darstellen (sogenannter Submissionsbetrug), für deren Verfolgung neben dem Bundeskartellamt zusätzlich die Staatsanwaltschaften zuständig sind.

Kartellrechtlich verboten sind grundsätzlich Absprachen zu den folgenden Wettbewerbsparametern:[14]

1. **Preise und Preisbestandteile:** Absprachen über Endkundenpreise, Mindestpreise, Preisbandbreiten, Einkaufspreise, Zeitpunkte von Preiserhöhungen, aber auch über einzelne Preisbestandteile, Kalkulationsgrundlagen, die Weitergabe gestiegener Vorkosten oder die Gewährung von Rabatten (zur Zulässigkeit von Einkaufsgemeinschaften siehe unten).
2. **Konditionen:** Absprachen über den Umfang von Gewährleistungen und Garantien, über Lieferbedingungen und Zahlungsbedingungen oder über die Durchführung von begleitenden Services.
3. **Kunden:** Absprachen darüber, welche Kunden oder Kundengruppen von welchem Wettbewerber beliefert werden.
4. **Liefergebiete:** Absprachen über die Aufteilung von Liefergebieten, etwa dergestalt, dass sich jeder Wettbewerber ein Liefergebiet „reserviert", in dem ein anderer Wettbewerber nicht tätig werden darf.
5. **Quoten und Kapazitäten:** Absprachen über eine Drosselung oder Beschränkung der Produktion, über Produktionsquoten oder Kapazitätsverknappungen bzw. über den gebremsten Ausbau der Kapazitäten.

---

[12] *Kling/Thomas*, Kartellrecht 2016, S. 65 f.

[13] Nähere Einzelheiten hierzu finden sich z. B. im BDI, Leitfaden Kartellrecht, S. 13 ff., abrufbar unter http://bdi.eu/media/themenfelder/wettbewerb/publikationen/201510_Leitfaden-Kartellrecht.pdf; EU Kommission, Leitlinien zur Anwendbarkeit von Artikel 101 des Vertrages über die Arbeitsweise der Europäischen Union auf Vereinbarungen über horizontale Zusammenarbeit, 2011, ABl. C11/1, Rn. 73.

[14] BDI, Leitfaden Kartellrecht, S. 12 ff.; S. *Gehring*, in: Mäger, Europäisches Kartellrecht, 2011, S. 143 f.

6. **Submissionsbetrug:** Absprachen über die Teilnahme an Ausschreibungen dergestalt, dass Wettbewerber mit abgesprochenen Preisen oder Konditionen an Ausschreibungen teilnehmen (zur Zulässigkeit von Bietergemeinschaften siehe unten).[15]

Adressaten des Kartellverbotes sind nicht nur Unternehmen, auch Unternehmensverbände müssen im Rahmen ihrer Verbandsarbeit § 1 GWB beachten. Unzulässig ist es, das Kartellverbot dadurch zu umgehen, indem Unternehmen die Verhaltenskoordinierung an einen Verband delegieren. Verboten sind daher auch Beschlüsse von Unternehmensvereinigungen, die eine Verhinderung, Einschränkung oder Verfälschung des Wettbewerbs bezwecken oder bewirken. Im Rahmen der Verbandssitzungen muss zudem darauf geachtet werden, dass Verbandsmitglieder ihr Verhalten hinsichtlich der oben genannten „Tabu-Themen" nicht koordinieren.[16]

► **Praxishinweis** Große Unternehmensverbände verfügen in der Regel über einen Leitfaden, der die wichtigsten Hinweise für eine kartellrechtskonforme Verbandsarbeit enthält. Auch der BDE hat z. B. einen entsprechenden Leitfaden erstellt. Dieser ist im Internet veröffentlicht.[17]

Absprachen innerhalb einer Unternehmensgruppe bzw. eines Konzerns fallen nicht unter das Verbot des § 1 GWB und sind daher kartellrechtlich zulässig (sog. Konzernprivileg).[18] Gesellschaften desselben Konzerns können daher Kunden oder Vertriebsgebiete untereinander aufteilen, Preise gemeinsam festlegen oder etwa untereinander abstimmen, welche Gesellschaft an welcher öffentlichen Ausschreibung teilnimmt. Bei öffentlichen Ausschreibungen ist allerdings zu beachten, dass das Vergaberecht eine Teilnahme von zwei Gesellschaften desselben Konzerns nach derzeit noch vorherrschender Auffassung nur gestattet, wenn diese auf Nachfrage der Vergabestelle nachweisen können, dass es vor Abgabe der Angebote keine Abstimmung zwischen den Konzerngesellschaften bei der Erstellung der Angebote gegeben hat.[19] Andernfalls liegt eine aus vergaberechtlicher Sicht unzulässige Doppelbeteiligung eines Bieters vor.[20] Zwischen den Konzerngesellschaften

---

[15] Das Bundeskartellamt hat eine Checkliste für die Vergabestellen veröffentlicht, anhand derer unzulässige Kartellabsprachen ggf. identifiziert werden können: BKartA, Wie erkennt man unzulässige Submissionsabsprachen? Eine Checkliste für Vergabestellen, Dezember 2014. Abrufbar unter: http://www.bundeskartellamt.de/SharedDocs/Publikation/DE/Broschueren/Submissionsabsprachen.pdf?__blob=publicationFile&v=6.

[16] Einzelheiten hierzu finden sich im BDI Leitfaden Kartellrecht, S. 39.

[17] Abrufbar unter: https://bde.de/verband/justitiariat-2/compliance-2/.

[18] *Kling/Thomas*, Kartellrecht 2016, S. 118 f.

[19] EuGH, Urteil vom 17.05.2018 – C 531/16.

[20] OLG Düsseldorf, Beschluss vom 13.04.2011 Verg 8/11sowie Beschlüsse vom 11.05.2011 Verg 1/11 und 8/11. A.A. wohl BayObLG Beschluss vom 24.06.2021, Verg 2/21.

sind daher Chinese Walls zu errichten, und diese sollten gut dokumentiert werden. Andernfalls droht der Ausschluss vom Vergabeverfahren für beide Konzerngesellschaften.

§ 1 GWB verbietet nicht nur wettbewerbsbeschränkende Abreden zwischen Wettbewerbern im Horizontalverhältnis, sondern findet auch im Vertikalverhältnis zwischen Lieferanten und Abnehmern Anwendung. Vertikale Wettbewerbsbeschränkungen sind jedoch nicht per se verboten, da sie häufig ein immanenter Bestandteil einer Lieferbeziehungen sind. Entscheidend ist bei diesen vertikalen Wettbewerbsbeschränkungen daher immer eine Einzelfallbetrachtung. Hierfür gelten wiederum die folgenden Grundregeln: Generell verboten ist es in Deutschland, einem Händler vorzugeben, für welchen Mindest- oder Festpreis er ein Produkt weiterverkaufen darf. Diese „sogenannte Preisbindung der zweiten Hand“ spielt in der Entsorgungsbranche aber kaum eine Rolle. Andere vertikale Wettbewerbsbeschränkungen sind zunächst darauf zu überprüfen, ob sie in den Anwendungsbereich einer Gruppenfreistellungsverordnung der EU-Kommission fallen. Diese stellen eine Vielzahl von vertikalen Wettbewerbsbeschränkungen von vornherein vom Kartellverbot frei. Nach § 2 Abs. 2 GWB gelten die EU-Gruppenfreistellungsverordnungen auch unmittelbar für das deutsche Kartellrecht. Die größte praktische Relevanz im Entsorgungsbereich dürfte dabei die Gruppenfreistellungsverordnung für Vertikalvereinbarungen (VO (EU) Nr. 330/2010 der Kommission vom 20.04.2010) haben. Sofern eine vertikale Wettbewerbsbeschränkung nicht in den Anwendungsbereich einer Gruppenfreistellungsverordnung fällt, bedarf es einer Einzelfallprüfung am Maßstab des allgemeinen Ausnahmetatbestandes (§ 2 Abs. 1 GWB, Artikel 101 Abs. 3 AEUV). Kartellrechtlicher Rat sollte insbesondere bei der Vereinbarung von Exklusivitäts- und Alleinbelieferungsverpflichtungen eingeholt werden.

15.2.2 Ausnahmen vom Kartellverbot

Nicht jede Wettbewerbsbeschränkung, die unter den Tatbestand des § 1 GWB (Art. 101 Abs. 1 AEUV) fällt, ist zwangsläufig verboten. Der § 2 GWB (Art. 101 Abs. 3 AEUV) sieht vor, dass bestimmte wettbewerbsbeschränkende Vereinbarungen/Verhaltensweisen, die gleichzeitig mit Effizienzvorteilen verbunden sind, vom Kartellverbot freigestellt sind. Während früher für eine entsprechende Freistellung ein Antrag bei der Europäischen Kommission bzw. beim Bundeskartellamt gestellt werden musste, sehen sowohl das GWB als auch das EU-Kartellrecht seit 2004 vor, dass die Unternehmen grundsätzlich selbst prüfen müssen, ob ein Vorhaben die gesetzlichen Voraussetzungen für eine Freistellung erfüllt (Self-Assessment).[21] Dies ist der Fall, wenn die positiven Auswirkungen der Zu-

[21] Zum Problem der Rechtsunsicherheit, die mit einem solchen Self-Assessment gerade bei Nachhaltigkeitskooperationen verbunden ist, *Kasten/Reffken*, How EU Antitrust Law Elevates Sustainabilty – And How Not, in: Holmes/Middelschulte/Snoep, Competition Law, Climate Change & Environmental Sustainability, (2021), S. 363, 369 f.

sammenarbeit die wettbewerbsbeschränkenden Folgen ausgleichen. Notwendig ist jedoch, dass die positiven Auswirkungen auch an die Verbraucher weitergegeben werden und es nicht zu einer Ausschaltung des Wettbewerbes kommt. Effizienzgewinne um den Preis des Wettbewerbsausschlusses sind also nicht möglich. Wenn das Vorhaben eine Kooperation mit Wettbewerbern betrifft, können Unternehmen unter bestimmten Voraussetzungen vorab eine formale kartellrechtliche Einschätzung des Bundeskartellamts zu der geplanten Zusammenarbeit erhalten (§ 32c Abs. 4 GWB). Daneben gibt es stets die Möglichkeit, das Bundeskartellamt um eine informelle Einschätzung zu bitten.

Im Zusammenhang mit der Verkündung des Green Deal durch die EU Kommission in 2020 ist das Zusammenspiel zwischen Kartellrecht und Nachhaltigkeits- und Umweltaspekten zuletzt im In- und Ausland sehr intensiv diskutiert worden.[22] Das Bundeskartellamt berücksichtigt Nachhaltigkeits- und Umweltaspekte zwar zum Teil im Rahmen seines Aufgreifermessens, steht einem grundsätzlichen Zurücktreten des Kartellrechts gegenüber z. B. Klimaschutzzielen jedoch kritisch gegenüber, insbesondere weil es häufig gar keinen Widerspruch zwischen diesen gäbe.[23] Der Großteil erwünschter Nachhaltigkeitsziele ließe sich auch im Rahmen des geltenden Kartellrechts verwirklichen. Darüber hinaus verbleibt nach Maßgabe von Art. 101 Abs. 3 AEUV und § 2 GWB weiterhin die Möglichkeit, dass eine Kooperation mit Blick auf umweltrechtliche Zielstellungen und Effekte vom Kartellverbot freigestellt ist. Entscheidend ist jedoch die Unerlässlichkeit der Wettbewerbsbeschränkung, um die angestrebten Umweltziele zu erreichen. Hierbei ist darauf abzustellen, ob mehr Effizienzgewinne mit der Beschränkung erzielt werden als ohne sie. Im Bereich der Abfallentsorgung wird dies beispielsweise für die Zusammenarbeit der dualen Systeme im Rahmen der Erfassung der Verkaufsverpackungen so gesehen.[24] Für die anschließende Sortierung wird dies nicht mehr angenommen, so dass hier keine Zusammenarbeit mehr erfolgt.

15.2.3 Einzelfälle aus dem Bereich der Entsorgungswirtschaft[25]

15.2.3.1 Kooperation zwischen den dualen Systemen im Bereich der Sammlung von Leichtverpackungen, Glas und Papier, Pappe und Kartonage-Verpackungen

Das Verpackungsgesetz sieht vor (§ 7 Abs. 1 VerpackG), dass Hersteller und Vertreiber, die mit Ware befüllte Verkaufsverpackungen erstmals in den Verkehr bringen (sog. Erstinverkehrbringer), sich an einem oder mehreren dualen System beteiligen müssen, das beim

[22] Eine Übersicht über diese Diskussion bieten die Beiträge im Sammelband von: Holmes/Middelschulte/Snoep, Competition Law, Climate Change & Environmental Sustainability, (2021).

[23] Vgl. BKartA, 2020.

[24] Vgl. BKartA, 2012, S. 67 ff. (nachfolgend „**Sektoruntersuchung duale Systeme**").

[25] Siehe bzgl. weiterer Details zu den Verfahren *Schulze*, in: Bunte, Kartellrecht, Bd. 2, 14. Aufl., 2021, Syst. X Entsorgungswirtschaft, Rn. 19 ff.

privaten Endverbraucher als Abfall anfallenden restentleerten Verpackungen flächendeckend erfasst und einer Verwertung zuführt. Die dualen Systeme wiederum beauftragen flächendeckend in ganz Deutschland Entsorgungsunternehmen mit der Erfassung des Verpackungsmülls (Sammlung des gelben Sackes bzw. Leerung der Glassammelcontainer und ggf. der Altpapiertonne) in einem an die Vorschriften des GWB angelehnten Vergabeverfahren (§ 23 VerpackG). Die dualen Systeme wirken bei dem Betrieb und der Errichtung des entsprechenden Rücknahmesystems zusammen. Dies geschieht im Wege der sog. Mitnutzung, d. h. die Systembetreiber beauftragen für ein bestimmtes Entsorgungsgebiet (jeweils getrennt für Leichtverpackungen und Glas) dasselbe Entsorgungsunternehmen. Für jedes Vertragsgebiet ist ein duales System (sog. Ausschreibungsführer) dafür verantwortlich, im Wege einer Ausschreibung den Auftrag an ein Entsorgungsunternehmen zu vergeben (§ 23 Abs. 2 Satz 1 VerpackG). Mit diesem schließen dann auch die übrigen Systeme einen Vertrag über die Erfassung der entsprechenden Verkaufsverpackungen (sog. Mitnutzungsvertrag).

Nach Ansicht des Bundeskartellamtes fiel diese Kooperation zwischen den dualen Systemen vor Erlass des VerpackG im Jahr 2019 unter den Tatbestand des Kartellverbotes nach § 1 GWB (= Art. 101 Abs. 1 AEUV). Die Kooperation ist allerdings nach § 2 GWB (= Art. 101 Abs. 3 AEUV) vom Kartellverbot freigestellt, weil sie zu Effizienzen und Vorteilen für den Verbraucher führt. Voraussetzung für diese Freistellung ist allerdings, dass die wettbewerbsbeschränkenden Effekte einer solchen Kooperation auf das notwendige und erforderliche Maß minimiert bleiben.[26] Daraus leitet das Bundeskartellamt zwei zentrale Forderungen ab: Zum einen muss sich die Zusammenarbeit auf den Erfassungsbereich beschränken und die Sortierung ausklammern. Zum anderen muss die Kooperation im Bereich der Erfassungsleistung unter Minimierung der Vergemeinschaftung von Erfassungskosten erfolgen.[27]

15.2.3.2 Zusammenarbeit im Rahmen der Gemeinsamen Stelle

Der § 19 VerpackG sieht vor, dass sich die dualen System an einer sog. Gemeinsamen Stelle zu beteiligen haben. Diese ist u. a. dafür zuständig, die Entsorgungskosten auf Grundlage der von der Zentralen Stelle festgestellten Markanteile (vgl. dazu sogleich) auf die dualen Systeme aufzuteilen. Die Beteiligung der dualen Systeme an der Gemeinsamen Stelle sowie die Zusammenarbeit im Rahmen der Gemeinsamen Stelle im oben genannten Umfang sind inzwischen gesetzlich vorgegeben, waren aber auch zuvor kartellrechtlich neutral und damit zulässig.[28]

[26] Sektoruntersuchung duale Systeme, S. 68.

[27] Ebenda.

[28] *Karenfort/Jürgens*, in: Kurth/Oexle, Handbuch der Kreislauf- und Rohstoffwirtschaft, 1. Aufl. (2013), S. 482.

15.2.3.3 Stiftung Zentrale Stelle Verpackungsregister zur Ermittlung der Marktanteile

Seit dem Inkrafttreten des VerpackG ermittelt die von den dualen Systemen finanzierte, ansonsten aber von diesen unabhängige, Stiftung Zentrale Stelle Verpackungsregister die Marktanteile der dualen Systeme bei der Lizenzierung von Verkaufsverpackungen (§ 26 VerpackG). Die Marktanteile bilden wiederum die Grundlage für die Verteilung der Entsorgungskosten zwischen den dualen Systemen. Zuvor erfolgte die Berechnung der Marktanteile durch die Gemeinsamen Stelle und unterlag der kartellrechtlichen Aufsicht. Um weiterhin die Berücksichtigung kartellrechtlicher Aspekte bei der Berechnung der Marktanteile und bei den entsprechenden Prüfleitlinien sicherzustellen, sieht das Verpackungsgesetz die Erteilung eines Einvernehmens seitens des Bundeskartellamts vor (§ 26 Abs. 1 Satz 2 Nr. 12 VerpackG). Dieses Einvernehmen hat das Bundeskartellamt 2018 erstmalig erteilt.[29]

15.2.3.4 Wertstofftonne

Derzeit sind für die Sammlung von Leichtverpackungen (LVP) beim privaten Endverbraucher die dualen Systeme zuständig, während stoffgleiche Nichtverpackungen (sNVP) durch den öffentlich-rechtlichen Entsorgungsträger über die Restmülltonne erfasst werden. In einigen Regionen werden LVP und sNVP gemeinsam in einer Wertstofftonne erfasst. Hierfür bedarf es einer Kooperation zwischen dem öffentlich-rechtlichen Entsorgungsträger und den dualen Systemen, die durch das Verpackungsrecht auch gestattet ist.[30] Auch kartellrechtlich ist eine solche Kooperation zulässig. Allerdings sind bestimmte kartellrechtliche Anforderungen einzuhalten.[31]

Demnach fallen entsprechende Kooperationsmodelle zwischen den dualen Systemen und dem öffentlich-rechtlichen Entsorgungsträger zwar grundsätzlich unter das Verbot des § 1 GWB. Sie werden auf der Grundlage des § 2 GWB aber vom Kartellverbot freigestellt, wenn die gemeinsam organisierte Erfassung in ihrer konkreten Ausgestaltung zugunsten der Verbraucher Effizienzvorteile erzeugt, ohne dass der Wettbewerb ausgeschaltet oder mehr als zwingend notwendig beeinträchtigt wird. Hierbei sind insbesondere die folgenden zwei Grundsätze einzuhalten:[32]

[29] BKartA, Entscheidung vom 14.11.2018, B4-15/17.

[30] Details zu den einzelnen Kooperationsformen (Modell der Mitbenutzung nach § 22 Abs. 5 VerpackG; Berliner Modell; Modell der wettbewerblichen Miterfassung unter Trägerschaft der Systembetreiber) finden sich bei *Karenfort/Jürgens*, in: Kurth/Oexle, Handbuch der Kreislauf- und Rohstoffwirtschaft, 1. Aufl. (2013), S. 484 f.

[31] Vgl. Schreiben des Bundeskartellamtes an die Senatsverwaltung Berlin, B4-157/08-2 vom 19.03.2012 – abgedruckt im Anhang zur Sektoruntersuchung duale Systeme.

[32] Vgl. *Karenfort/Jürgens*, in: Kurth/Oexle, Handbuch der Kreislauf- und Rohstoffwirtschaft, 1. Aufl. (2013), S. 484.

- Die dualen Systeme und der öffentlich-rechtliche Entsorgungsträger dürfen nicht gemeinsam ein Unternehmen mit der Erfassung der Mengen aus der Wertstofftonne beauftragen. Dies würde nach Ansicht des Bundeskartellamtes zu einer kartellrechtlich unzulässigen Bündelung von Nachfragemacht führen. Zulässig ist es hingegen, wenn die dualen Systeme die Erfassungslei-stung für den LVP-Teil in der Tonne ausschreiben und der öffentlich-rechtliche Entsorgungsträger mit dem Gewinner der Ausschreibung einen Mitnutzungsvertrag hinsichtlich des sNVP-Anteils abschließt (vgl. § 22 Abs. 5 VerpackG). Zulässig ist es auch, dass die dualen Systeme und der öffentlich-rechtliche Entsorgungsträger das Vertragsgebiet entsprechend der Mengenanteile aufteilen, und die Systeme für die Erfassung in dem einen Teil des Gebietes zuständig sind, während der öffentlich-rechtliche Entsorgungsträger im anderen Teil die Erfassung organisiert.
- Wie bei der herkömmlichen LVP-Sammlung verlangt das Bundeskartellamt, dass auch die Erfassungsleistungen für den sNVP-Anteil regelmäßig ausgeschrieben werden, soweit der öffentlich-rechtliche Entsorgungsträger im Wege der Mitnutzung das von den dualen Systemen beauftragte Unternehmen ebenfalls für den sNVP-Anteil beauftragt.

15.2.3.5 Arbeitsgemeinschaften bei kommunalen Ausschreibungen

Das Vergaberecht gestattet Unternehmen sich an Ausschreibungen im Wege einer Bietergemeinschaft (BIEGE) zu beteiligen. Nach Zuschlagserteilung wird diese dann zu einer Arbeitsgemeinschaft (ARGE). Bei der Bildung einer BIEGE sind die kartellrechtlichen Grenzen zu beachten. Allein das Erzielen von Synergien ist nicht ausreichend, um eine Bietergemeinschaft zu rechtfertigen.[33] Insbesondere wenn eine BIEGE zwischen großen Wettbewerbern gebildet werden soll, besteht die Gefahr eines Verstoßes gegen das Kartellverbot aus § 1 GWB. Demgegenüber scheidet ein Verstoß gegen § 1 GWB vor vorneherein aus, wenn die Beteiligten der ARGE/BIEGE schon keine aktuellen oder potenziellen Wettbewerber sind, etwa weil sie auf unterschiedlichen Marktstufen aktiv sind, wie z. B. bei einer Kooperation von Entsorger und Papierfabrik.[34] Die Erteilung des Zuschlags an eine kartellrechtlich unzulässige BIEGE stellt zugleich einen Vergaberechtsverstoß dar, der im Wege eines Nachprüfungsverfahrens von unterlegenen Bietern beanstandet werden kann. Nachdem die kartellrechtlichen Grenzen für eine zulässige Zusammenarbeit lange Zeit eher unscharf waren, hat die jüngere Entscheidungspraxis der Vergabesenate einiger Oberlandesgerichte nun ein höheres Maß an Rechtssicherheit gebracht.[35] Gewisse Herausforderungen ergeben sich in der Praxis dennoch daraus, dass das Bundeskartellamt und insbesondere das OLG Düsseldorf unterschiedliche Anforderungen an die Zulässigkeit von

---

[33] OLG Düsseldorf, Beschluss vom. 08.06.2016, Verg 3/16.

[34] BKartA, Sektoruntersuchung Zement und Transportbeton, Abschlussbericht gemäß § 32e GWB – Juli 2017 Rn. 556.

[35] OLG Düsseldorf, Beschluss vom 17. Januar 2018, VII-Verg 39/17; OLG Düsseldorf, Beschluss vom 08.06.2016, Verg 3/16; OLG Celle, Beschluss vom 08.07.2016 13 Verg 2/16; VK Bund, Beschluss vom 05.01.2016, VK 1-112/15; ähnlich bereits BGH, Urteil vom 13.12.1983 (KRB 3/83).

BIEGE/ARGE stellen. Nach Auffassung des OLG Düsseldorf soll die Bildung einer BIEGE/ARGE zulässig sein, wenn diese in eine der drei folgenden Fallgruppen fällt:

Fallgruppe 1: Zumindest eines der beteiligte Unternehmen ist aufgrund seiner betrieblichen oder geschäftlichen Verhältnisse (z. B. mit Blick auf Kapazitäten, technische Einrichtungen und/oder fachliche Kenntnisse) zu einer Teilnahme an der Ausschreibung mit einem eigenständigen Angebot objektiv nicht leistungsfähig, und erst der Zusammenschluss zu einer BIEGE versetzt das ansonsten nicht leistungsfähige Unternehmen in die Lage, sich mit Erfolgsaussicht an der Ausschreibung zu beteiligen. Das gilt zumindest für die Fälle, in denen die Bildung der Bietergemeinschaft wirtschaftlich zweckmäßig und kaufmännisch vernünftig erscheint.

Fallgruppe 2: Die Unternehmen sind für sich genommen zwar leistungsfähig, insbesondere verfügen sie über die erforderlichen Kapazitäten, jedoch sind die Kapazitäten aufgrund anderweitiger Bindungen aktuell nicht einsetzbar. Eine unternehmerische Pflicht zu einer Kapazitätsausweitung, die den Zusammenschluss zu einer BIEGE überflüssig machen würde, besteht nicht.

Fallgruppe 3: Die beteiligten Unternehmen sind für sich genommen zwar leistungsfähig, aber im Rahmen einer wirtschaftlich zweckmäßigen und kaufmännisch vernünftigen Entscheidung ermöglicht bei objektiver Betrachtung erst der Zusammenschluss ein Erfolg versprechendes Angebot.

Das Bundeskartellamt erachtet demgegenüber nur solche ARGE/BIEGE als kartellrechtskonform, bei denen jedes der beteiligte Unternehmen für sich alleine nicht leistungsfähig wäre und folglich ohne die Kooperation überhaupt nicht an der Ausschreibung teilnehmen könnten.[36]

Unabhängig von den eben genannten Kriterien ist die Bildung einer BIEGE aus konzernangehörigen Gesellschaften grundsätzlich kartellrechtlich zulässig. Hier greift wieder das sog. Konzernprivileg.[37]

► **Praxishinweis** Häufig fragen öffentliche Auftraggeber bereits im Rahmen der einzureichenden Angebote die Gründe ab, aus denen sich die kartellrechtliche Zulässigkeit einer BIEGE ergibt. Dann sind die Mitglieder einer BIEGE von vornherein verpflichtet, zur kartellrechtlichen Zulässigkeit der BIEGE Stellung zu nehmen. Eine entsprechende Abfragepflicht sieht das Vergaberecht jedoch nicht vor.[38] Dies liegt im Ermessen des jeweiligen Auftraggebers. Sofern der

---

[36] BKartA, Sektoruntersuchung Zement und Transportbeton, Abschlussbericht gemäß § 32e GWB – Juli 2017 Rn. 557 ff.

[37] OLG Düsseldorf, Beschluss vom 29.07.2015, Verg 6/15.

[38] OLG Saarbrücken, Beschluss vom 27.06.2016, 1 Verg 2/16; OLG Düsseldorf, Beschluss vom 01.07.2015, Verg 17/15; VK Bund, Beschluss vom 18.08.2015, VK 2-43/15.

Auftraggeber hierauf verzichtet, müssen die Mitglieder einer BIEGE daher erst auf eine entsprechende Anforderung des Auftraggebers die Gründe für die Bildung der BIEGE darlegen.[39] Aus kartell- und vergaberechtlichen Gründen empfiehlt es sich jedoch auch in diesem Fall, die kartellrechtliche Zulässigkeit eine BIEGE schon vor ihrer Gründung zu prüfen und zu dokumentieren.

15.2.3.6 Einkaufsgemeinschaft für Altglas

Eine Einkaufsgemeinschaft von in Deutschland ansässigen Herstellern von Behälterglas wurde vom Bundeskartellamt 2007 untersagt.[40] Zur Herstellung von neuem Behälterglas wird zu einem großen Teil Altglas eingesetzt, das wiederum aus der Sammlung der dualen Systeme stammt. Die deutschen Hersteller von Behälterglas hatten ein Gemeinschaftsunternehmen gegründet, um gemeinsam Altglas zu beschaffen. Einkaufsgemeinschaften sind nicht per se kartellrechtswidrig, sondern können insbesondere dann die Freistellungsvoraussetzungen erfüllen, wenn der gemeinsame Marktanteil der beteiligten Unternehmen moderat ist und/oder die Einkaufsgemeinschaft zu keiner signifikanten Angleichung der Kosten der Marktteilnehmer führt. Diese Freistellungsvoraussetzungen sah das Bundeskartellamt im Fall der Altglas-Einkaufsgemeinschaft jedoch nicht als erfüllt an. Das Bundeskartellamt prüfte auch die Frage, ob die Einkaufsgemeinschaft zu ökologischen Vorteilen führe, verneinte dies jedoch.

15.2.3.7 Altbatterien-Einkaufskartell

2017 hat die Europäische Kommission Geldbußen in Höhe von 68 Mio. € gegen drei Unternehmen wegen eines Kartells im Bereich des Recyclings von Autobatterien verhängt.[41] Allein das die Kartellabsprache meldende Unternehmen („Kronzeuge") wurde von Sanktionen verschont. Nach den Feststellungen der Kommission hatten insgesamt vier Unternehmensgruppen in einem Zeitraum von 2009 bis 2012 an einem Kartell mitgewirkt, das die Einkaufspreise für gebrauchte Bleiakkumulatoren in Belgien, Frankreich, Deutschland und den Niederlanden festgesetzt hat. Die betroffenen Unternehmen kauften zwecks späteren Recyclings gebrauchte Kfz-Batterien an und hatten verabredet, die Einkaufspreise, die sie an Schrotthändler und anderen Anbieter zahlten, zu senken. Die von drei der Unternehmensgruppen gegen die Entscheidung eingelegten Rechtsmittel blieben ohne, bzw. in einem Fall[42] weitgehend ohne Erfolg.[43]

---

[39] Es besteht keine vergaberechtliche Pflicht für ein proaktives Tätigwerden – VK Bund, 18.08.2015 – VK 2-43/15.

[40] BKartA, Entscheidung vom 31.05.2007, B4-1006/06. Die sofortige Vollziehbarkeit der Untersagung wurde vom OLG Düsseldorf im Eilverfahren bestätigt (Beschluss vom 14. Juni 2007, VI Kart 9/07 (V)). Hierzu auch BT-Drucksache 16/13500, BKartA, Tätigkeitsbericht 2007/2008, S. 152 f.

[41] Europäische Kommission, Entscheidung vom 08.02.2017, AT.40018.

[42] EuGH, Urteil vom 07.11.2019, T-240/17.

[43] EuGH, Urteil vom 21.03.2019, C-312/18 P und Urteil vom 03.06.2021, 3. Juni 2021.

15.3 Verbot des Missbrauchs einer marktbeherrschenden/ marktstarken Stellung

Das Kartellrecht verbietet den Missbrauch von Marktmacht durch marktbeherrschende und marktstarke Unternehmen (Art. 102 AEUV; §§ 19, 20 GWB). Marktbeherrschend ist ein Unternehmen, wenn es auf dem sachlich und örtlich relevanten Markt ohne Wettbewerber ist oder keinem wesentlichen Wettbewerb ausgesetzt ist. Das GWB enthält eine widerlegbare Vermutung, wonach ab einem Marktanteil von 40 % auf dem relevanten Markt ein Unternehmen marktbeherrschend ist (§ 18 Abs. 4 GWB). Um beurteilen zu können, ob dieser Schwellenwert überschritten ist, ist es notwendig, die sog. relevanten Märkte im Bereich der Entsorgungswirtschaft voneinander abzugrenzen. Einzelheiten hierzu finden sich im Abschnitt zur Fusionskontrolle weiter unten.

Nach § 19 GWB sind marktbeherrschenden und marktstarken Unternehmen insbesondere die folgenden Verhaltensweisen untersagt:

1. **Preis- und Konditionenmissbrauch**: Verboten ist das Fordern von Entgelten und sonstigen Geschäftsbedingungen, die von denjenigen abweichen, die sich bei einem wirksamen Wettbewerb mit hoher Wahrscheinlichkeit ergeben würden; hierbei sind insbesondere die Verhaltensweisen von Unternehmen auf vergleichbaren Märkten mit einem wirksamen Wettbewerb zu berücksichtigen.
2. **Diskriminierung**: Ein marktbeherrschendes Unternehmen darf auf vergleichbaren Märkten von gleichartigen Abnehmern keine unterschiedlichen Entgelte fordern, es sei denn, dass der Unterschied sachlich gerechtfertigt ist. Ein marktbeherrschendes Unternehmen darf ein anderes Unternehmen auch nicht unmittelbar oder mittelbar unbillig behindern oder ohne sachlich gerechtfertigten Grund unmittelbar oder mittelbar anders behandeln als gleichartige Unternehmen.[44]
3. **Ausbeutungsmissbrauch:** Ein marktbeherrschendes Unternehmen darf seine Marktstellung nicht dazu ausnutzen, andere Unternehmen dazu aufzufordern oder zu veranlassen, ihm ohne sachlich gerechtfertigten Grund Vorteile zu gewähren.
4. **Marktverschließung:** Ein marktbeherrschendes Unternehmen darf ohne sachlichen Grund anderen Unternehmen nicht den Zugang zu wesentlichen Einrichtungen, ohne die ein anderes Unternehmen auf einem vor- oder nachgelagerten Markt nicht tätig werden kann, verweigern.

[44] So verbietet das Missbrauchsverbot marktbeherrschenden Unternehmen z. B. bestimmte Rabattstrategien und Kampfpreise. Ein Fall aus der Entsorgungsbranche betraf Tomra, einen Hersteller von Leergutautomaten für Getränkeverpackungen. Tomra hatte Exklusivvereinbarungen abgeschlossen und individuell angepasste Mengenverpflichtungen und individuell angepasste rückwirkende Rabattpläne angewendet, wodurch der Wettbewerb auf den Märkten ausgeschlossen wurde, EuGH, Urteil vom 9. April 2012, C-549/10 P. Zu solchen und anderen durch das Missbrauchsverbot verbotenen Praktiken siehe: Mitteilung der Kommission — Erläuterungen zu den Prioritäten der Kommission bei der Anwendung von Artikel 82 des EG-Vertrags auf Fälle von Behinderungsmissbrauch durch marktbeherrschende Unternehmen (2009/C 45/02).

Im Bereich der Entsorgungswirtschaft spielte das Verbot des Missbrauchs einer marktbeherrschenden Stellung insbesondere bei der Öffnung des Marktes für die Verpackungsentsorgung eine wichtige Rolle.[45] Im Jahr 2001 entschied die Europäische Kommission, dass DSD in den Leistungsverträgen mit den Entsorgern keine Exklusivitätsklauseln verwenden dürfe, da diese eine parallele Beauftragung des Entsorgungsunternehmens durch andere duale Systeme und damit den Marktzutritt dieser Systeme verhindern würden.[46] Gestützt wurde diese Entscheidung auf die marktbeherrschende Stellung von DSD und das Missbrauchsverbot aus Art. 102 AEUV. Gegenüber den Entsorgungsunternehmen vertrat das Bundeskartellamt wiederum die Auffassung, dass diese die Mitbenutzung ihres DSD-Sammelsystems durch andere duale Systeme gestatten müssten. Auch dies wurde mit dem Missbrauchsverbot (§ 19 GWB, Art. 102 AEUV) begründet, weil jeder lokale Erfasser im Verhältnis zu den Wettbewerbern von DSD als marktbeherrschend angesehen wurde.[47]

Im Zuge der Novelle des Verpackungsrechts ist zudem die Frage aufgekommen, ob die von den dualen Systemen bei Ausschreibungen verbindlich vorgesehenen Schiedsklauseln (vgl. auch § 23 Abs. 8 VerpackG) einen kartellrechtswidrigen Missbrauch der Marktmacht darstellen können.[48] Begründet wird diese Auffassung damit, dass die dualen Systemen derartige Schiedsklauseln einseitig auferlegen und damit die Rechtsschutzmöglichkeiten der Bieter über Gebühr einschränken könnten. Die bislang mit der Frage befassten Gerichte haben einen Missbrauch verneint.[49]

Die Europäische Kommission hat 2016 erstmals ein Verfahren wegen Verweigerung des Zugangs zu einer sog. wesentlichen Einrichtung („essential facility") im Entsorgungsbereich eingeleitet. Gegen Öffnungszusagen des marktbeherrschenden Unternehmens – die Altstoff Recycling Austria (ARA), das führende Entsorgungsunternehmen für gewerbliche Verpackungsabfälle und Verpackungen privater Haushalte in Österreich – wurde das Verfahren mit einem Bußgeld in Höhe von 6 Mio. EUR abgeschlossen.[50] Nach den Feststellungen der Europäische Kommission war die österreichweite Infrastruktur für die Sammlung von Haushaltsverpackungen der ARA eine „essential facility", die keine Er-

---

[45] Hierzu Sektoruntersuchung duale Systeme, S. 23 f. Vgl. aber auch bereits die – allerdings zum Kartellverbot – ergangene Entscheidung der Europäischen Kommission vom 15.06.2001, COMP/34.950.

[46] EU Kommission, Entscheidung 2001/837/EG vom 17.09.2001. Eine weitere Entscheidung betraf die Entgelte für die Nutzung der Marke „Der Grüne Punkt", EU Kommission, Entscheidung 2001/463/EG vom 20.04.2001 und das gegen die Entscheidung eingelegte Rechtsmittel, EuGH, Urteil vom 16.07.2009, C-385/07 P. Diesbezüglich hat auch das Bundeskartellamt ein zwischenzeitlich wieder eingestelltes Verfahren eröffnet, vgl. Bundeskartellamt, Tätigkeitsbericht 2019/2020, S. 98.

[47] Sektoruntersuchung duale Systeme, S. 23.

[48] Vgl. allgemein zu der Frage: BGH, Urteil vom 07.06.2016, KZR 6/15.

[49] OLG Frankfurt, Beschluss vom 25.02.2021, 26 Sch 16/19.

[50] Europäische Kommission, Entscheidung vom 20.09.2016, AT. 39759.

richtung eines oder mehrerer paralleler Behältersysteme zuließ. Daher seien Wettbewerber, die in den Markt eintreten wollten, auf den Zugang zu der von ARA kontrollierten Sammelinfrastruktur angewiesen. Diesen Zugang habe ARA missbräuchlich verweigert und damit gegen Artikel 102 AEUV verstoßen

Immer wieder diskutiert wird auch die Frage, ob die Abfallgebühren der öffentlich-rechtlichen Entsorgungsträger anhand des Missbrauchstatbestandes überprüft werden können. Im Bereich der Wasserwirtschaft überprüfte das Bundeskartellamt in mehreren Verfahren die Wasserentgelte mehrerer Stadtwerke.[51] Das Bundeskartellamt stellte fest, dass diese überhöht und kartellrechtlich unzulässig waren. Daraufhin kam es zu Rückzahlungen an die Wasserkunden. Das Besondere an diesen Entgelten war allerdings, dass sie auf zivilrechtlicher/vertraglicher Grundlage erhoben worden waren und nicht in Form öffentlich-rechtlicher Gebühren. Letztere sind einer Missbrauchs- bzw. Preiskontrolle durch das Bundeskartellamt entzogen. Dies wurde im Rahmen der 8. GWB-Novelle vom Gesetzgeber ausdrücklich klargestellt.[52] Dieser Grundsatz gilt auch in der Entsorgungswirtschaft. Während also die privatwirtschaftlich organisierte Entsorgung von Verkaufsverpackungen der Missbrauchsaufsicht durch das Bundeskartellamt und die Europäische Kommission unterfällt, sind die Gebühren öffentlich-rechtlicher Entsorgungsträger einer Missbrauchsaufsicht entzogen (§ 130 Abs. 1 S. 2 GWB). Aus wettbewerbsrechtlicher Sicht wird dieser Zustand vor dem Hintergrund eines stark divergierenden Gebührenniveaus in Deutschland zunehmend als unbefriedigend angesehen.[53]

15.4 Boykottverbot

Das deutsche Kartellrecht enthält in § 21 Abs. 1 GWB das sogenannte Boykottverbot. Unternehmen ist es verboten, zu einem Boykott anderer Unternehmen aufzurufen. In der behördlichen und gerichtlichen Praxis hat das kartellrechtliche Boykottverbot im Allgemeinen zwar eher eine untergeordnete Bedeutung; im Entsorgungsbereich hat es dennoch bereits mehrfach eine Rolle gespielt. So hat das Bundeskartellamt etwa in der sogenannten „Neu-Ulm-Entscheidung" einem öffentlich-rechtlichen Entsorgungsträger auf der Grundlage des § 21 Abs. 1 GWB untersagt, den von ihm beauftragten lokalen Altpapierentsorger

[51] BKartA, Entscheidung vom 04.06.2012 – B8 40/10 (Berliner Wasserbetriebe); BKartA, B8 104/12 (Wuppertaler Stadtwerke) – das Verfahren wurde durch Vergleich abgeschlossen. Siehe auch: Bundeskartellamt, Bericht über die großstädtische Trinkwasserversorgung in Deutschland, Juni 2016.

[52] § 130 Abs. 1 S. 2 GWB.

[53] Position von BDE und bvse, vgl. EUWID Meldung vom 12.12.2016 (Private Entsorgungswirtschaft präsentiert Forderungskatalog zur Bundestagswahl).

dazu aufzufordern, keine PPK-Abfälle (Papier, Pappe und Kartonagen) für die dualen Systeme zu entsorgen.[54]

Eine vergleichbare Problematik ist in jüngerer Zeit vermehrt im Bereich der PPK-Erfassung aufgetreten, wobei der Boykott sich nicht gegen die dualen Systeme sondern die beauftragten Entsorger richtete. Dies hat folgenden Hintergrund: bei der PPK-Erfassung teilen sich Kommunen und duale Systeme die Zuständigkeit. Letztere sind für PPK-Verpackungs- und Erstere für die übrigen PPK-Abfälle zuständig. Nichtsdestotrotz wird häufig derselbe private Entsorger sowohl von den Kommunen als auch den dualen Systemen mit der Sammlung beauftragt, wobei je separate Verträge geschlossen werden. Unter anderem um Doppelstrukturen zu vermeiden, haben seit Inkrafttreten des VerpackG Kommunen nunmehr gegenüber den dualen Systemen einen Anspruch auf Mitbenutzung und Vergütung ihrer bestehenden kommunalen Sammelstrukturen (§ 22 Abs. 4 Satz 1 VerpackG). Unter Verweis auf diesen Mitbenutzungsanspruch haben einige Kommunen – die private Entsorger mit der PPK-Sammlung beauftragt hatten, also gerade keine „eigene Sammelstruktur" unterhielten – die dualen Systeme zur „Mitbenutzung" des von ihnen beauftragten Entsorgers aufgefordert. Gleichzeitig verlangten die Kommunen von den dualen Systemen die bestehenden Verträge mit dem privaten Entsorger unter Verweis auf den Mitbenutzungsanspruch zu kündigen. Ein derartiges Vorgehen führt im Ergebnis zu einer Bündelung, bzw. Rekommunalisierung der Nachfrage nach PPK-Sammelleistungen, weil Kommunen und Entsorger die Leistung nicht mehr selbstständig sondern gemeinsam nachfragten. Überdies greifen Kommunen hierdurch in bestehende Verträge zwischen dualen Systemen und Entsorgern ein. Aufgrund Verstoßes gegen die §§ 1, 21 GWB ist die Geltendmachung des kommunalen Mitbenutzungsanspruchs in Fällen, in denen ein privater Entsorger mit der Sammlung beauftragt wurde, daher ausgeschlossen.

15.5 Fusionskontrolle

15.5.1 Überblick über die wesentlichen Regelungen

Um das Entstehen von Marktbeherrschung durch Zukäufe und Unternehmenszusammenschlüsse zu verhindern, enthalten das deutsche wie das europäische Kartellrecht Regeln für die Fusionskontrolle. Unternehmenszusammenschlüsse, die der Fusionskontrolle unterfallen, dürfen erst vollzogen werden, nachdem die zuständige Fusionskontrollbehörde

[54] BKartA, Beschluss vom 06.05.2004, B10 97/02 (Neu Ulm). Bestätigt durch OLG Düsseldorf, Beschluss vom 29.12.2004 – Az. VI-Kart 17/04. Ein weiteres Verfahren des Bundeskartellamtes betraf den Vorwurf eines Boykottaufrufes gegen die dualen Systeme Bellandvision und Landbell im Jahr 2001. Die entsprechenden Entscheidungen des Bundeskartellamtes wurden jedoch später vom OLG Düsseldorf aufgehoben (Urteil vom 04.10.2004 – VI 24-27/03 OWi und Urteil vom 16.11.2004, VI Kart 28 – 31/03 OWi). Mit Beschluss vom 18.10.2005 wurde vom BGH (KRB 24/05) die Rechtsbeschwerde gegen diese Entscheidungen verworfen.

die wettbewerblichen Auswirkungen geprüft und freigegeben hat. Soweit eine Transaktion in Deutschland anmeldepflichtig ist, hat etwa das Bundeskartellamt hierfür zunächst einen Monat ab Anmeldung Zeit (sog. Phase I).[55] Stellt das Bundeskartellamt am Ende der Phase I fest, dass der Zusammenschluss aus wettbewerbsrechtlicher Sicht problematisch ist, kann das Amt eine vertiefte Prüfung (sog. Phase II) einleiten. Dem Amt stehen dann vier weitere Monate für die Prüfung zur Verfügung. Mit Einverständnis der Parteien kann die Frist auch noch verlängert werden.[56]

Nach dem deutschen Fusionskontrollrecht wird bereits der Erwerb von mindestens 25 % der Anteile an einem Unternehmen als Unternehmenszusammenschluss angesehen. Unter bestimmten Umständen (Erwerb eines wettbewerblich erheblichen Einflusses) können sogar Erwerbsgeschäfte unterhalb der 25 %-Schwelle einen fusionskontrollrechtlich relevanten Zusammenschluss darstellen.[57] Beim Bundeskartellamt müssen Unternehmenszusammenschlüsse angemeldet werden, wenn im letzten Geschäftsjahr vor dem Zusammenschluss

- die an dem Zusammenschluss beteiligten Unternehmen (Erwerber und Zielunternehmen) einen weltweiten Umsatz vor mehr als 500 Mio. EUR erzielt haben und
- eines der beteiligten Unternehmen in Deutschland einen Umsatz von mehr als 50 Mio. EUR erzielt hat (sog. erste Inlandsumsatzschwelle) und
- ein zweites Unternehmen in Deutschland einen Umsatz von mehr als 17,5 Mio. EUR in Deutschland erzielt hat (sog. zweite Inlandsumsatzschwelle).[58]

Im Zuge der 9. GWB-Novelle wurde ferner geregelt werden, dass auch im Falle des Unterschreitens der zweiten Inlandsumsatzschwelle der Zusammenschluss beim Bundeskartellamt angemeldet werden muss, wenn der Wert der Gegenleistung für den Zusammenschluss (Kaufpreis) mehr als 400 Mio. EUR beträgt und das Zielunternehmen in einem erheblichen Umfang in Deutschland tätig ist.

Zudem wurde mit der 10. GWB-Novelle der Anwendungsbereich der Fusionskontrolle – gerade auch im Hinblick auf Konzentrationstendenzen in der Entsorgungswirt-

[55] § 40 Abs. 1 GWB.

[56] § 40 Abs. 2 GWB. Zuletzt hat das Bundeskartellamt eine Phase-II-Prüfung im Entsorgungsbereich bei der untersagten Übernahme der DSD durch die REMONDIS Gruppe durchgeführt, BKartA Beschluss vom 11.07.2019, B 4-21/19. Phase-II-Verfahren aus jüngster Zeit betrafen zudem die Übernahme von Willi Hennies (B 5-168/20) und der Rhein-Main Rohstoffe (B 5-31/21) jeweils durch die TSR, den Erwerb der Helene Müntefering-Gockeln GmbH & Co. KG (B4-77/18), der G.R.I. Glasrecycling NV (B4-31/17) und der Bördner Gruppe (B4-31/16) – jeweils durch die Rethmann Gruppe sowie die die Aufstockung der Minderheitsbeteiligung an der MVV Energie AG durch EnBW (B4-80/17).

[57] § 37 GWB.

[58] § 35 GWB.

schaft[59] – erneut erweitert. In Ergänzung zu den oben genannten Aufgreifschwellen, kann das Bundeskartellamt einzelnen Unternehmen durch Verfügung verpflichten, auch solche Zusammenschlüsse anzumelden, bei denen das zu erwerbende Unternehmen im letzten Geschäftsjahr mehr als 2 Mio. EUR erzielt hat, wovon mehr als zwei Drittel im Inland erzielt worden sein müssen (§ 39a Abs. 2 GWB). Voraussetzung hierfür ist, dass der Adressat der Verfügung (i) im letzten Geschäftsjahr weltweit Umsatzerlöse von mehr als 500 Millionen Euro erzielt hat, (ii) objektiv nachvollziehbare Anhaltspunkte dafür bestehen, dass durch künftige Zusammenschlüsse der wirksame Wettbewerb im Inland in den genannten Wirtschaftszweigen erheblich behindert werden könnte, (iii) das Unternehmen in den betroffenen Wirtschaftszweigen einen Anteil von mindestens 15 Prozent am Angebot oder an der Nachfrage von Waren oder Dienstleistungen in Deutschland hat (§ 39a Abs. 1 GWB) und (iv) das Bundeskartellamt auf dem betroffenen Wirtschaftszweig eine Sektoruntersuchung durchgeführt hat. Die Anmeldepflicht gilt für drei Jahre (§ 39a Abs. 4 GWB).

Im Falle einer Anmeldepflicht prüft das Bundeskartellamt, ob durch den Zusammenschluss wirksamer Wettbewerb erheblich behindert wird, insbesondere durch das Begründen oder Verstärken einer marktbeherrschenden Stellung (§ 36 GWB). Wie im Falle der Missbrauchsaufsicht besteht auch hier eine widerlegbare gesetzliche Vermutung, dass eine marktbeherrschende Stellung ab einem Marktanteil von 40 % begründet wird. Für die Prüfung eines Zusammenschlusses ist daher von besonderer Relevanz, wie der Umfang des Marktes zu definieren ist, für den der Marktanteil berechnet wird.

15.5.2 Marktabgrenzung

Im Rahmen der Marktabgrenzung ist zwischen dem sachlich und örtlich relevanten Markt zu unterscheiden. Nach dem sog. Bedarfsmarktkonzept zählen zu dem sachlich relevanten Markt alle Waren und Dienstleistungen, die aus Sicht des Nachfragers gegeneinander austauschbar sind.[60] Im Bereich der Entsorgungswirtschaft haben das Bundeskartellamt und die Kommission die Märkte in der Entsorgungswirtschaft bislang eher eng abgegrenzt. Mit Blick auf die dualen Systeme haben die Europäische Kommission[61] und das Bundeskartellamt[62] einen eigenen Markt für die Organisation der Rücknahme und Rückgewinnung von gebrauchten Verkaufsverpackungen, die von privaten Endkunden gesammelt

[59] BT.Drs. 19/10900, S. 85.

[60] BGH, Urteil vom 24.10.1995 – KVR 17/94, WuW/E BGH 3026, 3028; BKartA, Beschluss vom 24. Juli 2014 – B4-37/14, Rn. 37. Zu Marktabgrenzung in der Abfallwirtschaft siehe auch Beckmann, Anmerkungen zur kartellrechtlichen Abgrenzung von Märkten auf dem Gebiet der Abfallentsorgung, WuW 2002, S. 16 ff.

[61] EU Kommission, Entscheidung 2001/837/EG vom 17.09.2001, Rn 85; Entscheidung 2001/463/EG vom 20.04.2001, Rn. 65 ff.

[62] BKartA Beschluss vom 11.07.2019, B 4-21/19, Rn. 85 ff.

werden, angenommen. Das Bundeskartellamt[63] und die EU Kommission[64] haben in der Vergangenheit im Bereich der Entsorgungswirtschaft eine Vielzahl unterschiedlicher Märkte voneinander abgegrenzt. So wurden jeweils eigenständige Märkte für die Sammlung von Leichtverpackungen einerseits und Haushaltsabfällen (Restmüll, Sperrmüll, Bioabfälle) andererseits definiert. Ob ein einheitlicher Markt für die Sammlung von Restmüll, Sperrmüll und Bioabfall bestehe oder dieser in unterschiedliche Märkte für die drei Fraktionen zerfalle, ließ das Bundeskartellamt zuletzt offen. Des Weiteren wurden u. a. sachlich getrennte Märkte für die Sammlung von Altpapier, Pappe und Kartonagen (PPK), Metallen und Schrotten sowie für die Erfassung von sonstigen nicht-gefährlichen Gewerbeabfällen zur Verwertung (AzV) und gefährlichen Abfällen definiert. Ob von einem einheitlichen AzV-Markt auszugehen sei oder innerhalb der Gewerbeabfälle weitere voneinander eigenständige sachliche Märkte abzugrenzen seien, konnte das Bundeskartellamt bislang offen lassen. Separate Märkte bestehen jedenfalls für die Sammlung von Metallen und Schrotten sowie von gefährlichen Abfällen. Von den Erfassungsmärkten zu unterscheiden sind – abhängig von der Art des Abfalls – die Aufbereitungs-/Sortierungs-, die Verwertung- und die Entsorgungsmärkte.[65]

Der räumlich relevante Markt wird ebenfalls anhand des Bedarfsmarktkonzeptes abgegrenzt.[66] Zu prüfen ist, von welchen Standorten aus Entsorgungsdienstleistungen für Kunden erbracht werden. In der früheren Entscheidungspraxis des Bundeskartellamtes haben sich für viele Erfassungsleistungen regionale Märkte mit einem Radius von ca. 100–150 km herauskristallisiert.[67] In der jüngeren Entscheidungspraxis hat das Bundeskartellamt im Bereich Gewerbeabfälle zunächst mehrere regionale geografische Teilmärkte mit einem Radius von 50 km um einen Standort herum identifiziert. Da sich diese jedoch überschnitten, wurden die geografischen Teilmärkte in einem zweiten Schritt für die wettbewerbliche Beurteilung zu einem Gesamtmarkt verbunden.[68]

[63] Zuletzt etwa in: BKartA Beschluss vom 11.07.2019, B 4-21/19, Rn. 85 ff.; BKartA Beschluss vom 13.12.2018, B 4-77/18, Rn. 33 ff.; BKartA, Beschluss vom 23.11.2017, B 4 – 31/17, Rn. 42ff.; BKartA, Beschluss vom 04.07.2017 – B 4-31/16, Rn. 37 ff. Aus der vorhergehenden Entscheidungspraxis: BKartA, Beschluss vom 24.07.2014 – B4-37/14, Rn. 39 ff.; BKartA, Beschluss vom 06.04.2006 – B 10-151/05, Rn. 16 ff.; BKartA, Beschluss vom 17.03.2006 – B 10-141/05, Rn. 13 ff.; BKartA, Beschluss. vom 23.02.2005 – B 10-122/04, Rn. 147 ff., 192 ff.

[64] Zuletzt etwa in: Europäische Kommission, Entscheidung vom 14.04.2021, M.10047, Rn. 11 ff. m. w. N. aus der vorhergehenden Entscheidungspraxis.

[65] BKartA, Beschluss vom 24.07.2014 – B4-37/14, Rn. 39 ff.

[66] Vgl. BKartA, Beschluss vom 06.04.2006 – B 10-151/05 Rn. 27; Europäische Kommission, Entscheidung vom 14.04.2021, M.10047, Rn. 11.

[67] OLG Düsseldorf, Beschluss vom 02.11.2005 – VI-Kart 30/04 (V), WuW DE-R 1625, 1626; BKartA, Beschluss vom 16.11.2004 – B 10-74/04, Rn. 52 ff.; BKartA, Beschluss vom 06.04.2006 – B 10-151/05, Rn. 39 ff.; BKartA, Beschluss vom 17.03.2006 – B 10-141/05, Rn. 28 ff.

[68] BKartA, Beschluss vom 24.07.2014 – B4-37/14, Rn. 111 ff.

Zusätzlich zu den Marktanteilen untersucht das Bundeskartellamt bei Fusionskontrollverfahren im Bereich der Entsorgungswirtschaft im Rahmen einer Phase II Prüfung regelmäßig auch die Ausschreibungsergebnisse öffentlich-rechtlicher Entsorgungsträger und dualer Systeme in den von dem beabsichtigten Zusammenschluss betroffenen Regionen.[69]

15.6 Sanktionen

Verstöße gegen das Kartellverbot, das Verbot gegen den Missbrauch einer marktbeherrschenden Stellung und der Vollzug einer anmeldepflichtigen Transaktion ohne die Durchführung eines Fusionskontrollverfahrens stellen Ordnungswidrigkeiten dar. Diese können vom Bundeskartellamt mit ganz erheblichen Bußgeldern sanktioniert werden. Es können Bußgelder von bis zu 10 % des Umsatzes des Unternehmens (bezogen auf die gesamte Unternehmensgruppe) im Jahr vor der Bußgeldentscheidung verhängt werden.[70] Im Rahmen eines Verwaltungsverfahrens nach § 54 Abs. 1 GWB haben die Kartellbehörden die Möglichkeit, von Unternehmen die Beendigung kartellrechtswidriger Verhaltensweisen zu verlangen. In der Praxis reicht unter Umständen bereits die Androhung der Einleitung eines entsprechenden Verfahrens aus, um eine Verhaltensänderung herbeizuführen.

Sowohl das Bundeskartellamt[71] als auch die Europäische Kommission[72] können Unternehmen, die durch ihre Kooperation mit der Kartellbehörde dazu beitragen, ein Kartell aufzudecken, die Geldbuße erlassen oder reduzieren. Hierdurch soll kartellbeteiligten Unternehmen ein finanzieller Anreiz gegeben werden, Kartelle möglichst als frühzeitig zu melden. Denn nur der erste „Kronzeuge“ erhält einen vollständigen Bußgelderlasse (§ 81k GWB). Die weiteren erhalten allenfalls noch eine Ermäßigung (§ 81l GWB).

15.7 Sektoruntersuchungen

Mit den sogenannten Sektoruntersuchungen nach § 32e GWB untersucht das Bundeskartellamt die Strukturen und Wettbewerbsbedingungen in bestimmten Wirtschaftszweigen. Ziel dieser Studien ist es, umfassende Kenntnisse über die untersuchten Märkte zu gewin-

---

[69] BKartA, PM vom 06.07.2016, Freigabe der Übernahme des Limburger Abfallentsorgers Bördner-Gruppe durch REMONDIS.

[70] BKartA, Leitlinien für die Bußgeldzumessung in Kartellordnungswidrigkeitenverfahren, 25.06.2013; BDI Leitfaden Kartellrecht, S. 12 ff.; zur Bußgeldberechnung im konkreten Einzelfall siehe *Mäger/Reffken*, 2013, S. 491 ff.

[71] §§ 81h ff. GWB.

[72] Europäische Kommission, Mitteilung der Kommission über den Erlass und die Ermäßigung von Geldbußen in Kartellsache, 2006.

nen. Diese Kenntnisse können dann für zukünftige Verfahren und Stellungnahmen des Bundeskartellamtes verwendet werden. Die Erkenntnisse der Sektoruntersuchung werden am Ende der Untersuchung in einem Abschlussbericht veröffentlicht.

Im Dezember 2012 hat das Bundeskartellamt den Abschlussbericht für die „Sektoruntersuchung duale Systeme – eine Zwischenbilanz der Wettbewerbsöffnung" veröffentlicht. Im Rahmen dieser Untersuchung wurden die Auswirkungen der Wettbewerbsöffnung auf dem Markt für die Rücknahme und Verwertung von Verpackungen, die beim privaten Endverbraucher anfallen, analysiert. Das Bundeskartellamt zog eine positive Bilanz. Die Befürchtungen, eine stärker wettbewerblich ausgerichtete Entsorgung könnte mit erheblichen negativen Folgen verbunden sein, waren nach Auffassung des Bundeskartellamtes unbegründet. Im Gegenteil, die Marktöffnung habe zu enormen Kostensenkungen (1 Mrd. EUR pro Jahr) und Qualitätsverbesserungen beim Recycling geführt.[73]

Im Dezember 2021 hat das Bundeskartellamt die Ergebnisse der Sektoruntersuchung „Erfassung von Haushaltsabfällen" vorgelegt.[74] Untersucht wurden die Bedingungen und die Ergebnisse von Ausschreibungen der dualen Systeme und der öffentlich rechtlichen Entsorgungsträger. Das Bundeskartellamt erhofft sich von der Sektoruntersuchung einen umfassenden Überblick über die Abfallwirtschaft, um diese Erkenntnisse zukünftig z. B. im Rahmen von Fusionskontrollverfahren zu verwenden.

Literatur

BKartA, Offene Märkte und nachhaltiges Wirtschaften – Gemeinwohlziele als Herausforderung für die Kartellrechtspraxis, 1. Oktober 2020. Abrufbar unter: https://www.bundeskartellamt.de/SharedDocs/Publikation/DE/Diskussions_Hintergrundpapier/AK_Kartellrecht_2020_Hintergrundpapier.pdf?__blob=publicationFile&v=2

BKartA, Sektoruntersuchung duale Systeme, Zwischenbilanz der Wettbewerbsöffnung, Bericht gemäß § 32e GWB – Dezember 2012, S. 67 ff. Abrufbar unter: http://www.bundeskartellamt.de/SharedDocs/Publikation/DE/Sektoruntersuchungen/Sektoruntersuchung%20Duale%20Systeme%20-%20Abschlussbericht.html?nn=4143254

Erhard (1957) Wohlstand für Alle. Econ-Verlag, Düsseldorf

Karenfort u. Jürgens (2013) Kartellrechtliche Aspekte bei Unternehmenskooperationen und dualen Systemen unter dem KrWG, in: Kurth u. Oexle (Hrsg.) Handbuch der Kreislauf- und Rohstoffwirtschaft, 1. Aufl. Carl Heymanns, Köln, S 473–486

[73] Vgl. BT-Drucksache 17/13675, Bundeskartellamt, Tätigkeitsbericht 2011/2012, S. 86 f. Der Abschlussbericht dieser Sektoruntersuchung bietet auf dem Stand von 2012 darüber hinaus einen kompakten und guten Überblick über die verpackungsrechtlichen Rahmenbedingungen in Deutschland und die kartellrechtlichen Anforderungen, die vom Bundeskartellamt gestellt werden.

[74] BKartA, Sektoruntersuchung Haushaltsabfälle, Abschlussbericht, Dezember 2021.

Kasten u. Reffken (2021) How EU Antitrust Law Elevates Sustainabilty – And How Not, in: Holmes/Middelschulte/Snoep (Hrsg.), Competition Law, Climate Change & Environmental Sustainability, (2021), S. 363–375

Kling u. Thomas (2016) Kartellrecht. Vahlen, München

Mäger (2011) Europäisches Kartellrecht, Nomos, Baden-Baden

Mäger/Reffken, Cartel Prosecution in Germany, Journal of European Competition Law & Practice, 2013, Vol. 4, No. 6, S. 491 ff

Schulze (2021), in: Bunte, Kartellrecht, Bd. 2, 14. Aufl., Leuchterhand, Berlin

16 Straf- und Bußgeldrecht

Christoph Lepper

16.1 Einführung

> *„Daß sie wissen, wie sie einen Taschendieb oder einen Autoknacker anzupacken haben, wird den Staatsanwälten in Hessen zugetraut, aber für den richtigen Umgang mit Umweltverschmutzern scheinen sie noch einiges hinzuzulernen zu müssen. Im hessischen Justizministerium in Wiesbaden ist in dieser Woche sogar ein Lehrgang arrangiert worden, der dazu beitragen soll, „Umweltschutz-Staatsanwälte" heranzubilden. Mit dem herkömmlichen Instrumentarium der Strafverfolgung, meinen die Juristen, sei die Umweltkriminalität gar nicht mehr einzudämmen."*[1]

Der Beitrag stellt dic wesentlichen Normappelle ausgewählter Straftatbestände des Abfallstrafrechts dar sowie diejenigen Rechtsfiguren und Bewertungskriterien des allgemeinen Straf- und Ordnungswidrigkeitenrechts, die in der abfallstrafrechtlichen Praxis von besonderer Bedeutung sind. Praxishinweise erleichtern den Weg durch ein abfallstrafrechtliches Ermittlungsverafhren.[2]

Die Tatbestände des Umweltstraf- und Ordnungswidrigkeitenrechts sind streng *verwaltungsrechtsakzessorisch* ausgestaltet, d. h. der Gesetz- oder Verordnungsgeber belegt ausgewählte – als besonders schwerwiegend empfundene – *Verstöße gegen das Umweltrecht*

[1] Ausgabe Nr. 99 (28.04.1972) der F.A.Z. in 1972 – dort S. 10.

[2] Ausgabe Nr. 287 (11.12.1971) der F.A.Z. in 1971 – dort S. 6.

C. Lepper (✉)
tdwe Rechtsanwälte, Düsseldorf, Deutschland
E-Mail: lepper@tdwe.de

P. Kurth et al. (Hrsg.), *Praxishandbuch der Kreislauf- und Rohstoffwirtschaft*,
https://doi.org/10.1007/978-3-658-36262-1_16

mit Sanktionen. Verhaltensweisen, die umweltverwaltungsrechtlich nicht zu beanstanden sind, werden nicht als Straftaten oder Ordnungswidrigkeiten geahndet. Die Frage der Tatbestandsmäßigkeit lässt sich im Bereich des Umweltstraf- und Ordnungswidrigkeitenrecht mithin nur unter Rückgriff auf die Rechtslage, wie sie sich als Folge verwaltungsrechtlicher Regelungen (durch Gesetz, Verordnung oder Verwaltungsakt) darstellt, beantworten. Neben umweltrechtlichen Fragestellungen muss der auf dem Gebiet des Umweltstraf- und Ordnungswidrigkeitenrechts tätige Praktiker jedoch selbstverständlich auch Fragen originärer Straf- und Ordnungswidrigkeitenrechtsdogmatik ventilieren und einer Lösung zuführen – entgegen der Einschätzung der Frankfurter Allgemeinen Zeitung aus 1972 kommt also auch dem „*herkömmlichen Instrumentarium der Strafverfolgung*" eine große Bedeutung zu.

Die nachfolgenden Ausführungen werden nach einer Kurzdarstellung des wesentlichen Normappells ausgewählter Straftatbestände mit Abfallrechtsrelevanz (*2*) diejenigen Rechtsfiguren und Bewertungskriterien des allgemeinen Straf- und Ordnungswidrigkeitenrechts benennen, die auch für den Bereich des Umweltstraf- und Ordnungswidrigkeitenrechts von großer Relevanz sind (z. B. Zurechnungsfragen im Falle des Befasstseins mehrerer Personen mit einem Sachverhalt – *3*). Sodann werden die Rechtsfolgen skizziert, die für betroffene natürliche Personen[3] und für betroffene Unternehmen mit der Ahndung einer Straftat oder Ordnungswidrigkeit einhergehen können (*4*). Nach Darstellung des üblichen Ablaufs eines (Ermittlungs)Verfahrens auf dem Gebiet des Umweltstraf- bzw. Ordnungswidrigkeitenrechts (*5*) erfolgen abschließend Hinweise und Verhaltensempfehlungen für den Fall von Durchsuchungsmaßnahmen im Unternehmen (*6*). Da angesichts der enormen Fülle von Straftat- und Ordnungswidrigkeitentatbeständen im Umweltrecht aus Platzgründen nicht einmal annähernd ein repräsentativer Überblick über einzelne Tatbestandsinhalte in diesem Beitrag vermittelt werden kann, wird der Schwerpunkt der Darstellung auf den allgemeinen Ausführungen (*3* bis *6*) liegen.

16.2 Normappelle ausgewählter Tatbestände

16.2.1 § 326 StGB

Zentrale Strafnorm für die Entsorgungswirtschaft ist § 326 StGB, welcher den *Unerlaubten Umgang mit Abfällen* unter Strafe stellt.

Absatz 1 der Vorschrift sanktioniert den von einschlägigen Gestattungen wesentlich abweichenden Umgang (Sammlung, Beförderung, Behandlung, Verwertung, Lagerung,

[3] Im Interesse einer sprachlichen Vereinfachung wird im Folgenden für die von einem Tatvorwurf betroffenen natürlichen Personen die maskuline Bezeichnung „*Beschuldigter*" verwendet. Dies trägt nicht zuletzt dem Umstand Rechnung, dass sich die überwiegende Mehrzahl der Ermittlungsverfahren in Deutschland gegen Männer richtet – ein bemerkenswerter Umstand, der in diesem Beitrag nicht weiter vertieft werden kann und soll.

Handel etc.) mit näher definierten besonders gefährlichen Abfällen (z. B. krebserzeugende Stoffe).

Nach § 326 Abs. 2 StGB in der seit dem 10.11.2016 (wieder) geltenden Fassung[4] macht sich strafbar, wer gefährliche Abfälle i. S. d. Absatzes 1 entgegen einem Verbot oder ohne (erforderliche) Genehmigung nach Deutschland, aus Deutschland oder durch Deutschland verbringt.

Absatz 4 stellt einen Versuch der Tatbestandsverwirklichung unter Strafe. Insbesondere bezüglich § 326 Abs. 2 StGB stellt sich die Frage, wann der strafbare Versuch beginnt. Tatbestandliches „Verbringen" erfordert einen grenzüberschreitenden Transport.[5] Fraglich (und umstritten) ist, wann zu einer *Grenzüberschreitung* i. S. v. § 22 StGB mit strafbarkeitsauslösender Wirkung unmittelbar angesetzt wird. Nach einer Auffassung soll bereits mit Beladung des zum Grenzübertritt vorgesehen Transportmittels unmittelbar angesetzt werden, wenn das Transportmittel nach der Vorstellung des Täters alsbald zur Grenze in Bewegung gesetzt werden soll.[6] Diese Auslegung geht viel zu weit: Versuchsbeginn setzt Handlungen des Täters voraus, die entweder *unmittelbar zur Tatbestandserfüllung* führen oder mit ihr jedenfalls in *unmittelbarem räumlichen und zeitlichen Zusammenhang* stehen.[7] Der Versuch kann dementsprechend erst beginnen, wenn ein Transport in die Nähe der Grenze gelangt ist und zum Grenzübertritt angesetzt wird.[8] Für den Straßentransport bedeutet dies, dass Versuchsbeginn erst angenommen werden kann, wenn das Fahrzeug die letzte Ausfahrt vor der Grenze (Autobahn) oder die letzte Wendemöglichkeit (sonstige Straßen) passiert hat. Werden beabsichtigte Verstöße gegen Verbringungsvorschriften durch Inlandskontrollen vor dieser unmittelbar grenznahen Zone aufgedeckt, liegt mithin noch keine Versuchsstrafbarkeit vor.[9]

Ein ansonsten tatbestandsmäßiges Verhalten ist gemäß § 326 Abs. 6 StGB nach keiner Tatbestandsalternative strafbar, wenn schädliche Einwirkungen auf die Umwelt, insbeson-

---

[4] Absatz 2 wurde durch Gesetz vom 01.11.2016 (BGBl. I S. 2452) in seine vor Änderung durch das 45. Strafrechtsänderungsgesetz zur Umsetzung der Richtlinie des Europäischen Parlaments und des Rates über den strafrechtlichen Schutz der Umwelt (G v. 06.12.2011 – BGBl. I S. 2557) geltende Fassung zurückversetzt.

[5] Vgl. nur *Fischer*, StGB, 69. Aufl. 2022, § 326, Rn. 47 f.

[6] So etwa *Alt*, in: MüKo-StGB, 3. Aufl. 2019, § 326, Rn. 125 m. w. N.; *Kropp*, NStZ 2011, 674 (677 f.).

[7] Vgl. nur BGH, NStZ 1989, 473.

[8] So zutr. *Ransiek*, in: Kindhäuser/Neumann/Paeffgen, StGB, 5. Aufl. 2017, § 326, Rn. 62 m. w. N. u. *Fischer*, StGB, 69. Aufl. 2022, § 326, Rn. 48; in diese Richtung auch OLG Hamburg, NZWiSt 2016, 146 (m. krit. Anm. *Junck/Ogiermann*).

[9] *Ransiek*, in: Kindhäuser/Neumann/Paeffgen, StGB, 5. Aufl. 2017, § 326, Rn. 63.

dere auf Menschen, Gewässer, die Luft, den Boden, Nutztiere oder Nutzpflanzen, wegen der geringen Menge der Abfälle offensichtlich ausgeschlossen sind.

16.2.2 §§ 18a, 18b AbfVerbrG

Neben § 326 StGB treten seit dem 10.11.2016 die §§ 18a und 18b des Abfallverbringungsgesetzes (AbfVerbrG), die eine *illegale Verbringung von Abfällen* – als eine spezielle Form des Umgangs mit Abfällen – unter Strafe stellen.[10]

Die vom 14.12.2011 bis zum 10.11.2016 geltende (erheblich verschärfte) Tatbestandsvariante des § 326 Abs. 2, Nr. 1 StGB (a.F.) wurde in die neu geschaffenen §§ 18a, 18b AbfVerbrG ausgelagert. Hiernach macht sich (bereits) strafbar, wer vorsätzlich oder fahrlässig die (unter Verweis auf einzelne Vorschriften der EG Verordnung Nr. 1013/2006 des Europäischen Parlaments und des Rates vom 14.06.2006[11] näher definierte) illegale Verbringung einer nicht unerheblichen Menge gefährlichen (i. S. v. Art. 3 Nr. 2 RiLi 2008/98/EG – § 18a AbfVerbrG) oder nicht gefährlichen (i. S. v. Art. 3 Nr. 1 RiLi 2008/98/EG – § 18b AbfVerbrG) Abfalls „durchführt". Nicht gefährlicher Abfall ist beispielsweise auch Altpapier.[12] Ein strafbares „illegales Verbringen" (i. S. v. § 18b Abs. 1, Nr. 1 AbfVerbrG i. V. m. Art. 2, Nr. 35, lit. a VO (EG) 1013/2006) kann u. a. bereits vorliegen, wenn Notifizierungspflichten verletzt werden. Die Erweiterung der Strafbarkeit auf derartige Ordnungsverstöße im Umgang mit u. U. (vergleichsweise) harmlosen Abfällen ist weiterhin[13] nicht recht nachvollziehbar und fügt sich schwerlich ein in die im deutschen Recht gebräuchliche Abstufung zwischen Straftaten und Ordnungswidrigkeiten je nach sozialethischem Gewicht der in Rede stehenden Verhaltensweisen.[14] Hieran vermag auch der Umstand nichts zu ändern, dass § 18b AbfVerbrG für die illegale Verbringung nicht ge-

[10] Die Strafvorschriften wurden mit Gesetz vom 01.11.2016 (BGBl. I S. 2452) neu in das AbfVerbrG eingefügt.

[11] Abl. L 190 vom 12.07.2006, S. 1, L 318 vom 28.11.2008, S. 15.

[12] Art. 3 Nr. 1 RiLi 2008/98/EG definiert als „Abfall" – jedenfalls für die Zwecke des Strafrechts viel zu weitgehend – jeden Stoff oder Gegenstand, dessen sich sein Besitzer entledigt, entledigen will oder entledigen muss.

[13] Vgl. bereits die diesbezügliche Kritik in der Erstauflage (zu § 326 Abs. 2, Nr. 1 StGB a.F.).

[14] Immerhin wurde im Zuge der „Auslagerung" des Tatbestands der Illegalen Verbringung von Abfällen in das AbfVerbrG die bis dato geltende Strafbarkeit der (auch fahrlässigen) unrichtigen Ausfüllung von Notifizierungs- oder Begleitformularen (illegale Verbringung i. S. v. Art. 2, Nr. 35, lit. d VO (EG) 1013/2006) aufgehoben. Sie erfüllt lediglich noch einen Ordnungswidrigkeitentatbestand (§ 18 Abs. 2 AbfVerbrG n.F.).

fährlicher Abfälle eine vergleichsweise milde (und im Vergleich zu § 326 Abs. 2, Nr. 1 StGB a.F. verringerte) Strafandrohung bereithält.[15]

Qualifikationstatbestände mit erhöhter Strafandrohung finden sich in den Absätzen 3 (beharrliche Wiederholung oder Handeln aus Gewinnsucht), 4 (Verursachung bestimmter konkreter Gefahren durch die Verbringung) und 6 (Verbringung mit Todesfolge) der §§ 18a, 18b AbfVerbrG.

Die neuen Straftatbestände sind als so genannte unechte Unternehmensdelikte ausgestaltet („*wer eine illegale Verbringung ... durchführt*"), bei denen es für die Tatbestandsmäßigkeit nicht auf die Herbeiführung eines tatbestandlichen Erfolgs ankommt.[16] Tatbestandlich ist bereits die „Durchführung" einer (durch Verweisung auf EU-Recht näher definierten – s.o.) „illegalen Verbringung". Ausweislich der Gesetzgebungsmaterialien bedurfte es nach Auffassung des Gesetzgebers der Regelung einer Versuchsstrafbarkeit daher nicht – der Meinungsstreit zum Versuchsbeginn bei § 326 Abs. 2 StGB[17] sollte für die im AbfVerbrG neu geregelten Straftatbestände obsolet werden.[18] Die Begriffsbestimmungen des Abfallrechts – darunter die Verbringungsdefinition in Art. 2 Nr. 34 VO (EG) 1013/2006 – seien auf die neuen Tatbestände anwendbar. Danach sei „*Verbringung*" jeder *Transport* von zur Verwertung oder Beseitigung bestimmten Abfällen, der (auf eine Grenzüberschreitung gerichtet) „*erfolgt oder erfolgen soll*" – tatbestandlich seien mithin neben dem begonnenen Transport (auch jenseits einer irgendwie gearteten Grenznähe) Vorbereitungshandlungen (z. B. Beladung).[19] Dieser Auslegung – der sich die Literatur bislang nahezu einhellig und unkritisch angeschlossen hat – kann nicht gefolgt werden: Vor dem Hintergrund der im Strafrecht zu Gunsten des Beschuldigten bei der Tatbestandsauslegung zwingend zu beachtenden Wortlautgrenze (folgend aus dem Bestimmtheitsgebot – Art. 103 Abs. 2 GG/§ 1 StGB) kommt der Entstehungsgeschichte einer Norm (einschließlich Gesetzgebungsmaterialien) Auslegungsbedeutung nur zu, wenn sie Zweifel an der Richtigkeit einer auf Grundlage anderer Methoden gewonnenen Auslegung bestätigt oder behebt.[20] Ohne Rückgriff auf die Gesetzgebungsmaterialien kommt vorliegend ein Auslegungsergebnis dahingehend, dass Transporte jenseits einer Grenznähe und sogar Vorbereitungshandlungen umfasst sind, indes nicht in Betracht:[21] Der Gesetzgeber hat es unterlassen, in den neuen §§ 18a, 18b AbfVerbrG auf die Verbringungsdefinition des Art. 2

[15] Geldstrafe oder Freiheitsstrafe von bis zu zwei Jahren bei Vorsatz und Geldstrafe oder Freiheitsstrafe von bis zu einem Jahr bei Fahrlässigkeit.

[16] Vgl. nur die Definition bei *Radtke*, in: MüKo-StGB, 4. Aufl. 2020, § 11, Rn. 142 m. w. N.

[17] Vgl. die vorstehenden Ausführungen unter *16.2.1.*

[18] Vgl. BT-Drucks. 18/8961 v. 28.06.16, S. 11 und S. 19.

[19] So ausdrücklich BT-Drucks. 18/8961 v. 28.06.16, S. 19 und inzwischen auch die nahezu einhellige Ansicht in der Literatur: *Alt*, in: MüKo-StGB, 3. Aufl. 2019, § 326, Rn. 81; *Heine/Schittenhelm*, in: Schönke/Schröder, StGB, 30. Aufl., 2019, § 326, Rn. 20; vgl. auch *Fischer*, StGB, 69. Aufl. 2022, § 326, Rn. 48 a.E. A.A. lediglich *Stein*, wistra 2021, 53, 57 f.

[20] Vgl. nur BVerfGE 11, 129; 20, 253; 59, 128; 64, 275; *Fischer*, StGB, 69. Aufl. 2022, § 1, Rn. 24.

[21] Vgl. auch die vorstehenden Ausführungen unter *16.2.1.* m. Fn. 8 f.

Nr. 34 VO (EG) 1013/2006 zu verweisen. Stattdessen hat er sich auf einen Verweis auf die „Illegalitäts"-Definition des Art. 2 Nr. 35 beschränkt. Der Normanwender muss im Wege der Auslegung (Wortlaut, Systematik) von einer bewussten Differenzierung des Gesetzgebers ausgehen (Begriffsinhalt „Verbringung" nach bisheriger/herkömmlicher Lesart – Begriffsinhalt „illegal" nach VO (EG) 1013/2006).

Gerichtsentscheidungen zu dieser Frage liegen – soweit ersichtlich – weiterhin nicht vor. Die Entsorgungswirtschaft muss sich auf die (vom Gesetzgeber intendierte aber unzureichend umgesetzte – gleichwohl von der Literatur mitgetragene) ausufernde Auslegung einstellen.

16.2.3 § 327 StGB

Wegen *Unerlaubten Betreibens von Anlagen* gemäß § 327 Abs. 2 StGB macht sich (u. a.) strafbar, wer eine nach § 4 BImSchG genehmigungsbedürftige Anlage oder eine Abfallentsorgungsanlage im Sinne des KrWG oder eine Abwasserbehandlungsanlage im Sinne des WHG ohne die erforderliche Genehmigung oder Planfeststellung oder entgegen der vollziehbaren Untersagung einer Behörde betreibt. Es ist für die Strafbarkeit unerheblich, ob durch den ungenehmigten Anlagenbetrieb Gefahren entstehen oder nicht. Die Vorschrift sanktioniert somit bereits bloßen Verwaltungsungehorsam als Straftat.[22]

Durch das 45. Strafrechtsänderungsgesetz vom 06.12.2011[23] hat die Vorschrift eine Erweiterung dahingehend erfahren (Einfügung von Absatz 2, S. 2), dass nunmehr *auch der Betrieb einer ungenehmigten Anlage im EU-Ausland* nach deutschen Recht zu bestrafen ist, wenn die im Ausland belegene Anlage in einer Weise betrieben wird, die geeignet ist, außerhalb der Anlage Leib oder Leben eines anderen Menschen zu schädigen oder erhebliche Schäden an Tieren oder Pflanzen, Gewässern, der Luft oder dem Boden herbeizuführen.

16.2.4 Ordnungswidrigkeitentatbestände

Eine Darstellung einzelner Ordnungswidrigkeitentatbestände hat in Ansehung der schier unendlichen Anzahl von Tatbeständen in den verschiedensten Gesetzen und Verordnungen in diesem Beitrag sinnvoller Weise zu unterbleiben. Für die Entsorgungswirtschaft relevante Ordnungswidrigkeitentatbestände finden sich gegen Ende eines jeden Gesetzes/einer jeden Rechtsverordnung, welches/welche Pflichten der Entsorgungswirtschaft begründet und regelt (z. B. im KrWG, im AbfVerbrG, in der Klärschlammverordnung, in der Altölverordnung, in der Transportgenehmigungsverordnung, in der Altfahrzeug-

[22] *Fischer*, StGB, 69. Aufl. 2022, § 327, Rn. 2 m. w. N.

[23] Siehe Fn. 4.

Verordnung, in der Verpackungsverordnung, in der Bioabfallverordnung, in der Gewerbeabfallverordnung, in der Altholzverordnung etc.).

Ordnungswidrigkeitentatbestände entsprechen in ihrem Aufbau Straftatbeständen. Eine überzeugende sanktionsdogmatische Unterscheidung zwischen Straftaten und Ordnungswidrigkeiten steht bislang aus. In der Praxis kann die Unterscheidung hingegen denkbar leicht anhand der jeweiligen Rechtsfolgen unternommen werden: Ordnet der Tatbestand als Sanktion eine Geldbuße an, handelt es sich um eine Ordnungswidrigkeit; im Falle der Androhung von Geld- oder Freiheitsstrafe handelt es sich um einen Straftatbestand. Verfahrensrechtlich besteht ein Unterschied dahingehend, dass der Gesetzgeber die Ahndung von Ordnungswidrigkeiten zunächst der Verwaltung überlässt, wohingegen Straftaten von der Justiz geahndet werden. Was die durch die Tatbestände regulierten Lebenssachverhalte anbetrifft, so sanktionieren Ordnungswidrigkeitentatbestände grundsätzlich missbilligtes Verhalten von geringerem sozialethischen Gewicht als Straftatbestände.[24]

16.3 Besonders relevante „allgemeine" Rechtsfiguren und Bewertungskriterien

Die überwiegende Mehrzahl der Tatbestände des Umweltstraf- und Ordnungswidrigkeitenrechts – darunter auch die §§ 326, 327 StGB – sanktioniert sowohl vorsätzliches als auch fahrlässiges Handeln. Vorsätzlich handelt bereits, wer die Tatbestandsverwirklichung für möglich hält und billigend in Kauf nimmt[25] – vorsätzliches Handeln verlangt nicht etwa Absicht. Fahrlässig handelt, wer gegen eine Sorgfaltspflicht verstößt und hierdurch ein Rechtsgut beeinträchtigt, wenn der Täter die Rechtsgutsbeeinträchtigung hätte vorhersehen und vermeiden können.[26]

Auch bloße Untätigkeit kann eine Tatbestandsverwirklichung bewirken, wenn der Täter Adressat einer Handlungspflicht (etwa aus Gesetz) ist und diese verletzt (Tatbegehung durch Unterlassen – § 13 StGB bzw. § 8 OWiG).

Im Falle der Nichtvollendung eines Umweltdelikts kann unter bestimmten Voraussetzungen eine Ahndung wegen Versuchs erfolgen (§ 22 f. StGB bzw. § 13 OWiG).

Nicht nur der unmittelbar Handelnde (Bsp.: LKW-Fahrer A kippt Abfälle widerrechtlich ab) kann straf- bzw. ordnungswidrigkeitenrechtlich sanktioniert werden:

Im Bereich des Strafrechts kann ein gemeinsamer Tatplan und ein arbeitsteiliges Vorgehen mehrerer Personen bei der Tatbestandsverwirklichung (Bsp.: absprachegemäß hat A den Abfall aufgeladen und B hat ihn später absprachegemäß widerrechtlich abgekippt) eine strafrechtliche Haftung als Mittäter (§ 25 Abs. 2 StGB), das Hervorrufen des Tatentschlusses beim Haupttäter (Bsp.: Vorarbeiter A weist B an, den Abfall widerrechtlich ab-

[24] *Krenberger/Krumm*, OWiG, 6. Aufl. 2020, § 1 OWiG, Rn. 3 f.

[25] Vgl. nur *Fischer*, StGB, 69. Aufl. 2022, § 15, Rn. 7 ff. m. w. N.

[26] Vgl. nur *Fischer*, StGB, 69. Aufl. 2022, § 15, Rn. 20 ff. m. w. N.

zukippen) eine strafrechtliche Haftung als Anstifter (§ 26 StGB) und die Unterstützung des Haupttäters (Bsp.: A weiß, dass B Abfall widerrechtlich in X abkippen will und gibt ihm eine Wegbeschreibung) eine strafrechtliche Haftung als Gehilfe (§ 27 StGB) auslösen. Als mittelbarer Täter (§ 25 Abs. 1, Var. 2 StGB) wird bestraft, wer den unmittelbar Handelnden manipuliert und hierdurch wie eine Marionette lenkt (Bsp.: Vorarbeiter A belässt B in dem [falschen] Glauben, die von ihm transportierte und später abgekippte Ladung dürfe auf Grundlage der Betriebsgenehmigung in die Deponie eingebracht werden).

Im Ordnungswidrigkeitenrecht (vgl. § 14 OWiG) gilt der sog. Einheitstäterbegriff.[27] Sämtliche vorstehend für den Bereich des Strafrechts dargestellten Täterschafts-/Beteiligungsformen führen zu einer (einheitstäterschaftlichen) Tatverantwortlichkeit auch im Ordnungswidrigkeitenrecht.

16.4 Rechtsfolgen einer Ahndung

Zahlreiche Rechtsfolgen können für die Beschuldigten sowie für das betroffene Unternehmen mit der Ahndung einer Straftat oder Ordnungswidrigkeit einhergehen.

16.4.1 Rechtsfolgen für den Beschuldigten/Betroffenen

16.4.1.1 Rechtsfolgen der Ahndung einer Straftat

Die Begehung einer Umweltstraftat kann – je nach Strafrahmen des jeweiligen Tatbestands – mit Geldstrafe oder Freiheitsstrafe geahndet werden. Geldstrafen werden in Deutschland nicht als Gesamtsumme, sondern in Tagessätzen verhängt (§ 40 Abs. 1 StGB), wobei sich die Höhe eines Tagessatzes an demjenigen Nettoeinkommen ausrichtet, welches der Beschuldigte (rechnerisch) an einem Tag erwirtschaftet (§ 40 Abs. 2 StGB). Geldstrafen erscheinen in einem (einfachen) Führungszeugnis nach dem Bundeszentralregistergesetz nur, wenn sie über neunzig Tagessätze hinausgehen (d. h. ab einer Verhängung von einundneunzig Tagessätzen – vgl. § 32 Abs. 2, Nr. 5a BZRG) oder wenn mehr als eine Verurteilung im Register eingetragen ist. Konsequenter Weise darf sich der Verurteilte als unbestraft bezeichnen und braucht den der Verurteilung zugrundeliegenden Sachverhalt – etwa einem Arbeitgeber gegenüber – nicht zu offenbaren, wenn gegen ihn eine Geldstrafe von weniger als einundneunzig Tagessätzen verhängt wurde (§ 53 Abs. 1, Nr. 1 BZRG – sofern nicht im Register mehr als eine Verurteilung eingetragen ist [s. o.]). Freiheitsstrafen werden in ein (einfaches) Führungszeugnis eingetragen und müssen ggü. einem Auskunftsberechtigten offenbart werden, wenn sie über drei Monate hinausgehen oder wenn mehr als eine Verurteilung im Register vermerkt ist (§§ 32 Abs. 2, Nr. 5b; 53 Abs. 1, Nr. 1 BZRG). Freiheitsstrafen, die zwei Jahre nicht übersteigen, können zur Bewährung ausgesetzt werden (§ 56 Abs. 2 StGB).

[27] Vgl. hierzu *Rengier*, in: Senge, KK-OWiG, 5. Aufl. 2018, § 14, Rn. 4 ff.

Innerhalb des Strafrahmens des jeweiligen Tatbestands setzt das Gericht die Strafe unter Abwägung aller für und gegen den Beschuldigten sprechenden Umstände des Einzelfalls auf Grundlage des Maßes der Schuld des Beschuldigten fest (§ 46 StGB).[28]

Hat der Beschuldigte unter grober Verletzung der mit seinem Beruf verbundenen Pflichten gehandelt – entsprechende Konstellationen sind im Bereich des Umweltstrafrechts häufig anzutreffen –, so kann das Gericht ein mehrjähriges Berufsverbot anordnen (§ 70 StGB).

Eine Verurteilung wegen Umweltstraftaten führt weder zur Unfähigkeit, Geschäftsführer einer GmbH zu sein (vgl. § 6 GmbHG), noch zu einer Eintragung der Verurteilung im Gewerbezentralregister (vgl. § 149 GewO). Beschuldigte Amtsträger werden sich im Nachgang des Strafverfahrens in aller Regel in einem Disziplinarverfahren zu verantworten haben. Die dort drohenden massiven Rechtsfolgen (z. B. Entfernung aus dem Dienst, Verlust von Pensionsansprüchen) können hier nicht vertieft werden.

Sofern der Beschuldigte für oder aus der Straftat einen Vermögensvorteil erlangt hat, kann das Gericht einen entsprechenden Geldbetrag einziehen (§§ 73 ff. StGB). Dieser Betrag kann in der Folge bei dem Verurteilten vollstreckt werden.

► **Praxishinweis** Die Nebenfolgen einer strafgerichtlichen Verurteilung (drohendes Berufsverbot; disziplinarrechtliche Folgen bei Amtsträgern; wirtschaftliche Konsequenzen einer Einziehungsanordnung etc.) werden in der Praxis bei der Einschätzung und Bewertung des dem Ermittlungsverfahren innewohnenden Risikos häufig außer Acht gelassen oder unterschätzt. Die Nebenfolgen können für den Betroffenen indes deutlich schwerwiegender und existenzbedrohender sein als die ausgeurteilte Strafe an sich. Insbesondere für den Fall einer konsensualen Erledigung des Strafverfahrens („Deal") müssen die Nebenfolgen bedacht und verhandelt werden.

Sofern das Ermittlungsverfahren wegen Geringfügigkeit gemäß § 153 StPO oder gegen Auflagen (in der Regel gegen Geldzahlung an die Staatskasse oder gemeinnützige Einrichtungen) gemäß § 153a StPO eingestellt wird, liegt bereits keine Ahndung einer Straftat vor. In den genannten Fällen einer Verfahrenseinstellung gilt vielmehr die Unschuldsvermutung fort.[29] Auch bei aussichtsreicher Freispruchverteidigung kann es vor diesem Hintergrund empfehlenswert sein, einem langwierigen und kostspieligen Verfahren einen schnellen Verfahrensabschluss aus Opportunitätsgründen (§§ 153, 153a StPO) vorzuziehen.

16.4.1.2 Rechtsfolgen der Ahndung einer Ordnungswidrigkeit

Die Begehung von Umweltordnungswidrigkeiten wird mit der Verhängung einer Geldbuße geahndet. Sofern das Gesetz, welches den in Rede stehenden Ordnungswidrigkeiten-

[28] Ein kompakter Überblick über die Kriterien der Strafzumessung findet sich in der Kommentierung von *Fischer*, StGB, 69. Aufl. 2022, § 46.

[29] BVerfG, MDR 1991, 892 sowie BVerfGE 74, 358 (373); 82, 106 (116).

tatbestand enthält, keine spezielle Regelung enthält, können Geldbußen nur bis zu einem Höchstbetrag von € 1000,- verhängt werden (§ 17 Abs. 1 OWiG). Ordnungswidrigkeiten etwa nach § 69 Abs. 1 KrWG können mit einer Geldbuße von bis zu € 100.000,- geahndet werden (§ 69 Abs. 3 KrWG). Grundlage für die Zumessung der Geldbuße sind die Bedeutung der Ordnungswidrigkeit und der Vorwurf, der den Täter trifft, sowie die wirtschaftlichen Verhältnisse des Täters (§ 17 Abs. 3 OWiG).

Die rechtskräftige Ahndung einer Ordnungswidrigkeit, die – wie regelmäßig im Bereich des Umweltordnungswidrigkeitenrechts – bei oder in Zusammenhang mit der Ausübung eines Gewerbes oder dem Betrieb einer wirtschaftlichen Unternehmung begangen wurde, wird in das Gewerbezentralregister eingetragen, sofern eine Geldbuße von mehr als € 200,- verhängt wird (§ 149 Abs. 2, Nr. 3a GewO). Beschuldigte Amtsträger müssen sich ggf. auch im Nachgang eines Ordnungswidrigkeitenverfahrens disziplinarrechtlich verantworten.

Auch in Bezug auf Vermögensvorteile, die der Betroffene für oder aus einer Ordnungswidrigkeit erlangt hat, erfolgt eine Abschöpfung. Wenn wegen der Ordnungswidrigkeit eine Geldbuße verhängt wird, erfolgt die Abschöpfung über die Regelung des § 17 Abs. 4 OWiG („Einpreisung" der inkriminierten Vermögensvorteile in die Geldbuße) – wenn eine *Geldbuße nicht festgesetzt* wird (im Falle etwa einer Einstellung des Verfahrens aus Opportunitätsgründen), erfolgt die Abschöpfung durch Einziehung gemäß § 29a OWiG.

16.4.2 Rechtsfolgen für das betroffene Unternehmen

Zwar ist dem deutschen Recht ein Unternehmensstrafrecht (noch) fremd – Stand heute kommen ausschließlich natürliche Personen als Beschuldigte/Betroffene eines Ermittlungsverfahrens in Betracht. Gleichwohl können mit der Ahndung von Straftaten und Ordnungswidrigkeiten, die von Organen oder Mitarbeitern begangen wurden, empfindliche Rechtsfolgen auch gegen das Unternehmen festgesetzt werden:

Gegen ein Unternehmen kann gemäß § 30 Abs. 1 OWiG eine Geldbuße verhängt werden, wenn eine dort in leitender Funktion tätige Person eine Straftat oder Ordnungswidrigkeit begangen hat, durch die Pflichten, welche das Unternehmen treffen, verletzt worden sind oder durch die das Unternehmen bereichert worden ist oder werden sollte. Pflichten, welche das Unternehmen treffen, sind solche betriebsbezogenen Pflichten, die im Besorgungsbereich des Unternehmens stehen.[30] Hierzu zählen insbesondere umweltrechtliche Pflichten.[31] Die Unternehmensgeldbuße kann im Falle einer vorsätzlichen „Anlassstraftat" eines leitenden Funktionsträgers bis zu € 10 Mio. und im Falle einer fahrlässigen „Anlassstraftat" bis zu € 5 Mio. betragen. Im Falle einer „Anlassordnungswidrigkeit" bestimmt sich das Höchstmaß der Unternehmensgeldbuße nach dem für die „Anlassordnungswidrigkeit" angedrohten Höchstmaß der Geldbuße (§ 30 Abs. 2 OWiG), welches sich für die

[30] *Krenberger/Krumm*, OWiG, 6. Aufl. 2020, § 30 OWiG, Rn. 32.

[31] *Krenberger/Krumm*, OWiG, 6. Aufl. 2020, § 1 OWiG, Rn. 1 ff.

Unternehmensgeldbuße aber verzehnfacht, wenn in dem jeweiligen Ordnungswidrigkeitentatbestand auf § 30 Abs. 2, S. 3 OWiG verwiesen wird. Die Unternehmensgeldbuße kann selbst dann festgesetzt werden, wenn ein Verfahren gegen die natürliche Person wegen der „Anlasstat" nicht eingeleitet worden ist oder wenn es eingestellt wird oder wenn dort von Strafe abgesehen wird (sog. selbstständige Unternehmensgeldbuße – § 30 Abs. 4 OWiG).

Sofern das Unternehmen für oder aus einer Straftat oder Ordnungswidrigkeit eines Mitarbeiters Vermögensvorteile erlangt hat – etwa die Ersparnis der bei regelkonformer Entsorgung von Abfällen anfallenden Kosten –, erfolgt zudem eine Abschöpfung des entsprechenden Vermögenswerts beim Unternehmen. In aller Regel dürften Vermögensvorteile aus einer Umweltstraftat oder -ordnungswidrigkeit bei einem Unternehmen und nicht im persönlichen Vermögen des Beschuldigten entstehen; der Vermögensabschöpfung gegen Unternehmen kommt im Bereich des Umweltstraf- und Ordnungswidrigkeitenrechts mithin sehr große Relevanz zu. Die „inkriminierten" Vermögensvorteile des Unternehmens werden entweder über die Regelung der §§ 17 Abs. 4, 30 Abs. 3 OWiG („Einpreisung" der inkriminierten Vermögensvorteile in die Unternehmensgeldbuße) oder über selbstständige Einziehung abgeschöpft.

▶ **Praxishinweis** Nahezu jedem Ermittlungsverfahren wegen des Verdachts einer Umweltstraftat oder Umweltordnungswidrigkeit gegen leitende Funktionsträger des Unternehmens wohnt die Gefahr einer empfindlichen Vermögensabschöpfung beim Unternehmen inne. Vor diesem Hintergrund muss das Unternehmen ein Interesse daran haben, dass der beschuldigte Funktionsträger in dem ihn persönlich betreffenden Ermittlungsverfahren von Beginn an adäquat verteidigt wird.

16.5 Ablauf eines (Ermittlungs)Verfahrens

Sobald den zuständigen Behörden zureichende tatsächliche Anhaltspunkte dafür vorliegen, dass eine Straftat begangen wurde (= Anfangsverdacht – vgl. § 152 Abs. 2 StPO), sind sie verpflichtet, ein Ermittlungsverfahren einzuleiten, um den Sachverhalt zu ermitteln. Die Einleitung eines Ahndungsverfahrens wegen des Verdachts der Begehung einer Ordnungswidrigkeit steht dagegen im Ermessen der jeweiligen Behörde (§ 47 Abs. 1, S. 1 OWiG) – in der Praxis werden jedoch auch auf dem Gebiet des Ordnungswidrigkeitenrechts, von Bagatellfällen abgesehen, in aller Regel Verfahren eingeleitet, sobald ein Anfangsverdacht offenbar wird.

Als Quellen für Anfangsverdachte kommen Anzeigen, Mitteilungen anderer Behörden, eigene Wahrnehmungen der Ermittlungsbehörde, Zeitungsberichte o. ä. in Betracht. Was den Bereich der (Straf)Anzeigen anbetrifft, so ist ein Missverständnis dahingehend verbreitet, dass anonyme Anzeigen nicht bearbeitet oder wenigstens nicht ernstgenommen würden. Das Gegenteil ist der Fall: Zahlreiche Großverfahren – auch und gerade auf dem

Gebiet des Umweltrechts – gehen auf anonyme Anzeigen zurück. Häufig stellt sich im Laufe der Verfahren heraus, dass ein im Streit aus dem Unternehmen geschiedener Mitarbeiter sein Belastungswissen über den (vormaligen) Arbeitgeber anonym an die Behörden gereicht hat.

Nach Einleitung eines Verfahrens unternehmen es die Behörden, den Sachverhalt zu ermitteln. Als Beweismittel kommen im Straf- und Ordnungswidrigkeitenrecht *Zeugenaussagen, Urkunden, Gegenstände des Augenscheins, Sachverständigengutachten* sowie *Erklärungen des Beschuldigten* in Betracht. An diesem Kanon der Beweismittel richten sich die Ermittlungsmaßnahmen der Behörden aus: Urkunden und Gegenstände des Augenscheins können – etwa im Zuge einer Durchsuchung – sichergestellt oder beschlagnahmt werden; Zeugen können vernommen werden; Sachverständigengutachten können eingeholt werden. Sobald der Zweck des Ermittlungsverfahrens hierdurch nicht mehr gefährdet wird, ist dem Beschuldigten mitzuteilen, dass und weswegen gegen ihn ermittelt wird. Der Beschuldigte hat das Recht – nicht die Pflicht –, sich mündlich oder schriftlich zum Vorwurfssachverhalt zu äußern. Er kann sich eines Verteidigers bedienen und hat das Recht, über diesen die Ermittlungsakten einzusehen. Dem Akteneinsichtsrecht kommt überragende Bedeutung zu: Nur derjenige, der weiß, welche konkreten Vorwürfe ihm gegenüber im Raume stehen und der weiß, wie sich für die Ermittlungsbehörden die Beweislage darstellt, kann sich sachgerecht verteidigen.

► **Praxishinweis** Es ist grundsätzlich davon abzuraten, sich als Beschuldigter ohne vorherige Konsultation eines Verteidigers und ohne Einsicht in die Ermittlungsakten zu einem Tatvorwurf zu äußern. Dies gilt gleichermaßen für den „unschuldigen" wie für den „schuldigen" Beschuldigten.

Neben der Möglichkeit des Beschuldigten, eine Erklärung zum Tatvorwurf abzugeben, kann er gegenüber den Ermittlungsbehörden anregen, bestimmte Beweise zu erheben (z. B. Anregung der Vernehmung eines Entlastungszeugen). Die Mitwirkungsrechte des Beschuldigten im frühen Stadium des Ermittlungsverfahrens sind wichtig und hilfreich und werden in der Praxis häufig unterschätzt. Es ist in aller Regel leichter, Ermittlungsbehörden von der straf- oder ordnungswidrigkeitenrechtlichen Unbedenklichkeit eines Sachverhalts zu überzeugen, wenn die entsprechenden Entlastungsargumente frühzeitig – jedoch erst nach Konsultation eines Verteidigers und nach Akteneinsicht (s. o.) – vorgebracht werden. Sobald sich eine Behörde mit Abschluss der Ermittlungen einmal festgelegt hat, wird sie ungleich schwerer umzustimmen sein.

► **Praxishinweis** Es ist grundsätzlich davon abzuraten, nach Bekanntwerden eines Tatvorwurfs „den Kopf in den Sand zu stecken" und eine Anklage oder den Erlass eines Bußgeldbescheids abzuwarten. Eine engagierte Verteidigung bereits im Stadium des Ermittlungsverfahrens erspart häufig eine zeitaufwändige, nervenaufreibende und kostspielige Auseinandersetzung in einer gerichtlichen Hauptverhandlung.

Mit Abschluss der Ermittlungen – in komplexen Verfahren können seit Verfahrenseinleitung mehrere Jahre vergangen sein – entscheidet die Staatsanwaltschaft als Ermittlungsbehörde in Strafsachen, ob sie das Verfahren mangels Tatverdachts einstellt (§ 170 Abs. 2 StPO), ob sie das Verfahren wegen Geringfügigkeit (§ 153 StPO) oder gegen Auflagen (in der Regel gegen Geldzahlung an die Staatskasse oder gemeinnützige Einrichtungen) einstellt (§ 153a StPO) oder ob sie Anklage erhebt (§ 170 Abs. 1 StPO) bzw. den Erlass eines Strafbefehls (§ 407 Abs. 1 StPO) beantragt. In Ordnungswidrigkeitenverfahren entscheidet die Verfolgungsbehörde, ob sie das Verfahren mangels Tatverdachts oder aus Opportunitätsgründen einstellt[32] (§ 47 Abs. 1 OWiG) oder ob sie einen Bußgeldbescheid erlässt (§ 65 OWiG).

Auf eine Anklageerhebung folgt im Strafverfahren – wenn das Gericht die Anklageschrift zulässt (in der Praxis der mit Abstand häufigste Fall) – die Hauptverhandlung. Diese endet mit einer Verurteilung oder einem Freispruch, sofern das Verfahren nicht zuvor in der Hauptverhandlung nach § 153 oder § 153a StPO eingestellt wird. Nach Einspruch gegen einen Bußgeldbescheid in Ordnungswidrigkeitensachen wird die Sache über die Staatsanwaltschaft ebenfalls einem gerichtlichen Hauptverfahren zugeführt – das Amtsgericht entscheidet über den Bußgeldbescheid.

Zwar stehen gegen erstinstanzliche gerichtliche Entscheidungen im Straf- und Ordnungswidrigkeitenrecht Rechtsmittel zur Verfügung. Lediglich im Falle wenig gravierender Strafvorwürfe, die erstinstanzlich vor dem Amtsgericht verhandelt werden, sieht das Gesetz jedoch eine zweite Tatsacheninstanz (Berufung zum Landgericht) vor. Gegen erstinstanzliche Strafurteile der Landgerichte steht demgegenüber einzig das Rechtsmittel der Revision zum Bundesgerichtshof zur Verfügung, welches auf eine reine Rechtskontrolle beschränkt ist und dessen Erfolgsquote als gering bezeichnet werden kann.[33] Gegen erstinstanzliche gerichtliche Entscheidungen in Bußgeldsachen kann Rechtsbeschwerde zum Oberlandesgericht eingelegt werden – vorstehende Ausführungen zur Revision gelten für die Rechtsbeschwerde entsprechend.

► **Praxishinweis** Wer im gerichtlichen Straf-/Ordnungswidrigkeitenverfahren auf die zweite Instanz hofft, geht ein sehr hohes Risiko ein. Beschuldigter und

[32] Eine Einstellung gegen Auflagen ist im Ordnungswidrigkeitenrecht im Unterschied zum Strafverfahren nicht vorgesehen.

[33] Ausweislich des Tätigkeitberichts des Bundesgerichtshofs (abrufbar unter: https://www.bundesgerichtshof.de/SharedDocs/Downloads/DE/Service/Taetigkeitsberichte/taetigkeitsbericht2020.html?nn=10776876) wurden von den in 2020 erledigten Revisionen (insgesamt 3105 Fälle) allein 72,2 % (2072 Fälle) im Beschlusswege als „offensichtlich unbegründet“ verworfen.

Verteidigung haben Alles daran zu setzen, ein tragbares Ergebnis bereits in der ersten Instanz zu erzielen.

16.6 Durchsuchungsmaßnahmen

Sofern ein Ermittlungsverfahren Tatvorwürfe zum Gegenstand hat, die von einigem Gewicht sind, werden der Beschuldigte und das Unternehmen, für welches er tätig ist, von der Existenz des Ermittlungsverfahrens häufig (erst) im Zuge einer Durchsuchungsmaßnahme Kenntnis erhalten. Durchsuchungsmaßnahmen sind für die Betroffenen überaus unangenehm – unerwartet und ungebeten verschaffen sich staatliche Organe Zutritt in und Zugriff auf einen Bereich, der normalerweise nur einem begrenzten Personenkreis offensteht. Die ungewöhnliche und unangenehme Durchsuchungssituation lädt die Betroffenen dazu ein, strategische Fehler zu begehen – ein Umstand, der Ermittlungsbehörden durchaus bekannt ist und der bisweilen auch ganz bewusst nutzbar gemacht wird.

► **Praxishinweis** Bestandteil eines adäquaten Risikomanagements im Unternehmen sollte auch die Vorbereitung auf ein Durchsuchungsszenario sein. Entsprechende Schulungen/Workshops können helfen, folgenschwere Fehler in der Situation einer Durchsuchung zu vermeiden.

16.6.1 Materielle Durchsuchungsvoraussetzungen

Zwar stellt Art. 13 Abs. 1 GG auch Geschäftsräume unter den besonderen Schutz des Grundgesetzes gegen staatliche Eingriffe. In Ausfüllung der Grundrechtsschranken in Art. 13 Abs. 2 GG hat die Strafprozessordnung jedoch Regelungen geschaffen (die über § 46 Abs. 1 u. 2 OWiG auch für das Verfahren in Ordnungswidrigkeitensachen gelten), welche den Ermittlungsbehörden *weitreichende Durchsuchungsbefugnisse* einräumen und diese Befugnisse an *wenige materiell-einschränkende Voraussetzungen* knüpfen.

Beim Beschuldigten (etwa in dessen Privatwohnung, KFZ oder dem ausschließlich von ihm genutzten Büroraum) kann gemäß § 102 StPO durchsucht werden, wenn der (bloße) Anfangsverdacht einer Straftat oder Ordnungswidrigkeit besteht, wenn zudem die begründete Aussicht besteht, dass die Durchsuchung zur Auffindung relevanter Beweismittel führen wird und wenn die Durchsuchung verhältnismäßig ist.

Bei jedem unverdächtigen (!) Dritten – etwa bei einem Zeugen, beim Geschädigten oder in den Räumen des Unternehmens,[34] für welches der Beschuldigte tätig war – kann

[34] Unternehmen kommen nach dem deutschen Straf- und Ordnungswidrigkeitenrecht als juristische Personen bis dato nicht als Beschuldigte in Betracht (vgl. die vorstehenden Ausführungen unter *16.4.2*). Durchsuchungen im Unternehmen (außerhalb der Räumlichkeiten, die klar und ausschließlich einem Beschuldigten zuordbar sind) erfolgen daher stets auf Grundlage von § 103 StPO, auch wenn etwa der Geschäftsführer des Unternehmens Beschuldigter ist.

gemäß § 103 StPO unter strenger Beachtung des Verhältnismäßigkeitsgrundsatzes ebenfalls durchsucht werden, wenn der Anfangsverdacht einer Straftat oder Ordnungswidrigkeit besteht und wenn Tatsachen die Wahrscheinlichkeit begründen, dass die Durchsuchung zur Auffindung relevanter Beweismittel führen wird.

Die Voraussetzungen der Durchsuchungen beim Beschuldigten unterscheiden sich mithin nur hinsichtlich des erforderlichen Überzeugungsgrads in Bezug auf die Eignung der Durchsuchung, relevante Beweismittel zu generieren, sowie hinsichtlich der Strenge der Auslegung des Verhältnismäßigkeitsgrundsatzes von den Voraussetzungen für eine Durchsuchung beim unverdächtigen Dritten.

16.6.2 Formelle Durchsuchungsvoraussetzungen

In formeller Hinsicht dürfen Durchsuchungen – in Abwesenheit eines Vorliegens von Gefahr im Verzug – nur auf Grundlage richterlicher Anordnung erfolgen (§ 105 Abs. 1 StPO/ Art. 13 Abs. 2 GG). Durchgeführt werden Durchsuchungsmaßnahmen in aller Regel von Ermittlungspersonen der Staatsanwaltschaften (= Polizeibeamte) bzw. Ermittlungspersonen der Ermittlungsbehörden in Ordnungswidrigkeitensachen. Richter oder Staatsanwälte müssen bei Durchsuchungsmaßnahmen nicht anwesend sein (arg. § 105 Abs. 2, S. 1 StPO) – inzwischen dürfen „einfache" Ermittlungspersonen im Zuge einer Durchsuchung auch Papiere durchsehen (§ 110 Abs. 1 StPO).

Die Durchsuchungsanordnung, die im Durchsuchungszeitpunkt nicht „älter" als sechs Monate sein darf,[35] muss das Vorliegen sämtlicher Durchsuchungsvoraussetzungen sowie den Durchsuchungszweck darlegen und begründen.[36] In der Praxis bleiben Durchsuchungsbeschlüsse nicht selten hinter diesen Voraussetzungen zurück (z. B. ungenaue Umschreibung der gesuchten Gegenstände; fehlende Darlegungen zur Auffindungswahrscheinlichkeit) und sind mithin rechtswidrig.

Durchsuchungsbeamte können jedoch zeitnah – u. U. binnen weniger Minuten – einen (telefonischen) Korrekturbeschluss des Ermittlungsrichters erwirken. Zudem stellt die prozessuale Unverwertbarkeit von Beweismitteln, welche im Wege einer rechtswidrigen Durchsuchung gewonnen wurden, nach deutschem Prozessrecht die absolute Ausnahme dar.[37] Hieraus folgt, dass es kaum gelingen wird, eine einmal begonnene Durchsuchungsmaßnahme abzuwenden. Etwaige Einwände gegen die Rechtmäßigkeit der Durchsuchung können jedoch als Verhandlungsmasse im Dialog mit den Ermittlern hinsichtlich der Art und Weise (Umfang etc.) der Durchführung der Durchsuchung nutzbar gemacht werden.

[35] BVerfG, NJW 1997, 2165 ff.

[36] BVerfG, NStZ-RR 2005, 203 ff.

[37] Vgl. etwa BGH, NStZ-RR 2007, 242 f.

16.6.3 Durchführung der Durchsuchung

Unter Beachtung des Verhältnismäßigkeitsgrundsatzes können anlässlich einer Durchsuchung (Original)Unterlagen, Mobiltelefone, Computer, Server, Datenträger etc. sichergestellt oder beschlagnahmt werden. Innerhalb eines den Ermittlungspersonen zumutbaren Zeitrahmens hat jedoch bereits vor Ort eine Separierung von relevantem und irrelevantem Material zu erfolgen – die Beamten dürfen nicht „Alles" auf Verdacht mitnehmen.[38] Soweit der Durchsuchungsablauf hierdurch nicht unangemessen gestört wird, ist dem Durchsuchungsbetroffenen zudem Gelegenheit zu geben, vor Ort Fotokopien der sichergestellten Unterlagen anzufertigen, damit im laufenden Geschäftsbetrieb wenigstens auf die Fotokopien der Geschäftsunterlagen zurückgegriffen werden kann.[39] Als „milderes Mittel" im Vergleich zu einer Mitnahme der gesamten EDV (Server) dürfte regelmäßig eine Spiegelung des Datenbestands vor Ort einzufordern sein – die Ermittlungsbehörden sind diesbezüglich inzwischen technisch hervorragend ausgestattet.

Sofern eine Durchsuchung Beweismittel zutage fördert, die Hinweis geben auf eine bislang unentdeckte Straftat/Ordnungswidrigkeit, dürfen diese „Zufallsfunde" einstweilen in Beschlag genommen werden und können zum Beweismittel in einem neuen Ermittlungsverfahren gemacht werden (vgl. § 108 Abs. 1 StPO). Eine gezielte Suche nach Zufallsfunden ist hingegen unzulässig.[40]

Ein emotionaler Ausnahmezustand bei den Durchsuchungsbetroffenen führt nicht selten zu unbedachten Äußerungen ggü. den Durchsuchungsbeamten. Beschuldigte haben ein umfassendes Schweigerecht und sollten hiervon in einer Durchsuchungssituation Gebrauch machen. Zeugen sind hingegen grundsätzlich zur Aussage verpflichtet. Auch einem vor Ort mündlich vorgeladenen Zeugen darf jedoch das Recht nicht abgeschnitten werden, einen anwaltlichen Zeugenbeistand hinzuzuziehen (vgl. § 68b Abs. 1, S. 1 StPO). Eine anwaltliche Zeugenbeistandschaft dürfte kaum kurzfristig zu organisieren sein und wird in aller Regel zu einer Verschiebung der Zeugenvernehmung führen.[41] Zu beachten ist, dass Äußerungen außerhalb einer förmlichen Vernehmungssituation (sog. Spontanäußerungen – solche werden seitens der Betroffenen fälschlicherweise häufig als folgenlose und informelle Unterhaltung wahrgenommen) von den Beamten in Vermerken aufgezeichnet werden und Eingang in die Ermittlungsakte finden.

Jedwede Vernichtung von Beweismitteln hat ebenso wie das Beiseiteschaffen von Beweismitteln zwingend zu unterbleiben – andernfalls droht den Beschuldigten

[38] Es handelt sich hierbei um eine rechtsstaatliche Selbstverständlichkeit – vgl. ausdrücklich etwa OLG Jena, NJW 2001, 1290 (1292).

[39] *Park*, Durchsuchung und Beschlagnahme, 4. Aufl. 2018, Rn. 649 m. w. N.

[40] Vgl. *Krekeler*, NStZ 1993, 263 (267) m. w. N.

[41] Jedenfalls bei umfangreichen und schwierigen Vernehmungen haben die Strafverfolgungsbehörden darauf zu achten, dass der Zeuge tatsächlich Gelegenheit hat, einen anwaltlichen Zeugenbeistand hinzuzuziehen und erst in dessen Begleitung zur Vernehmung erscheinen muss (*Meyer-Goßner/Schmitt*, StPO, 64. Aufl. 2021, § 68b, Rn. 3).

Untersuchungshaft (Verdunkelung) und den sonstigen Beteiligten Strafverfolgung wegen Strafvereitelung.

Verhaltensempfehlungen für Durchsuchungssituationen
Bemühen um Eingrenzung/Begrenzung der Maßnahme im Dialog mit den Ermittlungsbeamten (ggf. unter Verwendung etwaiger Einwände gegen die Rechtmäßigkeit der Maßnahme als Verhandlungsmasse).

Sicherstellung der Arbeitsfähigkeit des Unternehmens (Bemühen um Anfertigung von Fotokopien etc.).

Inanspruchnahme prozessualer Schweigerechte/des Rechts auf Zuziehung eines Zeugenbeistands.

Keine Vernichtung von Beweismaterial/kein Beiseiteschaffen von Beweismaterial.

Literatur

Alt R (2019) § 326. In: Joecks W, Miebach K (Hrsg) Münchener Kommentar zum StGB. C. H. Beck, München
F. A. Z. (1971) Nr. 287 (11.12.1971) S. 6
F. A. Z. (1972) Nr. 99 (28.04.1972), S. 10
Fischer T (2022) Strafgesetzbuch. C. H. Beck, München
Heine/Schittenhelm (2019) in: Schönke/Schröder, StGB, 30. Aufl.
Krekeler W (1993) Beweisverwertungsverbote bei fehlerhaften Durchsuchungen. NStZ 6: 263–268
Krenberger/Krumm (2020), OWiG, 6. Aufl.
Meyer-Goßner L, Schmitt B (2021) Strafprozessordnung. C. H. Beck, München
Park T (2018) Durchsuchung und Beschlagnahme. C. H. Beck, München
Radtke H (2020) in: MüKo-StGB, 4. Aufl.
Ransiek (2017) in: Kindhäuser, Neumann, Paeffgen, StGB, 5. Aufl.
Senge L (2018) Karlsruher Kommentar zum Gesetz über Ordnungswidrigkeiten:OWiG. 5. Aufl., C. H. Beck, München

Fördermittel

17

Christian Suhl

17.1 Einführung

Die fortschreitende Entwicklung der Kreislaufwirtschaft und wachsende Anforderungen an den Umwelt- und Klimaschutz bieten große Chancen für die Unternehmen der Entsorgungs-, Kreislauf- und Rohstoffwirtschaft. Sie stellen die Unternehmen jedoch gleichzeitig auch vor große Herausforderungen, die erhebliche erhebliche in Anlagen, Prozesse, Fahrzeuge und Mitarbeiter. Staatliche Fördermittel können einen wichtigen Beitrag zur Finanzierung dieser Investitionen leisten. Sie unterliegen allerdings verschiedenen EU-beihilfenrechtlichen sowie nationalen haushalts- und verfahrensrechtlichen Anforderungen, die Auswirkungen auf die Voraussetzungen für die Gewährung einer Förderung und auf die Ausgestaltung der Förderprogramme haben. In diesem Kapitel werden daher zunächst die rechtlichen Grundlagen staatlicher Förderungen und darauf aufbauend die wesentlichen Begriffe und Voraussetzungen erläutert. Abschließend wird der typische Ablauf eines Förderverfahrens dargestellt.

So kommen in den nächsten Jahren viele Müllverbrennungsanlagen an ihr technisches Ende und müssen ertüchtigt werden,[1] erhöhte Recyclingquoten erfordern neue Sortier- und Aufbereitungsanlagen, verschärfte Regelungen der Düngemittelverordnung im Hinblick auf die Verwendung von Klärschlamm und die Phosphorrückgewinnung bedingen neue Entsorgungswege und Behandlungsmethoden für Klärschlamm, strengere Schadstoffgrenzen für Nutzfahrzeuge und die Elektromobilität ziehen Investitionen in den Fuhrpark nach sich und der Mangel an Berufskraftfahrern macht Investitionen in die Aus- und

[1] Europäischer Wirtschaftsdienst Recycling und Entsorgung (EUWID) 43.2019, S. 4.

C. Suhl, (✉)
PricewaterhouseCoopers Legal AG Rechtsanwaltsgesellschaft, Hamburg, Deutschland
E-Mail: christian.suhl@pwc.com

P. Kurth et al. (Hrsg.), *Praxishandbuch der Kreislauf- und Rohstoffwirtschaft*,
https://doi.org/10.1007/978-3-658-36262-1_17

Fortbildung der Mitarbeiter notwendig. Zudem bringt es die fortschreitende Digitalisierung mit sich, dass Prozesse neu gestaltet und technische Ausrüstung angeschafft werden müssen bzw. muss.

Die EU, der Bund und die Länder bieten eine Vielzahl von Fördermöglichkeiten, die Unternehmen der Kreislauf- und Rohstoffwirtschaft bei den erforderlichen Investitionen unterstützen können. Dies gilt insbesondere für Investitionen in energie- und ressourceneffiziente, klima- und umweltschonende Anlagen, Prozesse und Fahrzeuge, denn die Subventionspolitik der Bundesregierung wird immer stärker durch die Klima- und Umweltpolitik geprägt, insbesondere im Bereich der direkten Förderung durch Finanzhilfen des Bundes. Im Jahr 2021 beispielsweise wiesen 67 der 128 Finanzhilfen mit einem veranschlagten Finanzvolumen von insgesamt 16,2 Mrd. € einen Bezug zu Umwelt- und Klimaschutzzielen auf.[2] Und bis zum Jahr 2024 stellt allein das Bundesministerium für Verkehr und digitale Infrastruktur (BMVI) insgesamt circa 1,6 Milliarden Euro für die Förderung der Anschaffung klimafreundlicher Nutzfahrzeuge sowie circa 5 Milliarden Euro für den Aufbau der Tank- und Ladeinfrastruktur (Pkw und Lkw) bereit.[3]

In diesem Kapitel soll dem Leser ein Überblick über die rechtlichen Grundlagen sowie zentrale Begriffe und Regelungen staatlicher Förderungen gegeben werden, um das System staatlicher Zuwendungen verständlich zu machen und um dabei zu helfen, Fehler bei der Beantragung oder Verwendung von Fördermitteln zu vermeiden. Dazu werden zentrale Begriffe des Zuwendungsrechts und besondere Anforderungen, die von den Unternehmen zu erfüllen sind, dargestellt und kurz erläutert. Der Fokus liegt dabei auf der sogenannten Projektförderung, d. h. der Förderung einzelner (Investitions-)Maßnahmen.

Angesichts der Fülle der Förderprogramme auf EU-, Bundes- und Landesebene und des breiten Spektrums an Maßnahmen, die sie abdecken, ist hier nicht der Raum, um die verschiedenen Programme und Fördermöglichkeiten im Einzelnen darzustellen. Die Förderprogramme unterliegen zudem hinsichtlich der Förderschwerpunkte und -Voraussetzungen oft Änderungen, so dass eine solche Darstellung Gefahr liefe, schon bald nicht mehr aktuell zu sein.

► **Praxishinweis** Förderprogramme können in der Förderdatenbank des Bundesministeriums für Wirtschaft und Energie abgerufen werden. Dabei kann u. a. gezielt nach einem bestimmten geografischen Fördergebiet, einem Förderbereich, den Förderberechtigten oder dem Fördergeber sowie nach einer bestimmten Förderart (Zuschuss, Darlehen) gesucht werden: https://www.foerderdatenbank.de/FDB/DE/Home/home.html (Stand: November 2021)

---

[2] Bericht der Bundesregierung über die Entwicklung der Finanzhilfen des Bundes und der Steuervergünstigungen für die Jahre 2019 bis 2022 (28. Subventionsbericht), S. 7.

[3] BMVI, https://www.bmvi.de/DE/Themen/Mobilitaet/Mobilitaets-Kraftstoffstrategie/Foerderung-Nutzfahrzeuge-Alternative-Antriebe/foerderung-nutzfahrzeuge-alternative-antriebe.html, abgerufen am 05.11.2021.

17.2 Rechtlicher Rahmen staatlicher Förderungen

Fördermittel beinhalten „die Hingabe eines Vermögensvorteils“ durch staatliche Stellen an den Fördermittelempfänger und stellen insofern im rechtlichen Sinne Zuwendungen dar. Sie unterliegen damit dem Haushaltsrecht, das Zuwendungen definiert als „Ausgaben und Verpflichtungsermächtigungen für Leistungen an Stellen außerhalb der Staatsverwaltung zur Erfüllung bestimmter Zwecke, an deren Erfüllung durch solche Stellen der Bund oder das Land ein erhebliches Interesse haben, das ohne die Zuwendung nicht oder nicht im notwendigen Umfang befriedigt werden kann“, vgl. § 14 Haushaltsgrundsätzegesetz (HGrG) und § 23 Bundeshaushaltsordnung (BHO). Als Zuwendungen unterfallen Fördermittel auch regelmäßig dem Begriff der Subvention und dem Begriff der Beihilfe im EU-rechtlichen Sinne, wobei der Begriff der Subvention weniger ein rechtlicher, sondern mehr ein finanz- und wirtschaftspolitischer Begriff ist.[4] Insofern Fördermittel bzw. Zuwendungen Beihilfen im EU-rechtlichen Sinne darstellen können, unterliegen sie dem EU-Beihilfenrecht.

17.2.1 Europarechtlicher Rahmen

17.2.1.1 Beihilfeverbot des Art. 107 AEUV

Zuwendungen, die die Voraussetzungen des Artikels 107 Abs. 1 des Vertrags über die Arbeitsweise der Europäischen Union (AEUV) erfüllen, stellen staatliche Beihilfen dar, die nach Artikel 108 Absatz 3 AEUV bei der Kommission anzumelden sind.

Nach Art. 107 Abs. 1 AEUV sind „staatliche oder aus staatlichen Mitteln gewährte Beihilfen gleich welcher Art, die durch die Begünstigung bestimmter Unternehmen oder Produktionszweige den Wettbewerb verfälschen oder zu verfälschen drohen, mit dem Binnenmarkt unvereinbar, soweit sie den Handel zwischen Mitgliedstaaten beeinträchtigen.“

Art. 107 Abs. 2 AEUV regelt, welche Beihilfen als mit dem Binnenmarkt vereinbar gelten, z. B. Beihilfen für die Beseitigung von Schäden, die durch Naturkatastrophen oder sonstige außergewöhnliche Ereignisse entstanden sind. In Art. 107 Abs. 3 AEUV werden Beihilfen genannt, die als mit dem Binnenmarkt vereinbar angesehen werden können, z. B. Beihilfen zur Förderung der Entwicklung gewisser Wirtschaftszweige oder Wirtschaftsgebiete oder zur Förderung der Kultur und der Erhaltung des kulturellen Erbes.

Die Europäische Kommission prüft, ob staatliche Zuwendungen Beihilfen im Sinne des Art. 107 Abs. 1 AEUV darstellen und ob sie nach Art. 107 Abs. 2 und 3 AEUV mit dem Binnenmarkt vereinbar sind. Dazu sind staatliche Zuwendungen gemäß Art. 108 Abs. 3 AEUV vor der Gewährung bei der EU-Kommission zu „notifizieren“, d. h. anzumelden. Kommt die Kommission zu dem Schluss, dass eine Zuwendung eine Beihilfe darstellt und nicht mit dem Binnenmarkt vereinbar ist, beschließt sie, dass der Staat die betreffende Beihilfe binnen einer von ihr bestimmten Frist aufzuheben oder umzugestalten hat, Art. 108 Abs. 2 AEUV.

[4] Müller/Richter/Ziekow, 2017, A. Grundlagen, Rn. 162 f.

Im Fall eines sogenannten „Rückforderungsbeschlusses" ist die Beihilfe gemäß Art. 16 Abs. 2 Verordnung (EU) 2015/1589[5] von dem betreffenden Mitgliedstaat, dessen Stellen die Beihilfe gewährt haben, einschließlich Zinsen zurückzufordern, die nach einem von der Kommission festgelegten angemessenen Satz berechnet werden. Die Zinsen sind von dem Zeitpunkt, ab dem die rechtswidrige Beihilfe dem Empfänger zur Verfügung stand, bis zu ihrer tatsächlichen Rückzahlung zu zahlen.

Nach Art. 17 Verordnung (EU) 2015/1589 kann die Kommission die Rückforderung von rechtswidrigen Beihilfen innerhalb eines Zeitraums von 10 Jahren ab Gewährung der Beihilfe anordnen.

17.2.1.2 Allgemeine Gruppenfreistellungsverordnung

Die Verordnung (EU) Nr. 651/2014 zur Feststellung der Vereinbarkeit bestimmter Gruppen von Beihilfen mit dem Binnenmarkt in Anwendung der Artikel 107 und 108 des Vertrags über die Arbeitsweise der Europäischen Union (Allgemeine Gruppenfreistellungsverordnung – AGVO) legt für bestimmte Gruppen von Beihilfen fest, unter welchen Voraussetzungen diese als mit dem Binnenmarkt im Sinne von Art. 107 Abs. 2 und 3 AEUV vereinbar gelten und nicht nach Art. 108 Abs. 3 AEUV vorab bei der EU-Kommission zur Überprüfung anzumelden sind.

Die AGVO dient durch die Freistellung einer Vielzahl von Beihilfen von der Anmeldepflicht der Verringerung des Verwaltungsaufwands für nationale und lokale Behörden und die EU-Kommission. Sie hat herausragende Bedeutung für die Gewährung von Fördermitteln auf Bundes- und Landesebene, da eine Vielzahl von Förderprogrammen und Einzelförderungen auf den Bestimmungen der AGVO beruhen. Die AGVO gilt für über ein Dutzend Kategorien von Beihilfen, darunter Umweltschutzbeihilfen, Regionalbeihilfen, Beihilfen für kleine und mittlere Unternehmen (KMU) und Ausbildungsbeihilfen. Zu den Umweltschutzbeihilfen zählen beispielsweise Investitionsbeihilfen für das Recycling und die Wiederverwendung von Abfall, Art. 47 AGVO, Investitionsbeihilfen zur Förderung erneuerbarer Energien, Art. 41 AGVO oder Investitionsbeihilfen für Energieeffizienzmaßnahmen, Art. 38 AGVO. Die AGVO deckt somit eine Reihe von Förderungen ab, die für Unternehmen der Kreislauf- und Rohstoffwirtschaft relevant sein können.

Die Freistellung von der Anmeldepflicht nach der AGVO hängt von einer Reihe von Voraussetzungen ab. So gibt Art. 4 AGVO maximale Beträge für Einzelbeihilfen pro Unternehmen oder Projekte vor. Werden diese „Anmeldeschwellen" überschritten, ist eine individuelle Mitteilung an die Kommission und deren detaillierte Bewertung erforderlich, bevor die Maßnahme gewährt werden kann. Diese Anmeldeschwellen finden sich dann auch als maximale Förderbeträge in den nationalen Förderprogrammen wieder, die auf der

[5] Verordnung (EU) 2015/1589 des Rates vom 13. Juli 2015 über besondere Vorschriften für die Anwendung von Artikel 108 des Vertrags über die Arbeitsweise der Europäischen Union, ABl. L 248 vom 24.09.2015, S. 9.

AGVO beruhen. Für Umweltschutzbeihilfen beträgt die Anmeldeschwelle beispielsweise gemäß Art. 4 Abs. 1 lit. s) AGVO 15 Mio. EUR pro Unternehmen und Investitionsvorhaben.

> **Praxishinweis** Einige nationale Förderprogramme erwarten von den Antragstellern Angaben im Antrag, auf welche konkrete Regelung der AGVO sich ihr Antrag/Projekt bezieht, da davon die Höhe der maximalen Förderung und der Förderintensität[6] abhängt. Insofern ist eine Kenntnis der AGVO hilfreich.

17.2.1.3 De-minimis-Verordnung

Viele nationale Förderungen werden auf Grundlage der Verordnung (EU) Nr. 1407/2013 über De-minimis-Beihilfen (De-minimis-Verordnung) gewährt. Diese regelt die Voraussetzungen, unter denen geringfügige staatliche Beihilfen (sogenannte De-minimis-Beihilfen) als mit dem Wettbewerb und dem Handel im Binnenmarkt der EU vereinbar gelten bzw. unter denen angenommen wird, dass sie wegen ihrer Geringfügigkeit keinen negativen Einfluss auf den Wettbewerb und den Handel im Binnenmarkt haben und deshalb nicht der Beihilfenkontrolle durch die EU-Kommission unterliegen. De-minimis-Beihilfen müssen nicht bei der Europäischen Kommission angemeldet werden.

Gemäß Art. 3 Abs. 2 der De-minimis-Verordnung darf der Gesamtbetrag der einem einzigen Unternehmen von einem Mitgliedstaat gewährten De-minimis-Beihilfen in einem Zeitraum von drei Steuerjahren 200.000 EUR nicht übersteigen. Der Drei-Jahres-Zeitraum ist fließend, das bedeutet, dass bei jeder Neubewilligung einer De-minimis-Beihilfe auf die Gesamtsumme der im laufenden Steuerjahr, d. h. dem Jahr, in dem neu bewilligt werden soll, und der in den vorangegangenen zwei Steuerjahren gewährten De-minimis-Beihilfen abzustellen ist. So sind beispielsweise bei einer De-minimis-Beihilfe im Steuerjahr 2021 die in den Steuerjahren 2019 und 2020 bereits gewährten De-minimis-Beihilfen zu berücksichtigen und bei einer De-minimis-Beihilfe für das Jahr 2022 sind die in den Jahren 2020 und 2021 bereits gewährten Beträge zu berücksichtigen.

Dabei ist zu beachten, dass bei der Ermittlung der gewährten De-minimis-Beihilfen und der noch möglichen Beträge gemäß Art. 2 Abs. 2 der De-minimis-Verordnung 1407/2013 alle Unternehmen zu berücksichtigen sind, die als verbundene Unternehmen gelten. Ein Unternehmensverbund liegt vor, wenn Unternehmen zueinander in mindestens einer der folgenden Beziehungen stehen:

a) Ein Unternehmen hält die Mehrheit der Stimmrechte der Anteilseigner oder Gesellschafter eines anderen Unternehmens;
b) ein Unternehmen ist berechtigt, die Mehrheit der Mitglieder des Verwaltungs-, Leitungs- oder Aufsichtsgremiums eines anderen Unternehmens zu bestellen oder abzuberufen;

[6] Zum Begriff der Förder- bzw. Beihilfeintensität siehe Ziff. 18.3.3.

c) ein Unternehmen ist gemäß einem mit einem anderen Unternehmen geschlossenen Vertrag oder aufgrund einer Klausel in dessen Satzung berechtigt, einen beherrschenden Einfluss auf dieses Unternehmen auszuüben;
d) ein Unternehmen, das Anteilseigner oder Gesellschafter eines anderen Unternehmens ist, übt gemäß einer mit anderen Anteilseignern oder Gesellschaftern dieses anderen Unternehmens getroffenen Vereinbarung die alleinige Kontrolle über die Mehrheit der Stimmrechte von dessen Anteilseignern oder Gesellschaftern aus.

Auch Unternehmen, die über ein anderes Unternehmen oder mehrere andere Unternehmen zueinander in einer der genannten Beziehungen stehen, werden als ein einziges Unternehmen betrachtet.

Das kann im Rahmen von Konzernstrukturen dazu führen, dass verschiedene Unternehmen im Konzern De-minimis-Beihilfen erhalten und der Schwellenwert von 200.000 EUR in drei Steuerjahren überschritten wird, da dieser Schwellenwert für den gesamten Konzern (=Unternehmensverbund) gilt.

► **Praxishinweis** Sollen Förderungen auf Grundlage der De-minimis-Verordnung gewährt werden, ist bei Unternehmen, die Bestandteil eines Konzerns sind, vor Beantragung der Förderung zu prüfen, ob und ggfs. in welchem Umfang andere Gesellschaften des Konzerns bereits staatliche Förderungen auf Grundlage der De-minimis-Verordnung erhalten haben. Die ggfs. bereits von anderen Konzerngesellschaften erhaltenen De-minimis-Beihilfen sind bei der möglichen Höhe der für das betroffene Unternehmen beabsichtigten Förderung zu berücksichtigen (abzuziehen).

17.2.2 Nationaler Rechtsrahmen

Das Subventions- bzw. Zuwendungsrecht ist im deutschen Verfassungs- und Verwaltungsrecht nicht einheitlich geregelt. Insbesondere existiert kein „allgemeines Subventionsgesetz“.[7] Die Regelungen zu den Voraussetzungen, der Zulässigkeit und der Durchführung von Subventionen/Zuwendungen und zum Vollzug des EU-Beihilfenrechts sowie zu ggfs. erforderlichen Rückforderungen unrechtmäßig gewährter oder erhaltener Subventionen/Zuwendungen ergeben sich aus verschiedenen Rechtsebenen und sowohl aus allgemeinen wie aus besonderen Vorschriften.[8] Im Innenverhältnis des Staates wird das Zuwendungs-

[7] Zwar gibt es das Subventionsgesetz (SubvG), das Gesetz gegen missbräuchliche Inanspruchnahme von Subventionen, jedoch regelt dies nicht die Subventions- bzw. Zuwendungsgewährung, sondern ist ein strafrechtliches Nebengesetz, in dem der in § 264 Strafgesetzbuch (StGB) normierte Straftatbestand des Subventionsbetrugs präzisiert wird.

[8] Bungenberg/Motzkus, 2013, S. 76, 81.

recht im allgemeinen staatlichen Haushaltsrecht geregelt, alle an Stellen außerhalb der Staatsverwaltung gerichteten Verwaltungshandlungen im Zusammenhang mit der Gewährung von Zuwendungen richten sich nach dem staatlichen Verwaltungsverfahrensrecht.[9]

17.2.2.1 Haushaltsrecht (§§ 14, 26 HGrG, §§ 23, 44 BHO/LHO)

Das Haushaltsrecht gibt vor, dass Zuwendungen nur veranschlagt werden dürfen, wenn der Bund bzw. das Land an der Erfüllung des betreffenden Zwecks durch Stellen außerhalb der Verwaltung ein erhebliches Interesse hat, welches ohne die Zuwendung nicht oder nicht in notwendigem Umfang befriedigt werden kann, § 14 HGrG. Gemäß § 26 Abs. 2 HGrG ist auch zu bestimmen, wie die zweckentsprechende Verwendung einer Zuwendung nachzuweisen ist. Außerdem ist ein Prüfungsrecht der zuständigen Dienststelle oder ihrer Beauftragten festzulegen.

Diese Grundsätze des Haushaltsrechts für staatliche Zuwendungen haben als § 23 (in Bezug auf § 14 HGrG) bzw. § 44 (in Bezug auf § 26 HGrG) Eingang in die Haushaltsordnungen des Bundes (Bundeshaushaltsordnung – BHO) und der Länder (Landeshaushaltsordnung – LHO) gefunden.[10] Da die Haushaltsordnungen von Bund und Ländern „das Herzstück des allgemeinen Haushaltsrechts" bilden, gelten die §§ 23 und 44 BHO/LHO als die „Kernvorschriften" des staatlichen Zuwendungsrechts.[11]

Ein Rechtsanspruch auf Gewährung einer Zuwendung besteht i. d. R. nicht, sondern die Zuwendungsgewährung steht im Ermessen der zuständigen Behörde. Allerdings darf bei der Gewährung von Zuwendungen der allgemeine Gleichheitssatz aus Art. 3 Abs. 1 Grundgesetz (GG) nicht verletzt werden. Aus dem Gleichheitssatz i. V. m. der Berufsfreiheit nach Art. 12 Abs. 1 GG folgt, dass für alle Wettbewerber Chancengleichheit bzw. „Wettbewerbsgleichheit" herrschen muss; diese würde beeinträchtigt, wenn und soweit der Staat einem Unternehmer Vorteile zukommen lässt, die Konkurrenten dieses Unternehmers ungerechtfertigt verweigert werden. Insofern wird der Ermessensspielraum der Behörden durch den allgemeinen Gleichheitssatz begrenzt. Es besteht mithin ein Anspruch auf ermessensfehlerfreie Entscheidung und auf Gleichbehandlung. Die Anwendung des Gleichheitssatzes ist durch ein „Verteilungsprogramm" zu gewährleisten und es besteht ein Anspruch darauf, nach einem solchen Verteilungsprogramm behandelt zu werden.[12] Die Förderrichtlinien stellen solche „Verteilungsprogramme" dar (siehe dazu Abschn. 17.2.2.3).

17.2.2.2 Allgemeines Verwaltungs(verfahrens)recht

Das Verfahren zur Gewährung von Förderungen richtet sich nach dem allgemeinen Verwaltungsrecht, insbesondere dem Verwaltungsverfahrensgesetz (VwVfG) bzw. den Landesverwaltungsverfahrensgesetzen (LVwVfG).

---

[9] Müller/Richter/Ziekow, 2017, A. Grundlagen, Rn. 53.

[10] Bungenberg/Motzkus, 2013, S. 76, 82.

[11] Müller/Richter/Ziekow, 2017, A. Grundlagen, Rn. 57 f.

[12] Bungenberg/Motzkus, aaO., S. 85 f.; Müller/Richter/Ziekow, aaO., Rn. 144.

Zuwendungen können auf zwei Arten gewährt werden – durch einen begünstigenden Verwaltungsakt (VA) nach § 35 S. 1 VwVfG, den sogenannten Zuwendungs- oder Bewilligungsbescheid, oder im Wege eines öffentlich-rechtlichen Vertrags nach §§ 54 ff. VwVfG. Der Zuwendungsbescheid ist allerdings nach Nr. 4.1 S. 1 i. V. m. Nr. 4.3 bzw. Nr. 4.4 der Verwaltungsvorschrift zu § 44 BHO (VV zu § 44 BHO) der Regelfall.[13]

Auch die Unwirksamkeit, Rücknahme oder der Widerruf von Zuwendungsbescheiden sowie die Erstattung der Zuwendung und die Verzinsung des Erstattungsbetrages richten sich gemäß VV Nr. 8.1 zu § 44 BHO nach dem allgemeinen Verwaltungsverfahrensrecht, insbesondere nach §§ 48, 49 und 49a VwVfG.

17.2.2.3 Förderrichtlinien und Allgemeine Nebenbestimmungen

Die Voraussetzungen, unter denen eine Zuwendung gewährt wird, werden häufig durch Förderrichtlinien konkretisiert. Für fast alle Förderprogramme auf Bundes- und Landesebene werden sogenannte Förderrichtlinien erlassen. Dabei handelt es sich um Verwaltungsvorschriften. Sie dienen dazu, einerseits die spezifischen Besonderheiten der jeweiligen Förderung zu regeln und andererseits dem Gleichheitsgrundsatz Rechnung zu tragen, d. h. die Gleichbehandlung aller Antragsteller durch die Bewilligungsstellen zu gewährleisten. Liegt eine Förderrichtlinie vor, hat ein jeder Interessent an einer entsprechenden Förderung aus dem Gleichheitsgrundsatz nach Art. 3 Abs. 1 GG einen Anspruch darauf, dass ihm gegenüber nach diesen Richtlinien verfahren wird, sofern die Behörde dies in anderen Fällen auch getan hat. Die Förderrichtlinien werden im Bundesanzeiger veröffentlicht.[14]

Die Förderrichtlinien regeln u. a. die Rechtslage, den Zuwendungszweck, den Gegenstand der Förderung, den Kreis der möglichen Zuwendungsempfänger, die Zuwendungsvoraussetzungen, die Zuwendungsart, die Finanzierungsart und -form, die Bemessungsgrundlage und die Höhe der Zuwendung sowie das Verfahren für den Antrag und die Bewilligung.[15] Sie sind in der Regel auch im Internet abrufbar.

Wird die Förderung – wie im Regelfall – durch einen Zuwendungs- bzw. Bewilligungsbescheid gewährt, ergeht dieser regelmäßig mit „Allgemeinen Nebenbestimmungen" (ANBest), im Falle von Zuwendungen zur Projektförderung mit den Allgemeinen Nebenbestimmungen für Zuwendungen zur Projektförderung (ANBest-P). Dabei handelt es sich um Nebenbestimmungen im Sinne des § 36 VwVfG, die Bestandteil des Zuwendungsbescheides sind.[16] Sie enthalten Erläuterungen zur Zuwendung und regeln weitere Pflichten

[13] Müller/Richter/Ziekow, 2017, B. Verfahren, Rn. 141.

[14] Schmidt, Vergabe und Verwaltung öffentlicher Zuwendungen an und durch kommunale Gebietskörperschaften, in: Praxis der Kommunalverwaltung (PdK), Bu E-3a (im Folgenden: PdK Bu E-3a), 1.2.2.4 Förderrichtlinien; Bungenberg/Motzkus, 2013, S. 76, 92; Müller/Richter/Ziekow, aaO., Rn. 145.

[15] Schmidt, ebd.

[16] Vgl. Anlage 2 zur VV Nr. 5.1 zu § 44 BHO.

des Zuwendungsempfängers. So enthalten die ANBest-P beispielsweise Erläuterungen und Vorgaben dazu, wie die Fördermittel anzufordern und zu verwenden sind, wie der Zuwendungsempfänger im Sinne einer sparsamen Mittelverwendung Aufträge zu vergeben hat[17] und wie der Nachweis einer zweckgemäßen Verwendung der Fördermittel zu führen ist.

► **Praxishinweis** Wird in einem Zuwendungsbescheid auf ANBest Bezug genommen, sind diese unbedingt zur Kenntnis zu nehmen und zu beachten, da sie wesentliche Pflichten des Zuwendungsempfängers regeln.

17.2.2.4 § 264 StGB (Subventionsbetrug)

§ 264 Strafgesetzbuch (StGB) ahndet den sogenannten „Subventionsbetrug" mit Freiheitsstrafe bis zu fünf Jahren oder mit Geldstrafe. Subventionsbetrug begeht gemäß § 264 Abs. 1 Satz 1 StGB,

1. wer einem Subventionsgeber gegenüber unrichtige oder unvollständige Angaben über subventionserhebliche Tatsachen für sich oder einen anderen macht, die für ihn oder den anderen vorteilhaft sind oder den Subventionsgeber über subventionserhebliche Tatsachen in Unkenntnis lässt,
2. wer eine Subvention entgegen einer durch Rechtsvorschriften oder den Subventionsgeber gemachten Verwendungsbeschränkung verwendet, oder
3. wer in einem Subventionsverfahren eine durch unrichtige oder unvollständige Angaben erlangte Bescheinigung über eine Subventionsberechtigung oder über subventionserhebliche Tatsachen gebraucht.

In Absatz 2 Satz 2 Nr. 1. bis 3. werden besonders schwere Fällen genannt, für welche die Strafe Freiheitsstrafe von sechs Monaten bis zu zehn Jahren ist. Gemäß § 264 Abs. 5 StGB ist den Fällen des Absatzes 1 Nr. 1 bis 3 die Strafe Freiheitsstrafe bis zu drei Jahren oder Geldstrafe, wenn der Betroffene leichtfertig handelt.

Subvention im Sinne dieser Vorschrift ist gemäß § 264 Abs. 8 StGB eine Leistungen aus öffentlichen Mitteln nach Bundes- oder Landesrecht an Betriebe oder Unternehmen, die wenigstens zum Teil ohne marktmäßige Gegenleistung gewährt wird und der Förderung der Wirtschaft dienen soll, sowie eine Leistung aus öffentlichen Mitteln nach dem Recht der Europäischen Union, die wenigstens zum Teil ohne marktmäßige Gegenleistung gewährt wird. Damit fallen die nach Förderprogrammen des Bundes und der Länder gewährten Förderungen, wie insbesondere Investitionszuschüsse, sowie Leistungen, die aus dem EU-Haushalt finanziert werden, regelmäßig unter § 264 StGB.[18]

[17] Bungenberg/Motzkus, 2013, S. 76, 101.

[18] Bungenberg/Motzkus, 2013, S. 76, 143, 146.

Was unter die subventionserheblichen Tatsachen fällt, ergibt sich aus § 2 Subventionsgesetz (SubvG); es sind die Tatsachen, die nach dem Subventionszweck, den Rechtsvorschriften, Verwaltungsvorschriften und Richtlinien über die Subventionsvergabe sowie den sonstigen Vergabevoraussetzungen für die Bewilligung, Gewährung, Rückforderung, Weitergewährung oder das Belassen einer Subvention oder eines Subventionsvorteils erheblich sind.[19] Auf die subventionserheblichen Tatsachen wird bei einer Förderung in der Regel im jeweiligen Antragsvordruck hingewiesen.[20]

> **Praxishinweis** Bei der Beantragung und nach dem Erhalt von Fördermitteln ist besondere Sorgfalt auf die Angaben im Antrag und die Verwendung der Mittel bzw. die Erstellung des Verwendungsnachweises zu legen – falsche bzw. unrichtige Angaben im Antrag zu subventionserheblichen Tatsachen (z. B. zum Status als „Unternehmen in Schwierigkeiten", siehe unten Abschn. 17.3.4.2) sowie eine nicht bestimmungsgemäße Verwendung der Mittel oder ein unzureichender Nachweis der Verwendung (siehe Abschn. 17.3.7 „Verwendungsnachweis") können einen Verstoß gegen § 264 StGB bedeuten.

17.3 Zentrale Begriffe und Regelungen staatlicher Förderung

17.3.1 Finanzierungs- und Förderarten

Zuwendungen können als Anteilsfinanzierung, Fehlbedarfsfinanzierung, Festbetragsfinanzierung oder Vollfinanzierung gewährt werden.

Bei der Anteilsfinanzierung beträgt die Höhe der Zuwendung einen bestimmten Prozentsatz (z. B. 30 %) oder einen bestimmten Anteil der zuwendungsfähigen Ausgaben (zu den zuwendungsfähigen Ausgaben sogleich unter Abschn. 17.3.2).[21] Die Fehlbedarfsfinanzierung kommt in Betracht, wenn ein Zuwendungsempfänger Zuwendungen zur Deckung seiner gesamten Ausgaben für eine bestimmte Investition oder Tätigkeit erhalten soll und er die zuwendungsfähigen Ausgaben nicht durch eigene oder fremde Mittel voll zu decken vermag. Sowohl bei der Anteils- als auch bei der Fehlbedarfsfinanzierung sind Höchstbeträge festzusetzen und der Förderbetrag mindert sich, soweit sich die Ausgaben verringern oder neue Deckungsmittel hinzutreten.[22] Bei der Festbetragsfinanzierung dagegen bewilligt der Zuwendungsgeber einen nicht veränderbaren Betrag, der auch bei nachträglichen Änderungen der Ausgaben oder nachträglich hinzutretenden Deckungs-

[19] Bungenberg/Motzkus, aaO., S. 99.

[20] Vgl. Schmidt, PdK Bu E-3a, 3.2.3 Subventionserhebliche Tatsachen.

[21] Schmidt PdK Bu E-3a, 3.3.4.1 Anteilsfinanzierung.

[22] Schmidt, PdK Bu E-3a, 3.3.4.2 Fehlbedarfsfinanzierung.

mitteln unverändert bleibt.[23] Sie kommt in Betracht, wenn mit einer Änderung der Ausgaben nicht oder nur in unwesentlichem Umfang zu rechnen ist.[24] Bei der Vollfinanzierung werden die gesamten zuwendungsfähigen Ausgaben des Zuwendungsempfängers gedeckt. Sie ist nur ausnahmsweise zulässig, wenn der Zuwendungsempfänger an dem zu fördernden Vorhaben selbst kein oder nur ein geringes Interesse hat, der Zuwendungsgeber hingegen schon, oder wenn die Umsetzung des Vorhabens zur Erfüllung des mit der Zuwendung verfolgten Zwecks in dem notwendigen Umfang nur bei Übernahme sämtlicher zuwendungsfähiger Ausgaben durch den Zuwendungsgeber möglich ist.[25] Die Finanzierungsart ist in den Förderrichtlinien festzulegen[26] und ergibt sich in der Regel zudem aus dem Zuwendungsbescheid.

Eine Förderung kann in verschiedenen Formen erfolgen – als zinsverbilligtes Darlehen, als Tilgungszuschuss für Darlehen oder als Investitionszuschuss.

17.3.2 Zuwendungs-/förderfähige Ausgaben oder Kosten

Bezugspunkt der Förderung sind in der Regel die zuwendungsfähigen (förderfähigen) Ausgaben (sog. Bemessungsgrundlage). Eine Förderung auf Kostenbasis kommt nur ausnahmsweise in Betracht. So lassen der Bund sowie die Länder Bremen, Hamburg, Sachsen und Thüringen für Projektförderungen an gewerbliche Unternehmen eine Gewährung von Zuwendungen auf Kostenbasis zu, wenn „eine Bemessung der Zuwendung nach Ausgaben im Hinblick auf die Verrechnung von Gemeinkosten einschließlich kalkulatorischer Kosten nicht sinnvoll ist.“ Das gilt insbesondere für Forschungs- und Entwicklungsvorhaben.[27]

Welche Ausgaben oder Kosten zuwendungsfähig sind, ist vom Zuwendungsgeber in den Förderrichtlinien zu bestimmen und der Umfang der zuwendungsfähigen Ausgaben oder Kosten ist im Zuwendungsbescheid bzw. im Zuwendungsvertrag konkret festzulegen.[28] In der AGVO sind für die verschiedenen von ihr erfassten Gruppen von Beihilfen die zuwendungsfähigen Kosten genannt, so dass die Förderrichtlinien für die nationalen Förderprogramme, die auf der AGVO basieren, diesen Vorgaben entsprechen.

[23] Etwas anderes kann aber im Fall von Investitionsbeihilfen für Energieinfrastrukturen nach Art. 48 AGVO gelten: bei solchen Förderungen darf der Beihilfebetrag nicht höher sein als die Differenz zwischen den beihilfefähigen Kosten und dem Betriebsgewinn (Finanzierungslücke); ist diese „Lücke“ gefüllt, ist eine weitere Förderung unzulässig, selbst wenn der im Vorwege festgelegte Festbetrag noch nicht erreicht ist.

[24] Schmidt PdK Bu E-3a, 3.3.4.3 Festbetragsfinanzierung.

[25] Schmidt PdK Bu E-3a, 3.3.4.4 Vollfinanzierung.

[26] VV-BHO – Anhang zur BHO Teil III, zu § 44 – Grundsätze für Förderrichtlinien, Ziff. 5.2.

[27] Müller/Richter/Ziekow, 2017, A. Grundlagen, Rn. 301 f.

[28] Müller/Richter/Ziekow, aaO., Rn. 309; VV Nr. 4.2.4 zu § 44 BHO.

Im Falle von Investitionsbeihilfen für das Recycling und die Wiederverwendung von Abfall beispielsweise sind gemäß Art. 47 Abs. 7 AGVO die Investitionsmehrkosten förderfähig, die für eine Investition anfallen, die im Vergleich zu konventionellen Recycling- oder Wiederverwendungstätigkeiten mit derselben Kapazität, die ohne die Beihilfe geschaffen würde, zu besseren oder effizienteren Recycling- oder Wiederverwendungstätigkeiten führt. Im Falle einer Förderung nach Art. 47 AGVO und den anderen Umweltschutzbeihilfen nach den Art. 36 bis 49 AGVO ist zur Bestimmung der zuwendungs-/förderfähigen Investitionsmehrkosten mithin ein sogenanntes kontrafaktisches Szenario zu bilden. Dazu sind die Investitionskosten für eine herkömmliche Anlage oder ein herkömmliches Verfahren den Investitionskosten für das geplante innovative und beispielsweise umweltschonendere Vorhaben gegenüber zu stellen; zuwendungs- bzw. förderfähig sind dann die Investitionskosten, die aufgrund des innovativen/umweltschonenden Charakters des geplanten Projektes über die Investitionskosten für eine vergleichbare Anlage oder ein vergleichbares Verfahren nach dem Stand der Technik hinausgehen.

17.3.3 Beihilfeobergrenzen und Kumulierung von Förderungen

Grundsätzlich ist die Kombination einer Finanzierung aus verschiedenen Förderprogrammen und verschiedener Fördermittel (Kredite und Zulagen/Zuschüsse) möglich. Sofern Beihilfen unterschiedlicher Beihilfegeber für dieselben förderfähigen Kosten in Anspruch genommen werden, sind jedoch bestimmte EU-Beihilfehöchstbeträge und Kumulierungsvorschriften einzuhalten. Teilweise begrenzt auch der Zuwendungsgeber die Kumulierungsmöglichkeiten von vornherein.

Die EU-Beihilferegelungen[29] sehen jeweils eine prozentuale Obergrenze, die sogenannte maximale Beihilfeintensität,[30] bzw. einen absoluten Höchstbetrag vor, bis zu der bzw. dem Beihilfen für bestimmte förderfähige Kosten eines Vorhabens gewährt werden dürfen. Diese Obergrenzen finden dann ihren Niederschlag in den nationalen Förderrichtlinien. Die maximale Beihilfeintensität bzw. der Beihilfehöchstbetrag ist unter anderem von der Art des Vorhabens, der Unternehmensgröße und/oder dem Investitionsort abhängig. So sind beispielsweise Investitionsbeihilfen für das Recycling und die Wiederverwendung von Abfall nach Art. 47 Abs. 8 AGVO auf 35 % der beihilfefähigen Kosten begrenzt, wobei diese Grenze bei Beihilfen für kleine Unternehmen um 20 Prozentpunkte und bei Beihilfen für mittlere Unternehmen um 10 Prozentpunkte erhöht werden kann.[31] Die nationalen Zuwendungsgeber können in ihren Förderprogrammen nicht über diese Höchst-

[29] Wie z. B. die AGVO, der Unionsrahmen für staatliche Beihilfen zur Förderung von Forschung, Entwicklung und Innovation oder die Leitlinien für Regionalbeihilfen.

[30] Beihilfeintensität ist die in Prozent der beihilfefähigen Kosten ausgedrückte Höhe der Bruttobeihilfe vor Abzug von Steuern und sonstigen Abgaben, vgl. Rn. (19) Abs. 20 Leitlinien für staatliche Umweltschutz- und Energiebeihilfen 2014–2020.

[31] Zu KMU siehe Ziff. 3.4.1.

grenzen hinausgehen, sie können aber darunter bleiben. So ist im Umweltinnovationsprogramm des Bundesministeriums für Umwelt, Naturschutz, nukleare Sicherheit und Verbraucherschutz (BMU), das auf der AGVO beruht, die Förderung für Vorhaben zur Abfallvermeidung, -verwertung und -beseitigung auf 30 % der förderfähigen Ausgaben/Kosten begrenzt.[32]

Unternehmen können für ein und dasselbe Vorhaben grundsätzlich auch Fördermittel aus verschiedenen Programmen bzw. von unterschiedlichen Fördermittelgebern erhalten. Betreffen die Förderungen unterschiedliche bestimmbare beihilfefähige Kosten, ist eine „Kumulierung" (Kombination) der verschiedenen Beihilfen problemlos möglich. Werden Beihilfen nach unterschiedlichen Beihilferegelungen für dieselben förderfähigen Kosten gewährt, ist dies jedoch nur zulässig, wenn die zulässigen Beihilfe-Obergrenzen und -Höchstintensitäten nicht überschritten werden. Werden Fördermittel auf Grundlage verschiedener nationaler Förderprogramme, die auf unterschiedlichen EU-Beihilferegelungen basieren, für dieselben förderfähigen Kosten gewährt, richtet sich die maximale Förder-/Beihilfehöhe nach der maximalen Beihilfeintensität bzw. dem Beihilfehöchstbetrag derjenigen Beihilferegelung mit der höchsten maximalen Beihilfeobergrenze/dem größten Beihilfehöchstbetrag. Werden Fördermittel aus Förderprogrammen, die auf verschiedenen Regelungen der AGVO basieren, oder wird eine Förderung nach einem auf der AGVO basierenden Förderprogramm zusammen mit einer Förderung auf Grundlage einer anderen Beihilferegelung für dieselben förderfähigen Kosten gewährt, gilt für alle Förderungen/Beihilfen die höchste nach der AGVO zulässige maximale Beihilfeintensität bzw. der nach der AGVO für diese Beihilfen zulässige Beihilfehöchstbetrag.[33] Förderrichtlinien enthalten in der Regel konkrete Kumulierungsvorschriften. Dabei kann eine Kumulierung mit anderen Förderungen generell oder auch nur im Hinblick auf bestimmte Förderungen explizit ausgeschlossen werden.

Bei der Beantragung von Fördermitteln sind in den Antragsformularen regelmäßig Angaben dazu zu machen, ob für das betreffende Vorhaben bereits Fördermittel beantragt oder gewährt worden sind. Falsche Angaben können eine Strafbarkeit nach § 264 StGB ich ziehen.

▶ **Praxishinweis** Sollen für ein Vorhaben verschiedene Fördermittel aus unterschiedlichen Förderprogrammen und/oder auf Grundlage verschiedener beihilfenrechtlicher Reglungen eingeworben werden, sind die Kumulierungsvorschriften der einzelnen Förderprogramme bzw. der zu Grunde liegenden beihilfenrechtlichen Vorschriften unbedingt zu beachten. Ggfs. sind unterschiedliche bestimmbare förderfähige Kosten gegeneinander abzugrenzen. Um eine bestmögliche Förderung unter Beachtung der Kumulierungsvorschriften zu erreichen, empfiehlt es sich, ein Förderkonzept zu erstellen.

---

[32] Vgl. Kreditanstalt für Wiederaufbau (KfW), Merkblatt BMU-Umweltinnovationsprogramm, Bestellnummer: 600 000 0279, S. 3.

[33] Vgl. KfW, Allgemeines Merkblatt zu Beihilfen, Bestellnummer: 600 000 0065, S. 2.

17.3.4 Kleine und mittlere Unternehmen sowie Unternehmen in Schwierigkeiten

17.3.4.1 Kleine und mittlere Unternehmen (KMU)

Im Anhang I zur AGVO wird definiert, wann ein Unternehmen ein KMU ist.[34] Dabei ist zunächst die Größe des Unternehmens ausschlaggebend.

Nach Anhang I Art. 2 der AGVO ist ein Unternehmen ein KMU, wenn es weniger als 250 Personen beschäftigt und entweder einen Jahresumsatz von höchstens 50 Mio. EUR erzielt oder seine Jahresbilanzsumme sich auf höchstens 43 Mio. EUR beläuft. Die nach den Mitarbeitern, dem Umsatz und der Bilanzsumme bemessene Größe eines Unternehmens ist jedoch nicht der einzige Faktor, der zu berücksichtigen ist. Hat ein Unternehmen Zugriff auf erhebliche zusätzliche Ressourcen, etwa weil es sich beispielsweise im Eigentum eines größeren Unternehmens befindet, mit diesem verflochten oder sein Partner ist, kann es aus dem KMU-Begriff herausfallen, auch wenn es für sich allein genommen den genannten Kriterien entspricht. In Anhang I Art. 3 Abs. 2 und 3 der AGVO ist geregelt, wann Unternehmen als Partnerunternehmen bzw. als verbundene Unternehmen gelten und bei der Beurteilung, ob ein KMU vorliegt, zu berücksichtigen sind (siehe hierzu Abschn. 17.2.1.3).

Die EU-Kommission hat einen Leitfaden herausgegeben, der Unternehmen und Behörden bei der Beurteilung, ob ein Unternehmen die KMU-Kriterien erfüllt, Unterstützung bietet.[35]

17.3.4.2 Unternehmen in Schwierigkeiten (UiS)

Die AGVO gilt gemäß Art. 1 Abs. 4 lit. c) nicht für Unternehmen in Schwierigkeiten (UiS). Für diese Unternehmen sind Förderungen auf Grundlage der AGVO folglich nicht möglich. Gemäß der Definition in Artikel 2 Abs. 18 AGVO befindet sich ein Unternehmen in Schwierigkeiten, wenn mindestens eine der folgenden Voraussetzungen erfüllt ist:

a) bei einer Gesellschaft mit beschränkter Haftung ist mehr als die Hälfte des gezeichneten Stammkapitals infolge aufgelaufener Verluste verlorengegangen – d. h. nach Abzug der aufgelaufenen Verluste von den Rücklagen und allen sonstigen Elementen, die den Eigenmitteln zugerechnet werden, ergibt sich ein negativer Betrag, der mehr als der Hälfte des gezeichneten Stammkapitals entspricht;
b) bei einer Gesellschaft, bei der zumindest einige Gesellschafter unbeschränkt für die Schulden der Gesellschaft haften, ist mehr als die Hälfte der in den Geschäftsbüchern ausgewiesenen Eigenmittel infolge aufgelaufener Verluste verlorengegangen;
c) das Unternehmen ist Gegenstand eines Insolvenzverfahrens oder erfüllt die im innerstaatlichen Recht vorgesehenen Voraussetzungen für die Eröffnung eines Insolvenzverfahrens auf Antrag seiner Gläubiger;

[34] Der Anhang I zur AGVO entspricht dem Anhang I zur Empfehlung der Kommission vom 6. Mai 2003 betreffend die Definition der Kleinstunternehmen sowie der kleinen und mittleren Unternehmen (2003/361/EG), ABl. L 124 vom 20.5.2003, S. 36.

[35] Europäische Kommission, 2021.

d) das Unternehmen hat eine Rettungsbeihilfe erhalten und der Kredit wurde noch nicht zurückgezahlt oder die Garantie ist noch nicht erloschen beziehungsweise das Unternehmen hat eine Umstrukturierungsbeihilfe erhalten und unterliegt immer noch einem Umstrukturierungsplan;
e) bei einem Unternehmen, das kein KMU ist, lag in den vergangenen beiden Jahren der buchwertbasierte Verschuldungsgrad über 7,5 und das Verhältnis von EBITDA zu den Zinsaufwendungen unter 1,0.

Bei Unternehmen, die Teil eines Unternehmensverbundes sind (siehe Abschn. 17.2.1.3), erfolgt die Prüfung auf Konzernebene, um auszuschließen, dass die wirtschaftlichen Verhältnisse der begünstigten Unternehmen durch eine willkürliche Kostenverteilung im Konzern beeinflusst werden.

► **Praxishinweis** Das Europäische Beihilfenrecht und speziell die AGVO ermöglichen spezielle Förderungen für KMU. Beispielsweise sind die Förderquoten für KMU in einigen Förderprogrammen um mehrere Prozentpunkte höher als für große Unternehmen. Dagegen sind Förderungen für UiS auf Grundlage der AGVO und damit auch nach den meisten nationalen Förderprogrammen nicht möglich (Ausnahme: Rettungs- und Umstrukturierungsbeihilfen). In den Antragsunterlagen sind in der Regel Erklärungen zum KMU- bzw. UiS-Status abzugeben. Daher sollten Unternehmen, die an Fördermitteln interessiert sind, wissen, ob sie als KMU bzw. als UiS gelten.

17.3.5 Anreizeffekt und vorzeitiger Vorhabenbeginn

Voraussetzung der Genehmigung von Beihilfen durch die EU-Kommission sowie einer Freistellung von einer solchen Genehmigung ist im Allgemeinen, dass die Beihilfe einen sog. Anreizeffekt hat. So gelten die Freistellungen von der Anmeldepflicht nach der AGVO gemäß Art. 6 Abs. 1 AGVO nur für Beihilfen, die einen Anreizeffekt haben. Dabei ist zu unterscheiden zwischen dem sogenannten „formellen“ Anreizeffekt und dem sogenannten „materiellen“ Anreizeffekt. Das bedeutet, dass die Beihilfe für die konkrete Investitions- bzw. die Standortentscheidung ausschlaggebend sein muss. Es ist nicht Sinn und Zweck einer Zuwendung, solche Vorhaben zu fördern, zu deren Ausführung und Finanzierung sich der Zuwendungsbewerber ohnehin entschlossen hat oder auch ohne staatliche Hilfe in der Lage ist.[36] Ein Anreizeffekt liegt dann nicht vor, wenn das Vorhaben, das gefördert werden soll, auch ohne die Förderung verwirklicht worden wäre. In solchen Fällen würde die Inanspruchnahme der staatlichen Förderung regelmäßig einen ungewollten Mitnahmeeffekt darstellen.[37]

[36] OVG Lüneburg, Urteil vom 26.09.2013 – 8 LB 205/12, juris, Rn. 38.
[37] Bundesministerium für Wirtschaft und Energie (BMWi), 2021.

17.3.5.1 Formeller Anreizeffekt

Der formelle Anreizeffekt ist nach Art. 6 Abs. 2 AGVO grundsätzlich gegeben, wenn der Beihilfe-/Zuwendungsempfänger vor Beginn der Arbeiten für das zu fördernde Vorhaben oder die Tätigkeit einen schriftlichen Beihilfeantrag in dem betreffenden Mitgliedstaat gestellt hat. Bei den meisten Förderprogrammen auf Bundes- und Länderebene gehen die Zuwendungsgeber darüber hinaus und sehen vor, dass mit dem Vorhaben erst begonnen werden darf, wenn die beantragte Förderung bewilligt worden ist. Zur Wahrung des formalen Anreizeffektes kommt es mithin auf die Definition des Begriffs „Beginn der Arbeiten" (auch „Vorhabenbeginn") an (s. dazu Abschn. 17.3.5.3).

17.3.5.2 Materieller Anreizeffekt

Nach Art. 6 Abs. 3 der AGVO müssen ad hoc-Beihilfen – d. h. Beihilfen, die nicht auf einer Beihilfenregelung (einem Förderprogramm) beruhen –, die an Großunternehmen[38] gewährt werden, zusätzlich zum formellen Anreizeffekt einen materiellen Anreizeffekt aufweisen.

Ebenso soll eine Förderung im Falle regionaler Investitionsbeihilfen (Regionalbeihilfen) dazu führen, dass ein Vorhaben umgesetzt wird, das ohne die Beihilfe in dem betreffenden Gebiet nicht durchgeführt worden wäre oder für den Beihilfeempfänger in dem betreffenden Gebiet nicht rentabel genug gewesen wäre. Handelt es sich um andere Beihilfen als Regionalbeihilfen wie z. B. Beihilfen für Forschung und Entwicklung und Innovation, Ausbildungsbeihilfen oder Umweltschutzbeihilfen, muss nachgewiesen werden, dass die Förderung entweder zu einer signifikanten Zunahme des Umfangs und der Reichweite des Projekts oder der Gesamtausgaben des Empfängers für das geförderte Projekt oder zu einem signifikant beschleunigten Abschluss des betreffenden Projekts führt.

Im Hinblick auf den materiellen Anreizeffekt kommt es somit darauf an, dass – abhängig von der jeweiligen Beihilfeart – nachgewiesen werden kann, dass das Vorhaben ohne die Beihilfe nicht, in einem anderen Gebiet oder in geringerem Umfang durchgeführt worden wäre. Dies ist über Unterlagen des Zuwendungsempfängers nachzuweisen.

Auf nationaler Ebene leitet sich der Anreizeffekt aus der in § 14 HGrG, § 23 BHO geregelten Voraussetzung ab, dass die Zuwendung dem besonderen Interesse des Zuwendungsebers dienen muss. Durch die Förderung soll ein Anreiz für den Empfänger geschaffen werden, die in dem jeweiligen Förderprogramm festgelegten Ziele zu verwirklichen, was der Empfänger ohne die Förderung nicht tun würde. Dementsprechend werden nach den meisten Förderrichtlinien Nachweise dafür gefordert, dass das Vorhaben ohne die Beihilfe für das Unternehmen unwirtschaftlich wäre.[39]

---

[38] D. h. Unternehmen mit 250 oder mehr Beschäftigten und entweder einem Jahresumsatz von mehr als 50 Mio. EUR oder einer Jahresbilanzsumme von mehr als 43 Mio. EUR, siehe Ziff. 3.4.1.

[39] Müller/Richter/Ziekow, 2017, A. Grundlagen, Rn. 110 f.

► **Praxishinweis** In Bezug auf Förderprogramme, die einen materiellen Anreizeffekt voraussetzen, könnten Beschlüsse der Organe einer Gesellschaft, aus denen abgeleitet werden kann, dass das Unternehmen das betreffende Projekt in jedem Fall – d. h. auch ohne Förderung – umsetzen würde, Zweifel des Zuwendungsgebers am Vorliegen eines Anreizeffektes begründen. Daher sollten solche Beschlüsse und Absichtserklärungen vermieden oder unter dem Vorbehalt einer Förderung gefasst werden.

17.3.5.3 Förderschädlicher vorzeitiger Vorhabenbeginn

Wird vor der Beantragung bzw. Bewilligung einer Förderung mit dem Vorhaben, das gefördert werden soll, begonnen, wird der Anreizeffekt nicht erfüllt (siehe Abschn. 17.3.5.1 und Abschn. 17.3.5.2) und eine Förderung ist nicht mehr möglich. Es liegt ein sogenannter förderschädlicher vorzeitiger Vorhabenbeginn vor.

Ein „Beginn der Arbeiten" bzw. ein „Vorhabenbeginn" liegt gemäß Art. 2 Nr. 23 AGVO im Beginn der Bauarbeiten für das Investitionsvorhaben oder in der ersten rechtsverbindlichen Verpflichtung zur Bestellung von Ausrüstung oder in jeder anderen Verpflichtung, die die Investition unumkehrbar macht, wobei der früheste dieser Zeitpunkte maßgebend ist. Ausdrücklich davon ausgeschlossen sind der Kauf von Grundstücken und Vorarbeiten sowie die Einholung von Genehmigungen und die Erstellung von Durchführbarkeitsstudien. Auch die EU-Kommission und der EuGH haben so den Beginn des Vorhabens definiert.[40]

In den Förderrichtlinien einiger nationaler Förderprogramme finden sich daran anknüpfend konkrete Regelungen, wann ein Vorhabenbeginn vorliegt. Nach der Förderrichtlinie zum Umweltinnovationsprogramm (UIP) und Verbraucherschutz beispielsweise ist als Vorhabenbeginn „grundsätzlich der Abschluss eines dem Projekt zuzurechnenden Lieferungs- oder Leistungsvertrages zu werten. Planung, Genehmigungsverfahren, Baugrunduntersuchung, Grunderwerb und Herrichten des Grundstücks gelten nicht als Beginn des Vorhabens".[41]

In Ausnahmefällen können jedoch auch Maßnahmen, die als Vorhabenbeginn zu werten sind, vor der Bewilligung der Förderung umgesetzt werden, ohne dass die beabsichtigte Förderung in Gefahr gerät.

Zum einen sehen die meisten nationalen Förderprogramme „in begründeten Ausnahmefällen" die Genehmigung eines sogenannten förderunschädlichen vorzeitigen Vorhabenbeginns vor, so etwa das UIP.[42] Voraussetzung für eine Genehmigung des vorzeitigen

[40] Siehe Abschn. 2.2. (29) der Regionalleitlinien ab 2022 (Mitteilung der Kommission – Leitlinien für Regionalbeihilfen, ABl. C 153 vom 29.04.2021, S. 1, Rn. 19); EuGH, Urteil vom 05.03.2019 – C-349/17, „Eesti Pagar AS/Ettevõtluse Arendamise Sihtasutus".

[41] Ziffer 1.2. der Richtlinie des Bundesministeriums für Umwelt, Naturschutz und Reaktorsicherheit zur Förderung von Investitionen mit Demonstrationscharakter zur Vermeidung von Umweltbelastungen vom 4. Februar 1997.

[42] Ebd.

Vorhabenbeginns ist in der Regel jedoch, dass der Bewilligungsstelle ein vollständiger förmlicher Förderantrag vorliegt. Außerdem ist die Notwendigkeit des vorzeitigen Vorhabenbeginns gut zu begründen; ein pauschaler Hinweis auf lange Lieferzeiten der benötigten Investitionsgüter beispielsweise genügt dazu in der Regel nicht.

Zum anderen besteht die Möglichkeit, Verträge im Zusammenhang mit dem zu fördernden Vorhaben schon vor Erhalt des Zuwendungsbescheids zu schließen, wenn sich der Zuwendungsempfänger nach den folgenden Maßgaben von dem entsprechenden Vertrag lösen kann:

- es besteht eine einseitige Lösungsmöglichkeit des Beihilfebewerbers/-empfängers,[43]
- das Lösungsrecht weist einen ausdrücklichen und eindeutigen Bezug zu der Versagung der beantragten Zuwendung auf,[44]
- das Lösungsrecht muss bereits in der Bestellung/Auftragsvergabe des Beihilfebewerbers/-empfängers enthalten sein[45] und
- die Lösung vom Vertrag muss für den Beihilfebewerber/-empfänger kostenfrei möglich sein.[46]

Für das Lösungsrecht ist keine bestimmte zivilrechtliche Gestaltungsform vorgegeben.[47] Beispielhaft genannt werden in der Kommentarliteratur und in der Rechtsprechung das Kündigungsrecht,[48] die aufschiebende Bedingung[49] und v. a. das Rücktrittsrecht.[50] Das Bundesministerium für Wirtschaft und Klimaschutz (BMWK) hat indes im Hinblick auf das Förderprogramm „Bundesförderung Energieeffiziente Gebäude" (BEG) klargestellt, dass ein Rücktrittsrecht für einen vorzeitigen förderunschädlichen Vorhabenbeginn nicht ausreichend sei, sondern eine aufschiebende oder auflösende Bedingung vereinbart werden müsse. Grund dafür sei, dass nur durch die auflösende/aufschiebende Bedingung zweifelsfrei dokumentiert werde, dass der betreffende Liefer- oder Leistungsvertrag nur für den Fall geschlossen wird, dass eine Förderung gewährt wird und nur so die notwendige Anreizwirkung der Förderung belegt werde; denn die aufschiebende oder auflösende Be-

[43] VG Regensburg, Urteil vom 13.09.2018 – RN 5 K, juris, Rn. 37.

[44] VGH München, Urteil vom 11.04.2019 – 22 ZB 18.2291, 3. Leitsatz; VG Regensburg, Urteil vom 13.09.2018 – RN 5 K, juris, Rn. 39; VG Würzburg, Urteil vom 16.4.2018 – W 8 K 18.34, BeckRS 2018, 6590; OVG Lüneburg, Urteil vom 13.09.2012 – 8 LB 58/12, juris, Rn. 51; Müller/Richter/Ziekow, 2017, B. Verfahren, Rn. 115.

[45] VGH München, Urteil vom 11.04.2019 – 22 ZB 18.2291, 3. Leitsatz; VG Regensburg, Urteil vom 13.09.2018 – RN 5 K, juris, Rn. 37.

[46] OVG Lüneburg, Urteil vom 13.09.2012 – 8 LB 58/12, juris, Rn. 51 f.

[47] OVG Lüneburg, aaO., Rn. 35.

[48] VG Regensburg, Urteil vom 13.09.2018 – RN 5 K, juris, Rn. 39; VG Würzburg, Urteil vom 16.04.2018 – W 8 K 18.34, BeckRS 2018, 6590.

[49] Müller/Richter/Ziekow, 2017, B. Verfahren, Rn. 115.

[50] Müller/Richter/Ziekow, Handbuch Zuwendungsrecht, aaO.; OVG Lüneburg, aaO., Rn. 51.

dingung greife automatisch, wenn die Bedingung eintritt, wohingegen ein Rücktrittsrecht ausgeübt werden könne, aber nicht ausgeübt werden müsse.[51]

> **Praxishinweis** Das Verfahren zur Beantragung und Bewilligung von Fördermitteln kann, je nach Programm und Komplexität des Vorhabens, mehrere Monate dauern. Bereits die Erstellung des Antrags kann mehrere Wochen in Anspruch nehmen. Wenn bereits vor/bei Beantragung von Fördermitteln absehbar ist, dass mit der Umsetzung des Vorhabens (Bestellung von Waren und Dienstleistungen, die über Planungsarbeiten und den Grundstückserwerb hinausgehen) begonnen werden muss, bevor eine Bewilligung der Förderung zu erwarten ist, sollte zum einen mit den Lieferanten geklärt werden, ob ein Rücktrittsrecht oder eine aufschiebende/auflösende Bedingung im Liefervertrag vereinbart werden kann. Zum anderen sollte die Klausel im Vorwege mit der Bewilligungsstelle abgestimmt werden. Kommen aufschiebende/auflösende Bedingungen nicht in Betracht, sollte zügig der vollständige förmliche Förderantrag vorbereitet werden, um einen Antrag auf vorzeitigen förderunschädlichen Vorhabenbeginn stellen zu können, da die Vorlage eines vollständigen Förderantrags Voraussetzung für die Beantragung der Genehmigung des vorzeitigen förderunschädlichen Vorhabenbeginns ist.

17.3.6 Bewilligungszeitraum

Gemäß Ziff. 4.2.5 VV zu § 44 BHO muss der Zuwendungsbescheid einen Bewilligungszeitraum beinhalten.

Der Bewilligungszeitraum ist der Zeitraum, für den der Zuwendungsgeber dem Zuwendungsempfänger mit der Bewilligung eine Finanzierungszusage macht. Der Bewilligungszeitraum steckt somit den zeitlichen Rahmen einer Fördermaßnahme ab; er schränkt den Anspruch des Zuwendungsempfängers auf Auszahlung einer Zuwendung für eine bestimmte Mittelverwendung ein und befristet so die Möglichkeit des Zuwendungsempfängers, seinerseits zuwendungsfähige Zahlungsverpflichtungen einzugehen. Diese Begrenzung ergibt sich aus der Bindung des staatlichen Zuwendungsgebers an die jeweiligen – zeitlich begrenzten – Ausgabe- und Verpflichtungsermächtigungen für Zuwendungen im Haushaltsplan. Nach Ablauf der Ausgabe- und Verpflichtungsermächtigung stehen keine Haushaltsmittel mehr für die Förderung zur Verfügung.[52] Somit sind die geförderten Maßnahmen innerhalb des Bewilligungszeitraums umzusetzen.

Der Bewilligungszeitraum ist auch maßgebend für die Vorlage des Verwendungsnachweises; dieser ist innerhalb bestimmter Fristen nach Ende des Bewilligungszeitraums vorzulegen (siehe sogleich in Abschn. 17.3.7).

---

[51] BMWi, 2021.

[52] Müller/Richter/Ziekow, 2017, A. Grundlagen, Rn. 332 ff.

17.3.7 Verwendungsnachweis

Aus § 44 Abs. 1 S. 2 ff. BHO ergibt sich, dass die zweckentsprechende Verwendung einer gewährten Zuwendung durch einen Zuwendungsempfänger nachzuweisen und durch die zuständigen Behörden zu überprüfen ist. Wie dies im Einzelnen zu erfolgen hat, wird in der VV Nrn. 10 und 11 zu § 44 BHO bzw. in den VV zu § 44 der jeweiligen Landeshaushaltsordnungen sowie in den Allgemeinen Nebenbestimmungen (ANBest) näher geregelt.[53]

Der sogenannte einfache Verwendungsnachweis, der auf Bundesebene sowie in Bayern und in Nordrhein-Westfalen der Regelfall ist,[54] besteht aus einem Sachbericht und einem zahlenmäßigen Nachweis, vgl. etwa Ziff. 6.2 ANBest-P.[55] In dem Sachbericht ist die Verwendung der Zuwendung sowie das erzielte Ergebnis im Einzelnen darzustellen und den vorgegebenen Zielen gegenüberzustellen. Dabei ist auf die wichtigsten Positionen des zahlenmäßigen Nachweises einzugehen und die Notwendigkeit und Angemessenheit der geleisteten Arbeit ist zu erläutern. Im zahlenmäßigen Nachweis sind gemäß Ziff. 6.2.2 ANBest-P die Einnahmen und Ausgaben in zeitlicher Folge und voneinander getrennt auszuweisen. Dem Nachweis ist eine tabellarische Belegübersicht beizufügen (Belegliste), aus der Tag, Empfänger/Einzahler sowie Grund- und Einzelbetrag jeder Zahlung ersichtlich sein müssen. Zu beachten ist, dass die Belege dem geförderten Projekt eindeutig zuzuordnen sein müssen (z. B. anhand einer Projektnummer) und dass die Originalbelege, die Verträge über die Vergabe von Aufträgen sowie alle sonst mit der Förderung zusammenhängenden Unterlagen für fünf Jahre nach Vorlage des Verwendungsnachweises aufzubewahren sind, vgl. Ziff. 6.5 ANBest-P.

Der Verwendungsnachweis ist innerhalb bestimmter Fristen vorzulegen, die in den ANBest oder dem jeweiligen Zuwendungsbescheid geregelt sind. Nach den ANBest-P z. B. beträgt die Vorlagefrist sechs Monate nach Erfüllung des Zuwendungszwecks, spätestens jedoch sechs Monate nach Ablauf des Bewilligungszeitraums. Wenn die Zuwendung nicht oder nicht mehr für den vorgesehenen Zweck verwendet wird oder der Zuwendungsempfänger den vorgeschriebenen Verwendungsnachweis nicht rechtzeitig vorlegt, kann der Zuwendungsbescheid durch Rücknahme oder Widerruf nach §§ 48, 49 VwVfG aufgehoben werden – mit der Folge, dass die Zuwendung zu erstatten ist, Ziff. 8.1 ff. ANBest-P.

► **Praxishinweis** Da dem Verwendungsnachweis besondere Bedeutung zukommt, sollte entsprechende Sorgfalt angewandt und von Beginn des Projektes an darauf geachtet werden, dass Bestellungen und Rechnungen entsprechend den Auflagen des Zuwendungsbescheides und der zugrundeliegenden

---

[53] Müller/Richter/Ziekow, 2017, B. Verfahren, Rn. 220.

[54] Müller/Richter/Ziekow, aaO., Rn. 263.

[55] Anlage 2 zur VV Nr. 5.1 zu § 44 BHO (ANBest-P).

Rechtsgrundlagen ausgelöst, gezahlt und erfasst werden (u. U. Dokumentation der Einhaltung von Vergabevorschriften; saubere Zuordnung der Kosten zum Vorhaben und Erfassung der konkret förderfähigen Kosten; Benennung des Vorhabens in der Rechnung etc.).

17.3.8 Zweckbindungsfrist

Die Zweckbindungsfrist beschreibt für die Fälle, in denen mit Hilfe der Zuwendung Gegenstände erworben oder hergestellt werden, wie lange die Gegenstände für den Zuwendungszweck gebunden sind und entsprechend dem Zuwendungszweck verwendet werden müssen.[56] Damit geht regelmäßig ein Veräußerungsverbot für den Zuwendungsempfänger einher.[57]

Bei Grundstücken und grundstücksgleichen Rechten kann die Zweckbindungsfrist bis zu 25 Jahre betragen, im Übrigen ist sie von der Bewilligungsbehörde unter Berücksichtigung des Zuwendungszwecks, der Projektdauer, der Art und des Anschaffungswertes des Gegenstandes und seiner regelmäßigen Nutzungsdauer, die sich aus Abschreibungstabellen ergibt, festzulegen.[58] Werden Arbeitsplätze gefördert (z. B. im Fall einer sog. Regionalförderung), müssen diese in der Regel ebenfalls für einen bestimmten Zeitraum besetzt oder zumindest dem Arbeitsmarkt zur Verfügung gestellt werden.

17.4 Ablauf einer Förderung

Fördermittel werden in der Regel aus dem Budget eines Ministeriums zur Verfügung gestellt, das damit Projekte mit Bezug zu seinem Geschäftsbereich fördert – das Bundesministerium für Digitales und Verkehr (BMDV) etwa Projekte im Bereich der alternativen Antriebe (Elektromobilität und Wasserstoff),[59] das BMU etwa Projekte mit dem Potenzial, den Umwelt- und Naturschutz und die Ressourceneffizienz zu verbessern[60] und das BMWK etwa Projekte im Bereich der alternativen Energien zur Einsparung fossiler Energieträger und Vermeidung von Treibhausgasemissionen.[61] Die Ministerien sind somit die Zuwendungsgeber. In der Regel führen diese Zuwendungsgeber die Förderverfahren, d. h. die Verfahren zur

[56] Müller/Richter/Ziekow, 2017, A. Grundlagen, Rn. 341.

[57] Vgl. 4.1 Satz 2 ANBest-P, Anlage 2 zur VV Nr. 5.1 zu § 44 BHO.

[58] Müller/Richter/Ziekow, aaO.

[59] Z. B. Förderrichtlinie Elektromobilität, Nationales Innovationsprogramm Wasserstoff- und Brennstoffzelle (NIP).

[60] Z. B. das Umweltinnovationsprogramm (UIP).

[61] Z. B. Bundesförderung für Energie- und Ressourceneffizienz in der Wirtschaft (EEW) und Bundesförderung energieeffiziente Gebäude (BEG).

Beantragung und Bewilligung der Fördermittel, jedoch nicht selbst durch, sondern entscheiden lediglich am Ende über die Gewährung einer Förderung. Mit dem Förderverfahren werden sogenannte „Projektträger“ beauftragt; diesen obliegt die fachliche und administrative Beratung der Antragsteller, die Vorbereitung von Förderentscheidungen, die Projektbegleitung und die projektbezogene Erfolgskontrolle. Für eine Vielzahl von Förderprogrammen auf Bundes- aber auch auf Landesebene sind das beispielsweise die Kreditanstalt für Wiederaufbau (KfW), das Bundesamt für Wirtschaft und Ausfuhrkontrolle (BAFA), das Deutsche Zentrum für Luft- und Raumfahrt e. V. (DLR) und der Projektträger Jülich (PtJ), eine Organisationseinheit der Forschungszentrum Jülich GmbH. Auch das Bundesamt für Güterverkehr (BAG) und die Bundesanstalt für Verwaltungsdienstleistungen (BAV) nehmen Aufgaben als Projektträger wahr.

Ein Zuwendungsantrag ist grundsätzlich schriftlich zu stellen, VV Nr. 3.1 zu § 44 BHO, und muss alle wesentlichen Informationen zur Identität des Antragstellers, dem Fördervorhaben und der Höhe der beantragten Zuwendung beinhalten. Dies wird im Rahmen von Förderprogrammen i. d. R. durch die Bereitstellung von Antragsformularen sichergestellt.[62]

Der Förderantrag wird vom Projektträger geprüft, der ggfs. Fragen zum Antrag und zum Projekt mit dem Zuwendungsempfänger klärt und weitere Informationen einfordert. Im Falle des Umweltinnovationsprogramms beispielsweise wird der Antrag von der KfW im Hinblick auf die formellen Anforderungen und vom Umweltbundesamt (UBA) im Hinblick auf die inhaltlichen und technischen Anforderungen (Umweltschutzpotenzial des Vorhabens) geprüft. Nach positiver Prüfung schlägt der Projektträger dem Zuwendungsgeber die Förderung des Projekte mit einem bestimmten Förderbetrag vor. Der Zuwendungsgeber entscheidet letztlich über die Gewährung der Förderung, die i. d. R. durch einen vom Projektträger erstellten Bewilligungsbescheid gewährt wird.

Die Antragsverfahren sind überwiegend einstufig ausgestaltet, es gibt jedoch auch zweistufige Verfahren (vgl. Abb. 17.1). Bei einem zweistufigen Verfahren ist der formellen Antragstellung die Einreichung einer Projektskizze vorgelagert. Darin sind in der Regel Angaben zum Antragsteller – z. B. zur Unternehmensgröße (KMU oder nicht?) – zu machen und das Vorhaben ist mit Blick auf die Ziele und Voraussetzungen des jeweiligen Förderprogramms zu beschreiben. So sind beispielsweise im UIP in der Projektskizze unter anderem Angaben zur Ausgangslage und zur Motivation für das Vorhaben, zur technischen Funktionsweise, zu den geplanten Umweltentlastungen, insbesondere zur möglichen CO_2-Emissionsminderung, zu den Eckdaten (Standort, Größe, Leistung), zur Wirtschaftlichkeit (Investitionen, Finanzierung, Betriebskosten, Erträge, Amortisation) und zum Zeitplan des Vorhabens zu machen.[63]

[62] Müller/Richter/Ziekow, 2017, B. Verfahren, Rn. 62.

[63] Formular für die Erstellung der Projektskizze, Fundstelle: https://www.umweltinnovationsprogramm.de/hinweise-vordrucke, abgerufen am 09.11.2021.

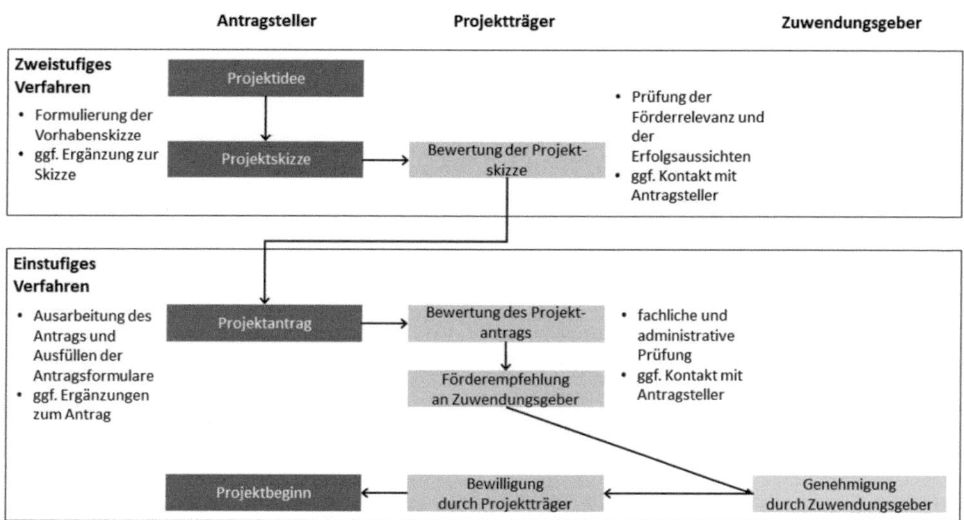

Abb. 17.1 Ablauf Antragsverfahren

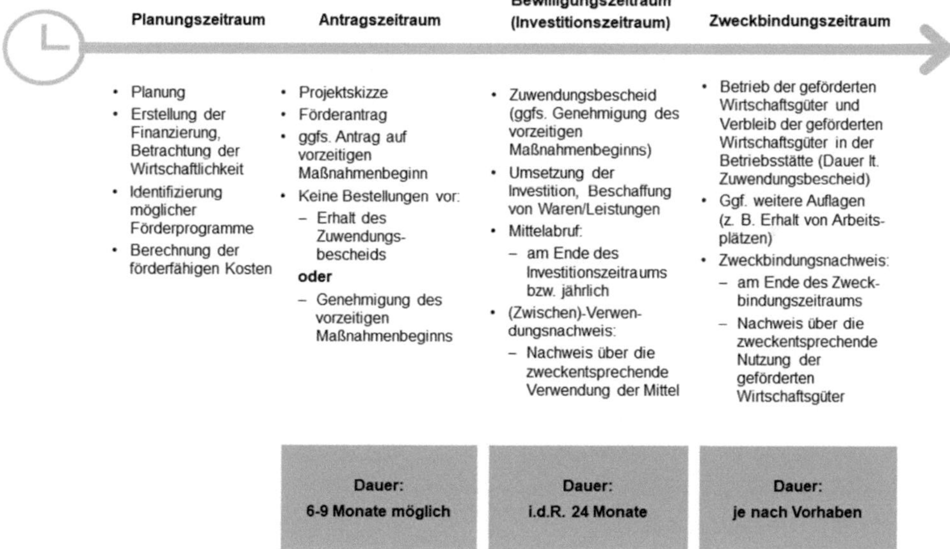

Abb. 17.2 Stadien eines Förderverfahrens

Die Projektskizze ermöglicht es dem Projektträger und ggfs. dem Zuwendungsgeber, zu prüfen, ob das Vorhaben grundsätzlich förderfähig ist. Wird das Vorhaben auf Grundlage der Skizze grundsätzlich als förderfähig eingestuft, wird das Unternehmen vom Projektträger (im Falle des UIP die KfW) zur Antragstellung aufgefordert und es werden ihm die Antragsunterlagen (Vordrucke, Erklärungen, Merkblätter) übersandt (hierzu s. Abb. 17.2).

Nach Bewilligung der Förderung kann mit der Umsetzung des Vorhabens begonnen werden, d. h. die dem Vorhaben zuzuordnenden Maßnahmen wie die Bestellung von Waren und Leistungen können vorgenommen werden.

Die Fördermittel werden über den sogenannten Mittelabruf, in der Regel unter Verwendung bestimmter Vordrucke zur Zahlungsaufforderung, abgerufen. Dabei erfolgt der Mittelabruf in der Regel nachträglich für bereits getätigte Ausgaben, der Zuwendungsempfänger geht also regelmäßig in Vorleistung.

Mit der Bewilligung – ggfs. mit einen gewährten vorzeitigen Vorhabenbeginn (siehe Abschn. 17.3.5.3) – beginnt der Bewilligungszeitraum (siehe Abschn. 17.3.6.). Unter Umständen läuft auch noch ein Zweckbindungszeitraum (siehe Abschn. 17.3.8).

Literatur

Bericht der Bundesregierung über die Entwicklung der Finanzhilfen des Bundes und der Steuervergünstigungen für die Jahre 2019 bis 2022 (28. Subventionsbericht)

BMWi, Antworten auf häufig gestellte Fragen zur BEG (FAQ), Ziff. 3.11, Fundstelle: https://www.deutschland-machts-effizient.de/KAENEF/Redaktion/DE/FAQ/FAQ-Uebersicht/BEG/faq-bundesfoerderung-fuer-effiziente-gebaeude.html?cms_artId=2785918, abgerufen am 26.10.2021

Bundesministerium für Wirtschaft und Energie (BMWi), Sensibilisierungspapier: Anreizeffekt im Beihilferecht, Fundstelle: https://www.bmwi.de/Redaktion/DE/Downloads/B/beihilfenkontrollpolitik-sensibilisierungspapier-9-anreizeffekt.html, abgerufen am 26.10.2021

Bungenberg/Motzkus, Die Praxis des Subventions- und Beihilfenrechts in Deutschland, Wiverw 2013, S. 76

Europäische Kommission, Benutzerleitfaden zur Definition von KMU, im Internet abrufbar unter: https://op.europa.eu/de/publication-detail/-/publication/79c0ce87-f4dc-11e6-8a35-01aa75ed71a1/language-de, zuletzt abgerufen am 26.10.2021

Europäische Kommission, Mitteilung der Kommission – Leitlinien für Regionalbeihilfen (ABl. C 153 vom 29.04.2021, S. 1)

Europäischer Wirtschaftsdienst Recycling und Entsorgung (EUWID) 43.2019

Müller/Richter/Ziekow, in: Müller/Richter/Ziekow, Handbuch Zuwendungsrecht, 1. Auflage 2017

Schmidt, Vergabe und Verwaltung öffentlicher Zuwendungen an und durch kommunale Gebietskörperschaften in: Praxis der Kommunalverwaltung (PdK), Bu E-3a

Teil II

Stoffströme und Ressourcenwirtschaft

18 Mindestrezyklateinsatzquoten

Jens Loschwitz und Stefan Kopp-Assenmacher

18.1 Einführung

Die zum Jahreswechsel 2019/2020 in Wuhan (VR China) beginnende – durch den Coronavirus SARS-CoV-2 ausgelöste – Covid19-Pandemie (nachfolgend: Coronakrise) hatte auch in der EU und in ihren Mitgliedstaaten gravierende Auswirkungen auf Lieferketten und Versorgung. Die Abhängigkeit des (regelmäßig auf sog. just-in-time-Lieferungen basierenden) Produktionsstandorts Deutschland von Rohstoffen und Materialien (häufig aus Drittstaaten) war so für jedermann deutlich sichtbar. Die Rohstoffversorgung des Industriestandorts Deutschland basiert bisher auf drei Säulen: heimische Rohstoffe, Importrohstoffe sowie Recyclingrohstoffe.[1] Während es sich bei den ersten beiden Säulen um Primärmaterial (sog. „virgin material") handelt, sind Recyclingrohstoffe „Altmaterialien";

[1] Im Jahr 2010 hatte die deutsche Bundesregierung ihre erste Rohstoffstrategie verabschiedet. Auf ihr baut auch die neue Strategie aus 2020 auf. Sie enthält Maßnahmen in den drei Säulen der Rohstoffversorgung: heimische Rohstoffe, Importe sowie Recycling, vgl.: https://www.bmwi.de/Redaktion/DE/Pressemitteilungen/2020/20200115-altmaier-industrie-und-exportland-deutschland-braucht-eine-sichere-nachhaltige-und-verantwortungsvolle-rohstoffversorgung.html.

J. Loschwitz (✉)
BDE Bundesverband der Deutschen Entsorgungs-, Wasser- und Kreislaufwirtschaft e. V., Berlin, Deutschland
E-Mail: loschwitz@bde.de

S. Kopp-Assenmacher
Sozietät Oexle Kopp-Assenmacher Lück, Berlin, Deutschland
E-Mail: stefan.kopp-assenmacher@oklp.de

P. Kurth et al. (Hrsg.), *Praxishandbuch der Kreislauf- und Rohstoffwirtschaft*, https://doi.org/10.1007/978-3-658-36262-1_18

es handelt sich bei Recyclingrohstoffen also um – vereinfacht – bereits gebrauchtes Material, das aufgrund professioneller Behandlung mittels einer (Recycling-)Technologie weiterhin im Wirtschaftskreislauf bleiben kann.

Neben der strategischen Bedeutung von Recyclingrohstoffen für die Rohstoffsicherheit, kommt dem Einsatz von Recyclingrohstoffen eine große klimapolitische Dimension zu. Nicht zuletzt der neue Aktionsplan Kreislaufwirtschaft der EU-Kommission (KOM-Drs. (2020) 98; Circular Economy Action Plan – nachfolgend: CEAP) im Rahmen des sog. *New Green Deals*[2] zeigt die großen Klimaschutzpotentiale des Einsatzes von Recyclingrohstoffen auf. Die Ausweitung der Kreislaufwirtschaft wird danach entscheidend dazu beitragen, bis 2045/2050 Klimaneutralität zu erreichen. Allein durch eine Verdoppelung des Rezyklateinsatzes in der Produktion im EU-Mitgliedstaat Deutschland können zusätzlich 60 Millionen Tonnen CO_2-Äquivalente jährlich einspart werden.[3]

Umso mehr verwundert die bisherige Zurückhaltung auf nationaler Ebene, den Einsatz von Recyclingrohstoffen in der Produktion von Gütern mit einer Verbindlichkeit zu versehen, also einer Vorgabe, dass bestimmte Produkte zwingend – oder zumindest über ein verbindliches Anreizsystem – einen bestimmten Rezyklatanteil beinhalten müssen. Impulse kommen hier im Wesentlichen von der EU-Kommission, die mit dem CEAP Taktgeber der Transformation der EU-Wirtschaft zu einer Kreislaufwirtschaft ist. Mindestrezkyklateinsatzquoten sind zur Begleitung dieses Transformationsprozesses essentiell. Nur auf einer verlässlichen Basis werden millionenschwere Investitionen in eine neue Recyclinginfrastruktur erfolgen.

18.2 Regulatorik zu Mindestrezyklateinsatzquoten im Überblick

Der Gesetzgeber hat inzwischen eine gewisse Erfahrung zur legislativen Formulierung von Mindestrezyklateinsatzquoten. Auf nationaler Ebene (nachfolgend: Abschn. 18.2.1) konnte sich der Gesetzgeber bisher indes nicht zu Alleingängen durchringen. Vielmehr beschränkte sich der Bundesgesetzgeber darauf, Vorgaben aus Brüssel nachzuzeichnen. Daneben gibt es diverse Formate zu Kreislaufwirtschaft (auch: „Circular Economy,", nachfolgend: CE) mit unterschiedlichen Stakeholdern, die allesamt das Ziel haben, beim möglichen Rezyklateinsatz gemeinsame Interessenlagen aller Akteure entlang des Kreislaufs herauszuarbeiten und so Schnittmengen zu schaffen und den Raum für gesetzliche Regelungen in moderierten Verfahren herauszuarbeiten. Der Motor für das Thema Mindestrezyklateinsatz bleiben bislang die Brüsseler EU-Organe, allen voran die EU-Kommission (nachfolgend: KOM) und das Europäische Parlament (nachfolgend: EP).

[2] KOM-Drs. (2019) 640, https://ec.europa.eu/info/sites/default/files/european-green-deal-communication_de.pdf.

[3] Vgl.: https://www.bde.de/presse/welterschoepfungstag-nicht-an-die-pluenderung-unseres-planeten-gewoehn/.

18.2.1 Nationale Wege (Deutschland)

18.2.1.1 Allgemeine Verordnungsermächtigung 2019

Im Jahr 2019 im Ergebnis gescheitert, ist eine Verordnungsermächtigung im Kreislaufwirtschaftsgesetz (KrWG)[4] mit dem Ziel, das bestimmte Erzeugnisse nur in bestimmter, das Recycling fördernder Weise in Verkehr bringen gebracht werden dürfen, „insbesondere unter dem Einsatz von sekundären Rohstoffen, insbesondere Rezyklaten". Eine entsprechende Formulierung war im Referentenentwurf eines Gesetzes zur Umsetzung der Abfallrahmenrichtlinie der Europäischen Union (Stand: 5. August 2019) des Bundesministerium für Umwelt, Naturschutz und nukleare Sicherheit (BMU) enthalten.[5] Die im Referentenentwurf (nachflgd.: KrWG-RefEntw 2019) in § 24 (Titel: Anforderungen an Verbote, Beschränkungen, Kennzeichnungen, Beratung, Information und Obhutspflicht) enthaltene Regelung zum Mindestrezyklateinsatz war aber noch nicht abschließend unter den Bundesministerien abgestimmt und scheiterte dem Vernehmen nach letztlich am Bundesministerium für Wirtschaft und Energie (BMWi). Letztlich ist aber nicht ausgeschlossen, dass eine ähnlich Regelung in der 20. Legislaturperiode des Deutschen Bundestages doch noch den Weg ins KrWG findet.

Die Erwägungen für Regelungen zum Rezyklateinsatz waren und sind richtig:

> (…) Über die Forcierung des Recyclings und der Vorbereitung der Wiederverwendung hinaus werden jedoch vor allem die Instrumente der Abfallvermeidung fortentwickelt und verstärkt. (…) Zentrales Instrument ist hierfür der Ausbau der Produktverantwortung, die (…) [an] einem verstärkten Einsatz von Rezyklaten ausgerichtet wird.(…)[6]

Konkret zur Regelung zum Rezyklatmindesteinsatz schrieben die Verfasser des Referentenentwurfs:

> (…) Die Regelung greift die in der Einweg-Kunststoffrichtlinie in Artikel 6 Absatz 5 enthaltene Vorgabe zum Mindestanteil von Rezyklaten in Getränkeeinwegflaschen auf und schafft die Möglichkeit in Verordnungen entsprechende Anforderungen für Nicht-Verpackungen zu normieren. Damit wird auch die vom Bundesumweltministerium initiierte Rezyklat-Initiative im KrWG verankert. Auch die AbfRRL greift dies in Artikel 8 Absatz 2 und Artikel 9 Absatz 1 Buchstabe i) auf.(…)[7]

---

[4] Gesetz zur Förderung der Kreislaufwirtschaft und Sicherung der umweltverträglichen Bewirtschaftung von Abfällen, https://www.gesetze-im-internet.de/krwg/KrWG.pdf.

[5] Vgl. § 24 Ziffer 3 KrWG-RefEntw. 2019: Zur Festlegung von Anforderungen nach § 23 wird die Bundesregierung ermächtigt, nach Anhörung der beteiligten Kreise (§ 68) durch Rechtsverordnung mit Zustimmung des Bundesrates zu bestimmen, dass bestimmte Erzeugnisse nur in bestimmter, das Recycling fördernder Weise in Verkehr gebracht werden dürfen, insbesondere unter dem Einsatz von sekundären Rohstoffen, insbesondere Rezyklaten, https://www.bmu.de/fileadmin/Daten_BMU/Download_PDF/Glaeserne_Gesetze/19._Lp/krwg_novelle/Entwurf/krwg_novelle_refe_bf.pdf.

[6] KrWG-RefEntw 2019, S. 3 oben.

[7] KrWG-RefEntw 2019, S. 66 Mitte.

Freilich ist die Produktverantwortung im KrWG verankert und schließt ausdrücklich den Einsatz von Recyclingrohstoffen mit ein: Gemäß § 23 Absatz 2 Ziffer 2 KrWG umfasst die Produktverantwortung insbesondere den vorrangigen Einsatz von verwertbaren Abfällen oder sekundären Rohstoffen, insbesondere Rezyklaten, bei der Herstellung von Erzeugnissen. Auch hat die öffentliche Hand auf Bundesebene bei der Beschaffung oder Verwendung von Material und Gebrauchsgütern, bei Bauvorhaben und sonstigen Aufträgen, u. a. Erzeugnissen den Vorzug zu geben, die durch Recycling von Abfällen, insbesondere unter Einsatz von Rezyklaten, oder aus nachwachsenden Rohstoffen hergestellt worden sind (§ 45 Absatz 2 Satz 1 Ziffer 3 KrWG).[8]

► **Praxishinweis** Gelebte Produktverantwortung umfasst neben dem großen Bereich des „Designs for Recyling"[9] auch den Rezyklateinsatz. Für Produzenten, die (auch) den öffentlichen Sektor (inkl. Infrastruktur) als Absatzmarkt für ihre Produkte sehen, empfiehlt sich auch unabhängig von gesetzlich zwingenden Vorgaben der Einsatz von Recyclingmaterialien.

In der Praxis werden beispielsweise im mineralischen Sektor immer häufiger Produkte aus RC-Material „designed" (z. B. RC-Betonblöcke), die auf zahlreiche Abnehmer stoßen. Hierbei kommt es insbesondere auf spezifische Qualitäten der eingesetzten und aufbereiteten mineralischen Abfälle an (s. hierzu auch unten Ziff. 18.2.1.4).

18.2.1.2 Nationale Umsetzung der Einwegkunststoffrichtlinie 2021

Im Jahr 2021 hat der Bundesgesetzgeber mit dem Gesetz zur Umsetzung von Vorgaben der Einwegkunststoffrichtlinie und der Abfallrahmenrichtlinie im Verpackungsgesetz und in anderen Gesetzen[10,11]erstmals einen verpflichtenden (Mindest-)Rezyklatanteil für bestimmte Verpackungen vorgeschrieben. Die Regelung bezieht sich auf Einwegkunststoffgetränkeflaschen, die hauptsächlich aus Polyethylenterephthalat (nachfolgend auch: PET) bestehen. Die neue Regelung im Verpackungsgesetz (VerpackG)[12] in § 30 a (Mindestrezyklatanteil bei bestimmten Einwegkunststoffgetränkeflaschen) lautet:

---

[8] Ähnliche Regelungen finden sich auch auf Ebene der Bundesländer, z. B. § 2LKreiWiG BW – Pflichten der öffentlichen Hand, http://www.landesrecht-bw.de/jportal/portal/t/n4j/page/bsbawueprod.psml?pid=Dokumentanzeige&showdoccase=1&js_peid=Trefferliste&documentnumber=1&numberofresults=37&fromdoctodoc=yes&doc.id=jlr-KrWGBWrahmen&doc.part=X&doc.price=0.0&doc.hl=1#jlr-KrWGBWpP2.

[9] Weitergehend noch die Frage die nach der Kreislauffähigkeit: Gibt es einen Markt und welche Produkte können aus „recyclingfähigen" Produkten gewonnen werden?; beim Design for Recycling geht es auch um die Vermeidung von Verbundstoffen, wozu in jüngerer Zeit z. B. auch die Kombination von Kunststoffen mit Papier gehört.

[10] BT-Drs. 19/27634, https://dserver.bundestag.de/btd/19/276/1927634.pdf.

[11] Weitere Informationen zur Einweg-Plastikstrategie der Deutschen Bundesregierung: https://www.bundesregierung.de/breg-de/themen/nachhaltigkeitspolitik/einwegplastik-wird-verboten-1763390.

[12] Gesetz über das Inverkehrbringen, die Rücknahme und die hochwertige Verwertung von Verpackungen, https://www.gesetze-im-internet.de/verpackg/VerpackG.pdf.

(1) Hersteller von Einwegkunststoffgetränkeflaschen, die hauptsächlich aus Polyethylenterephthalat bestehen, dürfen diese Flaschen *ab dem 1. Januar 2025* nur in Verkehr bringen, wenn sie jeweils zu *mindestens 25 Masseprozent* aus Kunststoffrezyklaten bestehen. *Ab dem 1. Januar 2030* dürfen Hersteller von sämtlichen Einwegkunststoffgetränkeflaschen diese Flaschen nur in Verkehr bringen, wenn sie jeweils zu mindestens *30 Masseprozent* aus Kunststoffrezyklaten bestehen. (…)

(*Hervorhebung* vom Unterzeichner)

▶ **Praxishinweis** Hersteller von Einwegkunststoffgetränkeflaschen haben die Option, die flaschenbezogenen Rezyklateinsatzquoten alternativ mit einer Rezyklateinsatzquote bezogen auf die von ihnen insgesamt in Deutschland in Verkehr gebrachte Masse an Einwegkunststoffgetränkeflaschen zu erfüllen (vgl. § 30 a Absatz 2 VerpackG).

Aus der Praxis sind bereits Systeme bekannt, die PET-Einwegpfandflaschen aus 100 % recyceltem PET herstellen (hiermit werben z. B. LIDL und Kaufland; Pressemitteilung vom 30.06.2021)

Die Vorschrift richtet sich ausweislich der Gesetzesbegründung[13] an die Hersteller von Einwegkunststoffgetränkeflaschen, also an diejenigen, die Einwegkunststoffgetränkeflaschen produzieren und als Verpackung – befüllt oder noch unbefüllt – erstmals in Deutschland in Verkehr bringen. Produzenten von Vorprodukten von Einwegkunststoffgetränkeflaschen, z. B. von sogenannten Preforms zum Blasen von PET-Flaschen, fallen hingegen nicht unter den Herstellerbegriff in diesem Sinne.

Es steht zu erwarten, dass ähnlich konkrete Vorgaben für ein bestimmtes Material (PET) und ein bestimmtes Produkt (Einwegkunststoffgetränkeflaschen) in absehbarer Zeit für weitere Produkte und Materialien hinaus – und nicht nur im Verpackungsbereich, sondern für weitere Sektoren entwickelt werden.

Kunststoffabfälle, deren Aufbereitung in Form von Mahlgütern, Regranulaten, Regeneraten bzw. Compounds, Agglomeraten oder Kompaktaten erfolgt,[14] sind im klaren Fokus der öffentlichen Debatte, da das Plastikthema emotional sehr aufgeladen ist und gleichzeitig Kunststoffe aus der heutigen Lebenswirklichkeit nicht wegzudenken sind.[15]

---

[13] Vgl insbes. S. 78 BT-Drs. 19/27634, https://dserver.bundestag.de/btd/19/276/1927634.pdf.

[14] Gute Übersicht: Schlotter, Woher, Wohin – Kunststoffabfälle in Deutschland, Müll und Abfall (4) 2021, 184 (185).

[15] Produktdesign (Design for recycling), insbesondere Vermeidung von Verbundstoffen, kommt perspektivisch eine besonders große Rolle zu, um das (werk)stoffliche Recycling zu stärken; es gilt, neben I4R https://i4r-platform.eu/ für Elektro- und Elektronikgeräte auch weitere Identifizierungsinstrumente zu nutzen (z. B. Fluorenzmarker, Wasserzeichen, Barcodes etc.), um eine spätere Sortierung von unterschiedlichen Materialien zu ermöglichen, oder auch Chancen von sog. Digitalen Zwillingen auszuleuchten.

18.2.1.3 Diverse Formate zur Kreislaufwirtschaft

Impulse werden sich auch aus den inzwischen unzähligen CE-Formaten – auf nationaler, europäischer wie internationaler Ebene – ergeben. Regelmäßig sitzen hier alle relevanten Akteure eines (anzustrebenden) Kreislaufs am Tisch, um Anforderungen an benötigte Qualitäten etc. zu verstehen und abzubilden. Beispielhaft genannt seien hier (für die nationale Ebene) nur die Sonderarbeitsgruppe RESAG der Umweltministerkonferenz (nachfolgend: UMK), die Voraussetzungen und Instrumente Förderung des Rezyklatmarktes für Kunststoffe ausleuchtet,[16] oder auch die BDI-Initiative Circular Economy.[17] Das BDI-Format hat das Ziel, eine ganzheitliche Positionierung der Industrie zu allen industrierelevanten Aspekten einer Circular Economy zu schaffen. Letztlich ist ein 360-Grad-Blick nötig, da ein Rezyklateinsatz seine Grenzen im technisch Machbaren hat. Ein besonderes Augenmerk vieler CE-Formate liegt dabei aktuell auf dem Kunststoffrecycling. Kunststoff ist ein vielseitig einsetzbarer Werkstoff, der in allen Sektoren einer modernen Industriegesellschaft Anwendung findet. Die Voraussetzungen zur Steigerung des Kunststoffrecyclings werden schon seit langem ausgeleuchtet.[18]

18.2.1.4 Keine Mindestrezyklatvorgaben in Mantelverordnung

Zwar hat der Gesetzgeber auf den letzten Metern der Legislaturperiode des 19. Deutschen Bundestages die sog. Mantelverordnung[19] beschlossen. Mit dieser sollen Ersatzbaustoffe künftig für Bauherrn attraktiver werden; u. a. statuiert die Mantelverordnung erstmals deutschlandweit gültige Vorgaben für den Einsatz mineralischer Abfälle wie Bauschutt, Schlacken oder Gleisschotter.[20] Mindestvorgaben zum Rezyklateinsatz sind darin aber bisher nicht enthalten.

18.2.2 Wege auf EU-Ebene

Letztlich hat die KOM bereits im (2020 verabschiedeten) CEAP Legislativvorschläge zur Erhöhung des Rezyklatanteils in Produkten bei gleichzeitiger Gewährleistung von deren

[16] https://mluk.brandenburg.de/mluk/de/umwelt/abfall/resag/.

[17] https://bdi.eu/artikel/news/circular-economy-die-transformation-der-rohstoffkreislaeufe/.

[18] Z. B.: https://www.umweltbundesamt.de/sites/default/files/medien/377/publikationen/170601_uba_pos_ kunststoffrecycling_dt_bf.pdf; umfassende Information: https://ec.europa.eu/commission/presscorner/detail/de/ip_20_2312.

[19] Verordnung zur Einführung einer Ersatzbaustoffverordnung, zur Neufassung der Bundes-Bodenschutz- und Altlastenverordnung und zur Änderung der Deponieverordnung und der Gewerbeabfallverordnung; https://www.bmu.de/fileadmin/Daten_BMU/Download_PDF/Glaeserne_Gesetze/19._Lp/mantelverordnung/Entwurf/mantelverordnung_bf.pdf.

[20] https://www.bmu.de/pressemitteilung/bundesregierung-beschliesst-bundesweit-gueltige-regeln-zum-recycling-von-baustoffen/.

Leistung und Sicherheit angekündigt.[21] Konkret benannt hat der CEAP dabei u. a. Vorschriften für den Rezyklatanteil in Batterien[22] (dazu nachfolgend Abschn. 18.2.2.1) und im Kunststoffbereich: Verbindliche Anforderungen an den Rezyklatanteil hat die KOM hier für wichtige Produkte wie Verpackungen, Baustoffe und Fahrzeuge angekündigt[23] (dazu nachfolgend Abschn. 18.2.2.2). Nicht zuletzt aufgrund der großen Mengen an mineralischen Abfällen ist außerdem der Sektor Bau im besonderen Fokus der KOM: Die KOM hat die Überarbeitung der Bauprodukteverordnung, einschließlich der möglichen Einführung von Anforderungen an den Rezyklatanteil für bestimmte Bauprodukte unter Berücksichtigung ihrer Sicherheit und Funktionalität angekündigt[24] (dazu nachfolgend Abschn. 18.2.2.3). Ebenso will die KOM die EU-Rechtsvorschriften für Altfahrzeuge ändern, um den Rezyklatanteil zu erhöhen (dazu nachfolgend Abschn. 18.2.2.4).[25] Ein weiterer wichtiger Sektor ist zudem der Textilbereich (dazu nachfolgend 18.2.2.5). Zusammenfassend lässt sich sagen, dass ein Schwerpunkt der Maßnahmen auf den ressourcenintensiven Sektoren Textilien, Bauen, Elektronik und Kunststoffe liegt.

18.2.2.1 Batterieverordnung (Entwurf 2020)

Am 10. Dezember 2020 hat die KOM einen Vorschlag für eine neue EU–Batterieverordnung vorgelegt.[26] Der Vorschlag, der das Ergebnis einer Evaluierung der sog. Batterierichtlinie 2006/66/EG[27] ist, enthält diverse Vorgaben unter anderem zur Gestaltung von Batterien und sieht so auch verbindliche Anforderungen für alle Batterien (d. h. Industrie-, Starter-, Traktions- und Gerätebatterien) vor, die in der EU in Verkehr gebracht werden – u. a. ein Mindestgehalt an recyceltem Material.

Für Industriebatterien, Traktionsbatterien und Starterbatterien mit internem Speicher mit einer Kapazität von mehr als 2 kW, die Kobalt, Blei, Lithium oder Nickel in aktiven Materialien enthalten, werden in Artikel 8 des Vorschlags Anforderungen an die verpflichtende Verwendung von Rezyklaten bei der Produktion von neuen Batterien festgelegt.

Die KOM kann bis zum 31. Dezember 2027 einen delegierten Rechtsakt zur Änderung der Zielwerte erlassen, soweit dies aufgrund der Verfügbarkeit von aus Abfällen zurückgewonnenem Kobalt, Blei, Lithium oder Nickel gerechtfertigt und angezeigt ist (vgl. Art. 8 (4) des Entwurfs).

---

[21] Vgl. Seite 4 CEAP, wobei es sich in der Allgemeinheit um einen Prüfauftrag handelt.

[22] Vgl. Seite 9 CEAP.

[23] Vgl. Seite 10 CEAP unten.

[24] Vgl. Seite 13 CEAP.

[25] Vgl. Seiter 15 CEAP.

[26] Vgl.: https://ec.europa.eu/environment/pdf/waste/batteries/Proposal_for_a_Regulation_on_batteries_and_waste_batteries.pdf.

[27] Richtlinie des EP und des Europäischen Rates vom 6. September 2006 über Batterien und Akkumulatoren sowie Altbatterien und Altakkumulatoren und zur Aufhebung der Richtlinie 91/157/EWG, https://eur-lex.europa.eu/legal-content/DE/TXT/PDF/?uri=CELEX:32006L0066&from=DE.

Ziel der Regulatorik ist es, mit diversen Instrumenten (z. B. hohe Sammelquoten für Altbatterien) wertvolle Materialien, die in Batterien verwendet werden, so lange wie möglich in der europäischen Wirtschaft zu halten.

► **Praxishinweis** Der Entwurf der Batterieverordnung enthält neben Vorgaben zum Mindestrezyklateinsatz auch Regelungen zu einem Digitalen Produktpass für Batterien. Viele Regelungselemente der Batterieverordnung dürften auch in künftigen Regelungen der KOM zu anderen Stoffströmen wieder aufgegriffen werden, so dass die Batterieverordnung zur Blaupause für andere Stoffströme werden könnte.

In der Praxis bietet es sich an, Batterierücknahmevereinbarungen vertraglich zu regeln. Dadurch können die Rücknahme- und Entsorgungspflichten für Altbatterien – insbesondere auch künftig für den wachsenden Markt der Altbatterien aus Elektroautos – besser dokumentiert und rechtlich sicher vollzogen werden. Verstöße gegen die ordnungsgemäße Rücknahme und Entsorgung von Altbatterien, einschließlich Verstöße gegen die damit verbundenen Registerpflichten, können erhebliche Bußgeldsanktionen nach sich ziehen.

18.2.2.2 Kunststoffe

Schon die EU-Kunststoffstrategie (KOM-Drs. (2018) 28)[28] betonte die Bedeutung der Erhöhung des Rezyklat-Anteils für das Kunststoffrecycling und benannte ausdrücklich auch die Prüfung regulatorischer oder wirtschaftlicher Anreize für die Berücksichtigung des Rezyklatanteils.[29] Die aus der EU-Kunststoffstrategie 2018 resultierende EU-weite Selbstverpflichtungskampagne für Industrie und Behörden sorgte für gewisse Erfolge. Allerdings zeigt eine Entschließung des Europäischen Parlaments vom 10. Februar 2021 zu dem neuen Aktionsplan für die Kreislaufwirtschaft (2020/2077(INI)),[30] dass es bei Freiwilligkeit im Sinne einer sog. „Giving Pledge“ nicht bleiben wird und das Thema längst eine Eigendynamik entfaltet hat: „[N]achhaltige, *kreislauforientierte*, sichere und schadstofffreie Produkte und Materialien“ auf dem Binnenmarkt sollen nicht die Ausnahme, sondern eine „Standardoption“ werden.[31] Die Erwartungen des EP an die angekündigte KOM-Gesetzgebungsinitiative zu nachhaltigen Produkten sind daher groß. Das EP fordert, den

---

[28] Mitteilung der KOM an das EP, den Rat, den Europäischen Wirtschafts- und Sozialausschuss und den Ausschuss der Regionen: Eine europäische Strategie für Kunststoffe in der Kreislaufwirtschaft, https://eur-lex.europa.eu/resource.html?uri=cellar:2df5d1d2-fac7-11e7-b8f5-01aa75ed71a1.0002.02/DOC_3&format=PDF.

[29] Vgl. Maßnahmen zur Verbesserung des Recyclatanteils :https://eur-lex.europa.eu/resource.html?uri=cellar:2df5d1d2-fac7-11e7-b8f5-01aa75ed71a1.0002.02/DOC_2&format=PDF.

[30] https://www.europarl.europa.eu/doceo/document/TA-9-2021-0040_DE.pdf.

[31] Vgl. Ziffer 22 https://www.europarl.europa.eu/doceo/document/TA-9-2021-0040_DE.pdf.

Geltungsbereich der Ökodesign-Richtlinie so zu erweitern, dass auch Produkte ohne Energiebezug erfasst werden und dass für im Binnenmarkt in Verkehr gebrachte Produkte u. a. produktspezifische Vorgaben in Bezug auf Rezyklierbarkeit und Rezyklatanteil festgelegt werden.[32] Das EP fordert die KOM auf, produkt- bzw. branchenspezifische bindende Ziele für den Rezyklatanteil einzuführen.[33]

In der erwarteten Rechtssetzungsinitiative für nachhaltige Produktpolitik werden neben der Ausweitung des Ökodesign-Rahmens[34] auf möglichst breites Produktspektrum im Rahmen der Nachhaltigkeitsgrundsätze u. a. die Erhöhung des Rezyklatanteils in Produkten erwartet. Die KOM hat im CEAP verbindliche Anforderungen an den Gehalt an recyceltem Kunststoff und Maßnahmen zur Verringerung von Kunststoffabfällen für wichtige Produkte wie Verpackungen, Baustoffe und Fahrzeuge angekündigt.[35]

18.2.2.2.1 Einwegkunststoff-Richtlinie 2019

Die sog. „Single Use Plastic" (SUP)-Richtlinie 2019/904[36] hatte primär die zehn am häufigsten an Europäischen Stränden gefundenen Einwegkunststoffartikel (z. B. Plastikbesteck) im Regelungsfokus. Artikel 6 SUP-Richtlinie statuiert indes im Rahmen der Produktanforderungen auch Mindestrezyklatanforderungen. In Artikel 6 Absatz 5 SUP-Richtlinie heißt es:

Für Getränkeflaschen nach Teil F des Anhangs stellt jeder Mitgliedstaat sicher, dass

a) *ab 2025 die hauptsächlich aus Polyethylenterephthalat bestehenden Getränkeflaschen („PET-Flaschen"), zu mindestens 25 % aus recyceltem Kunststoff bestehen, errechnet als Durchschnitt aller im Hoheitsgebiet des jeweiligen Mitgliedstaats in Verkehr gebrachten PET-Flaschen;*
b) *ab 2030 diese Getränkeflaschen zu mindestens 30 % aus recyceltem Kunststoff bestehen, errechnet als Durchschnitt aller im Hoheitsgebiet des jeweiligen Mitgliedstaats in Verkehr gebrachten Getränkeflaschen.*

Bis zum 1. Januar 2022 erlässt die Kommission Durchführungsrechtakte, in denen die Regeln für die Berechnung und Überprüfung der in Unterabsatz 1 dieses Absatzes festgelegten Zielvorgabe festgelegt werden. Diese Durchführungsrechtsakte werden nach dem Ausschussverfahren gemäß Artikel 16 Absatz 2 erlassen.

Die nationale Umsetzung der Einwegkunststoffrichtlinie ist in Deutschland 2021 erfolgt (siehe oben 18.2.1.2).

---

[32] Vgl. Ziffer 23 https://www.europarl.europa.eu/doceo/document/TA-9-2021-0040_DE.pdf.

[33] Vgl. Ziffer 25 https://www.europarl.europa.eu/doceo/document/TA-9-2021-0040_DE.pdf.

[34] Regulierung in der Ökodesign-Richtlinie, damit Geräte u. a. auf Recycling ausgelegt werden.

[35] Vgl. Anhang zu CEAP (Schlüsselmaßnahmen), Seite 1 unten.

[36] Richtlinie (EU) 2019/904 des EP und des Rates vom 5. Juni 2019 über die Verringerung der Auswirkungen bestimmter Kunststoffprodukte auf die Umwelt, https://eur-lex.europa.eu/legal-content/DE/TXT/PDF/?uri=CELEX:32019L0904&from=EN.

18.2.2.2.2 Recyclingkunststoffe in allen Sektoren

CEAP will den Einsatz von recycelten Kunststoffen allgemein steigern (siehe oben). Konkret im Blick hat die KOM bereits Vorgaben zum Kunststoffrezyklateinsatz in den Bereichen

- Verpackungen
- Baustoffe und
- Fahrzeuge

angekündigt. Sektorspezifische Vorgaben sind hier nach und nach zu erwarten. Der Werkstoff Kunststoff ist so vielseitig einsetzbar, dass er letztlich in allen Sektoren zum Einsatz kommt. Dabei hängen die Anforderungen an den Rezyklateinsatz auch vom Einsatzbereich des späteren Produkts ab: So sind die Anforderungen bei Primärverpackungen aus Kunststoff mit Lebensmittelkontakt (Migration von Stoffen vermeiden) oder beim Einsatz von Kunststoffen für Technologien im Weltall (Erfordernis hohe Standfestigkeit) sicherlich höher, als bei „gewöhnlichen" Standardanwendungen wie für Um- oder Transportverpackungen.

Mindesteinsatzquoten für Recyclingkunststoffe für weitere Sektoren stehen zu erwarten.[37]

Allgemein gilt: Je gröber der Betrachtungsansatz gewählt wird (also z. B. nur für einen bestimmten Materialstrom) umso gröber werden regelmäßig auch die Vorgaben für den späteren (Wieder-) Einsatz des Recyclingkunststoffs. Bei produktunabhängiger, sektorübergreifender Betrachtung, wird ein geschlossener Kreislauf („closed loop") regelmäßig schwieriger umsetzbar sein. Anders verhält es sich bei einer produktbezogenen Herangehensweise. So strebt die Batterieverordnung – grob gesagt – einen geschlossenen Kreislauf an. Zumindest für absehbar gleichbleibende, homogene Massenströme sollte man den closed loop-Ansatz nicht aus dem Blick verlieren.

18.2.2.3 Bauprodukteverordnung

Der CEAP benennt ausdrücklich auch den Sektor Bauwirtschaft und Gebäude. Dies ist für die Entsorgungswirtschaft von großer Bedeutung, da die Mineralik der mit Abstand größte Stoffstrom ist. Die KOM hält fest:

> *(…) Die Bauwirtschaft ist für rund 50 % der gesamten Rohstoffgewinnung und über 35 % des gesamten Abfallaufkommens in der Union verantwortlich. (…)*[38]

[37] Es stellt sich dabei auch die Frage, warum die KOM ausgerechnet „Vorzeigebranchen" der Nachhaltigkeit, wie Windkraft und Solarenergie bisher bei dem Thema Mindesteisatzquoten ausklammert. Das ganze Thema Design for Recycling scheint bei Kernsektoren der Energiewende noch nicht richtig angekommen zu sein.

[38] https://ec.europa.eu/commission/presscorner/detail/de/qanda_20_419.

Sehr große Bedeutung kommt dabei der Überarbeitung der EU-Bauprodukteverordnung zu. Die EU-Bauprodukteverordnung schafft EU-weit harmonisierte Bedingungen für die Vermarktung von Bauprodukten.[39]

Die KOM wird voraussichtlich Anforderungen an den Rezyklatanteil für bestimmte Bauprodukte aufnehmen.[40]

Hierzu gehört auch die Überarbeitung der Zielvorgaben für die stoffliche Verwertung von Bau- und Abbruchabfällen und materialspezifischer Fraktionen.

18.2.2.4 Altfahrzeugverordnung

Der Automobilsektor gehört mit seinen Fahrzeugen zu einer der zentralen Wertschöpfungsketten in der EU (und insbesondere in Deutschland). Die KOM hat im CEAP die Überprüfung der Vorschriften für Altfahrzeuge im Jahr 2021 angekündigt.[41] Bei der Überarbeitung der Vorschriften für Altfahrzeuge wird es zum einem darum gehen, Vorschriften für obligatorische Rezyklatanteile in bestimmten Werkstoffen von Bauteilen zu prüfen und zum anderen darum, die Recyclingeffizienz zu verbessern. Schon heute wird der Rezyklateinsatz als Wettbewerbsvorteil angesehen.[42]

18.2.2.5 Textilsektor

Der CEAP zeigt mit dem Textilsektor auch Wege für eine weitere zentrale Wertschöpfungskette auf: Auch bei Textilien beinhaltet die EU-Strategie u. a. den Ausbau des EU-Markts für nachhaltige, kreislauffähige Textilien, die Entwicklung von Ökodesign-Maßnahmen, damit Textilprodukte für die Kreislaufwirtschaft[43] geeignet sind und vor allem Überlegungen zum Einsatz von Recyclingrohstoffen. Große Herausforderung im Textilbereich bleibt indes der Fast-Fashion-Trend.[44]

---

[39] Vgl. z. B. https://www.bmdw.gv.at/Themen/Technik-und-Vermessung/Bauprodukte/EU-Bauprodukteverordnung.html; https://www.umweltbundesamt.de/themen/wirtschaft-konsum/produkte/bauprodukte/eu-recht-fuer-bauprodukte/eu-bauproduktenverordnung.

[40] https://ec.europa.eu/commission/presscorner/detail/de/qanda_20_419.

[41] Vgl. Anhang zu CEAP (Schlüsselmaßnahmen), Seite 1 unten.

[42] Vgl. https://www.plastverarbeiter.de/84366/wenn-der-rezyklat-einsatz-zum-wettbewerbsvorteil-wird/; z. B. Rezyklateinsatz bei BMW: https://www.7-forum.com/news/BMW-iX-Nachhaltigkeit-in-Produkt-Produk-10101.html; BMW Sustainable Value Report 2001/2002 (!): „(…) Zurzeit beträgt der Kunststoffanteil in BMW Fahrzeugen rund 12 Prozent. Davon bestehen je nach Baureihe zwischen 14 und 15 Prozent aus Rezyklaten. Ziel ist es, diesen Anteil in Abhängigkeit von den Marktbedingungen und der technischen Machbarkeit schrittweise zu steigern. (…)", vgl. S 31 https://www.bmwgroup.com/content/dam/grpw/websites/bmwgroup_com/responsibility/downloads/de/2001/2001-BMW-Group-Sustainable-Value-Report-2001-2002.pdf.

[43] Vgl. https://www.dw.com/de/mode-aus-m%C3%BCll-recycling-in-der-textilbranche/a-57339094; https://www.deutschlandfunkkultur.de/nachhaltige-textilien-wie-kleidungsstuecke-recycling-faehig.2147.de.html?dram:article_id=410477.

[44] Vgl. https://www.deutschlandfunk.de/schwieriges-recycling-wie-die-textilindustrie-ihr.724.de.html?dram:article_id=479954.

18.3 Rechtliche Stellschrauben/Begriffe

Obwohl es – wie vorstehend dargestellt – inzwischen auf europäischer wie deutscher Ebene diverse Regelungen zu einem verpflichtenden Rezyklateinsatz gibt, sind die Begrifflichkeiten teilweise noch vage und werden letztlich häufig erst im Tagesgeschäft der Wirtschaftsakteure zivilrechtlich (z. B. im Hinblick auf die genauen Anforderungen eines Produzenten an Rezyklate) präzise formuliert. Freilich wird so auch eine Schwachstelle offenbar, die sich aus dem Agieren der Beteiligten an der für die Kreislaufwirtschaft maßgeblichen Stelle, der Schnittstelle von Abfallrecht einerseits und Produktecht andererseits ergibt. Ziel einer funktionierenden Kreislaufwirtschaft[45] ist es gerade, dass – vereinfacht gesagt – Produkte zunächst möglichst lange in einer Nutzungsphase (also im Produktstatus) verharren und dass, wenn ihr Lebensende erreicht ist, sie weggeworfen werden und Abfall werden, die enthaltenen Altmaterialien nach einer professionellen Aufbereitung wieder in den Produkten Eingang finden und so ein neues Leben als Teil eines Produktes finden.

Fällt es noch relativ leicht, EU-rechtskonforme Produkte als Produkt einzuordnen und zum Beispiel im Gelben Sack erfasste Abfälle als Abfälle zu betrachten, wird die Qualifizierung mit zunehmender Behandlungstiefe der als Abfall erfassten Materialien durch die Akteure der Entsorgungswirtschaft indes komplexer. Dies hängt auch nicht unwesentlich von den normativ geprägten Voraussetzungen für die weitere Verwendung von aufbereiteten (ehemaligen) Abfällen in neuen Produkten ab.

Die Definition, ob ein Stoff oder Gegenstand Abfall ist, unterliegt jedoch allein dem öffentlichen Recht (KrWG), das freilich vom Marktgeschehen und damit dem Zivilrecht beeinflusst ist. Letztlich kann aber eine fehlerhafte (vertragliche) Deklaration des Abfalls als Produkt nicht den öffentlich-rechtlichen Status als Abfall ändern. Eine „Fehldeklaration" von Abfällen als Produkt in einem Kaufvertrag wäre aus zivilrechtlicher Sicht zwar möglicherweise ein Mangel, würde aber den öffentlich-rechtlichen Status als Abfall – mit allen damit zusammenhängenden Konsequenzen (z. B. Nachweisrecht, Sanktionsrecht) – nicht verändern.

Für die Akteure sind solche Unklarheiten mehr als misslich: Zum einem folgen für den Produzenten möglicherweise tatsächliche Herausforderungen in der Verarbeitung im Produkt. Zum anderen sind die rechtlichen Anforderungen aber auch vollkommen anders, wenn ein Hersteller mit Abfällen umgehen muss, diese also behandelt und so dem Regelungsregime des Abfallrechts unterliegt (z. B. (strafrechtsbewehrte) Genehmigungspflichten für eine Abfallbehandlungsanlage oder ein Abfalllager).

[45] Großes Ziel ist die Abkehr vom Verbrauch von Rohstoffen hin zum Gebrauch von Rohstoffen, so dass auch in Zukunft mit (gebrauchten) Rohstoffen neue Produkte produziert werden. Es geht also um die Subsituierung von (endlichen, erstmalig eingesetzten) Primärressourcen durch gebrauchte und wiederaufbereitete Ressourcen.

An dieser Stelle zeigt sich der Wert der diversen Gesprächskreise aller Akteure, die letztlich sicherstellen, dass der Gesetzgeber nichts Unmögliches von der produzierenden Industrie verlangt. Die Ratio: Wenn der Gesetzgeber einem Produzenten die Substituierung eines bewährten und erfolgreich eingesetzten Primärrohstoffs durch einen anderen (Recycling/Sekundär-, dazu nachfolgend Abschn. 18.3.1) Rohstoff verpflichtend vorschreiben will, wird sich ein solches Substitut regelmäßig auf Augenhöhe mit dem Ausgangsrohstoff befinden müssen. Der Gesetzgeber wird schlechterdings – bildlich gesprochen – den Einsatz von Abfällen anstelle von virgin material vorschreiben können. Davon zu unterscheiden sind freilich etwaige durch Rezyklateinsatz verursachte ästhetische Beeinträchtigungen (wie z. B. Grauschleier), wie diese auch noch aus den Anfängen des Recyclingpapiers bekannt sind. Solche sind regelmäßig hinzunehmen, sofern die Spezifikationen im Übrigen erreicht werden und sich daraus keine Einschränkungen bei der Sicherheit ergeben (z. B. gut sichtbares Weiß bei Straßenleitpfosten).

18.3.1 „Recyclingrohstoff"/„Sekundärrohstoff"

Begriffe wie „Recyclingrohstoff" und „Sekundärrohstoff" werden häufig synonym verwendet und werden auch in dieser Ausarbeitung bewusst synonym verwendet. Beide Begriffe zeichnen sich durch den Fokus auf den (Oberbegriff) „Rohstoff" im Wesentlichen dadurch aus, sich von Primärrohstoffen (also virgin material) abzugrenzen. Es ist aber darauf hinzuweisen, dass der Begriff Recyclingrohstoff nicht heißt, dass der Abfall ein *Recycling*verfahren (dazu Abschn. 18.3.2.1 f.) im engeren Sinne durchlaufen haben muss. Vielmehr soll an dieser Stelle nur dem allgemeinen Sprachgebrauch Rechnung getragen werden.

18.3.1.1 Rohstoff

Bereits der Rohstoffbegriff erweist sich bei näherer Betrachtung als heterogen. In den Wirtschaftswissenschaften wird die Frage, was „Rohstoffe" sind, differenziert beantwortet:

- Zum einem aus der Perspektive der Volkswirtschaftslehre: Danach handelt es sich um unbearbeitete Grundstoffe, die durch Primärproduktion (Urproduktion) gewonnen werden.
- Zum anderen aus der Perspektive der Betriebswirtschaftslehre: Danach handelt es sich um Grundstoffe, die im Produktionsprozess in das Erzeugnis eingehen.[46]

18.3.1.2 Primärrohstoff vs. Recyclingrohstoff

Der Unterschied zwischen Primärrohstoffen einerseits und Recyclingrohstoffen andererseits liegt demnach offenkundig (auf der volkswirtschaftlichen Ebene) in der Art ihrer

[46] https://wirtschaftslexikon.gabler.de/definition/rohstoffe-46814.

Gewinnung: Während Primärrohstoffe – wobei sich diese Ausarbeitung auf sog. „harte Rohstoffe" („Hard Commodities")[47] wie Metalle oder Rohöl beschränkt – üblicherweise aus dem Erdreich abgebaut bzw. gefördert oder aus anderen natürlichen Ressourcen gewonnen werden, sind Recyclingrohstoffe gebrauchte, professionell wieder aufbereitete (Alt-)Rohstoffe, z. B. Altmetalle oder Altkunststoffe.

Beiden Typen von Rohstoffen gemeinsam ist, dass es sich um Grundstoffe handelt, die im Produktionsprozess in die späteren Erzeugnisse eingehen.

Damit bestimmen sich die Anforderungen an die Rohstoffe aus dem jeweiligen Produktionsprozess. Das heißt aber auch, dass die qualitativen Anforderungen an den Rohstoff gleich bzw. gleichwertig sein müssen (sog. level playing field).

18.3.2 Was ist ein Rezyklat?

Rezyklat ist in den Begriffsbestimmungen des § 3 KrWG in Absatz 7b seit 2020 erstmals legaldefiniert:

> *Rezyklate im Sinne dieses Gesetzes sind sekundäre Rohstoffe, die durch die Verwertung von Abfällen gewonnen worden sind oder bei der Beseitigung von Abfällen anfallen und für die Herstellung von Erzeugnissen geeignet sind.*

Auch das VerpackG nimmt zu der neuen Anforderung eines Mindestrezyklateinsatzes auf diese Definition über den Generalverweis in § 2 Absatz 2 Satz 1 VerpackG[48] Bezug. Ausweislich der Gesetzesbegründung zur nationalen Umsetzung der Einwegkunststoffrichtlinie wurde der Begriff „Kunststoffrezyklat" im VerpackG bewusst nicht eigens definiert.[49]

In der Gesetzesbegründung zu § 3 Absatz 7b KrWG[50] heißt es:

> *Der durch Buchstabe d neu eingefügte Absatz 7b definiert den Begriff „Rezyklate". Rezyklate im Sinne des Gesetzes sind sekundäre Rohstoffe, die durch die Verwertung von Abfällen gewonnen worden sind oder bei der Beseitigung von Abfällen anfallen und für die Herstellung*

---

[47] Davon zu unterscheiden sind sog. ‚Soft Commodities' (weiche Rohstoffe), die i. d. R. aus der Landwirtschaft stammen. Dabei handelt es sich um nachwachsende Rohstoffe, die weder abgebaut noch extrahiert werden. Weiche Rohstoffe sind meist nur saisonal verfügbar und häufig verderblich.

[48] Soweit dieses Gesetz keine abweichenden Vorschriften enthält, sind das Kreislaufwirtschaftsgesetz, mit Ausnahme von § 54, und die auf der Grundlage des Kreislaufwirtschaftsgesetzes oder des bis zum 31. Mai 2012 geltenden Kreislaufwirtschafts- und Abfallgesetzes erlassenen Rechtsverordnungen in der jeweils geltenden Fassung anzuwenden.

[49] Vgl. BT-Drs. 19/27634, S. 78: Gemäß § 2 Absatz 2 Satz 1 [KrWG] sind darunter jedoch Rezyklate im Sinne von § 3 Absatz 7b KrWG zu verstehen, wobei es sich um Rezyklate aus Kunststoff im Sinne von § 3 Absatz 21 [VerpackG] handeln muss.

[50] Vgl. BT-Drs.19/19373 (Entwurf eines Gesetzes zur Umsetzung der Abfallrahmenrichtlinie der Europäischen Union), S. 46, https://dserver.bundestag.de/btd/19/193/1919373.pdf.

von Erzeugnissen geeignet sind. Die Aufnahme einer Legaldefinition trägt der Bedeutung des Rezyklateinsatzes für die Förderung der Kreislaufwirtschaft Rechnung. Artikel 6 Absatz 5 der Einwegkunststoff-Richtlinie fordert erstmals einen Mindestrezyklateinsatz bei Getränkeeinwegflaschen. Auch Artikel 8 Absatz 2 AbfRRL sieht die Förderung von Produkten vor, die recycelte Materialien enthalten.

Wichtiges Instrument für den Einsatz von Rezyklaten ist zum einen die Produktverantwortung der §§ 23 ff. KrWG. Der Einsatz von Rezyklaten spielt auch bei der öffentlichen Beschaffung durch Behörden des Bundes eine wichtige Rolle. Die Novelle KrWG verpflichtet in § 45 KrWG die Behörden und Einrichtungen des Bundes, bei der Beschaffung insbesondere solche Erzeugnisse zu bevorzugen, die Rezyklate enthalten (§ 45 Absatz 2 Nummer 2). Bedingung ist, dass die Erzeugnisse zu ihrem vorgesehenen Einsatzzweck geeignet sind und keine unzumutbaren Mehrkosten entstehen.

18.3.2.1 Weiter Verwertungsbegriff

Juristisch gesehen eher ein weites Feld ist der Verwertungsbegriff in der Definition des § 3 Absatz 7 b KrWG („*durch die Verwertung von Abfällen gewonnen*"). Durch diese Bezugnahme auf den weiten Verwertungsbegriff (§ 3 Absatz 23 KrWG[51]) sind viele Behandlungsverfahren denkbar. Zur Verwertung von Abfällen gehören jedenfalls Recyclingverfahren. Anlage 2 KrWG benennt als Verwertungsverfahren u. a.

- R 3 Recycling und Rückgewinnung organischer Stoffe, die nicht als Lösemittel verwendet werden(einschließlich der Kompostierung und sonstiger biologischer Umwandlungsverfahren)(Fn 2)[52]
- R 4 Recycling und Rückgewinnung von Metallen und Metallverbindungen
- R 5 Recycling und Rückgewinnung von anderen anorganischen Stoffen

Dabei fokussiert diese Ausarbeitung ausdrücklich auf das tatsächliche Recycling, da die vielfältigen Bemühungen im politischen Raum, auch andere Verwertungen unter das Recycling zu subsumieren, zeigen, dass das „Recycling" aus unterschiedlichen Gründen die (zumindest semantisch) bevorzugte Verwertungsmethode ist.[53]

[51] Verwertung im Sinne dieses Gesetzes ist jedes Verfahren, als dessen Hauptergebnis die Abfälle innerhalb der Anlage oder in der weiteren Wirtschaft einem sinnvollen Zweck zugeführt werden, indem sie entweder andere Materialien ersetzen, die sonst zur Erfüllung einer bestimmten Funktion verwendet worden wären, oder indem die Abfälle so vorbereitet werden, dass sie diese Funktion erfüllen. Anlage 2 enthält eine nichtabschließende Liste von Verwertungsverfahren.

[52] Fußnote [2] zu der Anlage: Dies schließt Vergasung und Pyrolyse unter Verwendung der Bestandteile als Chemikalien ein.

[53] So ist unter Recycling ausweislich des KrWG nicht die energetische Verwertung und die Aufbereitung zu Materialien, die für die Verwendung als Brennstoff oder zur Verfüllung bestimmt sind, zu verstehen. Dennoch wird die energetische Verwertung gelegentlich als „thermisches Recycling" oder „wertstoffliches Recycling" bezeichnet.

18.3.2.2 Recycling

Das Recycling ist in § 3 Absatz 25 KrWG[54] legaldefiniert:

> *Recycling im Sinne dieses Gesetzes ist jedes Verwertungsverfahren, durch das Abfälle zu Erzeugnissen, Materialien oder Stoffen entweder für den ursprünglichen Zweck oder für andere Zwecke aufbereitet werden; es schließt die Aufbereitung organischer Materialien ein, nicht aber die energetische Verwertung und die Aufbereitung zu Materialien, die für die Verwendung als Brennstoff oder zur Verfüllung bestimmt sind.*

Dadurch, dass Abfälle zu Erzeugnissen, Materialien oder Stoffen „aufbereitet werden", ist ein gewisses finales Element in dieser Definition enthalten, das dafür spricht, dass durch das Durchlaufen des Recyclingverfahrens regelmäßig das Ende der Abfalleigenschaft erreicht werden soll. Zwingend ist dies indes nicht. Die KOM sah z. B. 2012 die Granulierung von Altplastik für eine erst noch nachfolgende Extrusion als ausreichend für den Recyclingbegriff an.[55] Dieses eher tastende Verständnis deckt sich mit der Definition des Endes der Abfalleigenschaft (§ 5 Absatz 1 KrWG[56]):

> (1) Die Abfalleigenschaft eines Stoffes oder Gegenstandes endet, wenn dieser ein Recycling oder ein anderes Verwertungsverfahren durchlaufen hat *und* so beschaffen ist, dass
>
> 1. er üblicherweise für bestimmte Zwecke verwendet wird,
> 2. ein Markt für ihn oder eine Nachfrage nach ihm besteht,

[54] Umsetzung von Art. 3 Ziffer 17 AbfallRRL: „Recycling" jedes Verwertungsverfahren, durch das Abfallmaterialien zu Erzeugnissen, Materialien oder Stoffen entweder für den ursprünglichen Zweck oder für andere Zwecke aufbereitet werden. Es schließt die Aufbereitung organischer Materialien ein, aber nicht die energetische Verwertung und die Aufbereitung zu Materialien, die für die Verwendung als Brennstoff oder zur Verfüllung bestimmt sind; https://eur-lex.europa.eu/legal-content/DE/TXT/PDF/?uri=CELEX:02008L0098-20180705&from=EN.

[55] COM-Guidance on the interpretation of key provisions of Waste Frame Work Directive (WFD) Von Karl Falkenberg (2012), 1.4.6 What is meant by ‚recycling'?

The definition of ‚recycling' under Article 3(17) WFD is: 'any recovery operation by which waste materials are reprocessed into products, materials or substances whether for the original or other purposes. It includes the reprocessing of organic material but does not include energy recovery and the reprocessing into materials that are to be used as fuels or for backfilling operations.

(…)specific waste management activities that are classed as recycling under the WFD include (but are not limited to): •Recycling of materials: e. g. plastic granulated and pelletised for extruding or moulding; crushed waste glass graded for blasting, sorting of waste paper to meet end-of-waste criteria; (…) http://waste-prevention.gr/waste/wp-content/uploads/2015/10/2012_Guidance%20interpretation%20Directive%2098-2008-EC_EN.pdf.

[56] Umsetzung von Art. 6 AbfallRRL: Die Mitgliedstaaten treffen geeignete Maßnahmen, um sicherzustellen, dass Abfälle, die ein Recyclingverfahren oder ein anderes Verwertungsverfahren durchlaufen haben, nicht mehr als Abfälle betrachtet werden, wenn die folgenden Bedingungen erfüllt sind: (…); https://eur-lex.europa.eu/legal-content/DE/TXT/PDF/?uri=CELEX:02008L0098-20180705&from=EN.

3. er alle für seine jeweilige Zweckbestimmung geltenden technischen Anforderungen sowie alle Rechtsvorschriften und anwendbaren Normen für Erzeugnisse erfüllt sowie
4. seine Verwendung insgesamt nicht zu schädlichen Auswirkungen auf Mensch oder Umwelt führt. (…)

(*Hervorhebung* durch Verfasser)

Die Formulierung einer zusätzlich zum Recyclingverfahren weiteren kumulativen Bedingung („*und* so beschaffen" …) zeigt, dass die Behandlung in einem Recyclingverfahren allein nicht automatisch dazu führt, dass mit dem Durchlaufen eines Recyclingverfahrens auch das Ende der Abfalleigenschaft erreicht ist. Nach den rechtlichen Begriffsbestimmungen und Voraussetzungen des KrWG bedeutet dies daher, dass ein Rezyklat nicht zwingend das Ende der Abfalleigenschaft erreicht haben *muss* (auch wenn dies in vielen Fällen durchaus der Fall sein dürfte).

18.3.2.3 Einsatz im Produkt

Kommen Stoffe oder Gegenstände, die durch eine Abfallbehandlung das Abfallende erreicht haben, in der weiteren Produktion zum Einsatz, ist § 7a KrWG zu beachten, der das Kreislaufwirtschaftsrecht mit dem Chemikalien- und Produktrecht[57] „verlinkt":

(1) Natürliche oder juristische Personen, die Stoffe und Gegenstände, deren Abfalleigenschaft beendet ist, erstmals verwenden oder erstmals in Verkehr bringen, haben dafür zu sorgen, dass diese Stoffe oder Gegenstände den geltenden Anforderungen des Chemikalien- und Produktrechts genügen.
(2) *Bevor* für Stoffe und Gegenstände die in Absatz 1 genannten Rechtsvorschriften zur Anwendung kommen, *muss ihre Abfalleigenschaft gemäß den Anforderungen nach § 5 Absatz 1 beendet sein.*

Damit korrespondiert, dass Rezyklate somit regelmäßig Recyclingrohstoffe sind, die im Rahmen eines Recyclingverfahrens gewonnen werden und *für die Herstellung von Erzeugnissen geeignet sind* (also einen Primärrohstoff ersetzen). Die Bezugnahme auf den Erzeugnisbegriff setzt die Hürden relativ hoch. Erzeugnis ist im KrWG nicht legaldefiniert. Gemäß Artikel 3 Ziffer 3 Verordnung 1907/2006 (REACH-Verordnung) ist Erzeugnis ein Gegenstand, der bei der Herstellung eine spezifische Form, Oberfläche oder Gestalt erhält, die in größerem Maße als die chemische Zusammensetzung seine Funktion bestimmt; davon zu unterscheiden sind Stoff und (z. B. bei Kunststoffen) Polymer.

Es spricht also einiges dafür, dass Rezyklate in bestimmten Stoffströmen häufig auch dem Stoffrecht unterliegen, also das Ende der Abfalleigenschaft erreicht haben. Das gilt insbesondere im Kunststoffbereich, wo sich die Behandlungsstufen vergröbert wie folgt darstellen:

---

[57] https://www.gesetze-im-internet.de/krwg/__7a.html.

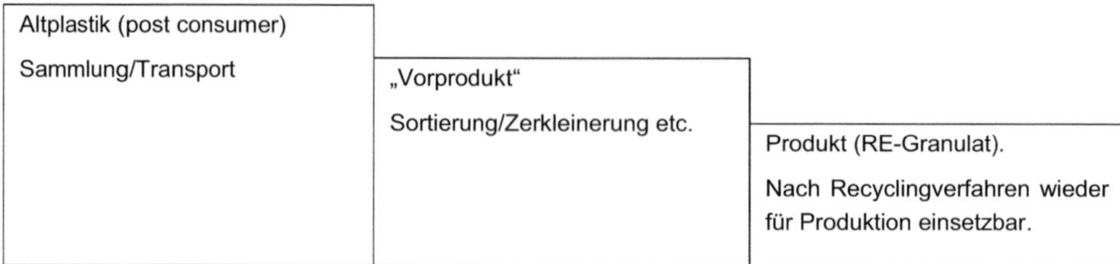

Es wird letztlich sicherlich immer auf das jeweilige (z. B. werkstoffliche) Recyclingverfahren[58] ankommen, ob ein Plastikregranulat keinen Abfall mehr darstellt und dem Stoffrecht unterliegt. Nachfolgende Grafik soll die Überlegungen anhand der typischen Behandlungsschritte von post- consumer-Abfällen illustrieren:

Altplastik	sortiert	gemahlen	gewaschen	geschmolzen	Regranulat
AbfallR					**Eventuell stoff- bzw. produktrechtliche Anforderungen**

18.3.2.4 Unterschiede je nach Einsatzbereich

Dennoch wäre es praxisfern, beim Thema Mindestrezyklat in allen Fällen zu fordern, dass ein solches Rezyklat zwingend das Abfallende erreicht haben muss, um in einem Produktionsprozess Eingang zu finden. Beispielsweise werden im Metallbereich ja überwiegend Schrotte (mit Abfallstatus) bewusst mit eingeschmolzen. Es hängt letztlich sowohl von der eingesetzten Produktionsanlage wie auch vom jeweiligen Endprodukt ab, welche Paramenter ein Rezyklat erfüllen muss (dazu nachfolgend 18.4). Tendenziell sind bei einem höherwertigen Recycling (z. B. Highend-Einsatz im Lebensmittelkontaktbereich) höhere Anforderungen als beim Downcycling (z. B. Gartenzwerg) zu fordern. Es ist den beteiligten Akteuren aber dringend anzuraten, in den Verträgen Klarheit darüber zu schaffen, welche Spezifikationen ein Rezyklat haben muss und insbesondere, welchem Regelungsregime (Abfallrecht oder Produktrecht) es unterliegt. Davon hängt ja bereits der Status des Rezyklats bei einer grenzüberschreitenden Verbringung ab (Handelt es sich ggf. noch um „Abfall“ verbringung?) und auch Erfordernisse für eine etwaige Genehmigung zur Abfallbehandlung.

► **Praxishinweis** Recycler und Produzent sollten vertragliche Klarheit über die Qualitäten des Rezyklats schaffen (Spezifikationen etc.). Beide brauchen Klarheit, welchem Regelungsregime (Abfallrecht oder Produktrecht) das Material unterliegt. Dabei ist zu bedenken, dass Material das Abfall ist, nicht durch bloß vertraglich, abweichende (unzutreffende) Bezeichnung diesen Status verliert.

[58] Z. B. Reinigungsmethode: Kaltwäsche oder Heißwäsche der Kunststoffflakes?

Allgemeines Beispiel auf dem Bereich der Mineralik:

- Das Recyclingunternehmen ist bei der Herstellung des Rezyklats u. a. verpflichtet, alle geltenden Vorschriften, z. B. Gesetze, Verordnungen, Technische Regelwerke (bspw. TRGS, TRBS etc.), sonstigen technischen Normen (z. B. DIN, DIN EN, VDE, VDI), in ihrer jeweils geltenden Fassung einzuhalten.

18.4 Qualitäten

Mit zunehmender Kenntnis über mit bestimmten Gefahren verbundene Stoffe, kommt der Qualitätskontrolle eine immer größere Bedeutung zu. Diese Aussage gilt für Primärrohstoffe und Recyclingrohstoffe gleichermaßen.[59]

Für Produzenten ist die Qualität eines (Recycling-)Rohstoffs essentiell. Vergleichbare Qualitäten sind regelmäßig ein Indiz für die Substituierbarkeit eines Primärrohstoffs durch einen Recyclingrohstoff.

18.4.1 Einsatz des Rezyklats entscheidet über Anforderungen

Der Einsatzzweck von Recyclingrohstoffen entscheidet letztlich über die benötigten Qualitäten von Rezyklaten. So wird man bei PCR aus dem Kunststoffbereich im Hinblick auf den Einsatz unterscheiden müssen zwischen Einsatz als Primärverpackung für Lebensmittelprodukte („food grade"), Kosmetika oder Reinigungsmittel[60] oder ggf. nur Umverpackungen oder auch nur für Abflussrohre. Standards der Lebensmittel- und Getränkeindustrie oder auch anderer Industriezweige, z. B. Automobilindustrie, setzen Vorgaben für mechanische und physikalische Eigenschaften der eingesetzten Rohstoffe – die gleichermaßen für Primär- wie für Recyclingrohstoffe gelten.

18.4.2 Normierung ist Basis für Mindesteinsatzquoten

Gesetzliche Recyclingquoten[61] für die Entsorgungswirtschaft, also die Recyclingrohstoffproduzenten (z. B. in Verpackungsgesetz und Gewerbeabfallverordnung), müssen sich auch in Recyclingrohstoffeinsatzquoten für die produzierende Industrie (als Mindestrezy-

---

[59] Loschwitz, AbfallR (5) 2020, 210 (218), der darauf hinweist, dass auch „Virgin"-Qualität zunehmend hinterfragt wird.

[60] Loschwitz, aaO.

[61] Guter Überblick zu Quoten (z. B. auch Circular Material Userate, CMU, und Substitutionsquote): Brunn, Mit besseren Quoten zur Kreislaufwirtschaft, in Recycling magazin (5) 2021, Seiten 26 ff.

kateinsatzregel) wiederfinden. Klarheit über die Qualitäten ist essentiell, wenn es um zwingenden Einsatz von Rezyklaten geht. Man kann die produzierende Industrie nur dazu verpflichten, bestimmtes (schadloses) Material einzusetzen, wenn die Parameter stimmen. Normierungsbemühungen auf EU-Ebene und Ebene der EU-Mitgliedstaaten sind daher zu fördern.[62] Erste Normen gibt es.[63]

18.4.3 Ausbau Recyclingkapazitäten

Allgemein wird mit verbindlichen Reyzklateinsatzquoten die Erwartung verbunden, dass neue Recyclingkapazitäten in der EU aufwachsen. In der Praxis erzielen heute viele werkstoffliche Recycler mit ihren Rezyklaten den Produktstatus – z. B. Kunststoffrecycler für ihre hochwertigen Mahlgüter und Granulate. Sie setzen für diese Stoffe zertifizierte Qualitätsmanagementprozesse ein. In diesem Zusammenhang wird auch immer („ergänzend") die chemische Verwertung als Instrument ins Gespräch gebracht, wobei sich die Protagonisten des sog. chemischen Recyclings als Substitut für die thermische Verwertung von bisher nur wertstofflich verwerteten (sprich verbrannten) Endverbraucherabfall verstehen.[64] Dabei ist das sog. chemische Recycling nicht unkritisch zu sehen.[65]

Jeder Stoffstrom hat seine besonderen Herausforderungen. So stellen beispielsweise Kunststoffe aus dem Post-Consumer-Bereich aufgrund ihrer Heterogenität, ihrer Additive/ Zusatzstoffe, Verunreinigungen und Schadstoffen große Schwierigkeiten für das Recycling dar, zu deren Überwindung es großer Investitions- und Forschungsschübe bedarf,[66] wobei dies für Erkennungs-, Sortier- und Aufbereitungsverfahren gleichermaßen gilt.[67]

---

[62] Loschwitz, aaO.

[63] Z. B. RAL Gütezeichen Recyclingkunststoff (2018): https://ral-rezyklat.de/wp-content/uploads/2019/10/RAL-GZ-720-Ausgabe-10.18_final.pdf; aktuell: Norm-Entwurf E DIN SPEC 91446 Klassifizierung von Kunststoff-Rezyklaten durch Datenqualitätslevels für die Verwendung und den (internetbasierten) Handel (2021).

[64] Ausführlich dazu Wittstock, Nicht nur, sondern auch, Entsorga (2) 2021, Seiten 18 ff.; zu laufender FEI z. B. Fraunhofer IMWS in Recyclin magazin (5) 2021, Seite 16.

[65] Vgl. z. B. Roth, Chemisches Recycling von Kunststoffabfällen, Müll und Abfall 4 (4) 2021, Seiten 208 ff, der auch die beiden Haupttypen des chemischen Recyclings und ihren jeweiligen Fokus erläutert (Seite 209 aaO: chemische Depolymerisation (PET, PU, PA, PLA) und thermische Depolymerisation (PE, PP, PS, Plexiglas).

[66] Vgl. dazu Roth, Chemisches Recycling von Kunststoffabfällen, Müll und Abfall 4 (4) 2021, 208 ff. (208, rechte Spalte, Mitte).

[67] Vorstellbar ist z. B. NIR-Technik mit KI-Systemen (selbstlernende Systeme) zu verknüpfen und lasergestützte Sortierung (Tracer-basierte Sortierung, TBS) einzusetzen; vgl. zu TBS z. B. Moesslein/ Woidasky (2019) https://www.hs-pforzheim.de/fileadmin/user_upload/uploads_redakteur/Forschung/INEC/Dokumente/Publikationen/sk190510_ICT_Symposium_Manuskript_MaReK.pdf.

18.4.4 Qualitätskontrolle

Im Lichte der großen Bedeutung von Qualitäten kommt einer funktionierenden Qualitätskontrolle (bei dem Recyclingunternehmen) folgerichtig auch bei Recyclingrohstoffen eine besondere Bedeutung zu. Die jeweiligen Informationen über Recyclingmaterial müssen zutreffend sein. Hierfür wird man regelmäßig an einem Qualitätsmanagementsystem nicht vorbeikommen, das sicherstellt, dass die zulässigen Behandlungsverfahren und -methoden auch zutreffend Anwendung finden, Qualitätskriterien und erforderlichenfalls auch Schadstoffgrenzwerte eingehalten werden und dass Konformitätserklärungen nur bei erfolgter Qualitätskontrolle erfolgen. Der wissenschaftsbasierten Analytik kommt hier eine große Rolle zu.[68] Auch hier zeigt sich wieder die große Bedeutung des Designs for Recycling, da sich beispielsweise im Recycling ggf. problematischer Klebstoffe (z. B. für Etiketten) bereits in der Produktgestaltung vermeiden lassen.

Vorgaben für ein Qualitätsmanagementsystem finden sich z. B. in der EU-Verordnung zur Bestimmung des Endes der Abfalleigenschaft etwa von Schrotten (vgl. Art. 6 Abs. 2 Verordnung (EU)Nr. 333/2011). In Betracht kommen für den Verordnungsgeber aber auch geeignete, qualitätsgesicherte Fremdüberwachungen, wie sie etwa die Qualitätssicherung im Bereich der Bioabfälle oder Klärschlämme nach § 12 Abs. 5 KrWG darstellt.[69]

18.4.5 Produktrecht

Qualitätsanforderungen ergeben sich regelmäßig aus der beabsichtigten Verwendung. Für große Industriesektoren, wie z. B. die Automobilindustrie, regeln (meist EU-) Vorgaben die Qualitätsanforderungen zu sicherheitsrelevanten Anforderungen an die Bereitstellung von Produkten auf dem Markt. Produktsicherheit ist ein wichtiges Regelungskorsett zum Schutze der Produktverwender und entscheidet darüber, welche Erzeugnisse markt- und verkehrsfähig sind und damit ungehindert in der EU und damit in Mitgliedstaaten wie Deutschland in den Verehr gebracht werden dürfen.

Regeln zur Produkthaftung und zur Gewährleistung im Kaufrecht (§§ 433 ff. BGB) machen daraus ein scharfes Schwert. Allerdings darf dieses Regelwerk nicht zum Vorwand missbraucht werden, bestehende Märkte für Primärrohstoffe abzuschotten. Vielmehr müssen z. B. bei Bedarfsgegenständen rechtliche allgemeingültige Regelungen, wie z. B. das ProdSG, diskriminierungsfrei zur Anwendung kommen.[70]

---

[68] Z. B. bei Kunststoffen Additiv- und Kontaminationsanalytik, vgl. https://www.plastverarbeiter.de/88363/analytik-fuer-ein-besseres-recycling/.

[69] Loschwitz, aaO.

[70] Loschwitz, aaO.

In der Beschaffung von Rohstoffen ist daher bei den Spezifikationen darauf zu achten, dass diese diskriminierungsfrei sowohl den Einsatz von Primär- wie auch Recyclingmaterial erlauben, sofern die Voraussetzungen für den jeweiligen Einsatz gegeben sind.

> **Praxishinweis** Natürliche Einschlüsse/Anhaftungen von Fremdmaterialien (Störstoffen) in Primärrohstoffen dürfen im Sourcing von Rohstoffen nicht anders bewertet werden als ungewollte (künstliche) Einschlüsse/Anhaftungen vergleichbarer Materialien in Recyclingrohstoffen. Dies ist deswegen besonders relevant, da auch Primärrohstoffe natürliche Verunreinigungen aufweisen können bzw. bei ihrer Gewinnung, Verarbeitung (auch durch eingesetzte Chemikalien) oder im Transportprozess (z. B. vorangehend mit dem Frachter transportierte Güter) Verschmutzungen erfahren können. Kontaminationen mit Gefahrstoffen sind für alle Rohstoffarten gleich welcher Herkunft denkbar.
>
> Das heißt aber auch, dass z. B. die Anforderungen an die Reinheit eines Recyclingrohstoffs nicht höher sein dürfen als an „virgin material" und sich im jeweiligen Einsatzbereich (welche Produktionsstufe?) „auf Augenhöhe" begegnen müssen und zumindest Gleichwertigkeit der Maßstab sein muss.

18.4.6 Regelung zum Abfallende

Transparenz und klare Regulatorik zum Abfallende werden maßgeblich die Realisierbarkeit und die Akzeptanz von Mindestrezyklateinsatzquoten erleichtern und insofern über den Erfolg dieses Instruments entscheiden. Es sollte daher von der 2020 im KrWG präzisierten Option für die Aufstellung nationaler Verordnungen zum Abfallende genutzt werden.[71] Eine solche Transparenz und klare Regulatorik ist wichtig für einen Handel der Rezyklate zumindest im Binnenmarkt – idealerweise auch international. Abnehmer müssen sich regelmäßig nach dem Regelwerk von REACH[72] richten, so dass bei Stoffströmen wie bestimmten Kunststoffen diese Regulatorik ebenso für die substituierenden Rezyklate gilt.

Abfallentsorger haben die Menge an Erzeugnissen, Materialien und Stoffen, die aus dem Recycling hervorgehen, anzugeben, indem sie für jedes Erzeugnis, Material und jede Stoffart ein eigenes Verzeichnis erstellen, in welchem sie

1. als Überschrift die Erzeugnis-, Material- oder Stoffart angeben,

[71] Loschwitz, aaO.

[72] Zur Einführung REACH: https://echa.europa.eu/de/regulations/reach/understanding-reach.

2. die Menge der aus dem Recycling hervorgegangenen Erzeugnisse, Materialien oder Stoffe angeben und
3. für jede aus der Behandlung hervorgegangene Erzeugnis-, Material- oder Stoffcharge angeben, wann das Ende der Abfalleigenschaft erreicht wurde.[73]

► **Praxishinweis** Recycler haben auch ein Register für „Nichtabfälle" zu führen. Aus diesem muss sich für jede aus der Behandlung hervorgegangene Erzeugnis-, Material- oder Stoffcharge ergeben, wann das Ende der Abfalleigenschaft erreicht wurde. Die Vorgaben zur Dokumentation ergeben sich im Detail aus § 24 Absatz 8 Nachweisverordnung (NachwV). Die Eintragung muss spätestens zehn Kalendertage nach Abschluss der Behandlung erfolgen.

Aus der Praxis:

Eine behördlich angeordnete oder freiwillig unternehmensinterne Regelung zur Kontrolle der aus der Behandlung hervorgegangenen Erzeugnisse kann beispielsweise wie folgt aussehen:

Der Betreiber der Abfallbehandlungsanlage hat im Hinblick auf die zur Annahme und Behandlung zugelassenen Abfälle folgende Angaben zu dokumentieren:

- *Für die angenommenen Abfälle: Annahmedatum, Abfallart und Herkunft, angelieferte Menge, Deklarationsanalyse (registerpflichtig).*
- *Für die die Anlage verlassenden Abfälle: Datum der Abgabe, Art, Menge und den Empfänger der abgegebenen Abfälle (registerpflichtig).*
- *Für die Stoffe oder Gegenstände, die das Ende der Abfalleigenschaft erreicht haben: Menge der aus der Verwertung der angenommenen Abfälle hervorgegangenen Erzeugnisse (registerpflichtig).*
- *Prozessbezogene Daten: Der Betreiber der Abfallbehandlungsanlage erfasst im Rahmen des softwaregestützten Dokumentations- und Wiegesystems der Anlage darüber hinaus Daten, anhand derer der Behandlungsweg der angenommenen Abfälle nachvollzogen werden kann. Erfasst werden: Herkunft und Menge der zur Behandlung eingesetzten Abfälle, Datum der Behandlung, für die Entscheidung über den zulässigen Behandlungsweg notwendige Analysen. Eine zentrale Verwiegung zur Erfassung der Mengenbewegungen zwischen einzelnen Zwischenlagerflächen oder Anlagenteilen oder zwischen den einzelnen Behandlungsschritten erfolgt hierzu nicht.*
- *Die Dokumentationen sind mindestens drei Jahre jeweils vom Datum ihrer Einstellung in das Register an gerechnet, aufzubewahren und der zuständigen Behörde auf Verlangen vorzulegen (§ 49 KrWG, § 25 NachwV).*

[73] Vgl. § 24 Abs. 8 NachwV: https://www.gesetze-im-internet.de/nachwv_2007/BJNR229810006.html.

18.5 Markt: Wo gibt es Rezyklate?

Mit zunehmender Bedeutung von Rezyklaten gerät auch deren Verfügbarkeit mehr in den Fokus. Dabei gibt es inzwischen Akteure, die mit einem digitalen Marktplatz für Transparenz im Markt sorgen.[74]

18.6 Messung Rezyklatanteil

Mit der SUP-Richtlinie ist die Bedeutung der Messung des Rezyklatanteils in Produkten in den Fokus gerückt.[75] Letztlich braucht der Markt Sicherheit, ob überhaupt Rezyklate in einem Produkt eingesetzt wurden.[76] Beispielsweise ist es problematisch, dass sich rPET und Virgin-PET chemisch (nach heutigen Stand der Technik) nicht voneinander unterscheiden. Da das recycelte Material im Einkauf jedoch i. d. R. teurer ist, besteht ein hohes Missbrauchspotenzial. Billigeres Virgin-PET kann leicht als das teurere rPET gekennzeichnet und verkauft werden. Dabei sind sowohl die Hersteller als auch die Einkäufer daran interessiert nachzuweisen, dass die Produkte tatsächlich aus Recyclingmaterial bestehen.[77] Zur Lösung dieses Problems werden Marker beim Herstellen der rPET in dieses Material eingebracht und hinterlassen so einen optischen Fingerabdruck, den man mit einem einfachen Sensor auslesen können soll.[78]

Auch Zertifizierer haben den Bedarf an Klarheit entdeckt und unterbreiten entsprechende Angebote.[79]

► **Praxishinweis** Für Produzenten stellt sich die Frage des Nachweises von Rezyklaten in zweifacher Hinsicht: (1) Zum einen gegenüber dem Rezyklatlieferanten, dass es sich tatsächlich um Rezyklatware handelt und (2) zum anderen gegenüber dem Abnehmer, dass und in welchem Umfang das Rezyklat auch tatsächlich eingesetzt wurde. Beim Nachweis des Rezkylatanteils in Produkten wird man verschiedene Ansatzpunkte wählen können: z. B. Produktbezogen (Rezyklatanteil pro Produkt XX Prozent) bzw. Chargenbezogen (Durchschnitt des Rezyklatanteils in Charge XX Prozent), Materialeinsatzbezogen etc. Es empfehlen sich zivilrechtliche Vereinbarungen zu (i) den Parametern und auch zu (ii) der Art des Nachweises im Streitfall.

---

[74] Z. B. Kunststoffe: https://app.cirplus.com/.

[75] Vgl. CEAP, Seite 11 unten.

[76] Vgl.https://www.br.de/radio/bayern1/inhalt/experten-tipps/umweltkommissar/plastik-recycling-104.html.

[77] Vgl.: https://www.dbu.de/123artikel38712_2442.html.

[78] Vgl.: https://www.dbu.de/123artikel38712_2442.html.

[79] Z. B. https://www.dincertco.de/din-certco/de/main-navigation/products-and-services/certification-of-products/verpackungswesen/products-made-from-recycled-materials/.

18.7 Vorteile durch Rezyklateinsatz

Die wirtschaftlichen Vorteile des Rezyklateinsatzes sind aktuell eher noch im B2C-Bereich zu beobachten, da die Endkunden inzwischen sensibilisiert für die Bedeutung des Recyclings sind und so gezielt nach Produkten mit Rezyklateinsatz suchen. Dass der Rezyklateinsatz und weitere Nachhaltigkeitsthemen inzwischen für die Verkaufsentscheidung von Endverbrauchern maßgeblich ist, zeigen auch diverse Labels.[80]

18.7.1 Finanzielle Vorteile zu erwarten

Gleichwohl ist jenseits von gesetzlichen Vorgaben zum Rezyklateinsatz mittelfristig mit finanziellen Vorteilen durch den Einsatz von Rezyklaten zu rechnen. Ausdrücklich umfassen die Überlegungen zur EU-Taxonomie zu Nachhaltigkeit auch den Beitrag zur Kreislaufwirtschaft und benennen auch die Steigerung der Verwendung von Sekundärrohstoffen,[81] so dass dies mittelbar auch zu einem Umsteuern beim Materialeinsatz auf Produzentenseite führen wird – zumindest dann, wenn Unternehmen kapitalmarktorientiert aufgestellt sind (sog. Green Finance) oder staatliche Beihilfen anstreben. Es ist realistisch damit zu rechnen, dass die EU-Taxonomie maßgeblich auf Green Finance und Subventionen ausstrahlen wird.

Auch eine etwaige nationale Plastiksteuer[82] könnte zu einem stärkeren Einsatz von Rezyklaten führen, da der Einsatz von Rezyklaten zu deren (fiskalpolitischer) Privilegierung führen dürfte. Ähnlich dürfte sich eine etwaige CO_2-Bepreisung mittelfristig positiv auf den tatsächlichen Rezyklateinsatz auswirken. Es besteht ein großes Potential zur Reduktion von Treibhausgasemissionen durch den Einsatz des CE-Hebels.[83]

18.7.2 Neue (Recycling-) Rohstoffquellen

Eine nachhaltige und belastbare Beschaffungsstrategie ist für jedes produzierende Unternehmen essentiell, um immer ausreichend Rohstoffe oder Komponenten für die Produk-

---

[80] https://www.siegelklarheit.de/.

[81] Vgl. Art. 9 Abs. 1 (a) (i) 2. Alternative Interinstitutionelles Dossier:2018/0178 (COD) https://data.consilium.europa.eu/doc/document/ST-14970-2019-ADD-1/de/pdf; schneller Überblick zur EU-Taxonomie für Nachhaltigkeit: https://www.cep.eu/fileadmin/user_upload/cep.eu/Studien/cepAdhoc_Die_EU-Taxonomie_fuer_Nachhaltigkeit/cepAdhoc_Die_EU-Taxonomie_fuer_Nachhaltigkeit.pdf

[82] Vgl. https://www.nachhaltigkeitsrat.de/aktuelles/mit-der-plastiksteuer-zur-plastikwende/.

[83] Vgl. Ausführlich dazu acatech/Circular Economy Initiative Deutschland/SYSTEMIQ (Hrsg.), Circular Economy Roadmap für Deutschland, https://static1.squarespace.com/static/5b52037e4611a0606973bc79/t/60c2018101c5b93b08e45419/1623327119535/Roadmap+DE_Circular+Economy+Roadmap+f%C3%BCr+Deutschland.

tion zu haben. Zwar sind die Sourcing-Konzepte[84] unterschiedlich. Allerdings ist es sicherlich für produzierende Unternehmen von Vorteil, frühzeitig Lieferanten für benötigte Recyclingqualitäten zu identifizieren und ggf. vertraglich abzusichern.

18.8 Ausblick

Der verpflichtende Mindestrezyklateinsatz ist nur ein Instrument von vielen[85] bei der Transformation der europäischen Wirtschaft zu einer Kreislaufwirtschaft. Letztlich geht es um die Schaffung eines gut funktionierenden EU-Marktes für Recyclingrohstoffe. Insbesondere die Einführung von Anforderungen an den Rezyklatanteil in Produkten wird aber dazu beitragen, ein Missverhältnis zwischen Angebot und Nachfrage bei Recyclingrohstoffen zu vermeiden und eine reibungslose Ausweitung des Recyclingsektors in der EU zu gewährleisten.[86]

[84] U. a. unterschieden nach Anzahl der Lieferanten (z. B. Single Sourcing, Dual Sourcing, Multiple Sourcing), Ort der Beschaffung (z. B. Local Sourcing, National Sourcing, Global Sourcing) und Art der beschafften Güter (z. B. Unit Sourcing, Modular Sourcing, System Sourcing); vgl. z. B. https://www.bwl-lexikon.de/wiki/beschaffungsstrategien/.

[85] Z. B. auch Design for Recycling, Förderung neuer Technologien des werkstofflichen Recyclings, intelligente CO_2-Bepreisung etc.

[86] Vgl. CEAP Seite 16.

Der Kreislaufwirtschaftsaktionsplan als wirtschaftliches Kernstück des Green Deal

19

Nicolas Ballester und Jurek Zaroffe

19.1 Einführung

Der Verkündung des Green Deal als umfassenden Strategie- und Fahrplan der Europäischen Union zur Klimaneutralität Europas im Dezember 2019 folgte schon bald (März 2020) die Veröffentlichung des Kreislaufwirtschaftsaktionsplans (Circular Economy Action Plan, CEAP) der EU-Kommission.[1]

Dieser Aktionsplan sieht die Transformation der Wirtschaft in der Europäischen Union von einem linearen Modell in eine zirkulär arbeitende Volkswirtschaft vor (vgl. Abb. 19.1). Produkte und Materialien sollten nach Gebrauch nicht lediglich „entsorgt", sondern möglichst umfassend und gut als Recyclingrohstoffe aufbereitet und für neue Produktionsprozesse eingesetzt werden. Denn der Anspruch ein wettbewerbsfähiger Wirtschaftsstandort zu bleiben und trotzdem außerordentlich ambitionierte Ziele zur Minderung der CO_2-

[1] COM (2020) 98 final, Ein neuer Aktionsplan für die Kreislaufwirtschaft: Für ein sauberes und wettbewerbsfähigeres Europa.

N. Ballester (✉)
BDE Bundesverband der Deutschen Entsorgungs-, Wasser- und Kreislaufwirtschaft e. V., Berlin, Deutschland
E-Mail: ballester@bde.de

J. Zaroffe
BDE Bundesverband der Deutschen Entsorgungs-, Wasser- und Kreislaufwirtschaft e. V., Brüssel, Belgien
E-Mail: zaroffe@bde.de

P. Kurth et al. (Hrsg.), *Praxishandbuch der Kreislauf- und Rohstoffwirtschaft*,
https://doi.org/10.1007/978-3-658-36262-1_19

Abb. 19.1 Übersicht über den European Green Deal (Europäische Kommission (2019): Der europäische Grüne Deal (COM(2019) 640 final). In: EUR-Lex – 52019DC0640 – EN – EUR-Lex (europa.eu))

Emissionen zu erreichen, kann ganz offensichtlich nur erfüllt werden, wenn die produzierende Industrie zu einem nachhaltigeren Rohstoffeinsatz kommt und die Primärrohstoffe mehr und mehr durch Recyclingrohstoffe ersetzt werden. Der Erfolg dieser Ersetzungsstrategie drückt sich in der sogenannten Substitutionsquote aus. Diese liegt in Europa wie auch in Deutschland bei circa 12 %.

Das erscheint bei deutlich besseren Sammlungs- und Recyclingquoten, die ein Mehrfaches dieser Substitutionsquote ausmachen, zunächst außerordentlich niedrig. Diese Einschätzung relativiert sich jedoch etwas, wenn man den Gesamtrohstoffeinsatz in der deutschen Industrie von gut 1,3 Milliarden Tonnen gegenüberstellt. 12 % Recyclingrohstoffe bedeutet dann hier eben auch, dass bereits circa 150 Millionen Tonnen Rohstoffe aus den verschiedensten Abfall-Stoffströmen so aufbereitet wurden, dass sie für die industrielle Produktion verwendet werden konnten. Bei insgesamt circa 420 Millionen Tonnen Abfallaufkommen in Deutschland, kann aus inländischen Abfallströmen dieser Einsatz zwar noch deutlich gesteigert werden, aber Phantasievorstellungen, dass unser Rohstoffbedarf mehrheitlich oder gar in Gänze aus Recyclingprozessen gewonnen werden könnte, sollten nicht Grundlage seriöser Politikplanung und -beratung sein.

Die EU-Kommission hält eine neue Produktpolitik für die entscheidende Herausforderung in dem anstehenden Transformationsprozess. Für dessen Erfolg wird jedoch beides erforderlich sein: sowohl die Entsorgungswirtschaft wie auch die produzierende Industrie müssen sich ihres jeweiligen Beitrages für das Gelingen von Kreislaufwirtschaft bewusst werden. Es ist nicht nur ein Bereich, der sich weiterentwickeln muss.

Die Entsorgungswirtschaft übernimmt die Abfallströme von den verschiedensten Anfallstellen, hat im weiteren Verfahren gefährliche Abfälle zu identifizieren und zu beseitigen, Schadstoffe auszuschleusen und im Übrigen die Stoffströme so aufzubereiten und zu behandeln, dass sie bestmöglich wieder Rohstoffmaterialien werden, die für die Produktion nutzbar sind. Die Frage, wann die Materialien ihren Abfallstatus verlieren und wieder Produktqualität haben, wird je nach Stoffstrom und Behandlungsnotwendigkeiten unterschiedlich zu beantworten sein. Um für die produzierende Industrie jedoch als Rohstofflieferant die notwendige neue Bedeutung hinsichtlich Verlässlichkeit und Qualität übernehmen zu können, scheint es schwer vorstellbar, dass auf Dauer das Ende der Abfalleigenschaft innerhalb eines Mitgliedsstaates oder auch innerhalb der EU deutlich unterschiedlich festgelegt wird. Produktionsprozesse werden in den Industrien standortübergreifend geplant, dann kann aber nicht dasselbe Material in dem einen Land noch als Abfall zu behandeln sein und in einem anderen schon als Rohstoff.

Entsorgungswirtschaft im Kontext des CEAP bedeutet folglich die Entwicklung von der abfallbehandelnden zur rohstoffgewinnenden Wirtschaft.

Die produzierende Industrie im Kontext einer funktionierenden Kreislaufwirtschaft hat vom Design eines Produktes bis in die Nachnutzungsphase hinein die Kreislauffähigkeit der verwendeten Materialien zu berücksichtigen und zu fördern. Bei der Materialzusammenstellung und der Planung des Produktionsverfahrens entscheidet sich oftmals, welche Teile eines Produkts in welcher Qualität für das Recycling gewonnen werden können. Wer verschiedene Kunststoffe verklebt, wer verschiedene Metalle verschweißt, der erschwert die Wiedergewinnung der einzelnen Materialien oder macht sie gar unmöglich. Wer eine neue Industriepraxis anstrebt, darf nicht auf technisch oder wirtschaftlich unsinnige Verfahren setzen.

Produzierende Wirtschaft im Kontext des CEAP bedeutet die Verantwortung und Verpflichtung, die Kreislauffähigkeit des Materials während des gesamten Produktionszyklus zu fördern und nicht zu gefährden.

Der CEAP besteht folglich aus insgesamt 35 einzelnen Regulierungsinitiativen, die sich zum einen mit einzelnen Stoffströmen befassen, zum anderen mit dem Regelwerk für eine neue Produktpolitik und des Weiteren um ergänzende Regulatorik, die aber für die Etablierung der Kreislaufwirtschaft unverzichtbar sind, wie etwa die Regelung der Abfallverbringung, siehe auch Tab. 19.1.

Tab. 19.1 Die 35 Regulierungsinitiativen des CEAP

Schlüsselmaßnahmen	Zeitraum
EIN RAHMEN FÜR EINE NACHHALTIGE PRODUKTPOLITIK	
Legislativvorschlag für eine **Initiative für eine nachhaltige Produktpolitik**	2021
Legislativvorschlag zur **Stärkung der Position der Verbraucher** beim Green Deal	2021
Legislative und nichtlegislative Maßnahmen zur **Schaffung eines neuen „Rechts auf Reparatur“**	2021
Legislativvorschlag zur **Belegung von Umweltaussagen**	2021
Verbindliche Green Public Procurement-Kriterien und -Zielvorgaben in sektoralspezifischen Rechtsvorschriften und schrittweise Einführung einer **obligatorischen Green Public Procurement-Berichterstattung**	Ab 2021
Überprüfung der Richtlinie über Industrieemissionen, einschließlich der Einbeziehung von Verfahren der **Kreislaufwirtschaft** in künftige Referenzdokumente zu den **besten verfügbaren Techniken**	Ab 2021
Einführung eines **von der Industrie getragenen Berichterstattungs- und Zertifizierungssystems für die Industriesymbiose**	2022
ZENTRALE PRODUKTWERTSCHÖPFUNGSKETTEN	
Initiative für auf die Kreislaufwirtschaft ausgerichtete **Elektronik,** Lösung für ein einheitliches **Ladegerät und Anreizsysteme für die Rückgabe alter Geräte**	2020/2021
Überprüfung der Richtlinie über die Beschränkung der **Verwendung bestimmter gefährlicher Stoffe in Elektro- und Elektronikgeräten** und Leitfäden zur Klärung ihrer Verbindungen zu **REACH und Ökodesign-Anforderungen**	2021
Vorschlag für einen **neuen Rechtsrahmen für Batterien**	2020
Überprüfung der Vorschriften für **Altfahrzeuge**	2021
Überprüfung der Vorschriften für die ordnungsgemäße Behandlung von **Altölen**	2022
Überprüfung zur Verschärfung der grundlegenden **Anforderungen an Verpackungen** und zur Verringerung von (übertrieben aufwendigen) Verpackungen sowie von Verpackungsabfällen	2021
Verbindliche Anforderungen an den Gehalt an **recyceltem Kunststoff** und Maßnahmen zur Verringerung von Kunststoffabfällen für wichtige Produkte wie Verpackungen, Baustoffe und Fahrzeuge	2021/2022
Beschränkung des gezielten Zusatzes von **Mikroplastik** und Maßnahmen zur Verringerung der unbeabsichtigten Freisetzung von Mikroplastik	2021
Politikrahmen für **biobasierte Kunststoffe** und biologisch abbaubare oder kompostierbare Kunststoffe	2021
EU-Strategie für **Textilien**	2021
Strategie für eine **nachhaltige bauliche Umwelt**	2021
Initiative zur **Ersetzung von Einwegverpackungen, -geschirr und -besteck** durch wiederverwendbare Produkte in Verpflegungsdienstleistungen	2021
WENIGER ABFALL, MEHR WERT	
Zielvorgaben für die **Abfallreduzierung** bei bestimmten Abfallströmen und andere Maßnahmen zur **Abfallvermeidung**	2022
EU-weit **harmonisiertes Modell für die getrennte Sammlung von Abfällen** und die Kennzeichnung zur Erleichterung der getrennten Sammlung	2022

(Fortsetzung)

Tab. 19.1 (Fortsetzung)

Schlüsselmaßnahmen	Zeitraum
Methoden zur Ermittlung **und Minimierung des Vorhandenseins besorgniserregender Stoffe in recycelten Materialien** und daraus hergestellten Erzeugnissen	2021
Harmonisierte **Informationssysteme** für das Vorhandensein besorgniserregender Stoffe	2021
Festlegung des Rahmens für die Entwicklung weiterer EU-weiter Kriterien für das **Ende der Abfalleigenschaft** und für Nebenprodukte	2021
Überarbeitung der Vorschriften für die **Verbringung von Abfällen**	2021
EINE FUNKTIONIERENDE KREISLAUFWIRTSCHAFT FÜR MENSCHEN, REGIONEN UND STÄDTE	
Unterstützung des Übergangs zur Kreislaufwirtschaft durch die **Kompetenzagenda,** den anstehenden **Aktionsplan für die Sozialwirtschaft**, den Kompetenzpakt und den Europäischen Sozialfonds Plus	Ab 2020
Unterstützung des Übergangs zur **Kreislaufwirtschaft durch im Rahmen der Kohäsionspolitik** bereitgestellte Mittel, den Mechanismus für einen gerechten Übergang und städtische Initiativen	Ab 2020
BEREICHSÜBERGREIFENDE MASSNAHMEN	
Verbesserung der Mess-, Modellierungs- und Politikinstrumente zur Nutzung von **Synergien zwischen der Kreislaufwirtschaft und dem Klimaschutz** und der Anpassung an den Klimawandel auf EU- und nationaler Ebene	Ab 2020
Regulierungsrahmen für die **Zertifizierung der Entfernung von Kohlendioxid**	2023
Berücksichtigung der Ziele der Kreislaufwirtschaft bei der Überarbeitung der Leitlinien für **staatliche Beihilfen in den Bereichen Umwelt und Energie**	2021
Durchgängige Berücksichtigung der Ziele der Kreislaufwirtschaft in den Vorschriften für die **Angabe nichtfinanzieller Informationen und in Initiativen für nachhaltige Corporate-Governance** und eine von Unternehmen getragene Umweltrechnungslegung	2020/2021
FÜHRENDE ANSTRENGUNGEN AUF GLOBALER EBENE	
Führungsrolle bei den Bemühungen um ein globales **Übereinkommen über Kunststoffe**	Ab 2020
Vorschlag für eine **Globale Allianz für die Kreislaufwirtschaft** und Aufnahme von Gesprächen über ein internationales Übereinkommen über die **Bewirtschaftung der natürlichen Ressourcen**	Ab 2021
Durchgängige Berücksichtigung der Ziele der Kreislaufwirtschaft in Freihandelsabkommen, anderen bilateralen, regionalen und multilateralen Prozessen und Abkommen sowie in den Außenfinanzierungsinstrumenten der EU	Ab 2020
ÜBERWACHUNG DER FORTSCHRITTE	
Aktualisierung des **Überwachungsrahmens** für die Kreislaufwirtschaft zur Berücksichtigung neuer politischer Prioritäten und Ausarbeitung weiterer **Indikatoren für die Ressourcennutzung**, auch in Bezug auf **Verbrauch** und **materiellen Fußabdruck**	Ab 2021

19.2 Stoffstrombezogene Regelungen des CEAPs

Im CEAP werden stoffstromspezifische, legislative Maßnahmen für Elektronik, Batterien, Verpackungen, Kunststoffe, Textilien, Bauwirtschaft und Gebäude, Lebensmittel und Wasser angekündigt. Diese Stoffströme wurden als „zentrale Produktwertschöpfungsketten" identifiziert (eng: key product value chains). Neben den stoffstromspezifischen Maßnahmen beinhaltet der CEAP bereichsübergreifende Maßnahmen. Besonderes Augenmerk wird auf strategisch relevante Materialien gelegt, die in der „Liste der kritischen Rohstoffe" aufgelistet sind.[2] Der CEAP konzentriert sich auf die genannten zentrale Produktwertschöpfungsketten denn:

- Elektro- und Elektronikgeräte gehören mit einer jährlichen Wachstumsrate von 2 % zu den am schnellsten wachsenden Abfallströmen in der EU. Schätzungen zufolge werden hier weniger als 40 % der Elektronikabfälle recycelt.[3]
- Die weltweite Nachfrage an Batterien dürfte bis 2030 um das 14fache steigen. 17 % dieser Nachfrage könnte auf die EU entfallen.[4]
- Alle Verpackungsabfälle sollen bis 2030 in wirtschaftlich vertretbarer Weise[5] in ihrer Gesamtheit wiederverwendet oder recycelt werden.
- Nach Schätzungen werden vier von zehn Fahrzeugen nicht gemäß den EU-Vorschriften entsorgt. Sie werden als Fahrzeuge mit „unkown whereabouts" in den jeweiligen nationalen Registern geführt.[6]
- Der Stoffstrom Kunststoff wächst stetig, ohne das angemessene Kreislaufführung gelingt. EU-weit wird sich der Verbrauch von Kunststoffen in den kommenden 20 Jahren voraussichtlich verdoppeln.[7]
- Weltweit werden weniger als 1 % aller Textilien recycelt.[8]
- Die Bauwirtschaft ist EU für circa 50 % der gesamten Rohstoffnutzung und 35 % des gesamten Abfallaufkommens verantwortlich.[9]
- In der EU werden 20 % der produzierten Lebensmittel nicht bestimmungsgemäß genutzt.

---

[2] COM 2020/474.

[3] CEAP (2020) S. 8.

[4] Europäische Kommission (2020): Nachhaltigkeit von Batterien über ihren gesamten Lebenszyklus. Ein Schritt in Richtung Kreislaufwirtschaft und Klimaneutralität.

[5] Die Formulierung stammt aus der European Plastics Strategy (2018) und lautet auf Englisch *„reused or recycled in a cost-effective manner"*.

[6] Umweltbundesamt (2020): Effectively tackling the issue of millions of vehicles with unknown whereabouts European priority measure: establishing leakage-proof vehicle registration systems.

[7] CEAP (2020) S. 10.

[8] Ellen McArthur Foundation (2017): A new Textiles Economy.

[9] CEAP (2020): S. 12.

- In der Wasserwirtschaft soll Phosphor aus Klärschlamm wiedergewonnen werden, um Importabhängigkeit zu verringern.

Die Maßnahmen des CEAP sollen den gesamten Produktzyklus vom Design über die Nutzung bis zur Abfallphase begleiten.

- Für die Abfallverbringung plant die EU-Kommission tiefgreifende Änderungen. So soll ein Binnenmarkt für Sekundärrohstoffe geschaffen und der Abfluss von Abfällen in Drittstaaten verhindert werden.
- Eine neugefasste und erweiterte Ökodesignrichtlinie soll als Teil der Initiative für nachhaltige Produktpolitik auf ressourcenschonendes Design zielen und die Recyclingfähigkeit von Produkten im Binnenmarkt fordern.
- Die verpflichtende nachhaltige öffentliche Beschaffung (Green Public Procurement-GPP) ist aus Sicht der EU-Kommission einer der größten Hebel. Die öffentlichen Ausgaben für Bauarbeiten, Waren und Dienstleistungen machen mit 1,8 Billionen EUR rund 14 % des Bruttoinlandsprodukts (BIP) der EU aus.[10]

Die einzelnen vorgesehenen Maßnahmen sind in den jährlichen Arbeitsprogrammen der EU-Kommission aufgelistet.[11] Die Tabelle der 35 Maßnahmen ist nicht 1:1 mit Legislativakten gleichzusetzen.

19.2.1 Elektronik und IKT

Elektro- und Elektronikgeräte stellen ein wachsendes Problem dar. Weniger als 40 % der Altgeräte werden recycelt. Mit einer Wachstumsquote von 2 % jährlich, zählt der Abfallstrom zu den am schnellsten wachsenden. Die Lebensspanne von Elektrogeräten wird immer kürzer, sie sind schwer nachrüstbar und können häufig günstiger ersetzt als repariert werden. Zur kurzen Produktlebensdauer kommen niedrige Sammelquoten und aufwendige Demontage für Recyclingunternehmen. Elektro- und Elektronikgeräte sind bisher nicht auf Kreislauffähigkeit ausgerichtet. Ein „Recht auf Reparatur" soll eine längere Lebensdauer und Softwareaktualisierungen ermöglichen. Zwei der 35 Maßnahmen des CEAP zielen direkt auf diesen Stoffstrom: Zum einen die Überprüfung der Richtlinie über die Beschränkung der Verwendung bestimmter gefährlicher Stoffe in Elektro- und Elektronikgeräten[12] und zum anderen die Ökodesign-Anforderungen. Einzelheiten sollen in mehreren Gesetzesvorhaben umgesetzt, die größtenteils 2022 initiiert werden:

---

[10] Europäische Kommission: FAQs GPP.

[11] Vgl. COM (2021) 645 final, Arbeitsprogramm der Kommission für 2022.

[12] Richtlinie 2011/65/EU, „RoHS-Richtlinie".

1. Nachhaltige Gestaltung von Mobiltelefonen und Tablets – Ökodesign
2. Energieverbrauchskennzeichnung von Mobiltelefonen und Tablets
3. Nachhaltiger Konsum von Gütern – Förderung von Reparatur und Wiederverwendung
4. Standardisierte Ladegeräte für Mobiltelefone
5. Gefährliche Stoffe in Elektro- und Elektronikgeräten – Evaluierung der Beschränkungen
6. Verbraucherpolitik – Stärkung der Rolle der Verbraucher beim Übergang zu einer grünen Wirtschaft

Zudem sieht die EU-Kommission die Veröffentlichung einer Initiative für eine auf Kreislaufwirtschaft ausgerichtete Elektronik vor, die weitere legislative Einzelmaßnahmen auf dem Gebiet der Elektrogeräte enthalten wird. Durch sie soll unter anderem Elektroschrott minimiert und wertvolle Materialien wie seltene Erden und Metalle im Binnenmarkt gehalten werden. In seiner Entschließung zum CEAP forderte zudem das Europäische Parlament die Kommission auf, im Rahmen der Initiative unter anderem eine verpflichtende Zertifizierung von Recyclingunternehmen einzuführen, um eine effiziente und umweltfreundliche Verwertung von Elektroaltgeräten sicherzustellen.[13]

19.2.2 Batterien

Als erste stoffstrombezogene Maßnahme hat die EU-Kommission am 10.12.2020 einen Vorschlag für eine europäische Batterieverordnung vorgelegt,[14] der die aktuelle Richtlinie ersetzen soll.[15] Anders als eine Richtlinie, die erst in nationales Recht umgesetzt werden muss, ist eine Verordnung direkt und unmittelbar anwendbar und führt damit zu einer Vereinheitlichung auf europäischer Ebene. Der finale Rechtsakt soll frühestens 2023 in Kraft treten.

Die EU-Kommission schlägt Mindestproduktanforderungen in Form von Rezyklateinsatzquoten vor. Außerdem soll die Erweiterte Herstellerverantwortung ausgedehnt werden, um die Sammelquoten zu verbessern und Fehlwürfe zu reduzieren. Für die Effizienz des Recyclings schlägt die Kommission einen digitalen Produktpass vor. Dieser soll Informationen zur Leistung der Batterie und möglicher Verwertungsmethode beinhalten.

Das Sammelziel für die getrennte Sammlung von Gerätebatterien soll von derzeit 45 % auf 65 % im Jahr 2025 und 70 % im Jahr 2030 angehoben werden. Verwertungsquoten für Lithiumbatterien sollen bis 2026 festgesetzt werden. Außerdem existiert eine Initiative des EU-Parlaments, um eine Pfandpflicht für einige Batterietypen einzuführen. Der CO_2-Fußabdruck muss laut Vorschlag der Kommission ab dem 1. Juli 2024 für Traktionsbatterien und für wiederaufladbare Industriebatterien bekanntgegeben werden. Inwieweit der

[13] Entschließung des Europäischen Parlaments vom 10. Februar 2021 zu dem neuen Aktionsplan für die Kreislaufwirtschaft (2020/2077(INI)).

[14] COM/2020/798 final.

[15] Richtlinie (EG) 66/2006.

Vorschlag der Kommission mit der Endfassung der Verordnung übereinstimmt, ist zum Zeitpunkt der Verfassung des Textes unbekannt.

19.2.3 Altfahrzeuge

Die aktuelle Altfahrzeugrichtlinie[16] ist datiert aus dem Jahr 2000. Sie setzt ein Wiederverwendungs- und Recyclingziel von 85 % und ein Verwertungsziel von insgesamt 95 % ab dem Jahr 2015. Diese Ziele werden statistisch erfüllt,[17] sind aber wenig aussagekräftig: Viele Altfahrzeuge werden als Gebrauchtwagen exportiert oder illegal entsorgt, so dass etwa 40 % der Fahrzeuge EU-weit als „fehlend" gelten. Bisher fehlt eine Abgrenzung innerhalb der Richtlinie zwischen Gebrauchtwagen und Altfahrzeugen.

Bei 3,5 bis 4 Millionen Altfahrzeugen entspricht das einem Verlust von mehr als 5 Milliarden Kilogramm unterschiedlicher Rohstoffe, wenn man ein Durchschnittsgewicht von 1400 Kilogramm pro Fahrzeug zugrunde legt.[18] Um diesem Problem zu begegnen, sollen im Zuge des CEAP die Altfahrzeugrichtlinie sowie die damit in Zusammenhang stehende Richtlinie zur Wiederverwendbarkeit, Recyclingfähigkeit und Verwertbarkeit von Kraftfahrzeugen (2005/64/EG) überarbeitet werden.[19]

Eine Möglichkeit sieht die EU-Kommission in der Ausweitung des Anwendungsbereiches der Altfahrzeugrichtlinie auf Motorräder und Fahrzeuge über 3,5 Tonnen Gewicht. Die innereuropäische Behandlung von Altfahrzeugen bildet einen Schwerpunkt, wobei die Behörden in den Mitgliedsstaaten voraussichtlich mehr Verantwortung für die Ab- und Anmeldung von Fahrzeugen tragen werden. In Absicht der Steigerung der Qualität der wiedergewonnenen Rohstoffe, werden Verfahren im Bereich der Post-Schredder-Technologien mit Demontageanweisungen bestimmter Teile in Betracht gezogen. Ein Legislativvorschlag der Kommission ist für Ende des Jahres 2022 vorgesehen.[20]

19.2.4 Verpackungen

Verpackungsabfälle und Verpackungen stehen weit oben auf der CEAP Agenda. In der EU wird ohne Änderungen der Rahmenbedingungen mit einer stetigen Zunahme der Verpackungsabfallmenge bis 2030 gerechnet. 2019 war das bisherige erfasste Rekordjahr in der EU mit 177 kg Verpackungsabfall pro Kopf.[21] Dabei ist im Rahmen der Corona-Pandemie

[16] Richtlinie (EG) 53/2000.

[17] Eurostat : End of Life Vehicles.

[18] Umweltbundesamt (2020): Effectively tackling the issue of millions of vehicles with unknown whereabouts European priority measure: establishing leakage-proof vehicle registration systems.

[19] COM (2020) 98 final, S. 9.

[20] Europäische Kommission: Altfahrzeuge – Überarbeitung der EU-Vorschriften.

[21] Eurostat : Packaging waste statistics.

mit einer noch nicht statistisch erfassten Steigerung für das Jahr 2020 auszugehen. Um dem entgegenzusteuern, plant die EU-Kommission die Revision der Verpackungsrichtlinie.[22]

Die Kommission hat einen Schwerpunkt auf die Umsetzung der Abfallhierarchie gelegt: Verpackungen sollen wiederverwendbar und recyclingfähig werden. Mehrweg ist gewünscht und Verpackungsabfall soll stringent vermieden werden. Komplexe Verpackungen sollen einfacher gestaltet werden, um schwer zu recycelnde Kunststoff-Multilayer-Verpackungen zu ersetzen. Recyclingmaterialien sollen verpflichtend zum Einsatz kommen. Dafür sollen auch die Regelungen für die Verwendung von Rezyklaten im Lebensmittelkontaktbereich bis Ende 2022 untersucht werden, um eine Ausweitung der Rezyklateinsatzmöglichkeiten zu erreichen.[23]

Als übergeordnetes Ziel setzt die Kommission, dass alle Verpackungen bis 2030 auf wirtschaftlich vertretbare Weise recycelbar oder wiederverwendbar sind.[24] Hierfür soll auch das System der Erweiterten Herstellerverantwortung ausgebaut werden. Nach Auffassung der EU-Kommission sind unter den geltenden Regelungen die Lasten zwischen Entsorgern und Herstellern der Verpackungen zu Ungunsten der Entsorger verteilt.[25]

19.2.5 Kunststoff

Ohne regulatorische Maßnahmen rechnet die EU-Kommission mit einer Verdoppelung des EU-weiten Kunststoffverbrauchs in den kommenden 20 Jahren. Bereits im Jahr 2018 hat die Kommission die EU-Strategie für Kunststoffe in der Kreislaufwirtschaft vorgestellt,[26] die die Basis für weitergehende Vorschläge und Vorhaben unter dem CEAP bildet.

Kernprobleme, die die EU-Kommission identifiziert hat, sind der unzureichende Einsatz von Kunststoffrezyklaten, das Vorhandensein von Mikroplastik in der Umwelt, ein fehlender Politikrahmen für biobasierte, biologisch abbaubare oder kompostierbare Kunststoffe, sowie die Nutzung von Einwegkunststoffartikeln.

Um den Einsatz von recycelten Kunststoffen zu steigern und zu einer nachhaltigeren Verwendung von Kunststoffen beizutragen, plant die Kommission verbindliche Anforderungen an den Rezyklatanteil sowie sektorspezifische Maßnahmen zur Abfallreduzierung für wichtige Produkte wie Verpackungen, Baustoffe und Fahrzeuge vorzuschlagen. Den ersten Schritt ist die EU-Kommission bereits 2017 mit der ersten Mindesteinsatzregelung

[22] Richtlinie (94/62/EG).

[23] COM (2020) 381 final, „Vom Hof auf den Tisch" – eine Strategie für ein faires, gesundes und umweltfreundliches Lebensmittelsystem.

[24] S. o.

[25] Europäische Kommission (2020): Review of the requirements for packaging and other measures to prevent packaging waste. Ares(2020)3041578 – 11/06/2020.

[26] COM (2018) 28 final.

bei PET-Flaschen in der Einwegkunststoffrichtlinie[27] gegangen. PET-Getränkeflaschen müssen ab 2025 einen Rezyklatanteil von 25 % aufweisen.

19.2.6 Textilien

Pro Kopf werden in der EU jährlich 26 Kilogramm neue Textilien in Umlauf gebracht und 11 Kilogramm ausrangiert.[28] Der Textilsektor ist der viertgrößte Verbraucher in der EU, wenn es um die Nutzung von Primärrohstoffen und Wasser geht. Er liegt an fünfter Stelle bei den Treibhausgasemissionen.[29] Die weltweite Bekleidungsproduktion hat sich von 2000 bis 2014 verdoppelt, bei gleichzeitiger Halbierung der Nutzungsdauer und Senkung der Verbraucherpreise.[30] Dieses Phänomen wird unter dem Begriff „Fast Fashion“ zusammengefasst. Während die Menge weiter zunimmt, werden weltweit weniger als 1 % aller Alttextilien durch Faser-zu-Faser Recycling zu neuen Textilien.[31] Vielmehr fließen große Mengen in Drittstaaten, in denen ein Großteil nicht getragen wird und die lokale Umwelt belastet.[32]

Zum einen sind die Textilien meist aufgrund ihrer Fasermischungen und der abnehmenden Qualität schwierig zu recyceln, zum anderen sind die Sammelkapazitäten in der EU zu gering. Durch die Novellierung der Abfallrahmenrichtlinie (2018) wurde eine Getrenntsammlungspflicht für Textilien ab dem 01.01.2025 eingeführt. Nun soll das Design der Textilien in den Fokus rücken: Im Zusammenspiel mit der nachhaltigen Chemikalienstrategie soll die neue EU-Textilstrategie den Grundstein für eine nachhaltige und kreislauforientierte Textilproduktpolitik im Binnenmarkt legen. Auch im Bereich der Textilien denkt die EU-Kommission über die Einführung von Mindestrezyklateinsatzquoten und verpflichtende nachhaltige öffentliche Beschaffung nach. Neue Transparenzvorschriften sollen zudem die Verbraucher in die Lage versetzen, sich für nachhaltige Textilien zu entscheiden.

19.2.7 Bauwirtschaft und Gebäude

Die Bauwirtschaft ist aufgrund ihrer Ressourcenintensität für die Kreislaufwirtschaft von enormer Bedeutung. Sie ist jeweils für den Verbrauch der Hälfte aller gewonnenen Roh-

---

[27] Richtlinie (EU) 2019/904.

[28] Europäische Kommission (2021): Roadmap. EU strategy for textiles. Ares (2021) 67453.

[29] S. o.

[30] Greenpeace e. V. (2017): Konsumkollaps durch Fast Fashion, 2017.

[31] Ellen McArthur Foundation (2017): A new Textiles Economy.

[32] Greenpeace e. V., Konsumkollaps durch Fast Fashion, 2017.

stoffe sowie des Gesamtenergieverbrauchs verantwortlich. Ein Drittel des Wasserverbrauchs und des gesamten Abfallaufkommens entfällt auf sie.[33]

Vor diesem Hintergrund sieht der CEAP eine „Strategie für eine nachhaltige bauliche Umwelt" vor.[34] Im Zuge dieser Strategie soll die EU-Bauprodukteverordnung[35] angepasst werden. Zur Diskussion stehen dabei eine verbindliche Anforderung an den Gehalt an recyceltem Kunststoff in Baustoffen, sowie Maßnahmen zur Verringerung von Kunststoffabfällen im Baubereich.

Einige der im CEAP angesprochenen Punkte wurden bereits in der Strategie für eine *Renovierungswelle*[36] aufgenommen, wann jedoch wie angedacht eine eigene Strategie für eine nachhaltige bauliche Umwelt veröffentlicht wird ist derzeit jedoch nicht absehbar.

19.2.8 Lebensmittel, Wasser und Nährstoffe

Die (Ab-)Wasserbewirtschaftung soll in Zukunft eine größere Rolle in der Kreislaufwirtschaft einnehmen. Einen ersten Schritt hat die EU-Kommission mit der neuen Verordnung über Wasserwiederverwendung[37] getan. Diese wurde im Jahr 2020 verabschiedet und wird ab dem 26.06.2023 in den Mitgliedstaaten anwendbar sein. Sie regelt zunächst die Wiederverwendung von Abwasser in der Landwirtschaft. Bisher wird aufbereitetes Abwasser schon in Spanien, Italien, Griechenland, Zypern, Frankreich und Portugal zur Bewässerung in der Landwirtschaft genutzt. Die EU-Kommission plant zudem neue Regelungen für die Wasserwiederverwendung und -effizienz in industriellen Prozessen.

Daneben soll auch die Bewirtschaftung von Klärschlämmen neu geregelt werden. Ziel ist es unter anderem, die Nährstoffrückgewinnung, insbesondere von Phosphor, zu stärken und eine sichere stoffliche Verwertung von Klärschlämmen zu ermöglichen. So soll die Kreislaufführung wichtiger Nährstoffe gelingen und gleichzeitig die Importabhängigkeit der EU verringert werden. Hierfür wird die EU-Klärschlammrichtlinie[38] zusammen mit der Richtlinie über die Behandlung von kommunalem Abwasser[39] überarbeitet, wobei eine bessere Abstimmung aufeinander angestrebt wird.

Neben den Zielen der besseren stofflichen Verwertung, soll die Energieeffizienz und die Energieerzeugung in Abwasserbehandlungsanlagen gesteigert werden. Ein System der Erweiterten Herstellerverantwortung soll im Wasserbereich eingeführt werden, um Einträge von Pharmazeutika, Haushaltschemikalien und Mikroplastik zu verringern und die Hersteller an den Kosten einer verbesserten Abwasserbehandlung zu beteiligen.

[33] Europäische Kommission: Environment. Level(s).

[34] COM (2020) 98 final, S. 13.

[35] Verordnung (EU) 305/2011.

[36] COM (2020) 662 final.

[37] Verordnung (EU) 2020/74 über Mindestanforderungen für die Wasserwiederverwendung.

[38] Richtlinie 86/278/ EWG.

[39] Richtlinie 91/271/EWG.

Nach Berechnungen der EU-Kommission werden 20 % aller produzierten Lebensmittel in der EU nicht ihrer Bestimmung nach genutzt. Die Kommission beabsichtigt bis 2030 die Lebensmittelabfälle pro Kopf auf Ebene des Einzelhandels und der Verbraucher bis 2030 zu halbieren.[40] Sie plant einen Referenzwert festzulegen und rechtsverbindliche Ziele zur Reduzierung der Lebensmittelabfälle in der gesamten EU vorzuschlagen. Zudem sollen Lebensmittelabfälle besser genutzt werden, sei es im Futtermittelbereich oder für die Produktion erneuerbarer Energie. Hierbei soll auch die Überarbeitung der Abfallrahmenrichtlinie[41] helfen.

19.3 Praxisaspekte der Produktpolitik im CEAP

Die Neuregelung der Rechtsgrundlagen für einzelne Stoffströme kann sich vielfach auf Vorläuferregelungen stützen und ist von einzelnen Inhalten abgesehen, nicht von der grundsätzlichen Systematik herausfordernd. Das ist bei einigen produktpolitischen Regelungen anders, hier wird auch europarechtlich oft Neuland beschritten. Die Frage, ob und wie der produzierenden Industrie Mindesteinsatzquoten für bestimmte Produkte vorgeschrieben werden können, ist wegen ihrer Bedeutung Gegenstand eines eigenen Aufsatzes in diesem Handbuch. Die EU hat bereits 2017 eine erste Mindesteinsatzregelung für PET-Flaschen in der Einwegkunststoffrichtlinie[42] beschlossen. PET-Getränkeflaschen müssen ab 2025 einen Rezyklatanteil von 25 % aufweisen. Bei PET handelt es sich um einen Kunststoff, der auch schon ohne die Mindesteinsatzquote eine hohe Recyclingquote aufwies.

Schwieriger wird die Herangehensweise bei Materialien werden, für die derartige Regelungen bisher nicht erlassen worden sind, obwohl der Einsatz von Rezyklaten von den betroffenen Unternehmen längst Gegenstand ihrer Marketingaktivitäten sind (z. B. In der PKW-Produktion).[43]

Auch die Überarbeitung der nachhaltigen grünen öffentlichen Beschaffung in sektorspezifischen Rechtsvorschriften ist Gegenstand des CEAP. Gerade der sektorspezifische Ansatz verspricht einen Fortschritt bei der Entwicklung einer nachhaltigen Beschaffungspolitik, wie die bisherigen generellen Regelungen, die es in vielen Mitgliedsstaaten durchaus gibt, sich als wenig effektiv herausgestellt haben.[44] Die Marktmacht der öffentlichen Hand als Einkäufer und Auftraggeber macht einen erheblichen Teil des Bruttoinlandsprodukts in allen Mitgliedstaaten aus. Für Deutschland wird ein Beschaffungsvolumen von

[40] COM (2020) 381 final, „Vom Hof auf den Tisch“ – eine Strategie für ein faires, gesundes und umweltfreundliches Lebensmittelsystem.

[41] Richtlinie 2008/98/EG.

[42] Richtlinie (EU) 2019/904.

[43] Siehe Beitrag Loschwitz.

[44] Europäische Kommission: Barriers – GPP – Environment – European Commission (europa.eu).

circa 500 Milliarden Euro p. a. geschätzt.[45] Eine Systematik, die diese erheblichen Mittel tatsächlich zur Förderung der Kreislaufwirtschaft einsetzen würde, könnte die Recyclingmärkte transparent und berechenbar deutlich stärken.

Die Substitution von natürlichen Rohstoffen durch Recyclingrohstoffe stößt bei Teilen der Wirtschaft auf Bedenken, die sich vor allem auf die Qualität der gelieferten Rohstoffe, insbesondere ihre Bestandteile beziehen. Diese Bedenken sind sehr beachtlich, ihnen sollte aber generell nach einheitlichen Maßstäben begegnet werden. So erscheint nicht vermittelbar, wenn hinsichtlich eines bestimmten Schadstoffgehalts an Rezyklate schärfere Maßstäbe angelegt werden als an Primärmaterialien. Zum Teil sind diese Anforderungen so praxisfremd und überzogen, dass sie zu einer Beendigung der Kreislaufwirtschaft für diese Materialien führen würden.

Folgerichtig ist aber der Plan der Kommission, EU-weite Kriterien für das Ende der Abfalleigenschaft festzulegen. Nach welchem Behandlungsschritt ist tatsächlich wieder ein Rohstoff gegeben und wann muss man noch von Abfall sprechen? Dies ist für etliche praktische Fragen (Transport, Verbringung, Lagerung etc.) von erheblicher Bedeutung und wird für die einzelnen Stoffströme unterschiedlich zu regeln sein. Wichtig ist, dass diese Regelung europaweit einheitlich erfolgt und nicht durch bloße Erklärung von einzelnen Wirtschaftsakteuren, weil sie ansonsten die allgemeine Akzeptanz nicht finden dürfte. Diese Akzeptanz ist für einen umfassenden, massiv ausgeweiteten Einsatz in der Industrie unverzichtbar und muss daher sowohl wissenschaftlich wie praktisch gut begründet sein.

19.4 Abfallverbringung

Die Abfallverbringung spielt eine überragende Rolle für die Bereitstellung von hochwertigen Recyclingrohstoffen. Die für Ende 2021 geplante Revision der Abfallverbringungsverordnung[46] wird erhebliche praktische Auswirkungen auf Unternehmen der Entsorgungsbranche haben. Die grenzüberschreitende Verbringung von Recyclingrohstoffen ist für die Investitions- und Anlagenplanung der Unternehmen wie für das Schließen der Kreisläufe insgesamt unerlässlich.

Der grundlegende Strategiewechsel, von einer linearen auf eine zirkuläre Wirtschaft umzusteigen, stellt Anforderungen an das Rohstoffaufkommen: sowohl für Primärrohstoffe als auch Sekundärrohstoffe – und das in Quantität und Qualität. Sollen Sammel- und Recyclingziele und eine höhere Substitutionsquote erreicht werden, müssen die Recyclingrohstoffe entsprechend als bedeutendes Handelsgut reguliert werden. Im internationalen Handel ist die EU für 20 % der gesamten Abfallexporte und für 6 % der Einfuhren verantwortlich.[47]

---

[45] Umweltbundesamt: Umweltfreundliche Beschaffung.

[46] Verordnung (EG) 1013/2006.

[47] Ares (2020)1505101 – 11/03/2020 – Waste shipments – revision of EU rules.

Im Rahmen des CEAP unterscheidet die EU-Kommission eindeutig zwischen der Abfallverbringung innerhalb der EU und in Drittstaaten. Für Abfallausfuhren aus der EU sieht der CEAP eine Verschärfung der geltenden Regelungen vor. Die EU-Kommission spricht von einer übermäßigen Abhängigkeit der EU von Abfallausfuhren, die zum Abfluss von Ressourcen und der Verhinderung der Erhöhung von Recyclingkapazitäten geführt hätten. Wörtlich spricht der CEAP davon, dass „[...] die Kommission Maßnahmen ergreifen [wird], um sicherzustellen, dass die EU ihre Abfallproblematik nicht auf Drittländer verlagert.“[48] Eine genauere Beschreibung welche Abfallströme besonders von Exportbeschränkungen betroffen sein werden, wird sich erst nach den Verhandlungen zwischen der Kommission, dem Rat und dem Parlament zeigen. Die EU-Kommission überprüft eine Erlassung von Exportrestriktionen für Altfahrzeuge. Diskutiert werden z. B. verbringungsspezifische Kriterien für gebrauchte Fahrzeuge, um eine EU-weit einheitliche Kontrolle unter der VVA zu ermöglichen.

Ein anderer Ansatz ist für die Verbringung innerhalb der EU zu erwarten. Hier betont die EU-Kommission, die Wichtigkeit eines funktionierenden Marktes, so dass eine administrative Vereinfachung insbesondere des Notifizierungsverfahrens zu erwarten ist.

▶ **Praxishinweis** Die aktuelle Fassung der VVA stammt aus einer Zeit, als die Kreislaufwirtschaft noch nicht zu den Prioritäten der EU im Bereich der Entsorgungswirtschaft zählte, sondern der Schwerpunkt eher auf der Entsorgungsautarkie lag.

Der derzeitige Rahmen vernachlässigt auch die Tatsache, dass bestimmte Abfallströme über das Rohstoffaufkommen entscheiden. Sekundärrohstoffe müssen in ausreichender Menge zur Verfügung stehen, um eine Kreislaufwirtschaft zu ermöglichen. Es steht außer Frage, dass man gegen Ökodumping vorgehen und dass die Umwelt von gefährlichen Abfällen geschützt werden muss. Dies sollte aber nicht auf Kosten des Handels mit Sekundärrohstoffen geschehen, welcher Kernbestandteil einer funktionierenden Kreislaufwirtschaft ist. Er ermöglicht den rationalen Umgang mit Produkten, die die Abfalleigenschaft aufweisen und schafft Möglichkeiten für seine optimale Verwertung, im ökologischen und wirtschaftlichen Sinne. Um die Wettbewerbsfähigkeit der EU als Industriestandort zu sichern und die Einführung eines Siegels „Recycled in the EU“ zu vollziehen, muss die VVA deutlich verbessert werden. Der Markt für Sekundärrohstoffe sollte am EU-Binnenmarkt teilnehmen können, wenn dies die produzierende Industrie effektiv unterstützt.

[48] CEAP, S. 17.

19.5 Der Aktionsplan Kreislaufwirtschaft im Zusammenhang mit weiteren Maßnahmen des Green Deal

Neben dem CEAP hat die Europäische Kommission weitere Aktionspläne und Gesetzgebungsinitiativen unter dem Dach des „Green Deal" veröffentlicht. Diese werden in den nächsten Jahren einen erheblichen Einfluss auf die Entwicklung der Entsorgungsbranche in Deutschland und Europa haben. Das Thema Kreislaufwirtschaft zieht sich durch den gesamten „Green Deal", der als ganzheitliches und übergreifendes Umwelt-, Klima- und Transformationsprogramm durch die Legislativvorschläge und Initiativen der von der Leyen Kommission Gestalt annimmt.

Wie soll am Ende des Produktlebenszyklus mit Abfällen verfahren werden, um Schadstofffreiheit („Zero Pollution") im Kreislauf zu erreichen? Welche Nachhaltigkeitsbestimmungen für Biomasse aus Abfällen sollen im Klima- und Energiebereich gelten? Wie soll die Transformation finanziert werden?

Viele dieser Vorhaben sind nicht direkt unter dem CEAP angesiedelt, müssen aber für einen vollständigen Überblick über die Tragweite des Aktionsplanes mit diesem in einen Zusammenhang gestellt werden. Von diesen Aktionsplänen und Initiativen sind insbesondere vier zu nennen: Der Aktionsplan „Schadstofffreiheit von Luft, Wasser und Boden" (engl. „Zero Pollution Action Plan"),[49] die Chemikalienstrategie für Nachhaltigkeit,[50] das von der Europäischen Kommission am 14.07.2021 vorgestellte, 14 Maßnahmen umfassende Klima- und Energiepaket, welches unter dem Namen „Fit for 55"[51] firmiert (in Anspielung auf die bis 2030 zu erreichende Treibhausgasemissionsreduktion von 55 % verglichen mit 1990) und die Strategie zur Finanzierung einer nachhaltigen Wirtschaft.[52]

19.5.1 Nachhaltige Chemikalienstrategie und der Aktionsplan Schadstofffreiheit von Luft, Wasser und Boden

Die Schadstofffreiheit der Umwelt ist das erklärte Ziel der am 14.10.2020 vorgestellten nachhaltigen Chemikalienstrategie und des am 12.05.2021 veröffentlichten Aktionsplans Schadstofffreiheit. Für die Schadstofffreiheit setzt der Aktionsplan Zwischenziele bis zum Jahr 2030, die in dem endgültigen Ziel eines „gesunden Planeten" 2050 münden sollen und auch die Entsorgungswirtschaft betreffen werden. Ein ausformuliertes Zwischenziel ist die Senkung des Abfallaufkommens insgesamt und im Speziellen eine Reduzierung

---

[49] COM (2021) 400 final Der Aktionsplan Auf dem Weg zu einem gesunden Planeten für alle: *EU-Aktionsplan: „Schadstofffreiheit von Luft, Wasser und Boden"*.

[50] COM (2020) 667 final, Chemikalienstrategie für Nachhaltigkeit – Für eine schadstofffreie Umwelt.

[51] COM (2021) 550 final, Mitteilung der Kommission an das Europäische Parlament, den Rat, den Europäischen Wirtschafts- und Sozialausschuss und den Ausschuss der Regionen, „Fit für 55": auf dem Weg zur Klimaneutralität – Umsetzung des EU- Klimaziels für 2030.

[52] COM (2021) 390 final.

von Siedlungsabfällen um 50 %. Die Menge an Kunststoffmüll in den Meeren soll ebenfalls um die Hälfte und die Freisetzung von Mikroplastik in die Umwelt um 30 % gesenkt werden. 2050 soll es keine Abfalldeponierung und Einleitung von Abwässern mehr geben. Um dieses Ziel zu erreichen, will die EU-Kommission Partnerschaften zwischen verschiedenen Wirtschaftssektoren fördern, die Abfälle und Nebenprodukte im Sinne einer Kreislaufwirtschaft weiterverwenden.

Die nachhaltige Chemikalienstrategie enthält ein eigenes Kapitel zur „Verwirklichung von sicheren Produkten und schadstofffreien Wertstoffkreisläufen in einer sauberen Kreislaufwirtschaft". Bezug genommen wird hierbei auf die „Initiative nachhaltige Produktpolitik", die unter dem CEAP als Schlüsselmaßnahme geführt wird. Ziel der Chemikalienstrategie ist die Minimierung und Ausschleusung von bedenklichen Stoffen in Produkten. So soll sichergestellt werden, dass Verbraucherprodukte keine Chemikalien enthalten, die Krebs oder Genmutationen verursachen, das Fortpflanzungs- oder das Hormonsystem beeinträchtigen oder persistent und bioakkumulierbar sind. Priorisiert werden sollen Produktkategorien, die gefährdete Bevölkerungsgruppen betreffen, bzw. diejenigen mit dem höchsten identifizierten Kreislaufpotenzial wie Textilien, Verpackungen einschließlich Lebensmittelverpackungen, Möbel, Elektronik- und IKT-Geräte, Baustoffe und Gebäude. So soll „recycelt in der EU" zu einem Qualitätsmerkmal für Rezyklate werden. Das Chemikalienrecht insgesamt soll wesentlich gefahrenbasierter ausgerichtet werden. Als Konsequenz müsse für Primärrohstoffe und Rezyklate dieselben, strengen Grenzwerte für gefährliche Stoffe gelten. Nur bei außergewöhnlichen Umständen könne eine Ausnahme von diesem Grundsatz erfolgen. Diese wäre neben einer Einzelfallprüfung an die Bedingung geknüpft, die Verwendung von solchem Rezyklat auf eindeutig festgelegte Anwendungen zu beschränken.

Die Strategie formuliert einen doppelten Ansatz, der möglichst geschlossene, unbedenkliche Werkstoffkreisläufe gewährleisten soll. Auf der einen Seite sollen regulatorische Maßnahmen, wie z. B. die REACH-Verordnung und die CLP-Verordnung angepasst und verschärft werden. Andererseits sollen Investitionen in nachhaltige Innovationen gefördert werden, um Abfallströme zu dekontaminieren und ihr Recycling zu verbessern. Hiervon verspricht sich die EU-Kommission im Einklang mit den Zielen des CEAP, eine Verminderung der Abfallverbringung in Drittstaaten.

Einen ersten Entwurf zur Änderung der Verordnung über persistente organische Schadstoffe (EU 2019/1021 – POP-Verordnung), der unter die neue Strategie fällt, hat die EU-Kommission Ende Oktober 2021 vorgestellt. Dieser Entwurf enthält eine Ausweitung der Liste der persistenten organischen Schadstoffe, die in die Anhänge der Verordnung aufgenommen werden, sowie eine Verschärfung von Grenzwerten. Abfälle, die die Grenzwerte der POP-Verordnung überschreiten, dürfen nicht recycelt werden, sondern müssen durch zugelassene Verfahren beseitigt werden.

Die EU-Kommission möchte unter anderem Pentachlorphenol (PCP), neu in die POP-Verordnung aufnehmen. Der Einsatz dieses Stoffes ist in Deutschland bereits seit 1989 verboten. Da er als Holzschutzmittel eingesetzt wurde, ist er vor allem in Altholzfraktionen zu finden. Aufgenommen werden sollen zudem Dicofol (Pflanzenschutzmittel) und Perfluoroctansäure (PFOA) und verwandte Verbindungen, die u. a. in wasserdichten Textilgeweben zu finden sind und deren Einsatz erst seit 04.07.2020 in der EU verboten ist.

Zu den POP, für die die EU-Kommission eine Verschärfung der Grenzwerte vorschlägt, gehören HBCD, Deca-BDE und andere polybromierte Diphenylether (PBDE), die unter anderem als Flammschutzmittel in Kunststoffen – insbesondere Elektroaltgeräten – enthalten sein können, kurzkettige chlorierte Paraffine (SCCP), Dioxine und Furane (PCDD/PCDF) und dl-PCB.

Dieser Vorschlag illustriert, wie sich die EU-Kommission den weiteren Verlauf der Umsetzung zu einer sauberen Kreislaufwirtschaft vorstellt. Es wird sich zeigen müssen, wie die durch verschärfte Grenzwerte zu erwartenden Zielkonflikte zwischen möglichst hochwertiger stofflicher Verwertung und der Beseitigung zwecks Ausschleusung aufgelöst werden.

19.5.2 Klima und Energie – „Fit for 55"

Am 14. Juli 2021 hat die Europäische Kommission das umfangreichste Paket von Vorschlägen, das sie im Bereich Klima und Energie je veröffentlicht hat, das sogenannte „Fit for 55" Paket, vorgestellt. Die Maßnahmen des Pakets sollen dazu beitragen, die Emissionen bis 2030 um mindestens 55 % gegenüber dem Stand von 1990 zu senken. Dieses Zwischenziel auf dem Weg zur Klimaneutralität Europas bis zum Jahr 2050 wurde im europäischen „Klimagesetz" verbindlich festgelegt. Bisher wurden 14 Maßnahmen-Vorschläge veröffentlicht. Darunter die Vorschläge für eine neue Erneuerbare Energien Richtlinie (RED III), für eine Energiesteuerrichtlinie, eine Energieeffizienzrichtlinie, ein neues Emissionshandelssystem und einen CO_2-Grenzausgleichmechanismus.

Auswirkungen wird das Paket für die Entsorgungswirtschaft auf verschiedenen Ebenen haben. Zunächst die der allgemeinen Betroffenheit. Es ist z. B. davon auszugehen, dass fossile Kraftstoffe mittelfristig teurer werden und das steuerliche Dieselprivileg abgeschafft wird. Dies kann insbesondere für Sammlung und Transport eine Erhöhung der Betriebskosten bedeuten.

Der Vorschlag der RED III hat das Potential, erhebliche Auswirkungen auf die Entsorgungsbranche, vor allem im Bereich der Biomasse, zu nehmen. So soll der Anteil der erneuerbaren Energien am Bruttoendenergieverbrauch der EU bis zum Jahr 2030 von bisher 32 % auf 40 % ansteigen. Verbindliche Ziele für eine jährliche Steigerung von 1,1 Prozentpunkten der Nutzung nachhaltiger Fernwärme und Abwärme werden formuliert.

Es ist abzusehen, dass so die Bedeutung der Energiegewinnung aus nachhaltiger Biomasse und damit auch aus Abfällen zunehmen wird. Denn zugleich sieht der Vorschlag der RED III vor, die energetische Nutzung von forstwirtschaftlicher und landwirtschaftlicher Biomasse aus Nachhaltigkeitserwägungen einzuschränken. Hierfür enthält der Vorschlag eine Ermächtigungsgrundlage für die EU-Kommission, einen Delegierten Rechtsakt zur Kaskadennutzung von Biomasse zu erlassen. So sollen Vorschriften zur möglichen Nutzung insbesondere von Frisch- und Altholz geschaffen werden und detailliert der Vorrang des Recyclings vor der (nachhaltigen) energetischen Nutzung auf europäischer Ebene stoffstromspezifisch festgeschrieben werden. Die RED III erhöht gleichzeitig den Druck und Anreiz, die Getrenntsammlung von Bioabfällen europaweit in die Tat umzusetzen, um das energetische Potential der biologischen Siedlungsabfälle zu heben, wenn weniger Altholz thermisch genutzt werden darf, bei gleichzeitiger Erhöhung der Ziele für nachhaltige Wärme und Stromversorgung.

► **Praxishinweis** Für Anlagenbetreiber sieht der Vorschlag der RED III eine erweiterte Zertifizierungspflicht der Treibhausgasemissionseinsparungen für Biomasseanlagen (Art. 29 RED III) vor, die nicht mehr an den Inbetriebnahmezeitpunkt anknüpft. Damit sollen auch Bestandsanlagen aus dem Bereich der Altholzverwertung in die Zertifizierungspflicht aufgenommen werden. Dies unterstreicht die Bestrebungen der EU-Kommission, die tatsächliche Nachhaltigkeit besser messbar und transparenter zu machen.

Diese Zertifizierung ist u. a. notwendig, damit die erzeugte Energie auf die nationale Erneuerbare-Energien-Quote angerechnet werden darf. Auch vorgeschlagenen günstige Mindeststeuersätze für nachhaltige Energieprodukte hängen maßgeblich von einer Zertifizierung nach RED III ab. Ebenso wird in den technischen Einstufungen der Taxonomie-Verordnung hierauf verwiesen (s. Abschn. 19.5.3).

Die Vorschläge des „Fit for 55"-Paketes sollen im Laufe des Jahres 2022 von Rat und Europäischem Parlament verhandelt und verabschiedet werden.

19.5.3 Die Strategie zur Finanzierung einer nachhaltigen Wirtschaft

Die EU-Kommission hat bereits im für die nächsten 7 Jahre (2021–2027) geltenden mehrjährigen Finanzrahmen ein Drittel der insgesamt 1,8 Billionen € für die Finanzierung des Green Deal eingeplant. Trotz dieser Mittel geht sie nach eigenen Berechnungen davon aus, dass für die Erreichung der Umwelt und Klimaziele, zu der auch der Übergang zu einer Kreislaufwirtschaft zählt, eine Finanzierungslücke von jährlich 480 Mrd. € im Zeitraum 2021–2030 besteht. Um diese Finanzierungslücke zu schließen, möchte die EU-Kommission Investitionen in nachhaltige Wirtschaftsaktivitäten leiten. Herzstück der Strategie zur Finanzierung einer nachhaltigen Wirtschaft ist die sogenannte Taxonomie Verordnung. Die EU-Taxonomie enthält ein Bewertungsschema, nach dem die EU-Kommission technisch detailliert festlegen will, welche wirtschaftlichen Tätigkeiten zukünftig als ökologisch nachhaltig gelten. Zunächst wird entsprechend der Verordnung erstmals eine EU-weit einheitliche „grüne Liste" von Wirtschaftstätigkeiten durch mehrere themenspezifische Delegierte Rechtsakte eingeführt. Die Einstufung einer Wirtschaftstätigkeit als ökologisch nachhaltig wird dabei anhand von sechs Umweltzielen erfolgen, von denen eines der „Übergang zu einer Kreislaufwirtschaft" ist.

Eine Wirtschaftstätigkeit ist dann nachhaltig i. S. d. Taxonomie Verordnung, wenn sie einem der Umweltziele erheblich dient und keines der übrigen fünf Umweltziele erheblich beeinträchtigt („do-no-significant-harm").

Die genauen technischen Einstufungen welche Aktivitäten diesem Ziel unter welchen Bedingungen dienen, werden im Jahr 2022 erwartet. Es ist jedoch schon abzusehen, dass der Entsorgungswirtschaft ein gewichtiger Platz eingeräumt werden wird. So haben fast alle wirtschaftlichen Tätigkeiten der Entsorgungswirtschaft Eingang in den Entwurf der technischen Bewertungskriterien erhalten.

Eine bedeutsame Aktivität der Entsorgungswirtschaft fehlt jedoch bislang in den technischen Bewertungskriterien bzw. wird explizit von einer Einstufung als nachhaltig ausgenommen: Die thermische Abfallverwertung von nicht ausschließlich gefährlichen Abfällen. Diese Aktivität sieht die EU-Kommission als „erhebliche Beeinträchtigung" für das Umweltziel „Übergang zu einer Kreislaufwirtschaft" an.

Somit drohen insbesondere Investitionen in die thermische Abfallbehandlung eine Benachteiligung beim Kapitalzugang. Darüber hinaus besteht Grund zu der Annahme, dass in Zukunft weitere europäische Regulierungen an der einmal etablierte EU-Taxonomie ausgerichtet werden.

Diese Einstufung, die auf Art. 17 der Taxonomie Verordnung beruht, hat bereits über den Bereich der nachhaltigen Finanzierung Auswirkungen auf die Entsorgungswirtschaft in Europa gezeigt. So wurde das Kriterium der „erheblichen Beeinträchtigung" auch als Ausschlusskriterium für die Finanzierung von Projekten aus dem Corona-Wiederaufbaufonds (Über die Aufbau- und Resilienzfazilität werden insgesamt 723,8 Mrd. € zur Förderung von Reformen und Investitionen in den Mitgliedstaaten bereitgestellt) und die thermische Verwertung als Beispiel für eine „erhebliche Beeinträchtigung" herangezogen.

Für die Entsorgungswirtschaft und Kreislaufwirtschaft ergibt sich die Relevanz der Taxonomie Verordnung nicht nur aus den vorgeschlagenen technischen Beschreibungen für Entsorgungstätigkeiten, sondern mittelbar auch aus denen für Produktionsprozesse. So sieht die der Entwurf der technischen Einstufung für die Herstellung von nachhaltigen Kunststoffverpackungen einen 95-prozentigen Mindestrezyklatanteil vor, die für Möbelproduktion einen Anteil nachhaltiger oder recycelter Materialien von 70 %.

Große Unternehmen, die der nichtfinanziellen Berichterstattung unterliegen, werden in Zukunft über den Anteil ihrer Wirtschaftsaktivitäten berichten müssen, die taxonomiekonform sind. Diese Berichterstattungspflicht soll auf alle großen Unternehmen, auch nicht-kapitalmarkt orientierten Unternehmen ausgeweitet werden. Banken müssen die Übereistimmung ihrer Risikopositionen mit der Taxonomie Verordnung offenlegen.

Im Finanzmarkt und der Öffentlichkeit gibt es eine starke Tendenz hin zu grünen Investments, so dass durch die Bestimmungen der Taxonomie Verordnung und erhöhter Berichtspflichten ein Finanzierungsschub für die Kreislaufwirtschaft zu erwarten ist.

19.6 Fazit

Der neue Aktionsplan ist das bisher umfassendste Werk zur klimaneutralen Umgestaltung der europäischen Wirtschaft. Er trifft allerdings auf immer noch weitgehend kaum vergleichbare Strukturen und Standards sowohl in der Entsorgungs- wie der Kreislaufwirtschaft in den einzelnen EU-Mitgliedsstaaten. Unverändert spielt zum Beispiel in den meisten Ländern der EU die Deponierung von unbehandelten Siedlungsabfällen eine unvertretbar große Rolle. Wo die Deponierungsquoten aber hoch sind, sind die Recyclingerfolge bescheiden bis unzureichend. Denn erst der Ausschluss der billigsten, aber bei weitem auch schädlichsten Entsorgungswege, nämlich der Deponierung, wird in vielen Ländern die unverzichtbare Voraussetzung dafür sein, zeitnah in eine Infrastruktur der stofflichen und thermischen Verwertung zu investieren. Ein tragfähiges Fundament für die weitere Entwicklung der Kreislaufwirtschaft ist in diesen Ländern bis dahin nicht gegeben. Bisher hatte die EU nicht die Kraft, die guten Erfahrungen, die einige Mitgliedsländer mit Deponieverboten für Siedlungsabfälle gemacht haben, auf die gesamte Union zu übertragen. Damit fehlt es an einer wichtigen Voraussetzung für die Etablierung besserer Kreislaufwirtschaft.

Wo diese Kraft aber fehlt, sind auch die Versuche, die Getrenntsammlung in Europa vereinheitlichen zu wollen, bislang eher mit Skepsis zu sehen. Die Sammelstrukturen sind sogar innerhalb vieler Mitgliedsstaaten keineswegs einheitlich. Man denke in Deutschland etwa an die Landkreise, die auf Bringsysteme für Wertstoffe setzen, während mehrheitlich Holsysteme eingeführt sind, oder auch an die seit etlichen Jahren bestehende gesetzliche Verpflichtung der getrennten Sammlung von Bioabfällen, die von vielen Kommunen und Landkreisen bis heute nicht umgesetzt ist. Pfandsysteme gibt es in einigen Mitgliedsstaaten nicht, während in anderen wiederum die Getrenntsammlung von Wertstoffen kritisch diskutiert wird. Die Sorge vieler Praktiker ist daher gut nachzuvollziehen: Wer erst auf die Harmonisierung der Entsorgungssysteme in Europa setzen möchte, wird viel zu viel Zeit verlieren.

Und schließlich entscheidet die Kommission bekanntlich nicht allein, sondern Parlament und Rat, also die Mitgliedsstaaten, haben ebenso entscheidenden Einfluss darauf, wie die tatsächliche Beschlussfassung der Verordnungen und Richtlinien aussehen wird. Im Europäischen Parlament überwiegt bisher die Bereitschaft, die Pläne der Kommission zu unterstützen, während bei den Regierungen der Mitgliedsstaaten durchaus Skepsis festzustellen ist. Die Umsetzung des Aktionsplans wird die Agenda der europäischen Gremien in den nächsten Jahren maßgeblich bestimmen.

Es wäre ratsam, wenn dem Kreislaufwirtschaftsaktionsplan der Europäischen Union entsprechende programmatische Aktivitäten der Mitgliedsstaaten folgen würden. Die unterschiedliche Ausgangslage in den Staaten legt es nahe, dass auch unterschiedliche Schwerpunkte und Zeitpläne vorgelegt und mit der Wirtschaft erörtert werden. Die Potenziale der Kreislaufwirtschaft werden von der Wissenschaft immer deutlicher gesehen. Sie zu heben, braucht es nun einen klaren politischen und rechtlichen Rahmen. Der CEAP der EU ist dafür eine ausgezeichnete Ausgangslage. Sie gilt es wahrzunehmen.

Literatur

Ellen McArthur Foundation (2017): A new Textiles Economy. In: https://ellenmacarthurfoundation.org/a-new-textiles-economy. (Zuletzt aufgerufen am 11.11.2021)

Europäische Kommission (2019): Der europäische Grüne Deal (COM (2019) 640 final)

Europäische Kommission (2020): Fragen und Antworten zur Verordnung über nachhaltige Batterien

Europäische Kommission (2020): Nachhaltigkeit von Batterien über ihren gesamten Lebenszyklus. Ein Schritt in Richtung Kreislaufwirtschaft und Klimaneutralität. In: https://op.europa.eu/s/ukNO (Zuletzt aufgerufen am 11.11.2021)

Europäische Kommission (2020): Review of the requirements for packaging and other measures to prevent packaging waste. Ares (2020)3041578 – 11/06/2020

Europäische Kommission (2021): Roadmap. EU strategy for textiles. Ares (2021) 67453

European Plastics Strategy (2018). In: https://ec.europa.eu/environment/strategy/plastics-strategy_en. (Zuletzt aufgerufen am 11.11.2021)

Europäische Kommission (2020): CEAP (COM(2020) 98 final)

Greenpeace e.V., Konsumkollaps durch Fast Fashion, 2017. In: https://www.greenpeace.de/sites/www.greenpeace.de/files/publications/s01951_greenpeace_report_konsumkollaps_fast_fashion.pdf. (Zuletzt aufgerufen am 11.11.2021)

Umweltbundesamt (2020): Effectively tackling the issue of millions of vehicles with unknown whereabouts European priority measure: establishing leakage-proof vehicle registration systems. In: https://www.umweltbundesamt.de/sites/default/files/medien/1410/publikationen/sciopap_uba_elv_measures_to_combat_illegal_dismantling_2020_06_29.pdf. (Zuletzt aufgerufen am 11.11.2021)

Glasrecycling 20

Andreas Bruckschen und Christoph Bildstein

20.1 Einführung

Unter den Wertstoffen, die einem Recycling zugeführt werden, gehört das Altglas zu den am besten werkstofflich verwertbaren Materialien. Aufgrund der entwickelten Erfassungsstrukturen und effizienter technischer Verfahren können in der Praxis der Erfassung und Behandlung Recyclingquoten im Bereich von 90 % erreicht werden. Im Hinblick auf den großen ökologischen sowie ökonomischen Nutzen des Glasrecyclings ist dieses heute ein selbstverständlicher Bestandteil und eine feste Säule der modernen Kreislaufwirtschaft.

Der nachfolgende Artikel gibt einen Überblick über die Geschichte und Technik der Glasherstellung sowie über die Entwicklung und die Verfahrensschritte des Glasrecyclings. Dabei wird auf die jeweils einschlägigen Rahmenbedingungen und auftretenden Herausforderungen eingegangen. Dies betrifft neben anderen Punkten die festzustellenden Veränderungen in der Zusammensetzung des Inputs und die Weiterentwicklung der rechtlichen Anforderungen über das Verpackungsgesetz. Zudem gibt der Beitrag an mehreren Stellen praktische Hinweise zu den Möglichkeiten einer Optimierung der praktizierten Abläufe und Verfahren.

Im Stoffstrom Altglas muss grundsätzlich zwischen zwei Glastypen differenziert werden: Hohl- und Flachglas. Diese werden über verschiedenartige Systeme erfasst und in der Regel nach der Aufbereitung der Glas- und Baustoffindustrie als Rohstoff zugeführt. Die

A. Bruckschen (✉)
BDE Bundesverband der Deutschen Entsorgungs-, Wasser- und Kreislaufwirtschaft e. V., Berlin, Deutschland
E-Mail: bruckschen@bde.de

C. Bildstein
REMONDIS Recycling GmbH & Co. KG, Essen, Deutschland
E-Mail: christoph.bildstein@remondis.de

P. Kurth et al. (Hrsg.), *Praxishandbuch der Kreislauf- und Rohstoffwirtschaft*,
https://doi.org/10.1007/978-3-658-36262-1_20

Anforderungen der verarbeitenden Industrie haben sich in den vergangenen Jahren verändert, und damit einhergehend wurde die Qualität des Rohstoffes kontinuierlich weiterentwickelt. Die Möglichkeiten zum Einsatz von Scherben in der Produktion von Glasprodukten konnte somit weiter verbessert werden. Im Folgenden sollen am Beispiel Hohlglas bzw. Behälterglas die Glasherstellung sowie die Entwicklung, Systematik und Technik des Glasrecyclings beschrieben werden. Dabei wird versucht, die Bedeutung eines durchgängig qualitätsorientierten Glasrecyclings zu vermitteln.

20.2 Glasherstellung

20.2.1 Geschichte der Glasherstellung

Bevor man sich mit dem Glasrecycling befasst, ist es wichtig, Geschichte und Technik der Glasherstellung zumindest in Ansätzen zu kennen. In der Steinzeit – also vor ca. 9000 Jahren – wurde schon natürliches Glas als Material für Werkzeug verwendet. Dieses vulkanische Glas namens Obsidian (Mineralienatlas 2016) wurde wegen seines scharfkantigen Bruches geschätzt. Vor rund 3500 Jahren wurden Ziergegenstände, Schmuck und Gefäße aus Obsidian hergestellt (Faist 2001).

Künstlich erschmolzenes Glas lässt sich schon in den alten Kulturen der Ägypter vor über 6000 Jahren nachweisen. Die Kunst des Glasschmelzens ist höchstwahrscheinlich dem Zufall zu verdanken, bei dem ein Gemisch aus Sand und Soda unter Hitzeeinwirkung reagierte.

Als Meilensteine der Glasherstellung in der Antike sind die organisierte Fertigung von Schmuckstücken und kleinen Gefäßen in Ägypten um 3000 v. Chr. sowie die Erfindung der Glasmacherpfeife um 100 v. Chr. zu nennen. Diese erlaubte die Herstellung von dünnwandigen Gläsern mit beliebigen Formen.

Erste Glashütten auf deutschem Boden entstanden im zehnten Jahrhundert n. Chr. im Bayerischen Wald, Thüringer Wald, Böhmerwald und im Spessart. Im Jahr 1903 entwickelte der Amerikaner Michael J. Owens die Automatisierung des Flaschenblasens. 1908 wurde die Owens-Maschine erstmals in Deutschland eingesetzt; dadurch konnte die Flaschenproduktion um ein Vielfaches gesteigert werden (Bundesverband Glasindustrie e. V. 2016).

20.2.2 Technik der Glasherstellung

Die grundsätzlich notwendigen Rohstoffe zur Herstellung von Glas haben sich über die Jahrtausende nicht geändert. Die weitaus größte Menge der industriell hergestellten Gläser machen die Kalknatron-Silikatgläser aus. Wie aus dem Namen hervorgeht, spielen dabei als Bestandteile neben Sand vor allem Natron („Soda“) und Kalk eine wesentliche Rolle. Ein typisches Kalknatron-Silikatglas besteht zu 71 bis 75 % aus Sand (SiO_2), zu 12 bis 16 % aus Natron (Na_2O), zu 10 bis 15 % aus Kalk (CaO) und zu einigen Prozenten aus anderen Stoffen, etwa zum Färben (Bundesverband Glasindustrie e. V. 2016). Dies beschreibt die Zusammensetzung eines fertigen Glasgegenstands.

Diese Rohstoffe werden zum sogenannten Gemenge vermischt und bei rund 1700 °C geschmolzen und geläutert. Während der Schmelze entsteht bei Natron und Kalk durch chemische Umwandlungsprozesse ein Schmelzverlust von ca. 20 % bezogen auf die zu produzierende Glasmenge. Für die Produktion von Flaschen und Gläsern werden aus dem flüssigen Glasstrom bei hoher Fließgeschwindigkeit Tropfen geschnitten, die der Formgebung zugeführt werden. Bei der Herstellung von Behälterglas dominiert heute die IS-Maschine (Individual Section), in der die Formgebung in einem zweistufigen Prozess erfolgt. Zunächst wird in einer Vorform das sogenannte Külbel hergestellt und anschließend in der Fertigform zum fertigen Produkt ausgeblasen. Danach muss der Glasgegenstand auskühlen, wobei die Abkühlzeit in Abhängigkeit von der Glasart und der Dicke bzw. Stärke des Glases zwischen 30 und 100 Minuten beträgt (Bundesverband Glasindustrie e. V. 2016).

Warum nun dieser Ausflug in die Geschichte und Technik der Glasherstellung? Weil sich daraus sowohl die ökologische als auch die ökonomische Notwendigkeit eines hochwertigen Glasrecyclings ableiten lassen.

Im Jahr 2020 wurden in Deutschland insgesamt etwa 7,4 Millionen Tonnen Glas und Mineralfasern hergestellt. Davon entfielen alleine auf Behälterglas rund 4,1 Millionen Tonnen und auf Flachglas rund 1,9 Millionen Tonnen (Bundesverband Glasindustrie e. V. 2021). Widmen wir uns also weiter dem Behälterglas.

20.3 Einsatz von Recyclingglas

20.3.1 Nutzen des Einsatzes

Glas lässt sich zu 100 % recyceln. Außerdem kann man Glas beliebig oft einschmelzen und zu neuen Glasverpackungen verarbeiten. Recyceltes – also aufbereitetes – Altglas ist mittlerweile der wichtigste Rohstoff bei der Herstellung von Behälterglas. Glasflaschen und Konservengläser bestehen heute durchschnittlich zu rund 60 % aus Recyclingglas. Markt- und produktionsbedingt variieren die Scherbeneinsatzquoten zwischen 40 % (bei Braunglas) und etwas über 90 % (bei Grünglas).

Aus dem heutigen Einsatz von jährlich rund 2,3 Millionen Tonnen Recyclingglas bei der Produktion von Behälterglas in Deutschland resultieren die folgenden ökologischen und ökonomischen Auswirkungen.

Schonung von natürlichen Rohstoff-Ressourcen

Unter Berücksichtigung des Schmelzverlustes wären zur Produktion von Glas aus dem sogenannten Rohgemenge anstelle von Recyclingglas mehr als 2,7 Millionen Tonnen natürliche Rohstoffe (hauptsächlich Quarzsand, Kalk und Natursoda) nötig.

Dabei sind die Kosten je Tonne Natursoda knapp siebenmal so hoch wie für die beiden anderen Rohstoffe Sand und Kalk. Beim Rohgemenge (ohne Recyclingglas) hat Soda einen Kostenanteil von rund 58 %. Der Einsatz von Recyclingglas schont unter diesem Aspekt nicht nur natürliche Ressourcen, sondern auch Finanzmittel.

Reduzierung von Energieverbrauch und -kosten
Bei der Glasschmelze werden elektrische Energie und Erdgas oder Heizöl – also indirekt oder direkt fossile Energieträger – in erheblichem Umfang eingesetzt. Je 10 % Einsatz von Recyclingglas reduziert sich der Energieverbrauch um 3 % (Bundesverband Glasindustrie e. V. 2016). Aus einem Scherbeneinsatz von 60 % resultiert demnach eine Reduzierung des Energieverbrauchs um 18 %. Auch unter diesem Aspekt werden nicht nur natürliche Ressourcen, sondern auch Finanzmittel geschont. Der Einsatz von Recyclingglas bedeutet daher einen wichtigen Beitrag zur Energiewende.

Reduzierung des CO_2- und NO_X-Ausstoßes
Mit der Verminderung des Energieverbrauchs geht auch eine deutliche Reduzierung des CO_2-Ausstoßes einher. Mit dem Einsatz von Recyclingglas leistet die Glasherstellung einen wichtigen Beitrag zum Klimaschutz. Aufgrund der Regelung in der EU zur kostenfreien Zuteilung der CO_2-Zertifikate für Glashersteller, hat diese Reduzierung der Emissionen für sie daher keine direkte monetäre Auswirkung (Bundesverband Glasindustrie e. V. 2009). Finanziell und betrieblich wichtiger bei der Betrachtung von Emissionen ist daher der Ausstoß von NO_X (Stickoxide). Die Auflagen aus den Betriebsgenehmigungen der Schmelzwannen können entweder nur mit dem Einsatz von Recyclingglas erfüllt werden oder würden sehr große Investitionen erfordern.

Erhöhung der Schmelzeffizienz
Der Einsatz von Recyclingglas erhöht die Effizienz in der Glasschmelze durch eine Steigerung der Durchsatzmenge. So führt beispielsweise ein Anteil von 80 % zu einer Steigerung der Schmelzgutmenge von 30 % im Verhältnis zu einer ausschließlichen Verwendung von Rohgemenge. Dieser Umstand hat direkte monetäre Auswirkungen bei den Produktionskosten.

Fazit
Die Herstellung von Behälterglas ist ein äußerst komplexer Vorgang mit höchsten Ansprüchen an die Qualität der erzeugten Produkte. Dabei spielt die Verwendung von Recyclingglas unter ökologischen und ökonomischen Aspekten eine überaus wichtige Rolle.

20.3.2 Entwicklung des Glasrecyclings

Die Menschen in der Antike kannten wahrscheinlich noch nicht alle der vorgenannten Zusammenhänge. Jedoch waren die Beschaffung und der Transport von Rohstoffen in früheren Jahrhunderten und Jahrtausenden schwieriger und zeitaufwendiger als heute; entsprechend teuer waren damals die Rohstoffe.

Deshalb gingen schon die Römer sparsam mit Ressourcen um: Sie sammelten Scherben von Glasgefäßen und schmolzen sie wieder ein. Im dritten und vierten Jahrhundert war die Wiederverwertung von Glas besonders stark in Britannien verbreitet. Forscher der Universität Sheffield untersuchten mehr als 500 Gefäßproben aus dieser Zeit; die Hälfte enthielt Recyclingglas. Man vermutet sogar, dass der Zerfall des Römischen Reiches Ursache für den Aufschwung des Glasrecyclings im Altertum war, da die Glasmacher nicht mehr genügend Rohstoffe bekamen.

Bei Unterwasser-Ausgrabungen vor der südwesttürkischen Küste wurde ein Schiff aus dem frühen 11. Jahrhundert gefunden, das mit verschiedenen Gütern – darunter drei Tonnen Glasscherben – beladen war. Es war von der syrischen Küste gestartet; die Glasscherben waren vermutlich für eine Glashütte im Schwarzmeerraum oder an der unteren Donau bestimmt.

Auch für den Zeitraum vom Spätmittelalter bis zum 19. Jahrhundert lässt sich aus verschiedensten Quellen ein reger Altglashandel und -einsatz bei der Glasschmelze nachweisen. Seit dem Beginn der Industrialisierung bis in die sechziger Jahre des 20. Jahrhunderts verliert das Glasrecycling im Verhältnis zur produzierten Behälterglasmenge – auch im Kontext des grundsätzlichen Umgangs der Wegwerf-Gesellschaft mit natürlichen Ressourcen zu dieser Zeit – an Bedeutung. Lediglich die sogenannten Eigenscherben (fehlerhafte Produkte) der Glashütten wurden durchgängig eingeschmolzen.

Mit dem Anstieg der Energiekosten und dem aufkeimenden Umweltbewusstsein zu Beginn der siebziger Jahre des 20. Jahrhunderts besannen sich Glasindustrie und Entsorgungswirtschaft alter Tugenden. Schon in den sechziger Jahren wurde in der DDR wegen der Devisen- und Rohstoffknappheit das SERO-System aufgebaut, über das auch Altglas erfasst und den Glashütten zur Verfügung gestellt werden konnte. 1972 initiierte die Behälterglasindustrie in der Bundesrepublik erstmalig die Rückgewinnung von Altglas.

Rohstoffhändler, Entsorgungs- und Logistikunternehmen begannen mit der Glaserfassung bei privaten Haushalten und Getränkeabfüllern (wie Brauereien und Mineralbrunnen) über Haus-zu-Haus-Sammlung und verschiedene Containersysteme. In den Kommunen wurden die ersten Depotcontainer – teilweise wegen ihrer Form auch Glasiglus genannt – aufgestellt.

Das so gesammelte Altglas enthielt – im Vergleich zu den Eigenscherben der Glasindustrie – diverse Störstoffe (Fehlwürfe wie Keramik, Stein und Porzellan, aber auch Metallverschlüsse), die in der Glasschmelze mit zunehmendem Einsatz zu Problemen führten. Schnell entstanden Glasaufbereitungsanlagen, in denen diese Störstoffe mit großem manuellem Aufwand, aber auch mithilfe von Magnetscheidern und ersten optischen Geräten aussortiert wurden. Bereits 1978 wurde das Glasrecycling mit dem Umweltzeichen „Blauer Engel" ausgezeichnet.

Im Verlauf der folgenden Jahre entwickelte sich die Art der Glaserfassung in der Bundesrepublik unter kommunaler Hoheit und unterschiedlichem Einfluss von Recyclingwirtschaft und Glasindustrie regional unterschiedlich. In manchen Gebieten etablierte sich die

Glassammlung als Holsystem in Säcken, Körben oder Müllgefäßen (MGB, Müllgroßbehälter); teilweise wurde Glas auch zusammen mit anderen Wertstoffen in gemischten Wertstofftonnen erfasst. Dabei wurde Mischglas, aber auch schon farbgetrenntes Glas gesammelt. Mehrheitlich setzte sich jedoch das Bringsystem mittels Depotcontainer zur dreifarbigen Erfassung (Weißglas, Grünglas und Braunglas) durch. In verschiedenen Regionen, v. a. in Norddeutschland, wurde wegen eines geringen Braunglasaufkommens – Bier wurde hier vorwiegend in grünen (Einweg-)Flaschen abgefüllt und konsumiert – in der Erfassung nur zwischen weiß und bunt (Grün- und Braunglas vermischt) unterschieden.

Die Menge des verwerteten Glases belief sich in der Bundesrepublik 1991 auf knapp 2,5 Millionen Tonnen. Demgegenüber stand ein Verbrauch von Glasverpackungen in Höhe von gut 4,6 Millionen Tonnen, was eine Verwertungsquote von rund 54 % bedeutete (Gesellschaft für Verpackungsmarktforschung mbH 2015). Mit der Verabschiedung der Verpackungsverordnung im gleichen Jahr wurde u. a. das Recycling von Verkaufsverpackungen (neu) geregelt und intensiviert.

In den Folgejahren wurde die Glaserfassung vor allem durch Verdichtung des Depotcontainernetzes ausgebaut; neue Glasaufbereitungskapazitäten wurden bundesweit geschaffen.

20.4 Glaserfassung

Hochwertiges Glasrecycling beginnt heute mit einer qualifizierten Glaserfassung. Schon dabei werden die Weichen für die spätere Qualität des aufbereiteten Glases hinsichtlich Farbreinheit und Freiheit von Störstoffen gestellt. In der Praxis werden heute unterschiedliche Systeme und Kombinationen von Systemen genutzt. Neben der ökologisch in der Regel nachteiligen gemeinsamen Erfassung von Mischglas, wird farbgetrenntes Altglas heute vor allem über ein Netz von mehr als 250.000 Depotcontainern gesammelt.

► **Praxishinweis** Kommunen und Systembetreiber sollten bei der Glaserfassung sowohl die Bürgerfreundlichkeit berücksichtigen als auch die Sammelqualität. Insofern sollte jeweils kritisch überprüft werden, ob die Mischglaserfassung, die Sammlung in Kunststoffsäcken und die Abfuhr als Holsystem gegenüber der farbgetrennten Sammlung im Bringsystem noch Bestand haben können.

20.4.1 Art der Sammlung und Behälter

Mischglas in Säcken und gemischten Wertstofftonnen

Eine Mischglas-Sammlung in Kunststoffsäcken mit Pressmüllfahrzeugen entspricht aus Sicht der Glasaufbereitung nicht mehr den Anforderungen an eine moderne Kreislaufwirtschaft, da durch die Haushalte vermehrt unkontrollierbare Störstoffe in das Sammelglas eingetragen werden und damit bequem Restmüll entsorgt werden kann. Die Qualität der Sammelware ist bei einer Erfassung über farbgetrennte Depotcontainer ungleich höher. Außerdem führt die Erfassung mit Pressmüllfahrzeugen zu einem hohen Bruchglasanteil, der die Aufbereitung unnötig erschwert. Dies gilt auch für die gemeinsame Sammlung von Glas zusammen mit anderen Verkaufsverpackungen in Müllgroßbehältern (MGB). Hinzu kommt, dass während der Sortierung Glasverlust entsteht und das verbleibende Glas mit diversen Fremdstoffen vermengt bleibt.

Mischglas in Körben und MGB

In einigen Städten und Landkreisen wird immer noch Mischglas in Körben oder MGB – aber eben auch mit Pressmüllfahrzeugen – gesammelt. Wertvolleres Weiß- und Braunglas kann hieraus wegen der hohen Bruchquote ebenfalls nicht gewonnen werden. Auch bei dieser Art der Erfassung wird dem Bürger die Entsorgung von Restmüll im Sammelgefäß für Glas (insbesondere bei besonders kleinvolumigen Restabfallgefäßen) leicht gemacht: Es ist einfacher, einen Porzellanteller oder einen Blumentopf in die Glastonne im Vorgarten oder Hinterhof zu werfen, als damit an den etwas weiter entfernten Glas- Depotcontainer heranzutreten.

Depotcontainer für farbgetrennte Sammlung

Im Rahmen der Abstimmungsvereinbarungen mit den Betreibern der Dualen Systeme sind die Kommunen u. a. dazu verpflichtet, ausreichende Stellflächen für Glascontainer in ihren Gebieten zur Verfügung zu stellen. Unter anderem dafür erhalten sie die sogenannten kommunalen Nebenentgelte.

Es kann festgestellt werden, dass Standplätze mehr und mehr „ausgedünnt“ werden. Dies führt dazu, dass die Wege zum Glascontainer weiter werden, und birgt die Gefahr, dass Glasverpackungen anderweitig entsorgt und damit nicht über die vorgesehenen Wege verwertet werden, was unweigerlich zu einem Rückgang der Verwertungsquote führt.

Standplätze, die darüber hinaus einer „wilden Müllkippe“ gleichen, ziehen diverse Abfälle (bis hin zu Elektroaltgeräten oder gar Altöl) an. Hier liegt es für viele Bürger nahe, diese Abfälle dann doch – soweit sie gerade noch durch die Öffnung passen – direkt in die Glascontainer zu geben.

► **Praxishinweis** Für Kommunen, Systembetreiber und mit der Glaserfassung beauftragte Unternehmen empfiehlt es sich, die Standplätze offen und ansehnlich zu gestalten und für permanente Sauberkeit zu sorgen.

Die aus Sicht der Glasaufbereiter beste Art der Glassammlung ist die farbgetrennte Erfassung von Weiß-, Braun- und Grünglas. Diese Art hat sich in Deutschland weitgehend durchgesetzt. Um eine gute Glassammelqualität zu erreichen, sollten jedoch die folgenden Zusammenhänge beachtet werden.

Hinsichtlich des Werkstoffes für Depotcontainer kann grundsätzlich zwischen Stahlblech- und (Glasfaser-)Kunststoffcontainern unterschieden werden. Dabei sind Ein-, Zwei-

oder Dreikammerbehältnisse im Einsatz. Techniken zur Aufnahme und Entleerung der Container sind vielfältig. Diese technischen Details haben auf den ersten Blick keinen Einfluss auf die Sammelqualität des Glases – sofern die Technik funktioniert.

Dies bedarf allerdings einer regelmäßigen Wartung und Instandsetzung der im Einsatz befindlichen Container. Defekte (oder nicht mehr vorhandene!) Trennwände oder Entleerungsmechanismen führen zu einer Vermischung des farbgetrennt eingeworfenen Glases. Alle Standplätze müssen mit einem ausreichenden – am farbspezifischen Mengenaufkommen ausgerichteten – Volumen ausgestattet sein. In direkter Wechselbeziehung dazu stehen die Leerungsintervalle der Depotcontainer. Eine Überfüllung einer Farbkammer führt häufig zur Fehl-(Farb-)Befüllung der anderen Kammer(n). Der Mangel an hinreichenden Behälterkapazitäten sowie einer sauberen Farbtrennung bei der Erfassung und dem Transport von Altglas gefährdet die Akzeptanz des Systems und kann damit zur Verschlechterung des Trennverhaltens der Bürger führen. Das farbspezifische Mengenaufkommen kann bedingt durch unterschiedliche Konsum- oder Containerfüllgewohnheiten regional, aber auch innerhalb einer Stadt sehr stark schwanken.

▶ **Praxishinweis** Eine Kennzeichnung hinsichtlich der Glasfarbe sowie eine Beschriftung bzw. Beklebung mit deutlichen Hinweisen auf die nicht einzuwerfenden Stoffe fehlen heute an vielen Containern oder sind unzureichend und nur noch rudimentär vorhanden. Bei der Beschriftung muss zunehmend auf Mehrsprachigkeit geachtet werden, damit Mitbürgern mit Migrationshintergrund aus Ländern, in denen (Glas-)Recycling noch keinen hohen Stellenwert besitzt, die Gelegenheit zum ordnungsgemäßen Glaseinwurf gegeben wird. Keramik, Stein(-gut) und Porzellan sowie Glühbirnen, Bleikristallglas oder hitzefestes Kochgeschirr verursachen in der Glasschmelze große Probleme und können nur mit hohem Aufwand in der Glasaufbereitung ausgesondert werden.

20.4.2 Sammelfahrzeuge und Durchführung des Transports

Für die Entleerung der Depotcontainer und den Transport des Sammelglases zur Entladestelle werden in der Regel Kranfahrzeuge mit Festaufbauten oder mit Abrollcontainern eingesetzt. Diese verfügen über separate durch Klappwände getrennte Kammern für jede Glasfarbe, sodass die Depotcontainer farbrein entleert werden können. Da die Trennung der Kammern von außen nicht zu erkennen ist, entsteht bei den Bürgern teilweise der Eindruck, dass bei der Containerleerung eine Vermischung der Fraktionen erfolge und die Farbsortierung durch den Verbraucher daher wirkungslos sei.

▶ **Praxishinweis** Die Information des Bürgers muss das Verständnis für die Abläufe und Methoden der Erfassung, des Transports und der Aufbereitung von Altglas steigern. Diesbezügliche Missverständnisse und sich verbreitende Fehlinformationen sind wesentliche Hemmnisse für eine wirkungsvolle

Verbesserung des Trennverhaltens. Die Entleerung der Depotcontainer soll bruchvermeidend durchgeführt werden, indem diese möglichst tief in die vorgesehene Kammer des Aufbaus bzw. des Abrollcontainers abgelassen werden, damit die Fallhöhe des Glases auf ein Minimum reduziert wird.

Zur Vermeidung von Glasbruch und Kontamination ist der direkte Transport des Glases aus der Sammlung zur Aufbereitungsanlage der sinnvollste und wünschenswerteste Weg. Aus Entfernungsgründen und der zunehmenden Einflussnahme Dualer Systeme bei der Steuerung von farbspezifischen Glasströmen, findet häufig auch ein gebrochener Transport über Umschlagplätze statt.

Dabei ist ein schonender Umgang mit dem Glas bei der Entladung sowie bei dem Aufschieben und der Wiederverladung mittels Radlader dringend geboten. Der bewusste oder unbewusste Eintrag von Störstoffen (Steine, Erden oder andere Glasarten) ist zu vermeiden.

▶ **Praxishinweis** Es ist darauf zu achten, dass zum Transport vom Umschlag zur Aufbereitungsanlage ausschließlich Fahrzeuge mit sauberen Ladeflächen von qualifizierten Transporteuren eingesetzt werden.

20.4.3 Öffentlichkeitsarbeit

Die vom Beginn des Dualen Systems bis zum Ende der neunziger Jahre intensive Öffentlichkeitsarbeit wurde seitens der Kommunen – bis auf vereinzelte Hinweise im Abfallkalender – auf nahezu Null zurückgefahren, obwohl auch dies über die kommunalen Nebenentgelte finanziert wird. Mit dem Verpackungsgesetz (2017) sollen die Systembetreiber größere Verantwortung in der Information der Verbraucher übernehmen. Über die Initiative „Mülltrennung wirkt" soll die Bevölkerung über den richtigen Umgang mit Verpackungsabfällen aufgeklärt werden.

▶ **Praxishinweis** Um die qualitativ hochwertige Erfassung und das Glasrecycling weiter auszubauen, sollte intensive Öffentlichkeitsarbeit betrieben werden, die sich an aktuellen Gegebenheiten hinsichtlich „neuer" Medien und Bevölkerungsgruppen (Alter und Herkunft) orientiert.

Grundsätzlich hat sich das seit Verabschiedung der Verpackungsverordnung im Jahre 1991 etablierte bzw. ausgebaute System der Glassammlung überwiegend bewährt. Bewertungskriterien bei der Vergabe von Glaserfassungsaufträgen durch duale Systembetreiber unter vorwiegend monetären Gesichtspunkten können allerdings zu einem Kostendruck führen, durch den die notwendige qualifizierte Glassammlung nicht durchgängig zur Zufriedenheit der nachgelagerten Beteiligten des Glasrecyclings gewährleistet ist.

20.4.4 Möglichkeiten zur Optimierung der Glaserfassung

Mit dem Verpackungsgesetz werden die Anforderungen an das Recycling von Altglas deutlich angehoben. Statt des in der Verpackungsverordnung vorgesehenen Anteils der werkstofflichen Verwertung von 75 % der am Dualen System beteiligten Glasverpackungen sieht das Verpackungsgesetz die schrittweise Anhebung der verpflichtenden Recyclingquote auf 90 % vor. Der Anteil der werkstofflichen Verwertung von Verpackungsglas, das über das Duale System eingesammelt wird, liegt seit einigen Jahren bei knapp 89 %. Die Aufbereitung bewegt sich damit bereits am Rande des technisch Möglichen. Eine weitere Steigerung der Recyclingleistung ist daher nur über die Verbesserungen der Rahmenbedingungen für die Sammlung und den Transport von Altglas möglich.

Hinzukommt, dass, anders als bei den sogenannten Leichtverpackungen, die Menge der lizenzierten Verpackungen im Glasbereich höher ist als die tatsächlich gesammelte Menge. Demnach muss die in Verkehr gebrachte bzw. die beim Endverbraucher als Abfall anfallende Menge fast vollständig den Aufbereitungsanlagen zugeführt werden, um die Erreichbarkeit der höheren Recyclingziele überhaupt zu ermöglichen.

Das wirksamste Instrument zur Steigerung der Sammelmenge ist die Verdichtung des Erfassungsnetzes und damit die Verbesserung der Bürgerfreundlichkeit des Systems. Gerade in einigen (groß-)städtischen Gebieten, die bisher eher unterdurchschnittliche Sammelquoten erreichen, würde diese Maßnahme zu erheblichen Steigerungen führen können. Darüber hinaus sind die in diesem Kapitel vorstehend dargelegten Anforderungen an Sammelbehälter und -plätze zur Verbesserung der Qualität des erfassten Materials zu berücksichtigen.

▶ **Praxishinweis** Die Systembetreiber, die betroffenen Kommunen und die vor Ort tätigen Entsorger müssen gemeinsam neue Standplätze für Glascontainer identifizieren. Die einzurichtenden Depotcontainer müssen dann sauber gehalten und die Standplätze bekannt gemacht werden. Die auf diese Weise ermöglichte Steigerung der Sammelmenge ist für die Erreichung der weiterentwickelten Vorgaben aus dem Verpackungsrecht unverzichtbar.

20.5 Glasaufbereitung

20.5.1 Notwendigkeit der Glasaufbereitung

Auch bei optimal durchgeführter Glassammlung werden zusammen mit dem Altglas Stoffe erfasst, die den Glasherstellungsprozess oder die Verwendung der Glasprodukte negativ beeinflussen können. Dies sind zum einen Fehlwürfe wie Keramik, Stein, Porzellan oder Glaskeramik, die einen höheren Schmelzpunkt als Glas haben und zu Einschlüssen im Glas oder zu Produktionsstörungen führen können. Zum anderen handelt es sich um Verpackungshilfsmittel wie Etiketten oder Verschlüsse aus Metall, Kunststoff oder

Kork, die aufgrund ihrer Zusammensetzung ungewollte chemische Reaktionen in der Glasschmelze verursachen oder selbst durch Umwandlung Schäden an Produktionsanlagen verursachen können.

Hohe Einsatzquoten von Recyclingglas, dünnwandigere und leichtere Verpackungen, höchste Geschwindigkeiten bei der Abfüllung und ständig steigende Anforderungen an Design und Farbe von Glasverpackungen erfordern, dass der maximal zulässige Gehalt an Fremdstoffen und (in Abhängigkeit von der Glasfarbe) Fehlfarben im Recyclingglas gegen Null geht.

Die Qualitätskriterien für Recyclingglas als Produkt wurden auf europäischer Ebene in der Abfallende-Verordnung erstmalig juristisch festgelegt (Europäische Kommission 2012). Für den Einsatz in der deutschen Glasindustrie gilt das strengere Regelwerk des Bundesverbands Glasindustrie e. V. (BV Glas) bzw. die von den Recyclingverbänden und dem BV Glas entwickelten Standardblätter T 120 und TR 101 (siehe dazu auch BDE/bvse/BV Glas 2013, 2014). Bilaterale Vereinbarungen zwischen Glasrecyclern und Glasherstellern schreiben teilweise noch deutlich höhere Anforderungen fest.

Im Weiteren werden die technischen Abläufe der Glasaufbereitung beschrieben. Wechselnde Eigentumsverhältnisse beim Glas oder die Mengenentwicklung im Verlauf der Jahre, die Mengenstrom-Dokumentation, die Verwiegung oder das Meldewesen werden – wie schon bei der Glaserfassung – auch hier nicht behandelt.

20.5.2 Eingangskontrolle und Lagerung des Sammelglases

Das durch Glassammel- oder andere Fahrzeuge angelieferte Glas wird im Eingangslagerbereich der Glasaufbereitungsanlage auf Farbreinheit, grobe Verunreinigungen und Glasbruch bzw. spezifisches Gewicht hin kontrolliert. Leider wurde die Rückweisungs- und/oder Sanktionierungsmöglichkeit gegenüber den Glaserfassern bei Verstößen durch die Betreiber der Dualen Systeme in den letzten Jahren stark eingeschränkt; Qualitätsspezifikationen für Sammelglas existieren – bis auf eine Regelung zum spezifischen Gewicht – nicht mehr.

Bei der Lagerung des Rohglases wird zwischen den Glasfarben getrennt; innerhalb dieser werden auch unterschiedliche Eingangsqualitäten berücksichtigt. Die Handhabung des Glases während der Lagerung und bei Beschickung der Anlage geschieht schonend und bruchvermeidend.

20.5.3 Vorsortierung

In der Regel wird das farbgetrennt aufgegebene Rohglas mittels Stangensieb einerseits in eine Grob- und andererseits in eine Mittel-/Feinfraktion klassiert. Vor oder nach dieser Klassierung findet eine erste Abscheidung von losen Eisen-(FE-)Metallen durch Magnetscheider statt. Die grobe Fraktion wird manuell vorsortiert. Dabei werden vor allem große

Keramik- und Porzellanteile, sonstiger Abfall (z. B. Kunststofftüten und -flaschen) sowie große fehlfarbige Glasteile aussortiert.

Die so bearbeitete Grobfraktion wird mithilfe eines Walzenbrechers definiert gebrochen; u. a. lösen sich damit Verschlüsse von den Flaschenöffnungen. Hiernach wird der gesamte Glasstrom zur Abtrennung der Verschlüsse und Kapseln über weitere Siebe gefördert. Magnet- und Wirbelstromscheider sorgen für die Abscheidung von noch verbliebenen FE- und Nichteisen-(NE-)Metallen (Verschlüsse, Sprengringe, Aluminiumfolien).

20.5.4 Optische Aufbereitung

Nach einer weiteren Klassierung werden vom aufzubereitenden Glas über mehrstufige Prozesse mit optischen Sortiermaschinen sowohl Keramik, Stein und Porzellan als auch die Fehlfarben abgeschieden. Dabei wird der gesamte Glasstrom über hochkomplexe Kamerasysteme detektiert und die auszusortierenden Scherben mittels Luftdüsen ausgeschossen.

Besonderes Augenmerk gilt mittlerweile aber auch hitzebeständigem Glas bzw. Glaskeramik (z. B. Ceran oder Kochgeschirr) und bleihaltigem Glas. Insbesondere hitzebeständiges Glas kann zu Problemen bis hin zu größeren Schäden in der Glasproduktion führen, da dieses nicht aufgeschmolzen ist und beim Schneiden der Tropfen oder in der Formgebung Störungen verursachen kann. Bleihaltiges Glas – und hier besonders Bleikristallglas – kann einen nicht gewollten und ggf. zu hohen Bleigehalt in Glasverpackungen verursachen. In Deutschland ist die Aussortierung von hitzebeständigem und bleihaltigem Glas mittels UV- oder Röntgenfluoreszenztechnik seit 2011 deshalb Standard in der Glasaufbereitung.

Während der Förderung werden an allen vertikalen Übergabestellen mithilfe von Absaugungen lose Leichtstoffe wie Etiketten aus dem Glasstrom entfernt.

20.5.5 Qualitätskontrolle

Aus der Produktion der aufbereiteten Glasscherben werden permanent repräsentative Stichproben entnommen, die im Labor hinsichtlich des Gehaltes an Störstoffen und der Glasfarben- sowie Kornverteilung analysiert werden. Nur so ist gewährleistet, dass der Glasindustrie ein durchgängig hochwertiger Rohstoff für ihre Produktion zur Verfügung gestellt werden kann.

20.6 Entwicklung des Scherbeneinsatzes in der Glasherstellung

Angesichts des großen ökonomischen und ökologischen Potenzials des Glasrecyclings ist die bestmögliche Ausschöpfung der Möglichkeiten zur Steigerung des Scherbeneinsatzes in der Glasherstellung erstrebenswert. In den vergangenen Jahren wurde in Deutschland eine Scherbeneinsatzquote von durchschnittlich deutlich mehr als 60 % realisiert. Der Stand der Recyclingtechnik ermöglicht bereits heute ein praktisch vollständiges Recycling des anfallenden Altglases. Die weitere Ausweitung des Scherbeneinsatzes kann daher vor allem über eine Verbesserung der Erfassung und die kontinuierliche Steigerung der Qualität des Inputs der Anlagen zur Aufbereitung des Wertstoffes erreicht werden. Die Beschädigung des Altglases bei Erfassung und Transport sowie der Einsatz neuer Materialien oder Methoden in der Produktion von Behälterglas, wie beispielsweise das Inverkehrbringen von Schwarzglas, können die etablierten Aufbereitungs- und Verarbeitungsprozesse allerdings erheblich behindern.

▶ **Praxishinweis** Beim Inverkehrbringen von Verpackungen aus neuartigen Materialien oder Materialkombinationen müssen diese auf ihre Systemverträglichkeit hin überprüft werden. Sofern sie die Abläufe der Erfassung oder des Recyclings in den Verwertungswegen des Dualen Systems eher behindern als dass sie diesen zuträglich sind, ist auf die diesbezügliche Beteiligung am Dualen System zu verzichten.

Zusätzlich müssen die rechtlichen Rahmenbedingungen geschaffen werden, um die Aufbereitung von Scherben nachhaltig wirtschaftlich gestalten zu können. Einerseits verkaufen die Unternehmen der Recyclingwirtschaft ihre Produkte in der ständigen Konkurrenz zur Neuware auf den internationalen Rohstoffmärkten an Glashütten und sind dabei auf die wirtschaftliche Situation bzw. den Absatz der Glashütten angewiesen. Andererseits sind die Inverkehrbringer von Glasverpackungen über die Produktverantwortung zum Nachweis und damit zur Finanzierung der erforderlichen Sammlung sowie der quotengerechten Verwertung verpflichtet. Je nachdem wie sich die wirtschaftlichen Rahmenbedingungen, darunter die Preise auf den beiden vorgenannten Märkten und die Energiekosten entwickeln, kann der Einsatz von Scherben für die Glashütten unterschiedlich attraktiv sein, sodass diese ihre Produktion in der Folge stärker oder weniger stark auf Scherben oder Primärrohstoffe ausrichten. Im Sinne der gesamtwirtschaftlichen Effizienz der Verwertung sowie der Ressourcenschonung muss eine hohe Scherbeneinsatzquote sichergestellt werden.

Literatur

BDE/bvse/BV Glas (2013) Leitlinie TR 101 – Leitlinie zur Beprobung von Glasscherben zum Einsatz in der Behälterglasindustrie

BDE/bvse/BV Glas (2014) Standardblatt T 120 – Leitlinie Qualitätsanforderungen an Glasscherben zum Einsatz in der Behälterglasindustrie

Bundesverband Glasindustrie e. V. (2009) Emissionshandel: Glasindustrie skeptisch. GlasNews 2: 1

Bundesverband Glasindustrie e. V. (2016) http://www.bvglas.de/. Abgerufen 04.01.2017

Bundesverband Glasindustrie e.V. (2021) Jahresbericht 2020

Europäische Kommission (2012) Verordnung Nr. 1179/2012 der Kommission vom 10.12.2012 mit Kriterien zur Festlegung, wann bestimmte Arten von Bruchglas gemäß der Richtlinie 2008/98/EG des Europäischen Parlaments und des Rates nicht mehr als Abfall anzusehen sind, Amtsblatt der Europäischen Union, Brüssel, Belgien

Faist B (2001) Der Fernhandel des assyrischen Reiches zwischen dem 14. und 11. Jahrhundert v. Chr., Alter Orient und Altes Testament, Bd. 265, Münster

Gesellschaft für Verpackungsmarktforschung mbH (2015) Recycling-Bilanz für Verpackungen – Bezugsjahr 2014, Mainz

Mineralienatlas (2016) https://www.mineralienatlas.de/lexikon/index.php/Glas. Abgerufen 04.01.2017

Verpackungsgesetz (2017) Bundesgesetzblatt Jahrgang 2017 Teil I Nr. 45 S. 2234–2261

Altpapier

21

Andreas Bruckschen und Rob Pattison

21.1 Einführung

Die Wachstumsraten sind eindrucksvoll: In den vergangenen fast 40 Jahren hat sich die globale Papierproduktion mehr als verdoppelt, von 171 Millionen Tonnen (1980) auf 413 Millionen Tonnen (Mio. t) in 2019 (RISI, Verband Deutscher Papierfabriken e. V. 2021). Noch deutlich stärker stieg aber der Anteil von Recyclingpapier, der Anfang der 1970er-Jahre noch bei rund einem Drittel lag. Heute basiert mehr als die Hälfte des neu produzierten Papiers auf dem Rohstoff Altpapier. Die Unternehmen der Kreislaufwirtschaft haben für das deutsche Altpapieraufkommen von etwa 15 Millionen Tonnen in den vergangenen Jahren leistungsfähige Erfassungs- und Aufbereitungsstrukturen entwickelt. Aus einem häufig undefinierten Sammelgemisch, das Feuchte, Verschmutzungen und Störstoffe enthält, stellen die Recyclingunternehmen definierte Qualitäten her. So produzieren sie hochwertige Sekundärrohstoffe zum Einsatz in der Papierindustrie und vermarkten die Mengen in Abhängigkeit von der Lage an den Rohstoffmärkten effizient ins In- und Ausland. Die Papierfabriken sind für ihre Produktionsprozesse auf die Verfügbarkeit und die definierte Qualität dieser Recyclingmaterialien angewiesen.

Der Altpapiermarkt erfüllt inzwischen sämtliche Charakteristika eines globalen Rohstoffmarktes mit internationalen Stoffströmen, Volatilitäten und Hedging-Instrumenten. Altpapier hat seit Ende des letzten Jahrtausends zunehmend an wirtschaftlicher Bedeutung

A. Bruckschen (✉)
BDE Bundesverband der Deutschen Entsorgungs-, Wasser- und Kreislaufwirtschaft e. V., Berlin, Deutschland
E-Mail: bruckschen@bde.de

R. Pattison
Veolia Umweltservice GmbH, Hamburg, Deutschland
E-Mail: rob.pattison@veolia.com

P. Kurth et al. (Hrsg.), *Praxishandbuch der Kreislauf- und Rohstoffwirtschaft*,
https://doi.org/10.1007/978-3-658-36262-1_21

gewonnen. Zum einen hat sich die Anzahl der daran interessierten Wirtschaftsteilnehmer wesentlich erhöht, zum anderen hat sich Altpapier durch die Entwicklung von Recyclingkreisläufen zu einem bedeutenden Handelsgut mit nachhaltig positivem Marktwert entwickelt. Aber auch gesamtwirtschaftliche Rahmenbedingungen, wie das rasante Wirtschaftswachstum in den asiatischen Schwellenländern, beeinflussen die Altpapiermärkte. Mit zunehmender Rohstoffverknappung gewinnt die Sicherung von Ressourcen – dazu zählt auch Altpapier – weiter an Bedeutung.

Globalisierung und Rohstoffsicherung sind wesentliche Faktoren, die heute und auch zukünftig den Altpapiermarkt nachhaltig verändern werden. Die private und kommunale Entsorgungswirtschaft sowie Abfallerzeuger und -verwerter sind dabei, sich auf die neuen Gegebenheiten einzustellen. Eine Vielzahl von rechtlich und politisch veränderten Rahmenbedingungen nimmt verstärkt Einfluss auf den Wettbewerb und die Ausgestaltung der Wertschöpfungskette für Altpapier. Themen wie Daseinsvorsorge, Produktverantwortung, Zugriffsrechte, Digitalisierung, Änderung des Konsumverhaltens der Bürger, Nachhaltigkeit und „Carbon Footprint" werden die Zukunft des deutschen Altpapiermarktes maßgeblich beeinflussen. Aber auch unvorhersehbare Sondereffekte wie der Ausbruch der Covid-Pandemie ab 2020 sind zu berücksichtigen.

21.2 Entwicklung der Altpapiermärkte

21.2.1 Deutschland

Im Rahmen freiwilliger Holsysteme begann in Deutschland erst seit den 1970er-Jahren eine mengenmäßig bedeutsame Altpapiererfassung. Mit dem Aufbau einer geordneten Abfallwirtschaft auf Basis ordnungspolitischer Regelwerke seit Ende der 80er-Jahre gewinnt mit dem Recycling auch die Erfassung von Altpapier zunehmend an Bedeutung. In diesem Zeitraum ist die Erfassungsmenge von 4,7 Mio. t (1985) auf 14,7 Mio. t (2019) angestiegen (Verband Deutscher Papierfabriken e. V. 2021). Allein in Vorbereitung auf die TASi[1] (Verbot der Deponierung nicht vorbehandelter Abfälle) ab 2003 bis zur verbindlichen Umsetzung durch die Abfallablagerungsverordnung 2005 kam es zu einer signifikanten Erhöhung der erfassten Altpapiermenge um ca. 1,5 Mio. t (Confederation of European Paper Industries 2019).

Das Altpapieraufkommen in Deutschland in 2019 stammt zu etwa 47 % aus der kommunalen Erfassung (so genannte haushaltstypische Siedlungsabfälle) und zu 53 % aus dem gewerblichen/industriellen Bereich (Statistischen Bundesamtes 2021, Verband Deutscher Papierfabriken e.V. 2021). Deutschland steht mit seinem Altpapieraufkommen von 14,7 Mio. t (2019, entspricht 177 kg pro Einwohner [EW]) im europäischen Vergleich deutlich an der Spitze (Verband Deutscher Papierfabriken e. V. 2021). Weltweit erfassten nur China (59,1 Mio. t), die USA (44,3 Mio. t) und Japan (19,6 Mio. t) absolut höhere

[1] Technische Anleitung zur Verwertung, Behandlung und sonstigen Entsorgung von Siedlungsabfällen.

Altpapiermengen. Die jährliche Pro-Kopf-Sammelmenge ist jedoch wesentlich geringer als in Deutschland (China: 42 kg/EW, USA: 135 kg/EW und Japan: 155 kg/EW) (Verband Deutscher Papierfabriken e. V. 2021, Weltbank). Verantwortlich für die im weltweiten Vergleich hohen Pro-Kopf-Werte ist die im Holsystem „Blaue Tonne" organisierte Altpapiererfassung in Deutschland (Alwast 2011). Ergänzt um weitere Formen der Erfassung, wie z. B. Depotcontainer und Wertstoffhöfe, lag die Sammelquote in 2020 bei 79 % (Verband Deutscher Papierfabriken e. V. 2021). Nach dem stetigen Anstieg der Altpapiermenge über die Jahre, insbesondere ab 2003, ist nunmehr die direkte Erfassung kaum weiter ausbaubar. Weitere Mengensteigerungen und Qualitätsverbesserungen sind vor allem noch über die Steigerung der Trennschärfe durch den Verbraucher denkbar.

Altpapier wird europaweit nach festgelegten Qualitätsstandards gehandelt. Die Einstufung des erfassten Altpapiers erfolgt nach der überarbeiteten europäischen Standardsortenliste (Stand 2014, keine Änderungen seitdem) mit 95 verschiedenen normierten Qualitäten in fünf Hauptgruppen. Die unteren, qualitativ niedrigeren Sorten, 1.02.00, 1.04.00, 1.04.01, 1.04.02 und 1.11.00, machen dabei in Deutschland ca. 76 % des Gesamtaufkommens aus (Verband Deutscher Papierfabriken e. V. 2021).

Eine untergeordnete Rolle spielen die mittleren Sorten (6 %), die krafthaltigen Sorten (10 %), die besseren Sorten (5 %) sowie die Sondersorten (< 3 %). Die Nachfrage nach den Massensorten der Hauptgruppe 1 betrug 13,1 Mio. t im Jahr 2019 bei einem Gesamtverbrauch von 17,2 Mio. t (Verband Deutscher Papierfabriken e. V. 2021). Bereits 2010 konnte die deutsche Papierindustrie ihren Altpapierbedarf nicht mehr vollständig aus dem inländischen Markt decken. Wie schon kurzzeitig im Jahr 2008 ist Deutschland seitdem Netto-Importeur von Altpapier. In 2020 belief sich der Netto-Importüberschuss auf 2,4 Mio. t- insgesamt wurden 4,6 Mio. t importiert (Verband Deutscher Papierfabriken e. V. 2021).

Der Papierverbrauch und damit auch das Altpapieraufkommen stagniert in Deutschland seit einigen Jahren auf einem hohen Niveau. Andere Erfassungsquellen – Altpapier z. B. aus dem Restabfall zu generieren – sind nur schwer erschließbar (Amec 2011). Expertenschätzungen zum Rückgang des Altpapieraufkommens, nach denen die demografische Entwicklung und das sich ändernde Verbraucherverhalten sowie die zunehmende Nutzung neuer Medien (Smartphones und Tablet-PCs) für Deutschland zu einem um 5 % reduzierten Altpapieraufkommen bis 2020 führen würden (Alwast 2011), wurden teilweise sogar noch übertroffen: Von 2011 (8,1 Mio. t) bis 2019 (7,0 Mio. t) ist die Menge an getrennt erfasstem kommunalen Altpapier (so genannte haushaltstypische Siedlungsabfälle) um 14 % gesunken (Statistisches Bundesamt 2021). Damit verbunden gibt es eine Verschiebung des Sortenaufkommens und der Sortennachfrage, wie die Kennzahlen der deutschen Zellstoff- und Papierfabriken belegen. Danach produzierte die Industrie 2020 ca. 40 % (4 Mio. t) weniger grafische Papiere als 2010. Die Produktion von Hygiene- und Spezialpapieren veränderte sich im gleichen Zeitraum nicht signifikant. Derweil stieg die Menge an produzierten Verpackungspapieren um 2,1 Mio. t (21 %) an, ihr Anteil an der Gesamtproduktion beläuft sich mittlerweile auf 58 %. Insgesamt verringerte sich die Gesamtproduktion von Neupapier in 2020 zum Vorjahr um 727.000 t auf 21,4 Mio. t (Verband Deutscher Papierfabriken e. V. 2021).

21.2.2 Europa

Vergleicht man die deutsche Entwicklung mit dem europäischen Ausland, so stellt sich hier in Bezug auf die Altpapiermarktentwicklung ein gänzlich anderes Bild dar. In vielen europäischen Staaten, besonders in Osteuropa, befindet sich die Recyclingwirtschaft immer noch im Aufbau. Die novellierte EU-Abfallrahmenrichtlinie 2008/98/EG (Europäische Union 2008) sollte auch durch die Vorgabe von Mindesterfassungsquoten (50 % für Altpapier) und die Pflicht zur Getrennterfassung der Materialströme zu einer Erhöhung des Altpapieraufkommens in diesen Staaten führen. Mit dem europäischen Kreislaufwirtschaftspaket von 2018, das Überarbeitungen der Abfallrahmenrichtlinie (Europäische Union 2015a) und der Verpackungsrichtlinie (Europäische Union 2015b) realisiert hat, werden die Anforderungen an die Verwertung von Altpapier weiter gesteigert (75 % bis 2025 und 85 % bis 2030). Zusätzlich beeinflusst der steigende Papierverbrauch in Osteuropa das Altpapieraufkommen positiv.

Nachfolgend sollen beispielhaft einige Marktbesonderheiten in Bezug auf Neupapierproduktion und -bedarf, Altpapiersammlung und Altpapier-Einsatzquoten in ausgewählten Ländern dargestellt werden.

Tschechien kommt in Bezug auf den Absatz von Neupapier eine besondere Rolle zu. Aufgrund der nicht ausreichend ausgebauten Papierindustrie bietet Tschechien für deutsche, polnische und österreichische Papierfabriken einen guten Absatzmarkt für Neupapier. Polen nimmt mittlerweile eine „Mittlerrolle für den internationalen Papierhandel zwischen Mitteleuropa und den östlichen Ländern bis nach Asien“ (Trendresearch 2012) ein. In noch weiter östlich gelegenen europäischen Ländern wie Rumänien, Bulgarien und der Ukraine sind es vor allem die niedrigen Produktionskosten für Neupapier, die der Papierindustrie Investitionsanreize bieten. Auf Sicht wird es zu einer Verschiebung der Produktionskapazitäten von West nach Ost kommen.

Die Altpapiersammlung ist in Polen (51 % in 2019, Tendenz steigend, in 2014 lag die Quote bei 42 %) und Tschechien (mit 55 % in 2019, Tendenz stagnierend, in 2014 lag die Quote auch bei 55 %) noch unterdurchschnittlich entwickelt (EU 28: 70 %) (Verband Deutscher Papierfabriken e. V. 2021). In weiter östlich gelegenen Ländern finden sich ebenfalls unausgeschöpfte Potenziale in der Wertschöpfungskette für Altpapier.

Der Einsatz von Altpapier als Rohstoff in der Neupapierproduktion gewinnt zunehmend an Bedeutung. Deutschland, Frankreich, England, Spanien und Italien verzeichnen bereits hohe Altpapiereinsatzquoten. Osteuropa, Indien und China bauen ihre Verarbeitungskapazitäten zunehmend aus, was zu einer eindeutigen Tendenz der Altpapiernachfrage von „alten“ zu „neuen“ Märkten führt (Arnqvist 2011).

21.2.3 Asien/China

China verarbeitete 2019 mit 69,5 Mio. t weltweit am meisten Altpapier (RISI, Verband Deutscher Papierfabriken e. V. 2021). Die Nachfrage hat sich zwischen 2005 und 2019 nahezu verdreifacht. Die Ursache für diesen sprunghaften Anstieg liegt vor allem im starken Wirtschaftswachstum Chinas begründet. Damit einhergehend kam es zunächst zu einem deutlichen Anstieg der Altpapierpreise weltweit. Mit der Produktion von Konsumgütern für Amerika und Europa hat China seine Produktionskapazitäten kontinuierlich erweitert. Im gleichen Maße sind die Neupapierproduktionskapazitäten basierend auf Altpapier gewachsen, um so genügend Verpackungsmaterial zum Güterversand vorhalten zu können. China ist weltweit nach wie vor größtes Importland für Altpapier, wenngleich sich hier ein massiver Wandel vollzogen hat. Noch in 2015 importierte China 32,2 Mio. t Altpapier (Staub 2020). Durch politische Maßnahmen wie die Green Fence Politik seit 2013 und die National Sword- Initiative ab 2018 wird jedoch auch der Import von Altpapier kontinuierlich eingeschränkt und damit einhergehend der Ausbau nationaler Erfassungsstrukturen gefördert. So kann sich China mit einer stets verbesserten Altpapiersammlung zu immer größer werdenden Teilen aus eigener Kraft mit Altpapier versorgen. Die Menge an Importaltpapier hingegen betrug in 2020 lediglich noch 7,0 Mio. t Mio. t (−78 % zu 2015) (EUWID, China Customs). Den Bedarf an Importaltpapier deckt China hauptsächlich in Amerika, Japan und Europa als Rückladung in Hochseecontainern. Ca. 26 % aller europäischen Altpapierexporte von ca. 20,1 Mio. t hatten 2019 Asien als Destination (Confederation of European Paper Industries 2019). Im Zuge der Ankündigung durch die chinesische Regierung, perspektivisch komplett auf Altpapierimporte zu verzichten, verschieben sich die Stoffströme hin zu anderen asiatischen Importländern wie Thailand, Indonesien, Indien oder Malaysia. Chinesische Papierfabriken wiederum verlagern teilweise ihre Produktionsschritte ins Ausland, um von dort recycelten Zellstoff zu importieren. Getrieben durch die Coronakrise ab 2020 standen einer eingeschränkten Verfügbarkeit von Altpapier ein erhöhter Altpapierbedarf der Papierindustrie in Deutschland und Europa gegenüber. Zudem erschwerten mangelnder Frachtraum und stockende Lieferketten den globalen Handel. Von den in 2020 insgesamt 2,2 Mio. t exportierten Altpapiermengen aus Deutschland wurden 12 % nach Asien exportiert, davon ein Bruchteil nach China. 81 % verblieben innerhalb der Europäischen Union (Verband Deutscher Papierfabriken e. V. 2021).

Mit weiter starkem Wirtschaftswachstum, insbesondere in den Schwellenländern, wird bereits heute ein drastischer Anstieg des weltweiten Neupapierkonsums vorhergesagt. Studien gehen bis 2025 von einer Steigerung um ca. 30 % aus, was ca. 100 Mio. t entspricht. China wird davon mit Abstand den größten Anteil aufweisen. Es ist also abzusehen, dass sich die Nachfrage und somit der Kampf um den Rohstoff Altpapier weiter verschärfen wird. Neben der Neuordnung der Stoffströme in globaler Dimension, wird sich auch innerhalb Europas ein Wandel vollziehen. Die Produktionsschwerpunkte der Papierindustrie und somit auch der Nachfragestandort für Altpapier werden sich Richtung Osten verlagern. Solange kein Gleichgewicht zwischen Angebot und Nachfrage besteht, kann auch das Preislevel für Altpapier keine Stabilität erlangen. Aufgrund der dargestellten Marktbedingungen ist deshalb davon auszugehen, dass die Preise, bedingt durch Angebots- bzw. Nachfragespitzen sowie steigende Spekulation, in naher Zukunft weiteren Schwankungen ausgesetzt sein werden. Damit verbunden sehen Experten auch Herausforderungen hinsichtlich Sortenverfügbarkeit, Altpapierqualitäten und Reinheit des eingesetzten Rohstoffs auf die Papierbranche zukommen.

Durch die generellen Entwicklungen sehen sich die deutsche Papierindustrie und Altpapierwirtschaft am Beginn einer Neuorientierung. Die seit Jahrzehnten bestehende und funktionierende Wertschöpfungskette für Altpapier in Deutschland steht vor einem bedeutenden Wandel. Mit zunehmender Globalisierung und Verknappung von Ressourcen gewinnt Altpapier und dessen Erfassung an Bedeutung für Nachhaltigkeit und eine zukunftsweisende, selbsttragende Kreislauf- und Rohstoffwirtschaft.

21.3 Rahmenbedingungen verändern den Altpapiermarkt

Nicht zuletzt die demografische Entwicklung wird zu einer steigenden Rohstoffnachfrage führen: Nach Schätzungen der Vereinten Nationen ist bis zum Jahr 2050 mit einem Bevölkerungsanstieg von 7,8 Mrd. Menschen heute auf 9,7 Mrd. zu rechnen. Steigender Wohlstand und wachsende Mobilität werden, insbesondere in den bevölkerungsreichen Ländern wie China und Indien, zu einer starken Rohstoffnachfrage führen. Der weltweite Rohstoffverbrauch hat sich in den vergangenen 40 Jahren insgesamt mehr als verdoppelt (Bundesministerium für Umwelt, Naturschutz, Bau und Reaktorsicherheit 2016) und ist damit deutlich schneller gewachsen als die Weltbevölkerung (1980: 4,4 Mrd.). Damit verbunden wird es zu einer beschleunigten Abnahme vor allem fossiler Energieträger und von Trinkwasserreserven kommen. Umweltbelastungen, Schadstoffemissionen und negative Einflüsse auf das Ökosystem zwingen zum Handeln. Stetige Entwicklungen von Maßnahmen zur Steigerung der Rohstoffeffizienz wirken dem Ressourcenverbrauch entgegen. Im Rahmen der Kreislaufwirtschaft gewinnen Rohstoff- und Ressourcendiskussionen an Bedeutung. Neue ordnungspolitische Regelungen passen sich dieser Entwicklung an und bilden dadurch veränderte Rahmenbedingungen, die letztlich auch Einfluss auf die Wertschöpfungskette haben. Die private Entsorgungswirtschaft leistet schon heute durch stete Weiterentwicklung von technischem Know-how einen qualifizierten Beitrag für den zukünftigen Umdenkungsprozess.

Eine in den vergangenen 25 Jahren um 37 % gestiegene Altpapiereinsatzquote auf 79 % (2020) hat im Rahmen der Papierverarbeitung zu einer wesentlichen Einsparung von Rohstoffen und einer Reduzierung von spezifischen Umweltbelastungen geführt (Verband Deutscher Papierfabriken e. V. 2021). Der Energie- und Wasserverbrauch ist beim Einsatz von Altpapier zur Neupapierproduktion deutlich geringer als bei reiner Frischfasernutzung. Zur Herstellung von 1 kg Recyclingpapier werden 1–3 kWh und 10–20 l Wasser benötigt, bei der Herstellung von 1 kg Frischfaserpapier hingegen 3–6 kWh und 30–100 l Wasser (Umweltinstitut München e. V. 2016).

Durch geordnete Strukturen ist die deutsche Abfallwirtschaft zum Erfolgsmodell für Europa herangereift. Kompetenz, Effizienz, nachhaltige Finanzierungsstrukturen, duale Entsorgungsstrukturen und ein umfassendes Ordnungsrecht bilden dabei wesentliche Eckpfeiler. Aber auch subsidiäre und föderale Strukturen spielen eine wichtige Rolle, ebenso wie starke Verbände. Ob und inwieweit dieses Erfolgsmodell weiter von Bestand sein kann, hängt in entscheidendem Maße von der weiteren Gestaltung des ordnungspolitischen Rahmens ab.

Derzeit wird in Deutschland die kommunale Altpapiersammlung zu 57,5 % in Eigenregie durchgeführt, zu 35,8 % wird an Dritte übertragen und zu 6,6 % erfolgt die Abfallsammlung sowohl in Eigenregie als auch durch Dritte (VKU 2018). Der Zugriff auf Altpapier aus privaten Haushalten (ca. 7 Mio. t/a) (Statistisches Bundesamt 2021) stammt aus der Zeit der Sicherstellung einer geordneten Abfallwirtschaft und ist von daher im Rahmen der kommunalen Hoheit geregelt. Mit steigender Nachfrage nach Altpapier als Rohstoff und einem damit verbundenen nachhaltig positiven Marktwert sowie der zunehmenden Bedeutung des Verpackungsbereichs und der damit verbundenen Verantwortung der dualen Systeme tauchen immer wieder Fragestellungen um das privilegierte Zugriffsrecht der örE auf haushaltsnah erfasstes Altpapier auf.

Zunehmend bemühen sich auch altpapierverarbeitende Unternehmen um den direkten Zugriff auf Altpapier von den Anfallstellen. Insbesondere von einigen Landesumweltministern wurde in der Diskussion um ein Verpackungs- bzw. Wertstoffgesetz auch die haushaltsnahe Erfassung von Altpapier durch den örE in Eigenregie und damit die Auflösung der Produktverantwortung für PPK-Verpackungen (Papier, Pappe, Kartonagen) zur Diskussion gestellt. Neben den Fragen der Zugriffsrechte auf Altpapier gewinnt allerdings auch der Qualitätsaspekt im Rahmen von Nachhaltigkeitsdiskussionen an Bedeutung. Die für die Herstellung von Neuware erforderliche Qualität von Altpapier erfordert eine Aufbereitung und Qualitätssicherung.

21.4 Qualitätsnormen für Altpapier

Bis zum Jahr 2000 haben nationale Sortenlisten für Altpapier und individuelle Absprachen zwischen Käufer und Verkäufer den Altpapiermarkt gekennzeichnet. Seit 2000 galt erstmals mit Einführung der EN 643 eine EU-weit einheitliche Formulierung von Standards für Altpapier. Im weiteren Zeitablauf verstärkten sich die Bemühungen von Interessensverbänden und Politik, Recycling, Qualität und Produktverantwortung weiter in den Vordergrund zu stellen.

Im Rahmen sich verändernder Märkte, steigenden Umweltbewusstseins, novellierter Gesetzgebung und technischen Fortschritts bei der Papierverarbeitung wurden bis 2013, unter Beteiligung der europäischen Interessensverbände der Entsorgungswirtschaft (FEAD), Altpapierhändler (ERPA) und Papierindustrie (CEPI) sowie der Europäischen Normungsbehörde (CEN),[2] neue Qualitätsstandards für Altpapier erarbeitet. Eine wesentliche Änderung besteht in einer weiteren Detaillierung der Qualitäten, was eine Erhöhung

[2] FEAD: European Federation of Waste Management and Environmental Services, ERPA: European Recovered Paper Association, CEPI: Confederation of European Paper Industries; CEN: European Committee for Standardization.

der Sortenanzahl von bisher 67 auf 95 bedeutet. Bei der Überarbeitung blieb der Aufbau der Sortenliste im Kern bestehen und enthält weiterhin fünf Altpapiergruppen. Neuerungen beziehen sich im Wesentlichen auf die Angabe der Gehalte unerwünschter Stoffe sowie papierfremder Bestandteile in Gewichtsprozent. Papiersorten werden nach Zusammensetzung klassifiziert und nicht mehr nach Ursprung (DIN Deutsches Institut für Normung e. V. 2014).

Über die Festlegung maximal zulässiger Störstoff- und Feuchtegehalte der einzelnen Sorten zielt die europäische Altpapiersortenliste auf eine Vereinfachung der Vereinbarung und Umsetzung von Altpapierlieferungen. Die EN 643 ist als europäische Norm allerdings nicht allgemeinverbindlich, sondern nur nach individueller Vereinbarung der Vertragspartner anzuwenden.

Insbesondere seit der Überarbeitung im Jahr 2013 kommt es in der Praxis teilweise zu unterschiedlichen Einschätzungen der tatsächlichen Qualität von gehandelter Ware. Die Entwicklung allgemein anerkannter Mess- und Prüfverfahren ist daher von großer Bedeutung. Da die Überprüfung von Reklamationen und von beanstandeten Altpapier-Lieferungen bisher nicht nach festgelegten Verfahren erfolgt, bedarf die Verbreitung der EN 643 weiterer Konkretisierungen, deren Erarbeitung u. a. vom CEN durchgeführt und von den nationalen Normungsgremien und der Industrie begleitet wird. Bei dieser Standardsetzung kommt es darauf an, zuverlässige sowie zügig durchzuführende und gleichzeitig auch für kleinere und mittelgroße Betriebe wirtschaftlich anzuwendende Methoden zu entwickeln, mit denen eine kontinuierliche Qualitätssicherung effizient sichergestellt werden kann.

Die Entwicklung und Etablierung von Standards zur Umsetzung der EN 643 kann jedoch nur im Austausch aller beteiligten Akteure erfolgen. Die Entwicklung von beidseitig nachvollziehbaren und vergleichbaren Messverfahren zur Bestimmung des Feuchte- und Störstoffgehalts ist dabei nur ein Baustein zur verbesserten Verständigung zwischen den Akteuren. Darüber hinaus muss die Zusammenarbeit von Recycling- und Papierindustrie weiter intensiviert werden. Denn auch wenn eine gemeinsame Standardisierung von Probenahme und Qualitätsprüfung erreicht wäre, kann der Umgang mit den Ergebnissen und der wirtschaftliche Ausgleich von Abweichungen nur durch individuelle Verträge zwischen den Vertragspartnern geregelt werden. Hinweise können zudem den Anstoß geben, weitere Maßnahmen der Qualitätssicherung zu ergreifen, um die hohe Qualität der gehandelten Mengen auch bei schwankenden und tendenziell abnehmenden Inputqualitäten aufrechtzuerhalten.

21.5 Altpapierqualität – gestern und heute

Die Qualitätsanforderungen an Altpapier haben im Zeitablauf ständig zugenommen. Dies wird durch verschiedene Maßnahmen bzw. Bemühungen der an der Wertschöpfungskette beteiligten Gruppen in verschiedenster Ausprägung deutlich. Grundsätzlich unterstreichen bzw. bekräftigen die verschiedenen Interessensgruppen der Entsorgungswirtschaft sowie der Papierindustrie in einer Vielzahl von Erklärungen die Notwendigkeit, das Recycling von Altpapier weiter voranzutreiben bzw. funktionierende Strukturen, die zur Qualitätssicherung beitragen, weiterzuentwickeln. Dem Inhalt nach zielen die politischen Kernforderungen zum Papierrecycling auf Freiwilligkeit gegenüber Verordnungen, Getrennterfassung, Vorrang einer stofflichen Nutzung sowie Sicherung von Qualitätsstandards ab.

Sortierverfahren bestimmen nachhaltig die Altpapierqualität. Mit Etablierung der Abfallwirtschaft in Deutschland wurde vor ca. 30 Jahren damit begonnen, mechanische Sortiertechnik einzusetzen, was zu einer Reduzierung der „rein händischen" Sortierung von Altpapier führte. Mit der Einführung des Kreislaufwirtschafts- und Abfallgesetzes Anfang der 90er-Jahre und steigenden Recyclingkapazitäten wurde die Sortiertechnik stetig weiterentwickelt. Im Zeitablauf hat insbesondere die private Entsorgungswirtschaft mit hohen Investitionen in Anlagen und Technik und der Bereitschaft zur Übernahme von Risiko innovative Ideen zur Steigerung der Effizienz in der Altpapiererfassung, Sortierung und Vermarktung umgesetzt. Dass eine Weiterentwicklung der Sortiertechnik notwendig ist, zeigen Untersuchungen der Technischen Universität Darmstadt (Weinert et al. 2010). Heute ergänzen vor allem optische Sortierstufen mechanische Sortierprozesse.

Veränderte Rahmenbedingungen der Altpapierwirtschaft haben unmittelbare Auswirkungen auf die alltägliche Praxis der Altpapiersortierung. Grund dafür sind insbesondere die sich wandelnden Konsumgewohnheiten der Gesellschaft. Der Verbrauch von Zeitungsdruckpapier hatte sich in den vergangenen Jahren bereits vor den Auswirkungen der COVID-19 Pandemie stark reduziert und dieser Trend wurde während der Pandemie beschleunigt. Zeitgleich steigt der Verbrauch von Verpackungspapieren enorm an – ein weiterer Trend, der durch die Pandemie beschleunigt wurde. Diese Trends werden sich fortsetzen und auf diese Weise für eine Verschiebung des Sortenaufkommens und der Sortennachfrage sorgen. Die Papiertechnische Stiftung (PTS) hat ermittelt, dass unter den aktuellen Bedingungen das Verhältnis der grafischen Altpapiere zu den Verpackungsaltpapieren in der Haushaltssammelware auf einen Wert von um die 0,5 sinkt. Dies bedeutet, dass auf eine Tonne grafische Papiere zwei Tonnen Verpackungspapiere kommen. Damit wird es zunehmend zu einer Herausforderung, in der Sortierung von Haushaltssammelware auskömmliche Ausbeuten an hochwertiger Deinkingware, wie grafisches Papier auch bezeichnet wird, zu erzielen. So setzen ein verringerter Umsatz aufgrund einer geringeren Deinking-Menge, höhere variable Kosten durch einen höheren Sortieraufwand sowie höhere Energiekosten, die bei der Verpressung des Mischpapiers und des wellpappehaltigen Kaufhausaltpapiers entstehen, die Wirtschaftlichkeit der Sortieranlagen unter Druck (Kappen et al. 2015).

Zusammenfassend bleibt festzuhalten: In den nächsten Jahren sind Konsolidierungen auf dem Markt der Sortieranlagen und der grafischen Produktionskapazitäten zu erwarten. Die Sortiertechnik wird dennoch weiterentwickelt, erste Forschungsprojekte mit Einbindung von künstlicher Intelligenz bzw. Nutzung von „Big Data" laufen. Erklärtes Ziel der privaten Entsorgungswirtschaft ist es, auch zukünftig mit Know-how und Investitionsbereitschaft ihren Beitrag zur Ressourceneffizienz zu leisten und diese durch Weiterentwicklung der Sortiertechnik nachhaltig zu fördern. Im Bereich der Sortierung grafischer Papiere wird an verfeinerter Sensorsortiertechnik zur Identifikation von speziellen Druckverfahren (Flexodruck etc.) gearbeitet. Dadurch wird ein Ausschleusen von Druckerzeugnissen, die den Deinkingprozess stören bzw. zu nachhaltigen Anlagenschäden führen können, gewährleistet. Mit steigender Sortierintensität kann davon ausgegangen werden, dass die erzeugte Altpapierqualität bezogen auf Störstoffgehalte steigt; die Sortierkosten erhöhen sich dabei jedoch überproportional.

21.6 Ressourcenschonung und Umweltschutz in der Wertschöpfungskette für Altpapier

Deutschland trägt durch eine konsequente klimaschutzorientierte Ausgestaltung der Entsorgungs- und Kreislaufwirtschaft zu einem hohen Maße zur CO_2-Reduzierung bei. Insgesamt hat die Branche in der Zeit von 1990–2006 eine Einsparung von rund 56 Mio. Tonnen CO_2-Äquivalenten realisiert (Dehoust et al. 2010). Altpapier leistet durch die hohe Recyclingquote einen erheblichen Anteil daran.

In einer Steigerung der Sammelquote liegen weitere Umweltschutzpotenziale. Die größte Herausforderung wird es dabei sein, die ca. 2,4 Mio. t Papier, die jedes Jahr noch im deutschen Restmüll landen, nutzbar zu machen. Ziel muss es nach wie vor sein, ca. 50 % davon direkt einer getrennten Sammlung zuzuführen und damit in ein hochwertiges Recycling zu lenken, wie bereits im Rahmen einer im Auftrag des BDE, BMUB (Bundesumweltministeriums) und UBA (Umweltbundesamtes) erstellten Studie zu Klimaschutzpotenzialen der Abfallwirtschaft festgestellt wurde (Dehoust et al. 2010). Demnach kann die durch das Altpapierrecycling in Deutschland existierende CO_2-Einsparung (5,6 Mio. t CO_2-Äquivalente pro Jahr) um 38 % auf fast 8,2 Mio. t CO_2-Äquivalente pro Jahr erhöht werden. Mit der Optimierung und innovativen Weiterentwicklung von Erfassungssystemen, der Sammellogistik bzw. der Sortiertechnik arbeitet die Entsorgungswirtschaft ständig an energie- und umweltrelevanten Einsparungspotenzialen.

Auch die Altpapierverarbeitung leistet einen erheblichen Beitrag in Sachen Umwelt- und Klimaschutz. Welche Bedeutung Rückstände bei der Papierproduktion haben und wie diese sich im Zeitablauf verändert haben, zeigt eine Studie des Verbandes Deutscher Papierfabriken e. V. (2011) in Zusammenarbeit mit der Papiertechnischen Stiftung. Hochgerechnet auf die gesamte deutsche Papierindustrie fallen demnach 2010 insgesamt 4,6 Mio. t Rückstände bzw. 184 kg Rückstände pro 1000 kg Neupapier an. Mit steigender Altpapiereinsatzquote steigt auch absolut der spezifische Anteil an Rückständen aus dem Altpapier an der Gesamtrückstandsmenge – dieser beträgt für o. g. Betrachtungszeitraum 120 kg bzw. 12 %. Die Rückstände werden ca. hälftig energetisch und stofflich verwertet. Die Nutzung in eigenen Kraftwerken nimmt aufgrund steigender Primärenergiekosten stetig zu. Damit trägt die Papierindustrie schon heute wesentlich zum Schließen der Recyclingkreisläufe bei und leistet einen nicht unerheblichen Beitrag zum Umwelt- und Klimaschutz.

Mit der Kenntnis über die Herkunft des erfassten Altpapiers lassen sich zudem Rückschlüsse auf mögliche Störstoffe ziehen und der Einsatz in der Papierherstellung steuern.

Im Rahmen von Produktverantwortung und Nachhaltigkeitsprojekten und unter Beachtung der dargestellten Initiativen zur Etablierung von Prüf- und Messverfahren werden in der ganzen Wertschöpfungskette zunehmend Qualitäts-Management-Systeme installiert. Diese werden zukünftig immer umfassendere Informationen über die Qualität und Herkunft von Altpapier sowie über spezifische Recyclingprozesse fordern.

Mit dem ständig steigenden Einsatz von Altpapier in der Neupapierproduktion und der zunehmenden Gewinnung der in den Produktionsprozessen eingesetzten Energie aus Biomasse wird die Papierindustrie zukünftig einen verstärkten Beitrag zur Umwelt- und Ressourcenschonung leisten. Innovative Herstellungsverfahren werden zu immer leichteren Verpackungen führen, die insbesondere den Frischfasereinsatz bei der Papierherstellung verringern werden. Papierproduktionen aus kontrolliertem Holzanbau (FSC) gewinnen zunehmend an Bedeutung.

Steigende Transparenz in der Wertschöpfungskette kann zu Marktverschiebungen führen. Zunehmend ist bereits zu beobachten, dass einzelne Marktteilnehmer zueinander in einer neuen Wettbewerbskonstellation auftreten. Am Ende bestimmen aber eindeutig monetäre Größen den Verbleib des Altpapiers.

21.7 Preisbildung für Altpapier

Die Preisbildungsmechanismen für Altpapier sind vielfältig. Ein realer Marktpreis kann nicht systematisch abgeleitet werden. Verschiedene – teilweise kurzfristige oder geografisch begrenzte – Parameter spielen letztendlich bei der Wertermittlung für die Ressource Altpapier eine Rolle. Neben der Verfügbarkeit des Rohstoffes ist die nationale bzw. internationale Nachfrage ein entscheidendes Kriterium für die Preisbildung. Altpapier ist ein Commodity geworden, d. h. eine Massenware.

War noch bis Mitte der 90er-Jahre eine Vermarktung nur über vorgeschaltete Einkaufsorganisationen der Endabnehmer bzw. Großlieferanten in die Papierindustrie möglich, etablierte sich mit der Zeit mehr und mehr eine Direktvermarktung. Gründe hierfür sind in der steigenden Nachfrage nach Altpapier und der zunehmenden Ausweitung globaler Absatzmöglichkeiten zu sehen.

Im Jahr 2003 ist eine Vielzahl kommunaler Altpapierverträge nach einer zehnjährigen Laufzeit ausgelaufen. Hierbei handelte es sich im Wesentlichen um Verträge, die in Anlehnung an die erste Generation der DSD-Verträge (Duales System Deutschland) geschlossen wurden. Danach haben sich die Preise in Ausschreibungen für kommunales Altpapier, bedingt durch eine gestiegene Nachfrage und zunehmenden Wettbewerb, stetig erhöht.

Papierverarbeiter haben zur nachhaltigen Sicherung ihres Altpapierbedarfs damit begonnen, unsortiertes Altpapier aus haushaltsnaher Erfassung direkt lose und in unsortierter Form zu übernehmen. Zum Teil erfassen sie es direkt an der Quelle und treten zudem verstärkt als direkte Wettbewerber der Entsorgungswirtschaft auf. Somit wird zunächst scheinbar eine Vereinfachung der Verwertung erreicht, das Management und der Ausgleich von Qualität und Mengen entfällt dann aber. Einerseits wird eine Qualitätssicherung des Recyclingrohstoffs und die üblicherweise erforderliche Aufbereitung des Sammelgemischs ausgelassen, andererseits wird die effiziente Vermarktung der Ressource und die Abfederung von Mengenschwankungen dadurch verhindert. Ausschreibungen für kommunales Altpapier wurden nach 2003 umgestaltet. Der auszuschreibende Leistungsumfang wurde in Einzellose für Erfassung, Umschlag und Vermarktung aufgeteilt. Das Vorhalten von Erfassungslogistik und kapitalintensiver Sortiertechnik ist dadurch nicht mehr zwingend notwendig. Damit war bzw. ist der Weg frei für losweise Vergaben, die die Wertschöpfungskette der Altpapiererfassung, Behandlung und Verarbeitung zerreißen. Altpapier wurde plötzlich zu einem gefragten Rohstoff mit nachhaltig positivem Marktwert, um dessen Zugriff sich eine steigende Anzahl von Marktteilnehmern bemüht.

Über die jeweilige Ausgestaltung von kommunalen Ausschreibungen können willentlich oder unbewusst Veränderungen in der Bieterstruktur erreicht werden. Teilweise geschieht dies unter dem Vorwand einer Berücksichtigung ökologischer Kriterien bei der Vergabe. Die Eingrenzung der maximalen Entfernung zum Sortierbetrieb sowie zur Papierfabrik kann beispielsweise eine Beschränkung des Wettbewerbs darstellen und für die Vergabestellen damit langwierige und kostenintensive Rügen, Nachprüfungsverfahren oder sogar die Anordnung einer ordnungsgemäßen Wiederholung der Vergabeverfahren erforderlich machen (Kern und Lück 2016). Die intensivierte Wirtschaftstätigkeit von Kommunen und vereinzelte Bestrebungen zur Abschaffung der Produktverantwortung für PPK-Verpackungen sind weitere akute Gefahren für die Unternehmen der privaten Entsorgungswirtschaft.

▶ **Praxishinweis** Ausschreibungsbedingungen sollten vom Auftraggeber verständlich und in ihren Grundzügen hinreichend bestimmt formuliert werden.

Die Angaben zur Qualität und Menge des zu erfassenden und verwertenden Altpapiers sind beispielsweise in vielen Fällen ungenau. Durch dieses Vorgehen werden den Bietern Risiken auferlegt, die diese bei der Kalkulation berücksichtigen müssen.

Einzelne Marktteilnehmer begannen nach 2003, spekulative Angebote mit hohen Abgabepreisen langfristig für Ausschreibungen zu platzieren, um den Zugriff auf kommunales Altpapier für sich zu sichern. Das führte dazu, dass bisher vom Markt akzeptierte Preispublikationen, wie z. B. die der Fachzeitschrift EUWID, an Marktnähe verloren. 2013 wurden deshalb Erhebungs- und Darstellungsverfahren des EUWID für „Händlerpreise für Altpapier in Deutschland" geändert. Altpapierlieferanten und Papier-/Kartonhersteller melden monatlich frei gehandelte und direkt angelieferte inländische Mengen. Auf dieser Basis werden Preisveränderungen zum Vormonat ermittelt, die dann als absolute Werte durch den EUWID monatlich veröffentlicht werden. Die Bemessung der Preisveränderungen wird von einem externen Unternehmen gemacht anhand von Angaben von Papierfabriken und Recyclingunternehmen – das externe Unternehmen kontrolliert Datenqualität und bestätigt die statistische Repräsentanz der Daten und gewährt auch die Vertraulichkeit der Inputdaten der einzelnen Firmen. Altpapier-Indexe werden auch von Foex („PIX" –

veröffentlicht als eine absolute Zahl in Euro) und dem statistischen Bundesamt („StaBu" – veröffentlicht als eine absolute Zahl im Vergleich zu einem Basis-Jahr).

Generell wird die Höhe von Altpapierpreisen sehr stark von der Entwicklung der Wirtschaftsleistung einer Volkswirtschaft bestimmt. Die Altpapiernachfrage steht in direktem Zusammenhang mit der Neupapiernachfrage und stellt somit einen Frühindikator für wirtschaftliche Auf- bzw. Abschwünge dar. Nahezu gleich mit Hoch- bzw. Niedrigpreisphasen für Altpapier verläuft zeitverzögert die Kurve für die Entwicklung des Bruttoinlandsproduktes (BIP). Dieses gilt für alle Volkswirtschaften gleichermaßen.

Exportpreise hängen im Wesentlichen von der Nachfrage in Asien ab. Dabei spielen Devisenkurse ebenso eine Rolle wie die Entwicklung von Seefrachten. Mit zunehmender Wirtschaftsleistung, vorrangig in den Schwellenländern Asiens, wird bereits heute in einer Vielzahl von Studien ein nachhaltig steigender Preistrend für Altpapier vorhergesagt, wobei ausdrücklich auf die Herausforderung der Logistik verwiesen wird. Die bereits beschriebene Verlagerung von Anfall- und Verarbeitungsstandorten von Altpapier wird nicht parallel verlaufen, sodass im Prozess des Wandels die Logistikkette der wesentliche Treiber von Preisen sein wird.

21.8 Ausblick

Der Altpapiermarkt ist heute integraler Bestandteil der weltweiten Ressourcenwirtschaft. In einer globalisierten Welt mit ständig wachsendem Informationsaustausch und Verflechtungen der einzelnen Wirtschaftssektoren entwickeln sich ständig neue Spielregeln. Es gilt nicht nur, diese zu kennen, sondern auch frühzeitig aktiv an ihrer Ausgestaltung mitzuwirken.

Zur Erhaltung der Leistungsfähigkeit des deutschen Erfolgsmodells „Ressourcenwirtschaft" sind klare ordnungspolitische Rahmenbedingungen auf nationaler, europäischer und globaler Ebene notwendig, die für fairen Wettbewerb sorgen. Begriffe wie Daseinsvorsorge gilt es grundlegend zu überarbeiten und eine klare Zuordnung von Zuständigkeiten einzelner Akteure der Wertschöpfungskette zu benennen. Es geht grundsätzlich darum, die positiven Effekte einer arbeitsteiligen, wettbewerblich organisierten Marktwirtschaft zu nutzen. Denn das hat erwiesenermaßen gesamtgesellschaftliche Wohlfahrtsgewinne zur Folge.

Qualität und Logistik sind weitere Schlagworte, die vor dem Hintergrund einer rohstoffarmen Zukunft an Bedeutung gewinnen werden. Die klassische Entsorgungswirtschaft hat sich bereits dramatisch verändert und steht vor weiteren Umbrüchen. Aus reinen Logistikansätzen wie Supply-Chain werden zunehmend Closing-the-loop-Ideen. Dazu werden Marktteilnehmer sowohl auf horizontaler als auch auf vertikaler Ebene neue Vertragskonstellationen entwickeln, die Alleinstellungsmerkmale in hart umkämpften Märkten sichern.

Ohne Know-how, klare strategische unternehmerische Ausrichtung und Weitblick werden sich nur wenige Marktteilnehmer im Kampf um die Ressource Altpapier behaupten können. Interessensverbände der privaten Entsorgungswirtschaft sind sich dieser Herausforderung bewusst und arbeiten schon heute aktiv an der Gestaltung der ressourcengeprägten Entsorgungswirtschaft von morgen.

Literatur

Alwast H (2011) Deutschland wird Rohstoffland – Historie und Zukunft des Stoffstroms Altpapier. Präsentation vom 19.09.2011

Amec Foster Wheeler (2011) Recovered Paper Supply Outlook 2011

Arnqvist R (2011) Challenging outlook for paper producers – long term secure and stable fibre supply a key issue for survival. Präsentation vom 19.09.2011

Bundesministerium für Umwelt, Naturschutz, Bau und Reaktorsicherheit (2016) Deutsches Ressourceneffizienzprogramm II, Berlin

Confederation of European Paper Industries (2019) Key Statistics, European Pulp and Paper Industry. Brüssel

Dehoust G, Schüler D, Vogt R, Giegrich J (2010) Klimaschutzpotenziale der Abfallwirtschaft. Umweltbundesamt, Dessau-Roßlau

DIN Deutsches Institut für Normung e. V. (2014) Papier, Karton und Pappe – Europäische Liste der Altpapier-Standardsorten. Deutsche Fassung EN 643. Beuth Verlag GmbH, Berlin

Europäische Union (2008) Richtlinie 2008/98/EG des europäischen Parlaments und des Rates vom 19.11.2008 über Abfälle und zur Aufhebung bestimmter Richtlinien

Europäische Union (2015a) Vorschlag für eine Richtlinie des europäischen Parlaments und des Rates zur Änderung der Richtlinie 2008/98/EG über Abfälle

Europäische Union (2015b) Vorschlag für eine Richtlinie des Europäischen Parlaments und des Rates zur Änderung der Richtlinie 94/62/EG über Verpackungen und Verpackungsabfälle

Kappen J, Schiefer M, Tempel L, Seidemann C, Hanke A (2015) Altpapiersortierung unter Druck. RECYCLING magazin 03: 16–19

Kern P, Lück DR (2016) Stellungnahme zu dem Handlungsleitfaden „Berücksichtigung ökologischer Aspekte bei der kommunalen Ausschreibung von Altpapierentsorgungsleistungen". Köhler & Klett Rechtsanwälte, Köln

Staub C (2020) China's overall paper imports dropped another 39% last year. Resource Recycling 28/01/2020

Statistisches Bundesamt (2021) Abfallbilanz 2019. Wiesbaden

Trendresearch (2012) Altpapier in Europa bis 2020 – Handlungs- und Strategieoptionen für die Marktteilnehmer. Trendresearch, Bremen

Umweltinstitut München e. V. (2016) www.umweltinstitut.org. Abgerufen 2. Hj. 2016 UNFPA (2016) State of World Population 2016. UNFPA, New York

Verband Deutscher Papierfabriken e. V. (2011) Wochenblatt der Papierfabrikation 11: 869

Verband Deutscher Papierfabriken e. V. (2021) Leistungsbericht Papier 2021, Bonn

Verband kommunaler Unternehmen e.V. (VKU) (2020) Betriebsdaten 2018: VKU- Umfrage zur Abfallsammellogistik bei kommunalen Entsorgungsunternehmen, Berlin

Weinert S, Putz HJ, Schabel S (2010) Andere Länder, andere Papiere. RECYCLING magazin 14: 26–29

Kunststoffe

22

Dirk Mellen und Tobias Becker

22.1 Einführung

Die Verarbeitung von Kunststoffen hat in den vergangenen 80 Jahren eine sehr erfolgreiche Entwicklung genommen. Kunststoffe sind in dieser Zeit zu einem Werkstoff avanciert, der uns heute in fast jeder Lebenssituation begegnet, vom Haushalt über den Beruf bis in Sport und Freizeit. Kunststoffe verfügen über herausragende Eigenschaften und große Belastbarkeit. Die Fähigkeit, heute für fast jede denkbare Anwendung einen Kunststoff als maßgeschneiderten Rohstoff zu finden, hat den Siegeszug sehr begünstigt.

Mit so vielen guten Eigenschaften gehen aber häufig auch Nachteile einher. Die heutige Variantenvielfalt macht das Feld der Kunststoffe sehr unübersichtlich und erschwert das Schließen von Stoffkreisläufen. Der Verbrauch von endlichen fossilen Rohstoffen zur Herstellung von Kunststoffen sowie ungelöste Herausforderungen des Recyclingss von Kunststoffen tragen zu einer kontroversen Diskussion bei. Das Image von Kunststoffen in der Öffentlichkeit ist daher heute oft geteilt. Daher soll auf den kommenden Seiten die Wertschöpfungskette für Kunststoffe und Produkte aus Kunststoff näher beleuchtet, ein Überblick über das heute Erreichte und aktuelle Trends gegeben sowie ein kleiner Ausblick in die nähere Zukunft gewagt werden.

D. Mellen (✉)
MRS Materialis Recycling Solutions GmbH, Beelitz, Deutschland
E-Mail: mellen@materialis.de

T. Becker
Parley for the Oceans, New York, USA

P. Kurth et al. (Hrsg.), *Praxishandbuch der Kreislauf- und Rohstoffwirtschaft*,
https://doi.org/10.1007/978-3-658-36262-1_22

22.2 Wertschöpfungskette Kunststoffe

Die folgenden Ausführungen beschreiben die einzelnen Stationen der Kunststoffwertschöpfungskette sowie deren Abfolge und Zusammenhänge. Hierfür wird mit einem Überblick über die Kunststoffherstellung und ihre Evolution begonnen, und die verschiedenen Kunststoffarten, deren Eigenschaften und Vertreter werden vorgestellt. Weitergehend werden die Compoundierung der „Standardkunststoffe" und die Herstellung der dafür notwendigen Kunststoffadditive aufgezeigt. Diese beiden Stationen bilden die Grundlage für den darauffolgenden Einblick in die Kunststoffverarbeitung und die Beschreibung der verschiedenen Anwendungsgebiete dieser Kunststoffe. Abschließend wird mit der Sammlung und der Verwertung auf die letzten Stationen der klassischen Kunststoffwertschöpfungskette eingegangen.

22.2.1 Kunststoffentwicklung, Kunststoffarten und Kunststoffproduktion

Das erste Glied der Kunststoffwertschöpfungskette ist die Kunststoffproduktion. Die Kunststoffproduktion, also die gezielte Umwandlung von in der Umwelt natürlich vorkommenden Stoffen zu anderen (Werk-)Stoffen, begann mit der Herstellung von Cellulose bereits in der ersten Hälfte des 19. Jahrhunderts. Folgend wurden viele verschiedene auf Naturstoffen basierende Kunststoffe entwickelt. Bekannte Beispiele hierfür sind Celluloid, welches aus Holz synthetisiert (Menges et al. 2011, S. 1) und als Ersatz für Elfenbein (PlasticsEurope 2016) entwickelt wurde, oder auch Kautschuk (Gummi), welches aus dem aus Gummibäumen gewonnenen Latex hergestellt wurde und besonders als Isolationswerkstoff in der Elektroindustrie gefragt war. Zu einem relevanten Wirtschaftszweig wurde die Kunststoffproduktion jedoch erst in den 1930er-Jahren mit der Entdeckung und Markteinführung der synthetischen Thermoplaste, wie z. B. Polyamid 6 (Perlon), Hochdruckpolyethylen (PE-LD) oder Polyamid 6.6 (Nylon). Die großtechnische Produktion dieser Kunststoffe und die Erfindung der katalytisch bewirkten Polymerisation (von Ziegler und Natta) von Polyethylen und Polypropylen führten zu einer bedeutenden Wende (Menges et al. 2011, S. 2; Lechner et al. 2014, S. 592). Grundsätzlich teilt man Kunststoffe in die Kategorien Thermoplaste, thermoplastische Elastomere (TPE, auch Elastoplaste), Elastomere und Duromere. Diese Kategorisierung ist auf die Verarbeitungsbedingungen der Kunststoffe zurückzuführen. Entsprechend weisen die Thermoplaste in einem bestimmten Temperaturbereich die Fähigkeit der Verformbarkeit auf. Diese thermisch gebundene Verformbarkeit ist reversibel und kann somit beliebig oft durch Erhitzen und Abkühlen wiederholt werden. Beispiele für Thermoplaste sind PP, PE, PA, PC, PET, PVC, PS und EPS (PlasticsEurope 2016).

Elastomere sind elastisch verformbare Kunststoffe, welche die typischen Gummieigenschaften aufweisen. Sie können sich bei Zug- oder Druckbelastung verformen, weichen ohne Belastung allerdings wieder in ihre ursprüngliche Form zurück. Sie sind chemisch leicht vernetzt, dadurch nicht schmelzbar und somit nur schwer wiederverwertbar (Bonnet 2016, S. 60). Klassische Elastomere sind synthetischer Kautschuk und Naturkautschuk (Schröder 2014, S. 4).

Duromere werden noch als Monomere (Einzelmoleküle) in Form gebracht und anschließend durch thermische, chemische oder physikalische Behandlung miteinander vernetzt. So entsteht ein geformter, stark vernetzter Kunststoff, der nach der Aushärtung in seiner Form nicht mehr veränderbar ist und somit auch nicht wiederverwertet werden kann (Bonnet 2016, S. 60). Die wichtigsten Vertreter bei den Duromeren sind Epoxid, PUR, PTFE und PF (PlasticsEurope 2016).

Die Relevanz der Kunststoffkategorien für die weiteren Abhandlungen ergibt sich aus der jeweiligen Verwertbarkeit und beschränkt sich somit auf die Thermoplaste (einschließlich TPE), die mit ca. 70 % der weltweiten Kunststoffherstellung auch die größte quantitative Bedeutung haben. Besonders relevante Stoffströme für das Recycling aus dieser Kategorie sind PET, PE-HD, PVC, PE-LD, PP und PS. Diesen Thermoplasten ist aus diesem Grund ein eindeutiger Recyclingcode zugeordnet (Lechner et al. 2014, S. 708). Die Kategorie der Thermoplaste lässt noch eine weitere Unterklassifizierung zu. Eine Unterteilung in Standardkunststoffe, technische Kunststoffe und Hochleistungs-/Spezialkunststoffe ist aufgrund der unterschiedlichen qualitativen Level sinnvoll. Standardkunststoffe sind Massenkunststoffe, die leicht, schnell und kostengünstig herzustellen sind. Sie stellen über 50 % des Gesamtkunststoffaufkommens dar. Die technischen Kunststoffe verfügen über eine höhere Maßgenauigkeit und ihr Anteil am Gesamtkunststoffaufkommen beträgt nur noch ungefähr 20 %. Die Hochleistungs-/Spezialkunststoffe weisen eine extreme thermische Stabilität sowie eine hohe chemische Resistenz auf, was zu einem relativ hohen Produktpreis führt (Lechner et al. 2014, S. 593).

Neben den fossilen Rohstoffquellen der Kunststoffproduktion wie Erdöl, Erdgas, Ölschiefer etc. hat sich in den letzten Jahren die Marktpräsenz von sogenannten Biokunststoffen merklich erhöht. Bei der Begrifflichkeit Biokunststoffe wird differenziert zwischen den biologisch nicht abbaubaren und den biologisch abbaubaren Ausgangsstoffen auf Basis fossiler oder nachwachsender Rohstoffe. Kunststoffe aus nachwachsenden Rohstoffen werden aus Getreiden, Kartoffeln, Mais, Zuckerrüben, Zuckerrohr oder biobasierten Ölen hergestellt und können biologisch abbaubar sein, sind es aber nicht zwangsläufig (PlasticsEurope 2016, S. 4; Detzel et al. 2012, S. 1). Zu den wichtigsten aus nachwachsenden Rohstoffen hergestellten und biologisch abbaubaren Kunststoffen gehören Polyactid (PLA), Polyhydroxyalkanoate (PHA), Polyester sowie stärkebasierte Kunststoffe (Stärkeblends) (Detzel et al. 2012, S. 13). Heute gängige Biokunststoffe sind ihren Eigenschaften entsprechend auch der Kategorie der Thermoplaste zuzuordnen (Endres und Siebert-Raths 2009, S. 2). Bei der Erfassung und Verwertung spielen Biokunststoffe heute noch keine bedeutende Rolle. Ihr Anteil ist noch deutlich zu gering, um wirtschaftlich sinnvolle Verwertungsverfahren für diese Teilströme zu etablieren.

Ab den 1950ern wuchs die Produktion von Kunststoffen kontinuierlich. Während in 1950 lediglich ca. 1,5 Mio. Tonnen (t) produziert wurden, entwickelte sich die Jahresproduktionsmenge weltweit mit einem durchschnittlichen Wachstum von 9 % (Menges et al.

2011, S. 3) auf rund 368 Mio. t im Jahr 2019. Die Gesamtproduktion der Europäischen Union (einschließlich Norwegen und Schweiz) lag 2019 bei 58 Mio. t. Den größten Anteil an dieser Menge haben die Polyolefine PP (19,4 %), PE-LD (17,4 %) und PE-HD (12,4 %). Gemeinsam stellen sie 49,2 % des europäischen Kunststoffbedarfs im Jahr 2019 dar (PlasticsEurope 2020). Das PP ist hierbei mit mehr als 5 % Wachstum weltweit die seit mehreren Jahren am stärksten wachsende Kunststoffart. Denn Polypropylen ist nicht nur durch seine leichte Herstellung und Verarbeitung zu einem Massenkunststoff geworden, sondern er substituiert in der heutigen Zeit durch stetige Erweiterungen der technischen Anwendungsfelder sogar bereits andere Kunststoffe (Menges et al. 2011, S. 3). Die Gesamtproduktion der kunststoffwerkstofflich relevanten Mengen lag im Jahr 2019 in Deutschland bei rund 10,3 Mio. t, wobei über 60 % der Gesamtproduktion auf die Kunststoffe PE-LD/LLD/MD/HD (2,735 Mio. t), PP (2,06 Mio. t) und PVC (1,6 Mio. t) entfielen (Consultic 2020, S. 14).

22.2.2 Compoundierung und Additivierung

Die Compoundierung, also die Vermischung von Standardkunststoffen mit zugesetzten anderen Stoffen, Additive genannt, um die Werkstoffeigenschaften des Kunststoffes zu verändern, ist das zweite Glied der Kunststoffwertschöpfungskette. Durchgeführt werden kann die Compoundierung in verschiedensten Mischeinrichtungen. Für die Herstellung von höchsten Qualitäten ist jedoch die Mischung in der Schmelze notwendig, am gebräuchlichsten sind hier Einschnecken- oder Doppelschneckenextruder (Lechner et al. 2014, S. 596). Je höher die Anforderungen an die Homogenität und Qualität des herzustellenden Compounds bzw. je größer der Massenanteil an zuzusetzenden Additiven, desto wahrscheinlicher ist es, dass ein Zweischneckenextruder genutzt werden muss (Bonnet 2016, S. 185). Während der Compoundierung werden Additive der Kunststoffschmelze zugeführt und mittels Doppelschnecke homogenisiert, um so ein Compound mit den gewünschten Eigenschaften herzustellen. Denn die späteren Kunststoffprodukte und Anwendungen haben zumeist auch unterschiedliche Anforderungen an die Kunststoffe. Je spezieller das Kunststoffprodukt und seine Funktion, desto geringer ist die Chance, dass das benötigte Qualitätsprofil durch eine einfache Variation des Kunststoffsyntheseverfahrens erreicht werden kann. Dadurch wird es nötig, mittels Compoundierung eine physikalische oder auch chemische Modifizierung des Rohkunststoffes zu erwirken, sodass dieser die benötigten Werkstoff-, Gebrauchs- und Verarbeitungseigenschaften erhält (Lechner et al. 2014, S. 594). Die große Vielfalt an Kunststoffprodukt-Zielanwendungs-Kombinationen bedingt eine sehr breite Nachfrage nach Kunststoffen mit sehr differenzierten Anforderungen. Da diese speziellen, nach Maß gefertigten Kunststoffe (Compounds) nicht in großen Massen produziert werden, wird diese Nachfrage in Europa größtenteils von spezialisierten KMUs, kleinen und mittelständischen Unternehmen, gedeckt.

Unterschieden werden die Additive in Verarbeitungsadditive, Gebrauchsadditive und Füllstoffe. Verarbeitungsadditive sind technologische Hilfsstoffe wie z. B. innere/äußere Gleitmittel, Trennmittel, Antiblockmittel oder Stabilisatoren (Lechner et al. 2014, S. 596). Innere Gleitmittel werden beispielsweise eingesetzt, um die Fließfähigkeit innerhalb der Kunststoffschmelze zu erhöhen; äußere Gleitmittel hingegen verbinden sich nicht mit dem Kunststoff und werden deshalb in der Schmelze an die Oberfläche gedrängt (Bonnet 2016, S. 131). Zudem hat sich in der jüngeren Vergangenheit eine eigene Gruppe von Additiven entwickelt, welche die Verarbeitungseigenschaften verbessern und sich den besonderen Herausforderungen beim Recycling von Kunststoffen, wie z. B. der Vermischung verschiedener Kunststoffarten, widmen.

> **Praxishinweis** Durch Gebrauchsadditive werden Kunststoffe gegen bestimmte Einflüsse geschützt. Dies können beispielsweise Wärme oder UV-Strahlung ebenso wie die Belastbarkeit gegen einwirkende Kräfte sein. Füllstoffe wie Talkum oder Kreide werden hingegen als günstiges Substitut zu Kunststoffen verwendet.

22.2.3 Kunststoffverarbeitung und Kunststoffanwendungen

Für Kunststoffe relevante Fertigungsverfahren werden unterschieden in die Kategorien Urformen, Umformen und Fügen. Zu der Kategorie Urformen zählt man die Anwendungen Pressformen, Spritzgießen, Extrudieren, Kalandrieren und Blasformen, von denen die wichtigsten unten folgend kurz genauer beschrieben werden (Bonnet 2016, S. 161). Weitere Urformverfahren, welche aber keine Beachtung finden werden, sind drucklose Verfahren wie z. B. Gießen, Tauchen, Schäumen, Sintern und Beschichten (Lechner et al. 2014, S. 599). Bei der Umformung sind die Fertigungsverfahren Tiefziehen und Biegeumformen relevant und beim Fügen das Schweißen sowie das Kleben. Die Wahl der jeweiligen Verarbeitungsmethode ist sowohl abhängig von der Kunststoffart als auch von der Qualität und dem Eigenschaftsprofil des zu erzeugenden Kunststoffbauteils.

Die kunststoffverarbeitende Industrie in Deutschland hat für die Herstellung von Kunststoffprodukten im Jahr 2019 rund 14,2 Mio. t Kunststoffe weiterverarbeitet. Die am meisten verarbeiteten Kunststoffe waren ähnlich wie bei der Kunststoffproduktion in Deutschland 2019 PP (16,9 %), PE-LD/LLD (14,8 %), PVC (12,8 %) und PE-HD/MD (12,9 %). Die nominelle Veränderung der gesamtdeutschen Kunststoffverarbeitung gegenüber dem Jahr 2017 betrug über alle betrachteten Kunststoffarten −0,9 %. Wachstum war nur bei den Sonstigen Kunststoffen zu verzeichnen (Consultic 2020, S. 14).

Betrachtet man die Kunststoffarten und ihre Einsatzfelder genauer, siehe Abb. 22.1, ist zu erkennen, dass die Verpackungen nach wie vor die Kunststoffanwendungen darstellen, die die größten Verarbeitungsmengen binden. Zusammen mit den darauffolgenden Branchen Bau, Automotive und Elektro werden ca. 10,3 Mio. t und somit 73 % der gesamten 2019 in Deutschland verarbeiteten Kunststoffmenge in diesen vier Branchen umgesetzt

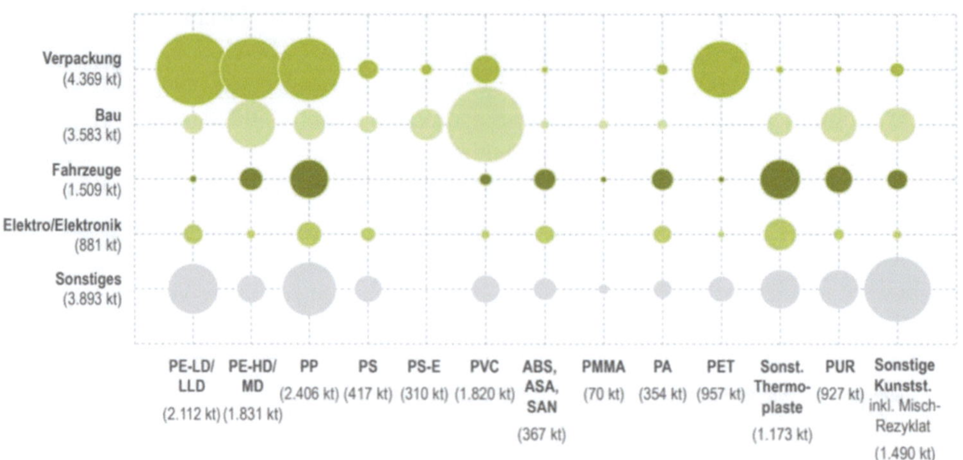

Abb. 22.1 Kunststoffarten und Einsatzfelder. (Consultic 2020, S. 17)

(Consultic 2020, S. 16). Die Nachfrage der europäischen kunststoffverarbeitenden Industrie lag im Jahr 2019 bei 57,9 Mio. t

(nur Thermoplaste und PUR berücksichtigt; PlasticsEurope 2020, S. 16). Daraus ergibt sich, dass Deutschland mit den 12,27 Mio. t ca. 24,2 % der gesamteuropäischen Kunststoffnachfrage verarbeitet und an den weltweit verarbeiteten 368 Mio. t Kunststoffen (auch nur Thermoplaste und PUR berücksichtigt) somit einen Verarbeitungsanteil von rund 3,3 % hat (PlasticsEurope 2020, S. 23).

22.2.4 Kunststoffverbrauch

Der Kunststoffverbrauch in Deutschland 2019 ergibt sich aus der in Deutschland verarbeiteten Kunststoffmenge abzüglich der Exporte und zuzüglich der Importe von Kunststoffprodukten. In den Branchen Verpackungen, Bau, Automobil, Medizintechnik und Sonstige lag im Jahr 2019 jeweils ein deutlicher Exportüberschuss vor, diese Mengen haben Deutschland verlassen und sind somit vom deutschen Kunststoffverbrauch abzuziehen. Die Produktionsmenge von Kunststoffneuwaren lag im Jahr 2019 bei 10,3 Mio. t in Deutschland zu denen noch Rezyklatmengen von rund 2,0 Mio. t kommen. Dieser Gesamtproduktionsmenge von Kunststoffen von 12,3 Mio. t stehen Verarbeitungsmengen von 14,2 Mio. t gegenüber. Klassisches Segment in denen ein Exportüberschuss zu verzeichnen ist, ist der Automobilsektor. Aufgrund der unterschiedlich langen Lebenszyklen der einzelnen Produkte ergibt sich jedoch eine eklatante Abweichung zwischen Kunststoffverbräuchen eines Jahres und dem Anfall von Kunststoffabfällen desselben Jahres. Während kurzlebige Produkte wie z. B. Verpackungen zu 95,6 % im selben Jahr anfallen, sind es bei langlebigen Produkten z. B. aus der Baubranche nur ca. 18 %. Auf diese Weise findet zwischen jährlichem Kunststoffverbrauch und jährlichem Kunststoffabfallaufkommen eine zu berücksichtigende Entkopplung statt.

22.2.5 Kunststoffsammlung und Kunststoffverwertung

Kunststoffprodukte erfahren, ebenso wie alle anderen Produkte, ein Ende ihrer Nutzungsphase. An dieser Stelle werden die Produkte in den meisten Nationen per Definition zu Abfällen. Die dann folgende Erfassung dieser Abfälle, die Art ihrer Sammlung sowie die Verfahren ihrer Behandlung und Verwertung unterscheiden sich jedoch sehr deutlich voneinander. Unterschiedliche Stoffströme sind durch Gesetze und Verordnungen unterschiedlich reguliert. Ob es zu einer Beseitigung oder Verwertung von Stoffströmen kommt, hängt dabei von verschiedenen Faktoren ab. Die wesentlichen Faktoren seien hier kurz genannt: Gesetzliche Vorgaben, Möglichkeiten zur Zweit- oder Folgenutzung, Art der Erfassung, Komplexität und Aufwand des Verwertungsprozesses sowie die Marktsituation für Sekundärrohstoffe. Da diese Faktoren in den einzelnen Stoffströmen sehr unterschiedlich sind, ist es sinnvoll, auf diese differenziert einzugehen. Die kommenden Abschnitte geben daher sowohl einen Überblick über die wichtigsten Teilströme von Kunststoffabfällen als auch über die verschiedenen Optionen ihrer Behandlung und Verwertung.

22.3 Kunststoffe in der Kreislaufwirtschaft

Um eine sinnvolle Betrachtung der Sammlung und Verwertung von Kunststoffen durchführen zu können, bedarf es zunächst einer Bewertung des Aufkommens von Kunststoffabfällen. Das Aufkommen von Abfällen wird maßgeblich von zwei Faktoren beeinflusst. Zunächst ist dies die Menge der in bestimmten Produkten verarbeiteten Kunststoffe. Branchen, die eine größere Menge von Kunststoffen verarbeiten, erzeugen zwangsläufig auch größere Mengen an Kunststoffabfällen. Weiterer maßgeblicher Faktor ist, wie in 22.2.4 beschrieben, die zu erwartende Lebensdauer des aus Kunststoff hergestellten Produktes. Kurzlebigen Produkten kommt daher eine andere Bedeutung zu als dies bei langlebigen Produkten der Fall ist. Ebenfalls wichtig zu unterscheiden ist, ob es sich bei Kunststoffabfällen um Abfälle nach Gebrauch handelt oder um Abfälle aus industrieller Fertigung und Verarbeitung. Kunststoffabfälle nach Gebrauch, die auch als Post-Consumer-Abfälle bezeichnet werden, sind deutlich aufwändiger zurück in den Wirtschaftskreislauf zu führen. Dies hängt sowohl mit einem größeren Aufwand bei der Erfassung und Sammlung zusammen als auch mit der durch den Gebrauch einhergehenden Verschmutzung des Produktes. So ist es beispielsweise unvermeidlich, dass eine Kunststoffverpackung durch den Kontakt mit dem verpackten Gut eine Kontamination des Kunststoffes erfährt.

Demgegenüber stehen Kunststoffabfälle aus industrieller Fertigung und Verarbeitung als Post-Industrial-Kunststoffe. Hierbei handelt es sich weitestgehend um Abfälle, die, resultierend aus dem Fertigungsverfahren (Schnittreste, Späne etc.), nicht vermeidbar sind oder als Produkte außerhalb der Fertigungstoleranz liegen und nicht in die Nutzung des Produktes gehen. Diese Abfälle sind an der Fertigung relativ einfach zu erfassen und einer Aufbereitung und einem Einsatz in der Produktion wieder zuzuführen. Dies geschieht heutzutage häufig in einem Inlineprozess, der die Erfassung am Ort der Entstehung in der Fertigung ermöglicht und die Abfälle nach einer Aufbereitung direkt wieder für den Einsatz in der Fertigung zugänglich macht. So erklärt sich auch, dass die Quote der Verwertung von Kunststoffen bei Post-Industrial-Kunststoffabfällen mit deutlich über 90 % auf einem sehr hohen Niveau angekommen ist, während bei Post-Consumer-Kunststoffabfällen nur rund die Hälfte aller anfallenden Mengen einer werkstofflichen Verwertung und damit einem Wiedereinsatz als Rohstoff zugeführt wird.

22.3.1 Relevante Stoffströme

Zur weiteren Erläuterung soll im Folgenden auf einige relevante Stoffströme kurz eingegangen werden.

22.3.1.1 Verpackungen

Verpackungsabfälle stellen heute den relevantesten Mengenstrom bei Kunststoffabfällen aus dem Post-Consumer-Bereich dar. Dies ist einerseits darauf zurückzuführen, dass die Verpackungsindustrie mit Abstand der größte Verbraucher von Kunststoffen ist (vgl. Abb. 22.1). Andererseits treibt die kurze Lebensdauer von wenigen Tagen bis zu einigen Wochen das Aufkommen von Kunststoffabfällen in die Höhe. Somit ist heute mehr als 50 % des Aufkommens von Kunststoffabfällen auf Verpackungen zurückzuführen.

Dies hat den damaligen Bundesumweltminister Prof. Dr. Klaus Töpfer 1990 dazu bewogen, per Verordnung ein System zur Sammlung, Sortierung und Verwertung von gebrauchten Verkaufsverpackungen ins Leben zu rufen. Eine absolute Neuheit stellte die im Rahmen der Verpackungsverordnung erstmals formulierte Produzentenverantwortung dar, die der Industrie als Hersteller von Verpackungen auferlegte, ein System zur haushaltsnahen Erfassung aufzubauen bzw. zu finanzieren. Gestartet als monopolistisches System unter der Marke „Grüner Punkt“ kam es durch Druck der Kartellbehörden in 2003 zu einer Liberalisierung und Öffnung des Marktes. Heute bieten zehn Duale Systeme ihre Dienste am Markt an und übernehmen gegen entsprechende Lizenzentgelte die Pflichten der Sammlung und Verwertung für Hersteller und Handel. Die Verpackungsverordnung wurde seit ihrem Inkrafttreten zum 01.12.1991 insgesamt 7-mal novelliert und wurde 2019 durch ein Verpackungsgesetz abgelöst. Die Novellen waren notwendig, um den einen oder anderen „Geburtsfehler“ zu beseitigen oder um Anpassungen an aktuelle Entwicklungen oder geänderte Gesetzeslagen durchzuführen.

In 2019 wurden mehr als 2,5 Mio. Tonnen an Verpackungen über den gelben Sack bzw. Wertstofftonnen in Deutschland eingesammelt. Das Verpackungsgesetz schreibt aktuell bei den Kunststoffen eine Quote von 58,5 % vor, die werkstofflich verwertet werden muss. Diese Quote wird mit der des Verpackungsgesetzes in 2022 auf 63 % steigen.

Kurze Erwähnung soll eine Besonderheit bei Verpackungen finden. Neben den haushaltsnah eingesammelten Verpackungen gibt es einen weiteren relevanten Teilstrom unter den Verpackungen, die bepfandeten Einweg-Getränkeverpackungen, die von Verbrauchern am Point-of-Sale (POS) zurückgegeben werden. Hierbei handelt es sich maßgeblich um Getränkeflaschen aus PET bzw. Getränkedosen aus Aluminium und Weißblech. Das System der Zwangsbepfandung von Getränkeverpackungen wurde 2003 ins Leben gerufen, um der schrumpfenden Mehrwegquote Rechnung zu tragen. Mit nun mittlerweile 18 Jahren Erfahrung muss man konstatieren, dass die erwünschte Lenkungswirkung ausgeblieben ist, da die Mehrwegquote auch nach der Einführung von Zwangspfand kontinuierlich weiter gesunken ist.

Aus der Sicht der Verwertung von Kunststoffen ist die Bepfandung von Getränkeverpackungen positiv zu beurteilen. Mit Ausnahme eines geringen Schlupfes werden Getränkeflaschen mit einem sehr hohen Anteil beim Handel erfasst und von dort einer werkstofflichen Verwertung und somit einem Wiedereinsatz des Rohstoffes zugeführt. Dies erfolgt heute nach dem aktuellen Stand der Technik in Verfahren, welche die Verwendung in Verpackungen mit Lebensmittelkontakt ermöglichen und somit in Anwendungen wieder eingesetzt werden können, aus denen sie ursprünglich stammen.

22.3.1.2 Bau

Der Bausektor ist nach den Verpackungen mit 25,2 % der zweitgrößte Verbraucher hinter den Verpackungen. Während die Verpackungen aufgrund ihrer Kurzlebigkeit überproportional zum Abfallaufkommen beitragen, ist im Bausektor genau das Gegenteil der Fall. Bauprodukte sind langlebig und ihre Lebensdauer mit bis zu 80 Jahren angegeben. Dies wird umso deutlicher, wenn man sich die wichtigsten Bauprodukte aus Kunststoff näher anschaut. Hierzu zählen beispielhaft: Kunststofffenster, Kunststoffrohre, Dach- und Dichtungsbahnen, Folien zur Bauwerksabdichtung, Profile (Schalungszubehör im Betonbau), Dämmstoffe zur Isolierung. Es verwundert also nicht, dass Bauprodukte aus Kunststoff mit 9,8 % nur unterdurchschnittlich zum Abfallaufkommen beitragen. Es sollte dennoch nicht unerwähnt bleiben, dass die kunststoffverarbeitende Industrie Post-Industrial-Abfälle aus dem Baubereich in einem sehr hohen Maß werkstofflich recycelt und auch Post- Consumer-Abfälle der werkstofflichen Verwertung zuführt, soweit sie heute zurückgebaut und separiert werden.

22.3.1.3 Automobilsektor

Die Automobilindustrie hat in Deutschland große Tradition und aufgrund ihrer Größe und der Zahl der produzierten Fahrzeuge auch einen entsprechenden Rohstoffverbrauch. Neben klassischen metallischen Werkstoffen wie Stahl oder Aluminium haben auch Kunststoffe im Automobil stark an Bedeutung gewonnen. Der Automobilsektor, d. h. Fahrzeughersteller und ihre Zulieferer, stellen damit die drittgrößte Gruppe an Kunststoffverbrauchern dar, mit etwa 10,6 % der Gesamtmenge in Deutschland.

Kunststoffe im Automobil tragen deutlich zum Leichtbau bei und reduzieren somit den Kraftstoffverbrauch von Fahrzeugen. Darüber hinaus bieten Kunststoffe durch ihre

Flexibilität in der Formgebung hohe Freiheiten bei der Gestaltung von Automobilteilen, was nicht nur für Designaspekte wichtig ist, sondern auch die Umsetzung von Strukturen ermöglicht, die sicherheitsrelevant oder aerodynamisch optimiert sind.

Trotz entsprechend großer Verarbeitungsmenge von Kunststoffen trägt auch der Automotive- Sektor nur unterdurchschnittlich zum Abfallaufkommen bei. Auch hier liegt eine hohe Quote der Verwertung von Post-Industrial-Abfällen vor. An den Post-Consumer-Abfällen machen Kunststoffe aus dem Automobilbereich nur 4,4 % des Aufkommens aus. Hier ist allerdings nicht die überdurchschnittliche Lebensdauer der ausschlaggebende Faktor. Im Vergleich zu den rund 3 Mio. zugelassenen Neufahrzeugen finden jährlich nur etwa 500.000 Fahrzeuge den Weg in deutsche Schredder- oder Verwerterbetriebe. Dies ist vorrangig auf den Umstand zurückzuführen, dass Autos am Ende ihrer Nutzungsphase in Deutschland noch eine Folgeverwendung im Ausland erfahren und somit weitestgehend exportiert werden.

22.3.1.4 Elektro

Eine weitere, sehr relevante Branche für die Verarbeitung von Kunststoffen stellt die Elektro- und Elektronikindustrie dar. Mit rund 6,2 % Anteil am Gesamtverbrauch von Kunststoffen in Deutschland liegt die Menge nur unwesentlich unter der des Sektors Automotive. Die Spanne von Produkten im Bereich Elektro und Elektronik reicht sehr weit. Produkte wie Kabel und Installationsprodukte sowie Haushaltsgeräte zeichnen sich durch eine höhere Lebensdauer aus. Demgegenüber stehen Produkte aus der Unterhaltungsindustrie, Kommunikation und IT, deren Lebenszyklen sich durch hohe Entwicklungsgeschwindigkeiten in den vergangenen Jahren stark verkürzt haben. Diese Bandbreite bedingt, dass Post-Consumer-Abfälle aus dem Bereich Elektro und Elektronik mit 5,9 % auch nur unterdurchschnittlich zum Abfallaufkommen beitragen.

Der Bereich Elektro und Elektronik wird ebenso wie der der Verpackungen durch Gesetze und Verordnungen reguliert, welche die Produzentenverantwortung in den Mittelpunkt stellen. So gibt es heute ein durch die Hersteller und Importeure getragenes Elektroaltgeräteregister (EAR), welches die Rücknahme und Verwertung regelt und finanziert. Verbraucher in Deutschland haben heute die Möglichkeit, beim Kauf von neuen Geräten oder bei Bedarf Altgeräte an den Handel zurückzugeben oder diese zu einem Wertstoffhof zu bringen, der sie für den Verbraucher kostenfrei entgegennimmt. An den Stellen der Erfassung erfolgt auch die Sortierung in unterschiedliche Gruppen und dann deren Zuführung zur Verwertung. Im Bereich der Kunststoffe gibt es noch Potenzial bei den einer Verwertung zugeführten Geräte. Die Tatsache, dass viele Kunststoffe durch chemische Wirkstoffe additiviert sind, um z. B. deren Entflammbarkeit oder deren Leitfähigkeit zu verändern, schafft eine Hürde für die Verwertung von Kunststoffen aus Elektroaltgeräten.

Eine Behandlung von Kunststoffen, die beispielsweise mit bromierten Flammschutzmitteln ausgerüstet sind, ist heute technisch möglich, erhöht aber den finanziellen Aufwand für die Verwertung soweit, dass diese häufig wirtschaftlich uninteressant wird Ebenso trägt die zusätzliche Regulierung (z. B. Reach) dazu bei, dass Kunststoffe mit gefährlichen Bestandteilen seltener Zugang ins Recycling finden.

22.3.1.5 Weitere Branchen der Kunststoffverarbeitung

Der Bereich Sonstiges erfasst alle Kunststoffe, deren Verarbeitung anderen Bereichen als den oben Genannten zuzurechnen ist. In der Summe sind dies rund 14,9 % der Gesamtmenge an verarbeiteten Kunststoffen und damit eine relativ große Menge. Diese Menge verteilt sich auf viele verschiedene Anwendungsbereiche. Die wichtigsten seien hier kurz genannt: Haushaltsprodukte, Landwirtschaft, Spielzeug, Sport- und Freizeitartikel, Textil und Bekleidung. Mit 5,3 % Anteil an der Gesamtmenge tragen auch diese nur unterdurchschnittlich zum Aufkommen von Post-Consumer-Abfällen bei. Aus Gründen der Praktikabilität soll an dieser Stelle auf eine weitere Differenzierung und vertiefende Darstellung verzichtet werden.

22.3.2 Entwicklung und Stand des Recyclings von Kunststoffen

Das Recycling von Kunststoffen ist grundsätzlich so alt wie deren Erzeugung und Verarbeitung. Schon der Wunsch, Verschwendung zu vermeiden, hat in den 50er-Jahren dazu geführt, Abfälle soweit wie möglich zu verwerten. Im besten Fall funktionierte dies auf sehr kurzen und einfachen Wegen und hat zu Wiedereinsatz in dem gleichen Produkt geführt. Die Weitergabe von Abfällen, die nicht wieder eingesetzt werden konnten, an andere Verarbeiter oder an Verwerter, die das Material so weit behandelt haben, dass es in der Verarbeitung wieder genutzt werden konnte, hat sich also sehr frühzeitig etabliert. Soweit sich die prozessbedingten Verunreinigungen in bestimmten Grenzen gehalten haben, konnte aufgrund der Erfassung am Ort der Entstehung schon frühzeitig eine hohe Quote zur Verwertung von Post-Industrial-Abfällen erreicht werden. Für den Großteil der Post-Consumer-Abfälle stellte sich dies aber als schwierig dar, da eine getrennte Erfassung mit hohem Aufwand verbunden war und durch die Phase der Nutzung oder eine Vermischung mit anderen Abfällen, insbesondere im Verpackungsbereich, auch Kontamination erfolgte, welche nur mit erhöhtem Aufwand wieder reduziert werden kann.

Die Verwertung von Post-Consumer-Abfällen bei Kunststoffen erfolgt aufgrund des erhöhten Aufwands nur für die Teilströme, in denen eine gesetzliche Vorgabe zur Verwertung existiert oder der Prozess der Verwertung sich wirtschaftlich trägt. Dies ist immer dann der Fall, wenn die Erlöse für Rezyklate (so nennt man aufbereitete Kunststoffe, die als Sekundärrohstoff zum Einsatz kommen) den Aufwand der Erfassung und des Verwertungsprozesses übersteigen. Damit erklärt sich, warum für die Verwertung von Post-Industrial-Abfällen hohe Verwertungsquoten realisiert werden, während die Quoten der Verwertung von Post-Consumer-Abfällen deutlich geringer ausfallen. Auch im Vergleich zu anderen Rohstoffgruppen, wie z. B. Metall, Glas und Papier, könnte die Quote zur Verwertung deutlich höher ausfallen. Welche Verfahren der Verwertung angewandt werden und welche Technologien dabei zum Einsatz kommen, soll im Folgenden näher beleuchtet werden.

22.3.3 Verfahren und Technologien

Grundsätzlich gilt es, bei Kunststoffabfällen zwischen der Beseitigung und der Verwertung zu unterscheiden. Die Beseitigung umfasst dabei die Verbrennung von Abfällen in Müllverbrennungsanlagen (MVA), die keinen Verwerterstatus besitzen, oder die Deponierung von unbehandelten Abfällen, die allerdings in Deutschland seit 2005 aufgrund gesetzlicher Vorgaben verboten ist. Der Consultic-Studie zufolge wird die weit überwiegende Menge mit größer 99 % aller Kunststoffabfälle verwertet (vgl. Consultic 2020, S. 19). Verwertung steht in der Hierarchie der aktuellen Gesetzgebung der Kreislaufwirtschaft auch in höherer Priorität. Grundsätzlich bedeutet Verwertung, einen Nutzen aus den stofflichen Eigenschaften zu ziehen. Folgende Verfahren sind für die Verwertung von Kunststoffabfällen in Deutschland zu unterscheiden.

22.3.3.1 Werkstoffliche Verwertung

Bei der werkstofflichen Verwertung von Kunststoffen steht die Rückgewinnung des Rohstoffes im Vordergrund. Dies bedeutet, dass der Werkstoff in einer Form und Qualität zurückgewonnen wird, in welcher er wieder für die Verarbeitung zu neuen Produkten aus Kunststoff eingesetzt werden kann und darf. Primärkunststoffe auf fossiler Basis werden für die Verarbeitung in aller Regel als Pulver oder Granulat erzeugt, und die Konzepte zur Lagerung, Förderung und Verarbeitung von Kunststoffen in der verarbeitenden Industrie sind hierauf ausgelegt. Aufbereitete Kunststoffe werden heute als Mahlgüter, Agglomerate oder Granulate erzeugt, um den Anforderungen der Kunststoffverarbeitung Rechnung zu tragen.

Der Prozess der werkstofflichen Aufbereitung von Kunststoffen zielt somit auf die Herstellung der notwendigen physikalischen Form und der notwendigen Qualität ab. Als Qualität ist hier in erster Linie die Freiheit von Verunreinigungen und Fremdstoffen zu verstehen sowie die Reinheit der eigentlichen Kunststoffart. Die Anforderungen an den Rohstoff werden hierbei primär durch das Produkt definiert. Da die Vielfalt von Produkten aus Kunststoff von einfachen dickwandigen Kunststoffteilen bis zu Präzisionsteilen reicht, ist auch die Bandbreite an erzeugten Qualitäten entsprechend groß. Um den unterschiedlichen Anforderungen gerecht zu werden, unterscheidet sich die eingesetzte Technologie.

► **Praxishinweis** Schritte eines typischen Prozesses zur Aufbereitung von Post-Consumer-Abfällen aus Kunststoff sind Folgende: Sortierung auf Artikelebene, Vorzerkleinerung (Schredder), Metallabscheidung (FE- und NE-Metalle), Nachzerkleinerung (Vermahlung), Wäsche, Sortierung auf Partikelebene (z. B. Dichte-Trennung oder Farbsortierung), Trocknung, Agglomerierung, Granulierung, Compoundierung.

Aus der Kombination von eingesetzter Technologie und der Möglichkeit, durch Hinzufügen chemischer Substanzen und Additive in die chemische Struktur von Kunststoffen einzugreifen,[1] können sogar Abbauprozesse von Kunststoffen (z. B. Degradierung durch UV-Licht) wieder rückgängig gemacht werden. Somit können Rezyklate erzeugt werden, die in ihrer Qualität und Einsatzfähigkeit neuen Kunststoffen nicht nachstehen. Die Limitierung ist hier weder technischer noch chemischer Art, sondern ausschließlich wirtschaftlicher Natur, da der potenziell erzielbare Preis für den Rohstoff den leistbaren Aufwand definiert.

22.3.3.2 Chemisches Recycling

Beim chemischen Recycling werden Kunststoffe in zumeist thermischen Verfahren, wie der Pyrolyse oder Vergasung in ihre chemischen Bestandteile zerlegt. Aus solchen Prozessen entstehen Kohlenstoffketten in flüssigem oder gasförmigem Zustand, welche als Basisrohstoff für verschiedene Produkte wieder zum Einsatz kommen können. Dies sind häufig Öl- oder Treibstoffderivate, wie z. B. Dieselkraftstoff, aber ebenso ist eine erneute Verwendung in Verfahren zur Kunststoffherstellung möglich.

Grundsätzlich sind die oben beschriebenen Verfahren schon seit den 1950er-Jahren bekannt, spielen bislang bei den Anteilen in der Kunststoffverwertung aber nur eine sehr untergeordnete Rolle. Die Verfahren sind bislang nur unter hohem Energieeinsatz zu betreiben, was sich negativ auf die Wirtschaftlichkeit auswirkt. Es soll aber nicht unerwähnt bleiben, dass es in Deutschland und auch international diverse Projekte gibt, welche das chemische Recycling erfolgreich etablieren möchten und als Alternative zum werkstofflichen Recycling insbesondere für schwer zu recyclelnde Kunststoffe.

22.3.3.3 Hybride und sonstige Verfahren im Recycling

Es gibt heutzutage eine steigende Zahl an Verfahren und Technologien im Recycling, die sich nur schwer in der Gruppe des werkstofflichen Recyclings oder des chemischen Recyclings einordnen lassen. Beispielhaft sollen hier Lösemittelverfahren genannt werden. Hierbei wird der Kunststoff aufgelöst, bleibt aber in seiner polymeren Form im Lösemittel erhalten. Durch Auswahl des Lösungsmittels und die Regelung von Verfahrensparametern wie Druck, Temperatur und Verweilzeit kann man selektiv einzelne Polymere zur Auflösung bringen und diese aus dem Lösemittel wieder zurückgewinnen.

Ebenso hat der gestiegene Bedarf an technischen Lösungen zum Recycling von Kunststoffen diverse Innovationen und technische Entwicklungen begünstigt. Häufig steht die Verbesserung der Qualität von recycelten Kunststoffen im Fokus dieser Innovationen. Beispielhaft sollen hier Verfahren der Entfärbung und Verfahren zur Reduktion von Geruchsbelastungen genannt werden.

22.3.3.4 Rohstoffliches Recycling

Das in Deutschland am weitesten verbreitete Verfahren zur rohstofflichen Verwertung ist der Einsatz von Kunststoffen als Reduktionsmittel. Historisch hat man als Kohlenstoffträger Stäube aus der Steinkohle oder der Braunkohle genutzt. Mit Einführung der

[1] Vgl. hierzu auch Abschn. 16.2.2 Compoundierung und Additivierung.

Verpackungsverordnung entstand Anfang der 90er-Jahre jedoch schnell der Bedarf, Kunststoffe einer stofflichen Verwertung zuzuführen, wobei die rohstoffliche Verwertung der werkstofflichen zunächst gleichgesetzt war. Zu Hochphasen wurden bis zu 300.000 Tonnen Kunststoffabfälle jährlich zu Reduktionsmitteln verarbeitet. Heute spielt die rohstoffliche Verwertung von Kunststoffen nur noch eine untergeordnete Rolle. Rund 1 % der Kunststoffabfälle (vgl. Consultic 2020, S. 17) werden heute noch rohstofflich verwertet.

22.3.3.5 Energetische Verwertung

Die energetische Verwertung nutzt den Brennwert der Kunststoffe. Durch ihre chemische Zusammensetzung und ihre enge Verwandtschaft zu Kohle und Öl zeichnen sich Kunststoffe durch hohe kalorische Brennwerte aus. Mit über 30.000 kJ/kg stehen sie als Brennstoff zur Feuerung fossilen Alternativen nicht nach. Daher werden Kunststoffabfälle heute in thermischen Prozessen, in denen Dampf, Strom und Wärme erzeugt wird, als entsprechende Brennstoffe genutzt. Die thermische Verwertung von Kunststoffabfällen machte in 2019 mit 52,8 % mehr als die Hälfte der Verwertung aus und überstieg auch die werkstoffliche Verwertung, welche in 2019 bei rund 46,6 % lag (vgl. Consultic 2020, S. 19). Die werkstoffliche Verwertung konkurriert gewissermaßen mit der thermischen Verwertung. Neben den sich wirtschaftlich selbst tragenden Strömen werden nur die Mengen zusätzlich werkstofflich verwertet, für die es eine Regulierung im Sinne gesetzlicher Verordnungen gibt. Alle weiteren Mengen folgen dem Diktat des Preises. Da die thermische Verwertung von Kunststoffen in Deutschland günstiger ist als die werkstoffliche Verwertung, schlägt das Pendel mengenmäßig zugunsten der thermischen Verwertung aus.

► **Praxishinweis** Häufig liegen Konditionen für die werkstoffliche und energetische Verwertung nah beieinander. Eine gezielte Anfrage für die werkstoffliche Verwertung durch den Abfallerzeuger erhöht die Chance zur werkstofflichen Verwertung und trägt zur Ressourcenschonung bei.

22.4 Weitere Entwicklungen und Ausblick

Es wurde anfänglich bereits ausgeführt, dass das Bild von Kunststoffen in der Öffentlichkeit gespalten ist. Den nachgewiesenen Vorteilen für die guten Materialeigenschaften und die hohe Anpassbarkeit an jegliche Anforderung steht der Vorwurf des Verbrauchs fossiler und somit endlicher Ressourcen gegenüber. Die kleinteilige und stark fragmentierte Wertschöpfungskette von Kunststoffen erschwert eine gezielte und hochwertige Kreislaufwirtschaft, und im Vergleich zu anderen Rohstoffgruppen bleibt ein großes Potenzial zur Ressourceneffizienz ungenutzt. Alle Beteiligten in der Wertschöpfungskette versuchen daher, die Kritikpunkte aufzugreifen und zu einer grundsätzlicheren Betrachtung der gesamten Kette zu kommen. Beispielhaft seien hier die Bemühungen von Erzeugerverbänden genannt, Kunststoffe aus nachwachsenden Rohstoffen und aus anderen Quellen als Rohöl zu erzeugen. Ebenso gibt es eine Reihe von Initiativen, die Verwertung von Kunststoffen zu steigern und die Verschmutzung der Umwelt durch Kunststoffe zu Wasser und zu Lande zu reduzieren. Besondere Aufmerksamkeit auf globaler Ebene bekam hier der Ansatz der Ellen-Mac-Arthur-Stiftung (EMF 2016), die im Rahmen des Projektes MainStream, gemeinschaftlich mit dem World Economic Forum und der McKinsey & Company eine Initiative gegründet hat, die anfänglich neun globale Industrieunternehmen (u. a. Averda, Philips, SUEZ und Veolia) vereinte. Ziel dieses Projekts ist es nach wie vor, die stark fragmentierte und aus vielen verschiedenen Stakeholdern bestehende Kunststoffwertschöpfungskette zusammenzuführen und diese geeint in einen werterhaltenden Kreislauf zu wandeln, der gleichzeitig eine höhere Wirtschaftlichkeit sowie Nachhaltigkeit aufweist. Dies ist kein neues, sondern ein allgemeines Ziel, was bereits durch viele andere Initiativen, Arbeitskreise usw. formuliert wurde. Der Unterschied ist die Herangehensweise an die Problematik. Während vorherige Projekte ihre innovativen Ansätze und Verbesserungen in kleineren Leuchtturmprojekten umgesetzt haben und folgend vor dem Problem der Skalierbarkeit stehen, begann das MainStream-Projekt groß skaliert. Durch die Zusammenführung von global agierenden Stakeholdern vor Projektbeginn sollte das Problem der Skalierbarkeit als erstes gelöst werden. So sollten im Folgenden Innovationen erzeugt bzw. bereits entwickelte Innovationen einfacher integriert und koordiniert werden können (EMF 2016, S. 15 ff.). In den nunmehr fünf Jahren erarbeite die Ellen-Mac-Arthur-Stiftung mit ihren Partnern eine umfangreiche Sammlung an Analysen und Publikationen rund um das Thema Circular Economy. Diese Sammlung umfasst alle wichtigen, die Circular Economy tangierenden Bereiche (z. B. Gesetzgebung, Finanzierung, Innovation, Praxisbeispiele, etc.) und kann auf der Webseite der Ellen-Mac-Arthur-Stiftung abgerufen werden (https://ellenmacarthurfoundation.org).

Nicht zuletzt sind gesetzliche Vorgaben auf europäischer und nationaler Ebene wichtige Steuerungsinstrumente für Kunststoffe. Aufgrund ihrer Bedeutung für die Zukunft von Kunststoffen sollen diese Aspekte anschließend noch etwas näher beleuchtet werden.

22.4.1 Marine Litter

Marine Litter, Marine Debris und Meeresmüll sind alles Synonyme, die dasselbe Problem betiteln: Die immer weiter zunehmende Belastung der Weltmeere mit Abfällen. Die verstärkte Öffentlichkeitsarbeit von internationalen Umweltorganisationen bzgl. der Marine-Litter-Problematik führte in den letzten Jahren zu einem rapiden Zuwachs der gesellschaftlichen Aufmerksamkeit. Aufgrund ihrer Natur ist die Evaluation und Validierung genauer Meeresabfallmassen schwierig. Dies führt dazu, dass die entsprechenden Werte in den verschiedenen Studien eine große Schwankungsbreite aufweisen. Die gemäßigten mittleren Schätzungen gehen davon aus, dass die bereits in den Meeren befindliche Abfallmenge zwischen 100 und 140 Mio. t liegt (UBA 2016). Meeresmüll ist ein gewaltiges, globales Problem, so gefährdet Meeresmüll die Lebensgrundlage von über drei Milliarden Menschen, die von dem Umweltsystem Meer abhängig sind und der jährliche Umweltschaden wird auf 13 Milliarden US-Dollar geschätzt. Weitergehend zeigen aktuelle

Studien, dass ca. 60–80 % des allgemeinen Meeresmülls Plastikmüll ist. Kunststoffverpackungen stellen aufgrund der hohen globalen Produktion und ihres massiven Konsums den größten (negativen) Beitrag zur Meeresplastikproblematik dar (Abalansa et al. 2020). Kunststoffe werden aufgrund ihrer langen Haltbarkeit als besonders kritisch eingestuft, denn Plastikprodukte können bis zu 400 Jahre in der Meeresumgebung verbleiben, ohne dass der natürliche Zersetzungsprozess auch nur ihre Form maßgeblich verändert (McKinsey 2015). Die Eintragsquellen dieser Abfallströme sind zu ca. 20 % seebasiert und zu ca. 80 % landbasiert. Die seebasierten Einträge ergeben sich größtenteils aus Abfallverklappungen der Schifffahrt und Abfällen aus der Fischereiindustrie wie beispielsweise verloren gegangene oder illegal entsorgte Netze (UBA 2016). Die landbasierten Einträge bestehen zumeist aus achtlos weggeworfenem, illegal entsorgtem und unzureichend gelagertem Abfall, der über den natürlichen Wasserkreislauf, mittels Regen und Flüsse, ins Meer gespült wird. Die gesamte jährlich neu in die Meere gelangende Menge an Kunststoffen wird auf 8 Mio. t geschätzt (McKinsey 2015, S. 11). Besonders die größten Flusssysteme der Welt spielen hierbei eine große Rolle. So berechneten Studien, dass ca. 88–95 % des Meeresplastiks aus landbasierten Quellen von den 10 größten Flusssystemen der Welt eingetragen werden (Schmidt et al. 2017). Hochrechnungen, abgeleitet aus den bisherigen Wachstumsraten, zufolge wird sich die Masse an Kunststoffen in den Weltmeeren bis 2050, auf ca. 850–950 Mio. t erhöhen. Dies würde bedeuten, dass die gesamte Menge an Plastikmüll in den Meeren die totale Fischbiomasse in den Meeren im Jahr 2050 überstiegen haben wird (Degnan und Shinde 2019). Als Hauptverursacher dieser Kunststoffeinträge in die Weltmeere wurden die stark wachsenden Volkswirtschaften im asiatischen und südostasiatischen Raum identifiziert. In diesen Ländern führt das starke Wirtschaftswachstum zu einem stetig steigenden Konsum, der einen stetig steigenden Kunststoffverbrauch bedingt, der wiederum zu einem stetig steigenden Kunststoffabfallaufkommen führt. Dieses Kunststoffabfallaufkommen trifft in diesen Ländern allerdings auf eine unzureichende und oft nur langsam wachsende Abfallentsorgungs- bzw. Kreislaufwirtschaft. So wurde errechnet, dass die Volksrepublik China den mit Abstand größten Kunststoffeintrag in die Meere verantwortet (1,32 bis 3,53 Mio. t pro Jahr) und zusammen mit Indonesien, den Philippinen, Vietnam und Thailand 55 bis 60 % des gesamten jährlichen Marine Litter verursacht (Jambeck et al. 2015, S. 768 f.). Als einzig wirklich effektiven und nachhaltigen Lösungsansatz für die Marine-Litter-Problematik wird eine weltweit und ganzheitlich funktionsfähige Erfassung von Abfällen in Kombination mit funktionierenden Kreislaufwirtschaftssystemen gesehen. So würde z. B. die Etablierung von funktionierenden Abfallerfassungs- und Kreislaufwirtschaftssystemen in den fünf oben genannten Ländern den weltweiten Kunststoffeintrag in die Umwelt über die nächsten zehn Jahre um ca. 45 % reduzieren können (McKinsey 2015, S. 9). Diese Bemühungen müssen Expertenmeinungen zufolge weitergehend flankiert werden durch ein globales Plastikprotokoll, welches die Produktion und/oder Nutzung von bestimmten Kunststoffen, Pigmenten und Additiven reguliert, um Gesundheitsrisiken zu vermindern und die Recyclebarkeit von Kunststoffen zu erhöhen (Issifu und Sumaila 2020). Mit der Problematik, die sich aus den ca. 60–112 Mio. t bereits im Meer befindlichen Kunststoffen und deren Entsorgung ergibt (berechnet aus ca. 60–80 % × 100–140 Mio. t), beschäftigt sich eine Vielzahl von Projekten, Initiativen und Konzepten wie z. B. The Ocean Cleanup, Fishing for Litter oder das Marine Debris to Energy Ship Concept, um nur einige zu nennen. All diese Projekte weisen allerdings Schwächen bzgl. ihrer Wirtschaftlichkeit auf, bzw. würden und werden sich ohne gesetzliche Weichenstellung und/oder eine Teilfinanzierung durch weitere Akteure (NGOs, UNEP etc.) nicht selbst tragen können. Andere Organisationen wie zum Beispiel Parley for the Oceans (www.parley.tv) fokussieren sich darauf, das Thema Meeresplastik aktiv, nachhaltig und innovativ zu bekämpfen. Dieser ganzheitlichere Ansatz beschäftigt sich damit, Wege zu finden, das globale Wirtschaftssystem der Menschheit mit dem Ökosystem der Natur zu verbinden. Dies – so die Vision – soll erreicht werden, indem man mit Hilfe von Aufklärung und Bildung Konsumenten weltweit zu einem nachhaltigeren und bewussteren Handeln (und Konsum) ermutigt. Begleitend werden lokal in Entwicklungsländern Sammlungs- und Recyclingsysteme mit fairen Arbeitsbedingungen aufgebaut, die finanziert werden durch den Verkauf von Produkten, die aus dem gesammelten und recycelten Plastikmüll hergestellt wurden. Der damit einhergehende Aufbau von sich selbst erhaltenden dezentralisierten Wirtschaftssystemen ermöglicht eine rasche Skalierung und ist quasi ein privatwirtschaftliches Instrument, welches es jedem Akteur in der Wertschöpfungskette (vom Sammler, über Produzenten, bis zum Konsumenten) ermöglicht, ein Teil der Lösung zu sein.

22.4.2 Ziele der EU27 in Kreislaufwirtschaft und Ressourceneffizienz

Die Europäische Union nimmt in den Verfahren der Gesetzgebung, aber auch in den Lenkungsinstrumenten für Wirtschaft und Umwelt eine sehr zentrale Rolle in Europa ein. Die für Kunststoffe aktuellen Entwicklungen spielen sich vorrangig in den folgenden Bereichen ab, die für die aktuelle politische Arbeit der Europäischen Union hohe Priorität genießen. Dies sind: Klimaschutzziele, Ziele für Nachhaltigkeit und Ressourceneffizienz, das Kreislaufwirtschaftspaket sowie die Abgrenzung von Stoff- und Abfallrecht.

Aktuell hervorzuheben ist der Green Deal der europäischen Union, welcher mit der klaren Zielsetzung im Klimaschutz größeren Einfluss auf Kunststoffe nimmt. Beispielhaft soll hier, die Einführung einer Plastic Tax für Kunststoffe genannt werden, welche somit eine deutliche Regulierung erfahren haben. Die nationale Umsetzung dieser Plastic Tax in den Mitgleidsstaaten ist heute noch nicht absehbar, da bislang nur Italien konkrete Vorschläge zur Umsetzung auf den Weg gebracht hat neben England als nicht EU-Mitglied.

Weiterer Aspekt ist die nunmehr begonnene deutliche Eindämmung der Verwendung von Kunststoffen in Einwegprodukten in der EU, die auf Verordnungsbasis die Neuproduktion untersagt und somit kurzlebige Produkte aus Kunststoffen stark limitiert.

Weiterer Trend zur Förderung der Kreislaufwirtschaft von Kunststoffen auf europäischer Ebene ist die Festlegung von Mindesteinsatzquoten von Rezyklaten, welche z. B. für Getränkeeinwegflaschen aus PET eine Mindesteinsatzquote von 50 % ab 2025 vorschreibt.

Weitere Einsatzquoten auch in anderen Produktbereichen sind in der Diskussion und für die Zukunft zu erwarten.

22.4.3 Verpackungsgesetz

Die Verpackungsverordnung stellt für Kunststoffe das wichtigste Regulativ seit 1990 dar. Trotz zahlreicher Novellen gab es hier nach wie vor wichtige Kritikpunkte. Man warf ihr vor, die Potenziale für eine hochwertige Kreislaufwirtschaft bei Kunststoffen nicht auszunutzen. Aufgrund der Gleichbehandlung aller Verpackungen aus Kunststoffen in der Lizenzierung gab es wenig bis keine Anreize zur recyclinggerechten Gestaltung von Kunststoffen, und auch der Einsatz von Rezyklaten wurde nur ungenügend unterstützt.

▶ **Praxishinweis** Um die Verwertbarkeit von Kunststoffartikeln und insbesondere von Verpackungen zu bewerten, gibt es verschiedene Tools, die Hilfestellung leisten. Häufig verwendet wird das Tool RECYCLASS (www.recyclass.eu), das vom Verband der europäischen Kunststoffrecycler entwickelt wurde.

Das Verpackungsgesetz hat sich bemüht einen großen Teil dieser Kritikpunkte aufzugreifen und für eine deutliche Verbesserung sorgen. Zentrale Punkte des Gesetzes, welches am 12.07.2017 im Bundesgesetzblatt veröffentlicht wurde, sind die Fortführung der Produzentenverantwortung in privatwirtschaftlicher Verantwortung unter Steuerung einer gemeinsamen Stelle, die Erhöhung der Verwertungsquoten in zwei Stufen bis 2022 und die Differenzierung von Lizenzentgelten nach Verwertbarkeit. Das Verpackungsgesetz ist zum 01.01.2019 in Kraft getreten. Ob die gewünschte Lenkungswirkung eintritt, hängt maßgeblich davon ab, ob es einen wirkungsvollen Vollzug gibt und die Differenzierung eine Wirkung entfaltet. Dies wird kritisch zu beobachten sein und bei Bedarf weitere Maßnahmen erfordern.

22.5 Zusammenfassung und Fazit

Die Bedeutung von Kunststoffen für Wirtschaft und Industrie ist groß. Die Ziele, die die kunststoffverarbeitende Industrie verfolgt, wie reduzierter Ressourcenverbrauch, intelligente Gestaltung und Leichtbau, sind aktueller denn je. Damit wird Kunststoff ein Werkstoff der Zukunft sein. Die Entwicklungs- und Konzeptionsstärke Deutschlands öffnet intelligenten Werkstoffen hierzulande weit die Türen. Faserverbundwerkstoffe wie Carbon oder Kevlar stehen für die Serienproduktion erst am Anfang ihrer Entwicklung, haben aber aufgrund ihrer enormen Belastbarkeit bei geringstem Gewicht enormes Potenzial. Entsprechende Akzeptanz und hohes Ansehen in der Öffentlichkeit werden Kunststoffe allerdings nur genießen, falls man die offenen Fragen zu Ressourcenverbrauch, Umweltbelastung und funktionierender Kreislaufwirtschaft befriedigend beantworten kann.

Deutschland hat dabei in den vergangenen 30 Jahren Maßstäbe gesetzt und nicht nur in der Erzeugung und Verarbeitung von Kunststoffen eine Spitzenposition im globalen Vergleich eingenommen, sondern auch ein klares Bekenntnis zur Nachhaltigkeit, zum Klimaschutz und zur Ressourceneffizienz abgegeben.

Trotz aller Fortschritte, die wir in Deutschland dabei gemacht haben, sind viele Potenziale ungenutzt geblieben. In der Umsetzung dessen, was möglich ist, sind wir als Gesellschaft und als Staat zu träge. Partikulare Interessen vieler Beteiligter erschweren die Umsetzung von Maßnahmen, die uns unser guter Menschenverstand als zwingend notwendig zeigt. Es bedarf größerer und vor allem gemeinsamer Anstrengungen, die Herausforderungen von Kunststoffen und ihrer Wertschöpfungsketten zu lösen. Einige dieser Herausforderungen sind nur nationenübergreifend mit gemeinsamen und internationalen Standards zu lösen. Insofern sollte ein guter Teil unserer Bemühungen auf das große Ganze gerichtet sein und nicht nur auf das einzelne Detail.

Literatur

Abalansa, S.; El Mahrad, B.; Vondolia, G.K.; Icely, J.; Newton, A. The Marine Plastic Litter Issue: A Social-Economic Analysis. Sustainability 2020, 12, 8677. https://doi.org/10.3390/su12208677

Bonnet M (2016) Kunststofftechnik: Grundlagen, Verarbeitung, Werkstoffauswahl und Fallbeispiele, 3. überarbeitete und erweiterte Auflage, Springer Fachmedien, Wiesbaden

Consultic (2020) Produktion, Verarbeitung und Verwertung von Kunststoffen in Deutschland 2019 – Kurzfassung

Degnan, T., Shinde, S.L. Waste-plastic processing provides global challenges and opportunities. MRS Bulletin 44, 436–437 (2019). https://doi.org/10.1557/mrs.2019.133

Detzel A, Kauertz B, Derreza-Greeven C (2012) Untersuchungen der Umweltwirkung von Verpackungen aus biologisch abbaubaren Kunststoffen, UBA-Texte 52/2012

EMF (2016) The New Plastics Economy – Rethinking The Future Of Plastics

Endres HJ, Siebert-Raths A (2009) Technische Biopolymere: Rahmenbedingungen, Marktsituation, Herstellung, Aufbau und Eigenschaften, Carl Hanser Verlag, München

Issifu, Ibrahim, and U. R. Sumaila 2020. "A Review of the Production, Recycling and Management of Marine Plastic Pollution" Journal of Marine Science and Engineering 8, no. 11: 945. https://doi.org/10.3390/jmse8110945

Jambeck JR, Geyer R, Wilcox C, Siegler TR, Perryman M, Andrady A, Narayan R, Lavender Law K (2015) Plastic waste inputs from land into the ocean, Science, Vol. 347, Issue 6223

Lechner MD, Gehrke K, Nordmeier EH (2014) Makromolekulare Chemie: Ein Lehrbuch für Chemiker, Physiker, Materialwissenschaftler und Verfahrenstechniker, 5. Auflage, Springer-Verlag, Berlin Heidelberg

McKinsey (2015) Stemming the Tide: Land-based strategies for a plastic-free ocean

Menges G, Haberstroh E, Michaeli W, Schmachtenberg E (2011): Menges Werkstoffkunde Kunststoffe, 6. Auflage, Carl Hanser Verlag, München

PlasticsEurope (2016) http://www.plasticseurope.de/das-ist-kunststoff.aspx. Abgerufen 30.01.2017

PlasticsEurope (2020) Plastics – the Facts 2020, Download unter www.plasticseurope.de. Abgerufen 2. Hj. 2021

Schmidt, C.; Krauth, T.; Wagner, S. Export of plastic debris by rivers into the sea. Environ. Sci. Technol. 2017, 51, 12246–12253. https://doi.org/10.1021/acs.est.7b02368

Schröder B (2014) Kunststoffe für Ingenieure: Ein Überblick. Springer Fachmedien, Wiesbaden

UBA (2016a) http://www.umweltbundesamt.de/presse/presseinformationen/erster-runder-tisch-gegen-meeresmuell. Abgerufen 30.01.2017

UBA (2016) http://www.umweltbundesamt.de/service/uba-fragen/tragen-schiffe-zur-verschmutzung-der-meere-muell. Abgerufen 30.01.2017

Verpackungsabfälle 23

Jan Hendrik Kempkes und Andreas Bruckschen

23.1 Einleitung

In der Geschichte der deutschen Entsorgungswirtschaft der letzten Jahrzehnte hat die Umsetzung der Verpackungsverordnung eine besondere Aufmerksamkeit erfahren. Die begrenzten Deponiekapazitäten zu Beginn der 1990er-Jahre erzeugten einen starken Handlungsbedarf. Vor allem das Müllvolumen musste gesenkt werden, um Deponien länger nutzbar zu machen.

Die Verpackungsentsorgung entpuppte sich in zweifacher Hinsicht als bemerkenswert. Zum einen kennzeichnet die Einführung der Verpackungsverordnung erstmals die Implementierung der Produktverantwortung. Es ist also nicht mehr der Staat, der seiner Beseitigungspflicht nachkommt, sondern es sind die Produzenten und Inverkehrbringer, die die Verantwortung für die Verwertung ihrer in den Verkehr gebrachten Produkte übernehmen müssen. Zum anderen dokumentiert die Verpackungsverordnung wie keine andere Gesetzgebung in der deutschen Entsorgungsgeschichte den Paradigmenwechsel, Müll nicht mehr als ein zu beseitigendes Übel anzusehen, sondern Müll auch als eine Ressource zu begreifen, die in den Materialkreislauf zurückgeführt werden muss. Heute beschäftigen uns nicht mehr begrenzte Deponiekapazitäten, die spätestens mit der Technischen Anleitung zur Verwertung, Behandlung und sonstigen Entsorgung von Siedlungsabfällen (TASi) aus

J. H. Kempkes (✉)
Interseroh+ GmbH, Köln, Deutschland
E-Mail: jan.hendrik.kempkes@interseroh.com

A. Bruckschen
BDE Bundesverband der Deutschen Entsorgungs-, Wasser- und Kreislaufwirtschaft e. V., Berlin, Deutschland
E-Mail: bruckschen@bde.de

P. Kurth et al. (Hrsg.), *Praxishandbuch der Kreislauf- und Rohstoffwirtschaft*,
https://doi.org/10.1007/978-3-658-36262-1_23

dem Jahr 2005 der Vergangenheit angehören. Im Mittelpunkt steht heute viel- mehr die Sicherung von Rohstoffen, zu denen auch die teilweise wertvollen Materialien aus den Verpackungen gehören.

Der folgende Beitrag möchte diese historische Leistung der Verpackungsverordnung über die vielfältigen Novellen kurz nachzeichnen und das ständige Bemühen, die Entsorgung von Verpackungen zu verbessern, kritisch analysieren. Einen wesentlichen Schwerpunkt bilden hierbei das sog. Trittbrettfahrerproblem und die Versuche, diese Problematik in den Griff zu bekommen.

Zentraler Bestandteil dieses Beitrags ist die Darstellung und Bewertung des Verpackungsgesetzes (2017). Denn nachdem all die Novellierungsbemühungen keinen dauerhaften Erfolg gebracht hatten, liegt nun mit dem Verpackungsgesetz eine Weiterentwicklung des Verpackungsrechts seit einigen Jahren vor. Die Beschränkung auf ein Verpackungsgesetz war notwendig, da die auch von ordnungspolitischen Argumenten geprägte Debatte die großen Schwierigkeiten einer Ausweitung der Produktverantwortung auf stoffgleiche Nichtverpackungen und damit der Implementierung eines Wertstoffgesetzes offenbar hat werden lassen. Um die strittigsten Komponenten reduziert, konzentriert sich das neue Gesetz, im Folgenden VerpackG genannt, auf die Stabilisierung des privatwirtschaftlichen Systems der Verpackungsentsorgung mit Einführung einer Zentralen Stelle und die zeitlich abgestufte Anhebung der Recyclingvorgaben.

23.2 Entwicklung der Verpackungsverordnung

23.2.1 Eine Verordnung und ihre Novellierungen

Nachdem das Abfallgesetz vom 27.08.1986 bereits die Grundlage für die Produktverantwortung im Abfallrecht gelegt hatte, gelang es mit der Verpackungsverordnung vom 12.06.1991, diese Produktverantwortung im Bereich der Verpackungsverordnung umzusetzen, indem die Entsorgungsverantwortung für die Verpackungen auf die Hersteller und Vertreiber übertragen wurde. Grundgedanke der Verordnung war es, Herstellern und Vertreibern von Verpackungen sog. Rücknahme- und Verwertungspflichten aufzuerlegen. Den betroffenen Unternehmen wurde jedoch gleichzeitig die Möglichkeit eingeräumt, sich von dieser Verpflichtung zu befreien. Eine solche Übertragung entbindet den Inverkehrbringer von Verpackungen allerdings nicht von seiner sog. Primärpflicht. Die Entpflichtung wurde dadurch erreicht, dass sich die entsprechenden Unternehmen an einem dualen System beteiligen, das damit eine Sekundärpflicht übernimmt.

Diese Überlegungen führten damit auch zur Gründung der Der Grüne Punkt Duales System Deutschland Gesellschaft für Abfallvermeidung und Sekundärrohstoffgewinnung mbH (DSD GmbH). Zu Beginn der Verpackungsverordnung war nicht daran gedacht worden, das Systemgeschäft in den Wettbewerb zu stellen, vielmehr wurde die DSD GmbH als gemeinwohlorientierte Selbsthilfeorganisation der Wirtschaft gegründet. Der DSD

GmbH kam zum einen die Aufgabe zu, die haushaltsnahe Erfassung beim privaten Endverbraucher sicherzustellen und zum anderen, das Systemgeschäft für den Inverkehrbringer zu betreiben. Zur Erfassung und Verwertung der Verpackungsabfälle schloss die DSD GmbH entsprechende Verträge mit Entsorgern und Verwertern ab, um die in der Verpackungsverordnung definierten Verpflichtungen der haushaltsnahen Erfassung und dem Recycling mit der Erfüllung der Verwertungsquoten zu gewährleisten.

Die Produktverantwortung wurde dann im Kreislaufwirtschafts- und Abfallgesetz vom 27.09.1994 noch stärker verankert, indem diese Stoffgruppe von der Überlassungspflicht gegenüber den öffentlich-rechtlichen Entsorgungsträgern ausgenommen wurde. Dies führte in der Folgezeit zu vielfältigen Privatisierungen. Diese Entwicklung der Förderung der Kreislaufwirtschaft, insbesondere im Bereich der Verpackung, fand seine Fortsetzung auf europäischer Ebene mit Einführung der EU-Richtlinie über Verpackungen und Verpackungsabfälle. In dieser Richtlinie wurden Rahmenbedingungen definiert, nach denen in allen Mitgliedstaaten Rücknahme-, Sammel- und Verwertungssysteme für gebrauchte Verpackungen eingerichtet werden mussten. Die Anforderungen an die Verwertung wurden mit der Präzisierung des Verpackungsbegriffs im Jahr 2004 mit der Richtlinie 2004/12/EG weitergeführt. Die Umsetzung erfolgte mit Erweiterung der EU in den Mitgliedstaaten außerordentlich unterschiedlich, sodass im Jahr 2005 den neu hinzugetretenen Ländern angemessene Übergangsfristen eingeräumt wurden, um entsprechende Sammel- und Verwertungssysteme aufzubauen. Vorreiter dieser Entwicklung in Europa war und ist Deutschland, das seine Verpackungsverordnung von 1991 in zahlreichen Novellierungen weiterentwickelte.

Der Gesetzgeber war im Verlauf der Entwicklung der Verpackungsverordnung ständig bemüht, die Defizite der Verpackungsverordnung zu minimieren. Alle Novellierungsbemühungen drehten sich im Kern um das Problem fairer Wettbewerbsbedingungen. Dies wurde bereits 1993 mit der großen Krise des dualen Systems deutlich. Schon damals ging es um die Begrenzung von sog. Trittbrettfahrern, die spezielle Lücken in der Verordnung dazu genutzt haben, um sich einen Wettbewerbsvorteil zu verschaffen. Alle Novellierungen wurden von intensiven politischen Diskussionen begleitet. Bereits die erste Novelle scheiterte im ersten Anlauf im Bundesrat und konnte erst 1998 verabschiedet werden. Die politischen Auseinandersetzungen erreichten in der dritten Novellierung ihren Höhepunkt als die Pfandthematik im Mittelpunkt stand.

Nach intensiv geführter politischer Diskussion trat zum 01.01.2009 die fünfte Novelle der Verpackungsverordnung in Kraft. Auslöser für eine weitere Novellierung war das nach wie vor nicht gelöste Problem der Trittbrettfahrer. Auch die vierte Novelle hatte nicht verhindern können, dass nach wie vor wesentliche Mengen der entsorgten Verkaufsverpackungen nicht ordnungsgemäß bei einem dualen System lizenziert wurden. Das Ziel der fünften Novelle war es somit, zukünftig alle Verpackungen, die zu privaten Endverbrauchern gelangen, einer Lizensierung über duale Systeme zu unterwerfen, um die Finanzierung der Verpackungsentsorgung abzusichern und Wettbewerbsverzerrungen zu beseitigen. Hierzu gab es ein ganzes Bündel von Maßnahmen. Die wesentlichen Punkte sind

- Beteiligungspflicht für Verkaufsverpackungen an einem dualen System,
- Einschränkung von Branchenlösungen,
- genau definierte Rücknahmemöglichkeit gebrauchter Verpackungen am Point-of-Sale,
- Abgabe von Vollständigkeitserklärungen auf einer Plattform des Deutschen Industrie- und Handelskammertag e. V. (DIHK),
- Einrichtung einer gemeinsamen Stelle.

Trotz zahlreicher ergänzender Initiativen, wie beispielsweise einer Selbstverpflichtung im Rahmen des Zertifikats des Bundesverbands der Deutschen Entsorgungs-, Wasser- und Rohstoffwirtschaft e. V. (BDE-Zertifikat), gelang es nicht, die Probleme in den Griff zu bekommen. Der daraus resultierende Lizenzmengenschwund stellte zunehmend eine Bedrohung der Finanzierung der Verpackungsentsorgung dar. Der Verordnungsgeber reagierte auf diese Entwicklung mit zwei weiteren Novellierungen der Verpackungsverordnung. So trat am 24.07.2014 die sechste Novelle in Kraft, die zum Ziel hatte, die Definition von Verpackung mithilfe einer ergänzenden Beispielliste über Gegenstände, die als Verpackung gelten, weiter zu präzisieren. Der Problematik des Lizenzmengenschwunds galt dann v. a. die siebte Novelle, die zum 01.10.2014 in Kraft trat und sich der Abschaffung der Eigenrücknahme von Verkaufsverpackungen widmete. Darüber hinaus wurde ab dem 01.01.2015 die Teilnahme an Branchenlösungen wesentlich verschärft. Ziel dieser Regelungen war eine Verbesserung der Wettbewerbsbedingungen zwischen den dualen Systemen. Um einen erneuten Missbrauch zu verhindern, sollten Branchenlösungen nur dann ermöglicht werden, wenn hierzu über eine Sachverständigenbescheinigung ein Nachweis geführt wurde, dass branchenbezogene Erfassungsstrukturen eingerichtet worden sind und die Anzahlstellen auch wirklich adressgenau benannt werden können. Darüber hinaus ist es erforderlich, dass über die tatsächlich angelieferten Verpackungsmengen auch ein Mengenstromnachweis für die jeweiligen Anfallstellen dokumentiert werden kann.

23.2.2 Vom Wertstoffgesetz zum Verpackungsgesetz

Parallel zu den letzten Novellierungen der Verpackungsverordnung entwickelten sich intensive Bemühungen, ein Wertstoffgesetz auf den Weg zu bringen, mit dem sich die Hoffnung verband, mit Einführung einer Zentralen Stelle dauerhafte Regelungsmechanismen einzuführen und darüber hinaus auch stoffgleiche Nichtverpackungen zu erfassen und die Recyclingquoten zu erhöhen. Im Verlauf der Debatte um ein mögliches Wertstoffgesetz entstanden zahlreiche Studien nicht nur zum optimalen Zuweisungskatalog von Materialien zur Wertstofftonne, zur Durchführbarkeit einer Erweiterung der Produktverantwortung sowie zur Abschätzung technisch realisierbarer Recyclingvorgaben, sondern auch zur Ausgestaltung der Verantwortlichkeiten von Kommunen und privater Entsorgungswirtschaft. Auf dieser Basis entwickelte dann das Bundesministerium für Umwelt, Naturschutz, Bau und Reaktorsicherheit (BMUB) ein Kooperationsmodell mit einer gemeinsamen Wertstofferfassung und setzte dabei auf individuelle Vereinbarungen zwischen den öffentlich-rechtlichen Entsorgungsträgern und den Systembetreibern vor Ort. Im Juni des Jahres 2015 sprachen sich im Gegensatz dazu die Berichterstatter der Koalitionsfraktionen in einem Eckpunktepapier für das Modell einer privatwirtschaftlichen Systematik mit weitreichenden Einflussmöglichkeiten der Kommunen aus. Der dann vom BMUB auf Basis der Eckpunkte formulierte Arbeitsentwurf für ein Wertstoffgesetz kam der Forderung nach einer vollständigen Kommunalisierung der Organisationsverantwortung für die Erfassung nicht nach. Als sich dann auch im Januar 2016 der Bundesrat in einer Entschließung für die Rekommunalisierung der bisher privatwirtschaftlich organisierten Wertstofferfassung einschließlich einer Abschaffung der dualen Systeme aussprach, war eine Implementierung des Wertstoffgesetzes in weite Ferne gerückt.

In den folgenden Debatten wurde deutlich, welche Folgen eine erhebliche Ausdehnung der Befugnisse der öffentlich-rechtlichen Entsorgungsträger, insbesondere zur Vorgabe der Ausgestaltung der Sammlung, haben würde. Schon bei einer kommunalen Privilegierung hätten die Systeme und die Recyclingunternehmen kaum noch Steuerungsmöglichkeiten zur Erfüllung der ihnen vorgegebenen Recyclingquoten. Darüber hinaus verliert dieser Ansatz die ökonomische Dimension der Leistungserbringung aus den Augen, weil eine Kontrolle der Kosten, die von den Inverkehrbringern und damit letztlich von den Bürgern zu tragen sind, unmöglich wird.

Im Hinblick auf die stellenweise unvereinbaren Ansätze entschloss sich das BMUB im Frühling des Jahres 2016 zum Verzicht auf die Ausweitung der Produktverantwortung auf stoffgleiche Nichtverpackungen. Nach einer zuvor scheinbar end- und ergebnislosen Debatte über die richtige Wahl der Instrumente zur Weiterentwicklung der Verpackungsentsorgung zu einem Wertstoffgesetz, konnte die Inkraftsetzung des Verpackungsgesetzes erfolgen. Auch wenn es damit nicht zum vielfach geforderten großen Wurf kam, der die stoffgleichen Nichtverpackungen und idealerweise auch noch weitere werthaltige Stoffströme eingeschlossen hätte, konnten in dem Gesetz wichtige Maßnahmen zur Stabilisierung der privatwirtschaftlichen Verpackungsentsorgung mit einer Anpassung der nicht mehr zeitgemäßen ökologischen Vorgaben für diesen Stoffstrom ergriffen werden. Dessen ungeachtet wurde die gemeinsame Wertstofferfassung auf freiwilliger Basis zwischen den Kommunen und der privaten Entsorgungswirtschaft mit den Systembetreibern weiter vorangetrieben.

Im Mai 2021 kam es dann mit der Verabschiedung eines Gesetzentwurf „zur Umsetzung von Vorgaben der Einwegkunststoffrichtlinie und der Abfallrahmenrichtlinie im Verpackungsgesetz und in anderen Gesetzen“ (19/27634) zu einer erneuten Weiterentwicklung des Verpackungsgesetzes, um der Notwendigkeit, die EU-Richtlinie 2019/904 in deutsches Recht umzusetzen, Rechnung getragen wurde. Das Regelwerk ist eine ökologisch sinnvolle Fortentwicklung der erweiterten Herstellerverantwortung für Verpackungen, die auch im Einklang mit den Anforderungen aus den EU-Richtlinien steht. Darüber hinaus enthält das Gesetz eine Reihe von Klarstellungen, die für die Praxis wichtig sind.

So entfallen ab 2022 fast alle bisher geltenden Ausnahmen von der Pfandpflicht für Einweggetränkeflaschen und -dosen. Für Milch und Milcherzeugnisse gilt die Pfandpflicht allerdings erst ab 2024. Außerdem müssen Gastronomen und Einzelhändler in Zukunft beim Verkauf von Lebensmitteln und Getränken zum Sofortverzehr statt Einwegkunststoffverpackungen auch Mehrwegalternativen anbieten. Schließlich wird ab 2025 für die Herstellung von PET-Flaschen ein Mindestanteil an recyceltem Kunststoff vorgeschrieben.

Die Festlegung einer Rezyklateinsatzquote für PET-Einweggetränkeflaschen ab 2025 und ab 2030 für alle Einwegkunststoffgetränkeflaschen zeigt die Richtung für weitere derartige Ausgestaltungen auf. Umso wichtiger ist es, dass Kunststoffgetränkeflaschen vor dem Inverkehrbringen auf ihre Recyclingfähigkeit im bestehenden Recyclingsystem überprüft werden. Nur durch eine solche überprüfbare Regelung, die es noch auszugestalten gilt, kann das Recycling in diesem Bereich weiterhin sichergestellt werden.

Zu beachten ist auch, dass die Erweiterung der Pfandpflichten auf alle Einwegkunststoffflaschen Auswirkungen auf den in der Getrenntsammlung verbleibenden Verpackungsmix an Leichtverpackungen hat. Es besteht die Gefahr, dass den Systembetreibern ein wertvoller Materialteilstrom, der wesentlich zur Erfüllung der Quotenanforderungen beiträgt, entzogen wird. In der Folge könnte die Erweiterung der Pfandpflicht die Erreichung der Verwertungsquoten gefährden.

Die Einbeziehung digitaler Marktplätze und die Tätigkeit von Fulfillment-Dienstleistern trägt dem geänderten Verbraucherverhalten Rechnung und ist ein sinnvoller Versuch, die sich aus dem Onlinehandel ergebenden Herausforderungen für die erweiterte Herstellerverantwortung von Seiten des Gesetzgebers einzugrenzen. Allerdings muss die Zulassung von Bevollmächtigten kritisch beobachtet werden und darf nicht dazu führen, dass schon vergessen geglaubte Umgehungsmöglichkeiten erneut die Systemstabilität gefährden.

Auch die für die Dualen Systeme vorgesehenen Informationspflichten sind kritisch zu sehen, weil die Systembetreiber strukturell nicht darauf ausgerichtet sind, allgemeine Verbraucheraufklärung zu betreiben. Auch die neu eingeführten Transparenzpflichten und die damit verbundene Verpflichtung zur Veröffentlichung der Lizenzentgelte sind in dieser Form mit den durch das Bundeskartellamt konkretisierten wettbewerbsrechtlichen Vorgaben nur schwer vereinbar.

23.3 Das Systemgeschäft im VerpackG

Zentrales Element der Verpackungsgesetzgebung ist, wie schon in der Verpackungsverordnung, das sog. Systemgeschäft (Pauly und Kempkes 2013). Der Verordnungs- bzw. nun der Gesetzgeber hat die regulativen Grundlagen geschaffen, um im Rahmen der Produktverantwortung eine haushaltsnahe Erfassung von Verpackungen flächendeckend im Verantwortungsbereich der privaten Wirtschaft sicherzustellen. Hierzu bedient er sich Vorgaben, nach denen Systeme[1] ein entsprechendes Erfassungssystem zu errichten und aufrechtzuerhalten haben. Hersteller haben sich mit ihren systembeteiligungspflichtigen Verpackungen gem. § 7 Abs. 1 VerpackG an den Systemen zu beteiligen und in Wahrnehmung der Produktverantwortung die flächendeckende Entsorgung zu finanzie-

[1] Vgl. § 3 Abs. 16 VerpackG.

ren. Nachfolgend sollen zumindest kursorisch ausgewählte Regelungen des VerpackG zum Systemgeschäft dargestellt werden.

23.3.1 Systembeteiligungspflichtige Verpackungen

Gemäß § 3 Abs. 8 VerpackG sind systembeteiligungspflichtige Verpackungen mit Ware befüllte Verkaufs- und Umverpackungen, die nach Gebrauch typischerweise beim privaten Endverbraucher als Abfall anfallen.

Verpackungen sind grundsätzlich aus beliebigen Materialien hergestellte Erzeugnisse zur Aufnahme, zum Schutz, zur Handhabung, zur Lieferung oder zur Darbietung von Waren, die vom Rohstoff bis zum Verarbeitungserzeugnis reichen können und vom Hersteller an den Vertreiber oder Endverbraucher weitergegeben werden.[2] Anlage 1 zum VerpackG ergänzt diese Kriterien und erläutert sie anhand von Beispielen.

Werden diese typischerweise dem Endverbraucher als Verkaufseinheit aus Ware und Verpackung angeboten, handelt es sich nach der Begriffsdefinition in § 3 Abs. 1 Nr. 1 VerpackG um Verkaufsverpackungen. Ähnlich wie bisher gelten nach § 3 Abs. 1 Nr. 1a VerpackG als Verkaufsverpackungen auch Verpackungen, die erst beim Letztvertreiber befüllt werden, um die Übergabe von Waren an den Endverbraucher zu ermöglichen oder zu unterstützen (Serviceverpackungen).[3] Daneben beschreibt § 3 Abs. 1 Nr. 1b VerpackG Versandverpackungen als Verkaufsverpackungen, die zwar ebenfalls erst beim Letztvertreiber befüllt werden, jedoch dazu dienen, den Versand von Waren an den Endverbraucher zu ermöglichen oder zu unterstützen. Mithin handelt es sich bei Serviceverpackungen und Versandverpackungen jeweils um besondere Arten von Verkaufsverpackungen, zwischen denen im Weiteren jedoch zu differenzieren ist.[4]

Um Umverpackungen handelt es sich, wenn sie eine bestimmte Anzahl von Verkaufseinheiten aus Ware und Verpackungen enthalten und typischerweise dem Endverbraucher zusammen mit den Verkaufseinheiten angeboten werden oder zur Bestückung der Verkaufsregale dienen.[5]

Systembeteiligungspflichtig schließlich sind die beiden genannten Verpackungsarten dann, wenn sie nach Gebrauch typischerweise beim privaten Endverbraucher als Abfall anfallen.[6] Hiermit bedient sich der Gesetzgeber im Rahmen der Definition der Systembeteiligungspflicht des Anfallstellenprinzips bzw. der Frage, wo eine Verkaufsverpackung letztlich zur Entsorgung gelangt. Er unterstellt dabei, dass grundsätzlich jede Verpackung früher oder später einmal als Abfall anfallen werde und stellt in der Begründung klar, dass

---

[2] § 3 Abs. 1 VerpackG.

[3] Siehe auch Anlage 1 zum VerpackG, Nr. 2; vgl. zu § 3 Abs. 1 Nr. 2 VerpackV: Flanderka und Stroetmann 2015, § 3 Rn. 21 ff.

[4] Vgl. BT-Drucksache 18/11274, S. 82.

[5] § 3 Abs. 1 Nr. 2 VerpackG.

[6] Vgl. § 3 Abs. 8 VerpackG.

eine zwischenzeitliche, auch längerfristige Weiterverwendung durch den privaten Endverbraucher, z. B. von Marmeladengläsern, Keksdosen usw., nicht von der Systembeteiligungspflicht befreit.[7] Maßgebliche Anfallstelle ist weiterhin der private Endverbraucher, also private Haushaltungen und diesen vergleichbare Anfallstellen.[8]

Bleibt es damit insoweit einerseits bei der Anfallstellenbetrachtung (Flanderka und Stroetmann 2015, § 6 Rn. 13 ff.), hat der Gesetzgeber in seiner Begründung nunmehr explizit darauf hingewiesen, dass bei der Auslegung des Begriffs typischerweise auf die allgemeine Verkehrsanschauung abzustellen sei: Es habe eine Ex-ante-Betrachtung bezüglich der späteren Anfallstellen zu erfolgen.[9] Komme man bei dieser Einschätzung zu dem Ergebnis, dass die konkreten Verpackungen mehrheitlich bei privaten Endverbrauchern anfallen werden, so seien diese Verpackungen auch dann vollumfänglich bei Systemen anzumelden, wenn einzelne Verpackungen später tatsächlich an anderen Anfallstellen zur Entsorgung gelangen; eine Aufspaltung einer identischen Verpackung in eine systembeteiligungspflichtige und eine gewerbliche Menge ist nach dem Willen des Gesetzgebers nicht zulässig.[10]

► **Praxishinweis** Der Gesetzgeber hält auch im VerpackG zunächst an den grundsätzlichen Kriterien für die Bestimmung einer Systembeteiligungspflicht fest, bemüht sich jedoch in seiner Begründung, Hinweise und Klarstellungen zur Bestimmung des Umfangs der Beteiligungspflicht zu geben. Verpflichtete nach VerpackG sollten die Begründung nutzen und die Ermittlung ihrer Systembeteiligungspflichtigen Verpackungen daran ausrichten.

23.3.2 Adressat der Systembeteiligungspflicht

Adressat der Systembeteiligungspflicht sowie der damit korrespondierenden Pflichten ist der Hersteller von systembeteiligungspflichtigen Verpackungen.[11] Dies ist nach § 3 Abs. 14 VerpackG derjenige Vertreiber, der Verpackungen erstmals gewerbsmäßig in Verkehr bringt oder Verpackungen gewerbsmäßig in den Geltungsbereich des VerpackG einführt.

Inverkehrbringen ist jede entgeltliche oder unentgeltliche Abgabe an Dritte im Geltungsbereich des VerpackG, mit dem Ziel des Vertriebs, des Verbrauchs oder der Verwendung.[12] Entscheidend bleibt somit weiterhin, wer erstmals eine Verkaufseinheit aus Ware und Verpackung herstellt und diese Einheit an einen Dritten abgibt. Nicht als Inverkehrbringen gilt nach § 3 Abs. 9 S. 2 VerpackG allerdings die Abgabe von im Auftrag eines

---

[7] Vgl. BT-Drucksache 18/11274, S. 84.

[8] § 3 Abs. 11 VerpackG.

[9] Vgl. BT-Drucksache 18/11274, S. 83 f.

[10] Vgl. BT-Drucksache 18/11274, S. 83.

[11] § 7 Abs. 1 VerpackG.

[12] § 3 Abs. 9 VerpackG.

Dritten befüllten Verpackungen an diesen Dritten, wenn die Verpackung ausschließlich mit dem Namen oder der Marke des Dritten oder beidem gekennzeichnet ist. Hierdurch greift der Gesetzgeber die grundlegende Entscheidung des BVerwG vom 30.09.2015[13] zu sog. Handelsmarken auf und schafft nunmehr eine entsprechende gesetzliche Regelung. Dadurch, dass der Gesetzgeber explizit auf der Ebene des Inverkehrbringens ansetzt, wird insbesondere auch klar, dass es nicht etwa zu einer geteilten Systembeteiligungspflicht kommt. Vielmehr ist in einem solchen Fall nicht der Abfüller, sondern ausschließlich der nachfolgende Hersteller als Adressat anzusehen.

Eine befreiende Pflichtenübertragung eines Adressaten auf eine vor- oder nachgelagerte Handelsstufe ist auch im VerpackG grundsätzlich nicht vorgesehen (Pauly und Kempkes 2013, S. 46, 48; Rummler und Seitel 2008, S. 129, 131; Flanderka und Stroetmann, § 6 Rn. 8).

Eine erste Ausnahme von dem Grundsatz statuiert das VerpackG für Serviceverpackungen in § 7 Abs. 2. Hersteller von systembeteiligungspflichtigen Serviceverpackungen können von den Vorvertreibern dieser Serviceverpackungen verlangen, dass sie sich hinsichtlich der von ihnen gelieferten unbefüllten Serviceverpackungen an einem oder mehreren Systemen beteiligen. So muss beispielsweise auch weiterhin der Kioskbetreiber, der seine Waren erst an der Verkaufsstelle verpackt, diese Verpackungen nicht zwingend an einem System beteiligen, sondern kann z. B. vom Lieferanten der Serviceverpackung die Übernahme der Beteiligungspflicht verlangen. Diese Sonderregelung betrifft zweifelsfrei ausschließlich Serviceverpackungen und gilt nicht für vergleichbare Versandverpackungen. Dem liegt die gesetzgeberische Überlegung zugrunde, dass im Versandhandel viele große Direktvertreiber existieren und hier eine Vorverlagerung der Systembeteiligungspflicht von dem Abfüller auf den Hersteller der Versandverpackung nur schwer zu rechtfertigen wäre.[14] Explizit geregelt ist auch, dass mit Übertragung der Systembeteiligungspflicht zugleich die weiteren Herstellerpflichten auf den verpflichteten Vorvertreiber übergehen und dass der ursprünglich verpflichtete Hersteller von demjenigen Vorvertreiber, auf den die Systembeteiligungspflicht übergeht, eine Bestätigung über die erfolgte Systembeteiligung verlangen kann.[15]

Eine weitere Ausnahme hat der Gesetzgeber nun für ausländische Unternehmen ohne Niederlassung in Deutschland geschaffen. Ohne hierzu verpflichtet zu sein, können diese gem. § 35 Abs. 2 VerpackG einen sogenannten Bevollmächtigten (§ 3 Abs. 14a VerpackG-Neu) beauftragen. Bis auf die Registrierungspflicht, welche originär beim ursprünglich Verpflichteten verbleibt, tritt der Bevollmächtigte vollumfänglich in alle Pflichten nach dem Verpackungsgesetz ein und hat diese während der Dauer der Bevollmächtigung in eigenem Namen zu erfüllen, insb. Beteiligung an einem oder mehreren Systemen, Abgabe von Datenmeldungen zu den Verpackungsmengen und ggf. Abgabe einer testierten Vollständigkeitserklärung. Im Falle der Beauftragung eines Bevollmächtigten i. S. d. § 3

---

[13] BVerwG, Urteil vom 30.09.2015 – 7 C 11.14.

[14] Vgl. BT-Drucksache 18/11274, S. 81 f.

[15] § 7 Abs. 2 S. 2, 3 VerpackG.

Abs. 14a VerpackG-Neu hat der Beauftragende im Rahmen der Registrierung Name, Anschrift und Kontaktdaten des Bevollmächtigten sowie die schriftliche Beauftragung mitzuteilen.

► **Praxishinweis** Nach dem VerpackG ist zwischen Versandverpackungen und Serviceverpackungen zu differenzieren. Der Einsatz sog. vorlizenzierter Versandverpackungen ist danach nicht zulässig.

23.3.3 Inverkehrbringungs-, Verkaufs- und Dienstleistungsverbote

Mit Wirkung ab dem 01. Juli 2022 hat der Gesetzgeber das System des VerpackG für Inverkehrbringungs-, Verkaufs- und Dienstleistungsverbote der §§ 7 und 9 VerpackG umfassend neu geregelt und ergänzt.

Das VerpackG sieht bis zum Inkrafttreten der Neuregelung für Hersteller und Vertreiber sog. Inverkehrbringungs- und Verkaufsverbot für nicht systembeteiligte systembeteiligungspflichtige Verpackungen (§ 7 Abs. 1 S. 4 VerpackG) sowie für den Fall einer nicht (ordnungsgemäßen) Registrierung (§ 9 Abs. 5 VerpackG) vor.

Mit der Neuregelung werden diese Verbote maßgeblich erweitert. So dürfen künftig zusätzlich Betreiber elektronischer Marktplätze (vgl. § 3 Abs. 14b VerpackG-Neu) das Anbieten nicht (ordnungsgemäß) registrierter (§ 9 Abs. 5 VerpackG-Neu) und nicht lizenzierter Verpackungen (§ 7 Abs. 7 VerpackG-Neu) nicht ermöglichen. Sog. Fulfilment-Dienstleister (vgl. § 3 Abs. 14c VerpackG-Neu) dürfen keine der in § 3 Absatz 14c Satz 1 VerpackG-Neu genannten Tätigkeiten in Bezug auf systembeteiligungspflichtige Verpackungen erbringen, wenn sich die Hersteller mit diesen Verpackungen nicht an einem System beteiligt haben (§ 7 Abs. 7 VerpackG-Neu) oder der Hersteller dieser Verpackungen nicht (ordnungsgemäß) registriert ist (§ 9 Abs. 5 VerpackG-Neu).

Flankiert werden die Inverkehrbringungs-, Verkaufs- und Dienstleistungsverbote der §§ 7 und 9 VerpackG-Neu durch entsprechende Bußgeldbestimmungen in § 36 Abs. 1 Nr. 5 und 5a VerpackG-Neu.

Hintergrund der Neuregelungen ist das Bestreben des Gesetzgebers auch im stark wachsenden Bereich des Versandhandels, nicht zuletzt aus dem Ausland, eine verursachergerechte Beteiligung an den Pflichten und Kosten der Sammlung und Verwertung von Verpackungen umzusetzen.[16]

► **Praxishinweis** Die betroffenen Unternehmen sollten sich frühzeitig auf die neuen Pflichten einstellen und sich in nachvollziehbarer Weise von den Herstellern die Systembeteiligung bestätigen lassen, respektive die ordnungsgemäße Registrierung über die Zentrale Stelle prüfen.

[16] Vgl. BT-Drucksache 19/27634, S. 25 f.

23.3.4 Branchenlösungen und andere Ausnahmen

Vermutlich ist es nicht zuletzt den Diskussionen unter der VerpackV über Reichweite der Systembeteiligungspflicht bzw. mögliche Ausnahmen und deren Folgen geschuldet, dass der Gesetzgeber versucht, hier stärker regulierend einzugreifen und so Eindeutigkeit zu schaffen.

Zuletzt mit der siebten Novelle der VerpackV hatte der Verordnungsgeber die Anforderungen an sog. Branchenlösungen signifikant erhöht. Die Verschärfungen haben zu einer erheblichen Abnahme von eingerichteten Branchenlösungen und entsprechender Branchenmengen geführt. Entsprechend behält der Gesetzgeber in § 8 VerpackG die Möglichkeit zur Schaffung von Branchenlösungen unter eng regulierten Voraussetzungen bei. Neu ist insoweit, dass Branchenlösung betreibende Hersteller gem. § 8 Abs. 4 i. V. m. § 15 Abs. 4 VerpackG-Neu verpflichtet sind, die finanziellen und organisatorischen Mittel vorzuhalten, um ihren Pflichten nachzukommen und geeignete Mechanismen zur Selbstkontrolle/Bewertung ihrer Finanzverwaltung geeignete einzurichten haben.

Als weiteren Sondertatbestand hat der Gesetzgeber in § 7 Abs. 3 VerpackG einen gesetzlichen Erstattungsanspruch aufgenommen. Danach kann ein Hersteller die von ihm für die Systembeteiligung geleisteten Entgelte von den betreffenden Systemen zurückverlangen, soweit in Verkehr gebrachte systembeteiligungspflichtige Verpackungen wegen Beschädigung oder Unverkäuflichkeit nicht an den Endverbraucher abgegeben wurden und er die Verpackungen zurückgenommen und einer Verwertung nach § 16 Abs. 5 VerpackG zugeführt hat. Der Gesetzgeber hat damit jedenfalls eine gesetzlich verbindliche Grundlage geschaffen und flankiert diesen Erstattungsanspruch durch verschiedene Sicherheitsmechanismen. Ausdrücklich geregelt ist, dass Rücknahme und anschließende Verwertung entsprechend den Anforderungen des § 16 Abs. 5 VerpackG in jedem Einzelfall in nachprüfbarer Form zu dokumentieren sind. Als Minimum nennt der Gesetzgeber hierfür schriftliche Rücknahme- und Transportbelege sowie entsprechende Verwertungsnachweise.[17] Schließlich erhält die Zentrale Stelle dezidierte Überwachungsmöglichkeiten. So ist jede erfolgte Rücknahme der Zentralen Stelle gemäß § 10 Abs. 1 S. 2 VerpackG unverzüglich zu melden. Rücknahmen sind in der Vollständigkeitserklärung gemäß § 11 Abs. 2 S. 1 Nr. 5 VerpackG nebst der ordnungsgemäßen Verwertung[18] darzulegen und auf Verlangen der Zentralen Stelle durch Vorlage von Dokumenten im Einzelfall[19] nachzuweisen. Auch die Systeme haben gemäß § 20 Abs. 1 VerpackG entsprechende Angaben zu den wegen Beschädigung oder Unverkäuflichkeit nachträglich abgemeldeten Verpackungen zu machen. Die Zentrale Stelle soll dadurch mögliche Fehlentwicklungen frühzeitig erkennen und untersuchen können.[20] Ferner stellt der Gesetzgeber in seiner Begründung nochmals ausdrücklich klar, dass die genannten Erstattungsgründe abschließend und jeweils

[17] BT-Drucksache 18/11274, S. 89.

[18] § 11 Abs. 2 S. 1 Nr. 7 VerpackG.

[19] § 11 Abs. 3 S. 3 VerpackG.

[20] BT-Drucksache 18/11274, S. 105.

eng auszulegen sind und dass Gutachten über pauschale Mengenabzüge wegen Beschädigung oder Unverkäuflichkeit nicht als Nachweis zugelassen sind.[21]

Schließlich nimmt der Gesetzgeber in § 12 VerpackG bestimmte Verpackungen grundsätzlich vom Anwendungsbereich des zweiten Abschnitts des VerpackG und mithin der Systembeteiligungspflicht aus. Nach § 12 Abs. 1 VerpackG-Neu gilt eine vollständige Bereichsausnahme für systembeteiligungspflichtige Verpackungen, die nachweislich nicht im Geltungsbereich des Gesetzes an Endverbraucher abgegeben werden. Gem. § 12 Abs. 2 VerpackG-Neu gilt die Bereichsausnahme für Mehrwegverpackungen (Nr. 1), Einweggetränkeverpackungen, die nach § 31 VerpackG der Pfandpflicht unterliegen (Nr. 2) und für Verkaufsverpackungen schadstoffhaltiger Füllgüter (Nr. 3) nur eingeschränkt, da hinsichtlich § 9 VerpackG eine Rückausnahme vorgesehen ist.

Bemerkenswert ist , dass der Gesetzgeber hinsichtlich der systembeteiligungspflichtigen Verpackungen, die nicht im Geltungsbereich dieses Gesetzes an den Endverbraucher abgegeben werden, ausdrücklich einen entsprechenden Nachweis verlangt. Nach dem Willen des Gesetzgebers muss sich bereits zum Zeitpunkt des erstmaligen Inverkehrbringens etwa aus den äußeren Umständen, z. B. aus der Gestaltung der Verpackungen oder den Begleitdokumenten, eindeutig ergeben, dass die betreffenden Verpackungen ausschließlich für den Export bestimmt sind.[22] Ferner muss eine Systembeteiligung unverzüglich nachgeholt werden, sollten eigentlich systembeteiligungspflichtige Verpackungen entgegen ihrer ursprünglichen Bestimmung doch im Geltungsbereich des VerpackG an den Endverbraucher abgegeben werden.

► **Praxishinweis** Die Anwendung von Ausnahmen von der grundsätzlichen Systembeteiligungspflicht dürfte unter dem VerpackG künftig noch restriktiver gehandhabt werden. Eine Anwendung sollte genau geprüft und gegebenenfalls entsprechend der jeweiligen Anforderungen dokumentiert werden.

23.3.5 Korrespondierende Herstellerpflichten (Registrierung, Datenmeldungen und Vollständigkeitserklärung)

Die Weiterentwicklung der VerpackV hin zum VerpackG bezweckt neben der Schaffung hoher ökologischer Standards die Gewährleistung eines funktionierenden Wettbewerbs zwischen den dualen Systemen und die Sicherstellung rechtskonformen Verhaltens aller betroffenen Marktteilnehmer.[23] Die hierzu als Instrument eingerichtete Zentrale Stelle dient insoweit insbesondere als Registrierungs- und Standardisierungsstelle. Entsprechend schafft das VerpackG verschiedene neue, mit der Systembeteiligungspflicht korrespondierende Verpflichtungen zur Registrierung wie zur Angabe von Daten.

[21] BT-Drucksache 18/11274, S. 88 f.

[22] BT-Drucksache 18/11274, S. 95.

[23] BT-Drucksache 18/11274, S. 50 f.

Gemäß § 9 Abs. 1 VerpackG sind Hersteller nach § 7 Abs. 1 S. 1 VerpackG zunächst verpflichtet, sich vor dem Inverkehrbringen von systembeteiligungspflichtigen Verpackungen bei der Zentralen Stelle unter Angabe der in Abs. 2 genannten Daten registrieren zu lassen. Zudem sind Änderungen von Registrierungsdaten sowie die dauerhafte Aufgabe der Herstellertätigkeit der Zentralen Stelle unverzüglich mitzuteilen. Die Zentrale Stelle veröffentlicht die entsprechenden Angaben mit der jeweiligen Registrierungsnummer und dem Registrierungsdatum im Internet.[24]

Ab dem 01. Juli 2021 gelten allerdings erweiterte Registrierungspflichten. Gem. § 9 Abs. 1 S. 1 VerpackG-Neu gilt eine Registrierungspflicht dann nicht mehr nur für Unternehmen, die systembeteiligungspflichtige Verpackungen abgeben, sondern auch in Bezug auf nicht systembeteiligungspflichtige Verpackungen, mithin für alle Hersteller von mit Ware befüllten Verpackungen.

Eine zusätzliche Erweiterung der Registrierungspflichten ergibt sich zudem aus § 7 Abs. 2 S. 3 VerpackG-Neu in Bezug auf Letztvertreiber von Serviceverpackungen, welche die Erfüllung ihrer Pflichten vollständig an eine Vorvertreiberstufe delegiert haben. Diese bleiben zusätzlich selbst zur Registrierung gemäß § 9 verpflichtet.

▶ **Praxishinweis** Bislang nicht registrierungspflichtige Hersteller haben rechtzeitig Vorkehrungen für eine ordnungsgemäße Registrierung zu treffen. Bereits registrierte Hersteller müssen ihre Registrierung dahingehend prüfen, ob sie aufgrund der Neuregelungen nicht ebenfalls ihre Registrierung in Bezug auf bislang nicht registrierungspflichtige Verpackungen zu ergänzen haben.

Nach § 7 Abs. 1 S. 2 VerpackG sind den Systembetreibern im Rahmen der Systembeteiligungspflicht die Registrierungsnummer sowie die Materialart und die Masse der zu beteiligenden Verpackungen anzugeben. Die Systeme haben ihrerseits den Herstellern eine erfolgte Beteiligung, auch bei Einschaltung eines Dritten im Sinne des § 35 VerpackG-Neu, jeweils unverzüglich schriftlich oder elektronisch zu bestätigen.[25] Der Gesetzgeber führt in seiner diesbezüglichen Begründung aus, dass durch Satz 2 deutlich werde, dass die gesetzliche Pflicht zur Bestimmung der Verpackungsart und Beteiligungsmenge beim Hersteller liegt.[26] Soweit ein System die vom Hersteller gemeldeten Verpackungen für nicht systembeteiligungspflichtig halte, habe es den Hersteller (spätestens im Rahmen der Bestätigung nach Satz 3) auf diesen Umstand hinzuweisen. Eigenständige Umdefinitionen und Mengenreduzierungen durch die Systeme ohne entsprechende Mitteilung an den Hersteller seien insofern unzulässig.[27]

---

[24] § 9 Abs. 4 VerpackG.

[25] § 7 Abs. 1 S. 3 VerpackG.

[26] BT-Drucksache 18/11274, S. 87.

[27] BT-Drucksache 18/11274, S. 87.

> **Praxishinweis** Verpflichtete Hersteller sollten stets aktiv im Blick haben, welche ihrer Verpackungsarten bzw. -mengen zweifelsfrei ordnungsgemäß an einem System beteiligt werden.

Vermittels der Bestätigung der Systeme nach § 7 Abs. 1 S. 3 VerpackG soll der Hersteller daher in die Lage versetzt werden, die korrekte Umsetzung seiner Anmeldung durch die Systeme zu kontrollieren.[28] Es soll insbesondere verhindert werden, dass Systeme die als systembeteiligungspflichtig angemeldete Verpackungen eigenständig z. B. in Transportverpackungen oder gewerbliche Verkaufsverpackungen umdefinieren, ohne dass der Hersteller als der gesetzlich Verpflichtete hiervon etwas erfährt.[29] Um keine Umgehung über sog. Dritte zu ermöglichen, stellt der zweite Halbsatz von Satz 3 zudem klar, dass die Systembeteiligungsbestätigung dem Hersteller auch erteilt werden muss, wenn mit der Systembeteiligung ein Dritter, z. B. ein Makler, beauftragt ist.[30]

Hersteller im Sinne des § 7 Abs. 1 S. 1 VerpackG sind sodann verpflichtet, die im Rahmen einer Systembeteiligung getätigten Angaben zu den Verpackungen unverzüglich auch der Zentralen Stelle unter Nennung mindestens der folgenden Daten zu übermitteln (§ 10 VerpackG):

1. Registrierungsnummer;
2. Materialart und Masse der beteiligten Verpackungen;
3. Name des Systems, bei dem die Systembeteiligung vorgenommen wurde;
4. Zeitraum, für den die Systembeteiligung vorgenommen wurde.[31]

Die Angaben sind nach den in § 16 Abs. 2 S. 1 und 2 VerpackG genannten Materialarten aufzuschlüsseln; sonstige Materialien sind jeweils zu einer einheitlichen Angabe zusammenzufassen. Verbundverpackungen, die gemäß § 16 Abs. 3 S. 4 VerpackG verwertet werden, sind der entsprechenden Hauptmaterialart zuzuordnen.

Nach § 11 VerpackG schließlich lebt die bisherige Vollständigkeitserklärung wieder auf. Danach haben Hersteller gemäß § 7 Abs. 1 S. 1 VerpackG jährlich bis zum 15. Mai eine Erklärung über sämtliche von ihnen im vorangegangenen Kalenderjahr erstmals in Verkehr gebrachten Verkaufs- und Umverpackungen nach den Vorgaben des Absatzes 3 zu hinterlegen. Die Vollständigkeitserklärung ist durch einen registrierten Sachverständigen oder durch einen gemäß § 27 Abs. 2 VerpackG registrierten Wirtschaftsprüfer, Steuerberater oder vereidigten Buchprüfer zu prüfen und zu bestätigen. Wie bislang auch befreit der Gesetzgeber diejenigen Hersteller von der Verpflichtung zur Hinterlegung einer Vollständigkeitserklärung, die im vorangegangenen Kalenderjahr systembeteiligungspflichtige Verpackungen der Materialarten Glas von weniger als 80.000 kg, Papier, Pappe und Kar-

[28] BT-Drucksache 18/11274, S. 87.

[29] BT-Drucksache 18/11274, S. 87.

[30] BT-Drucksache 18/11274, S. 87.

[31] § 10 VerpackG.

ton von weniger als 50.000 kg sowie der übrigen in § 16 Abs. 2 VerpackG genannten Materialarten von weniger als 30.000 kg erstmals in Verkehr gebracht haben. Die Zentrale Stelle oder die zuständigen Landesbehörden können jedoch auch bei Unterschreiten der Schwellenwerte jederzeit verlangen, dass eine Vollständigkeitserklärung gemäß den Vorgaben der Absätze 1–3 zu hinterlegen ist.

► **Praxishinweis** Auch nach dem VerpackG sollte bei Unterschreiten der Schwellenwerte stets berücksichtigt werden, dass die Hinterlegung einer Vollständigkeitserklärung im Einzelfall verlangt werden kann.

Grundsätzlich können sich die Verpflichteten nach § 35 VerpackG-Neu zur Erfüllung ihrer Pflichten Dritter bedienen. Davon ausgenommen sind jedoch die Meldungen nach §§ 9,10 VerpackG. Ausweislich der Begründung sollen diese Erklärungen höchstpersönlich abzugeben sein, damit die Verpflichteten sich über die Bedeutung ihrer gesetzlichen Pflichten bewusst werden. Gleiches gilt auch im Falle der Beauftragung eines Bevollmächtigten i. S. d. § 35 Abs. 2 i. V. m. § 3 Abs. 14 a) VerpackG-Neu für die Registrierungspflicht, welche beim originär Verpflichteten verbleibt.

23.3.6 Meldepflichten der dualen Systeme

Korrespondierend mit den zuvor dargestellten umfangreichen Herstellerpflichten zur Registrierung, zur Vornahme von Datenmeldungen und zur Abgabe einer Vollständigkeitserklärung statuiert § 20 VerpackG umfangreiche Meldepflichten der Systeme: Die Systeme sind zunächst verpflichtet, Informationen über die bei ihnen vorgenommenen oder erwarteten Beteiligungen nach § 7 Abs. 1 S. 1 VerpackG und über eventuelle Abzüge von Verpackungsmengen aufgrund von Entgelterstattungen nach § 7 Abs. 3 VerpackG an die Zentrale Stelle zu melden. Die Meldungen haben jeweils aufgeschlüsselt nach den in § 16 Abs. 2 S. 1 und 2 VerpackG genannten Materialarten und der Masse der Verpackungen sowie zugeordnet nach Herstellern unter Angabe der jeweiligen Registrierungsnummer zu erfolgen. Die für das folgende Quartal erwartete Masse an beteiligten Verpackungen sind bis zum 15. Kalendertag des letzten Monats des jeweils laufenden Quartals (Zwischenmeldung) und die Masse der für das vorangegangene Kalenderjahr tatsächlich beteiligten Verpackungen bis zum 1. Juni eines jeden Jahres (Jahresmeldung) an die Zentrale Stelle zu melden.[32]

Durch die jeweiligen fein aufeinander abgestimmten Meldepflichten der Hersteller und der Systeme erhält die Zentrale Stelle die Möglichkeit, die Mengenmeldungen miteinander zu vergleichen, eventuelle Abweichungen aufzudecken und insoweit weitere Ermittlungen aufzunehmen. Die Mengenmeldungen der Systeme sind zudem die Grundlage der durch die von der Zentralen Stelle nach § 26 Abs. 1 Nr. 14 und 15 VerpackG

---

[32] § 20 Abs. 1 VerpackG.

vorzunehmende Marktanteilsberechnung.[33] Entsprechend ihrer diesbezüglichen wirtschaftlichen Bedeutung sind die Mengenmeldungen der Systeme gemäß § 20 Abs. 2 VerpackG der Zentralen Stelle in einer von einem Systemprüfer geprüften und bestätigten Fassung zu übermitteln.[34] Zudem kann die Zentrale Stelle bei Vorliegen von Anhaltspunkten für eine Unrichtigkeit oder Unvollständigkeit der übermittelten Meldungen von den betroffenen Systemen die Übermittlung weiterer für die Prüfung im Einzelfall erforderlicher Unterlagen verlangen oder gegebenenfalls im Einzelfall vorübergehend einen abweichenden Meldezeitraum bezüglich der Zwischenmeldungen bestimmen. Sofern ein System keine Zwischen- oder Jahresmeldung übermittelt oder tatsächliche Anhaltspunkte für eine Unrichtigkeit oder Unvollständigkeit einer Meldung nicht zur Überzeugung der Zentralen Stelle ausgeräumt werden können, ist die Zentrale Stelle nach § 20 Abs. 2 S. 5 VerpackG befugt, die Menge der beteiligten Verpackungen des betroffenen Systems auf Grundlage der ihr vorliegenden Informationen zu schätzen. Der Gesetzgeber begründet diese Schätzungsbefugnis damit, dass sie erforderlich sei, damit die Zentrale Stelle trotz der fehlenden oder unrichtigen Mengenangaben eine realitätsnahe Marktanteilsberechnung durchführen kann.[35]

Mag die vom Gesetzgeber gewählte Systematik der gegeneinander laufenden Meldungen an die Zentrale Stelle verbunden mit den entsprechenden hoheitlichen Aufklärungs- und Schätzungsbefugnissen dem ein oder anderen Stakeholder zu weitgehend erscheinen, so wird dadurch eine verursachergerechte Kostenaufteilung gewährleistet und ein funktionierender Wettbewerb sichergestellt.

23.3.7 Ökologische Gestaltung von Beteiligungsentgelten

Der Gesetzgeber hat in § 21 VerpackG ein neues umweltpolitisches (Anreiz-)Instrument im Bereich der Verpackungsentsorgung geschaffen. Nach § 21 Abs. 1 VerpackG sind Systeme verpflichtet, im Rahmen der Bemessung der Beteiligungsentgelte Anreize zu schaffen, um bei der Herstellung von systembeteiligungspflichtigen Verpackungen die Verwendung von Materialien und Materialkombinationen, die unter Berücksichtigung der Praxis der Sortierung und Verwertung zu einem möglichst hohen Prozentsatz recycelt werden können, und die Verwendung von Rezyklaten sowie von nachwachsenden Rohstoffen zu fördern.

Jedes System hat der Zentralen Stelle und dem Umweltbundesamt gemäß § 21 Abs. 2 VerpackG jährlich bis zum 1. Juni zu berichten, wie es die Vorgaben nach Absatz 1 bei der Bemessung der Beteiligungsentgelte umgesetzt hat. Die Zentrale Stelle überprüft die Berichte der Systeme auf Plausibilität. Sofern sich aus der Prüfung keine Beanstandungen ergeben, erteilt die Zentrale Stelle im Einvernehmen mit dem Umweltbundesamt dem

[33] BT-Drucksache 18/11274, S. 105.

[34] BT-Drucksache 18/11274, S. 105.

[35] BT-Drucksache 18/11274, S. 106.

jeweiligen System die Erlaubnis, den Bericht zu veröffentlichen. Diese Berichtspflicht stellt einen wichtigen Bestandteil des geschaffenen Anreizinstruments dar. Die Berichte sollen nach der Vorstellung des Gesetzgebers einerseits die Systeme nutzen können, um einen hohen ökologischen Standard zu dokumentieren.[36] Andererseits könnten systembeteiligungspflichtige Hersteller die Berichte ihrerseits bei der Entscheidung über die Systembeteiligung nutzen und gegenüber ihren Kunden werblich nutzen.

Der Ansatz zur ökologischen Gestaltung der Beteiligungsentgelte ist so interessant wie in der Umsetzungspraxis schwer greifbar. Im Rahmen der Umsetzung werden neben der praktischen Handhabung sicherlich vielfältige rechtliche Fragestellungen, wie beispielsweise des Wettbewerbs- und Kartellrechts zu berücksichtigen sein. Sollten sich die gesetzgeberischen Ansätze allerdings effektiv von den beteiligten Kreisen umsetzen lassen, so steht zu erwarten, dass das Anreizmodell wertvolle Impulse zum Ausbau des Kunststoffrecyclings in Deutschland liefern kann.

► **Praxishinweis** Für sämtliche Beteiligten bietet das neu vorgesehene Anreizinstrument Chancen, ein umweltfreundliches und verantwortungsbewusstes Handeln zu belegen und dies auch geschäftlich zu nutzen.

23.3.8 Wiederverwendungs- bzw. Recyclingquoten

Wie die VerpackV statuiert das VerpackG Wiederverwendungs- bzw. Recyclingvorgaben durch die Vorgabe verbindlicher Quoten. Entsprechend der gesetzgeberischen Intention einer Aktualisierung und Ausweitung der mit dem VerpackG verbundenen ökologischen Ziele hat der Gesetzgeber in § 16 Abs. 2 VerpackG deutlich höhere Wiederverwendungs- bzw. Recyclingquoten aufgestellt. Die Einhaltung der Verwertungsanforderungen haben die Systeme im Rahmen des sog. Mengenstromnachweises gemäß § 17 Abs. 1 VerpackG einmal jährlich nachzuweisen. Der Mengenstromnachweis ist durch einen registrierten Sachverständigen zu prüfen und zu bestätigen und künftig der Zentralen Stelle bis zum 1. Juni des jeweils folgenden Kalenderjahres vorzulegen.[37] Die dem Mengenstromnachweis zugrunde liegenden Entsorgungsnachweise müssen zudem zumindest den Auftraggeber, das beauftragte Entsorgungsunternehmen sowie die Masse der entsorgten Abfälle unter Angabe des Abfallschlüssels und der Abfallbezeichnung nach der Anlage zur Abfallverzeichnis-Verordnung enthalten.[38]

Als Grundlage der neuen Quoten verweist der Gesetzgeber auf die Erfahrungen aus der Umsetzung der Verpackungsverordnung, Erkenntnisse aus Studien zur Weiterentwicklung der Verpackungsverordnung und entsprechenden Schlussfolgerungen des

[36] BT-Drucksache 18/11274, S. 107 f.

[37] § 17 Abs. 2, 3 VerpackG.

[38] BT-Drucksache 18/11781, S. 3.

Umweltbundesamts.[39] Bei Kunststoffverpackungen trage die erhöhte Quote für eine werkstoffliche Verwertung von insgesamt 58,5 % der Erkenntnis Rechnung, dass eine werkstoffliche Verwertung sowohl unter dem Aspekt der Ressourcenschonung als auch der Energieeffizienz einer energetischen Verwertung vorzuziehen sei und dass der Stand der Technik eine deutlich effizientere Sortierung als im Jahr der Festlegung der bisher in der Verpackungsverordnung geforderten Quote ermögliche.[40]

Die Bundesregierung hat zudem die Möglichkeit, innerhalb von drei Jahren nach dem 1. Januar 2022 die Verwertungsergebnisse mit dem Ziel einer weiteren Erhöhung der materialspezifischen Verwertungsquoten in Abs. 2 S. 1 und 2 und der Recyclingquote in Abs. 4 S. 1 zu prüfen.[41]

23.3.9 Abstimmung mit den öffentlich-rechtlichen Entsorgungsträgern

Ein weiterer wesentlicher Bereich des Systemgeschäfts, der in der Vergangenheit immer wieder zu Diskussionen und Auseinandersetzungen geführt hat, ist der Bereich der sog. Abstimmung zwischen den Systemen und den öffentlich-rechtlichen Entsorgungsträgern. Die Fragestellungen ergaben sich im Wesentlichen aus den jeweiligen Zuständigkeitsbereichen bzw. der Frage, welche Vorgaben ein öffentlich-rechtlicher Entsorgungsträger im Bereich der Abstimmung für den Systembetrieb machen konnte und wie weitreichend die in der VerpackV normierten unterschiedlichen Mitbenutzungsansprüche zu verstehen waren. Besonders im Bereich der gemeinsamen Erfassung von Papier, Pappe, Kartonagen (PPK) sowie im Rahmen der Debatte um die Einführung von Wertstofftonnen unter der VerpackV wurde intensiv die Diskussion um die Frage des Umfangs der in § 6 Abs. 4 S. 5 VerpackV festgelegten Mitbenutzungsansprüche geführt (Pauly und Kempkes 2013, Rn. 37 ff., 41 ff.). Die Diskussionen zu § 6 Abs. 4 S. 5 VerpackV kamen auf verpackungsverordnungsrechtlicher Ebene jedenfalls durch eine Entscheidung des BVerwG vom 26.03.2015 zum Erliegen.[42] Danach verstößt § 6 Abs. 4 S. 5 VerpackV gegen das rechtsstaatliche Gebot hinreichender Bestimmtheit von Normen und ist daher unwirksam. Angesicht der mannigfaltigen Kompetenzstreitigkeiten und Diskussionen ist es zunächst grundsätzlich begrüßenswert, dass der Gesetzgeber diesen Bereich in § 22 VerpackG vollständig neu geregelt hat.

Nach wie vor ist nach § 22 VerpackG die Sammlung nach § 14 Abs. 1 VerpackG auf die vorhandenen Sammelstrukturen der öffentlich-rechtlichen Entsorgungsträger, in deren Gebiet sie eingerichtet wird, abzustimmen, wobei die Belange des öffentlich-rechtlichen Entsorgungsträgers besonders zu berücksichtigen sind. Neu und im Rahmen des Gesetz-

[39] BT-Drucksache 18/11274, S. 100.

[40] BT-Drucksache 18/11274, S. 100.

[41] § 16 Abs. 7 VerpackG.

[42] BVerwG, Urteil vom 26.03.2015 – 7 C 17.12.

gebungsverfahrens – wie nicht anders zu erwarten – viel diskutiert ist, dass der öffentlich-rechtliche Entsorgungsträger nun verbindliche Rahmenvorgaben nach § 22 Abs. 2 VerpackG machen kann, die im Rahmen der Abstimmung zwingend zu beachten sind. Gemäß Abs. 2 kann ein öffentlich-rechtlicher Entsorgungsträger durch einen schriftlichen Verwaltungsakt gegenüber den Systemen festlegen, wie die nach § 14 Abs. 1 VerpackG durchzuführende Sammlung der restentleerten Kunststoff-, Metall- und Verbundverpackungen bei privaten Haushaltungen hinsichtlich

1. der Art des Sammelsystems (entweder Holsystem, Bringsystem oder Kombination aus beiden Sammelsystemen),
2. der Art und Größe der Sammelbehälter (sofern es sich um Standardsammelbehälter handelt) sowie
3. der Häufigkeit und des Zeitraums der Behälterleerungen auszugestalten ist.

Durch den Beschluss des Bundestags vom 30.03.2017 wurde das ursprünglich vorgesehene Erforderlichkeitskriterium, wonach entsprechende Rahmenvorgabe für die Sicherstellung einer möglichst effektiven und umweltverträglichen Erfassung der Abfälle aus privaten Haushaltungen zwingend hätten erforderlich sein müssen, durch ein schlichtes Geeignetheitsgebot ersetzt.[43] Nach § 22 Abs. 2 VerpackG müssen entsprechende Vorgaben nunmehr nur noch geeignet sein, eine möglichst effektive und umweltverträgliche Erfassung der Abfälle aus privaten Haushaltungen sicherzustellen und dürfen nicht technisch unmöglich oder wirtschaftlich unzumutbar sein. Rechtsdogmatisch dürfte sich an dieser Stelle die sicherlich noch im Rahmen gerichtlicher Verfahren zu klärende Frage nach der Einhaltung des verfassungsrechtlich gebotenen Verhältnismäßigkeitsprinzips stellen.

Zudem dürfen die Rahmenvorgaben nicht über den Entsorgungsstandard hinausgehen, den ein öffentlich-rechtlicher Entsorgungsträger der in seiner Verantwortung durchzuführenden Sammlung der gemischten Siedlungsabfälle aus privaten Haushaltungen zugrunde legt.

Im Weiteren enthält § 22 VerpackG insbesondere Vorgaben zu den jeweiligen Mitbenutzungsansprüchen und -möglichkeiten der jeweiligen Erfassungssysteme. Der Gesetzgeber hat insbesondere die Kritik des BVerwG aufgegriffen und die entsprechenden Regelungen klarer ausgestaltet.[44] So haben sich die jeweiligen Parteien nun bei der Bemessung der Entgelte an den in § 9 des Bundesgebührengesetzes festgelegten Grundsätzen zu orientieren. Die gelebte Praxis des Zusammenwirkens in dafür geeigneten Bereichen wie beispielsweise der gemeinsamen Erfassung von PPK kann danach im Wesentlichen unter dem Verpackungsgesetz fortgesetzt werden.

Angesichts der Historie des Entwurfs des Verpackungsgesetzes ist schließlich im Rahmen der Vorgaben der Abstimmung hervorzuheben, dass nach § 22 Abs. 5 VerpackG öffentlich-rechtliche Entsorgungsträger und Systeme hinsichtlich sog. stoffgleicher

[43] BT-Drucksache 18/11781, S. 3.

[44] BT-Drucksache 18/11274, S. 111 f.

Nichtverpackungen aus Kunstoffen oder Metallen, die bei privaten Endverbrauchern anfallen, vereinbaren können, dass Nichtverpackungsabfälle gemeinsam mit den stoffgleichen Verpackungsabfällen durch eine einheitliche Wertstoffsammlung erfasst werden. Die Einzelheiten der Durchführung der einheitlichen Wertstoffsammlung können der öffentlich- rechtliche Entsorgungsträger und die Systeme im Rahmen ihrer jeweiligen Entsorgungsverantwortung näher ausgestalten. Damit gibt der Gesetzgeber nunmehr – entgegen seiner ursprünglichen Absicht – lediglich noch einen groben gesetzlichen Rahmen vor. Der Status quo der gesetzlichen Entsorgungszuständigkeiten und -pflichten bleibt erhalten, bereits etablierte gemeinsame Modelle können grundsätzlich fortgeführt und in weiteren Gebieten aufgegriffen werden. Im Einzelfall kann sich allerdings auch bei den bereits gelebten Modellen noch Anpassungsbedarf ergeben, da § 22 Abs. 5 S. 4 VerpackG nun ausdrücklich gesetzlich klarstellt, dass weder Altgeräte im Sinne des Elektro- und Elektronikgerätegesetzes noch Altbatterien im Sinne des Batteriegesetzes in eine einheitliche Wertstoffsammlung aufgenommen werden dürfen. Zu erwägen ist, ob in solchen Fällen § 35 Abs. 3 S. 3 VerpackG greift, wonach in Gebieten, in denen zum 1. Januar 2019 bereits eine einheitliche Wertstoffsammlung auf Grundlage einer freiwilligen Vereinbarung zwischen den Systemen und dem öffentlich-rechtlichen Entsorgungsträger durchgeführt wird, diese im gegenseitigen Einvernehmen festgesetzt werden kann.

23.3.10 Vergabe von Sammelleistungen

Zum Bereich der besonderen Vorgaben für den Systembetrieb gehören schließlich die Vorgaben zur Vergabe der Sammelleistungen durch die Systeme. Zum einen handelt es sich bei den Systemen nicht um öffentliche Auftraggeber im Sinne von § 99 des Gesetzes gegen Wettbewerbsbeschränkungen, zum anderen haben die Systeme durch die Systematik des Zusammenwirkens nach der VerpackV bzw. künftig dem VerpackG nach Ansicht des Gesetzgebers eine monopolartige Stellung im Teilbereich der Verpackungsentsorgung erlangt.[45] Aus diesem Grund gibt der Gesetzgeber in § 23 VerpackG ein verpflichtendes Ausschreibungsverfahren vor und möchte die Systeme dabei möglichst eng an diejenigen Vorschriften binden, denen auch öffentliche Auftraggeber mit einer vergleichbaren Monopolstellung unterworfen sind.[46] Soweit daher § 23 VerpackG nicht ausdrücklich etwas anderes regelt, bringt der Gesetzgeber über Abs. 11 die §§ 121–126, 128, 132 Abs. 1–4 und § 133 des Gesetzes gegen Wettbewerbsbeschränkungen sowie die §§ 5–7, 29 Abs. 1, §§ 31–34, 36, 43–47, 48 Abs. 1, 2 und 4–8, §§ 49, 53 Abs. 7–9, §§ 56, 57, 60 Abs. 1–3, §§ 61 und 63 der Vergabeverordnung vom 12.04.2016 (BGBl. I S. 624), entsprechend zur Anwendung.

Die Systeme haben die nach § 14 Abs. 1 VerpackG zu erbringenden Sammelleistungen unter Beachtung der Abstimmungsvereinbarungen nach § 22 Abs. 1 VerpackG und der

[45] BT-Drucksache 18/11274, S. 117.

[46] BT-Drucksache 18/11274, S. 117.

Rahmenvorgaben nach § 22 Abs. 2 VerpackG im Wettbewerb im Wege transparenter und diskriminierungsfreier Ausschreibungsverfahren zu vergeben (§ 23 Abs. 1 VerpackG). Hierzu beauftragen die Systeme nach § 23 Abs. 2 VerpackG ein einzelnes System mit der eigenverantwortlichen Durchführung des Ausschreibungsverfahrens für ein bestimmtes Sammelgebiet (Ausschreibungsführer). Dabei soll der Ausschreibungsführer in diesem Gebiet die Hauptkostenverantwortung für die Sammlung übernehmen.

Die weiteren Systeme können anschließend für ihren Anteil mit dem erfolgreichen Bieter individuelle Mitbenutzungsverträge schließen. Die folgenden Abs. 2–7 enthalten die weiteren wesentlichen bzw. zwingenden Anforderungen an das Vergabeverfahren.

Der § 23 Abs. 8 und 9 VerpackG statuieren zudem einen gesetzliche Bieterschutz: Nach Abs. 8 kann jedes Unternehmen, das ein Interesse an einem Sammelauftrag hat und eine Verletzung in seinen Rechten durch Nichtbeachtung der Bestimmungen über das Ausschreibungsverfahren geltend macht, die Ausschreibung und die Zuschlagsentscheidung durch ein Schiedsgericht nach den weiteren in § 23 Abs. 8 und 9 VerpackG enthaltenen Vorgaben prüfen lassen.

23.3.11 Zentrale Stelle

Die Zentrale Stelle wurde in Form einer Beleihung einer privatrechtlichen Organisation in der Rechtsform einer Stiftung eingerichtet. Der Stiftungszweck wurde in § 24 Abs. 3 VerpackG festgelegt und beschränkt die Stiftung auf ihre definierten Aufgaben. Eine Kontrolle der Zentralen Stelle ist über das Umweltbundesamt als Rechts- und Fachaufsicht sichergestellt. Die Organisation der Stiftung erfolgt über zahlreiche Gremien, zu denen v. a. das Kuratorium, ein Verwaltungsrat und ein Beirat gehören. Darüber hinaus wurden zahlreiche Expertenkreise eingerichtet, die die Stiftung beraten. Dem Kuratorium obliegt dabei v. a. die Einsetzung des Vorstands und die Genehmigung des Wirtschaftsplans.

Die Finanzierung der Zentralen Stelle wird indirekt über Hersteller und Vertreiber sichergestellt. Grundlage der Finanzierung ist ein Vertrag, der in § 26 Abs. 2 S. 2 Nr. 3 und 4 VerpackG geregelt ist. Danach trifft die Zentrale Stelle Finanzierungsvereinbarungen mit den System- und Branchenlösungen.

Der § 26 VerpackG beinhaltet eine sehr umfängliche und ausführliche Aufgabenbeschreibung. Die zentrale Aufgabenstellung liegt demnach im Bereich der Einrichtung eines Registers und einer Datenbank als Handlungsgrundlage der Zentralen Stelle. Darüber hinaus kümmert sie sich um die Marktanteilsberechnung, die Setzung von Standards sowie die Kontrolle von Branchenlösungen und die Registrierung von Sachverständigen. Darüber hinaus verabschiedet die Zentrale Stelle jährlich einen Mindeststandard für die Recyclingfähigkeit von Verpackungen.

Gesellschafter der Zentralen Stelle sind vier Verbände, die die wesentlichen Gruppierungen von Herstellern und Vertreibern von Verkaufs- und Umverpackungen vertreten. Diese sind die Bundesvereinigung der Deutschen Ernährungsindustrie e. V. für die Ernährungswirtschaft, der Markenverband für die Markenwirtschaft wesentlicher

Wirtschaftszweige, der Handelsverband Deutschland für Importverpackungen sowie Vertreiber und Hersteller von Eigenmarken und schließlich die Industrievereinigung Kunststoffverpackungen e. V. für die Hersteller von Kunststoffverpackungen.

Über die Notwendigkeit der Einrichtung der Zentralen Stelle besteht bis heute bei allen beteiligten Kreisen weitgehende Einigkeit. Dabei gilt es immer wieder sicherzustellen, dass es keine Interessenskollisionen gibt und die Festlegungen über die Trägerschaft sowie die genaue Abgrenzung der ihr übertragenen Zuständigkeiten muss immer wieder überprüft werden. Dabei gilt es darauf zu achten, die Organisation der Zentralen Stelle schlank zu halten, die Kontrollfunktion in den Mittelpunkt zu stellen und von weitgehenden Aufgabenerweiterungen abzusehen . Die guten Erfahrungen mit der Arbeit des Beirates der Zentralen Stelle macht deutlich, dass die vollständige Abbildung der Wertschöpfungskette im Kuratorium der Zentralen Stelle für eine erfolgreiche Umsetzung der vorgegebenen Ziele nach wie vor wünschenswert wäre.

23.4 Fazit und Ausblick

Nach dem Scheitern des Wertstoffgesetzes war das Verpackungsgesetz der kleinste gemeinsame Nenner, der in der politischen Debatte erreicht werden konnte. Nachdem alle parlamentarischen Hürden genommen werden konnten, hat sich diese wichtige Reform zur Anpassung der ökologischen Vorgaben und zur Verbesserung des privatwirtschaftlichen Systems der Verpackungsentsorgung in den letzten Jahren bewährt.

Dabei sollte die Weiterentwicklung der Rohstoffsicherung und damit verbunden auch der Klimaschutz intensiv weiter verfolgt werden. Die angesetzte Steigerung der Recyclingvorgaben ist ambitioniert und kann nur gelingen, wenn investitionsfreundliche Rahmenbedingungen geschaffen werden und die Akteure der unterschiedlichen Wertschöpfungsstufen zusammenwirken, um Technik und Prozesse optimal aufeinander abzustimmen. Kontraproduktiv hingegen wären Zuständigkeitsdebatten, die die eigentlichen Ziele zur Weiterentwicklung der Kreislaufwirtschaft behindern.

Literatur

Flanderka F, Stroetmann C (2015) Verpackungsverordnung. rehm Verlag, Heidelberg Pauly M (2008) Das neue Verpackungsrecht. AbfallR 7.2: 11

Pauly M, Kempkes JH (2013) Rechtsfragen des Systemgeschäfts. In: Kurth/Oexle (Hrsg.) Handbuch der Kreislauf- und Rohstoffwirtschaft, Kap. 10

Rummler T, Seitel J (2008) Rahmenbedingungen der Verpackungsentsorgung nach der 5. Novelle der Verpackungsverordnung, AbfallR 7.3: 11

Bioabfälle

24

Annette Ochs und Aloys Oechtering

24.1 Einführung

Seit mehr als 30 Jahren werden in Deutschland organische Abfälle aus Haushalten getrennt erfasst und verwertet. Die Mengen sind seit erstmaliger Einführung der Biotonne stetig angestiegen und haben heute deutlich über 10 Millionen Tonnen im Jahr erreicht, die nahezu vollständig in Kompostierungs- und Vergärungsanlagen verwertet werden.[1] In der Fachwelt werden diese Abfälle häufig als Bio- und Grüngut bezeichnet, um deren Werthaltigkeit besser beschreiben zu können. Zum Bio- und Grüngut gehören im Wesentlichen die Inhalte der Biotonne, d. h. Nahrungs- und Küchenabfälle, sowie die Garten- und Parkabfälle. Seit dem 01.01.2015 gilt für diese überlassungspflichtigen Bioabfälle aus Haushalten die gesetzliche Pflicht, flächendeckend getrennt erfasst zu werden. Der Vollzug ist Ländersache und so wird die gesetzliche Vorgabe sehr unterschiedlich verfolgt und umgesetzt. Der Beitrag stellt die wesentlichen gesetzlichen Rahmenbedingungen vor, die bei der Verwertung organischer Abfälle aus Haushalten eine Rolle spielen und geht auf Herausforderungen ein, die von den öffentlich-rechtlichen

[1] Statistisches Bundesamt (Destatis), Abfallbilanz 2019, erschienen am 30.06.2021.

A. Ochs (✉)
Hochschule Wismar, Wismar, Deutschland
E-Mail: annette.ochs@hs-wismar.de

A. Oechtering
RETERRA Service GmbH, Lünen, Deutschland
E-Mail: aloys.oechtering@remondis.de

P. Kurth et al. (Hrsg.), *Praxishandbuch der Kreislauf- und Rohstoffwirtschaft*,
https://doi.org/10.1007/978-3-658-36262-1_24

Entsorgungsträgern (örE) genauso wie von den Anlagenbetreibern zu lösen sind. Ein Blick in die Anlagentechnik und die Absatzmärkte zeigt, was heutiger Stand der Technik ist und wohin sich die Bioabfallbranche in Zukunft entwickeln wird.

24.2 Wesentliche gesetzliche Vorgaben

Bei der Verwertung organischer Abfälle aus Haushalten sind zahlreiche gesetzliche Vorgaben zu berücksichtigen. Diese betreffen im Wesentlichen das Abfall-, das Dünge-, das Wasser- und das Immissionsschutzrecht sowie in Teilen auch das Recht der Erneuerbaren Energien. Auf die Regelungen, die vornehmlich die stoffliche bzw. bodenbezogene Verwertung betreffen, geht der vorliegende Abschnitt ein und schließt mit einem Blick auf Europa und das dort beschlossene Kreislaufwirtschaftspaket.

24.2.1 Abfallrecht: Kreislaufwirtschaftsgesetz und Bioabfallverordnung

Seit 1998 wird die Behandlung und Verwertung von Bioabfällen in der Bioabfallverordnung (BioAbfV) geregelt.[2] Diese bedurfte einer grundlegenden Überarbeitung, die 2012 in Kraft getreten ist. Änderungen betrafen insbesondere die Hygieneanforderungen, die Zulassungen für Inputmaterialien und die Meldepflichten. Beispielsweise gibt es seitdem eine Behandlungs- und Untersuchungspflicht für Grünabfälle sowie neu eine Liste von Abfällen, die einer behördlichen Zustimmung zur Verwertung bedürfen. Darunter fallen in erster Linie produktionsspezifische Schlämme; die klassischen Biotonneninhalte und Grünabfälle gehören nicht dazu. Weiterhin muss die Nachverfolgbarkeit der Bioabfälle nun chargenweise möglich sein und bei einer Überschreitung der Schwermetallgrenzwerte müssen die Untersuchungsergebnisse unverzüglich an die zuständige Behörde weitergeleitet werden. Zu den Änderungen im Einzelnen führen Leifert et Ochs (2013) aus.

Derweil hat das Bundesumweltministerium (BMU) an einer so genannten „kleinen" Novelle der BioAbfV gearbeitet, die im September 2021 vom Bundeskabinett beschlossen September 2021 vom Bundeskabinett beschlossen und im März 2022 verabschiedet wurde. Ziel der Änderungen der BioAbfV ist laut BMU v. a., den Eintrag von Kunststoffen und anderen Fremdstoffen in die Umwelt bei der bodenbezogenen Verwertung von Bioabfällen deutlich zu reduzieren. Dies soll mit der Einführung eines Kontrollwertes für den Anteil an Gesamtkunststoffen erreicht werden. Für Bioabfälle und Materialien in fester Form aus der getrennten Sammlung von privaten Haushaltungen und des angeschlossenen Kleingewerbes darf der Kontrollwert 1,0 % bezogen auf die Frischmasse bei einem Siebdurchgang von mehr als 20 mm nicht überschreiten. Dies gilt für Bioabfälle vor ihrer Be-

[2] BioAbfV in der Fassung der Bekanntmachung vom 04.04.2013 (BGBl. I S. 658), die zuletzt durch Art. 3 Abs. 2 der Verordnung vom 27.09.2017 (BGBl. I S. 3465) geändert worden ist.

handlung in der Kompostierung oder Vergärung. Für andere Bioabfälle, z. B. verpackte Lebensmittelabfälle, gelten strengere Vorgaben. Zudem weitet sich der Anwendungsbereich der Verordnung aus. Künftig wird jegliche Verwertung von Bioabfällen in und auf Böden der Verordnung unterliegen, damit ist dann auch der Landschaftsbau neu mit eingeschlossen, mit Ausnahmen für Flächen bis zu einem Hektar. Zu Redaktionsschluss ist noch keine Verkündung im Bundesgesetzblatt erfolgt.

Die Ermächtigungsgrundlage zur BioAbfV gibt das Kreislaufwirtschaftsgesetz (KrWG).[3] Darin ist eine Verwertungspflicht festgeschrieben – soweit technisch möglich und wirtschaftlich zumutbar – sowie Vorgaben zur Rangfolge und Hochwertigkeit der Verwertung enthalten (vgl. §§ 7, 8 KrWG). Zur Erfüllung dieser Anforderungen sind Bioabfälle, die einer Überlassungspflicht nach § 17 Abs. 1 unterliegen, spätestens ab dem 01.01.2015 getrennt zu sammeln. Verantwortlich für die Umsetzung der Getrenntsammelpflicht gemäß § 11 Abs. 1 KrWG sind die örE. In einem rechtlichen Argumentationspapier[4] ist das BMU der Frage zur Reichweite und zu den Grenzen dieser Pflicht nachgegangen. Trotz dieser sehr eindeutigen Darlegungen wird die Umsetzung der Vorgabe von den örE und von der Kommunalaufsicht, die bei Verstoß hiergegen vorgehen müsste, unterschiedlich ernstgenommen. Damit gibt es auch noch sieben Jahre nach der verbindlichen gesetzlichen Frist unverändert Kommunen in Deutschland, die über deutliche Potenziale verfügen, ihre organischen Abfälle aus den Haushalten getrennt zu erfassen und einer Kreislaufwirtschaft zuzuführen (s. Abschn. 24.4.1).[5]

24.2.2 Düngerecht: Düngemittelverordnung und Düngeverordnung

Komposte und Gärprodukte, hergestellt aus getrennt erfassten organischen Abfällen aus Haushalten, die als organischer Dünger oder als Bodenhilfsstoff in Verkehr gebracht werden, unterliegen dem Düngerecht. Den Rahmen gibt das Düngegesetz vor, die konkreten Regelungsinhalte sind in der Düngemittelverordnung (DüMV) und in der Düngeverordnung (DüV) gegeben.

Die DüMV[6] definiert einzelne Düngemitteltypen (u. a. zulässige Ausgangsstoffe und Mindestnährstoffgehalte), sie stellt Anforderungen an die Seuchen- und Phytohygiene

---

[3] KrWG vom 24.02.2012 (BGBl. I S. 212), das zuletzt durch Art. 20 des Gesetzes vom 10.08.2021 (BGBl. I S. 3436) geändert worden ist.

[4] Pflicht zur getrennten Sammlung von Bioabfällen und ihre Grenzen. Rechtliches Argumentationspapier zu § 11 Abs. 1 KrWG. 19.01.2015. https://www.bmu.de/fileadmin/Daten_BMU/Download_PDF/Abfallwirtschaft/bioabfall_rechtl_argumentationspapier_bf.pdf. Zugegriffen: 27.10.2021.

[5] https://www.nabu.de/umwelt-und-ressourcen/abfall-und-recycling/bioabfall/biomuell.html. Zugegriffen: 27.10.2021.

[6] DüMV vom 05.12.2012 (BGBl. I S. 2482), die zuletzt durch Art. 1 der Verordnung vom 02.10.2019 (BGBl. I S. 1414) geändert worden ist.

sowie an maximal zulässige Schadstoffgehalte und gibt Kennzeichnungsvorgaben. Mit Inkrafttreten des KrWG am 01.06.2012 hat das Düngerecht, in dem Fall die DüMV, eine Vorrangstellung gegenüber dem Abfallrecht eingenommen für solche Anforderungen, mit denen über das Düngerecht eine ordnungsgemäße und schadlose Verwertung von Bioabfällen und Klärschlämmen gewährleistet ist.[7] Seit 2017 gibt es spezifischere Vorgaben bezüglich der zulässigen Anteile an Fremdbestandteilen für die Zulassung von Düngemitteltypen sowie das Inverkehrbringen von Wirtschaftsdüngern, Bodenhilfsstoffen, Kultursubstraten und Pflanzenhilfsmitteln. In der dritten Änderungsverordnung im Jahr 2019 wurden diese und weitere Vorgaben zu Fremdbestandteilen in organischen Abfällen bzw. Komposten und Gärprodukten weiter konkretisiert und verschärft mit dem Ziel, den Fremdbestandteil Kunststoff im Anwendungsbereich der Verordnung weiter zu reduzieren. Bei Kunststoffen wird nun differenziert zwischen plastisch nicht verformbaren Kunststoffen und sonstigen nicht abgebauten Kunststoffen. Der Grenzwert insgesamt wurde nicht verschärft, die Summe bleibt bei maximal 0,5 Prozent der Trockenmasse (TM), allerdings müssen die sonstigen nicht abgebauten Kunststoffe über 1 Millimeter, das sind vor allem die Folien, einen eigenen Grenzwert von 0,1 % der TM einhalten. Die plastisch nicht verformbaren Kunststoffe dürfen gemeinsam mit Altpapier, Karton, Glas und Metallen 0,4 % der TM nicht überschreiten.[8] Bei der Sammlung und vor dem ersten biologischen Behandlungsprozess der organischen Abfälle ist eine Reduzierung der Fremdbestandteile, insbesondere von Kunststoff, anzustreben.[9] Zudem dürfen Verpackungen oder Verpackungsbestandteile nicht in Komposten oder Gärprodukten enthalten sein. Im Fall von verpackten Lebensmitteln aus dem Handel oder der Produktion sind Verpackungen oder Verpackungsbestandteile vor dem ersten biologischen Behandlungsprozess (Pasteurisierung, aerobe oder anaerobe Behandlung) von den Bioabfällen zu trennen.[10]

Die DüV ist ein wesentlicher Teil des deutschen Aktionsprogramms zur Umsetzung der EG-Nitratrichtlinie (91/676/EWG) und sie regelt die gute fachliche Praxis beim Düngen, insbesondere was die Aufbringung von Stickstoff und Phosphat auf landwirtschaftlich genutzte Flächen betrifft. Viele Jahre wurde über eine Novelle der DüV diskutiert, einerseits, weil die Verordnung ohnehin in vierjährigen Abständen überprüft und ggf. weiterentwickelt werden muss, andererseits, weil das deutsche Grundwasser in einigen Regionen zu hohe Nitratgehalte aufweist und deshalb dringend Handlungsbedarf angezeigt ist. Der wesentliche Nitrateintrag ist durch intensive Viehhaltung bedingt. Speziell hierzu fordert die EG-Nitratrichtlinie konkrete Handlungen von den Mitgliedstaaten. Die DüV-Novelle wurde dann im Sommer 2017 im Bundesgesetzblatt verkündet, Änderungen hierzu im Jahr 2020.[11] Für die organische Düngung, auch die Komposte und Gärprodukte aus

[7] § 11 Abs. 2 S. 3 KrWG.

[8] §§ 3, 4 Abs. 1 Nr. 4 DüMV i. V. m. § 10 Abs. 6 DüMV.

[9] Anlage 2 Tabelle 7.4 Zeile 7.4.4 DüMV.

[10] Anlage 2 Tabelle 8.3 Zeile 8.3.9 DüMV.

[11] BGBl. Jahrgang 2017 Teil I Nr. 32 S. 1305; BGBl. Jahrgang 2020 Teil I Nr. 20 S. 846.

getrennt erfasstem Bio- und Grüngut aus Haushalten, sieht die DüV einige Neuregelungen vor. Beispielsweise fallen sie, anders als vom EU-Recht gefordert, nun ebenfalls unter die Aufbringungsobergrenze von 170 kg Stickstoff pro Hektar und Jahr. Weiterhin gibt es eine Verschärfung bei den Sperrzeiten. Während diese bisher nur für Düngemittel mit wesentlichem Gehalt an verfügbarem Stickstoff bestand, werden sie nun unabhängig von der Verfügbarkeit des Stickstoffs bewertet. Das geht v. a. zulasten der Komposte, deren Stickstoff weitestgehend nicht verfügbar ist. Die Kompostwirtschaft kann mit den neuen Vorgaben nicht zufrieden sein. Zukünftig wird es daher zunehmend wichtig, dass Politik und Gesellschaft den Boden- und Klimaschutz sowie die Ressourcenschonung neu bewerten und Düngemittel aus der Kreislaufwirtschaft weniger benachteiligen.

Im Juni 2019 wurde die EU-Verordnung zu Düngeprodukten im Amtsblatt der EU veröffentlicht. Sie gilt unmittelbar in jedem Mitgliedstaat ab dem 16.07.2022, drei Jahre nach Inkrafttreten.[12] Damit ist es u. a. dem verarbeiteten Bio- und Grüngut nun möglich, zu einem frei auf dem gemeinsamen Binnenmarkt handelbaren Düngeprodukt mit CE-Kennzeichnung zu werden. Um das Produkt mit einem CE-Zeichen ausweisen zu können, ist dieses einer Konformitätsbewertung zu unterziehen. Die Infrastruktur dafür wird derzeit noch aufgebaut, beispielsweise plant auch die Bundesgütegemeinschaft Kompost e. V. (BGK), eine Konformitätsbewertungsstelle zu werden.[13] Stellen, denen die Befugnis erteilt wurde, eine Konformitätsbewertung vorzunehmen, werden zentral in einer Datenbank verwaltet. Diese heißt abgekürzt NANDO, New Approach Notified and Designated Organisations. In der NANDO-Datenbank können alle notifizierten Stellen abgerufen werden.[14]

24.2.3 Europäisches Kreislaufwirtschaftspaket und die Vorgaben aus dem Green Deal

Die Europäische Kommission hat für die Jahre 2019 bis 2024 sechs strategische Prioritäten festgelegt, eine davon ist der sogenannte Green Deal. In diesem Aktionsfahrplan für eine nachhaltige EU-Wirtschaft sind eine Vielzahl von Maßnahmen festgelegt. Anfang 2021 hat das Europäische Parlament hierzu einen Entschluss gefasst.[15] In diesem

[12] Verordnung (EU) 2019/1009 des Europäischen Parlaments und des Rates vom 05.06.2019 mit Vorschriften für die Bereitstellung von EU-Düngeprodukten auf dem Markt und zur Änderung der Verordnungen (EG) Nr. 1069/2009 und (EG) Nr. 1107/2009 sowie zur Aufhebung der Verordnung (EG) Nr. 2003/2003, Amtsblatt der Europäischen Union, L 170, 62. Jahrgang, 25.06.2019, S. 1–114.

[13] H&K aktuell Q4 2020, S. 1–3, https://www.kompost.de/fileadmin/user_upload/Dateien/HUK-Dateien/2020/Q4_2020/BGK_baut_Konfomitaetsbewertungsstelle_auf__HUK_Q4_2020.pdf. Zugegriffen: 28.10.2021.

[14] https://ec.europa.eu/growth/tools-databases/nando/. Zugegriffen: 28.10.2021.

[15] P9_TA(2021)0040, Entschließung des Europäischen Parlaments vom 10. Februar 2021 zu dem neuen Aktionsplan für die Kreislaufwirtschaft (2020/2077(INI)), https://www.europarl.europa.eu/doceo/document/TA-9-2021-0040_DE.pdf. Zugegriffen: 28.10.2021.

Entschluss fordert das Parlament die Kommission und die Mitgliedstaaten auf, „dafür zu sorgen, dass mit der getrennten Sammlung von Bioabfällen […] das Ziel verfolgt wird, hochwertigen Kompost zu erzeugen, um die Bodenverbesserung […] und die Nutzung von Energie aus erneuerbaren Quellen zu unterstützen" (s. Ziffer 94 in Fußnote 15). Unter Ziffer 103 weist das Europäische Parlament erneut darauf hin, „dass alle Mitgliedstaaten verpflichtet sind, dafür zu sorgen, dass Bioabfälle bis zum 31. Dezember 2023 entweder an der Quelle getrennt und rezykliert oder getrennt gesammelt und nicht mit anderen Abfallarten vermischt werden" und „fordert die Kommission und die Mitgliedstaaten nachdrücklich zu Direktinvestitionen auf, um die Sammlung und Kompostierung organischer Abfälle auszuweiten".

Wie in Abschn. 24.2.1 beschrieben hat Deutschland diese Forderungen bereits 2012 im Kreislaufwirtschaftsgesetz festgelegt und ist damit innerhalb der EU in Sachen Getrenntsammlung von Bioabfällen überdurchschnittlich aktiv. Realität ist aber auch, dass im kommunalen Restabfall in Deutschland immer noch 39 % organische Anteile zu finden sind (s. Abschn. 24.4.1). Das zeigt: Bioabfall ist zwar die größte getrennt erfasste Fraktion des Haushaltsabfalls, stellt gleichzeitig aber auch die größte noch nicht getrennt erfasste Menge.

24.3 Technik der Kompostierung und Vergärung

Mit Beginn der Bioabfallbehandlung in den 1980er-Jahren gab es verschiedenste technische Verfahren zur Behandlung organischer Abfälle. Die einfache Form der Mietenkompostierung ist zahlenmäßig immer noch die am meisten genutzte Verfahrenstechnik in deutschen Kompostierungsanlagen. Je nach Inputmenge und Standort der Anlagen ist es jedoch notwendig, den biologisch basierten Rotteprozess technisch zu unterstützen. In den verschiedenen Entwicklungsperioden gab es im Markt diverse Verfahren wie z. B. Containerkompostierung, Rottetrommeln, Brikollare-Verfahren sowie Rühr- oder Schaufelumsetzer, die auch heute noch in bestehenden Behandlungsanlagen benutzt werden. In der jüngeren Vergangenheit haben sich bei dem Ausbau bestehender Anlagen oder bei Neuanlagen Verfahren wie z. B. vollständig geschlossene Rottetunnel, Zeilenkompostierung oder mit Membranen abgedeckte Mieten durchgesetzt. Insgesamt geht auch die Entwicklung von Bioabfallbehandlungsanlagen zu immer größeren Einheiten mit höheren Durchsatzmengen. Gründe hierfür sind weiter steigende Anforderungen im Emissionsschutz, bei der Ablufterfassung und eine kompaktere Bauweise zur intensiveren Nutzung der Grundstücksflächen. An dieser Stelle sei insbesondere auf die Vorgaben der Technischen Anleitung zur Reinhaltung der Luft (TA Luft) verwiesen, die für Planung und Betrieb von Anlagen ganz wesentlich sind.[16]

[16] Die Neufassung der Ersten Allgemeinen Verwaltungsvorschrift zum Bundes-Immissionsschutzgesetz (TA Luft) wurde im Gemeinsamen Ministerialblatt, Ausgabe 48–54/2021, S. 1050 veröffentlicht und tritt am 01.12.2021 in Kraft.

Aktuell geht die technische Entwicklung der Anlagen häufig zum Bau von Biogasanlagen oder, ergänzend zu bestehenden Kompostierungsanlagen, zu Teilstromvergärungsanlagen. In diesen Anlagen werden die höher energetischen Anteile des Bioabfalls, in der Regel die Nass- und Küchenabfälle, in Biogasanlagen genutzt und die im Prozess entstehenden Gärreste dann wieder im Kompostierungsbereich zur notwendigen Aerobisierung und Stabilisierung mit eingesetzt.

Bei den Vergärungsverfahren haben sich nach anfänglicher Vielfalt an Verfahrenstechniken Behandlungsverfahren durchgesetzt, die mit möglichst geringem Einsatz von zusätzlichen Flüssigkeiten auskommen. Hier werden heute überwiegend Techniken genutzt, die Feststoffgehalte von mehr als 20 Prozent der Trockensubstanz zulassen. Vorrangig werden hierbei Verfahren genutzt, die die zu behandelnde Biomasse mit Pumpen und Rührwerken (Pfropfenstromverfahren) oder als Feststoffe in einstufigen garagenförmigen Fermentern behandeln.

Als problematisch hat sich in den vergangenen Jahren bei der Verwertung von Bioabfällen in Vergärungsanlagen die Verwertung von Flüssiggärresten erwiesen. Insbesondere der hohe Mineralanteil im Bioabfall verursacht in der notwendigen Verfahrenstechnik Probleme. Einerseits verursachen die Mineralanteile im Flüssigkeitsstrom einen hohen Verschleiß, andererseits entsteht durch die Sedimentation ein zusätzlicher Aufwand bei der Lagerung und der Entleerung der Behälter und Transportfahrzeuge.

Tendenziell ist bereits heute deutlich zu erkennen, dass sich Kombinationsanlagen aus Kompostierung und Vergärung zukünftig stärker entwickeln werden – zum einen, um sich bei der Biogasproduktion auf die wirklich energiehaltigen Abfälle zu konzentrieren, zum anderen, um die entstehenden Gärreste und den darin enthaltenen Wasseranteil (50–80 %) im Rotteprozess der Kompostierungsanlage zu reduzieren.

Insgesamt ist vor dem Hintergrund der Getrenntsammelpflicht von einem weiteren Ausbau der Behandlungsanlagen, insbesondere der Vergärungskapazitäten, auszugehen (Kern und Raussen 2014).

24.4 Umsetzung der Getrenntsammelpflicht

24.4.1 Sachstand

Trotz der seit 2015 geltenden Getrenntsammelpflicht (s. 24.2.1) wird diese Vorgabe in zahlreichen örE nicht oder nur unzureichend umgesetzt. Der Naturschutzbund Deutschland e. V. (NABU) hatte für das Jahr 2020 43 Landkreise identifiziert – 15 ohne Getrenntsammlung und 28 mit Bringsystem, in denen keine Biotonne angeboten wird.[17] Hinzu

[17] https://www.nabu.de/umwelt-und-ressourcen/abfall-und-recycling/bioabfall/biomuell.html. Zugegriffen: 28.10.2021.

kommen die örE, die die Biotonne nur teilweise eingeführt haben oder solche, in denen zwar das grundsätzliche Angebot besteht, dieses jedoch bei Weitem nicht flächendeckend genutzt wird. Dabei sind es vor allem die Nahrungs- und Küchenabfälle, die noch über ein hohes Erfassungspotenzial verfügen, energetisch hoch interessant sind und derzeit vornehmlich im Restabfall entsorgt werden. Eine aktuelle Analyse des Siedlungsrestabfalls in Deutschland offenbart, dass über 39 Gew.-% des Hausmülls aus nativ-organischen Abfällen bestehen, das entspricht etwa 50 kg pro Einwohner und Jahr (Dornbusch et al. 2020, S. 91 ff.). Lt. Forschergruppe verbleibt davon ein rechnerisches Gesamtpotenzial von ca. 40 kg pro Einwohner und Jahr, welches für eine separate Erfassung über die Biotonne grundsätzlich geeignet ist. Dieses entspricht einer jährlichen Menge von ca. 3,3 Mio. t. Würden die 39,3 Gew.-% an nativ-organischen Abfällen auf die Zahlen des statistischen Bundesamtes übertragen, welches für das Jahr 2019 eine Hausmüllmenge inkl. gemeinsam eingesammelter hausmüllähnlicher Gewerbeabfälle von 13,92 Mio. t ermittelt hat (s. Fußnote 1), läge die jährliche Menge bei fast 5,5 Mio. t.

Die mangelnde Umsetzung der Getrenntsammlungspflicht ist überwiegend bei den örE zu erkennen, die über umfangreiche eigene Restabfall-Behandlungskapazitäten verfügen (Verbrennungsanlagen oder mechanisch-biologische Abfallanlagen) oder aber langfristige vertragliche Verpflichtungen zur Anlieferung an diese Anlagen eingegangen sind. Organische Abfälle, die aufbereitet und in den Kreislauf zurückgeführt werden, würden dort Kapazitäten freimachen. Auf Bundesebene wurde immer wieder die schleppende Umsetzung der flächendeckenden Getrenntsammlung von Bioabfällen kritisiert. Als weitere Maßnahme, die Umsetzung der Getrenntsammlungspflicht durchzusetzen, wurde daher eine Änderung des Umweltstatistikgesetzes vorgenommen. Das Gesetz fordert nun beginnend mit dem Berichtsjahr 2020 eine jährliche Erfassung der Anzahl der Anfallstellen bei denen

a) Bioabfälle mittels Biotonne getrennt gesammelt werden,
b) Bioabfälle mittels Biotonne getrennt gesammelt und zudem Bioabfälle selbst kompostiert werden,
c) ein Anschluss- und Benutzungszwang für eine getrennte Bioabfallsammlung mittels Biotonne besteht, die aber vom Anschluss- und Benutzungszwang befreit sind, weil sie ihre Bioabfälle selbst kompostieren,
d) kein Anschluss- und Benutzungszwang für eine Biotonne besteht und keine Getrenntsammlung von Bioabfällen mittels Biotonne erfolgt.[18]

Diese Datenlage kann zukünftig ein wesentliches Hilfsmittel sein, die Umsetzung der gesetzlich vorgeschriebenen Getrennterfassung zu kontrollieren.

[18] BGBl. Jahrgang 2021 Teil I Nr. 68 S. 4363, Art. 1, § 3 Abs. 2.

24.4.2 Rolle und Aufgabe der öffentlichen Hand

Der Vollzug des KrWG obliegt den Ländern. Damit sind in erster Linie die Landesministerien in der Pflicht, über Landesabfallgesetze das Bundesrecht zu ergänzen oder zu konkretisieren. In den Landesabfallgesetzen werden beispielsweise auch die entsorgungspflichtigen Körperschaften bestimmt und die im Abfallbereich zuständigen Behörden. Die Sammlung und Aufbereitung von haushaltsnah anfallenden Abfällen wird auf kommunaler Ebene in Form von Satzungen festgelegt. So enthalten Abfallsatzungen beispielsweise Regelungen zum Anschluss- und Benutzungszwang. Gebühren für die Inanspruchnahme der Abfallentsorgung werden auf Grundlage von kommunalen Abfallgebührensatzungen erhoben.[19]

Wie in Abschn. 24.2.1 dargelegt, ist die Getrenntsammlungspflicht an die Kommunen bzw. die örE adressiert. Kommunen, die entgegen § 11 Abs. 1 KrWG keine flächendeckende Getrenntsammlung von überlassungspflichtigen Bioabfällen eingeführt haben, verstoßen gegen geltendes Recht. Dennoch gibt es nur sehr eingeschränkte Möglichkeiten, gegen diesen Rechtsverstoß vorzugehen. Denn § 11 Abs. 1 KrWG begründet keine eigenen Rechte von Privatpersonen oder Entsorgungsunternehmen, sodass diesen die Klagebefugnis für eine verwaltungsgerichtliche Klage fehlt. Die Umsetzung der Getrenntsammelpflicht kann jedoch uneingeschränkt durch die Kommunalaufsichtsbehörden geprüft werden, die auch über die erforderlichen Mittel verfügen, um die Einhaltung der gesetzlichen Vorgaben durch die öffentlich-rechtlichen Entsorgungsträger zu erzwingen. Ein Rechtsanspruch von Privatpersonen oder Entsorgungsunternehmen auf ein Tätigwerden der Kommunalaufsicht besteht nicht (Oexle und Lammers 2014).

Den Autoren ist kein Fall bekannt, bei dem die Kommunalaufsicht hinsichtlich einer nicht umgesetzten Getrenntsammelpflicht aktiv geworden ist. Die Kommunalaufsicht obliegt den Bundesländern. Es ist daher völlig unverständlich, dass sich der Bund und die Länder nicht konsequenter für die Umsetzung ihrer politischen Beschlüsse einsetzen und diese auch kontrollieren. Aus dem Forschungsvorhaben „Verpflichtende Umsetzung der Getrenntsammlung von Bioabfällen" (Krause et al. 2015) hat das BMU u. a. folgende, an die öffentliche Hand adressierte, Handlungsempfehlungen abgeleitet. Die fachlichen Schlussfolgerungen[20] insgesamt können von den Internetseiten des BMU heruntergeladen werden:

[19] https://www.umweltbundesamt.de/themen/abfall-ressourcen/abfallwirtschaft/abfallrecht. Zugegriffen: 20.12.2016.

[20] Fachliche Schlussfolgerungen aus dem Forschungs- und Entwicklungsvorhaben zur Getrenntsammlung von Bioabfällen. 03.04.2014, aktualisiert 07.05.2015, https://www.bmu.de/fileadmin/Daten_BMU/Download_PDF/Abfallwirtschaft/bioabfall_forschungsvorhaben_schlussfolgerungen_bf.pdf. Zugegriffen: 28.10.2021.

1. Die öffentlich-rechtlichen Entsorgungsträger (örE) haben ein flächendeckendes Angebot für die Getrenntsammlung von Küchen- und Gartenabfällen zum Zwecke der hochwertigen Verwertung zu schaffen. Teilgebiete dürfen nicht aus dem Sammelsystem ausgenommen werden.
2. Der Anschluss- und Benutzungszwang ist für die Bioabfallsammlung von allen örE satzungsgemäß zu verankern und konsequent umzusetzen.
3. Dies bietet dem örE auch eine Handhabe für die Kontrolle einer fachgerechten Eigenverwertung als einzigem Befreiungstatbestand von der grundsätzlichen Pflicht zur Nutzung der Getrenntsammelsysteme.
4. Um Missbrauch vorzubeugen und eine fachgerechte Eigenverwertung zu garantieren, sind durch den örE Mindestanforderungen an den Befreiungstatbestand festzulegen.
5. Der umweltschädigenden Beseitigung von Gartenabfällen durch illegale Entsorgung und Verbrennung ist durch nutzerfreundliche Grüngutsammlung und Verbrennungsverbot zu begegnen.

Auch Richter et al. (2016) empfehlen grundsätzlich einen Anschluss- und Benutzungszwang an eine kostenlose Biotonne mit einer freiwilligen Grünguterfassung im Bring- oder Holsystem. Dies sollte kombiniert werden mit einem Identsystem beim Restmüll. Als Sammelrhythmus für die Biotonne sei im Sommer eine wöchentliche, im Winter eine zweiwöchentliche Abfuhr angezeigt.[21]

24.4.3 Handlungsmöglichkeiten für den privaten Dienstleister

Auf Bioabfälle, die einer Überlassungspflicht unterliegen, kann der private Dienstleister als Beauftragter Dritter für die Sammlung oder Behandlung zugreifen. Eine gewerbliche Sammlung von getrennt gesammelten Bioabfällen ist grundsätzlich jedoch zulässig, wie ein Gutachten, das im Jahr 2014 im Auftrag des BDE Bundesverband der Deutschen Entsorgungs-, Wasser- und Rohstoffwirtschaft e. V. erstellt wurde, ergeben hat (Oexle und Lammers 2014a). Die gewerbliche Sammlung organischer Abfälle aus Haushalten wird in einigen Regionen in Deutschland auch erfolgreich praktiziert, beispielsweise im Freistaat Sachsen. Die Hintergründe hierfür sind unterschiedlich. Ein klassischer Fall ist, dass in der Vergangenheit eine kommunale Sammlung bestand, die, nach Rückzug der Kommune, von einem privaten Dienstleister fortgeführt wurde. Der private Anbieter geht dann einzelvertragliche Verhältnisse mit dem Abfallerzeuger (dem Bürger) ein, wobei dies für den Bürger nur dann attraktiv ist, wenn sich die Bioabfallsammlung kostengünstiger darstellt als die Restabfallentsorgung.

[21] EUWID Recycling und Entsorgung 44.2016, S. 3.

> **Praxishinweis** Der private Dienstleister kann beispielsweise die Kommunen verstärkt auf die positiven Effekte der Getrenntsammlung hinweisen. Aufgrund einer Mengenreduzierung bei der Restabfallmenge können deutliche wirtschaftliche und klimarelevante Vorteile für Kommunen und Bürger festgestellt werden.

Durch das BDE-Gutachten wurde gleichzeitig deutlich, dass die in der Praxis derzeit übliche Zuordnung der getrennt erfassten Bioabfälle aus Haushalten (Biotonneninhalte) zum Abfallschlüssel 20 03 01 („gemischte Siedlungsabfälle") im Widerspruch zu Wortlaut und Systematik des Europäischen Abfallverzeichnisses steht. Soweit diese Zuordnung in nationalen Rechtsvorschriften, namentlich der Bioabfallverordnung, vorausgesetzt werde, seien die Regelungen europarechtswidrig und für die Zuordnung von solchen Bioabfällen nicht maßgeblich. Bioabfälle, die getrennt erfasst werden, fielen als getrennt gesammelte Fraktion in die Gruppe 20 01 des Abfallverzeichnisses. Solange es keinen eigenen, allgemeinen Abfallschlüssel für getrennt erfasste Bioabfälle gebe, müssten sie daher dem Abfallschlüssel 20 01 99 („sonstige Fraktionen a. n. g.") zugeordnet werden. Aus rechtspolitischen Gründen sei die Aufnahme eines eigenen Abfallschlüssels für getrennt gesammelte Bioabfälle dringend erforderlich. Das Fehlen eines solchen Schlüssels im derzeit geltenden Abfallverzeichnis werde der Bedeutung, welche dieser Abfallfraktion im heutigen nationalen und europäischen Abfallrecht eingeräumt wird, nicht gerecht; es sei deshalb wertungswidersprüchlich und nicht mehr zeitgemäß. Zudem erschwert das Fehlen eines solchen Abfallschlüssels die statistische Erfassung der Bioabfallentsorgung und führt zu Rechtsunsicherheiten für die betroffenen Dienstleister.

24.5 Notwendigkeit zur sortenreinen Erfassung

24.5.1 Problemlage

Betreiber von Bioabfallbehandlungsanlagen, die Komposte und Gärprodukte herstellen, sind zunehmend mit dem Problem eines steigenden Fremdstoffanteils in den Anlieferungen konfrontiert. Das betrifft Anlieferungen sowohl aus bestehenden Sammelgebieten, als auch aus solchen, die durch die Getrenntsammelpflicht neu hinzugekommen sind. Im Ergebnis reichen die Maßnahmen an der Anlage selbst zum Teil nicht mehr aus, um die hohen Qualitäten an organischen Düngemitteln herzustellen, die für eine hochwertige Verwertung und Kreislaufführung erforderlich sind. Durch die Ausschreibungen selbst müssen teilweise so hohe Mengen an Fremdstoffen toleriert werden, dass von keiner ausreichenden Basis für eine hochwertige Verwertung mehr gesprochen werden kann. Beispielsweise kann laut einer Ausschreibung im Saarland „der dem Auftragnehmer überlassene Bioabfall […] 15 Gew.-% Störstoffe (± 3 %) enthalten." In anderen Ausschreibungen weist der Auftraggeber jegliche Gewähr für die Qualität der angelieferten Abfälle von sich. Dabei ist es immer das Zusammenspiel aller Akteure (Bürger, örE,

Berater/Planer, Sammler, Anlagenbetreiber), sich gemeinschaftlich für eine hochwertige Verwertung zu engagieren und passende Maßnahmen dafür zu ergreifen. Im Rahmen eines Forschungsvorhabens (Kranert et al. 2016) wurde sich dieser Thematik angenommen, es wurden Einflussgrößen auf die Qualität der Bioguterfassung identifiziert und Handlungsempfehlungen abgeleitet, auf die Abschn. 24.5.3 näher eingeht.

24.5.2 Biologisch abbaubare Kunststoffe

Bei der Fremdstoffproblematik werden Folien als besonders relevant eingestuft. Vorhanden sind diese insbesondere dadurch, dass der Bürger die organischen Abfälle in teils verknotete Kunststofftüten verpackt, bevor er sie in die Biotonne gibt. Anlagentechnisch, v. a. bei der Vergärung, können sie zu Problemen führen (z. B. an der Schnecke oder sie schwimmen im Fermenter auf) und nicht zuletzt beeinträchtigen sie die Qualität der Komposte und Gärprodukte. Teil des Folienproblems sind auch die biologisch abbaubaren Kunststoffe, die in den Behandlungsprozessen nicht zwingend einem vollständigen Abbau unterliegen und die aufgrund der Anlagenaufbereitungstechnik mit einem zusätzlichen Aufwand, der herkömmlichen Folien gleichzusetzen ist, aussortiert werden.

Zunächst muss klargestellt werden, dass biologisch abbaubare Kunststoffe nicht zwingend vollständig aus nachwachsenden Rohstoffen bestehen. Je nach Anwendungsfall werden petrochemische Komponenten sowie weitere Hilfs- und Zusatzstoffe genutzt, was von den Herstellern nicht zwingend offengelegt wird (Beier 2009). Kunststoffe, die ausschließlich auf der Basis nachwachsender Rohstoffe oder von Naturstoffen erzeugt werden, werden als biobasiert bezeichnet. Biokunststoff ist ein weiterer Oberbegriff und umfasst Kunststoffe, die sowohl abbaubar, als auch biologisch nicht abbaubar sind. Sie können aus nachwachsenden oder aus fossilen Rohstoffen hergestellt sein. Der Test, mit dem die biologische Abbaubarkeit nachgewiesen wird (DIN EN 13432), gibt eine Kompostierungszeit von 10 Wochen vor und es müssen mehr als 90 Prozent des Produktes unter bestimmten Milieubedingungen abgebaut sein. Da in der Praxis zum Teil kürzere Rottezeiten üblich sind und auch keine Laborbedingungen herrschen, besteht die Gefahr, dass am Ende des Prozesses Fremdstoffe im Kompost vorhanden sind. Hinzu kommt, dass kein Nutzen für die Kompostierung besteht, da keine wertgebenden Bestandteile wie Nährstoffe oder Humus verbleiben. Von daher rät das Umweltbundesamt von einer Entsorgung von biologisch abbaubaren Kunststoffen über die Biotonne ab und es stuft die Hausgartenkompostierung als gänzlich ungeeignet für diese Stoffe ein. Einen Test für die anaerobe Abbaubarkeit gibt es derzeit noch nicht. Angesichts dessen, dass zunehmend kombiniert verwertet werden soll, d. h. zunächst energetisch (anaerob) und dann aerob, ist der Einsatz von abbaubaren Kunststoffen noch kritischer zu sehen. Die Kompostverbände VHE – Verband der Humus- und Erdenwirtschaft e. V. und BGK, gestützt auf zahlreichen auch negativen Erfahrungen der Anlagenbetreiber und angesichts der Qualitätssicherung, sehen den Einsatz von biologisch abbaubaren Kunststoffen sehr kritisch und lehnen eine grundsätzliche Entsorgung über die Biotonne ab.[22, 23] Die Ablehnung einer pauschalen Zuweisung von Produkten aus biologisch abbaubaren Kunststoffen in die biologische Abfallbehandlung wird auch aus einer gemeinsamen Stellungnahme von insgesamt neun Verbänden deutlich.[24]

► **Praxishinweis** Biotonnennutzer sollten sich bei ihrem örE erkundigen, ob in der Behandlungsanlage biologisch abbaubare Kunststoffe, die als Beutel im Vorsortiergefäß genutzt werden können, vollständig abgebaut werden und ihre Verwendung daher empfohlen werden kann.

24.5.3 Handlungsempfehlungen

Bereits bei der Abfallsammlung, die durch den örE oder einen Beauftragten Dritten erfolgt, sollten Stichprobenkontrollen durchgeführt werden. Durch Verwarnungen und Nichtleerung im Falle von wiederholt starker Verunreinigung wird das Trennverhalten beeinflusst und so Fehlwürfen an der Quelle direkt entgegengewirkt (Kranert et al. 2016, S. 58).

Insgesamt sind Information und Klarheit für den Bürger die wichtigste Voraussetzung, um Fremdeinträge zu reduzieren. Insbesondere müssen Inputstoffe für die Biotonne klar definiert sein und entsprechende Hinweise den Bürgern zur Verfügung gestellt werden; in dem Zusammenhang gilt es auch, eine enge Abstimmung mit der Behandlungsanlage vorzunehmen. Ein besseres Trennverhalten wird weiter dadurch unterstützt, dass dem Bürger bewusst ist, zu welchem Zweck und mit welchem Ziel organische Abfälle sauber getrennt werden müssen. Dieses hat eine gute Öffentlichkeitsarbeit zu übernehmen. Bei jeglicher Form der Öffentlichkeitsarbeit ist zu berücksichtigen, dass Maßnahmen konsequent und kontinuierlich durchgeführt werden, da die Biogutqualität im zeitlichen Abstand zur Kampagne abnimmt. Bestimmte Personengruppen (zum Beispiel Hausmeister oder Hauverwalter in Großwohnanlagen oder Kinder), können als Multiplikator eine wichtige Rolle spielen. Auch müssen unterschiedliche Personengruppen erreicht werden können (Stichwort Sprache; Kranert et al. 2016, S. 59, 61).

Das Sammelsystem muss zudem nutzerfreundlich sein. Themen wie Geruch und Hygiene/Ungeziefer werden als Hemmnisse bzw. Störfaktoren benannt, denen entsprechend begegnet werden muss. Dazu können technische Lösungen zur Verfügung gestellt werden, beispielsweise Filterdeckel auf Biotonnen, oder bestimmte Beutel oder Kleinsammelgefäße.

---

[22] VHE-Position zur Verwertung von biologisch abbaubaren Werkstoffen (BAW) einschließlich BAW-Sammeltüten über die Biotonne vom 26.02.2014.

[23] BGK-Standpunkt „Kompostierung von Biokunststoffen ist ein Irrweg" vom 21.03.2014, http://www.kompost.de/fileadmin/docs/Archiv/Thema_Position/5.4.1_Position-BAW_2014_final.pdf

[24] Position zur Entsorgung von biologisch abbaubaren Kunststoffen über die Bioabfallbehandlung/Kompostierung vom 17.06.2019, https://www.bde.de/presse/positionspapier-biologisch-abbaubare-kunststoffe/. Zugegriffen: 28.10.2021.

Weise (2016) hat beispielsweise gute Erfahrung gemacht mit einem Starterpaket bestehend aus einem Vorsortiergefäß, einer Probepackung Sammelbeuteln (in dem Fall aus Papier), Infoflyern und einem Aufkleber „Was darf rein".

Weiteren Einfluss nehmen die Behältergröße und Abfuhrhäufigkeit. In Oberursel (Weise 2016) wurden zunächst gleiche Volumina für Rest- und Biomüll zur Verfügung gestellt – die Einheitsgebühr richtete sich nach der Größe des Restabfallbehälters und nur das Biozusatzvolumen war gebührenpflichtig; Eigenkompostierer, auf Antrag war Eigenkompostierung zulässig, haben einen Abschlag auf die Einheitsgebühr erhalten – mit dem Ergebnis, dass die Verkleinerung des Restmüllbehälters zu keiner Überfüllung oder Verdichtung geführt hat, sondern zu einer Verlagerung ehemals im Restmüll befindlicher Materialien in andere Erfassungssysteme. Hier konnte also über den Bioabfall hinaus eine Verbesserung der Getrenntsammlung auch für andere Abfallströme erreicht werden.

Laut des Forschungsvorhabens der Entsorgergemeinschaft der Deutschen Entsorgungswirtschaft e. V. (Kranert et al. 2016) sollten die Gebühren verursachergerecht gestaltet werden und die spezifischen Gebühren für das Biotonnenvolumen deutlich unter denen für den Restabfall liegen. Außerdem könne die Eigenkompostierung die Biotonne zwar sinnvoll ergänzen, nicht aber ersetzen, weshalb ein Gebührenabschlag hierfür nicht empfohlen werden könne.

Um qualitativ hochwertige Komposte und Gärprodukte zu erzeugen, ist eine sortenreine Erfassung von Bio- und Grüngut zwingend erforderlich. Regelungen zur sortenreinen Erfassung sollten bereits bei der Ausschreibung berücksichtigt werden. Nach Kranert et al. (2016, S. 61) ist eine Zielgröße von unter 1 Gew.-% im Jahresdurchschnitt anzustreben.

Der BDE empfiehlt, folgende Formulierungen in die Verträge zur Bio- und Grünguterfassung sowie -verwertung aufzunehmen:[25]

„Bio- und Grüngut sind einer hochwertigen Verwertung zuzuführen. Eine hochwertige stoffliche Verwertung ist nur möglich, wenn die erzeugten Düngemittel frei von Fremdstoffen sind. Fremdstoffe sind Verunreinigungen wie Glas, Metalle und Kunststoffe.

Um qualitativ hochwertige Komposte und Gärprodukte zu erzeugen, sind Bio- und Grüngut sortenrein getrennt zu erfassen. Der Fremdstoffanteil soll 1 Gew.-% in der Einzelanlieferung nicht überschreiten (Klasse A).

Wenn mehr als 1 Gew.-% an Fremdstoffen enthalten ist, entsteht ein Mehraufwand für die Abtrennung der Fremdstoffe und ihre Entsorgung (Klasse B). In diesen Fällen greift der zwischen Auftraggeber (AG) und Auftragnehmer (AN) vereinbarte

[25] https://www.bde.de/presse/bde-setzt-sich-fuer-verbesserung-der-sammelqualitaet-von-bioabfaellen-/. Zugegriffen: 28.10.2021.

erhöhte Behandlungspreis. Die vom AN durchgeführte Fremdstoffanalytik ist zu dokumentieren und dem AG auf Verlangen vorzulegen.

Bei Fremdstoffgehalten von mehr als 3 Gew.-% kann eine negative Auswirkung auf die Qualität der Endprodukte nicht mehr ausgeschlossen werden (Klasse C). In diesen Fällen ist es möglich, die betreffende Einzelanlieferung abzuweisen und die Entsorgungskosten als Restabfall dem Abfallerzeuger (dem AG) in Rechnung zu stellen. Eine Dokumentation der Anlieferung und der Analytik ist erforderlich.

Der AG überprüft alle zwei Jahre seine Maßnahmen, die zur Sicherstellung einer hohen Bio- und Grüngutqualität notwendig sind. Bei Ergebnissen, die eine Einstufung in die Klasse C ergeben, wird der AG sofort Maßnahmen ergreifen. Maßnahmen können die Erstellung und Verteilung von Informationsmaterial sein oder das Durchführen gezielter Kontrollen und Sanktionen beim Bürger.

Die Festlegung von Maßnahmen findet in enger Abstimmung mit dem AN statt; die Kosten für diese Maßnahmen trägt der Abfallerzeuger (AG)."

Zur Notwendigkeit einer sortenreinen Bioguterfassung führt auch ein Standpunktepapier der BGK e. V. vom 31.05.2016 weiter aus.[26]

An der Anlage selbst ist wichtig, dass es nachprüfbare Kriterien für die Fremdstoffgehalte im angelieferten Bioabfall gibt und klare Regelungen für die Rückweisung bzw. Behandlung verunreinigter Chargen. Dazu gehört auch ein enger Austausch mit dem örE. Die Änderung der BioAbfV sieht hierzu nun einige Vorgaben vor (s. Abschn. 24.2.1). Der Betrieb selber sollte hinsichtlich der Fremdstoffe über ein internes Qualitätsmanagementsystem verfügen, um rechtzeitig qualitätssichernde Maßnahmen ergreifen zu können. Zur Berücksichtigung der wichtigsten Punkte zählen: Kontrolle jeder einzelnen Anlieferung, Effizienz der Vorsortierung, Funktionalität Siebschnitt, (ungewollte) Zerkleinerung der Fremdstoffe.

24.6 Produkteinsatz

Ziel der gesamten Aufbereitung ist die Herstellung marktfähiger Produkte. Zum einen von Produkten, die aus dem laufenden Verwertungsprozess gewonnen werden können, wie z. B. Biogas (daraus dann Strom und Wärme); zum anderen Produkte aus der Endaufbereitung, die überwiegend als organisches Düngemittel vermarktet werden können.

[26] http://www.kompost.de/fileadmin/user_upload/Dateien/HUK-Dateien/6_2016/5.4.6_Position_Sortenreinheit_von_Bioabfaellen_gewaehrleisten.pdf.

Das Erneuerbare-Energien-Gesetz (EEG) fördert seit 1991, damals noch als Stromeinspeisungsgesetz, die Einspeisung von Strom aus erneuerbaren Quellen. Seit dem Jahr 2000 gibt es konkrete Förderbeträge für die Herstellung von Strom aus Bioabfällen. Mit den Neufassungen der EEG-Regelungen wurden diese Förderungen stufenweise angehoben, mit einer Ausnahme, und lagen im Jahr 2021 bei einem Fördersatz von gut 14 Cent pro Kilowattstunde elektrischer Energie. Abhängig von der Größe der Anlage und der möglichen Zu- und Abschläge bzgl. Anlagengröße und Vermarktungsart sind weitere Regelungen zu beachten. Gleichzeitig ist der Investitionsaufwand durch immer neue Auflagen weiter gestiegen, z. B. das Vorhalten doppelter Blockheizkraftwerkkapazität. Dieses hat zur Folge, dass voraussichtlich in Zukunft mehr Biogas zu Biomethan aufbereitet werden wird, um dieses Gas als Ersatz für Erdgas zu nutzen. Hierbei kann der Vermarkter von Biogas z. B. eine Kostenerstattung für vermiedene Netzentgelte nach § 20 GasNEV (Verordnung über die Entgelte für den Zugang zu Gasversorgungsnetzen) beantragen. Des Weiteren bietet dieser Vermarktungsweg den Vorteil, das Erdgasnetz als Gasspeicher zu nutzen. Damit hat der Biogasproduzent sämtliche Nutzungsarten, wie sie für Erdgas bekannt sind, erschlossen. Vorrangig werden Nutzungen wie z. B. Beimischung zu Kraftstoffen in Erdgasfahrzeugen oder der Einsatz in Blockheizkraftwerken und Heizungsanlagen gewählt.

Die Endprodukte der stofflichen Aufbereitung sind Gärprodukte (fest und flüssig), Komposte und holzige Brennstoffe. Letztere werden, abhängig von der Struktur der Ausgangsrohstoffe, auch gezielt und direkt zur Wärme- und Energieproduktion hergestellt. Insbesondere aus Grünabfällen lassen sich bis zu 30 % der Rohstoffe als feste Brennstoffe aus Biomasse in Biomassekraftwerken zur Energie- oder Wärmeproduktion nutzen.

Der weitaus größte Anteil der hergestellten Produkte fällt in den Bereich Kompost. Mengenmäßig der größte Teil der produzierten Komposte wird als Bodenverbesserungs- und Düngemittel in der Landwirtschaft eingesetzt (Abb. 24.1). Je nach Bodenart und Wasserversorgung dient Kompost als Grunddünger zur Lieferung aller essenziellen Nährstoffe. Auch die Steigerung des Dauerhumusgehaltes ist für viele Anwender der Grund, Kompost einzusetzen. Zudem dient dieser Effekt auch der Verbesserung der Wasserhaltefähigkeit von Böden.

Im Landschaftsbau und bei der Rekultivierung wird Kompost zur Auffrischung der Böden und der Versorgung mit organischer Substanz genutzt.

Viele Kleingärtner kennen Kompost aus der Nutzung im Hobbygarten. Hier ist der bodenverbessernde Effekt und die „Fütterung" von Bodenlebewesen ein wichtiger Grund für die natürliche Art der Düngung.

Zunehmend wichtig für den Absatz von Kompost ist die Erdenindustrie. Hier werden für die Herstellung von Blumenerden und Kultursubstraten immer mehr Komposte eingesetzt. Dieser Trend wird insbesondere durch die Steigerung von torffreien Erden ausgelöst.

Mit der Nutzung von Kompost als Bodenverbesserer leistet diese Art der Düngung einen erheblichen Beitrag zur Verbesserung der CO_2-Bilanz. Der eingelagerte Kohlenstoff

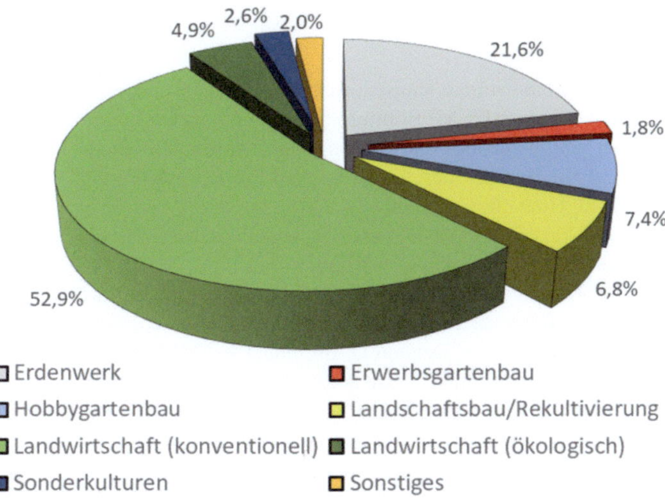

Abb. 24.1 Absatzwege RAL-Gütegesicherter Komposte 2020. (https://www.kompost.de/ueber-uns/zahlen-und-fakten/markt. Zugegriffen: 28.10.2021)

zersetzt sich nur langsam oder wird als Dauerhumus gespeichert. Im englischen Sprachgebrauch wird dieser Bodenverbesserer daher auch als „carbon earth" deklariert. Dieser Effekt wurde in der Vergangenheit in der umweltpolitischen Diskussion noch viel zu wenig beleuchtet. Vor dem Hintergrund des European Union Emissions Trading System (EU ETS) werden immer mehr CO_2-Emissionszertifikate gehandelt. Mit der Einlagerung von Kohlenstoff im Boden durch organische Dünger kann sich die Möglichkeit ergeben, auch Gutschriften für die CO_2-Einlagerung im Rahmen der ackerbaulichen Bodenbewirtschaftung zu erhalten. Dieses wird den Wert von Kompost in ökonomisch und ökologischer Sicht weiter steigern. Wie wichtig die Nutzung von organischen Reststoffen zum Humusaufbau in landwirtschaftlichen Nutzböden ist und wie weit diese auch einen wichtigen Beitrag zum Klimaschutz leisten können, zeigt auch die Resolution der UN-Klimakonferenz in Paris aus 2015. Hier wurde ein globales Programm zum Humusaufbau gestartet, die 4 ‰-Initiative. Diese beschreibt, dass eine jährliche Erhöhung der globalen Bodenkohlenstoffvorräte um 4 ‰ ausreicht, die durch anthropogene Tätigkeiten verursachten CO_2-Emissionen nahezu vollständig auszugleichen.[27]

[27] https://www.4p1000.org/.

Literatur

Beier W (2009) Biologisch abbaubare Kunststoffe. UBA-Hintergrundpapier

Dornbusch H-J, Hannes L, Santjer M, Böhm C, Wüst S, Zwisele B, Kern M, Siepenkothen H-J, Kanthak M (2020) Vergleichende Analyse von Siedlungsrestabfällen aus repräsentativen Regionen in Deutschland zur Bestimmung des Anteils an Problemstoffen und verwertbaren Materialien. Texte 113/2020, Umweltbundesamt

Kern M, Raussen T (2014) Biogas-Atlas 2014/15, Anlagenhandbuch der Vergärung biogener Abfälle in Deutschland und Europa, Druckhaus Göttingen

Kranert M, Böhme L, Fritzsche A, Gottschall R (2016) Einflussgrößen auf die separate Bioguterfassung unter besonderer Berücksichtigung der Qualität. EdDE-Dokumentation Nr. 18

Krause P, Oetjen-Dehne R, Dehne I, Dehnen D, Erchinger H (2015) Verpflichtende Umsetzung der Getrenntsammlung von Bioabfällen. Texte 84/2014, Umweltbundesamt

Leifert I, Ochs A (2013) Die neue Bioabfallverordnung. In: Kurth P, Oexle A (Hrsg), Handbuch der Kreislauf- und Rohstoffwirtschaft, Carl Heymanns Verlag, Köln, S 221–244

Oexle A, Lammers T (2014) Rechtsfragen der Kontrolle und des Rechtsschutzes bei Verletzung der Pflicht zur getrennten Sammlung von Bioabfällen nach § 11 KrWG. Unveröffentlicht.

Oexle A, Lammers T (2014a) Rechtsfragen der Zulässigkeit einer gewerblichen Sammlung von Bioabfällen. AbfallR 5/2014, S. 225–229.

Richter F, Siepenkothen J, Wagner J, Raussen T, Kern M (2016) Nahrungs- und Küchenabfälle effizient erfassen und stofflich-energetisch verwerten. Müll und Abfall 10/16, S. 530–537

Weise M (2016) Einführung der Pflicht-Biotonne Oberursel. Auswirkungen auf die Stoffströme. Müll und Abfall 11/16, S. 575–580

Klärschlamm

25

Matthias Staub und Christel Pfefferkorn

25.1 Einführung

Mit dem Koalitionsvertrag zur 18. Legislaturperiode wurde beschlossen, „die Klärschlammausbringung zu Düngezwecken zu beenden und Phosphor sowie andere Nährstoffe aus dem Klärschlamm zurückzugewinnen“. Das hatte zur Folge, dass sich die rechtlichen Grundlagen, aber auch die Mengen der jeweiligen Entsorgungswege grundlegend ändern. Im Folgenden werden diese Auswirkungen auf Grundlage der Novellierung des Abfall- und Düngerechtes dargestellt, die neben dem Wandel der Klärschlammentsorgung auch praktische Änderungen der Schlammbehandlung bewirkten.

25.2 Überblick der rechtlichen Rahmenbedingungen zur Klärschlammentsorgung

Spätestens mit der Novellierung des Abfall- und Düngerechtes speziell der Klärschlammverordnung, der Düngeverordnung und der Düngemittelverordnung hat sich für den Einsatz von Klärschlamm in der Landwirtschaft und im Landschaftsbau grundlegendes verändert.

Zunächst wird nicht mehr unter Landwirtschaft und Landschaftsbau unterschieden, sondern das Abfall- und Düngerecht gilt übergreifend für den gesamten bodenbezogenen

M. Staub (✉)
Veolia Klärschlammverwertung Deutschland GmbH, Leipzig, Deutschland
E-Mail: matthias.staub@veolia.com

C. Pfefferkorn
PICON GmbH, Dresden, Deutschland
E-Mail: pkn@picon-ingenieur.de

P. Kurth et al. (Hrsg.), *Praxishandbuch der Kreislauf- und Rohstoffwirtschaft*,
https://doi.org/10.1007/978-3-658-36262-1_25

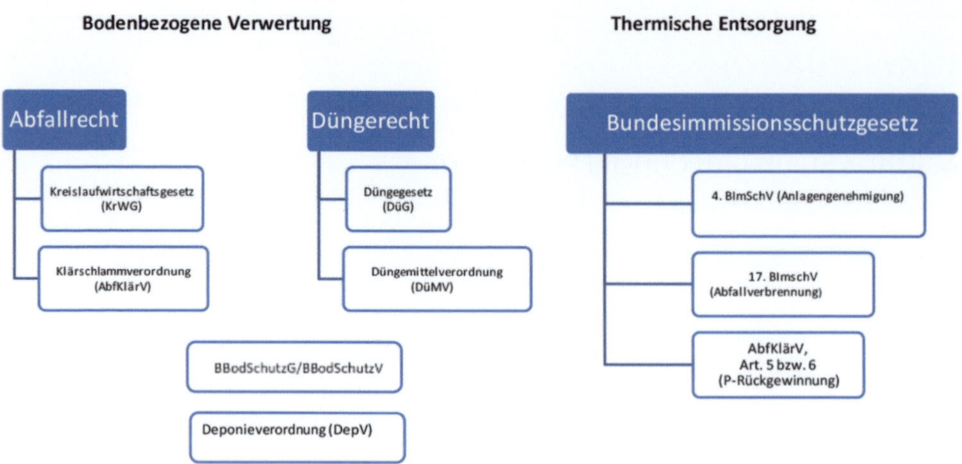

Abb. 25.1 Überblick rechtlicher Rahmenbedingungen

Einsatz von Klärschlamm, Klärschlammgemisch und Klärschlammkompost. Darüber hinaus kann im Einzelfall auch die Anwendung der BBodSchV bzw. der DepV erforderlich werden. Bei der Thermischen Entsorgung findet nun neben dem Bundesimmissionsrecht auch die Klärschlammverordnung Anwendung (siehe Abb. 25.1).

25.2.1 Bodenbezogene Verwertung

25.2.1.1 Klärschlammverordnung (AbfklärV)

Die Novellierung der AbfKlärV enthält neben einem erweiterten Anwendungsbereich im Hinblick auf den Landschaftsbau, der Ausweitung der Untersuchungspflichten, der Verschärfung der Grenzwerte und der Aufbringungsbeschränkungen auch Anforderungen an die Qualitätssicherung und, als zentrale Regelung, Vorgaben zur Phosphorrückgewinnung.

Ausweitung der Untersuchungspflichten (§ 5)

Bezogen auf den Klärschlamm sind eine Reihe von Stoffen hinzugekommen bzw. haben verschärftere Grenzwerte.

Schwermetalle

- Bisher: Blei, Cadmium, Chrom, Kupfer, Nickel, Quecksilber, Zink, AOX,
- Neu: Arsen, Chrom (VI), Thallium

Nährstoffe

- Bisher: Gesamtstickstoff, Ammonium,
- Neu: Phosphor, Calciumoxid (basisch wirksame Stoffe), Eisen
- TR, oTS, pH-Wert

organische Schadstoffe

- Bisher: PCB
- Neu: Summe Dioxine und dl-PCB, B(a)P, PFT (PFOA+PFOS)

Bezogen auf den Boden sind die Vorsorgewerte für Metalle und PCB_6 bzw. B(a)P der Bundes-Bodenschutz- und Altlastenverordnung (BBodSchV), Anhang 2, einzuhalten. Diese Parameter, mit Ausnahme bezüglich der Bodenart Ton, wurden dabei allesamt verschärft. Zudem hat der Klärschlammerzeuger vor der erstmaligen Auf- oder Einbringung des Klärschlamms die Bodenart zu bestimmen. Bezüglich der Messung gelten die Regelungen der AbfKlärV weiterhin fort. In Anlage 1, Tab. 1 der AbfklärV-E, ist nunmehr eine eigene Regelung zu Analysemethode bezüglich der Parameter PCB und B(a)P enthalten.[1]

Verschärfung der Aufbringungsbeschränkungen

Vermischungsverbot: Die Abgabe und das Aufbringen von Klärschlamm, der mit Klärschlämmen aus Abwasserbehandlungsanlagen vermischt worden ist, ist nur zulässig, wenn es sich um Klärschlämme aus Abwasserbehandlungsanlagen desselben Klärschlammerzeugers handelt und die Klärschlämme die Anforderungen bezüglich der Grenzwerte und der Seuchen- und Phytohygiene einhalten. Bei Qualitätssicherung ist eine Vermischung von Klärschlämmen aus Abwasserbehandlungsanlagen unterschiedlicher Klärschlammerzeuger unter erleichterten Voraussetzungen zulässig. Wichtig ist der Umstand, dass auch eine Verbändestruktur ein Klärschlammerzeuger in diesem Sinn sein kann.[2]

Das Aufbringen von Klärschlamm auf oder in einen Boden mit Nutzung als Grünland, Mais, Zuckerrüben oder Hopfen wurde verschärft. Bei der Aufbringung des Klärschlamms auf Flächen zum Anbau von Feldgemüse muss zwischen dem letzten Auf- oder Einbringen und dem nächsten Anbau von Feldgemüse ein zeitlicher Abstand von mindestens 24 Monaten eingehalten werden.[3]

Qualitätssicherung

Bei der Abgabe von qualitätsgesichertem Klärschlamm (Qualitätssicherung im Sinn von § 12 Kreislaufwirtschaftsgesetz) gelten im Hinblick auf die Anforderungen gewisse Erleichterungen, die in Art. 1 § 31 AbfKlärV-E geregelt sind.

Bezüglich der Klärschlammbezogenen Grenzwerte ist zu berücksichtigen, dass neben den Grenzwerten der Klärschlammverordnung nunmehr auch die Grenzwerte der Düngemittelverordnung zu beachten sind (siehe Abb. 25.2).

[1] Art. 1 §§ 4 Abs. 1, 7 AbfKlärV-E.

[2] Art. 1 §§ 8, 11, 15 Abs. 3, 31 Abs. 1 Ziffer 7 AbfKlärV-E.

[3] Art. 1 § 15 Abs. 5 AbfKlärV-E.

		AbfKlärV 1992	AbfKlärV2017	DüMV 2012	Summe der GW ab 2017
		GW	GW	GW	GW
Arsen	mg/kg TM			40	40
Blei	mg/kg TM	900		150	150
Cadmium	mg/kg TM	10		1,5	1,5
Cadmium bei Böden 5 < pH < 6	mg/kg TM	5			
Cadmium wenn P_2O_5 (FM) ≥ 5 %	mg/kg P_2O_5			50	50
Chrom ges.	mg/kg TM	900		-	
Chrom VI	mg/kg TM			2	2
Kupfer	mg/kg TM	800			
Nickel	mg/kg TM	200		80	80
Quecksilber	mg/kg TM	8		1	1
Thallium	mg/kg TM			1	1
Zink	mg/kg TM	2500	4000		4000
Zink bei Böden 5 < pH < 6	mg/kg TM	2000			
AOX	mg/kg TM	500	400		400
B(a)P	mg/kg TM		1		1
Polychlorierte Biphenyle (PCB)	mg/kg TM	0,2	0,1		0,1
PFT	mg/kg TM			0,1	0,1
Summe Dioxine und dl-PCB	ng WHO-TEQ 2005			30	30
PCDD/PCDF	ng TCDD-Toxizitätsäquivalente	100			

Abb. 25.2 Klärschlammbezogene Grenzwerte (§ 8)

Berichtspflichten

Bis zum 31.12.2023 müssen alle Klärschlammerzeuger, die im Kalenderjahr 2023 eine Abwasserbehandlungsanlage betreiben, der nach Landesrecht jeweils zuständigen Behörde einen Bericht über die geplanten und eingeleiteten Maßnahmen zur Sicherstellung der durchzuführenden Phosphorrückgewinnung[4] vorlegen. Im Jahr 2023 ist der Klärschlamm zudem auf den Phosphorgehalt nach den Bestimmungen von Art. 1 § 32 AbfKlärV-E zu untersuchen. Bei erstmaliger Inbetriebnahme nach dem 31.12.2023 ist der Bericht spätestens sechs Monate nach der Betriebsaufnahme der Abwasserbehandlungsanlage vorzulegen. Dies gilt analog für die Untersuchung der Proben.[5]

Phosphorrückgewinnung

Als zentrales Element sind in der AbfKlärV weitgehende Regelungen zur Phosphorrückgewinnung aus Klärschlämmen vorgesehen. Klärschlammerzeuger müssen den Klärschlamm, sobald dieser einen Phosphorgehalt von 20 g oder mehr je kg TM aufweist, unmittelbar einer Phosphorrückgewinnung oder einer thermischen Vorbehandlung zu-

[4]Ausgehend von einem Inkrafttreten der Verordnung zur Neuordnung der Klärschlammverwertung im Jahr 2017 besteht die Phosphorrückgewinnungspflicht für Abwasserbehandlungsanlagen mit einer genehmigten Ausbaugröße von mehr als 100.000 EW ab 01.01.2029 bzw. von mehr als 50.000 EW ab 01.01.2032 (so Art. 8 Abs. 3 und 4 Verordnung zur Neuordnung der Klärschlammverwertung).

[5]Art. 4 § 3a Abs. 1 und 2 AbfKlärV-E.

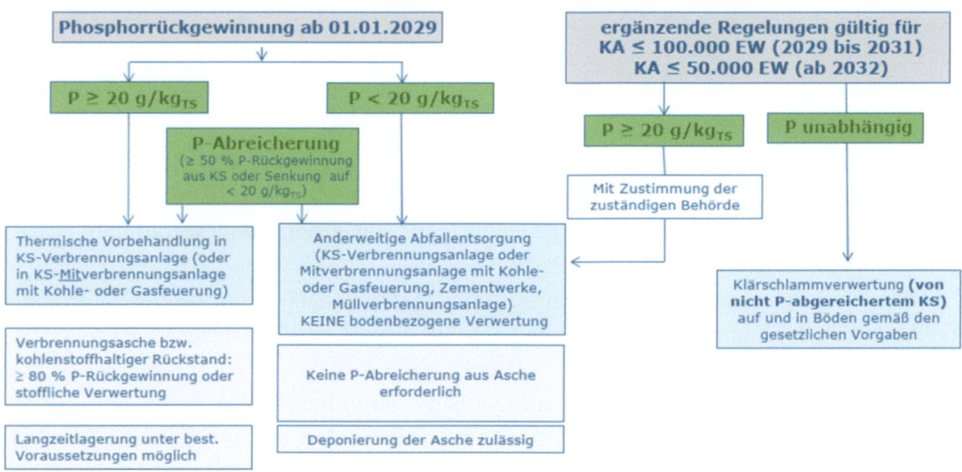

Abb. 25.3 Phosphorrückgewinnung. (Pfefferkorn, Scholich 2019)

führen (Mono- oder Mitverbrennung). Die Zuführung zu einer solchen thermischen Vorbehandlung ist nicht erforderlich, wenn der Phosphorgehalt unter 20 g je kg TM liegt. Abb. 25.3 fasst die Regelungen zusammen:

Untersuchungs- und Nachweispflichten

Der Klärschlammerzeuger hat je angefangene 500 t Klärschlamm-TM, höchstens jedoch in Abständen von sechs Monaten, den erzeugten Klärschlamm auf den Phosphorgehalt zu untersuchen. Bei thermischer Vorbehandlung ist nach einer Erstuntersuchung keine erneute Untersuchung erforderlich. Die Ergebnisse sind innerhalb von vier Wochen der zuständigen Behörde vorzulegen.[6]

Im Rahmen der Phosphorrückgewinnung müssen der Klärschlammerzeuger und der Betreiber von Verbrennungsanlagen einen Nachweis führen, insbesondere über das Ergebnis der durchgeführten Phosphorrückgewinnung. Die Nachweise sind an die nach Landesrecht zuständige Behörde zu übermitteln. Klärschlammerzeuger, Betreiber der Klärschlammverbrennungsanlage im Sinn von Art. 1 § 2 Abs. 11a AbfKlärV-E und Betreiber der Klärschlammmitverbrennungsanlage im Sinn von Art. 1 § 2 Abs. 11b AbfKlärV-E müssen die Nachweise jeweils zehn Jahre ab dem Zeitpunkt der abgeschlossenen Phosphorrückgewinnung bzw. der stofflichen Verwertung aufbewahren. Der Klärschlammerzeuger führt die Nachweise insgesamt zu einem Register zusammen.

Im Rahmen der bodenbezogenen Verwertung sind folgende neue Nachweise erforderlich: die Angabe der Klärschlammmenge, die bei Maßnahmen des Landschaftsbaus auf- oder eingebracht worden ist, und die Klärschlammmenge, die einer Qualitätssicherung unterzogen worden ist. Die Angaben im Rahmen der Registerpflicht zur boden- bezogenen

[6] Art. 5 § 3c AbfKlärV-E.

Verwertung sind bis zum 15. März des Folgejahres (bisher der 31. März) elektronisch der für die Fläche zuständigen Behörde zu übermitteln.

25.2.1.2 Düngemittelverordnung

In Ergänzung zu den Bestimmungen der AbfKlärV sind bei der bodenbezogenen Verwertung die Bestimmungen des Düngerechtes und hier vor allem der Düngemittelverordnung (DüMV) von 2012, zuletzt geändert 2019 sowie der Düngeverordnung (DüV) von 2017, zuletzt geändert am 28.04.2020.

Die vom Bundeslandwirtschaftsministerium (BMEL) eingebrachte Zweite Verordnung zur Änderung der Düngemittelverordnung vom 06. September 2016 (DüMV-E) ist am 21. April 2017 in Kraft getreten.[7]

Seitdem gilt das Verbot für den Einsatz synthetischer Polymere. Das heißt, synthetische Polymere dürfen seit dem 01.01.2017 nur verwendet werden, soweit sämtliche Bestandteile und das Endprodukt sich um mindestens 20 % in zwei Jahren abbauen.[8]

Seit 01.01.2018 unterliegen außerdem phosphathaltige Düngemittel einer Kennzeichnungspflicht, wonach der Gehalt an Gesamtphosphat, wasserlöslichem Phosphat und neutral-ammoniumcitratlöslichem Phosphat angegeben werden müssen, wenn jeweils ein Gehalt von einem Prozent erreicht wird.

Seit dem 01.01.2019 muss die Kennzeichnung bezüglich der Anwendungsvorgabe entsprechend der neuen Regelung ergänzt werden. Für synthetische Polymere, die sich entsprechend Art. 1 § 10 Abs. 4 DüMV abbauen, gibt es keine zusätzlichen Kennzeichnungspflichten.

Für Produkte und Materialien, die synthetische Polymere enthalten, deren vorgenannter Abbau nicht nachgewiesen ist, gilt eine Frachtenregelung. Die aufgebrachte Menge an synthetischen Polymeren darf auf derselben Fläche 45 kg Wirksubstanz je Hektar innerhalb von drei Jahren nicht überschreiten. Die höchstzulässige Aufwandmenge ist im Rahmen der Kennzeichnung anzugeben.

25.2.1.3 Düngeverordnung

Grundlage der aktuell geltenden Düngeverordnung (DüV) sind die Vorgaben der EG-Nitratrichtlinie. Da Deutschland zunächst die Anforderungen der EU verfehlte, musste die DüV 2017 ein weiteres Mal geändert werden (Art. 1, April 2020).

Hauptaugenmerk der Novellierung 2020 ist die Düngebedarfsermittlung. Für Wirtschaftsdünger und Gärreste wurden die Anforderungen deutlich verschärft.

Für Klärschlämme gilt:

- Die Ausbringungsobergrenze für Stickstoff und Phosphat wurde ausgeweitet.
- Bezüglich Stickstoffs bezieht sich die Ausbringungsobergrenze von 170 kg Gesamtstickstoff pro Hektar und Jahr nunmehr auf alle organischen und organisch-

[7] Vgl. Bundesdrucksache 128/17 sowie 128/17 (B).

[8] § 10 Abs. 4, Anlage 2 Tab. 7 Zeile 7.4.7 und Tab. 8 Zeilen 8.1.3 und 8.2.9 DüMV.

mineralischen Düngemittel. Damit muss neben dem tierischen Anteil auch der im Gärrest aus pflanzlicher Biomasse enthaltene Stickstoff vollständig angerechnet werden.[9] In nitratsensiblen Gebieten gilt eine schlagbezogene Betrachtung.

- Für besonders nitratsensible Gebiete (rote Gebiete), in denen der gute Zustand des Grundwassers nicht gegeben oder gefährdet ist (Nitratkonzentration >50 mg/l) u. a., ergeben sich zukünftig weitere Verschärfungen.
- Die Ausbringung im Herbst und Winter wurde wesentlich eingeschränkt bzw. gesperrt. Ein Ausbringen auf gefrorenem Boden ist verboten.
- Bei Ausbringung in Gewässernähe bzw. geneigtem Gelände wurden die Abstände vergrößert.
- Für die einzelnen Bundesländer besteht die Möglichkeit, in sensiblen Gebieten weitere Beschränkungen zu erlassen (siehe § 13 DüV).
- Für Komposte gilt eine verkürzte Sperrfrist (1.Dez. bis 15.01.).

25.2.1.4 Fazit zu den neuen Rahmenbedingungen in Deutschland

Die stoffliche Klärschlammverwertung wird massiv eingeschränkt und ist daher stark rückläufig. Durch die nochmalige Verschärfung der der DüV wird die organische Düngung im Herbst stark eingeschränkt. Damit einher geht die stärkere Nutzung thermischer Entsorgungswege, verbunden mit entsprechenden Kostensteigerungen. Die Pflicht zur Phosphorrückgewinnung wird zur neuen Herausforderung. Diese Umstände führen dazu, dass neue Entsorgungskonzepte zur Absicherung der Entsorgungssicherheit dringend notwendig sind.

25.2.2 Thermische Entsorgung

Die thermische Entsorgung von Klärschlämmen erfolgt in entsprechend genehmigte Anlagen, und die Grundlage hierfür ist das Bundesimmissionsschutzgesetz[10] (BImSchG). Anders als bei der stofflichen Verwertung von Klärschlamm ist anzumerken, dass die Betrachtung der Grenzwerte nicht pauschal erfolgen kann. Da die Grenzwerte im BImSchG nach der Verbrennung festgelegt werden, sind die Grenzwerte für eine Annahme in der thermischen Verwertung von Klärschlämmen abhängig vom Anlagentyp, insbesondere der Rauchgasreinigung, zu betrachten. Zudem ist die Vorgabe zur Phosphorrückgewinnung aus dem Klärschlamm oder aus der Asche ab 2029 bzw. 2032 laut AbfKlärV bei der thermischen Behandlung zu beachten. Tab. 25.1 listet einige gängige Parameter, die für die Verbringung in Verbrennungsanlagen zu beachten sind. Da jede einzelne Verbrennungsanlage eigene Annahmegrenzwerte durch die erteilte Genehmigung einzuhalten hat, können die Werte nur als Beispiele betrachtet werden.

[9] § 6 Abs. 3 DüV-E.

[10] Fassung der Bekanntmachung vom 17. Mai 2013 (BGBl. I S. 1274; 2021 I S. 123), das zuletzt durch Artikel 1 des Gesetzes vom 24. September 2021 (BGBl. I S. 4458) geändert worden ist.

Tab. 25.1 Beispiele von Annahmegrenzwerten in Verbrennungsanlagen für Klärschlamm (Auszug)

	Kraftwerk	Zementwerk	Abfall-VA	KS-VA
TS Gehalt (mind.)	20 %	90 %	–	23 %
As (mg/kg TS)	60	20	10	25
Pb (mg/kg TS)	1200	350	400	300
Cd (mg/kg TS)	15	10	15	5
Cr (mg/kg TS)	1500	350	500	900
Cu (mg/kg TS)	1200	1500	1200	1000
Ni (mg/kg TS)	300	200	100	200
Hg (mg/kg TS)	10	2,5	3	4

Es ist insbesondere anzumerken, dass größere Anlagen wie Kraftwerke oder Zementwerke, sowie teilweise Abfall-Verbrennungsanlagen höhere Grenzwerte für die Annahme von Klärschlämmen verzeichnen als neu genehmigte Mono-Verbrennungsanlagen. Dies kann Auswirkungen auf die langfristige Entsorgung von Klärschlamm haben und sollte in der Analyse der möglichen Verwertungswege betrachtet werden. Ebenso ist anzumerken, dass auf jeden Fall ein Mindest-Gehalt in der Trockensubstanz von 20 % für eine Verbrennung zu gewährleisten ist. Dies kann unter Umständen für Anlagen mit einer unzureichenden maschinellen Entwässerung eine Herausforderung sein.

Weitere Gesetze werden mit großer Wahrscheinlichkeit die thermische Behandlung von Klärschlämmen langfristig beeinflussen. Das Treibhausgas-Emissionshandelsgesetz (TEHG) regelt insbesondere, unter welchen Umständen Unternehmen zum Betreiben von Anlagen, die hohe Kohlendioxidemissionen aufweisen, Emissionsrechte vorhalten müssen.[11] Abfallverbrennungsanlagen unterliegen nicht dem Anwendungsbereich des TEHG und sind somit von der Emissionshandelspflicht ausgenommen, wenn sie zum einen als Abfallverbrennungsanlage gemäß Nr. 8.1 oder Nr. 8.2. des Anhangs zur 4. Bundes-Immissionsschutzverordnung genehmigungsbedürftig sind und zum anderen überwiegend Abfälle einsetzen, die nach der Abfallverzeichnisverordnung entweder als gefährlich gekennzeichnet oder Siedlungsabfälle sind. Die Auswirkungen auf die thermische Behandlung sind momentan nicht genau einschätzbar, da insbesondere der als emissionsrelevante Anteil des Kohlenstoffs im Klärschlamm noch diskutiert wird.

25.3 Aktueller Stand der Klärschlammentsorgung in der Bundesrepublik Deutschland

25.3.1 Klärschlammanfall in Deutschland

Das kommunal oder gewerblich genutzte Wasser wird als Abwasser über die Kanalisation in Kläranlagen abgeleitet. Dort wird es auf unterschiedlichste Art in verschiedenen

[11] Fassung vom 21.07.2011, zuletzt geändert durch Art. 4 Abs. 27 des Gesetzes vom 18.07.2016 (BGBl. I S. 1666).

Reinigungsstufen (mechanisch, biologisch, chemisch) behandelt und aufbereitet, um dann gereinigt in die Vorfluter abgeleitet zu werden.

Auf der Kläranlage verbleibt der Klärschlamm (KS), der im Rahmen der verschiedenen Stufen der Abwasserreinigung vom Abwasser getrennt wurde und je nach Aufbereitung als Rohschlamm (unbehandelt), als entwässerter KS, als ausgefaulter oder getrockneter KS vorliegen kann.

Waren es im Jahr 1998 noch 2205 Mio.t Klärschlammtrockenmasse (TM) von öffentlichen Abwasserbehandlungsanlagen, so ist die KS-Menge in den letzten Jahren aufgrund weitergehender Behandlungsmaßnahmen bis auf 1,74 Mio. t TM/a in 2019 zurückgegangen (Abb. 25.4).

Durch die Novellierung des Abfall- und Düngerechtes in 2012 bzw. 2017 (siehe auch 26.2) wurde spätestens seit 2017 eine Trendwende der Klärschlammentsorgung eingeleitet, was man an den nachfolgenden Zahlen deutlich erkennen kann (Abb. 25.4).

Die Deponierung von Klärschlamm ist seit dem 01.01.2005 untersagt. Deswegen hat dieser Weg bereits seit Jahren keine Bedeutung mehr. Lediglich die thermische Verwertung von Klärschlamm hat in Deutschland kontinuierlich zugenommen und betraf 2019 etwa 74 % des gesamten Klärschlammaufkommens.

Trotz des bundesweiten Trends sind die Kontraste zwischen den Bundesländern bei der Klärschlammverwertung immer noch groß (Abb. 25.5). Bevölkerungsreiche Länder sowie Länder mit vielen thermischen Entsorgungsanlagen bevorzugen die thermische Entsorgung – z. B. Berlin und Hamburg, aber auch Baden-Württemberg oder Nordrhein-Westfalen. Der Norden und der Osten Deutschlands bevorzugen eine bodenbezogene Verwertung.

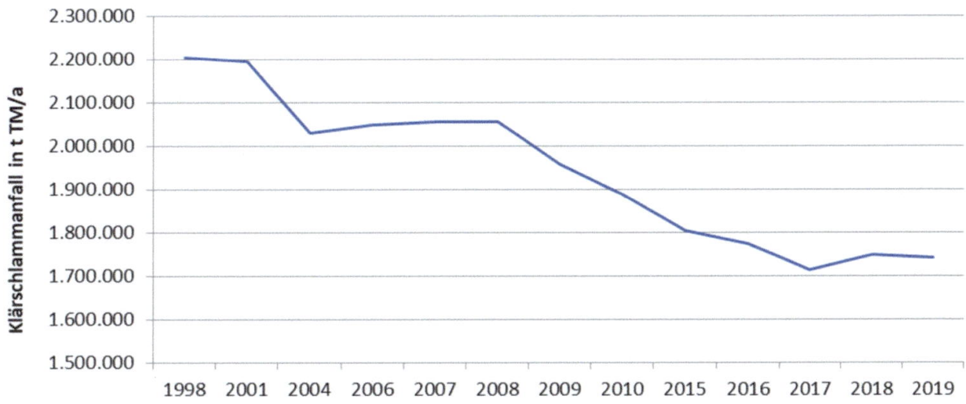

Abb. 25.4 Entwicklung Klärschlammanfalls in Deutschland. (DESTATIS 2019)

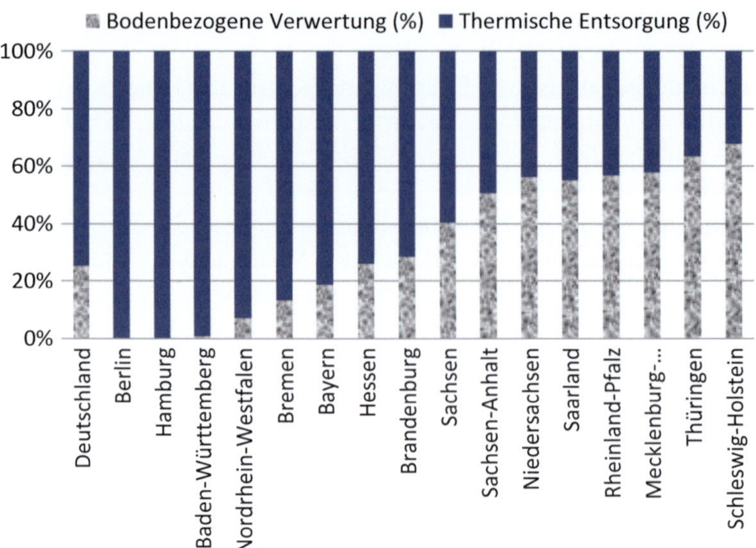

Abb. 25.5 Klärschlammentsorgung in Deutschland 2019

Tab. 25.2 Gegenüberstellung der aktuellen Verbrennungskapazitäten und der thermisch zu entsorgenden KS-Menge

Anlagenbestand	Aktuelle Kapazität [t TM/a]	KS-Menge thermisch 2017 [t TM/a]
Mitverbrennung Braunkohle, Veredlungsbetriebe	215.000	
Mitverbrennung Zementwerk, Müllverbrennung, Steinkohle- und Braunkohlekraftwerke	466.500	
unbekannte thermische Entsorgung	63.500	
KS-Verbrennung (Monoverbrennung)	480.000	
Gesamt	**1.225.000**	**1.181.500**

*KA 2020 (67) Nr. 1 Falko Lehrmann, Jörg Six, Patric Heidicke

25.3.2 Kapazitäten der Klärschlammentsorgung

Während bezüglich der bodenbezogenen Verwertung nicht die Flächen der limitierende Faktor sind, sondern die Akzeptanz der Landwirte, das umfangreiche Nachweisverfahren auch im Landschaftsbau sowie die Einschränkung der einsetzbaren Klärschlämme spätestens ab 2029 eine maßgebliche Rolle spielen, sieht die Situation der thermischen Entsorgung wesentlich anders aus.

In der Tab. 25.2 sind der Anlagenbestand der thermisch entsorgten Menge gegenübergestellt. Bei dieser Darstellung mit Werten von 2017 wird deutlich, dass die Novellierung der AbfKlärV und des Düngerechtes unweigerlich zu einem Engpass führen musste, da bereits 10 % mehr thermische Entsorgung nicht mehr zur Verfügung standen.

25.3.3 Ausblick auf die Marktentwicklung

Spätestens 2032 wird die Entsorgung des Klärschlamms für alle Kläranlagen ab einer Ausbaugröße von 50.000 Einwohnerwerten (EW) ausschließlich thermisch erfolgen, verbunden mit einer Rückgewinnung des enthaltenen Phosphors (s. Abschn. 25.2.2). Heute wird bereits 74 % der gesamten Klärschlammmenge in Deutschland verbrannt (DESTATIS 2019). Welcher Anteil an Klärschlamm es zukünftig werden wird, lässt sich nur schätzen, denn auch Kläranlagen mit kleineren Ausbaugrößen können aufgrund von hohen Schadstoffkonzentrationen gezwungen sein, ihren Klärschlamm thermisch zu verwerten. Aufgrund des bestehenden Rechts werden spätestens ab 2029 die thermisch zu entsorgenden Klärschlämme in Klärschlammverbrennungsanlagen entsorgt werden müssen, um dann entsprechend Phosphor recyceln zu können.

Nach eigener Recherche planen und bauen aktuell mindestens 20 Konsortien (Verbände, Stadtwerke etc.), um die Ziele einhalten zu können.

Unter der Annahme, dass

- der KS-Anfall gesamt konstant bei ca. 1700 Tt TM bleibt,
- in Planung bzw. Bau befindliche Verbrennungskapazitäten umgesetzt werden (optionale Anlagen und Anlagen in Konzeptphase bleiben unberücksichtigt),
- die Mitverbrennungskapazitäten aufgrund der politischen Situation unberücksichtigt bleiben sowie
- die bodenbezogene Verwertung in D zukünftig minimal 10 % sein werden,

kann man davon ausgehen, dass die zukünftige Verbrennungskapazität in Deutschland ausreichend ist (Abb. 25.6).

Aktuell zeichnet sich die Tendenz ab, dass, verglichen mit den Jahren 2017–2019, in denen regionale Entsorgungsengpässe zu verzeichnen waren, sich der Markt beruhigt und damit auch das Preisniveau stabilisiert hat, da neue KS-Verbrennungskapazitäten entstanden und die Mitverbrennungskapazitäten geblieben sind.

Anlagenbestand	zukünftige Verbrennungskapazität [t TM/a]
Mitverbrennung Braunkohle, Veredlungsbetriebe	215.000
Mitverbrennung Zementwerk, Müllverbrennung, Steinkohle-und Braunkohlekraftwerken	???
KS-Verbrennung (Monoverbrennung) Bestand	500.000
Sanierung/Erneuerung/Erweiterung von Bestandsanlagen	143.000
Neuanlagen (Anlagen mit mind. mittlerer Wahrscheinlichkeit, d.h. in Planung)	796.000
Gesamtkapazität	**1.654.000**

KS-Menge [t TM/a]	
1.700.000	Gesamtmenge Klärschlamm (UBA 2017)
170.000	bodenbezogene Verwertung (mindestens 10 % der Gesamtmenge)
1.530.000	**KS-Menge zur thermischen Entsorgung**

zukünftige Verbrennungskapazität in D ausreichend für bundesweiten Klärschlammanfall

Abb. 25.6 Verbrennungskapazität in Deutschland ab 2029 (Pfefferkorn 2020, ergänzt durch KA 2020 (67) Nr. 1 Falko Lehrmann, Jörg Six, Patric Heidicke)

Sollten allerdings Kapazitäten in der Mitverbrennung aufgrund der politischen Entwicklung eher abgebaut werden und die Mengen in der bodenbezogenen Verwertung schon jetzt weiter abnehmen, würde das die Situation wieder verschärfen.

► **Praxishinweis** Am Beispiel des Stoffstromes Klärschlamm von Veolia lässt sich konkret sehen, wie die gesetzlichen Bestimmungen, aber auch die Veränderungen am Markt das Geschäft verändert haben. Wo 2011 noch fast 60 % der Stoffströme der die Mitverbrennung in Kohlekraftwerke zugeführt worden sind, wird es 2023 nur noch für 40 % der Schlämme der Fall sein. Die stoffliche Verwertung, die 2011 über 25 % der Mengen ausgemacht hat, wird 2023 voraussichtlich unter 10 % ausmachen. Parallel wird der Anteil der Schlämme, die in Monoverbrennungsanlagen behandelt werden von fast Null im Jahr 2011 auf über 20 % im Jahr 2023 steigen.

25.4 Praktische Aspekte zur Umsetzung der gesetzlichen Pflichten

25.4.1 Möglichkeiten der Mengenreduzierung auf Kläranlagen

Die enorm gestiegenen Preise in der Klärschlammentsorgung veranlassen dazu, über Möglichkeiten der Mengenreduzierung sowie über die Erhöhung des TS-Gehaltes nachzudenken.

Folgende Aspekte spielen hierbei eine Rolle:

- Entwässerbarkeit eines Schlammes in Abhängigkeit der vorherigen Aufbereitung
- Einsatz von Flockungsmitteln (Art und Menge)
- Einsatz von Entwässerungsmaschinen

In Tab. 25.3 sind die Leistungsdaten verschiedener Entwässerungsmaschinen bei unterschiedlichen Schlämmen der KA dargestellt. Sie verdeutlichen zum einen die unterschiedliche Entwässerbarkeit von Schlämmen, zum anderen aber auch das unterschiedliche Vermögen der Entwässerungsmaschinen.

Es hat sich bewährt, auf der jeweiligen KA im Vorfeld Untersuchungen zum Schlamm zur Entwässerungsfähigkeit durchzuführen bzw. durchführen zu lassen, aber auch mit der jeweiligen Technik zu testen, welcher TS-Gehalt erreichbar ist.

Erfahrungen realisierter Projekte haben gezeigt, dass die Optimierung des TS-gehaltes ein erhebliches Einsparpotential bzgl. der Entsorgungskosten in sich birgt.

Je nach Höhe der Entsorgungskosten können durch die Erhöhung des TS-Gehaltes von 1 % bereits ca. 10.000 EUR/a bis 15.000 EUR/a (Bsp. KA mit 100.000 EW) eingespart werden.

Tab. 25.3 Leistungsdaten von Entwässerungsmaschinen (nach DWA-M 366, 2013)

	Einheit	Zentrifugen	Bandfilterpressen	Kammerfilterpressen		Schnecken-pressen
				pFM	Kalk	
Austrags-Feststoffkonzentration TR (%)						
Mischschlamm aus PS+ÜS	%	26–32	24–30	26–32	33–54	24–30
Aerob stab. ÜSS	%	18–24	15–22	18–24	28–35	18–24
Faulschlamm	%	22–30	20–28	22–30	30–40	20–28
Stromverbrauch (inkl. Beschickung und Konditionierung)						
Spez. Stromver-braucht	kWh/ m^3	1,6–2,2	1,1–1,4	1,5–1,8	1,8–2,0	0,6–1,0
(PS = Primärschlamm, ÜS = Überschussschlamm, ÜSS = stabilisierter Überschussschlamm)						

Tab. 25.4 Energieautarke Kläranlagen durch verbesserte Biogasgewinnung mit Covergärung

Kläranlage	Einwohnerwert (EW)	Gesamtstromverbrauch (GWh pro Jahr)	Steigerung der Biogasgewinnung (%)
Braunschweig	275.000	13	53
Schönebeck/Elbe	90.000	1,45	35

Eine weitere Möglichkeit der Mengenreduzierung stellt die Faulung dar. Durch Faulung des Klärschlamms lässt sich Primär- und Überschussschlamm sicher stabilisieren und zusätzlich das Volumen reduzieren. Dabei werden organische Bestandteile des Klärschlamms durch Bakterien unter anaeroben Bedingungen in Biogas – eine Gasmischung mit i. d. R. über 60 % Methan – umgewandelt, wobei sich das Klärschlammvolumen um etwa 30 % reduziert. Dieser Effekt war in der Vergangenheit primär der Grund, warum auf vielen Kläranlagen schon vor langer Zeit Faultürme errichtet wurden. Tab. 25.4 zeigt zwei Beispiele solcher Optimierungen.

Das dabei produzierte Biogas ist aber gleichzeitig eine regenerative Energiequelle, deren Nutzung zunehmend im Mittelpunkt der Überlegungen steht. Das Klärgas kann für eine kombinierte Produktion von Wärme und Strom (Kraft-Wärme-Kopplung) in Blockheizkraftwerken verwendet werden. Über die Stromproduktion kann zunächst die Eigenversorgung der Anlage verbessert bzw. sogar komplett sichergestellt werden. Die bei der Stromproduktion erzeugte Wärme wird zunächst zur Beheizung des Faulturms benötigt. Die erzeugte Gas- und damit auch Strom- und Wärmemenge lässt sich jedoch durch eine Kovergärung des Klärschlamms zusammen mit weiteren organischen Substanzen wie Fette, Speiseabfälle, landwirtschaftliche und andere flüssige oder feste Abfälle steigern. Dadurch kann dann die Kläranlage sogar zum Energieproduzenten werden und netto zusätzlich Strom ins öffentliche Netz einspeisen. Die damit gleichzeitig gesteigerte Wärmeproduktion kann z. B. zur Beheizung von Betriebs- und umliegenden Gebäuden oder zur Trocknung von Klärschlämmen genutzt werden. Auch eine direkte Einspeisung von Biogas nach einer Aufbereitung in das Gasnetz oder die Nutzung des Biogases für Gasfahrzeuge ist eine denkbare, sinnvolle Variante. Die Tab. 25.1 gibt zwei Beispiele, wie mit Kovergärung so viel zusätzliches Gas gewonnen werden kann, dass die Kläranlagen energieautark werden, d. h. auf keine externe Energiezulieferung mehr angewiesen sind.

25.4.2 Langfristige Kooperationsmodelle und Strategien

Die neuen gesetzlichen Anforderungen an die Klärschlammverwertung verlangen neue Investitionen in Verbrennungs- und Recyclinganlagen, die sich nur mit langfristigen Klärschlamm-Verwertungsverträgen realisieren lassen. Ein Zeithorizont von 15 bis 30 Jahren erscheint angesichts der Investitionen hier angemessen. Die Verwertung von Klärschlamm ist von einer einfachen Entsorgungsleistung zu einer komplexeren, strategischen Richtungsentscheidung geworden. Zahlreiche Klärschlammerzeuger setzen dabei auf Kooperationen mit weiteren Klärschlammerzeugern und teilweise mit weiteren Partnern.

Im Wesentlichen kann sich ein Aufgabenträger für verschiedene Modelle entscheiden mit zunehmender Beteiligung von privaten Partnern:

- kommunales Modell: eine rein kommunale Lösung, ohne jegliche Beteiligung von privaten Partnern bis auf Zulieferer, Reststoffentsorger und Unternehmen, die an der Errichtung der Anlage beteiligt sind,
- kommunales Modell mit einem Erfüllungsgehilfen: eine gesellschaftsrechtlich kommunale Lösung, bei der jedoch ein privater Partner eine Aufgabe im Betrieb übernimmt, z. B. die technische oder kaufmännische Betriebsführung oder die Bereitstellung eines Teilstroms der Klärschlammmengen,
- Beteiligungsmodell: eine Lösung, bei der private Partner an der Gesellschaft beteiligt sind, die den Bau und den Betrieb der Verwertungsanlage realisiert.

Beispiele für ein rein kommunales Modell sind die Klärschlamm-Kooperation Mecklenburg- Vorpommern GmbH (2012 gegründet), die Kommunale Nährstoffrückgewinnung Niedersachsen GmbH (KNRN) (2019 gegründet), die Klärschlammverwertung OWL GmbH (2020 gegründet) oder der Zweckverband zur Kommunalen Klärschlammverwertung Thüringen (KKT) (2021 gegründet). Diese kommunalen Kooperationen bündeln Klärschlammmengen, um eine gemeinsame Entsorgungslösung entweder in Eigenregie oder mit einem Partner zu finden. Eine weitere hauptsächlich kommunale Kooperation bildet die TVM Thermische Verwertung Mainz GmbH, die 2011 gegründet worden ist und auch private Partner zugelassen hat. Weitere Kooperationen sind in vielen Bundesländern am Entstehen.

Die Bündelung von Schlammmengen und Kompetenzen kann zwar ein Vorteil sein, löst jedoch per se nicht das Thema der langfristigen Klärschlammentsorgung. Angesichts der bereits diskutierten Herausforderungen bei neuen Projekten wie die Erhöhung von

Baukosten, die Anforderungen an das Phosphorrecycling oder die politischen Schwierigkeiten, einen geeigneten Standort zu finden ist es ratsam, hier sich einem Dialog mit Marktteilnehmern zu öffnen.

Dies ermöglicht unter Anderem den Zugang zu Technologien und Verfahren, die eine rein kommunale Lösung nicht haben würde, kann aber auch für eine faire Risikoverteilung zwischen Partnern sorgen. Dazu gehört das Absichern von Anlieferungen, wenn ein Bündnispartner für die Anlage wichtige Klärschlammmengen nicht zur Verfügung stellen würde, und das Risiko des Betriebs von technisch sehr anspruchsvollen Anlagen.

▶ **Praxishinweis** Im Gegensatz zu den großen Kooperationen in den Ballungsräumen hat sich die Interessengemeinschaft Klärschlamm Ostsachsen einer eher ländlich geprägten Region gewidmet. Die dortigen Herausforderungen sind breit gefächert, wobei die Grundaufgabe der Interessengemeinschaft die Auslotung einer gemeinsamen Lösung für die östlichen Landkreise Sachsens ist. Dabei spielen neben dem möglichen Standort auch die Form der Zusammenarbeit und die Erreichung von gemeinsamen Mindeststandards in der Klärschlammqualität.

Die offene Zusammenarbeit gleich bei der Entstehung mit einem beratenden Ingenieurbüro, aber auch der regelmäßige Austausch mit Marktteilnehmern hat es ermöglicht, den Prozess eines gemeinsamen Dialogs zu führen, ohne die Flexibilität der verschiedenen Partner aufzugeben. Die Kooperation hat sich zu einer gemeinsamen Lösung geeinigt, die im Wesentlichen auf regionale, langfristige Verwertungsverträge basiert

25.4.3 Aufbau von regionalem Phosphorrecycling

Nach der AbfKlärV ist spätestens 2029 eine Rückgewinnung von Phosphor zu gewährleisten, entweder direkt über eine stoffliche Verwertung für Kläranlagen unterhalb von 50.000 Einwohnerwerten oder indirekt durch geeignete Technologien vor oder nach der Klärschlammverbrennung. Auch wenn der Phosphormarkt insgesamt ein globaler Markt ist, erscheint es geboten, bei dem Aufbau von neuen Wegen für das Phosphorrecycling auf regionale Kreisläufe zu setzen. Hiermit sollen insbesondere weite Transportwege für den Einsatz der Sekundärrohstoffe vermieden werden.

Um regionale Phosphorkreisläufe zu schaffen, hat das Bundesministerium für Bildung und Forschung die Maßnahme Regionales Phosphorrecycling (RePhoR) ins Leben gerufen. Ziel der Maßnahme ist es, die Umsetzung der AbfKlärV zu begleiten und bei der Umsetzung auf „möglichst kurze Transportwege für Klärschlämme, Klärschlammverbrennungsaschen und P-Rezyklate“[12] zu achten

Zur besseren Verdeutlichung hat eine GIS-Datenbasierte Standortanalyse ergeben, dass mit einer dezentralen thermischen Klärschlammverwertung sinnvoll regionale

[12] BMBF RePhoR, 2021: https://www.bmbf-rephor.de/foerdermassnahme/.

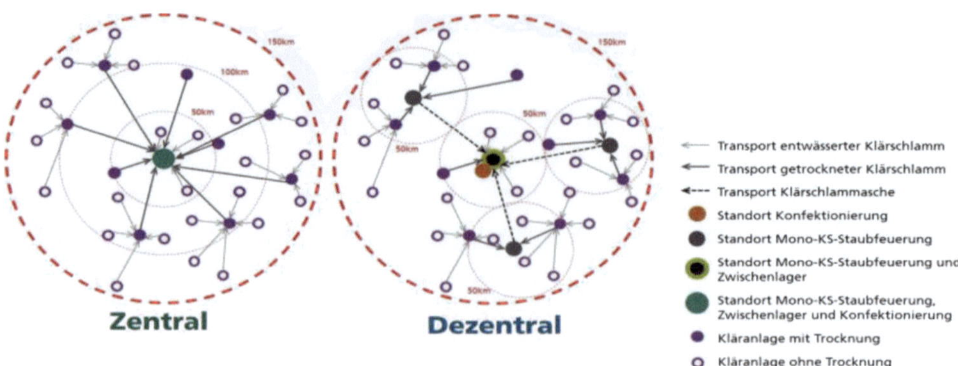

Abb. 25.7 Vergleich zentraler und dezentraler Ansatz des regionalen Phosphorrecycling

Nährstoffkreisläufe mit stark reduziertem Transportaufwand geschlossen und konventionelle Düngemittel adäquat verringert werden können[13] (Abb. 25.7). Somit können Transportentfernungen um über 50 % gegenüber einer Herangehensweise mit zentralem Standort reduziert werden, wodurch Emissionen und Kosten eingespart werden. Im Rahmen der RePhoR-Maßnahme werden sieben regionale Standorte untersucht.

► **Praxishinweis** Die Veolia ist Projektkoordinator des RePhoR-DreiSATS-Projektes und hat gemeinsam mit Projektpartnern das Ziel, eine praxisnahe-prototypische Erprobung und Demonstration einer neuartigen, ökonomisch und technisch tragfähigen Prozesskette zur thermischen Klärschlammverwertung mit Phosphorrecycling und Produktverwertung für die Modellregion „Mitteldeutsches Dreiländereck" Sachsen-Anhalt, Thüringen, Sachsen (DreiSATS) umzusetzen. Die Ergebnisse der ersten abgeschlossenen Konzeptphase (2019) werden seit Juli 2020 in der Umsetzungs- und Validierungsphase realisiert. Es entsteht eine Demonstrationsanlage zur Adaption und Erprobung der Technologien unter Einsatzbedingungen im Maßstab 0,5–1,0 t TM KS/Tag. Die ersten Versuchsreihen in der Demonstrationsanlage wurden Ende 2021 durchgeführt. Parallel dazu werden industrielle Projekte vorgedacht und entwickelt, die mit den Projektergebnissen speziell bei der Technologieauswahl/Materialzustellung technisch und kaufmännisch optimiert werden.

[13] Staub, M et al. (2021) Ganzheitliches P-Recycling von der Kläranlage bis zur Mono-Asche: Die Ansätze von Veolia. *Müll und Abfall* 53 (5): 270–278.

25.5 Empfehlungen für eine nachhaltige und wirtschaftlich vertretbare Klärschlammentsorgung in Deutschland

Die Klärschlammentsorgung ist spätestens mit dem Inkrafttreten der drei neuen Verordnungen AbfKlärV, DüMV und DüV im Jahr 2017 zu einem der wichtigsten Themen der Wasserwirtschaft geworden. Was bisher ein einfaches Entsorgungsthema am Ende der Abwasserreinigung war, wurde zu einer der Kernfragen der Wasserwirtschaft. Ein Umdenken hat bereits stattgefunden und die Wasserwirtschaft entwickelt sich zunehmend zu einer Wasserkreislaufwirtschaft. Dabei ist jedoch zu beachten, dass die Lösungen einem ganzheitlichen Ansatz folgen und Nachhaltigkeit in allen Stufen der Abwasserreinigung anstreben sollten. Dazu gehört auch eine wirtschaftlich vertretbare Entsorgung, damit der Gebührenzahler nicht wesentlich zusätzlich belastet wird.

Die Lösungssuche fängt somit beim Klärschlammerzeuger an. Potenziale zur Reduzierung der Klärschlammmengen sowie des Phosphorgehalts auf der Kläranlage können dazu beitragen, dass Kläranlagen nachhaltiger ausgerichtet sind. In den meisten Fällen wird der Klärschlamm anschließend einer thermischen Behandlung mit Phosphorrecycling unterzogen werden müssen. Hier liegt der Fokus auf einer breiten Sondierung der potenziellen Partner für den Klärschlammerzeuger: Von der Phosphorrückgewinnung bis hin zu einem möglichen Betrieb dieser Anlagen sind Partnerschaften sinnvoll und im Sinne des Gebührenzahlers. Diese Partnerschaften sind auch wichtig, damit weder größere Über- noch Unterkapazitäten am Entsorgungsmarkt entstehen. Dies würde andernfalls auf kurz oder lang Probleme in der Entsorgungslandschaft verschärfen.

► **Praxishinweis**

- Die Ansätze für ein Vorgehen in der Praxis sollten auf Ganzheitlichkeit beruhen. Damit ist gemeint, dass eine Veränderung an der einen Stelle immer vermeiden muss, dass an anderer Stelle ein Nachteil entsteht. Phosphorrückgewinnungsverfahren sollten z. B. nicht nur daran gemessen werden, welchen Rückgewinnungsgrad sie ermöglichen, sondern auch welchen Energie- und Betriebsstoffeinsatz sie benötigen – im Sinn einer Lebenszyklusanalyse.
- Flexibilität ermöglichen. Sogenannte No-regret-Strategien sind gefragt, die unabhängig der Veränderungen in der Gesetzgebung immer einen Vorteil bringen. Ein Beispiel hierfür sind Maßnahmen, die die Klärschlammmengen reduzieren, wie beispielsweise eine verbesserte Entwässerung auf der Kläranlage.
- Möglichst langfristig durchdacht sein. Dazu gehört auch, eine langfristige Planung der Klärschlammentsorgung durchzuführen und gegebenenfalls langfristige Ausschreibungen vorzusehen. Nur so können z. B. kurzfristige Preissteigerungen vermieden und längerfristige Investitionen in Trocknungs- und Verwertungsanlagen gesichert werden.

Literatur

DWA (2013) Merkblatt DWA-M 366 – Maschinelle Schlammentwässerung, DWA Deutsche Vereinigung für Wasserwirtschaft, Abwasser und Abfall e. V.

Lehrmann et al. 2020 in KA Korrespondenz Abwasser, Abfall (67) Nr. 1, DWA Deutsche Vereinigung für Wasserwirtschaft, Abwasser und Abfall e. V.

Staub, M et al. (2021) Ganzheitliches P-Recycling von der Kläranlage bis zur Mono-Asche: Die Ansätze von Veolia. Müll und Abfall 53 (5): 270–278

Pfefferkorn Christel, Scholich Gerlind „Aktuelle Situation der Klärschlammentsorgung in Mitteldeutschland", DWA-Jahrestagung des Landesverbandes Sachsen/Thüringen 19.06.2019

Altholz 26

Simon Obert

26.1 Einführung

Die Bezeichnung „Altholz“ umfasst sowohl Industrierestholz als auch Gebrauchtholz. Seit 2005 ist die Deponierung von Altholz in Deutschland untersagt und die Bundesrepublik spielt seither eine Vorreiterrolle bei der nachhaltigen Verwertung von Altholz. Dieser Artikel gibt einen Überblick über das Aufkommen an Altholz, dessen Kategorisierung, Aufbereitung und weitere stoffliche und energetische Verwertung.

26.2 Altholz

26.2.1 Altholzaufkommen

In Deutschland fallen pro Jahr rund 8 Millionen Tonnen Altholz an.[1] Dabei handelt es sich hauptsächlich um Holzabfälle, die in der Verpackungs-, Bau- und Abbruchbranche, in der Holzindustrie und im Sperrmüll entstehen.

[1] Mantau U, Döring P, Cords M (2016) Rohstoffmonitoring Holz – Altholz im Entsorgungsmarkt, Aufkommen und Verwertung 2016, Teilbericht. Universität Hamburg.

S. Obert (✉)
BAV – Bundesverband der Altholzaufbereiter und -verwerter e. V., Berlin, Deutschland
E-Mail: obert@altholzverband.de

P. Kurth et al. (Hrsg.), *Praxishandbuch der Kreislauf- und Rohstoffwirtschaft*,
https://doi.org/10.1007/978-3-658-36262-1_26

Der Umgang mit Altholz wird in Deutschland durch die Altholzverordnung (AltholzV)[2] geregelt. Sie setzt den rechtlichen Rahmen für die Sammlung, Aufbereitung und Verwertung von Altholz.

Grundsätzlich wird Altholz in Industrierestholz und Gebrauchtholz unterschieden. Als Gebrauchtholz werden ausgemusterte Holzprodukte bezeichnet, wie z. B. Holzpaletten, entsorgtes Mobiliar oder Eisenbahnschwellen. Unter Industrierestholz versteht man Holzreste und Produktionsabfälle, die in Betrieben der Holzbe- und -verarbeitung entstehen. [3]

Altholz gelangt vor allem aus Bau- und Abbruchabfällen, Verpackungsholz, Siedlungsabfällen und Holzverarbeitungsabfällen auf den Markt. Der überwiegende Teil des Altholzes wird getrennt gesammelt und getrennt entsorgt.

Altholz kann je nach Verwendungszweck und Herkunft sehr unterschiedlich beschaffen sein. Das Spektrum reicht von naturbelassenem, lediglich mechanisch bearbeitetem Altholz bis zu Sortimenten, die mit Farben, Lacken oder Holzschutzmitteln behandelt wurden. Um die verschiedenen Abfälle zu unterscheiden, definiert die AltholzV vier Altholzkategorien.

In vielen europäischen Nachbarländern wird Altholz immer noch deponiert. Seit Mitte 2005 trat bundesweit die Abfallablagerungsverordnung Technische Anleitung Siedlungsabfall (TASi) in Kraft.[4] Die Deponieverordnung verbietet die Verbringung von unbehandelten Abfällen aus Haushalten und Gewerbebetrieben auf Deponien. Damit wurde unter anderem auch der Deponierung von Altholz aus Siedlungsabfällen untersagt. Ziel der Verordnung ist es, Umweltschäden durch die Ablagerung unbehandelter Siedlungsabfälle zu verhindern und eine nachhaltige Verwertung der Abfälle sicherzustellen. Deutschland ist seither ein Vorreiter in der Verwertung von Altholz.[5]

26.2.2 Altholzverordnung

Durch die zunehmende Nutzung von Altholz und die damit verbundene wachsende Bedeutung des Stoffstroms Altholz wurde dessen Bewirtschaftung im Jahr 2002 mit der Altholzverordnung (AltholzV) gesetzlich geregelt.

In der Verordnung werden besondere Anforderungen an die stoffliche und energetische Verwertung sowie an die Beseitigung von Altholz vorgegeben. Das Regelwerk richtet sich

[2] Verordnung über Anforderungen an die Verwertung und Beseitigung von Altholz (Altholzverordnung – AltholzV) vom 15.08.2002 (BGBl. I S. 3302), zuletzt geändert durch Artikel 120 der Verordnung vom 19.06.2020 (BGBl. I S. 1328).

[3] Bayrisches Landesamt für Umwelt, infoBlätter Kreislaufwirtschaft, Altholz (2012). https://www.abfallratgeber.bayern.de/publikationen/entsorgung_einzelner_abfallarten/doc/altholz.pdf. Abgerufen am: 18.10.2021.

[4] BMU (2005) Siedlungsabfallentsorgung 2005 Stand – Handlungsbedarf – Perspektiven https://www.bmu.de/fileadmin/bmu-import/files/pdfs/allgemein/application/pdf/bericht_siedlungsabfallentsorgung_2005.pdf Zugegriffen: 17.10.2021.

[5] Vogler C., Wern B., Porzia M. (2020) Altholz -Quo vadis? (2020), https://www.izes.de/sites/default/files/publikationen/ST_16_079.pdf. Zugeriffen: 17.10.2021.

an Erzeuger, Besitzer, Betreiber von Altholzaufbereitungsanlagen, öffentlich-rechtliche Entsorgungsträger (soweit sie Altholz verwerten oder beseitigen) sowie an Dritte, Verbände und Selbstverwaltungskörperschaften der Wirtschaft, denen Pflichten zur Verwertung oder Beseitigung von Altholz übertragen worden sind.

Das Regelwerk unterteilt Altholz je nach Schadstoffbelastung in vier Kategorien und sieht in Anhang III eine in der Regel nicht abschließende Zuordnung der gängigen Altholzsortimente zu diesen Kategorien vor. Gleichzeitig regelt die Verordnung die Sammlung und Trennung der verschiedenen Altholzkategorien. Je nach Kategorie werden unterschiedliche Anforderungen, insbesondere an die stoffliche Verwertung (Anhang I und II) und die energetische Verwertung, sowie Anforderungen an die Kontrolle von Altholz zur Herstellung von Holzwerkstoffen und zur energetischen Verwertung festgelegt und Anforderungen an die Analytik formuliert.

In der Verordnung ist noch die im Jahr 2002 geltende dreistufige Abfallhierarchie enthalten, die eine gleichrangige stoffliche und energetische Verwertung vorsah. Im Hinblick auf das Kreislaufwirtschaftsgesetz von 2012 mit seiner neuen, fünfstufigen Abfallhierarchie und der Weiterentwicklung des Standes der Technik bei der Altholzaufbereitung und -behandlung sowie der Analytik soll die Altholzverordnung novelliert werden.[6]

Im Koalitionsvertrag der Großen Koalition (2018)[7] wurde vereinbart, die AltholzV in der 19. Legislaturperiode zu evaluieren. Die Evaluierung wurde im Rahmen eines vom UBA-geförderten Forschungsprojekts durchgeführt. Ein Abschlussbericht wurde im Juni 2000 veröffentlicht.[8]

In dem Abschlussbericht wurde auf die Notwendigkeit einer Novellierung der Verordnung hingewiesen sowie Vorschläge zur Verbesserung unterbreitet. Auf dieser Grundlage hat das zuständige Bundesumweltministerium einen Diskussionsentwurf erarbeitet. Das Novellierungsverfahren ist für die laufende 20. Legislaturperiode vorgesehen. Mit dem Abschluss des Novellierungsverfahrens ist im Jahr 2022/2023 zu rechnen.[9]

26.2.3 Altholzkategorien

Je nach vorheriger Verwendung des Altholzes kann es naturbelassen, beschichtet, gestrichen oder mit Holzschutzmitteln behandelt worden sein.

[6] BMU (2017), Altholzverordnung, https://www.bmu.de/gesetz/verordnung-ueber-anforderungen-an-die-verwertung-und-beseitigung-von-altholz. Abgerufen am: 18.10.2021.

[7] Koalitionsvertrag zwischen CDU, CSU und SPD, 19. Legislaturperiode (2018). https://www.bundesregierung.de/resource/blob/974430/847984/5b8bc23590d4cb2892b31c987ad672b7/2018-03-14-koalitionsvertrag-data.pdf?download=1. Zugegriffen: 10.10.2021.

[8] Flamme S., Hams S., Bischoff J., Fricke C. (2020) Evaluierung der Altholzverordnung im Hinblick auf eine notwendige Novellierung www.umweltbundesamt.de/en/publikationen/evaluierung-der-altholzverordnung-im-hinblick-auf. Zugegriffen am 17.10.2021.

[9] EUWID Recycling und Entsorgung (2021). Referentenentwurf zur Novelle der Altholzverordnung noch in diesem Jahr https://www.euwid-recycling.de/news/politik/einzelansicht/Artikel/referentenentwurf-zur-novelle-der-altholzverordnung-noch-in-diesem-jahr.html. Zugegriffen am 17.10.2021.

Die Qualität des Altholzes ist entscheidend für seine spätere stoffliche oder energetische Nutzung. Die Altholzverordnung teilt Altholz daher in vier Kategorien ein. Nach § 2 Abs. 4 werden diese wie folgt geregelt:

Altholzkategorie A I
Hierunter fällt naturbelassenes oder lediglich mechanisch bearbeitetes Altholz, das bei seiner Verwendung nicht mehr als unerheblich mit holzfremden Stoffen verunreinigt wurde.

Altholzkategorie A II
Hierzu zählt verleimtes, gestrichenes, beschichtetes, lackiertes oder anderweitig behandeltes Altholz ohne halogenorganische Verbindungen in der Beschichtung und ohne Holzschutzmittel.

Altholzkategorie A III
Umfasst Altholz mit halogenorganischen Verbindungen in der Beschichtung ohne Holzschutzmittel.

Altholzkategorie A IV
Beinhaltet jegliches mit Holzschutzmitteln behandeltes Altholz, wie beispielsweise Bahnschwellen, Leitungsmasten, Hopfenstangen, Rebpfähle, sowie sonstiges Altholz, das aufgrund seiner Schadstoffbelastung nicht den Altholzkategorien A I, A II oder A III zugeordnet werden kann, ausgenommen PCB-Altholz.

PCB-Altholz
Altholz, das mit Mitteln behandelt wurde, die polychlorierte Biphenyle (PCB) enthalten (insbesondere Dämm- und Schallschutzplatten) muss im Sinne der PCB/polychlorierte Terphenyle(PCT)-Abfallverordnung und nach deren Vorschriften entsorgt werden.[10]

► **Praxishinweis** Althölzer der Kategorie A IV sowie PCB-Altholz sind gefährliche Abfälle und unterliegen der Register- und Nachweispflicht nach der Nachweisverordnung (NachwV).[11] Das elektronische Nachweisverfahren ist seit dem 01.02.2011 in der NachwV für alle Abfallerzeuger, Abfallbeförderer und Abfallentsorger verpflichtend geregelt. Es bestimmt die Nachweisführung für die gefährlichen Abfälle in Deutschland.

---

[10] PCB/PCT-Abfallverordnung vom 26.06.2000 (BGBl. I S. 932), zuletzt geändert durch Art. 5Abs. 21G vom 24.02.2012 (BGBl. I S. 212).

[11] Nachweisverordnung (NachwV) vom 20.10.2006 (BGBl. I S. 2298), zuletzt geändert durch am 23.10.2020; (BGBl. I S. 2232, 2245).

26.2.4 Sortimente

Um die praktische Zuordnung zu den einzelnen Qualitätsstufen zu vereinfachen, beschreibt die AltholzV gängige Altholzsortimente und ordnet sie den bereits beschriebenen Altholzkategorien zu (Anhang III AltholzV (2002)). Die Sortierung und die Herkunft des Altholzes müssen bei der Einstufung berücksichtigt werden. Wird eine Einstufung entgegen der Regelvermutung in andere Sortimente vorgenommen, so ist dies in Ausnahmefällen zulässig. Die Änderung der Zuordnung ist zu begründen und zu dokumentieren.

Die Regelvermutung ist somit ein wichtiger Baustein der Qualitätssicherung. Sie unterstützt die Anwender bei der praxisgerechten Umsetzung der Verordnung. Um die Sortierqualität weiter zu erhöhen, sind hier im Zuge der Novellierung der Altholzverordnung kleinere Anpassungen und Aktualisierungen zu erwarten.

26.2.5 Abfallschlüssel

Seit dem 01.01.2002 erfolgt die Kennzeichnung und Einstufung von Abfällen nach ihrer Gefährlichkeit mit Hilfe der Abfallverzeichnis-Verordnung (AVV).[12] Den einzelnen Altholzsortimenten werden dazu im Regelwerk entsprechende Abfallschlüssel zugeordnet. Die Verordnung bestimmt auch für den Bereich Altholz die Einteilung in gefährliche und nicht gefährliche Abfälle:

- Nicht gefährliche Abfälle: Althölzer der Kategorien A I-A III
- Gefährliche Abfälle: Althölzer der Kategorie A IV

Beispiele für Altholzsortimente und deren zugehörige Abfallschlüssel:

- Möbel/Sperrmüll
  - Möbel, naturbelassenes Holz: A I; AVV 200138
  - Möbel, ohne halogenorganische Verbindungen in der Beschichtung: A II; AVV 200138
  - Möbel, mit halogenorganischen Verbindungen in der Beschichtung: A III; AVV 200138
  - Altholz aus Sperrmüll (Mischsortiment): A III; AVV 200138
- Verpackungen
  - Paletten
    - Paletten aus Vollholz, wie z. B. Europaletten, Industriepaletten aus Vollholz: A I; AVV 150103
    - Paletten aus Holzwerkstoffen: A II; AVV 150103
    - Sonstige Paletten mit Verbundmaterialien: A III; AVV 150103

[12] Abfallverzeichnis-Verordnung (AVV) vom 10.12.2001 (BGBl. I S. 3379), zuletzt geändert 04.07.2020; (Art. 3 VO vom 30. Juni 2020).

- Transportkisten
  - Transportkisten, Verschläge aus Vollholz: A I; AVV 150103
  - Obst-, Gemüse- und Zierpflanzkisten sowie ähnliche Kisten aus Vollholz: A I; AVV 150103
  - Transportkisten aus Holzwerkstoffen: A II; AVV 150103
  - Munitionskisten: A IV; AVV 170204*
- Kabeltrommeln
  - Kabeltrommeln aus Vollholz: Hergestellt nach 1989; A I; AVV 150103
  - Kabeltrommeln aus Vollholz: Herstellung vor 1989; A IV; AVV 170204*

- Altholz aus der Holzbe- und -verarbeitung
  - Verschnitt, Abschnitte, Späne von Holzwerkstoffen und sonstigem behandeltem Holz: ohne schädliche Verunreinigungen; A II; AVV 030105
- Altholz aus dem Baubereich
  - Baustellensortimente
    - aus naturbelassenem Vollholz: A I; AVV 170201
    - aus Holzwerkstoffen, Schalhölzer, behandeltes Vollholz: ohne schädliche Verunreinigungen; A II; AVV 170201
  - Altholz aus Abbruch und Rückbau
    - Dielen, Fehlböden, Bretterschalungen aus dem Innenausbau: ohne schädliche Verunreinigungen; A II; AVV 170201
    - Türblätter und Zargen von Innentüren: ohne schädliche Verunreinigungen; A II; AVV 170201
    - Profilbretter für Raumausstattung, Deckenpaneele, Zierbalken usw.: ohne schädliche Verunreinigungen; A II; AVV 170201
    - Bauspanplatten: A II; AVV 170201
    - Konstruktionshölzer für tragende Teile: A IV; AVV 170204*
    - Holzfachwerk, Dachsparren und Dachlatten: A IV; AVV 170204*
    - Fenster, Fensterstöcke, Außentüren: A IV; AVV 170204*
    - Imprägnierte Bauhölzer aus dem Außenbereich: A IV; AVV 170204*
    - Bau- und Abbruchholz mit schädlichen Verunreinigungen: A IV; AVV 170204*
  - Imprägniertes Altholz aus dem Außenbereich
    - Bahnschwellen: A IV; AVV 170204*
    - Leitungsmasten: A IV; AVV 170204*
    - Sortimente aus dem Garten- und Landschaftsbau, imprägnierte Gartenmöbel: A IV; AVV 170204*
    - Sortimente aus der Landwirtschaft: A IV; AVV 170204*
    - Feinfraktion aus der Aufbereitung von Altholz zu Holzwerkstoffen: A IV; AVV 170204
  - Sonstige
    - Altholz aus industrieller Anwendung: z. B. Industriefußböden, Kühltürme; A IV; AVV 170204*
    - Altholz aus dem Wasserbau: A IV; AVV 170204*
    - Altholz von abgewrackten Schiffen und Waggons: A IV; AVV 170204*

- Altholz aus Schadensfällen: z. B. Brandholz; A IV; AVV 170204*
- Holzhackschnitzel, Holzspäne: A IV; AVV 170204*

Alle mit * gekennzeichneten Fraktionen unterliegen der Nachweispflicht und können nur mit gültigem und den dazugehörigen Begleitpapieren angeliefert werden

► **Praxishinweis** Aus der Praxis für die Praxis – unterlegt mit zahlreichen Abbildungen und umfangreichen Hintergrundinformationen bietet der „Leitfaden der Altholzverwertung" (https://altholzverband.de/leitfaden/) einen praxisnahen ergänzenden Überblick.

26.3 Altholzpreise

In der Fachzeitschrift EUWID Recycling und Entsorgung werden vierteljährlich Altholzpreise für verschiedene Sorten publiziert. Die Preise orientieren sich an der in Altholzaufbereitungsanlagen üblichen Sortierung: A I als unbehandelte Hackschnitzel, AII und AIII als behandeltes Altholz und A IV als verschmutzte Qualität.

Im Rahmen der IZES-Studie „Altholz quo vadis" wurden Zahlenreihen der letzten 16 Jahre veröffentlicht. Hiernach waren die Altholzverwertungspreise vor 2015/2016 relativ stabil. In den Jahren 2015/2016 war über alle Sortimente hinweg ein starker Preisverfall zu verzeichnen. Zeitweise gab es einen Angebotsüberhang an Altholz, der in manchen Regionen aufgrund ausgeschöpfter Lagerkapazitäten der Aufbereiter u. a. zu Annahmestopps führte. Ab 2020/2021 ist laut EUWID ein wachsende Nachfrage auf dem Markt zu beobachten. Derzeit ist das Angebot an Altholz knapp, was die Märkte unter Druck setzt.[13]

► **Praxishinweis** Das Fachmagazin Europäischer Wirtschaftsdienst (EUWID) veröffentlicht pro Quartal eine Erhebung zu Altholzpreisen und Details mit Rückblick auf den entsprechenden Zeitraum des Vorjahres. Mithilfe der Befragung der Marktteilnehmer werden Preisspannen ermittelt, die nach Altholzqualitäten, Aufbereitungstiefe und Regionen differenziert dargestellt werden.

26.4 Altholznutzung

Um Altholz als Sekundärrohstoff und als -brennstoff verwenden zu können, bedarf es im Regelfall einer vorherigen Aufarbeitung des Materials. Dieses Verfahren wird als Aufbereitung bezeichnet.

[13] EUWID (2021), Marktbericht für Altholz, https://www.euwid-energie.de/suche/?wpsolr_fq%5B0%5D=euwid-preisberichte_str%3AAltholz&wpsolr_sort=sort_by_date_desc. Abgerufen am 18.10.2021.

Der Betreiber einer Altholzbehandlungsanlage muss nach den Vorgaben der AltholzV sicherstellen, dass bei der vorgesehenen Verwertung nur die hierfür zugelassenen Altholzkategorien eingesetzt werden. Das eingesetzte Altholz muss von Störstoffen entfrachtet und von PCB-Altholz befreit sein.

Durch eine Sichtkontrolle und eine Sortierung ist das Altholz den für den vorgesehenen Verwertungsweg zugelassenen Altholzkategorien zuzuordnen. Bei Verdacht auf Teerölbehandlung (Bahnschwellen, Jägerzäune, Hopfenmasten etc.) muss das Altholz der Altholzkategorie A IV zugeordnet werden.

Bei der Zuordnung sind Sortiment und Herkunft des Altholzes zu beachten. Nach der Eingangskontrolle wird das Altholz im weiteren Verlauf zerkleinert und von Störstoffen getrennt. Störstoffe sind auszusortieren. Dies erfolgt i. d. R. per Überbandmagneten und Nichteisen-Metallabscheider, teils ergänzend auch per Handsortierung.

Lässt sich Altholz nicht eindeutig einer Altholzkategorie zuordnen, ist es in eine höhere Altholzkategorie zuzuordnen. Diese Zuordnung erfolgt durch hierfür geschultes Personal, das über die erforderliche Sachkunde verfügen muss. Die Sachkunde erfordert nach der AltholzV eine betriebliche Einarbeitung auf der Grundlage eines Einarbeitungsplans.

Aussortiertes Altholz und Störstoffe, für deren weitere Entsorgung die Anlage nicht zugelassen ist, sind unverzüglich gesondert bereitzustellen und einer zulässigen Entsorgung zuzuführen.

Strenge Voraussetzungen gelten nach der AltholzV auch für die zur Herstellung von Holzwerkstoffen eingesetzten Holzhackschnitzel. Diese müssen Schadstoffgrenzwerte nach Anhang II der AltholzV einhalten, ansonsten dürfen sie nicht eingesetzt werden. Die Einhaltung der Grenzwerte ist regelmäßig, mindestens aber nach einem Durchlauf von 500 t, nachzuweisen. Hierzu werden Proben entnommen, die im Labor analytisch untersucht werden. Vierteljährlich ist zusätzlich eine Fremdüberwachung vorgeschrieben.

In welchem Umfang Aufbereitungsanlagen einer immissionsschutzrechtlichen Genehmigung bedürfen, regelt die Bundes-Immissionsschutzverordnung.

26.5 Stoffliche Verwertung

In Deutschland gibt es derzeit nur ein einziges stoffliches Verwertungsverfahren für Altholz, das mengenmäßig relevant ist. Dies ist der Einsatz von recycelten Holzspänen in der Holzwerkstoffindustrie zur Herstellung von Spanplatten. Weitere stoffliche Verwertungswege nach der Altholzverordnung sind die Gewinnung von Synthesegas für die chemische Nutzung oder die Herstellung von Aktiv- oder Industrieholzkohle. Diese Verfahren haben jedoch in der Praxis derzeit keine große Bedeutung.

Bei der stofflichen Verwertung in der Holzwerkstoffindustrie darf Altholz jedoch nur verwertet werden, wenn es die strengen gesetzlichen Grenzwerte der Altholzverordnung (AltholzV) erfüllt. Die AltholzV begrenzt daher das verwertbare Altholz auf die schadstofffreien Altholzkategorien A I und A II. Nach einer Vorbehandlung darf auch Altholz der Klasse A III verwendet werden. Dies muss jedoch zuvor im Rahmen der Aufbereitung weitgehend von PVC-haltigen Beschichtungen befreit werden.

► **Praxishinweis** Auch polyvinylchlorid-beschichtete Möbel können stofflich verwertet werden, wenn die PVC-Beschichtung weitestgehend entfernt wird. Früher wurden v. a. Küchen mit Folienbeschichtungen und Kantenumleimern mit halogenorganischen Verbindungen versehen. Heute sind diese nicht mehr handelsüblich. Es findet sich zwar auch heute noch eine geringe Menge PVC-haltiger Anteile im Altholz, jedoch ist dieser stark abnehmend und insgesamt kaum noch relevant.

Für die Herstellung von Spanplatten werden jährlich ca. 1,5 Millionen Tonnen Altholz eingesetzt. Die Holzwerkstoffindustrie in Deutschland hat seit der Jahrtausendwende eine Konsolidierung erfahren. In der Folge sank die jährliche Produktionsmenge von rund 10 Mio. m^3 auf derzeit etwa 6 Mio. m^3 pro Jahr. Die Zahl der Produktionsstandorte zur Spanplattenherstellung hat sich in diesen Jahren reduziert. Der Einsatz von Altholz in der Spanplattenproduktion hat jedoch in dieser Zeit zugenommen (Mantau et al. 2016). Im Jahr 2021 bleibt die Nachfrage der Holzwerkstoffindustrie hoch (EUWID 2021).

Mit der Umsetzung der fünfstufigen Abfallhierarchie in der novellierten Altholzverordnung soll ein stofflicher Vorrang für die Altholzkategorie AI vorgeschrieben werden. Nach den bisherigen Überlegungen des Bundesumweltministeriums wird dazu eine stoffliche Quote festgelegt.

Derzeit werden Anstrengungen unternommen, um die Verwendung von Altholz über das Recycling in Spanplatten hinaus zu erweitern (z. B. in OSB-Platten). Die Industrie führt u. a. auch Projekte durch, um die Wiederverwendung von MDF/HDF-Platten zu erforschen, die bisher aus technischen Gründen nicht recycelt werden konnten. Infolgedessen könnte die stoffliche Nachfrage nach Altholz in den kommenden Jahren weiter steigen.

26.6 Energetische Verwertung

Zur Erzeugung von Strom und Wärme werden jährlich rund 6,5 Millionen Tonnen Altholz als Brennstoff verbrannt. Dies erfolgt in Deutschland derzeit hauptsächlich in 74 größeren Altholzkraftwerken. Damit ist die energetische Verwertung die tragende Säule der Altholzverwertung in der Bundesrepublik Deutschland. Gleichzeitig ist sie eine wesentliche Schadstoffsenke, die dem Kreislauf jedes Jahr eine Vielzahl unterschiedlicher Schadstoffe entzieht.

Das Bundes-Immissionsschutzgesetz (BImSchG)[14] regelt die energetische Verwertung in Altholzkraftwerken. Die Altholzverordnung nennt daher keine Grenzwerte für die energetische Verwertung. Die dort aufgeführten stofflichen Grenzwerte gelten nur für die stoffliche Verwertung von Altholz.

[14] Bundes-Immissionsschutzgesetz (BImSchG) vom 26.09.2002; (BGBl. I S. 3830), zuletzt geändert durch Art. 1 G vom 24. September 2021; (BGBl. I S. 4458).

In Kleinfeuerungsanlagen, die nicht der immissionsschutzrechtlichen Genehmigung unterliegen, ist nur schadstofffreies Altholz der Kategorien A I und A II zulässig. Dabei ist jedoch zu berücksichtigen, dass Altholz der Kategorie A II nur in Feuerungsanlagen mit einer Nennwärmeleistung von mindestens 30 kW und nur in holzbe- oder -verarbeitenden Betrieben eingesetzt werden darf (§ 5 Abs. 2 1. BImSchV).

Mit Holzschutzmitteln behandeltes, halogeniertes oder mit Schwermetallen imprägniertes Altholz darf nur in Anlagen zur energetischen Verwertung eingesetzt werden, die den Anforderungen der 17. BImSchV genügen. Darüber hinaus gelten für die Anlagenbetreiber individuelle Anforderungen aus den Genehmigungsbescheiden, die im Einzelfall deutlich strenger gefasst sein können.

70 Anlagen der größeren Anlagen werden nach dem Erneuerbare-Energien-Gesetz gefördert. Die durchschnittliche Förderung beläuft sich auf 9,2 ct/kWh. Ein großer Teil dieser Anlagen sind KWK-Anlagen (81 %).

Die zentrale Herausforderung der energetischen Altholzverwertung in Deutschland ist der Übergang der Anlagen in eine Post-EEG-Phase. Die Förderung für diese Anlagen endet im Zeitraum zwischen dem 31.12.2020 und dem 31.12.2032. 93 % der Anlagen scheiden bereits bis zum 31.12.2026 aus der Förderung aus. Insbesondere in den ersten Ausstiegsjahren besteht die Gefahr von Marktverwerfungen, da geförderte Anlagen mit nicht mehr geförderten Anlagen auf dem Markt konkurrieren.

Das Ziel der Bundesregierung ist eine erneuerbare und energieeffiziente Energieversorgung in Deutschland. Die energetische Verwertung von Altholz trägt dazu bei, die Ziele der Energiewende zu erreichen. Der Deutsche Bundestag hatte in Folge eine Anschlussförderung für Altholzkraftwerke im EEG 2021 (§ 101)[15] beschlossen. e. I2022 . Die Förderung im EEG 2021 sollte den Ausstieg aus der Förderung flankieren und den Anlagenbestand vor Marktverwerfungen absichern.

Zur Reduzierung der EEG-Umlage flossen seit dem 1. Januar 2021 Haushaltsmittel auf das EEG-Konto. Die EEG-Förderung stellt damit eine staatliche Beihilfe dar. Staatliche Beihilfen müssen von der EU-Kommission genehmigt werden, bevor sie gewährt werden können.[16] Das EEG 2021 ist am 1. Januar 2021 in Kraft getreten. Ein großer Teil des EEG 2021 wurde bereits beihilferechtlich genehmigt. Die Altholzverordnung wird derzeit in einem gesonderten Verfahren geprüft, da sie im Dezember 2020 im parlamentarischen Verfahren ergänzt wurde. Bis zum Abschluss der Prüfung gilt ein beihilferechtlicher Genehmigungsvorbehalt (§ 105 EEG 2021). Im Dezember 2021 wurde die beihilferechtliche Genehmigung von der EU-Kommission verweigert. Damit trat die Altholzregelung im EEG 2021 nicht in Kraft.

[15] Gesetz für den Ausbau erneuerbarer Energien (Erneuerbare-Energien-Gesetz – EEG 2021).

[16] BMU, FAQ zur beihilfenrechtlichen Genehmigung der EU-Kommission für das EEG 2021 (2021). https://www.bmwi.de/Redaktion/DE/FAQ/EEG-2021-FAQ/faq-beihilferechtlichen-genehmigung-eu-kommission.html. Zugegriffen am: 17.10.2021.

26.7 Ausblick

Die Entwicklungen im Bereich der stofflichen und energetischen Verwertung von Altholz werden den Altholzmarkt der Zukunft entscheidend prägen. Die politische Leitlinie für mehr Ressourceneffizienz durch stoffliche Kaskadennutzung von Biomasse gewinnt zunehmend an Bedeutung. Die Umsetzung des Maßnahmenpakets „Fit for 55"[17] der Europäischen Kommission wird diese Bemühungen im Hinblick auf die angekündigten Ziele der RED III weiter untermauern.

Die stoffliche Verwertung von Altholz wird mit der Umsetzung der fünfstufigen Abfallhierarchie in einer novellierten Altholzverordnung weiter an Bedeutung gewinnen. Die wachsende quantitative Verwendung von Altholz in Spanplatten sowie mögliche neue stoffliche Verwertungsverfahren für Altholz in der Holzwerkstoffindustrie könnten die Nachfrage nach qualitativ hochwertigem Altholz weiter verstärken.

Die energetische Verwertung von Altholz rüstet sich für eine förderungsfreie Zukunft. Altholzkraftwerke ergänzen volatile Energieträger und leisten damit rund um die Uhr einen aktiven Beitrag zur Energie- und Wärmewende. . . Angesichts der angestrebten Verringerung der Energieabhängigkeit von Russland und der ehrgeizigen Klimaschutzziele wird die energetische Verwertung von Altholz auch in den kommenden Jahren weiter von hoher Bedeutung sein.

Literatur

Bayrisches Landesamt für Umwelt (2012) infoBlätter Kreislaufwirtschaft, Altholz; https://www.abfallratgeber.bayern.de/publikationen/entsorgung_einzelner_abfallarten/doc/altholz.pdf. Abgerufen am: 18.10.2021

BMU (2021) FAQ zur beihilfenrechtlichen Genehmigung der EU-Kommission für das EEG 2021, (2021). https://www.bmwi.de/Redaktion/DE/FAQ/EEG-2021-FAQ/faq-beihilferechtlichen-genehmigung-eu-kommission.html Zugegriffen am: 17.10.2021

BMU (2017), Altholzverordnung, https://www.bmu.de/gesetz/verordnung-ueber-anforderungen-an-die-verwertung-und-beseitigung-von-altholz. Abgerufen am: 18.10.2021

BMU (2005) Siedlungsabfallentsorgung 2005 Stand – Handlungsbedarf – Perspektiven https://www.bmu.de/fileadmin/bmu-import/files/pdfs/allgemein/application/pdf/bericht_siedlungsabfallentsorgung_2005.pdf Zugegriffen: 17.10.2021

EU-Kommission (2021) Europäischer Grüner Deal: Kommission schlägt Neuausrichtung von Wirtschaft und Gesellschaft in der EU vor, um Klimaziele zu erreichen. https://ec.europa.eu/commission/presscorner/detail/de/ip_21_3541.Abgerufen am 15.10.2021

EUWID Recycling und Entsorgung (2021). Referentenentwurf zur Novelle der Altholzverordnung noch in diesem Jahr https://www.euwid-recycling.de/news/politik/einzelansicht/Artikel/referentenentwurf-zur-novelle-der-altholzverordnung-noch-in-diesem-jahr.html. Zugegriffen am 17.10.2021

[17] EU-Kommission (2021) Europäischer Grüner Deal: Kommission schlägt Neuausrichtung von Wirtschaft und Gesellschaft in der EU vor, um Klimaziele zu erreichen. https://ec.europa.eu/commission/presscorner/detail/de/ip_21_3541. Abgerufen am 15.10.2021.

EUWID (2021), Marktbericht für Altholz, https://www.euwid-energie.de/suche/?wpsolr_fq%5B0%5D=euwid-preisberichte_str%3AAltholz&wpsolr_sort=sort_by_date_desc. Abgerufen am 18.10.2021.

Flamme S., Hams S., Bischoff J., Fricke C. (2020) Evaluierung der Altholzverordnung im Hinblick auf eine notwendige Novellierung www.umweltbundesamt.de/en/publikationen/evaluierung-der-altholzverordnung-im-hinblick-auf.Zugegriffen am 17.10.2021

Mantau U, Döring P, Cords M (2016) Rohstoffmonitoring Holz – Altholz im Entsorgungsmarkt, Aufkommen und Verwertung 2016, Teilbericht. Universität Hamburg

Vogler C., Wern B., Porzia M. (2020) Altholz -Quo vadis? (2020), https://www.izes.de/sites/default/files/publikationen/ST_16_079.pdf. Zugeriffen: 17.10.2021

Elektroaltgeräte

27

Andreas Bruckschen und Gerhard Jokic

27.1 Einführung

Die qualitativ hochwertige Erfassung und Behandlung von Elektro- und Elektronikaltgeräten ist von großer umwelt- und industriepolitischer Bedeutung. Durch eine am Stand der Technik orientierte, qualitätsgesicherte Schadstoffentfrachtung möglichst aller in Deutschland als Abfall anfallenden Altgeräte kann die Gefährdung der menschlichen Gesundheit abgewendet, ein unkontrolliertes Eindringen von Schadstoffen in die Umwelt verhindert und damit ein aktiver Beitrag zum Klimaschutz geleistet werden. Die Rückgewinnung von Wertstoffen reduziert einerseits den Bedarf für Umwelteingriffe zur Gewinnung von Primärrohstoffen und ist in einem rohstoffarmen, aber industrieintensiven Land wie Deutschland ein unverzichtbares Element zur Rohstoffversorgung der verarbeitenden Betriebe und zur wirksamen Steigerung der Ressourceneffizienz.

Mit weitergehenden Anforderungen an den Betrieb von Erstbehandlungsanlagen und die darin durchgeführten Verfahren zur Schadstoffentfrachtung und Wertstoffrückgewinnung sollten für alle Beteiligten ambitionierte und vollzugstaugliche Anforderungen formuliert werden, sodass ein fairer Wettbewerb möglich ist. Dies sollte im Rahmen einer Behandlungsverordnung umgesetzt werden. Frühzeitig wurde die Anforderung gestellt, sich im Rahmen der Vorgaben nur auf Ziele zu konzentrieren, um die Weiterentwicklung

A. Bruckschen (✉)
BDE Bundesverband der Deutschen Entsorgungs-, Wasser- und Kreislaufwirtschaft e. V., Berlin, Deutschland
E-Mail: bruckschen@bde.de

G. Jokic
REMONDIS-Electrorecycling GmbH, Lünen, Deutschland
E-Mail: gerhard.jokic@remondis.de

P. Kurth et al. (Hrsg.), *Praxishandbuch der Kreislauf- und Rohstoffwirtschaft*,
https://doi.org/10.1007/978-3-658-36262-1_27

der Behandlungstechnik, die für das Recycling sich stetig weiterentwickelnder Elektrogeräte unverzichtbar ist, und den Einsatz innovativer Recyclingverfahren nicht zu behindern. Die aktuelle Fassung der BehandV, die zum 01.01.2022 in Kraft treten wird, widerspricht diesen Ansprüchen leider an zahlreichen Stellen.

27.2 Rechtsgrundlagen

27.2.1 Elektro- und Elektronikgerätegesetz (ElektroG) und die EAG-Behandlungsverordnung (BehandV)

Die Sammlung und Behandlung von Elektroaltgeräten wird in Deutschland über das Elektro- und Elektronikgerätegesetz (ElektroG)[1] und die Elektro- und Elektronik-Altgeräte-Behandlungsverordnung (EAG-BehandV)[2] geregelt. Darin sind im Wesentlichen die Pflichten der Inverkehrbringer zur Wahrnehmung der Produktverantwortung, der Kommunen zur Umsetzung der Sammlung und der Entsorgungswirtschaft zur ordnungsgemäßen Durchführung der Behandlung festgeschrieben. Mit der Inkraftsetzung des novellierten ElektroG zum 01.01.2022 wird die Bundesregierung die Überarbeitung der europäischen Waste-of-Electrical-and-Electronic-Equipment (WEEE)-Richtlinie in deutsches Recht umsetzen. Vordringliche Ziele der Novellierung sind die Steigerung der Erfassungsmengen, die Stärkung der Vorbereitung zur Wiederverwendung und die Erhöhung der Behandlungsqualität. Die Vorgaben zur Behandlung sind erstmalig im Rahmen einer eigenen Behandlungsverordnung (BehandV) geregelt. Diese Form wurde gewählt, um auf sich verändernde Rahmenbedingungen schneller reagieren zu können, ohne das komplette Gesetz wieder öffnen zu müssen.

Mit der Neufassung des ElektroG und der BehandlV wurden auch eine Reihe von Veränderungen vorgenommen, die sich teilweise erheblich auf die Verfahren der Erstbehandlung bzw. Behandlung auswirken.[3] Dies umfasst insbesondere die manuelle Entnahmepflicht von Leiterplatten zahlreicher Geräte vor einer mechanischen Zerkleinerung in § 3 (1) Nr. 5 EAG-BehandV, die bei einer strikten Auslegung in der Praxis heute nur durch die händische Komplettzerlegung zu erreichen ist. Ebenfalls wird die Behandlung von Flachbildschirmen derart reguliert, dass zukünftig nur noch die händische Demontage zulässig erscheint. Dabei wird diese Vorgabe nicht nur für Bildschirme mit Quecksilberhintergrundbeleuchtung greifen, sondern auch bei neueren Gerätegenerationen, da auch Teile

[1] ElektroG vom 20.05.2021 (BGBl. I S. 1145).

[2] EAG-BehandV vom 21.06.2021 (BGBl. I S. 1841).

[3] Die Behandlungsanforderungen stellen erstmalig einen erheblichen Bruch mit der WEEE-Richtlinie dar, da nicht mehr technologieneutral reine Ziele festgelegt werden, sondern auch erhebliche technische Einschränkungen gemacht werden, die von den Recyclingunternehmen an bestimmten Stellen als unverhältnismäßig eingestuft werden. (vgl. § 3 (1) EAG-BehandV).

der Kunststoffe von dem mechanischen Zerkleinerungsverbot betroffen sind. Zudem ergeben sich mehrere Neuerungen für die Erstbehandlungsanlagen, da diese erstmalig auch ein Recht zur Erfassung bekommen und nun auch eine Meldepflicht übertragen bekommen haben. Da in der Vergangenheit die entsorgungspflichtigen Besitzer häufig ihrer Meldepflicht nicht nachgekommen sind, besteht so die Erwartung diese Meldelücken zu schließen. In der Praxis ist die Differenzierung zwischen entsorgungspflichtigen Besitzern und Privatpersonen bzw. gewerblichen Anfallstellen mit haushaltsähnlichen Geräten und Mengen zur Entsorgung sehr schwierig gewesen, daher ist die Erfassungsberechtigung eine wichtige Basis zur Erhöhung der Meldequalität und -quantität. Nach Ansicht von Experten ist jedoch nicht davon auszugehen, dass wie von den öffentlich-rechtlichen Entsorgungsträgern (örE) befürchtet, große Kannibalisierungen entstehen. Große Aufmerksamkeit ist der erweiterten Rücknahmepflicht von Elektro- und Elektronikaltgeräten (EAG) zugekommen, die nicht mehr nur Vertreiber mit einer Verkaufsfläche für Elektro- und Elektronikgeräte von mindestens 400 m^2 betrifft, sondern neuerdings auch Vertreibern von Lebensmitteln mit einer Gesamtverkaufsfläche von mindesten 800 m^2, sofern diese entsprechende Geräte anbieten. Außerdem erhält die Stiftung ear die Aufgabe das Verzeichnis der Erstbehandlungsanlagen nun auch zu kontrollieren und nur Unternehmen mit aktuell gültigem Zertifikat dort aufzunehmen bzw. dort zu listen. Fehlerhafte und veraltete Eintragungen durch einen fehlenden Prüfauftrag durch die Stiftung ear hatten das alte Verzeichnis unbrauchbar gemacht. Die Zielsetzung mit Hilfe einer BehandV eine Stärkung der Erstbehandlung zu erreichen ist an einigen Stellen leider nicht gelungen. Obwohl es sicherlich einzelne Fälle gibt, bei denen die mechanische Verarbeitung kritisch anzusehen ist, muss hier immer der Einzelfall betrachtet werden, da es erhebliche Unterschiede zwischen unterschiedlichen Verfahren gibt. Diese Differenzierung ist trotz ausdrücklicher Hinweise nicht mit aufgenommen worden, so dass nun pauschal ein großer Teil der bestehenden Behandlungsprozesse unzulässig ist, unabhängig von der Qualität der einzelnen Prozesse. Diese Vorgehensweise hemmt Investitionen, obwohl der qualitative Nutzen unklar ist. Ebenfalls hat dies Auswirkungen auf internationale Geschäftsbeziehungen, da ausländische Mengen die importiert werden ebenfalls deutlich aufwendiger behandelt werden müssen. Ausländische Anlagen könnten in den neuen Vorgaben unzulässige Markteintrittsbarrieren sehen.

Die bereits im ersten ElektroG von 2005 gesetzten Prämissen eines nachhaltigen Recyclings durch Schadstoffausschleusung und Verwertung von Wertstoffen werden zunehmend sowohl durch die notwendige Erhöhung der Ressourceneffizienz als auch die rasante Entwicklung der Gerätetechnik getrieben; dies alles vor dem Hintergrund auch globalisierter Entsorgungsmärkte. Die sich schnell verändernden Rahmenbedingungen stellen nicht nur den Gesetzgeber vor das Problem einer zeitnahen und angemessenen Regelwerksetzung, sondern insbesondere die Entsorgungswirtschaft, die bereits in neue Technologien investieren muss, bevor die alten Anlagen abgeschrieben sind. Die neuen Vorgaben erhöhen hier weiter den nationalen Druck auf die Recycler, da nicht davon auszugehen ist, dass andere Länder diesen Folgen werden.

▶ **Hintergrund** Kathodenstrahlbildschirmgeräte (CRT, „cathode ray tube") werden im Konsum mit extremem Tempo durch Flachbildschirme abgelöst, fallen aber nach wie vor in großer Zahl zur Entsorgung an. Zunächst konnten z. B. die bleihaltigen Bildschirmgläser noch in der Produktion von Bildschirmglas eingesetzt, also stofflich verwertet werden. Inzwischen wurde die Produktion von CRT für Fernseher und Monitore nahezu eingestellt. Eine kostenintensive Beseitigung ist mangels alternativer Verwertungswege die Folge. Parallel entwickelten sich die CRT-Monitore und CRT-TV-Geräte zum Exportschlager. Ganze Fahrzeugladungen treten als Gebrauchtgeräte deklariert den Weg nach Afrika an, versprechen die Ablenkeinheiten und Platinen doch einen Gewinn, wenn die Umweltanforderungen außer Acht gelassen werden. Bei Exporten von Gebrauchtgeräten oder EAG als Abfall versucht der Gesetzgeber mit „Mindestanforderungen an die Verbringung von gebrauchten Elektro- und Elektronikgeräten, bei denen es sich möglicherweise um Altgeräte handelt" (Anlage 6 zu§ 23 Abs. 1 ElektroG) gegenzusteuern. Bis zur Novelle des ElektroG war die Sammelgruppe 3 auch noch bei den örE beliebt und wurde gerne optiert, d. h. in eigener Regie vermarktet, enthielt sie doch neben den Bildschirmgeräten auch die werthaltigen Geräte für Telekommunikation und Informationstechnologie (IT). Seit diese Gerätekategorien mit dem ElektroG 2015 der Sammelgruppe 5 für Haushaltskleingeräte zugeordnet wurden, ist die Optierung der Sammelgruppe 3 deutlich zurückgegangen.[4] Die empfohlene Trennung von Flachbildschirmen und CRT in dieser Sammelgruppe wird eine genaue Beobachtung der Verwertungswege erfordern. Ohne ein geeignetes Meldesystem der Gerätemengen und Verfolgen der Geräte- und Recyclingströme (Monitoring) besteht die Gefahr, dass ganze Sammelgruppen an den vorhandenen hochwertig arbeitenden Erstbehandlungsanlagen vorbei geschleust werden, ähnliche Erscheinungen werden offenbar bereits bei Sammelgruppe 5 beobachtet.

27.2.2 LAGA-Mitteilung 31A und B

Zur Konkretisierung der sich aus der letzten Revision des überarbeiteten ElektroG ergebenden Anforderungen wurde bereits Anfang 2016 mit der Überarbeitung der gültigen LAGA-Mitteilung M31 begonnen. Die „Anforderungen an die Entsorgung von Elektro- und Elektronikaltgeräten" (LAGA-M31A 2017) wurde Ende März 2017 von der LAGA verabschiedet. Im weiteren Verlauf ist die LAGA-Mitteilung 31B (LAGA-M31B 2017) zu den „Technische(n) Anforderungen an die Behandlung und Verwertung von Elektro- und Elektronikaltgeräten" ist im April 2018 veröffentlicht worden. Zusammengenommen umfassen beide Vollzugshilfen etwa 270 Seiten. Die LAGA-Mitteilung M31 war schon zum ursprünglichen ElektroG eine umfangreiche und praxisnahe Annäherung an den Stand der Technik. Entscheidend für den Erfolg der Vollzugshilfe wird auch sein, dass die Vorgaben im Hinblick auf technische Weiterentwicklungen und die betriebliche Prozessoptimierung

[4] Nach einer eigenen, von der Umweltkanzlei Rhein im Jahr 2016 durchgeführten Untersuchung der örE in Schleswig-Holstein nahm die Optierung der Sammelgruppe 3 gegenüber 2015 um etwa 40 % ab.

in der Form von Zielen definiert werden und nicht starr den Einsatz festgelegter Aggregate oder Prozesse erfordern. Für 2022 ist eine Überarbeitung der LAGA M31-Dokumente vorgesehen.

27.2.3 Entwicklung einer Behandlungsverordnung

Auf Grundlage der Verordnungsermächtigung des § 24 Ziffer 2 ElektroG entwickelte das Umweltbundesamt (UBA) im Auftrag des Bundesumweltministeriums (BMU) Empfehlungen für eine Verordnung zur Festlegung weitergehender Anforderungen an die Behandlung von Altgeräten. Parallel zu den Regelungsaktivitäten der Bundesländer gab es daher beim UBA zwischen 2016 und 2017 einen Arbeitskreis mit mehreren EAG-fraktionsspezifischen Arbeitsgruppen. Die Ergebnisse der Arbeitsgruppen sind am 26.10.2017 im Rahmen eines Abschlusssymposiums offiziell vom UBA ans BMU übergeben worden. Schon damals war unklar, ob es gelingen wird, die Anforderungen an die Behandlung auch im Hinblick auf die fortschreitende Veränderung der Zusammensetzung und Beschaffenheit von Elektroaltgeräten zielführend und angemessen auszugestalten. Veränderungen im Anlageninput erfordern auch eine Weiterentwicklung der Prozesse und der Technik. Diese sollte durch die Anforderungen nach Möglichkeit nicht im Vorhinein beschränkt werden. Bereits während der Übergabe gab es Lob und Kritik zugleich. Teilweise sind die Erkenntnisse gut umgesetzt worden, während andere wesentliche Aspekte unberücksichtigt blieben. Das BMU kündigte vor einer Umsetzung einen weiteren Dialog dazu an. Leider gab es keinen offiziellen Dialog dazu, so dass viele der bereits 2017 erkannten Mängel nicht behoben wurden und stattdessen nun gesetzlich verankert wurden.

27.2.4 CEN-Normen

Der LAGA-M31B nimmt u. a. Bezug auf die Formulierung von Qualitätszielen anstelle konkreter Verfahrensvorgaben für die Altgerätebehandlung. Damit wird im Kern der Regelungsansatz der CENELEC-Normung des Europäischen Komitees für Elektrotechnische Normung (CLC) aufgegriffen. Im Rahmen eines Mandats der Europäischen Kommission wurde dort die Normenreihe 50625 „Collection, logistics & treatment requirements for WEEE“ erarbeitet, die sowohl Europäische Normen (EN), Technische Spezifikationen (TS) und Technische Berichte (TB) enthält. Anders als bei harmonisierten Normen, die im Amtsblatt der EU veröffentlicht werden, impliziert deren Einhaltung nicht automatisch eine Konformitätsvermutung mit der WEEE-Richtlinie. Ohne Bezugnahme auf die Normen in Durchführungsrechtsakten der EU besitzen diese empfehlenden Charakter. Von CENELEC verabschiedete Dokumente sollen unverändert in das DIN-Regelwerk übernommen werden. Aktuell existieren bereits folgende Normen:

- DIN EN 50625-1: 2014-09. Allgemeine Behandlungsanforderungen
- DIN EN 50625-2-1: 2015-04. Behandlungsanforderungen für Lampen
- DIN EN 50625-2-2: 2016-01. Behandlungsanforderungen für CRT/Flachbildschirme
- DIN EN 50625-2-3:2017. Behandlungsanforderungen für Wärmeüberträger
- DIN CLC/TS 50625-3-1: 2016-04. Spezifikation Schadstoffentfrachtung, allgemein
- DIN CLC/TS 50625-3-2: 2017-01. Spezifikation Schadstoffentfrachtung Lampen
- DIN CLC/TS 50625-3-4: 2017. Spezifikation Schadstoffentfrachtung Wärmeüberträger

Die Normenreihe enthält v. a. Monitoringanforderungen bzw. Hinweise zur Erstellung von Massenbilanzen und Methoden zur Schadstoffüberwachung mithilfe sog. Zielwert-, Massenbilanz- oder Analysemethoden. Zielwert- und Massenbilanzmethoden basieren auf der Untersuchung von Testchargen und legen Massenanteile für schadstoffhaltige Bauteile fest (Kondensatoren, Batterien etc.). Die Analysemethode bezieht sich auf repräsentative Proben nach vorgeschriebenen Probenahmeverfahren und begrenzt Schadstoffgehalte (polychlorierte Biphenyle [PCB], Cadmium, Quecksilber, Brom etc.).

Die Qualitätsziele der Schadstoffgehalte werden sich im Spannungsfeld zwischen zulässigen Schadstoffgehalten bei Neugeräten aufgrund der Richtlinie *Directive on the restriction of the use of certain hazardous substances in electrical and electronic equipment* (RoHS als gängige Abkürzung für die Richtlinie 2011/65/EU des Europäischen Parlaments und des Rats vom 08.06.2011 zur Beschränkung der Verwendung bestimmter gefährlicher Stoffe in Elektro- und Elektronikgeräten) bzw. nach der Verordnung 1907/2006 der EG zur Bewertung und Beschränkung chemischer Stoffe (REACH) den technischen Grenzen einer Schadstoffentfrachtung auch im Rahmen bestehender europäischer Mittelwerte und den Kriterien für eine Einstufung als gefährlicher Abfall bewegen müssen. Letztgenannte Kriterien zur Einstufung gefährlicher Abfälle sind bereits in der gültigen LAGA-M31. Einige Jahre nach Inkrafttreten der Normen und Spezifikationen hat sich gezeigt, dass diese gerade im Bereich der Behandlung von Wärmeüberträgern berücksichtigt werden, teilweise auch in Kombination mit entsprechenden Zertifizierungen. Bei den anderen Gruppen spielen die Normen aktuell keine Rolle, allerdings hat die EU im Rahmen eines Forschungsprojektes geprüft, ob es sinnvoll wäre, die Normenreihe EU-weit verbindlich einzuführen. Bisher geht man davon aus, dass dies nicht erfolgen wird.

27.3 Sammlung und Transport von Elektroaltgeräten

Zur Stärkung des qualitativ hochwertigen Elektrorecyclings in Deutschland und als Grundlage für wirkungsvolle Vorgaben für die Behandlung muss gewährleistet sein, dass möglichst alle in Deutschland gesammelten Altgeräte unversehrt den Weg in eine zertifizierte Behandlungsanlage finden und sich den Betreibern von Anlagen damit eine verlässliche Kalkulationsgrundlage für Investitionen in Aufbereitungstechnik und -prozesse bietet. Die Erfassung von Altgeräten ist integrativer Bestandteil der Wertschöpfungskette des Elektrorecyclings. Der Erfolg der Schadstoffentfrachtung und Wertstoffrückgewinnung hängt entscheidend davon ab, ob eine schonende Erfassung sichergestellt werden kann.

Die Qualitätssicherung der Erfassung an Sammelstellen oder über Sperrmüllsammlungen und anderen Holsystemen ist daher unverzichtbare Vorbedingung für die Behandlung von Altgeräten. Unzureichende Schulung, Sensibilität gegenüber Schadstofffreisetzungen und den Folgen einer Gerätebeschädigung für die Wertstofferfassung im nachfolgenden Recycling sowie ein Mangel an fachqualifiziertem Personal und detaillierten Betriebsanweisungen sind neben vereinzelten baulichen und Ausstattungsmängeln die Hauptursache für eine unsachgemäße Erfassung der EAG (vgl. u. a. Rhein und Leiser 2014). Dies verhindert einerseits, dass alle Altgeräte über die Sammlung einer hochwertigen Behandlung zugeführt werden, und führt andererseits dazu, dass Altgeräte bei der Sammlung und dem Transport Beraubungen, Beschädigungen und Zerstörungen erfahren. Im Verhältnis zur Masse der in Verkehr gebrachten Neuware sind die Sammelmengen weiterhin sehr niedrig. Die insbesondere im ländlichen Raum nicht immer bürgerfreundliche räumliche und zeitliche Verfügbarkeit von kommunalen Rücknahmestellen verhindert, dass wirklich alle Geräte zurückgegeben werden. Die Umleitung von zurückgenommenen Geräten aus dem System, beispielsweise in den Export, oder die Zuführung zu minderwertigen Behandlungsverfahren führen dazu, dass nicht größere Mengen als ordnungsgemäß verwertet gemeldet werden.

► **Praxishinweis** Der verstärkte Einsatz fachkundigen und sachgemäß eingewiesenen Personals an den Rücknahmestellen erhöht den Verbraucherkomfort der Annahme und kann somit nicht nur die Steigerung der Sammelmenge, sondern auch eine Verringerung von Beschädigungen und Zerstörungen an EAG erreichen.

Bisher erfolgt an den kommunalen Sammelstellen keine Qualitätssicherung oder Auditierung, wie sie beispielsweise in Erstbehandlungsanlagen seit Jahren verpflichtend durchgeführt werden. Durchgeführt von unabhängigen Sachverständigen könnten so die grundsätzlichen Anforderungen, z. B. auf Basis der LAGA-M31 geprüft und bestätigt werden. Über eine einheitliche Überprüfung könnte u. a. sichergestellt werden, dass alle zugelassenen Sammelstellen über die baulichen und personellen Voraussetzungen verfügen, um die erforderlichen Behälter auf angemessen befestigten Flächen witterungsgeschützt aufzustellen und die Altgeräte durch qualifiziertes Fachpersonal sachgemäß erfassen zu können. Seit der letzten Novellierung sind die Verbesserungen sehr überschaubar und nicht einheitlich. Die kommunalen Spitzenverbände planen Schulungsmaßnahmen und haben bereits erste Videobeiträge dazu veröffentlicht. Ab dem 01.01.2022 wird die Mindestabholmenge für die Gruppe 2 von 30 auf 20 m^3 reduziert, um die Bruchgefahr für Bildschirme zu reduzieren. Diese Maßnahme ist jedoch erst sinnvoll, wenn kleinere Behältnisse eingesetzt werden, allerdings gibt es hierzu nach wie vor keine Entscheidung, da gerade im Rahmen von Tests die Praxistauglichkeit der neuen Boxen geprüft wird. Zur Erhöhung der Sammelmenge wird nach Ende der Übergangsfrist ab dem 01.07.2022 der Lebensmitteleinzelhandel mit eingebunden. Identifizierte Meldelücken, wie es sie beispielsweise durch den legalen Export von Gebrauchtgeräten gibt, sind leider nicht geschlossen worden, obwohl es in den Importmärkten i. d. R. sowie Meldepflichten für den Import gibt. So können die gleichen Geräte in mehreren Ländern als in Verkehr gebracht gemeldet werden, obwohl sie nur in einem Land erfasst werden können.

27.4 Verfahrensziele der Behandlung

Aufgrund § 20 Abs. 1 ElektroG sind Altgeräte „vor der Durchführung weiterer Verwertungs- oder Beseitigungsmaßnahmen einer Erstbehandlung zuzuführen. Vor der Erstbehandlung ist zu prüfen, ob das Altgerät oder einzelne Bauteile einer Vorbereitung zur Wiederverwendung zugeführt werden können. Diese Prüfung ist durchzuführen, soweit sie technisch möglich und wirtschaftlich zumutbar ist.“ Gerade vor dem Hintergrund des letzten Satzes stellt sich die Frage, inwieweit für derartige Geräte bzw. Bauteile überhaupt eine Nachfrage besteht. Es ist schon heute festzustellen, dass aufgrund der hohen Dynamik ganzer Technologien bestimmte Gebrauchtgeräte, also Geräte, die noch nicht als EAG zu Abfall geworden sind, keine nennenswerte Abnahme mehr finden; Einige Unternehmen, die aus der Historie diesen Bereich mit abgedeckt haben, mussten die Aktivitäten aus wirtschaftlichen Gründen einstellen oder reduzieren. Nur Produkte bestimmter Marken mit höheren Verkaufspreisen ermöglichen die VzW, da sonst die hohen Prüfvorgaben nicht finanziert werden können. Das größte Potenzial für den Verkauf gebrauchter Geräte ist im Ausland, allerdings gibt es hier einen Konflikt zwischen der ökologischen Vorteilhaftigkeit der längeren Nutzung einerseits und den i. d. R. deutlich schlechteren Recyclingstandards in diesen Ländern andererseits, nach denen die Geräte nach der Weiternutzung recycelt werden. Auch kann das Vorhandensein von früher verwendeten Schadstoffen oder hohen Energieverbräuche die Wiederverwendung ökologisch und ökonomisch infrage stellen.

Im Sinn der mehrstufigen Abfallhierarchie des Kreislaufwirtschaftsgesetzes (KrWG) ist dennoch der Wiederverwendung von EAG bzw. deren Bauteilen gegenüber dem Recycling Vorrang einzuräumen. Konsequenterweise legen das ElektroG und die LAGA-M31A den Akzent der Erstbehandlung auf den Eingangsprozess einer Vorbereitung zur Wiederverwendung (VzW). Dabei ist die Tendenz erkennbar, angesichts von Reparaturcafés, Secondhandläden und Sozialbetrieben zur Gerätedemontage, die Entscheidung zur Vorbereitung einer Wiederverwendung, die das Reinigen, Prüfen und Reparieren von EAG umfasst, bereits an die Sammelstellen vorzuverlegen. Aufgrund der letzten ElektroG-Novelle gilt bei der Erfassung der EAG zudem die zerstörungsfreie Entnahme von Lampen sowie von Altbatterien bzw. Altakkumulatoren, die nicht vom Altgerät umschlossen sind, nicht mehr als Erstbehandlung (vgl. § 3 Nr. 24 ElektroG). In der Praxis wird die Unterscheidung zwischen Gebrauchtgerät und Altgerät als Abfall sowie zwischen zulässigen und unzulässigen Eingriffen am Gerät immer komplexer: Bedingt die Vorbereitung zur Wiederverwendung nicht auch bei Reparatur einen Geräteeingriff? Der Gesetzgeber hat die VzW konsequenterweise als Erstbehandlung eingestuft. Da die Erstbehandlung aufgrund § 21 Abs. 1 ElektroG ausschließlich durch zertifizierte Erstbehandlungsanlagen durchgeführt werden darf (zur Bedeutung des sog. Monitorings, d. h. der Nachverfolgbarkeit der Materialströme s. Gallenkemper et al. 2008; Hornberger et al. 2012; Rhein et al. 2008a, b; USV e. V. 2015), gilt dies auch für die VzW. Die LAGA-M31A lässt daher eine getrennte Zertifizierung von Anlagen zur Vorbereitung der Wiederverwendung (EBA-VzW) und zur Schadstoffentfrachtung und Wertstofferfassung (EBA-SW) zu. Damit besteht die Möglichkeit, dass sich Sammelstellen für alle oder einzelne Sammelgruppen als EBA-VzW zertifizieren lassen.

Nach § 20 Abs. 2 ElektroG haben die Erstbehandlung und weitere Behandlungstätigkeiten nach dem Stand der Technik im Sinn von § 3 Abs. 28 KrWG zu erfolgen. „Bei der Erstbehandlung sind mindestens alle Flüssigkeiten zu entfernen und die Anforderungen an die selektive Behandlung nach Anlage 4 zu erfüllen. Andere Behandlungstechniken [...] können nach Aufnahme in Anhang VII der Richtlinie 2012/19/EU [...] ergänzend zu den Anforderungen nach Anlage 4 angewandt werden."

Auch hierbei eröffnet die LAGA-M31A die Möglichkeit, die Erstbehandlung im Fall, dass die Schadstoffentfrachtung besondere Anlagentechnik erfordert, als Unteraufträge an andere Anlagenstandorte zu vergeben. Die Verantwortung für das Monitoring verbleibt bei der ursprünglichen Erstbehandlungsanlage. Hierbei wurde v. a. an Verfahren der Bildschirmgerätezerlegung, der Kühlgerätetrockenlegung und -entgasung, der Zerlegung von asbesthaltigen Geräten in Schwarzbereichen nach der Technischen Regel für Gefahrstoffe (TRGS) 519 etc. gedacht.

Die Verwertungsziele ergeben sich aufgrund § 22 Abs. 1 ElektroG wie folgt (Tab. 27.1). Zur besseren Orientierung sind zusätzlich die Kategorien gem. § 2 Abs. 1 ElektroG angegeben, ebenso die Gruppen gem. § 14 Abs. 1 ElektroG.

Die Berechnung der Verwertungsquoten erfolgt als Quotient aus dem Gerätegewicht der Altgeräte, die nach ordnungsgemäßer Erstbehandlung der Verwertungsanlage zugeführt werden, und dem Gewicht aller getrennt erfassten Altgeräte dieser Gerätekategorie. Bei der Berechnung bleiben vorbereitende Tätigkeiten einschließlich Sortierung und La-

Tab. 27.1 Verwertungsziele

Kategorie		Anteil Verwertung (%)	Anteil Recycling (%)	Sammelgruppe (SG)
Nummer	Bezeichnung			
1	Wärmeüberträger	85	80	1
4	Großgeräte: Geräte, min. eine Kante > 50 cm			4
2	Bildschirme (> 100 cm^2)	80	70	2
3	Lampen		80	3
5	Kleingeräte: Geräte, maxim. Kante ≤ 50 cm	75	55	5
6	Kleine IT-Geräte: maxim. Kante ≤ 50 cm			5

gerung vor der Verwertung unberücksichtigt. Künftig werden hierbei also auch die qualitativen Ziele, d. h. beispielsweise die Effizienz der Schadstoffentfrachtung, zu berücksichtigen sein.

27.5 Stand der Technik bei der Erstbehandlung

Die alte Anlage 4 des ElektroG bestimmte die selektive Behandlung von Werkstoffen und Bauteilen von Altgeräten. Unter Ziffer 1, Buchstaben a-o wurden die Stoffe, Gemische und Bauteile benannt, die gemäß § 15 Abs. 2 KrWG zu beseitigen oder zu verwerten waren. Dabei war sicherzustellen, dass schadstoffhaltige Bauteile oder Stoffe nicht zerstört wurden und Schadstoffe nicht in die zu verwertenden Materialströme eingetragen werden konnte.

In der Anlage 4 wurde keine Festlegung getroffen, ob die selektive Behandlung manuell oder maschinell zu erfolgen hat, genau wie es in der WEEE-Direktive bewusst verankert wurde, um technische Innovationen zu ermöglichen. Mit der Novelle des ElektroG wurde die Anlage 4 aufgehoben. Stattdessen ist die BehandV inhaltlich für die Spezifizierung der Behandlungsanforderungen verantwortlich. Im Gegensatz zur WEEE-Direktive gibt es durch die Verordnung jedoch erhebliche technische Einschränkungen, die den bisherigen Stand der Technik verbieten und nach der aktuellen Einschätzung nur durch manuelle Demontagetätigkeiten umgesetzt werden können.

Hierbei ist das Verbot des Einsatzes einer mechanischen Zerkleinerung, die sehr weitläufig definiert ist, von zahlreichen Geräten mit Leiterkarten und Flachbildschirme grundsätzlich verboten, bis diese weitgehend zerlegt wurden.

Die auf europäischer Ebene entwickelten CENELEC Normen waren bisher eine Basis, aus der sich indirekt teilweise der Stand der Technik ableiten ließ, weisen nun aber erhebliche Abweichungen zur neuen BehandV auf. Trotz der Übernahme einiger Elemente der CENELEC Normen sind einzelne Detailvorgaben derart abweichend, dass CENELEC-konforme Anlagen i. d. R. nicht der BehandV entsprechend werden.

In der Praxis kommt es immer wieder zu Verständnisschwierigkeiten bei der Verwendung der nicht synonymen Begriffe Gefahrstoff bzw. gefährlicher Stoff (Begriff aus dem Chemikalien- und Arbeitsschutzrecht), Gefahrgut (Begriff aus dem Transportrecht), Schadstoff (Begriff aus dem Produktrecht und teilweise dem Abfallrecht) und gefährliche Stoffe (Begriff aus der Klassifizierung von Abfällen aufgrund der Abfallverzeichnisverordnung [AVV]). Das ElektroG bedient sich der Definition „gefährlicher Stoffe oder Gemische“ unter Bezug auf Art. 3 der Verordnung (EG) Nr. 1272/2008 in ihrer jeweils gültigen Fassung (vgl. § 3 Nr. 26 ElektroG), bedient sich aber gleichwohl Begriffen wie „schadstoffhaltige Bauteile und Stoffe“.

Im Folgenden soll auf Grundlage der Daten und Erkenntnisse aus

- Fact-Sheets 2016,
- bisherigen Ergebnisprotokollen der Arbeitsgruppen Leiterplatten, Bildschirmgeräte, PV-Module, Kunststoffe beim UBA (AG-Protokolle 2016),

- LAGA-M31A und
- LAGA-M31B-Entwurf
- die aktuelle Verfahrenstechnik für einzelne exemplarische Schadstoffe bzw. Gerätearten oder Bauteile beschrieben werden.

27.5.1 Leiterplatten

Aus getrennt gesammelten Altgeräten sind Leiterplatten (LP) bei einer Fläche > 10 cm^2 zu entfernen, aus zahlreichen weiteren Geräten wie Mobiltelefonen, Tablets, PCs, Laserdruckern, Routern, Foto- und Videokameras usw. neuerdings grundsätzlich. Ihr Vorkommen konzentriert sich auf die Sammelgruppen 1, 2, 4 und 5.

LP sind ökologisch und ökonomisch relevant hinsichtlich

- Schadstoffen (PCB- u. Elektrolytkondensatoren, Batterien, Bleilote, Flüssigkristall(LCD)-Anzeigen, Quecksilber, Flammschutzmittel etc.) und
- ressourcenrelevanten Stoffen (Edel- und Sondermetalle).

Dabei ist für beide Stoffgruppen eine starke Abhängigkeit vom Anwendungsbereich und Alter erkennbar: Neuere LP-Generationen weisen nicht nur geringere Schadstoffgehalte (PCB-Verbot, bleifreie Lote), sondern auch geringere Edelmetallgehalte und damit geringere Wertschöpfung auf. Auch ressourcenrelevante Metalle wie Tantal befinden sich in Kondensatoren nur noch zu Bruchteilen der Gehalte gegenüber alten Bauteilen. Teilweise werden neue LP-Generationen, die über Buntfärbung erkennbar sind, in eigene LP- Fraktionen mit geringerem Marktwert sortiert.

Im Allgemeinen erzielen LP aus älteren Geräten der elektronischen Datenverarbeitung (EDV) bzw. Telekommunikation die beste Wertschöpfung und lassen auch eine manuelle Entnahme und Entstückung einschließlich Schadstoffentfrachtung von Subbauteilen wirtschaftlich betreiben. Erstbehandler erzeugen zwischen 2 und 15 LP-Qualitätsklassen, von denen einige aber nur eine geringe Massenrelevanz von unter 1 % aufweisen.

Grundsätzlich unterscheiden sich in der Erstbehandlung zwei Verfahrenswege:

1. Manuelle Zerlegung und Sortierung in Batterien, relevante Kondensatoren, LCD, Quecksilberbauteile, teilweise auch Kühlkörper und Eisenrahmenträger

   Nachteile: Erfolgt häufig nur für Geräte der Informations- und Kommunikationstechnik (IKT), nicht für Haushaltskleingeräte; keine Erfassung von Tantalkondensatoren oder Neodymmagneten aufgrund fehlender Absatzmärkte; geringe Schadstoffverschleppung

   Vorteil: geringer Goldverlust (zusammen mit Kupferwert bestimmende Komponente)
2. Maschinell-mechanische Zerlegung in Kombination mit teilweise manueller Entstückung/Sortierung (Batterien, Kondensatoren); teilweise Vermarktung von LP-Stücken, Bauteilen mit LP nach Vorzerkleinerung und von Stäuben aus der maschinellen Zerkleinerung

Nachteile: Gefahr durch Schadstoffverschleppung, Beschränkung auf Verwertung der werthaltigen Komponenten, geringere Edelmetallausbeuten, jedoch Verbesserung durch Nachsortierung möglich und Verwertung der anfallenden Stäube

Vorteile: Hohe Durchsätze; bei entsprechender Spezifikation aus Vorzerlegung gezielte maschinelle Zerkleinerung unter Vermeidung der Zerstörung schadstoffhaltiger Bauteile wie Batterien und Kondensatoren

Perspektivisch wird die Erstbehandlung der LP davon abhängen, inwieweit die Wertschöpfung aus der Verwertung durch chemische und metallurgische Verfahren (Kupferhütten) auf Restfraktionen wie Stäube, die Eisenfraktion von Teilen größer 30 mm oder durch die Folgebehandlung von Kunststoffen bzw. verbleibende Nichteisenmetallfraktionen und Nichteisenmetallgemische erhöht werden kann. Die TS 50625-5 gibt im Rahmen der CENELEC-Normung konkrete Vorgaben für die Verwertung durch chemische und metallurgische Prozesse. Der Vollzug der Abfallbehörden ist gefordert, für die Verwertung der Restfraktionen einheitliche Kriterien, z. B. über Abfallschlüssel, zu formulieren und über Genehmigungen umzusetzen und zu kontrollieren. Weiterhin ist auch das Produktdesign entscheidend inwieweit die Entnahme der LP technisch überhaupt möglich und sinnvoll ist, da durch den Einsatz von Verklebungen und kompakte Bauweisen die Entnahme deutlich erschwert wird. Hier muss schon beim Produktdesign die Recyclingfähigkeit berücksichtigt werden.

▶ **Praxishinweis** Festplatten und Speicherbausteine auf Leiterplatten sind die wesentlichen Bauteile, die gespeicherte Daten enthalten. Ihre sichere Entfernung bzw. Zerstörung durch Löschen bzw. Überschreiben oder durch die Zerstörung des Bauteils ist für Kunden ein Aspekt zunehmender Bedeutung bei der EAG-Erstbehandlung. Anlagenbetreiber können die sichere Datenvernichtung z. B. über entsprechende Zertifizierungen nach DIN 66399 anbieten und den Kunden so einen Mehrwert bieten.

27.5.2 Bildschirmgeräte

Bildschirmgeräte werden über die Sammelgruppe 2 erfasst, in der überwiegend Monitore und TV-Geräte erfasst werden. Dabei wird nach LAGA-M31A die Trennung der CRT-Geräte (Kathodenstrahlröhren) und Flachbildschirme derzeit nur empfohlen, obwohl die Zerstörung, gerade der Flachbildschirme mit quecksilberhaltiger Hintergrundbeleuchtung, bei gemischter Containererfassung offensichtlich ist.

Die entsprechenden Fact-Sheets benennen die zu separierenden Schadstoffe und schadstoffhaltigen Bauteile aus getrennt gesammelten Altgeräten, hier Bildschirmgeräte.

Hierbei ist zunächst zu differenzieren:

1. Die Separierung und getrennte Behandlung von CRT (Kathodenstrahlröhren), wobei die fluoreszierende Beschichtung zu entfernen ist und das Bildschirmglas bevorzugt in Schirm- und Konusglas zu separieren ist;
2. bei Flachbildschirmen die Entfernung von LCD-Anzeigen mit einer Fläche größer 100 cm^2 oder mit quecksilberhaltiger Hintergrundbeleuchtung, wobei derartige LCD auch in den Geräten der Sammelgruppen 1, 4 und 5 vorkommen können.

Zu weiteren Schadstoffen und schadstoffhaltigen Komponenten wird auf deren gesonderte Darstellung verwiesen, insbesondere

- Kunststoffe mit/ohne Flammschutzmittel,
- Leiterplatten und
- Kondensatoren.

Damit haben die Bildschirmgeräte eine hohe Schadstoff- und Ressourcenrelevanz.

Bei der derzeitigen Behandlung von Bildschirmgeräten dürfen die Plasmabildschirme nicht unerwähnt bleiben. In der ersten Dekade dieses Jahrtausends stellten sie eine relevante Alternative bei großen Flachbildschirmfernsehgeräten gegenüber den LCD dar. Ihre Produktion wurde gegenwärtig aber nahezu vollständig eingestellt. Bei der Erstbehandlung ist in jedem Fall durch Sortierung eine getrennte Behandlung gegenüber den LCD-Geräten erforderlich. Ihr hoher Glasanteil mit Bleioxidanteilen des Glases bzw. der Verbundkomponenten im unteren einstelligen Prozentbereich erfordert eine getrennte Behandlung gegenüber den LCD (z. B. Acrylglasscheiben). Auch können Plasmazellen bei älteren Bautypen Quecksilber enthalten.

Die LCD-Displays wiederum sind durch eine Vielfalt technologischer Entwicklungen geprägt, z. B. durch Verwendung quecksilberfreier Leuchtdioden (LED) für die Hintergrundbeleuchtung oder neuerdings der tatsächliche Ersatz der LCD durch die Farberzeugung über organische Stoffkomponenten wie bei organischen LED (OLED). Die Behandlung der LCD ist bislang durch die Verwendung der quecksilberhaltigen Hintergrundbeleuchtung (bis zu 40 dünne Gasentladungsröhrchen je nach Bildschirmgröße, „cold cathode fluorescent lamp" [CCFL]) bestimmt, die häufig vor einer weiteren mechanischen Behandlung entsprechend händisch entfernt wurden, in den letzten Jahren allerdings zunehmend durch technische Lösungen ergänzt wurden. Während die manuelle Demontage die Ausstattung der Arbeitsplätze mit gezielter Luftabsaugung über Aktivkohlefilter erfordert, zeigen neuere Entwicklungen verfahrenstechnische Möglichkeiten der weitgehend maschinellen Entfrachtung, bei denen die Zerlegeprozesse teilweise automatisiert werden. Dabei werden seitlich angebrachte CCFL entweder zerstört und der Glasbruch bei entsprechender Luftfiltertechnik abgesaugt oder bruchfrei aus automatisch abgetrennten Geräterandbruchstücken manuell entfernt. Flächige Hintergrundbeleuchtung wird demgegenüber aus maschinell freigelegten Flachbildschirmen und nicht zerstörungsfrei manuell entfernt. Die Sortierung und Vorbehandlung setzt eine zerstörungsfreie Sammlung und Anlieferung der Bildschirmgeräte voraus.

Durch die BehandV ist zu befürchten, dass alle aktuell im Einsatz befindlichen technischen Verfahren verboten werden. Hier gibt es Unsicherheiten bzgl. der Auslegung, daher wird sich dies erst im Rahmen der Umsetzung zeigen.

CRT-Bildschirmgeräte (Kathodenstrahlröhren) werden für die breite Anwendung nicht mehr hergestellt. Ihre Erstbehandlung ist gekennzeichnet durch die Entfernung des Kunststoffgehäuses und der werthaltigen Eisen- und Nichteisenmetallbauteile sowie die Entfernung der LP und anderer schadstoffhaltiger Bauteile. Die Behandlung des CRT-Glases erfolgt oftmals durch spezielle Behandlungsanlagen unter Entfernung des Leuchtpulvers. Neben kleineren Einzellösungen gibt es heute nur noch eine Anlage mit größeren Verarbeitungskapazitäten.

Das im Zuge der Erstbehandlung getrennte und gereinigte Schirmglas kann teilweise in der Glasindustrie verwertet werden, während bleihaltiges Konusglas vereinzelt z. B. in Bleihütten verarbeitet werden kann; ein Wiedereinsatz in der Produktion ist wegen deren weitgehender Einstellung nicht mehr möglich. Für die schwermetallhaltigen Leuchtstoffe bestehen derzeit keine Verwertungsmöglichkeiten, obwohl ressourcenrelevante Sondermetalle wie Yttrium oder Europium enthalten sind. Auch ein beträchtlicher Anteil des Glases wird deponiert, da die Nachfrage der Glas- und Bleihütten deutlich geringer ist als das Angebot an entsprechenden Altglasqualitäten. Diese Tatsache gefährdet auch die Erreichbarkeit der Verwertungsquoten in der Gruppe 2. Teilweise wird das Glas auf Deponien als Baustoff verwendet, so dass die Quoten dort zuletzt zumindest in Deutschland erreicht wurden. In anderen Ländern werden diese häufig nicht eingehalten.

Grundsätzlich ist bei den Bildschirmgeräten ein besonders hoher technischer Wandel und damit eine Veränderung der Massenströme an EAG zu berücksichtigen. Die seit 2014 bestehende Möglichkeit zur Kennzeichnung quecksilberfreier Geräte kann künftig eine bessere Sortierbarkeit ermöglichen und damit eine adäquate Behandlung. Da die Kennzeichnung auf freiwilliger Basis und erst zum Ende des Technologiewechsels erfolgt, ist die Praxisrelevanz bisher schwierig zu bewerten. Frühzeitige verbindliche Vorgaben wären hilfreicher gewesen. Derartige Problemstellungen tauchen regelmäßig auf. Langfristig könnte hier ein digitaler Produktpass die Antwort sein, um derartige Problemstellungen zukünftig anders zu lösen. Die Verwertungswege der Metalle, Kunststoffe oder schadstoffbefreiten Bauteile entsprechen denen vergleichbarer Fraktionen aus anderen EAG.

27.5.3 Photovoltaikmodule

PV-Module sind mit der letzten Novelle des ElektroG erstmals in den Geltungsbereich des Gesetzes und damit in die Systematik der Produktverantwortung aufgenommen worden. Sie werden in der Sammelgruppe 6 erfasst. Aufgrund der erwarteten Einsatzdauer von 25 bis 30 Jahren und der Tatsache, dass PV-Module erst seit den 1990er-Jahren in größerem

Umfang hergestellt und eingesetzt wurden, werden nach wie vor geringe Mengen an PV-Modulen aus privaten Haushalten erfasst. In den kommenden Jahren ist diesbezüglich mit Mengensteigerungen zu rechnen. Da viele Module ausgetauscht werden, wenn bestimmte Förderungen auslaufen oder aber garantierte Leistungsdaten unterschritten werden, sind diese häufig nicht defekt, wenn diese abgebaut werden. Daher werden große Mengen für eine Zweitnutzung ins Ausland exportiert. Auch wenn dies aus Abfallvermeidungssicht grundsätzliche zu begrüßen ist, ergeben sich daraus diverse Problemstellungen. Einerseits hat der Gesetzgeber trotz Hinweisen nach wie vor keine Meldepflicht für derartige Exportmengen vorgesehen, so dass die Erreichung der Sammelmengen nicht mehr angemessen überwacht werden kann, andererseits ist die Entsorgungsqualität in den Zielländern häufig deutlich schlechter, so dass eine eventuelle Weiternutzung der Geräte durch eine schlechte Entsorgung insgesamt weniger nachhaltig ist. Im Gegensatz zu den Elektroaltgeräten den anderen Sammelgruppen (mit Ausnahme der Lampen), macht bei PV-Modulen der Werkstoff Glas den allergrößten Masseanteil aus. Daneben werden v. a. Eisen, Aluminium, Kunststoffe, Silizium, Silber und einige weitere Metalle verbaut. Die Bestandteile sind also grundsätzlich technisch gesehen fast vollständig recycelbar. Die BehandV sieht erstmals konkrete Vorgaben für die Behandlung der PV-Module in Deutschland vor, Experten halten diese jedoch für fehlerhaft.

Für die Behandlung von PV-Modulen sind grundsätzlich zwei Modultypen zu unterscheiden:

- kristalline und amorphe siliziumbasierte Paneele und
- nichtsiliziumbasierte Dünnschichtmodule.

Erstere werden nach der Demontage der (Aluminium-)Rahmen, der Kabel und des elektrischen Verbindungselements, der sog. Blackbox, mechanisch zerkleinert. Die resultierende Glasfraktion genügt wegen der Einträge von Plastikfolie, Silizium und anderen Metallen in aller Regel nicht den hohen Anforderungen der Flachglas- oder Behälterglasindustrie. Das Material wird daher v. a. für die Produktion von Glaswolle oder Schaumglas genutzt. Der Verbund aus Glas, Halbleitermaterial und Folien wäre über feines Zermahlen grundsätzlich auf eine hohe Reinheit auftrennbar. Dieses Verfahren ist wegen des enormen Energieaufwands aktuell aber nicht wirtschaftlich darstellbar. Besonders zur Behandlung von Dünnschichtmodulen kommen auch andere Verfahren zum Einsatz. Diese umfassen chemische Prozesse, dabei v. a. den Einsatz von Lösungsmitteln, z. T. unter Wärmeeinfluss, und den Einsatz von spezieller Strahlung. So lassen sich die Materialschichten voneinander trennen und die Fraktionen einem Recycling zuführen.

In der CENELEC-Norm EN 50625-2-4 zu Erfassung, Transport und Behandlung von PV-Modulen liegt der Fokus v. a. auf der Entfrachtung der Module von den Schadstoffen Blei, Cadmium und Selen. Für diese Stoffe werden dabei folgende Grenzwerte definiert:

- siliziumbasierte Paneele: 1 ppm Cadmium; 1 ppm Selen; 100 ppm (Löt-)Blei
- nichtsiliziumbasierte Paneele: 10 ppm Cadmium; 10 ppm Selen; 100 ppm Blei

Die für die Behandlung verantwortlichen Hersteller beschäftigen sich teilweise mit der Entwicklung von Behandlungslösungen. Für die Etablierung effektiver und effizienter Verfahren wird unverzichtbar sein, dass sie ihre Kenntnis der Zusammensetzung und Konstruktion der unterschiedlichen Typen, kristalline Module und Dünnschichtmodule, auch im Hinblick auf die technische Weiterentwicklung noch sehr viel stärker in den Prozess einbringen. Für eine den Schutz der Gesundheit und Umwelt berücksichtigende Schadstoffentfrachtung ist es elementar, dass die Erfassung und der Transport bruch- und kurzschlusssicher durchgeführt werden. Bisher konnte noch kein Behältersystem in der Praxis etabliert werden, das den Anforderungen umfänglich entspricht. Insbesondere bei der Behandlung von PV-Modulen bedeuten die Transportkosten einen größeren Aufwand als die Kosten der eigentlichen Behandlung.

27.5.4 Kunststoffe

Verschiedene Arten von Kunststoffen finden in Elektro- und Elektronikgeräten hauptsächlich als Träger- und Gehäusematerialien eine breite Anwendung. Aufgrund der Mengenrelevanz sieht das UBA v. a. folgende Aspekte als relevant an:

- das Recycling von Kunststoffen v. a. aus Acrylnitril-Butadien-Styrol (ABS), Polypropylen (PP) und Polystyrol (PS) auch unter dem Aspekt von Füllstoffen und Additiven und
- die Schadstoffbelastung mit bromierten Flammschutzmitteln (FSM) und Schwermetallen entsprechend RoHS.

Daneben sind noch Polycarbonat (PC) und Polyamid (PA) als hochwertige Kunststoffanteile in EAG zu nennen. Schwierigkeiten bereiten insbesondere die Erkennbarkeit der Kunststoffarten und Schadstoffgehalte mit der Folge, dass häufig Gemische (Mischkunststoffe) erzeugt werden, die nur begrenzt sortiert werden können. In der Vergangenheit sind diese Gemische teilweise nach Asien exportiert worden. Dabei gab es erhebliche Qualitätsunterschiede in der Verarbeitung vor Ort, so dass zum einen Anlagen nach dem Stand der Technik eingesetzt wurden und hohe Qualitäten erreichen konnten, während andere Anlagen unter Missachtung von Arbeits- und Umweltschutz agierten und Schadstoffe im Kreislauf führten sowie die Umwelt verschmutzten. Inzwischen gibt es umfangreiche Exportbeschränkungen, so dass diese Wege weitgehend geschlossen wurden. Große Herausforderungen bestehen aber nach wie vor, da die Nachfrage nach Recyclingkunststoffen häufig stark schwankt und die Vielfalt an unterschiedlichen Kunststoffen (inkl. Blends und Filler) kontinuierlich zunimmt. Erschwert wird eine Separierung auch durch die Vielzahl von Verbundmaterialien und die Einbindung der Schadstoffe in die Kunststoffmatrix. Letzteres führt teilweise zu der irrigen Annahme, die Schadstoffe seien dadurch ja gebunden und für die Umwelt nur geringfügig freisetzbar und weniger gefährlich. Die ubiquitäre Verbreitung von feinsten Kunststoffpartikeln und die Verwendung schadstoffbelasteter Recyklate belegen das Gegenteil.

Die verfügbaren Technologien im Rahmen der Erst- und Folgebehandlung von EAG beschränken sich derzeit auf

- das Erkennen von Kunststoffarten und Schadstoffen anhand von Erfahrungswerten, z. B. FSM-freie PS-Kunststofffraktionen aus Kühlgeräten, bromierte FSM in Gehäusekunststoffen zum Schutz vor Wärmequellen etc.;
- das Erkennen von Kunststoffarten oder von Brom/Halogenen, Schwermetallen über Analytik mithilfe von Nahinfrarot (NIR), Röntgenanalytik (XRT, EDXA etc.);
- das Trennen vorzugsweise zerkleinerter Verbundfraktionen über Dichte (Schwimm-Sink-Verfahren) oder Elektrostatik;
- das Aufschließen von K-Fraktionen durch Tieftemperaturaufschluss und Elutionsverfahren, z. B. CreaSolv®-Verfahren.

Verfahrenstechnisch wird das EAG-Material gegenwärtig nach grober Vorsortierung vorzerkleinert und die Kunststoffarten durch Dichtetrennung und NIR-Technik abgetrennt. Die Möglichkeiten zur Kunststofftrennung und Aufbereitung aus EAG werden bislang insbesondere deshalb als eingeschränkt angesehen, weil die Recyklate gegenüber Neuware sich nicht hinreichend durchsetzen können. Dabei spielen eine Reihe von Faktoren wie Schadstofffreiheit und gleichbleibende Qualität und Menge (Verfügbarkeit) sowie der Ölpreis eine entscheidende Rolle. Ohne verbindliche Recyklateinsatzquoten für Neuprodukte ist hier kaum eine Änderung zu erwarten. Andererseits zeigen andere Märkte, in denen bereits frühzeitig Einsatzgebiete und Rücknahmen der Kunststoffverwendungen in Produkten durch die Hersteller aufeinander abgestimmt wurden, deutliche Verbesserungen beim Recyklateinsatz (z. B. PP aus Waschmaschinen).[5]

Die zukünftig zu erfüllenden Recyclingquoten erfordern insbesondere aufgrund der Massenrelevanz eine Veränderung der Aufbereitungstechnologien bei Kunststoffen. Der Erzeugung vermarktungsfähiger Kunststoffe stehen ein hoher Anteil schwarzer Kunststoffe (Gehalt an Rußen mit kanzerogenen polyzyklischen aromatischen Kohlenwasserstoffen [PAK]), eine Vielzahl von Additiven und Anhaftungen (u. a. Gummi, Klebstoffe) und die begrenzte Mischbarkeit der Kunststoffarten untereinander entgegen.

Bei einer entsprechenden Vorbehandlung (z. B. Trocken-Nass-Aufbereitung, Holzabtrennung, Separierung von LP, elektrostatische Trennverfahren, Abtrennung von Elastomeren aus PS/ABS) lassen sich nach Informationen der Entsorgungswirtschaft derzeit in der Erstbehandlung v. a. folgende mengenrelevante Vermarktungsprodukte (teilweise zur weiteren Aufbereitung) erzeugen:

- PS-Kunststofffraktion aus Kühlschränken;
- TV- und Monitorrückwände gemischt bromfrei und bromhaltig;
- Mischkunststoffe aus IT-, UE- und Kleingeräten;
- PS/ABS-Gemische nach Vortrennung;
- Polypropylen (PP).

[5] Persönliche Information aus Gesprächen mit Vertreter eines japanischen Herstellers.

Der Hauptanfall von Kunststoffen in der nichtmetallischen Restfraktion NMRF (nach Eisen-/Nichteisenabscheidung) hängt in seiner weiteren Verwertbarkeit unmittelbar vom Störstoffanteil einschließlich bromierter Anteile ab.

Zusammenfassend wird die Verwertung von Kunststoffen aus EAG mittelfristig von der Entwicklung kontinuierlicher Detektionsverfahren (Kunststoffarten, Schadstoffe) und der Nachfrage nach Recyklaten (Mahlgut, Regranulate) bestimmt werden.

▶ **Praxishinweis** Perspektivisch sollte geprüft werden, inwieweit die Amortisation von Aufbereitungsanlagen durch die Zusammenführung von Kunststoffströmen aus unterschiedlichen Herkunftsbereichen (EAG-Aufbereitung, Altfahrzeugbehandlung, Bauabfälle, Wertstofftonne) grundsätzlich ermöglicht bzw. verbessert werden kann. Bislang liegen hierzu nur unzureichende Kenntnisse über die Vergleichbarkeit einzelner Kunststoffe hinsichtlich ihrer Recyclingtechnologien vor.

27.5.5 Batterien und Akkumulatoren

Soweit Batterien und Akkumulatoren (wieder aufladbare Batterien) nicht bereits wie in § 4 ElektroG vorgesehen aufgrund des Gerätedesigns vom Endverbraucher leicht entnommen werden können und auch vor der Sammlung von EAG entfernt wurden, sind diese spätestens bei der Erstbehandlung aus getrennt gesammelten EAG zu entfernen. Aufgrund der chemischen Systeme werden unterschieden: Nickel-Metallhydrid-Batterien und Akkus, Nickel-Cadmium-Batterien, Zink-Kohle-Batterien, Alkali-Mangan-Batterien und bleihaltige Batterien sowie Lithium(Li)-Knopfzellen und Li-Ionen-Batterien und Akkus. Bei den Batterien ist bereits aufgrund der Einstufung im Gefahrgut zwischen Geräten mit Stütz- bzw. Pufferbatterien und batteriebetriebenen Geräten zu unterscheiden. Während Stütz- bzw. Pufferbatterien im Gerät verbleiben können und diese trotzdem in loser Schüttung gefahren werden können, gilt dies für batteriebetriebene Geräte nicht. Die größte Mengenrelevanz für Batterien und Akkus hat die Gruppe 5. Aber auch die Gruppen 1, 2 und 4 kommen hier in Frage. Die Gruppe 1 spielt eine untergeordnete Rolle, durch Tablets, Laptops etc. ist die Gruppe 2 jedoch auch wichtig. Die Gruppe 4 kann ebenfalls eine größere Rolle spielen, da immer mehr größere Gartengeräte und Werkzeuge ebenfalls batteriebetrieben sind. Werkzeughersteller geben an, dass inzwischen rund Zwei Drittel der verkauften Produkte batteriebetrieben sind.

Besonders leistungsstarke Geräte weisen dabei zunehmend die für ihre Selbstentzündbarkeit charakteristischen Li-Zellen auf. Die Obsoleszenz derartiger Geräte und die hohe Energiedichte bereiten diesen Geräteverwendungen zunehmend in den letzten Jahren ein logistisches Problem bei der Sammlung und eine Gefahr bei der maschinellen Aufarbeitung. Hierzu sei in diesem Handbuch auf das spezielle Kapitel verwiesen. Die Erfassung und Verwertung von Gerätealtbatterien erfolgt entsprechend dem Batteriegesetz (BattG) anhand einer getrennten Sammlung oder als Fraktion aus der Erstbehandlung von EAG.

Die Ressourcenrelevanz ergibt sich aus den enthaltenen Metallen Kobalt, Nickel, Mangan und Zink. Die Schadstoffrelevanz bestimmt sich v. a. aus der Toxizität des enthaltenen Quecksilbers oder Cadmiums und deren Wassergefährdung, während Li-Verbindungen insbesondere durch die Brandgefahr charakterisiert sind.

Der Geräteanteil zu etwa 50 % in Innenlage mit teilweiser Verschraubung verbaute Batterieanteil erfordert laut den Fact-Sheets (2016) aufgrund aktueller Forschungsergebnisse eine (manuelle) Demontagezeit von über 10 s. Dies bedingt ein weitgehendes Umschwenken auf maschinelle Verfahren. Unter den maschinellen Verfahren kommen zum einen Hammermühlen/Querstromzerspaner zum Einsatz (durch den Verzicht von Schneidtechniken werden grobe Zerstörungen und Schadstofffreisetzungen vermieden), zum anderen werden Schreddertechniken eingesetzt, die eine Vorsortierung der Gerätegrößen und entsprechende Schreddereinstellung erfordern, um die Zerstörung der Batterien zu minimieren und eine Identifizierbarkeit zu erhalten.

In beiden Verfahrensweisen werden die Batterien aus den Bruchstücken manuell entfernt bzw. aussortiert. Voraussetzung beider Verfahrensweisen ist die Vorsortierung der Geräte in solche, bei denen eine manuelle Entfernung aus leicht zugänglichen Batterien (angeclipst, Batteriefächer etc.) erfolgen kann und solche, die in Innenlage verbaut, verklebt oder verschraubt sind.

27.5.6 Ausgewählte Schadstoffe

§ 3 Abs. 1 und 2 BehandV zählt zu den vorgenannten noch eine Reihe weiterer Schadstoffe bzw. schadstoffhaltiger Bauteile auf wie Tonerkartuschen, FCKW, externe elektrische Leitungen, Bauteile mit radioaktiven Stoffen oder cadmium-/selenhaltige Fotoleitertrommeln und PCB-Kondensatoren, auf die in diesem Rahmen nicht weiter eingegangen werden kann.

Zu den hier noch betrachteten ausgewählten Schadstoffen zählen insbesondere solche, die ein hohes Kontaminationspotenzial gegenüber allen anderen Gerätebauteilen besitzen. Hierzu zählen u. a.

- Asbest und feuerfeste Keramikfasern (KMF) und
- quecksilberhaltige Bestandteile.

Asbest und KMF wurden v. a. in Nachtspeicherheizgeräten verwendet, dort v. a. als Trägerplatten aus Asbestzement oder als Bestandteil von Speicherbausteinen sowie in der gefährlicheren schwach gebunden Form von z. B. Isolierhülsen der elektrischen Steuerung. Die Geräte sind aufgrund der Freisetzungsgefahr aus insbesondere schwachgebundenen Verwendungen und von asbesthaltigen Staubansammlungen staubdicht beim Ausbau der Geräte zu verpacken. In der Regel sollten Geräte nach einem Baujahr 1993 (Asbestverbot in Deutschland) kein Asbest mehr enthalten. Bei einer Nutzungsdauer von schätzungsweise 30 Jahren ist aber noch regelmäßig mit dem Anfall entsprechender Geräte zu rechnen.

Bei Kleingeräten wurde zwar bereits seit den 1980er-Jahren auf Asbest verzichtet, ihre Verwendung war aber bis dato v. a. als Wärmeisolation üblich: Haartrockner, Toaster, Bügeleisen, Heizdecken, Projektoren, Schweiß- und Lötgeräte und ähnliches (Gruppe 5).

Auch in Großgeräten (Backöfen, Herde, Kochplatten, Wäschetrockner der Gruppe 4) und bei Ölradiatoren (Gruppe 1) waren Asbestverwendungen in Form schwach gebundener Asbestdichtungen und Gewebe üblich. Während die Demontage von Nachtspeicherheizungen und Haushaltsgroßgeräten eine Demontage in sog. Schwarzbereichen nach TRGS 519 erforderlich macht und wirtschaftlich vertretbar ist, legen die Kleingeräte eher als Ganzes eine schadlose Beseitigung nahe. Die Problematik ist auch hier wie bei den schadstoffhaltigen Kunststoffen die Erkennbarkeit. Andererseits führt ein Nichterkennen insbesondere bei der Zerlegung oder mechanischen Zerkleinerung zu einer hohen Freisetzung und Kontamination des gesamten Umfelds.

Eine Identifizierung ist nur über teilweise vorhandene Gerätetypenlisten der Hersteller (Nachtspeichergeräte) und aufwendige Staubanalysen mit energiedispersiver Röntgenanalyse (EDXA-Technik) sicher möglich. Das gleichartige Erscheinungsbild asbestfreier Dichtschnüre, -pappen oder Faserzementplatten erschwert zudem eine Unterscheidung. Bei verdächtigen Verwendungen oder hitzeschutzrelevanten Geräten, zumal älterer Bauart, sollte deshalb von Asbestverwendung ausgegangen und entsprechend separiert und an entsprechende Folgebehandlungsanlagen übergeben werden.

KMF werden zur Hochtemperaturisolation nach wie vor in ähnlichen Verwendungen wie Asbest eingesetzt. Betroffen sind v. a. Großgeräte wie Herde, Elektrogrills, Boiler, Heizgeräte (Gruppe 4), aber auch Toaster, Kaffeemaschinen oder Werkzeuge. Bei der Zerkleinerung können wie bei Asbest kritische lungengängige Fasergrößen freigesetzt werden. Eine Behandlung hat deshalb ebenfalls in speziellen Anlagen nach TRGS 521 durch Fachpersonal zu erfolgen.

Alle Asbest- oder KMF-haltigen EAG müssen bereits unter den Bedingungen einer Demontage die Anforderungen an Anlagen nach TRGS 519 bzw. 521 erfüllen. Eine mechanische Zerkleinerung oder Wiederverwendung asbesthaltiger Geräte ist verboten. Nach der Entfernung der asbesthaltigen Bestandteile ist eine Restfaserbindung durch entsprechende Bindemittel zwingend. Damit kommen prinzipiell nur anschließende Verwertungen unter thermischen Bedingungen (Stahlwerke, Schmelzöfen) infrage.

Quecksilberhaltige Bauteile kommen in allen Sammelgruppen 1–5 vor. Während ihre Verwendung in Bauteilen wie Schaltern, Relais, Thermostaten und Kontaktthermometern deutlich auch in der EAG-Entsorgung rückläufig ist, da einerseits die Beschränkung von Quecksilber in homogenen Werkstoffen auf 0,1 % begrenzt wurde (RoHS) und andererseits genügend technische Alternativen existieren, ist der Anteil in Gasentladungs- oder Speziallampen noch mengenrelevant bei der Entsorgung.

Die manuelle Entnahme quecksilberhaltiger Bauteile ist Stand der Technik. Zu größeren Freisetzungen kann es besonders im Rahmen der Zerstörung von Schaltern kommen, die bei älteren Geräten aus mit metallischem Quecksilber gefüllten Glasbehältern bestehen. Später wurden Kunststoff- oder Metallgehäuse verwendet, die aber nur schwer als quecksilberhaltig erkennbar sind. Wenngleich Gasentladungslampen z. B. bei der Hintergrundbeleuchtung von Flachbildschirmen nur 2,5–3,0 mg Quecksilber pro Stück enthalten, können quecksilberhaltige Stäube bei Bruch (schon im Zuge der Sammlung) freigesetzt werden, die den zulässigen Arbeitsplatzgrenzwert von 0,02 mg Quecksilber/m^3 leicht überschreiten. Bruch ist deshalb getrennt in staubdichten Behältern zu erfassen, da ansonsten eine Kontamination ganzer Gerätechargen erfolgen kann.

In der Erstbehandlung hat die manuelle Entnahme von quecksilberhaltigen Bauteilen deshalb an gesicherten Arbeitsplätzen (sog. Quecksilbertische zum Auffangen metallischen Quecksilbers) mit wirksamer Luftabsaugung zu erfolgen.

Für Gasentladungslampen erfolgt die Entfernung der Leuchtstoffe und Quecksilberdämpfe in speziellen Anlagen und die Erstbehandlung beschränkt sich auf das Entfernen der Lampen, s. auch unter Bildschirmgeräte und Flüssigkristallanzeigen. Bei der Verwertung des Altglases ist ein Maximalanteil von 5 mg Quecksilber/kg zulässig.

Gerade die vorgenannten vielfachen Verwendungen von Asbest, KMF und Quecksilber in verschiedenartigen Elektro- und Elektronikgeräten älterer Baujahre lassen eine maschinelle Zerkleinerung ohne manuelle Vorbehandlung zur Entfernung der schadstoffhaltigen Bauteile unter keinen Umständen zu.

27.6 Wie kann das Recycling von Elektrogeräten verbessert werden?

Die Entwicklung der letzten Jahre zeigt die Grenzen der bestehenden gesetzlichen Grundlagen. Der Einfluss von Innovationen bei Produkten und Produktionsverfahren auf das Recycling wird nur in Ausnahmefällen geprüft, dabei haben diese häufig einen negativen Einfluss auf die Recyclingfähigkeit. Andererseits werden die Recyclingquoten pauschal immer weiter angehoben, während gleichzeitig die Grenzwerte für das Recycling bestimmter Stoffe gesenkt werden und immer weitere Stoffe als kritisch eingestuft werden. Im Rahmen der EU Green Week 2021 hat die FEAD diese Problematik bereits umfassend thematisiert. Obwohl auch im Bereich der Recyclingtechnologien Innovationen eine wichtige Rolle spielen, lassen sich zahlreiche Problemstellungen nicht mit vertretbarem Aufwand lösen. Daher sollten größere Änderungen beim Produktdesign oder bei eingesetzten Materialien und Komponenten darauf geprüft werden, welchen Einfluss dies aufs Recycling hat. Im Bereich der Verpackungen gewinnen derartige Ansätze zunehmend an Bedeutung. Immer wieder gibt es auch klare Zielkonflikte, so dass die Recyclingfähigkeit zu Lasten geringerer Produktgewichte geht, wie es z. B. bei Verbundmaterialien der Fall ist. Für die Zukunft ist es allerdings entscheidend, dass diese Zielkonflikte identifiziert und einheitlich geklärt werden. Entscheidend ist, dass die Herausforderungen nicht mehr isoliert über die Abfallgesetzgebung am Ende der Produktlebensdauer gelöst werden können, sondern dass das Produktdesign von vorne herein danach ausgerichtet sein muss.

Aufgrund der Heterogenität der Produkte und darin enthaltener Stoffe erscheint es sehr schwierig, klare Vorgaben zu machen, die nicht nur aus Recyclingsicht zielführend sind, sondern auch ausreichend Freiraum für Innovationen und andere Produktanforderungen lassen. Bisher verfolgte freiwillige Ansätze der Hersteller besonders recyclingfreundliche Materialien zu verwenden sind leider sehr selten und aufgrund der kollektiven Umsetzung der Sammlung werden diese Hersteller nicht belohnt. Darüber hinaus fehlen häufig Informationen zu Schad- und Wertstoffen in den Produkten. Mit der SCIP-Datenbank liegt ein erster Ansatz für die zentrale Erfassung von Stoffdaten in Produkten vor, allerdings erscheinen diese aus heutiger Sicht noch etwas praxisfern zu sein. Dieser Ansatz sollte konsequent weiter entwickelt werden und in Kombination mit einem digitalen Produktpass dazu führen, dass das Recycling auf einem höheren Level stattfinden kann.

27.7 Fazit und Ausblick

Zur Aufrechterhaltung eines hohen Niveaus bei der Schadstoffentfrachtung und Wertstofferfassung durch Erst- und Folgebehandlungsanlagen in Deutschland sind sowohl die dynamische Entwicklung der Zusammensetzung von Elektronik- und Elektrogeräten zu beachten, als auch die Verfahrenstechnik der Entsorgung entsprechend anzupassen. Dabei wird die Schaffung gleicher rechtlicher Rahmenbedingungen ebenso wichtig sein wie die Kontrolle ihrer Einhaltung, z. B. anhand von Qualitätszielen. Der derzeitige Stand der Sammlung weist dabei ebenso ein hohes Verbesserungspotenzial auf wie die Verfahrenstechnik der (Erst-)Behandlung. Dabei wird die Fokussierung auf die Ressourcenrelevanz weiter zunehmen. Die notwendige Wertschöpfung wird allerdings nur dann zu einer Weiterentwicklung entsprechender Verwertungstechniken führen, wenn eine Investitionssicherheit für entsprechende Anlagentechnik absehbar ist und Absatzmärkte für die aufbereiteten Produkte vorhanden sind oder entwickelt werden können. Eine entscheidende Rolle kommt bei der nachhaltigen Entwicklung den Herstellern zu. Angefangen bei einer verbesserten Information über die Zusammensetzung von EAG und Demontagehinweise sollte der Gesetzgeber seine Anstrengungen für eine Produktverantwortung verstärken, um der zunehmenden Verwendung von Verbundwerkstoffen, verklebten und schwer zugänglichen Bauteilen sowie anderen Konstruktionen, die ein späteres Recycling erschweren, entgegenzutreten.

Literatur

AG-Protokolle (2016) Protokolle aus den UBA-Arbeitsgruppen des AK Behandlungsverordnung. unveröffentlicht

Fact-Sheets (2016) Information zur Schadstoff- und Ressourcenrelevanz von Werkstoffen und Bauteilen von EAG. UBA-Dokumentation 05/2016

Gallenkemper B, Breer J, Böning T (2008) Stoffstrommanagement nach ElektroG. Praxishilfe Erstbehandlung nach ElektroG. Umweltbundesamt Dessau-Roßlau

Hornberger M, Schneider R, Dully S (2012) Zertifizierung und Monitoring ElektroG – Harmonisierung und Weiterbildung. Texte 05/2012, Umweltbundesamt, Dessau-Roßlau

LAGA-M31A (2017) Mitteilung der Bund/Länder-Arbeitsgemeinschaft Abfall „Umsetzung des Elektro- und Elektronikgerätegesetzes; Anforderungen an die Entsorgung von Elektro- und Elektronikaltgeräten“ vom 23.01.2017, von der LAGA verabschiedet

LAGA-M31B-Entwurf (2017) Entwurf der Mitteilung der Bund/Länder-Arbeitsgemeinschaft Abfall „Technische Anforderungen an die Behandlung und Verwertung von Elektro- und Elektronikaltgeräten“ vom 15.03.2017 (Anhörungsversion)

Rhein HB, Leiser J (2014) Überprüfung von Sammelstellen für Elektro- und Elektroniksammelstellen in Baden-Württemberg. LUBW Landesanstalt für Umwelt, Messungen und Naturschutz Baden-Württemberg (Hrsg.), Karlsruhe

Rhein HB, Meyer T, Bilitewski B (2008a) Rechtliche und fachliche Grundlagen zum ElektroG, Teil 1: Anforderungen an die Zertifizierung der Erstbehandler nach ElektroG. Im Auftrag des Umweltbundesamtes. Texte 12/2008. Dessau-Roßlau

Rhein HB, Meyer T, Bilitewski B (2008b) Rechtliche und fachliche Grundlagen zum ElektroG, Teil 2: Anforderungen an die Dokumentation beim Erstbehandler und die Meldevorgänge zum Erstbehandler für das Monitoring der Quoten. UBA-Texte 13/2008. Dessau-Roßlau

USV e.V. (Hrsg.) (2015) USV-Eckpunkte EBA-Zertifizierung – Stellungnahme des USV e. V. im Rahmen der Anhörung beteiligter Kreise zum Arbeitsentwurf einer Zweiten Verordnung zur Fortentwicklung einer abfallrechtlichen Überwachung. Sarstedt

28 Lithiumbatterien – brandgefährliche Energiespeicher

Sandra Giern

28.1 Die Lithiumbatterie – Baustein des digitalen Zeitalters oder Gefahrenquelle?

Das Schlagwort „E-Mobilität“ sorgt für einen massiven Anstieg von Lithiumbatterien im täglichen Gebrauch. Fast schon Standard ist die Verwendung von Lithiumakkumulatoren in Laptops, Tablets, Smartphones, Bohrschraubern, Digitalkameras oder Handys. Die Mengenentwicklung wird aber noch beschleunigt durch die Elektrifizierung der Fortbewegung mit E-Bikes, Rollern aber auch im Fahrzeugbereich, denn moderne Technik ist mobil und benötigt immer leistungsfähigere Energiespeicher. Ein Grund dafür, warum Lithiumakkus mittlerweile den Markt für wieder aufladbare Batterien dominieren. Sie haben im Laufe der letzten Jahre konkurrierende elektrochemische Speicher wie Nickel-Cadmium oder Nickel-Metallhydrid verdrängt.

Die Lithiumbatterien zeichnen sich durch ihre hohe Energiedichte, geringe Selbstentladungsrate, geringe Temperaturempfindlichkeit und hohe Zellspannung aus. Zudem sind die wieder aufladbaren Lithiumakkus wegen des geringen Memory-Effektes (Spannungsverlust) attraktiv. Weiterhin ist Lithium das leichteste feste Element, das, trotzdem es ein Metall ist, auf Wasser schwimmt. Im Vergleich zu Bleiakkumulatoren der ideale Rohstoff für wesentlich leichtere und leistungsfähigere Energiezellen. Ein Vorteil, von dem gerade die Elektromobilität profitiert.

Die Kehrseite der Medaille weist die Selbstentzündbarkeit der Lithiumbatterien auf. So wurden private Unfälle durch explodierende Batterien in Elektro-Zigaretten oder brennende Handys in der Hosentasche öffentlich. Meist entstehen Gefahren durch einen

S. Giern (✉)
BDE Bundesverband der Deutschen Entsorgungs-, Wasser- und Kreislaufwirtschaft e. V., Berlin, Deutschland
E-Mail: giern@bde.de

P. Kurth et al. (Hrsg.), *Praxishandbuch der Kreislauf- und Rohstoffwirtschaft*,
https://doi.org/10.1007/978-3-658-36262-1_28

unsachgemäßen Umgang, z. B. innere Kurzschlüsse durch mechanische oder thermische Belastung oder im Fall der Akkumulatoren durch Überladung.

Mit steigenden Konsumzahlen (siehe dazu auch die Mengenentwicklung in Bild 1-1) steigen auch die jährlichen Abfallzahlen. Treiber dieser rasanten Entwicklung sind neben dem technischen Fortschritt ein geändertes Kauf- und Konsumverhalten. Die Lebenszyklen von Elektrogeräten werden immer kürzer. Aber auch die Lebensdauer der Lithium-Ionen-Akkus ist begrenzt. Ausgehend von etwa 500–800 Ladezyklen bei wiederum einer wöchentlichen Ladung beträgt sie unter Idealbedingungen etwa 10–15 Jahre.

Aufgrund der steigenden Verbrauchsmengen, im Jahr 2019 wurden 12.739 Tonnen[1] wieder aufladbare Lithiumbatterien in Verkehr gebracht (vgl. Abb. 28.1), steigen zeitversetzt nun auch die Mengen in der Entsorgung und die Problemfälle häufen sich zunehmend.

Lithium ist ein äußerst reaktionsfreudiges und leicht brennbares Metall. Mit steigendem Aufkommen nimmt auch das Gefährdungspotential zu. Es ist also Vorsicht geboten. Kommt es zum Kurzschluss, beispielsweise weil die Separatorfolie zwischen den einzelnen Schichten des Akkus durch unsachgemäßen Umgang zerstört wurde, droht ein Brand. Die im Akku gebundene chemische Energie wird unkontrolliert und beschleunigt als thermische Energie abgegeben, bis auch das Lithium brennt. Ein solcher Metallbrand ist nur sehr schwer zu löschen – schon gar nicht mit Wasser, denn Lithium entwickelt bei der Reaktion mit Wasser sehr viel Wärme. Als Reaktionsprodukte entstehen ätzende Lithiumlauge (LiOH) und leicht brennbarer Wasserstoff (H_2). Zudem ist ein Lithium-Brand ein

Abb. 28.1 Masse der in Verkehr gebrachten Lithium-Ionen-Akkus (Li-Ion) in Deutschland (siehe FN 1)

[1] Erfolgskontrollberichte der Rücknahmesysteme für Gerätealtbatterien 2019; nachzulesen unter https://www.umweltbundesamt.de/daten/ressourcen-abfall/verwertung-entsorgung-ausgewaehlter-abfallarten/altbatterien#geratebatteriemarkt-masse-der-lithium-sekundarbatterien-stieg-wie-im-jahr-zuvor-starker-als-jedes-andere-batteriesystem-an. Zugegriffen: 1 Juni 2021.

sich selbst verstärkender Prozess, da das Metall den zum Brennen benötigten Sauerstoff selbst erzeugt. Deshalb können auch Löschversuche mit speziellen Metallbrandlöschern der Klasse D erfolglos bleiben. Vor diesem Hintergrund müssen Sammlung und Transport gebrauchter Batterien sowie auch gebrauchter Elektroaltgeräte, welche Lithiumbatterien enthalten, so erfolgen, dass die hochenergetischen Batterien nicht beschädigt werden können.

Wöchentlich haben wir in Deutschland Brandereignisse in Sortieranlagen der LVP-Sammlung, der Gewerbeabfallaufbereitung oder der Behandlung anderer Stoffströme zu vermelden. Sie bedeuten nicht nur für die Mitarbeiter ein Risiko und verursachen dem betroffenen Unternehmen einen erheblichen wirtschaftlichen Schaden, sie schwächen auch die komplette Kreislaufwirtschaft, da Kapazitäten an notwendigen Aufbereitungs- und Behandlungsanlagen reduziert werden. Die Branche braucht daher neben dem, in den folgenden Abschnitten ausgewiesenen rechtssicheren und sorgsamen Umgang auch ein Bewusstsein in der Bevölkerung und Industrie zum richtigen Entsorgung von Altbatterien.

28.2 Umgang mit gebrauchten Lithiumbatterien rechtssicher gestalten – Regelungslücken schließen

Lithiumbatterien und -akkus sind als gefährliche Güter eingestuft. Ihr Transport unterliegt grundsätzlich den Anforderungen des Europäischen Übereinkommens über die internationale Beförderung gefährlicher Güter auf der Straße (ADR – *Accord européen relatif au transport international des marchandises Dangereuses par Route*).

Das ADR verlangt einen sorgsamen Umgang bei Sammlung und Transport gefährlicher Güter, darauf sollte bereits an den Annahme- und Übergabestellen für Lithiumbatterien und Elektroaltgeräte, welche Lithiumzellen enthalten, geachtet werden.

Die nachfolgenden Ausführungen sollen eine praxistaugliche Handlungsgrundlage für Sammler und Beförderer von Batterien und Elektroaltgeräten darstellen.

Unabhängig davon wären klarstellende und praxistaugliche Regelungen in den rechtlichen Grundlagen für Batterien und Elektrogeräte dringend notwendig. Der Gesetzgeber hätte durch klarstellende Formulierungen im Gesetz die Chance, den sich verändernden Rahmenbedingungen durch den vermehrten Einsatz von Lithium als Energiespeicher Rechnung zu tragen.

Beispielsweise müssten Elektro- und Elektronikgeräte so konzipiert werden, dass Batterien und Akkumulatoren durch den Endnutzer ausbaubar sind. Dementsprechend bedarf es einer Anpassung der Regelungen zur Produktkonzeption von Elektro- und Elektronikgeräten.

Weiterhin bedarf es einheitlicher Kennzeichnung von Geräten mit hochenergetischen Akkumulatoren durch die Hersteller. Schon beim Kauf und später bei der Entsorgung sollten die Verbraucher zudem auf die korrekte Handhabung der betroffenen Geräte und Akkumulatoren hingewiesen werden.

Zusätzlich finanzielle Anreize für die Rücknahme vom Letztbesitzer, also eine Pfandpflicht zur Erhöhung der Sammelbereitschaft und damit eine wirksame Lenkung insbesondere kritischer Batterieströme wäre hilfreich. Mit steigender Energiedichte steigt das Risiko einer Brandgefahr bei unsachgemäßem Umgang und Fehlwürfen in der Entsorgung. Die Pfandpflicht wäre daher ab einer Spannung von 9 Volt für Lithiumbatterien und -akkumulatoren einzuführen.

Mit dieser Forderung einher geht die notwendige Erhöhung der Batteriesammelquote. Vor dem Hintergrund des ansteigenden Gebrauchs von Lithiumbatterien und -akkumulatoren sind die aktuellen Sammelquoten zwischen 45–50 Prozent nicht zufriedenstellend. Um die 50 Prozent der Gerätebatterien werden nicht dem sachgerechten Recycling zugeführt. Eine gezielte Batteriesammlung kann über das Batteriepfand sowie eine erhöhte Sammelquote von 80 Prozent für alle Gerätebatterien erreicht werden.

Last but not least ist der Vollzug ernst zu nehmen. Die Sammlung und der Transport von Lithiumbatterien ist mit einem Gefahrenpotential verbunden, dem auch mit einer gezielten Steuerung in die richtigen Recyclingwege begegnet werden muss. Die Sammlung und der Transport müssen durch klarstellende Formulierungen im Gesetz praktikabler gestaltet aber auch vollzogen werden.

28.3 Anforderungen an Sammlung, Verpackung und Transport gebrauchter Lithiumbatterien und -zellen gemäß ADR

Bis dato gelten diverse Vorschriften für die Sammlung, die Verpackungseinheiten und den Transport von gebrauchten Lithiumzellen und -batterien. Hierbei wird nach deren Zustand, sowie deren Einzel- und zu transportierendem Gesamtgewicht unterschieden, weiterhin ist relevant, ob sie lose oder in einem Elektroaltgerät verbaut anfallen.

Die nachfolgenden Ausführungen beziehen sich auf folgende rechtliche Grundlagen in den aktuellen Fassungen:

- ADR 2021 gültig ab 01.01.2021
  - Zu beachten sind hier insbesondere die Vorschriften zu:
    UN 3090 LITHIUM-METALL-BATTERIEN
    UN 3091 LITHIUM-METALL-BATTERIEN IN AUSRÜSTUNGEN oder LITHIUM-METALL-BATTERIEN MIT AUSRÜSTUNGEN VERPACKT
    UN 3480 LITHIUM-IONEN-BATTERIEN
    UN 3481 LITHIUM-IONEN-BATTERIEN IN AUSRÜSTUNGEN oder LITHIUM-IONEN-BATTERIEN MIT AUSRÜSTUNGEN VERPACKT
  - Sondervorschriften
    SV 188
    SV 230
    SV 348
    SV 360

SV 376
SV 377
SV 387
SV 390
SV 636
SV 670
- Verpackungsanweisungen
  P 908
  P 909
  P 910
  P 911
  LP 903
  LP 904
  LP 905
  LP 906
  LP 910

- Gesetz zur Neuordnung des Gesetzes über das Inverkehrbringen, die Rücknahme und die umweltverträgliche Entsorgung von Elektro- und Elektronikgeräten (Elektro- und Elektronikgerätegesetz – ElektroG)[2] aktualisierte Fassung vom 20. Mai 2021
  - Zu beachten sind hier insbesondere die Vorschriften zu:
    § 2 Abs. 3 Satz 3 – Verweis auf Anwendung des Gefahrgutbeförderungsgesetzes
    § 3 Nr. 24 – zerstörungsfreie Entnahme von Altbatterien und Altakkumulatoren, die nicht vom Altgerät umschlossen sind, entspricht keiner Erstbehandlung
    § 14 Abs. 1 – getrennte Erfassung batteriebetriebener Altgeräte aus Gruppen 2, 4 und 5
    § 14 Abs. 3 – Abholmenge batteriebetriebener Geräte mindestens fünf Kubikmeter zur Meldung bei der EAR[3]
- Gesetz über das Inverkehrbringen, die Rücknahme und die umweltverträgliche Entsorgung von Batterien und Akkumulatoren (Batteriegesetz – BattG)[4] aktualisierte Fassung vom 03.11.2020
  - Zu beachten sind hier insbesondere die Vorschriften zu:
    § 3 Nr. 13 – Definition Endnutzer
    § 11 – Pflichten des Endnutzers
    § 13 Abs. 1 – Mitwirken der öffentlich-rechtlichen Entsorgungsträger

[2] Elektro- und Elektronikgerätegesetz vom 20. Oktober 2015 (BGBl. I S. 1739), das zuletzt durch Artikel 1 des Gesetzes vom 20. Mai 2021 (BGBl. I S. 1145) geändert worden ist.

[3] Stiftung Elektro-Altgeräte Register.

[4] Batteriegesetz vom 25. Juni 2009 (BGBl. I S. 1582), das zuletzt durch Artikel 1 des Gesetzes vom 03.11.2020 (BGBl. I, S. 2280) geändert worden ist.

Abb. 28.2 Abfallrechtliche Kennzeichnung beim Transport von Altbatterien

Abb. 28.3 Gefahrgutrechtliche Kennzeichnung beim Transport von Altbatterien

28.3.1 Abfallrechtliche Kennzeichnungspflicht beim Transport von Altbatterien

Sammler und Beförderer müssen die Fahrzeuge, mit denen Abfälle in Ausübung ihrer Tätigkeit auf öffentlichen Straßen befördert werden, vor Antritt der Fahrt mit Warntafeln – den sogenannten „A-Schildern" – versehen. Die Warntafeln müssen vorn und hinten während der Beförderung außen am Fahrzeug deutlich sichtbar angebracht sein (Abb. 28.2). Bei Zügen muss die hintere Tafel an der Rückseite des Anhängers angebracht sein.[5]

28.3.2 Gefahrgutrechtliche Kennzeichnungspflicht beim Transport von Altbatterien

Wenn die Mengengrenze zur Nutzung der Freistellungsregelungen bei Verladung von Versandstücken von 333 kg Li-Batterien in der Beförderungseinheit überschritten wird, ist die Beförderungseinheit neben dem A-Schild mit einer unbeschrifteten orangefarbenen Warntafel zu kennzeichnen (Abb. 28.3).

28.4 Kategorisierung gebrauchter Lithiumzellen und -batterien gemäß ADR

Für die Sammlung und den Transport von gebrauchten Lithiumzellen und -batterien gemäß dem ADR werden die nachfolgend in Tab. 28.1 gelisteten Kategorisierungen und Begriffe angewandt.

[5] § 55 Kreislaufwirtschaftsgesetz vom 24. Februar 2012 (BGBl. I S. 212), das zuletzt durch Artikel 2 Absatz 2 des Gesetzes vom 9. Dezember 2020 (BGBl. I S. 2873) geändert worden ist.

Tab. 28.1 Gruppierung gebrauchter Lithiumbatterien gemäß ADR

Zustand/ Gewicht	Verpackung/Transport	Bemerkungen	ADR 2017 Vorschrift
unbeschädigt ≤ 500 g pro Zelle	Systemrücknahme-Karton oder UN-zugelassene Verpackung; bis max. 333 kg Li-Batterien in Beförderungseinheit Freistellung vom ADR**; (optional: UN 3090/UN 3480, Gefahrzettel Muster 9A)	Gemischt mit anderen Batterien (z. B. bei Anwendung eines Rücknahme-Systems; füllungsfreien Raum in der Verpackung ausfüllen)	SV 188 SV 377 SV 636 P 909* LP 903
unbeschädigt > 500 g pro Zelle	UN-zugelassene Verpackung; Mengen Beförderungseinheit**; UN 3090/UN 3480, Gefahrzettel Muster 9A	Nicht als Gemisch sammeln, jede Batterie muss einzeln gegen Kurzschluss gesichert sein	SV 377 P 909* LP 903
beschädigt ≤ 500 g pro Zelle	Transport gem. SV 636; (optional: UN 3090/UN 3480, Gefahrzettel Muster 9A)	Empfehlung aus Sicherheitsgründen: Verfüllung beschädigter Zellen mit Inertmaterial (z. B. trockener Sand), keine Zusammenpackung mit Batteriegemisch, unbeschädigt, für Transport Einzelfestlegung (gem. SV 376) **nicht** erforderlich	SV 636 P 909
beschädigt > 500 g pro Zelle	Transport gem. SV 376 oder Einzelfestlegung der BAM; Zur Aufbewahrung separate Verpackung, gegen Kurzschluss gesichert in Inertmaterial (z. B. trockener Sand) einbetten	Einzelfestlegung (gem. SV 376) der zust. Behörde erforderlich (BAM[a])	SV 376 P 908 LP 904
unbeschädigt als Stützbatterie in Geräten/ Ausrüstungen fest eingebaut	unterliegen nicht dem ADR (SV 390(a) und SV 670(a))	keine Verpackung notwendig, wenn NUR Stützbatterien in Geräten verbaut und Gerät ausreichend Schutz bietet	SV 390(a) SV 670(a)
unbeschädigt als Hauptenergiequelle in Geräten/ Ausrüstungen fest eingebaut	Verpackung gem. P 909 (z. B. Kiste, Fass, IBC); SV 670(b) (z. B. Big-Bag; stabiler, allseitig umschlossener Behälter)**; Kennzeichnung mit: „LITHIUMBATTERIEN ZUR ENTSORGUNG“ oder „LITHIUMBATTERIEN ZUM RECYCLING“	Großgeräte sind unverpackt, einzeln oder als Ladungseinheit im Container transportierbar. Statt Einzelkennzeichnung der Geräte kann alternativ die Kennzeichnung auf der Oberfläche von Fahrzeugen oder Containern angebracht werden.	SV 188 SV 390 P 909* LP 903 SV 670(b)

*bis 30 kg Bruttomasse keine geprüfte Verpackung erforderlich

**Zur Nutzung der Freistellungsregelungen bei Verladung von Versandstücken Mengengrenze beachten (max. 333 kg Li-Batterien in der Beförderungseinheit)

[a]Bundesanstalt für Materialforschung und -prüfung

Praxishinweis Zum Einsatz von Spannringfässern: Im nachfolgenden Text werden als zulässige Verpackungen auch Spannringfässer angegeben.

Hierzu ist zu beachten, dass der Transport von Batteriegemischen gemäß der Verpackungsanweisung P 909 in Fässern (1H2) und einem Bruttogewicht von über 30 kg nach derzeitiger Einschätzung der BAM nicht den geltenden Vorschriften gemäß der Sondervorschrift 636 entsprechen. Spannringfässer mit einem Volumen von 30 l, 60 l und 120 l würden, im mit Batterien befüllten Zustand, die Bruttomasse von 30 kg deutlich überschreiten und unterliegen somit einer Bauartprüfung. Die in der Branche eingesetzten Spannringfässer besitzen die erforderliche Bauartprüfung aktuell jedoch nicht, da Batterien nicht als feste Stoffe, sondern als Gegenstände anzusehen wären und für Gegenstände die Zulassungsbescheinigungen der Fässer (unter Pkt. 6) keinen Eintrag besitzen. Ein Einsatz dieser Fässer entspricht somit laut Auffassung der Bundesanstalt für Materialprüfung (BAM) nicht den Anforderungen.

Zur Klärung des Sachverhaltes ist bereits über das Bundesverkehrsministerium der Austausch zwischen der Prüfungsbehörde und den Herstellern eingeleitet worden. Weiterhin wurde in Abstimmung mit dem Bund-Länder-Fachausschuss Gefahrgut (BLFA-GG) eine Duldungsregelung vereinbart, welche für die nächsten fünf Jahre, also bis zum 31.12.2025 gilt (siehe Veröffentlichung des BMVI vom 03.12.2020 im Verkehrsblatt 2020 S. 847). Bis dahin wird der Transport auch ohne entsprechende Bauartprüfung der Fässer geduldet, anschließend muss eine Bauartprüfung der Fässer mit Zulassung für Batterien nachgewiesen werden.

28.5 Umgang mit Batterien und Verpackungsarten

28.5.1 Umgang mit unbeschädigten Batterien ≤ 500 g

Herkömmliche Batterien sind z. B. ZnC-, Zn-Luft-, AlMn-, NiCd- und NiMH- Batterien. Diese Monochargen oder Gemische von Batterien können an entsprechenden Sammelstellen im Handel oder an Annahmestellen der Abfallwirtschaft in den entsprechenden Sammelbehältnissen entsorgt werden. Diesen Batteriegemischen dürfen in geringen Mengen auch Lithiumbatterien mit einem Gewicht bis 500 g zugefügt werden. Der maximal tolerierbare Anteil der Lithium-Systeme darf 333 kg je Beförderungseinheit nicht überschreiten, dies ist durch ein Qualitätssicherungssystem sicher zu stellen. In diesem Fall sind keine besonderen Maßnahmen zur separaten Erfassung von Hochenergiebatterien erforderlich.

Erfassung und Transport erfolgen in entsprechend zugelassenen Verpackungen, welche mit der Aufschrift „LITHIUMBATTERIEN ZUM RECYCLING“ zu kennzeichnen sind (Abb. 28.4). Der Gefahrzettel Muster 9A darf angebracht werden. Bis 30 kg Bruttomasse müssen die Verpackungen nicht bauartgeprüft sein (siehe dazu auch Tab. 28.1).

Abb. 28.4 Verpackung für unbeschädigte Batterien $\leq$ 500 g

Wird zusätzlich eine Umverpackung, z. B. Folie zur besseren Handhabung verwendet, muss der Aufdruck „UMVERPACKUNG" angebracht werden. Die UN-Nummern und der Gefahrenzettel müssen wiederholt an der Umverpackung angebracht werden. Generell gilt, dass die zusätzliche Kennzeichnung dann entfallen kann, wenn Gefahrzettel und Beschriftungen von außen klar lesbar bleiben. Bei Aufschriften muss die Zeichenhöhe mindestens 12 mm betragen.

Gemäß dem ADR sind die Sondervorschriften SV 188; SV 636 sowie SV 377 sowie die Verpackungsanweisungen P 909 und LP 903 anzuwenden.

Es ist unbedingt darauf zu achten, dass *zur Nutzung der Freistellungsregelungen* (SV 636) bei der Verladung von Versandstücken die Mengengrenzen eingehalten werden. Das heißt, es sind max. 333 kg Lithium-Batterien in der gesamten Beförderungseinheit erlaubt. Bei Einhaltung dieser Mengengrenze ist *keine* Kurzschlusssicherung im Batteriegemisch erforderlich. Es gilt die Verpackungsanweisung P 909.

► **Praxishinweis BDE-Empfehlung:** Um nicht die weitergehenden Anforderungen des ADR erfüllen zu müssen, darf der maximal tolerierbare Anteil der Lithium-Systeme 333 kg je Beförderungseinheit nicht überschreiten. Demnach sind Transporte von Batteriegemischen mit einem geringen Anteil von Lithiumbatterien z. B. getrennt von der Beförderung von unbeschädigten Lithiumbatterien größer 500 g Gewicht durchzuführen.

28.5.2 Umgang mit unbeschädigten Batterien > 500 g

Für unbeschädigte Lithiumbatterien mit einem Gewicht größer 500 g ist die Sammlung nur in Monochargen erlaubt. Um Kurzschlüsse zu vermeiden, müssen die Pole der Lithiumbatterien oder -zellen isoliert und lose Kabel und Kabelenden abgeklebt werden. Des Weite-

Abb. 28.5 Verpackung für unbeschädigte Batterien > 500 g

ren ist es wichtig, dass diese Batterien so verpackt im Transportbehältnis eingebracht werden, dass eine Bewegung der einzelnen Batterien im Behälter vermieden wird. Es ist nicht erlaubt, dass in den Behältnissen Materialien enthalten sind, welche die Batterien beschädigen können. Verwendetes Polstermaterial darf nicht leitfähig und nicht brennbar sein.

Erfassung und Transport erfolgen in entsprechend zugelassenen Verpackungen, welche mit den UN-Nummern UN 3090/UN 3480 und dem Gefahrzettel Muster 9A zu kennzeichnen sind. Ein Beispiel dafür gibt Abb. 28.5.

Gemäß dem ADR sind die Sondervorschrift SV 377 sowie die Verpackungsanweisungen P 909 und LP 903 anzuwenden.

28.5.3 Umgang mit beschädigten Batterien $\leq$ 500 g

Batterien oder Zellen, bei denen festgestellt wurde, dass sie beschädigt oder defekt sind, müssen gemäß der Sondervorschrift SV 636 ADR verpackt und transportiert werden. Wie dies aussehen kann, zeigt Abb. 28.6.

► **Praxishinweis BDE-Empfehlung:** Bei der Sammlung sollten die beschädigten Batterien mit entsprechendem Inertmaterial in das Transportbehältnis eingebracht werden, d. h. es ist ausnahmslos Polstermaterial zu verwenden, welches nicht leitfähig und nicht brennbar ist. Für die Verfüllung sollte ausschließlich trockener Sand oder Vermiculite verwendet werden. Weiterhin wird empfohlen, dass keine gemeinsame Erfassung mit unbeschädigten Batterien kleiner 500 g erfolgt.

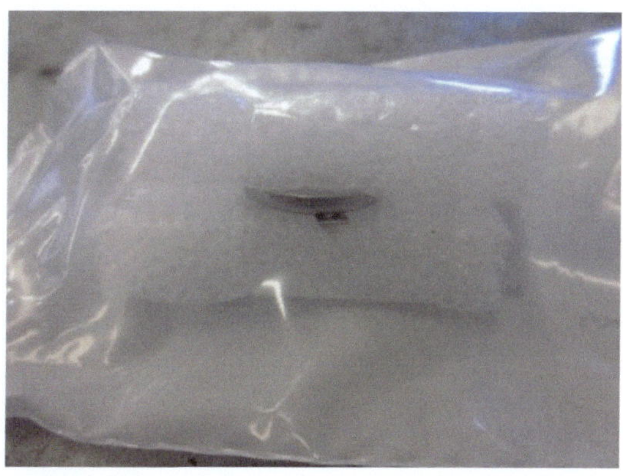

Abb. 28.6 Beschädigte Batterien ≤ 500 g

28.5.4 Umgang mit beschädigten Batterien > 500 g

Als beschädigt oder defekt werden Batterien oder Zellen bezeichnet, welche nicht gemäß dem UN 38.3-Test als geprüfter Typ deklariert werden können. Hierzu zählen:

- Zellen oder Batterien, die aus Sicherheitsgründen als defekt identifiziert worden sind;
- ausgelaufene oder entgaste Zellen oder Batterien;
- Zellen oder Batterien, die vor der Beförderung nicht diagnostiziert werden können oder
- Zellen oder Batterien, die eine äußerliche oder mechanische Beschädigung erlitten haben.

Wenn diese Eigenschaften auftreten, gelten die Batterien oder Zellen unter normalen Beförderungsbedingungen als eingeschränkt transportsicher. Es bedarf aber weitergehender Einschätzungen, ob eine Zelle oder Batterie kritisch (und somit nicht transportsicher), oder tatsächlich unkritisch ist. Für den Transport der unkritischen Batterien mit einem Gewicht größer 500 g muss die Sondervorschrift 376 angewendet werden (in Verbindung mit den Verpackungsanweisungen P 908 bzw. LP 904). Eine Sicherung gegen Kurzschluss in dieser Verpackung muss durch Einbettung in Inertmaterial (z. B. trockener Sand; Vermiculite) erfolgen (siehe Abb. 28.7).

Alternativ bedarf es einer Einzelfestlegung der zuständigen Behörde; in Deutschland ist das die BAM.

Es ist verpflichtend, vor Verpackung und Verladung vom Hersteller oder von einem technischen Sachverständigen eine Begutachtung und entsprechende Beurteilung der Zellen oder Batterien vornehmen zu lassen. Kann diese Beurteilung nicht durchgeführt werden oder erfolgt eine Einstufung der Batterie als kritisch, muss der Transport gemäß SV 376 in Verbindung mit P 911/LP 906 durchgeführt werden. Alternativ kann der Transport gemäß einer Einzelfestlegung der BAM erfolgen.

Abb. 28.7 Füllungsfreie Räume mit nicht leitfähigem, nicht brennbarem Inertmaterial auffüllen

28.5.5 Ablaufschema zur Einordnung von Zellen oder Batterien

Die in den Abschn. 28.4 und 28.5.1 bis 28.5.4 beschriebenen Sachverhalte können mit dem in Abb. 28.8 dargestellten Ablaufschema zusammengefasst werden.

28.5.6 Batterien in Elektroaltgeräten (EAG)

Die frühere Praxis, Elektroaltgeräte, welche Lithiumbatterien oder -zellen enthalten, in handelsüblichen Containern oder Gitterboxen in loser Schüttung zu sammeln, widerspricht den Regelungen des ADR, denn von Geräten mit Lithiumbatterien, die durch unsachgemäßen Umgang beschädigt werden können, geht eine erhöhte Brandgefahr aus.

Bereits an den Annahmestellen muss darauf geachtet werden, ob Elektroaltgeräte Lithium enthalten, um sie ggf. in ADR-konformen Behältern zu erfassen. Dabei regelt das ADR, wann ein Transportbehälter für Elektroaltgeräte mit Lithiumbatterien als ADR-konform anzusehen ist und legt eine „*widerstandsfähige Außenverpackung, die aus einem geeigneten Werkstoff und einer geeigneten Festigkeit und Auslegung hergestellt ist*“ als Mindeststandard fest.

Gemäß *§ 14 Abs. 1 ElektroG* hat die Erfassung batteriebetriebener Altgeräte innerhalb der Gruppen 2, 4 und 5 getrennt zu erfolgen. Die *Verpackungsanweisung P 909 des ADR in Verbindung mit der Sondervorschrift SV 670* erklären weitergehend, dass die Erfassung akkubetriebener Geräte in separaten ADR-konformen Behältern erfolgen muss, dabei müssen die Lithiumzellen und -batterien von den Geräten ausreichend geschützt werden. Weiterhin ist der Transport in den Verpackungen nur möglich, wenn eine Verdichtung oder

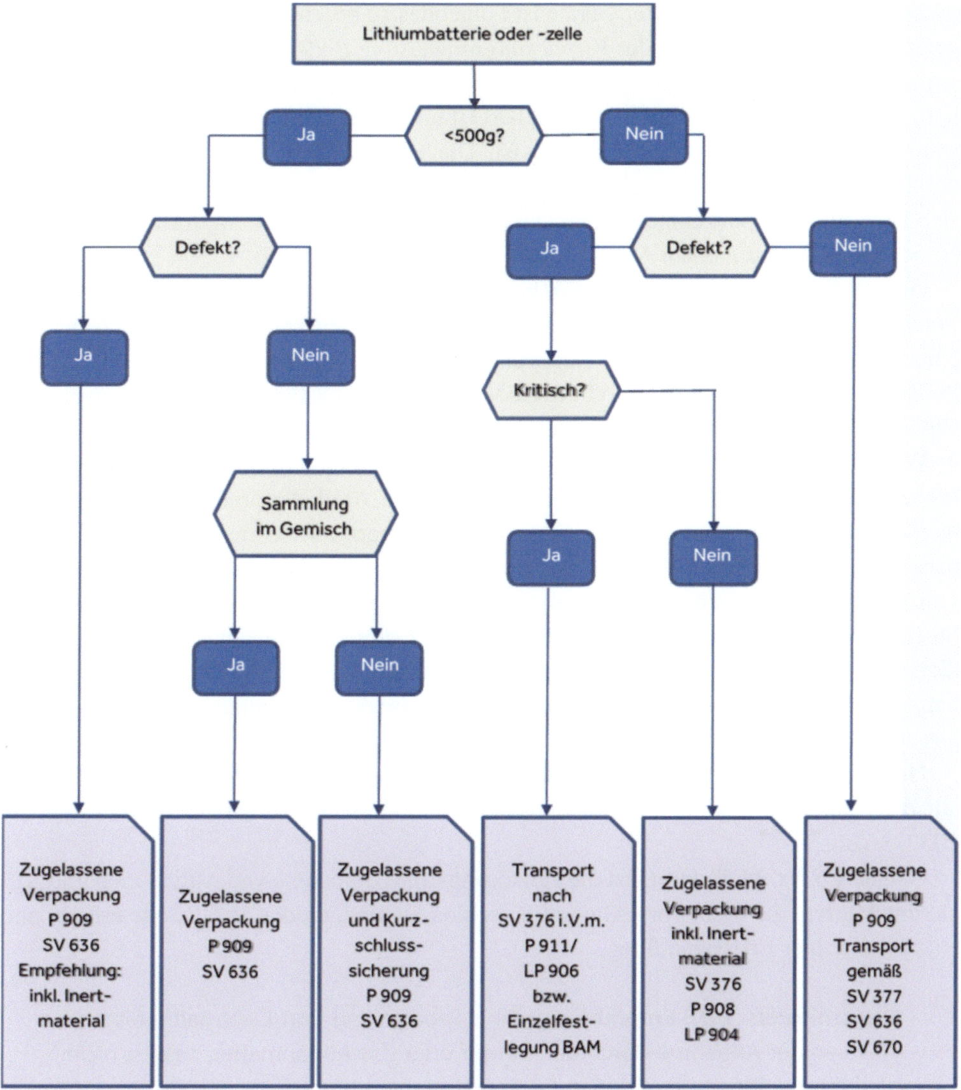

Abb. 28.8 Ablaufschema zur Einordnung von Zellen oder Batterien

Umschüttung nicht erfolgt, da dies zur Beschädigung der enthaltenen Batterien führen kann. Eine Kennzeichnung der einzelnen Geräte in den Verpackungen ist nicht notwendig. Die Vorschriften schreiben eine Verpackung vor, welche so hergestellt und verschlossen sein muss, dass ein Verlust von Ladegut während der Beförderung verhindert wird. Damit wäre z. B. der Einsatz von Gitterboxen lediglich mit einem Inliner (z. B. Foliensack oder Big-Bag) möglich. Ein Container ist keine Verpackung gemäß den ADR-Anforderungen. Er bildet lediglich eine Lade- und Transporthilfe, in welche Verpackungen oder unverpackte Geräte eingestapelt und transportiert werden können.

Zum Transport unverpackter Geräte ist Folgendes zu beachten: stapelfähige Elektroaltgeräte dürfen auf Grundlage der *Verpackungsanweisung P 909* unverpackt oder auf Paletten transportiert werden. Hier ist das formschlüssige Einstapeln in Großcontainern möglich, wenn die Ladung ausreichend gesichert ist und somit ein Feststehen der Geräte auch während des Transportes gewährleistet ist. Die Geräte dürfen durch das Stapeln bzw. durch die angelegte Ladungssicherung nicht beschädigt oder verdichtet werden. Wenn sich auf dem Transport eingestapelte Geräte zu einer losen Schüttung formieren, handelt es sich nicht mehr um einen ADR-konformen Transport.

Gemäß der *Sondervorschrift SV 670* bedarf es nicht der Kennzeichnung jedes einzelnen Versandstückes in einem Container, also jedes Elektroaltgerätes, welches sich nicht in einer Verpackung befindet. Die Kennzeichnung „LITHIUMBATTERIEN ZUR ENTSORGUNG" oder „LITHIUMBATTERIEN ZUM RECYCLING" kann alternativ auf der äußeren Oberfläche der Fahrzeuge oder der Container angebracht werden.

Wenn sichergestellt werden kann, dass keine Lithiumbatterien bzw. -akkus in den erfassten Elektroaltgeräten enthalten sind, müssen die ADR-Anforderungen nicht erfüllt werden und der Transport in handelsüblichen Containern oder Gitterboxen ist durchführbar. Weiterhin zu berücksichtigen ist, dass durch die *Sondervorschrift SV 670* Geräte von den Anforderungen des ADR ausgenommen sind, wenn ausschließlich Lithium-Stützbatterien verbaut sind und keine Batterien enthalten sind, die als Hauptenergiequelle dienen. Zusätzlich muss sichergestellt sein, dass durch die Geräte in denen die Stützbatterie enthalten ist, diese auch während des Transportes ausreichend vor Beschädigungen geschützt werden.

Die in den Abb. 28.9 und 28.10 dargestellten Fotos zeigen eine Stützbatterie, welche auf der Hauptplatine eines PC fest eingebettet ist. Die Batterie entspricht dem Typ CR 2032, 3 Volt.

Gemäß *§ 3 Nr. 24 ElektroG* ist die zerstörungsfreie Entnahme von Altbatterien und Altakkumulatoren, die nicht vom Altgerät umschlossen sind, an der Anfallstelle erlaubt und entspricht keiner Erstbehandlung.

► **Praxishinweis BDE-Empfehlung:** Eine Separierung von Elektroaltgerät und Akku an der Annahme durch den Bürger oder das Annahmepersonal ist nicht zielführend. Bleibt der Akku im Gerät fest verbaut, sind die Pole weiterhin geschützt und eine zusätzliche Kurzschlusssicherung ist nicht notwendig.

Die Aufstellung von Depotcontainern zur Sammlung von Elektrokleingeräten und der entsprechende Weitertransport müssen den Anforderungen der Sondervorschrift SV 670 (b) entsprechen, da nicht ausgeschlossen werden kann, dass in die Depotcontainer entsprechend lithiumhaltige Geräte eingeworfen werden. Der alleinige Hinweis auf Depotcontainern „kein Einwurf von Geräten die Lithiumbatterien bzw. -akkus enthalten" reicht nicht aus. Die Erfassung im Depotcontainer ist möglich, wenn der Behälter über Polstermaterial als Aufprallschutz verfügt. Die Leerung der Depotcontainer hat mittels Behälterwechsel zu erfolgen.

Abb. 28.9 Stützbatterie Typ CR 2032, 3 Volt auf PC-Platine

Abb. 28.10 Stützbatterie Typ CR 2032, 3 Volt auf PC-Platine (Nahaufnahme)

28.5.7 E-Bike Akkus

Die Definition Industriebatterien beschränkt sich im Bereich Mobilität auf Batterien für Elektrofahrzeuge.

Aktuell scheint leider weitgehend unklar, inwieweit E-Bike Akkus über den Stoffstrom der Gerätebatterien zu erfassen sind oder aber der Rücklauf als Industriebatterie erfolgen muss.

Kategorien:

- Pedelecs, also Fahrräder mit pedalunterstütztem Elektromotor
- als Fahrrad geltende E-Bikes, die über eine Anfahr- und Schiebehilfe verfügen, aber ohne Treten des Fahrers nicht schneller als 6 km/h fahren

- S-Pedelecs (schnelle E-Bikes) verfügen über eine Anfahr- und Schiebehilfe von mehr als 6 km/h und eine Motorunterstützung auch über 6 km/h hinaus

Für diese sog. S-Pedelecs gelten die Vorschriften für Fahrzeuge und es besteht Kennzeichen- und Versicherungspflicht. Sie sind Industriebatterien, die anderen nicht. Weder für Sammler noch für Verwerter ist jedoch dieser Unterschied erkennbar und somit werden immer wieder Akkus aus diesem Bereich an Wertstoffhöfen erfasst oder über die Sammlung von den Rücknahmestellen fälschlicherweise dem Stoffstrom der Gerätebatterien zugeordnet.

Unabhängig davon sind die gefahrgutrechtlichen Vorschriften bei der Erfassung der Akkus zu berücksichtigen.

Für unbeschädigte Batterien gelten die hier unter Abschn. 28.5.2 genannten Vorgaben. Für beschädigte Batterien gelten die Vorschriften des Abschn. 28.5.4.

28.5.8 Starterbatterien für Fahrzeuge

Starterbatterien für Fahrzeuge unterliegen dem Stoffstrom der Industriebatterien und sollten über die entsprechenden Rücknahmen der Verwertung und dem Recycling zugeführt werden. Des Öftern werden jedoch auch Batterien und Akkus aus diesem Bereich an Wertstoffhöfen erfasst oder über die Sammlung von den Rücknahmestellen fälschlicherweise dem Stoffstrom der Gerätebatterien zugeordnet.

Unabhängig von dieser Problematik sind auch hier bei der Erfassung und dem Transport die gefahrgutrechtlichen Vorschriften zu berücksichtigen.

Für unbeschädigte Batterien gelten die hier unter Abschn. 28.5.2 genannten Vorgaben. Für beschädigte Batterien gelten die Vorschriften des Abschn. 28.5.4.

Multimetallrecycling: Basis für einen nachhaltigen Kreislauf von Lithium-Ionen-Batterien

29

Marcus Eschen

29.1 Zukunft braucht Metalle

Metalle begegnen uns in allen Lebensbereichen. Die Fähigkeit, sie herzustellen und zu verarbeiten, ist untrennbar mit unserem technologischen Fortschritt verknüpft. Metalle sind die Grundlage für weitreichende Entwicklungen wie die Energie- oder Mobilitätswende, Smart Homes oder die digitale Transformation. Sie machen Zukunft erst möglich. (Abb. 29.1). Eine weltweit steigende Nachfrage trifft auf endliche natürliche Ressourcen. Umso wichtiger ist es, verantwortungsvoll mit den verarbeiteten Metallen umzugehen. Die Lösung: Metallrecycling. Es reduziert die Umweltbelastung, indem es natürliche Vorkommen schont und CO_2- und Energieeinsparungen ermöglicht. Zugleich sichert es die künftige Rohstoffbasis Europas und mindert die Importabhängigkeit.

Mit Metallrecycling erschließen wir uns neue Rohstoffquellen – und das direkt vor unserer Haustür. Allein die weltweit in Gebäuden, Infrastruktur und Konsumgütern verarbeiteten Kupferressourcen – das sogenannte anthropogene Lager – werden auf bis zu 450 Millionen Tonnen geschätzt,[1] über 50 % der derzeitigen bekannten geologischen Reserven. Eine substanzielle Ressource auf Abruf. Noch kann aber der Bedarf nicht allein durch Recyclingrohstoffe gedeckt werden. Auch weil die Metallnachfrage weiter massiv wächst. Dies spiegelt sich direkt in den jährlichen Wachstumsraten (CAGR) wider, die für Nichteisenmetalle typischerweise im Bereich von 1,5 bis 3 %

[1] https://copperalliance.org/wp-content/uploads/2021/08/Future-Urban-Mining.pdf.

M. Eschen (✉)
Aurubis AG, Lünen, Deutschland
E-Mail: m.eschen@aurubis.com

P. Kurth et al. (Hrsg.), *Praxishandbuch der Kreislauf- und Rohstoffwirtschaft*,
https://doi.org/10.1007/978-3-658-36262-1_29

Abb. 29.1 Metalle sind die Basis für heutige und zukünftige Technologien, wobei Komplexität, Bedarf und die Notwendigkeit für Metallrecycling steigen (nach: Factsheet: Hintergründe zum Metallrecycling; https://www.aurubis.com/dam/jcr:c6fcc8f4-608a-49ff-b308-c94b7514da36/210727_as_publikationen_factsheet_recycling_bedarf_DE.pdf)

liegen. So erwartet man z. B. für das Jahr 2040 einen globalen Bedarf an Kupfer von mehr als 33 Millionen Tonnen.[2]

29.1.1 Eine runde Sache: Kreislaufwirtschaft in der Metallindustrie

Metalle werden nicht verbraucht, sondern gebraucht. Ihr Dasein muss nicht enden. Einmal gewonnen, lassen sie sich theoretisch unbegrenzt häufig neu aufbereiten, ohne dass dabei ihre Materialeigenschaften leiden. Die Herstellung von Metallen beginnt bekanntermaßen mit dem Abbau von metallhaltigen Erzen und deren metallurgischer Verarbeitung, z. B. durch Schmelzen und Raffinieren. Einmal hergestellt, besitzen Metalle einen bleibenden Wert.

Meist verbergen sich diese Werte allerdings in den verschiedensten metallhaltigen Konsum- und Gebrauchsgütern wie elektronischen Geräten oder Fahrzeugen, deren Nutzungsdauer zeitlich begrenzt sind. Der Lebensweg für Metalle ist hier aber nicht zu Ende, durch gezielte Sammlung und Aufbereitung schließt sich der Kreis wieder zur Produktion (Abb. 29.2). Recycling leistet hierbei einen bedeutenden Beitrag für die Metallindustrie: es bietet eine stete Rohstoffquelle mit kontinuierlichem Wachstum und senkt CO_2-Emissionen in der Metallproduktion um bis zu 60 %, sowie den Energiebedarf um bis zu 85 %. Ziel der Kreislaufwirtschaft sollte es sein, zukünftig den Metallbedarf einzig durch das Recycling von Sekundärmaterial zu decken. Auf absehbare Zeit werden allerdings auch nachhaltige, primäre Erzlagerstätten den rasant steigenden Bedarf mit decken müssen.

Eine besondere Herausforderung beim Recycling ist, dass die Endprodukte immer komplexer werden. Das bedeutet, sie bestehen aus immer mehr kleinen, oft fest miteinander verbundenen Komponenten aus unterschiedlichen Materialien. Die Nutzung von Rein-

[2] https://www.iea.org/data-and-statistics/charts/total-copper-demand-by-sector-and-scenario-2020-2040.

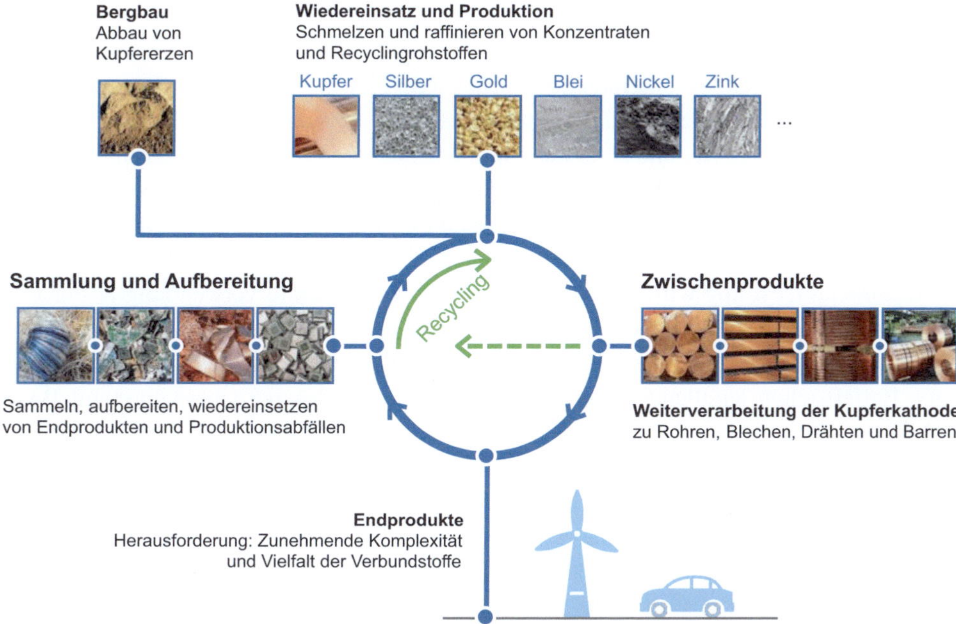

Abb. 29.2 Kreislaufwirtschaft in der Metallindustrie am Beispiel der Kupferproduktion

metallen ist zunehmend eine Ausnahme, vielmehr dominieren Metallverbünde (legiert, verschweißt, aufgetragen) und Metall-Kunststoffverbünde.

Bevor Recyclingmetalle innerhalb des Wertstoffkreislaufs eine neue Nutzung erfahren können, müssen sie einen immer aufwändigeren Aufbereitungsprozess durchlaufen, dies erfordert zunehmend neue und alternative mechanische und chemische Trenn- und Aufbereitungsverfahren. Endprodukte werden schwerpunktmäßig auf eine Funktion hin entwickelt, die Recyclingfähigkeit kommt hierbei oft zu kurz. Ziel muss hier sein, dass „Design for Recycling" künftig eine zentrale Rolle in der Produktentwicklung spielt.

Auch gelangen nach wie vor viele verwertbare Produkte und Materialien gar nicht erst in den Recyclingkreislauf zurück. So liegt beispielsweise die Sammelquote bei Elektronikschrotten gerade einmal bei rund 45 % in Europa.[3] Dieses Beispiel veranschaulicht besonders gut, wie stark nachhaltiges Recycling durch falsche Schrottentsorgung beeinflusst werden kann.

Die Komplexität von Recycling zeigt sich nicht nur im Produktdesign oder der Sammlung und Aufbereitung von Endprodukten, erschwerend für die Metall-Kreislaufwirtschaft ist auch eine unstimmige Gesetzgebung mit oft gegenläufigen Zielsetzungen, als Stichworte seien hier beispielsweise genannt: Ressourcenschutz, Rohstoffsicherung, Abfallmanagement, transparente Lieferkette, Betreiberzuverlässigkeit, Umweltschutz, Chemikalienmanagement.

[3] The Global E-waste Monitor 2020 (2020).

29.1.2 Multimetallrecycling

Aurubis ist ein führendes Unternehmen für das Recycling von Kupfer, Edelmetallen und anderen Nichteisenmetallen, und ist darauf spezialisiert, auch aus komplexesten Recyclingrohstoffen werthaltige Metalle zu extrahieren, neu aufzubereiten und wieder in den Wertstoffkreislauf einzuführen (Abb. 29.3). Die Standorte des Konzerns bilden hierzu gemeinsam ein integriertes Hüttennetzwerk, welches durch innovative Recyclinglösungen eine Vielzahl an Recyclingmaterialien verarbeitet.

Multimetallrecycling wird ermöglicht durch die konsequente Verwendung bester verfügbarer Technik (BVT), welche umweltschonend und energieeffizient hohe Ausbring- und Verwertungsraten garantiert. Die bei Erst- und Weiterbehandlern, sowie bei industriellen Entfallstellen anfallenden Recyclingmaterialien werden bei Übernahme auf Basis etablierter Verfahren und modernster Analysemethoden beprobt und fair bewertet. Gesetzkonformes und zertifiziertes Qualitätsrecycling ist nachfolgend die Grundlage für die Umsetzung von „Closing the Loop"-Lösungen mit und für Lieferanten und Produktkunden.

Multimetallrecycling ist der effektivste Weg des Metallausbringens, auch für komplexe Materialien. Es schafft zusätzliche Synergien durch Energieeffizienz, Ressourcenschonung und CO_2-Minderung und steht letztendlich für einen erheblichen Mehrwert für unsere Gesellschaft und unsere Umwelt. Die herausragenden Leistungen des Multimetallrecyclings treten besonders hervor, wenn man einen Blick auf die globalen Megatrends des 21. Jahrhunderts und die damit verbundenen Probleme wirft: Digitalisierung und Elektromobilität.

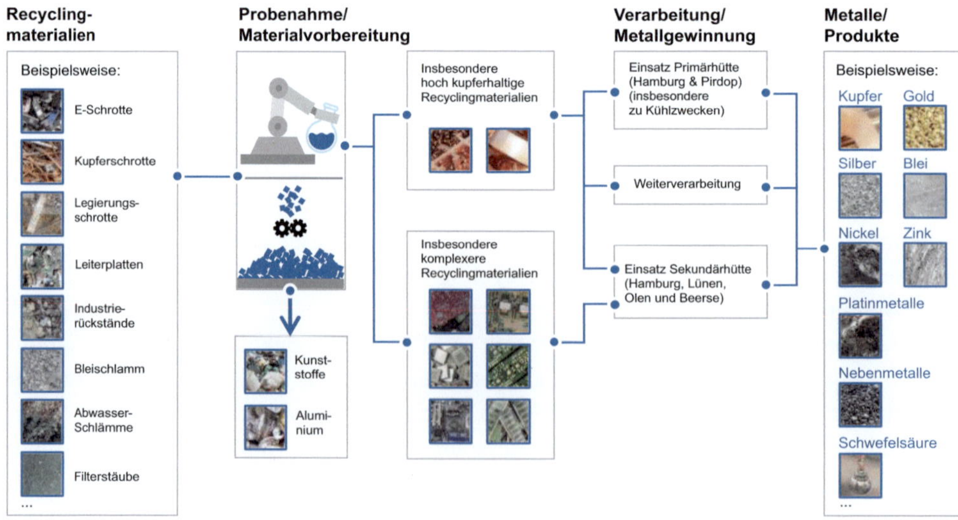

Abb. 29.3 Multimetallrecycling: der Aurubis-Weg

29.2 Herausforderung Elektronikschrottrecycling

Unsere digitalisierte Welt entwickelt sich kontinuierlich weiter. Bis Ende des Jahres 2020 wurden mehr als 4,6 Milliarden Internetnutzer und sogar mehr als 5,2 Milliarden einzelne Handynutzer gemeldet,[4] was zwei Drittel der Weltbevölkerung ausmacht. Die Nutzung elektronischer Kommunikationsgeräte wie Smartphones oder Computersysteme hängt stark von der Leistungsfähigkeit dieser Geräte ab, um die heutigen modernen digitalen Dienste reibungslos ausführen zu können. Typischerweise können diese Geräte nach zwei bis vier Jahren Nutzung als veraltet bezeichnet werden, durch Aufarbeitung und Wiederverwendung kann die Lebensdauer um mehrere Jahre erhöht werden, aber am Ende werden diese zu Elektronikschrott. Die jährliche Wachstumsrate des weltweit anfallenden Elektronikschrotts liegt im Bereich von 4 bis 5 % und wird im Jahr 2030 zu mehr als 72 Millionen Tonnen Elektronikschrott führen, eine 1,7-fache Steigerung gegenüber den heutigen Elektronikschrottmengen (Abb. 29.4).

Fast 6 Prozent aller heute auf den Markt gebrachten Elektro- und Elektronikgeräte (EEE) sind Autoelektronik.[5] In der Automobilindustrie ist der gleiche Trend der zunehmenden Digitalisierung zu beobachten, der zum Einbau von Hochleistungselektronik (und Displays) in moderne Autos von heute führt. Dementsprechend ist in Zukunft auch mit steigenden Elektronikschrottmengen mit steigender Komplexität aus der Automobilindustrie zu rechnen.

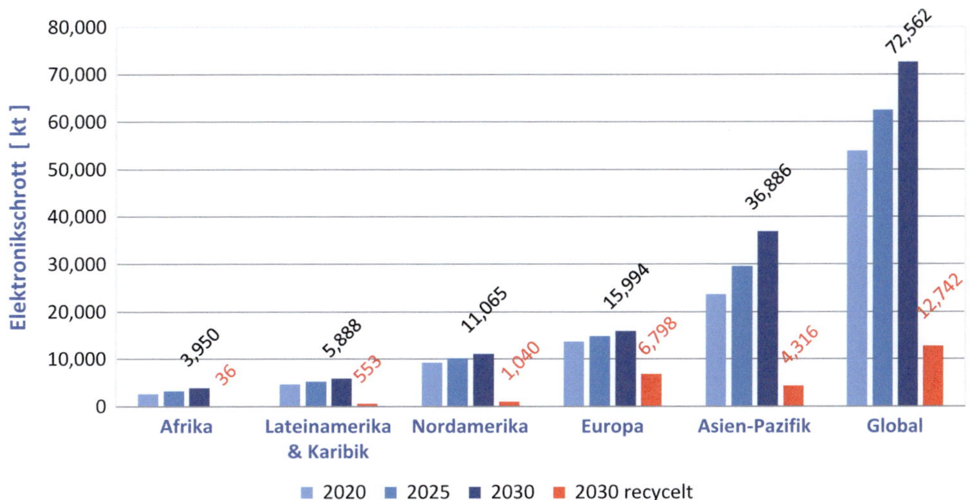

Abb. 29.4 Globale Menge an erzeugtem Elektronikschrott [kt pro Jahr], weniger als 20 % hiervon werden weltweit recycelt (The Global E-waste Monitor 2020 (2020))

[4] Digital 2020 October Global Statshot report (2020).

[5] TSC Electronics Recycling Landscape Report (2016).

Leider folgt das Elektronikschrottrecycling nicht der erwarteten Steigerung der Elektronikschrottmengen, auch im Jahr 2030 ist davon auszugehen, dass weniger als 20 % der weltweit anfallenden Schrotte einem Qualitätsrecycling zugeführt werden, selbst Europa mit der weltweit höchsten Recyclingrate (von ungefähr 50 %) hat noch einen weiten Weg vor sich, um das Elektronikschrottrecycling voranzutreiben. Die Auswirkungen sind offensichtlich: Ein Großteil des Elektronikschrotts wird durch unsachgemäße Entsorgung falsch kanalisiert und einer umweltschädlichen Verwertung oder Deponierung zugeführt, allein für Deutschland beträgt der illegale Export schätzungsweise mehr als 400.000 Tonnen pro Jahr.[6]

Wie erfolgt nun ein Qualitätsrecycling von Elektronikschrott? Hierzu ein Beispiel aus Deutschland: Das Recyclingwerk Lünen verarbeitet mehr als 100.000 Tonnen Elektronikschrott pro Jahr. Herzstück des Betriebes ist ein Badschmelzofen, das Kayser-Recycling-System (KRS).

29.2.1 Das Kayser-Recycling-System: Stand der Technik und bereit für die Zukunft

Elektronikschrottrecycling beginnt mit der Sammlung von Elektroaltgeräten. In Deutschland geschieht dies üblicherweise über kommunale Sammelstellen und Vertreiber (Händler mit mehr als 400 m^2 Verkaufs- bzw. Lager- und Versandfläche). Gesammelte Geräte werden an zertifizierte Erstbehandlungsbetriebe übergeben, allein in Deutschland gibt es mehr als 300.

Mit Inkrafttreten des neuen Elektro- und Elektronikgerätegesetzes 3 (ElektroG3) am 1. Januar 2022 wurde hier nachgebessert, um die Sammlung von Elektroaltgeräten zu forcieren, und zwar durch neue Haftungsregeln für elektronische Markplatzbetreiber und Fulfillment-Dienstleister, neue Rücknahmepflichten im Handel, sowie neue Herstellerpflichten. Eine weitere Neuerung ist, dass zertifizierte Erstbehandlungsanlagen nun auch Annahmestellen sein dürfen.

Unter Erstbehandlung versteht man die erste Behandlung von Elektroaltgeräten, bei der die Altgeräte zur Wiederverwendung vorbereitet oder von Schadstoffen entfrachtet und Wertstoffe aus den Altgeräten separiert werden. Eine Schadstoffentfrachtung umfasst z. B. die zerstörungsfreie Entnahme von Lampen oder Batterien. Separierte Wertstoffe, z. B. Leiterplatten, werden an einen Zweitbehandler übergeben. Der weitere Verwertungsweg der separierten Wertstoffe wird nachfolgend am Beispiel des Materialflusses eines Kupferrecyclingwerkes beschrieben (Abb. 29.5).

► **Praxisbeispiel** Das Aurubis Recyclingwerk Lünen ist zertifizierter Erstbehandler, übernimmt aber überwiegend Elektronikschrott-Materialien anderer Erstbehandler. Solcherart behandelte Elektronikschrotte werden zusammen mit weiteren Sekundärmateria-

[6] Deutsche Umwelthilfe (2018).

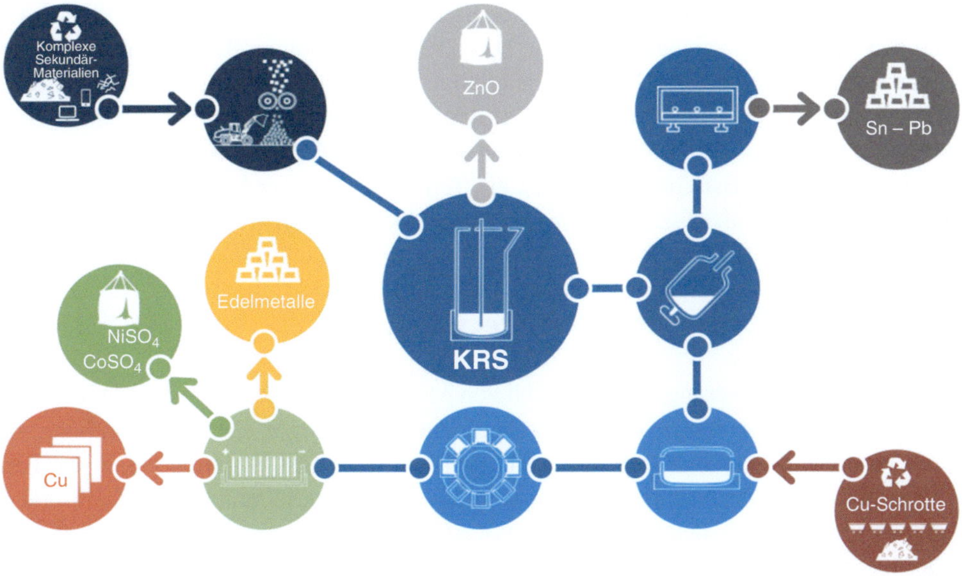

Abb. 29.5 Materialflussschema Kayser-Recycling-System (KRS) und angegliederter Betriebe am Standort Aurubis Lünen: Elektronikschrotte und weitere komplexe Sekundärmaterialien werden nach einer Materialaufbereitung im KRS verarbeitet. Die Ausbringung von Kupfer und weiterer Metalle erfolgt im Anschluss in den angegliederten Betriebsteilen

lien einer Materialaufbereitung zugeführt. Besonders zu erwähnen ist, dass hierbei Elektronikschrotte vollständig ohne Verluste aufbereitet werden und keine Abfälle entstehen. Die so erhaltene Materialmischung wird dem Kayser-Recycling-System (KRS) zugeführt. Das KRS ist ein Verbund aus drei Ofenanlagen bestehend aus einem Isasmelt™ Badschmelzofen zum reduktiven Schmelzen, einem Rotationskonverter (TBRC) zur Metallraffination von Schwarzkupfer (80 % Kupfer mit weiteren Metallen), und einem Trommelofen zum reduktiven Schmelzen von TBRC-Schlacke.

Das KRS produziert einen Zinkoxid-Flugstaub, eine Zinn-Blei-Legierung (Mischzinn) und ein raffiniertes Schwarzkupfer. Das Schwarzkupfer wird in einem Folgeschritt zusammen mit weiteren Kupferschrotten im sogenannten Anodenofen weiter raffiniert und anschließend auf einer Gießanlage zu Anoden vergossen. Die fertigen Anoden mit einem Kupfergehalt von mehr als 90 % werden im Anschluss in einem elektrochemischen Prozess in einer Elektrolyse aufgelöst. Das gelöste Kupfer scheidet sich als Kathode mit einem Kupfergehalt von 99,995 % ab. Weitere lösliche Metalle, wie Nickel und Kobalt, werden als Sulfat-Salze ausgebracht. Unlösliche Metalle, zumeist alle Edelmetalle wie Silber, Gold, Platin und Palladium, werden als Anodenschlamm abgetrennt und der Edelmetallaufbereitung zugeführt.

Kupfer als Sammlermetall hat den Vorteil, dass alle Edelmetalle und weitere wichtige Industriemetalle, wie Nickel, Kobalt, Zinn, Blei und Zink, problemlos aus den unterschiedlichsten Primär- und Sekundärmaterialien gewonnen werden können, in Summe sind dies heute 19 verschiedene Metalle. Das KRS als technologische Basis ist Stand der Technik, um die komplexen Sekundärmaterialien von heute, wie z. B. Elektronikschrott, nachhaltig zu recyclen, es kann aber mehr: zukünftige komplexe Materialströme wie Batterieschrotte können schon heute verarbeitet werden. Heute fallen noch vergleichsweise geringe Mengen an Batterieschrotten an, ein Teil davon wird auch schon recycelt. Stark steigende Batterieschrottmengen in der nächsten Dekade gelten als sicher.

29.3 Herausforderung Batterierecycling

Die globale Digitalisierung hat einen weiteren Megatrend mit sich gebracht: die Elektromobilität. Die notwendige disruptive Technologieentwicklung in der Automobilindustrie zur Durchsetzung der gesellschaftlich und politisch gewollten Elektromobilität wird zu einer stark steigenden Nachfrage in der Lithium-Ionen-Batterieproduktion führen. Innerhalb der nächsten 10 Jahre wird die weltweit geschätzte Batterieproduktion mehr als 3 TWh erreichen (Abb. 29.6). Die dafür benötigten Ressourcen, nämlich [LGNMK]-Rohstoffe ([LGNMK]: Lithium – Graphit – Nickel – Mangan – Kobalt), werden im Jahr 2030 einen geschätzten Bedarf von knapp 9 Millionen Tonnen erreichen, ein mehr als 6-facher Anstieg gegenüber der heutigen Nachfrage. Für den Bau einer Lithium-Ionen-Batterie werden neben den [LGNMK]-Rohstoffen auch weitere Metalle und Materialien benötigt, Abb. 29.7 zeigt eine typische Zusammensetzung einer Lithium-Ionen-Batterie heutiger Bauart. Der Metallwert einer solchen Batterie wird hauptsächlich über Kobalt, Nickel, Lithium, Aluminium und Kupfer abgebildet.

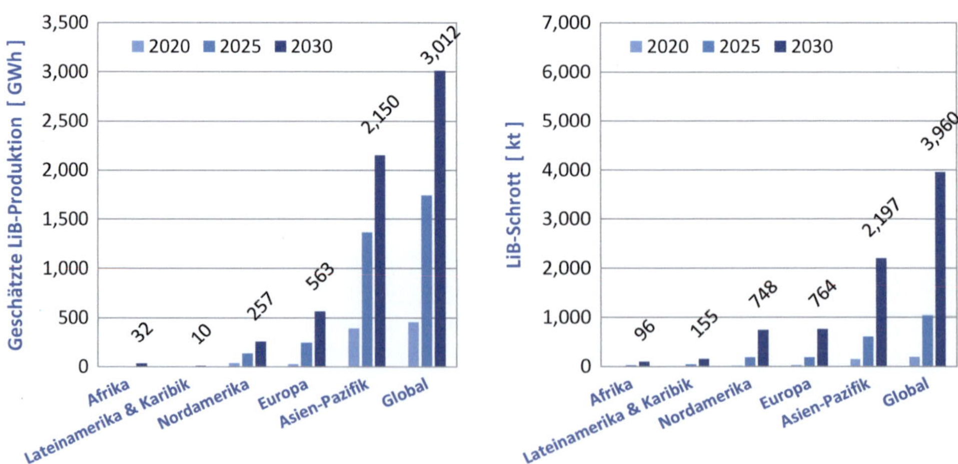

Abb. 29.6 Weltweit produzierte Lithium-Ionen-Batterien [in GWh pro Jahr] (Benchmark Mineral Intelligence (2020)) (links) und globale Menge an erzeugtem Lithium-Ionen-Batterieschrott [in kt pro Jahr] (Li-Cycle (2020)) (rechts)

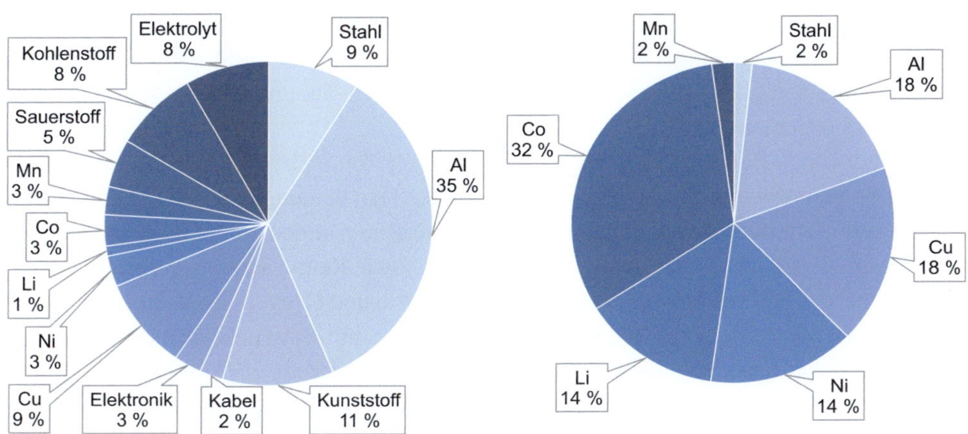

Abb. 29.7 Zusammensetzung (links) und Metallwertanteil (rechts) einer 50 kWh Lithium-Ionen-Batterie

Der Ursprung der benötigten [LGNMK]-Rohstoffe werden hauptsächlich Primärrohstoffe aus Erzen sein, dennoch wird der Anteil der Sekundärrohstoffe aus dem Recycling in Zukunft zunehmen. Hauptgründe für den Einsatz von Sekundärressourcen sind die Notwendigkeit, veraltete Lithium-Ionen-Batterien (und Produktionsabfälle) aufzubereiten und den Einsatz von Primärressourcen zu reduzieren. Im Jahr 2030 ist weltweit mit knapp 4 Millionen Tonnen Lithium-Ionen-Batterieschrott zu rechnen, eine 20-fache Steigerung gegenüber den heute verfügbaren Schrottmengen.

Die prognostizierten Wachstumsraten für Lithium-Ionen-Batterieschrotte weisen Ähnlichkeiten zu den Anfängen des Elektronikschrottaufkommens zu Beginn des 21. Jahrhunderts auf. In der Vergangenheit wurde der rasante Anstieg der Elektronikschrottflut vielerorts unterschätzt, die Chance einer frühzeitigen Kanalisierung, um die steigenden Schrottmengen gezielt durch entsprechende gesetzliche Regulierungen einem Qualitätsrecycling zuzuführen, vertan. Eine verschleppte Regulierung, wie das Beispiel Elektronikschrott zeigt, ist kontraproduktiv für eine nachhaltige Kreislaufwirtschaft. Die neue EU-Batterie-Verordnung birgt nun die Chance, mit klaren Vorgaben von Beginn an klare Anforderungen an die Akteure der Batterie-Wertschöpfungskette zu stellen.

29.3.1 Gesetzliche Regulierungen zum Recycling von Lithium-Ionen-Batterien

Die ursprüngliche Entwicklung der heute verwendeten Lithium-Ionen-Batteriesysteme geht auf das Jahr 1982 zurück und basiert auf den Arbeiten von Akira Yoshino, für die er zusammen mit John B. Goodenough und M. Stanley Whittingham mit dem Nobelpreis für Chemie 2019 ausgezeichnet wurde.[7] 1991 kamen die ersten kommerziell erhältlichen

[7] https://www.nobelprize.org/prizes/chemistry/2019/summary/.

Lithium-Ionen-Batterien auf den Markt. Das Recycling dieser Batterien war damals von untergeordneter Bedeutung. Dies änderte sich dramatisch mit der Einführung von Lithium-Ionen-Batterien auf dem Verbrauchermarkt für mobile Geräte und andere elektrische und elektronische Geräte.

Lithium-Ionen-Batterieschrott begleitete seit dieser Zeit meist Elektronikschrott als geringfügige Verunreinigungen, die zu unsachgemäßer Handhabung und unwirksamem Batterierecycling führten. Mit steigenden Mengen an Lithium-Ionen-Batterieschrott entstand die Notwendigkeit, die Sammlung solcher Schrotte sowie Kennzeichnungs-, Rücknahme-, Rückgabe- und Meldepflichten, Gefahrstoffgrenzwerte und Recyclingquoten zu regeln.

Ein erster Meilenstein zur Regulierung des Umgangs mit Batterieschrott in Europa war die Europäische Batterierichtlinie 2006/66/EG mit der Forderung zur Umsetzung in nationales Recht in allen Staaten der Europäischen Union, z. B. als Batteriegesetz „BattG" in Deutschland im Jahr 2009, das bis heute gültig ist. Trotz der umfassenden und detaillierten Regelungen sind verschiedene Mängel im aktuellen Batteriegesetz und dementsprechend in der europäischen Batterierichtlinie erkennbar geworden. Insbesondere mit der bevorstehenden Zunahme von Batterieschrott innerhalb der nächsten 10 Jahre, bedingt durch den Trend zur Elektromobilität und den weltweiten Bedarf an Nachhaltigkeit und Treibhausgasreduktion, ist eine entsprechende Anpassung der aktuellen Batteriegesetzgebung notwendig.

Am 10. Dezember 2020 hat die Europäische Kommission einen neuen Vorschlag für eine Verordnung über Batterien und Altbatterien zur Aufhebung der Richtlinie 2006/66/EG und zur Änderung der Verordnung (EU) Nr. 2019/1020 vorgelegt.[8] Der Gesetzentwurf baut auf Zusagen und Berichten der Europäischen Kommission auf, darunter der Strategische Aktionsplan für Batterien, die neue Industriestrategie für Europa und die Strategie für nachhaltige und intelligente Mobilität. Es setzt auch die im neuen Aktionsplan für die Kreislaufwirtschaft angekündigten Maßnahmen um. Sowohl der Rat der Europäischen Union als auch das Europäische Parlament forderten ebenfalls Maßnahmen, um den Übergang zur Elektromobilität, CO_2-neutralen Energiespeichern und einer nachhaltigen Batterie-Wertschöpfungskette zu unterstützen.

Batterien, die während ihres gesamten Lebenszyklus nachhaltiger sind, sind für die Ziele des europäischen Green Deals von zentraler Bedeutung und tragen zu dem darin festgelegten Null-Schadstoff-Ziel (grüner Verkehr, saubere Energie und Klimaneutralität bis 2050) bei. Die Europäische Kommission will auch die Kreislaufwirtschaft von Batterie-Wertschöpfungsketten fördern, indem sie eine effizientere Nutzung von Ressourcen fördert, um die Umweltauswirkungen von Batterien zu minimieren.

Der Gesetzesentwurf bezieht sich auf wiederaufladbare Industrie- und Elektrofahrzeugbatterien mit internem Speicher und einer Kapazität >2 kWh und benennt Vorgaben zu den Bereichen:

[8] https://eur-lex.europa.eu/legal-content/EN/ALL/?uri=CELEX:52020PC0798.

1) Nachhaltigkeit und Sicherheit (Regeln zum CO_2-Fußabdruck, verpflichtender Recyclinganteil, Leistungs- und Haltbarkeitskriterien, Sicherheitsparameter)
2) Kennzeichnung und Information (Speicherung von Informationen zur Nachhaltigkeit und Daten zum Gesundheitszustand und Lebenserwartung der Batterien)
3) End-of-Life-Management (erweiterte Herstellerverantwortung, Sammelziele und -verpflichtungen, Ziele für Recyclingeffizienz und Wert der zurückgewonnenen Materialien)
4) Pflichten der Wirtschaftsakteure im Zusammenhang mit Produktanforderungen und Sorgfaltspflichten
5) Elektronischer Informationsaustausch.

Darüber hinaus enthält der Vorschlag Bestimmungen über eine verbindliche umweltfreundliche öffentliche Auftragsvergabe, zur Erleichterung der Durchsetzung von Produktvorschriften, insbesondere Vorschriften über die Konformitätsbewertung, die Notifizierung von Konformitätsbewertungsstellen, die Marktüberwachung und wirtschaftliche Instrumente. Die Schaffung von Rechtssicherheit wird darüber hinaus dazu beitragen, große Investitionen freizusetzen und die Produktionskapazität für innovative und nachhaltige Batterien in Europa und darüber hinaus zu erhöhen, um auf den schnell wachsenden Markt zu reagieren.

Die Europäische Kommission fordert ein schnelles Gesetzgebungsverfahren. Die neue Batterieverordnung soll bereits ab dem 1. Januar 2022 gelten. Die Richtlinie 2006/66/EG soll zum 1. Juli 2023 aufgehoben werden. Es bestehen jedoch Verpflichtungen zur Überwachung und Meldung der Sammelquote von Gerätebatterien und der Recyclingeffizienz von Recyclingprozessen, diese gelten bis zum 31. Dezember 2023 und die damit verbundenen Meldepflichten an die Europäische Kommission bis zum 31. Dezember 2025.

Der Gesetzesentwurf macht klare Vorgaben, welche Effizienz und Wiedergewinnungsraten zukünftige Batterierecyclingprozesse einhalten sollen. Diese sind zeitlich gestaffelt, so wird eine Recyclingeffizienz für Lithium-Ionen-Batterien von 65 Gew.-% im Jahr 2025 und 70 Gew.-% im Jahr 2030 erwartet. Wiedergewinnungsraten steigen bis zum Jahr 2030 für Kobalt, Nickel, Kupfer und Blei auf 95 %, sowie auf 70 % für Lithium. Verpflichtend wird auch der Einsatz von Recyclingmetallen beim Bau neuer Batterien ab dem Jahr 2030, für Blei beträgt der Anteil 85 %, für Kobalt 12 % und für Nickel und Lithium jeweils 4 %. Ab dem Jahr 2035 werden es dann 20 % für Kobalt, 12 % für Nickel und 10 % für Lithium.

29.3.2 Batterierecyclingprozesse

Beschreibungen heutiger Batterierecyclingprozesse sowie zukünftiger Prozessentwicklungen finden sich vielfach in der Literatur (Brückner et al. 2020; Dańczak et al., 2020; Larouche et al., 2020; Or et al., 2020). Die Grundprinzipien dieser Recyclingprozesse sind eine Rekombination von mechanischen, thermischen und chemischen Prozessschritten.

Der Weg eines Recyclingprozesses hängt lediglich von den Antworten auf drei Fragen ab:

1) Sollen Batterien demontiert bzw. zerlegt werden?
2) Sollen Batterien (oder Teile davon) geschreddert werden?
3) Welche Metallurgie[9] sollte für die Metallrückgewinnung verwendet werden?

Es gilt zu beachten, dass eine stoffliche Verwertung (z. B. die Rückgewinnung von Kathodenmaterial zum direkten Wiedereinsatz in der Zellfertigung) an dieser Stelle nicht betrachtet wird. Rückgewonnene Metalle haben immer den Vorteil, dass sie zur Herstellung bestehender und zukünftiger Materialien und Anwendungen verwendet werden können, während rückgewonnene Materialien (im besten Fall) in derselben Anwendung eingesetzt werden, für die sie entwickelt wurden. Die stoffliche Verwertung hat aber durchaus ihre Berechtigung, als Beispiel sei das Recycling von Lithium-Eisen-Phosphat-Batterien (LFP) genannt, bei dem kaum wertbeitragende Metalle ausgebracht werden.

Das in Abb. 29.8 gezeigte Schema zur Darstellung der Grundprinzipien von Batterierecyclingprozessen zeigt auf der Stufe der Demontage und Zerkleinerung Ähnlichkeiten zu gängigen industriellen Vorverarbeitungsprozessen für Elektronikschrott, was nicht verwunderlich ist, da für in Batterierecyclingprozessen angewandte Zerkleinerungstechnologien typischerweise Maschinen zum Einsatz kommen, die man gewöhnlich für die Elektronikschrottaufbereitung (oder vergleichbare Materialien) nutzt.

Dementsprechend sind alle Grobstofffraktionen, die Eisen, Aluminium, Kupfer, Leiterplatten und Kunststoffe aus Vorverarbeitungsschritten eines Batterierecyclingprozesses

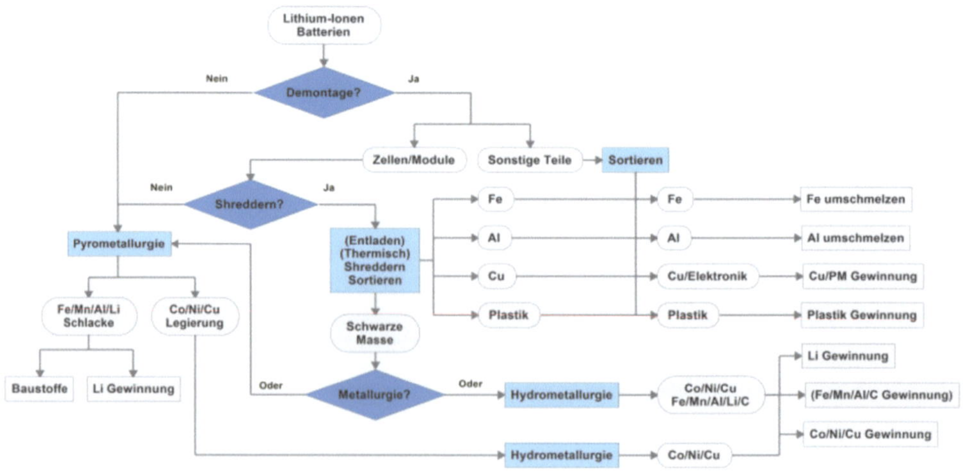

Abb. 29.8 Die Grundprinzipien von Batterierecyclingprozessen

[9] https://de.wikipedia.org/wiki/Metallurgie.

enthalten, nichts anderes als gemischte Elektronikschrotte, die direkt im Kupferrecycling verarbeitet werden können. Auch anhaftende organische Stoffe und Reste von staubförmigen Feinfraktionen sind unproblematisch, vielmehr führt dies zusätzlich direkt zur vollständigen Rückgewinnung der Begleitmetalle Nickel und Kobalt (anhaftende Stoffe würden beim Batterierecycling als Metallverlust wegen der externen Ausschleusung von Grobstofffraktionen gelten).

Auf die Frage „Welche Metallurgie sollte zur Metallrückgewinnung verwendet werden?“ lassen sich Ähnlichkeiten zum Kupferrecyclingverfahren direkt erkennen. Pyrometallurgische Verarbeitung von Batterieschrott ist nichts anderes als die pyrometallurgische Verarbeitung von Elektronikschrott. Die pyrometallurgischen Verfahren würden z. B. die heutigen Batterieschrottmengen problemlos bewältigen, aber mit der erwarteten Zunahme von Batterie- und Elektronikschrott wäre die pyrometallurgische Verarbeitung von Batterieschrott keine nachhaltige Option. Die benötigte Alternative findet sich in einer Kombination aus pyro- und hydrometallurgischen Prozessen.

29.3.3 Hydrometallurgie: die Zukunft des Batterierecyclings

Eine reine pyrometallurgische Aufbereitung von Batterieschrotten wird heute durchaus praktiziert, das Verfahren hat aber den Nachteil, dass einige Bestandteile – speziell Lithium – aus einer Schlackenphase wiedergewonnen werden müssen, dies ist technisch möglich, aber aufwendig. Eine mechanische Aufbereitung und Sortierung der Batterieschrotte produziert im Gegensatz dazu neben den bekannten Elektronikschrottähnlichen Fraktionen auch eine Feinfraktion, bekannt unter dem Namen „Schwarze Masse“. Dieses Pulver enthält zumeist eine Mischung aus den Aktivmaterialien, welche als Schicht auf den Aluminium- und Kupferelektroden einer Lithium-Ionen-Batterie aufgetragen werden. Schwarze Masse setzt sich typischerweise zusammen aus Nickel, Kobalt, Mangan, Lithium, Kupfer, Aluminium, Eisen, Kohlenstoff und Fluor. Durch hydrometallurgische Prozesse können diese Elemente voneinander getrennt werden.

Die hydrometallurgischen Prozesse sind heute bereits in der Lage, Kupfer, Nickel und Kobalt zu verarbeiten und zurückzugewinnen, aber sie sind nicht für die Gewinnung von Lithium oder Mangan vorbereitet. Aurubis hat hierzu ein neues hydrometallurgisches Verfahren entwickelt, das in die bestehende Prozesslandschaft integriert wird (Abb. 29.9). Dieses Verfahren soll im industriellen Maßstab eingesetzt werden und so die zurückgewonnenen Wertmetalle an Batteriehersteller zurückgeben werden.

Jegliche Art von vorbehandelten Batterieschrotten ist dann bei Aurubis verarbeitbar. Grobe Batterieschrotte können dem Kupferrecyclingprozess zugeführt werden, während feine Batterieschrotte (Schwarze Masse) im neuen Hydro-Prozess verarbeitet werden. Gleichzeitig werden das gesamte Nickel und Kobalt, welches aus dem Kupferrecyclingprozess und dem Primärkupferprozess stammt, in den Hydro-Prozess umgeleitet und dort einer Feinraffination unterzogen.

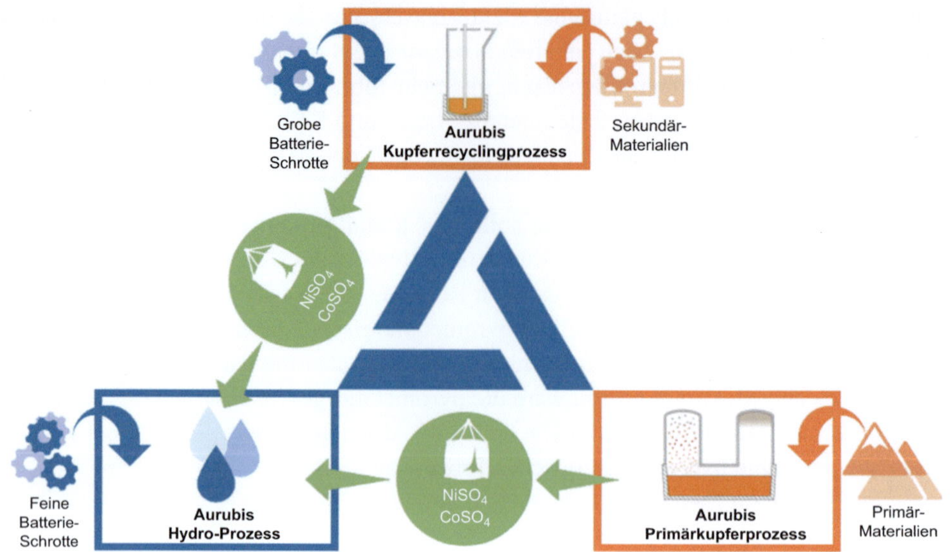

Abb. 29.9 Aurubis zukünftige Prozesslandschaft für eine nachhaltige und effiziente Verarbeitung von Batterieschrotten

> **Praxishinweis** Der Hydro-Prozess wird Lithium, Nickel und Kobalt in guten Qualitäten für Batteriehersteller produzieren. Die in der kommenden europäischen Batterierichtlinie definierten Anforderungen an einen Batterierecyclingprozess zu Rückgewinnungszielen für diese Metalle und zur Recyclingeffizienz von Batterieschrotten werden innerhalb des Hydro-Prozesses erfüllt werden.

29.4 „Tomorrow Metals by Aurubis“: Nachhaltige Metallproduktion mit Zukunft

Die Anforderungen an das Recycling von Elektronikschrott werden durch die zunehmende Komplexität und aufkommende neue Sekundärstoffströme, die ihren Ursprung in der Elektromobilität haben, steigen. Insbesondere Batterieschrotte bedürfen einer besonderen Behandlung, um anstehende Vorschriften zu erfüllen und eine nachhaltige Batterie-Wertschöpfungskette zu etablieren. Aurubis unterstützt diese Entwicklungen durch die Integration neuer selbst entwickelter Batterieschrott-Aufbereitungstechnologien in seine industriell bewährten und nachhaltig besten verfügbaren Technologien für das Kupferrecycling und die Primärkupfererzeugung. Dieser Technologiesprung wird es ermöglichen, sich der neuen Herausforderung des Lithium-Ionen-Batterierecyclings zu stellen.

Multimetallrecycling ist Garant für eine nachhaltige Metallproduktion für die Zukunft.

Schon heute produziert Aurubis Kupfer mit weniger als der Hälfte CO_2 pro Tonne als die internationalen Wettbewerber. Derzeit stecken mehr als 45 % Recycling-Material in den Kupferkathoden von Aurubis. Die weitere Verringerung des CO_2-Fußabdrucks und die Steigerung des Recyclinganteils ist verpflichtend, „Tomorrow Metals by Aurubis“ steht für diese Zusage.[10]

Literatur

Brückner, L., Frank, J., & Elwert, T. (2020). Industrial Recycling of Lithium-Ion Batteries—A Critical Review of Metallurgical Process Routes. Metals.

Dańczak, A., Klemettinen, L., Kurhila, M., Taskinen, P., Lindberg, D., & Jokilaakso, A. (2020). Behavior of Battery Metals Lithium, Cobalt, Manganese and Lanthanum in Black Copper Smelting. Batteries.

Larouche, F., Tedjar, F., Amouzegar, K., Houlachi, G., Bouchard, P., Demopoulos, G., & Zaghib, K. (2020). Progress and Status of Hydrometallurgical and Direct Recycling of Li-Ion Batteries and Beyond. Materials.

Or, T., Gourley, S., Kaliyappan, K., Yu, A., & Chen, Z. (2020). Recycling of mixed cathode lithium-ion batteries for electric vehicles: Current status and future outlook. Carbon Energy.

[10] https://www.aurubis.com/medien/pressemitteilungen/pressemitteilungen-2021/tomorrow-metals-by-aurubis-multimetall-anbieter-steht-fuer-starkes-nachhaltigkeits-commitment.

Nichteisenmetalle 30

Ralf Schmitz

30.1 Einführung

Der Handel mit Nichteisen- (NE-)Metallen und ihr Recycling haben eine lange Tradition. Bereits in der Frühgeschichte der Menschheit waren die vielfältigen Eigenschaften und Verwendungsmöglichkeiten von NE-Metallen und die Vorteile einer unbegrenzt wiederholbaren Nutzung bekannt. Kupfer spielt beispielsweise seit rund 9000 Jahren eine wichtige Rolle. Früh wurde entdeckt, dass durch Recycling ein erneuter Gebrauch des Metalls möglich wurde. Schon in der Bibel heißt es, man solle Schwerter zu Pflugscharen machen. Die Wiederverwendung von Metallen ist seit Jahrtausenden ein nicht endender Kreislauf.

Das Recycling von Metallen hat auch in der deutschen Politik lange Zeit einen hohen Stellenwert gehabt. In der Kaiserzeit gab es eine Rohstoffabteilung innerhalb der Reichsregierung und noch unter Bundeskanzler Schmidt wurde eine aktive *Rohstoffpolitik* betrieben. Bis Mitte der achtziger Jahre bestanden in der Europäischen Gemeinschaft für viele NE-Metallschrotte und -Rückstände mengenmäßige Exportbeschränkungen. Die letzten Beschränkungen wurden erst Ende 1989 aufgehoben. Im gleichen Jahr verabschiedete man sich in Europa von dem bis dahin üblichen Begriff „Sekundärrohstoff" und unterwarf Schrott als „Abfall zur Verwertung" einem neu geschaffenen Abfallregime. In den Folgejahren wurde auch das NE-Metall-Referat im Bundeswirtschaftsministerium aufgelöst. Die NE-Metall-Recycling-Wirtschaft wurde Teil der neuen Kreislaufwirtschaft und fand in der politischen Diskussion kaum mehr Beachtung. Erst unter den Bundeskanzlern Schröder und Merkel befasste sich die Politik wieder ernsthaft mit Rohstoffpolitik und räumte auch der NE-Metall-Wirtschaft wieder eine wichtige Rolle ein. Inzwischen gibt es sogar eine Rohstoffstrategie der Bundesregierung zur „Sicherung einer

R. Schmitz (✉)
VDM Verband Deutscher Metallhändler und Recycler e.V., Berlin, Deutschland
E-Mail: schmitz@vdm.berlin

P. Kurth et al. (Hrsg.), *Praxishandbuch der Kreislauf- und Rohstoffwirtschaft*,
https://doi.org/10.1007/978-3-658-36262-1_30

nachhaltigen Rohstoffversorgung Deutschlands". Rohstoffversorgung und Lieferketten sind in vielen Bereichen des öffentlichen Lebens wieder ein wichtiges Thema geworden, Erfahrungen während der Coronapandemie und des Krieges in der Ukraine haben diese Entwicklung noch beschleunigt.

NE-Metalle sind, vereinfacht ausgedrückt, alle Metalle außer Eisen. Beispielhaft seien hier *Aluminium*, *Blei*, *Kupfer*, *Nickel*, *Zink* und *Zinn* genannt. Diese Metalle lassen sich auch unter dem Oberbegriff Basis- oder Industriemetalle zusammenfassen. Hinzu kommen die so genannten Sondermetalle, die inzwischen unentbehrlich sind für Computer, Kommunikation und Elektromobilität.

30.2 Struktur des Metallhandels

Der Metallhandel hat sich früh organisiert. Der wichtigste Metallhandelsplatz der Welt, die *Londoner Metallbörse* (LME), wurde bereits 1877 gegründet; ihre Wurzeln reichen sogar bis in das Jahr 1571 zurück. Die deutschen Metallhändler organisierten sich bereits 1908 im heutigen Verband Deutscher Metallhändler und Recycler e.V. (VDM).[1] Der Metallhandel basiert im Wesentlichen auf vier Säulen, nämlich dem Neumetallhandel, dem Altmetallhandel, dem Nebenmetallhandel und dem Handel mit NE-Metall-Halbzeugen.

30.2.1 Neumetallhandel

Neumetalle sind Metalle, die durch den Einsatz primärer oder sekundärer Rohstoffe erzeugt werden. Sie werden in handelsüblichen Formen angeboten, beispielsweise in Form von Kathoden, Masseln oder Blöcken. Die mengenmäßig größte Rolle im Neumetallhandel spielen die sogenannten *Basis- oder Industriemetalle*: Aluminium, Kupfer, Nickel, Zink und Zinn. Der Bedarf an diesen Metallen steigt stetig; konjunkturelle Schwächephasen verursachen lediglich einen vorübergehenden Marktrückgang, verändern den Trend aber letztlich nicht. Die Preisbildung erfolgt an der LME. Ein wichtiger Zweig des Neumetallhandels ist der Handel mit Sondermetallen und Ferrolegierungen. Diese werden, bis auf wenige Ausnahmen, nicht an der LME gehandelt und unterliegen eigenen Preismechanismen.

30.2.2 Altmetallhandel

Der Begriff „Altmetallhandel" ist aus der Mode gekommen. Heute wird von der NE-Metall-Recycling-Wirtschaft gesprochen. Sie deckt die gesamte Bandbreite des Recyclings ab, von der Sammlung über die Sortierung, Aufbereitung bis hin zur Verwertung.

[1] Die Geschichte des VDM Kapitel 1.3 und 1.4 in VDM Magazin Heft 691, Februar 2019.

Eine große Rolle spielt dabei der Handel, denn Altmetalle sind ein wichtiger Rohstoff und ein Wirtschaftsgut mit hohem Wert.

Die Erfassung und Sammlung von Altmetallen erfolgt in der Regel durch mittelständische Metallhändler, die das Material wiederum aus privaten oder gewerblichen Quellen beziehen. Zum gewerblichen Bereich zählen beispielsweise Handwerker, die ihre Schrotte beim Metallhandel anliefern oder metallverarbeitende Unternehmen, die ihre Schrotte regelmäßig durch Metallhändler abholen lassen. Schrotte aus dem privaten Bereich werden meist beim Handel angeliefert und dort verkauft.

Zeitweise war versucht worden, für Schrotte aus privaten Haushalten eine Andienungspflicht an die Kommunen vorzuschreiben, Rechtsgrundlage hierfür sollten die Regelungen zur „gewerblichen Sammlung" in § 17 KrWG sein. Schnell wurde deutlich, dass dieses Vorhaben zumindest für Metalle rechtlich nicht haltbar war, so dass entsprechende Vorstöße einzelner Kommunen zurückgenommen werden mussten.

Der NE-Metall-Großhandel bezieht sein Material meist von Vorlieferanten oder industriellen Entfallstellen. *Zentrale Akteure des NE-Metall-Großhandels* sind Händler, Makler und die Betreiber von Recyclingbetrieben. *Händler* ist dabei jede Person, die gewerbsmäßig oder im Rahmen wirtschaftlicher Unternehmen, d. h., aus Anlass einer anderweitigen gewerblichen oder wirtschaftlichen Tätigkeit, die nicht auf das Handeln mit Abfällen gerichtet ist, oder öffentliche Einrichtungen in eigener Verantwortung Abfälle erwirbt und weiterveräußert; die Erlangung der tatsächlichen Sachherrschaft über die Abfälle ist hierfür nicht erforderlich.[2] Besondere Bedeutung kommt dabei dem Streckenhandel zu. Der *Streckenhändler* kauft den Schrott und verkauft ihn dann an seine Kunden weiter, ohne das Material selbst physisch in Besitz zu nehmen, also jemals die tatsächliche Sachherrschaft über die Schrotte zu erlangen.

► **Praxisbeispiel** *Streckenhändler S kauft 50 Tonnen Kupferschrott bei einer Entfallstelle E in Köln und verkauft das Material an das Halbzeugwerk H in München. Die Container mit dem Kupferschrott lässt S bei E abholen und direkt zu H liefern.*

Im Gegensatz zum Händler ist *Makler* jede Person, die gewerbsmäßig oder im Rahmen wirtschaftlicher Unternehmen, d. h., aus Anlass einer anderweitigen gewerblichen oder wirtschaftlichen Tätigkeit, die nicht auf das Makeln von Abfällen gerichtet ist, oder öffentlicher Einrichtungen für die Bewirtschaftung von Abfällen für Dritte sorgt; auch hier ist die Erlangung der tatsächlichen Sachherrschaft über die Abfälle nicht erforderlich.[3] *Recyclingbetriebe* verfügen über einen eigenen Platz und meist auch über die erforderliche Technik für die Behandlung und Aufbereitung, insbesondere das Recycling sowie eine Annahmestelle für private Kleinanlieferer. Die wichtigsten Abnehmer dieser Betriebe sind – neben den Händlern – Hütten, Schmelzwerke und die Halbzeugindustrie in Deutschland, Europa und anderen Teilen der Welt.

[2] § 3 Abs. 12 KrWG.

[3] § 3 Abs. 13 KrWG.

30.2.3 Handel mit Sondermetallen

Sondermetalle standen bis vor einigen Jahren im Schatten der mengenmäßig bedeutsameren Industriemetalle. Deshalb nannte man sie lange „Nebenmetalle“ oder „Minor Metals“. Inzwischen sind gerade diese Metalle für unsere moderne Industriegesellschaft unverzichtbar geworden. In der Praxis werden sie deshalb auch oft auch als *Strategische Metalle* oder *Technologiemetalle* bezeichnet.[4]

Beispielhaft seien hier nur folgende Sondermetalle genannt: Antimon (Sb), Arsen (As), Beryllium (Be), Bismut/Wismut (Bi), Cadmium (Cd), Cer (Ce), Chrom (Cr), Kobalt (Co), Gadolinium (Gd), Gallium (Ga), Germanium (Ge), Hafnium (Hf), Indium (In), Lanthan (La), Lithium (Li), Magnesium (Mg), Mangan (Mn), Quecksilber (Hg), Molyb Denum (Mo), Neodym (Nd), Niob (Nb), Iridium (Ir), Osmium (Os), Praseodymium (Pr), Rhenium (Re), Rhodium (Rh), Ruthenium (Ru), Samarium (Sm), Selen (Se), Silizium (Si), Tantal (Ta), Tellurium (Te), Titan (Ti), Wolfram (W), und Zirkonium (Zr). Nicht selten gehen wir tagtäglich mit Sondermetallen um, ohne es zu wissen. So ist das relativ unbekannte Neodym unentbehrlicher Rohstoff für jeden Magnet. Eine Untergruppe der Sondermetalle bilden die so genannten *Seltenen Erden*, hierzu gehören beispielsweise Lanthan, Neodym oder Scandium.

Mit Beginn des modernen Computer- und Kommunikationszeitalters um 1990 wurden Sondermetalle für Leiterplatten oder andere Bauteile immer bedeutender. Kein Handy, kein Tablett und kein Autobordcomputer würde heute mehr ohne diese Metalle funktionieren. Aktuell gewinnen die Sondermetalle mit der politisch forcierten *Elektromobilität* erneut an Bedeutung. Beispielhaft seien nur Kobalt, Lithium und Mangan genannt. Daneben werden auch zunehmend klassische Industriemetalle wie Nickel benötigt. Für Kobalt und Lithium geht die Deutsche Rohstoffagentur (DERA) davon aus, dass sich die Nachfrage nach Kobalt von 110.000 t (2017) auf bis zu 225.000 t (2025) mehr als verdoppeln konnte. Für Lithium könnte die Nachfrage von 35.000 t (2015) auf bis zu 224.000 t (2025) um das sechsfache ansteigen.[5] Die Recyclingwirtschaft wird sich sehr schnell auf diese Entwicklung einstellen müssen, denn die Rückgewinnung vieler Sondermetalle bereitet noch Probleme oder ist schlicht wirtschaftlich nicht darstellbar. Ein wichtiges Zukunftsprojekt ist hier sicherlich die Optimierung des noch in den Kinderschuhen steckenden Recyclings von lithiumhaltigen Batterien.

Der Handel mit Sondermetallen nimmt eine besondere Rolle in der Rohstoffversorgung ein, denn Europa ist bei vielen Sondermetallen fast vollständig von China abhängig. In der Coronapandemie wurde deutlich, dass Lieferengpässe sehr schnell massive Auswirkungen auf viele Wirtschaftszweige in Europa haben können. Die Sicherung der Lieferketten ist

[4] Strategische Metalle und Seltenerdmetalle, FinanzBuchverlag München, 1. Auflage 2010, S. 11 ff.

[5] Rohstoffe für die E-Mobilität Seite 19, Bundesanstalt für Geowissenschaften und Rohstoffe, Mai 2021.

deshalb eine wichtige Aufgabe des Handels. Ob es darüber hinaus sinnvoll ist, in der EU sogenannte Strategische Reserven für die wichtigsten Sondermetalle anzulegen, ist ein wichtiges politisches Thema. Auch die Gewinnung mancher Sondermetalle steht im Fokus der Politik. Beispielhaft sei auf den, für das Metall Tantal wichtigen, Abbau von Coltan in der Demokratischen Republik Kongo verwiesen, der teilweise unter menschenunwürdigen Umständen erfolgte und der Finanzierung von Bürgerkriegen diente. Hier soll die seit dem 1. Januar 2021 geltende EU-Konfliktrohstoffverordnung Abhilfe schaffen, die besondere Kontrollmechanismen im Hinblick auf die Lieferkette für Zinn, Tantal, Wolfram und Gold vorschreibt. Sie ist in gewisser Weise Vorbild für die aktuell in Deutschland in Europa diskutierten Lieferkettengesetze.

30.2.4 Handel mit Ferrolegierungen

Ein weiteres Spezialgebiet des Metallhandels sind die Ferrolegierungen. Darunter versteht man mehrere Legierungen des Eisens (lat. ferrum), die meist als Vorlegierungen für die Stahlerzeugung verwendet werden. Neben Eisen enthalten Ferrolegierungen ein Hauptlegierungselement, sowie in der Regel noch weitere Elemente. Gehandelt werden sowohl die aufbereiteten Ferrolegierungen als auch die ihnen zugrunde liegenden Erze. Hier einige Beispiele: Ferrosilicium (FeSi), Ferromangan (FeMn), Ferrochrom (FeCr), Ferrosilizium-Magnesium (FeSiMg), Ferrotitan (FeTi), Ferronickel (FeNi), Ferrovanadium (FeV), Ferrowolfram (FeW), Ferroniob (FeNb).

30.2.5 Handel mit NE-Metall-Halbzeugen

NE-Metall-Halbzeuge sind Zwischenprodukte, die aus Metallen hergestellt werden. Beispielhaft seien Bleche, Rohre, Stangen oder Profile genannt. Diese Zwischenprodukte werden im Regelfall zu Endprodukten weiterverarbeitet. So werden aus Blechen Büromöbel, aus Profilen Fenster. Im Gegensatz zu den metallischen Rohstoffen sind Halbzeuge meist klar durch Normen definiert und verfügen über exakte Produktbezeichnungen (Warennummern etc.). Die Interessen des NE-Metall-Halbzeughandels werden durch den Wirtschaftsverband Großhandel Metallhalbzeug e. V. (WGM) vertreten.

30.3 Die NE-Metall-Recycling-Wirtschaft

Metalle sind Rohstoffe. Ungeachtet der juristischen Einordnung in verschiedene Rechtsbereiche (Abfallrecht, Stoffrecht, Produktrecht) bleibt es zentrales Ziel der NE-Metall-Recycling-Wirtschaft, den Sekundärrohstoff Schrott in höchster Qualität zur Wiederverwendung dem Wirtschaftskreislauf zur Verfügung zu stellen. Um deutlich zu machen, das Sekundärrohstoffe keine Rohstoffe zweiter Klasse sind, wird zunehmend der zutreffendere

Begriff *Recyclingrohstoffe* verwendet. Aufgabe des Metallgroßhandels ist es, Schrotte in großen Partien für die Abnehmer verfügbar zu machen. Nach dem Ankauf der Ware erfolgt deshalb in der Regel eine Verwertung. Sie beginnt meist mit einer Sortierung, beispielsweise gemäß den Klassifizierungen des Metallhandels (UKM 1988/2002) oder nach den Vorgaben der Abnehmer. Oft sind weitere Behandlungsschritte erforderlich, um den Anforderungen der Kunden gerecht zu werden.

30.3.1 Schrottdefinition

Bei Schrotten wird zwischen Altschrotten, Neuschrotten und metallhaltigen Rückständen unterschieden. Ganz allgemein lässt sich Schrott wie folgt definieren: Schrotte sind Erzeugnisse, Abfälle und Rückstände aus Metallen oder deren Legierungen, die ihren ursprünglichen Gebrauchswert als Produktions- oder Konsumtionsmittel verloren haben, die jedoch auf Grund ihres Metallinhaltes, ggf. nach entsprechender Aufbereitung, erneut als sekundärer Metallrohstoff eingesetzt werden können. Schrott sind metallische Gegenstände, die „bei der Erzeugung und Verarbeitung von Metallen und am Ende des Gebrauchs der aus Metallen hergestellten Anlagen, Maschinen, Gebrauchsgegenstände, Verpackungen usw. anfallen". Maßgeblich für die Bezeichnung Schrott ist nicht die physische Beschaffenheit, sondern das Vorhandensein metallischer Elemente. Bei Materialien aus metallischen und nichtmetallischen Elementen (zum Beispiel Aluminiumverbundfolien) kommt es für die Einstufung als Schrott nicht maßgeblich auf den prozentualen Anteil an, sondern auch auf den materiellen Wert.[6] Der Begriff „Schrott" definiert eine Materialgruppe. Er ist juristisch neutral und sagt nichts darüber aus, ob Schrott dem Abfall- oder dem Produktrecht unterliegt. Diese Abgrenzung ist, wie bei anderen Materialien auch, aufgrund der insoweit maßgeblichen Rechtsnormen zu treffen.[7]

▶ **Hintergrund** *Neuschrotte sind in der Regel Produktionsabfälle, also metallisches Material, das bei der Be- und Verarbeitung von Metallen und Erzeugnissen anfällt. Beispielhaft seien Späne sowie Stanz-, Blech- und Profilschrott genannt. Neuschrotte, die bei der Produktion anfallen und im eigenen Werk wieder eingesetzt werden, heißen Kreislaufschrotte. Auch nicht genutzte Erzeugnisse können Neuschrott sein.*

Altschrotte sind gebrauchte, nicht mehr verwendbare Metallteile. Das können beispielsweise Rohre, Stangen, Batterien, Altkabel, Elektro- und Elektronikschrott oder alte Teile aus Haushalt oder Abbruch sein.

Metallhaltige Rückstände sind beispielsweise Aschen, Krätzen, Schlacken, Schlämme und Stäube, die Gehalte aufbereitbarer Metalle oder deren Legierungen, zum Teil in gebundener Form, aufweisen.[8]

---

[6] Taschenbuch des Metallhandels 12. Auflage 2015 Seite 518.

[7] Usancen und Klassifizierungen des Metallhandels, Neudruck 2012, S. 2.

[8] Taschenbuch des Metallhandels 12. Auflage 2015 Seite 519.

30.3.2 Usancen und Klassifizierungen des Metallhandels

Die Erarbeitung branchenüblicher Usancen und Klassifizierungen (UKM) war einer der Gründe für die Bildung des Verbands Deutscher Metallhändler und Recycler e. V. im Jahr 1908. Im Laufe der Jahre wurden die Usancen und Klassifizierungen immer wieder überarbeitet und mit der Industrie abgestimmt.

Unter *Usancen* werden die in einer Branche üblichen Handelsregeln verstanden. Die für den Metallhandel maßgeblichen Usancen wurden zuletzt 2002 dem Markt angepasst. Usancen dürfen nicht mit *Allgemeinen Geschäftsbedingungen* (AGB) verwechselt werden. Während AGB lediglich einen Teil der individuellen Vertragsgestaltung darstellen, beschreiben Usancen einen branchenweiten Grundkonsens bzw. Handelsbrauch.

Die *Klassifizierungen* für NE-Metallschrott beschreiben die in der Branche üblichen Qualitäten. Die aktuelle Fassung stammt aus dem Jahr 1988, die Klassifizierungen für NE-Metall-Granulate aus dem Jahr 2000. Sie geben keine Auskunft darüber, ob es sich bei der beschriebenen Qualität um ein Produkt oder um Abfall handelt. Diese Einordnung ist allein auf Grund der geltenden Gesetze (z. B. dem Kreislaufwirtschaftsgesetz oder der EU-Verordnung Nr. 333/2011) zu treffen. Allerdings können die Klassifizierungen unter Umständen eine „Vorgabe der Industrie" im Sinne des Anhangs II Ziffer 1.1 der Verordnung 333/2011 sein.[9] Die UKM haben in Europa große Bedeutung, im internationalen Handel spielen eher die *ISRI-Spezifikationen* eine Rolle.[10]

▶ **Praxisbeispiel** ***... für eine typische Klassifizierung:*** *Aluminiumprofilschrott (Alter). Aluminiumprofilschrott Al Mg Si 0,5 – frei von jeglichen Fremdbestandteilen, jedoch einschließlich eloxiertem Material.*

30.3.3 Qualitätsmanagement und Entsorgungsfachbetrieb

Die NE-Metall-Recycling-Wirtschaft hat bereits Anfang der neunziger Jahre ein eigenes *Musterqualitätsmanagementsystem auf der Basis von DIN EN ISO 9000 ff.* entwickelt. Heute verfügen viele Unternehmen der Branche über ein international anerkanntes Qualitätsmanagementsystem (QMS). Darüber hinaus haben zahlreiche Betriebe ein Umweltmanagementsystem eingeführt. Die Bilanz ist positiv: Die Managementsysteme haben nicht nur zu einer Qualitätssteigerung beigetragen, sondern auch betriebsinterne Abläufe optimiert. Letztlich spart beides Kosten. Im globalen Metallhandel ist ein QMS heute unverzichtbarer Standard.

1994 wurde – mit Inkrafttreten des alten Kreislaufwirtschafts- und Abfallgesetzes – in Deutschland der *Entsorgungsfachbetrieb* eingeführt. Noch im gleichen Jahr haben die

---

[9] Usancen und Klassifizierungen des Metallhandels, VDM Berlin, Neudruck 2012, S. 2.

[10] ISRI ist das Institute of Scrap Recycling Industries, USA (www.isri.org).

Fachverbände BDSV[11] und VDM reagiert und eine eigene Entsorgergemeinschaft zur Zertifizierung von Entsorgungsfachbetrieben gegründet. Zwar kann eine Zertifizierung zum Entsorgungsfachbetrieb auch durch Technische Überwachungsorganisationen im Wege eines Überwachungsvertrages erfolgen; allerdings war sich die Branche schnell einig, dass der Weg über eine auf die Branche fachlich zugeschnittene Entsorgergemeinschaft sinnvoller ist. Die branchenbezogene Entsorgergemeinschaft der Deutschen Stahl- und NE-Metall-Recycling-Wirtschaft e. V. (ESN) heute mit rund 400 zertifizierten Standorten eine der größten Entsorgergemeinschaften. Die staatlich anerkannten Prüfkriterien der ESN entsprechen den von der EVGE[12] formulierten europäischen Vorgaben und genießen deshalb auch außerhalb Deutschlands Anerkennung. Im Rahmen des Audits können branchenspezifische Besonderheiten – wie z. B. die Überprüfung von Schrott auf radioaktive Belastungen – mit abgeprüft werden.

30.3.4 Überprüfung von Schrott auf radioaktive Belastungen

Gemäß den Klassifizierungen für NE-Metallschrott ist radioaktiv kontaminiertes Material von jeglicher Lieferung ausgeschlossen.[13] Die Überprüfung obliegt den Unternehmen in eigener Verantwortung. Vorgaben zur praktischen Umsetzung dieser Verpflichtung gibt die VDL-Richtlinie 4085 mit dem Titel „Planung, Errichtung und Betrieb von Schrottplätzen – Überwachung von Eisen- und Nichteisenschrott auf radioaktive Bestandteile".

Aus heutiger Sicht ist anzumerken, dass stationäre Messanlagen im NE-Metallhandel nicht grundsätzlich erforderlich sind. Die Erfahrung hat gezeigt, dass Handmessgeräte gerade bei NE-Metall-Schrotten Vorzüge haben können. Zu empfehlen ist, im Rahmen der Zertifizierung (Qualitätsmanagement, Entsorgungsfachbetrieb) auch bestehende Kontrollmechanismen prüfen zu lassen.[14]

30.3.5 Abfall oder Produkt?

Bis Ende der achtziger Jahre galten Schrotte als Sekundärrohstoffe, politisch war das Bundeswirtschaftsministerium zuständig. Mit Inkrafttreten des Kreislaufwirtschafts- und Abfallgesetzes im Jahr 1994 wurde Schrott juristisch „Abfall zur Verwertung", die politische Zuständigkeit wanderte zum Bundesumweltministerium. Die NE-Metall-Recycling-Wirtschaft hat sich lange gegen die Behandlung von Schrott als Abfall gewehrt. In der

[11] Bundesvereinigung Deutscher Stahlrecycling- und Entsorgungsunternehmen e. V. (BDSV).

[12] Europäische Vereinigung der Gemeinschaften zur Zertifizierung von Entsorgungsfachbetrieben e. V. (EVGE).

[13] Usancen und Klassifizierungen des Metallhandels, VDM Neudruck 2012, S. 12.

[14] Möglich über die Entsorgergemeinschaft ESN (www.esn-info.de).

Europäischen Union kam es ab 2011 im Rahmen einer neuen Rohstoffpolitik zu einem Umdenkungsprozess, in dessen Folge eine Reihe von Verordnungen erlassen wurden, die das Ende der Abfalleigenschaft von Schrotten regeln. Die erste Verordnung dieser Art war die EU-Verordnung 333/2011 vom 31.03.2011 mit Kriterien zur Festlegung, wann bestimmte Arten von Eisen- und Aluminiumschrott nicht mehr als Abfall anzusehen sind. Es folgte die Verordnung 715/2013 für das Abfallende von Kupferschrott. Erfüllt ein Schrott die Voraussetzungen einer Abfallende-Verordnung, endet seine Abfalleigenschaft mit der Folge, dass das abfallrechtliche Regelungsregime für ihn nicht mehr beachtlich ist. Ob es im Metallbereich weitere End-of-waste-Verordnungen geben wird, ist offen.

Parallel zu dieser Entwicklung hat sich in den letzten 20 Jahren die Anwendung der abfallrechtlichen Vorschriften in der Branche eingespielt, auch wenn diese an vielen Stellen für NE-Metalle keinen Sinn ergeben. Die Recyclingunternehmen sind heute meist auch zertifizierte Entsorgungsfachbetriebe. Zudem ist am 01.06.2007 das neue EU-Stoffrecht in Gestalt der EU-Verordnung 1907/2006 (REACH-Verordnung) in Kraft getreten, das zur Anwendung kommt, sobald Stoffe, Gemische oder Erzeugnisse – hierzu zählen auch Metalle – in der EU hergestellt oder in die EU importiert werden. Grundsätzlich keine Anwendung findet die REACH-Verordnung indes auf Abfälle. Das bestimmt Art. 2 Abs. 2 dieser Verordnung. Verlieren die Abfälle indes ihre Abfalleigenschaft, weil sie die Voraussetzungen der für sie maßgeblichen Abfallende-Verordnung erfüllen, greift grundsätzlich die REACH-Verordnung mit ihren Anforderungen.

Die EU-Verordnung 333/2011 stellt hohe Anforderungen an das Ende der Abfalleigenschaft. So ist bei Aluminiumschrott eine maximale Verunreinigung von fünf Prozent gestattet, alternativ muss die Metallausbeute bei mindestens neunzig Prozent liegen. Folglich können nur wirklich hochwertige Qualitäten das Abfallregime verlassen; die Masse der Schrotte wird daher auch weiterhin dem Abfallrecht unterliegen. Letztlich hat heute jedes Recyclingunternehmen die Wahl, ob es die Anforderungen der Abfallende-Verordnung erfüllen möchte oder nicht. Ein Wechsel in den Produktbereich dürfte nur dann Sinn machen, wenn reale Vorteile auf dem Markt zu erwarten sind. Konsequenz: Es ist möglich, dass ein und dieselbe Qualität sowohl als Abfall als auch als Produkt gehandelt wird.

▶ **Praxisbeispiel** *Die Recycler A und B stellen völlig identisches, hochwertiges Aluminiumgranulat her. A erfüllt in seinem Betrieb alle Anforderungen der EU-Verordnung 333/2011 und dokumentiert dies – wie in der Verordnung vorgeschrieben – in seiner Konformitätserklärung. B verzichtet auf die Anwendung der neuen Abfallende-Verordnung, z. B. indem er keine entsprechende Konformitätserklärung erstellt. Das von A produzierte Granulat hat das Abfallregime verlassen und unterliegt jetzt der REACH-Verordnung. Das von B produzierte Granulat verbleibt im Abfallrecht. Da beide Granulate qualitativ identisch sind, ist auch der Materialwert identisch. Fraglich ist, ob A für sein „Produkt" einen höheren Preis erzielen kann, ob ihm also die Nicht-Abfall-Eigenschaft von einem Abnehmer extra vergütet wird.*

30.3.6 Metallrecycling ist Klimaschutz

Die Frage nach der Klimarelevanz ist heute Messlatte jedes ökologischen oder ökonomischen Handels. Hier kann sich das Metallrecycling sehen lassen. Metalle werden nicht verbraucht, sondern gebraucht. Sie stehen nach jedem Kreislauf für eine erneute Nutzung zur Verfügung und verlieren im Recycling nicht an Qualität. Damit können sie erneuerbaren Rohstoffen gleichgestellt werden. Die Recyclingquoten liegen heute produktbezogen zwischen 80 und nahezu 100 Prozent – mit steigender Tendenz. Mit dieser hohen Recyclingintensität und mit seiner Recyclingeffizienz ist Deutschland in der Metallgewinnung aus Recyclingrohstoffen international führend. Wer Altmetalle recycelt, spart Energie. So sind für die Herstellung einer Tonne Aluminium aus Sekundärrohstoffen nur rund fünf Prozent der Energiemenge nötig, die zur Erzeugung des Metalls aus Bauxit eingesetzt werden muss.

Die Erfolgsbilanz des Metallrecyclings bei der CO_2 Einsparung wird deutlich, wenn man folgende Beispiele[15] betrachtet:

- Bei der Produktion von einer Tonne Sekundäraluminium werden gegenüber der Primärproduktion zwischen 7,52 und 11 Tonnen CO_2 eingespart. Allein 2017 wurden in Deutschland durch die Herstellung von Sekundäraluminium zwischen 5,73 und 8,4 Millionen Tonnen CO_2 eingespart. Im Vergleich zur Primärproduktion liegt die Energieeinsparung bei ca. 95 Prozent mit entsprechender positiver Auswirkung auf die CO_2 Bilanz.
- Bei der Produktion von einer Tonne Sekundärkupfer entstehen ungefähr 2,0 Tonnen CO_2, bei der Produktion von Primärkupfer ca. 5,5 Tonnen CO_2. Je nach Berechnung werden bei der Sekundärproduktion im Vergleich zur Primärproduktion zwischen 3,42 und 3,52 Tonnen CO_2 eingespart. Das Umweltbundesamt in Wien rechnet sogar mit Einsparungen in Höhe von 4,46 Tonnen CO_2. Fest steht: Die Sekundärproduktion erzeugt über 60 Prozent weniger CO_2 als die Primärproduktion.
- In Deutschland fallen jährlich 180.000 bis 200.000 Tonnen Kabelabfall an. Durch das Kabelrecycling werden die verschiedenen Rohstoffe wie Kupfer, Aluminium, und verschiedene Kunststoffe zurückgewonnen. Bei ca. 190.000 Tonnen Kabelabfall werden üblicherweise ca. 11.400 Tonnen Aluminium, 102.600 Tonnen Kupfer und 76.000 Tonnen Kunststoffe zurückgewonnen. Zusätzlich zur Einsparung von CO_2 bei den Metallen spart das Recycling von Kunststoffen 1195 Tonnen CO_2 im Vergleich zum Primärprozess. Mit Blick auf das durchschnittlich eingesparte CO_2 je Rohstoff, spart das Kabelrecycling insgesamt pro Jahr ca. 560.842 Tonnen CO_2 ein. Das entspricht dem durchschnittlichen CO_2 Jahresausstoß von 62.315 Menschen in Deutschland (pro Kopf ca. 9 Tonnen CO_2). Zum Vergleich: Rosenheim hat 63.324 Einwohner.

[15] VDM Magazin Heft 695, November 2019, Seite 15 f.

30.4 Markt

Der Metallmarkt ist international. Es ist Aufgabe des Metallhandels, die Metalle weltweit zu beschaffen und sie dort zur Verfügung zu stellen, wo sie gebraucht werden. Der Bedarf an Metallen steigt stetig, konjunkturelle Schwächephasen verursachen lediglich Nachfragedellen, verändern den Trend aber letztlich nicht. Bei einer Betrachtung des Marktes ist zwischen Neu- und Altmetallen sowie Nebenmetallen und Seltenen Erden zu unterscheiden.

30.4.1 Die Londoner Metallbörse (LME)

Die LME hat eine lange Tradition. Gegründet wurde die damalige London Metal Exchange von Händlern und Maklern. Der global agierende Metallhandel benötigte dringend feste Handelsregeln und Güteklassen für die gehandelten Metalle. Der Industrie war daran gelegen, Preise – beispielsweise zur Lieferung in drei Monaten – fixieren zu können. 1869 beschlossen die Metallhändler einen eigenen Treff- und Handelspunkt einzurichten. Viele Jahre traf man sich im Londoner Jerusalem Coffee House oder später in den Räumen der Royal Exchange. 1876 wurde die London Metal Exchance Company gegründet; im Januar 1877 fand dann im Lombard Court die erste Zusammenkunft unter der Schirmherrschaft der LME statt.[16] Seit 2012 gehört die LME zur Hong Kong Exchanges and Clearing Limited (kurz HKEX). Heute hat die LME im Wesentlichen drei Kernfunktionen, nämlich die Preisfindung, die Preissicherung und die Lieferung.

30.4.1.1 Preisfindung

An der LME werden täglich die international akzeptierten Referenzpreise gebildet, die weltweit bei Produzenten, Händlern und Verbrauchern in ihren physischen Verträgen angewandt werden. Es werden allerdings nicht alle NE-Metalle an der LME gehandelt, sondern in erster Linie die sogenannten Basis- oder Industriemetalle: Aluminium und Aluminiumlegierungen, Blei, Kupfer, Nickel, Zink und Zinn. Die LME versucht immer wieder neue Kontrakte einzuführen, wie Kobalt, Molybdän oder Stahl bzw. Stahlschrott. Es zeigt sich aber, dass es in der Praxis schwer ist, neue Kontrakte oder Finanzprodukte auf dem Markt zu etablieren.

An der LME kann heute 24 Stunden täglich gehandelt werden, um dem weltweiten Bedarf gerecht zu werden. Von besonderer Bedeutung ist heute aber immer noch der traditionelle Ringhandel, der börsentäglich im Ring der LME in der Londoner Leadenhall Street stattfindet. Dort wird der Settlementpreis fixiert, also der offizielle tägliche Referenzpreis für jedes Meall. Er ist die Preisbasis für einen sehr großen Teil der direkt zwischen Produ-

[16] *Gibson-Jarvie*, Die Londoner Metallbörse, 1978, S. 11 ff.

zenten und Konsumenten abgeschlossenen Verträge.[17] Es gibt LME Notierungen für direkte Lieferungen (Prompt, Kassa) oder für in der Zukunft liegende Lieferungen (Termin). Bei den Terminkontrakten spielen die Dreimonatsnotierungen die größte Rolle. Historisch gesehen war dies die Zeit, die eine Schiffsladung etwa benötigte um vom Produzentenland nach England zu gelangen.[18] Während der Coronapandemie war der Ring einige Monate geschlossen, der Handel wurde in dieser Zeit ausschließlich elektronisch durchgeführt. Der Brexit hatte – anders als befürchtet – kaum Auswirkungen auf den Handel an der LME.

Die LME ist das unbestrittene, weltweite Zentrum des Metallhandels. Darüber hinaus gibt es weitere Metallhandelsplätze, wie die zur CME-Group gehörende Comex in New York, die Zinnbörse in Kuala Lumpur oder die Kupferbörse in Shanghai.

Die Preisbildung hat sich in den letzten Jahren spürbar gewandelt. Während in früheren Zeiten Angebot und Nachfrage maßgeblich waren, spielen heute eher die Empfindsamkeiten der internationalen Finanzmärkte eine Rolle. Vor hundert Jahren diente die LME fast ausschließlich der Absicherung von fundamentalen Geschäften, sie war Diener der Industrie und des Metallhandels. Heute schätzen Fachleute, dass weniger als zehn Prozent aller LME Geschäfte noch einen physischen Hintergrund haben, der Rest des Umsatzes ist Spekulation. Das erklärt auch, warum die Metallpreise in den letzten Jahren auf der einen Seite so stark angestiegen sind und sich auf der anderen Seite so volatil verhalten.

▶ **Praxisbeispiel** *Preisentwicklung: Im Januar 2002 kostete eine Tonne Kupfer an der LME durchschnittlich 1503 Dollar, zwei Jahre später 2323 Dollar und im Januar 2006 bereits 4734 Dollar. Im April 2008 wurde ein Durchschnittspreis von 8684 Dollar erreicht, bevor das Metall im Dezember 2008 nur noch 3128 Dollar erzielte. In den Jahren 2019 bis Mitte 2020 schwankten die Notierungen zwischen 5000 und 6500 Dollar, bevor der durchschnittliche Preis im April 2021 bei unglaublichen 9335 Dollar lag.*

30.4.1.2 Preissicherung, Hedging

Gerade die große Volatilität auf den Metallmärkten macht es notwendig, Handelsgeschäfte an der Börse abzusichern. Durch das Hedging kann in jeder Phase von Produktion, Verarbeitung, Handel und Verbrauch von Metallen durch Termingeschäfte eine Sicherung vor Preisrisiken vorgenommen werden. Wesentlich ist, dass ein Einkauf physischer Ware mit Fixierung des Preises an einem feststehenden zukünftigen Termin jederzeit mit einem Deckungsverkauf der gleichen Menge zum selben Fälligkeitstag kombiniert werden kann und umgekehrt.[19] Ein umsichtiger Metallhändler wird sein Büro nicht verlassen, bevor er alle am Tage getätigten Geschäfte an der LME durch Hedging abgesichert hat. Nur dadurch sichert er sich vor Kursverlusten ab. Auf der anderen Seiten verzichtet er durch das

[17] *Gibson-Jarvie*, Die Londoner Metallbörse, 1978, S. 158.

[18] *Thompson*, The London Metal Exchange, Zeitschrift METALL, Nr. 3 / 1998, S. 95.

[19] *Gibson-Jarvie*, Die Londoner Metallbörse, 1978, S. 133.

Hedging aber auch auf einen möglichen Kursgewinn. Kurz: Der Metallhändler lebt nicht von der Spekulation, sondern von der Marge (Gewinnspanne, Differenz zwischen Einkaufs- und Verkaufspreis).

► **Praxisbeispiel** *Ein Metallhändler kauft zur Lieferung in drei Monaten 100 Tonnen Kupferschrott. Dieses Geschäft wird er absichern, indem er zum Stichtag eine entsprechende Menge Kupfer an der LME verkauft. Was sich einfach anhört, ist in Wahrheit komplexer. Natürlich ist der Schrottpreis nicht mit dem Preis für an der LME gehandelte Grade-A Kupfergrathoden identisch, natürlich gibt es Gebühren, Abschläge etc. Der sichere Umgang mit der Börse will gelernt sein.*

30.4.1.3 Lieferung

Die LME verfügt über von ihr lizenzierte Lagerhäuser, in denen die gehandelten Metalle auch physisch aus- und eingelagert werden können. Dieses Instrument unterscheidet die LME grundlegend von anderen Börsen. Die physische Erfüllung von Kontrakten macht allerdings – neben dem Futures-Trading – nur noch einen kleinen Teil der LME-Umsätze aus. Die LME hat genau definiert, welche Metalle in welcher Qualität über die LME gehandelt und in die Lagerhäuser eingeliefert werden können.[20]

Die handelstäglich von der LME veröffentlichten Lagerhausbestände geben einen Überblick darüber, welche Metallmengen in den lizenzierten Lagerhäusern der LME eingelagert sind. Hieraus lassen sich aber nur unzureichend Schlüsse über die wahre Verfügbarkeit von Metallen ableiten. Zum einen gibt es oftmals außerhalb dieser lizenzierten Lagerhäuser noch weitere Vorräte, die nicht offiziell erfasst werden. Zum anderen sind viele Bestände in den LME-Lagerhäusern schon in festen Händen und stehen deshalb dem Markt nicht wirklich zur Verfügung.

30.4.2 Schrottmärkte

Die Preisentwicklung der Sekundärmetalle orientiert sich in erster Linie an den in London notierten Neumetallpreisen. In Abhängigkeit von der jeweiligen Schrottqualität hat jeder Metallhändler eine persönliche Berechnungsformel, wie er seinen aktuellen Schrottpreis in Relation zu den LME-Notierungen setzt. Neben der LME-Notierung gibt es für Schrotte zahlreiche weitere preisbildende Faktoren. Zu nennen sind hier unter anderem die qualitative Zusammensetzung der gelieferten Partie, die sich aus der allgemeinen Marktsituation ergebenden Auf- und Abschläge, die Verfügbarkeit des Materials auf der einen und die Nachfrage des Metalls auf der anderen Seite. Auch das jeweilige Verhältnis zwischen dem Euro und dem Dollar sind wichtig, denn in London werden alle Metalle auf Dollar-Basis

[20] Zum komplexen Thema Metallbörsen siehe: Taschenbuch des Metallhandels, 12. Auflage 2015, S. 329 ff.

notiert. Allerdings gilt die früher übliche Formel, wonach Angebot und Nachfrage den Preis bestimmen, heute nur noch sehr eingeschränkt. Zu groß ist die Abhängigkeit der Schrottpreise von den LME-Notierungen, die wiederum von den Finanzmärkten getrieben sind.

Für den Handel sind hohe Metallpreise nicht immer zum Vorteil, denn der Handel lebt von der Marge, nicht von der Spekulation. Wenn die Preise steigen, kann er zwar einen höheren Verkaufspreis verlangen, muss aber selbst auch höhere Einkaufspreise kalkulieren. Die Marge ändert sich kaum, auf der anderen Seite steigen die Kosten. Beispielhaft seien höhere Finanzierungskosten oder steigende Prämien für Kreditversicherungen genannt. Wer auf die Zusammenarbeit mit Banken angewiesen ist, muss bei hohen Preisen deutlich höhere Beträge finanzieren als bei einem niedrigen Preisniveau. Die Verbraucher müssen ebenfalls mehr Geld für Metalle zahlen, können aber oft die gestiegenen Rohstoffpreise oft nicht im Endprodukt weitergeben.

Der VDM erstellt wöchentlich zusammen mit der WirtschaftsVereinigung Metalle e. V. (WVM) eine Metallpreisübersicht für seine Mitglieder. Diese hat aber ausschließlich statistische Bedeutung, denn sie bildet nur den ermittelten Preis zu seinem festen Stichtag – in der Regel Mittwoch – ab. Zum Zeitpunkt der Veröffentlichung – in der Regel am folgenden Donnerstag – können die Preise wieder ganz anders aussehen. Grund hierfür ist die oben beschriebene starke Abhängigkeit der Schrottpreise zu den LME-Notierungen in London. Der Handel an der LME ist 24 Stunden am Tag aktiv, die Notierungen ändern sich kontinuierlich. Eine Reihe von Dienstleistern bietet heute den Empfang der LME-Daten in Echtzeit an. Die Schrottpreise folgen in der Regel den Neumetallnotierungen an der LME, wobei es immer wieder zeitliche Verzögerungen geben kann. Manchmal, wenn Neumetalle knapp und kaum verfügbar sind, können saubere und sofort lieferbare Schrottqualitäten sogar über dem Neumetallpreis liegen. Bei der Berechnung der Schrottpreise müssen zudem die Sortenreinheit der Ware und Logistik- bzw. Aufbereitungskosten einberechnet werden.

30.4.3 Sondermetalle

Für Sondermetalle gibt es keine Börse, lediglich Kobalt und Molybdän werden seit einigen Jahren mit mäßigem Erfolg an der LME notiert. Ansonsten gilt hier noch, dass Angebot und Nachfrage den Markt bestimmen. Das Kapital des Händlers ist sein Marktwissen („Wer braucht was?“ – „Wo kann ich was zu welchem Preis beschaffen?“). Zuverlässige Preisübersichten gibt es kaum, die in Zeitschriften abgedruckten Preise sind kritisch zu hinterfragen. Auch die bei einigen Onlineplattformen hinterlegten Preise sind zweifelhaft, weil sie meist nur die Preise, der über die jeweiligen Plattform abgewickelten Geschäfte abbilden. Fast alle Sondermetalle müssen importiert werden, obwohl sie fast überall in der Erdkruste vorkommen. Der Abbau aber ist teuer, China gilt deshalb als wichtigste Lieferantenquelle.

Literatur

Gibson-Jarvie R (1978) Die LondonerMetallbörse. Knapp Verlag, Frankfurt.

GIZ (2021) Rohstoffe für die E-Mobilität, S. 19, Deutsche Gesellschaft für Internationale Zusammenarbeit (GIZ) GmbH (Hrsg.)

Nauckhoff von MH (2010) Strategische Metalle und Seltenerdmetalle, FinanzBuchverlag München, 1. Auflage.

Schmitz R (2015) Taschenbuch des Metallhandels. Schmitz R (Hrsg), 12. Aufl., Giesel Verlag.

Thompson S (1998) The London Metal Exchange. METALL Fachzeitschrift für Metallurgie Nr. 3:95–99.

VDM (2012) Usancen und Klassifizierungen des Metallhandels. UKM 2002/1988 – Neudruck 2012. http://www.vdm.berlin/resources/04_Presse/04_Broschueren/2012_Usancen%20des%20Metallhandels_WEB.pdf Zugegriffen: 16. August 2021.

VDM (2019) Magazin Heft 695, November 2019, Seite 15 f. http://www.vdm.berlin/resources/04_Presse/06_Der_Metallhandel/VDM_Magazin_Nr-695_WEB.pdfZugegriffen: 16. August 2021.

VDM (2019) Magazin Heft 691, Februar 2019. Kapitel 1.3–1.4. http://www.vdm.berlin/resources/04_Presse/06_Der_Metallhandel/VDM_Chronik_Heft-01_RZ_web.pdf Zugegriffen: 16. August 2021.

Gewerbeabfall

31

Jens Loschwitz

31.1 Einführung

Die im Jahr 2017 novellierte Gewerbeabfallverordnung (nachfolgend: GewAbfV 2017[1]) legt einen klaren Fokus auf den Abfallerzeuger. Der Abfallerzeuger ist der entscheidende Steuermann für seine Abfälle. Die GewAbfV 2017 fordert eine sehr umfassende Getrennthaltung von Abfallströmen aus Gewerbebetrieben und übernimmt damit gute Erfahrungen des Gesetzgebers mit der Getrennthaltung von Abfällen aus Privathaushalten. Die getrennt gesammelten Gewerbeabfälle machen dabei mehr als das Dreifache der in Gewerbebetrieben anfallenden Abfallgemische aus.

Die Novelle war nötig, um der vom EU-Gesetzgeber geforderten fünfstufigen Abfallhierarchie auch untergesetzlich Geltung zu verschaffen. Die gesetzlichen Vorgaben des Kreislaufwirtschaftsgesetzes (KrWG) gelten für alle Arten von Abfällen, die in privaten Haushaltungen und anderen Herkunftsbereichen anfallen – insbesondere auch in privaten und öffentlichen Einrichtungen, Industrie und Gewerbe oder bei Dienstleistungen.

Letztlich regelt die GewAbfV 2017 „nur" den Eingang in die Behandlungstechnologien der Entsorgungswirtschaft. Recycling ist aber kein Selbstzweck. Die Absteuerung aus den Anlagen muss dem Markt überlassen werden. Der „Ausgang", d. h. insbesondere der Einsatz von Recyklaten, also zum Beispiel der Einsatz von Ersatzbaustoffen, wird vom

[1] Stand: Gewerbeabfallverordnung vom 18. April 2017 (BGBl. I S. 896), die zuletzt durch Artikel 4 der Verordnung vom 9. Juli 2021 (BGBl. I S. 2598) geändert worden ist.

J. Loschwitz (✉)
BDE Bundesverband der Deutschen Entsorgungs-, Wasser- und Kreislaufwirtschaft e. V., Berlin, Deutschland
E-Mail: loschwitz@bde.de

P. Kurth et al. (Hrsg.), *Praxishandbuch der Kreislauf- und Rohstoffwirtschaft*,
https://doi.org/10.1007/978-3-658-36262-1_31

Markt bestimmt. Die Recyclingwirtschaft konkurriert mit (Primär-)Produkten, die auf diesem Markt gehandelt werden. Hier kommt der öffentlichen Hand eine Vorreiterrolle zu. Leider wird in der Praxis noch zu häufig Primärrohstoffen (auch aus Unkenntnis) der Vorzug vor Sekundärrohstoffen gegeben.

Die vorangehende GewAbfV 2002 galt zuletzt als Papiertiger. Vollzugsdefizite bei der Kontrolle der Einhaltung der Regelungen ließen sie letztlich leer laufen. Auch über den Erfolg der GewAbfV 2017 entscheidet am Ende des Tages der Vollzug. Eine effiziente Überwachung des Vollzuges könnte beispielsweise bei der Kontrolle der Eingangsströme (Direktanlieferungen von Gewerbeabfallgemischen[2]) bei energetischen Verwertungsanlagen ansetzen, wo mit dem geringsten Aufwand die Umgehung der Vorbehandlungspflicht festgestellt werden kann.[3]

Der Beitrag gibt einen Überblick über die GewAbfV 2017 und richtet sich an gewerbliche Abfallerzeuger und Entsorgungsunternehmen. Die einzelnen Anforderungen an Vorbehandlungsanlagen sind nicht Gegenstand dieser Abhandlung.

31.2 Anwendungsbereich und Rechtsgrundlage

31.2.1 Sachlicher Anwendungsbereich

Die GewAbfV 2017 gilt für die Bewirtschaftung, insbesondere die Erfassung, die Vorbehandlung, die Vorbereitung zur Wiederverwendung, das Recycling und die sonstige Verwertung von gewerblichen Siedlungsabfällen einerseits und von bestimmten Bau- und Abbruchabfällen andererseits.[4]

„Bewirtschaftung" ist entsprechend der Definition des § 3 Abs. 14 KrWG umfassend zu verstehen. Die Begründung zur GewAbfV 2017 nennt insbesondere die Erfassung, die Vorbehandlung, die Vorbereitung zur Wiederverwendung gemäß § 3 Abs. 24 KrWG, das Recycling gemäß § 3 Abs. 25 KrWG und die sonstige Verwertung.[5] Der Begriff „Erfassung" ist als Oberbegriff zur Sammlung und Beförderung von Abfällen zu verstehen.

► **Praxishinweis** Die GewAbfV 2017 gilt nicht für Abfälle, die dem Elektro- und Elektronikgerätegesetz oder dem Batteriegesetz unterliegen.

[2] Insbes. AVV 15 01 06, 17 09 04, 19 12 12, 20 03 01, 20 03 07; die zuständige Behörde kann Informationen zu den angelieferten, unvorbehandelten Gemischen von den MVA auf Basis von § 47 IV i. V. m. §§ 62, 49 IV KrWG i. V. m. § 24 IV 1 NachwV einfordern.

[3] Vgl. dazu Buhck/Loschwitz in AbfallR (2) 2021, 72 ff.

[4] § 1 Abs. 1 GewAbfV 2017.

[5] allgemein zum Verwertungsbegriff vgl. § 3 Abs. 23 KrWG.

Die GewAbfV 2017 gilt nicht für Abfälle, die einem öffentlich-rechtlichen Entsorgungsträger (örE) im Rahmen der Überlassungspflichten[6] überlassen worden sind. Trotzdem bleibt der örE verpflichtet, solche (Rest-)Abfälle vorrangig ordnungsgemäß, schadlos und hochwertig zu verwerten.[7] Der Anwendungsausschluss gilt nur für die als Abfälle zur Beseitigung (AZB) überlassenen Abfälle. Keine AZB, sondern Abfälle zur Verwertung (AZV) sind grundsätzlich auch die im Rahmen einer kommunalen Bioabfall- oder Papiertonne getrennt gesammelten Abfälle oder die auf einem Wertstoff- oder Recyclinghof angenommenen stofflichen Gemische.[8]

► **Praxishinweis** Wenn die Kommune selbst Abfallerzeuger ist, gilt die GewAbfV 2017 uneingeschränkt.

31.2.2 „Gewerbliche Siedlungsabfälle"

31.2.2.1 Begriff

Siedlungsabfälle sind Haushaltsabfälle und ähnliche gewerbliche und industrielle Abfälle (vgl. Überschrift zu Kap. 20 der Anlage der Abfallverzeichnis-Verordnung (AVV)[9]). Maßgeblich für die Einstufung als „gewerbliche" Siedlungsabfälle ist die Herkunft. Zu den gewerblichen Siedlungsabfällen zählen zum einen Siedlungsabfälle aus anderen Herkunftsbereichen als privaten Haushaltungen, die in Kap. 20 enthalten sind, insbesondere gewerbliche und industrielle Abfälle, wie z. B. Abfälle mit den Schlüsselnummern 20 01 und 20 02.[10] Weiterhin gehören ausweislich der Begründung zur GewAbfV 2017 hierzu auch Abfälle aus privaten und öffentlichen Einrichtungen, wie z. B. Abfälle – einschließlich Sperrmüll – aus Büros oder Arztpraxen, Verwaltungsgebäuden, Schulen, Kindergärten, Kliniken, Pflegeheimen, Kasernen oder Strafvollzugsanstalten. Voraussetzung ist allerdings, dass diese Abfälle denen aus privaten Haushaltungen hinsichtlich ihrer Beschaffenheit (Konsistenz) und Zusammensetzung ähnlich sind.

Zu den gewerblichen Siedlungsabfällen zählen auch weitere gewerbliche und industrielle Abfälle, die nicht in Kap. 20 der Anlage der AVV aufgeführt sind, die aber nach Art, Zusammensetzung, Schadstoffgehalt und Reaktionsverhalten mit Abfällen aus privaten Haushaltungen vergleichbar sind.[11]

---

[6] nach § 17 Absatz 1 Satz 2 und 3 KrWG.

[7] Vgl. § 20 Abs. 1 Satz 2 i. V. m. § 7 KrWG.

[8] Vgl. Doumet/Thärichen, GewAbfV Praxiskommentar. 2 Aufl. 2021, § 1 Rz. 54.

[9] Abfallverzeichnis-Verordnung vom 10. Dezember 2001 (BGBl. I S. 3379), die zuletzt durch Artikel 2 der Verordnung vom 22. Dezember 2016 (BGBl. I S. 3103) geändert worden ist.

[10] Vgl. § 2 Ziffer 1 lit. (a) GewAbfV 2017.

[11] Vgl. § 2 Ziffer 1 lit. (b) GewAbfV 2017 – vgl. dazu Beschluss Deutscher Bundesrat v. 10.02.2017 (BR Drs. 2/17(B), Anlage A 1: Die bloße Möglichkeit einer gemeinsamen Entsorgung mit Siedlungsabfällen reicht nicht).

▶ **Praxishinweis** Die GewAbfV 2017 erfasst auch produktionsspezifische Abfälle. Darunter fallen Kunststoffabfälle aus verschiedenen Herkunftsbereichen, Rinden, Kork, Holzabfälle aus der Holzbearbeitung und -verarbeitung, Abfälle aus unbehandelten oder verarbeiteten Textilfasern sowie nicht entsprechend dem VerpackG zurückgenommene Verpackungen. Auch weitere produktionsspezifische Abfälle aus anderen Herkunftsbereichen, die unter verschiedenen Abfallschlüsseln in der Anlage der AVV enthalten sind, gehören dazu: z. B. Lederabfälle, Metallabfälle, einschließlich Späne aus der Metallbearbeitung und -verarbeitung, Werkstattabfälle, mineralölhaltige Putzlappen, Farbeimer oder nicht infektiöse Abfälle des Kap. 17 der Anlage zur AVV.

31.2.2.2 Abgrenzung zu Abfällen aus privaten Haushaltungen

Gewerbliche Siedlungsabfälle sind zu unterscheiden von Abfällen, die in privaten Haushalten im Rahmen der privaten Lebensführung anfallen. Ausweislich der Verordnung gehören dazu insbesondere Wohnungen und zugehörige Grundstücks- oder Gebäudeteile sowie andere vergleichbare Anfallorte, wie Wohnheime oder Einrichtungen des betreuten Wohnens.[12] Darunter fallen auch Schrebergärten, Wochenendhäuser und Garagen.

▶ **Hintergrund** Abfälle aus der Sphäre gewerblich veranlasster Nutzungen, wie etwa Büros von Freiberuflern, Arztpraxen oder gewerbliche Beherbergungen mit wechselnden Gästen, wie Zimmervermietungen des Hotel- und Gaststättengewerbes, sind gewerbliche Siedlungsabfälle. Das gilt auch für Abfälle aus Einrichtungen des betreuten Wohnens, die als Pflegeheime anzusehen sind. Mit fortschreitender Digitalisierung (Stichwort Industrie 4.0) wird auch längeres Wohnen in häuslicher Umgebung bei gleichzeitiger engmaschiger Pflege möglich werden. Solche dezentralen Pflegeeinheiten ermöglichen den betroffenen Bewohnern den Verbleib in gewohnten Strukturen. Auch Abfälle aus diesen dezentral betreuten Wohnformen wird man bei hinreichender Intensität des Pflegebedarfs der jeweiligen Abfallerzeuger als gewerbliche Abfälle qualifizieren müssen. Maßgeblich ist bei solchen dezentralen Wohnformen, ob den darin lebenden, betreuten Bewohnern noch eine selbstbestimmte Lebensgestaltung möglich ist.[13]

Bei Abfällen aus Renovierungs- und Reparaturarbeiten, wie etwa dem Austausch einer Heizungsanlage oder von Wasser-, Abwasser- oder Stromleitungen eines Privathauses, ist zu unterscheiden, ob sie vom Eigentümer selbst vorgenommen werden oder er mit der Ausführung z. B. einen Handwerker beauftragt hat.

▶ **Praxishinweis** Abfälle, die zwar in privaten Haushaltungen anfallen, die aber nicht dem Bereich der üblichen privaten Lebensführung, sondern dem handwerklichen und dem sonstigen gewerblichen Bereich zuzuordnen sind

[12] Vgl. § 2 Ziffer 2 GewAbfV 2017.

[13] Skeptisch dazu Doumet/Thärichen, aaO, § 2 Rz. 47 f.

(z. B. Baum- oder Rasenschnitt, der infolge der Tätigkeit gewerblicher Gartenbaubetriebe in Hausgärten anfällt, Bau- und Abbruchabfälle beim Umbau oder Abbruch eines privaten Hauses durch einen Gewerbebetrieb), gehören nicht zu den Abfällen aus privaten Haushaltungen und fallen demzufolge jedenfalls in den Anwendungsbereich der GewAbfV.[14]

31.2.2.3 Bau- und Abbruchabfälle

Die GewAbfV 2017 erfasst von den Bau- und Abbruchabfällen nur mineralische und weitere nichtmineralische Abfälle des Kap. 16 der Anlage der AVV. Ausgenommen sind die in der Abfallgruppe 17 05 aufgelisteten Abfälle wie Boden, Steine, Baggergut und ausgebaute Ersatzbaustoffe.[15] Ab 1. August 2023 gilt Folgendes: Soweit beim Rückbau, bei der Sanierung oder bei der Reparatur technischer Bauwerke bestimmte Abfälle anfallen, bestimmt die Ersatzbaustoffverordnung die Regeln für die getrennte Sammlung und das Recycling (siehe dazu auch das Kap. 32).[16]

31.2.3 Persönlicher Anwendungsbereich

Die GewAbfV 2017 gilt für die Erzeuger[17] und Besitzer[18] der vorbezeichneten Abfälle und die Betreiber von Vorbehandlungs- und Aufbereitungsanlagen.[19]

► **Praxishinweis** Betreiber von Anlagen, in denen getrennt gesammelte Abfallfraktionen behandelt werden (z. B. Sortier- und Recyclinganlagen für Glas, Papier und Metalle), fallen nicht unter den Anwendungsbereich der GewAbfV 2017. Ebenso ist das Facility-Management (FM) regelmäßig nicht erfasst. Der FM-Dienstleister wird nur im Ausnahmefall selbst Abfallbesitzer im Sinne des KrWG.

---

[14] Vgl. BDE-Leitfaden zur Gewerbeabfallverordnung, 3. Aufl. 2020, S. 4 (Fn. 4).

[15] Vgl. § 2 Ziffer 3 GewAbfV 2017.

[16] Ab 1. August 2023 neuer § 8 Absatz 1a GewAbfV 2017: „Soweit beim Rückbau, bei der Sanierung oder bei der Reparatur technischer Bauwerke Stoffe nach § 2 Nummer 18 bis 29 und 32 der Ersatzbaustoffverordnung vom 9. Juli 2021 (BGBl. I S. 2598) als Abfälle anfallen, gilt für die Getrenntsammlung, die Vorbereitung zur Wiederverwendung und das Recycling dieser Abfälle ausschließlich § 24 der Ersatzbaustoffverordnung." Änderung durch sog. Mantelverordnung (Verordnung zur Einführung einer Ersatzbaustoffverordnung, zur Neufassung der Bundes-Bodenschutz- und Altlastenverordnung und zur Änderung der Deponieverordnung und der Gewerbeabfallverordnung), BGBl I vom 16. Juli 2021 , 2598 (2751).

[17] § 3 Abs. 8 KrWG.

[18] § 3 Abs. 9 KrWG.

[19] § 1 Abs. 2 GewAbfV 2017.

31.2.4 Rechtsgrundlage

Die GewAbfV 2017 basiert maßgeblich auf § 8 Abs. 2 Satz 1 Ziffer 2 KrWG (außerdem noch: § 65 Abs. 2 KrWG, § 10 Abs. 1 Ziffer 2 und 3 und Abs. 2 Ziffer 1 bis 4 KrwG sowie § 16 Satz 1 Ziffer 2 KrWG). § 8 Abs. 2 Satz 2 KrWG statuiert bereits, dass durch eine Rechtsverordnung auch bestimmt werden kann, dass die Verwertung des Abfalls entsprechend seiner Art, Beschaffenheit, Menge und Inhaltsstoffe durch mehrfache, hintereinander geschaltete stoffliche und anschließende energetische Verwertungsmaßnahmen (Kaskadennutzung) zu erfolgen hat.[20] Genau von diesem Konzept der Kaskadennutzung hat sich der Verordnungsgeber von Anfang an leiten lassen. Dabei kommt der Optimierung der Getrennthaltung eine herausragende Bedeutung zu.

31.3 Getrennthaltung von Abfällen

31.3.1 Klare Forderung der Getrennthaltung

Die getrennte Sammlung von Abfällen ist Voraussetzung für jedes hochwertige Recycling. Die GewAbfV 2017 verpflichtet Gewerbetreibende zur getrennten Sammlung bestimmter gewerblicher Siedlungsabfälle und deren vorrangiger Zuführung zur Vorbereitung zur Wiederverwendung oder zum Recycling.[21]

Ohnehin sind schon seit dem 01.01.2015 zum Zweck des ordnungsgemäßen, schadlosen und hochwertigen Recyclings Papier-, Metall-, Kunststoff- und Glasabfälle getrennt zu sammeln, soweit dies technisch möglich und wirtschaftlich zumutbar ist. Dies ergibt sich direkt aus dem KrWG.[22] Für private Haushalte gilt die Getrenntsammlungspflicht seit 01.01.2015 auch für Bioabfälle (da überlassungspflichtig, § 11 Abs. 1 KrWG).

► **Praxishinweis** Auch innerhalb der Kunststofffraktion kommt eine weitergehende Trennung in Betracht, insbesondere nach PET, PE, PP, PVC, Verpackungskunststoffe, verschmutzte Kunststoffe.[23]

Darüber hinaus sind Erzeuger und Besitzer von gewerblichen Siedlungsabfällen verpflichtet, mindestens auch noch Holz, Textilien, Bioabfälle nach § 3 Absatz 7 KrWG sowie

[20] Vgl. zur Kaskadennutzung: Jarass u. Petersen-Reese 2014, § 8, Rn 38 ff. (40); Kopp-Assenmacher 2015, § 8, Rn 13 ff. (15).

[21] Vgl. ausführlich zur Getrenntsammlungspflicht: BDE-Leitfaden zur Gewerbeabfallverordnung, 3. Aufl. 2020 S. 5 f.

[22] § 14 Abs. 1 KrWG.

[23] Vgl. LAGA-Vollzugshinweise zur GewAbfV 2019, S. 20.

weitere produktionsspezifische Abfälle getrennt zu sammeln und der Vorbereitung zur Wiederverwendung oder dem Recycling zuzuführen.[24]

Auch überlagerte, verpackte Lebensmittel müssen grundsätzlich vor Ort vom Lebensmitteleinzelhandel (LEH) getrennt werden (z. B. Tiefkühlpizza von der Umverpackung).[25]

> **Praxishinweis** Auch produktionsspezifische Abfälle, die bislang nicht explizit in der GewAbfV 2002 aufgeführt waren, jedoch zweifelsfrei Gewerbeabfälle sind, müssen inzwischen gemäß den Anforderungen der GewAbfV 2017 entsorgt werden.

31.3.2 Umgang mit Fehlwürfen

Die reine Lehre gibt es nur in silico. Auch bei sorgfältigster getrennter Sammlung kommt es in der Praxis immer auch zu (unbeabsichtigten) Fehlwürfen. Die GewAbfV 2017 nimmt diese in kleinerem Umfang hin.

> **Praxishinweis** Vereinzelte Fehlwürfe führen nicht per se zu einem Verstoß gegen die Getrenntsammlungspflicht. Allerdings sollte eine Fehlwurfquote von 5 Masseprozent in der Regel nicht überschritten werden. Die Toleranzschwelle kann bei einigen Stoffströmen niedriger sein (z. B. bei Bioabfällen).[26]

31.3.3 Ausnahmen von der Getrennthaltungspflicht

Die Pflicht zur Getrennthaltung kann stoffstrombezogen entfallen. Sie entfällt gemäß der GewAbfV 2017 immer dann, soweit die getrennte Sammlung der jeweiligen Abfallfraktion technisch nicht möglich oder wirtschaftlich nicht zumutbar ist.[27]

> **Praxishinweis** Die technische Unmöglichkeit oder die wirtschaftliche Unzumutbarkeit der getrennten Sammlung einer Abfallfraktion führt nicht zum Entfallen der Getrenntsammlungspflicht für alle Fraktionen.

Technisch nicht möglich ist die getrennte Sammlung insbesondere dann, wenn für eine Aufstellung der Abfallbehälter für die getrennte Sammlung nicht genug Platz zur Verfügung steht.

[24] § 3 Abs. 1 GewAbfV 2017.

[25] Vgl. LAGA-Vollzugshinweise zur GewAbfV 2019, S. 22.

[26] Vgl. BDE-Leitfaden zur Gewerbeabfallverordnung, 3. Aufl. 2020, S. 6; BT-Drs. 18/10345, S. 76.

[27] Vgl. § 3 Abs. 2 Satz 1 GewAbfV 2017.

► **Praxishinweis** Eine technische Unmöglichkeit kann sich aus sehr beengten bzw. gänzlich fehlenden räumlichen Verhältnissen zur Aufstellung von Sammelbehältern ergeben. In diesen Fällen sind aber auch Alternativen zu prüfen (gestaffelter Abfallanfall, Einsatz von Bringsystemen etc.). Eine technische Unmöglichkeit kann auch aus hygienischen Anforderungen an die Sammlung des Abfalls resultieren (z. B. Rattenbefall oder Fruchtfliegenentwicklung). Eine technische Unmöglichkeit ist erst gegeben, wenn alle durchführbaren Varianten zur Erfüllung der Pflicht ausscheiden.

Die getrennte Sammlung ist dann wirtschaftlich nicht zumutbar, wenn die Kosten für die getrennte Sammlung außer Verhältnis zu den Kosten für eine gemischte Sammlung und eine anschließende Vorbehandlung stehen. Auf Betreiben des Deutschen Bundesrates ist in § 3 Absatz 2 Satz 3 GewAbfV 2017 das Regelbeispiel „einer hohen Verschmutzung" gestrichen worden. Die Sorge war, dass durch dieses Beispiel für Abfallerzeuger der Anreiz erhöht werden könnte, Abfällen entgegen den Zielsetzungen der Verordnung „einen zu hohen Verschmutzungsgrad lediglich zu unterstellen oder einzelne Abfallfraktionen gar gezielt zu verschmutzen, um sie anschließend unter Bezugnahme auf § 4 Absatz 4 als Gemisch einer energetischen Verwertung zuzuführen."[28] Letztlich kann eine hohe Verschmutzung aber auch nach der von der Bundesregierung aufgegriffenen Streichung des Regelbeispiels „hohe Verschmutzung" in der Bewertung zu einer wirtschaftlichen Unzumutbarkeit der getrennten Sammlung einer Abfallfraktion führen (z. B. blutverschmierte Folien aus der Tierkörperbeseitigung). Es kommt auf die Betrachtung des Einzelfalls an.

► **Hintergrund** Es reicht nicht aus, dass die Kosten der getrennten Sammlung die Kosten für eine gemeinsame Erfassung übersteigen. Vielmehr müssen die Mehrkosten für die getrennte Sammlung „außer Verhältnis" zu den Kosten für eine gemeinsame Erfassung stehen. Ein wichtiges Indiz für die Unzumutbarkeit ist laut Begründung der GewAbfV 2017, ob die Mehrkosten branchenüblich sind oder stark hiervon abweichen.[29] Auch ein Vergleich mit den Getrenntsammlungspflichten von privaten Haushaltungen, die durch Satzungen der örE bestimmt werden, kann als Maßstab herangezogen werden. Eine wirtschaftliche Unzumutbarkeit wird jedenfalls dann anzunehmen sein, wenn die Kosten der Getrennthaltung die Kosten der gemischten Erfassung mit anschließender Vorbehandlung um mehr als 100 Prozent übersteigen.[30]

Die getrennte Sammlung ist auch dann wirtschaftlich nicht zumutbar, wenn die Kosten für die getrennte Sammlung auf Grund einer sehr geringen Menge der jeweiligen Abfallfraktion, außer Verhältnis zu den Kosten für eine gemischte Sammlung und eine anschließende Vorbehandlung stehen.

---

[28] Beschluss Deutscher Bundesrat v. 10.02.2017 (BR Drs. 2/17(B), Anlage A 4).

[29] BT-Drs. 18/10345, S. 78.

[30] Vgl. BDE-Leitfaden zur Gewerbeabfallverordnung, 3. Aufl. 2020, S. 9 (unten); kritisch zu Prozentwerten LAGA-Vollzugshinweise zur GewAbfV 2019, S. 25.

▶ **Praxishinweis** „Geringe Abfallmenge": Die Massen der Einzelfraktionen müssen deutlich unterhalb des Wertes von 50 kg pro Woche liegen.[31] Als „Orientierungswert" für eine sehr geringe Menge einer Einzelfraktion setzt die LAGA 10 kg/Woche an.[32]

Auch wenn keine Angebote zur Entsorgung der getrennten Fraktionen auf dem Markt verfügbar sind, kann die wirtschaftliche Unzumutbarkeit gegeben sein.

Generell sind die unbestimmten Rechtsbegriffe „technisch nicht möglich" und „wirtschaftlich nicht zumutbar" eng auszulegen. Das, was den Bürgern im Rahmen ihrer privaten Lebensführung zugemutet wird, ist erst recht für Gewerbebetriebe als zumutbar anzusehen. Eine getrennte Sammlung hat damit eindeutig den Vorrang und eine Abweichung ist nur in dem eng begrenzten Rahmen möglich (abschließender Tatbestand).

▶ **Praxishinweis** Die Darlegungs- und Beweislast für das Vorliegen von Sachverhalten, die technische Unmöglichkeit oder wirtschaftliche Unzumutbarkeit begründen, liegen bei dem Abfallerzeuger oder -besitzer, der sich auf die Ausnahmemöglichkeit berufen will.

31.4 Vorbehandlungspflicht für Gemische

31.4.1 Gemische sind einer Vorbehandlungsanlage zuzuführen

Für verbleibende Gemische statuiert die GewAbfV 2017 eine grundsätzliche Vorbehandlungspflicht von gewerblichen Siedlungsabfällen. Solche Gemische sind unverzüglich einer Vorbehandlungsanlage zuzuführen.

▶ **Praxishinweis** „Unverzüglich" heißt nicht „sofort" sondern „ohne schuldhaftes Zögern" (vgl. § 121 Abs. 1 BGB). Dem Erzeuger oder Besitzer wird auf jeden Fall ein angemessener Überlegungs- und Planungszeitraum zugestanden und damit ein weiterer Ermessensspielraum eingeräumt. Rein spekulative Motive rechtfertigen aber kein Abwarten.

Damit ist die unmittelbare Zuführung zu einer energetischen Verwertung (wie sie unter dem Regime der GewAbfV 2002 als gleichrangige Alternative zulässig war) künftig die Ausnahme. Sie ist nur noch unter den Voraussetzungen der fehlenden technischen Möglichkeit oder wirtschaftlichen Zumutbarkeit zulässig.

▶ **Praxishinweis** Die Zuführung zu einer Vorbehandlungsanlage muss nicht direkt erfolgen. Sie kann auch über genehmigte Umschlaganlagen oder Zwischenlager erfolgen. Allerdings darf diese Zwischenlagerung nicht zur Umgehung der Anforderungen nach der Gewerbeabfallverordnung führen.

31.4.2 Befreiung von der Vorbehandlungspflicht

Ausnahmsweise kann die Verpflichtung zur Vorbehandlung entfallen. Die Pflicht zur Vorbehandlung entfällt, soweit die Behandlung der Gemische in einer Vorbehandlungsanlage technisch nicht möglich oder wirtschaftlich nicht zumutbar ist.

Die Behandlung ist dann wirtschaftlich nicht zumutbar, wenn die Kosten für die Behandlung der Gemische und die anschließende Verwertung der Abfälle außer Verhältnis zu den Kosten für eine Verwertung stehen, die keine Vorbehandlung erfordert.

▶ **Hintergrund** Es reicht nicht aus, dass die Kosten für eine Vorbehandlung die Kosten für die energetische Verwertung übersteigen. Dies hat der Gesetzgeber bereits durch die Normierung der Pflicht zur Vorbehandlung berücksichtigt. Vielmehr kommt es auf ein erhebliches Missverhältnis der Kosten für beide Varianten an. In den Kostenvergleich sind auch die jeweiligen Transportkosten einzubeziehen. Die wirtschaftliche Unzumutbarkeit dürfte jedenfalls dann anzunehmen sein, wenn bei einem Kostenvergleich die Kosten der Vorbehandlung jene für eine energetische Verwertung mindestens um 100 Prozent übersteigt.[33]

Die technische Unmöglichkeit oder die wirtschaftliche Unzumutbarkeit der Zuführung eines Gemisches führen nicht zum Entfallen der Zuführungspflicht für alle Gemische des Erzeugers oder Besitzers.[34]

31.4.3 Sonderfall: Erreichen der Getrenntsammlungsquote

Die Pflicht zur Vorbehandlung entfällt auch, wenn die Getrenntsammlungsquote im vorangegangenen Kalenderjahr mindestens 90 Masseprozent betragen hat.[35] Dies bedarf nach der Feststellung durch einen vereidigten Sachverständigen.

Mit der Regelung wird dem Umstand Rechnung getragen, dass in Betrieben mit sehr hohen Getrenntsammlungsquoten die übrigbleibenden Gemische kaum noch verwertbare Bestandteile enthalten und somit für eine Sortierung in einer Vorbehandlungsanlage kaum geeignet sein dürften. Die Freistellung von der Pflicht zur Vorbehandlung bietet gleichzei-

---

[31] Vgl. BDE-Leitfaden zur Gewerbeabfallverordnung, 3. Aufl. 2020, S. 9; Begründung zur GewAbfV 2017 in BT-Drs. 18/10345, S. 79.

[32] Vgl. LAGA-Vollzugshinweise zur GewAbfV 2019, S. 25.

[33] Vgl. BDE-Leitfaden zur Gewerbeabfallverordnung, 3. Aufl. 2020, S. 13; kritisch zu Prozentwerten LAGA-Vollzugshinweise zur GewAbfV 2019, S. 32.

[34] BT-Drs. 18/10345, S. 84.

[35] § 4 Abs. 3 Satz 3 und § 2 Ziffer 6 GewAbfV 2017.

tig einen Anreiz für stärkere Bemühungen, eine möglichst weitgehende Getrenntsammlung zu realisieren.[36]

> **Praxishinweis** Abfallerzeuger, die keinen internen Abfallberater haben, sollten sich von ihrem Entsorger oder einem Sachverständigen im Rahmen der Abfallberatung Hinweise geben lassen, wie sie die Getrennthaltung an den jeweiligen Anfallstellen optimieren können.

31.4.4 Rechtsfolge der Befreiung von der Vorbehandlungspflicht

Entfällt ausnahmsweise die Pflicht zur Vorbehandlung, so haben Erzeuger und Besitzer die Gemische von anderen Abfällen getrennt zu halten und unverzüglich vorrangig einer ordnungsgemäßen, schadlosen und hochwertigen sonstigen, insbesondere energetischen, Verwertung zuzuführen.

In diesen Gemischen dürfen zum einen Abfälle aus der humanmedizinischen oder tierärztlichen Versorgung und Forschung gemäß Kap. 17 der Anlage der AVV nicht enthalten sein und zum anderen Bioabfälle, Glas, Metalle und mineralische Abfälle nur enthalten sein, soweit sie die hochwertige sonstige – insbesondere energetische – Verwertung nicht beeinträchtigen oder verhindern.[37]

Als Folge der Abfallhierarchie handelt es sich bei diesen Gemischen nicht um Abfälle zur Beseitigung (AZB), sondern um Abfälle zur Verwertung (AZV). Bei diesen AZV handelt es sich um Abfallgemische, die für das stoffliche Recycling nicht geeignet sind. Solche AZV-Gemische müssen von den anderen Abfällen (den getrennt erfassten Abfallfraktionen sowie den für die Zuführung zu einer Vorbehandlungsanlage bestimmten Gemischen) getrennt gehalten werden.

Als hochwertige energetische Verwertungsanlagen nennt die Begründung zur GewAbfV 2017 namentlich Industriefeuerungsanlagen zur Mitverbrennung, Ersatzbrennstoffkraftwerke und Anlagen zu Verbrennung von Siedlungsabfällen mit R 1-Werten (Fußnote zum Verfahren R 1 in der Anlage 2 KrWG) oberhalb von 0,6. Dabei kann auch die Energieausbeute, die Klimarelevanz sowie die stoffliche Nutzung von Ersatzbrennstoffbestandteilen (z. B. in Zementwerken) zur Beurteilung der Hochwertigkeit einer energetischen Verwertung herangezogen werden.

---

[36] Ausführlich zur Getrenntsammlungsquote: BDE-Leitfaden zur Gewerbeabfallverordnung, 3. Aufl. 2020, S. 14 ff.

[37] § 4 Abs. 4 Satz 2 GewAbfV 2017; die Empfehlung des Bundesratsausschusses für Umwelt, Naturschutz und Reaktorsicherheit, wonach Bioabfälle, Glas, Metalle und mineralische Abfälle in diesen Gemischen überhaupt nicht enthalten sein dürfen, hat der Deutsche Bundesrat nicht aufgegriffen. Eine solche pauschale Regelung wäre mit der fünfstufigen Abfallhierarchie auch nicht vereinbar.

31.5 Dokumentationspflichten

Erzeugern und Besitzern von gewerblichen Siedlungsabfällen obliegen eine Reihe von Dokumentationspflichten.

31.5.1 Dokumentation Getrennthaltung

Erzeuger und Besitzer haben die Erfüllung der Getrennthaltungsvorgaben oder das Vorliegen von Ausnahmen zu dokumentieren. Die GewAbfV 2017 setzt einen groben Rahmen, wie diese Dokumentation vorzunehmen ist:

- für die getrennte Sammlung durch Lagepläne, Lichtbilder, Praxisbelege, wie Liefer- oder Wiegescheine oder ähnliche Dokumente (z. B. auch Rechnung, soweit Menge und Abfallart eindeutig aus dieser ablesbar sind[38]),
- für die Zuführung der getrennt gesammelten Abfälle zur Vorbereitung zur Wiederverwendung oder zum Recycling durch eine Erklärung desjenigen, der die Abfälle übernimmt, wobei die Erklärung dessen Namen und Anschrift sowie die Masse und den beabsichtigten Verbleib des Abfalls zu enthalten hat, und
- für das Abweichen von der Pflicht zur getrennten Sammlung durch eine Darlegung der technischen Unmöglichkeit oder der wirtschaftlichen Unzumutbarkeit.

Die Dokumentation ist auf Verlangen der zuständigen Behörde vorzulegen.

Die jeweiligen Dokumentationspflichten sind unabhängig von den Nachweis- und Registerpflichten der §§ 49 und 50 KrWG, die nur für Erzeuger und Besitzer von gefährlichen Abfällen gelten.

► **Praxishinweis** Der Erzeuger oder Besitzer der Abfälle muss mittels der Dokumentation sowohl die Erfüllung der Pflicht zur getrennten Sammlung wie auch die Pflicht zur Zuführung der getrennt gesammelten Abfälle zu einer Vorbereitung zur Wiederverwendung oder zum Recycling als auch die Gründe des Abweichens hiervon nachweisen. Die Dokumentation ist obligatorisch. Sie muss mindestens drei Jahre (jeweils vom Datum ihrer Erstellung) aufbewahrt werden.[39]

Die Dokumentation erfolgt in der Regel einmalig, sofern sich die örtlichen Gegebenheiten und die sonstigen Rahmenbedingungen (z. B. Änderung der Abfallzusammensetzung, Wechsel des Verwertungsweges) nicht verändern. Die Dokumentation ist bei we-

[38] Vgl. BDE-Leitfaden zur Gewerbeabfallverordnung, 3. Aufl. 2020, S. 24 (oben).

[39] Vgl. BDE-Leitfaden zur Gewerbeabfallverordnung, 3. Aufl. 2020, S. 23.

sentlichen Änderungen bei der Erfassung der anfallenden Abfälle und der sonstigen Rahmenbedingungen zeitnah zu aktualisieren.

▶ **Praxishinweis** Es werden keine zwingenden Vorgaben über das „Wie" der Dokumentation gemacht. In der Praxis empfiehlt es sich, Art und Umfang der Dokumentation gemeinsam mit dem jeweiligen Entsorgungsdienstleister abzustimmen. Letztlich muss das Ziel ein optimiertes Entsorgungskonzept sein, das bestmöglich die Recyclinganforderungen der GewAbfV 2017 umsetzt.

31.5.2 Bestätigung durch Vorbehandlungsanlage

Erzeuger und Besitzer haben sich bei der erstmaligen Übergabe der Gemische von dem Betreiber der Vorbehandlungsanlage bestätigen zu lassen, dass die Anlage die Anforderungen[40] erfüllt (sog. Betreiber-Erklärung).[41] Beauftragt ein Erzeuger oder Besitzer einen Dritten mit der Beförderung der Gemische, so ist dieser verpflichtet, die Betreiber-Erklärung einzuholen. Der Beförderer teilt dem Erzeuger oder Besitzer unverzüglich nach dem Erhalt der Betreiber-Erklärung mit, ob die Anlage die Anforderungen erfüllt.

▶ **Praxishinweis** Die Kenntnisnahme der entsprechenden Dokumente in Textform (§ 126b BGB) durch die Abfallerzeuger ist ausreichend.

31.5.3 Dokumentation der Befreiung von der Vorbehandlungspflicht

Erzeuger und Besitzer haben die Erfüllung der Pflicht zur Vorbehandlung zu dokumentieren. Ebenso ist das Vorliegen von Ausnahmetatbeständen zu dokumentieren.[42] Eine Abweichung ist nur möglich bei Vorliegen bestimmter Voraussetzungen.[43] Die Dokumentation kann – mit Ausnahme der Dokumentation der Getrenntsammlungsquote – beispielsweise durch Lagepläne oder Lichtbilder, Praxisbelege, wie Liefer- oder Wiegescheine, Entsorgungsverträge oder Nachweise desjenigen, der die zuzuführenden Abfälle übernimmt, erfolgen. Die Dokumentation ist auf Verlangen der zuständigen Behörde vorzulegen.

---

[40] Vgl. zu technischen Anforderungen § 6 Abs. 1 i. V. m. der Anlage zur GewAbfV 2017 und zur Sortierquote § 6 Abs. 3 i. V. m. § 2 Ziffer 7 GewAbfV 2017.

[41] § 4 Abs. 2 GewAbfV 2017.

[42] § 4 Abs. 5 GewAbfV 2017.

[43] Vgl. § 4 Abs. 3 GewAbfV 2017.

31.5.4 Sonderfall: Dokumentation der Getrennthaltungsquote

Das (freiwillige) Erreichen der Getrenntsammlungsquote ist vom Erzeuger jeweils bis zum 31. März des Folgejahres darzulegen. Hierzu hat er einen durch einen zugelassenen Sachverständigen geprüften Nachweis zu erstellen. Der Nachweis ist der zuständigen Behörde auf Verlangen vorzulegen. Diese Beschränkung auf die wenigen Sachverständigen hat aus der Praxis massive Kritik erfahren. Es wurde angeregt, die Getrenntsammlungsquote alternativ auch durch einen Entsorgungsfachbetrieb (Efb) feststellen zu lassen.[44] Der Vorteil des Efb läge in seiner großen Expertise im Hinblick auf die Zusammensetzung der Abfälle des Erzeugers wie auch der Situation vor Ort. Entsorgungsunternehmen sind längst nicht mehr nur „Müllkutscher", sondern sie sind regelmäßig auch als externe Abfallberater tätig. Es entspricht gerade der Lebenswirklichkeit, dass ein Abfallerzeuger sich zunächst an die von ihm beauftragten Entsorger wendet, um sein Abfallmanagement zu verbessern. Häufig wollen Unternehmen aus eigenem Antrieb die Recyclingfähigkeit ihrer eigenen Abfälle verbessern.

31.6 Gemeinsame Erfassung und Entsorgung von Kleinmengen

Erzeuger und Besitzer von gewerblichen Siedlungsabfällen können diese ausnahmsweise gemeinsam mit den auf dem jeweiligen Grundstück anfallenden Abfällen aus privaten Haushaltungen in den dafür vorgesehenen Abfallbehältern erfassen und im Rahmen der für die privaten Haushaltungen vorgesehenen Entsorgungswege einer Verwertung oder einer Beseitigung zuführen, wenn ihnen auf Grund der geringen Menge der angefallenen gewerblichen Siedlungsabfälle eine Erfüllung der Pflichten der Getrenntsammlung und Vorbehandlung wirtschaftlich nicht zumutbar ist (siehe auch Abschn. 3.3 zur Ausnahme von der Getrennthaltungspflicht). Dies ist häufig der Fall, wenn die gewerbliche Tätigkeit im eigenen Haushalt ausgeübt wird (z. B. Start in die Selbstständigkeit). Allerdings müssen die anfallenden Haushaltsabfälle auf demselben Grundstück, nicht aber beim selben Erzeuger anfallen. Es ist also auch ausreichend, wenn es sich um ein zu Wohn- und Gewerbezwecken gemischt genutztes Grundstück handelt.

► **Praxishinweis** Mit „geringer Menge" ist gemeint, dass die Gesamtmenge der angefallenen gewerblichen Siedlungsabfälle nicht wesentlich über die bei Privathaushalten üblicherweise anfallende Gesamtmenge an Abfällen hinausgehen darf. Laut Statistischem Bundesamt belief die Gesamtmenge der bei einem privaten Haushalt anfallenden Abfälle (Elektrogeräte ausgenommen) im Jahr 2014 auf 462 kg/a/EW. 500 kg/a ist daher ein Anhaltspunkt für das Massevolumen von geringer Menge.[45]

[44] Kurth 2016, S. 445.

[45] Vgl. BDE-Leitfaden zur Gewerbeabfallverordnung, 3. Aufl. 2020, S. 29.

Bei Gemeinsamer Erfassung entfällt die Pflicht zur Benutzung einer zusätzlichen Pflichtrestmülltonne nach § 7 Absatz 2 GewAbfV 2017. Überlassungspflichten werden durch die Regelung zur gemeinsamen Erfassung und Entsorgung von Kleinmengen (§ 5 GewAbfV 2017) nicht begründet. Diese richten sich allein nach § 17 Abs. 1 Satz 2 KrWG.

31.7 Pflichtrestmülltonne

Die GewAbfV 2017 enthält weiterhin eine Regelung zum Umgang mit etwaigen verbleibenden AZB.[46] Schon bisher ist diese Regelung seitens der örE häufig überstrapaziert worden. In der Verordnungsbegründung dazu, warum Gewerbebetriebe für AZB Restabfallbehälter der Kommunen im angemessenen Umfang nutzen müssen, heißt es so auch wörtlich: „Diese von der Rechtsprechung (vgl. BVerwG, Urteil vom 17. Februar 2005 – 7 C 25/03) im Kern bestätigte Pflicht wurde von den Kommunen stringent, im Hinblick auf den Adressatenkreis und das Mindestvolumen zum Teil allerdings auch überbordend, durchgesetzt.“[47]

Zwar ist es richtig, dass Erzeuger und Besitzer von gewerblichen Siedlungsabfällen, die nicht verwertet werden, diese dem zuständigen örE nach Maßgabe des § 17 Abs. 1 Satz 2 KrWG zu überlassen haben. Bei richtiger Anwendung der Abfallhierarchie stellt sich aber die Frage, ob vor Ort überhaupt noch in nennenswertem Umfang AZB anfallen.

Bei seriöser Betrachtung ist der Anwendungsbereich der Pflichtrestmülltonne gering. Tatsächlich handelt es sich bei AZB regelmäßig nur um Abfälle wie Zigarettenkippen oder Kehrreste.[48] Hierzu wird man auch feuchte Wischtücher zählen müssen, deren häufig vorkommende Beseitigung über die Toilette in der Kanalisation zu Problemen führen kann. Der ursprüngliche Sinn und Zweck der Pflichtrestmülltonne gem. der GewAbfV 2002 – die Vermeidung sog. Scheinverwertungen – ist im Hinblick auf den Gesamtstoffstrom aber schon lange weggefallen. Für eine „Mengensicherung“ für den örE fehlt es indes an einer Ermächtigungsgrundlage im KrWG.

Trotzdem hält die GewAbfV 2017 daran fest, dass Erzeuger und Besitzer für die Überlassung Abfallbehälter des örE oder eines von ihm beauftragten Dritten in angemessenem Umfang zu nutzen haben. Weiterhin gilt, dass sich die Pflichtrestmülltonne nach den näheren Festlegungen des örE bestimmt und mindestens aber ein Behälter zu nutzen ist. Die Pflicht zur Aufstellung mindestens eines Behälters beruht auf der widerleglichen Vermutung, dass bei allen Erzeugern und Besitzern gewerblicher Siedlungsabfälle auch Abfälle zur Beseitigung anfallen.

[46] § 7 GewAbfV 2017.

[47] BT-Drs. 18/10345, S. 28.

[48] Vgl. zu „Sozial- und Büromüll“ auch Urteil des VG Köln vom 18.11.2014, Az. 14 K 6786/12, Rn. 61.

▶ **Praxishinweis** Erzeuger und Besitzer gewerblicher Siedlungsabfälle können sich gegen (überdimensionierte) Pflichtrestmülltonnen wehren. Eine Pflichtrestmülltonne ist entbehrlich, wenn der Abfallerzeuger nachweist, dass bei ihm keine AZB anfallen. Dies gilt entsprechend bei überdimensionierten Pflichtrestmülltonnen, bei denen Abfallerzeuger in der Regel erfolgreich ein geringeres Volumen (entsprechend der tatsächlich verbleibenden etwaigen AZB) durchsetzen können. Es handelt sich also um eine widerlegliche Vermutung. Die Widerlegung der Vermutung setzt den Nachweis voraus, dass unter Einhaltung des neuen Pflichtenregimes alle anfallenden Abfälle (bzw. bei überdimensionierten Pflichtrestmülltonnen: der umstrittene Teil) auf Dauer einer Verwertung zugeführt werden und (insoweit) keine Abfallfraktion übrig bleibt, die zu beseitigen wäre. Die Beweislast liegt beim Abfallerzeuger. Der Nachweis, dass der angefallene Abfall nicht beseitigt, sondern verwertet wird, muss spätestens zu dem Zeitpunkt erbracht sein, zu dem der Abfall von dem Betriebsgrundstück entfernt wird. Dabei reicht es nicht aus, dass der Abfall einem Dritten zwecks Durchführung weiterer Vorbehandlungen, etwa in Sortieranlagen, übergeben wird. Vielmehr muss bereits bei dem Überlassen des Abfalls hinreichend sichergestellt sein, dass diese Vorbereitungshandlungen in einen Verwertungsvorgang münden und der überlassene Abfall – also im Hauptergebnis andere Materialien – stofflich oder energetisch ersetzt, mithin eine Substitutionswirkung erfüllt.[49]

Allgemein ist darauf hinzuweisen, dass die GewAbfV 2017 nicht als Vehikel für einen Zugriff der örE auf verwertbare und damit eindeutig nicht überlassungspflichtige Stoffströme missbraucht werden darf. Unzulässige Vorgaben zu überdimensionierten Pflichtrestmülltonnen entziehen der Kreislaufwirtschaft regelmäßig verwertungsfähige Abfälle in beträchtlichen Mengen, in dem diese beseitigt werden.

31.8 Ordnungswidrigkeiten

Die Gewerbebetriebe sollten die Novelle der GewAbfV nicht auf die leichte Schulter nehmen. Der Verordnungsgeber hat zudem die konsequente Stärkung des Konzepts der Getrennthaltung und Vorbehandlung mit dem Ordnungswidrigkeitenrecht verknüpft. Die

[49] Vgl. Beschluss des OVG Rheinland-Pfalz vom 08.01.2014, Az. 8 B 11193/13, Rn. 11 m. w. N. zur Rechtsprechung; weitere Hinweise in BDE-Leitfaden zur Gewerbeabfallverordnung, 3. Aufl. 2020, S. 28 f.

GewAbfV 2017 umfasst deshalb einen umfangreichen Katalog mit Ordnungswidrigkeiten. Sanktioniert wird u. a. der Verstoß gegen das Getrenntsammlungsgebot[50] und der Verstoß gegen die Vorbehandlungspflicht.[51] Ebenso ist u. a. der Verstoß gegen die Dokumentationspflichten strafbewehrt.[52]

Literatur

BDE-Leitfaden zur Gewerbeabfallverordnung, 3. Aufl. 2020

Buhck H, Loschwitz J (2021) Vollzug der Gewerbeabfallverordnung durch Kontrolle bei Müllverbrennungsanlagen? AbfallR 2: 72–80

DGAW (2010) Rohstoffe aus Abfällen – Rückgewinnung von Gips aus Gipsabfällen und synthetischen Gipsen. http://www.dgaw.de/files/uploaded/100421_dgaw-arbeitspapier-rueckgewinnung-von-gips_1287067519.pdf. Zuletzt zugegriffen: 6. Januar 2017

Dippel M (2016) Entmischtes zum Vermischungsverbot des § 9 Abs. 2 KrWG. AbfallR 5: 230–234

Doumet/Thärichen, Gewerbeabfallverordnung, 2. Aufl. 2021, ESV, Berlin

Jarass H, Petersen F (2014) Kreislaufwirtschaftsgesetz: KrWG. C.H. Beck, München

Kopp-Assenmacher S (2015) KrWG Kreislaufwirtschaftsgesetz. ESV, Berlin

Kurth P (2016) Von Welterschöpfung und Gewerbeabfällen. Müll und Abfall 9: 445

Mitteilung der Bund/Länder-Arbeitsgemeinschaft Abfall (LAGA) 34 „Vollzugshinweise zur Gewerbeabfallverordnung“ (11. Februar 2019)

[50] § 13 Abs. 1 Ziffer 1 GewAbf 2017.

[51] § 13 Abs. 1 Ziffer 2 GewAbfV 2017.

[52] U. a. § 13 Abs. 2 Ziffer 1 GewAbfV 2017.

Mineralische Bauabfälle

32

Jasmin Klöckner, Sandra Giern und Berthold Heuser

32.1 Einführung

Mineralische Bauabfälle bilden den mengenmäßig größten Anteil an den jährlich insgesamt anfallenden mineralischen Abfällen in Deutschland.[1] Ihrer ordnungsgemäßen und schadlosen Entsorgung kommt schon deshalb eine besondere Bedeutung zu. Zugleich bilden sie eine potenzielle sekundäre Rohstoffquelle zur Substitution von Primärrohstoffen, was im Sinne der Schonung von Rohstoff- und Energiereserven sowie schwindendem Deponieraum aktuell von großem öffentlichen Interesse ist. Außerdem gewinnen CO_2-Einsparungspotentiale durch den Einsatz von Recyclingmaterialien eine immer größere Bedeutung. Zielsetzungen zur effizienten Ressourcenschonung und das Bestreben nach einer geschlossenen Kreislaufwirtschaft, finden sich bereits in zahlreichen politischen Leitlinien und Programmen sowohl auf europäischer Ebene als auch auf Bundesebene.[2]

[1] Zu den mineralischen Abfällen zählen weiter Hochofen- und Stahlwerksschlacken sowie Aschen und Schlacken aus der Müllverbrennung.

[2] Bspw. Aktionsplan der EU für die Kreislaufwirtschaft, KOM(2015) 614 endgültig; Deutsches Ressourceneffizienzprogramm (ProgRess I 2012, ProgRess II 2016 und ProgRess III 2020).

J. Klöckner (✉)
ITAD e.V., Düsseldorf, Deutschland
E-Mail: kloeckner@itad.de

S. Giern
BDE Bundesverband der Deutschen Entsorgungs-, Wasser- und Kreislaufwirtschaft e. V., Berlin, Deutschland
E-Mail: giern@bde.de

B. Heuser
REMEX GmbH, Düsseldorf, Deutschland
E-Mail: berthold.heuser@remex.de

P. Kurth et al. (Hrsg.), *Praxishandbuch der Kreislauf- und Rohstoffwirtschaft*,
https://doi.org/10.1007/978-3-658-36262-1_32

Der Aufbereitung und dem Recycling von mineralischen Bauabfällen kommt vor diesem Hintergrund ein hoher Stellenwert zu.

32.2 Herkunft, Aufkommen, Arten

Mineralische Bauabfälle fallen insbesondere im Rahmen von Bautätigkeiten wie Umbau-, Sanierungs-, Renovierungs- und Abbruchmaßnahmen von Gebäuden und anderen technischen Bauwerken an. Ihre Menge beläuft sich dabei auf jährlich, durchschnittlich 218,8 Mio. Tonnen (t).

Detaillierte Statistiken zu mineralischen Bauabfällen veröffentlicht die seit dem Jahr 1995 bestehende Initiative „Kreislaufwirtschaft Bau“[3] mit ihren Berichten zum „Aufkommen und zum Verbleib mineralischer Bauabfälle“ in einem 2-Jahres-Turnus.[4]

Zu den mineralischen Bauabfällen zählen – ohne Berücksichtigung gefährlicher Abfälle – im Wesentlichen die Abfallmassenströme Bauschutt, Straßenaufbruch, Baustellenabfälle (mineralischer Anteil), Bauabfälle auf Gipsbasis sowie Boden und Steine (einschließlich Baggergut und Gleisschotter).

Sie lassen sich nach Maßgabe der Abfallverzeichnisverordnung (AVV)[5] über die Abfallschlüsselnummern des Kap. 16 in die gemäß Tab. 32.1 aufgeführten Abfallfraktionen untergliedern:

Abfallarten im Abfallverzeichnis, deren Abfallschlüssel mit einem Sternchen (*) versehen sind, sind gefährlich im Sinne des § 48 Kreislaufwirtschaftsgesetz (KrWG).[6]

▶ **Praxishinweis** Die AVV regelt in Umsetzung von EU-Recht die Bezeichnung von Abfällen und ihre Einstufung als gefährlich oder ungefährlich. Bedingt durch Änderungen auf EU-Ebene[7] wurde die AVV in 2020 novelliert.

- Die Änderungen in der AVV betreffen unter anderem:

---

[3] Derzeitige Träger der Initiative: Bundesverband Baustoffe-Steine und Erden e. V. (bbs), BDE Bundesverband der Deutschen Entsorgungs-, Wasser- und Rohstoffwirtschaft e. V., Bundesvereinigung Recycling-Baustoffe e. V. (BRB), Bundesgütegemeinschaft Recycling-Baustoffe e. V. (BGRB), Hauptverband der Deutschen Bauindustrie e.V. (HDB), Zentralverband des Deutschen Baugewerbes e. V. (ZDB).

[4] Sämtliche Monitoring-Berichte stehen im Internet zum Download zur Verfügung: http://kreislaufwirtschaft-bau.de/; zuletzt: Monitoring-Bericht 2018, veröffentlicht am 09.03.2021.

[5] Abfallverzeichnis-Verordnung v. 10.12.2001 (BGBl. I S. 3379), zuletzt geändert durch Art. 1 V v. 30.06.2020 (BGBl. I S. 1533).

[6] § 3 Abs. 1 AVV.

[7] u. a. die Verordnung (EU) 2017/997 vom 8. Juni 2017 (ABl. 2017 L 150 S. 1) zur Änderung vom Anh. III der Richtlinie 2008/98/EG über Abfälle und zur Aufhebung bestimmter Richtlinien in Bezug auf die gefahrenrelevante Eigenschaft HP14 „ökotoxisch“.

Tab. 32.1 Mineralische – ungefährliche – Bauabfälle – Abfallarten gemäß AVV

Abfallart		Abfallschlüssel
Bauschutt	Beton	17 01 01
	Ziegel	17 01 02
	Fliesen und Keramik	17 01 03
	Gemische aus Beton, Ziegel, Fliesen und Keramik mit Ausnahme derjenigen, die unter 17 01 06* fallen	17 01 07
Straßenaufbruch	Bitumengemische mit Ausnahme derjenigen, die unter 17 03 01* fallen	17 03 02
Boden und Steine	Boden und Steine mit Ausnahme derjenigen, die unter 17 05 03*	17 05 04
	Baggergut mit Ausnahme desjenigen, das unter 17 05 05* fällt	17 05 06
	Gleisschotter mit Ausnahme desjenigen, das unter 17 05 07* fällt	17 05 08
Bauabfälle auf Gipsbasis	Bauabfälle auf Gipsbasis, mit Ausnahme derjenigen, die unter 17 08 01* fallen	17 08 02
Baustellenabfälle	wie Holz, Glas, Kunststoffe, Metalle, Dämmmaterial	versch.
	Gemischte Bau- und Abbruchabfälle mit Ausnahme derjenigen, die unter 17 09 01*, 17 09 02* und 17 09 03* fallen	17 09 04

- abweichende Entscheidungen der zuständigen Behörden über die Einstufung von Abfällen (Abs. 3 in § 3 „Gefährlichkeit von Abfällen");
- gemäß Nr. 2.1 der Anlage ist bei der Bewertung der gefahrenrelevanten Eigenschaften von Abfällen nun zusätzlich die gefahrenrelevante Eigenschaft HP14 „ökotoxisch" zu berücksichtigen;
- Inbezugnahme der Verordnung (EU) 2019/1021 über persistente organische Schadstoffe (POP-Verordnung).[8]

32.3 Rechtliche Grundlagen

Der Umgang mit mineralischen Bauabfällen beruht auf einem komplexen Regelungssystem, das sich aus einer Vielzahl von gesetzlichen und untergesetzlichen Regelungen zusammensetzt.

[8] Verordnung über das Europäische Abfallverzeichnis (Abfallverzeichnis-Verordnung – AVV) vom 10. Dezember 2001 (BGBl . I S. 3379), die zuletzt durch Artikel 1 der Verordnung vom 30. Juni 2020 (BGBl. I S. 3005) geändert worden ist.

32.3.1 Basis: das (heutige) Kreislaufwirtschaftsgesetz

Die Regelungen des KrWG bilden die rechtliche Basis; hierbei vorangestellt insbesondere die fünfstufige Abfallhierarchie in § 6 KrWG. Sie ist das wesentliche Leitprinzip des abfallrechtlichen Regimes und gibt eine grundsätzliche Rangfolge für den Umgang mit mineralischen Bauabfällen – d. h. von Maßnahmen zur Abfallvermeidung und Abfallbewirtschaftung– vor. Danach sind Abfälle in dieser Reihenfolge vorrangig zu vermeiden, der Vorbereitung zur Wiederverwendung, dem Recycling, der sonstigen Verwertung (insbesondere der energetischen Verwertung oder der Verfüllung) und schließlich der Beseitigung zuzuführen.

Im KrWG werden darüber hinaus abfallrechtliche zentrale Rechtsbegriffe definiert sowie maßgebende Grundsätze und Pflichten aufgestellt.

Hierzu gehört insbesondere die abfallrechtliche grundsätzliche Pflichtenzuweisung nach § 7 Absatz 2 und § 15 Absatz 1 KrWG. Sie richtet sich an Erzeuger und Besitzer von Abfällen (sog. Verursacherprinzip[9]) und legt die Einhaltung und Erfüllung der abfallrechtlichen Vorgaben in ihre gleichrangige Verantwortung,[10] die auch bei einer Übertragung bestimmter Pflichten auf Dritte solange bestehen bleibt, bis die maßgebliche Entsorgung endgültig und ordnungsgemäß abgeschlossen ist.[11]

▶ **Praxishinweis** Die im Rahmen der Pflichtenzuweisung von der Rechtsprechung bislang entwickelten Bewertungsmaßstäbe zur Feststellung der erforderlichen Abfallerzeuger- und Abfallbesitzereigenschaft werden für den Baubereich, speziell bei der Festlegung abfallrechtlicher Verantwortlichkeiten von Grundstückeigentümern – Bauherren – Bauunternehmen, in der Literatur z. T. kontrovers behandelt.[12]

Grundsätzlich aber gilt: Der Bauherr trägt die Gesamtverantwortung einer Rückbaumaßnahme, aufgeteilt in eine Planungs-, Überwachungs- und Entsorgungsverantwortung. Werden Planer eingeschaltet, fallen Aufgaben wie bspw. die Bestandsaufnahme oder die Erfassung der Gefährdung durch Schadstoffe in ihren Verantwortungsbereich. Die Verantwortungsbereiche des Bauunternehmens umfassen insbesondere die Vorbereitung des Rückbauvorhabens und die Durchführung der Abbrucharbeiten. Ungeachtet dessen bleibt der Bauherr für die ordnungsgemäße Entsorgung (mit)verantwortlich.[13]

---

[9] Frische 2013, in: Schmehl, GK-KrWG, § 7 KrWG, Rn. 22.

[10] Beckmann 2016, in: Landmann/Rohmer, Umweltrecht Band II, § 7 KrWG, Rn. 24; Frische 2013, in: Schmehl, GK-KrWG, § 7, Rn. 27.

[11] vgl. hierzu § 22 KrWG.

[12] Ausführlich hierzu: Frenz 2015, S. 603–620.

[13] Ausführlich zu dieser Thematik: Mettke u. Meetz 2015, S. 550–558.

32.3.2 Die Gewerbeabfallverordnung

Die gesetzlichen Grundsatzvorgaben des KrWG werden durch eine Reihe weiterer Gesetze und Rechtsverordnungen ergänzt und konkretisiert. Eine für den Umgang mit mineralischen Bauabfällen wichtige Regelung stellt die Gewerbeabfallverordnung (GewAbfV) dar.[14] Sie konkretisiert u. a. die Verwertung und Beseitigung von bestimmten Bau- und Abbruchabfällen indem sie für Abfallerzeuger und Abfallbesitzer insbesondere Regelungen zur Getrennthaltung bereits auf der Anfallstelle festlegt.

▶ **Praxishinweis** Mit der seit 2017 geltenden GewAbfV wurden die Regelungen zur Getrennthaltung an der Anfallstelle weiter ausgebaut, indem sie als Pflicht (echtes Regel-Ausnahme-Verhältnis) statuiert und um weitere Abfallfraktionen erweitert wurden.[15]

32.4 Recycling – Verwertung – Beseitigung

32.4.1 Vorrang der stofflichen und hochwertigen Verwertung

§ 6 KrWG sowie § 7 Absatz 2 Satz 2 KrWG normieren den grundsätzlichen Vorrang der Verwertung gegenüber der Beseitigung.

Die vorrangige Verwertung erfährt, infolge der Einführung der fünfstufigen Abfallhierarchie, eine weitergehende Einstufung, mit der zwei Formen der stofflichen Verwertung gesondert herausstellt werden: Die Vorbereitung zur Wiederverwendung sowie das Recycling und ihr grundsätzlicher Vorrang vor der sonstigen Verwertung.[16]

Daran anknüpfend setzt § 8 Absatz 1 Satz 3 KrWG für die stoffliche Verwertung die weitere Maßgabe, dass eine nach Art und Beschaffenheit des Abfalls entsprechende hochwertige Verwertung anzustreben ist.[17] Zielsetzung ist hierbei die Wiederverwendung des Abfalls möglichst weitgehend, entsprechend seiner ursprünglichen Zwecksetzung, zur Substitution eines sonst verwendeten Primärrohstoffs.[18]

▶ **Praxisbeispiel** Für den Bereich der mineralischen Bauabfälle werden die vorgenannten Grundsätze bspw. erfüllt, wenn aus ihnen im Rahmen technischer Aufbereitungsprozesse, definierte Gesteinskörnungen (Recycling-Baustoffe)

---

[14] Gewerbeabfallverordnung v. 19.06.2002 (BGBl. I S. 1938), zuletzt geändert durch Art. 5 G v. 23.10.2020 (BGBl. I S. 2232, 2244).

[15] Siehe hierzu weitere Ausführungen in 5.1. // ebenda – Quelle 14.

[16] Frische 2013, in: Schmehl, GK-KrWG, § 6 KrWG, Rn. 6.

[17] Beckmann 2016, in: Landmann/Rohmer, Umweltrecht Band II, § 7 KrWG, Rn. 31.

[18] Beckmann 2016, in: Landmann/Rohmer, Umweltrecht Band II, § 8 KrWG, Rn. 15.

hergestellt werden, die geeignet sind, durch ihren Einsatz in technisch hochwertigen Baumaßnahmen, primäre Baustoffe zu ersetzen.

In Abgrenzung hierzu ist die vielfach praktizierte reine Verfüllung von Gruben und Brüchen, als sonstige Verwertung, per Gesetz eine nur nachrangige Verwertungsform.

32.4.2 Förderung des Recyclings und der stofflichen Verwertung

Vorhandene Steuerungselemente, mit Zielsetzung der Förderung von Recycling und stofflicher Verwertung, sind zum einen rechtlich festgelegte Verwertungspflichten[19] sowie einzuhaltende Recycling- und Verwertungsquoten.[20]

Diese werden ergänzt durch rechtliche Verpflichtungen zum vorrangigen Einsatz von Sekundärmaterialien aus den Vorgaben des KrWG sowie den Abfallgesetzen der Länder.[21] Auch im Rahmen öffentlicher Ausschreibungsverfahren dienen konkrete vergaberechtliche Maßgaben der Sicherstellung einer ressourceneffizienten, das Recycling fördernden, Auftragsvergabe.[22] Im entsprechenden Paragrafen 45 des Kreislaufwirtschaftsgesetzes wird diese Verpflichtung allerdings im zweiten Absatz aufgeweicht. So entfällt die verpflichtende Bevorzugung, sofern die Erzeugnisse nicht für den vorgesehenen Verwendungszweck geeignet sind, durch ihre Beschaffung oder Verwendung unzumutbaren Mehrkosten entstehen, kein ausreichender Wettbewerb gewährleistet wird oder eine anderen Rechtsvorschriften entgegensteht. Um möglichen willkürlichen Entscheidungen, die bspw. keine Zweckeignung oder eine Unzumutbarkeit der Mehrkosten attestieren umso die Verpflichtung aus Absatz 1 zu umgehen, vorbeugen zu können, bedarf es einer Nachschärfung des § 45 KrWG.

32.5 Recycling Baustoffe

Werden mineralische Bauabfälle in einer mobilen oder stationären Aufbereitungsanlage zu definierten Gesteinskörnungen aufbereitet, handelt es sich um sogenannte Recycling-Baustoffe (RC-Baustoffe).

[19] Vgl. bspw. § 7 Absatz 2 KrWG und § 8 GewAbfV.

[20] Bspw.: Die Recycling- und Verwertungsquote von mind. 70 %, seit 2020, für nicht gefährliche Bau- und Abbruchabfälle (ohne Abfallfraktionen mit AS 17 05 04), in § 14 Absatz 3 KrWG.

[21] Vgl. insoweit bspw. § 45 Absatz 1 Nr. 1c KrWG oder § 2 Absatz 1 Nr. 2 Landesabfallgesetz NRW.

[22] Vgl. insoweit bspw. auch § 11 Absatz 2 RVO TVgG NRW: Der öffentliche Auftraggeber muss Recycling-Baustoffe gleichberechtigt in die Bauplanungsphase mit einbeziehen.

32.5.1 Qualitätsgrundstein: selektiver Rückbau

Maßgeblich für die Qualität und damit für die konkreten Verwendungsmöglichkeiten von RC-Baustoffen ist – neben der Art und Intensität der Aufbereitung – insbesondere die Zusammensetzung des an die Aufbereitungsanlage angelieferten Materials (sog. Input-Material).

Den Grundstein für die Qualität des Input-Materials bildet hierbei das eingesetzte Abbruchverfahren. Heute steht fest, dass ein kontrollierter und selektiver Rückbauprozess von Gebäuden bzw. baulichen Anlagen und eine möglichst sortenreine Erfassung und Getrennthaltung auf der Baustelle für ein hochwertiges Recycling mineralischer Bauabfälle unbedingt notwendig sind.

Insbesondere Schadstoffe mindern die Qualität des RC-Materials. Damit diese frühzeitig ausgeschleust werden, ist es bei Abbruchmaßnahmen im Rahmen eines kontrollierten Rückbaus daher unbedingt notwendig, dass schadstoffhaltige Materialien (Asbest, kontaminierte Bausubstanz etc.) vor dem Abbruch eines Gebäudes aus dem Bauwerk ausgebaut werden.

Zur Ermöglichung einer hochwertigen Verwertung sind weiter die mineralischen Bauabfälle von den nicht mineralischen Bauabfällen (z. B. Altholz) sowie von gipshaltigen/sulfathaltigen Bauabfällen (bspw. Porenbeton, Anhydritestrich, Gipskartonplatten) zu trennen.[23]

Darüber hinaus sollten die mineralischen Rückbaustoffe bereits auf der Baustelle möglichst sortenrein gewonnen werden. Sortenrein gewonnene mineralische Abfallfraktionen wie zum Beispiel Beton, Ziegel und Kalksandstein, bituminöser Straßenaufbruch usw. können so sortenrein oder als RC-Gemisch mit definierten Anteilen und damit zu hochwertigeren Gesteinskörnungen aufbereitet werden.

► **Praxishinweis** Zur grundsätzlichen Verantwortlichkeit und Pflichtenverteilung der am Rückbauprozess beteiligten Akteure, siehe die Ausführungen unter 3.1 mit weitergehenden Literaturhinweisen.

Zur Förderung des selektiven Rückbaus werden sowohl von Seiten der Bundesländer als auch von der Europäischen Kommission Informationsbroschüren für die Praxis angeboten. Sie dienen Bauherren, Bauleitern, Abbruchunternehmen, Ingenieurbüros und sonstigen Planern als Leitfaden für eine ordnungsgemäße Abfalleinstufung, Beprobung, Trennung, Verwertung und Beseitigung von Bauabfällen.[24]

---

[23] Mettke und Meetz 2015, S. 550, 556.

[24] Vgl. bspw. MLUL Brandenburg, Brandenburger Leitfaden für den Rückbau von Gebäuden v. 13. 01.2015; RP Darmstadt, RP Gießen, RP Kassel, HMUKLV Hessen, Merkblatt Entsorgung von Bauabfällen, Stand: 01.09.2018; LfU Bayern (Hrsg.), Rückbau schadstoffbelasteter Bausubstanz – Arbeitshilfe Rückbau: Erkundung, Planung, Ausführung, Augsburg, 2019; Europäische Kommission, EU-Protokoll über die Bewirtschaftung von Bau- und Abbruchabfällen, September, 2016; Europäische Kommission, Mai, 2018.

Mit der Zielsetzung „die Chancen für ein höherwertiges Recycling getrennter Abfallströme zu fördern“ und „für mineralische Bau- und Abbruchabfälle weitere Einsatzbereiche und Verwertungsmärkte zu erschließen“, wurde 2017 auch die geltende GewAbfV aus dem Jahr 2003 novelliert. Maßnahmen der Überarbeitung waren insbesondere die intensivierte Entfaltung der Getrennthaltung durch Einführung einer grundsätzlichen Getrennthaltungspflicht für Abfallerzeuger und Abfallbesitzer (Statuierung eines echten Regel-Ausnahme-Verhältnisses)[25] und die Erweiterung der Pflicht um weitere zusätzliche Abfallfraktionen. Die Verordnung sieht die grundsätzliche Pflicht zur getrennten Sammlung der einzelnen Abfallfraktionen vor. Eine Ausnahme besteht nur bei wirtschaftlicher Unzumutbarkeit und technischer Unmöglichkeit, d. h. dann ist eine Erfassung als Gemisch mit dem Abfallschlüssel 17 01 07 zulässig.

Folgende Fraktionen sind nach geltender GewAbfV getrennt zu halten:

1. Glas (Abfallschlüssel 17 02 02),
2. Kunststoff (Abfallschlüssel 17 02 03),
3. Metalle, einschließlich Legierungen (Abfallschlüssel 17 04 01 bis 17 04 07 und 17 04 11),
4. Holz (Abfallschlüssel 17 02 01),
5. Dämmmaterial (Abfallschlüssel 17 06 04),
6. Bitumengemische (Abfallschlüssel 17 03 02),
7. Baustoffe auf Gipsbasis (Abfallschlüssel 17 08 02),
8. Beton (Abfallschlüssel 17 01 01),
9. Ziegel (Abfallschlüssel 17 01 02) und
10. Fliesen und Keramik (Abfallschlüssel 17 01 03).[26]

Weiterhin gilt auch der selektive Rückbau als Mittel zur Förderung hochwertigen Recyclings.[27]

32.5.2 Aufbereitungstechnik

Neben der Zusammensetzung des Input-Materials – maßgebend bestimmt durch die angewandte Verfahrensweise im Rahmen des Abbruchs – entscheidet über die Qualität und damit über die Hochrangigkeit der Verwertungsmöglichkeiten von RC-Baustoffen, die Art der eingesetzten Aufbereitungstechnik.

[25] Gemäß § 8 GewAbfV ist die Getrennthaltung eine einzuhaltende und zu dokumentierende *Pflicht*, die ausnahmsweise nur dann entfällt, soweit die Getrennthaltung technisch nicht möglich oder wirtschaftlich unzumutbar ist.

[26] § 8 Abs. 1 GewAbfV.

Im Rahmen der Aufbereitung können die Zusammensetzung und damit definierte physikalische Eigenschaften der herzustellenden Gesteinskörnung die für die konkrete Verwendung maßgeblich sind, in gewissem Umfang beeinflusst werden, bspw. durch eine gezielte, genau definierte Mischung/Zugabe bestimmter (sortenreiner) Abfallfraktionen (z. B. Ziegelanteil in RC-Baustoffen).

► **Praxishinweis** Die gezielte Zugabe bestimmter Abfallfraktionen im Rahmen der Aufbereitung ist nicht zu verwechseln mit dem sog. Vermischungs- und Verdünnungsverbot für gefährliche Abfälle nach § 9a Absatz 1 KrWG i. V. m. § 8 Absatz 1 Satz 3 GewAbfV, wonach die Vermischung einschließlich der Verdünnung gefährlicher Abfälle mit anderen Kategorien von gefährlichen Abfällen oder mit anderen Abfällen, Stoffen oder Materialien grundsätzlich unzulässig ist.[28]

Heutiger Stand der Aufbereitungstechnik ist die mechanische/maschinelle Aufbereitung mineralischer Bauabfälle in mobilen und stationären Aufbereitungsanlagen.[29]

Im Rahmen des Aufbereitungsprozesses werden – je nach Technikstand – verschiedene Aggregate eingesetzt. Bei der einfachsten Aufbereitung erfolgt lediglich eine Zerkleinerung durch einen Prall- oder Backenbrecher. Je mehr Aggregate zum Einsatz kommen, desto höher ist die Qualität der Recycling-Baustoffe.[30] Ein Beispiel einer Aufbereitungsanlage gibt Abb. 32.1.

32.5.3 Hauptanwendungsbereich: Straßen- und Erdbau

Der Hauptanwendungsbereich von Recycling-Baustoffen liegt nach wie vor im Straßen- und Erdbau, die sich in nachfolgende Anwendungen weiter unterteilen lassen.[31]

Straßenoberbau: Schottertragschicht (STS), Frostschutzschicht (FSS), Hydraulische gebundene Tragschicht (HGT).

Erdbau: Straßenunterbau (ungebunden), Straßenunterbau (gebunden/Bodenverfestigung), Damm/Aufschüttungen/Hinterfüllungen, Lärmschutzwall.

An welcher Stelle im Straßenbau RC-Baustoffe hauptsächlich angewendet werden, zeigt Abb. 32.2.

---

[27] Wendenburg 2016, S. 15 ff.

[28] Ausnahme: „die Vermischung erfolgt in einer abfall- oder immissionsschutzrechtlich hierfür zugelassenen Anlage, die Anforderungen an eine ordnungsgemäße und schadlose Verwertung sind eingehalten und das Vermischungsverfahren entspricht dem Stand der Technik."

[29] Laut Monitoring Bericht 2014 erfolgte im Jahr 2014 die Aufbereitung etwa zur Hälfte in stationären und in mobilen Anlagen.

[30] Röth 2015, S. 559, 560.

[31] Onkelbach 2016, S. 21.

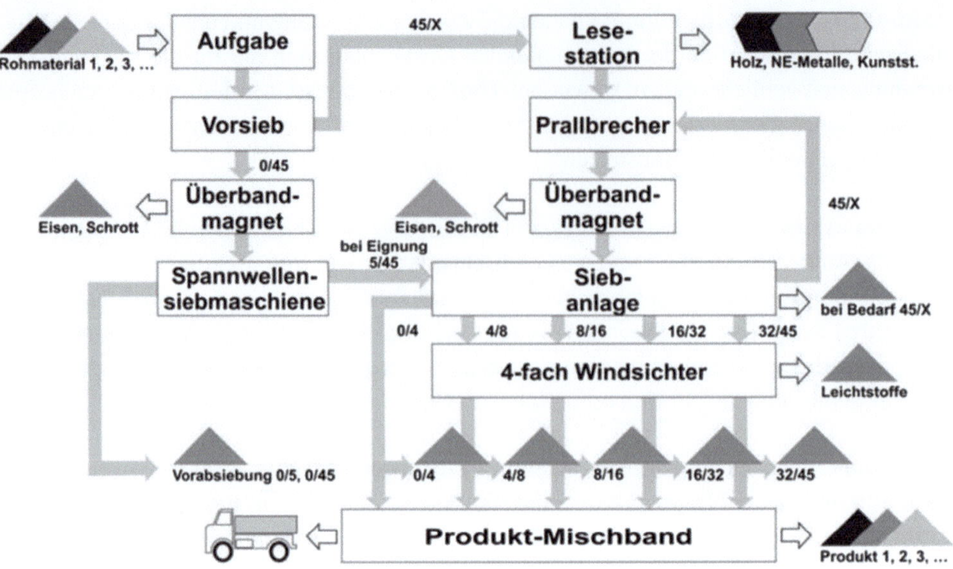

Abb. 32.1 Fließbild Aufbereitungstechnik (Klöckner und Kurkowski 2016)

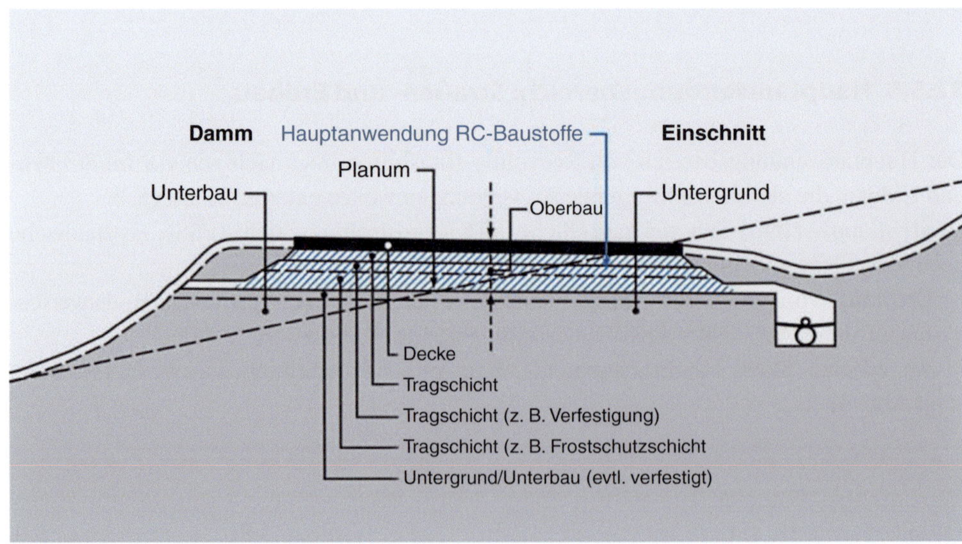

Abb. 32.2 Straßenaufbau (Onkelbach 2016)

32.5.3.1 Bautechnische Anforderungen

Recycling-Baustoffe müssen die für das jeweilige Anwendungsgebiet geltenden bautechnischen Qualitätsanforderungen[32] erfüllen, die für alle Gesteinskörnungen (natürliche und künstliche) im Straßen- und Erdbau relevant sind.

Die maßgebenden Regelwerke (bspw. Richtlinien, technische Lieferbedingungen), werden von der Forschungsgesellschaft für Straßen- und Verkehrswesen (FGSV) verfasst. Sie erhalten ihre Verbindlichkeit mit der Einführung durch die Verkehrsministerien der Länder.[33] Im Rahmen privater Baumaßnahmen werden sie i. d. R. entsprechend vertraglich einbezogen.[34] Abb. 32.3 fasst die Regelwerke zusammen.

> **Praxishinweis** Die Regelwerke im Straßen- und Erdbau (Bild 5-3) werden in gewissen Abständen fortgeschrieben. Gegebenenfalls ist also eine neuere Fassung zugrunde zu legen.[35]

32.5.3.2 Umweltrechtliche Anforderungen

Beim Einsatz von Recycling-Baustoffen im Straßen- und Erdbau sind zusätzlich zu den bautechnischen Anforderungen auch Umweltvorschriften einzuhalten. Dies folgt aus dem Grundsatz des Kreislaufwirtschaftsgesetzes (§ 7 Absatz 3 KrWG), wonach die Verwertung

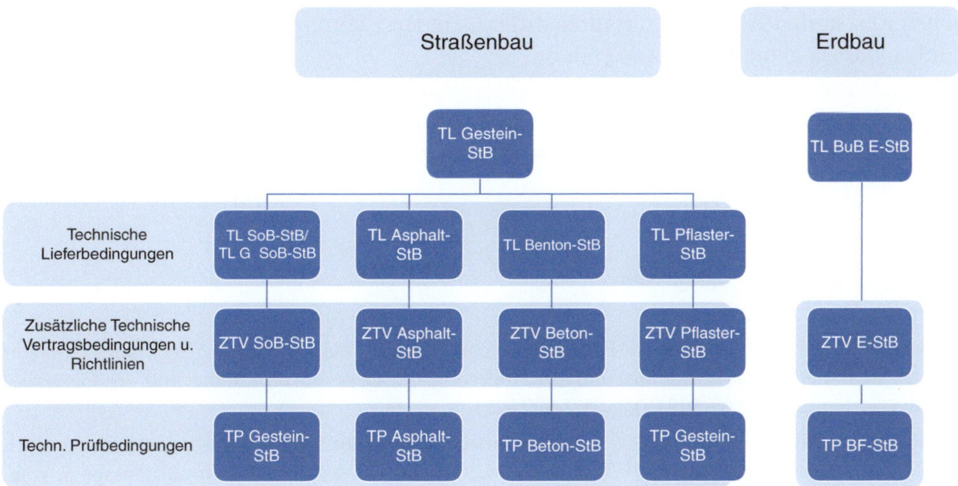

Abb. 32.3 Regelwerke im Straßen- und Erdbau

[32] Im Straßen- und Erdbau, unterscheidet man nach einzuhaltenden stofflichen, geometrischen und physikalischen Eigenschaften.

[33] Hillmann 2016, S. 99,100.

[34] Schmidmeyer 2014, S. 105, 108.

schadlos und ordnungsgemäß zu erfolgen hat. Hierfür maßgebend sind die Grundätze des vorsorgenden Grundwasser- und Bodenschutzes (§ 5 WHG und § 7 BBodSchG), nach denen der Einsatz keine nachteiligen Veränderungen der Grundwassereigenschaften (§ 5 WHG) und schädlichen Bodenbeeinträchtigungen (§ 7 BBodSchG) befürchten lassen darf.[36]

Weitergehende gesetzliche Anforderungen und Maßstäbe, die den erforderlichen Grundwasser- und Bodenschutz weiter konkretisieren, gibt es auf Bundesebene aktuell noch nicht.

Diese wurden jedoch mit der Verordnung zur Einführung einer Ersatzbaustoffverordnung, zur Neufassung der Bundes-Bodenschutz- und Altenlastenverordnung und zur Änderung der Deponieverordnung und der Gewerbeabfallverordnung, der sogenannten Mantelverordnung, des Bundesumweltministeriums für Umwelt, Naturschutz, Bau und Reaktorsicherheit (BMUB)[37] auf den Weg gebracht und treten im Jahr 2023 in Kraft.

Aktuell erfolgt die Bewertung der umweltgerechten Verwertung mineralischer Abfälle in technischen Bauwerken noch anhand länderspezifischer Regelungen ohne Gesetzescharakter. Die bundeseinheitlichen Regelungen im Rahmen der Ersatzbaustoffverordnung (EBV) werden eine notwendige verbindliche Einheitlichkeit schaffen.

► **Hintergrund** In vielen Bundesländern findet die Mitteilung M 20 der Länderarbeitsgemeinschaft Abfall (LAGA) „Anforderungen an die stoffliche Verwertung von mineralischen Reststoffen/Abfällen" mit ihren differenzierten Zuordnungswerten (Z0 bis Z2) und Einbauklassen aktuell noch Anwendung.

Mit Inkrafttreten der EBV im Jahr 2023, werden diverse konkretisierende Vorgaben einiger Bundesländer, wie bspw. von Baden-Württemberg,[38] Nordrhein-Westfalen[39] und Bayern,[40] nicht mehr notwendig sein und bundeseinheitlich geregelt.

---

[35] Bezugsquelle: FGSV Verlag, Köln.

[36] Bertram 2015, S. 23, 25.

[37] Verordnung zur Einführung einer Ersatzbaustoffverordnung, zur Neufassung der Bundes-Bodenschutz- und Altenlastenverordnung und zur Änderung der Deponieverordnung und der Gewerbeabfallverordnung, v. 09.07.2021 (BGBl. I S. 2598).

[38] Vorläufige Hinweise zum Einsatz von Baustoffrecyclingmaterial des Ministeriums für Umwelt und Verkehr Baden-Württemberg (UVM) v. 13.04.2004, Az.: 25-8982.31/37 einschl. Anlage, i. V. m. Erlass v. 10.08.2004, Az.: 25-8982.31/37 u. d. Vermerk v. 12.10.2004, Az.: 258982.31/37, zuletzt verlängert durch Erlass v. 10.12.2103, Az.: 25-8982.31/103 behalten über den 31.12.2019 hinaus bis zum Inkrafttreten der EBV ihre Gültigkeit.

[39] Anforderungen an den Einsatz von mineralischen Stoffen aus Bautätigkeiten (Recycling-Baustoffe) im Straßen- und Erdbau, Gem. RdErl. des Ministeriums für Umwelt und Naturschutz, Landwirtschaft und Verbraucherschutz und des Ministeriums für Wirtschaft und Mittelstand, Energie und Verkehr v. 09.10.2001, Ministerialblatt NRW, S. 1494 v. 03.12.2001; Güteüberwachung von mineralischen Stoffen im Straßen- und Erdbau, Gem. RdErl. des Ministeriums für Wirtschaft und Mittelstand, Energie und Verkehr und des Ministeriums für Umwelt und Naturschutz, Landwirtschaft und Verbraucherschutz v. 09.10.2011, Ministerialblatt NRW, S. 1528 v. 03.12.2001.

Die bautechnischen Anforderungen und die Umweltanforderungen müssen immer kumulativ erfüllt sein. Bei der Bewertung der Zulässigkeit einer konkreten Verwertungsmaßnahme kann sich bspw. ergeben, dass ein RC-Baustoff zwar unter Umweltaspekten für die in Rede stehende Baumaßnahme geeignet ist, aber nicht die erforderlichen bautechnischen Anforderungen erfüllt.[41]

32.5.3.3 Gütesicherung/Überwachung/Dokumentation (Qualitätssicherung)

Recycling-Baustoffe, die im Straßen- und Erdbau eingesetzt werden, sind nach Maßgabe der Technischen Regeln zwingend einer regelmäßigen Güteüberwachung zu unterziehen. Sie dient der Sicherstellung, dass in der Aufbereitungsanlage Materialqualitäten hergestellt werden, die nach Maßgabe der Technischen Regeln verwertet werden können.

Die Güteüberwachung umfasst neben der Prüfung der technischen Eignung zusätzlich den Nachweis der stofflichen und wasserwirtschaftlichen Eigenschaften. Sie besteht aus Eignungsnachweis (EN), Werkseigener Produktionskontrolle (WPK) und Fremdüberwachung (FÜ). Eine Übersicht zur Systematik gibt Abb. 32.4.

Mit der Ersatzbaustoffverordnung werden im Unterabschnitt 1 des Abschn. 3 (Herstellen von mineralischen Ersatzbaustoffen) in den Paragraphen 4 bis 13 Festlegungen für die Güteüberwachung gesetzt. Die entsprechende Tabelle 1 der Anlage 4 gibt die Art und den Turnus der Untersuchungen von mineralischen Ersatzbaustoffen im Rahmen der Güteüberwachung vor.[42] Unternehmen, die Mitglieder einer durch die zuständige Behörde anerkannten Güteüberwachungsgemeinschaft sind, obliegt ein signifikant reduzierter Turnus für die werkseigene Produktionskontrolle (WPK) und die Fremdüberwachung (FÜ).[43]

► **Praxishinweis** Untersuchungsverfahren und Turnus im Rahmen der Güteüberwachung gemäß Anlage 4 der Ersatzbaustoffverordnung:

---

[40] Leitfaden Anforderungen an die Verwertung von Recycling-Baustoffen in technischen Bauwerken v. 15.06.2005, eingeführt vom Bayerischen Staatsministerium für Umwelt und Verbraucherschutz (StMUV) am 09.12.2005, zuletzt verlängert mit Schreiben StMUV v. 28.12.2020, Gz. 78d-U8754.2-2019/1-12, bis zum Inkrafttreten bundeseinheitlicher Regelungen, längstens jedoch bis zum 31.12.2023.

[41] Eine Zusammenfassung der sowohl unter umweltrechtlichen und bautechnischen Anforderungen möglichen Anwendungsgebiete von RC-Baustoffen gibt: Onkelbach 2016.

[42] Anlage 4 Tabelle 1 Untersuchungsverfahren und Turnus, EBV.

[43] Siehe Fußnote 1 und rechte Spalte der Tabelle 5-1 EBV.

Teilschritt	Untersuchungs-verfahren	Turnus		
Eignungs-nachweis (EgN)	ausführlicher Säulenversuch (DIN 19528, Ausgabe Januar 2009)	Einmalig		
werkseigene Produktions-kontrolle (WPK)	Zur Herstellung des Eluats Säulen-kurztest (DIN 19528, Ausgabe Januar 2009) oder Schüttelversuch (DIN 19529, Ausgabe Dezember 2015)	alle vier Produktions-wochen, mindestens alle an-gefangenen 5.000 Tonnen, jedoch maximal 36 pro Jahr für RC, HMVA, GS, BM aus Aufbereitungs-anlagen, BG	alle acht Produktions-wochen, mindestens alle angefangenen 10.000 Tonnen, jedoch maximal 18 pro Jahr für CUM, GKOS, GRS, HOS, HS, SFA, BFA, SWS, SKG, SKA	Bei Erfüllung von Fußnote 1 alle 13 Produktionswochen, mindestens alle angefangenen 20.000 Tonnen, jedoch maximal sechs pro Jahr für CUM, GKOS, GRS, HOS, HS, SFA, BFA, SWS, SKG, SKA und alle acht Produktionswochen, mindestens alle angefangenen 10.000 Tonnen, jedoch maximal 18 pro Kalenderjahr für RC, HMVA, GS, BM aus Aufbereitungsanlagen, BG
Fremd-überwachung (FÜ)	Zur Herstellung des Eluats Säulen-kurztest (DIN 19528, Ausgabe Januar 2009) oder Schüttelversuch (DIN 19529, Ausgabe Dezember 2015)	alle 13 Produktions-wochen, mindestens alle angefangenen 15.000 Tonnen, jedoch maximal zwölf pro Jahr für RC, HMVA, GS, BM aus Aufbereitungs-anlagen, BG	alle 26 Produktions-wochen, mindestens alle angefangenen 30.000 Tonnen, jedoch maximal sechs pro Jahr für CUM, GKOS, GRS, HOS, HS, SFA, BFA, SWS, SKG, SKA	Bei Erfüllung von Fußnote 1 alle 26 Produktionswochen, mindestens alle angefangenen 60.000 Tonnen, jedoch maximal drei pro Jahr für CUM, GKOS, GRS, HOS, HS, SFA, BFA, SWS, SKG, SKA und alle 26 Produktionswochen, mindestens alle angefangenen 30.000 Tonnen, jedoch maximal sechs pro Kalenderjahr für RC, HMVA, GS, BM aus Aufbereitungsanlagen, BG

[1] Für Mitglieder einer durch die zuständige Behörde anerkannten Güteüberwachungsgemeinschaft.

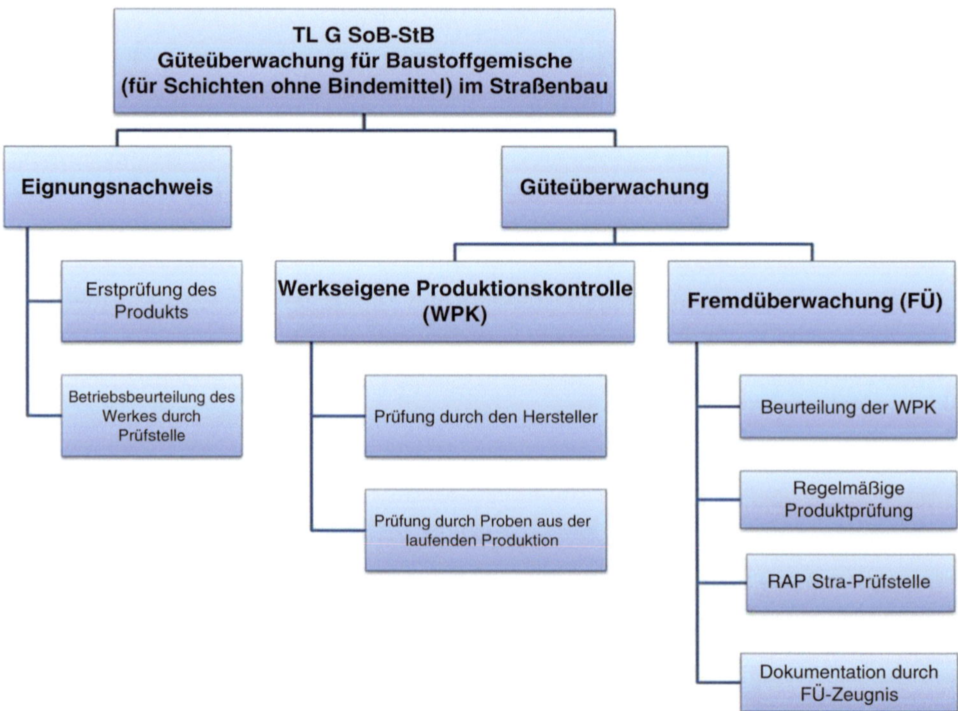

Abb. 32.4 System der Güteüberwachung für Baustoffgemische (ohne Bindemittel) im Straßenbau nach TL G SoB-StB

32.6 Herausforderungen und Perspektiven bei der stofflichen Verwertung von mineralischen Bauabfällen

Schon heute ist die Aufbereitung mineralischer Bau- und Abbruchabfälle und der Einsatz von Recycling-Baustoffen in den Massenanwendungen des Erd- und Straßenbaus, fester Bestandteil einer inzwischen etablierten Kreislaufwirtschaft.

Der gesetzlich bestehende Grundsatz einer hierbei möglichst hochrangigen Verwertung, wird insbesondere mit dem Recycling von Straßenaufbruch schon sehr erfolgreich umgesetzt, wie die hohe Recyclingquote von 93,2 % belegt.[44]

Auch Bauschutt wird heute bereits zu einem Großteil (77,9 %) in Aufbereitungsanlagen zu Recycling-Baustoffen aufbereitet und durch den Einsatz im Straßen- und Erdbau stofflich verwertet. Wobei sich der Markt im Allgemeinen auf möglichst sortenreine Materialien konzentriert.

Dennoch verbleiben alte und folgen neue Herausforderungen im Rahmen der stofflichen Kreislaufführungen von mineralischen Bauabfällen.

Recycling-Baustoffe werden oftmals noch als günstiges Substitut in untergeordnete Erdbaumaßnahmen eingesetzt, obwohl der heutige Stand der Aufbereitungstechnik eine qualitativ hochwertige Produktion für höherwertigere Einsatzbereiche, wie dem Straßenoberbau, ohne Schwierigkeiten zulässt.[45]

Auch gelangen noch immer Bauschuttmassen (insbesondere heterogener Bauschutt mit hohen Anteilen an Mörtel, Putz, Ziegel oder Kalksandstein, beim Rückbau anfallendes Bodenmaterial und gemischte Bau- und Abbruchabfälle) an Recyclinganlagen vorbei direkt in die kostengünstige, nachrangige sonstige Verwertung (Rekultivierung und Verfüllung von Steinbrüchen und Gruben) oder in die Beseitigung.[46] Der hier bestehende Optimierungsbedarf für das Recycling, sollte sich insbesondere mit Inkrafttreten der Bundes-Bodenschutz- und Altlastenverordnung (BBodSchV, als Artikel 2 MantelV) und den darin festgelegten strengeren Maßstäben für die Verfüllung, weiter verschärfen und neue zentrale Aufgabenstellungen nach sich ziehen. Mit der sog. Länderöffnungsklausel[47] enthält die BBodSchV allerdings die Möglichkeit für Behörden, nach eigenem Ermessen über die notwendigen Grenzwerte hinweg, Verfüllungen zu erlauben. Notwendige strengere Maßstäbe und Verschärfungen im Bezug zu Verfüllungen werden dadurch nicht greifen können. Dem Recycling muss zukünftig gegenüber der Verfüllung die höhere Bedeutung zukommen, die ihm nach Abfallhierarchie zusteht. Mit der Länderöffnungsklausel wurde die Möglichkeit in der BBodSchV dazu nicht genutzt. Gleiches gilt im Hinblick auf die Zusammensetzung von zukünftig anfallendem Bauschutt. Neben der Prognose eines

[44] Vgl. Mineralische Bauabfälle Monitoring 2018.

[45] Knappe 2014, S. 457, 461 f.

[46] Schmidmeyer 2014, S. 105, 111.

[47] Bundes-Bodenschutz- und Altlastenverordnung (BBodSchV) § 8 Abs. 8, Art. 2 MantelV, 09.07.2021 (BGBl. I S. 2598).

Anstiegs gipshaltiger Anteile, sind aufgrund der Vielfalt an Bauprodukten, vermehrt auch Abfälle in Form neuer Werkstoffe und komplexer Verbundstoffe zu erwarten, mit der Folge der notwendigen Errichtung und des Ausbaus entsprechender Aufbereitungstechniken.[48]

Eine langfristig erfolgreiche Abfallverwertung lässt sich damit nur über ein Qualitätsrecycling erreichen, das unter Erschließung neuer Verwertungswege und der Optimierung von Recyclingtechniken eine hochwertige Verwertung ermöglicht.

Grundlegend wichtig ist hierzu, nach wie vor, die Anwendung eines selektiven Rückbauverfahrens, bei dem bereits an der Abbruchstelle möglichst sortenreine Abfallfraktionen gewonnen und Schadstoffe frühzeitig ausgeschleust werden.

Eine Perspektive bieten die neuen Regelungen der seit 2017 geltenden GewAbfV,[49] welche allerdings nur dann auch zielführend sind, wenn sie – anders als bei der GewAbfV aus dem Jahr 2003 – von allen Beteiligten stringent umgesetzt werden, den erforderlichen konsequenten Vollzug der Behörde im Rahmen ihrer Überwachung mit eingeschlossen.

Ungeachtet des selektiven Rückbaus erfordert die Herstellung qualitativ hochwertiger Recycling-Baustoffe weiter auch technisch anspruchsvolle und neue Verfahrenstechniken. Diese sind – wie der selektive Rückbau auch – allerdings mit zusätzlichen Kosten verbunden.

Ein Anreiz zur Qualitätssteigerung kann letztlich nur über entsprechende Absatzmärkte geschaffen werden. Entsprechende Betriebskosten sind wirtschaftlich nur abgesichert, wenn Recycling-Baustoffe nicht nur in kostengünstigeren und untergeordneten Baumaßnahmen eingesetzt werden.

Hier kommt der öffentlichen Hand – staatliche Straßenbauverwaltungen, Landesbauverwaltungen, Kommunen – als Hauptauftraggeber im Straßen- und Wegebau, eine besondere Schlüsselrolle zu. Doch steht diese RC-Baustoffen in Teilen zurückhaltend bis ablehnend gegenüber. Öffentliche Ausschreibungsverfahren im Baubereich beschränken sich häufig alternativlos auf Primärbaustoffe, obwohl RC-Baustoffe einsetzbar wären.

Ursache hierfür ist zum einen ihre Konkurrenz zu ausreichend vorhandenen Primärrohstoffen. Niedrige Rohstoffpreise haben zur Folge, dass hochwertige Recycling-Baustoffe preislich nicht immer günstiger als Natursteinprodukte angeboten werden können. Hinzu kommt ihr abfallrechtlicher „Makel" und damit verbunden die zusätzlich zu gewährleistende Umweltverträglichkeit, für die es seit Jahren an einer bundeseinheitlichen und rechtssicheren gesetzlichen Regelung mangelt.

Mit dem Inkrafttreten der Ersatzbaustoffverordnung (EBV) im Jahr 2023 gibt es zukünftig bundeseinheitliche Vorgaben für die umweltgerechte Herstellung und den Einsatz von Recycling-Baustoffen (sowie weiteren Sekundärbaustoffen) in technischen Bauwerken. Alle Sekundärbaustoffe die in der EBV geregelt werden, werden nach Qualitätsmaßstäben in Gütekategorien eingeordnet. RC-Baustoffen mit der besten Qualität ob-

[48] Knappe 2014, S. 457, 464.

[49] Siehe hierzu die Ausführungen zu 5.1.

liegen bspw. über die Kategorie RC-1 mehr Einbaumöglichkeiten und weniger umweltrelevante Restriktionen. Die Gütesicherung der jeweiligen Sekundärbaustoffe wird demnach mit Inkrafttreten der MantelV eine essenzielle Rolle einnehmen. Neben den bereits vorhandenen Qualitätssicherungsorganisationen ist ein verbandsübergreifendes, gemeinsames Gütesicherungssystem der zertifizierten Prüfstellen des BÜV.BauPro,[50] dem QRB[51] und der Bundesvereinigung Recycling-Baustoffe e. V. in Planung und soll allen Unternehmen der Baustoff-Recyclingbranche zur Verfügung gestellte werden. Das geplante Gütesicherungssystem soll mit Einbaukarten gemäß den Vorgaben der EBV, in der Umsetzung des bundeseinheitlichen Regelwerks unterstützen.

Doch selbst bei allen Bemühungen um ein ambitioniertes Stoffstrommanagement, gute Aufbereitungstechniken und Akzeptanz von Sekundärbaustoffen, findet die Verwertung von mineralischen Abfällen ihre Grenzen dort, wo die Beseitigung den Schutz von Mensch und Umwelt besser gewährleistet. Auch in Zukunft wird es mineralische Abfälle geben, die aufgrund fehlender bauphysikalischer Eigenschaften oder aufgrund ihrer Schadstoffgehalte, nicht vollständig verwertet werden können. Und auch die Bestrebungen zur Schließung von Subkreisläufen und zum Ausbau neuer Verfahrenstechniken, sind nicht immer ökologisch und wirtschaftlich sinnvoll.

Wenngleich im Sinne der Abfallhierarchie nur das letzte Mittel der Wahl, so sind Deponien als Schadstoffsenke für eine nachhaltige Abfallwirtschaft auch in Zukunft unentbehrlich. Länder und Kommen müssen auch zukünftig ihrer Aufgabe als öffentlich-rechtliche Entsorgungsträger gerecht werden, indem sie flächendeckend Deponiekapazitäten sichern und bereitstellen bzw. Vorhaben von privaten Trägern entsprechend unterstützen.[52]

Literatur

Beckmann M (2016) In: Landmann/Rohmer, Umweltrecht Band II, Loseblatt-Kommentar, Stand 01.09.2016

Bertram HU (2015) Anmerkungen zur Ersatzbaustoffverordnung. In: Mineralische Nebenprodukte und Abfälle 2, Neuruppin, S. 23–53

Bundesverband Baustoffe – Steine und Erden e.V. (2021) Kreislaufwirtschaft Bau, Mineralische Bauabfälle, Monitoring 2018

Frenz W (2015) Verantwortlichkeit für Abfälle im Baubereich. In: Mineralische Nebenprodukte und Abfälle 2, Neuruppin, S. 603–620.

Frische T (2013) In: Schmehl (Hrsg.), Gemeinschaftskommentar zum KrWG, Carl Heymanns Verlag

Hillmann R (2016) Straßenbau im Spannungsfeld von Kreislaufwirtschaft und Umweltschutz. In: Straße und Autobahn 2: 99–104

[50] Zusammenschluss der Bundesüberwachungsverbände Transportbeton (BÜV TB), Kies, Sand und Splitt (BÜV KSS), Mörtel (BÜV M) und Recycling-Baustoffe (BÜV RB).

[51] Qualitätssicherungssystem Recycling-Baustoffe Baden-Württemberg e. V.

[52] Bertram 2015, S. 129, 141.

Klöckner J, Kurkowski H (2016) Hochwertig Bauen mit Baustoff-Recyclingprodukten in Deutschland? Chancen und Risiken des Baustoff-Recyclings, Vortrag Erste „Tiroler Bautage", Igls

Knappe F (2014) Einsatz von Recycling-Baustoffen. In: Mineralische Nebenprodukte und Abfälle, Neuruppin, S. 457–464

LAGA M 20 (2004) Anforderungen an die stoffliche Verwertung von mineralischen Reststoffen/Abfällen – Technische Regeln, Stand: 06.11.2003, Erich Schmidt Verlag, Berlin

Mettke A, Meetz M (2015) Brandenburger Leitfaden für den Rückbau von Gebäuden In: Müll und Abfall 10: 550–558

Onkelbach A (2016) Handbuch Ersatzbaustoffe – Grundlagen für den Einsatz im Straßen- und Erdbau, Düsseldorf, Download über www.remex-solutions.de

Röth D (2015) Einsatzpotenziale von mineralischen Baustoffen in Theorie und Praxis. In: Müll und Abfall 10: 559–563

Schmidmeyer S (2014) Markt für mineralische Recycling-Baustoffe. In: Mineralische Nebenprodukte und Abfälle, Neuruppin, S. 105–116

Wendenburg H (2016) Weiterentwicklung der Kreislaufwirtschaft in Deutschland aus Sicht des Bundesumweltministeriums. In: Bio- und Sekundärrohstoffverwertung XI, Witzenhausen, S. 15–26

Teil III

Technik, Logistik, Anlagen

Anforderungen an den Aufbau von Abfallwirtschaftssystemen

33

Wolfgang Pfaff-Simoneit

33.1 Vorbemerkung

Die Abfallwirtschaft in Deutschland ist ein weitestgehend wohlgeordnetes System mit klaren Zielen und Rechtsgrundlagen, definierten Zuständigkeiten, qualifizierten Institutionen, Entsorgungsträgern und Dienstleistern, geregelten Planungs- und Zulassungsverfahren, praxisgerechten Ausbildungsgängen sowie einem gesicherten Instrumentarium zur Deckung von Investitionen und der laufenden Kosten der Verwertung und Entsorgung. Ein Blick über die Landesgrenzen hinweg offenbart, dass dies in vielen Ländern selbst innerhalb Europas nicht selbstverständlich ist. Abfallwirtschaft wird in vielen Ländern als rein kommunale Aufgabe angesehen. Maßnahmen auf staatlicher Ebene umfassen daher allenfalls die Verabschiedung von – überwiegend unzulänglichen und/oder wenig sachgerechten – rechtlichen Regelungen und das Delegieren von Zuständigkeiten und Aufgaben an die Kommunen. Die Kommunen sind jedoch nicht nur mit den operativen Aufgaben bereits überfordert, sie haben auch weder das Mandat noch die Möglichkeiten zum Aufbau der sektoralen Rahmenbedingungen.

Für Investoren, Entsorgungsunternehmen und Institutionen, die ein längerfristiges Engagement in der Abfallwirtschaft in einem Land planen, ist es bei der Identifizierung von Maßnahmen und der Erschließung neuer Märkte von entscheidender Bedeutung, eine realistische Einschätzung zum Entwicklungsstand der Abfallwirtschaft, seinen Akteuren und den Umfeldbedingungen zu erhalten. Der angewandte technische Standard der Entsorgung allein liefert kein hinreichendes Bild für eine Beurteilung. Unabdingbar sind die Kenntnis der Elemente eines Abfallwirtschaftssystems und das Verständnis für deren Funktion und Zusammenwirken.

W. Pfaff-Simoneit (✉)
WPS Consult, Darmstadt, Deutschland

P. Kurth et al. (Hrsg.), *Praxishandbuch der Kreislauf- und Rohstoffwirtschaft*,
https://doi.org/10.1007/978-3-658-36262-1_33

Dieser Beitrag befasst sich vorwiegend mit den auf staatlicher, d. h. der regulierenden Ebene zu etablierenden Rahmenbedingungen der Abfallwirtschaft, ohne die das „System Abfallwirtschaft" nicht nachhaltig ist und nicht weiterentwickelt werden kann. Er richtet sich an Investoren und Entsorgungsunternehmen, die Aktivitäten in anderen Ländern planen sowie an staatliche Institutionen, die andere Staaten beim Aufbau ihrer Abfallwirtschaftssysteme unterstützen wollen. Der Beitrag gibt Hilfestellung bei der Analyse und Bewertung der Rahmenbedingungen, um Fehleinschätzungen zu vermeiden, Risiken zu minimieren und den Unterstützungsbedarf zu identifizieren. Darüber hinaus werden Anregungen gegeben, auf welche Weise Investoren und Dienstleister ggf. zur Weiterentwicklung der Umfeldbedingungen beitragen können, etwa in Form der Beteiligung an Arbeitsgruppen, der Qualifizierung von Personal auch außerhalb ihrer Kernaktivitäten oder Unterstützung der Öffentlichkeitsarbeit. Die Möglichkeiten privater Unternehmen sind jedoch begrenzt, wollen sie sich nicht dem Verdacht der Beeinflussung von staatlichen Institutionen zur Erlangung von Wettbewerbsvorteilen aussetzen. Zur Vermeidung von Interessenkonflikten ist es daher unumgänglich, dass die Staaten durch neutrale öffentliche Institutionen und Behörden beim Aufbau ihrer Kapazitäten unterstützt werden.

▶ **Hintergrund** Der angewandte technische Standard der Entsorgung allein liefert kein hinreichendes Bild für die Beurteilung des Entwicklungsstandes der Abfallwirtschaft. Die Kenntnis der regulativen, institutionellen, finanziellen, politischen und gesellschaftlichen Rahmenbedingungen ist für Investoren und Entsorgungsunternehmen, die Engagements in einem anderen Land planen, unabdingbar.

33.2 Elemente des Abfallwirtschaftssystems

Abfallwirtschaftssysteme erfordern neben den technischen Komponenten des Entsorgungssystems klare Rahmenbedingungen und Zielsetzungen, qualifizierte Entsorgungsträger, Fach- und Vollzugsbehörden, Forschung und Entwicklung, Aus- und Fortbildung, einen qualifizierten und leistungsfähigen Privatsektor (Consulting, Bauwirtschaft, Betreiber, Entsorgungsunternehmen), eine informierte Öffentlichkeit und Beteiligungsmöglichkeiten für die Akteure. Einen systematischen Ansatz zum Aufbau von Abfallwirtschaftssystemen hat Pfaff-Simoneit (2013) vorgeschlagen.

Die Systemelemente der Abfallwirtschaft umfassen

- das Zielsystem sowie die Strategien und Pläne zur Umsetzung
- das Rechtssystem einschließlich der Konkretisierung in Verordnungen und Verwaltungsvorschriften, Normen und Standards
- die Organisation der Abfallwirtschaft/Institutionelles System und Zuständigkeiten
- das Finanzierungssystem zur Deckung der Investitionen und der operativen Kosten
- das Planungssystem mit Regelungen und Instrumenten zur Planung, Zulassung und Überwachung von Entsorgungsprozessen und Anlagen

- die Anlageninfrastruktur mit den wesentlichen Komponenten Sammel- und Logistiksysteme, Aufbereitungs- und Verwertungsanlagen sowie Anlagen zur Behandlung und Ablagerung von Abfällen
- die fachtechnische Ausbildung
- Forschung und Entwicklung

Selbst in Europa sind diese zentralen Systemelemente in vielen Ländern nur rudimentär oder gar nicht vorhanden. Vielfach konzentrieren sich die Entscheidungsträger und die Fördermittelgeber auf die Realisierung der technischen Infrastruktur, während die Umfeldbedingungen[1] nicht adäquat mit entwickelt werden. Sollen Abfallwirtschaftssysteme nachhaltig sein, müssen diese Systemelemente systematisch und koordiniert aufgebaut werden. Dies erfolgt idealerweise in einem mehrstufigen Entwicklungsprozess.

Im Folgenden werden die Elemente des Abfallwirtschaftssystems, die das Umfeld des Sektors bestimmen diskutiert und Hinweise zu den Anforderungen zu deren Entwicklung gegeben.

> **Praxishinweis** Ein möglichst umfassender Überblick über die vorhandenen Elemente des Abfallwirtschaftssystems und ihre Ausprägung vermeidet Fehleinschätzungen und -erwartungen. Ein entwickeltes Umfeld an Regulierungen, Institutionen, Finanzierungssystemen, Zulieferern u. a. m. wie in Deutschland ist nur in wenigen Ländern gegeben.

33.3 Abfallwirtschaftliche Planung

Planung bedeutet die gedankliche Vorwegnahme von Handlungsschritten, die zur Erreichung eines Ziels unter Berücksichtigung der zur Verfügung stehenden Mittel erforderlich erscheinen, einschließlich der Maßnahmen zur Steuerung und Erfolgskontrolle. Planung erfolgt in mehreren Phasen und umfasst die Schritte

- Zieldefinition
- Strategieentwicklung
- Umsetzungs- oder operative Planung

Im Verlauf des Planungs- und Entwicklungsprozesses ergeben sich Kenntnis- und Erfahrungszuwächse, Rahmenbedingungen oder auch Ziele können sich verändern, die eine Anpassung der Planung erforderlich machen. Planung ist somit ein kontinuierlicher Prozess, die der regelmäßigen Überprüfung und Aktualisierung bedarf.

Übertragen auf den Abfallsektor kann in Anlehnung an (EU 2008a) der Aufbau eines Abfallwirtschaftssystems in folgende Kernentwicklungsprozesse gegliedert werden:

[1] Im Englischen spricht man treffender von „Enabling Environment."

- Formulierung einer nationalen Abfallpolitik
- Sektorstrategie und Umsetzungsplan
- (Rahmen-)Abfallwirtschaftsplan
- Rahmensetzung und Regulierung
- Planung von Anlagen und Maßnahmen/Abfallwirtschaftskonzepte
- Implementierung von Anlagen und Maßnahmen
- Betrieb der Anlagen
- Monitoring und Berichterstattung

Die Zieldefinition erfolgt im Rahmen der Formulierung einer Abfallpolitik. Die Sektorstrategie setzt einen übergreifenden Handlungsrahmen und definiert die Maßnahmen zur Umsetzung, die einzusetzenden Ressourcen – v. a. Personal und Budgets – und die Maßnahmen zur Steuerung und Erfolgskontrolle. Die operative oder Umsetzungsplanung erfolgt in Abfallwirtschaftsplänen, die die Sektorstrategie im jeweils betrachteten Raum detaillieren und die konkreten Maßnahmen, Ressourcen, Zuständigkeiten und die zeitliche Abfolge festlegen.

Die Formulierung einer Abfallpolitik, die Sektorstrategie und die (Rahmen-)Abfallwirtschaftspläne sind Planungsschritte, die auf staatlicher bzw. regulatorischer Ebene erfolgen. Die Planung, Implementierung und der Betrieb von Anlagen erfolgen auf der operativen Ebene bzw. auf Ebene der Entsorgungspflichtigen. Je nach Erfordernis werden diese durch Abfallwirtschaftskonzepte der Entsorgungspflichtigen, also operativ tätigen Institutionen vorbereitet. Monitoring und Berichterstattung sind Aufgaben sowohl der operativen wie der überwachenden und steuernden Institutionen. Sie bilden die Grundlage für die Steuerung und Erfolgskontrolle und damit für die Überprüfung und Aktualisierung der Planung.

Die Elemente des Abfallwirtschaftssystems werden mit jedem Prozessschritt konkretisiert und operationalisiert. Das Engagement von Investoren und Entsorgungsunternehmen setzt i. d. R. erst bei der Planung von Anlagen und Maßnahmen ein. Die Analyse des Planungsstands, der politischen Fundierung der Abfallwirtschaft sowie der Regulierung und der dafür zuständigen Institutionen sind jedoch unabdingbare Voraussetzungen, wenn ein Unternehmen ein längerfristiges Engagement in einem Land in Erwägung zieht. Im Folgenden werden diese Aspekte diskutiert.

33.3.1 Nationale Abfallpolitik

Zentrale Grundlage für die erfolgreiche Implementierung von nachhaltigen Abfallwirtschafts-systemen ist eine klare politische Entscheidung und Zielvorgabe auf nationaler und/oder – in großen Staaten – auf bundesstaatlicher/Provinz-Ebene. Regierung und Parlament sollten verbindlich das Ziel verfolgen, die Abfallwirtschaft zu ordnen und nachhaltig zu entwickeln. Die angestrebten Ziele sollten umrissen, tentative Fristen für die Umsetzung genannt und der Wille zur Bereitstellung der erforderlichen Mittel erklärt werden.

Ein klares politisches Bekenntnis ist das entscheidende Signal für den nachhaltigen Aufbau des Abfallwirtschaftssystems nach innen und nach außen. Es gibt den Akteuren im Sektor und potentiellen Investoren, Lieferanten und Dienstleistern Orientierung und Perspektive. Nur wenn diese das Vertrauen haben können, dass die Regierung eines Landes ernsthaft gewillt ist, den Abfallsektor nachhaltig aufzubauen, werden sie bereit sein, sich langfristig zu engagieren und Kapazitäten, Niederlassungen, Vertriebs- und Servicenetze aufzubauen. Kluge Köpfe eines Landes wird man für die strategische Entwicklung und Steuerung der Abfallwirtschaft nur gewinnen können, wenn der Sektor eine berufliche Perspektive und interessante Entwicklungsmöglichkeiten bietet. Eine klare politische Entscheidung erweckt das Interesse für internationale Unterstützung durch Fördermittelgeber und den Privatsektor. Dieser wird sich in einem Land im stärkeren Maße nur dann engagieren, wenn er Vertrauen in die Ernsthaftigkeit zum Aufbau des Sektors, eine sachgerechte Regulierung und in die Solidität der Kostendeckung und Finanzierung haben kann.

Die Grundsatzentscheidung zum nachhaltigen Aufbau der Abfallwirtschaft sollte die Ziele und grundlegenden programmatischen Festlegungen zu den o. g. Systemelementen umfassen. Mindestens sollten grundsätzliche programmatische Aussagen zu folgenden Themenbereichen getroffen werden:

- Zielvorgabe, innerhalb eines festzusetzenden Zeitraums sukzessive ein funktionsfähiges Abfallwirtschaftssystem landesweit zu realisieren
- Beachtung von Mindeststandards zum Schutz der Gesundheit, der Umwelt, des Klimas und zur Berücksichtigung sozialer Aspekte
- Anzuwendende Grundsätze und Prinzipien[2] sowie internationale Vereinbarungen[3]
- Auf-/Ausbau von Institutionen, Fachbehörden und Entsorgungsträgern
- Auf-/Ausbau der beruflichen Aus- und Fortbildung
- Förderung von Forschung und Entwicklung
- Grundsätze der Finanzierung und Kostendeckung

Darüber hinaus ist es je nach sachlicher Erfordernis und politischer Schwerpunktsetzung wünschenswert, wenn weitere Ziele und Grundsätze definiert werden. Im Hinblick auf die globalen Herausforderungen „Rohstoffverknappung“ und „Klimawandel“ sind dies v. a. Zielaussagen zur Sekundärrohstoffgewinnung, biologischen und energetischen Verwertung, zum Klimaschutz und – soweit relevant – Vermeidung des Mülleintrags, v. a. Plastik

[2] v. a. Aussagen zu Zielhierarchie, Verursacherprinzip, Vorsorgeprinzip, Produkthaftung, Entsorgungssicherheit, Subsidiaritätsprinzip, Kostendeckung; es ist nicht zwingend, dass diese Prinzipien allesamt und von Beginn an angewandt werden, jedoch sollten die Grundsätze der Abfallwirtschaftspolitik klar benannt werden.

[3] v. a. Basler Konvention über die Kontrolle der grenzüberschreitenden Transporte gefährlicher Abfälle und ihrer Entsorgung; Rotterdam Konvention über den internationalen Handel mit gefährlichen Chemikalien und Pestiziden; Stockholm Konvention (POP-Konvention) zur Vermeidung der Freisetzung von schwer abbaubaren organischen Verbindungen; Kyoto Protokoll zur Reduzierung von klimaschädlichen Treibhausgasen.

in die Meere. Mit Blick auf die gesellschaftliche Entwicklung sollten Aussagen zur Beteiligung der Zivilgesellschaft sowie zu sozialen Aspekten enthalten sein, hier v. a. hinsichtlich der zumutbaren Kostenbelastungen für ärmere Bevölkerungsschichten sowie – soweit relevant – zur Einbeziehung des informellen Sektors.

▶ **Praxishinweis** Nicht nur die Rahmenbedingungen und Planungen in einer ins Auge gefassten Kommune oder Region sind für Investoren und Entsorgungsunternehmen von Bedeutung. Sie sollten auch überprüfen, inwieweit die dort geplanten Maßnahmen durch übergeordnete Zielsetzungen und Planungen fundiert sind und ob die Strategien und Pläne des Landes erwarten lassen, dass ein funktionierendes Umfeld für die Entwicklung der Abfallwirtschaft entstehen kann.

33.3.2 Sektorstrategie und Umsetzungsplan

Die grundsätzlichen Aussagen der nationalen Abfallpolitik finden ihre Konkretisierung und Operationalisierung in einer Sektorstrategie und räumlich konkretisierenden Plänen zur Umsetzung. In der Sektorstrategie legt die Regierung die vorgesehenen Maßnahmen und die Mittel für die Entwicklung der Abfallwirtschaft im Land dar. Neben der grundsätzlichen Zusage der vorgesehenen finanziellen Mittel umfasst dies insbesondere Aussagen und Festlegungen zur Steuerung der Prozesse, Einrichtung von Arbeitsgruppen und Beratungsgremien und zu zu beteiligenden Akteuren.

Die Sektorstrategie bildet das grundlegende Dokument zum Aufbau der Abfallwirtschaft und sollte folgende Themen umfassen:

- Darstellung der strategisch-inhaltlichen Ziele – insbesondere Vorrang der Vermeidung vor der Verwertung und umweltgerechten Entsorgung
- Grundlagendaten und Ausgangssituation
- Struktur der rechtlichen Regelungen sowie Mechanismen der (Weiter-)Entwicklung
- Organisation der Abfallwirtschaft:
  - Aufgaben/Rolle der Abfallerzeuger
  - Entsorgungsträger
  - Aufgaben/Zuständigkeiten der verschiedenen Ressorts und Verwaltungsebenen
  - Zuständigkeiten für verschiedene Abfallarten
  - Rolle der Privatwirtschaft
  - Beteiligung des informellen Sektors[4]

---

[4] Der informelle Sektor spielt vor allem in Entwicklungs- und Schwellenländern eine bedeuten-de Rolle in der Erfassung und Verwertung von Abfällen. Es handelt sich hierbei um Menschen, die ihren Lebensunterhalt außerhalb formeller Beschäftigungsverhältnisse durch Sammlung, Sortierung,

- Administrative Zuständigkeiten für
  - Entwicklung der Rechtsgrundlagen und technischer Standards
  - Planung und Bau von Entsorgungsanlagen
  - Identifizierung und Auswahl von Standorten
  - Überwachung und Vollzug der Regelungen
  - Monitoring der Implementierung und Berichterstattung
  - Fortschreibung der Strategie
- Maßnahmen für den Aufbau und die Stärkung von Institutionen und zum Kapazitätsaufbau
- Aufbau der beruflichen Aus- und Fortbildung sowie von F&E-Kapazitäten
- Ziele, Strategien, Zuständigkeiten zur Sicherung/Sanierung von Müllkippen und Altstandorten
- Orientierende Investitionskostenschätzung und Finanzplanung
- Instrumente zur Finanzierung der laufenden Kosten
- Grundsätze der Mitwirkung von Akteuren und Vertretern der Zivilgesellschaft
- Maßnahmen der Öffentlichkeitsbeteiligung und Umweltbewusstseinsbildung

Die erforderlichen Schritte zur Umsetzung, die Fristen und die erforderlichen Ressourcen zur Umsetzung der auf nationaler Ebene erforderlichen Maßnahmen werden in einem Umsetzungsplan festgelegt. Dieser umfasst folgende Elemente:

- Programm und Zeitplan für die Erarbeitung der Rechtsgrundlagen, der technischen und der Umwelt-Standards
- Zeitplan für die Planung und Implementierung der erforderlichen Anlagen/Priorisierung der Anlagenplanungen
- Überschlägige Mittelbedarfsschätzung, Investitionsplan und Finanzierungsplan
- Programm und Zeitplan für den Auf-/Ausbau von Institutionen[5] einschließlich Personalrekrutierung und -qualifizierung
- Programm für den Auf-/Ausbau der beruflichen Aus- und Fortbildung und von Forschungsinstitutionen

Die verschiedenen Elemente der Strategieentwicklung hängen eng zusammen. V. a. die besonders kostenwirksamen Elemente der Rahmenplanung – Art der Anlagen und Ausbau-/Umsetzungsplanung – sowie die anzustrebenden Standards bedürfen der sorgfältigen Abstimmung mit den finanziellen Rahmenbedingungen. Dies erfordert eine iterative Entwicklung der Strategie (vgl. Abb. 33.1 unten). Dazu bietet sich die Einrichtung einer interministeriellen Steuerungsgruppe unter Federführung des für die Abfallwirtschaft zuständigen Ministeriums an, die den Prozess koordiniert.

Aufbereitung und Verwertung von Abfällen sowie durch Dienstleistungen wie Reinigung von Straßen und Anlagen bestreiten (müssen) (GIZ 2011).

[5] einschließlich erforderlicher Ausstattung wie Mess- und Laboreinrichtungen, Kommunikations-, Informationsverarbeitungssysteme, Logistik etc.

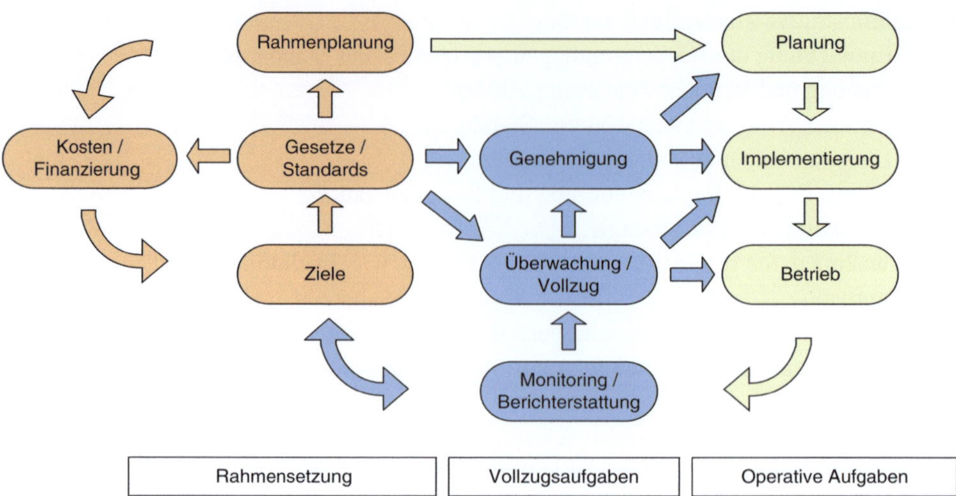

Abb. 33.1 Interdependenzen zwischen Rahmensetzung, Vollzug und Monitoring (erweiterte eigene Darstellung auf der Grundlage von [IMPEL])

Die Strategie bedarf der kontinuierlichen Weiterentwicklung entsprechend der in der Praxis gesammelten Erfahrungen. Dazu berichten die für Genehmigung, Überwachung und Vollzug der Rechtsvorschriften zuständigen Behörden sowie die Entsorgungsträger im Rahmen ihrer Monitoring und Berichterstattungspflichten regelmäßig an die für die Strategieentwicklung zuständige Institution resp. an die politischen Gremien. Auf Grundlage der Berichte ist zu beraten, ob Modifikationen an der Strategie, an den Standards oder an den Ausbauzielen vorzunehmen sind.

► **Praxishinweis** Nicht selten bestehen in weniger entwickelten Ländern überzogene Vorstellungen und Erwartungen an Investoren und private Entsorgungsunternehmen. Analysieren Sie, ob das Land ernsthafte und realistische Vorstellungen zur Entwicklung der Abfallwirtschaft und den – v. a. auch finanziellen – Erfordernissen hat. Welche Instrumente der Kostendeckung sind vorgesehen und sind die damit aufzubringenden Finanzmittel ausreichend?

33.3.3 Nationale und regionale Abfallwirtschaftsplanung

Die nationale und – bei großen Staaten – regionale Abfallwirtschaftsplanung ist sowohl im Rahmen der Strategieentwicklung als auch im Hinblick auf planerische Vorgaben für die Umsetzung von hoher Bedeutung. Die aus übergeordneter Sicht erstellten (Rahmen-) Pläne dienen als Leitlinie für die strategische Ausrichtung der Abfallwirtschaft ebenso wie für die Realisierung von zentralen Entsorgungsanlagen und die Etablierung von Trägern. Sie bilden die entscheidende Grundlage bei der Konzeption wirtschaftlicher Anlagengrößen.

Im (Rahmen-)Abfallwirtschaftsplan werden grundlegende Aussagen zur landesweiten räumlichen Organisation der Abfallwirtschaft formuliert. Der Staat muss seine Vorstellungen zur Organisation der Entsorgungsräume aus übergeordneter Sicht in Abstimmung mit den für die operativen Aufgaben zuständigen Institutionen entwickeln. Eine fortschrittliche Abfallwirtschaft erfordert kostenoptimale Lösungen und leistungsfähige, kompetente Entsorgungsträger. Aufgrund der Kostendegression bei zunehmender Anlagengröße sind die Entsorgungsgebiete ausreichend groß zu konzipieren und geeignete Trägerstrukturen zu entwickeln. Die Planung muss das gesamte Land abdecken – entweder in Form eines nationalen Abfallwirtschaftsplans oder in Form sich ergänzender regionaler Abfallwirtschaftspläne.[6] Dabei gilt es, „weiße Flecken", d. h. unversorgte oder unwirtschaftlich zu betreibende Entsorgungsgebiete zu vermeiden. Die Pläne dienen als Leitlinie für die Realisierung von zentralen Entsorgungsanlagen und für die Etablierung von Trägern.

Die zentralen, d. h. überörtlich genutzten Entsorgungs- und Verwertungsanlagen stellen die bedeutendsten Investitionen beim Aufbau eines Abfallwirtschaftssystems dar und bilden neben den bestehenden administrativen Strukturen in einem Land die zentrale Determinante für die Gestaltung der Einzugs- resp. Projektgebiete und damit für die Trägerorganisation. Die räumlichen und organisatorischen Strukturen des Abfallwirtschaftssystems sind soweit möglich unter Berücksichtigung der wirtschaftlichen Untergrenzen der in Frage kommenden Anlagentypen zu entwickeln. Aus wirtschaftlichen Gründen sollte das Einzugsgebiet einer geordneten Deponie i. d. R. etwa 300.000 Einwohner nicht unterschreiten. Bei thermischen Behandlungsanlagen sind Einzugsbereiche von nicht unter 1 Mio. Einwohner anzustreben. Die Gestaltung einer technologisch hochwertigen, effizienten Abfallwirtschaft darf demzufolge nicht allein von bestehenden Verwaltungsstrukturen oder Gewohnheiten abhängen. Die Bedeutung der Transportentfernungen auf die Wirtschaftlichkeit des Entsorgungssystems wird vielfach überschätzt. Sofern ein ausreichendes Straßennetz vorhanden ist, ist es i. d. R. kostengünstiger, Abfälle auch über größere Entfernungen zu transportieren als zentrale Anlagen zu klein zu dimensionieren.

Die geeignete Trägerform und ihre Gestaltung sind unter Berücksichtigung der Verwaltungsstrukturen des Landes und der gewählten Aufgabenteilung zu wählen. Zumeist liegt die Zuständigkeit für die Abfallwirtschaft bei den Kommunen. Kleine und mittlere Kommunen sind jedoch mit Planung, Bau und Betrieb von zentralen Entsorgungsanlagen i. d. R. organisatorisch und finanziell überfordert. Übergemeindliche Verwaltungsebenen wie die Landkreise in Deutschland gibt es in vielen Ländern nicht. Für die überörtlich zu nutzenden, zentralen Entsorgungsanlagen sind daher organisatorische Lösungen zu finden, die auch den Bedürfnissen der kleineren Kommunen gerecht werden, etwa in Form von

[6] Regionale Abfallwirtschaftspläne bieten sich v. a. bei großen Ländern und entsprechenden Verwaltungsstrukturen – z. B. für Bundesländer, Provinzen oder Gouvernorate – an.

Kommunalverbänden. In kleinen Staaten können auch nationale, in größeren Staaten bundesstaatliche Träger[7] eine sinnvolle Lösung darstellen.

Bei Anlagen zur Erzeugung von Energie aus Abfällen leisten die Erlöse aus der energetischen Verwertung von Abfällen einen bedeutenden Beitrag zur Kostendeckung. Die Absatz- und Verwertungsmöglichkeiten für die gewonnene Energie bzw. eine möglichst hohe Energienutzungsquote sind entscheidend für die Wirtschaftlichkeit der Anlagen. Die Energienutzungsquote hängt entscheidend von den Möglichkeiten der Nutzung der Abwärme ab. Die Standortwahl für Waste-to-Energy-Anlagen wird stärker von den Nutzungs- und Absatzmöglichkeiten für die erzeugte Wärme beeinflusst als von deren verkehrstechnischer Erreichbarkeit.

► **Praxishinweis** Der geplante Einzugsbereich sollte auch unter Berücksichtigung künftiger Entwicklungen, insbesondere dem Ausbau der Abfallverwertung, ausreichend groß für einen wirtschaftlichen Betrieb geplanter Anlagen sein. Bei der Auswahl der Technologie und der Auslegung der Anlagen sollte dies berücksichtigt werden.

33.4 Rahmensetzung und Regulierung

Ein klarer Rechts-, Finanzierungs- und Planungsrahmen bildet die Grundlage für die Realisierung und den Betrieb von Anlagen resp. für die Umsetzung abfallwirtschaftlicher Maßnahmen. Die Rahmensetzung und der Vollzug werden von landesspezifischen Faktoren beeinflusst, die die jeweiligen Einstellungen und Kulturen eines Landes spiegeln (IMPEL 2003):

- Das politische Umfeld und die Zielsetzungen bilden den Rahmen für das Aufgabenverständnis und sind entscheidend für die Bereitstellung der Ressourcen.
- Das – nationale und internationale – regulatorische Umfeld, einschließlich der Genehmigungsverfahren und der ggf. strafrechtlichen Verfolgung von Verstößen, bilden den Rechtsrahmen.
- Der Zustand der Umwelt und internationale, nationale und regionale Verpflichtungen hierzu formen wichtige Leitlinien für die zu setzenden Prioritäten.
- Die Rahmensetzung soll Umwelt-, soziale und ökonomische Aspekte der nachhaltigen Entwicklung berücksichtigen.
- Die ökonomischen Rahmenbedingungen und der technische Entwicklungsstand haben Einfluss darauf, auf welche Weise internationale Vereinbarungen in nationale Regelungen übernommen werden können.

[7] In Deutschland sind für die Sonderabfallentsorgung zumeist bundesstaatliche Trägermodelle etabliert.

- Soziale und kulturelle Faktoren und Traditionen, das öffentliche Umweltbewusstsein und Einstellungen beeinflussen die Arbeitsweise der für den Vollzug zuständigen Institutionen und die Verfügbarkeit von qualifiziertem Personal.

Diese Faktoren konkretisieren das Verständnis der German RETech Partnership (2018), wonach die Entwicklung der Abfallwirtschaft im engen Zusammenhang mit der Entwicklung in den Bereichen Politik, Markt, Gesellschaft und Finanzierung steht.

33.4.1 Rechtsgrundlagen

Die OECD (2007) empfiehlt ihren Mitgliedern, ein regulatorisches Instrumentarium für den Abfallsektor zu entwickeln, das die Verpflichtungen der Abfallerzeuger und der am Entsorgungsprozess Beteiligten regelt. Ziel ist es, innerhalb eines überschaubaren Zeitraums im gesamten Land gleiche rechtliche Rahmenbedingungen und Entsorgungsstandards zu schaffen und diese auch durchzusetzen. Der Rechtsrahmen muss Regelungen enthalten zu

- Zielen, Grundsätzen und Prinzipien: Hierzu zählen im EU-Abfallrecht die Abfallhierarchie – Vorrang der Vermeidung und Verminderung vor der Verwertung und umweltverträglichen Beseitigung, Entsorgungsautarkie, Näheprinzip, Produktverantwortung (EU 2008c);
- Begriffsdefinitionen und Abgrenzung der Regelungsbereiche: Dies betrifft insbesondere den Abfallbegriff, Abfallartenkatalog und Kategorisierung der Abfälle nach Regelungsbereichen und ggf. unterschiedlichen Ressortzuständigkeiten;[8]
- Anforderungen an die Vermeidung, Verwertung und Entsorgung: Hierzu zählen insbesondere Getrennthaltungspflichten, Vermischungsverbote, organisatorische und technische Anforderungen an Anlagen und Geräte, Anforderungen an die Lagerung, Verpackung, Transport, Umweltschutzanforderungen wie Emissionsgrenzwerte, technische Standards für Behandlungsanlagen, etc.;
- Aufgaben, Verpflichtungen und Verantwortlichkeiten der Abfallerzeuger und beteiligten Akteure: z. B. Überlassungs-, Andienungspflichten für Abfallerzeuger, Berichts- und Dokumentationspflichten et al.;
- Organisation und Zuständigkeiten für Planung, Durchführung, Zulassung/Genehmigung, Überwachung und Vollzug;
- Regelungen zum Import und Export von Abfällen.

Das rechtliche Regelwerk sollte klar, überschaubar, transparent, verständlich und den Rahmenbedingungen und Möglichkeiten in einem Land angepasst und angemessen sein.

[8] Insbesondere für spezielle Abfallarten wie Abfälle aus dem Gesundheitswesen, Minen- und Bergbauabfälle, Schiffs-/Hafenabfälle u. a. m.

Es besteht sinnvollerweise aus einem vom höchsten gesetzgebenden Organ zu verabschiedenden Rahmengesetz, das durch Verordnungen, Richtlinien, Regelwerke und Handreichungen konkretisiert wird, die von dem zuständigen Ministerium nach einem im Rahmengesetz festgelegten Verfahren erlassen werden können. Für die Umsetzung durch die Akteure bedarf es solcher Instrumente wie Genehmigungen, Lizenzen, Erlaubnisse und Standards, zu deren Überwachung und Durchsetzung Fachbehörden als Vollzugsorgane auf einer den Rahmenbedingungen des Landes angepassten Verwaltungsebene zuständig sein sollten.

Die Querbezüge zu anderen Umwelt- und relevanten Rechtsbereichen, insbesondere zum Wasserrecht, Luftreinhaltungs-/Immissionsschutzrecht, Naturschutzrecht, Bodenschutzrecht, Chemikalien-/Gefahrstoffrecht, Allgemeinem Umweltrecht, z. B. Umweltverträglichkeits-prüfung und Raumordnungs-, Bau- und Planungsrecht sollten sorgfältig abgestimmt sein, um rechtliche Unklarheiten, Widersprüche und überhöhten Verwaltungsaufwand zu vermeiden.

▶ **Praxishinweis** Unternehmen, die Aktivitäten in Ländern planen, sollten die relevanten rechtlichen Regelungen insbesondere bzgl. Zulassung, Genehmigung und Überwachung von Anlagen und Dienstleistungen sorgfältig analysieren. Sofern Regelungsdefizite bestehen, sollten Vereinbarungen nicht nur mit dem Vertragspartner, sondern auch mit den Zulassungs- und Überwachungsbehörden, insbesondere bzgl. Zuordnungswerten, Emissionswerten, Informationspflichten etc. getroffen werden, um eine größere Rechtssicherheit zu erzielen. Dabei sollten nicht nur die im Land geltenden Mindestanforderungen erfüllt, sondern eine gute fachliche Praxis angewandt werden.

33.4.2 Vollzug der rechtlichen Regelungen

Die rechtlichen Regelungen können ihre Wirkung nur entfalten, wenn ihre Beachtung auch kontrolliert und durchgesetzt wird. Der sog. „Vollzug“[9] der Rechtsvorschriften ist v. a. im Hinblick auf die Beteiligung des Privatsektors von erheblicher Bedeutung. Es gilt, eine „level playing field“ zu schaffen, d. h. gleiche Rahmen- und Wettbewerbsbedingungen sowohl für die Abfallerzeuger wie für die im Entsorgungsmarkt agierenden Unternehmen. Seriös agierende Unternehmen können nicht dauerhaft am Markt erfolgreich sein, wenn Wettbewerber Kostenvorteile infolge niedrigerer einzuhaltender Standards haben. Dies gilt sowohl für Entsorgungsunternehmen wie für Unternehmen als Erzeuger von Abfällen. Für alle müssen perspektivisch gleiche Rahmenbedingungen geschaffen und durchgesetzt werden, um Wettbewerbsverzerrungen zu vermeiden. Die Vollzugsaufgaben umfassen

[9] Der englische Begriff „enforcement (Durchsetzung)“ ist hier verständlicher.

- Genehmigung/Zulassung von Anlagen
- Überwachung von Bau und Betrieb
- Monitoring und Berichterstattung.

Während die Genehmigung resp. Zulassung von Anlagen die Grenzen der Betätigung vor dem Bau und Betrieb einer Anlage regelt, ist es Aufgabe der Überwachung, die Einhaltung der Auflagen bei Bau und Betrieb zu überprüfen und durchzusetzen.

▶ **Praxishinweis** Ein fairer, kooperativer und konstruktiver Umgang mit den staatlichen Vollzugsinstitutionen nutzt beiden Seiten und unterstützt den beschleunigten Aufbau der erforderlichen Kapazitäten. Idealerweise wird der Kapazitätsaufbau bei den staatlichen Institutionen jedoch durch neutrale öffentliche Institutionen aus Staaten mit entwickelten Abfallwirtschaftssystemen unterstützt.

33.4.2.1 Genehmigung/Zulassung von Anlagen

Die Genehmigung resp. Zulassung und die Überwachung (s. u.) des Baus und Betriebs sowohl von Entsorgungsanlagen als auch von umweltbelastenden Produktionsanlagen stellen zentrale Aufgaben der Vollzugsbehörden dar. Die materiellen Regelungen wie auch die Genehmigungsverfahren sollten klar und transparent sein und in gleicher Weise im gesamten Land angewandt werden. Die Anforderungen sollten für die Antragsteller erkennbar und erfüllbar sein. Zentrale Aspekte der Genehmigung sind (Ecotec 2001):

- Art der Genehmigungen (Betriebserlaubnisse, Emissionsgrenzwerte etc.)
- Dauer/Fristen der Genehmigung
- Integrierte Genehmigungen oder sektor-/medienbezogene Genehmigungen
- Trennung oder gemeinsame Zuständigkeit für Genehmigung und Überwachung

Eine besondere Herausforderung stellt die Abstimmung mit anderen relevanten Regelungsbereichen dar, insbesondere Boden- und Gewässerschutz, Luftreinhaltung, Lärmschutz, aber auch Arbeitssicherheit. Die IPPC[10] Richtlinie der EU zur „Integrierten Vermeidung und Verminderung der Umweltverschmutzung" (EU 2008b) verlangt von Betreibern umweltbelastender Anlagen ein integriertes Konzept zur Vermeidung und Verminderung der Emissionen in Luft, Wasser und Boden sowie abfallwirtschaftlicher Maßnahmen. Damit wird zwar eine aufwändigere, aber auch effizientere Vorgehensweise bei Umweltproblemen ermöglicht. Es ist zu prüfen, ob die Zuständigkeiten bei einer oder mehreren Institutionen liegen. Liegt sie in einer Hand, verringert dies den Koordinationsaufwand und trägt dazu bei, Umweltschutz- und Arbeitssicherheitsaspekte integriert mit zu überprüfen.

[10] Integrated Pollution Prevention Control – EU Richtlinie 2008/1/EG.

Die Anforderungen an die Genehmigungsunterlagen sind in jedem Land sehr unterschiedlich. In Nicht-EU-Ländern kann es durchaus sein, dass keinerlei Regelungen für Abfallentsorgungsanlagen vorliegen, so dass für Investoren erhebliche Rechtsunsicherheiten bestehen. Hier gilt es, über entsprechende sachgerechte Vereinbarungen die Investition gegenüber nachträglichen kostensteigernden zusätzlichen Auflagen abzusichern. Das „Netzwerk der Europäischen Union für die Anwendung und Durchsetzung des Umweltrechts – IMPEL“[11] hat Empfehlungen und Musterbeispiele für abfallwirtschaftliche Zulassungsauflagen und -anforderungen unter besonderer Berücksichtigung der Vermeidung und Verwertung von Abfällen veröffentlicht. Diese können Orientierung und sachgerechte Grundlage für eine privatrechtliche Vereinbarung sein, solange keine allgemeinverbindlichen Regelungen in einem Land bestehen.

33.4.2.2 Überwachung

Die Überwachung der Rechtsvorschriften und Genehmigungsauflagen ist ein elementarer Bestandteil der Aufgaben der staatlichen Umweltverwaltung. Der Entwicklungsstand des Abfallwirtschaftssystems misst sich insbesondere daran, inwieweit die hierfür erforderlichen Kapazitäten vorhanden bzw. deren Aufbau geplant ist, eine solide Finanzierung für diese Aufgaben sichergestellt und die für den Vollzug zuständigen Institutionen mit den notwendigen Instrumenten und Vollmachten ausgestattet sind.

IMPEL (2007) hat Mindestanforderungen für die Organisation und Durchführung der Überwachung formuliert sowie Ziele, Parameter und Indikatoren für die Messung und Beurteilung der Qualität der Umweltüberwachung vorgeschlagen. Die Überwachungsbehörden selbst müssen für den Vollzug über ein rechtlich verankertes, gestuftes Instrumentarium verfügen, um die Beachtung der umweltrechtlichen Regelungen durchzusetzen und gegen Verstöße vorzugehen. Diese können nach (AECEN 2007) eingeteilt werden in:

- Präventiv wirkende administrative Maßnahmen wie Verpflichtungen zum Führen von Registern, Abgabe von Erklärungen, regelmäßige Inspektionen;
- Auflagen, Verwarnungen, Geldbußen, Pfändungen, Entzug von Genehmigungen und Erlaubnissen bis hin zu Betriebsschließungen zur Ahndung von Verstößen und Ordnungswidrigkeiten;
- Strafrechtliche Instrumente wie Geld- und Gefängnisstrafen für besonders schwere Verstöße und Wiederholungsfälle, die gerichtlich zu klären sind.

Die Behörden sollten über Pläne für die Überwachung verfügen, die das gesamte Land und alle Anlagen umfassen. Als Grundlage sollte ein Register der zu überwachenden Anlagen vorhanden sein, das in Abstimmung mit den für die Zulassung von Industrie- und Abfallentsorgungsanlagen zuständigen Behörden regelmäßig fortgeschrieben werden muss. Die Häufigkeit und der Umfang der Kontrollen ist in Abhängigkeit der potentiellen

[11] European Union Network for the Implementation and Enforcement of Environmental Law – http://www.impel.eu.

Umweltgefährdung und Arbeitssicherheitsrisiken der Betriebe, der Schutzerfordernisse und Sensibilität der lokalen Umwelt und der Feststellungen während vorangegangener Kontrollmaßnahmen festzulegen.

Die Überwachungspläne sind strategische Dokumente, aus denen sich die Anforderungen an die personelle und geräte- und labortechnische Ausstattung der Überwachungsinstitution/en ableiten. Diese müssen über die erforderliche technische Ausstattung für Probenahme, Konservierung und Rückstellung von Proben, Messung und Analyse oder über gesicherte finanzielle Ressourcen verfügen, um diese Aufgaben von Dritten durchführen lassen zu können. Die erforderliche Ausstattung hängt von der Art und Anzahl der zu überwachenden Betriebe und Anlagen, den zu überwachenden Schadstoffen, der vorhandenen Ausstattung sowie dem Ausmaß und der Zuverlässigkeit vorhandener Eigenüberwachungsmaßnahmen ab. Für die Durchführung der Überwachungsmaßnahmen ist ein ausreichendes jährliches Budget für die Deckung der Betriebskosten[12] und für Ersatzbeschaffungen vorzusehen.

Neben der Kontrolle der Genehmigungsauflagen liefern die Überwachungsmaßnahmen Hinweise für weitere Aufgaben und Zwecke, u. a. Daten für Emissions- und Abfallkataster, Informationen über im Land angewandte fortschrittliche Technologien, Hinweise für die Weiterentwicklung der Regulierungsinstrumente, anzustrebende bzw. im Land erreichbare Standards, Aktualisierung oder Anpassung von Genehmigungsauflagen etc. Darüber hinaus liefern sie Erkenntnisse für die Verbesserung der Organisation und Durchführung künftiger Inspektionen und der Überwachungsstrategie, v. a. hinsichtlich Häufigkeit, Art – d. h. Routine- oder Überraschungsinspektionen, Intensität und Zielrichtung der Kontrollen. Für die Durchführung müssen klare Regeln und Vorgehensweisen vorhanden sein. Es sind vollständige und klare Berichte über die durchgeführten Maßnahmen anzufertigen. Die Ergebnisse sind zu dokumentieren.

Bei gut organisierten und verantwortungsvollen Unternehmen kann die Überwachung reduziert und verstärkt auf Eigenkontrolle gesetzt werden.[13] Insbesondere Unternehmen mit einem anerkannten Umweltmanagementsystem[14] kommen für eine Eigenüberwachung in Frage. Die Eigenüberwachung verbessert die Kenntnisse der Unternehmen über die betriebsinternen Materialflüsse und erhebt die umweltfreundliche und ressourcenschonende Produktion zur dauerhaften Managementaufgabe (IMPEL 2005). Die Vorteile liegen in geringeren Kosten der Überwachung und der Nutzung der Kenntnisse der Betreiber über die Produktionsprozesse. Darüber hinaus kann auf diese Weise die Verantwortung der Unternehmen für die Kontrolle ihrer Emissionen gestärkt werden. Die Vollzugsbehörden prüfen dabei die vom Unternehmen getroffenen Vorkehrungen für die Eigenüberwachung und führen nur stichprobenartig Kontrollen durch. Dabei können sie sich bei Bedarf auf die Unterstützung durch externe Sachverständige stützen, die für diese Tätigkeit lizensiert

[12] Verbrauchsmittel, Eichung der Messgeräte, Büro- und Verwaltungskosten, Reisekosten etc.

[13] Die Industrieüberwachung ist in erster Linie eine Aufgabe im Rahmen der Sonderabfallüberwachung, die jedoch auch Aufgaben im Rahmen der Siedlungsabfallwirtschaft wahrzunehmen hat.

[14] z. B. EMAS oder ISO 14001.

sein sollten. Entscheidend ist, dass die Zuständigkeiten und Aufgaben in Überwachungsprogrammen, Funktionsplänen, Genehmigungen, rechtlichen Regelungen und anderen relevanten Dokumenten klar geregelt sind (Ecotec 2001).

► **Praxishinweis** Unternehmen, die Aktivitäten in Ländern planen, in denen die o. g. Voraussetzungen für eine geordnete Überwachung nicht oder nicht in ausreichendem Maße gegeben sind, können in Erwägung ziehen, die Qualifizierung von Überwachungspersonal zu fördern, etwa in Form von Betriebspraktika von Mitarbeiter/inn/en der Vollzugsbehörden, Durchführung von Schulungen, Bereitstellung von Mess- und Laboreinrichtungen, musterhaften Eigenüberwachungsmaßnahmen u. a. m. Solange dies in neutraler Form und nicht in der Absicht erfolgt, die Aufsichtsbehörden zu eigenen Gunsten zu beeinflussen, stellt dies keinen Interessenkonflikt dar.

33.4.2.3 Monitoring und Berichterstattung

Die Fortschreibung von Politiken, Programmen und Plänen erfordert belastbare Daten und Informationen zu Arten, Mengen und Eigenschaften von Abfällen und vorhandenen Entsorgungspraktiken und -anlagen einerseits sowie zu den Umwelt- und Klimawirkungen dieser Aktivitäten andererseits. Die Daten dienen ferner der Information der Öffentlichkeit.

Die Abfallstatistiken werden teilweise von den Fachbehörden oder von statistischen Ämtern erfasst und verarbeitet. Das Monitoring und die Berichterstattung der Umweltsituation und der Abgleich mit Umweltqualitätsnormen[15] ist Bestandteil des allgemeinen Umweltmonitoring. Die relevanten Akteure, insbesondere Entsorgungsträger und Betreiber von Verwertungs- und Entsorgungsanlagen, müssen zur Erfassung von Daten und zur regelmäßigen Berichterstattung verpflichtet werden. Darüber hinaus sollten größere und besonders abfallintensive Betriebe und Branchen verpflichtet werden, betriebliche Abfallwirtschaftskonzepte und regelmäßige Abfallbilanzen zu erstellen. Damit können Vermeidungs- und Verwertungspotenziale, Schwachstellen der Abfallentsorgung sowie Möglichkeiten zur Kosteneinsparung erkannt und genutzt werden. Abfallwirtschaftskonzepte enthalten im Vergleich zu Abfallbilanzen zusätzlich eine Planungskomponente zur Entwicklung der Abfallmengen, zu Minimierungsmaßnahmen und zur Sicherstellung der vschadlosen und umweltverträglichen Entsorgung von Abfällen.

► **Praxishinweis** Unternehmen, die Aktivitäten in Ländern mit nicht vorhandenen oder unvollständigen Regelungen zum Monitoring und zur Berichterstat-

[15] Dies betrifft v. a. Luft- und Gewässerqualitätswerte einschließlich Grundwasser.

tung planen, können durch freiwillige Bereitstellung der Informationen und Berichte zum Aufbau von Know-how und best-practises beitragen.

33.4.3 Wechselwirkungen zwischen Rahmensetzung, Vollzug und Monitoring

Die Umweltüberwachung ist ein unverzichtbarer Baustein der Regulierung. Rechtsrahmensetzung und Vollzug stehen in unmittelbarer Wechselwirkung zueinander. Die Interdependenzen zwischen dem aus den politisch-fachlichen Zielen abgeleiteten Rechtsrahmen, dem Vollzug und den in der Praxis gemachten Erfahrungen sind in Abb. 33.1 dargestellt. Rahmensetzung und Vollzugsaufgaben bilden zunächst jeweils eigenständige Regelkreise. Sie sind über den regelmäßigen Abgleich der Ziele mit den Erkenntnissen aus dem Monitoring miteinander verbunden. Sofern aufgrund der Erfahrungen in der Praxis Anpassungen oder Weiterentwicklungen der Ziele und der rechtlichen Regelungen vorgenommen werden (müssen), hat dies Auswirkungen auf die Genehmigungspraxis und die Überwachung. Die Rahmensetzung stellt somit einen fortlaufenden Prozess dar. Die Impulse für die Weiterentwicklung des rechtlichen Regelwerks müssen aus den für die Überwachung und den Vollzug zuständigen Institutionen kommen.

33.5 Finanzierung und Kostendeckung

Abfälle enthalten zwar in nennenswertem Maße verwertbare Stoffe und es kann Energie daraus erzeugt werden, die Kosten eines Entsorgungssystems lassen sich jedoch nicht allein aus den Erlösen für Wertstoffe und Energie decken. Beim Aufbau von Abfallwirtschaftssystemen müssen daher frühzeitig Überlegungen angestellt werden, auf welche Weise die Differenz zwischen Kosten und Erlösen gedeckt werden sollen. Ohne eine glaubwürdige Politik zur Kostendeckung und Anwendung geeigneter Instrumente ist keine finanzielle Nachhaltigkeit zur Sicherstellung einer geregelten Abfall- und Kreislaufwirtschaft gegeben.

Ausgaben entstehen insbesondere für

- Finanzierung von Investitionen für Abfallentsorgungsanlagen,
- Sammlung und Transport sowie Betrieb der Anlagen,
- Verwaltung einschließlich Überwachung und Vollzug
- Aus- und Fortbildung sowie Forschung und Entwicklung

Für die Finanzierung von Investitionen sowie für den Aufbau von Institutionen und die Qualifizierung von Personal stehen auf der Grundlage internationaler Vereinbarungen

- Mittel aus der bi- und multilateralen EZ/ODA[16] -Finanzierungen zur Verfügung.

Diese kommen jedoch nur dem öffentlichen Sektor zugute. Für die Finanzierung von Anlageninvestitionen und Gerät kommt auch der Einsatz von

- Privatkapital
- Kommerzielle Finanzierung

in Frage. Allerdings werden privates Kapital und kommerzielle Kredite für Investitionen in weniger entwickelten Ländern nur zu mobilisieren sein, wenn die Investoren Vertrauen in die Fähigkeit und den Willen der Vertragspartner haben, ihren finanziellen Verpflichtungen aus einem Vertrag nachzukommen. Private Unternehmen werden sich nur dann engagieren, wenn Sie Vertrauen in die Solidität der Kostendeckung und Finanzierung haben können.

Mehr als 70 % der Gesamtkosten von Entsorgungssystemen sind laufende Kosten (Opex). Die Kapitalkosten (Capex) für die Anschaffung von Ausrüstung und Technik sowie den Bau der Entsorgungsanlagen sind demgegenüber trotz der hohen Investitionen deutlich geringer. Verwaltungskosten einschließlich Überwachung und Vollzug sowie Ausgaben für die Aus- und Weiterbildung von Fachkräften fallen zwar im Gesamtsystem kaum ins Gewicht, trotzdem wird diesen Systemelementen in vielen Ländern viel zu wenig bis gar keine Aufmerksamkeit gewidmet. Insbesondere bei der Qualifizierung von Fachkräften können und müssen Unternehmen sich engagieren, wollen sie dauerhaft erfolgreich in einem Land tätig sein.

Die wesentlichen Kostenfaktoren sind insbesondere die geregelte Sammlung der Abfälle und Wertstoffe sowie der Betrieb der Verwertungs- und Entsorgungsanlagen. Hierfür müssen dauerhaft gesichert Einnahmen erzielt werden. Eine Kostendeckung allein über Nutzergebühren ist oft aus praktischen Gründen, in Entwicklungsländern zudem vor allem aus sozialen Gründen nicht möglich.

Die Erhebung von nutzerbezogenen Gebühren für die öffentliche Dienstleistung „Abfallentsorgung" ist in entwickelten Ländern die am weitesten verbreitete Form der Kostendeckung. Diesem Instrument sind jedoch in vielen Ländern Grenzen gesetzt aufgrund administrativer und rechtlicher Rahmenbedingungen sowie technischer Umsetzungsmöglichkeiten. Die Erhebung von kostendeckenden Nutzergebühren ist den Kommunen in vielen Ländern rechtlich nicht gestattet. Für die Umsetzung administrativ aufwändiger verursachergerechter Gebühren fehlen vielfach die erforderlichen personellen Kapazitäten und die verwaltungstechnische Ausstattung. Zudem fehlen meist auch die elementaren technischen Voraussetzungen, i.e. genormte, den jeweiligen Gebührenschuldnern individuell zugeordnete Sammelbehälter, ohne die zumindest ein volumenbezogener Tarif nicht durchführbar ist. Allenfalls bei gewerblichen Abfallerzeugern, die eine bedarfsgerechte Abfuhr erhalten, sind mengenproportionale Gebühren möglich. Auch Sacksysteme,

[16] Official Development Aid.

bei denen die Gebühr im Verkaufspreis der Müllsäcke enthalten ist, ermöglichen eine mengenbezogene Veranlagung. Jedoch ist der Einsatz dieser Systeme aufgrund der im Vergleich zu Abfallbehältern höheren ‚Behälterkosten'[17] und des erhöhten Materialverbrauchs sorgfältig abzuwägen.

► **Praxishinweis** Unternehmen, die Aktivitäten in anderen Ländern planen, sollten sorgfältig analysieren, ob in dem Land ein funktionierendes, zuverlässiges Kostendeckungsregime auf der Grundlage klarer gesetzlicher Regelungen besteht das die Gewähr bietet, dass ausreichende finanzielle Mittel zur Deckung der Kosten der erbrachten Leistungen dauerhaft zur Verfügung stehen.

Neben Nutzergebühren bestehen andere geeignete Instrumente bzw. Quellen zur Deckung v. a. der Kosten der operativen Aufgaben:

- Zweckgebundene oder verhaltenslenkende Abgaben, z. B.
  - Umweltabgaben, Tourismusabgaben
  - Deponieabgaben
  - Produktabgaben
- Spezielle Formen wie Einspeisetarife für aus Abfällen erzeugte Energie, Verwertungsprämien, Vergütungen für Treibhausgasminderung
- Finanzierung aus dem allgemeinen Steueraufkommen
- Erweiterte Produzentenverantwortung
- Subventionen

Eine indirekte Form der Kostendeckung ist die

- Produktverantwortung

bei der die Zuständigkeit der Entsorgung für die Produkte auf die Hersteller und/oder Händler übertragen werden. Diese können sie auf eigens für diesen Zweck gegründete Organisationen gegen Zahlung von Entgelten übertragen. Insbesondere Abgaben auf abfallintensive Produkte, wie z. B. Verpackungen können erheblich – in Tunesien bis zu 80 % – zur Deckung der laufenden Kosten beitragen. Der geeignete Instrumentenmix ist durch einen politischen Entscheidungsprozess rechtlich festzulegen.[18] Die erforderlichen Beiträge müssen auf Grundlage einer realistischen Kostenschätzung abgestimmt werden.

Bei der Wahl des Gebührensystems und der Erhebungsmethode sind insbesondere folgende Faktoren zu berücksichtigen (EU 2008a):

[17] Kosten des Sammelgefäßes bezogen auf die entsorgte Abfallmenge.

[18] Detaillierte Empfehlungen für die Eignung und die Einführung von Finanzierungs- und Kostendeckungsinstrumenten enthält (EEA 2006).

- Ökonomische Situation im Entsorgungsgebiet/Objektive Zahlungsfähigkeit
- Akzeptanz von Abfallgebühren/Subjektive Zahlungswilligkeit
- Zumutbarkeit von Gebühren insbesondere für ärmere Bevölkerungsschichten
- Kapazitäten und Leistungsfähigkeit der Verwaltung

Die Möglichkeiten der Quersubventionierung durch zahlungskräftigere Abfallerzeuger sollten sorgfältig evaluiert werden. So können z. B. Tourismuseinrichtungen, Gewerbebetriebe, Gebiete mit einkommensstärkeren Bewohnern einen überproportionalen Beitrag leisten, sofern dies rechtlich zulässig ist. Auch Befreiungen oder Entlastungen für sozial schwächer gestellte Personengruppen können erwogen werden.

Auch wenn der Kostendeckungsbeitrag begrenzt ist, ist es ratsam, Gebühren für abfallwirtschaftliche Dienstleistungen einzuführen. Sie haben eine wichtige Funktion als Instrument der Verhaltensbeeinflussung und machen den Abfallerzeugern bewusst, dass die öffentliche Dienstleistung „Abfallmanagement" Kosten verursacht. Auf diese Weise trägt sie zur Entwicklung des Umwelt- und Abfallbewusstseins in der Bevölkerung bei. Dazu müssen bei den Entsorgungsträgern die technisch-administrativen Voraussetzungen für das Gebührenmanagement geschaffen werden. Es kann durchaus sachgerecht sein, Abfallgebühren zusammen mit anderen Gebühren für öffentliche Dienstleistungen in Form eines Aufschlags zu erheben,[19] weil der Aufbau einer eigenen Gebührenverwaltung zeit-, personal- und kostenaufwändig ist. Bei der Abwägung sind die Einnahmesicherheit und eine hohe Hebeeffizienz insbesondere während der Aufbauphase eines Abfallwirtschaftssystems höher zu gewichten als die Anwendung des Verursacherprinzips. Das System kann in der Folge weiter in Richtung eines stärker verursacherbezogenen und kostengerechten Gebühr entwickelt werden, sobald das Sammelsystem etabliert und akzeptiert ist.

Bei der Implementierung von Abfallgebühren ist es ratsam, behutsam vorzugehen. Gegenüber Bürgern und gewerblichen Abfallerzeugern muss die Gebühr begründet und ein angemessener Entsorgungsservice geboten werden. Die Zahlungsbereitschaft wächst i. d. R., wenn der Gebührenzahlung eine zuverlässige Entsorgungsdienstleistung gegenübersteht. Die Gebührenhöhe sollte stufenweise angehoben, die Gebührenkalkulation offengelegt und erläutert werden. Zugleich müssen Sanktionsmöglichkeiten gegenüber säumigen Zahlern zulässig und effizient nutzbar sein.

33.6 Institutionelles System

Der Aufbau von leistungsfähigen Institutionen bildet eine Schlüsselaufgabe bei der Implementierung von nachhaltigen Abfallwirtschaftssystemen. ADB (2007) sieht in der institutionellen Schwäche das größte Hindernis für die Um- und Durchsetzung einer umwelt-

[19] In einigen Ländern wird ein Aufschlag auf die Stromrechnung erhoben. In der Türkei dürfen die Kommunen die Abfallgebühren zusammen als Aufschlag zur Wasser- und Abwassergebühr festlegen und gemeinsam einziehen.

und ressourcenschonenden Abfallpolitik. Ohne ausreichende institutionelle Kapazitäten und rechtlich fundierte Kompetenzen laufen alle Anstrengungen leicht ins Leere aufgrund von politischer Einflussnahme, Korruption und Missmanagement.

AECEN (2007) hat Grundsätze zur Berücksichtigung und Durchsetzung von Umweltaspekten erarbeitet und Prinzipien für die Arbeit der Umweltverwaltung formuliert:

- Die Umweltbehörden sind per Gesetz zu bestimmen und mit einem klaren Mandat, Aufgaben, Zuständigkeiten und Vollmachten sowie den erforderlichen personellen, technischen, finanziellen und logistischen Ressourcen auszustatten. Sie sollten autonom ohne politische oder private Beeinflussung agieren können und allein den gesetzlichen Regelungen unterworfen sein.
- Die Institutionen müssen über eine klare Struktur mit eindeutiger Zuordnung der Zuständigkeiten auf den verschiedenen Ebenen (national – regional – lokal) verfügen. Funktionale Zuständigkeiten und Aufgaben sollten von der jeweils untersten Ebene wahrgenommen werden, auf der eine sachgerechte und effiziente Durchführung der jeweiligen Aufgaben möglich ist („Subsidiaritätsprinzip"). Während die operativen und vollziehenden Aufgaben von den dezentralen, örtlichen und regionalen Einheiten erfüllt werden, hat die nationale Ebene – je nach Größe und Struktur eines Landes – vorwiegend steuernde und koordinierende Aufgaben zu erfüllen sowie Handlungsrichtlinien vorzugeben.

Beim Aufbau der institutionellen Struktur sind operative Aufgaben organisatorisch klar von regulatorischen und Vollzugsaufgaben zu trennen. Während die operativen Aufgaben den Kommunen, eigenständigen Institutionen, Verwaltungsebenen oder auch den Abfallerzeugern selbst[20] übertragen werden, hat die staatliche Umwelt-/Abfallwirtschaftsverwaltung,[21] einschließlich ihrer regionalen Vertretungen, Handlungsrichtlinien vorzugeben und die Regulierung und den Vollzug der Regelungen wahrzunehmen (EU 2008a).

Es ist nicht erforderlich, die Institutionen aufgebaut zu haben, bevor Entsorgungsanlagen realisiert werden. Im Gegenteil, der Kapazitätsaufbau ist zielführender, wenn er parallel zur Planung und Realisierung der Entsorgungsinfrastruktur erfolgt und das zu qualifizierende Personal und die beteiligten Akteure am konkreten Objekt Erfahrungen sammeln können. So ist es gefordert, sich unmittelbar mit den Auswirkungen der Entscheidungen auseinanderzusetzen. Dies lässt erwarten, dass Standards und Auflagen in angepasster Weise gesetzt werden, anstelle Normen aus entwickelten Ländern weitgehend unkritisch zu übernehmen.

---

[20] Dies gilt z. B. häufig für produktionsspezifische Abfälle.

[21] „Staatliche Verwaltung" meint hier den Unterschied zur kommunalen (Selbst-)Verwaltung oder der Verwaltung privater Organisationen. Gegenüber Privaten können hoheitliche Aufgaben auch auf die kommunale Ebene verlagert werden, die diese jedoch organisatorisch von den Selbstverwaltungsaufgaben trennen muss.

Für die Implementierung des Abfallwirtschaftssystems und den Vollzug der rechtlichen Regelungen müssen die Institutionen ausreichend mit Personal, technischer Ausrüstung und rechtlich abgesicherten Vollmachten ausgestattet sein (EU 2008a). Die Bereitstellung ausreichender Bearbeitungskapazitäten ist Grundvoraussetzung für die sachgerechte Erfüllung der Aufgaben und eigenständige Weiterentwicklung des Systems. Dazu ist die Rekrutierung und Qualifizierung von Personal erforderlich und es sind Verfahren für den Vollzug zu etablieren.

Nachfolgend werden die Anforderungen an die Etablierung von technischen Fachbehörden, Entsorgungsträgern sowie Vollzugsinstitutionen diskutiert.

33.6.1 Nationale Umwelt-/Abfallbehörde

Der Aufbau und die Weiterentwicklung eines Abfallwirtschaftssystems erfordert die Entwicklung von Fachkompetenz im Land, um an die örtlichen Rahmenbedingungen angepasste Lösungen zunehmend eigenständig und konsistent entwickeln zu können. Ecotec (2001) weist darauf hin, dass paradoxerweise die Dezentralisierung von Zuständigkeiten und Kompetenzen eine starke Zentralregierung erfordert. Ansonsten besteht die Gefahr, dass die lokal und regional zuständigen Institutionen unterschiedliche Regelungen und Verfahren entwickeln, die den einheitlichen Vollzug der rechtlichen Regelungen in einem Land unterminieren können. Die Einrichtung einer nationalen Umwelt- oder Abfallbehörde oder zumindest einer technischen Fachabteilung im zuständigen Ministerium dient folgenden Aufgaben:

- Fachliche Unterstützung und Beratung der Regierung bei der (Weiter-)Entwicklung der Rechtsgrundlagen und Begleitung der Gesetzgebungsverfahren
- Entwicklung und Festsetzung von Umweltnormen und technischen Standards
- Entwicklung von Verfahren für die Zulassung von Anlagen
- Entwicklung von Instrumenten und Verfahren für die Umsetzung und den Vollzug
- Fachliche Unterstützung und Beratung der Vollzugsbehörden
- Entwicklung von Strategien und Plänen auf nationaler Ebene, resp. Veranlassung von Strategien und Plänen auf regionaler und lokaler Ebene und deren Prüfung
- Entwicklung von Kriterien und Verfahren für die Auswahl von Standorten für zentrale Entsorgungsanlagen
- Entwicklung von Programmen zur Sicherung oder Sanierung von Müllkippen und Altstandorten
- Entwicklung und Bereitstellung von Fachexpertise für die Überwachung und das Monitoring von Anlagen und abfallwirtschaftlichen Tätigkeiten
- Allgemeine Information der Öffentlichkeit und Umwelterziehung
- Datenerfassung und -analyse sowie Berichterstattung

Darüber hinaus sind, je nach Größe eines Landes, kompetente und mit ausreichender Kapazität ausgestattete Institutionen auf der mittleren/regionalen Ebene in Form von Repräsentanzen der technischen Fachbehörden und Umweltbehörden erforderlich, die ein landespezifisches technisches Regelwerk (weiter-)entwickeln und Kommunen, Vollzugsbehörden, Entsorgungsträger sowie die privaten Akteure fachlich beraten können

33.6.2 Entsorgungsträger

Der Aufbau einer fortschrittlichen Abfallwirtschaft erfordert kostenoptimale Lösungen und leistungsfähige, kompetente Entsorgungsträger. Aufgrund der Kostendegression bei zunehmender Anlagengröße sind ausreichend groß konzipierte Einzugsbereiche vorzusehen, für die geeignete Trägerstrukturen auf Grundlage einer landesweiten Rahmenplanung (s. o.) zu entwickeln sind. Die entscheidende Determinante für die Organisation von Entsorgungsträgern bildet neben den bestehenden administrativen Strukturen das vorgesehene Set-Up der zentralen Anlagen der Restabfallentsorgung und die Gestaltung der Einzugsgebiete. Die zentralen Entsorgungsanlagen stellen die bedeutendsten Investitionen beim Aufbau eines Abfallwirtschaftssystems dar.

Vielfach werden die Zuständigkeiten für die Abfallwirtschaft ohne Diskussion der Konsequenzen und Alternativen den Kommunen übertragen. Dies ist zwar für die Abfalleinsammlung sachgerecht, bei zentralen Entsorgungsanlagen ist allerdings sorgfältig abzuwägen, wer geeignete Träger sein können. Während der kommunale Ansatz in sehr großen Städten[22] eine tragfähige Lösung darstellt, hat er in Klein- und Mittelstädten zumeist unwirtschaftliche Lösungen zur Folge.

▶ **Praxishinweis** Unternehmen, die Aktivitäten in anderen Ländern planen, sollten sorgfältig prüfen, ob ihr potentieller Vertragspartner auch längerfristig unter Berücksichtigung der Verwaltungsstrukturen im Land ein geeigneter und leistungsfähiger Entsorgungsträger sein kann.

Soweit möglich, sollten übergemeindliche Träger an bestehende Strukturen oder Organisationen anknüpfen, um vorhandene Ressourcen und Verfahren zu nutzen. Die geeignete Trägerform und ihre Gestaltung sind unter Berücksichtigung der Verwaltungsstrukturen des Landes und der vorgesehenen Aufgabenteilung zu wählen. Eine allgemeine Empfehlung zur Organisation der Entsorgungsträger kann nicht gegeben werden. Dort wo keine geeigneten übergemeindlichen Verwaltungsebenen[23] vorhanden sind oder die Übernahme operativer Zuständigkeit nicht mit den sonstigen Aufgaben kompatibel ist,[24] müssen eigene Lösungen gefunden werden. In Frage kommen insbesondere

[22] Etwa größer 0,5–1 Mio. Einwohner.

[23] Landkreise existieren in den meisten Staatsformen nicht oder haben rein koordinierende Aufgaben.

[24] V. a. regionale Vertretungen der staatlichen Verwaltung, die Überwachungs- und Vollzugsaufgaben haben.

- vorhandene Selbstverwaltungsvereinigungen,[25]
- Zweckverbände,
- Kooperationsvereinbarungen benachbarter Kommunen,
- Servicevereinbarungen (zwischen einer großen Kommune, die die Zuständigkeit für die zentralen Anlagen übernimmt und den kleineren Nachbargemeinden).

Dabei können durchaus regional unterschiedliche Modelle in einem Land umgesetzt werden. Zur Identifizierung regional angepasster Lösungen bietet sich die Durchführung von Regionalforen unter Beteiligung der relevanten Akteure an.

Ein möglicher geeigneter Ansatz kann auch in der Einrichtung

- staatlicher Träger

liegen, wie dies für zahlreiche Bereiche der technischen Infrastruktur[26] v. a. in nordafrikanischen Ländern der Fall ist. Im Abfallsektor wurden in Tunesien gute Erfahrungen mit dieser Form der Trägerorganisation gemacht (Pfaff-Simoneit 2008). Insbesondere beim angestrebten schnellen Aufbau der Entsorgungsinfrastruktur bietet sie erhebliche Vorteile. Im Unterschied zu kommunalen Trägern, deren Mitarbeiter im Verlaufe ihres Berufslebens die Planung, Realisierung und Inbetriebnahme nur weniger Anlagen begleiten, kann bei einem staatlichen Träger das dabei erworbene Know-how mehrfach angewandt werden, was vor dem Hintergrund der eingeschränkten Verfügbarkeit von Fachkräften in Entwicklungsländern von großem Vorteil ist.

33.6.3 Genehmigungs-, Überwachungs- und Vollzugsorgane

Für die Genehmigung von Anlagen und Überwachung und Durchsetzung des rechtlichen Regelwerks sowie der Genehmigungsauflagen sind geeignete Strukturen und Mechanismen erforderlich. In Abhängigkeit der Größe eines Landes und seiner Verwaltungsstrukturen sowie der Komplexität der Aufgabe bedarf es kompetenter und ausreichend ausgestatteter Institutionen auf der nationalen und regionalen Ebene. Die Überwachung kann durch Behörden oder geeignete, hierzu autorisierte Institutionen wahrgenommen werden (OECD 2007). Dafür müssen ausreichende Ressourcen bereitgestellt und das Personal qualifiziert werden. Inwieweit die Genehmigung von Anlagen und deren Überwachung einer oder verschiedenen Behörden zugeordnet werden, bedarf der sorgfältigen Abwägung unter Berücksichtigung der gegebenen Verwaltungsstrukturen und Gepflogenheiten sowie der Zweckmäßigkeit. IMPEL (2005) sieht sowohl Vor- und Nachteile bei beiden Organisati-

[25] Z. B. Tourismusverbände, Regionalfördergesellschaften, Wasser-/Abwasserverbände, Energieversorger o. ä.

[26] Insbesondere Energieversorgung, Wasserversorgung, Abwasserentsorgung.

onsformen. Unter Berücksichtigung der meist schwachen Ausstattung und knappen Personalressourcen der staatlichen Umweltverwaltung dürfte jedoch die Zusammenfassung aller Aufgaben in einer Institution für Länder, deren Verwaltung sich noch im Aufbau befindet, angemessener sein.

Die abfallwirtschaftlichen Aspekte bilden einen Teil der hoheitlichen Regulierungs- und Vollzugsaufgaben, die auch in anderen Fachgebieten[27] zu leisten sind und von anderen Ressorts wahrgenommen werden. Daher empfiehlt es sich i. d. R. nicht, für den Vollzug abfallwirtschaftlicher Regelungen eine eigene institutionelle Struktur aufzubauen. Vielmehr sind sie in die Aufgaben der verschiedenen Ressorts zu integrieren. Für die Zuordnung der Überwachungs- und Vollzugsaufgaben zu den jeweiligen Ressorts empfiehlt sich eine Differenzierung nach Herkunftsbereichen der Abfälle, jedoch sollten die Grundsätze und Richtlinien für die Abfallwirtschaft von einer verantwortlichen Institution, i. d. R. dem Umweltministerium bzw. der nationalen Fachbehörde, vorgegeben und die Maßnahmen der Ressorts von diesem koordiniert werden. Dabei sind i. d. R. zu unterscheiden:

- Siedlungsabfälle (ggf. Aufgabe der Kommunalaufsicht)
- Industrieabfälle einschließlich gefährlicher Abfälle (ggf. Industrieüberwachung)
- Bau- und Abbruchabfälle (ggf. Bauaufsichtsbehörden)
- Landwirtschaftliche Abfälle (ggf. Landwirtschaftsbehörde)
- Bergbauabfälle (ggf. Bergaufsicht)
- Kraftwerksaschen und -schlacken (ggf. Energiebehörde)
- Klärschlämme (ggf. Kommunalaufsicht resp. Industrieüberwachung)
- Abfälle aus dem Gesundheitswesen (ggf. Gesundheitsaufsicht)
- Tierkadaver (Gesundheits- bzw. Hygieneüberwachung)
- Abfälle, die wegen der Art oder Menge einer eigenen Entsorgungslösung bedürfen[28]

Dort wo der Aufbau von eigenen Überwachungskapazitäten (noch) nicht möglich oder gewollt ist, kann diese Aufgabe privaten Institutionen übertragen werden.[29] Diese Lösung ist i. d. R. kostengünstiger als die Vorhaltung von Personal und Ausstattung durch die staatlichen Überwachungsbehörden selbst. Voraussetzung ist, dass klare und zuverlässige Regelungen für die Vergabe, Durchführung, Prüfung und Honorierung dieser Leistungen bestehen.

[27] Beispielsweise ist die Überwachung der Entsorgung gefährlicher Abfälle Bestandteil der Industrieüberwachung, die neben den umweltrelevanten Themen der Luftreinhaltung und des Gewässerschutzes auch Aspekte der Arbeitssicherheit und des betrieblichen Gesundheitsschutzes umfasst.

[28] Z. B. Minen- und Bergbauabfälle, Abfälle (Phosphorgips) aus der Phosphatindustrie.

[29] In Deutschland wird z. B. die Kfz-Überwachung von privaten Organisationen wahrgenommen.

33.7 Berufliche Bildung, Forschung und Entwicklung

Neben den unmittelbar mit abfallwirtschaftlichen Aufgaben befassten Institutionen bildet die Einrichtung oder Stärkung von Fakultäten für die wissenschaftlich-technische Ausbildung und für die Durchführung von F&E-Vorhaben sowie die Einrichtung von Berufsbildungsgängen für operativ tätiges Personal eine wichtige Komponente im Rahmen des institutionellen Aufbaus zur Sicherung der Nachhaltigkeit und langfristig eigenständigen Entwicklung des Sektors.

Qualifiziertes Personal für den Aufbau von Abfallwirtschaftssystemen und die kompetente Wahrnehmung der verschiedenen Aufgaben ist in vielen Ländern auf den Arbeitsmärkten kaum verfügbar, das notwendige Wissen nicht vorhanden. Es ist daher von zentraler Bedeutung, im Rahmen des Aufbaus von Abfallwirtschaftssystemen Maßnahmen zur Ausbildung von Fachkräften vorzusehen und hierfür ausreichende finanzielle Ressourcen bereitzustellen.

Nassour (2005) weist darauf hin, dass „Know-how … nicht durch eine Ausschreibung oder Erwerb einer neuen Technologie erworben werden kann. Es muss in den Köpfen durch laufende Tätigkeiten wachsen … und ständig aktualisiert werden". Die Abfallwirtschaft benötigt – ebenso wie andere ingenieurwissenschaftliche und technische Disziplinen auch – wissenschaftliche und praktische Grundlagen, welche nur durch eigene Forschungsvorhaben und Projekte im Land selbst vermittelt werden können. Ohne Entwicklung eigener technologischer und organisatorischer Kompetenz droht ein doppelter Teufelskreis: Der verbreitete Mangel an moderner Infrastruktur und technischer Ausrüstung behindert die Entfaltung eigener Forschungspotentiale und beeinträchtigt die Ausbildung wegen mangelnder Praxisrelevanz und Problemorientierung (BMZ 2009). Dies führt zu einem „brain drain", der wiederum den Aufbau von Kompetenz und F&E-Kapazitäten erschwert und zur Zurückhaltung von Investoren führt, fortschrittlichere Technologien einzusetzen (Richter et al. 2000).

Zur Steigerung der Attraktivität und Motivation der Beschäftigten gehört auch und insbesondere eine adäquate Bezahlung. Die Löhne und Gehälter müssen so gestaltet sein, dass eine Tätigkeit in der Abfallwirtschaft auch für Fachkräfte mit hohem Bildungsgrad attraktiv ist und sie dauerhaft gehalten und motiviert werden können. Zu geringe Gehaltszahlungen machen zudem anfälliger für Korruption. Insbesondere bei den Genehmigungs- und Überwachungs-/Vollzugsbehörden kann dies die ernsthafte Umsetzung einer rechtskonformen, nachhaltigen Abfallwirtschaft gefährden.

Nachfolgend wird auf die beiden wichtigsten Bereiche der Know-how-Entwicklung

- Forschung und Entwicklung
- Berufliche Aus- und Fortbildung

eingegangen. Neben den abfalltechnischen Fachkräften sind für den Aufbau eines nachhaltigen Abfallwirtschaftssystems weitere wissenschaftlich ausgebildete Fachkräfte erforderlich, v. a. Ökonomen, Juristen, Chemiker, Ingenieure anderer Disziplinen, Geologen, Biologen et al. In vielen Ländern sind diese Fachkräfte zwar verfügbar, es kann jedoch erforderlich sein, diesen ergänzende fachspezifische abfallwirtschaftliche Qualifikationen zu vermitteln.

33.7.1 Forschung, Entwicklung und wissenschaftliche Ausbildung

Für die Entwicklung eigener technologischer Kompetenz ist die Einrichtung bzw. Stärkung von Forschungsinstitutionen bzw. Fakultäten erforderlich. Universitäten bieten Zugang zu internationalem Wissen, was eine entscheidende Voraussetzung für Dauerhaftigkeit und Nachhaltigkeit technisch-ökonomischer Entwicklung bildet (Richter et al. 2000). Ohne qualifizierte Kräfte können effiziente, demokratische Regierungs- und Verwaltungsarbeit, moderne Infrastruktur, Bildungswesen und Forschung nicht aufrechterhalten werden. Wasmuth (2004) sieht die entwicklungspolitische Bedeutung des Aufbaus von Forschungs-, Entwicklungs- und Ausbildungskapazitäten v. a. im Hinblick auf

- die Qualifizierung von Fach- und Führungskräften in den Partnerländern;
- die Beratung von Entscheidungsträgern sowie der entsprechenden Institutionen;
- die zunehmend wichtige Rolle von regionalen multidisziplinären Wissensnetzwerken im Kontext der Globalisierung.

Die Hochschulen sind in vielen Ländern oft nur unzureichend in der Lage, eigene wissenschaftliche Forschung zu betreiben oder Wissen aus dem internationalen Raum auf den lokalen Bedarf anzuwenden. Dies lässt sich in vielen Fällen auf Kapazitätsengpässe und mangelnde finanzielle Ausstattung von Hochschulen zurückführen. Selbst motivierte Wissenschaftler sind aufgrund der großen Studierendenzahlen meist fast ausschließlich in der Lehre und kaum in der Forschung beschäftigt (BMZ 2009).

Die Maßnahmen zum Aufbau von Forschungs- und Entwicklungskapazitäten in der Abfallwirtschaft sollten in die Strategie zum Aufbau der Abfallwirtschaft eingebunden sein und insbesondere beinhalten

- Curricula-, Praktika- und Programmentwicklung;
- Auf- und Ausbau von Hochschuleinrichtungen einschließlich technisch-infrastruktureller Ausstattung (Laboratorien, Werkstätten, Bibliotheken etc.);
- Entwicklung regionaler Technologietransferzentren;
- Förderung der Kooperation zwischen Hochschulen und Industrie;
- Aufbau von nationalen und internationalen Netzwerken von Hochschulen und Forschungseinrichtungen;
- Entwicklung von gemeinsamen Studiengängen und Forschungskooperationen zwischen Institutionen in den Partner- und Industrieländern;

- Förderung des nationalen, regionalen und internationalen technisch-wissenschaftlichen Austauschs.

▶ **Hintergrund** Die abfallwirtschaftlichen Institute der deutschen Hochschulen haben in den letzten Jahren ihre Aktivitäten in bemerkenswerter Weise internationalisiert. Sie unterhalten intensive Beziehungen zu Hochschulen aus weniger entwickelten Ländern, führen Kurse, Austauschprogramme, Gastaufenthalte durch und unterstützen beim Aufbau von Studiengängen der Abfallwirtschaft oder Umwelttechnik. Bestehende Kooperationen können wertvolle Hinweise bei der Identifizierung von geeigneten Zielländern für Investoren, Entsorgungsunternehmen und öffentlichen Institutionen liefern.

33.7.2 Berufliche Aus- und Fortbildung

Der Aufbau eines fortschrittlichen Abfallwirtschaftssystems erfordert qualifizierte Beschäftigte, die die höherwertigen Anlagen bedienen und instand halten können. Diese Fachkräfte müssen zunehmend in den Entwicklungsländern selbst ausgebildet werden, um eine dauerhaft eigenständige Entwicklung des Sektors zu erreichen.

Die Strukturen für ein Ausbildungskonzept in der Abfallwirtschaft und im Recycling und didaktische Konzepte wurden im Rahmen eines europäischen Projektes entwickelt. Das sog. „Kernberufsprofil" für Beschäftigte im Sektor[30] kann nach (Blings und Spöttl 2002) in drei zentrale Arbeitsprozesse gegliedert werden:

a) Sammlung, Lagerung, Sortierung, Aufbereitung
b) Verwertung und Aufbereitung von verschiedenen Materialien
c) Instandsetzen und Anpassen der Anlagen

Das Aufgabenspektrum der Gruppe a) reicht über alle Stufen der Entsorgungs- und Behandlungskette und erfordert v. a. Materialkenntnisse. In diesem Bereich müssen zwar zumeist nur schnell erlernbare einfachere Aufgaben bewältigt werden, mit zunehmender Professionalisierung der Unternehmen sind jedoch Tätigkeiten in unterschiedlichen Sparten erforderlich, die eine höhere Flexibilität der Beschäftigten und vielfältige Materialkenntnisse erfordern. An Gruppenleiter, Vorarbeiter und Betriebsleiter werden erhöhte kognitive Ansprüche gestellt.

Tätigkeiten der Gruppen b) und c) verlangen ein höheres Bildungs- und Qualifikationsniveau. Der Betrieb von Kompostierungs- und Vergärungsanlagen, komplexeren Sortieranlagen und thermischen Abfallbehandlungs- resp. Verwertungsanlagen erfordert anspruchsvollere Fähigkeiten. Die Mitarbeiter müssen die Anlagen in den prinzipiellen

[30] Dort wurde die Bezeichnung „Eco-Recycler" geprägt (Blings und Spöttl 2002). In Deutschland besteht bereits seit 2002 der Ausbildungsberuf ‚Fachkraft für Kreislauf- und Abfallwirtschaft' (BA o. J.).

Funktionsweisen und Prozessen verstehen und in der Lage sein, Störungen zu erkennen, deren Ursachen zu analysieren und zu beseitigen. Je stärker Anlagen automatisiert und je komplexer die ablaufenden Prozesse, umso stärker ist der „Anlagenfahrer“ gefordert. Dies setzt eine technische Grundausbildung und Spezialisierung auf die jeweiligen Anlagentypen und Verfahren sowie Erfahrung mit den Anlagen voraus. Dieses Know-how zu entwickeln erfordert Engagement und ein höheres Bildungs- bzw. intellektuelles Niveau.

Die Vielfalt und Heterogenität der Aufgaben und Tätigkeiten in der Abfallwirtschaft machen es schwierig, eine einheitliche Ausbildung für das operativ tätige Personal zu konzipieren. Blings und Spöttl (2002) plädieren daher für ein Ausbildungskonzept, das anstelle einer themen- und technologieorientierten Ausrichtung von Qualifizierungsmaßnahmen die Geschäfts- und Arbeitsprozesse in den Mittelpunkt stellt. Die auszubildenden Fachkräfte sollen in die Lage versetzt werden, zunehmend die gesamten betrieblichen Organisationsstrukturen zu übersehen, zu reflektieren und mitzugestalten. Die Lerninhalte gliedern sich in die Lernbereiche „Überblickswissen“, „Zusammenhangswissen von Anlagen und Systemen“, „Detail- und Funktionswissen“ und „fachsystematisches Vertiefungswissen“.

Angepasste Ausbildungskonzepte für einzelne Länder sind unter Berücksichtigung

- der bestehenden Strukturen und Einrichtungen der Berufsbildung,
- der schulischen Qualifikationen und Kenntnisse der Auszubildenden,
- der voraussichtlichen Arbeitsmarkterfordernisse

von Berufsbildungsexperten zu entwickeln.

▶ **Praxishinweis** Unternehmen und Institutionen, die sich in Ländern ohne sachgerechtes Berufsbildungssystem engagieren wollen, können durch die Qualifizierung von lokalem Personal einen wichtigen Beitrag zum Aufbau der Abfallwirtschaft leisten.

33.8 Partizipation, Kommunikation, Konsultation

Die Entwicklung und Implementierung des Abfallwirtschaftssystems erfordert die Einbeziehung und Abstimmung mit zahlreichen Akteuren und die Koordinierung vielfältiger Aktivitäten. Fortschrittliche Abfallwirtschaft/Kreislaufwirtschaft gelingt nur in der Interaktion zahlreicher Akteure und durch Mitwirkung der Bevölkerung und sonstigen Abfallerzeuger. Der Erfolg hängt entscheidend von der Organisation und der Zusammenarbeit zwischen privaten Haushalten, Gemeinden, Gewerbetrieben, Wertstoffsammlern, Entsorgungsunternehmen, Behörden u. a. ab (Schübeler et al. 1996). Bereits frühzeitig sind die Grundsätze und Prinzipien der Partizipation und Konsultation festzulegen. Die Berücksichtigung unterschiedlicher Interessen und Erfahrungen ist hinsichtlich Umsetzbarkeit und Praktikabilität der vorgesehenen Regelungen von hoher Bedeutung. Dies gilt v. a. bei der Konzipierung der Rechtsgrundlagen und technischer Standards (EU 2008a). Kooperative Ansätze sind innovativer, da sie die Mitwirkungsbereitschaft, Kreativität und Eigenverantwortung der Akteure fördern.

Die Mitwirkung der Abfallerzeuger und Akteure muss durch Öffentlichkeitsarbeit, Aufklärung und Anreize gefördert werden, um mit der Zeit Einstellungs- und Verhaltensänderungen zu erreichen und zur Mitwirkung bei der Vermeidung, Verminderung und Verwertung zu motivieren. Dazu sind Kommunikations- und Öffentlichkeitsarbeitsstrategien sowohl von den staatlichen Akteuren als auch den Entsorgungsträgern zu entwickeln und umzusetzen. Es sind frühzeitig Konzepte und Strategien zu entwickeln, die eng mit den konkreten Umsetzungsschritten abgestimmt werden müssen. Die Maßnahmen können z. B. umfassen

- Öffentlichkeitsarbeit, Beratung und Information zur Abfallwirtschaft und zu allgemeinen Umweltthemen,
- Auszeichnungen, freiwillige Vereinbarungen und andere Instrumente, die die Mitwirkung der Betreiber von Anlagen verbessern,
- Benchmarking und Veröffentlichung guter Praxisbeispiele,
- Beteiligung der Öffentlichkeit und der betroffenen Akteure bei der Erstellung von Plänen und der Zulassung von Anlagen auf der Grundlage klarer Verfahrensregeln.

Während die Wirtschaft meist Interessenvertretungen hat, sind die Vertreter der Zivilgesellschaft und der informelle Sektor häufig nicht organisiert. Eine wichtige Aufgabe im Rahmen des Aufbaus von Abfallwirtschaftssystemen besteht daher in der Unterstützung des Aufbaus von legitimierten Interessenverbänden. Diese Aufgaben werden im Rahmen der Entwicklungszusammenarbeit meist von Parteienstiftungen, kirchlichen Organisationen, Gewerkschaften, Umweltverbänden und anderen Nichtregierungsorganisationen wahrgenommen, weitestgehend unabhängig von anderen EZ-Maßnahmen.

Es darf nicht verkannt werden, dass partizipative Ansätze und kooperative Strukturen dem Grundverständnis autoritärer Staaten und den Interessen ihrer Eliten zuwider laufen. Die Aufgabe des Befehl-Gehorsam-Kontrolle-Führungsprinzips und die kritische Beobachtung ihrer Aktivitäten durch gesellschaftliche Kräfte wird von diesen als Bedrohung ihrer Führungsrolle gewertet. In welchem Maße die formelle Beteiligung der Zivilgesellschaft zur Bedingung für die Unterstützung eines Landes beim Aufbau eines Abfallwirtschaftssystems gemacht werden kann und soll, bedarf der Abwägung im Einzelfall.

► **Praxishinweis** Unternehmen und Institutionen können durch vorbildliche Öffentlichkeitsarbeit und die aktive Einbeziehung und Unterstützung von Interessenvertretungen der Zivilgesellschaft und des informellen Sektors einen wichtigen Beitrag zum Aufbau der Abfallwirtschaft leisten.

33.9 Ausblick

In vielen Ländern selbst innerhalb Europas, vor allem aber in Entwicklungs- und Schwellenländern, sind die Abfallwirtschaftssysteme erheblich unterentwickelt. Die sich verschärfenden globalen Herausforderungen, v. a. Klimawandel und Ressourcenverknappung sowie in das in jüngerer Zeit zunehmend in den Fokus rückende Megaproblem der „Vermüllung der Meere" lassen erwarten, dass die Nachfrage nach abfallwirtschaftlichen Anlagen und Dienstleistungen auch aus solchen Ländern merklich ansteigen wird. Während die Erwartungen an die Privatwirtschaft häufig weit überzogen sind, sind die Rahmenbedingungen für privatwirtschaftliches Engagement in diesen Ländern meist wenig förderlich. Unternehmen, die Engagements in solchen Ländern in Erwägung ziehen, sollten sich sehr sorgfältig mit den dortigen Rahmenbedingungen auseinandersetzen. Es reicht bei weitem nicht aus, die „richtige" Technologie auszuwählen. Für die „German RETech Partnership" stellt die Technik zwar das Leitmotiv dar, sie sieht jedoch die Entwicklung der Abfallwirtschaft im engen Zusammenhang mit der Entwicklung in den Bereichen Politik, Markt, Gesellschaft und Finanzierung (RETech 2018).

Private Unternehmen können durchaus Beiträge zur Entwicklung der Abfallwirtschaft leisten. Es wäre jedoch vermessen anzunehmen, dass durch privatwirtschaftliches Engagement allein nachhaltige Abfallwirtschaftssysteme entwickelt werden können. Im Interesse eines sukzessiven und zielgerichteten Aufbaus ist es wünschenswert und erforderlich, dass privatwirtschaftliches Engagement flankiert und unterstützt wird durch Maßnahmen staatlicher Institutionen – etwa in Form von Twinnings zur Entwicklung des Rechtsrahmens, durch Universitäten und Berufsbildungseinrichtungen sowie insbesondere durch die Entwicklungszusammenarbeit. Künftige Förderansätze sollten dabei weniger auf die Unterstützung von Einzelprojekten zielen, sondern – parallel zum Aufbau der Infrastruktur – einen Systemansatz zur Entwicklung förderlicher Rahmenbedingungen verfolgen (Pfaff-Simoneit 2013). Dazu bieten sich Länderpartnerschaften an, für die auf deutscher Seite sowohl der Bund als auch die Bundesländer mit ihren Institutionen als Partner fungieren können. Mit der „German RETech Partnership" steht eine Plattform und Marke bereit, in der Akteure des öffentlichen und privaten Bereichs organisiert sind, die bei der Umsetzung von Länderpartnerschaften Aufgaben übernehmen können.

Literatur

ADB 2007: Asian Development Bank, Institute for Global Environmental Strategies (Hrsg.): Towards Resource-Efficient Economies in Asia and the Pacific – Highlights, Manila/Philippines und Kanagawa/Japan 2007

AECEN 2007: Asian Environmental Compliance and Enforcement Network: Principles and Practises for Improving Environmental Compliance and Enforcement in Asia, November 2006; http://www.aecen.org/

Blings und Spöttl 2002: Aufgabenwandel im Recyclingsektor – Konsequenzen für die Qualifizierung; in: Berufsbildung in Wissenschaft und Praxis BWP 1/2001, S. 40–43, http://www.bibb.eu/veroeffentlichungen/en/publication/show/id/565

BMZ 2009: Wissen für Entwicklung: Hochschulbildung und Wissenschaft in der deutschen Entwicklungspolitik, Positionspapier des BMZ; BMZ SPEZIAL 161, Bonn Mai 2009, http://www.bmz.de/de/service/infothek/fach/spezial/spezial161pdf.pdf

Ecotec 2001: Ecotec Research and Consulting in association with Institute of European Environmental Policy, London (IEEP London), Finnish Environment Institute (FEI) and experts from across the Candidate Countries: Administrative Capacity for Implementation and Enforcement of EU Environmental Policy in the 13 Candidate Countries; Brüssel 2001, http://ec.europa.eu/environment/enlarg/administrativecapacity_en.htm

EEA 2006: European Environmental Agency: Using the market for cost-effective environmental policy – Market-based instruments in Europe, EEA Report No 1/2006, http://www.eea.europa.eu/publications/eea_report_2006_1

EU 2008a: Handbook for Implementation of EU Environmental Legislation, hrsg. von Regional Environmental Center/Umweltbundesamt GmbH, Dezember 2008 http://ec.europa.eu/environment/enlarg/handbook/handbook.htm

EU 2008b: Richtlinie 2008/1/EG des Europäischen Parlaments und des Rates vom 15. Januar 2008 über die integrierte Vermeidung und Verminderung der Umweltverschmutzung (IVU-Richtlinie) (Integrated Pollution Prevention and Control – „IPPC-Richtlinie"); http://eur-lex.europa.eu

EU 2008c: Richtlinie 2008/1/EG des Europäischen Parlaments und des Rates vom 19. November 2008 über Abfälle und zur Aufhebung bestimmter Richtlinien (‚Abfallrahmenrichtlinie'), Amtsblatt der Europäischen Gemeinschaften 22.11.2008, http://eur-lex.europa.eu

German Recycling Technologies and Waste Management Partnership e.V. (Hrsg.): Eine moderne Abfallwirtschaft –Ziele und Wege, Berlin 2018

GIZ 2011: Deutsche Gesellschaft für Internationale Zusammenarbeit: Recovering Resources, creating Opportunities – Integrating the informal Sector into Solid Waste Management; Eschborn, 2011

IMPEL 2003: European Union Network for the Implementation and Enforcement of Environmental Law: Management Reference Book for Environmental Inspectorates; http://europa.eu.int/comm/environment/impel

IMPEL 2005: European Union Network for the Implementation and Enforcement of Environmental Law: Waste-related Conditions in Environmental Permits, Final Report 31.1.2005; http://europa.eu.int/comm/environment/impel and European Union Network for the Implementation and Enforcement of Environmental Law: Benchmarking on Quality Parameters for Environmental Inspectorates; workshop Copenhagen 8/9 September 2005; http://europa.eu.int/comm/environment/impel

IMPEL 2007: European Union Network for the Implementation and Enforcement of Environmental Law: IMPEL input for the further development of the Recommendation on minimum criteria for environmental inspections (RMCEI), Draft Final Report October 2007; http://europa.eu.int/comm/environment/impel

Nassour 2005: Ansätze zur Reform der Abfallwirtschaft in Entwicklungsländern, Habilitationsschrift, Universität Rostock, 2005

OECD 2007: Organisation for Economoc Co-operation and Development: Guidance Manual for the Implementation of the OECD Recommendation C(2004)100 on Environmentally Sound Management (ESM) of Waste; 30. Okt. 2007, www.oecd.org/dataoecd/23/31/39559085.pdf

Pfaff-Simoneit (2013): Entwicklung eines sektoralen Ansatzes zum Aufbau von nachhaltigen Abfallwirtschaftssystemen in Entwicklungsländern vor dem Hintergrund von Klimawandel und Ressourcenverknappung; Dissertation, Schriftenreihe Umweltingenieurwesen Agrar- und Umweltwissenschaftliche Fakultät, Universität Rostock, 2013; ISBN 978-3-86009-203-3

Pfaff-Simoneit 2008: Pfaff-Simoneit, W.: Erfolgsfaktoren Tunesien, Präsentation RETech Berlin, Oktober 2008; http://www.retech-Germany.net/themen/exportinitiative_retech/ veranstaltungs-dokumentationen/dok/158.php

Richter et al. 2000: von Richter W., Seel, H., Stahr H.: Rolle der Hochschulen als Schlüssel für eine nachhaltige Entwicklung; GTZ, Arbeitsfeld 4316: Bildung, Wissenschaft, Jugend; http://www.gtz.de/de/dokumente/de-hochschule-nachhaltige-entwicklung-2000.pdf

Schübeler et al. 1996: Schübeler, P., Wehrle, K., Christen, J.: Conceptual Framework for Municipal Solid Waste Management in Low-Income Countries; UNDP/UNCHS (Habitat)/World Bank/SDC Collaborative Programme on Municipal Solid Waste management in Low-Income Countries, published by SKAT, St. Gallen 1996

Wasmuth 2004: Die strategische Bedeutung von Hochschule und Wissenschaft im Rahmen der Internationalen Zusammenarbeit aus Sicht der GTZ; http://www.gtz.de/de/themen/soziale-entwicklung/bildung/12545.htm

34 Informationstechnologie in der Abfallwirtschaft

Ralf Gruner

34.1 Einleitung

Viele der heute etablierten Systemanbieter für Branchensysteme der Entsorgungswirtschaft wurden in den 90er-Jahren gegründet. In einer Zeit, als zunehmend der PC die Registerkarte abzulösen begann, erkannte auch die Entsorgungswirtschaft den Nutzen dieser Systeme.

Heute, 30 Jahre später, unterscheidet sich der Umfang eingesetzter Branchensysteme von Betrieb zu Betrieb beträchtlich. Eine noch immer nicht unerhebliche Anzahl von Betrieben nutzt unverändert die als meist verbreitetes Branchensystem bezeichnete Anwendung Microsoft Excel, während andere Betriebe moderne Möglichkeiten der Systemunterstützung bis hin zur Fahrernavigation und automatisierten Tourenplanung nutzen.

Weiterhin, mit wenigen Ausnahmen, sind die Funktionen der Buchhaltung meist über eine Schnittstelle integriert, aber anbieterseitig streng getrennt. Zwar gab es in der Vergangenheit Versuche großer ERP-Systemanbieter, im Entsorgungsmarkt Fuß zu fassen, doch nutzen nur wenige große Entsorger diese Systeme.

Im Jahr 2022 sind moderne Branchensysteme der Entsorgungswirtschaft durch eine starke Vernetzung mit mobilen Anwendungen und Online-Services gekennzeichnet. Der bislang notwendige Erfassungsaufwand in den Betrieben wird auf operativ tätige Mitarbeiter und Kunden verlagert und das bei gleichzeitiger Zunahme des Komforts und Services für diese Gruppen. Ebenso gewinnen das Stoffstrommanagement und die Controlling-Anwendungen in der heutigen Zeit zunehmend an Bedeutung.

R. Gruner (✉)
Axians Athos GmbH, Sindelfingen, Deutschland
E-Mail: ralf.gruner@axians-athos.de

P. Kurth et al. (Hrsg.), *Praxishandbuch der Kreislauf- und Rohstoffwirtschaft*,
https://doi.org/10.1007/978-3-658-36262-1_34

34.2 IT-Unterstützung in der Entsorgungswirtschaft

Entsorgungsbetriebe unterliegen laufenden Veränderungen. Der Gesetzgeber, vor allem aber die Kunden und Wettbewerber, zwingen Entsorger, sich laufend zu optimieren und zu verändern. Dem Einsatz moderner IT-Unterstützung kommt dabei besondere Beachtung zu. In den folgenden Abschnitten werden aktuelle Möglichkeiten und Grenzen moderner entsorgungswirtschaftlicher Systeme aufgezeigt und ein möglicher Weg zur Modernisierung der Systeme beschrieben.

Grundsätzlich bestehen inzwischen sehr umfassende Unterstützungsmöglichkeiten für Entsorgungsbetriebe durch Branchensysteme (im Folgenden als „Systeme" bezeichnet). Dabei entscheidet die Wahl des Systemanbieters darüber, welche Möglichkeiten tatsächlich genutzt werden können. Zwar versprechen viele Anbieter, bestehende Systeme über Schnittstellen zu ergänzen, doch entstehen dabei nicht selten Defizite im Zusammenspiel. Vorwiegend ist es nur bei Systemanbietern möglich, die bereits kooperierend zusammenarbeiten, eine tiefe Integration von Spezialsysteme von Drittanbietern (wie zum Beispiel automatisierte Tourenplanung, mobile/telematische Anwendungen) zu realisieren.

34.2.1 Vertriebsunterstützung

Dreh- und Angelpunkt in den meisten privaten Entsorgungsbetrieben stellt der Vertrieb dar. Er ist verantwortlich, für eine optimale Auslastung zu sorgen und dabei möglichst hohe Preise zu erzielen. Die Kenntnis der Kunden ist hierbei sehr wichtig. Entsprechend entscheidend ist die Unterstützung des Vertriebs durch IT-Systeme.

IT-Systeme unterstützen den gesamten Vertriebsprozess von der Angebotserstellung bis zur Faktura. Die systemabhängigen Möglichkeiten unterscheiden sich von Anbieter zu Anbieter beträchtlich. Insbesondere im Bereich des CRM (Customer-Relationship-Management) bieten derzeit nur wenige Anbieter Lösungen an, die über Minimumanforderungen hinausgehen. Doch auch Standardlösungen, wie die E-Mail- und MS Word-Integration, stellen für nicht wenige Anbieter noch immer eine Hürde dar – zumindest dann, wenn der Anspruch des Nutzers über ein einfaches ansteuern von Funktionen hinausgeht.

Weitreichende Möglichkeiten werden dagegen im Bereich unterschiedlicher Preislisten angeboten. Standardpreislisten, Kundenpreislisten bis hin zu standortbezogenen Kundenpreislisten und Preisen, die indexabhängig laufend verändert ermittelt werden, sind zumeist realisierbar.

34.2.2 Operativer Betrieb

Eine IT-Unterstützung des operativen Betriebs erfolgt sowohl bei planerisch vorbereitenden Prozessen als auch bei der Leistungsausführung. Da die Bearbeitung überwiegend durch unterschiedliche Personen im Betrieb erfolgt (Kunden-Service, Vertrieb, Disposition, operativer Mitarbeiter) kommt der Workflow-Unterstützung eine besondere Bedeutung zu. Im Idealfall unterstützt das System von der Auftragsanlage bis zur elektronischen Rückmeldung den gesamten Prozess umfassend.

34.2.2.1 Tourenplanung

Die Unterstützung der Tourenplanung stellt ein wesentliches Modul vieler IT-Systeme in der Entsorgungswirtschaft dar. Zunehmend wird dabei eine grafisch basierte Planungsunterstützung in Form einer Karte angeboten. Die Möglichkeit, diese Karte nicht nur zur Visualisierung, sondern auch zur interaktiven Planung zu nutzen, bieten jedoch nur einzelne Anbieter an. Auch besteht für den Nutzer nur bei wenigen Anbietern eine Wahl des Kartenmaterials. Aufgrund integrierter Rechenlogiken, die Informationen aus der Karte benötigen, ist fast immer das vorgegebene Kartenmaterial des Systemanbieters zu nutzen. Möglichkeiten zur vorübergehenden Ergänzung der Karte (z. B. Informationen über Neubaugebiete) werden dabei fast immer zur Verfügung gestellt.

Bei allen Möglichkeiten der IT-Unterstützung ist zu diskutieren, welcher Bedarf wirklich besteht. Unsere Erfahrungen zeigen, dass kleine und mittlere Betriebe bzw. Städte sehr gut mit einfachen Planungsunterstützungen auskommen. Damit die Planungsunterstützung umfassend erfolgen kann, ist eine gute Datenbasis mit einer Vielzahl logistischer Informationen eine wesentliche Voraussetzung. Im Bereich der Abfallwirtschaft sind dies Informationen zum Standort (z. B. Erschwernisse bei der Abfuhr, genaue Behälterstandorte) und im Bereich der Straßenreinigung Informationen zu Reinigungsobjekten (z. B. Kehrmeter, Reinigungsklasse, Papierkörbe), welche zu pflegen und zu bewerten sind. Zudem sind logistische Vorgaben (z. B. Zuladung, Geschwindigkeiten) notwendig, um umfassend von möglichen Planungsunterstützungen profitieren zu können.

Tourenplanung Container/Sperrabfall

Eine für viele Betriebe sinnvolle Unterstützung stellen Tourenplanungsfunktionen im Bereich Containerdienst und Sperrabfallsammlung dar. Neben der Visualisierung in einer Karte ist dabei fast immer auch eine automatisierte Reihenfolgeplanung möglich, die dem Disponenten Planungsaufwand abnimmt und logistische Optimierungen ermöglicht.

Sofern entsprechende Informationen gepflegt sind, können die Systeme bei der Sperrabfallsammlung auch den Füllgrad der Fahrzeuge errechnen und Zwischenentladungen einplanen. Der Planer kann auf diese Weise den Gesamtzeitbedarf der Tour und damit die Tourauslastung genau planen und optimieren.

Containerdienste können systemunterstützt optimale Reihenfolgen, passend zu den benötigten Containertypen, planen und dabei Fahrzeiten vom System ermitteln lassen. Zudem unterstützen die Systeme bei der Wahl des passenden Fahrzeugtyps.

Tourenplanung Sammlung
Die Tourenplanung der klassischen Behältersammlung ist aufgrund der Anfallpunkte deutlich komplexer als im Bereich Containerdienst/Sperrabfall. Zwar bieten einige wenige Anbieter Automatismen zur Tourenplanung an, doch scheitern diese in der Praxis häufig an lokalen Restriktionen (z. B. Befahrbarkeit Fußgängerzone, Berufsverkehr), deren Erfassung im System zu komplex wäre. In der Praxis bedeutet dies, dass automatisch ermittelte Touren teils umfassend nachbearbeitet werden müssen, um praxistauglich genutzt werden zu können. Für kleine und mittlere Entsorger, deren Tourenplaner gut mit der Region vertraut sind, reichen einfachere Tourenplanungssysteme in der Regel aus.

34.2.2.2 Disposition und Tageseinsatzplanung

Tägliche Arbeit der Disponenten ist die Zuordnung von Ressourcen (in der Regel Fahrzeuge und Personal) zu Touren und einzelnen Aufträgen, die Übergabe von Auftragspapieren, die Lösung von ad-hoc-Aufträgen, Störungen und Reklamationen sowie die Rückerfassung erledigter Aufträge (Leistungsscheine).

IT-Systeme können diese Arbeit erheblich unterstützen. Voraussetzung ist, dass die Systeme möglichst umfassend genutzt und ergänzende Systeme (z. B. Zeiterfassung) über Schnittstellen verbunden sind.

Bei der Erfassung von Urlaub oder Krankheit des Personals und Fahrzeugausfall unterstützt das System durch die Ermittlung von nicht ausreichend mit Ressourcen besetzter Touren. Die Zuordnung der Mitarbeiter und Fahrzeuge kann auf Monitoren visualisiert werden und bspw. in Sozialräume des Personals übertragen werden.

Die Zuordnung von Ressourcen bildet die Basis einer korrekten Verrechnung im Rahmen der Finanzbuchhaltung und kann bei Erfassung von Zeiten auch zur Ermittlung der Lohngrundlage dienen.

34.2.2.3 Telematik und mobile Lösungen

Der Einsatz von Telematik und mobilen Lösungen hält zunehmend auch in der Entsorgungsbranche Einzug. Während im Winterdienst und auch im Bereich der Identtechnik (Behälterleerungserfassung) der Einsatz von Telematik schon seit längerer Zeit üblich ist, ist der Einsatz von mobilen Lösungen im Bereich Containerdienst, Sperrabfall oder Straßenreinigung noch relativ neu und nur teilweise verbreitet.

Auftragsbearbeitung/Leistungserfassung
Mobile Lösungen bieten dem Betrieb im Bereich der Auftragsbearbeitung einen erheblichen Mehrwert. Durch die Erfassung der Leistung durch operative Mitarbeiter auf einem mobilen Gerät (anstatt papierhaft auf dem Leistungsschein) entfällt der Erfassungsaufwand im Betrieb. Nicht selten ist derzeit noch ein Mitarbeiter mit der papierhaften Erfassung für mehrere Stunden täglich beschäftigt. Dabei können mobil nicht nur Aufträge quittiert werden, es können auch weitere Informationen (z. B. Tonnagen bei der Entladung) direkt erfasst werden, ohne dass Schnittstellen zu anderen Systemen notwendig sind.

Reklamationsunterstützung
Mit dem Einsatz mobiler Lösungen kann sowohl Reklamationen vorgebeugt werden als auch die Reklamationsbearbeitung verbessert werden. So können Fehlbefüllungen von Containern direkt mit der Kamera des mobilen Geräts fotografiert werden. Gleiches gilt für Übermengen oder nicht akzeptierte Abfälle bei der Sperrabfallsammlung. Durch die Fotodokumentation und die direkte Zuordnung zum Auftrag/Kunden ist es dem Kundenservice unmittelbar möglich, Kundenreklamationen zu beantworten, ohne Rücksprache mit der Fahrzeugbesatzung halten zu müssen (vgl. Abb. 34.1).

Navigationsfunktion
Mobile Lösungen ermöglichen es, durch Navigationsfunktionen auch tourfremde Fahrer einzusetzen. Während bei Einzelaufträgen (Containerdienst, Sperrabfall) die klassische Navigationsfunktion genutzt werden kann, wird bei Touren mit vielen Wegpunkten (Behältersammlung) in der Regel das Abfahren zuvor aufgezeichneter Touren angewendet. Dabei besteht die Möglichkeit, die Sammeltour des Stammfahrers einmalig oder wiederkehrend aufzuzeichnen und als Grundlage für die Navigation zu nutzen. Eine Nachbearbeitung dieser Touren sowie eine Ergänzung um Hinweise, die dem Fahrer an festgelegten Orten gegeben werden (z. B. Rückwärtsfahrt ja/nein bei einer Sackgasse), ist bei vielen Anbietern möglich.

In der Praxis erweist sich die Navigationsfunktion im Behältersammlungsbereich teilweise als noch nicht ausgereift und zudem kostspielig. Besonders bei unerwarteten Straßensperrungen und ad-hoc-Problemen bieten manche Anwendungen keine praxistaugliche Lösung. Neuere Anwendungen haben hierfür eine Lösung geschaffen, bspw. mit dem sogenannten Pac-Man-Verfahren.[1]

Weitere mobile Anwendungen
Neben der Auftragsbearbeitung und Navigation sind der mobilen Bearbeitung kaum Grenzen gesetzt. Alle bislang papierhaft dokumentierten Vorgänge können prinzipiell auch mobil-digital abgebildet werden. So gibt es unter anderem bereits folgende Anwendungen:

- Qualitätsmanagement in der Straßenreinigung
- Abfallkontrolleur
- UVV-Prüfung
- Betriebstagebuch
- Digitaler Laufzettel (siehe auch Punkt 34.2.4.3)
- Deponiekataster (siehe auch Punkt 34.2.4.6)
- Kassenlösung für Wertstoffhof

[1] Pac-Man-Verfahren bedeutet, dass, angelehnt an das Computerspiel Pac-Man, sukzessive die abgefahrene Route als erledigt markiert wird und der Fahrer nur die noch zu befahrenden Straßen als offenen Auftrag markiert sieht und gezielt anfahren kann. In diesem Fall steht weniger die Navigation, als vielmehr die Übersicht über noch zu befahrende Straßen im Fokus. Eine einzuhaltende Reihenfolge ist dabei nicht zwingend vorgesehen.

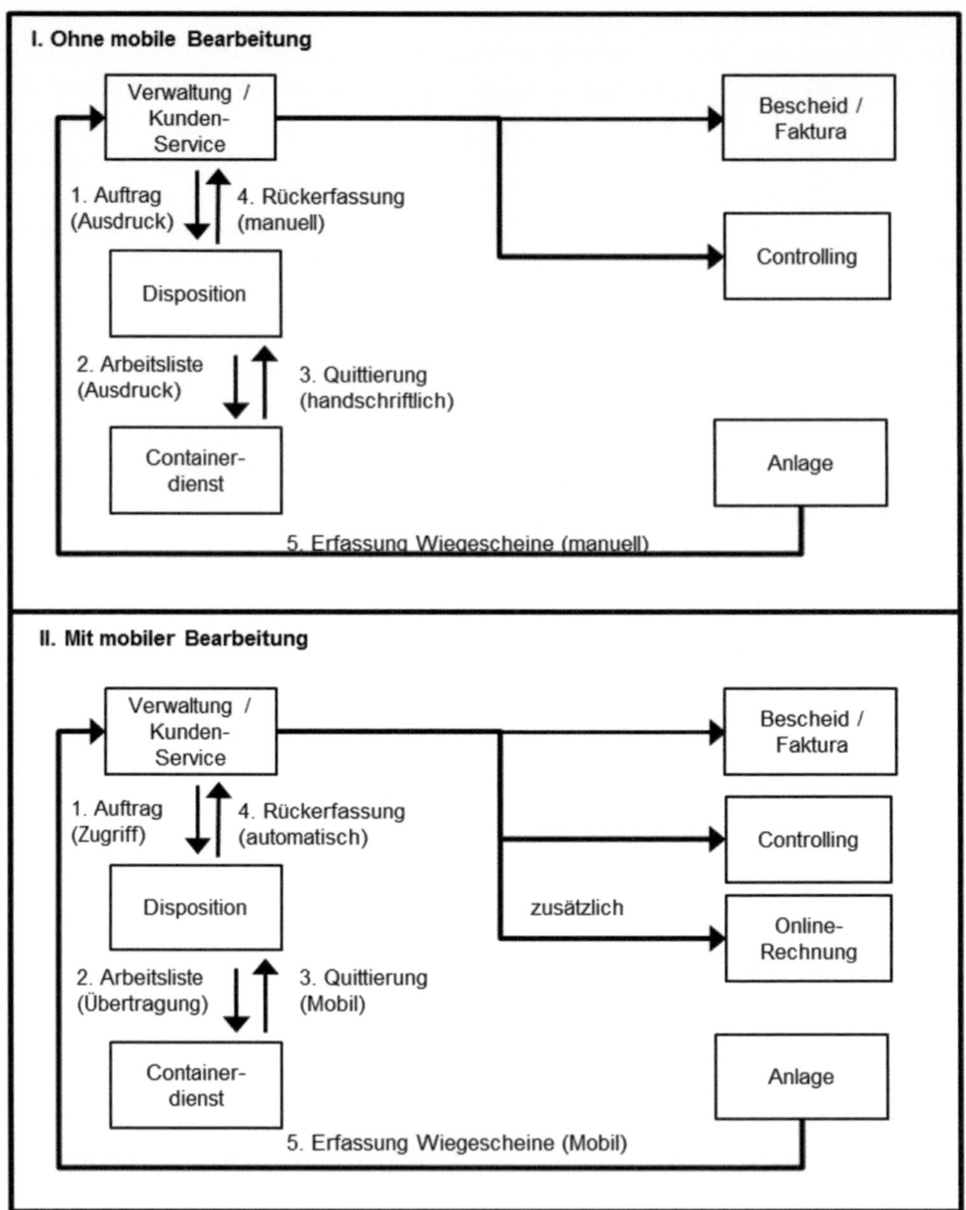

Abb. 34.1 Mehrwert durch Einsatz mobiler Bearbeitung

Technische Umsetzung
Bis vor kurzem waren überwiegend noch gerätetypabhängige Anwendungen notwendig, die entsprechend hochpreisige, industrietaugliche Geräte voraussetzten und nur eingeschränkt für unterschiedliche Anwendungen geeignet waren.

Aktuell geht der Trend hin zu herstellerunabhängigen Geräten auf Google Android oder Apple iOS Basis. Es stehen dadurch eine Vielzahl von günstigen Endgeräten zur Verfügung, auf denen parallel Anwendungen von mehreren Systemen genutzt werde können.

Zur Umsetzung klassischer Telematikfunktionen, d. h. von Anwendungen, die Fahrzeuginformationen (z. B. Besen an/aus, Räumschild unten/oben) benötigen, ist eine oft noch aufwendigere technische Anbindung mit speziellen Endgeräten notwendig. Allerdings geht auch hier der Trend hin zu herstellunabhängigen Geräten.

Neben den Informationen technischer Anbauten sind auch Informationen der Flotten-Management-Schnittstelle (kurz FMS) interessant. Über die FMS können Informationen zum Fahrverhalten gewonnen werden, die entweder nur der Fahrer zur Optimierung seines Verhaltens erhält oder auch die Fuhrparkleitung zur Auswertung des Gesamtfahrverhaltens.

► **Praxishinweis** FMS ist standardmäßig bei Neufahrzeugen (LKW) enthalten. Die Ausgestaltung, d. h. der Umfang der Datengewinnung, ist jedoch bereits bei Beschaffung festzulegen, da der Standard meist nur geringe Daten umfasst.

34.2.2.4 Online-Möglichkeiten
Da das Internet inzwischen fast alle Lebenslagen begleitet, wird auch die Entsorgungswirtschaft zunehmend durch die Internetnutzung beeinflusst. Voraussetzung für umfangreiche Online-Möglichkeiten ist ein umfassendes entsorgungswirtschaftliches IT-System, das Inhalte, wie den Abfallkalender, unterstützt und die Eingabe von Aufträgen und Informationen übernimmt.

Kundenperspektive
Der Kunde erhält heutzutage seine Rechnungen über Online-Portale, bestellt sonntags im Internet und informiert sich über Leistungen auf Webseiten. Diese Erwartungshaltung der ständigen Verfügbarkeit von Informationen und Services betrifft auch Entsorgungsbetriebe. Fast jeder Betrieb nutzt inzwischen die Möglichkeit, Öffnungszeiten, Kontaktmöglichkeiten und Leistungsangebote auf einer Webseite darzustellen.

Ein umfassendes Angebot in Form eines Online-Portals bieten hingegen deutlich weniger Entsorger. Das Bestellen von Containern, das Anfragen von Angeboten oder die Veranlassung von Leerungen sind nur ein paar Beispiele für Möglichkeiten, die viele Systeme im Standard unterstützen und die zur Differenzierung vom Wettbewerber beitragen können.

Ergänzt man offen zugängliche Angebote auch noch um passwortgeschützte Bereiche, ist es möglich, dem Kunden personalisierte Informationen wie Rechnungen, Wiegescheine etc. zur Verfügung zu stellen. Dies reduziert sowohl den Aufwand zur Bearbeitung von Rückfragen und schafft gleichzeitig einen hohen Nutzen für den Kunden.

Lieferantenperspektive
Insbesondere für große Entsorger kann der Einsatz eines Online-Portals auch zur Abwicklung von Lieferantenaufträgen (z. B. Ferntransport) interessant sein. Auf diese Weise können Lieferscheine und weitere Begleitpapiere online zur Verfügung gestellt werden. Auch die Integration von Frachteinkaufsbörsen kann eine Möglichkeit darstellen, die für große Anlagenbetreiber von Interesse sein kann.

Mitarbeiterperspektive
Online-Möglichkeiten bedeuten neben dem Internetangebot für Kunden und Lieferanten auch Möglichkeiten, Mitarbeitern einfache Zugänge zu betrieblichen Informationen zu bieten. Gerade im Außendienst kann es erforderlich sein, vor dem Kundentermin noch einige Information zum Kunden zu bekommen. Einige IT-Systemanbieter für die Entsorgungswirtschaft bieten dem Nutzer diese Möglichkeit, komprimiert Informationen, z. B. über eine Smartphone-App, zur Verfügung zu stellen. Insbesondere für kleine und mittlere Betriebe ist der Betrieb eines aufwendigen CRM-Systems zu kostspielig, so dass dieser Weg der Informationsbereitstellung eine Alternative darstellen kann.

34.2.2.5 Faktura und Finanzbuchhaltung
Mit wenigen Ausnahmen (v. a. SAP, Microsoft Dynamics Nav) bilden entsorgungswirtschaftliche IT-Systeme den Betrieb von der Angebotserstellung bis zur Faktura ab. Die Finanzbuchhaltung ist in der Regel davon getrennt und wird von anderen Anbietern bezogen.

Möglichkeiten der Faktura
Viele kleine und mittlere Entsorger bilden ihre Faktura über das entsorgungswirtschaftliche IT-System ab. Es ist dabei nicht nur möglich, originär entsorgungswirtschaftliche Leistungen abzubilden, sondern alle Arten von Faktura über dieses System zu realisieren.

Voraussetzung hierfür ist eine möglichst bi-direktionale Schnittstelle zum Finanzbuchhaltungssystem. Über diese Schnittstelle werden neben den klassischen offenen Posten mit Kontierungsinformationen auch Informationen zur Kostenrechnung mit übergeben.

Es ist bei den meisten Systemen möglich, verschiedene Arten von Fakturaläufen zu generieren, z. B. nach Kundennummernkreise, nach Postleitzahl oder nach Leistungszeitraum. Größtenteils ist es auch möglich, das Layout der Rechnung (Inhalt) kundenindividuell festzulegen (z. B. Aufführen von Einzelverwiegungen, Sortierung nach Anfallstellen, Sammelrechnung).

Möglichkeiten der Finanzbuchhaltung
Wie bereits angeführt, wird die Finanzbuchhaltung meist von Drittanbietern bezogen und ist über eine Schnittstelle anzubinden. Es sollte dabei auf eine möglichst hohe Integration geachtet werden. Bi-direktionale Schnittstellen, also Schnittstellen bei denen auch Informationen der Finanzbuchhaltung in das entsorgungswirtschaftliche System fließen, sind zu diesem Zweck meist Standard. Mahnstufen sollten mindestens übernommen werden,

um entscheiden zu können, welche Kunden nicht mehr oder nur noch gegen Barzahlung angenommen werden.

> **Praxishinweis** Eine hochintegrierte Schnittstelle zur Finanzbuchhaltung stellt, wie viele komplexe Schnittstellen, oftmals ein Problem dar. Bei der Systembeschaffung sollte daher stets die Erfahrung des Anbieters mit bestehenden Systemen geprüft werden.

34.2.3 Spezialanforderungen kommunaler Entsorger

Kommunale Entsorger haben oft deutlich andere Anforderungen an ein IT-System als gewerbliche Entsorger. Vertriebliche Aspekte sind in der Regel nicht vorhanden, dafür sind häufig komplexe Satzungen abzubilden. Auch die Kundenanzahl ist bei kommunalen Entsorgern meist deutlich höher. Bei Landkreisen kommt der Zusammenarbeit mit Kommunen vielfach besondere Bedeutung zu und nicht selten sind neben entsorgungswirtschaftlichen Aufgaben auch noch weitere Sparten (z. B. Grünflächen, Straßenunterhalt) im Betrieb integriert.

34.2.3.1 Abbildung von Satzungsanforderungen

Betrachtet man kommunale Satzungen, so gibt es wahrscheinlich bundesweit kaum eine Satzung einer Kommune, welche identisch ist mit der Satzung einer anderen Kommune. Die auf kommunale Entsorger spezialisierten Systemanbieter haben sich genau darauf eingestellt und sind in der Lage, diese hohen Anforderungen meist ohne Probleme umzusetzen. Auch für Zweckverbände, die teilweise mehrere Satzungen unterschiedlicher Mitgliedskommunen in einem System abbilden müssen, konnten passende Anbieter identifiziert werden.

34.2.3.2 Kundenservice und Bürgerkommunikation

Der Kundenservice im kommunalen Bereich ist meist komplex und geprägt von unterschiedlichen Aufgaben. Fragen der Nutzer zum Bescheid oder zur nächsten Leerung, Sperrabfallanmeldungen, Fragen zur Öffnungszeit des Wertstoffhofs, Fragen zu Gebühren, Bestellung neuer Behälter – nur eine kleine Auswahl kommunaler Aufgaben. Neben der Komplexität unterscheidet kommunale Entsorger vorwiegend auch die Anzahl der Kunden (alle Bürger der jeweiligen Region) und damit das deutlich höhere Kontaktaufkommen mit gewerblichen Entsorgern.

Die Anbindung der Telefonanlage durch eine CTI-Schnittstelle[2] ermöglicht, bei einem Anruf durch den Kunden, den automatischen Abruf von Informationen zu diesem Kunden bei übermittelter Rufnummer und spart damit dem Servicemitarbeiter die Zeit für die Kundensuche. Eine Funktion, die inzwischen überwiegend Standard ist.

---

[2] CTI = Computer Telephony Integration.

Einige (wenige) Systemanbieter haben besonderen Wert auf eine schnelle Gesamtübersicht über Informationen zum Kunden gelegt und bieten eine zentrale Kundenübersicht, die mit einem Blick wesentliche Informationen zum Kunden darstellt und von der aus der Servicemitarbeiter mit wenigen „Klicks" schnell detaillierte Auskunfts- und Bearbeitungsmöglichkeiten erhält.

Online erwartet der Kunde vor allem Angebote wie den Abfallkalender, Sperrabfallanmeldung, Abfallberatung und Gebühreninformationen. Manche kommunale Entsorger bieten darüber hinaus auch noch weitere Angebote, wie eine Übersicht über in Anspruch genommene Leerungen, Bescheideinsicht oder die Möglichkeit, eine Behälterveränderung zu beantragen. Um dem Kunden diese Informationen und Möglichkeiten zu bieten, ist teilweise ein zugangsgeschützter Bereich erforderlich.

34.2.3.3 Berücksichtigung weiterer Sparten

IT-Systeme für kommunale Entsorger bieten neben Lösungen für die Abfallwirtschaft oft auch noch Module für die Straßenreinigung und den Winterdienst an. Einige Anbieter ermöglichen darüber hinaus auch die Abbildung von weiteren Sparten wie dem Grünflächenunterhalt oder der Klärgrubenreinigung. Da es sich meistens um vergleichbare Abläufe handelt, ist eine individuelle Anpassungsprogrammierung häufig möglich, da nur die Begrifflichkeit umgestellt werden muss. Spezialaufgaben, die eine besondere Katasterführung oder ähnliches benötigen, sind dagegen fast immer nur durch weitere Spezialsysteme abbildbar.

Sinnvoll ist vielfach ein spartenübergreifendes Reklamationsmanagement. Oft existiert nur ein zentraler Kundenservice, der alle Reklamationen entgegen nimmt. Einige Anbieter entsorgungswirtschaftlicher IT-Systeme bieten ein Workflow-gesteuertes Reklamationswesen an, das auch für andere Sparten genutzt werden kann.

34.2.4 IT-Unterstützung für Entsorgungsanlagen

Entsorgungsanlagen haben häufig deutlich andere Anforderungen an IT-Systeme als primär logistisch tätige Entsorgungsbetriebe. Entsprechend erheblich können sich auch die benötigten Systeme unterscheiden. Den Themen Stoffstromabbildung, Lagerverwaltung und eANV kommt hier eine besondere Bedeutung zu.

34.2.4.1 Vertriebsunterstützung und Stoffstrommanagement

Die Vertriebsunterstützung für Entsorgungsanlagen ist vergleichbar mit der für primär logistisch tätige private Entsorgungsbetriebe. In der Regel sind die Anforderungen an die Abfallartendifferenzierung jedoch stärker ausgeprägt. Die offiziellen Abfallschlüsselnummern können bei allen in diesem Bereich tätigen IT-Systemanbietern sehr weitgehend differenziert werden. Problematisch ist bei einigen Anbietern eine alphanummerische Stoffbezeichnung, also die Kombination der internen Abfallstoffnummer aus Buchstaben und Zahlen.

Wesentlich für den Vertrieb von Anlagen ist die Kenntnis der aktuellen Bestandsmengen. Bunkerfüllstände, Lagermengen etc. können bei den meisten Systemen umfassend abgebildet werden. Teilweise ist auch eine grafische Darstellung möglich. Nur selten hingegen ist im Standard eine vorausschauende Berechnung der Lagerbestände auf Basis bereits akquirierter Mengen und Erfahrungen der Vergangenheit verfügbar. Anforderungen in aktuellen Projekten lassen jedoch erwarten, dass auch hier zukünftig verstärkt Lösungen verfügbar sein werden.

34.2.4.2 Waage

Die Anbindung der Waage ist eine der ersten Anwendungen der IT in der Entsorgungswirtschaft. Trotz mehrerer Jahrzehnte hat sich in der eigentlichen Waagemaske nur wenig verändert. Auch Automatikverwiegungen haben sich bereits seit vielen Jahren etabliert.

Vergleichsweise neu ist bei der Automatikverwiegung die Identifikation des Fahrzeuges durch Nummernschilderkennung. Diese Technologie kann insbesondere bei größeren Anlagen deutliche Vorteile bieten. Es können sowohl Fahrzeuge verwogen werden, deren Abfallart bekannt ist und die regelmäßig anliefern (insb. kommunale Sammelfahrzeuge), als auch Anlieferer, die für die Automatikverwiegung spontan freigeschaltet werden. Auf diese Weise kann die Automatikverwiegung über Nummernschilderkennung auch als eine vertriebsunterstützende Methode gesehen werden, da sie Premiumkunden verkürzte Wartezeiten bieten kann.

34.2.4.3 Digitaler Laufzettel

Bislang ist es fast überall üblich, dass der Anliefernde bei der Eingangsverwiegung einen papierhaften Laufzettel erhält, der vom Mitarbeiter an der Anlieferstelle ggf. zu ergänzen und zu unterschreiben ist. Durch zunehmende Digitalisierung ersetzt jedoch das Tablet oder Smartphone den Laufzettel. Mit diesem ruft der Mitarbeiter der Anlage in seinem mobilen Gerät den gerade Anliefernden aus der Hofliste auf und erhält so alle notwendigen Informationen, um die Auswiegung freizugeben oder Veränderungen vorzunehmen. Der digitale Laufzettel beschleunigt die Waage und reduziert den Papierverbrauch damit erheblich.

► **Praxishinweis** Der digitale Laufzettel erfordert eine hohe Systemintegration. Eine Einführung auf der Anlage ist nur bei entsprechend vorhandenem IT-System sinnvoll!

34.2.4.4 Digitale Unterschrift

Die Archivierung der Wiegescheine füllt viele Keller. Während jeder Paketdienst und bereits Supermärkte und Kaufhäuser Zahlvorgänge über Unterschriftenpads quittieren lassen, erfolgt bei Entsorgungsanlagen überwiegend noch die papierhafte Dokumentation.

Die Unterschrift per digitalem Unterschriftenpad ist bei aktuellen IT-System-Neubeschaffungen eine Standardforderung. Der Speicherbedarf, der anfangs oft noch ein

Problem darstellte, ist inzwischen optimiert worden und auch die Geräte sind preisgünstig und für den Einsatz geeignet verfügbar.

Untätig war hier bislang der Gesetzgeber, so dass zum Einsatz der Geräte noch immer eine Ausnahmegenehmigung der Behörde (in der Regel die Bezirksregierung) notwendig ist. Diese wird nach unserer Erfahrung aber ganz überwiegend erteilt.

34.2.4.5 elektronisches Abfallnachweisverfahren – eANV

Die Anforderungen des elektronischen Abfallnachweisverfahrens (kurz eANV) sind in moderne IT-Systeme der Entsorgungswirtschaft komplett integriert. Teilweise bieten die Systemanbieter umfassende Prüfroutinen an und damit einen hohen Komfort für den Nutzer. Dabei ist betriebsindividuell genau zu prüfen, ob das Aufkommen an eANV-Scheinen entsprechend hoch ist, so dass eine Systemintegration wirtschaftlich sinnvoll begründet werden kann.

34.2.4.6 Deponiekataster

Das Deponiekataster muss insbesondere bei höheren Deponieklassen sehr genau geführt werden. Spezielle Anwendungen hierfür wurden bereits vor über 20 Jahren entwickelt. Dennoch wird das Kataster bislang meist papierhaft oder in einfachen Standardprogrammen (z. B. Microsoft Excel) geführt.

Während die Führung des Katasters von diversen IT-Systemanbietern bereits angeboten wird, ist die mobile Unterstützung bislang kaum im Einsatz. Dabei ist es durchaus vorstellbar, dass die Koordinatenerfassung, unterstützt von mobilen Geräten, mit eingebauten GPS-Empfängern erfolgen kann.

34.2.5 Unterstützung Controlling

Wirtschaftlicher Erfolg erfordert Kenntnis über Kosten und Leistung des Betriebs. Alle uns bekannten Anbieter ermöglichen umfassende Auswertungsmöglichkeiten der Daten, teilweise durch integrierte Berichtsgeneratoren, teilweise durch Zugriff mit sogenannten BI-Anwendungen.[3] Fast immer können auch Auswertungen generiert werden, die in MS Excel exportiert und dort weiter bearbeitet werden können.

Unabhängig von Umfang und Güte der Auswertungsmöglichkeiten gilt: Eine Auswertung ist nur von vorhandenen Daten möglich. Eine möglichst umfassende Systemnutzung mit so wenigen Schnittstellen wie notwendig ist daher für die meisten Betriebe der optimale Weg, das Controlling sinnvoll zu unterstützen. Auftragsdaten, Daten zu Personal- und Fahrzeugdisposition oder Wiegedaten – nur wenn diese elektronisch verfügbar sind, kann ein aussagefähiges Controlling aufgebaut werden.

Der Einsatz von BI-Tools setzt umfassende Kenntnis sowohl des Datenmodells als auch der BI-Anwendung voraus. Er ist daher meist nur für größere Entsorger interessant.

[3] BI = Business Intelligence: Anwendung zur Analyse von Daten in elektronischer Form.

Für kleine und mittlere Entsorger sind die systemintegrierten Auswertungsmöglichkeiten oftmals ausreichend.

Einzelne Anbieter haben Kooperationen mit BI-Tool-Anbietern geschlossen und bieten vorkonfigurierte, hochintegrierte Management-Informations-Systeme (kurz MIS) an. Aufgrund der Kosten ist diese Lösung häufig nur für größere Unternehmen sinnvoll.

34.3 Anbieter

Der Entsorgungsmarkt ist von vielen, überwiegend eher kleinen IT-Systemanbietern geprägt. Mittelständische Systemanbieter mit mehr als 30 Mitarbeitern (bezogen auf die Branche der Entsorgungswirtschaft) sind die Ausnahme. Viele der Anbieter haben sich auf einzelne Bereiche spezialisiert – so gibt es Anbieter, die überwiegend Anlagen abbilden, Anbieter, die überwiegend oder ausschließlich gewerbliche Entsorger unterstützen und auch Anbieter, die überwiegend kommunale Anforderungen abbilden. Es gibt aber auch einige Generalisten, die für nahezu jeden Entsorgungsbetrieb Systeme anbieten.

Den jeweils richtigen Anbieter zu finden, ist somit für jeden Entsorgungsbetrieb eine individuelle Aufgabe, denn je nach Anforderung (z. B. Schwerpunkt bei mobilen Lösungen, Schwerpunkt Waage und Stoffstrom, Schwerpunkt vertrieblich makelnd) können unterschiedliche Anbieter in Frage kommen.

Im Hinblick auf die zu erwartende Weiterentwicklung des eigenen Systems und die Zufriedenheit mit dem Anbieter sind Anzahl und Qualität der Referenzen sowie die wirtschaftliche Gesundheit des Anbieters nicht zu vernachlässigende Aspekte. Gerade in den vergangenen Jahren entstanden viele Anbieter mit Angeboten vor allem im Bereich der Telematik und der mobilen Lösungen, deren Zukunft angesichts zunehmend integrierter Lösungen zumindest kritisch bewertet werden muss.

34.4 Beschaffungsverfahren

Bei der Vielzahl möglicher Anbieter kommt dem Beschaffungsverfahren eine besondere Gewichtung zu. Im Folgenden möchten wir Vorgehen aufzeigen, die sich in der Praxis bewährt haben.

1 Software- und Telematikstrategie	2 Beschaffungs-verfahren	3 Implementierung & Prozessanpassung
- Systemmöglichkeiten - Systemgrenzen - Sinnvolle Schnittstellen - Mögliche Anbieter - Voraussichtliche Kosten	- Vorgehensfestlegung - Leistungsbeschreibung - Vertragliche Unterlagen - Auswahlverfahren - Anbieterbewertung<	- Projektmanagement - Altdatenaufbereitung - Optimierung der Abläufe - Change Management - Ausführungsüberwachung

34.4.1 Systemstrategie

Entsorgungswirtschaftliche Branchensysteme sind stets Teil einer meist umfassenden IT-Landschaft. Mindestens Office-Programme, ein E-Mail-Programm oder Finanzbuchhaltungssystem sind bereits vorhanden. Oft zählen auch weitere Anwendungen für Zeiterfassung, Telematik etc. dazu.

Vor Beginn der eigentlichen Beschaffung sollte daher stets die Erarbeitung einer Systemstrategie stehen. Diese legt die grundsätzliche Leistungsanforderung an das entsorgungswirtschaftliche System fest und definiert Schnittstellen. Da die Systemnutzung meist 10 Jahre und mehr beträgt, sind sowohl die gegenwärtigen als auch die zukünftigen Anforderungen zu berücksichtigen. Es sollte versucht werden, nahe am Standard verfügbarer Systeme zu bleiben. Individuelle Anforderungen sind meist kostenintensiv und können sogar das Scheitern der Beschaffung bedeuten.

Im Rahmen der Systemstrategie ist zu prüfen:

- Welche Leistungsanforderungen bestehen?
- Welche vorhandenen Systeme sollten beibehalten werden?
- Welche vorhandenen Systeme sollten vom neuen System abgelöst werden?
- Welche Anbieter gibt es?
- Welche Kosten sind zu erwarten?
- Welcher Zeitplan ist realistisch?

Die Prüfung sollte dabei Alternativszenarien berücksichtigen.

34.4.2 Beschaffungsvorgehen bei privaten Entsorgern

Die Beschaffung bei kleinen und mittleren privaten Entsorgern kann pragmatisch und mit vergleichsweise geringem Aufwand erfolgen. Die Systemanforderungen sind in einer Detaillierung zu beschreiben, die dem Anbieter die Abbildung der Anforderungen in seinem System zulässt.

Mit auf Grundlage der Systemstrategie vorausgewählten Anbietern erfolgt die Diskussion und ggf. Detaillierung der Anforderungen in einer Leistungsbeschreibung. Die Erstellung eines über die Leistungsbeschreibung hinausgehenden detaillierten Pflichtenheftes ist in der Regel nicht notwendig. Unsere Erfahrung ist, dass erfahrene Anbieter zutreffend in der Lage sind, verbindliche Angebote zu erstellen.

Die Beschaffung bei größeren Entsorgern oder Entsorgern mit komplexen Anforderungen erfordert stets die Einbindung verschiedener Fachabteilungen und Interessengruppen. Zur Sicherstellung der Akzeptanz des zukünftigen Systems sollte die Erarbeitung der Leistungsbeschreibung unter Einbeziehung möglichst vieler zukünftiger Anwender erfolgen.

34.4.3 Beschaffungsvorgehen bei kommunalen Entsorgern

Die Anforderungen im kommunalen Bereich ergeben sich aus dem Vergaberecht. Meist ist die Durchführung einer europaweiten Ausschreibung erforderlich. Die Leistungsbeschreibung ist hier verbindlich zu formulieren, muss aber dennoch dem potenziellen Anbieter die Möglichkeit eröffnen, sein System innerhalb der formulierten Vorgaben abzubilden.

Ein offenes Verfahren mit mehrstufigem Wertungsverfahren ist fast immer geeignet, den idealen Anbieter zu finden und auszuwählen – vorausgesetzt es ist eine gute Marktübersicht vorhanden, die die Erstellung einer verbindlichen Leistungsbeschreibung zulässt. Bei Fehlen dieser Marktkenntnis wird meist das Verhandlungsverfahrens angewendet. Dies gilt auch bei besonders komplexen Anforderungen.

► **Praxishinweis** Der Kenntnis der Anbieter, insbesondere deren Systemdetails, kommt bei der öffentlichen Beschaffung eine hohe Bedeutung zu. Für eine erfolgreiche Auswahl und Einführung ist es zwingend notwendig, die Möglichkeiten der Systeme und die Eignung der Anbieter zu kennen.

34.5 Ausblick und Entwicklungen

Die Megatrends im Bereich der Softwareunterstützung von Entsorgungsbetrieben sind das „Cloud Computing“[4] und die Mobilisierung der Anwendungen.

Gerade die aktuelle Pandemie und der daraus resultierende hohe Anteil an Arbeiten aus dem Homeoffice, forciert die Notwendigkeit eines Systemzugriffs außerhalb des klassischen Büroarbeitsplatzes. Ein Zugriff direkt über das Internet auf die „Cloud“ ermöglicht diese Flexibilität und wird zunehmend Standard werden. Ob der Umzug vom eigenen Server in die virtuelle „Cloud“ eine sinnvolle Neuerung darstellt, darf dabei kritisch diskutiert werden. Kaum eine Woche vergeht, in der nicht vom Hacken von Massendaten berichtet wird. Hochkritisch ist es zu bewerten, wenn wettbewerblich oder datenschutzrechtlich sensible Daten ebenfalls einem Hackerangriff zum Opfer fallen. Renommierte Anbieter setzen auf eigene Serverstandorte für die Cloud (im Idealfall in Deutschland) und hohe Sicherheitsstandards.

Die Loslösung der Anwendung vom starren PC hin zu mobilen Geräten stellt in vielen Fällen eine sinnvolle Ergänzung dar. Die Weiterentwicklung und Verbreitung mobiler Anwendungen wird einen der wesentlichen Trends in den nächsten Jahren darstellen.

[4] Cloud Computing bedeutet, dass Anwendungen bei anderen Anbietern installiert sind und vom Anwender über das Internet aufgerufen werden.

Planung von Abfallbehandlungsanlagen 35

Hans-Dieter Huber und Ewa Harlacz

35.1 Einführung in die Abfallbehandlungsplanung

Die Planung von Abfallbehandlungsanlagen steht heute im Zeichen der Globalisierung. Für die Behandlung und Entsorgung verschiedener Abfallströme stehen unterschiedliche Technologien und Behandlungsanlagen zur Verfügung. Unter den Begriff Abfallbehandlung fallen alle Verfahren, mit welchen Abfälle entweder verwertet oder entsorgt werden. Bei abfallwirtschaftlichen Anlagen handelt es sich i. d. R. um relativ große und komplexe Projekte, die sich über längere Zeit hinziehen. Um solche Projekte wirtschaftlich abwickeln zu können, bedarf es einer gezielten Vorgehensweise. Diese wird nicht nur in Zusammenhang mit der Errichtung von Gebäuden und Anlagen als Planung bezeichnet.

Die allgemeine praktische Erfahrung zeigt, dass Aufwendungen, die in eine präzise Planung investiert werden, sich überproportional im Erfolg eines Projekts widerspiegeln. Das gilt selbstverständlich auch für die Planung abfallwirtschaftlicher Anlagen, insbesondere da es sich hierbei nahezu ausschließlich um individuelle, nicht standardisierte Anlagen mit spezifischen Randbedingungen handelt.

Unter Planung versteht man die systematische Vorgehensweise zur Verwirklichung eines Ziels (Reichert 1979, S. 514; Aggteleky und Bajna 1992, S. 5; Baumgarten 1993). Vielfältige Überlegungen, Untersuchungen und Analysen sollen diesen Prozess reibungslos

Grundlage dieses Kapitels ist eine Veröffentlichung von H.D. Huber (2017).

H.-D. Huber (✉)
Universität Stuttgart, Stuttgart, Deutschland

E. Harlacz
INZIN Institut für die Zukunft der Industriegesellschaft, Düsseldorf, Deutschland
E-Mail: ewa.harlacz@inzin.de

P. Kurth et al. (Hrsg.), *Praxishandbuch der Kreislauf- und Rohstoffwirtschaft*,
https://doi.org/10.1007/978-3-658-36262-1_35

gestalten. Hinsichtlich der Wirtschaftlichkeit eines Projekts kommt gerade den ersten Phasen der Planung ganz besondere Bedeutung zu. Nicht nur die Festlegung der Projektziele, sondern auch die konzeptionelle Planung, in der die Verfahren zur Abfallbehandlung festgelegt werden, haben einen hohen Einfluss auf die Projektkosten. Das gilt nicht nur im Hinblick auf die Investitionskosten, sondern v. a. auf die letztendlich relevanten Behandlungs- bzw. Entsorgungskosten.

Die Zeiträume der Planung von Abfallbehandlungsanlagen werden in kurzfristige Planung bis zu vier Jahren, in mittelfristige Planung zwischen vier und acht Jahren und langfristige Planung von mehr als acht Jahren eingeteilt (Thomé-Kozmiensky 1985, S. 57).

35.2 Planung

Die grundsätzliche Vorgehensweise bei der Planung von Gebäuden, Anlagen, Infrastruktureinrichtungen etc. ist unter anderem in der Verordnung über die Honorare für Architekten- und Ingenieurleistungen (HOAI)[1] dargestellt. Dort sind die üblicherweise zu erbringenden Leistungen beschrieben und Orientierungswerte zu deren Honorierung genannt. Im Gegensatz zu früheren Versionen sind seit 2013 die für Großprojekte ebenfalls wichtigen projektbegleitenden Tätigkeiten, die unter dem Begriff Projektsteuerung zusammengefasst waren, nicht mehr enthalten (Locher et al. 2021, Einleitung, Rn. 649 ff.).

Der in der HOAI beschriebene Planungsablauf basiert auf einer soliden Ermittlung der Planungsgrundlagen und Randbedingungen und impliziert eine stufenweise Planung vom Groben zum Feinen. Diese prinzipielle Vorgehensweise hat sich als sinnvoll erwiesen und entspricht der gängigen Praxis. Für die tatsächliche Umsetzung werden in der HOAI teilweise unterschiedliche Wege beschrieben, die nachfolgend dargestellt werden.

► **Praxishinweis** Die HOAI unterteilt die vom Planer zu erbringenden Leistungen grundsätzlich in folgende Planungsphasen:

1. Grundlagenermittlung
2. Vorplanung
3. Entwurfsplanung
4. Genehmigungsplanung
5. Ausführungsplanung
6. Vorbereitung der Vergabe
7. Mitwirkung bei der Vergabe
8. Objektüberwachung (Bauüberwachung) und Dokumentation
9. Objektbetreuung

[1] Verordnung über die Honorare für Architekten- und Ingenieurleistungen (Honorarordnung für Architekten und Ingenieure – HOAI) vom 10.07.2013 (BGBl. I S. 2276), geändert durch Artikel 1 der Verordnung zur Änderung der Honorarordnung für Architekten und Ingenieure vom 02.12.2020 (BGBl. I S. 2636).

Bevor jedoch die eigentliche Planung beginnt, sind i. d. R. beim späteren Bauherrn schon eine Reihe von Untersuchungen und Entscheidungen erforderlich, die der Bauherr entweder allein oder unter Einbeziehung einer Projektsteuerung vorbereitet und durchführt. In dieser auch als Projektentwicklung bezeichneten Phase werden die Projektziele festgelegt und es wird ein Projektprogramm entwickelt. Hierbei kann auch bereits die prinzipielle Projektstruktur erarbeitet werden, um festzustellen, welche Planungsleistungen und Gutachten benötigt werden und welche sonstigen fachlich Beteiligten zu involvieren sind. In einer ersten Stufe erfolgt dann die Beauftragung der Planungsleistungen.

Gutachter und sonstige Projektbeteiligte werden ansonsten i. d. R. nach Bedarf unter Mitwirkung des Planers mit einbezogen. Diese Zuarbeit des Planers gehört zu den Leistungen der Grundlagenermittlung (Locher et al. 2021, § 34 Rn 157). Weitere wichtige Leistungen dieser Phase sind die Klärung der Aufgabenstellung und die Ermittlung bzw. Zusammenstellung von vorgegebenen Randbedingungen, von die Aufgabe beeinflussenden Planungsabsichten und von vorhandenen Unterlagen sowie das Bewerten dieser Unterlagen. Auf dieser Basis sind die notwendigen Vorarbeiten wie Baugrunduntersuchungen, Vermessungsleistungen oder Vorbelastungsmessungen im Zusammenhang mit dem Immissionsschutz darzulegen. Die Leistungen und Ergebnisse der Grundlagenermittlung werden sinnvollerweise in einem Bericht zusammengefasst und dokumentiert.

Da es sich bei der Planung von abfallwirtschaftlichen Anlagen wie vorstehend beschrieben normalerweise um komplexe Projekte handelt, kommt nicht nur der Planung als solcher, sondern zur Sicherung der Projektqualität auch der Planung große Bedeutung zu. So sollte bereits in dieser Phase der Planungsablauf sorgfältig festgelegt werden.

Als Instrument der Qualitätssicherung sollte frühzeitig ein projektbezogenes Qualitätsmanagementsystem entwickelt und in einem Projekthandbuch dokumentiert werden. Hierzu gehören insbesondere die Definition der Projektziele, die Projektbeschreibung, die Projektorganisation, die Regelung von Arbeitsabläufen, die Kosten- und Terminüberwachung, die technische Qualitätsüberwachung, die Überwachung der Arbeitssicherheit sowie die Regelungen zur Kommunikation und Dokumentation.

35.3 Spezifische Vorgehensweisen bei der Planung von Abfallbehandlungsanlagen

In der Regel wird bei der Planung und Ausschreibung der meisten Bauwerke eine Abwicklung gewählt, wie sie den Grundleistungsbildern der HOAI zugrunde liegt. Dabei wird nach der Grundlagenermittlung in der Vorplanungsphase zunächst eine Variantenuntersuchung durchgeführt, um die insgesamt wirtschaftlichste Lösung für das Bauvorhaben zu finden. In der anschließenden Entwurfsplanungsphase erfolgt die vertiefte planerische Ausarbeitung der gewählten Variante, welche die Grundlage für die einzureichenden Genehmigungsunterlagen bildet.

Nach Einreichung der Genehmigungsunterlagen findet dann die Ausführungsplanungs- und die Ausschreibungsphase statt.

Die Ausschreibung von Bauwerken wird im Regelfall als Ausschreibung mit Leistungsbeschreibungen in Form von Leistungsverzeichnissen auf der Basis der detaillierten Ausführungsplanung, häufig aufgeteilt in zahlreiche Einzelgewerke, durchgeführt. Die Ausschreibung kann alternativ hierzu aber auch als Leistungsbeschreibung mit Leistungsprogramm (funktionale Ausschreibung) erfolgen. Eine funktionale Ausschreibung kann ihrerseits sowohl insgesamt als Totalunternehmerausschreibung oder aber aufgeteilt in mehrere Lose durchgeführt werden. Der Hauptvorteil einer funktionalen Ausschreibung mit Totalunternehmerabwicklung liegt im deutlich geringeren Kostenrisiko des Bauherrn, insbesondere aus dem Schnittstellenrisiko sowie in den geringeren Projektvorlaufkosten bis zur Vergabe. Vorteilhaft ist auch der geringe Koordinationsaufwand aufseiten des Bauherrn. Nachteilig sind die deutlich höheren Kosten insgesamt sowie der relativ geringe Einfluss auf die Ausführung im Detail.

Die Planung von Deponien verläuft i. d. R. nach dem klassischen Planungsablauf, wobei die Ausschreibung der Bauleistungen mit Leistungsbeschreibungen in Form von Leistungsverzeichnissen erfolgt. Eine funktionale Ausschreibung gibt es allenfalls in Teilbereichen wie bei der Deponiegasnutzung oder Sickerwasserbehandlung.

Für Abfallbehandlungsanlagen können grundsätzlich alle beschriebenen Vorgehensweisen infrage kommen (Abb. 35.1). Komplexere Anlagen mit aufwendiger Verfahrenstechnik führen aber häufig zu der Variante, zumindest die Verfahrenstechnik in einem oder in wenigen Losen funktional auszuschreiben, um anbieterspezifisch differenzierte technische Lösungen zu ermöglichen. In diesem Fall kann die Genehmigungsplanung auch erst nach Festlegung des verfahrenstechnischen Konzeptes durchgeführt werden, um Tekturen zu vermeiden.

Wird nicht die Gesamtanlage als ein Los ausgeschrieben, sollten die anderen Gewerke sinnvollerweise erst nach definitiver Festlegung der Verfahrenstechnik ausgeschrieben werden, um Nachträge bei den anderen Gewerken aufgrund von lieferantenspezifischen Besonderheiten zu vermeiden. Diese anderen Gewerke können dann entweder nach durchgeführter Ausführungsplanung mit Leistungsbeschreibung als Leistungsverzeichnis oder als Leistungsbeschreibung mit Leistungsprogramm (funktional) in einem oder mehreren Losen bzw. Gewerken ausgeschrieben werden.

Normalerweise entscheidet der Bauherr vor der Ausschreibung, welche prinzipielle technische Lösung angeboten werden soll, also z. B. mechanisch-biologische Behandlung oder thermische Behandlung. Es besteht aber auch die Möglichkeit, die generelle Konzeption einem Wettbewerb zu unterziehen. In diesem Fall kann eine komplett technikoffene Ausschreibung durchgeführt werden, wobei die Auswahl des technischen Abfallbehandlungsverfahrens dann überwiegend vom Markt bestimmt wird.

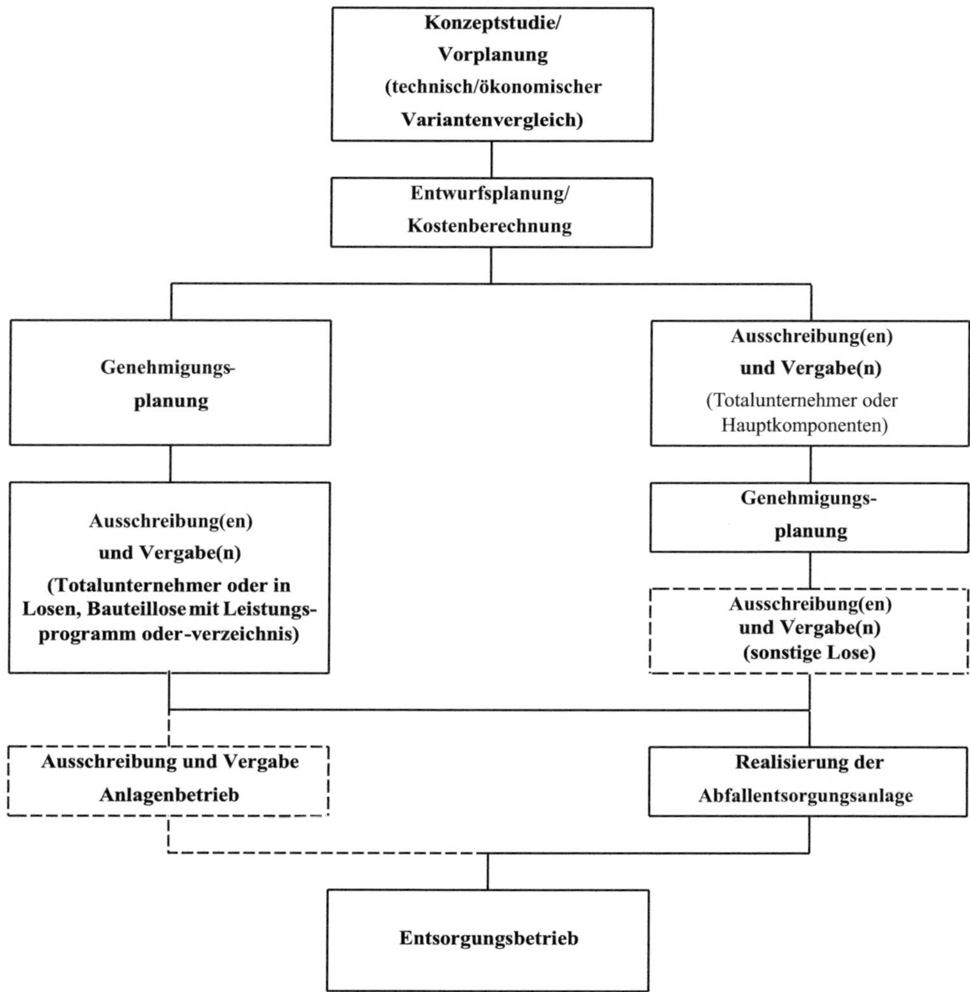

Abb. 35.1 Ablaufalternativen bei Planung und Ausschreibung

35.4 Konzeptionelle Planung

35.4.1 Allgemeines

Die Abwicklung der konzeptionellen Planung ist in den Leistungsphasen 2 (Vorplanung) sowie 3 (Entwurfsplanung) der HOAI für die jeweiligen Fachplanungen, wie z. B. zu den Ingenieurbauwerken im Teil 3 Abschn. 3 der HOAI, im Wesentlichen beschrieben.

35.4.2 Vorplanung

In der Vorplanungsphase wird auf der Basis der Ergebnisse der Grundlagenermittlung zunächst eine Analyse der Grundlagen durchgeführt. Weiter werden die Zielvorstellungen des Bauherrn auf die vorhandenen Randbedingungen abgestimmt, amtliche Karten ausgewertet und fachliche Zusammenhänge geklärt. Vorteilhaft ist auch bereits in dieser Phase eine erste Einbeziehung von Behörden, die bei der Genehmigung und Beurteilung des Vorhabens später mitwirken werden. In dieser Phase kann es auch bereits sinnvoll sein, betroffene Bürger fachgerecht über das geplante Vorhaben zu informieren.

Für das Projekt werden im Zuge der Vorplanung insbesondere die verschiedenen Lösungsmöglichkeiten der Planungsaufgabe untersucht. Ziel ist hierbei v. a., die insgesamt wirtschaftlichste Lösung des Bauvorhabens zu finden. Bei der Planung von Abfallbehandlungsanlagen wird hierbei häufig ein technisch/wirtschaftlicher Vergleich durchgeführt, gegebenenfalls unter Einbeziehung anderer wichtiger Entscheidungsmerkmale wie z. B. ökologischer Auswirkungen. Für die Beurteilung der Varianten sind nicht nur die Investitionskosten maßgeblich, sondern insbesondere die Jahres- bzw. spezifischen Kosten bzw. die Projektgesamtkosten. Zur Kostenermittlung werden üblicherweise die Annuitätenmethode oder die Barwertmethode herangezogen. Diese werden hierbei insbesondere unter Berücksichtigung von Kapitalkosten, Personalkosten, Betriebskosten für Wartung, Reparatur und Verschleiß sowie Betriebsmitteln und Entsorgungskosten für Reststoffe sowie unter Berücksichtigung eventueller Erlöse ermittelt. Soweit zusätzliche nicht monetär bewertbare Entscheidungsmerkmale mit einfließen, können diese in Form einer Nutzwertanalyse oder aber einer verbalargumentativen Bewertung einbezogen werden.

Im Rahmen der Vorplanung wird die Bestvariante zeichnerisch in Plänen im Maßstab 1:200 dargestellt. Hinzu kommen Blockschaltbilder sowie einfache Verfahrensschemata. Die Planunterlagen werden ergänzt durch einen Erläuterungsbericht. Sollte ein Raumordnungsverfahren für den geplanten Standort erforderlich werden, haben die Vorplanungsunterlagen normalerweise die hierfür erforderliche Bearbeitungstiefe.

Bestandteil der Vorplanung ist auch eine Kostenschätzung, die einen Genauigkeitsgrad von mindestens +/-30 % aufweisen sollte.

35.4.3 Entwurfsplanung

Die Entwurfsplanung umfasst die weitergehende System- und Integrationsplanung unter Erarbeitung der endgültigen Lösung der Planungsaufgabe auf der Basis der in der Vorplanung ermittelten Lösung (Huber 1994, S. 772 ff.). Hierbei enthalten ist auch die Ermittlung der wesentlichen Bauphasen insbesondere im Hinblick auf die Aufrechterhaltung des Betriebs bei bestehenden Anlagen.

Spätestens in dieser Phase müssen die Behörden in die Planungen mit einbezogen werden.

Das bisherige Planungskonzept wird durchgearbeitet und weiter konkretisiert, die notwendigen fachspezifischen Berechnungen werden durchgeführt. Die zeichnerische Darstellung erfolgt normalerweise im Maßstab 1:100, bei größeren Gebäuden wird aus Gründen der Praktikabilität teilweise auch der Maßstab 1:200 verwendet, jedoch mit entsprechender Bearbeitungstiefe. Grundfließbilder mit Massenströmen sowie vertieft ausgearbeitete Verfahrensschemata ergänzen die Planunterlagen. Beschreibungen und Berechnungen werden in einem Erläuterungsbericht zusammengefasst.

In dieser Leistungsphase werden darüber hinaus Termin- sowie Kosten- und Finanzierungspläne für das Projekt erarbeitet.

Wesentlicher Bestandteil ist auch die Kostenberechnung mit einer Genauigkeit von mindestens +/-15 %. Auf Basis der Kostenberechnung muss der Bauherr die Entscheidung treffen, ob ein Genehmigungsantrag gestellt wird bzw. ob ein Ausschreibungsverfahren begonnen wird. Zur Kostenkontrolle wird ein Vergleich mit der Kostenschätzung aus der Vorplanungsphase durchgeführt.

35.5 Genehmigungsplanung und Genehmigungsverfahren

35.5.1 Grundlagen des Genehmigungsverfahrens

In der Genehmigung von Abfallbehandlungsanlagen ist zu unterscheiden zwischen Anlagen zur Ablagerung (Deponien) und Anlagen zur Behandlung und Lagerung. Während nach dem Kreislaufwirtschaftsgesetz (KrWG)[2] für Deponien i. d. R. ein Planfeststellungsverfahren durchzuführen ist, werden thermische, biologische und mechanische Abfallbehandlungsanlagen in einem Genehmigungsverfahren nach Bundes-Immissionsschutzgesetz (BImSchG)[3] genehmigt. Ein wesentlicher Unterschied zwischen beiden Verfahren ist hierbei, dass bei einem Genehmigungsverfahren nach BImSchG ein Anspruch des Antragstellers auf Genehmigung besteht, beim Planfeststellungsverfahren nach KrWG jedoch nicht.

Das BImSchG regelt die Rahmenbedingungen für den Immissionsschutz. Art, Ablauf und Inhalt des Genehmigungsverfahrens sind in Verordnungen zum BImSchG geregelt, der Verordnung über genehmigungsbedürftige Anlagen (4. BImSchV)[4] sowie der Verordnung über das Genehmigungsverfahren (9. BImSchV).[5] Im Genehmigungsverfahren nach

[2] Gesetz zur Förderung der Kreislaufwirtschaft und Sicherung der umweltverträglichen Bewirtschaftung von Abfällen (Kreislaufwirtschaftsgesetz – KrWG) vom 24.02.2012 (BGBl. I S. 212), in Kraft getreten am 01.06.2012, zuletzt geändert durch Art. 20 des Gesetzes vom 10.08.2021 (BGBl. I S. 3436).

[3] Gesetz zum Schutz vor schädlichen Umwelteinwirkungen durch Luftverunreinigungen, Geräusche, Erschütterungen und ähnliche Vorgänge (BImSchG) in der Fassung der Bekanntmachung vom 17. Mai 2013 (BGBl. I S. 1274; 2021 I S. 123), zuletzt geändert durch Art. 1 des Gesetzes vom 24.09.2021 (BGBl. I S. 4458).

[4] Vierte Verordnung zur Durchführung des Bundes-Immissionsschutzgesetzes (Verordnung über genehmigungsbedürftige Anlagen – 4. BImSchV) in der Fassung der Bekanntmachung vom 31.05.2017 (BGBl. I S. 1440, zuletzt geändert durch Art. 1 der Verordnung vom 12.01.2021 (BGBl. I S. 69).

[5] Neunte Verordnung zur Durchführung des Bundes-Immissionsschutzgesetzes (Verordnung über das Genehmigungsverfahren – 9. BImSchV) in der Fassung der Bekanntmachung vom 29.05.1992 (BGBl. I S. 1001), zuletzt geändert durch Art. 2 der Verordnung vom 11.11.2020 (BGBl. I S. 2428).

Bundes-Immissionsschutzgesetz werden mit Ausnahme der wasserrechtlichen Verfahren sämtliche erforderlichen Genehmigungen gebündelt behandelt, also z. B. auch die baurechtliche Genehmigung. Genehmigungen zum zeitweisen oder andauernden Aufstauen, Umleiten bzw. Absenken von Grundwasser, zur Wasserentnahme, zur Wassereinleitung oder auch zur Wasserhaltung während der Bauzeit sind in getrennten Genehmigungsverfahren nach dem Wasserhaushaltsgesetz (WHG)[6] zu beantragen.

Zur Genehmigung von Abfallbehandlungsanlagen ist auch das Gesetz über die Umweltverträglichkeitsprüfung (UVPG)[7] zu beachten. Dort sind das Erfordernis, die Art, der Umfang sowie der Inhalt der Umweltverträglichkeitsprüfung in Abhängigkeit insbesondere von Art und Größe der Abfallentsorgungsanlage festgelegt.

Weitere wichtige Grundlagen sind darüber hinaus Regelwerke, die sich mit den zulässigen Emissionen bzw. Immissionen sowie der Art deren Bestimmung etc. befassen. Für thermische Abfallbehandlungsanlagen ist hier insbesondere die Verordnung über die Verbrennung und Mitverbrennung von Abfällen (17. BImSchV)[8] relevant, für biologische bzw. biologisch-mechanische Anlagen die Verordnung über Anlagen zur biologischen Behandlung von Abfällen (30. BImSchV).[9] Für Abfallbehandlungsanlagen weitere, wichtige Regelwerke sind in diesem Zusammenhang die europäische Richtlinie über Industrieemissionen (IE-Richtlinie)[10] mit den daraus resultierenden Beste-Verfügbare-Technik (BVT)-Merkblättern,[11] die Verwaltungsvorschriften zum BImSchG Technische Anleitung zur Reinhaltung der Luft (TA Luft)[12] sowie Technische Anleitung zum Schutz

---

[6] Gesetz zur Ordnung des Wasserhaushalts (WHG), Art. 1 des Gesetzes vom 31.07.2009 (BGBl. I S. 2585), zuletzt geändert durch Art. 2 des Gesetzes vom 18.08.2021 (BGBl. I S. 3901).

[7] Gesetz über die Umweltverträglichkeitsprüfung (UVPG) in der Fassung der Bekanntmachung vom 8. März 2021 (BGBl. I S. 540), zuletzt geändert durch Art. 14 des Gesetzes vom 10.09.2021 (BGBl. I S. 4147).

[8] Siebzehnte Verordnung zur Durchführung des Bundes-Immissionsschutzgesetzes (Verordnung über die Verbrennung und die Mitverbrennung von Abfällen – 17. BImSchV) vom 02.05.2013 (BGBl. I S. 1021, 1044, 3754), zuletzt geändert durch Art. 2 der Verordnung vom 06.07.2021 (BGBl. I S. 2514).

[9] Dreißigste Verordnung zur Durchführung des Bundes-Immissionsschutzgesetzes (Verordnung über Anlagen zur biologischen Behandlung von Abfällen – 30. BImSchV) vom 20.02.2001 (BGBl. I S. 317), zuletzt geändert durch Art. 2 der Verordnung vom 13.12.2019 (BGBl. I S. 2739).

[10] Richtlinie 2010/75/EU des Europäischen Parlaments und des Rates vom 24. November 2010 über Industrieemissionen (integrierte Vermeidung und Verminderung der Umweltverschmutzung), Amtsblatt Nr. L 334 vom 17.12.2010, S. 17.

[11] BVT-Merkblättern. https://www.umweltbundesamt.de/themen/wirtschaft-konsum/beste-verfuegbare-techniken/sevilla-prozess/bvt-merkblaetter-durchfuehrungsbeschluesse. Zugegriffen 18. November 2021.

[12] Erste Allgemeine Verwaltungsvorschrift zum Bundes-Immissionsschutzgesetz (TA Luft) vom 24.07.2002, GMBl. S. 511 (gültig bis 30.11.2021).

Erste Allgemeine Verwaltungsvorschrift zum Bundes-Immissionsschutzgesetz (TA Luft) vom 18.08.2021 (GMBl. Nr. 48-52 vom 14.09.2021 S. 1050).

gegen Lärm (TA Lärm);[13] für Deponien außerdem die Verordnung über Deponien und Langzeitlager (Deponieverordnung [DepV]).[14]

Weiter zu beachten sind die VDI-Richtlinien 7000 „Frühe Öffentlichkeitsbeteiligung bei Industrie- und Infrastrukturprojekten"[15] sowie 7001 „Kommunikation und Öffentlichkeitsbeteiligung bei Planung und Bau von Infrastrukturprojekten".[16]

Selbstverständlich sind neben den o. g. noch eine Vielzahl weiterer gesetzlicher Regelungen zu beachten, deren Aufzählung den Rahmen an dieser Stelle sprengen würde.

35.5.2 Genehmigungsunterlagen

Die Genehmigungsunterlagen (Huber 1994, S. 774 ff.) bestehen i. d. R. aus Antragsformularen, einem Erläuterungsbericht, einer Vielzahl von Formblättern, Übersichtsplänen, Emissionsquellenplänen, einer Kurzbeschreibung, einer Umweltverträglichkeitsuntersuchung, zahlreichen Gutachten sowie den in der Phase Entwurfsplanung erarbeiteten Unterlagen wie Lagepläne, Aufstellungspläne (Grundrisse und Schnitte), Ansichten, Entwässerungspläne, Fließbilder, Schemata und dergleichen.

► **Praxishinweis** Im Wesentlichen lässt sich Inhalt und Aufbau eines Genehmigungsantrags am nachfolgenden Beispiel für eine thermische Abfallbehandlungsanlage aufzeigen:

1. Allgemeines
2. Antrag
3. Kurzbeschreibung
4. Standort und Umgebung
5. Bauvorlagen/Grundstücksentwässerung
6. Natur- und Landschaftsschutz
7. Betriebsbeschreibung
8. Stoffe/Zubereitungen
9. Abfallvermeidung, -verwertung, -beseitigung
10. Umgang mit wassergefährdenden Stoffen

---

[13] Sechste Allgemeine Verwaltungsvorschrift zum BImSchG (TA Lärm) vom 26.08.1998, GMBl. S. 503.

[14] Verordnung über Deponien und Langzeitlager (DepV) vom 27.04.2009 (BGBl. I S. 900), zuletzt geändert durch Art. 3 der Verordnung vom 09.07.2021 (BGBl. I S. 2598).

[15] VDI-Richtlinie (VDI 7000) Frühe Öffentlichkeitsbeteiligung bei Industrie- und Infrastrukturprojekten. https://www.vdi.de/wirtschaft-politik/fruehe-oeffentlichkeitsbeteiligung/ziele-inhalte/. Zugegriffen 18. November 2021.

[16] VDI-Richtlinie (VDI 7001) Kommunikation und Öffentlichkeitsbeteiligung bei Planung und Bau von Infrastrukturprojekten. https://www.vdi.de/richtlinien/details/vdi-mt-7001-kommunikation-und-oeffentlichkeitsbeteiligung-bei-bau-und-infrastrukturprojekten-standards-fuer-die-leistungsphasen-der-ingenieure. Zugegriffen 18. November 2021.

11. Luftreinhaltung
12. Sparsame und effiziente Energieverwertung
13. Schutz vor Lärm und Erschütterungen
14. Anlagensicherheit
15. Brandschutz
16. Arbeitsschutz
17. Umweltverträglichkeitsuntersuchung
18. Maßnahmen im Fall der Betriebseinstellung

Ergänzt werden die Genehmigungsunterlagen durch Gutachten z. B. zu den Themen:

- Vorbelastungen (Luftinhaltsstoffe, Staubniederschlag, meteorologische Daten,
- Bodenbelastung, Schadstoffaufnahme durch Pflanzen, Lärm, Geruch, Grundwasser)
- Kaminhöhenbestimmung
- Immissionsprognosen (Luftinhaltsstoffe, Staubniederschlag, Lärm, Geruch)
- Ermittlung der Gesamtbelastung
- Sicherheitstechnische Betrachtung
- Baugrunduntersuchung
- Ausgangszustandsbericht mit Altlastenerkundung
- Eventuell humantoxikologisches Gutachten

35.5.3 Ablauf des Genehmigungsverfahrens

Wie vorstehend ausgeführt sollten die von der Planung Betroffenen, zumindest aber die relevanten Behörden, bereits frühzeitig in die Planung eingebunden werden. Häufig wird bereits in der Vorplanungsphase ein sog. Scoping-Termin abgehalten, an dem nicht nur die Genehmigungsbehörde und die relevanten Fachbehörden teilnehmen, sondern zu dem auch betroffene Bürger, Firmen, Verbände etc. eingeladen werden können. Die Durchführung eines Scoping-Termins ist jedoch nicht vorgeschrieben und kann auch durch ein oder mehrere Behördengespräche ersetzt werden.

Nach Fertigstellung der Genehmigungsunterlagen wird der Genehmigungsantrag eingereicht. Hierbei kann es sinnvoll sein, der Behörde zunächst einen Entwurf zur Vorabstimmung zu übermitteln.

Im ersten Schritt erfolgt i. d. R. die Vollständigkeitsprüfung durch die Genehmigungsbehörde. Sind die Unterlagen vollständig, macht die Genehmigungsbehörde das Vorhaben, soweit gesetzlich vorgeschrieben bzw. von der Behörde als notwendig erachtet, öffentlich bekannt und legt die Unterlagen unter Einhaltung der erforderlichen Fristen öffentlich aus. Die eventuell Betroffenen können die ausgelegten Unterlagen einsehen und schriftlich Einwendungen bei der Behörde vorbringen. Nach Auswertung der fristgerecht eingegangenen Einwendungen beraumt die Genehmigungsbehörde einen Erörterungstermin an, an dem das Vorhaben sowie die Einwendungen unter Teilnahme von Antragsteller, Behörden und Einwendern erörtert werden. Dieser Termin ist i. d. R. öffentlich. Normalerweise werden dem Antragsteller mit dem Genehmigungsbescheid zahlreiche Nebenbestimmungen auferlegt, wobei neben fachlichen Beurteilungen durch Fachbehörden oder neutrale Gutachter auch die Erkenntnisse aus dem Erörterungstermin mit einfließen.

Um die Realisierung des Vorhabens zu beschleunigen, besteht die Möglichkeit, Teilerrichtungsgenehmigungen zu beantragen. Die Genehmigungsbehörde kann diese erteilen, wenn die Erteilung der Genehmigung zu erwarten ist und, sofern sich der Antragsteller verpflichtet, die vorab errichteten Teile zurückzubauen, falls die Genehmigung insgesamt doch nicht erteilt wird.

Für komplexere Anlagen werden häufig Teilbereiche der Genehmigung nachgereicht, wie z. B. die prüffähige statische Berechnung oder bei thermischen Anlagen die Unterlagen gemäß Betriebssicherheitsverordnung (BetrSichV)[17] zum Dampfkessel etc.

Bei größeren Projekten ist außerdem damit zu rechnen, dass Klagen gegen Genehmigungen erhoben werden.

35.6 Ausschreibung und Vergabe

35.6.1 Ausschreibungsverfahren

Während private Betreiber bzw. Bauherren von Abfallbehandlungsanlagen bei der Angebotseinholung und Vergabe frei agieren können, unterliegen öffentliche Bauherren dem strengen EU-Vergaberecht. Das gilt i. d. R. auch für gemischtwirtschaftliche Bauherren mit Public-Private-Partnership (PPP)-Modellen, insbesondere soweit die kommunalen Partner mit über 50 % beteiligt sind.

Das EU-Vergaberecht ist in Deutschland grundsätzlich im Gesetz gegen Wettbewerbsbeschränkungen (GWB)[18] sowie in der Vergabeverordnung (VgV)[19] geregelt. In Bezug auf Bauvorhaben sind die EU-Bestimmungen in der Vergabe- und Vertragsordnung für Bauleistungen Teil A (VOB/A)[20] enthalten. Liegen Bauvorhaben in ihrem Gesamtinvestitionsvolumen über dem Schwellenwert, müssen zumindest ihre wesentlichsten Lose europa-

[17] Verordnung über Sicherheit und Gesundheitsschutz bei der Verwendung von Arbeitsmitteln (Betriebssicherheitsverordnung – BetrSichV) vom 03.02.2015 (BGBl. I S. 49), zuletzt geändert durch Artikel 7 G des Gesetzes vom 27.07.2021 (BGBl. I S. 3146).

[18] Gesetz gegen Wettbewerbsbeschränkungen (GWB) in der Fassung der Bekanntmachung vom 26.06.2013 (BGBl. I S. 1750, 3245), zuletzt geändert durch Artikel 10 Absatz 2 des Gesetzes vom 27.07.2021 (BGBl. I S. 3274).

[19] Verordnung über die Vergabe öffentlicher Aufträge (Vergabeverordnung – VgV), zuletzt geändert durch Artikel 2 des Gesetzes vom 09.06.2021 (BGBl. I S. 1691).

[20] Vergabe- und Vertragsordnung für Bauleistungen Teil A (Allgemeine Bestimmungen für die Vergabe von Bauleistungen) Fassung 2019, Bekanntmachung vom 31.01.2019 (BAnz AT 19.02.2019 B2).

weit ausgeschrieben werden. Die Schwellenwerte werden von der Kommission der Europäischen Union (EU) jeweils angepasst (zuletzt 5.350.000 €).[21]

Möglich sind als Vergabeverfahren:

- Offenes Verfahren
- Nichtoffenes Verfahren nach vorheriger öffentlicher Aufforderung zur Teilnahme
- Verhandlungsverfahren mit oder ohne Teilnahmewettbewerb
- Wettbewerblicher Dialog
- Innovationspartnerschaft

Den öffentlichen Auftraggebern stehen nach GWB das offene Verfahren und das nicht offene Verfahren, das stets einen Teilnahmewettbewerb erfordert, nach ihrer Wahl zur Verfügung. Die anderen Verfahrensarten stehen nur zur Verfügung, soweit dies aufgrund des GWB gestattet ist. Das nicht offene Verfahren kommt häufig dann zur Anwendung, wenn die funktionale Ausschreibung durchgeführt wird, da der planerische Aufwand, der bei der Angebotserstellung entsteht, nicht zu vielen Bietern zugemutet werden sollte.

Während das offene Verfahren in einem Schritt abläuft, bei dem die Eignungsprüfung der Bieter nach Angebotsabgabe im Rahmen der Angebotsprüfung erfolgt, laufen Verfahren mit öffentlicher Aufforderung zur Teilnahme bzw. mit Teilnahmewettbewerb in mehreren Stufen ab. Auf der Basis der Vergabebekanntmachung bewerben sich in diesem Fall potenzielle Bieter um die Teilnahme am Wettbewerb. Nach Feststellung der Eignung werden die geeigneten Bieter zur Abgabe von Angeboten aufgefordert, es sei denn, dass sich zu viele Bewerber als geeignet erwiesen haben. In diesem Fall wird der Bieterkreis nach vorab festgelegten Kriterien eingeschränkt.

Bei komplexeren verfahrenstechnischen Losen von Abfallbehandlungsanlagen war in der Vergangenheit das nichtoffene Verfahren mit öffentlicher Aufforderung zur Teilnahme (Teilnahmewettbewerb) der Regelfall. In diesem Verfahren sind Verhandlungen mit den Bietern stark eingeschränkt. Aktuell kommen für komplexe Anlagen bzw. Lose jedoch immer häufiger das Verhandlungsverfahren bzw. der relativ neue wettbewerbliche Dialog, jeweils mit öffentlicher Vergabebekanntmachung, zum Tragen. Diese Verfahren lassen mehr gestalterischen Spielraum, ihre Anwendung ist vergaberechtlich jedoch nicht unumstritten.

Abweichungen von den Regelfällen sind zu begründen und in der Vergabeakte zu dokumentieren. Hierzu gehört auch der Verzicht auf eine Vergabe unterteilt nach Gewerken bzw. Losen sowie die Durchführung als funktionale Ausschreibung(en).

Seit dem 18. April 2016 müssen öffentliche Auftraggeber und Unternehmen im Oberschwellenbereich grundsätzlich elektronische Mittel zur Kommunikation nutzen (vgl. § 97 Abs. 5 GWB, § 9 Abs. 1 VgV). Bis spätestens 18. Oktober 2018 mussten alle Auftraggeber und Auftragnehmer vollständig auf eine elektronische Abwicklung von Vergabeverfahren umgestellt haben.

[21] Delegierte Verordnung (EU) 2021/1953 der Kommission vom 10.11.2021 zur Änderung der Richtlinie 2014/25/EU des Europäischen Parlaments und des Rats im Hinblick auf die Schwellenwerte für Auftragsvergabeverfahren, Amtsblatt Nr. L 398 vom 11.11.2021, S. 25 f.

35.6.2 Aufbau und Inhalt der Verdingungsunterlagen

Die Verdingungs- oder auch Ausschreibungsunterlagen bestehen aus den Ausschreibungsbedingungen, den Vertragsbedingungen, der Leistungsbeschreibung sowie gegebenenfalls Beilagen.

In den Ausschreibungsbedingungen werden Ablauf und Bedingungen des Vergabeverfahrens geregelt wie Termin und Ort der Angebotsabgabe, Kriterien zur Teilnahme sowie zur Angebotswertung, Auflistung der mit dem Angebot abzugebenden Unterlagen etc.

Die Vertragsbedingungen enthalten die werkvertraglichen Regelungen zur späteren Abwicklung, z. B. bezüglich Termine, Haftung, Versicherung, Kündigung, Garantien und Gewährleistungen bzw. vereinbarte Beschaffenheiten, Leistungsänderungen inklusive Preisanpassung, Verjährungsfristen, Rechnungsstellung und Zahlungsverkehr, gegebenenfalls Preisgleitungsformeln.

Die Leistungsbeschreibung kann wie vorstehend ausgeführt in Form eines Leistungsverzeichnisses oder bei funktionaler Ausschreibung in Form eines Leistungsprogramms erstellt werden. Ein Leistungsverzeichnis beinhaltet konkrete Beschreibungen jeder einzelnen auszuführenden Lieferung und Leistung mit Massenangaben, wie z. B. Kubikmeter Beton einer bestimmten Qualität oder Meter Rohrleitung eines bestimmten Durchmessers aus einem bestimmten Material. Hierbei wird auch der Einzelpreis pro Einheit abgefragt, da die spätere Abrechnung der Baumaßnahme normalerweise nach tatsächlich verbrauchten Materialien bzw. Leistungen auf der Basis von Aufmaß, Wiegescheinen und dergleichen erfolgt. Im Rahmen einer funktionalen Ausschreibung werden Ziele formuliert, wobei zusätzlich auch Qualität und Menge für bestimmte Teile vorgegeben werden können, wie z. B. sieben Steckdosen eines bestimmten Standards im Raum X. Das Angebot enthält bei dieser Vorgehensweise Pauschalpreise für größere Leistungspakete, nach denen auch die spätere Abrechnung erfolgt.

Zu dieser Phase gehören auch das Ermitteln der Kosten auf Grundlage der vom Planer bepreisten Leistungsverzeichnisse sowie die Kostenkontrolle durch Vergleich mit der Kostenberechnung.

35.6.3 Angebotsauswertung

Im Zuge der Angebotsauswertung sind die Angebote sowie gegebenenfalls Nebenangebote oder Änderungsvorschläge zu prüfen. Am Anfang steht die formelle Prüfung, ob die Angebote überhaupt gewertet werden können bzw. dürfen. Dann erfolgt die rechnerische Prüfung, um festzustellen, ob die Einzelpreise zum angegebenen Gesamtergebnis führen. Bei funktionalen Ausschreibungen sowie bei Nebenangeboten oder Änderungsvorschlägen kann eine teilweise sehr aufwendige technische Prüfung erforderlich werden. In besonderen Fällen kann auch eine Prüfung von Abweichungen zum Vertragsteil notwendig sein. Je nach Vergabeverfahren können auch Bietergespräche zur Aufklärung über den Angebotsinhalt bzw. Verhandlungen durchgeführt werden.

Das komplette Vergabeverfahren ist in einer Vergabeakte zu dokumentieren, wozu auch der i. d. R. vom Planer erstellte Auswertungsbericht gehört. Dieser beinhaltet insbesondere Angaben und Informationen zum Ablauf des Wettbewerbs sowie gegebenenfalls zum Teilnahmewettbewerb, zu den Anforderungen und zum Versand der Verdingungsunterlagen, zur Angebotseröffnung (Submission), zur Nichtabgabe von Angeboten sowie zu den Bieteranhörungen. Wichtig sind auch die Angaben zur Wertung der Angebote, Nebenangebote sowie Änderungsvorschläge.

▶ **Praxishinweis** In die Wertung von Angeboten über die Errichtung von Abfallbehandlungsanlagen fließen z. B. ein:

- Lieferumfang/Schnittstellen
- Technik/Verfahren/Referenzen
- Subunternehmer/Fabrikate/Hersteller
- Termine/Fristen
- Preise/Betriebs- bzw. Jahreskosten
- Beschaffenheitsvereinbarungen und -werte (früher Garantien und Gewährleistungen)

Es ist hierzu anzumerken, dass die vorstehenden Punkte zur Beurteilung der technischen Belange insbesondere für Vergaben durch nicht öffentliche Bauherren gelten. In Vergabeverfahren öffentlicher Bauherren werden an die technische Bewertung sehr hohe formale Anforderungen gestellt. Die vorstehend beschriebenen Punkte sind bei öffentlichen Bauherren teilweise nicht mehr praktizierbar. Diese Entwicklung hat sich in den letzten Jahren noch deutlich verstärkt. Deshalb ist die Fragestellung, ob – und falls ja – in welcher Weise eine technische Bewertung durchgeführt werden soll, im Zuge der Ausschreibungserstellung besonders sorgfältig abzuwägen.

Teil der Planerleistungen dieser Phase ist aber auch die Kostenkontrolle, wobei die Angebotspreise mit den vorangehenden Kostenermittlungen verglichen werden. Der Auswertungsbericht beinhaltet darüber hinaus auch die Benennung des Bestbieters und damit den Vergabevorschlag für den Bauherrn.

35.7 Ausführungsplanung

Die Ausführungsplanung (Huber 1994, S. 780) stellt bei normalen Gebäuden die detaillierteste Stufe der Planung dar, die die Ausführenden auf der Baustelle in die Lage versetzt, das Bauwerk zu errichten. Die Pläne werden i. d. R. im Maßstab 1:50 erstellt, für einzelne Details sind größere Maßstäbe bis 1:5 keine Ausnahme. Neben den sog. Werkplänen der Architekten oder planenden Ingenieure werden vom Tragwerksplaner ergänzend spezielle Pläne erstellt, z. B. Schal- und Bewehrungspläne für Betonbauteile oder auch Stahlbaupläne. Teilweise können Detailpläne insbesondere für Fertigteile auch von den Herstellern erstellt werden.

Auch für die Gebäudeausrüstung und verfahrenstechnische Anlagen wird eine entsprechende Ausführungsplanung, häufig auch als Detail-Engineering bezeichnet, durchgeführt. Neben den Plänen, die das Zusammenwirken mit dem Bauteil sowie die Zusammenführung von vorgefertigten Teilen vor Ort beschreiben, gehören auch die Werkstattpläne sowie Montagepläne zum Detail-Engineering. Werkstatt- und Montagepläne sind i. d. R. Sache des Herstellers. Für verfahrenstechnische Anlagen erfolgt die Errichtung teilweise in Form von Fertigung oder Vorfertigung in den Werkstätten der Hersteller einzelner Teile und Aggregate.

Wird die Ausführungsplanung von einem Lieferanten der Verfahrenstechnik oder nach funktionaler Ausschreibung des Bauteils von der Baufirma durchgeführt, ist dem Bauherrn dringend anzuraten, die von diesen erstellten Pläne durch fachlich geeignete Architekten bzw. Ingenieure im Hinblick auf die Übereinstimmung mit der Genehmigung, dem Bauvertrag, den gesetzlichen Vorschriften sowie dem Stand der Technik überprüfen zu lassen. Dies gilt auch für Werkstatt- und Montagepläne. Aller Erfahrung nach ist es äußerst schwierig, falsch gefertigte Teile tatsächlich durch vertragsgemäß ausgeführte Teile zu ersetzen, wenn sie erst einmal gefertigt und auf der Baustelle angeliefert oder gar eingebaut sind. Um noch größeren Schaden, z. B. aus Terminverzug zu vermeiden, ist der Bauherr in diesem Fall häufig gezwungen, Kompromisse einzugehen und die minderwertigen Teile bzw. Ausführungen zu akzeptieren. Durch rechtzeitige Prüfung der Ausführungspläne lassen sich diese Probleme deutlich vermindern und die Qualität des Projekts verbessern.

35.8 Überwachung der Realisierung

35.8.1 Allgemeines

Die grundlegenden Aufgaben der Bauüberwachung und Bauleitung durch Architekten bzw. Ingenieure sind ebenfalls in der HOAI beschrieben (Locher et al. 2021, § 34, Rn. 213 f.). Für Bauvorhaben mit wesentlichen verfahrenstechnischen Teilen wie Abfallbehandlungsanlagen sind zusätzliche Maßnahmen empfehlenswert. Die wichtigsten Tätigkeiten in den einzelnen Phasen der Realisierung sowie der ersten Betriebsjahre sind nachfolgend beschrieben.

35.8.2 Bau- und Montageabwicklung

In dieser Phase sind insbesondere die üblichen HOAI-Leistungen wie die Koordination der Beteiligten, die Planprüfung, das Aufstellen und Überwachen des Terminplans inklusive der Inverzugsetzung ausführender Firmen (bei Bedarf), das Führen eines Bautagebuchs, das Aufmaß von Leistungen, die nach Einheitspreisen abgerechnet werden, sowie die Rechnungsprüfung durchzuführen. Sehr wichtig ist auch die Ausführungsüberwachung zur Übereinstimmung mit den freigegebenen Unterlagen, dem Bauvertrag sowie den Regeln der Technik und Vorschriften. Soweit die Prüfung der letztgenannten Punkte nach funktionaler Ausschreibung bereits im Zuge der Planprüfung durchgeführt wurde, reduziert sich der Leistungsumfang an dieser Stelle deutlich.

Weiterhin finden in dieser Phase auch die Bestellungen der verfahrenstechnischen Lieferanten bei ihren Nachunternehmern statt. Hierbei sollten die Bestellungen analog der Planungen im Hinblick auf vertragskonforme Ausführung sowie daraufhin überprüft werden, ob der Nachunternehmer geeignet ist und z. B. in der freigegebenen Nachunternehmerliste aufgeführt wurde. Erst dann sollte bei positivem Prüfergebnis die Bestellfreigabe durch den Bauherrn erfolgen.

Für wichtige verfahrenstechnische Anlagenkomponenten empfiehlt es sich, stichprobenartige Fertigungskontrollen durchzuführen, um die terminliche Abwicklung und Qualität bereits während der Herstellung zu kontrollieren. Ebenso empfehlenswert ist eine Endkontrolle im Werk vor dem Versand, um fehlerhafte Aggregate noch zurückweisen zu können, bevor sie auf der Baustelle eintreffen.

In der praktischen Abwicklung von Bauvorhaben ergeben sich immer wieder Leistungsänderungen, sei es durch Nebenbestimmungen aus dem Genehmigungsverfahren, aus geänderten Rahmenbedingungen wie z. B. Abweichungen zwischen den stichprobenartigen Baugrunduntersuchungen und den tatsächlichen Verhältnissen oder aus Änderungswünschen des Bauherrn. In diesen Fällen reichen die ausführenden Firmen sog. Nachtragsangebote ein. Diese sind zunächst darauf hin zu überprüfen, ob überhaupt eine Vertragsänderung vorliegt. Liegt eine Vertragsänderung vor, sind die Nachtragsangebote weiter hinsichtlich der technischen Ausführung sowie der Angemessenheit der Preise zu überprüfen. Um eine Preisprüfung mit der erforderlichen Genauigkeit durchführen zu können, sollten bei der Ausschreibung bzw. beim Vertragsschluss schon präzise Vorgehensweisen zur Preisaufschlüsselung und Prüffähigkeit von Nachtragsangeboten festgelegt werden.

35.8.3 Inbetriebnahme und Probebetrieb

Eine sehr wichtige Phase stellt bei Abfallbehandlungsanlagen die Inbetriebnahme sowie der anschließende Probebetrieb dar. Auch diese Phase ist vom Ingenieur zu überwachen. Die Inbetriebnahme sollte gegenüber dem Bau und der Montage der Anlagenteile klar abgegrenzt sein. Deshalb empfiehlt es sich, vor Beginn der Inbetriebnahme einzelner Anlagenkomponenten für diese Bereiche sog. Montageendkontrollen durchzuführen, nach deren erfolgreicher Durchführung die Freigabe zur Inbetriebnahme erfolgt.

Die Inbetriebnahme teilt sich auf in eine Kalt-Inbetriebnahme, in der die wichtigsten Funktionen getestet und Einstellungen vorgenommen werden, ohne dass bereits Abfälle mit behandelt werden. Erst wenn am Ende der Kalt-Inbetriebnahme die prinzipielle Funktion der Anlage nachgewiesen ist, sollte die Freigabe zur Warm-Inbetriebnahme erfolgen. In dieser Phase werden die Aggregate sukzessive mit dem bestimmungsgemäßen

Inputmaterial beaufschlagt. Bei thermischen Abfallbehandlungsanlagen beginnt die Warm-Inbetriebnahme-Phase i. d. R. nicht mit den ersten Einbringungen von Abfällen, sondern bereits vorher mit der ersten Zündung der Zünd- und Stützfeuerung, die mit Öl oder Gas betrieben wird.

Erst wenn alle wichtigen Einstellungen durchgeführt sind und die Gesamtanlage unter Praxisbedingungen ihre prinzipielle Tauglichkeit nachgewiesen hat, sollte die Freigabe zum Probebetrieb erfolgen. Der Probebetrieb dient dem Nachweis, dass die Anlage dauerhaft funktionsfähig ist, und findet noch unter der Verantwortung des verfahrenstechnischen Lieferanten, jedoch mit Personal des Bauherrn bzw. Betreibers statt. Er dauert i. d. R. mehrere Wochen, in Anlagen mit biologischen Prozessen kann er auch mehrere Monate dauern. Soweit möglich und sinnvoll, sind während des Probebetriebs auch die Leistungsnachweise insbesondere hinsichtlich der vereinbarten Beschaffenheiten der Anlage zu überprüfen. Verschiedene Leistungsnachweise können jedoch erst bei einem längerfristigen Betrieb nachgewiesen werden und müssen später erfolgen.

Für Abfallbehandlungsanlagen ist auch sehr wichtig, dass rechtzeitig vor dieser Phase eine ausreichende Schulung des späteren Betriebspersonals erfolgt und die Betriebsanleitung und Dokumentation der Anlage soweit fertiggestellt sind, dass das Personal des Betreibers in der Lage ist, die Anlage bestimmungsgemäß zu betreiben.

35.8.4 Abnahme und Übergabe des Objekts

Die Abnahme eines Bauwerks oder einer Anlage stellt einen sehr entscheidenden Schritt bei der Realisierung eines Bauvorhabens dar. Mit der Abnahme geht das Bauwerk in die Gefahr des Bauherrn über. Juristisch ergibt sich hiermit eine Umkehr der Beweislast. Das bedeutet, dass Fehler vom Bauherrn nachzuweisen sind, was i. d. R. ziemlich schwierig ist. Somit trägt auch der Architekt oder Ingenieur bei der Abnahme eine große Verantwortung. Die Abnahme erfolgt nach Fertigstellung des Bauwerks, bei Abfallbehandlungsanlagen zusätzlich nach erfolgreichem Probebetrieb sowie dem Nachweis der bis zur Abnahme zu erbringenden Leistungsnachweise. Die Abnahme wird in einer Abnahmeniederschrift dokumentiert, die i. d. R. vom Lieferanten bzw. der Baufirma, dem Bauherrn und dem überwachenden Architekten oder Ingenieur unterzeichnet wird. Die Abnahme kann nur verweigert werden, wenn wesentliche Mängel vorliegen. Sämtliche sonstigen bekannten Mängel werden ebenso wie eventuell noch zu erbringende Leistungsnachweise in der Abnahmeniederschrift dokumentiert und mit Terminen zur Erledigung versehen. Somit sind Abnahmemängel de facto aus der Abnahme zunächst ausgenommen. Die dokumentierten Mängel müssen vom jeweils Verantwortlichen (Lieferant bzw. Baufirma) auf seine Kosten innerhalb der vereinbarten Termine beseitigt werden.

Die Überwachung der Beseitigung der Abnahmemängel sowie deren Dokumentation liegt ebenso beim Architekten bzw. Ingenieur wie die Beantragung und Teilnahme an behördlichen Abnahmen, die Zusammenstellung der Wartungsvorschriften, das Auflisten der Verjährungsfristen sowie die Kostenfeststellung mit Kostenkontrolle.

35.8.5 Begleitung des Anlagenbetriebs

Neben der Überwachung der Beseitigung der Abnahmemängel sowie deren Dokumentation sind auch die während der Vertragsfristen auftretenden Mängel zu erfassen und deren Beseitigung entsprechend zu überwachen.

Sehr wichtig ist es in dieser Phase, dafür Sorge zu tragen, dass von den Lieferanten und Planern die endgültige Dokumentation über die gebaute bzw. gelieferte Anlage mit der erforderlichen Qualität erstellt und zusammengestellt wird.

Da verfahrenstechnische Anlagen wie speziell auch Abfallbehandlungsanlagen ein permanentes Optimierungspotenzial aufweisen, sollten Ingenieure immer bestrebt sein, bei solchen Optimierungen aktiv mitzuwirken, um das daraus erlernte Wissen bei zukünftigen Planungen einbringen zu können.

Literatur

Aggteleky B, Bajna N (1992) Projektplanung. Carl Hanser Verlag, München

Baumgarten H (1993) Skript zur Vorlesung Management der Logistik. TU Berlin, Fachgebiet, Materialflusstechnik und Logistik, Berlin

Huber H (1994) Anlagenplanung. In: Tabasaran O (Hrsg) Abfallwirtschaft, Abfalltechnik: Siedlungsabfälle. Ernst & Sohn Verlag, Berlin, S 768-785

Huber H (2017) Planung und Realisierung abfallwirtschaftlicher Anlagen. In: Kranert M (Hrsg.) Einführung in die Kreislaufwirtschaft. 5. Aufl., Springer Verlag, Wiesbaden, S 654-671

Locher U, Koeble W, Frik W (2021) Kommentar zur HOAI. 15. Aufl., Werner Verlag, Köln

Reichert O (1979) Systematische Planung von Anlagen der Verfahrenstechnik. Carl Hanser Verlag, München

Thomé-Kozmiensky K (1985) Planung von Abfallbehandlungsanlagen. EF-Verlag für Energie und Umwelttechnik GmbH, Berlin

Demontage von Elektroaltgeräten und Altfahrzeugen

36

Jan Henning Seelig, Martin Faulstich, Jule Jeschonowski und Klaus Hieronymi

36.1 Demontage – ein Werkzeug für die Kreislaufwirtschaft

Ein Ziel der Kreislaufwirtschaft ist es, neben dem Recycling der Massenmaterialien auch solche Materialien aus den Abfallströmen aufzubereiten, die nur in relativ geringen Mengen verwendet werden. Gerade diese Materialien sind häufig bedeutende Schlüsselelemente für technologisch anspruchsvolle Anwendungen, wodurch sie gesamtwirtschaftlich betrachtet eine große Bedeutung haben. Die Rückgewinnung derartiger Materialien scheitert in der Praxis teils an mangelndem Wissen über deren Verbleib oder wird durch die geringen Konzentrationen in den etablierten Abfallströmen verursacht (Zimmermann und Gößling-Reisemann 2013). Letztere sind oftmals das Haupthindernis einer wirtschaftlichen Wiedergewinnung und stehen so der Kreislaufführung entgegen (Graedel et al. 2011).

Die Originalversion des Kapitels wurde revidiert. Ein Erratum ist verfügbar unter: https://doi.org/10.1007/978-3-658-36262-1_44

J. H. Seelig (✉)
CUTEC Clausthaler Umwelttechnik Forschungszentrum, Clausthal-Zellerfeld, Deutschland
E-Mail: jan.seelig@cutec.de

M. Faulstich
TU Dortmund, Dortmund, Deutschland
E-Mail: martin.faulstich@tu-dortmund.de

J. Jeschonowski
INZIN Institut, Düsseldorf, Deutschland
E-Mail: jule.jeschonwski@inzin.de

K. Hieronymi
Circular Economy Research GmbH, Oberursel, Deutschland

P. Kurth et al. (Hrsg.), *Praxishandbuch der Kreislauf- und Rohstoffwirtschaft*, https://doi.org/10.1007/978-3-658-36262-1_36

Ein sehr präsentes Beispiel sind die Technologiemetalle, von denen große Anteile in Elektro(nik)geräten eingesetzt werden – sei es als elektrisches Bauteil oder auch als Flammschutzmittel in den Kunststoffgehäusen. Die Verluste dieser Elemente entstehen an unterschiedlichen Stellen in der End-of-Life Phase, angefangen bei der Sammlung. Werden Elektro(nik)altgeräte (EAG) beispielsweise über die Hausmülltonne entsorgt und gelangen in die Abfallverbrennung, so sind die enthaltenen Technologiemetalle zu geringsten Anteilen in den Aschen und Stäuben enthalten und dissipativ verteilt (Buchert et al. 2012). Eine weitere Problematik besteht durch die großen Mengen an EAG, welche durch illegale Exporte das Land verlassen und nicht für eine hochwertige Wiedergewinnung zur Verfügung stehen (Li et al. 2013). Eine vom Umweltbundesamt 2008 in Auftrag gegebene Studie nennt einen Wert von ca. 155.000 Tonnen EAG (Sander und Schilling 2010). Wie groß diese exportierte Menge zehn Jahre später bei steigendem Konsum tatsächlich ist, ist unklar. (Umweltbundesamt 2020).

Ordnungsgemäß erfasste, gesondert gesammelte EAG werden in Deutschland einer gezielten Aufbereitung unterzogen. Auch unter Anwendung der gängigen Aufbereitungsmethoden sind je nach Element jedoch mehr oder weniger große Verluste zu verzeichnen. Von einigen Elementen sind prozentuale Verluste aufgrund der Unschärfe der genutzten Trenn- und Sortiertechniken unvermeidbar. Weitere Elemente können in den metallurgischen Aufbereitungsprozessen aufgrund ihrer chemischen und physikalischen Eigenschaften nicht separiert werden (Graedel et al. 2011). Wiederum andere sind auch in der Monofraktion EAG noch in derart geringen Mengen enthalten und zu so geringen Preisen am Weltmarkt erhältlich, dass von vornherein keine Rückgewinnung angestrebt wird.

Die Effizienz der gesamten Recyclingkette eines Elements oder Materials hängt von der Effizienz jedes einzelnen Schrittes ab. Unter der Annahme einer Sammelquote von 50 %, einer Effizienz in der Verfahrenskette von der Vorsortierung bis zur Feinseparation von 70 % sowie einer Effizienz in der anschließenden Materialrückgewinnung von 95 % ergibt sich beispielsweise ein resultierender Materialrückgewinnungsgrad von lediglich 33 % bezogen auf das theoretisch zur Verfügung stehende Gesamtpotenzial (Schluep et al. 2009).

Der verstärkte Einsatz der Demontage als Verfahrensschritt in den Recyclingrouten könnte die Verluste hochwertiger Materialien nach Ende der Produktlebensdauer deutlich verringern. Insbesondere die funktionelle Rückgewinnungsrate, die den Anteil des theoretischen Gesamtpotenzials eines Materials angibt, der aufgrund unveränderter chemischer und physikalischer Eigenschaften erneut in die hochwertige Anwendung gelangen kann (Graedel et al. 2011), würde durch die Demontage positiv beeinflusst. Sofern recyclingfreundliche Verbindungstechniken eingesetzt wurden, erlaubt die schonende Auftrennung an konstruktionsbedingten Materialübergängen innerhalb der Produkte eine sehr selektive Zerlegung und vermeidet damit Kontaminationen durch Anhaftungen oder Verklumpungen unterschiedlicher Materialien. Beispielsweise wird der Einsatzbereich von Stahl-Schredderschrotten aus der Altfahrzeugverwertung aufgrund der starken Kontamination mit Kupfer stark eingeschränkt und das Material daher zumeist als Baustahl weiterverwendet. Erwiesenermaßen kann jedoch durch eine tiefgehende Demontage von Altfahrzeugen, mit Entnahme von Kabelbäumen und Elektronik, der Kupferanteil im Stahl-Schredderschrott halbiert werden (Sander et al. 2017).

Durch Herstellung spezifischer Konzentrate, die daran anschließende Aufbereitungsrouten optimal bedienen, kann die Demontage für bisher unrentable Recyclingansätze Wirtschaftlichkeit erzielen. Sie ist daher ein geeignetes Werkzeug zur anteiligen Vermeidung der Materialgewinnung aus primären Lagerstätten und trägt somit zur Entkopplung zwischen Konsum und den damit einhergehenden Umweltauswirkungen bei.

Die Anwendbarkeit der Demontage beschränkt sich nicht ausschließlich auf Elektro(nik) altgeräte. Allgemein ist eine derartige Verarbeitung für Produkte mit großer Materialvielfalt sowie ausreichend hohem Komplexitätsgrad denkbar. Darunter fallen als weiteres, sehr materialintensives Beispiel sämtliche Fortbewegungsmittel wie Kraftfahrzeuge, Schiffe, Flugzeuge oder auch Fahrräder.

36.2 Demontage in der Behandlung von Elektro(nik)altgeräten

36.2.1 Beste Verfügbare Technik?

Die Abfallkategorie Elektro(nik)altgeräte setzt sich aus stark unterschiedlichen Produkten zusammen, welche teils mit unterschiedlichen Verfahrensweisen behandelt werden müssen, um eine umweltgerechte Verwertung zu gewährleisten. Die Aufbereitungsunternehmen unterscheiden sich in vielerlei Aspekten, angefangen bei der Unternehmensgröße und dem entsprechenden Einzugsgebiet, über die Spezialisierung auf unterschiedliche Geräteklassen, bis hin zu den eingesetzten Verarbeitungsschritten, um nur einige Beispiele zu nennen. Einen Überblick über die im EAG-Recycling anzuwendenden Behandlungsschritte gibt die Qualitätsgemeinschaft Elektroaltgeräte des Verbandes Deutscher Metallhändler e. V. Demnach besteht die beste verfügbare Technik (BVT) aus den in Abb. 36.1 gezeigten Schritten.

Die Behandlungsschritte können dabei an einem Standort oder auf mehrere verteilt sowie innerhalb eines Unternehmens oder auch von unterschiedlichen Marktteilnehmern

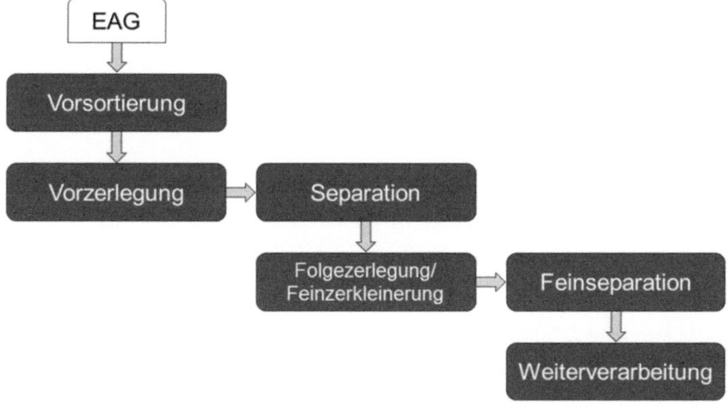

Abb. 36.1 Recycling von Elektro(nik)altgeräten (EAG) nach BVT (eigene Darstellung)

durchgeführt werden. Das übergeordnete Ziel ist die Rückgewinnung der werthaltigen Metallanteile aus den EAG.

Eine grobe Vorsortierung kann schon bei der Sammlung vorgenommen werden. Eine Trennung von EAG nach den vorgegebenen Gerätekategorien (ElektroG 2021) bereits in den Sammelstellen, etwa kommunalen Wertstoffhöfen, verringert die Komplexität und den Aufwand bei späteren notwendigen behandlungsspezifischen Sortierungen. Dieser Vorsortierung kommt eine sehr wichtige Aufgabe in der ersten Aufkonzentrierung der Zielelemente zu. Die Güte dieser Vorsortierung bestimmt den Erfolg der gesamten Recyclingkette, da diese Fraktionen geeigneter Qualität für die folgenden Behandlungsschritte bereitstellen muss (VDM 2012). Auch das Prüfverfahren der im Kreislaufwirtschaftsgesetz verankerten Vorbereitung zur Wiederverwendung kann in der Stufe der Vorsortierung erfolgen (Chancerel et al. 2011). Diese ist darin folgendermaßen definiert: „Vorbereitung zur Wiederverwendung im Sinne dieses Gesetzes ist jedes Verwertungsverfahren der Prüfung, Reinigung oder Reparatur, bei dem Erzeugnisse oder Bestandteile von Erzeugnissen, die zu Abfällen geworden sind, so vorbereitet werden, dass sie ohne weitere Vorbehandlung wieder für denselben Zweck verwendet werden können, für den sie ursprünglich bestimmt waren.“ (KrWG 2020)

Unter die Bezeichnung EAG fallen Geräte mit stark unterschiedlichem Aufbau, wie zum Beispiel Kühlgeräte, Waschmaschinen, Fernseher, Elektrowerkzeuge oder Beleuchtungskörper. Aus diesem Grund ist eine Vorsortierung sowohl hinsichtlich der stofflichen Zusammensetzung als auch der weiteren Behandlungsmethode notwendig. Zudem werden bei der Vorsortierung Fehlwürfe, wie z. B. Sperrmüll, sowie stark schadstoffhaltige Fraktionen, wie beispielsweise Batterien, aussortiert und den entsprechenden Abfallströmen zugeführt. Je nach Betrieb können in der Vorsortierung verschiedene Kategorien etabliert sein:

- funktionstüchtige Geräte zur Wiederverwendung
- Röhrenmonitore/-fernseher
- LCD/Plasmamonitore und -fernseher
- Kühlgeräte
- schadstoffhaltige Geräte (z. B. Öle, Quecksilber, Batterien)
- edelmetallhaltige Geräte
- Geräte mit überwiegend metallischem Anteil
- Geräte mit sortenreinen Kunststoffen
- …

Im Anschluss an die Vorsortierung erfolgt bei der Vorzerlegung ein erster Materialaufschluss. Das Ziel ist dabei, eine grundlegende Auftrennung der End-of-Life-Produkte (EoL-Produkte) für darauf folgende Verfahrensschritte zu erreichen. Die Vorzerlegung wird maschinell zerstörend oder manuell demontierend durchgeführt oder vorwiegend auch durch eine Kombination beider Vorgehensweisen. Dabei wird die Trennung bis auf Ebene von Materialgruppen und Materialverbünden erzielt, wie zum Beispiel:

- Gehäusekunststoffe
- Stähle
- Aluminium
- Schadstoffe
- Platinen
- Bauelemente.

Bei maschinell zerstörenden Verfahren führen große erzielte Kornklassen im Aufschluss zu unzureichenden Materialtrennungen in der anschließenden Separation. Dementsprechend sinkt die mögliche Trennschärfe der Sortierung, die technisch bedingt ohnehin keine einhundertprozentige Genauigkeit erreichen kann. Durch das Zusammenspiel dieser Gegebenheiten wird eine effektive Konzentration der Zielelemente in spezifische Fraktionen teilweise verhindert. An dieser Stelle muss ebenfalls eine weitere Problematik beachtet werden: Die für die Rückgewinnung *eines* Elements optimale Recyclingroute kann für weitere, in den gleichen Produkten enthaltene Elemente suboptimal oder gar hinderlich sein. Ebenso können einzelne Elemente die Rückgewinnung der eigentlichen Zielelemente behindern. Eine nach Berücksichtigung dieser Gesichtspunkte bestmögliche Trennung ist daher bereits in der Planung der Route des EAG-Recyclings anzustreben und beeinflusst den Gesamtgrad der Materialrückgewinnung deutlich. Eine vielversprechende Option zur zielgenauen Separation und Alternative zur maschinell zerstörenden Vorbehandlung ist die Demontage von EoL-Produkten.

Bisher existieren in Deutschland über 300 Zerlegeeinrichtungen für Elektro- und Elektronikaltgeräte, die im Jahr 2017 eine Gesamtmasse von circa 837.000 t inländisch gesammelter EAG verarbeiteten (Statistisches Bundesamt (DESTATIS 2019).

36.2.2 Entfrachtung von Schadstoffen

Durch eine Demontage kann neben der Materialrückgewinnung auch die obligatorische Schadstoffentfrachtung effizient erfolgen. Die schadstoffhaltigen Bauteile werden durch Demontage zerstörungs- und emissionsfrei entnommen, woraufhin die übrige Vorzerlegung bisher meist maschinell zerstörend erfolgt (VDM 2012). Ausgewählte schadstoffhaltige Bauteile können ebenfalls durch gezielt eingesetzte mechanische Beanspruchung freigelegt werden (z. B. Kondensatoren oder Batterien). Dies erfordert jedoch die genaue Kenntnis der verfahrenstechnischen Betriebsparameter, um eine zu tiefe Zerkleinerung und damit die Kontamination der schadstofffreien Anteile zu vermeiden. Eine besondere Herausforderung stellt dabei die breite Variation konstruktionstechnischer Details in Aufbau und Fügetechnik innerhalb der einzelnen Produktkategorien der EoL-Produkte dar. Die moderne Produktgestaltung nutzt beispielsweise zum Einbau von Akkumulatoren mit unterschiedlichen Verklebungen, Verschraubungen oder Steckverbindungen eine große

Bandbreite von Fügeverfahren, was die automatische Vorzerlegung mit der erwünschten, wohldefinierten Trennschärfe deutlich erschwert. Zusätzlich ist eine gezielte Separation der schadstoffhaltigen Bauteile im Anschluss an die maschinell zerstörende Zerlegung notwendig, die aufgrund der Komplexität der Separationsparameter zumeist durch Handklaubung am Förderband erfolgt. Dieser Aufwand entfällt dementsprechend bei Anwendung einer spezialisiert ausgerichteten Demontage, die bereits sortierte Fraktionen zum Ergebnis hat.

Die Menge der schadstoffhaltigen Bauteile hat sich in den vergangenen Jahren reduziert. Grund sind Gesetzgebungen im Umfeld der EG-Richtlinie 2002/95/EG („Reduction of Hazardous Substances (RoHS)“), die die Verwendung vieler Schadstoffe verbietet bzw. deren Nutzung in neuen Geräten reduziert. Aber auch Änderungen der Technologie tragen zur Verminderung von schadstoffhaltigen Komponenten bei, die vor der mechanischen Behandlung von Elektronikgeräten entfernt werden müssen. Während Kathodenstrahlröhren (CRT), das Kernstück alter Bildschirmgeräte, vor der mechanischen Behandlung entfernt werden müssen, um eine Kontamination des Schreddergutes mit dem stark bleihaltigen Glas der Bildröhre zu vermeiden, muss bei Geräten, die auf LCD-Technik beruhen, lediglich die quecksilberhaltige Hintergrundbeleuchtung separiert werden. Für Geräte, die mit einer Hintergrundbeleuchtung durch LEDs aufgebaut sind, entfällt dieser Schritt, da hier die Lichtquelle keine nennenswerten Schadstoffe enthält. Mit dem Verbot bzw. der Einschränkung der Nutzung bleihaltiger Lote trägt RoHS auch dazu bei, die Kontamination des Schreddergutes durch Blei wesentlich zu vermindern. Es kann davon ausgegangen werden, dass die Mehrzahl der heute zurückgegebenen elektronischen Altgeräte nach Vorgaben von RoHS gefertigt wurde.

Die Potenziale der Demontage gehen jedoch weit über die bereits verbreitet durch Demontage realisierte Schadstoffentfrachtung hinaus. Bei größerer Demontagetiefe können beispielsweise gezielt bestimmte Rückgewinnungsverfahren mit spezialisierten Fraktionen bedient werden. Auch die Wiederverwendung von zerstörungsfrei gewonnenen Bauteilen wird durch Anwendung der Demontage ermöglicht.

36.2.3 Wiederverwendung

Vor der Behandlung gesammelter elektr(on)ischer Geräte ist laut § 20 Abs. 1 des Elektro- und Elektronikgerätegesetzes (ElektroG) sowohl für ganze Geräte als auch einzelne Bauteile die Möglichkeit zur Wiederverwendung zu prüfen, sofern dies technisch möglich und wirtschaftlich zumutbar ist. Die Einhaltung dieses Artikels wird durch die Integration von Prüfverfahren in den Ablauf der Demontage deutlich begünstigt. Da die Geräte im Demontageprozess ohnehin einzeln behandelt werden, würde dies keinen so großen Mehraufwand verursachen, wie dies bei der Integration der Prüfprozedur in eine maschinell zerstörende Verfahrensweise der Fall wäre. Die verursachten Mehrkosten könnten demnach deutlich geringer gehalten werden. Dies würde die vertiefte Umsetzung der fünfstufigen Abfallhierarchie ermöglichen, nach der die Vorbereitung zur Wiederverwendung dem Recycling vorzuziehen ist.

In der Praxis ist die Vorbereitung zur Wiederverwendung bisher kaum umgesetzt. So wurden regelmäßig weniger als 2 % der gesammelten EAG einem derartigen Verfahren unterzogen (Fabian 2015; Bolland et al. 2010). Untersuchungen in unterschiedlichen Ländern, darunter auch Deutschland, zeigen jedoch, dass das Potential für die Vorbereitung zur Wiederverwendung bei EAG sehr viel höher sein kann (Umweltbundesamt 2019). Für die Wiederverwendung spielen neben technischen Aspekten und der Vollständigkeit der Geräte (z. B. Vorhandensein eines passenden Netzteils) auch ökonomische Parameter eine Rolle. Geräte aus der Wiederverwendung verfügen meist über verwendungsbedingte Eigenschaften (z. B. Alter, Aussehen, Leistungsfähigkeit) und sind dadurch eher im unteren Preisspektrum angesiedelt. Dem möglichen Käufer stehen in diesem Preissegment teilweise nicht nur Geräte aus dem Gebrauchtgerätemarkt sondern auch Neugeräte geringerer Qualität zur Auswahl. Der Einsatz subventionierter Arbeitskräfte (z. B. in „Sozialbetrieben") kann eine Möglichkeit sein, elektronische Geräte aus der Wiederverwendung wettbewerbsfähig anzubieten, sollte jedoch langfristig nicht die primäre Säule der Realisierung darstellen.

Sowohl die Schadstoffentfrachtung als auch die Prüfung auf Wiederverwendbarkeit werden explizit durch die „Informationspflichten der Hersteller" in § 28 des ElektroG unterstützt, indem die Hersteller nach Ablauf eines Jahres nach Inverkehrbringen eines jeden Elektro(nik)geräte-Typs Informationen über die Wiederverwendung und Behandlung in Form von Handbüchern oder in elektronischer Form zur Verfügung stellen müssen. Zwei wichtige Informationsbereiche müssen abgedeckt sein:

1. In den Elektro- und Elektronikgeräten enthaltene Bauteile und Werkstoffe,
2. Einbauorte gefährlicher Stoffe und Gemische.

Neben der Wiederverwendung vollständiger Geräte ist ebenfalls die Weiterverwendung einzelner Bauteile oder Bauteilgruppen denkbar. Eine Versorgung von Reparaturbetrieben mit diesen voraussichtlich relativ kostengünstigen Ersatzteilen könnte die Lebensdauer verschiedener Geräte deutlich erhöhen, da somit Reparaturen wirtschaftlich interessant werden können. So unterstützt auch die neue EU-Ökodesign-Richtlinie durch Regelungen zu Reparatur und Ersatzteilen eine Weiterverwendung von Elektro(nik)geräten, die andernfalls zu den EAG zählen würden. Neben Reparaturbetrieben kann die Weiterverwendung einzelner Bauteile als Ersatzteile auch für Hersteller selbst interessant sein, um ihren Verpflichtungen entsprechend der neuen Richtlinie nachkommen zu können (Europäisches Verbraucherzentrum Deutschland 2021). Ziel der Demontage von elektr(on)ischen Geräten sollte sein, gebrauchten Ersatzteilen eine ähnlich wichtige Rolle wie im Automobilsektor einzuräumen, wo sich Ersatzteilgewinnungs- und Vermarktungsstrukturen etabliert haben, die heute vielfach über digitale Plattformen abgewickelt werden.

Um das theoretisch erreichbare Potenzial der Wiederverwendung auszuschöpfen, ist auf eine entsprechende Ausgestaltung der Altgerätesammlung zu achten, die eine unbeschadete Lagerung der erfassten EAG und eine sachgemäße Verbringung zu den entsprechenden Verwertern gewährleistet. Zudem führt die vorliegende Vielfalt an Produkten und Varianten zu einem großen Platzbedarf und Organisationsaufwand bei der Lagerung von Ersatzteilen. Dies ist unter derzeit vorherrschenden Sammelbedingungen nicht gegeben.

36.3 Demontage von Altfahrzeugen

Hinsichtlich der Demontage sind Altfahrzeuge Produkte, die ähnlich komplex aufgebaut sind wie Elektro(nik)geräte. Beide Produktgruppen sind aus einer diversen Materialmischung zusammengesetzt, die mit einer Vielzahl mechanischer Verbindungen zusammengefügt ist. Durch eine tiefgehende Demontage sind daher deutliche Verbesserungen der sortenreinen Materialgewinnung gegenüber einer maschinell zerstörenden Zerkleinerung der Produkte und anschließenden Sortierung zu erzielen.

Das Recycling von Altfahrzeugen wird in Deutschland durch die Altfahrzeugverordnung (AltfahrzeugV) gesetzlich geregelt (AltfahrzeugV 2020), die seit 2002 die auf EU-Ebene geltende Altfahrzeugrichtlinie 2000/53/EG (EU Parlament 2000) auf nationaler Ebene umsetzt. Fahrzeughersteller sowie Importeure sind durch diese verpflichtet, Altfahrzeuge zurückzunehmen und zu diesem Zweck ein entsprechendes Netz aus Rücknahmestellen vorzuhalten, bei dem eine maximale Entfernung von 50 km zum Wohnsitz eines jeden Fahrzeughalters vorgesehen ist. Auch die Besitzer der Fahrzeuge sind durch die AltfahrzeugV dazu verpflichtet, die Altfahrzeuge bei Entledigung ausnahmslos anerkannten Annahmestellen, Rücknahmestellen oder Demontagebetrieben zu überlassen. Dies soll dem illegalen Export entgegenwirken, der auch im Altfahrzeugbereich zu großen Materialverlusten im Inland führt (Reuter et al. 2013). Um eine qualitativ hochwertige Verwertung der Altfahrzeuge zu erreichen, existiert ein Zertifizierungssystem für die Verwertungsbetriebe. Das Recycling ist ausschließlich den danach zertifizierten Verwertungsbetrieben gestattet.

► **Praxishinweis** Die Rücknahme der Altfahrzeuge durch die Hersteller ist an einige Bedingungen geknüpft, die in der Praxis beachtet werden müssen, um das Recht auf unentgeltliche Rücknahme wahrnehmen zu können. Laut § 3 AltfahrzeugV entfällt für die Hersteller die kostenlose Rücknahmepflicht, wenn

1. „1. das Altfahrzeug nicht innerhalb der Europäischen Union zugelassen ist oder zuletzt zugelassen war,
2. das Altfahrzeug innerhalb der Europäischen Union vor der Stilllegung weniger als einen Monat zugelassen war,
3. das Altfahrzeug wesentliche Bauteile oder Komponenten, insbesondere Antrieb, Karosserie, Fahrwerk, Katalysator oder elektronische Steuergeräte für Fahrzeugfunktionen, nicht mehr enthält,
4. dem Altfahrzeug Abfälle hinzugefügt wurden,
5. der Fahrzeugbrief, die Zulassungsbescheinigung Teil II oder ein vergleichbares Zulassungsdokument nach der Richtlinie 1999/37/EG des Rates vom 29. April 1999 über Zulassungsdokumente für Fahrzeuge

> (ABl. L 138 vom 01.06.1999, S. 57), die zuletzt durch die Richtlinie 2006/103/EG (ABl. L 363 vom 20.12.2006, S. 344) geändert worden ist, oder im Zusammenhang mit einem Antrag nach der Richtlinie zur Förderung des Absatzes von Personenkraftwagen vom 20. Februar 2009 (BAnz. S. 835) eine Kopie des jeweiligen Dokumentes nicht übergeben wird." (AltfahrzeugV 2020)

Im Anhang der AltfahrzeugV sind die vorgeschriebenen Vorgehensweisen für die Vorbehandlung und die Demontage spezifiziert, welche vor dem Schreddern der Restkarosse durchgeführt werden müssen. Demontagebetriebe und Schredderbetriebe können dabei unabhängig voneinander bestehen. Laut dem 2019 veröffentlichten Jahresbericht über die Altfahrzeug-Verwertungsquoten in Deutschland im Jahr 2017 existierten zu diesem Zeitpunkt 1151 Demontagebetriebe für Altfahrzeuge sowie 49 Schredderanlagen.

Nach AltfahrzeugV § 5 müssen seit dem 1. Januar 2015 die Wiederverwendung und Verwertung bei allen Altfahrzeugen eine Quote von zusammen mindestens 95 % des durchschnittlichen Fahrzeugleergewichts aller überlassenen Altfahrzeuge pro Jahr erreichen. Unterschieden wird in der Richtlinie außerdem zwischen Verwertung und stofflicher Verwertung. Unter „stofflicher Verwertung“ ist ein Recycling mit Rückführung der Materialien in den Nutzungskreislauf zu verstehen, als „Verwertung“ wird auch die energetische Verwertung gezählt, die entsprechende Verluste für den Nutzungskreislauf erzeugt. Wiederverwendung und stoffliche Verwertung müssen zusammen genommen 85 % der Summe der verarbeiteten Fahrzeugleergewichte betragen.

Die Vorbehandlung ist Teil der Demontage und umfasst den vorgeschriebenen sofortigen Ausbau einiger schadstoffhaltiger Teile sowie die Trockenlegung der Altfahrzeuge. Nach dem Eintreffen im Demontagebetrieb müssen unverzüglich die Batterien entnommen, Flüssiggastanks sachgerecht behandelt sowie pyrotechnische Bauteile (z. B. Airbags) demontiert und entsorgt bzw. unschädlich gemacht werden. Bei der anschließenden Trockenlegung werden Kraftstoffe, Kühl-, Brems- und Scheibenwaschflüssigkeiten, Kältemittel sowie Öle aus Motor, Getriebe, Differenzial, Hydraulikkreisläufen und Stoßdämpfern, sofern diese nicht zur Weiterverwendung demontiert werden sollen, abgelassen und getrennt gesammelt. Zusätzlich werden die Ölfilter ausgebaut.

Im Zuge der anschließenden Demontage beziehungsweise Vorbehandlung müssen weitere Stoffe, Materialien und Bauteile, die Schad- oder Störstoffe enthalten, entfernt werden. Dazu zählen Latentwärmespeicher, nicht trockengelegte Stoßdämpfer, asbest- oder quecksilberhaltige Teile, kraftfahrzeugfremde Stoffe sowie Werkstoffe und Bauteile, die sechswertiges Chrom oder Blei enthalten.

Die Demontage wird im Altfahrzeugbereich manuell durchgeführt, was die nötige Flexibilität bietet, um der großen Produktvielfalt sowie der schnellen Modellzyklen am Markt gerecht zu werden. Vor der Übergabe der Restkarosse an einen Schredder- oder sonstigen weiterverarbeitenden Betrieb sind laut AltfahrzeugV zusätzlich die folgenden Bauteile zu demontieren:

- Katalysatoren;
- Reifen;
- Aluminiumfelgen;
- Auswuchtgewichte;
- Scheiben;
- große Kunststoffbauteile, deren Materialien beim oder nach dem Schreddern für eine stoffliche Verwertung nicht ausreichend getrennt werden;
- kupfer-, aluminium- oder magnesiumhaltige Bauteile, deren Metalle beim oder nach dem Schreddern nicht ausreichend getrennt werden.

Demontagebetriebe sind seit dem 01. Januar 2006 dazu verpflichtet, bezogen auf die Summe der Fahrzeugleergewichte, mindestens zehn Gewichtsprozent aus diesen Materialien und Bauteilen sowie den Betriebsflüssigkeiten durch Wiederverwendung oder stoffliche Verwertung zu recyceln. Nicht anrechenbar sind dabei metallische Anteile wie Restkarossen oder Ersatzteile und Kraftstoffe. Zusätzlich ist jedoch auch die Verwendung eines möglichst hohen Anteils der Bauteile als Ersatzteile anzustreben, sofern für diese eine Nachfrage am Markt besteht (Regierungspräsidium Kassel 2021; Umweltbundesamt 2015).

Die Fahrzeughersteller sind nach § 9 AltfahrzeugV im Sinne einer erleichterten Zuordnung verpflichtet, bestimmte Kennzeichnungsnormen für Bauteile und Werkstoffe einzuhalten. Zusätzlich müssen die Hersteller den anerkannten Demontagebetrieben Informationen für die Demontage der in Verkehr gebrachten Fahrzeuge zur Verfügung stellen. Zwecks Ermöglichen einer Wiederverwendung von Bauteilen müssen darüber hinaus Informationen zu deren Prüfung und Lagerung bereitgestellt werden.

Im Anschluss an die Schadstoffentfrachtung und Demontage verbleiben die sogenannten Restkarossen. Diese werden in eine der derzeit 45 Schredderanlagen (Stand 2019) überführt und dort maschinell zerstörend zerkleinert. In einer anschließenden Sortierung werden je nach Betrieb unterschiedliche Fraktionen erzeugt. Im derzeit innovativsten etablierten Verfahren, dem VW-SICON-Verfahren, wird eine Separation vieler unterschiedlicher Metallfraktionen realisiert (Schmid und Zur-Lage 2014). Dies sind:

- eine Fraktion für Eisenschrott,
- eine Edelstahlfraktion,
- drei Aluminiumfraktionen,
- drei Kupferfraktionen.

Insgesamt werden demnach lediglich einige Massenmetall-Fraktionen separiert, die das Spektrum in den Altfahrzeugen vorhandener Metalle nicht abbilden. In Form der elektr(on)ischen Komponenten sind in zunehmendem Umfang jedoch auch Edel- und Technologiemetalle in den Fahrzeugen verbaut. Im Laufe der vergangenen Modellgenerationswechsel war ein stetiger Anstieg der Gehalte in Fahrzeugen zu verzeichnen (Kohlmeyer et al. 2015), der auch in Zukunft aufgrund der erzielten Ausweitung der Elektromobilität zu erwarten ist. Beispielhaft sind die Nutzung von Kobalt und Lithium in den Batterien, Platin und Ruthenium in Brennstoffzellen oder Neodym und Dysprosium in elektrischen Antrieben zu nennen (Hagelüken und Meskers 2009; Zeller et al. 2016).

Diejenigen Metalle, die in geringen Mengen in den Altfahrzeugen vorliegen, werden in dem heute bestehenden Recyclingsystem in der Regel nicht zurückgewonnen. Lediglich im Kupferschmelzprozess ist eine Rückgewinnung enthaltener Edelmetalle möglich, jedoch gilt dies nicht für vergleichsweise unedle Metalle, wie etwa die Seltenerdelemente.

Die gesetzlichen Rahmenbedingungen sehen lediglich übergreifende Recyclingquoten vor. Sie zielen auf die Gesamttonnage der recyclierten Metalle ab und unterscheiden weder zwischen einzelnen Materialien noch zwischen verschiedenen Qualitäten der Sekundärnutzung. Edel- und Technologiemetalle werden somit in die Massenmetall-Fraktionen eingetragen. Ihre Masse trägt damit zu der Gesamttonnage der recyclierten Metalle bei. Sie werden jedoch keiner hochwertigen Sekundärnutzung zugeführt, sondern führen im Gegenteil zu eingeschränkten Verwendungsspektren der sekundär erzeugten Massenmetalle (Hagelüken und Meskers 2009). Eine seltene Ausnahme können Legierungselemente bilden, sofern sie in den Fraktionen der Massenmetalle bei einer Sekundärnutzung der selben Funktion dienen.

Eine Ausweitung der Demontageziele auf rohstoffrelevante Komponenten könnte dem Verlust dieser Metalle entgegenwirken. Ein zentraler Aspekt ist die Demontage der Fahrzeugelektr(on)ik, was auch vom Umweltbundesamt als eine noch bestehende Herausforderung aufgefasst wird (Umweltbundesamt 2015). Um ein solch hochwertiges Recycling in die Praxis umzusetzen, sind seitens der Fahrzeughersteller weitere Anstrengungen notwendig. Die Eignung für eine einfache Demontage im End-of-Life sollte in der Entwicklung neuer Fahrzeuge und Baugruppen als Anforderung etabliert werden.

36.4 Der Best-of-two-Worlds-Ansatz

Illegale Exporte zur Demontage geeigneter Produkte, wie Altfahrzeuge oder Elektro(nik) altgeräte, bedingen große Verluste enthaltener Rohstoffe. Zu großen Teilen erfolgt die Verbringung in sogenannte Entwicklungs- und Schwellenländer. Zusätzliche Verluste an Einsatzmaterial für die inländischen Recyclinganlagen entstehen durch den legalen Export noch funktionstüchtiger Elekto(nik)altgeräte. Aus den EU28-Staaten wurden so im Jahr 2012 schätzungsweise circa 16 % der EAG (inklusive noch funktionstüchtiger Geräte) ins außereuropäische Ausland exportiert, was einer Masse von 1,5 Mio. Tonnen entspricht (Huisman et al. 2015).

Diese Praxis hat eine positive und eine negative Seite. Prinzipiell ist die Weiterverwendung der Elektro(nik)geräte und Kraftfahrzeuge zu befürworten, da die somit erreichte Verlängerung der Nutzungsphase eine Verbesserung der Ressourceneffizienz mit sich bringt. Zusätzlich werden einige defekte Produkte zwecks Ersatzteilgewinnung demontiert, was ebenfalls die durchschnittliche Nutzungsdauer verlängert. Problematisch ist hingegen die Tatsache, dass die Produkte am Ende ihrer Nutzungsphase meist unter sehr umwelt- und gesundheitsschädlichen Bedingungen aufbereitet und entsorgt werden, da in den entsprechenden Staaten oftmals keine Auflagen bestehen, beziehungsweise diese nicht eingehalten werden. Einige der verwendeten Methoden, wie z. B. die Laugung von Leiterplatten, sind darüber hinaus ineffizient hinsichtlich der Wiedergewinnung der Zielelemente (Keller 2006). Zusätzlich werden nicht vermarktbare Fraktionen durch wilde Deponierung zum Umweltproblem (Buchert et al. 2016). Auf der anderen Seite stellt die Verarbeitung der Elektro(nik)altgeräte und Kraftfahrzeuge eine wichtige Einnahmequelle für die beteiligten Akteure in den wirtschaftsschwachen Regionen dar. Das vollständige Unterbinden der Exporte hätte demnach negative sozioökonomische Auswirkungen zur Folge.

Eine Möglichkeit, um die Negativeffekte zu bekämpfen und gleichzeitig die Positiveffekte zu erhalten, wird durch den sogenannten Best-of-two-Worlds-Ansatz aufgezeigt. In dem Abschlussbericht des Projektes „Globale Kreislaufführung strategischer Metalle: Best-of-two-Worlds-Ansatz (Bo2W)“ wird die Idee zusammenfassend beschrieben:

> „Der Kern des Ansatzes basiert auf einem optimierten Recycling durch die Anwendung einer umfassenden und gut angeleiteten manuellen Demontage auf lokaler Ebene in den Entwicklungs- und Schwellenländern in Verbindung mit der anschließenden Behandlung in hocheffizienten Aufbereitungsanlagen auf globaler Ebene.“ (Buchert et al. 2016)

Diese Vorgehensweise hätte die Aufrechterhaltung der verlängerten Nutzung zur Folge und würde auch zur Sicherung von Arbeitsplätzen beitragen, die über Rahmenbedingungen verfügen, die sowohl die individuelle menschliche Gesundheit als auch den Umweltschutz entsprechend beachten und fördern. Da sich in diesem Szenario die Produkte am Ende ihrer Nutzung ohnehin in Ländern mit niedrigem Lohnniveau befinden, bietet sich die Verwertung vor Ort mit dem Ziel einer hochwertigen Materialrückgewinnung an. Über ein faires Vergütungssystem könnten dabei ineffiziente und schädliche Behandlungsmethoden gezielt vermieden werden. Im Bo2W-Bericht steht hierzu:

> „Eine umfassende manuelle Demontage führt zwar zu Fraktionen mit hoher Reinheit und Wert (Chancerel 2010; Gmünder 2007; Salhofer et al. 2009), die Realisierbarkeit einer hohen Zerlegungstiefe ist allerdings abhängig von den Lohnkosten. Für viele Entwicklungs- und Schwellenländer ist daher eine umfassende manuelle Vorbehandlung die vielversprechendste Recyclingoption, da hier die Lohnkosten vergleichsweise gering sind und ein hoher Bedarf an fairen Arbeitsmöglichkeiten besteht. […] Anstelle des Aufbaus von potentiell ineffizienten Metallrefiningkapazitäten, sollten besser die lokalen Behandlungsvorstufen mit der bestehenden High-Tech-Endverarbeitung verbunden werden; auch wenn dies mit längeren Transportwegen der einzelnen Fraktionen einhergeht.“ (Buchert et al. 2016)

Ein zentraler Aspekt der Umsetzung von Recyclingstrukturen nach dem Best-of-two-Worlds Modell ist die Beachtung bereits bestehender Recyclingstrukturen in allen beteiligten Staaten. Konkurrenzsituationen sollten vermieden werden. Dafür sollten einerseits lokale, nach gutem Standard arbeitende Raffineriestrukturen in den Entwicklungs- und Schwellenländern ausgelastet werden und andererseits etablierte Vorbehandlungsstrukturen in den Industrieländern von den Aktivitäten unbeeinflusst bleiben. Wenn dies gelingt, könnte die Umsetzung arbeitsintensiver Verfahrensschritte, wie der Demontage, in Ländern mit niedrigem Lohnniveau, unter der Voraussetzung der Einhaltung hoher Umwelt- und Sozialstandards, dazu beitragen, die Potenziale der Demontage für ein materialspezifisches Recycling zu bergen. Die Basler Konvention (Basel Convention on the Control of Transboundary Movements of Hazardous Wastes and Their Disposal) (Umweltbundesamt 1998) ist das Rahmenwerk, welches den grenzüberschreitenden Transport und die Entsorgung gefährlicher Abfälle regelt. Der Einfluss der Best-of-two-Worlds-Aktivitäten auf die Einhaltung der darin festgelegten Bestimmungen muss in besonderem Maße im Vorfeld untersucht und während der Durchführung überwacht werden.

36.5 Erweiterung der Demontageaktivitäten

Für die inländische Demontage von Elektro(nik)altgeräten existieren derzeit weit über 300 Demontagebetriebe. Nach welchen Verfahren diese jeweils im Detail vorgehen, ist nicht bekannt (Chancerel et al. 2011), ebenso wie die angestrebte Demontagetiefe. Es ist davon auszugehen, dass zumindest die Schadstoffentfrachtung von EAG hierzulande weitverbreitet durch Demontage erfolgt.

Bisher wird die Demontage vornehmlich manuell durchgeführt. Dies liegt darin begründet, dass bei der Demontage gesammelter EAG eine sehr große Produktvielfalt durch Bereitstellung spezifischer Vorgehensweisen mit entsprechender Werkzeugausstattung bedient werden muss. Bedingt durch relativ hohe Personalkosten können über die obligatorische Schadstoffentfrachtung hinausgehende Demontageprozesse nur dann wirtschaftlich sein, wenn durch die Demontage eine hohe Steigerung der Materialerlöse aus den erzeugten Fraktionen erreicht wird.

Die zukünftige Ausweitung der manuellen Demontageaktivitäten beschränkt sich aus diesem Grund voraussichtlich zunächst auf die Rückgewinnung hochpreisiger Materialien. Aufgrund dieser rein auf Wirtschaftlichkeit basierenden Entscheidungspraxis werden Demontageansätze bisher nicht umgesetzt, die im Hinblick auf eine positive Umweltwirkung oder eine erhöhte Versorgungssicherheit der inländischen Industrie vielversprechend sind.

► **Praxishinweis** Zur Maximierung der erzielbaren Materialerlöse sollte regelmäßig die Prüfung verfügbarer Optionen der Wertsteigerung erfolgen – sowohl hinsichtlich der Behandlung, als auch eventueller Synergieeffekte vor Ort.

Ein Beispiel zur Verbesserung der Vorbehandlung vermarktbarer Materialkonzentrate ist in (Zeller et al. 2016) in Form der Laugung von Statoren aus Industrie-Elektromotoren gegeben. Durch Laugung wurde darin die Wiedergewinnung der Kupferwicklungen realisiert, welche bei der Aufbereitung von Elektromotoren häufig durch Pyrolyse geschieht. Die Laugung erzeugt ein Kupferkonzentrat mit potenziell höherem Marktwert als pyrolytisch behandeltes Kupfer und kann so die Wirtschaftlichkeit der Demontage verbessern.

Ein Beispiel für die Nutzung von Synergieeffekten wird von (Gock et al. 2012) dargestellt. Darin wird eine Qualitätssteigerung verzinkter Stahlschrotte durch Entzinkung erreicht, was den hochwertigen Einsatz der erhaltenen Stahlfraktion in der Gießereiindustrie ermöglicht. Die für den Prozess notwendige Schwefelsäure ist in dem beschriebenen Fall die Prozesssäure einer benachbarten Zinkhütte. Nach deren Beladung mit Zink kann diese in die den Hüttenprozess zur Rückgewinnung des Metalls zurückgeführt werden. Sowohl der Stahl, als auch das Zink können auf diesem Weg hochwertig recycliert werden. Eine Analyse derartiger Synergieeffekte kann zur Verbesserung des Absatzes durch Demontage erzeugter Fraktionen führen.

Als wesentliche Einflussfaktoren auf die Wirtschaftlichkeit bleiben den Demontagebetrieben zudem das detaillierte Wissen über die Rentabilität der Demontage spezifischer EoL-Produkte sowie die Verkürzung der erforderlichen Demontagezeit. Beide Ansätze werden folgend betrachtet.

36.5.1 Informationsverarbeitung

Ein Erfolgsfaktor für Demontageunternehmen ist die Kenntnis über den ökonomischen Nutzen der Demontage eines jeden zu verarbeitenden Produktes. Die dabei zugrundeliegenden Daten sind gleichermaßen auch für die hochwertige Zusammenstellung spezifischer Fraktionen für die anschließende Materialrückgewinnung sowie für die Einschätzung des ökologischen Nutzens essenziell. Neben den reinen Elementgehalten sind zusätzliche Informationen über deren Einbauort, die Demontageschritte, -werkzeuge und aufzubringenden Demontagezeiten von großer Wichtigkeit. Auch im Hinblick auf die Schadstoffentfrachtung sowie die Prüfung auf Wiederverwendbarkeit ist eine fundierte Datenbasis erforderlich.

Um die Wirtschaftlichkeit eines Demontagebetriebes zu sichern, ist die Informationsbereitstellung möglichst einfach und zeitlich effizient zu gestalten und sollte mehrstufig erfolgen. Ein EoL-Produkt sollte zu dessen Recycling nur dann zu einem Demontagebetrieb transportiert werden, wenn die angelegten Kriterien einen (ökonomischen) Vorteil durch die Demontage versprechen. Die Entscheidungsfindung sollte daher bereits am Ort der Sammlung geschehen. So kann sichergestellt werden, dass keine vermeidbaren Transportaufwendungen entstehen. Die Entscheidung ist dabei von einer Vielzahl von Faktoren abhängig und muss unter Berücksichtigung der bei der Demontage und Aufbereitung der Materialien anfallenden Kosten, der Materialverluste, des Energieaufwandes und der erzielbaren Erlöse aus Materialien sowie der Wiederverwendung von kompletten Produkten bzw. Ersatzteilen geschehen.

Die zweite Informationsbereitstellung sollte im Demontagebetrieb in der Vorsortierung angesiedelt sein und dient hier der Zuordnung der Geräte zu werkzeugseitig optimiert ausgerüsteten Arbeitsstationen. Ein dritter Informationsabruf dient schließlich dem Erhalt detaillierter Informationen zur Vorgehensweise (Demontagereihenfolge sowie benötigte Werkzeuge) bei den einzelnen Demontageschritten. Die beschriebene Informationsstruktur ist sowohl für die manuelle als auch für die zukünftig vermehrt zu erwartende automatisierte Demontage gleichermaßen anzuwenden (vgl. [Seelig et al. 2021]).

Um den EoL-Produkten eindeutig den korrekten Datensatz zuzuordnen, bietet sich eine entsprechende Kennzeichnung an. Die Automobilindustrie gibt mit der seit vielen Jahren etablierten Bauteilkennzeichnung ein gutes Beispiel für die Ausgestaltung eines Kennzeichnungssystems vor. Kennzeichnungssysteme werden in der Automobilindustrie zum Zweck der Qualitätssicherung im Herstellungsprozess lieferkettenübergreifend eingesetzt und erschließen dabei ein großes Effizienz- und Optimierungspotenzial (Wagner 2009). Neben der Anwendung in der Produktionsphase dienen die Kennzeichnungen auch zur Optimierung von Recycling- und Demontageprozessen.

Die bauteilspezifischen Informationen werden dabei neben der Integration in eine Datenbank auch durch RFID-Tags (Radio Frequency Identification) direkt am Bauteil hinterlegt. Laut Verband der Automobilindustrie (VDA) wird das Recycling durch diese Möglichkeit der Materialidentifikation und Hinterlegung von Informationen zur fachgerechten Entsorgung von Fahrzeugteilen und Baugruppen deutlich positiv beeinflusst (VDA 2015).

Die Datenbank, das sogenannte Internationale Materialdatensystem (IMDS) wird unternehmensübergreifend unter Beteiligung vieler Automobilhersteller betrieben und hat sich zum weltweiten Standard entwickelt. Eingeführt wurde es im Jahr 2000 als gemeinsame Entwicklung von Audi, BMW, Daimler, DXC, Ford, Opel, Porsche, VW und Volvo. Das IMDS umfasst Informationen zu allen Werkstoffen, die bei der Herstellung von Autos verwendet werden und unterstützt die Automobilhersteller bei der Einhaltung aller für sie und ihre Zulieferbetriebe geltenden Verpflichtungen nach nationalen und internationalen Standards, Gesetzen und Regelungen. Die internetbasierte Plattform wird von DXC Technology gepflegt und verwaltet (DXC Technology 2021). Für neue oder funktionell veränderte Bauteile wird eine Erstbemusterung durchgeführt. Ziel ist dabei die Erstellung eines elektronischen Materialdatenblattes, das neben Angaben zum Hersteller des Bauteils auch bauteilspezifische Informationen (wie z. B. Gewicht, chemische Zusammensetzung der verwendeten Werkstoffe oder die Mengenanteile der Werkstoffe) beinhaltet.

Die Informationen im IMDS sind weltweit allen Unternehmen zugänglich, die sich dem Standard angeschlossen haben. Dazu zählen neben den Automobilherstellern auch mehr als 100.000 Zuliefer- und Demontagebetriebe. IMDS bietet damit ein standardisiertes Format für den Informationsaustausch zu den in den Fahrzeugen verbauten Bauteilen und Materialzusammensetzungen. Das Nutzen gemeinsamer Informationsdatenbanken seitens der Hersteller sowie deren Nutzung durch Demontagebetriebe ist somit grundsätzlich umsetzbar. Hinsichtlich der Zielstellung eines möglichst hochwertigen Wiedereinsatzes der verbauten Materialien besteht jedoch weiterhin Verbesserungsbedarf. Beispielsweise finden die verbauten Stahllegierungen keine Erwähnung, sodass die Vermeidung des Downcyclings der Stahlschrotte durch die Datenbank bisher nicht unterstützt wird.

Die herstellerübergreifende Zusammenarbeit sollte zukünftig weiter ausgebaut und auch für weitere demontagewürdige Produktgruppen implementiert werden. In solchen

Demontagedatenbanken ist aufgrund vielfältiger Variablen verstärkt auf die Aktualität der enthaltenen Informationen zu achten. Die Vorgehensweise bei der Demontage wird beispielsweise durch folgende Faktoren beeinflusst:

- Fluktuation der erzielbaren Preise für erzeugte Materialkonzentrate bzw. Ersatzteile;
- Fluktuation von Angebot und Nachfrage für Sekundärrohstoffe;
- Variation der Elementgehalte je nach demontiertem Produktmodell;
- Schnell aufeinander folgende Modellzyklen.

Eine Demontagedatenbank muss aus diesem Grund stetig gepflegt werden. Die Informationsverarbeitung ist daher explizit so zu gestalten, dass Rückkopplungen aus den durchgeführten Demontagevorgängen zur Aufrechterhaltung der Aktualität und zur Erweiterung der Inhalte genutzt werden. Erfahrungen aus der Demontagepraxis sind zudem eine wichtige Informationsquelle, um Rückschlüsse über recyclinggerechtes Produktdesign zu liefern. Eine einfache Wiedergewinnung in Produkten enthaltener Rohstoffe ist letztlich im Interesse der Hersteller, da die Bereitstellung sekundärer Rohstoffe wirtschaftlichen Abhängigkeiten entgegenwirkt und zur langfristigen Sicherung der Verfügbarkeiten beiträgt.

36.5.2 Automatisierte Demontage

Analog zu Produktionsprozessen sind auch beim Recycling die Personalkosten ein wesentlicher Faktor. Um in den Bereich einer wirtschaftlichen Betriebsweise zu gelangen, ist die Automatisierung der Prozessabläufe ein probates Mittel. Zur automatisierten Demontage bestehen verschiedene Forschungsansätze (Gil Vazquez et al. 2007; Schumacher und Jouaneh 2014; Vongbunyong et al. 2015), die jedoch bisher keine Marktreife erlangt haben. Dies liegt nicht zuletzt in der relativ hohen Spezifität hinsichtlich der demontierbaren Geräte begründet. Je enger die Fokussierung auf eine Produktgruppe ausgelegt ist, desto geringer fällt der verfügbare Umfang der Input-Stoffströme aus. Dies bedingt starke Fluktuationen im Materialeingang eines derart ausgerichteten Demontagebetriebes und führt schnell in die Unwirtschaftlichkeit. Abgesehen von der Produktvielfalt führen auch Variantenvielfalt, nutzungsbedingter Verschleiß sowie die Gebrauchsverfremdungen der zu demontierenden Produkte zu erschwerten Prozessbedingungen (Seliger 2020). Für Produkte, die wenig Varianz aufweisen, ist eine automatisierte Demontage entsprechend leichter umsetzbar. So werden heute schon vollautomatisiert Mobiltelefone demontiert. Auch eine Kollaboration von Mensch und Maschine ist bei der Demontage von EoL-Produkten denkbar, hierzu gibt es einige Forschungsansätze (Jungblut 2019).

Eine beispielhafte Betrachtung der Wirtschaftlichkeit auf bestimmte EoL-Produkte spezialisierter Demontagebetriebe wurde im Projekt „Demontagefabrik im urbanen Raum – Konzeption und Planung“ durchgeführt (Zeller et al. 2016). Im Rahmen der Projektarbeiten wurde die Demontage von Elektromotoren aus der Industrie, elektrischen Fahrradantrieben und Nabendynamos experimentell untersucht. Manuelle Demontageversuche dienten dabei der Ermittlung von Materialinhalten, erreichbaren Demontagetiefen und den nötigen Demontagezeiten. Die anschließende Wirtschaftlichkeitsbetrachtung ergab, dass unter Anrechnung sämtlicher Materialerlöse die manuellen Demontagezeiten um etwa 84 % gegenüber den experimentell erreichten Werten verringert werden müssten, um kostendeckend zu wirtschaften. Aufgrund des niedrigeren Kostenaufwands für den Einsatz von Robotern, wäre demgegenüber für eine automatisierte Demontagefabrik lediglich eine Verringerung der Demontagezeiten um ca. 33 % notwendig. Am CUTEC Forschungszentrum wurde daraufhin im Projekt „Industrielle Demontagefabrik 4.0" (Seelig et al. 2021) ein vollständig automatisiertes Demontagemodul für Lichtmaschinen entwickelt und aufgebaut. Es konnte damit nachgewiesen werden, dass die wirtschaftliche Umsetzung einer Demontagefabrik in naher Zukunft Realität werden kann. Im Rahmen des aktuell in Bearbeitung befindlichen Projektes „Industrielle Demontage von Batteriemodulen und E-Motoren zur Sicherung wirtschaftsstrategischer Rohstoffe für die E-Mobilität (DeMoBat)" (Sauer et al. 2019) werden die Ergebnisse auf die automatisierte Demontage elektrischer Antriebsaggregate übertragen und weiterentwickelt. Ziel ist es hierbei, die mit der Elektromobilität assoziierten Umweltauswirkungen zu minimieren und gleichzeitig die inländische Versorgung mit den für die Mobilitätswende benötigten Rohstoffen auf eine breitere Basis zu stellen.

Es ist die Aufgabe der Forschung und Entwicklung, Demontagestrecken mit einer Flexibilität zu erstellen, die die Verarbeitung eines weiten Produktspektrums ermöglicht und somit eine Lösung für die beschriebenen Herausforderungen bietet. Der aktuelle Stand der Technik, insbesondere in den Bereichen der Sensorik und Computerintelligenz (CI), ermöglicht derartige Entwicklungen. Zudem werden industriell einsetzbare Roboter zunehmend günstiger, was dic Anfangsinvestitionen für die Neueinrichtung von automatisierten Demontagebetrieben weiter verringern und das Spektrum wirtschaftlich demontierbarer Produkte ausweiten wird.

Literatur

AltfahrzeugV (2020) Verordnung über die Überlassung, Rücknahme und umweltverträgliche Entsorgung von Altfahrzeugen (Altfahrzeug-Verordnung – AltfahrzeugV), Zuletzt geändert durch Art. 1 V v. 18.11.2020 I 2451

Bolland T, Chancerel P, Rotter S (2010) Stand der Erstbehandlung für Elektro- und Elektronikaltgeräte in Deutschland und Auswirkung auf die Rückgewinnung von Edelmetallen. In: Thomé-Kozmiensky K J und Goldmann D (Hrsg.), Recycling und Rohstoffe, Band 3. TK Verlag Karl Thomé-Kozmiensky, Neuruppin, S 625–640

Buchert M, Manhart A, Bleher D, Pingel D (2012) Recycling critical raw materials from waste electronic equipment. Öko-Institut e.V. – Institut für angewandte Ökologie Darmstadt, 87 S

Buchert M, Manhart A, Mehlhart G, Degreif S, Meskers C, Picard M, Weber F, Walgenbach S, Kummer T, Blank R, Allam H, Meinel J, Ahiayibor V (2016) Auf dem Weg zu nachhaltigem Recycling von Elektroschrott und Altfahrzeugen in Entwicklungsländern – „Lessons learned" der Implementierung des Best-of-two-Worlds-Konzeptes in Ghana und Ägypten. Öko-Institut e.V. – Institut für angewandte Ökologie, Freiburg, 35 S

Chancerel P (2010) Substance flow analysis of the recycling of small waste electrical and electronic equipment. In: Schriftenreihe des Instituts für Technischen Umweltschutz, Band 9. Technische Universität Berlin

Chancerel P, Bolland T, Rotter V S (2011) Status of pre-processing of waste electrical and electronic equipment in Germany and its influence on the recovery of gold. Waste Manag. Res. 29 (3), S 309–317

DXC Technology (2021) IMDS Informationsseiten. https://public.mdsystem.com/de/web/imds-public-pages/home. Zugegriffen: 11 November 2020

ElektroG (2021) Gesetz über das Inverkehrbringen, die Rücknahme und die umweltverträgliche Entsorgung von Elektro- und Elektronikgeräten (Elektro- und Elektronikgerätegesetz – ElektroG). Zuletzt geändert durch Art. 1 v. 20 Mai 2021 I 1145

EU Parlament – Das Europäische Parlament und der Rat der Europäischen Union (2000) RICHTLINIE 2000/53/EG DES EUROPÄISCHEN PARLAMENTS UND DES RATES vom 18. September 2000 über Altfahrzeuge. 9 S

Europäisches Verbraucherzentrum Deutschland (2021): Mehr Umweltschutz: Die Reparatur von Elektrogeräten wird einfacher. https://www.evz.de/presse/pressemitteilungen/mehr-umweltschutz-die-reparatur-von-elektrogeraeten-wird-einfacher.html. Zugegriffen: 11 November 2021

Fabian M (2015): Vorbereitung zur Wiederverwendung von Elektroaltgeräten. In: UBA-Fachtagung „Wider die Verschwendung II". https://www.umweltbundesamt.de/sites/default/files/medien/378/dokumente/10_fabian.pdf

Gil Vazquez P, Pomares Baeza J, Puente Mendez S, Candelas Herias F A, Torres Medina F (2007) Flexible multi-sensorial system for automatic disassembly using cooperative robots. Int. J. Comput. Integr. Manuf. 20 (8), 2007, S 757–772

Gmünder S (2007) Recycling – From Waste to Resource. Assessment of optimal manual dismantling depth of a desktop PC in China based on eco-efficiency calculations, Diplomarbeit. Eidgenössische Technische Hochschule Zürich, http://ewasteguide.info/gmuender_2007_ETHZ-EMPA

Gock E, Vogt V, Schönfelder I, Carlowitz O, Zeller T, Sauter S (2012) Entzinkung von Stahlschrotten. In: Thomé-Kozmiensky, K. J., Goldmann, D. (Hrsg), Recycling und Rohstoffe, Band 5. TK Verlag Karl Thomé-Kozmiensky, Neuruppin, S 393–411

Graedel T E, Allwood J, Birat J-P, Reck, B K, Sibley S F, Sonnemann G, Buchert M, Hagelüken C (2011) Recycling rates of metals – A Status Report, A Report of the Working Group on the Global Metal Flows to the International Resource Panel. UNEP, Paris, 46 S

Hagelüken C, Meskers C (2009) Technology challenges to recover precious and special metals from complex products. In: R'09 Twin World Congress & World Resources Forum, 14–16 September 2009, Davos/Switzerland. 6 S

Huisman J, Botezatu I, Herreras L, Liddane M, Hintsa J, Luda di Cortemiglia V, Leroy P, Vermeersch E, Mohanty S, van den Brink S, Ghenciu B, Dimitrova D, Nash E, Shryane T, Wieting M, Kehoe J, Baldé C P, Magalini F, Zanasi A, Ruini F, Bonzio A (2015) Countering WEEE Illegal Trade (CWIT) Summary Report, Market Assessment, Legal Analysis, Crime Analysis and Recommendations Roadmap. The CWIT Consortium, Lyon, Frankreich, 62 S

Jungblut J (2019) Entwicklung eines intelligenten, robotergestützten Assistenzsystems für die Demontage industrieller Produkte. Dissertation, Université du Luxembourg.

Keller M (2006) Assessment of gold recovery processes in Bangalore, India and evaluation of an alternative recycling path for printed wiring boards – a case study. Diplomarbeit, Eidgenössische Technische Hochschule Zürich, https://www.yumpu.com/en/document/read/33108068/assessment-of-gold-recovery-processes-in-bangalore-india-empa

Kohlmeyer R, Groke M, Sander K (2015) Perspektiven der zunehmenden Fahrzeugelektronik für das Altfahrzeugrecycling. In: Thomé-Kozmiensky, K. J., Goldmann, D. (Hrsg), Recycling und Rohstoffe, Band 8. TK Verlag Karl Thomé-Kozmiensky, Neuruppin, S 183–205

KrWG (2020) Gesetz zur Förderung der Kreislaufwirtschaft und Sicherung der umweltverträglichen Bewirtschaftung von Abfällen (Kreislaufwirtschaftsgesetz – KrWG). Zuletzt geändert durch Art. 1 G v. 23.10.2020 I 2232

Li J, Lopez N, Brenda N, Liu L, Zhao N, Yu K, Zheng L (2013) Regional or global WEEE recycling. Where to go? Waste Manag. 33 (4), 2013, S 923–934

Regierungspräsidium Kassel (2021) Altfahrzeug-Demontage. https://rp-kassel.hessen.de/umwelt-natur/abfall/abfallanlagen/altfahrzeug-demontage. Zugegriffen: 11 November 2021

Reuter M A, Hudson C, van Schaik A, Heiskanen K, Hagelüken C (2013) Metal Recycling: Opportunities, Limits, Infrastructure, A Report of the Working Group on the Global Metal Flows to the International Resource Panel. UNEP Division of Technology, Industry and Economics, Paris, 316 S

Salhofer S, Spitzbart M, Meskers C, Hagelüken C, Schöps D, Kriegl M, Panowitz G (2009) Vergleich von manueller Demontage und mechanischer Aufbereitung von PCs, Technischer Paper zu den Ergebnissen des Forschungsprojektes. Wien, 2009

Sander K, Kohlmeyer R, Rödig L, Wagner L (2017) Altfahrzeuge – Verwertungsquoten 2015 und Hochwertigkeit der Verwertung. In: Thomé-Kozmiensky, K. J., Goldmann, D. (Hrsg), Recycling und Rohstoffe, Band 10. TK Verlag Karl J. Thomé-Kozmiensky, Neuruppin, S 305–325

Sander K, Schilling S (2010): Optimierung der Steuerung und Kontrolle grenzüberschreitender Stoffströme bei Elektroaltgeräten/Elektroschrott. Texte 11/2010, Umweltbundesamt Dessau-Roßlau, 133 S

Sauer A, Zeller T, Fleischer J, Glöser-Chahoud S, Wörner R et al. (2019) Industrielle Demontage von Batteriemodulen und E-Motoren zur Sicherung wirtschaftsstrategischer Rohstoffe für die E-Mobilität (DeMoBat). URL: https://pudi.lubw.de/projektdetailseite/-/project/128546. Zugegriffen am: 17.11.2021

Schluep M, Hagelüken C, Kuehr R, Magalini F, Maurer C, Meskers C, Mueller E, Wang F (2009) Recycling – From E-waste to Resources. United Nations Environment Programme & United Nations University, Nairobi, 120 S

Schmid D, Zur-Lage L (2014) Perspektiven für das Recycling von Altfahrzeugen. In: Thomé-Kozmiensky, K. J., Goldmann, D. (Hrsg), Recycling und Rohstoffe, Band 7. TK Verlag Karl J. Thomé-Kozmiensky, Neuruppin, S 105–126

Schumacher P, Jouaneh M (2014) A force sensing tool for disassembly operations. Robot. Comput. Integr. Manuf. 30 (2), S 206–217

Seelig J H, Birkenfeld S, Franke H, Hansen F, Keich O, Nawothnig B, Wisser O (2021) Abschlussbericht zum Projekt: Nachhaltige Digitalisierung – Ultraeffizienz und Digitalisierung, Teilprojekt: Industrielle Demontagefabrik 4.0. Förderkennzeichen L75 18003. Laufzeit: 01.01.2018–30.06.2021, 124 S

Seliger G (2020) Montage und Demontage. In: Bender, B., Göhlich, D. (Hrsg), DUBBEL – Taschenbuch für den Maschinenbau 2: Anwendungen, 26. Auflage. Springer-Verlag Berlin Heidelberg, 2020, S 987–995

Umweltbundesamt (1998) Basler Übereinkommen über die Kontrolle der grenzüberschreitenden Verbringung gefährlicher Abfälle und ihrer Entsorgung vom 22. März 1989 (Übersetzung). Umweltbundesamt, Anlaufstelle Basler Übereinkommen, 44 S

Umweltbundesamt (2015) Altfahrzeuge. http://www.umweltbundesamt.de/themen/abfall-ressourcen/produktverantwortung-in-der- abfallwirtschaft/altfahrzeuge. Zugegriffen: 11 November 2021

Umweltbundesamt (2019) Gesamtkonzept zum Umgang mit Elektro(alt)geräten mit Fokus auf die (Vorbereitung zur) Wiederverwendung unter Beachtung der Prioritätenfolge der Abfallhierarchie und des bestmöglichen Schutzes von Mensch und Umwelt gemäß § 6 KrWG. Umweltbundesamt, Dessau, S 298–330

Umweltbundesamt (2020) Elektroaltgeräte. https://www.umweltbundesamt.de/themen/abfall-ressourcen/produktverantwortung-in-der-abfallwirtschaft/elektroaltgeraete#elektronikaltgerate-in-deutschland. Zugegriffen: 11 November 2021

VDA (2015) VDA-Empfehlung 5500, Grundlagen zum RFID-Einsatz in der Automobilindustrie, Version 1.2. Verband der Automobilindustrie e.V. (VDA), Berlin, Juni 2015. https://www.vda.de/vda/de/aktuelles/publikationen/publication/vda-5500---grundlagen-f-r-den-rfid-einsatz-in-der-automobilindustrie-version-1.2

VDM (2012) Beste Verfügbare Technik. Verband Deutscher Metallhändler – Qualitätsgemeinschaft Elektroaltgeräte, Berlin, 28 S

Vongbunyong S, Kara S, Pagnucco M (2015) Robotics and Computer-Integrated Manufacturing Learning and revision in cognitive robotics disassembly automation. Robot. Comput. Integr. Manuf. 34, S 79–94

Wagner J (2009) Technische Konzepte zur RFID-gestützten Bauzustandsdokumentation in der Automobilindustrie. Dissertation, Technische Universität München, 219 S

Zeller T, Birkenfeld S, Keich O, Nawothnig B, Seelig J H (2016) Demontagefabrik im urbanen Raum – Konzeption und Planung, Abschlussbericht. LUBW Landesanstalt für Umwelt, Messungen und Naturschutz Baden-Württemberg, Karlsruhe, 221 S

Zimmermann T, Gößling-Reisemann S (2013) Critical materials and dissipative losses: A screening study. Sci. Total Environ. 461–462, S 774–780

Intelligente Konzepte für Sammelfahrzeuge 37

Johannes F. Kirchhoff

37.1 Einleitung

Wie haben sich die Anforderungen an Sicherheit, Gesundheitsschutz und Wirtschaftlichkeit für Abfallsammelfahrzeuge bis heute entwickelt? Seit einigen Jahren haben die gesetzlichen Auflagen stark zugenommen und damit auch den technologischen Fortschritt maßgeblich mitgestaltet.

Abfallsammelfahrzeuge bestehen im Wesentlichen aus drei Komponenten: Fahrgestell, Aufbau (Fest- oder Wechselaufbau) und Liftersystem. Abgesehen von dem Fahrgestell, welches in der Regel kundenseitig gestellt wird und deshalb vom Aufbauhersteller in seiner Ausführung wenig veränderbar vorgegeben wird, bieten Liftersysteme und Aufbauten großes technologisches Entwicklungspotenzial. Standardmäßig werden die Aufbauten aus Stahlblech gefertigt. Zur Einsparung von Gewicht und demzufolge von Kraftstoff sowie zur Darstellung von ausreichender Nutzlast bei kleineren Fahrzeugen mit geringerem zulässigen Gesamtgewicht, werden ebenso Aufbauten aus Leichtbauwerkstoffen, wie beispielsweise hochfeste und wiederverwertbare Aluminiumlegierungen eingesetzt, die eine besondere Korrosionsbeständigkeit aufweisen.

Unter den Aufbauvarianten kann aus verschiedenen Beladungs-, Verdichtungs- und Liftersystemen ausgewählt werden. Je nach Einsatzgebiet und Kapazitätsbedarf stehen Aufbauvolumina bei Micro-Aufbauten von 2,5 m^3 bis zu XL-Aufbauten von bis zu 41 m^3 Fassungsvermögen mit entsprechenden Fahrgestellen in 2-, 3-, oder 4-Achsausführung zur Auswahl. Grundsätzlich wird zwischen Hecklader, Seitenlader, Frontlader oder Front-Seitenlader unterschieden. Jedes Aufbausystem hat dabei individuelle Eigenschaften, die aus dem Bedürfnis des kommunalen oder privaten Entsorgers entstanden sind.

J. F. Kirchhoff (✉)
KIRCHHOFF GmbH & Co. KG, Iserlohn, Deutschland
E-Mail: dr.johanneskirchhoff@kirchhoffgruppe.de

P. Kurth et al. (Hrsg.), *Praxishandbuch der Kreislauf- und Rohstoffwirtschaft*,
https://doi.org/10.1007/978-3-658-36262-1_37

Für die Abfallsammlung von Haushalts- oder Biomüll sind Hecklader (vgl. Abb. 37.1) die gängigsten Aufbausysteme. Die Liftersysteme zum Heben, Kippen und Entleeren der Müllgefäße sowie die Beladeöffnung befinden sich hierbei am Heck des Fahrzeugs. Je nach Anforderungsprofil des Entsorgers können verschiedene Liftersysteme am Aufbau des Heckladers montiert werden, die entweder für den geschlossenen oder für den offenen Abfuhrbetrieb einsetzbar sind. Für die verschiedenen Müllbehältertypen existieren dazu passende Aufnahmesysteme. Mittels spezifischer Kransysteme können ober- wie unterirdisch stehende Müllgefäße entleert werden. Der Behälterhebe- und Entleervorgang erfolgt, abhängig vom Liftersystem, manuell, teil- oder vollautomatisch. Beim Typ Seitenlader ist die Beladeöffnung des Sammelkastens sowie das Liftersystem direkt hinter dem Fahrerhaus angeordnet. Einer der wesentlichen Vorteile ist der effiziente Ein-Mann-Betrieb (beim Hecklader sind mindestens zwei Müllwerker, ein Fahrer und ein Lader, notwendig). Der Aufbautyp Seitenlader ist für Müllgroßbehälter (MGB) in den Dimensionen 60–3000 Liter bzw. Großcontainer bis 3,2 m^3 geeignet. Je nach Seitenladertyp kann eine ober- wie auch unterirdische Abfuhr (Unterflurbehälter) gewährleistet werden (siehe Abb. 37.2).

Für die Industrie- und Gewerbemüllentsorgung werden neben Heckladern heute vermehrt Frontlader eingesetzt, die Müllgroßcontainer (MGC) in einem Ein-Mann-Betrieb entleeren können. Dabei muss der Fahrer das Fahrerhaus nicht verlassen und kann den Anfahr- bzw. Entleervorgang sicher per Joystick über Kamera- und Monitorsysteme aus der Fahrerkabine steuern. Das Hubgerüst ist direkt hinter dem Fahrerhaus positioniert. Ein Front-Seitenlader ist für Gewerbe- und Haushaltsmüll geeignet und verfügt über einen Beladearm, der seitlich hinter dem Fahrerhaus angebracht ist. Dieser ist mit einem

Abb. 37.1 Querschnitt eines Heckladers ohne Liftersystem. Typ: FAUN VARIOPRESS

Abb. 37.2 FAUN SIDEPRESS für die ober- und unterirdische Müllabfuhr

Spezialgelenk ausgestattet, der einen Ausschwenkradius von bis zu 33 Grad erreicht und mit seinem Aufnahmebalken eine frontale sowie seitliche Aufnahme ermöglicht.

Mit der Zielsetzung einer ökologiebewussten Reduzierung des Schadstoffausstoßes beim Betrieb der Abfallsammelfahrzeuge, wurden in der Vergangenheit innovative Eco-Lösungen marktfähig in der Praxis eingeführt. Diese beinhalten beispielsweise Liftersysteme mit KERS-Hydraulikspeicher oder Batteriesätze für den elektrischen Antrieb des Aufbaus und Lifters sowie den Einsatz eines diesel-elektrischen Hybridantriebs, der die Energie der Bremsvorgänge elektrisch speichert und wieder sinnvoll für das Fahren und Arbeiten im Sammelbetrieb nutzbar macht.

Neben den Eco-Lösungen wird auch vermehrt auf Abfallsammelfahrzeugen mit Wasserstoff-Brennstoffzellenantrieb gesetzt, die bereits in mehreren Kommunen und Städten zum Einsatz kommen.

Zur Erhaltung der Gesundheit und zur Optimierung der Arbeitssicherheit wurden verschiedene Systeme entwickelt. Diese beinhalten beispielsweise moderne Filtertechniken zur Reinigung der durch Staub, Gerüche und Schimmelpilze verschmutzten Luft im Arbeitsbereich (vgl. Abb. 37.3). Einzigartig weltweit wurde das RSS **R**ückfahr-**S**icherheit-**S**ystem zum Schutz der Müllwerker bei der Mitfahrt auf Trittbrettern von Abfallsammelfahrzeugen eingeführt (Abb. 37.4). Für das Rückwärtsfahren ohne Einweiser bietet das

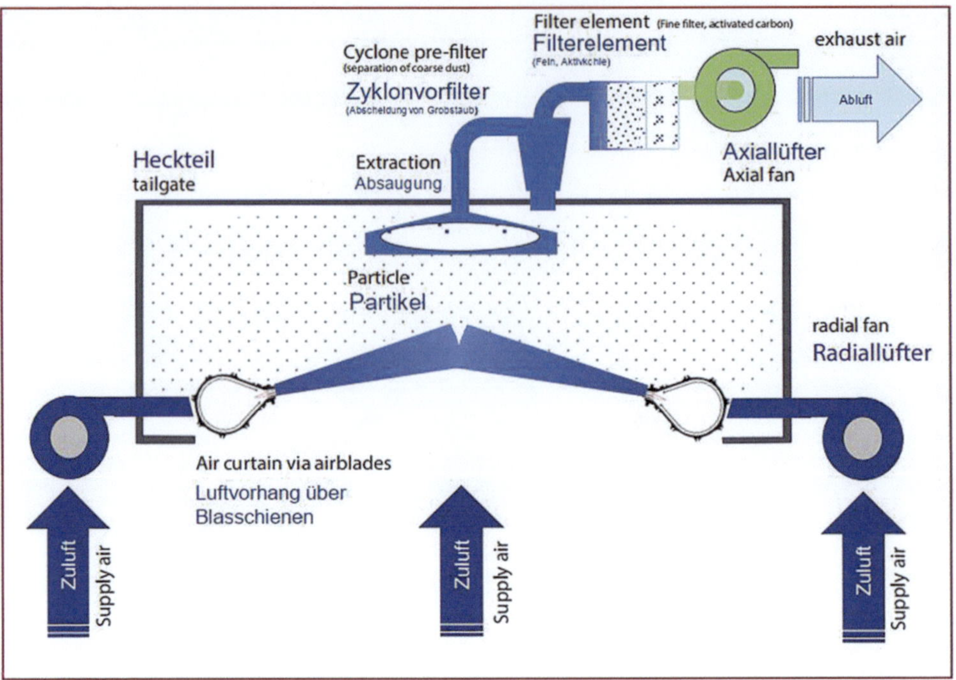

Abb. 37.3 ZOELLER Clean-Option Filterfunktion zur Reinigung verschmutzter Luft

Assistenzschutzsystem ViSy als Ergänzung zur aktiven Rückraumüberwachung ausreichend Kollisionsschutz. Dabei wird mittels einer 3D-Raumüberwachung und einer automatischen Objekterkennung – unter Berücksichtigung des Bewegungsvektors – die Kollisionswahrscheinlichkeit berechnet und der Gefahrenbereich eingestuft. Das ViSy-Assistenz-Schutzsystem kann zudem für das Absichern des seitlichen Bereiches z. B. beim Abbiegen eingesetzt werden.

37.2 Ladesysteme

Die klassische und überwiegend eingesetzte Form der Ladesysteme für Abfallsammelfahrzeuge ist der Typ Hecklader. Dieser bietet eine Vielzahl an Variationsmöglichkeiten für Liftersysteme und das Verdichtungsprinzip. Die Beladeöffnung und das Liftersystem befinden sich am Heck des Fahrzeugs. Der Lifter kann an das Fahrzeug geschraubt oder komplett in das Fahrzeug integriert (teilgeschraubt und komplett verschweißt) werden.

In neuen Modellen, wie in Abb. 37.5, werden neben dem vollintegrierten Lifter auch die Heckteilöffnungszylinder dachseitig montiert und bewirken dadurch eine Verlagerung des Schwerpunktes in Richtung Fahrerhaus.

Grundsätzlich wird bei Heckladern zwischen offener und geschlossener Müllabfuhr unterschieden. Die geschlossene Abfuhr deckt in der Regel Haushaltsmüll mit 2-Rad- oder

Abb. 37.4 Rückfahr-Sicherheits-System

4-Rad-Müllgefäßen ab. Dabei sind die Lifter mit entsprechend großer Einbauhöhe (High-Level) am Fahrzeugheck montiert, um ausreichende Sicherheitsabstände zum Bediener und eine größere Bodenfreiheit sicherzustellen.

Die offene Abfuhr ist für Bündel, Säcke und Sperrmüll geeignet. Dabei weist die Liftereinheit eine geringe Einbauhöhe (Low-Level) bzw. die Beladeöffnung eine geringere Überwurfhöhe zum bequemen Handeinwurf für den Müllwerker auf.

Bei dem Typ Hecklader kann als Verdichtungsprinzip zwischen hydraulischem Pressplattenwerk oder dem Drehtrommelsystem ausgewählt werden. Ausschlaggebend hierfür ist einerseits die Art der Müllfraktion und andererseits das Anforderungsprofil des Entsorgers.

Zur Erhöhung der Wirtschaftlichkeit und Steigerung des Automatisierungsgrads wurden Ladesysteme entwickelt, die eine Abfallsammlung mit nur einer Person ermöglichen.

Das gängigste Ladesystem ist der Seitenlader (Typenbeispiel siehe Abb. 37.6). Das Liftersystem befindet sich dabei direkt hinter dem Fahrerhaus. Die Steuerung des Entleerungsprozesses erfolgt über einen Joystick durch den Fahrer im Fahrerhaus. Nahezu alle Abfall- und/oder Wertstoffe können abgeführt werden. Mit bis zu 12 kN Hubkraft können Müllgroßbehälter von 60–3000 Liter sowie Großcontainer von bis zu 3,2 m^3 ge-

Abb. 37.5 FAUN SKYLIFT

Abb. 37.6 Seitenlader für Großbehälter mit Kammaufnahme bis 3,2 m³. Typ: ZOELLER SLF-XL

hoben und entleert werden. Optional zur oberirdischen Standardabfuhr besteht die Möglichkeit, unterirdisch positionierte Unterflurbehälter aufzunehmen und zu entleeren.

Mit dem Einsatz eines Front-Seitenladersystems werden Abfälle und Wertstoffe aus Haushalt und Gewerbe gleichermaßen entsorgt. Mit einer Hubkraft von bis zu 850 kg können sowohl 2- als auch 4-rädrige Müllgroßbehälter und Diamond-Umleerbehälter von bis zu 1,8 m^3 entleert werden (Typenbeispiel siehe Abb. 37.7). Der Beladearm, der hinter dem Fahrerhaus seitlich in Höhe des Fahrgestellrahmens mit einem Gelenk verbunden ist, erlaubt einen seitlichen Ausschwenkradius von bis zu 33 Grad. Der Beladearm verfügt über einen gelenkgelagerten Aufnahmebalken zur frontalen und seitlichen Behälteraufnahme. Durch diese beiden Gelenke können Behälter in bis zu 3 m Entfernung positionsunabhängig aufgenommen werden. Die Beladeeinrichtung ist modular konstruiert, sodass diese mit einer Kamm-, Diamond- oder Klammeraufnahme ausgestattet werden kann.

In Abhängigkeit des gewählten Aufnahmesystems und Behältertyps können bis zu zwei Behälter gleichzeitig seitlich oder frontal vor dem Fahrerhaus im direkten Blickwinkel des Bedieners aufgenommen werden, siehe Abb. 37.7. Nach der Aufnahme der Behälter wird der Beladearm wieder eingeklappt, der Aufnahmebalken frontal vor das Fahrerhaus gestellt und der gesamte Beladearm in einer kreisförmigen Bewegung über das Fahrerhaus zur Behälterentleerung verfahren. Diese drei Bewegungen werden jedoch nicht sequentiell nacheinander, sondern parallel in einer vom Fahrer mittels Joystick kontrollierten, überlagerten Bewegung durchgeführt. Der Vorteil: Alle Beladevorgänge finden unter Verwendung eines Standardfahrgestelles im direkten Sichtfeld des Fahrers/Bedieners statt.

Abb. 37.7 Beispiel eines Front-Seitenladers mit Diamondaufnahme von gleichzeitig 2x 2-Rad-Gefäße

► **Praxishinweis** Innovative Front-/Seitenlader benötigen kein rechtsgelenktes Fahrgestell. Das Wiedereinfädeln in den fließenden Verkehr wird durch den Verzicht auf Rechtslenkerfahrgestelle auch für unerfahrene Bediener sicherer und einfacher. Eine Kontrolle des eigentlichen Beladevorganges durch Kamera, Spiegel oder Verdrehen des Oberkörpers sind nicht notwendig. Dieser ergonomische Vorteil erhöht einerseits die Sicherheit des gesamten Beladevorganges und schont andererseits die Gesundheit des Bedieners.

Das Anheben und Verfahren der aufgenommenen Behälter findet weitestgehend vor dem Fahrzeug statt. Auch hier hat der Fahrer zu allen Zeitpunkten, ausreichenden Sichtkontakt zu den Behältern. Durch dieses frontalseitige Verfahren wird kein seitlicher Raum neben dem Fahrzeug zum Entleeren der Behälter benötigt. In engen Straßenbereichen reduziert sich dadurch die Gefahr der Kollision mit Mauern, Fahrzeugen, Bäumen und anderen seitlichen Hindernissen. Die Verlagerung der Hubbewegung zur Frontseite hin, räumt die Gefährdung von Passanten, die sich unter Umständen unkontrolliert im Gefahrenbereich aufhalten können, aus. Die unmittelbare, ungestörte Sicht des Bedieners auf den Arbeitsbereich erlaubt eine schnellere Aufnahme von Behältern, da der Bediener die Position der Behälter ständig einsehen und alle notwendigen Bewegungen des Lifterarms entsprechend steuern kann. Insbesondere die gleichzeitige Aufnahme von zwei Behältern wird dadurch deutlich vereinfacht und beschleunigt. Mit einer Zykluszeit von ca. 10 Sekunden ist der gesamte anschließende Entleervorgang ebenfalls sehr schnell und effizient.

Der Einsatz von Frontladern (Typenbeispiel Abb. 37.8) ist speziell für Abfälle und Wertstoffe aus Industrie und Gewerbe sinnvoll. Das Aufbau- und Liftersystem wurde insbesondere für die Entleerung großvolumiger Container konstruiert. Dabei wird die Auf-

Abb. 37.8 FAUN FRONTPRESS

nahme wie auch die Entleerung in der Regel per Joystick oder Infrarot-Fernbedienung gesteuert. Die Entleerung erfolgt nach dem Heben in die hinter dem Fahrerhaus angeordnete Ladeöffnung.

Die Hubvorrichtung wird während des Anfahrens in die Parkposition oberhalb zur Windschutzscheibe gefahren und festgestellt. Die Steuerung erfolgt per Joystick oder Infrarot-Fernbedienung. In einer Ein-Mann-Bedienung kann der Anfahr- und Entleervorgang vom Fahrer aus dem Fahrerhaus gesteuert werden, ohne sich in den Gefahrenbereich vor das Fahrzeug begeben zu müssen.

Die Ladeöffnung befindet sich oben im Sammelkasten direkt hinter dem Fahrerhaus. Die Müllverdichtung findet üblicherweise mit einem hydraulischen Pressplattenwerk statt. Zum Abladen wird die Heckklappe nach oben geöffnet und der Abfallinhalt mittels des verfahrbaren Ausstoßschildes von vorn nach hinten (draußen) befördert.

Frontlader sind darüber hinaus für ihre wartungsfreundliche, reparaturarme Konstruktion mit geringen Ausfallzeiten bekannt. Die Aufbauten sind flexibel für verschiedene Serienfahrgestelle konstruiert.

37.3 Verdichtungssysteme

Die Müllverdichtung führt in den Sammelfahrzeugen zu mehr nutzbarem Volumen. An folgendem Beispiel wird deutlich, wie viel Müllgefäße zusätzlich geleert werden können, wenn der Müll entsprechend verdichtet wird:

▶ **Praxisbeispiel** 120 l Abfall in einem Müllgefäß wiegen 15 kg, die Dichte beträgt demzufolge 125 g/l (15.000 g/120 l).

Unverdichtet passen in einen großen 4-achsigen Müllwagen 30.000 l (geteilt durch 120 l) rund 250 Mülltonnen.

Mit einer vierfachen Verdichtung (500 g/l durch 125 g/l) können (250 mal 4) insgesamt 1000 Müllgefäße in den Aufbau entleert werden.

In der Praxis unterscheidet man bei der Müllverdichtung grundsätzlich zwischen zwei Systemen, die bei der Variante Hecklader eingesetzt werden: Müllverdichtung durch das Pressplattensystem (Abb. 37.9) oder durch das Drehtrommel-Prinzip (Abb. 37.10).

Abb. 37.9 Grafische Darstellung Verdichtung mittels Pressplatten-Prinzip

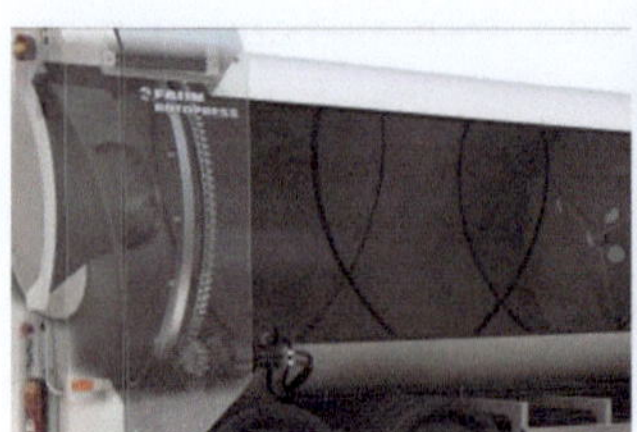

Abb. 37.10 Grafische Darstellung Verdichtung mittels Drehtrommel-Prinzip

In Front- und Seitenladern mit Wechselaufbauten kommen für die Verdichtung Schneckenverdichter mit zwei gegenläufig angetriebenen Schneckenwendeln oder alternativ ein sogenannter Pendelpressenverdichter zum Einsatz.

Die Wahl der Verdichtung richtet sich hauptsächlich nach der Art der Müllfraktion und den Einsatzbedingungen des Entsorgers. Bei den Müllfraktionen unterscheidet man zwischen Hausmüll, Restmüll, Biomüll, Papier, Plastik, LVP-Abfall, Weißglas und Buntglas sowie zwischen Gewerbe-, Industrie- und Sperrgutabfall.

► **Praxishinweis** Beispielsweise ist bei der Abfuhr von Biomüll, die bei der Verdichtung entstehende organische Flüssigkeit zu berücksichtigen, die aus dem Aufbau auslaufen kann. Die optimale Lösung hierfür ist eine Verdichtung mittels des Drehtrommel-Prinzips, da hierbei die Flüssigkeit über die ständige Bewegung des Abfalls innerhalb des Aufbaus im Abfall gehalten wird.

Der Fahrzeugaufbau kann neben einem hydraulischen Antrieb auch durch einen optimierten Antriebsstrang mit einem elektrischen Motor um die Längsachse gedreht werden. Der Abfall wird kontinuierlich umgewälzt, dabei zerkleinert und durch zwei Schneckengänge nach vorn befördert (Typenbeispiel siehe Abb. 37.11). In dem sich verengenden Pressschneckengang werden die Abfälle schließlich verdichtet. Flüssigkeiten werden gleichmäßig verteilt und nicht abgepresst – es tropft nichts und die Geruchsbelästigung wird reduziert. Die stete Umwälzung belüftet die Abfälle und verringert die Bildung anaerober Zonen, die die Quelle von üblen Gerüchen sind.

Durch die Änderung der Drehrichtung der Trommel wird die Sammeltrommel entleert. Dabei reinigt sich die Trommel rückstandslos selbst – es gibt keine aufwendige Reinigung an schlecht zugänglichen Stellen, Korrosion wird vermieden und Geruchsnester können gar nicht erst entstehen.

Im Pressplattenprinzip erfolgt die Verdichtung mittels eines hydraulischen Pressplattenwerks, das die Abfälle gegen ein druckbeaufschlagtes Ausstoßschild im Sammelkasten verdichtet (Abb. 37.12).

Neue Verdichtungssteuerungssysteme ermöglichen eine fraktionsoptimierte Verdichtung (FOV). Dabei werden Druckeinstellungen abhängig von der ausgewählten Fraktion (Restmüll, Bioabfälle, Papier oder Plastik) optimal voreingestellt.

Abb. 37.11 Drehtrommelaufbau. Typ: FAUN ROTOPRESS

Abb. 37.12 Querschnitt eines Sammelbehälters. Typ: ZOELLER Medium X4

In dem dazugehörigen Menü Fraktionsvorwahl kann durch die entsprechende Funktionstaste oder mit dem Navigationsrad am Aufbausteuerungsbedienteil die jeweilige Fraktionsart ausgewählt werden. Durch die Fraktionsauswahl wird die optimale Verdichtung vorgegeben. Während des Pressvorgangs wird der aktuelle Verdichtungsdruck vom System permanent überwacht.

Bei Erreichen des optimalen Druckwertes wird das Ausstoßschild aktiv eingefahren, bis der hinterlegte Druckwert wieder unterschritten ist. Dies ermöglicht eine maximale Verdichtung unter Berücksichtigung der jeweiligen Fraktion und das Erreichen der maximalen Zuladung. Die Entladung wird durch das Ausfahren des Ausstoßschildes erreicht.

Drehtrommel- und Pressplattenverdichtungsprinzip unterscheiden sich auch durch unterschiedliche Höhen der Ladekante. Beim Drehtrommelprinzip wird bevorzugt die behältergebundene Abfuhr mit geschlossenem Lifter eingesetzt. Für eine Handbeladung eignet sich die niedrige Ladekante des Pressplattenheckladers.

Der Verdichtungsvorgang in Heckladern kann durch zwei unterschiedliche kinematische Bewegungsabläufe durchgeführt werden. Für Ladewerke mit Rollen- bzw. Gleitklotzschienenführung (Abb. 37.13) wird die Trägerplatte linear in einer Gleitbahn seitlich im Heckteil geführt, während die angeschlossene Pressplatte den Abfall in einer Schwenkbewegung aus der Ladewanne ausräumt und beim Hochfahren gegen die Ausschubwand und das Dach im Sammelkasten verdichtet. Der wesentliche Vorteil liegt in der kostenoptimierten Konstruktion.

Lenkergestützte Ladewerke (Abb. 37.14) führen zur Abfallverdichtung eine kombinierte Bewegung von Träger- und Pressplatte aus und werden dabei über ein seitlich am Heckteil drehbar gelagertes Lenkerelement in einer Kreisbogenbewegung geführt. Durch eine geschickte Auswahl der Kinematik lassen sich über die veränderlichen Hebelverhältnisse in bestimmten Bereichen stark überhöhte Verdichtungskräfte erzeugen. Die Bewegungsverdichtungsrichtung wird optimal in Richtung Müllbehälter geführt. Dadurch entstehen weniger Verlustkräfte gegen das Behälterdach. Je nach Ausführung kann, beispielsweise im Fall des Powerpress, der Lenker außen am Heckteil angebaut werden. Eine Vorverdichtung gegen die senkrecht stehende Presswand ist dabei ebenfalls möglich. Die Drehbewegungen arbeiten insgesamt verschleißärmer, als Linearbewegungen, da definierte Lagerstellen mit Schmierung eingesetzt sind.

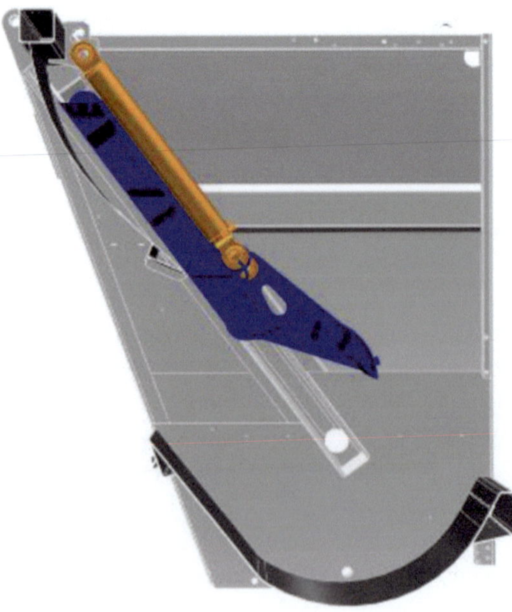

Abb. 37.13 Rollen-Gleitklotzschienenführung

Abb. 37.14 Lenkergestützte Ladewerke

37.4 Liftersysteme

Bei den Hecklader-Fahrzeugen wird grundsätzlich zwischen der offenen und geschlossenen Abfuhr unterschieden. Für eine geschlossene Abfuhr werden hauptsächlich High-Level-Liftersysteme mit entsprechender Einbauhöhe am Fahrzeug montiert, die eine ausreichend hohe Bodenfreiheit aufweisen.

Die geschlossene Abfuhr sorgt mit der passgenauen Öffnung dafür, dass kein Müll und wenig Staub bei der Entleerung austritt (vgl. Abb. 37.15) sowie ein automatisierter Durchlauf des Ladewerkes erlaubt ist. Mit der Kammaufnahme können sowohl 2-Rad- als auch 4-Rad-MGB entleert werden.

Andere High-Level-Liftertypen verfügen über eine Diamond-Aufnahme zur Entleerung von Müllbehältern mit einer speziellen Aufnahmetasche, die die Müllbehälter im Vergleich zur Kammaufnahme leichter auf der Schüttung aufnimmt und zentriert. Zur Entleerung von 4-Rad-Müllgroßbehälter verfügen die entsprechenden Liftersysteme optional über anschraubbare Deckelöffnerkurven.

Eine geräuscharme und behälterschonende Entleerung der Gefäße erfolgt bei neuen Modellen durch eine Behälterrückhaltung mit parallelogrammbasierter Kinematik, die vor einem unzulässigen Überkippen des Behälters in der Einkippstellung schützt (siehe Abb. 37.16).

Abb. 37.15 High-Level-Lifter mit Behälterrückhaltung. Typ: ZOELLER DELTA 2322

Abb. 37.16 (**a**) Geteilter Hubwagen (**b**) Aktive Behälterrückhaltung (**c**) Schulterfreiraum für den Lader

An Liftern zum Heben, Kippen und Entleeren der Müllgefäße unterscheidet man zwischen voll-, teilautomatischen sowie manuellen Systemen (Typenbeispiel Abb. 37.17).

Je nach Modellreihe werden die Lifter hydraulisch bzw. elektrisch angetrieben. Für manche Funktionsbaugruppen wie Rutsche und Rückhaltung kommt Pneumatik zum Einsatz. Elektrische Liftersysteme werden in der Regel mit einer Spannung von 24 V DC versorgt. Dabei werden die Hub-/Kippbewegung über einen Elektromotor mit angeschlossenem Schneckengetriebe ausgeführt (siehe Abb. 37.18). Die Heben- und Senken-Bewegung erfolgt aktiv und ist gegenüber der Hydraulikvariante stark geräuschgemindert.

Die Sicherung des Arbeitsraumes erfolgt bei vollautomatischen Liftersystemen entweder mechanisch über positionsüberwachte Schutzbügel (vgl. Abb. 37.19) oder senso-

Abb. 37.17 FAUN BARLIFT mit manuellem System

Abb. 37.18 Elektromotor

Abb. 37.19 Sicherheitsbügel

risch über bereichsüberwachende Ultraschallsensoren. Das Worker Protection System (WPS II) detektiert mittels LIDAR und Ultraschallsensoren beim automatischem Entleervorgang während des Hebeprozesses Objekte oder Personen im Gefahrenbereich und stoppt gegebenenfalls die automatische Hebebewegung. Ein manuelles Fortführen des Entleerungsprozesses ist anschliessend möglich.

Ein sogenannter Quittungsschalter schützt zusätzlich vor Fehlbedienungen durch falsch positionierte Behälter. Insgesamt können bei Automatik-Liftersystemen Entleerzeiten von 6 s für 2-Rad bzw. 8 s für 4-Rad-Behälter erzielt werden.

Low-Level-Liftersysteme ermöglichen mit ihrer niedrigen Ladekante eine ergonomische Beladung mit Säcken, Bündeln und Sperrgut (Typenbeispiel siehe Abb. 37.20). Die überwiegenden am Markt erhältlichen Low-Level-Liftersysteme decken zudem auch die Entleerung von 2- und 4-Rad-MGB ab. Die Rutsche kann dabei abgeklappt werden und dient damit als Schutzabdeckung der Lifterkomponenten im Sperrmüllbetrieb. Die Bedienung der Liftersysteme erfolgt je nach Modellvariante über Handhebel, Joystick oder Bedientasten. Eine aktive Sicherheitssensorik vermeidet Betriebsstörungen und Fehlbedienungen.

Abb. 37.20 Hecklader Typ: ZOELLER MAGNUM mit einem 2449 GAMMA offen

37.5 Innovative Antriebslösungen

Für Aufbau- und Liftersysteme gibt es verschiedene Eco-Systeme zur Reduktion des Treibstoffverbrauchs, Feinstaubs, der Stickoxide und der Lärm- sowie CO_2-Emissionen. Mit intelligenten Hydraulikspeichern, Batteriesätzen oder diesel-elektrischen Hybridantrieben für Aufbau und Lifter gibt es bereits in der Praxis bewährte Eco-Technologien. Dabei kann beispielsweise die Lärmentwicklung von üblicherweise 106 dB (A), die der Lautstäke einer laufenden Kettensäge entspricht, auf den Pegel einer normalen Unterhaltung in Zimmerlautstärke reduziert werden.

Mit der Installation eines Hydrospeichers (Abb. 37.21), gewinnt man durch den Bremsvorgang Energie. Die gespeicherte Energie kann anschließend für den Betrieb des Lifters verwendet werden. Damit können bis zu 2900 Liter Kraftstoff eingespart und die CO_2-Emissionen um bis zu 7,9 Tonnen pro Jahr und Fahrzeug reduziert werden. Die kinetische Verzögerungsenergie eines herkömmlichen Abfallsammelfahrzeugs wird in der Regel als Abwärme an die Umwelt abgegeben und geht daher für den Betrieb des Fahrzeugs verloren. Mit dem Hydrospeicher wird die kinetische Verzögerungsenergie des Fahrzeugs, über die Hydraulikpumpe, in hydraulische Energie umgewandelt. Die Aufbausteuerung regelt die Bremsenergie, die zum Befüllen des Hydrospeichers genutzt wird. Sobald der Speicher gefüllt ist, wird die aufgeladene Energie genutzt, um den Lifter anzutreiben. Die damit gewonnene Energie kann für mehrere Entleervorgänge ausreichend sein, ohne das die Motordrehzahl angehoben werden muss. Ein zweiter Druckspeicher mit

Abb. 37.21 Hydrospreicher Typ: FAUN VARIOPRESS mit HYDROPOWER

weniger Volumen kann parallel zum ersten geschaltet werden. Dieser ist allein für das hydraulische Starten des Fahrmotors bestimmt.

Eine weitere Option zur Verringerung des Kraftstoffverbrauchs und zur Senkung von Geräuschemissionen, ist der im „Plug-in-Verfahren" aufzuladende Batteriesatz für den elektrischen Betrieb des Aufbaus und Lifters von Abfallsammelfahrzeugen. Dieses System wird als E-POWER bezeichnet.

In konventionellen Fahrzeugen liefert der Fahrzeugmotor über die mit dem Nebenantrieb verbundene Pumpe Energie für die Verdichtung und das Entleeren der Behälter. Bei E-POWER-Fahrzeugen liefert ein Batteriepaket, welches über Nacht in stromabnahmeschwachen Zeiten geladen werden kann, die Energie für den elektrischen Betrieb des Aufbaus und des Lifters (Typenbeispiel Abb. 37.22).

Ein erweitertes Potential zur Kraftstoffeinsparung ergibt sich, wenn der Fahrzeugmotor beim Beladen abgeschaltet wird. Aufgrund des großen elektrischen Energiespeichers kann der Motor zur Weiterfahrt leicht elektrisch wieder gestartet werden.

Wasserstoff-Brennstoffzellen als Energielieferant

Im täglichen harten Einsatz eines Abfallsammelfahrzeugs erweist sich der Einsatz einer Brennstoffzelle als robust und unproblematisch (Typenbeispiel siehe Abb. 37.23). Als Fahrzeugunterbau wird hierfür ein sogenannter „Gleiter" verwendet. Das ist ein Rohling ohne konventionellen Verbrennungsmotor, Tank, Motorblock, Getriebe oder Auspuffanlage. Am

Abb. 37.22 FAUN VARIOPRESS mit E-POWER

Abb. 37.23 Fahrzeug mit Wasserstoff-Brennstoffzellenantrieb (FAUN BLUEPOWER)

Gleiter werden sämtliche Komponenten für den Wasserstoff-Brennstoffzellenantrieb verbaut. Der Fahrzeugaufbau, für beispielsweise einen Drehtrommel- oder auch Pressplattenmüllwagen, bleibt identisch. Lediglich der Antrieb verändert sich, die hydraulischen Pumpen werden von einem E-Motor angetrieben. Der Wasserstoff wird in gasförmiger Form in die Tanks gefüllt und dort verlustfrei unter einem Druck von 700 bar gespeichert. Verbaut werden bis zu maximal vier Tanks mit einem jeweiligen Fassungsvermögen von 4 kg Wasserstoff. Die Wasserstofftanks sind mit Sensoren zur Temperaturüberwachung ausgestattet, die dafür sorgen, dass die Tanks nicht überhitzen. Zudem sind sie beschusssicher, was bei der Zulassung der Tanks durch einen Beschusstest nachgewiesen werden musste. Sollte im Falle eines Unfalls das Gas entweichen, gibt es keine Explosion, sondern lediglich eine steil aufsteigende Stichflamme. Als weitere Sicherheitsmaßnahme für den gefahrlosen Betrieb wurden sämtliche Bauteile, die mit Wasserstoff in Berührung kommen, zertifiziert und vom TÜV geprüft. Falls es doch einmal zur Undichtigkeit kommt, wird der ausströmende Wasserstoff gefahrlos abgeleitet.

Der Wasserstoff wird über eine Zuleitung in die Brennstoffzellen gepumpt. Hierfür können Polymer-Elektrolyt-Brennstoffzellen (Proton Exchange Membrane = PEM) verwenden werden. Diese sind gegenüber anderen Brennstoffzellenarten vorteilhafter, da sie eine hohe Leistungsdichte haben und kompakt verbaut werden können. Die PEM-Brennstoffzellen haben eine typische Betriebstemperatur von etwa 80 °C. Die freigesetzte Wärme kann z. B. für die Fahrzeugheizung verwendet werden. Zudem besitzt diese Brennstoffzellenart eine hohe Lastflexibilität, was den Lastwechsel beim Beschleunigen und Verlangsamen erleichtert. Sie sind technisch ausgereift und zuverlässig, haben eine hohe Energieeffizienz und sind besonders geeignet für mobile Anwendungen wie im Lastverkehr. Außerdem wird den PEM-Brennstoffzellen das bisher größte Kostensenkungspotenzial unterstellt. Die Brennstoffzelle fungiert als Energieumwandler, der die chemische Reaktionsenergie von Wasserstoff und Sauerstoff, der aus der Umgebungsluft angesogen wird, in elektrische Energie zum Antrieb für den Elektromotor umwandelt. Diesen Prozess nennt man „kalte Verbrennung" – eine umgekehrte Elektrolyse. Die Elektrolyse zerlegt Wasser mithilfe von elektrischer Energie in Wasserstoff und Sauerstoff. Die kalte Verbrennung wandelt Wasserstoff und Sauerstoff wieder zu Wasser, welches in Form von Wasserdampf abgegeben wird, um. Über diesen chemischen Prozess wird zusätzlich Energie in Form von Strom und Wärme freigesetzt. Die Brennstoffzelle arbeitet somit schadstofffrei.

Da eine einzelne Brennstoffzelle zu wenig elektrische Energie erzeugt, bedarf es meist mehrerer, die zu Stacks zusammengefasst werden. Für das Abfallsammelfahrzeug können max. drei Brennstoffzellenstacks mit einer Leistung von jeweils 30 kWh verbaut werden, sodass eine Gesamtleistung von 30, 60 oder 90 kWh gewonnen wird. Das mag wenig klingen, reicht im Betrieb aber vollkommen aus. Denn Leistungsspitzen beim Anfahren werden über die Batterieleistung abgefedert. Die unterschiedlichen Leistungskategorien bestimmen die mögliche Dauergeschwindigkeit des Fahrzeugs. Ein Abfallsammelfahrzeug mit 90 kWh ist für den Betrieb auf der Autobahn bestens gerüstet. Die Reichweite hängt von der Anzahl der Tanks ab, sieht man vom Fahrverhalten des Fahrers einmal ab.

Mit einer vollständigen Ausrüstung von vier Tanks wird eine Reichweite von ca. 240 km (nach WHVC) möglich. Genaue Angaben werden derzeit nach einem genormten Messverfahren (WHVC-Zyklus) ermittelt. Stimmen die derzeit vorliegenden Annahmen und Simulationsergebnisse, müsste ein Abfallsammelfahrzeug mit voller Ausstattung alle zwei bis zweieinhalb Tage tanken.

Die Batterien, in die der erzeugte Strom über den Hochvolt-Verteiler fließt, befinden sich direkt unter dem Fahrerhaus. Von dort werden die elektrischen Verbraucher, insbesondere der E-Motor mit der benötigten Energie versorgt. Der Hochvoltverteiler inklusive der Kühlelemente und Steuerungseinheiten ist direkt hinter dem Fahrerhaus verbaut, ein Platz, der sonst größtenteils ungenutzt bleibt. Die Batterien basieren auf Nickel-Mangan-Cobalt-Chemie und haben eine Lebensdauerendekapazität von 85 kWh, bei einer installierten „Neukapazität" von 115 kWh. Das Gewicht der Batterien (verpackt und gemanaged) beträgt insgesamt 960 kg. Diese Batteriekapazität von 85 kWh reicht genau für die Sammelleistung von 10 t Abfall. Fahrzeuge, bei welchen aus Kostengründen auf die Brennstoffzellen verzichtet wurde, können zwischen den zwei Touren während der Mittagspause innerhalb von 45 Minuten nachgeladen werden, sofern ein Hochleistungsladegerät mit ca. 150 kW Spitzenleistung zur Verfügung steht. Das erübrigt sich natürlich für Fahrzeuge mit Brennstoffzellen. Die Batterien sind so konzipiert, dass die Kapazität von 85 kWh auch noch nach 8 Jahren zur Verfügung steht.

Während der Sammlung von Rest- oder Wertstoffen wird ein Müllfahrzeug sehr häufig gestoppt. Dies kann in dicht besiedelten Gebieten alle paar Meter sein. Mit konventionellen Fahrgestellen geht dabei viel Bremsenergie verloren und es entsteht Feinstaub während des Bremsvorgangs. Die Wasserstoff-Brennstoffzellen-Fahrzeuge werden elektrisch angetrieben und elektrisch gebremst, die Bremsenergie wird in der Batterie rekuperiert. So wird die bei konventionell gebremsten Fahrzeugen in Form von Wärme verlorene Energie für den Antrieb des Fahrzeugs nutzbar gemacht. Dadurch benötigt das Fahrzeug bis zu 40 % weniger Energie, ist CO_2- und NO_x-frei und emittiert weniger Feinstaub in die Luft.

37.6 Leichtbau & smarte Technik bleiben weiter im Trend

Aufgrund der zunehmenden Elektromobilität bleibt das Thema Gewichtseinsparungen durch den Einsatz von Leichtbauwerkstoffen und einer optimalen Gewichtsverteilung der Aufbauten weiterhin stark im Fokus. Fahrgestellhersteller arbeiten an dem Ziel, elektrische Antriebe serienmäßig im Markt zu etablieren. In Kombination mit elektrisch betriebenen Aufbauten sind hier deutliche Senkungen von Lärm- und Schadstoffemissionen zu erwarten. Der Geräuschpegel ermöglicht in Großstädten die Müllabfuhr während der Nachtzeit, um nicht den morgendlichen Berufsverkehr zusätzlich zu belasten.

Der Einsatz eines intelligenten Telematiksystems ermöglicht die Gestaltung einer optimalen Entsorgungsplanung. Modular aufgebaut, werden die Daten digital erfasst und in Echtzeit über das Mobilfunknetz in einer geschützten Cloud oder einem abgeriegelten Server abgespeichert. Die Daten können jederzeit weiterverarbeitet oder ausgewertet wer-

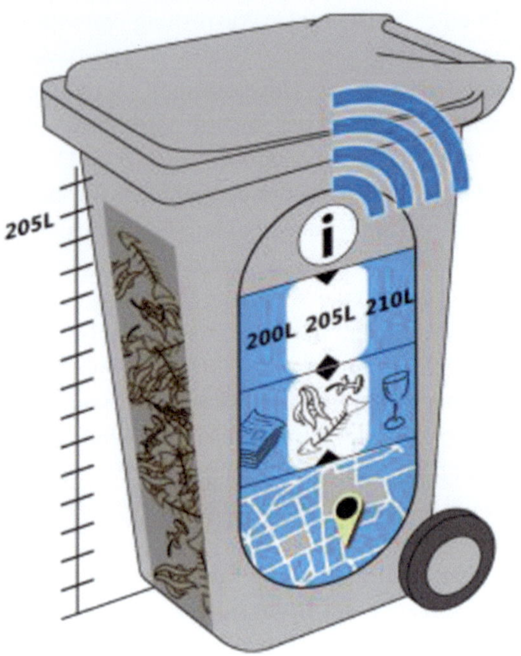

Abb. 38.24 Innovativer/smarter Müllbehälter

den. Dabei handelt es sich um Tour-, Fahrzeug- und Betriebsdaten. Insbesondere in punkto präventive Instandhaltung können Fehler im Fahrzeug frühzeitig erkannt werden, die später zu kostspieligen Reparaturen führen. Ebenso zeigt das System auftretenden Verschleiß rechtzeitig an, sodass Ausfälle minimiert werden. Eine exakte Tourenplanung mittels GPS ermöglicht die Festlegung der effizientesten Route. Mit integrierten Identsystemen werden behälterbezogene Wiegedaten an das Abrechnungssystem übermittelt, die eine exakte Rechnungsstellung garantieren. Ein integriertes Anti-Kollisionssystem warnt vor Zusammenstößen sämtlicher Art und stoppt das Fahrzeug selbständig.

Zukünftig werden Themenfelder rund um die intelligente Entsorgungslogistik weiterhin an Bedeutung gewinnen wie z. B. innovative Müllbehälter, die ihre Füllstände digital an den Entsorger melden (hierzu Abb. 38.24) und damit eine optimale Tourenplanung ermöglichen sowie jederzeit aktuelles Datenmaterial liefern.

Darüber hinaus müssen viele Antworten darauf gefunden werden, wie sich die Entsorgungslogistik in der Zukunft gestaltet und wie sich die Bedürfnisse und Lebensgewohnheiten unserer Gesellschaft verändern. Das sind zukünftige Entwicklungsprojekte, die weit über die eigentliche Konstruktion eines Abfallsammelfahrzeugs hinausgehen, jedoch unmittelbar mit dem Einsatz dieser Fahrzeuge verbunden sind und daher von den Herstellern umgesetzt werden müssen.

Thermische Abfallbehandlung 38

Markus Gleis

38.1 Einführung

Unter dem Begriff thermische Abfallbehandlung werden alle technischen Prozesse und Verfahren zusammengefasst, die mit Hilfe von technischen Einrichtungen und einem deutlich erhöhten Temperaturniveau thermisch induzierte Umsetzungsprozesse des kohlenstoffhaltigen Anteils der Abfälle zum Ziel haben. Als technische Ausführungen werden damit Verbrennungsanlagen, Pyrolyse- und Vergasungsanlagen sowie als besondere technische Ausprägung die Plasmapyrolyseanlagen erfasst. Je nach Oxidationsgrad und Temperaturniveau entstehen dabei unterschiedliche Reaktionsprodukte, die auch zur Charakterisierung und Abgrenzung der thermischen Verfahren untereinander genutzt werden können.

Die Verbrennung ist sowohl im Hinblick auf Anlagenzahl als auch im Zusammenhang mit der installierten Behandlungskapazität das weltweit dominierende Verfahren zur thermischen Behandlung und energetischen Verwertung von Abfällen. In ca. 2200 Anlagen werden weltweit aktuell etwa 280 Mio. Tonnen Abfall pro Jahr [Döing 2015] behandelt und neben der energetischen Nutzung auch in eine sicher ablagerungsfähige Form überführt, ergänzt durch die Möglichkeit die im thermischen Prozess entstandenen Aschen und Schlacken einer weiteren stofflichen Nutzung zuzuführen.

Neben der Abfallverbrennung als etabliertes Behandlungsverfahren werden mit der Abfallpyrolyse und der Abfallvergasung weitere thermische Prozesse in unterschiedlichen verfahrenstechnischen Ausprägungen und theoretischen Durchsatzleistungen angeboten. Ein wesentliches Charakteristikum dieser Verfahren ist die im Vergleich zur Abfallverbrennung meist deutlich komplexere Anlagentechnik. Als Vorteile der Verfahren im

M. Gleis (✉)
Umweltbundesamt, Dessau-Roßlau, Deutschland
E-Mail: markus.gleis@uba.de

P. Kurth et al. (Hrsg.), *Praxishandbuch der Kreislauf- und Rohstoffwirtschaft*,
https://doi.org/10.1007/978-3-658-36262-1_38

Vergleich zur Verbrennung geben die jeweiligen Anbieter höhere elektrische Wirkungsgrade und/oder die höhere Wertigkeit der Konversionsprodukte, z. B. die Erzeugung verglaster und damit schwer auslaugbare Schlacken oder die Erzeugung von flüssigen oder gasförmigen Energieträgern an, die universeller eingesetzt werden könnten. Für die Betrachtung der Produkte und der energetischen Wirkungsgrade ist eine umfassende Bilanzierung notwendig, da häufig nur entsprechend aufbereitete (z. B. pelletierte) Abfälle oder nur bestimmte Abfallfraktionen (z. B. kontaminierte Althölzer, Altreifen oder Kunststoffabfallfraktionen) eingesetzt werden können.

Die vorhandenen Praxiserfahrungen auf der Basis von großtechnisch ausgeführten Anlagen beziehen sich im Wesentlichen auf Vergasungs- und Pyrolyseverfahren zur thermischen Behandlung von Abfällen. Für die Hochtemperaturplasmaverfahren, die meist als Plasmavergasung angeboten werden, steht der Nachweis einer Praxistauglichkeit noch genauso aus wie für die (katalytische) Direktverölung – eine weitere alternative thermochemische Verfahrensvariante (vgl. Abb. 38.1) zur Behandlung bestimmter fester Abfälle,

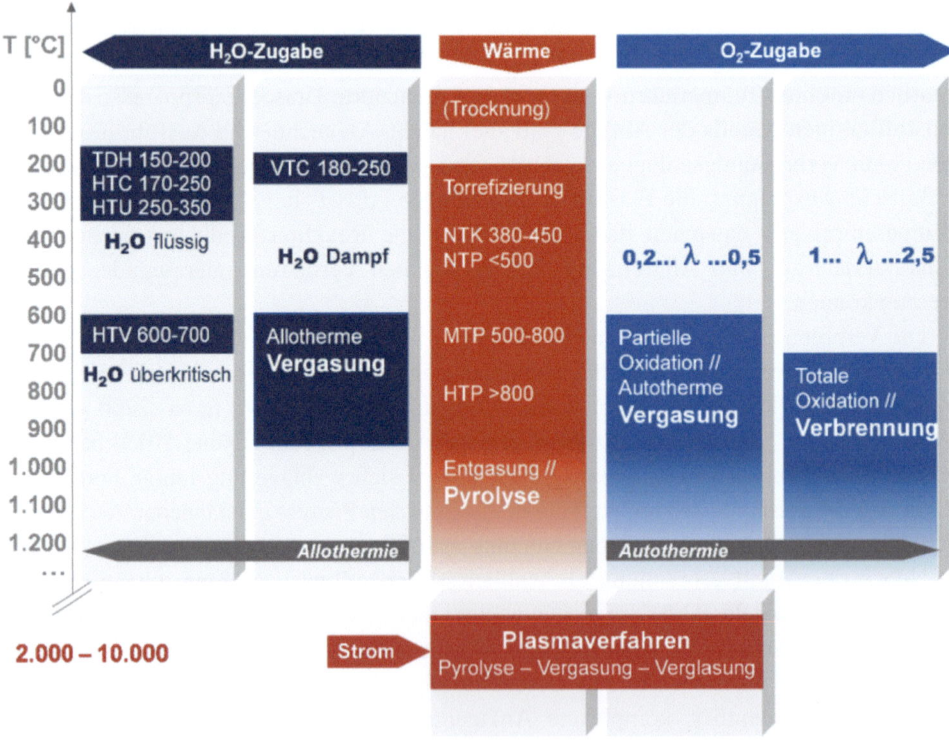

Abb. 38.1 Thermochemische Prozesse im Überblick (HTC Hydrothermale Karbonisierung (C von engl. „Carbonization"),HTP Hochtemperatur-Pyrolyse, HTV Hochtemperatur Vergasungs- Verfahren, HTU Hydrothermale Verflüssigung (wörtl. von engl. „Hydrothermal Upgrading"), MTP Mitteltemperatur Pyrolyse, NTK Niedertemperaturkonvertierung, NTP Niedertemperatur Pyrolyse, TDH Thermo-Druck-Hydrolyse, VTC Vapothermale Karbonisierung siehe HTC)

meist in Form von Kunststofffraktionen. Trotz erster technischer Umsetzung von Verfahren der Direktverölung in Verbindung mit einer chemischen Synthese oder petrochemischen Verwendung haben die Verfahren noch nicht den Nachweis des Standes der Technik erbracht. Hier wird weiterhin Entwicklungsbedarf sowohl bei den Verfahren als auch bei den vorgeschalteten Sortierprozessen gesehen.

Während Verfahren der Pyrolyse und der Vergasung in Deutschland, aufgrund der gegenüber der Abfallverbrennung deutlich niedrigeren technischen Verfügbarkeit und des komplexeren technischen Aufbaus höheren Behandlungskosten, keine Bedeutung erlangen konnten und als Folge technischer Probleme auch keine entsprechenden Anlagen mehr betrieben werden, sind vor allem in Japan einige dieser Anlagen in Betrieb. Da die dortigen Rahmenbedingungen nur schwer auf europäische oder deutsche Verhältnisse zu übertragen sind, wird nicht weiter auf diese thermischen Verfahren eingegangen.

Darüber hinaus unterscheiden sich die anderen für den Betrieb einer thermischen Abfallbehandlungsanlage notwendigen technischen Voraussetzungen wie Abfallannahme, Lagerung, Aufgabeeinrichtungen und Abgasreinigung nur in einigen Details von den für die Abfallverbrennungsanlagen beschriebenen technischen Lösungen.

Die Verfahrens- und Technologieauswahl orientiert sich bei den gängigen Verbrennungsverfahren im Wesentlichen an Art und Zusammensetzung der hauptsächlich eingesetzten Abfälle.

So sind den Hauptabfallarten, die typischerweise in thermischen Prozessen behandelt werden können (gefährliche Abfälle, heizwertreiche Rückstände aus Abfallaufbereitungsverfahren, entwässerte Klärschlämme oder gemischte Siedlungsabfälle) in der Regel bestimmte Verbrennungstechnologie zugeordnet, deren Auswahl auf der Basis von Kriterien wie beispielsweise physikalische Konsistenz, problematische Inhaltsstoffe oder Anlieferungszustand der Abfälle orientiert. Der Verbrennungseinrichtung ist in der Regel ein Dampferzeuger nachgeschaltet, in dem die Wärme der Abgase in der Regel durch einen Wärmeübertrager (Rohrbündel in Verbindung mit Kessel) in eine nutzbare Form umgewandelt wird. Nach Abkühlung gelangen die Abgase in die Abgasreinigungsanlage. Zur Abscheidung von staub- und gasförmigen Abgasbestandteilen werden unterschiedliche Verfahren eingesetzt. Das gereinigte Abgas wird dann über einen Schornstein in die Atmosphäre abgeleitet. Die beim Betrieb anfallenden Rückstände, wie Schlacke/Asche, Filterstäube oder Rückstände aus der Abgas- und Abwasserreinigung, werden entsprechend den gesetzlichen Vorgaben entsorgt.

38.2 Aufbau einer Abfallverbrennungsanlage

Eine Abfallverbrennungsanlage (Abb. 38.2) als beispielhafte technische Umsetzung einer thermischen Abfallbehandlungsanlage enthält in der Regel folgende Betriebsteile:

- Wiegeeinrichtung und Eingangskontrolle
- Übernahmestationen und Zwischenlager für Abfälle und Betriebsstoffe

Abb. 38.2 Aufbau einer Abfallverbrennungsanlage und deren Abfall- und Stoffströme

- Vorbehandlungs- und Beschickungseinrichtungen
- Verbrennungssystem
- Wärmeübertragung zur Energienutzung
- Abgas- und Abwasserbehandlungsanlagen
- Zwischenlager und Übergabeeinrichtungen für Rückstände aus der thermischen Behandlung
- Zusatzeinrichtungen

38.2.1 Abfallannahme

Die Annahme der Abfälle und eine mögliche erste Sichtkontrolle erfolgt üblicherweise im Eingangsbereich der Abfallverbrennungsanlage. Sofern die Anlage keine Privatanlieferung zulässt, werden die Fahrzeuge nach der Eingangskontrolle an die Übernahmestationen geleitet. Hier erfolgt die Übergabe der Abfälle in die betriebseigenen Lagereinrichtungen, die an die angenommenen Abfallarten angepasst sind. In der Mehrzahl der Anlagen werden die Abfälle direkt aus den Lagerbereichen über Beschickungseinrichtungen der Verbrennung zugeführt. Im Fall einer Anlieferung von Sperrmüll oder anderen großteiligen Abfällen sowie besonders hochkalorischen Abfällen ist der eigentlichen Verbrennung häufig noch eine Vorbehandlungseinrichtung vorgeschaltet. Soweit dies direkt nicht möglich oder sinnvoll ist, erfolgt eine Vorbehandlung durch Zerkleinerung, Vermischung etc.

38.2.2 Abfalllagerung

Die Zwischenlagerung von gemischten festen Abfällen wie z. B. Siedlungsabfällen und Ersatzbrennstoffen erfolgt bei Verbrennungsanlagen in Tiefbunkern. Der Bunker dient als Bindeglied zwischen der diskontinuierlichen Anlieferung und kontinuierlich ablaufenden Verbrennung. Das Volumen des Abfallbunkers und das Bunkermanagement müssen sicherstellen, dass mindestens die typischen anlieferfreien Zeiten an Wochenenden oder Feiertagen überbrückt werden können. Um eine hinsichtlich Zusammensetzung und Heizwert möglichst homogene Abfallmischung für die Verbrennung zu erhalten, hat das Bunkermanagement über den Einsatz der Kraneinrichtungen dafür Sorge zu tragen, dass die unterschiedlich angelieferten Abfallchargen gut vermischt werden. Zur internen Bunkerlogistik gehört ein geregeltes Ein- und Ausstapeln der gelagerten Abfälle um zu lange Lagerzeiten einzelner Abfallchargen mit der Folge ungewünschter Reaktionen (Gärprozesse, Gasbildung, Selbstentzündung) zu vermeiden. Es ist daher darauf zu achten, dass die Abfallbunker in der Regel nur unter Teilbefüllung betrieben werden, um genannten Stapelvorgänge zu ermöglichen.

Der Abfallbunker und eventuelle Vorbehandlungseinrichtungen (z. B. Sperrmüllscheren, Shredder) sind von anderen Anlagenteilen soweit wie möglich brandbeständig abzutrennen, das Tragwerk ist für den Brandfall zu bemessen. Die Entrauchungsanlagen in den Dachflächen sind ausreichen zu dimensionieren (ca. 10 % der Grundfläche). Zur Erkennung von Bränden im Bunker sind organisatorische (Anwesenheit des Kranfahrers) oder technische Maßnahmen (Wärmeerkennungseinrichtungen wie Infrarotkameras durchzuführen).

Flüssige und pumpfähige pastöse Abfälle, bei denen Feststoffe soweit abgetrennt sind, dass Verstopfungen in den Beschickungseinrichtungen nicht zu erwarten sind, werden in Tanks zwischengelagert. Die Bereitstellung von Tankbehältern hat in ausreichender Zahl und Größe zu erfolgen, um untereinander reaktive flüssige Abfälle und Chemikalien voneinander getrennt zu lagern.

Die Tankeinrichtungen und die sie verbindenden Rohrleitungen sind in Konstruktion, Werkstoffwahl, Brand- und Explosionsschutz den Abfalleigenschaften angepasst. Tanks sind korrosionsfest und mit Möglichkeiten zur Reinigung und Probenahme ausgestattet und verfügen über Dosiereinrichtungen sowie Überwachungs- und Sicherheitseinrichtungen.

38.2.3 Aufbereitungs- und Vorschaltanlagen

Die Siedlungsabfallverbrennungsanlagen kommt typischerweise ohne vorgeschaltete Aufbereitungsanlagen aus und übernehmen die Abfälle direkt in den Abfallbunker. Ausnahmen gibt es im Zusammenhang mit dem Einsatz von Sperrmüll. Für die Zerkleinerung dieser Abfallfraktionen kann eine Zerkleinerungseinrichtung (Schere, Shredder) brandschutztechnisch von den anderen Anlagenteilen getrennt im Bunkerbereich eingesetzt werden. Ist zur weiteren sicheren Behandlung der angelieferten Abfälle ein höherer Aufbereitungs-/Zerkleinerungsgrad notwendig (z. B. bei Altholz oder hochkalorischen gefährlichen Abfälle in geschlossenen Gebinden), sind die notwendigen Anlagenteile in separaten Bereichen der Abfallbehandlungsanlage untergebracht und werden auch getrennt von den anderen Anlagenteilen betrieben.

38.2.4 Beschickungseinrichtungen

Der Transport der Brennstoffe von ihrem Bereitstellungslager zum thermischen Behandlungssystem erfolgt durch Aufgabe- und Beschickungssysteme, die so weit wie möglich auf die jeweiligen Brennstoffe abgestimmt sind.

In der Rostfeuerung für Siedlungsabfälle wird der Aufgabetrichter mit Schacht eingesetzt, wobei der Abfall im Schacht den Luftabschluss bildet. Die Beschickung des Aufgabetrichters erfolgt meistens durch Krananlagen.

38.2.5 Feuerung und Verbrennungssysteme

Unter Verbrennung versteht man im Allgemeinen die Oxidation der Brennstoffe, hier des Abfalls, mit Hilfe von (Luft-)Sauerstoff. Betrachtet man die Vorgänge des Verbrennens jedoch näher, so fällt auf, dass sich der Verbrennungsprozess in eine Reihe von zum Teil gleichzeitig, zum Teil auch in konsequenter Reihenfolge ablaufenden Teilprozessen gliedert.

Um Stoffe oxidieren zu können, muss die stoffspezifische Aktivierungsenergie aufgebracht werden. Dies geschieht durch Wärmezufuhr. Die Wärmezufuhr bewirkt den ersten Prozessschritt, die Trocknung. Das physikalisch gebundene Wasser wird dabei ausgetrieben, es wird verdampft. Dieser Dampf kann sich später, zumeist nach Abschluss der eigentlichen Verbrennung an der chemischen Reaktion der Verbrennungsprodukte beteiligen (z. B. Bildung von HCl aus dem bei der Verbrennung freigesetzten Chlor). Bis dahin wirkt der Wasserdampf katalytisch und fördert die meisten Verbrennungsvorgänge.

Im Rahmen der Zufuhr der Aktivierungsenergie zur Einleitung der Oxidation zerfallen sehr viele Brennstoff- bzw. Abfallbestandteile zu meist gasförmigen Zwischenprodukten. Bei diesem Prozess handelt es sich sowohl um die Pyrolyse, das ist die Entgasung (Bildung von Zersetzungsprodukten mit größeren Molekülen) als auch um die Vergasung (Bildung von CO und H_2 und ähnlichen Stoffen mit niedrigen Molekülgrößen).

Die unterschiedlichen im Bereich der Abfallverbrennung etablierten Feuerungsarten (Rost, Drehrohr, Wirbelschicht) sollen den jeweils vorwiegenden Abfalleigenschaften

Rechnung tragen und eine vollständige Verbrennung bei akzeptablem Anlagenverschleiß ermöglichen.

In der Verbrennungseinrichtung muss ein möglichst vollständiger Ausbrand erreicht werden. Sauerstoffgehalt, Temperatur und Verweilzeit werden in der Nachbrennzone als Leitgrößen für die Ausbrandqualität des Abgases verwendet. Dabei ist die Vermischung als weiterer wesentlicher Parameter zu berücksichtigen. Im Verbrennungsraum und in der Mischzone/Brennkammer sind die Feuerungsparameter durch die Luftzahl festgelegt und können nicht voneinander unabhängig eingestellt werden.

38.2.5.1 Rostfeuerung und Verbrennungsraum

In Verbrennungsanlagen für Siedlungsabfälle werden fast ausschließlich Rostfeuerungen eingesetzt. Rostfeuerungen bestehen im Wesentlichen aus den Komponenten: Beschickungseinrichtung, Verbrennungsrost, Entascher, Verbrennungsluftsystem, Feuerraum, Nachbrennzone und Zusatzbrenner. Diese Komponenten sind in ihrer Auslegung aufeinander abgestimmt.

Verbrennungsroste haben die Aufgabe, den Abfall durch den Feuerraum zu transportieren, dabei zu schüren und die Verbrennungsluft, die von unten durch Luftöffnungen im Rost einströmt (Unterwind, Primärluft), bedarfsgerecht dem Brennstoffbett und die Rostasche dem Entascher zuzuführen.

Die wesentlichen Aufgaben von Verbrennungsrosten für Siedlungsabfälle sind:

- Steuerung der Luftzuführung (Menge und örtliche Verteilung, Rostkühlung)
- Steuerung des Brennstoffmassenstromes
- Schürung
- Austrag der Verbrennungsrückstände wie Aschen und Schlacken aus dem Feuerraum

Im Wesentlichen kann man zwischen kontinuierlichen (Wanderrost, Walzenrost) und diskontinuierlichen Förderprinzipien (Schubroste) unterscheiden.

Der *Wanderrost* ist ein klassischer Transportrost, der den Abfall als Brennstoff ähnlich einem Förderband durch den Feuerraum transportiert.

Die Walzenroste besitzen für jede Verbrennungsluftzuführung eine eigene Rostwalze und durch die Drehung der Walzen wird der Abfall durch das Feuerungssystem transportiert.

Aufgrund der größeren Flexibilität hinsichtlich der Steuerung der Transportgeschwindigkeit und der Luftsteuerung werden inzwischen überwiegende Schubroste bei der Siedlungsabfallverbrennung eingesetzt.

Beim *Vorschubrost* wird der Brennstoff entweder von gegeneinander beweglichen oder abwechselnd angeordneten beweglichen und unbeweglichen Roststäben durch den Feuerraum transportiert. Die Bewegungsamplitude und z. T. auch die Bewegungsfrequenz der Roststäbe bestimmt die Geschwindigkeit. Die Rostkühlung wird durch die Primärluft realisiert, die durch die Roststäbe geführt wird. Je nach Brennstoffheizwert werden auch wassergekühlte Roststäbe verwendet.

Im *Rückschubrost*, der im Vergleich zum Vorschubrost eine größere Steigung besitzt, wird der Brennstoff entgegen der Schwerkraft rückwärts bewegt. Die Vorwärtsbewegung entsteht durch das Vorwärtsrollen bzw. Abstürzen des Brennstoffes aufgrund der Schwerkraft. Diese Rostkonstruktion ist besonders gut für gemischte Siedlungsabfälle geeignet

Durch diese charakteristische Bewegung wird der Rostbelag des Rückschub-Rostes stets in den Verbrennungszonen mit Abfall und in der Ausbrandzone mit Schlacke bzw. gesinterter Asche bedeckt gehalten. Die Rostfläche wird somit ständig vor der thermischen Einstrahlung aus dem Feuerraum geschützt und benötigt daher keine Rostkühlung.

Die geometrische Gestaltung des Feuerraumes beeinflusst die Abgaswege und damit die Verweilzeit der Abgase und Abgasteilströme im Temperaturfeld. Man unterscheidet zwischen Gleichstrom-, Mittelstrom und Gegenstromkonzepten (Abb. 38.3), wobei die Bezeichnung von der Richtung der Abgasströmung in Relation zur Abfalltransportrichtung herrührt.

Über die Gestaltung der Feuerraumwände kann das Temperaturfeld in der Feuerung beeinflusst werden. Die Wandung kann dabei sowohl mit oder ohne aktive Kühlung ausgeführt werden. Die verwendeten feuerfesten Materialien müssen so ausgeführt werden,

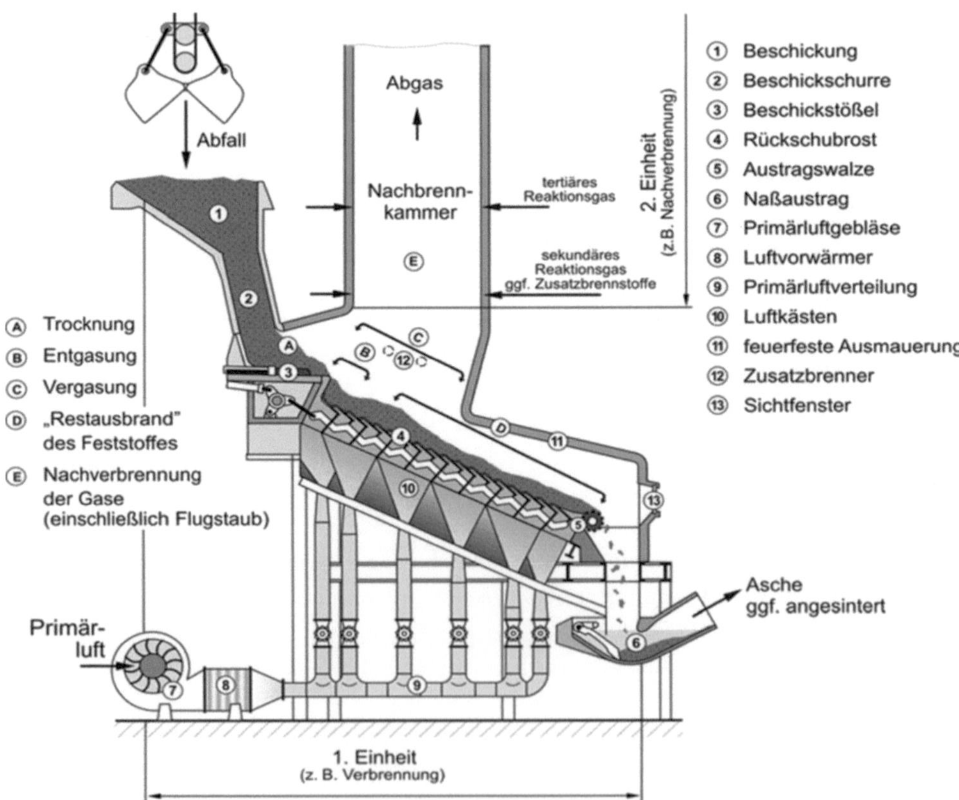

Abb. 38.3 Schematische Darstellung eines Rückschubrostes mit Gegenstromfeuerung

dass sie hinreichend abweisend gegen Verschlackung und erosionsfest sind. Als technische Ausführung kann dies durch mit keramischen oder zum Teil metallischen Verkleidungen unterschiedlicher Materialqualitäten der Verdampfer-Rohrwände erfolgen.

38.2.5.2 Drehrohrfeuerung und Verbrennungsraum

In Abhängigkeit von Abfallkonsistenz und -zusammensetzung der gefährlichen Abfälle können unterschiedliche Verbrennungssysteme zu deren thermischer Behandlung eingesetzt werden. Allerdings für den überwiegend der Teil der thermisch zu behandelnden gefährlichen Abfälle (Sonderabfälle) ist die Drehrohrfeuerung das geeignete Verfahren. Typischerweise besteht dabei die Drehrohrofenanlagen als Verbrennungseinrichtung aus Drehrohrofen und Nachbrennkammer (siehe Abb. 38.4).

► **Praxishinweis** Es handelt sich dabei um ein sehr robustes System, in dem nahezu jeder Abfall unabhängig von Konsistenz und Zusammensetzung aufgegeben werden kann. So können sowohl feste als auch pastöse und flüssige Abfälle in unterschiedlichen Aufgabeformen verbrannt werden.

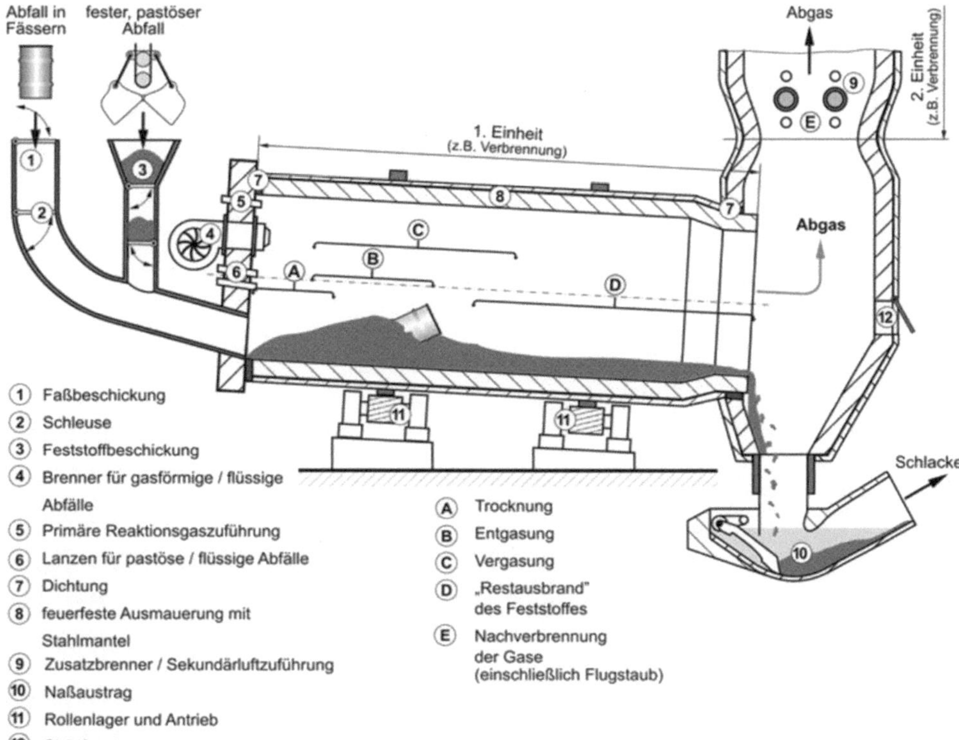

Abb. 38.4 Schematische Darstellung eines Drehrohrofens mit den Reaktionsbereichen

Die unterschiedlichen Aufgabevorrichtungen an dem Drehrohr und der Nachbrennkammer berücksichtigen die Heterogenität und Vielfalt der zu verbrennenden gefährlichen Abfälle. Im Drehrohrofen werden die organischen Inhaltsstoffe der Abfälle bei Temperaturen oberhalb von 850 °C verbrannt. Die Verweilzeit für feste Abfälle wird durch die Neigung (1 bis 3°) und Drehzahl (0,1 bis 1 U/min) des Drehrohrofens bestimmt. Die Feststoffverweilzeit liegt in der Regel im Bereich von 0,5 bis 2 Stunden. Am Ende des Verbrennungsprozesses verbleibt eine inerte Schlacke, die je nach Temperaturführung des Drehrohrofens trocken oder schmelzflüssig über einen Nassentschlacker abgezogen wird. Die heißen, zum Teil noch unvollständig ausgebrannten Verbrennungsgase gelangen vom Drehrohrofen in die Nachbrennkammer, wo in der anschließenden Nachbrennzone der vollständige Ausbrand der organischen Bestandteile in der Gasphase erfolgt.

Bei der klassischen Drehrohrfeuerung zur thermischen Abfallbehandlung sind die Drehrohre in der Regel 10 bis 12 m lang und verfügen über einen lichten Innendurchmesser von 3 bis 4 m und werden in der Regel von der Stirnseite des Drehrohres befeuert.

Die Rohrwandungen und die Stirnwand des Drehrohrofens sind zum Schutz der Stahlkonstruktion und zur Reduzierung von Wärmeverlusten mit feuerfesten Materialien ausgemauert. Diese Feuerfestauskleidungen sind während des Anlagenbetriebs einem starkem Verschleiß unterworfen, der sowohl eine Folge der auftretenden mechanische Belastung der Ausmauerung durch harte und stückige Abfälle (z. B. bei Fassaufgabe), der thermische Beanspruchung durch starke Temperaturschwankungen unterschiedlichen Heizwerten und Abfallmengen sowie chemische Beanspruchungen in Form von Korrosion durch aggressive Abfallbestandteile wie Chlor oder Fluor sein kann. Die Erzeugung eines sogenannten Schlackepelzes als eine gleichmäßige, erstarrte Schlackeschicht auf der Feuerfestausmauerung kann diese vor starkem Verschleiß schützen und die Standzeit der Feuerfestausmauerung deutlich verlängern.

38.2.5.3 Wirbelschichtfeuerungen

Der prinzipielle Ansatz der Wirbelschichtverbrennung zeichnet sich dadurch aus, dass sogenanntes Bettmaterial, das sich in der Regel aus festen Verbrennungsrückständen und Quarzsand zusammensetzt durch Verbrennungsluftzufuhr über einen Düsenboden in einen fluidisierten Zustand versetzt wird. Innerhalb des so gebildeten Wirbelbettes herrschen homogene Reaktions- und Temperaturbedingungen. Durch die starke Turbulenz erfolgt eine beschleunigte und relativ gleichmäßige Reaktion zwischen den eingebrachten, festen Brennstoffen und der Verbrennungsluft. Durch das über die Verbrennungsreaktion aufgeheizte Bettmaterial erfolgt eine gute Wärmeübertragung und eine Stabilisierung des Temperaturniveaus, was wiederum eine hohe Toleranz gegenüber kurzfristiger Heizwertänderungen des Einsatzmaterials zu Folge hat. Diese Eigenschaften werden insbesondere bei der Verfeuerung niederkalorische Abfälle wie Klärschlamm genutzt. Die Wärmeüberträger sind den Temperatur- und Strömungsverhältnissen der Wirbelschichtanlagen angepasst, wobei ansonsten herkömmlichen Kesselanlagen zur Dampferzeugung und anschließender Strom- oder Fernwärmeerzeugung zur Anwendung kommen. Die nicht brennbaren Bestandteile der Abfälle werden über den Gasweg ausgetragen und in nachfolgenden Filtereinrichtungen, die meist als Zyklone ausgeführt sind, abgeschieden.

▶ **Praxishinweis** Die Wirbelschichtfeuerung bietet die Möglichkeit, durch Zugabe entsprechender Additive primäre Emissionsminderungsmaßnahmen vorzusehen, allerdings ist dabei darauf zu achten, dass sich damit auch die Eigenschaften des Bettmaterials verändern können.

Bauartbedingt unterscheidet man zwischen der stationären und der zirkulierenden Wirbelschichtfeuerung. In der stationären Wirbelschichtfeuerung wird das Bettmaterial fluidisiert und dabei nur in Schwebe gehalten. Das Wirbelbett, in dem die Reaktionen zwischen Festbrennstoff und Verbrennungsluft erfolgen, beschränkt sich etwa auf den unteren Bereich des Feuerraumes. Bei der zirkulierenden Wirbelschicht erstreckt sich das fluidisierte Wirbelbett über den gesamten Feuerraum. In einem nachgeschalteten Zyklon wird das Bettmaterial wieder in den Feuerraum abgeschieden.

Eine Sonderbauform der stationären Wirbelschicht ist die intern rotierende Wirbelschicht, bei der das von der Höhe stationäre Bett zwei gegenläufig rotierende Wirbel aufweist, um so eine gegenüber der stationären Wirbelschicht noch weiter verbesserte Brenngut- und Wärmeverteilung zu erreichen.

Die Wirbelschichtverbrennungsanlagen eignen sich gleichermaßen für die Verfeuerung biogener Brennstoffe (Waldhackgut, Altholz, Klärschlamm) sowie für die Verfeuerung von Abfallbrennstoffen (Abfälle aus der Papierindustrie, Ersatzbrennstoffe). Beim Einsatz von nur mechanisch entwässerten Klärschlämmen kann dieser bei einem hohen Anteil an brennbarer organischer Substanz und unter Einsatz von Verbrennungsluftvorwärmung auch selbstgängig ohne Zufuhr von weiteren Brennstoffen verbrennen. Häufig muss beim Einsatz von kommunalen Klärschlämmen allerdings Öl oder Gas über Lanzen oder einen vorgeschalteten Brenner als Stützfeuer zu gefeuert werden.

38.2.5.4 Sonstige Feuerungen

In der Verbrennung von Abfällen dominieren die Feuerungssysteme Rost, Wirbelschicht und Drehrohr, allerdings werden für einige spezielle Abfallarten noch gesonderte Bauformen eingesetzt. Dabei handelt es sich meist um Anlagen zur Monoverbrennung spezieller Abfall-/Brennstofffraktionen. Für teilgetrocknete Schlämme (insbesondere Klär- und Industrieschlämme) werden Etagenöfen und -wirbler eingesetzt. Für die Monoverbrennung von infektiösen Krankenhausabfällen können neben der Mitverbrennung in Sonderabfallverbrennungsanlagen bei kleineren Baugrößen Schwel-/Brennkammern eingesetzt werden, allerdings gibt es in Deutschland dazu keine Anwendungsbeispiele für Anlagen, die direkt an Krankenhäusern oder Kliniken betrieben werden.

38.2.6 Entasche/Entschlacker

Der Entascher lässt sich im prinzipiellen Aufbau als ein langgezogener, wassergefüllter Trog beschreiben, der mit schräg ansteigendem Boden unterhalb des Asche-/Schlackeabwurfes steht und dem Austrag und der Kühlung der im Verbrennungsprozess anfallenden

Aschen und Schlacken dient. Er wird häufig auch als „Schlackebad" bezeichnet und wird bei Drehrohröfen und Rostfeuerungen eingesetzt. Wie aus dem nachfolgenden Bild zu entnehmen ist, dient das anstehende Kühlwasser auch gleichzeitig als Verschluss für den Feuerraum gegen Luftzutritt von außen. Die abgekühlte Asche oder Schlacke wird meist von einem getakteten Hydraulikstößel oder einem Kratzband entlang des schrägen Bodens aus dem Entascher gedrückt und abgeworfen. Die bei der Abkühlung der Aschen und Schlacken entstehenden Wasserdampfschwaden werden in den Feuerraum oder Abhitzekessel gesogen.

Neben dem nassen Austrag der Aschen gibt es inzwischen auch technische Lösungen, die anfallenden festen Verbrennungsrückstände auch trocken auszutragen. Hierbei erfolgt die Kühlung der Asche durch Luft, allerdings sind weitere technische Einbauten notwendig, um den Luftabschluss zur Feuerung sicherzustellen der mit dem trocken Ascheaustrag verbundenem Staubproblematik beispielsweise durch den Einsatz von Zyklonabscheidern entgegenwirken.

38.2.7 Wärmenutzung und Abgaskühlung

Die bei der thermischen Abfallbehandlung freiwerdende Wärme wird grundsätzlich durch den Betreiber der Anlage oder durch Abgabe an Dritte genutzt. Der Wärmeinhalt der Abgase dient dabei zur Erzeugung von Dampf und dessen Umwandlung zu elektrischem Strom sowie der Erzeugung von Heißwasser. Der Wärmetransport findet dabei über die Wärmetauschflächen der Wandungen und Rohrbündel des Dampf- und Heißwassererzeugers (Kessel) statt. In dem druckdichten System des Kessels erfolgen Umwandlung und Abtransport der Wärmeenergie aus dem Abgas durch Verdampfung des umlaufenden Kesselwassers in den Rohren unter erhöhtem Druck und Ausleitung des Wasserdampfes und von Heißwasser zur weiteren Nutzung.

An die Kesselkonstruktion werden in der Regel folgende Anforderungen gestellt:

- hohe Betriebssicherheit bei geringem Verschleiß,
- gute Reinigungsmöglichkeiten im Betrieb und bei Revisionen,
- geringe Falschlufteinbrüche (Entaschung, Schauluken),
- sicherer Betrieb bei schwankenden Heizwerten.

Bei der Abfallverbrennung werden als Dampferzeuger vorrangig Naturumlaufsysteme eingesetzt, in Einzelfällen kommen auch Zwangsumlauf- und Zwangsdurchlaufsysteme zur Anwendung. Durch konstruktive Maßnahmen wie einbautenfreie Strahlungszüge (sogenannte Leerzüge), in denen das Abgas bis unter Erweichungstemperatur der Flugstäube abkühlt, ehe Wärmetauscherflächen eingesetzt werden, soll der Kesselverschmutzung vorgebeugt werden. Die regelmäßige Reinigung der Heizflächen und der ungekühlten Wandbereichen von Ablagerungen und Anbackungen kann dadurch nicht ersetzt werden.

Soweit nicht als Nassdampf unmittelbar abgegeben oder genutzt, wird der Dampf (zur sicheren Vermeidung von Kondensation und Tröpfchenbildung in der Turbine) in einem weiteren Wärmetauscherpaket im Kessel überhitzt und in einem Turbogenerator zur Erzeugung elektrischen Stroms entspannt. Nach der Turbine wird er zumeist in Luftkühlern kondensiert und als Kesselspeisewasser wieder dem Wasser-Dampf-Kreislauf zugeführt. In der Regel sind Entnahme-Kondensations-Dampfturbinen im Einsatz, an welchen über eine Seitenentnahme Prozessdampf mittlerer Druckstufe ausgeleitet und einer anderweitigen Nutzung zugeführt werden kann (Kraft-Wärme-Kopplung).

38.2.8 Emissionsminderung und Abgasreinigung

In der thermischen Abfallbehandlung erfolgt eine Minderung von Emissionen der wichtigsten luftverunreinigenden Stoffe bereits durch die Anpassung der Anlagentechnik und Betriebsweise an die zu behandelnden Abfälle durch die Berücksichtigung von deren Menge und Zusammensetzung sowie durch einen ordnungsgemäßen Bau und Betrieb der Verbrennungsanlagen. Dies gilt sowohl für einen guten Ausbrand der Abgase als auch für eine an die zu erwartenden Rohgasbeladungen angepasste Abgasreinigungstechnik, die in engen Zusammenhang mit den zu behandelten Abfallarten steht.

38.2.8.1 Minderung partikelförmiger Emissionen

Das Trennprinzip aller Verfahren zur Minderung von Partikeln (Stäuben) beruht darauf, dass durch die Einwirkung äußerer Kräfte eine Relativbewegung induziert wird, die die Partikel von dem Gasstrom trennt. Grundsätzlich unterscheidet man je nach Wirkungsweise zwischen den vier in der nachfolgenden Tabelle benannten und Abscheideprinzipien und den dazu gehörenden Apparate (Tab. 38.1).

Die einfachste und kostengünstigste Form der Staubabscheidung sind Schwerkraftabscheider, in welchen durch eine Querschnittserweiterung die Strömungsgeschwindigkeit soweit herabgesetzt wird, dass die schweren und oftmals groben Teilchen entsprechend ihrer Sinkgeschwindigkeit abgeschieden werden können (VDI 3676). Das typische Beispiel für einen Fliehkraftabscheiders ist ein Zyklon, dessen Wirkungsweise darauf beruht, dass das partikelhaltige Abgas durch eine geeignete Strömungsführung in eine Drehbewegung versetzt wird und dadurch die Staubpartikel durch die auf sie wirkenden Zentrifugalkräfte radial nach außen auf die Wandungen gedrückt und dort abgeschieden werden.

Tab. 38.1 Verfahrensprinzipien zur Abscheidung von Partikeln und die Apparate

Physikalisches Prinzip	Apparat
Zentrifugal- und Schwerkraft	Zyklon
Filtrierung durch poröse Medien	Gewebefilter
Elektrische Kräfte	Elektrofilter (Elektrostatischer Abscheider)
Aufnahme in einer Waschflüssigkeit	Wäscher (Nassabscheider)

Im Gegensatz zu den Massen- oder Schwerkraftkraftabscheidern lassen sich mit filternden Abscheidern unabhängig von der Feinheit des Staubes sehr hohe Abscheideleistungen erreichen. In filternden Abscheidern wird das zu reinigende Gas durch ein poröses Medium geleitet, in dem die dispergierten Feststoffteilchen aufgrund verschiedener Mechanismen zurückgehalten werden (VDI 3677 Blatt 1). Man unterscheidet bei den filternden Abscheidern zwischen Faserschichtfiltern (Gewebefilter) und Schüttschichtfiltern. Hinter thermischen Abfallbehandlungsanlagen werden bevorzugt Gewebefilter als Staub- und Sorptionsfilter eingesetzt.

Der Elektrofilter nutzt als Verfahrensprinzip den Effekt, dass sich in einem durch eine Sprühelektrode (Draht oder Band) erzeugtem starken elektrischen Feld die Staubpartikel negativ aufladen und dem elektrischen Feld folgend zu der geerdeten sog. Niederschlagselektrode wandern, dort entladen und so abgeschieden werden (VDI 3678 Blatt 1).

Die Wirkungsweise nass arbeitender Abscheider (Nasswäscher) beruht darauf, die im Gasstrom verteilten Partikel mit einer Waschflüssigkeit in Kontakt zu bringen, um sie darin zu binden und das entstehende Staub-Flüssigkeitsgemisch vom Gas abzutrennen (VDI 3679 Blatt 1). Als Bauformen für Nasswäscher kommen Waschtürme/Füllkörperkolonnen, Venturi-, Rotations-, Strahl- und Wirbelwäscher zum Einsatz.

38.2.8.2 Minderung von HCl-, HF-, SOx-Emissionen

Die Abscheidung gasförmiger Stoffe erfolgt durch Adsorption an einem Feststoff (VDI 3674) oder durch Absorption in einer Flüssigkeit (VDI 3679 Blatt 2). Im Regelfall werden chemische oder physikalische Sorptionsmittel mit dem Abgas in Kontakt gebracht. Je nach Verfahrensführung fallen dann die Umsetzungsprodukte in Form von gelösten oder trockenen Salzen an.

An eingesetzten Verfahren unterscheidet man trockene, konditioniert trockene und nasse Verfahren. Die trockenen und konditioniert trockenen Verfahren bestehen meist aus Reaktionsraum/-strecke einschließlich der Additivzugabe, die ggf. um eine Konditionierungsstufe ergänzt wird sowie einem Staubabscheider (E-Filter, Gewebefilter). Nasse Abgasreinigungsverfahren zur Minderung von HCl-, HF- und SO_x-Emissionen arbeiten absorptiv mit Wäschern der bereits weiter oben benannten Bauarten.

Der Begriff der quasitrockenen Verfahren wird sehr häufig mit dem sogenannten Sprühabsorptionsverfahren, in dem Kalkmilch zur Schadgasabscheidung in den Abgasstrom versprüht wird, gleichgesetzt. Da neben dem Sprühabsorptionsverfahren weitere halbtrockene Abgasreinigungsverfahren mit gleichen Abscheidemechanismen existieren, wird im weiteren Verlauf des Textes von konditionierten Trockensorptionsverfahren gesprochen. Im Unterschied zur Abgaswäsche und Sprühsorption finden bei den Trockensorptionsverfahren die chemischen Reaktionen nicht als Gas-Flüssig-Reaktionen, sondern als Gas-Feststoff-Reaktion statt. In letzterem Fall ist die Reaktionsgeschwindigkeit erheblich geringer, als für Gas-Flüssig-Reaktionen, in welchen sich Ionen bilden können. Als typischen Reagenzien der Trockensorptionsverfahren kommen Kalkstein ($CaCO_3$), Kalkhydrat ($Ca(OH)_2$) oder Natriumhydrogencarbonat (Natriumbicarbonat, $NaHCO_3$) zum Einsatz.

38.2.8.3 Minderung der Stickstoffoxid-Emissionen

Die Einsatz von selektiven katalytischen (SCR) oder selektive nicht katalytische (SNCR) Reduktionsverfahren stellen den Stand der Technik bei der Minderung von Stickstoffoxiden in den Abgasen aus Abfallverbrennungsanlagen dar.

Die Anwendung des SNCR-Verfahren erfolgt in der Regel direkt oberhalb der Feuerung am Kesselanfang, bei Temperaturen zwischen 850 °C und 1000 °C. Je nach Feuerungsart und dem eingesetzten Abfall gibt es ein Temperaturoptimum für die Reaktion, das häufig im Bereich um 950 °C liegt. Die SNCR wird häufig auch in Kombination mit feuerungstechnischen Maßnahmen, wie z. B. der Luftstufung eingesetzt. Die gängigen Reduktionsmittel sind Ammoniak oder Harnstoff, die im richtigen Temperaturprofil mit Stickstoffmonoxid, im Wesentlichen nach den folgenden Reaktionsgleichungen (brutto):

$$4\,NH_3 + 4\,NO + O_2 \rightarrow 4\,N_2 + 6\,H_2O$$
$$(NH_2)2CO + 2\,NO + \tfrac{1}{2}O_2 \rightarrow 2\,N_2 + CO_2 + 2\,H_2O$$

Die wichtigsten reaktionskinetischen Rahmenbedingungen des SNCR-Verfahrens sind eine optimale Vermischung der Reaktionsmittel mit dem Gasstrom, ein günstiges Temperaturprofil und bei niedrigeren Temperaturen auch eine ausreichende Verweilzeit für den Reaktionsablauf (mindestens 0,5 sec). Das selektiv katalytische (SCR) Verfahren unterscheidet sich vom nicht katalytischen Prozess dadurch, dass die Aktivierungsenergie der Reaktionen durch einen Katalysator herabgesetzt wird und die Reduktionsreaktion daher bei deutlich niedrigeren Temperaturen stattfinden kann. Durch die Entwicklungsarbeiten bei den Katalysatoren konnten in den letzten Jahren die Betriebstemperaturen der Katalysatoren von ursprünglich 300 bis 350 °C in einem Bereich zwischen 180 und 230 °C gesenkt werden. In Abfallverbrennungsanlagen werden beim Einsatz vom Standardkatalysatormaterialien wie TiO_2, V_2O_5 und WO_3 Katalysatorstandzeiten von weit über 10.000 Stunden ohne wesentliche Minderung der Aktivität erreicht. Um ein Versalzen der Niedertemperatur-Katalysatoren zu verhindern, ist eine regelmäßige Reinigung durch Aufheizen oder Waschen des Katalysators notwendig.

► **Praxistip** Mit den SNCR-Verfahren können auch bei geringem Ammoniakschlupf von kleiner 5 mg/m^3 Emissionswerte unter 150 mg/m^3 vor Kamin sicher eingehalten werden. Bei Kombination mit geeigneten feuerungstechnischen Maßnahmen ist eine weitere Reduktion auf Werte unter 100 mg/m^3 realistisch.

Beim SCR-Verfahren kann der Katalysator an unterschiedlichen Positionen im Abgaspfad angeordnet werden. Die typische Verschaltung des Katalysators in der Abgasreinigung, die auch bei der überwiegenden Anzahl der Abfallverbrennungsanlagen eingesetzt wird, ist die sogenannte Tail-End-Schaltung. In dieser Form der Platzierung erfolgt bereits vor Eintritt in den Katalysator eine weitgehende Reinigung des Abgases und schützt den Katalysator vor Verunreinigungen. Ein Nachteil dieser Verschaltung im Low-Dust-Bereich ist allerdings der zusätzlich notwendige Energieaufwand, der für die Wiederaufheizung des in den vorherigen Reinigungsstufen abgekühlten Abgases zur Erreichung der optimalen Reaktionstemperatur erforderlich ist. Sofern die notwendige Wärme durch rekuperative und regenerative Abgaswärmeübertrager in das System vor dem Katalysator eintragen werden kann, muss die für die Reaktion fehlende Wärme mit Erdgasbrennern oder Dampfwärmeübertragern eingebracht werden. Beim Einsatz des Katalysators im energetisch günstigeren High-Dust-Bereich setzt man dagegen den Katalysator Verschmutzungen und Katalysatorgiften aus, erspart sich aber die aufwendige Wärmeübertragung.

Wie bereits im Zusammenhang mit der SNCR angesprochen, wurde in den letzten Jahren verstärkt an der baulichen Umsetzung von feuerungstechnischen Maßnahmen zur Minderung Stickoxiden gearbeitet. Als Maßnahmen kommen beispielsweise die Luftstufung zur Etablierung einer Reduktionszone im Feuerraum, die Abgasrezirkulation zur Temperaturkontrolle und Absenkung des Sauerstoffgehaltes oder auch die gezielte Vermischung der Gasphase über dem Rost zur Ausnutzung der intern gebildeten reduzierten Spezies (NH_3, HCN, CnHm) für eine In-situ-Reduktion der Stickoxide zum Einsatz.

Als Reaktionsmittel für die Stickstoffoxid-Minderung werden Harnstoff oder Ammoniak benötigt. Vorteilhaft ist hier die Bereitstellung des für die Reduktion notwendigen Ammoniaks in Form von leichter zu lagerndem Ammoniakwasser, was allerdings aufgrund seiner Fischtoxizität in die Wassergefährdungsklasse 2 eingeordnet ist.

Im Zusammenhang mit der Reduzierung klimaschädlicher Gase ist mit Lachgas (Distickstoffmonoxid – N_2O) eine weitere Stickstoffverbindung in den Focus emissionsmindernder Maßnahmen getreten, die aufgrund ihrer temperaturabhängigen Bildungsmechanismen auch im engen Zusammenhang mit der Minderung der vorgenannten Stickstoffoxiden zu berücksichtigen ist. Diese Abhängigkeiten treten dabei sowohl in Verbindung mit dem eingesetzten Brennstoff wie beispielsweise kommunalem Klärschlamm, der Wirbelschichtfeuerung als Verbrennungstechnik und im Zusammenhang mit der SNCR in Verbindung mit Harnstoff auf. Planerisch sind daher zukünftig diese Zusammenhänge bei technischen Konzeption von Abfallverbrennungsanlagen zu berücksichtigen.

38.2.8.4 Minderung der Emissionen von Kohlenmonoxid und organischem Kohlenstoff

Das Kohlenmonoxid und der organische Kohlenstoff haben als Emissionen auch den Charakter von feuerungsspezifischen Parametern und werden daher vorrangig über die Feuerungsführung beeinflusst. Niedrige Konzentrationen an CO und organischen Kohlenstoffverbindungen werden daher durch einen optimalen Ausbrand der Abgase aus der thermischen Umwandlung der Abfälle in der Feuerung und Nachverbrennungskammer erreicht. Eine weitere spezifische Nachbehandlung findet bei der Abfallverbrennung in der Regel nicht statt.

In der Verbrennung von Siedlungsabfällen mittels Rostfeuerung haben neben baulichen und feuerungstechnischen Parametern wie Verbrennungsluftzufuhr, Feuerraumgeometrie, die Sekundärluftzuführung sowie die Gasdurchmischung einen wesentlichen Einfluss auf die Minderung von Kohlenmonoxid, aber auch die Feuchte des Abfalls und die Schütthöhe auf dem Rost sind zu beachten. In der Verbrennung von gefährlichen Abfällen in Sonderabfallverbrennungsanlagen können kurzfristige Heizwertspitzen, aus der Verbrennung von Gebinden, durch eine Sauerstoffzehrung sogenannte CO-Spitzen zur Folge haben.

38.2.8.5 Minderung der Emissionen von organischen Spurenstoffen

Im Zusammenhang mit der Emission von organischen Spurenstoffen und deren Minderung ist zu beachten, dass viele dieser Verbindungen bereits im Abfallbrennstoff enthalten sind oder während des Festoffabbrandes in der pyrolytischen Phase des Prozesses als polychlorierte Biphenyle (PCB), Chlorbenzole, Chlorphenole und polychlorierte Dibenzo-p-dioxine (PCDD) und Dibenzofurane (PCDF) gebildet werden, bevor sie bei hohen Temperaturen (> 800 °C) und Verweilzeiten um zwei Sekunden während des Ausbrandes des Abgases praktisch bereits vollständig zerstört werden.

Im Rahmen der in Wärmeübertragern stattfindenden Abkühlung des Abgases können diese chlorierten organischen Verbindungen über metallkatalysierte (Cu, Fe) Chlorierungsreaktionen aus partikulärem Kohlenstoff in chloridhaltigen Flugascheablagerungen im Temperaturbereich von 200–500 °C neu gebildet werden. Dieser als De-novo-Synthese bekannte Mechanismus ist für die PCDD/F-Bildung in Abfallverbrennungsanlagen wesentlich und findet auch in den Elektrofiltern statt.

Durch intensive Forschungs- und Entwicklungsvorhaben sind die wesentlichen Bildungsmechanismen von PCDD/PCDF in Abfallverbrennungsanlagen geklärt.

Aus der Kenntnis der Bildungsmechanismen ergeben sich auch die nachfolgend beschriebenen Sachverhalte und die damit verbundenen Minderungsmaßnahmen.

Als Primärmaßnahmen zur Minderung der PCDD/F Emission haben sich ein effizienter Ausbrand des Abgases, insbesondere mit niedrigen TOC-Konzentrationen in Ascheablagerungen auf dem Abgaspfad bewährt. Weiterhin ist auf eine Reduzierung von Flugascheablagerungen im Temperaturbereich 200–500 °C (effiziente Kesselreinigung) zu achten

Als Sekundärmaßnahmen zur Minderung der PCDD/F Emission dienen die Abscheidung der an kohlenstoffhaltige Flugaschen adsorbierten PCDD/F mit Elektro- und Gewebefiltern unter Berücksichtigung und Vermeidung einer katalytischen Neubildung (De-novo-Synthese) bei Filtertemperaturen möglichst < 200 °C, der katalytischer Abbau an SCR Katalysatoren zur NO_x-Minderung durch katalytische Oxidation auch von gasförmig vorliegenden PCDD/F, wobei eine Abhängigkeit von der aktiven Katalysatorfläche existiert. Weitere Sekundärmaßnahmen sind die katalytische Filtration als eine Kombination eines mikroporösen Membranfilters zur Staubabscheidung mit einem Filterstützgewebe, das mit einem Katalysatormaterial dotiert ist, die Abscheidung nach Adsorption an feindisperser Aktivkohle oder Herdofenkoks, die in das Abgas eingedüst und homogen verteilt werden (Flugstromverfahren) sowie die Adsorption an Festbettschüttungen aus Aktivkohle oder Herdofenkoks (Festbettadsorber) am Ende der Abgasreinigung zur Abscheidung von gasförmigen PCDD/F (sogenannte Polizeifilter).

Zusammenfassend lässt sich festhalten, dass Abfallverbrennungsanlagen nach dem Stand der Technik in der Regel über den Abgaspfad und den Pfad der Reststoffe (Rostasche, Stäube aus Dampferzeuger und Entstauber sowie Reststoffe aus der Abgasreinigung) in Summe eine geringere Fracht an PCDD/F emittieren als über den Abfall in die Anlagen gelangt.

38.2.8.6 Minderung der Emissionen von Schwermetallen

Die Schwermetalle, die im Abgas von thermischen Abfallbehandlungsanlagen enthalten sind, haben mit Ausnahme von Quecksilber eine hohe Bindung an die Partikel und können daher über deren Abscheidung sowie in Verbindung mit den bereits beschriebenen Verfahren der trockenen bzw. konditionierten Trockensorption oder durch Abgaswäsche aus dem Abgas entfernt werden. Die Emission der schwer flüchtigen Metalle Chrom, Kobalt, Nickel und Kupfer wird daher durch eine hohe Abscheideeffizienz von Elektro- oder Gewebefiltern gemindert. Metalle mit einer höheren Flüchtigkeit sind Cadmium, Arsen und Blei. Diese Schwermetalle verdampfen bei der Verbrennung zunächst teilweise und kondensieren anschließend bei der Abkühlung des Abgases auf Partikeln. Daher ist hier nicht nur die Partikelabscheideeffizienz, sondern auch die entsprechende Temperatur im Abgas entscheidend für die effektive Emissionsminderung.

Quecksilber ist das einzige Schwermetall, das bei der Verbrennung vollständig verdampft und anschließend nur teilweise auf Partikeln kondensiert. Gasförmig vorliegendes Quecksilber kann durch Adsorption bzw. Chemisorption an Feststoffen oder durch Absorption in einem Nasswäscher aus dem Abgas entfernt werden. Hierbei ist zu beachten, dass Quecksilber in Abgasen in elementarer und oxidierter Form vorliegt. Die oxidierte Form, in Abgasen von thermischen Abfallbehandlungsanlagen überwiegend $HgCl_2$, lässt sich generell leichter abscheiden, als die elementare Form. Für die Abscheidung von elementarem und oxidiertem Quecksilber eignen sich besonders dotierte Aktivkohlen oder -kokse. Da elementares Quecksilber in Wasser nur eine sehr geringe Löslichkeit aufweist, kann mit Nasswaschverfahren praktisch nur die oxidierte, wasserlösliche Form abgeschieden werden. Der Anteil von oxidiertem Quecksilber im Abgas kann durch gezielte Mitverbrennung halogenhaltiger Substanzen erhöht werden. In der Abgaswäsche kann durch Zugabe eines Oxidationsmittels wie Wasserstoffperoxid oder Natriumhypochlorit die Überführung der elementaren in die oxidierte Quecksilberform erfolgen. Um Rücklösungen in das Abgas zu verhindern, ist die Hg-Komplexierung daher eine zwingende Maßnahme, um das Quecksilber im Wäscher zu binden. Eine weitere Möglichkeit ist die Fällung des gelösten Quecksilbers durch Chemikalien wie Sulfid oder Komplexbildnern.

Kommt das Flugstromverfahren zum Einsatz, führt die Reststoffrezirkulation zur besseren Emissionsminderung, da die dem Prozess angebotene Adsorptionsmenge erhöht wird. Durch die größere Verweilzeit bei gleichzeitiger Anwesenheit von SO_x ist von einer gewissen Schwefel-Eigendotierung der C-haltigen Adsorbentien auszugehen. Muss auf stark erhöhte Quecksilberemissionen in der Spitze reagiert werden, ist eine Dosierung und Vorhaltung von schwefelimprägnierter Aktiv-Kohle/Koks als Sicherheitsmaßnahme möglich. Dies setzt in der Regel aber den Einsatz einer kontinuierlichen Quecksilbermessung im Rohgas voraus.

38.2.9 Ableitung der Abgase

Ein ungestörter Abtransport der Abgase mit der freien Luftströmung und eine ausreichende Verdünnung der enthaltenen Emissionsparameter ist ein wesentlicher Teil des sicheren Betriebs einer Abfallverbrennungsanlage. Die entsprechend dafür benötigten Schornsteinhöhen sind nach den Anforderungen und Verfahren der Technischen Anleitung Luft (TA Luft) in der jeweils gültigen Fassung zu ermitteln. Die näheren Bestimmungen werden auf der Grundlage eines Schornsteinhöhengutachtens in der Genehmigung festgelegt. Die Abgase werden durch das Saugzuggebläse über den Schornstein in die Atmosphäre abgeleitet. Das Saugzuggebläse ist üblicherweise soweit wie möglich am Ende der Verfahrenskette angeordnet, um alle Komponenten, die Emissionen erzeugen im Unterdruck betreiben zu können und einen unerwünschten Austritt von Abgas bei Leckagen zu verhindern.

Im Fall nasser Abgasreinigung werden entsprechende Materialanforderungen an die nassen Abgaskanäle, das Gebläse und den Schornsteinzug gestellt. In der Regel sind dann die Abgase noch so feucht, dass sie als deutlich sichtbare Wasserdampffahne an der Spitze des Schornsteins austreten.

► **Praxishinweis** Im Zusammenhang mit der Verbesserung der Energieeffizienz der Abfallverbrennungsanlagen ist mit einem verstärkten Einsatz der Abgaskondensation und den damit verbundenen zusätzlichen Anforderungen an die Ausgestaltung der Schornsteine und die Ableitung des Abgases zu rechnen.

Gleiches gilt für die zukünftig zu erwartenden Aktivitäten zur CO_2-Abscheidung nach der Verbrennung in einer CO_2-Wäsche aus dem Abgas (zum Beispiel Aminwäsche).

38.2.10 Feste prozessspezifische Abfälle aus der thermischen Abfallbehandlung

Aus der Verbrennung von Abfällen fallen, neben gasförmigen und partikelförmigen Emissionen, folgende feste und flüssige Rückstände an:

- Asche/Schlacke aus dem Feuerraum
- Asche/Stäube aus dem Kessel und der Abgasreinigung
- Abwässer aus den Annahme- und Lagerflächen und der Abgasreinigung
- Reaktionsprodukte und beladene Adsorbentien aus der Abgasreinigung
- verbrauchte Katalysatormasse
- sonstige Rückstände

Die Menge und Zusammensetzung der Rückstände hängen sehr stark von der Art und Zusammensetzung der verbrannten Abfälle ab. Als weitere Einflussfaktoren sind die technischen Maßnahmen zur Abgasreinigung, der Effizienzgrad der Emissionsminderung und die damit verbundenen Rückstände zu nennen.

Flüssige Rückstände wie Betriebswässer sollten innerbetrieblich zu Brauchwasser aufbereitet werden. Andere betriebsspezifische Abfälle wie Asche/Schlacke, ausgelesener Fe- und NE-Schrott, Salze aus der Abwasserbehandlung der Abgasreinigung können unter Einhaltung vorgegebener Qualitätskriterien einer Verwertung zugeführt werden

Grundsätzlich ist die Entstehung von Rückständen aus thermischen Abfallbehandlungsanlagen nicht vermeidbar, da diese mit dem Ziel des Verfahrens hinsichtlich der thermischen Zerstörung aller organischen Abfallbestandteile und Inertisierung der nicht brennbaren Abfallbestandteile verbunden ist.

38.2.10.1 Feste prozessspezifische Abfälle aus der Feuerung

Feste Rückstände aus den Feuerräumen der verschiedenen Verbrennungsprozesse treten bei Temperaturen oberhalb des Erweichungspunktes als Schlacke, sonst als Asche auf. Allgemeinsprachlich werden sie generell als Schlacke bezeichnet. In der Verbrennung von Siedlungsabfällen fällt die Asche/Schlacke sowohl am Ende des Rostes als Rostabwurf als auch Rostdurchfall an. Der Anteil der Asche/Schlacke bezogen auf eine Tonne verbrannten Abfall liegt im langjährigen Mittel zwischen 200 und 350 kg pro Tonne verbrannten Abfall. Neben einer möglichst geringen Auslaugbarkeit der enthaltenen mineralischen Verbindungen ist der Anteil an unverbrannten organischen Bestandteilen möglichst gering zu halten, weil er ein Maß für die angestrebte Zerstörung der organischen Inhaltsstoffe und damit der Güte des Verbrennungsprozesses darstellt. Der organische Anteil in den Aschen/Schlacken aus thermischen Abfallbehandlungsanlagen darf 3 % an organisch gebundenem Gesamtkohlenstoff (TOC) oder einen Glühverlust (GV) von 5 % des Trockengewichts nicht überschreiten. Zu beachten ist dabei, dass die Aschen und Schlacken aus Abfallverbrennungsanlagen neben Metallen und Mineralien auch elementaren Kohlenstoff enthalten können.

Die Stäube fallen bei der Abfallverbrennung in den Kesselzügen und in Entstaubungsanlagen an. Sie sind von der Schlacke/Asche aus den Feuerräumen getrennt abzuziehen. In einigen Sonderabfallverbrennungsanlagen werden Kesselaschen in den Drehrohrofen zurückgeführt, um sie dort in die Schlacke einzubinden, wobei zu beachten ist, dass die enthaltenen flüchtigen Schwermetallverbindungen wieder verdampfen. Daher wird dann eine Bypass-Lösung im Bereich der Abgasreinigung notwendig, um keinen Schwermetallkreislauf aufzufahren.

Die Rückstände aus dem Wärmeübertrager und den Entstaubungsanlagen (Filterstäube) können wegen ihrer Gehalte an löslichen Salzen, mobilisierbaren Schwermetallen und polyhalogenierten aromatischen Kohlenwasserstoffen ohne vorherige Behandlung in der Regel nur in Untertagedeponien im Salzgestein abgelagert werden. Bei der Verwertung im Bergversatz werden Stäube mit oder ohne Zuschlagstoffe verarbeitet und in dafür zugelassene Salzbergwerke eingebracht.

38.2.10.2 Feste prozessspezifische Abfälle als Reaktionsprodukte und beladene Adsorbentien aus der Abgasreinigung

Chemische Reaktionsprodukte fallen sowohl bei nassen, quasitrockenen als auch trockenen Abgasreinigungsverfahren an. Die unterschiedlichen Verfahrenskombinationen für die Abgasreinigungsanlagen führen zu unterschiedlichen Mengen und Zusammensetzungen dieser anlagenspezifischen Abfälle.

Der Ablauf von Nasswäschern muss, sofern er nicht mittels Sprühtrocknung dem Verbrennungsprozess wieder zugeführt wird, nachbehandelt werden. Dabei werden schwerlösliche Salze mechanisch abgetrennt, wobei auch Schwermetalle durch geeignete chemische Reagenzien in schwerlösliche Verbindungen überführt werden. Als typisch Reaktionsprodukte entstehen dabei:

- Absetzschlämme aus dem Wäscherkreislauf
- Schlämme aus der Schwermetallfällung

Charakteristisch für die Absetzschlämme, die bei Kalkmilchwäschen anfallen, ist deren hoher Anteil an Gips. Aufgrund mangelnder Absatzmöglichkeit an die Gipsindustrie oder nicht ausreichender Qualität kommt meist nur eine Verwertung im bereits angesprochenen Bergversatz oder als Deponieersatzbaustoff in Frage. Kommen beide Optionen nicht zur Anwendung, hat die ordnungsgemäße Ablagerung auf einer Deponie zu erfolgen.

Dies gilt in der Regel auch für die Schlämme aus der Schwermetallfällung. Möglichkeiten, einzelne Fraktionen gezielt hinsichtlich ihrer Metallgehalte aufzubereiten, werden untersucht und sind von der Marktfähigkeit der entstehenden Produkte und den Kosten des Verfahrens abhängig.

Literatur

Döing, M.: „Müllverbrennungsanlagen-Markt im Hoch". Umweltmagazin 45 (2015) Heft 12. S. 13–14.

Sachverständigengutachten für das Bundesministerium für Umwelt, Naturschutz, Bau und Reaktorsicherheit, Projektnummer 29217 „Sachstand zu den alternativen Verfahren für die thermische Entsorgung von Abfällen" – Schlussbericht – Veröffentlich März 2017

VDI 3460 Blatt 1 Emissionsminderung – Thermische Abfallbehandlung – Grundlagen- Februar 2014

VDI 3676: Massenkraftabscheider, 2011-09.

VDI 3677 Blatt 1 1 Filternde Abscheider – Oberflächenfilter, 2016-09.

VDI 3678 Blatt 1Elekrofilter – Prozessgas- und Abgasreinigung, 2017-02.

VDI 3679 Blatt 1Nassabscheider – Grundlagen, Abgasreinigung von partikelförmigen Stoffen, 2014-07.

VDI 3674 Abgasreinigung durch Adsorption – Prozessgas und Abgasreinigung 2013-04.

Stand und Perspektiven der Mitverbrennung von Sekundärbrennstoffen

39

Sabine Flamme und Sigrid Hams

39.1 Einleitung

Auf europäischer Ebene wird unter festen Sekundärbrennstoffen (hier: solid recovered fuel – SRF) ein breites Spektrum an für die energetische Verwertung bereitgestellten Fraktionen, die aus nicht gefährlichen Abfällen hergestellt werden, verstanden. Dieses reicht von produktionsspezifischem oder gewerblichem Abfall, über Siedlungsabfall, bis hin zu Bau- und Abbruchabfall oder auch Altholz (ISO, 2021).

Auf nationaler Ebene werden Brennstoffe, die aus festen, heizwertreichen, nicht gefährlichen Abfällen hergestellt werden, als Sekundärbrennstoffe bezeichnet.

Insgesamt ist die Mitverbrennung von Sekundärbrennstoffen in Industriefeuerungsanlagen und Zementwerken als feste Säule einer modernen Kreislaufwirtschaft etabliert, da hier heizwertreiche Stoffe als emissionsarme Energieträger hochwertig verwertet werden. Durch die Einsparung von Primärbrennstoffen, der Rückgewinnung von Eisen- und Nichteisenmetallen sowie – im Falle der Mitverbrennung in Zementwerken – der stofflichen Verwertung des mineralischen Anteils wird ein Beitrag zum Klima- und Ressourcenschutz geleistet.

In der Zeit von 2000 bis 2011 hat sich der Sekundärbrennstoffeinsatz z. B. in der Zementindustrie nahezu vervierfacht (Oerter, 2012) und ist auch in den darauffolgenden Jahren weiter angestiegen. In Kohlekraftwerken ist der Einsatz an Sekundärbrennstoffen noch auf einem gleich bleibenden, im Vergleich zur Zementindustrie niedrigeren Niveau, da der

S. Flamme (✉)
FH Münster – University of Applied Sciences, Münster, Deutschland
E-Mail: flamme@fh-muenster.de

S. Hams
Gütegemeinschaft Sekundärbrennstoffe und Recyclingholz e.V. (BGS), Münster, Deutschland
E-Mail: hams@bgs-ev.de

P. Kurth et al. (Hrsg.), *Praxishandbuch der Kreislauf- und Rohstoffwirtschaft*,
https://doi.org/10.1007/978-3-658-36262-1_39

Einsatz an Sekundärbrennstoffen hier von der Feuerungstechnik und dem veränderten Einsatzregime für Kohlekraftwerke abhängt (Thiel, 2011). Aufgrund des in Deutschland beschlossenen Ausstiegs aus der Kohleverstromung und dem im Kohleausstiegsgesetz (Bundesregierung, 2020) vorgegebenen entsprechenden zeitlichen Korridor wird dieser Verwertungsweg spätestens 2039 nicht mehr verfügbar sein.

Im Folgenden werden zunächst die rechtlichen Rahmenbedingungen der Mitverbrennung sowie die Definition von Ersatzbrennstoffen zur genauen Abgrenzung der Sekundärbrennstoffe in Deutschland dargestellt. Anschließend wird die Herstellung von Sekundärbrennstoffen ebenso erläutert, wie verwertete Mengen und das Vorgehen bei der Gütesicherung nach RAL-GZ 724.

39.2 Rechtliche Rahmenbedingungen der Mitverbrennung

Das *Kreislaufwirtschaftsgesetz* (Bundesregierung, 2021a) gibt für die einzelnen Maßnahmen der Abfallvermeidung und -bewirtschaftung eine *Abfallhierarchie* vor (§ 6 Abs. 1, KrWG):

1. Vermeidung
2. Vorbereitung zur Wiederverwendung
3. Recycling
4. Sonstige Verwertung, insbesondere energetische Verwertung und Verfüllung
5. Beseitigung

Ausgehend von dieser Rangfolge hat diejenige Maßnahme Vorrang, die den Schutz von Mensch und Umwelt bei der Erzeugung und Bewirtschaftung von Abfällen unter Berücksichtigung des Vorsorge- und Nachhaltigkeitsprinzips am besten gewährleistet (§ 6 Abs. 2, KrWG). Dabei sind insbesondere nachfolgende Kriterien zu berücksichtigen:

- zu erwartende Emissionen
- Maß der Schonung der natürlichen Ressourcen
- einzusetzende und/oder zu gewinnende Energie
- Anreicherung von Schadstoffen in Erzeugnissen, in Abfällen zur Verwertung oder in daraus gewonnenen Erzeugnissen.

Die Verbrennung und die Mitverbrennung von Abfällen ist in der siebzehnten Verordnung zur Durchführung des Bundes-Immissionsschutzgesetzes (*17. BImSchV*) geregelt. Neben den Bedingungen für die Mitverbrennung von Abfällen (§ 7, 17. BImSchV) sind hier auch Emissionsgrenzwerte für Abfallmitverbrennungsanlagen geregelt (§ 9, 17. BImSchV) (Bundesregierung, 2021b).

39.3 Ersatzbrennstoffe für die Mitverbrennung

39.3.1 Einteilung der Ersatzbrennstoffe

Nach ISO21640:2021-05 (ISO, 2021) können für die Herstellung von festen Sekundärbrennstoffen nicht gefährliche Abfälle eingesetzt werden, wobei produktionsspezifischer Abfall, Siedlungsabfall, industrieller Abfall, gewerblicher Abfall, Bau- und Abbruchabfall, Altholz etc. als Input zugelassen sind. Selbst Brennstoff aus Klärschlamm ist im Anwendungsbereich dieser Norm enthalten. Feste Sekundärbrennstoffe sind hiernach eine heterogene Gruppe von Brennstoffen, die einer Spezifikation und Klassifikation bedürfen. Zur Klassifikation der Brennstoffe werden ausgewählte Brennstoffkenngrößen genutzt, die beim Handel sowie zur Information von Genehmigungsbehörden und anderen interessierten Parteien verwendet werden können. In der Fassung der ISO 21640 von 2021 sind dieses die Parameter Heizwert, Chlor und Quecksilber. Für die Spezifikation, d. h. die weitere Dokumentation der Eigenschaften, die einen Sekundärbrennstoff charakterisieren, sind darüber hinaus weitere physikalische und chemische Eigenschaften genannt (u. a. Asche-, Wasser-, Schwermetallgehalte) (ISO, 2021).

Auf nationaler Ebene wird unter dem Begriff *Ersatzbrennstoffe* ein breites Spektrum verschiedener Brennstoffe aus Abfällen zusammengefasst. Nach RAL-Gütezeichen „Sekundärbrennstoffe" (RAL-GZ 724) wird dieser Ersatzbrennstoff unterteilt in Heizwertreiche Fraktionen (HWFR) für die Monoverbrennung (in Ersatzbrennstoffkraftwerken) und Sekundärbrennstoffe (für die Mitverbrennung in Zement- oder Kraftwerken). Gütegesicherte Sekundärbrennstoffe werden mit der Markenbezeichnung SBS® gekennzeichnet (vgl. Abb. 39.1).

Heizwertreiche Fraktionen werden aus Hausmüll- und/oder gewerbeabfallstämmigen Stoffströmen hergestellt und sind durch eine geringere Aufbereitungstiefe, größere Korngrößen und geringere Heizwerte charakterisiert (vgl. Abb. 39.1). Da sie in der Monoverbrennung eingesetzt werden, sind sie nicht Gegenstand der weiteren Ausführungen.

Im Folgenden werden ausschließlich Sekundärbrennstoffe für die Mitverbrennung betrachtet, d. h. endkonfektionierte Brennstoffe aus gewerblichen oder produktionsspezifischen Abfällen bzw. aus heizwertreichen Fraktionen von Siedlungsabfällen nach weitergehender Aufbereitung mit einer definierten Qualität (RAL, 2012). Sie werden durch umfassende Aufbereitungsprozesse hergestellt und sind gekennzeichnet durch geringere Korngrößen (max. 50 mm) sowie höhere Heizwerte (vgl. Abb. 39.2).

Nach (RAL, 2012) werden die Einsatzstoffe zur Herstellung von Sekundärbrennstoffen in fünf verschiedene Gruppen unterteilt:

- Gruppe 1: Holz, Papier, Pappe, Kartonagen
- Gruppe 2: Textilien, Fasern
- Gruppe 3: Kunststoffe
- Gruppe 4. Sonstige Abfälle
- Gruppe 5: Hochkalorische Fraktionen aus gemischt erfassten Siedlungsabfällen

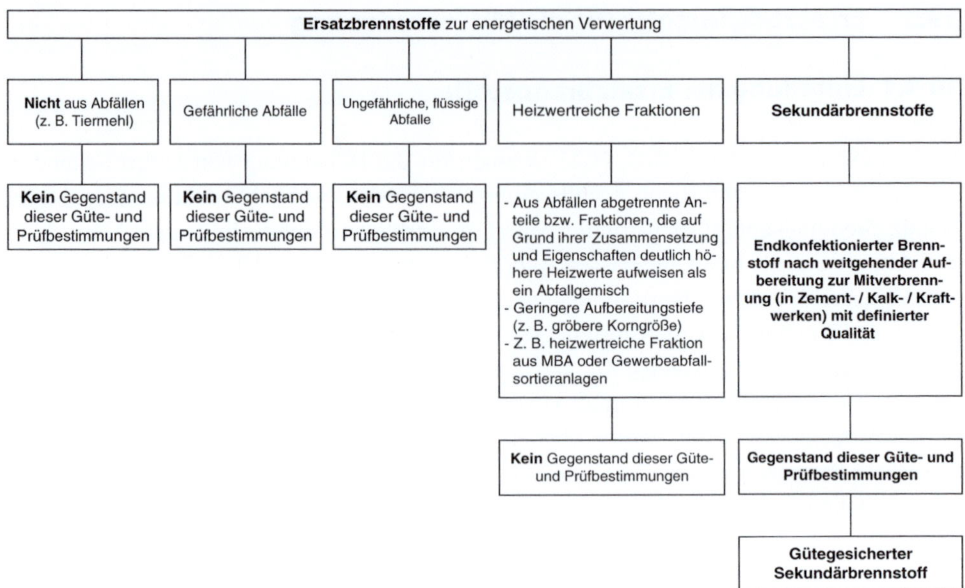

Abb. 39.1 Einteilung der Ersatzbrennstoffe nach RAL-GZ 724. (RAL, 2012)

	Sekundärbrennstoffe (SBS)®	**Heizwertreiche Fraktionen (HWRF)**
Abbildung		
Ausgangsmaterial	Heizwertreiche Fraktionen des Siedlungsabfalls oder produktionsspezifische Abfälle	Hausmüll- und/oder gewerbeabfallstämmige Stoffströme
Aufbereitungstiefe	hoch	gering
Korngröße	überwiegend < 30 mm (max. < 50 mm)	überwiegend > 80 mm bis 500 mm
Heizwertband	überwiegend > 20 MJ/kg FS	11-15 MJ/kg FS
Verwertung	Mitverbrennung (Zement-, Kraft- oder auch Kalkwerke)	Monoverbrennung (Ersatzbrennstoffkraftwerke)

Abb. 39.2 Definition Ersatzbrennstoffe

Eine hochwertige und schadlose Verwertung von Sekundärbrennstoffen kann dabei durch Gütesicherung nachgewiesen werden (vgl. Abschn. 39.4).

39.3.2 Herstellung von Sekundärbrennstoffen

Bei der Mitverbrennung ersetzen Sekundärbrennstoffe direkt Primärbrennstoffe in einem Produktionsprozess. Aus diesem Grunde müssen sie Anforderungen an die physikalische und chemische Beschaffenheit einhalten, dazu zählen:

- geringe Schwermetallgehalte
- gleichbleibender Heizwert
- niedriger Chlorgehalt
- definierte Korngröße sowie Schüttdichte
- geringe Störstoffanteile

Aus diesen Anforderungen ergeben sich Produktionsschritte zur Herstellung von Sekundärbrennstoffen, in Abhängigkeit davon, ob eher sortenreine produktionsspezifische Abfälle oder Abfallgemische (z. B. heizwertreiche Fraktionen von Siedlungs- und Gewerbeabfällen oder Sortierreste) eingesetzt werden. Im Folgenden sind diese schematisch dargestellt (vgl. Abb. 39.3).

- *Annahme und Inputkontrolle:* In der Regel ist der erste Schritt des Herstellungsprozesses eine Inputkontrolle. Der Anlagenbetreiber dokumentiert für die Inputströme beispielsweise den Abfallschlüssel und die jeweils angelieferte Menge. Darüber hinaus können auch die Dokumentation von spezifischen Herkunftsinformationen sowie chemisch-physikalische Kenngrößen Gegenstand der Inputkontrolle sein.
- *Konditionierung und Aufschluss:* Vor der Aufgabe des Materials erfolgt die Abtrennung von groben Störstoffen. Das Material wird anschließend zerkleinert und in der Regel in einer ersten Siebstufe klassiert. Dieser Schritt entfrachtet den Stoffstrom z. B. von Feinmaterial mit einem hohen Mineralikanteil.
- *Sortierung:* Durch spezielle Sortiertechnologien werden die heizwertreichen Bestandteile in einem Stoffstrom angereichert, um einen definierten Energiegehalt im Brennstoff zu erzielen. Gleichzeitig werden schadstoffhaltige Bestandteile abgetrennt, um eine schadlose Verwertung zu gewährleisten. Durch den Einsatz von Magnet- und Wirbelstromscheidern werden Eisen- und Nicht-Eisen Metalle abgetrennt. Zusätzliche Klassierstufen, wie beispielsweise die Windsichtung, trennen Schwer- und Leichtgut voneinander. Eine Aufteilung in flächige und körperförmige Materialien kann durch weitere Trennaggregate, wie dem Ballistischen Separator erfolgen. Optische Sortiertechniken (z. B. Nahinfrarottechnologie) ermöglichen – je nach Sortierziel – eine

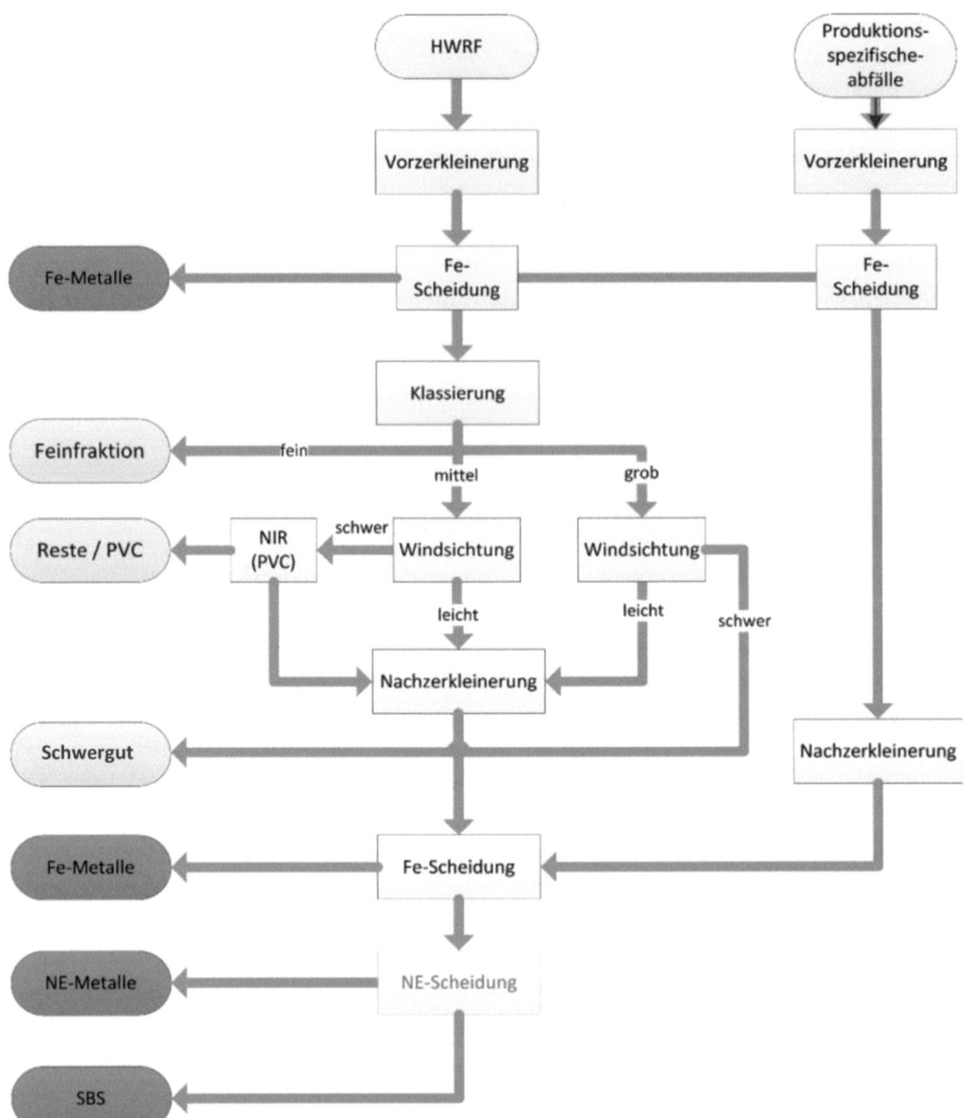

Abb. 39.3 Beispiel für ein Produktionsschema zur Herstellung von Sekundärbrennstoffen (eigene Darstellung). HWRF: Heizwertreiche Fraktion, NIR: Nahinfrarot-Technologie, SBS®: gütegesicherte Sekundärbrennstoffe

Entnahme von sogenannten Zielfraktionen (Positivsortierung) oder von Störstoffen (z. B. PVC, Negativsortierung). Mit der PVC-Abtrennung wird der Chlorgehalt im Stoffstrom reduziert. Aussortierte Stoffe, darunter Mineralik, Metalle und die verbleibende Restfraktion wie z. B. Schwergut werden einer stofflichen oder sonstigen energetischen Verwertung (EBS-Kraftwerk oder MVA) zugeführt.

- *Konfektionierung:* Der letzte Schritt im Produktionsprozess besteht in der Regel aus einer weiteren Zerkleinerungsstufe, um die geforderte Korngröße für den Verwertungsprozess zu erreichen. Darüber hinaus kann der Brennstoff ggf. pelletiert oder anpelletiert werden. Dies geschieht in einigen Produktionsanlagen zur Optimierung des Transports des Sekundärbrennstoffs bzw. ist für einzelne Verwertungswege für die Brennstoffaufgabe erforderlich.

39.3.3 Entwicklung der Sekundärbrennstoffmengen in der Mitverbrennung

Sekundärbrennstoffe werden im Wesentlichen in der Kalk-, Kraftwerks- und Zementindustrie zur Mitverbrennung eingesetzt. Dabei liegt die insgesamt eingesetzte Sekundärbrennstoffmenge in den letzten Jahren mit um die 3 Mio. Mg/a auf einem konstant hohen Niveau (vgl. Abb. 39.4).

Die Anteile der eingesetzten Sekundärbrennstoffmenge je Verwertungsweg variieren vergleichsweise gering (vgl. Abb. 39.5). Der Einsatz von Sekundärbrennstoffen in der Kalkindustrie spielt mit Anteilen von max. 1 % in den letzten Jahren nahezu keine Rolle mehr (BDK, 2017).

Die Kraftwerksindustrie hatte lange Jahre einen Anteil von ca. 30 % an den insgesamt in der Mitverbrennung eingesetzten Sekundärbrennstoffen, wobei mit ca. 0,6 Mio. Mg/a

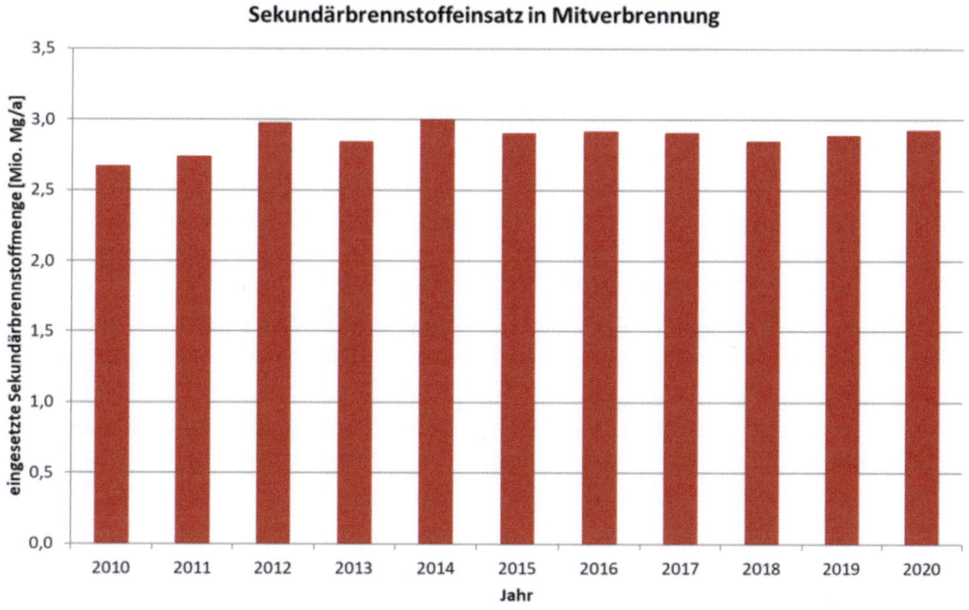

Abb. 39.4 Entwicklung der in der Mitverbrennung eingesetzten Sekundärbrennstoffmengen. (nach VDZ 2011–2020; Glorius, 2014, 2016, 2021; BDK, 2017)

Abb. 39.5 Anteile der Verwertungswege der eingesetzten Sekundärbrennstoffmengen. (nach VDZ 2011–2020; Glorius, 2014, 2016, 2021; BDK, 2017)

der überwiegende Anteil in Braunkohlekraftwerken verwertet wurde (Glorius, 2014, 2016, 2021; Kappa 2016). Seit 2019 hat sich der Anteil der in der Kraftwerksindustrie eingesetzten Sekundärbrennstoffe durch Schließung von Kraftwerken im Rahmen des Ausstiegs aus der Kohleverstromung auf 20 % reduziert.

Mit Anteilen von bis zu 80 % ist die Zementindustrie der Hauptabnehmer von Sekundärbrennstoffen. Dieses ist darauf zurückzuführen, dass bei dem sehr energieintensiven Prozess des Zementklinkerbrennens neben den fossilen Brennstoffen in hohem Maße alternative Brennstoffe eingesetzt werden. So sind die Substitutionsraten in der Zementindustrie vom Jahr 2000 bis zum Jahr 2020 angestiegen von ca. 25 % auf 69 % (vgl. Abb. 39.6) (Oerter, 2015; Oerter 2017a, b; VDZ 2018–2021).

Neben alternativen Brennstoffen wie Tiermehl oder Altreifen werden hier mit einem Anteil von ca. 80 % an der substituierten Energie überwiegend aufbereitete Fraktionen von Industrie-, Gewerbe- und Siedlungsabfällen eingesetzt (Oerter, 2017a). Bei den Zementwerksbetreibern besteht das Interesse, den Sekundärbrennstoffeinsatz auf eine Substitutionsrate von bis zu 100 % auszuweiten, da der Klinkerbrennprozess vollständig mit alternativen Brennstoffen betrieben werden kann. (Oerter, 2015).

Ein entsprechender Anstieg der Substitutionsrate ist nur mit einem auf die Verbrennungstechnik abgestimmten Brennstoff von konstant hoher Qualität zu realisieren. Hierbei hat der Brennstoff Anforderungen an die physikalische bzw. chemische Beschaffenheit sowie an die Begrenzung von Störstoffen zu erfüllen. Auch die Anforderungen, die sich aus der europäischen Industrieemissionsrichtlinie (Europäische Union, 2010) und den

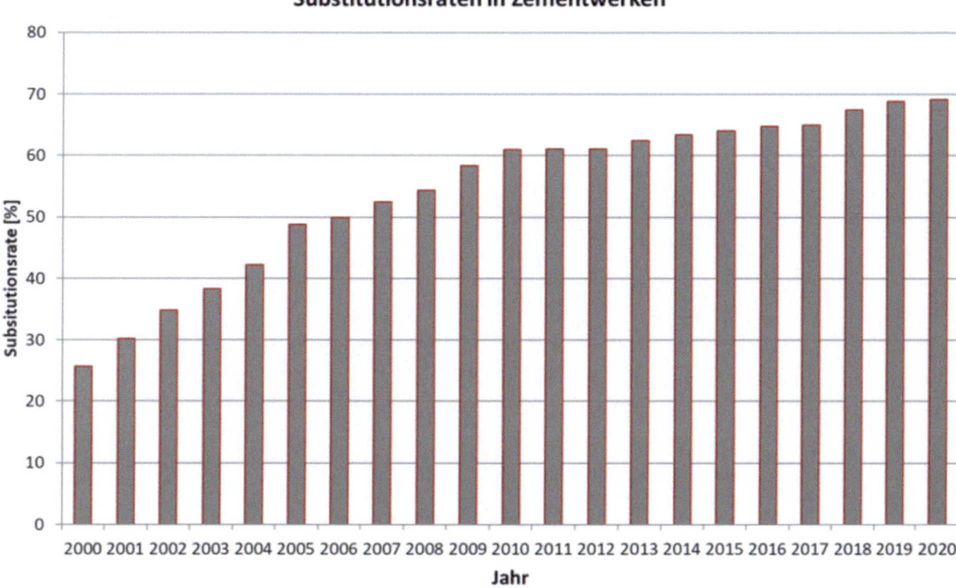

Abb. 39.6 Entwicklung des Sekundärbrennstoffeinsatzes in der deutschen Zementindustrie. (angepasst nach Oerter, 2015, 2017a, VDZ 2018–2021)

zugehörigen BVT-Schussfolgerungen an die Mitverbrennung von Sekundärbrennstoffen ergeben, erfordern entsprechende Maßnahmen. Beispielhaft seien hier die BVT-Schlussfolgerungen für die Zement-, Kalk- und Magnesiumoxidindustrie (Europäische Union, 2013) genannt, nach denen eingesetzte Abfälle mit Hilfe eines Qualitätssicherungssystems auf eine konstante Qualität, physikalische Eigenschaften (Emissionsverhalten, Korngrößenverteilung Heizwert etc.) sowie chemische Eigenschaften (z. B. Chlor, Schwefel, relevante Metalle) zu prüfen sind.

39.4 Qualitätssicherung für Sekundärbrennstoffe

Eine etablierte Qualitätssicherung in Deutschland ist die Gütesicherung der Gütegemeinschaft Sekundärbrennstoffe und Recyclingholz e. V. (BGS) mit dem RAL-Gütezeichen 724. Sie umfasst eine regelmäßige Probenahme und eine analytische Überwachung bei der Herstellung des Sekundärbrennstoffes die einer kontinuierlichen Prozesskontrolle gleichkommt. Festgelegte Schwermetallrichtwerte gewährleisten einen hochwertigen und für Mensch und Umwelt schadlosen Einsatz dieser Brennstoffe als Ersatz für Primärbrennstoffe. Sekundärbrennstoffe können mit diesem Gütezeichen (vgl. Abb. 39.7) geführt werden, wenn sie den Anforderungen der „Allgemeinen und besonderen Güte- und Prüfbestimmungen für Sekundärbrennstoffe“ (RAL, 2012) genügen und dieses regelmäßig in

Abb. 39.7 RAL-Gütezeichen 724 Sekundärbrennstoffe. (RAL, 2012)

den Produktionsanlagen nachgewiesen wird. Sie werden dann mit der Markenbezeichnung SBS® gekennzeichnet.

Abb. 39.8 zeigt die Vorgehensweise bei der Qualitätssicherung nach RAL-GZ 724. In den Güte- und Prüfbestimmungen ist ein detailliertes Qualitätssicherungssystem für die Herstellung von Sekundärbrennstoffen festgelegt, das auf einer Eigenüberwachung durch die Hersteller und auf einer Fremdüberwachung durch unabhängige Gutachter und Prüflabore beruht. Maßgeblich ist, dass die Inputmaterialien den Abfallarten in der Anlage 1 der Güte- und Prüfbestimmungen (vgl. auch Abschn 39.3.1) entsprechen und dass die in Tab. 39.1 aufgeführten Richtwerte von Schwermetallgehalten in den aufbereiteten Brennstoffen eingehalten werden. Die Vorgehensweise für die Probenahme, Probenvorbereitung, Analytik und Bewertung im Rahmen der Gütesicherung ist ebenfalls im Detail festgelegt (BGS e. V 2012).

► **Praxishinweis** Die Parameter Heizwert, Wasser-, Asche- und Chlorgehalt müssen im Rahmen der Gütesicherung ebenfalls analysiert und dokumentiert werden. Für diese Parameter sind keine spezifischen Richtwerte festgelegt, da es sich um verfahrensspezifische Parameter handelt, die vom Verwertungsweg abhängen und bilateral zwischen den Vertragspartnern festgelegt werden. Typische Heizwerte sind z. B. 20 MJ/kg für den Einsatz in der Zementindustrie, > 25 MJ/kg in Kalkwerken und Steinkohlekraftwerken sowie 13–16 MJ/kg für den Einsatz in Braunkohlekraftwerken. Darüber hinaus ist auch der Kupfergehalt zu analysieren und zu dokumentieren.

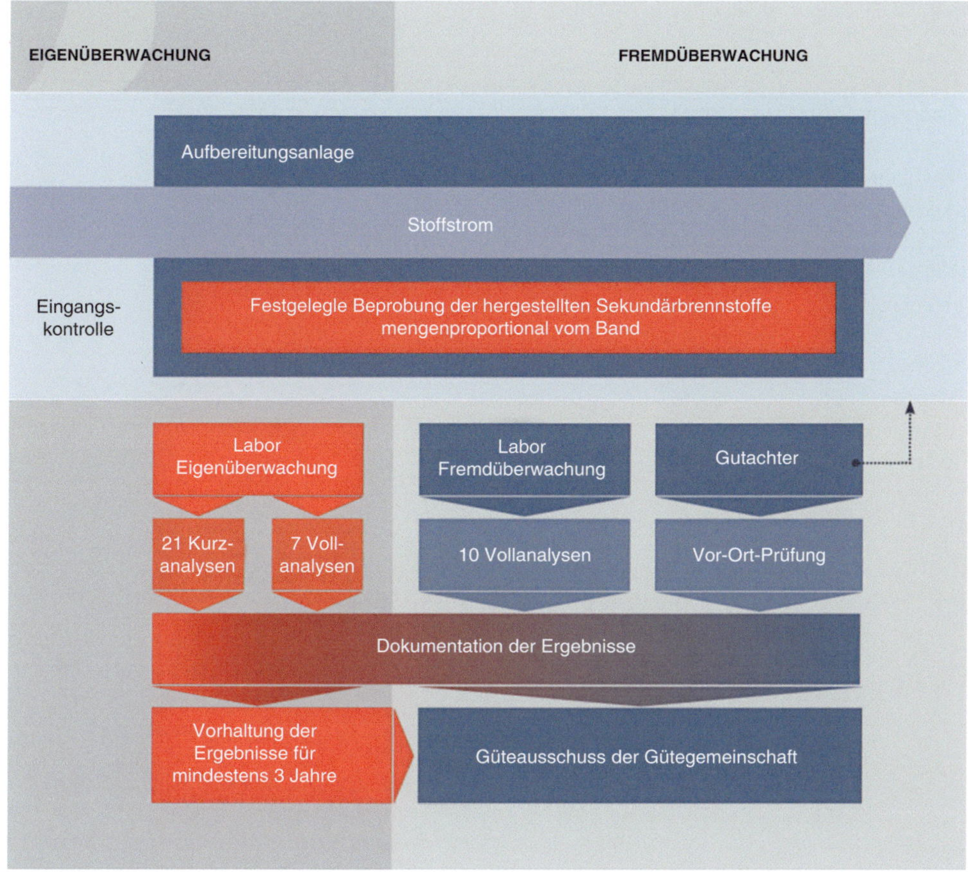

Abb. 39.8 Qualitätssicherung nach RAL-GZ 724 für Sekundärbrennstoffe. (BGS e. V., 2022 2016)

Die Bewertung der Sekundärbrennstoffe findet nicht anhand von Einzelergebnissen statt, sondern auf Grundlage von mindestens 10 Analysenwerten und den statistischen Größen „Median" und „80. Perzentil" (bestimmt mit der 4-von-5-Regel). Beide Bewertungsgrößen sind verteilungsunabhängig und robust gegenüber Ausreißern.

Die wachsende Bedeutung der Gütesicherung spiegelt sich in den Mengen der gütegesicherten Sekundärbrennstoffe (SBS®) wieder, die sich von 2014 bis 2017 verdoppelt (vgl. Abb. 39.9) haben. Für das Jahr 2022 werden weitere Steigerungen erwartet.

Dieser Anstieg ist vor allem auf die Nachfrage nach qualitätsgesicherten Sekundärbrennstoffen zurückzuführen. Die Führung des Gütezeichens liefert den belegbaren Nachweis einer hohen Brennstoffqualität, der in Genehmigungs- sowie Vertragsfragen und als Bestandteil im Abrechnungsprozess genutzt wird.

Tab. 39.1 Richtwerte des RAL-GZ 724. (RAL, 2012)

Parameter	Einheit	Schwermetallgehalte	
		Medianwerte	80. Perzentil Werte
Cadmium	mg/MJ	0,25	0,56
Quecksilber	mg/MJ	0,038	0,075
Thallium	mg/MJ	0,063	0,13
Arsen	mg/MJ	0,31	0,81
Kobalt	mg/MJ	0,38	0,75
Nickel	mg/MJ	5	10
Antimon	mg/MJ	3,1	7,5
Blei	mg/MJ	12	25
Chrom	mg/MJ	7,8	16
Mangan	mg/MJ	16	31
Vanadium	mg/MJ	0,63	1,6
Zinn	mg/MJ	1,9	4,4

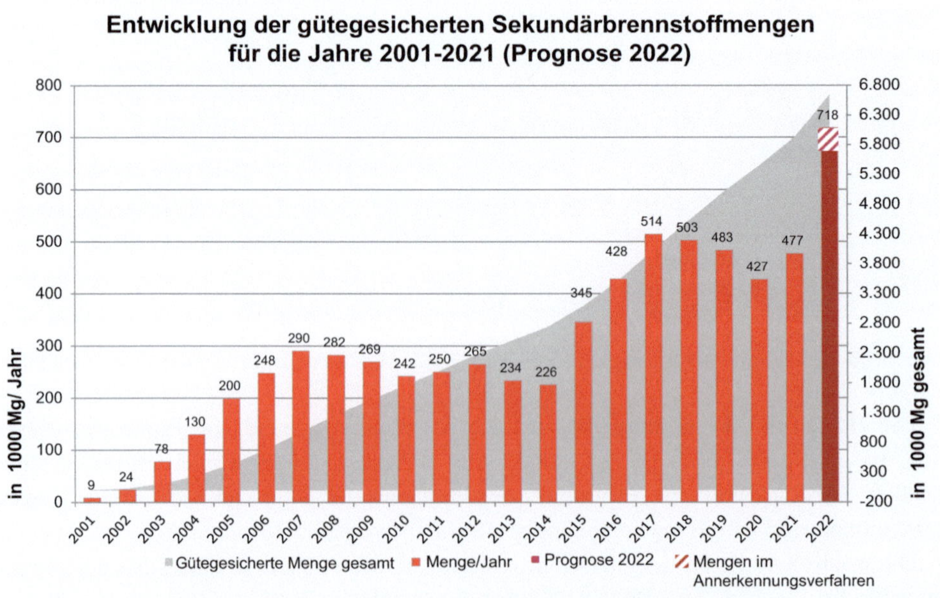

Abb.39.9 Entwicklung der gütegesicherten Brennstoffmengen. (BGS 2022)

39.5 Klima- und Ressourcenschutz durch Mitverbrennung von Sekundärbrennstoffen

Durch den in Sekundärbrennstoffen enthaltenen biogenen Anteil trägt ihr Einsatz in industriellen Feuerungsanlagen zum Klimaschutz bei, da CO_2-Emissionen aus nachwachsenden Rohstoffen als CO_2-neutral eingestuft sind und somit bei der Bilanzierung des

Treibhauseffektes nicht angerechnet werden. In der energieeffizienten Sekundärbrennstoffnutzung mit einem hohen Anteil an biogenem Kohlenstoff (zwischen 20 und 75 %) liegt somit ein wichtiger Beitrag zur globalen CO_2-Minderung. Dabei sind die spezifischen CO_2-Kennzahlen, d. h. die CO_2-Einsparung je Masse an eingesetztem Sekundärbrennstoff, u. a. abhängig von den eingesetzten Inputmaterialien, den Aufwendungen für die Aufbereitung und dem Verwertungsweg. Durch die qualifizierte Herstellung von Sekundärbrennstoffen und anschließender Mitverbrennung sind, je nach Randbedingungen, CO_2-Einsparpotenziale im Bereich von 350–1000 kg CO_2 Äq./Mg zu erzielen.

Durch den Einsatz gütegesicherter Sekundärbrennstoffe wurden allein in den letzten 10 Jahren fossile brennstoffspezifische CO_2-Emissionen von ca.2,8 Mio. Mg vermieden. Gleichzeitig wurden etwa 3,3 Mio. Steinkohleeinheiten (SKE) an fossilen Primärenergieträgern eingespart (BGS, 2022). In der Zementindustrie werden Sekundärbrennstoffe darüber hinaus bei der Zementherstellung vollständig verwertet. Reststoffe fallen nicht an, da die mineralischen Bestandteile der Aschen (im Wesentlichen Calcium, Magnesium, Silizium und Eisen) direkte Bestandteile des Zementklinkers sind. Die somit parallel stattfindende stoffliche Verwertung der mineralischen Anteile der Brennstoffe führt ebenfalls zu einer Einsparung an Primärrohstoffen (Oerter, 2017b).

39.6 Perspektiven der Mitverbrennung von Sekundärbrennstoffen

Nachfolgende Aspekte können sich zukünftig auf die Entwicklung der Mitverbrennung von Sekundärbrennstoffen auswirken:

- *Standardisierung auf internationaler Ebene (ISO)*

Auf nationaler und europäischer Ebene haben in den letzten Jahren im Bereich der Sekundärbrennstoffe zahlreiche Aktivitäten zur Standardisierung stattgefunden. So wurde sowohl das Verständnis von Sekundärbrennstoffen als auch die zugehörige Untersuchungsmethode vereinheitlicht. Aktuell wird diese Standardisierung auf ISO-Ebene fortgeführt; viele der auf europäischer Ebene entwickelten Normen für Sekundärbrennstoffe sind mittlerweile als ISO-Normen erschienen.

Darüber hinaus befinden sich neue Normen in der Entwicklung. Hier ist insbesondere die Bestimmung des Recyclingindexes für die Verwertung von Sekundärbrennstoffen in Zementwerken zu nennen. Hiermit soll der gleichzeitigen energetischen und stofflichen Verwertung von Sekundärbrennstoffen in Zementwerken Rechnung getragen werden.

- *Entwicklungen bei den derzeitigen Abnehmern*

Die Beendigung der Kohleverstromung und Neuausrichtung des Stromsystems werden sich ebenfalls auf die *Mitverbrennung in Kohlekraftwerken* auswirken. Auf Grundlage des Kohleausstiegsgesetzes (Bundesregierung, 2020) werden die Kohlekraftwerke sukzessive stillgelegt. Nach § 2 Abs. (2) Kohleausstiegsgesetz soll die Nettonennleistung der Kohlekraftwerke, die in 2022 noch 30 GW beträgt bis zum Jahr 2030 auf 17 GW und bis 2038 auf 0 GW reduziert werden.

Diese schrittweise Stilllegung von Kraftwerken führt zu einer Verringerung bzw. Beendigung der Mitverbrennung in Kohlekraftwerken, so dass für die hier eingesetzten Mengen alternative Verwertungswege zu entwickeln sind. Hier könnte bereits ein vermehrter *Einsatz von Sekundärbrennstoffen in Zementwerken* zu einem entsprechenden Ausgleich führen. So werden der hohe Energiebedarf und die hohen Investitionen in Rauchgasreinigungstechnologien zur Senkung der Staub und NO_x Emissionen in der Zementindustrie dazu führen, dass der Einsatz an Sekundärbrennstoffen in den nächsten Jahren noch weiter steigen wird. Bei den Zementwerksbetreibern besteht das Interesse den Sekundärbrennstoffeinsatz auf eine Substitutionsrate von bis zu 100 % auszuweiten. Bereits ein Anstieg der durchschnittlichen Substitutionsrate auf 80–85 % entspräche einer zusätzlichen Sekundärbrennstoffmenge von ca. 0,6–0,8 Mio. Mg an aufbereitetem Material (H_u 20 MJ/kg) (Oerter, 2015).

- *Steigerung der stofflichen Verwertung von Kunststoffen*

Mit dem Kreislaufwirtschaftspaket der Europäischen Union (Europäische Union, 2020) sollen Produkt-Kreisläufe zukünftig durch vermehrtes Recycling und Wiederverwendung sowie eine entsprechende Abfallbewirtschaftung geschlossen werden. Hierzu wurden u. a. ambitionierte Recyclingquoten für Haushaltsabfälle (65 %) und Verpackungen (75 %) festgelegt. Eine hierdurch zu erwartende erhöhte Wertstofferfassung und daraus resultierendes verändertes Abfallaufkommen werden sich ebenso auf die Sekundärbrennstoffbranche auswirken, wie eine Steigerung der Nachfrage nach Kunststoffrezyklaten, die vor dem Hintergrund der europäischen Kunststoffstrategie und des europäischen Green Deal zu erwarten ist. So wurden in 2019 in den Kunststoffwerkstoffe verarbeitenden Branchen ca. 14,2 Mio. Mg/a an Kunststoffen eingesetzt. Hierbei lag der Anteil der eingesetzten Rezyklate je nach Branche zwischen 2 % (Haushaltswaren/Sport/Spiel/Freizeit) und 23 % (Bau) (Conversio, 2020).

Mit ca. 4,4 Mio. Mg/a wurden im Jahr 2019 in der Verpackungsbranche die meisten Kunststoffe eingesetzt; der eingesetzte Rezyklatanteil lag bei ca. 11 % (Conversio, 2020). Insgesamt ist die Nachfrage nach Rezyklaten in dieser Branche von 2017 bis 2019 um 18 % auf 0,48 Mio. Mg/a gestiegen. Dabei ist der Rezyklateinsatz in der Verpackungsbranche grundsätzlich begrenzt durch rechtliche (teilweise Verbot von Rezyklaten im Bereich von Verpackungen für die Lebensmittelindustrie) sowie technische und qualitative Hürden (Verarbeitbarkeit, Produktschutz, Geruch etc.) eingeschränkt. Das realistische Potenzial für den Rezyklateinsatz wird mit 0,96 Mio. Mg/a angegeben (IK, 2021), was einer Verdoppelung des Rezyklateinsatzes im Jahr 2019 entspricht. Hierbei ist zu beachten, dass nur weitestgehend *sortenrein* aufbereitete Kunststofffraktionen entsprechende Qualitäten der Kunststoffrezyklate für einen langfristigen Einsatz sichern. Diese notwendige Sortenreinheit setzt, soweit sich das Verpackungsdesign nicht ändert, weitergehende und tiefere Aufbereitungsschritte voraus, die wiederum zu einem erhöhten Aufkommen von stofflich nicht verwertbaren Sortierresten führen werden. Somit wird sich die erhöhte Nachfrage nach Kunststoffrezyklaten auch auf die Menge und Zusammensetzung von Sortierresten, den Inputmaterialien in die Sekundärbrennstoffaufbereitungsanlagen auswirken. Hier bleibt abzuwarten, in wie weit sich hierdurch die Qualität der Sekundärbrennstoffe verändern werden.

- *Neue Techniken der Sekundärbrennstoffverwertung*

Während sich der Einsatz von Sekundärbrennstoffen als Stand der Technik etabliert hat, sind weitere Techniken im Wesentlichen noch im Versuchs- und Demonstrationsstadium. So steht der Nachweis der Eignung der Verfahren zum chemischen Recycling, d. h. einer Depolymerisation von Kunststoffen durch Pyrolyse, Verflüssigung oder Vergasung, für kunststoffreiche Abfallfraktionen wie Sortier- und Aufbereitungsreste oder gemischte Kunststoffabfälle bislang noch aus (Vogel et al., 2020). Ein Beispiel für die Verflüssigung ist die sogenannte Catalytische Tribochemische Conversion *(CTC),* in der grundsätzlich auch qualitätsgesicherter Sekundärbrennstoff eingesetzt werden könnte.

Grundsätzlich können die Verfahren des chemischen Recyclings zukünftig aber eine Chance für die Verwertung von Kunststoffen und kunststoffeichen Abfällen darstellen; ob und wann diese Techniken zum Stand der Technik zählen, ist zum jetzigen Zeitpunkt noch nicht absehbar. Auch hier ist die Qualität der erzeugten Produkte stark von den eingesetzten Abfällen abhängig. Vor diesem Hintergrund werden auch hier eine Vorbehandlung der einzusetzenden Abfälle sowie eine Qualitätssicherung erforderlich werden.

- *Neue Stoffströme*

Neben den für die Mitverbrennung etablierten Stoffströmen ist langfristig zu erwarten, dass bislang noch nicht oder erst zukünftig vermehrt anfallende Abfallstoffströme eingesetzt werden. Die Mitverbrennung ist z. B. auch für POP-haltige Abfälle[1] geeignet, da organische Schadstoffe z. B. im Klinkerbrennprozess sicher zerstört werden.

Hier sind z. B. HBCD-haltige Abfälle[2] aus dem Baubereich oder auch Abfallströme aus faserverstärkten Kunststoffen zu nennen. Diese Abfälle fallen heute erst in geringen

[1] POP: persistent organic pollutants, d. h. langlebige Schadstoffe, die sich in Umwelt, Mensch und Tier anreichern und gekennzeichnet sind durch ihr Potenzial für den weiträumigen Transport. Auf Grundlage des sog. Stockholmer Übereinkommens sind POP-haltige Abfälle so zu entsorgen, „dass die darin enthaltenen persistenten organischen Schadstoffe zerstört oder unumkehrbar umgewandelt werden. Sind eine Zerstörung oder unumkehrbare Umwandlung nicht die unter Umweltgesichtspunkten vorzuziehende Möglichkeit, so sind die Abfälle auf andere Weise umweltgerecht zu entsorgen." (UBA, 2016).

[2] HBCD: Hexabromcyclododecan, seit 2016 unter der internationalen Stockholm-Konvention als persistenter organischer Schadstoff (POP) identifiziert, z. B. als Flammschutzmittel für Dämmstoffe aus Polystyrol.

Mengen an, durch den vermehrten Rücklauf werden die Mengenströme aber entsprechend ansteigen (Faulstich et al., 2016). Der Einsatz dieser Materialien zur Mitverbrennung in der Zementindustrie ist zurzeit Gegenstand aktueller Forschungsaktivitäten.

39.7 Zusammenfassung

Die Mitverbrennung von Sekundärbrennstoffen in industriellen Feuerungsanlagen hat sich als fester Bestandteil einer modernen Kreislaufwirtschaft etabliert, da die hier eingesetzten Stoffe als emissionsarmer Energieträger hochwertig verwertet werden.

Voraussetzung ist, dass die Sekundärbrennstoffe die Anforderungen der Verwertungsprozesse an die physikalische und chemische Beschaffenheit sicher einhalten. Sekundärbrennstoffe, die u. a. durch geringe Korngrößen (max. < 50 mm) sowie hohe Heizwerte gekennzeichnet sind, werden aus geeigneten nicht gefährlichen Abfällen durch weitergehende Aufbereitung hergestellt, wobei die in der Mitverbrennung eingesetzten Mengen in den letzten Jahren auf einem konstant hohen Niveau von um die 3 Mio. Mg/a lagen.

Neben einer hochwertigen und schadlosen Verwertung trägt die Mitverbrennung von Sekundärbrennstoffen auch zum Klima-und Ressourcenschutz bei.

Sie wird auch zukünftig und unter den zu erwartenden Änderungen der Rahmenbedingungen (wie z. B Erhöhung des Recyclings, Ausstieg aus der Kohleverstromung) eine Rolle für eine hochwertige Verwertung von Abfallfraktionen spielen, da bei einem hochwertigen Recycling höhere Mengen an Sortierresten anfallen, die einer hochwertigen energetischen Verwertung bedürfen. Darüber hinaus sind neue Abfallströme zu erwarten, für die die Mitverbrennung ebenfalls ein geeigneter Entsorgungsweg sein kann.

Da eine hochwertige energetische Verwertung durch den Nachweis einer gleichbleibenden und verlässlich guten Qualität (z. B. nach RAL-GZ 724) erleichtert wird, ist neben einem Anstieg der insgesamt eingesetzten Sekundärbrennstoffmengen auch ein weiterer Anstieg an qualitätsgesicherten Sekundärbrennstoffen zu rechnen – auch vor dem Hintergrund, dass die in Zementwerken eingesetzten Sekundärbrennstoffmengen aufgrund der steigenden Substitutionsraten zukünftig ggfs. weiter ansteigen werden. Darüber hinaus könnten sich durch die Weiterentwicklung von Techniken, die sich derzeit noch im Entwicklungs- und Demonstrationsstadium befinden, weitere Verwertungswege eröffnen.

Literatur

BDK (2017): Persönliche Mitteilung des Bundesverbandes der deutschen Kalkindustrie e. V. vom 23. Januar 2017

BGS e. V. (2012): Probenahme-, Probenaufbereitungs- und Analysenvorschriften. Für Sekundärbrennstoffe im Rahmen des RAL-Gütezeichens 724 „Sekundärbrennstoffe“ und RAL-Gütezeichen 727 „Bestimmung des biogenen Anteils in Sekundärbrennstoffen gemäß RAL-GZ 724 und anderen festen Ersatzbrennstoffen“, Stand: Oktober 2012

BGS e. V. (2022): Sekundärbrennstoffe im Zeichen höchster Qualität. RAL-Gütezeichen 724. Broschüre der Gütegemeinschaft Sekundärbrennstoffe und Recyclingholz, 2022

Bundesregierung (2020): Gesetz zur Reduzierung und zur Beendigung der Kohleverstromung und zur Änderung weiterer Gesetze (Kohleausstiegsgesetz) vom 08. August 2020, Bundesgesetzblatt Jahrgang 2020 Teil I Nr. 37, ausgegeben zu Bonn am 13. August 2020

Bundesregierung (2021a): Kreislaufwirtschaftsgesetz Gesetz zur Förderung der Kreislaufwirtschaft und Sicherung der umweltverträglichen Bewirtschaftung von Abfällen (Kreislaufwirtschaftsgesetz – KrWG) vom 24. Februar 2012 (BGBl. I S. 212), das zuletzt durch Artikel 20 des Gesetzes vom 10. August 2021 (BGBl. I S. 3436) geändert worden ist“

Bundesregierung (2021b): Siebzehnte Verordnung zur Durchführung des Bundes-Immissionsschutzgesetzes (Verordnung über die Verbrennung und die Mitverbrennung von Abfällen – 17. BImSchV) – Verordnung über die Verbrennung und die Mitverbrennung von Abfällen vom 2. Mai 2013 (BGBl. I S. 1021, 1044, 3754), die durch Artikel 2 der Verordnung vom 6. Juli 2021 (BGBl. I S. 2514) geändert worden ist

Conversio (2020): Stoffstrombild Kunststoffe in Deutschland 2019. Kurzfassung der Conversio Studie. August 2020. https://conversio-gmbh.com/res/News_Media/2020/ Kurzfassung_Stoffstrombild_2019.pdf, Zugriff am 23.09.2021

Europäische Union (2010): Richtlinie 2010/75/EU des Europäischen Parlaments und des Rates vom 17. Dezember 2010 über Industrieemissionen (integrierte Vermeidung und Verminderung der Umweltverschmutzung), ABl. EG L 334, S. 17–119

Europäische Union (2013): Durchführungsbeschluss der Kommission vom 26. März 2013 über Schlussfolgerung zu den besten verfügbaren Techniken (BVT) gemäß er Richtlinie 2010/75/EU des Europäischen Parlaments und des Rates über Industrieemissionen in Bezug auf die Herstellung von Zement, Kalk und Magnesiumoxid. Bekanntgabe unter Aktenzeichen C(2013) 1728, (2013/163/EU). ABl. EG L 100 vom 09.04.2013, S. 1–45

Europäische Union (2020): Circular Economy Action Plan. For a cleaner and more competitive Europe 11. März 2020, https://ec.europa.eu/environment/pdf/circular-economy/new_circular_economy_action_plan.pdf Zugriff: 02.November 2021

Faulstich, Martin; Vodegel, Stefan; Fedianina, Elena; Franke, Matthias; Degener, Peter; Aigner, Jonathan; Reh, Katharina (2016): Umweltschutzgerechte Verwertung nicht etablierter Stoffströme in Abfallverbrennungsanlagen. UBA-Texte 18/2015; Projetknummer 43834, UBA-FB 002257. Umweltbundesamt (Hrsg,), Dessau-Roßlau, Februar 2016

Glorius, Thomas (2014): Persönliche Mitteilung Dr. Glorius, 15. Mai 2014

Glorius, Thomas (2016): Persönliche Mitteilung Dr. Glorius, 28. Oktober 2016

Glorius, Thomas (2021): Persönliche Mitteilug Dr. Glorius, 03. November 2021

IK (2021): Potenzial und Hürden für den Einsatz von recycelten Kunststoffen in Verpackungen. In: Recyclingmagazin 26.08.2021: Recyclingkunststoff: Potenzial für verdoppelten Einsatz. https://www.recyclingmagazin.de/2021/08/26/recyclingkunststoff-potenzial-fuer-verdoppelten-einsatz/ Zugriff: 23.09.2021

ISO (2021): ISO21640:2021-05 Feste Sekundärbrennstoffe – Spezifikationen und Klassen. Englischer Titel: Solid recovered fuels – Specifications and classes. Ausgabedatum 2021-05, Beuth Verlag, 2021

Kappa, Sven (2016): Persönliche Mitteilung Herr Kappa, 25. Oktober 2016

Oerter, Martin (2012): Umsetzung der IED in der Zementindustrie, Fachlicher Teil der Mitgliederversammlung des BGS e. V., Münster 15. November 2012

Oerter, Martin (2015): Status quo und weitere Verwertungspotenziale in der Zementindustrie, Fachlicher Teil der Mitgliederversammlung des BGS e. V., Münster, 19. November 2015

Oerter, Martin (2017a): Hochwertige Verwertung von Abfällen – Der Beitrag der Zementindustrie zu einer modernen Kreislaufwirtschaft. In: Flamme et al. (2017): 15. Münsteraner Abfallwirtschaftstage. Münsteraner Schriften zur Abfallwirtschaft Band 17, IWARU, Münster 2017 ISBN 978-3-9811142-6-3 , 1. Auflage, Februar 2017

Oerter, Martin (2017b): Persönliche Mitteilung Dr. Oerter, 19. März 2017

RAL (2012): RAL Gütezeichen Sekundärbrennstoffe. Gütesicherung RAL-GZ 724. Herausgeber: Deutsches Institut für Gütesicherung und Kennzeichnung e. V. RAL, Ausgabe Januar 2012

Thiel, S. (2011): Trends der Mitverbrennung, Der Emissionshandel und die Entwicklung der Brennstoffpreise beeinflussen den Einsatz von Ersatzbrennstoffen in Kohlekraftwerken, in: ReSource 2/2011, Abfall, Rohstoff, Energie, Fachzeitschrift für nachhaltiges Wirtschaften, S. 40–49, Rhombos-Verlag, Mai 2011

UBA (2016): Stockholm Konvention. https://www.umweltbundesamt.de/themen/chemikalien/chemikalien-management/stockholm-konvention, Zugriff am 17, März 2017

VDZ (2010–2021): Umweltdaten der deutschen Zementindustrie 2009 bis 2020, Hrsg. Verein deutscher Zementwerke e. V., https://www.vdz-online.de/publikationen/umweltdaten/; Zugriff am 21. September 2021

Vogel, J.; Krüger, F.; Fabian, M. (2020): Chemisches Recycling. Hintergrund. Umweltbundesamt (Hrsg.), Juli 2020 https://www.umweltbundesamt.de/sites/default/files/medien/1410/publikationen/2020-07-17_hgp_chemisches-recycling_online.pdf, Zugriff: 23.09.2021

Verbrennungsrückstände

40

Peter Quicker

40.1 Einführung

Gegenstand dieses Textes sind die Rückstände aus Müllverbrennungsanlagen (MVA) für Siedlungsabfälle,[1] ihre Beschaffenheit sowie Optionen zur Behandlung und insbesondere Verwertung. Der Fokus liegt dabei auf den Rostaschen[2] und den daraus abtrennbaren Metallen sowie der verbleibenden Mineralik, als massestärkster Fraktion. Aber auch die Flugaschen/-stäube sowie die Rauchgasreinigungsprodukte sind Rückstände des Verbrennungsverfahrens. Daher werden auch diese Stoffströme und hierbei besonders die Möglichkeiten zur Wertstoffrückgewinnung betrachtet.

► **Praxishinweis** Eine optimierte und hochwertige Rückgewinnung von Wertstoffen im Rahmen der Abfallverbrennung, insbesondere im Bereich der Mineralikverwertung (zum Beispiel durch Waschverfahren) und Abgasreinigung (Gips, Salzsäure), ist in der Regel mit höheren Kosten verbunden. Vor der Umsetzung solcher Ansätze ist daher sorgfältig zu prüfen, ob ein Markt und die notwendige Akzeptanz für die erzeugten Produkte vorhanden sind. Im Idealfall sollten langfristige Verträge abgeschlossen werden.

[1] Die Ausführungen sind auch auf EBS-Kraftwerke übertragbar, da diese technologisch im Wesentlichen mit MVA identisch sind.

[2] Nach VDI 3460 [52] können die aus dem Feuerraum ausgetragenen Feststoffe entweder als Asche oder Schlacke bezeichnet werden, da die Rückstände teilgesintert sind und somit beide Charakteristika aufweisen.

P. Quicker (✉)
RWTH Aachen University, Aachen, Deutschland
E-Mail: quicker@teer.rwth-aachen.de

P. Kurth et al. (Hrsg.), *Praxishandbuch der Kreislauf- und Rohstoffwirtschaft*,
https://doi.org/10.1007/978-3-658-36262-1_40

40.2 Abfallverbrennung

Der grundlegende Aufbau von Siedlungsabfallverbrennungsanlagen ist relativ einheitlich, wobei die größten Unterschiede in der Konfiguration der Abgasreinigung liegen. Abb. 40.1 zeigt beispielhaft die Struktur einer MVA mit Rostfeuerung, nasser Abgasreinigung, Aktivkohle-Festbett („Polizeifilter") und SCR[3]-Katalysator: Die Abfälle – vorwiegend Hausmüll, hausmüllähnliche Gewerbeabfälle, (vorzerkleinerter) Sperrmüll, aber auch Klärschlämme, Sortierreste und Ersatzbrennstoffe aus anderen Abfallbehandlungsanlagen, bestimmte Sonderabfälle, Krankenhausabfälle u. v. m. – werden über Straße oder Schiene angeliefert und in den Tiefbunker der Verbrennungsanlage entladen. Dort wird der Abfall mit einem Greiferkran gemischt, um einen möglichst homogenen Brennstoff zu erzeugen, und mit diesem über einen Trichter der Rostfeuerung zugeführt. Dort verbrennt der organische Anteil des Abfalls bei Temperaturen von etwa 1000 °C, die verbleibenden anorganischen Bestandteile (Mineralik und Metalle mit geringen Mengen Unverbranntem) fallen am Rostende in den Entschlacker. Hier erfolgt die schnelle Abkühlung, meist im Wasserbad. Das entstehende Rauchgas wird durch Wärmeentzug im Kessel abgekühlt und erreicht die Rauchgasreinigung mit einer Temperatur von etwa 180–230 °C. In dieser werden die enthaltenen Schadstoffe, also Staubpartikel, Sauergase,[4] Stickoxide,[5] gasförmige

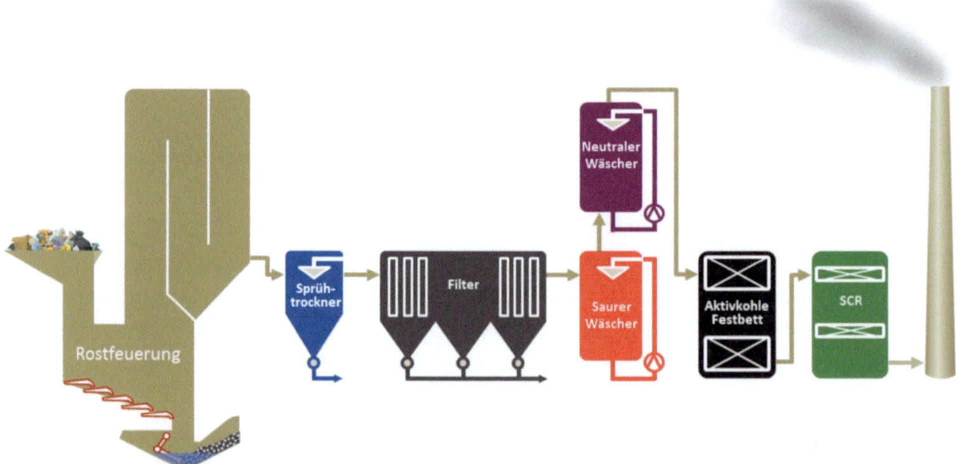

Abb. 40.1 Schema einer typischen Abfallverbrennungsanlage mit nasser Abgasreinigung, Eindampfung der Waschwässer im Sprühtrockner zum abwasserfreien Betrieb, Aktivkohlefestbett als Polizeifilter und SCR-Katalysator zur NO_x-Reduktion. (Grafik Peter Quicker)

[3] SCR: Selektive katalytische Reduktion (von Stickoxiden).

[4] Als Sauergase werden jene Gase bezeichnet, die bei Kontakt mit Wasser eine Säure bilden: HCl, H_2SO_4 und HF.

[5] Vorwiegend, zu etwa 95 %, NO sowie NO_2.

Tab. 40.1 Hauptkomponenten in den Rückständen von Siedlungsabfallverbrennungsanlagen (Konfiguration Abgasreinigung: Staubabscheider, Nasswäsche, Abwasserneutralisation mit Kalkmilch, Abwassereindampfung; Angaben in Ma.-%) [52]

Komponente	Rostasche (Schlacke)	Kesselasche und RGR[a]-Rückstand	Reaktionsprodukt aus der Abwassereindampfung
Al_2O_3	5,7–8,1	5,1–18,0	2,1–3,1
CaO	8,7–21,3	6,5–30,0	29,4–46
Fe_2O_3	3,0–14,2	1,6–6,5	1,1–1,3
SiO_2	45,7–60,1	12,5–54,7	5,0–5,1
Chloride	0,2–0,3	6,5–8,2	17–32 (26–50 % $CaCl_2$)
Sulfate	0,1–2,7	2–4	4,3–15,0 (18–64 % $CaSO_4$)

[a]RGR: Rauchgasreinigung

Schwermetalle (insbesondere Quecksilber bzw. dessen Salze) sowie organische Verbindungen (PCCDD/F, PAK[6] etc.) abgeschieden.

Grundsätzlich fallen die Verbrennungsrückstände der MVA also im Entschlacker und im Verlauf des Rauchgasweges – als Kesselasche und Produkte der Rauchgasreinigung (RGR) – an. Je nach Verfahren, (konditioniert) trocken oder nass (vgl. Abschn. 41.4.1), unterscheiden sich die Produkte der RGR. Nur bei nassen Verfahren ist eine Gewinnung von Wertstoffen aus dem Rauchgas möglich. Häufig wird von dieser Möglichkeit aber kein Gebrauch gemacht, sondern die Waschwässer werden nach Neutralisation in einem Sprühtrockner eingedampft und, wie bei den (konditioniert) trockenen Verfahren üblich, die trockenen Reste (Salze) als Schadstoffkonzentrat abgelagert oder in den Untertageversatz verbracht. Tab. 40.1 zeigt die Hauptkomponenten in den Rückständen von Siedlungsabfallverbrennungsanlagen.

40.3 Rostasche und -schlacke

Die stoffliche Nutzung von Rostaschen/-schlacken hat lange Tradition und ist fast so alt wie die Müllverbrennung selbst. Schon die erste, im Jahr 1896 in Deutschland errichtete MVA (Hamburg Bullerdeich) war mit einem Magneten zur Abtrennung von Fe-Metallen aus der Rostasche ausgerüstet, die für 15 Reichsmark pro Tonne vermarktet wurden [8]. Damals wurden aber nicht nur die Eisenmetalle, sondern auch die mineralischen Anteile der Rostasche verwertet. In Hamburg wurden durch die Vermarktung der Schlacke als Straßenbaustoff 2 Reichsmark pro Kubikmeter erlöst. Auch Materialien für den Hochbau wurden erzeugt. Abb. 40.2 zeigt das Pressen von Ziegeln aus Rostasche, sowie mehrere Produktbeispiele. Die Verwertung der mineralischen Schlackebestandteile war gängige Praxis in ganz Europa. Die Stadtverwaltung von Brünn beispielsweise verfügte Anfang

[6]PAK: Polyzyklische aromatische Kohlenwasserstoffe.

Abb. 40.2 Pressen von Ziegeln aus MVA-Rostasche (links) sowie fertige Ziegel (oben rechts England, unten rechts Deutschland) [8]

des letzten Jahrhunderts, die Asche aus der lokalen MVA als Ersatzbaustoff für die Errichtung öffentlicher Gebäude obligatorisch einzusetzen [1, 8].

Die Rostasche kann in Müllverbrennungsanlagen entweder mit nass oder trocken betriebenen Entschlackungssystemen aus der Feuerung abgezogen werden (vgl. Abschn. 41.3.1). Die Aufbereitung der Schlacke, die ebenfalls nass oder trocken erfolgen kann, zielt vor allem auf die Rückgewinnung von Eisen und Nichteisenmetallen, aber auch auf die Erzeugung mineralischer Fraktionen, die als Ersatzbaustoff verwertet werden können (vgl. Abschn. 41.3.2).

Der anorganische Anteil im Abfall beträgt etwa 25–35 Ma.-%. Dementsprechend ist die Rostasche der relevanteste Produktmassenstrom, der die MVA verlässt [49]. In Deutschland sind im Jahr 2013 etwa 5,35 Mio. t Rostasche angefallen [48]. Die durchschnittliche Zusammensetzung dieser Aschen kann wie folgt angegeben werden [33]:

- 45 Ma.-% Aschen und Schlacken < 2 mm
- 40 Ma. % Schmelzprodukte als Grobfraktion (Oxide, Silikate)
- 10 Ma.-% Durchlaufmaterialien (Bruchstücke von Glas, Keramik, Stein)
- 6 Ma.-% Metalle
- 1–2 Ma. % un- oder teilverbrannte Bestandteile

Neuere Studien belegen, dass der durchschnittliche Metallanteil im Restabfall in den letzten 30 Jahren zurückgegangen ist. Analysen, die in den letzten 10–15 Jahren durchgeführt wurden, ergaben Metallgehalte zwischen 1 und 3,5 Ma.-% [26]. In Gewerbeabfällen und im Sperrmüll wurden Metallgehalte zwischen 3 und 7 Ma.-% gefunden [26]. Eine für das Jahr 2014 in Deutschland durchgeführte Befragung unter den Betreibern von Schlackeaufbereitungsanlagen, die 4,4 Mio. t und damit 80 % der in Deutschland anfallenden Rostaschemenge abbildete, ergab, dass aus den MVA-Schlacken im Mittel 1,3 Ma.-% Nichteisenmetalle und 7,7 Ma.-% Eisen zurück gewonnen werden konnten, bei einem Anteil von 0,9 Ma.-% an Unverbranntem [26].

Trotz der Abnahme des Metallgehaltes werden die Rostaschen nach dem Stand der Technik heute mit hohem Aufwand aufbereitet. Der Fokus liegt dabei auf der Metallrückgewinnung. Vor allem im letzten Jahrzehnt hat die Technologie zur Metallrückgewinnung aus MVA-Schlacken große Fortschritte gemacht, die Technik wird immer ausgefeilter. Der Trend geht in Richtung der Behandlung kleinerer Korngrößen (inzwischen bis zu 0,25 mm). Außerdem wurden Verfahren entwickelt, die durch Zerstörung der in der Asche enthaltenen Agglomerate, zur Freilegung eingebundener Metallpartikel, die Metallausbeuten erhöhen sollen. Diese Behandlung führt natürlich zur Zerkleinerung der mineralischen Fraktion und reduziert somit deren bautechnische Einsatzmöglichkeiten.

Im folgenden Abschnitt wird ein Überblick über die Technologien zur Entschlackung und Schlackeaufbereitung gegeben. Der Stand der Technik wird beschrieben und einige neue interessante Ansätze zur Erhöhung der Metallausbeute aber auch zur Verbesserung der Qualität der mineralischen Fraktion werden erläutert.

40.3.1 Austrag der Rostasche – Entschlackung

Die Nassentschlackung stellt den Stand der Technik zum Austrag von Rostaschen aus der Feuerung von Müllverbrennungsanlagen dar. Die überwiegende Mehrzahl der etwa 2200 Anlagen weltweit [10] wird nach diesem System betrieben. In der Schweiz wurden in den letzten Jahren einige Müllverbrennungsanlagen auf trockenen Abzug der Rostasche umgerüstet und auch in Japan existieren mehrere MVA mit Trockenentschlackung [12]. Dies soll die Qualität und Ausbeute bei der Metallrückgewinnung verbessern. Allerdings gibt es auch abweichende Expertenmeinungen, die davon ausgehen, dass mit nassen Entschlackungsverfahren und angepasste Technik ähnlich gute Ergebnisse erzielt werden können [19].

► **Praxishinweis** Die intensiv diskutierte Frage, ob der nasse oder der trockene Austrag von Rosttaschen für die nachfolgende Verwertung besser geeignet sei, kann nicht pauschal beantwortet werden. Wichtig ist das Ziel der Aufbereitung! Außerdem sollten Entschlackungs- und Aufbereitungsverfahren aufeinander abgestimmt sein. Steht beispielsweise die Metallrückgewinnung im Fokus, kann eine trockene Entaschung Vorteile bieten. Soll eine hohe Mineralikqualität durch Waschverfahren erreicht werden, wird sinnvollerweise auch die Entschlackung nass betrieben.

40.3.1.1 Nassentschlackung

Nassentschlackung bedeutet, dass die Asche nach erfolgtem Ausbrand am Ende des Rostes direkt in ein Wasserbad fällt (vgl. Abb. 40.3). Die eingesetzten Entschlackungssysteme

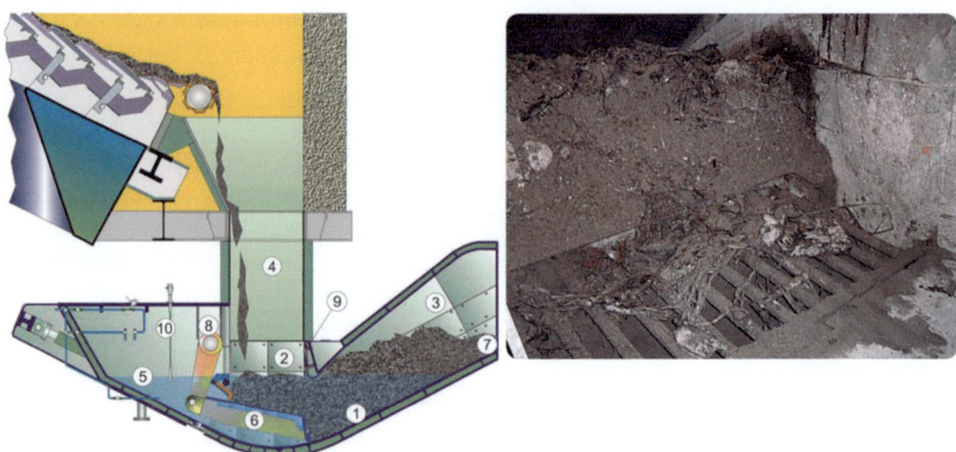

Abb. 40.3 Links: Schema eines nass betriebenen Stößelentschlackers für Müllverbrennungsanlagen. 1 Bodenwanne, 2 Einfallschacht, 3 Austragschurre, 4 Zwischenstutzen, 5 Wasserstand, 6 Austragkolben, 7 Abwurfkante, 8 Antriebswelle, 9 Abschlusswand, 10 elektrisch gesteuerte Füllstandsmessung (Abbildung Martin GmbH für Umwelt- und Energietechnik, München). Rechts: Austritt eines nassbetriebenen Stößelentschlackers für MVA. (Foto Peter Quicker)

unterscheiden sich in der Art des Abzugs der abgekühlten Schlacke aus dem Wasserbad. Mögliche Konfigurationen sind Plattenband- und Kratzkettenförderer, aber vorwiegend werden Stößelentschlacker eingesetzt. Abb. 40.3 (links) zeigt die schematische Darstellung eines solchen Stößelentschlackers: Der Austragskolben (6) schiebt die Schlacke aus dem Wasserbad in die Austragsschurre (3) und von dort in einen Container oder auf ein Förderband (in Abb. 40.3 (rechts) wird die Schlacke über ein Stangensieb geführt, um grobstückiges Material abzutrennen, das bei der weiteren Aufbereitung stören würde). Während der Aufenthaltszeit des Materials im Bereich der Abwurfkante (7) erfolgt eine grobe Entwässerung. Der Wasserstand in der Bodenwanne (1) muss zu jeder Zeit die Abschlusswand (9) erreichen, um den luftdichten Abschluss der Feuerung zu gewährleisten.

Das Wasserbad übernimmt zwei wichtige Funktionen: Zum einen wird die Schlacke spontan abgekühlt und zum anderen dichtet das Wasser die Feuerung zur Umgebung hin ab, um das Eindringen von Falschluft zu verhindern und den erwünschten Unterdruck in der Feuerung aufrecht zu erhalten. Weitere Vorteile der Nassentschlackung sind die Minimierung von Staubbildung bei der anschließenden Schlackebehandlung und die Zerstörung versinterter Agglomerate, durch die Thermospannungen beim schlagartigen Abkühlen der heißen Schlacke im kalten Wasserbad.

Durch den Kontakt der Schlacke mit dem Wasser werden Hydratations-, Sulfatisierungs-, Salzbildungs- und -lösungsreaktionen eingeleitet. Diese führen im Endergebnis zur Reduzierung der Löslichkeit der enthaltenen Schwermetalle, zur Verfestigung der Asche (hydraulische Reaktionen) und letztlich zur Einstellung einer ausreichenden Raumbeständigkeit [41]. Um den Abschluss dieser Reaktionen abzuwarten, wurden die nass ausgetragenen Schlacken in der Vergangenheit meist bis zu drei Monate gelagert, bevor die weitere Aufbereitung erfolgte. Allerdings führen die Verfestigungsreaktionen auch dazu, dass die anschließende Aufbereitung, insbesondere die Rückgewinnung der enthaltenen Metalle, die zum Teil fest in die Schlackematrix eingebunden werden, erschwert wird. Im Zuge des gesteigerten Interesses an einer optimierten Metallrückgewinnung haben sich die Lagerungszeiträume in den letzten Jahren daher deutlich verkürzt. Die Mehrheit der Betreiber lagert die Rostaschen vor der Aufbereitung zwischen 2 und 8 Wochen, in einigen Anlagen werden die Aschen direkt, ganz ohne vorherige Lagerung aufbereitet [26]. In diesen Fällen erfolgt die Lagerung zur Einstellung der gewünschten Eigenschaften der Mineralikfraktion erst im Anschluss an die Aufbereitung.

40.3.1.2 Trockenentschlackung

Der Kontakt der Rostaschen mit Wasser führt zu den oben beschriebenen hydraulischen Verfestigungsreaktionen und löst zudem Oxidationsvorgänge an den Metallen aus. Um diese Nachteile zu umgehen, haben inzwischen mehrere Müllverbrennungsanlagen auf trockene Entschlackungsverfahren umgestellt. Erste Versuche hierzu wurden bereits in den 1990er-Jahren von den Firmen ABB (DryEx System) und Martin GmbH in Europa durchgeführt. 1996 wurde der Trockenaustrag in der MVA München Nord, 1997 in der Kehrichtverbrennungsanlage[7] (KVA) Buchs in der Schweiz getestet. Auch in Japan gab es hierzu Untersuchungen. Dort sind heute mehrere Anlagen mit Trockenaustrag in Betrieb [12].

in Europa wurden solche Konzepte bisher nur in der Schweiz umgesetzt. Da die Mineralikfraktion der Rostaschen dort nicht als Ersatzbaustoff verwertet werden darf, sondern deponiert werden muss, liegt der Fokus ausschließlich auf der optimierten Metallrückgewinnung. Entsprechend attraktiv erscheinen dort die trockenen Entschlackungsverfahren. In den letzten Jahren haben daher mehrere Verbrennungsanlagen in der Schweiz auf trockene Austragsysteme umgerüstet:

- KEZO[8] in Hinwil (bei Zürich), System der ZAR[9]
- KVA[10] Monthey (Nähe Montreux), System der Martin GmbH
- KVA Zürich Hagenholz, System der Martin GmbH
- KVA Horgen, System Hitachi Zosen Inova
- KVA Zuchwil, Kombination Trocken-/Nassaustrag, System Hitachi Zosen Inova

Zum Einsatz kamen dabei unterschiedliche Systeme. Das System der Martin GmbH kombiniert einen Stößelentschlacker mit einem Windsichter, das von der Stiftung Zentrum für nachhaltige Abfall- und Ressourcennutzung (ZAR) in Hinwil entwickelte System verwendet anstelle des Entschlackers eine Austragsrinne und das System von Hitachi Zosen Inova verfügt über einen Plattenbandaustrag.

[7] MVA werden in der Schweiz als Kehrichtverbrennungsanlagen (KVA) bezeichnet.

[8] KEZO: Kehrichtverwertung Züricher Oberland.

[9] ZAR: Stiftung Zentrum für nachhaltige Abfall- und Ressourcennutzung, Hinwil.

[10] KVA: Kehrichtverbrennungsanlage (Schweizer Bezeichnung für MVA).

System der Martin GmbH

Das System der Martin GmbH, das seit 2009 in der Anlage in Monthey in Betrieb ist [4], kombiniert den klassischen Stößelentschlacker (vgl. Abb. 40.3) mit einer Windsichtung und einer Staubabscheidung. Die Rostasche fällt nach dem Ausbrand am Ende des Rostes in den Stößelentschlacker, der in diesem Fall natürlich ohne Wasserzugabe betrieben wird. Vom Entschlacker wird die Rostasche in einen direkt angeschlossenen Windsichter dosiert, in dem die Schlacke über mehrere vibrierende Stufen transportiert wird. Dort findet eine Klassierung mittels Luftstrom statt: Die Feinanteile (< 5 mm) werden von der Grobschlacke getrennt und mit dem Luftstrom aus dem Apparat abgeführt. Die Grobschlacke, die in der Anlage in Monthey einen TOC[11]-Gehalt von 0,4–0,5 % aufweist [12], wird mittels Transportband in die anschließende Schlackeaufbereitung transportiert. Der Luftstrom mit dem Feinanteil wird einem Zyklon mit einer Trenngrenze von etwa 1 mm zugeführt. Die dort separierte Feinschlacke (ca. 1–5 mm) kann zum Beispiel im Zementwerk verwertet oder einer Deponierung zugeführt werden. Vorher werden im Windsichter mitgerissene, großflächige Bestandteile (z. B. Kronkorken, Dosendeckel etc.) in einer dem Zyklon nachgeschalteten Siebrinne abgetrennt und diese der Grobschlacke zugeschlagen. Der Luftstrom, der den Schlackenstaub (< 1 mm) enthält, wird als Sekundärluft verwendet und die feine Staubfraktion somit wieder in den Feuerraum zurückgeführt. Die Abdichtung des Systems gegenüber der Umgebung erfolgt durch die Einstellung eines Unterdrucks im Windsichter und das Aufstauen der Schlacke im Fallschacht über dem Stößelentschlacker [12, 34].

System der ZAR

Das von der ZAR entwickelte und in der Kehrichtverwertung Züricher Oberland im Jahr 2007/2008 an einer Linie erstmals umgesetzte Trockenentaschungssystem verwendet als Austragsaggregat eine Vibrorinne (vgl. Abb. 40.4) [1, 4]. Die ausgebrannte Rostasche fällt am Rostende durch den Schlackeschacht direkt in die Austragsrinne. Durch den Aufprall werden größere Schlackeagglomerate gebrochen. Der Transport in der Rinne erfolgt durch Vibration. Im Gegenstrom zur Schlacke wird sogenannte Tertiärluft durch den Kanal der Austragsrinne gefördert (ca. 300 $m^3_{i.\,N.}$/h bzw. 500 $m^3_{i.\,N.}$/t Abfall) [1, 28]. Die Bezeichnung ist der Tatsache geschuldet, dass die Luft nach Durchströmung des Austragskanals über den Schlackeschacht in die Feuerung einströmt und dort einen Teil (ca. 10 %) der Verbrennungsluft substituiert [55]. Die Tertiärluft soll dabei mehrere Funktionen übernehmen [1, 55]:

- Die Schlacke wird abgekühlt und die Luft dabei aufgewärmt. Damit wird die sensible Wärme der Rostasche wieder in den Prozess zurückgeführt und geht nicht, wie bei der Nassentschlackung, durch die Abkühlung im Wasserbad (Wasseraufwärmung und -teilverdampfung) verloren.

[11] TOC: gesamter organischer Kohlenstoff (total organic carbon).

- Die Luft ermöglicht die Nachoxidation noch unverbrannter Bestandteile in der Rostasche. Hierdurch kann der TOC-Gehalt in der Schlacke auf unter 0,3 % verringert werden (Nassschlacke im optimalen Fall typischerweise > 0,75 %). Die dabei freiwerdende Wärme wird durch die Tertiärluft ebenfalls in die Feuerung zurückgeführt.
- Die Tertiärluft übernimmt eine Sichterfunktion, trennt sehr feine Partikel vom Aschestrom und trägt diese in den Feuerraum zurück. Damit wird die anschließende Schlackeaufbereitung entlastet.

Der Tertiärluftstrom wird durch Wehre im Austragskanal (Höhenbegrenzung in Abb. 40.4) reguliert, um den eintretenden Mengenstrom zu begrenzen. Am Ende der Vibrorinne befindet sich ein Siebboden. Hier erfolgt eine Fraktionierung der Schlacke bei 5 mm [28].

Weitere, von den Betreibern genannte Vorteile des Trockenaustrags gegenüber der Nassentschlackung sind die Einsparung von etwa 70–100 l Wasser pro t Abfall, die besseren Schüttgut- und Aufbereitungseigenschaften (keine hydraulischen Verfestigungsreaktionen), die Verhinderung des Eindringens von Wasserdampf in die Feuerung und eine etwa 20 % geringere Gesamtmasse, aufgrund des geringen Feuchtegehaltes der Trockenschlacke [1].

System Hitachi Zosen Inova

Auch von Hitachi Zosen Inova (HZI) wurde 2015 ein Trockenentaschungssystem an einer Abfallverbrennungsanlage in der Schweiz installiert. In der KVA Horgen wurde im Rahmen von Sanierungsmaßnahmen auch der Ascheaustrag von Nass- auf trockenen Betrieb umgestellt. Ähnlich wie beim System der ZAR fällt die Schlacke auch hier vom Rost in

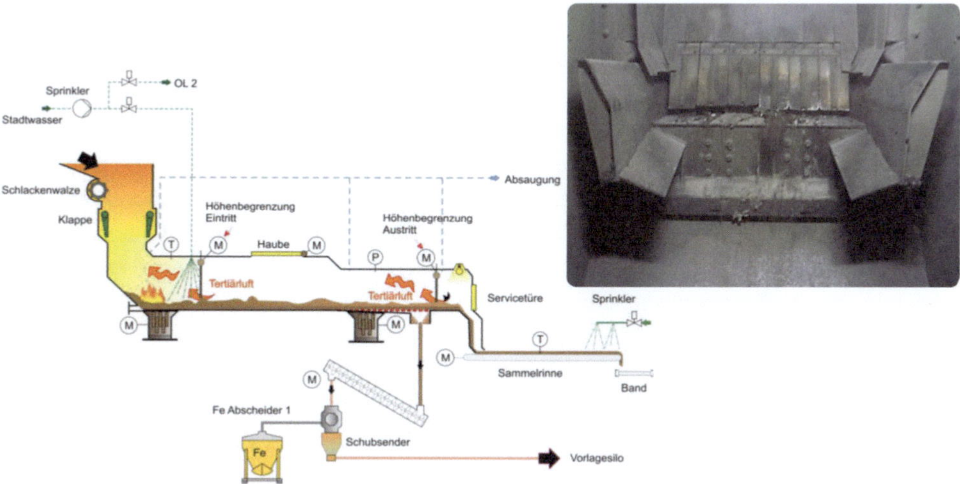

Abb. 40.4 Links: Schema des trockenen Rostascheaustrags der Müllverbrennungsanlage in Hinwil, Schweiz (Grafik KEZO) [1]. Rechts: Austritt des trockenen Rostaschenaustrags in Hinwil, Blick durch die Servicetür auf das Ende der Vibrationsrinne. (Foto Peter Quicker)

einen Austragskanal, allerdings erfolgt die Förderung in Horgen mit einem Plattenband. Dieses wird indirekt luftgekühlt, sodass keine Falschluft in die Feuerung eindringt. Die Aschetrichter sind zum Plattenband hin mit Zellenradschleusen abgedichtet, das Plattenband ist zur Umgebung mit einem Doppelschiebersystem abgeschottet. Das System wird im Unterdruck betrieben, die abgesaugte Abluft über einen Schlauchfilter gereinigt. Im Vergleich zur Nassentschlackung wird eine Reduktion der Schlackenmasse um 10 % erreicht. Die angegebenen TOC-Werte liegen zwischen 0,30 und 0,35 Ma.-% [11].

Ebenfalls von HZI wurde an der Verbrennungsanlage in Zuchwil eine Kombination aus Trocken- und Nassentschlackung umgesetzt. Hierzu wurde die fünfte und letzte Rostzone der Feuerung durch einen Siebrost ersetzt, der einen gezielten Durchfall der Feinfraktion (< 10 mm) ermöglicht. Diese wird unter dem Rost trocken abgezogen und im Anschluss aufbereitet, um das Metallpotenzial in diesem Stoffstrom zu heben. Die groben Anteile der Schlacke fallen nach wie vor am Ende des Rostes in den Nassentschlacker und werden wie bisher behandelt. Der Pilotbetrieb läuft seit August 2015 [14, 16].

40.3.2 Aufbereitung der Rostaschen

Ziel der Rostaschenaufbereitung ist die quantitative Rückgewinnung der enthaltenen Metallanteile sowie die Erzeugung hochwertiger Ersatzbaustoffe aus den mineralischen Schlackebestandteilen. Nicht immer stehen beide Ziele gleichwertig im Mittelpunkt der Aufbereitungsbemühungen. In den letzten Jahren wurde vor allem die Metallrückgewinnung optimiert, da hierdurch ein wirtschaftlicher Mehrwert für die Aufbereiteter realisiert werden kann. Für die Mineralik, den dominierenden Massenstrom, bleibt oftmals nur die Deponierung.

40.3.2.1 Aufbereitung Nassschlacke

Aufbereitung Stand der Technik

Die Aufbereitung der in Deutschland ausschließlich nass entschlackten Rostaschen erfolgt sowohl durch die Betreiber der Verbrennungsanlagen als auch durch externe Aufbereitungsunternehmen. Der Stand der Technik ist hierbei die trockene Aufbereitung. Wie bereits angesprochen, liegt der Fokus auf der Metallrückgewinnung. Hierzu werden Magnetscheider und Wirbelstromabscheider eingesetzt. Im Schnitt sind jeweils fünf dieser Apparate pro Aufbereitungsanlage in Deutschland im Einsatz [26]. Weiterhin werden Windsichter verwendet, um unverbrannte Bestandteile aus der Asche abzutrennen. Grobe Bestandteile werden manuell sortiert. Kennzeichen der modernen Aufbereitungsverfahren ist eine große Fraktionierungstiefe, da nur bei engen Kornbändern eine effiziente Metallabscheidung möglich ist [15]. Abb. 40.5 zeigt ein beispielhaftes Prozessschema für eine Rostaschenaufbereitung nach dem Stand der Technik. Weitere Informationen finden sich beispielsweise in [5] oder [29].

Einige Anlagen in Deutschland setzen auch nasse Verfahren zur Schlackeaufbereitung ein. Die größte Erfahrung in diesem Bereich besitzt die Firma Scherer und Kohl in

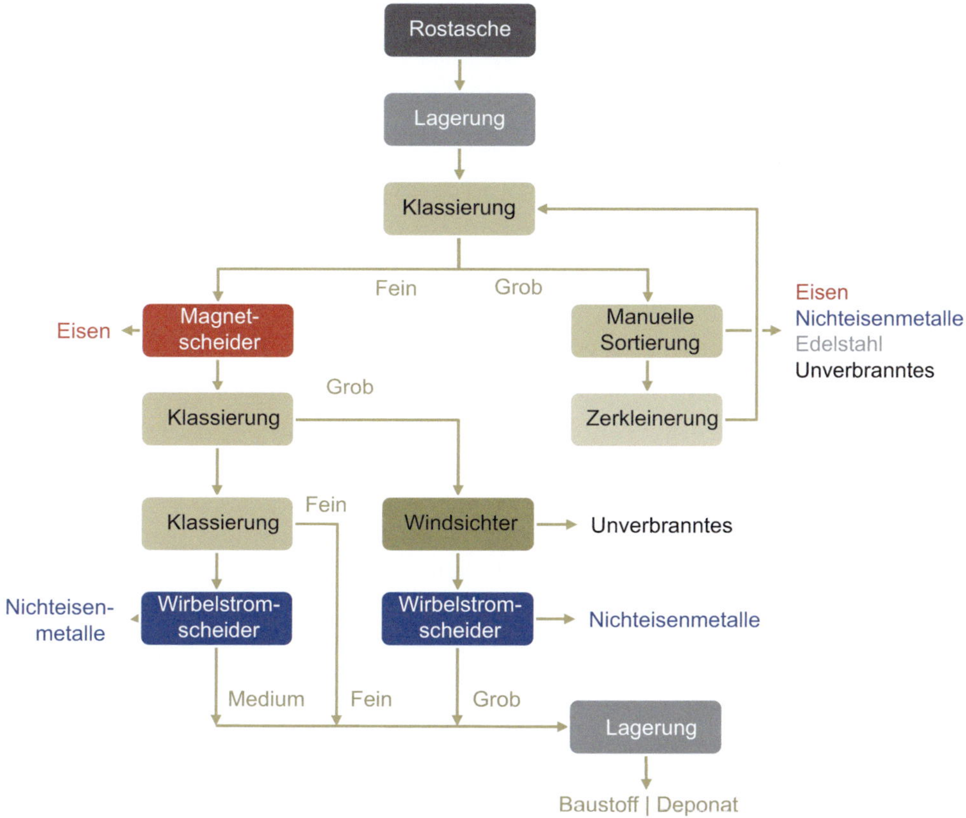

Abb. 40.5 Beispielhaftes Prozessschema für die trockene Aufbereitung von nass entschlackten Rostaschen aus der Müllverbrennung, in Anlehnung an [5, 6, 9, 21, 28, 40]. (Grafik Peter Quicker)

Ludwigshafen (s. a. Abb. 40.6). Das dort umgesetzte Verfahren besteht aus einer trockenen Voraufbereitung sowie der nassen Feinaufbereitung der Fraktion kleiner 22 mm. Zunächst werden Eisenschrott und Grobgut (> 56 mm) abgetrennt. Die groben Mineralikfraktionen werden dann in einer Prallmühle auf eine Korngröße kleiner 22 mm gebracht. Dieser Stoffstrom wird der nassen Aufbereitung zugeführt. Dort werden durch verschiedene Separationsschritte Ersatzbaustoffe mit definierten Korngrößen (2–5, 5–8 und 8–16 mm) und hoher Qualität hergestellt. Neben Eisenschrott und Nichteisenmetallen können somit zusätzlich mehr als 70 % des gesamten Massenstroms in Form mineralischer Produkte verwertet werden. Nur etwa 6–7 % müssen als Schlamm deponiert werden [50].

Ein ähnlicher Ansatz wird von der Mitteldeutschen Schlacken Union MDSU in einer Anlage in der Nähe von Magdeburg verfolgt. Auch hier schließt sich einer trockenen Voraufbereitung und Zerkleinerung der Mineralik eine nasse Nachaufbereitung der erzeugten Feinfraktion an [35].

Abb. 40.6 Schlackeaufbereitung der Firma Scherer und Kohl am Standort Ludwigshafen. Links: Aufbereitungsanlage, Mitte: erzeugte Splittfraktion, rechts: Schlammpresskuchen. (Fotos Peter Quicker)

Optimierung der Metallverwertung

Wie bereits angesprochen, gab es in den letzten Jahren einige Entwicklungen zur Optimierung der Metallausbeute bei der Rostaschenaufbereitung.

Im r^3-Forschungsvorhaben ATR (Aufschluss, Trennung und Recycling von ressourcenrelevanten Metallen aus Rückständen thermischer Prozesse mit innovativen Verfahren) wurden die Möglichkeiten untersucht, mit einem Hochgeschwindigkeits-Prallzerkleinerungsverfahren (Fa. Tartech) den Aufschluss der Mineralik und damit eine höhere Metallrückgewinnungsquote zu erreichen. Durch die hohen Aufprallgeschwindigkeiten von etwa 800 km/h wird eine weitgehende Zerkleinerung der Mineralik erreicht. Der Korngrößenanteil < 2 mm liegt nach Zerkleinerung bei knapp 50 Ma.-%. Diese Kornfraktion wird mittels Magnetscheidung, Trocknung, Wirbelstromscheidung und Dichtesortierung weiter aufbereitet [17, 18, 31, 47].

An der TU Delft wurde das ADR-Verfahren entwickelt, das von der Firma Inashco BV angeboten wird. Wesentliches Element des Verfahrens ist ein trockenmechanischer Fraktionierungsschritt. Die kinetische Trennung erfolgt mittels einer mit Platten bestückten Trommel. Nach der Fraktionierung wird die Rückgewinnung der Metalle auf konventionellem Wege realisiert. In Versuchen wurde nachgewiesen, dass die Aluminiumrückgewinnung in der Kornklasse 2–8 mm von 37 % (Referenz im Jahr 2005) auf 89 % gesteigert werden konnte. Inzwischen werden an mehreren Standorten bereits rund 2,5 Millionen Tonnen an Müllverbrennungsschlacken mit dem Verfahren behandelt [3, 51, 54].

Die Erhöhung der NE-Metallrückgewinnung stand auch im Mittelpunkt des BMBF-Förderprojekts VeMRec. Im Rahmen des Projekts wurde eine Pilotanlage (5 t/h Durchsatz) zur Aufbereitung des NE-Konzentrats aus einem Wirbelstromabscheider betrieben. Dieser wurde unter Erhöhung des Masseausbringens betrieben, sodass möglichst viel an NE-Metall in das Konzentrat überführt wurde, bei gleichzeitiger Erniedrigung der Metallkonzentration. Das Konzentrat wurde anschließend mittels Prallmühle zerkleinert, wobei mineralische Anhaftungen an den Metallen entfernt werden konnten. In einer abschließenden Sensorsortierung (Röntgentransmission XRT) wurde ein Leicht- und ein Schwermetallkonzentrat erzeugt, das direkt in den Prozessen der Aluminium- bzw. Kupfersekundärmetallurgie eingesetzt werden konnte [42].

Optimierung der Mineralikverwertung
Neben den erforderlichen bautechnischen Eigenschaften ist das wesentliche Kriterium, um die Eignung mineralischer Reststoffe als Ersatzbaustoffe zu beurteilen, deren Eluationsverhalten. Nur wenn die Auslaugung giftiger Schwermetalle aus der mineralischen Matrix vorgegebene Grenzwerte nicht übersteigt, können die Aschen als Baustoffe verwendet werden. Im Regelfall sollen die Aschen im Straßen- und Deponiebau verwertet werden. Wie schon vor 100 Jahren werden aktuell aber auch wieder vermehrt Ansätze untersucht, die es erlauben, die Mineralik in höherwertige Bauprodukte zu überführen. So untersucht derzeit beispielsweise die Martin GmbH in Zusammenarbeit mit dem Imperial College London die Erzeugung hochwertiger Glas-/Keramikverbundwerkstoffe auf Basis von trocken ausgetragener Feinschlacke (< 1 mm) [25]. In den Niederlanden gibt es Bestrebungen, sogenanntes AEC-Granulat, das aus Müllverbrennungsaschen hergestellt wird, als Betonzuschlagstoff einzusetzen [7].

Tab. 40.2 zeigt eine Zusammenstellung typischer Eluatwerte für unterschiedliche Rostaschen, in Abhängigkeit der Entschlackungsart, der Lagerungsdauer und des Behandlungsverfahrens. Außerdem angegeben sind die im Merkblatt LAGA M20 und im Verwertererlass des Landes Nordrhein-Westfalen angegebenen Grenzwerte für die bautechnische Verwertung solcher Materialien. Durch Fettsatz markierte Werte bedeuten eine Überschreitung zumindest einer der beiden Vorgaben. Dies zeigt klar, dass die Schlackenalterung allein in der Regel nicht ausreicht um alle Vorgaben sicher einzuhalten.

Um die Eluatwerte und somit die Umweltverträglichkeit der Schlacken positiv zu beeinflussen, wurden in der Vergangenheit unterschiedliche Behandlungsverfahren erprobt [50].

Verfestigungsverfahren nutzen die Zugabe von Bindemitteln um eine Schadstoffimmobilisierung zu erreichen. Bei Sinter- und Schmelzverfahren erfolgt eine thermische Behandlung, um die Schlacke soweit strukturell zu verändern, dass die Schadstoffe fest eingebunden werden. Ein nachträgliches Schmelzen der Schlacken in einem separaten Apparat ist allerdings sehr energieaufwändig. Sinnvoller ist es, den Hauptprozess so auszulegen, dass die Schlacke geschmolzen oder gesintert anfällt. Während die Realisierung einer Schlackeschmelze eine vollständig neue Verfahrensauslegung bedeuten würde (vgl. z. B. Hochtemperaturschmelzverfahren in Japan [39]), ist eine (Teil-)Sinterung der Schlacke in klassischen Rostfeuerungen möglich.

Beispiel für einen solchen Prozess ist das von der Martin GmbH entwickelte und der MVA im österreichischen Arnoldstein umgesetzte SYNCOM-Verfahren (Abb. 40.7 zeigt das SYNCOM-Plus-Verfahren, bei dem neben der Schlackesinterung auch noch eine integrierte Schlackenwäsche erfolgt). Die für die Sinterung der Schlacke erforderlichen Temperaturen von über 1150 °C werden durch die Anreicherung der primären Verbrennungsluft mit Sauerstoff erreicht [24]. Durch die Sinterung erniedrigt sich der Feinanteil in der Schlacke, die Eluierbarkeit von Schwermetallen und Anionen wird herabgesetzt. Zudem verbessert sich der Ausbrand der Schlacke [22, 24].

Durch die bereits angesprochenen Waschverfahren (vgl. Nassaufbereitung) können leicht lösliche (Schwermetall-)Salze aus der Schlackematrix entfernt werden. In Tab. 40.2

Tab. 40.2 Eluatparameter von Schlacken in Abhängigkeit der Entschlackungsart, des Alterungszustands und der Art der (weitergehenden) Aufbereitung (n.n. = nicht nachweisbar, k.A. = keine Angabe, S+K = Nassaufbereitung nach dem Verfahren der Fa. Scherer + Kohl, Ludwigshafen, SYN+ = Aufbereitung nach dem SYNCOM-Plus-Verfahren der Fa. Martin GmbH, München, LAGA = LAGA Merkblatt M20, NRW = Verwertererlass des Bundeslands Nordrhein Westfalen, HMVAI)

Alterungszustand		roh				gealtert			aufbereitet		Vorgaben	
Austrag		nass			trocken	nass		trocken	nass	nass	LAGA	NRW
Aufbereitung									S&K	SYN+		
		k.A.	2005	2008	1999	2005	2008	2014	2004		2003	2001
		[36]	[37]	[36]	[23]	[37]	[36]	[36, 40]	[32]		[27]	[37]
Parameter	**Einheit**											
pH-Wert		11,6	11,8	11,9	12–12,4	11	10,3	10,3–11,9	k.A.	k.A.	7–13	7–13
Leitfähigkeit	**mS/cm**	**5**	**2,4**	**6**	3,3–4,8	1,5	**2,2**	0,7–3,4	k.A.	0,27	6	2
DOC	**mg/l**	14	34	26	5–103	16	16	3,5–140	k.A.	k.A.		
Chlorid	**mg/l**	**150**	**150**	**650**	**250–284**	**120**	**260**	**68–335**	29	22	250	50
Sulfat	**mg/l**	**330**	**220**	**460**	19–122	**250**	**370**	95–**609**	43	k.A.	600	200
Cyanid ges.	**µg/l**	60	5	20	< 10	5	12	k.A.	n.n.	k.A.		
Arsen	**µg/l**	4	10	4,5	< 1	10	13	< 10	1,3	< 10		
Blei	**µg/l**	**1500**	**450**	**2000**	**167–1030**	12	**70**	5–**286**	n.n.	< 10	50	50
Cadmium	**µg/l**	2	k.A.	**13**	< 0,2–1,5	**10**	1,3	0,3–1	n.n.	< 1	5	5
Chrom ges.	**µg/l**	23	30	25	41–**123**	43	**70**	5–14	n.n.	< 10	200	50
Kupfer	**µg/l**	150	**450**	**500**	26,4–**337**	250	200	10–236	n.n.	30	300	
Nickel	**µg/l**	30	10	15	3,3–11,1	10	**500**	4–8	n.n.	< 20	40	
Quecksilber	**µg/l**	0,6	**1,3**	0,85	**< 2**	0,15	0,35	0,1–0,2	n.n.	0,2	1	1
Zink	**µg/l**	250	60	**500**	106–200	20	90	10–40	n.n.	40	300	300

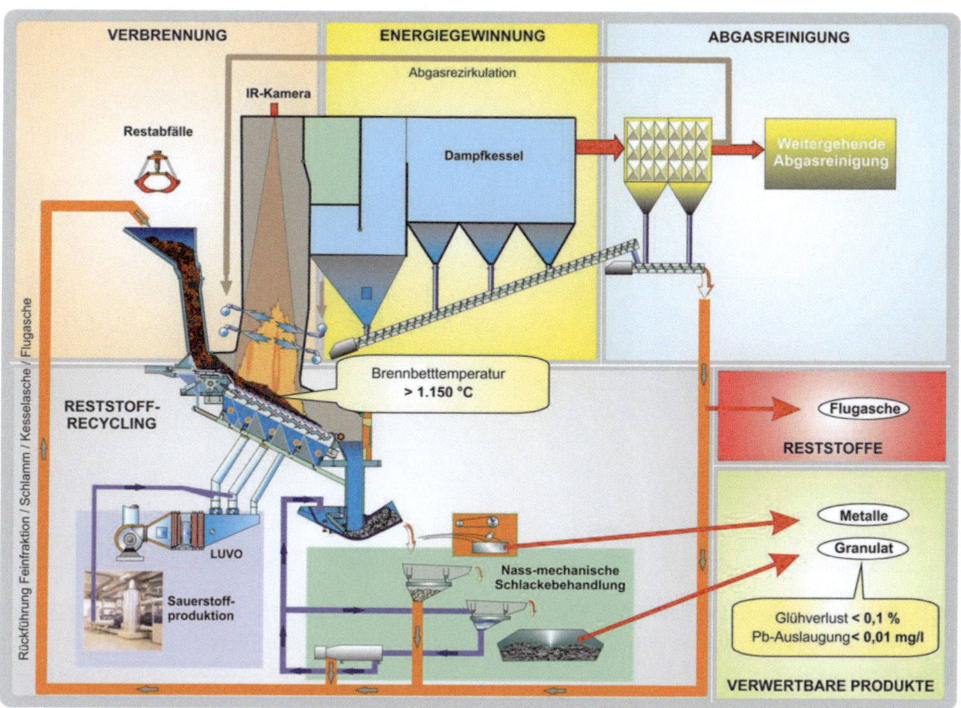

Abb. 40.7 Schema des SYNCOM-Plus-Verfahrens der MARTIN GmbH für Umwelt- und Energietechnik, München. (Grafik Martin GmbH)

(Spalte S&K) sind Eluatparameter aufgelistet, die an Schlacken aus der Nassaufbereitung der Firma Scherer und Kohl ermittelt wurden. Es zeigt sich, dass die Schwermetalle durch die Schlackenwäsche fast quantitativ entfernt wurden. Die meisten Eluatwerte liegen unter der Nachweisgrenze.

Wenn keine Nassaufbereitung der Schlacke vorgesehen ist, kann eine Schlackenwäsche auch direkt im Nassentschlackter umgesetzt werden, wenn dieser mit erhöhtem Wasserdurchsatz betrieben wird. Es zeigte sich, dass hierdurch die Chlorid- und Sulfatkonzentrationen im Eluat halbiert werden können [30]. Einen Schritt weiter geht die sogenannte integrierte Schlackenwäsche. Dabei wird neben den Salzen auch der Feinanteil der Schlacke (< 100 µm) abgetrennt, entwässert und der Feuerung erneut zugegeben um eine Versinterung zu größeren Agglomeraten zu ermöglichen. Die gewaschene Schlacke zeigt sehr gute Eigenschaften und erfordert keine nachträgliche Alterung [30]. Ein bezüglich der Sinterung optimierter Ansatz ist das SYNCOM-Plus-Verfahren (Abb. 40.8). Dieses Verfahren kombiniert die integrierte Schlackenwäsche mit dem oben beschriebenen SYNCOM-Verfahren. Die bei der Schlackenwäsche anfallende Feinfraktion und der erzeugte Schlamm (vgl. Abb. 40.1 und 40.7) werden in den Bunker zurückgeführt und

Abb. 40.8 Feste Produkte aus dem SYNCOM-Plus-Verfahren: Schlamm und Feinfraktion (kleiner 5 mm) zur Rückführung in den Verbrennungsprozess. Granulat zur Verwertung. (Fotos Peter Quicker)

durchlaufen den Verbrennungsprozess erneut. Durch die hohen Brennbetttemperaturen wird die Agglomeratbildung aus den rückgeführten Feinanteilen unterstützt. Als festes Produkt fällt lediglich ein Granulat mit einer Korngröße größer 2 mm an, das sehr gute Eluatparameter aufweist (vgl. Tab. 40.2, Spalte SYN+). Das Verfahren wurde in der MVA in Arnoldstein im großtechnischen Versuch erprobt, ist aktuell aber noch nicht im Dauerbetrieb umgesetzt [24].

Nachteilig bei allen Nass- und Waschverfahren sind die anfallenden Abwässer, die in jedem Fall behandelt werden müssen.

40.3.2.2 Aufbereitung Trockenschlacke

Die Etablierung neuer trockener Entschlackungsverfahren macht auch angepasste Aufbereitungsverfahren für diese Stoffströme erforderlich. In der Anlage in Monthey, die von nasser auf trockene Entschlackung umgerüstet wurde, wird im Grundsatz die ursprünglich vorhandene und für die Nassentschlackung konzipierte Rostaschenaufbereitung weiterverwendet, lediglich die eingesetzten NE-Abscheider wurden vom Betreiber optimiert [12]. Durch Anpassung der Technik wäre allerdings eine Erhöhung der Metallausbeute zu erreichen. Der Betreiber plant dies umzusetzen [12].

An der Verbrennungsanlage der KEZO in Hinwil wurde dagegen eine komplett neu konzipierte Aufbereitungsanlage für die Feinschlacke der Korngröße 0,6–5 mm entwickelt und im September 2008 in Betrieb genommen [1, 4]. Eingesetzt werden konventionelle, aber auf die Charakteristika der Trockenschlacke angepasste Aufbereitungsaggregate, wie Siebe, Magnetscheider, Wirbelstromscheider und Lufttrenntische. Bis zum Jahr 2012 konnte der Prozess durch Optimierungsmaßnahmen bis auf das Kornspektrum von 0,2 mm ausgeweitet werden. Dabei wurde ein Ausbringen für die NE-Metalle von 90 Ma.-% erreicht. Künftig sollen am Standort Hinwil die Trockenschlacken aus allen drei Verbrennungslinien sowie die Aschen der Verbrennungsanlage in Horgen und Hagenholz behandelt werden [1, 2, 13].

Die Frage, ob durch die Trockenentschlackung und -aufbereitung höhere Metallausbeuten und bessere Metallqualitäten erzeugt werden können als bei der Aufbereitung von Nassschlacke, wurde im Rahmen eines Umweltforschungsplan-Projekts untersucht [40]. Hierzu wurden an einer Verbrennungslinie des MHKW (Müllheizkraftwerk) Mainz an zwei aufeinanderfolgenden Tagen jeweils rund 10 t Schlacke bei nassem und bei trockenem Betrieb (Stößelentschlacker ohne Wasserfüllung) des Entschlackers gewonnen. Die beiden Stoffströme wurden anschließend nach dem Stand der Technik aufbereitet, wobei auf eine ausreichend tiefe Fraktionierung geachtet wurde (Fraktionen: 0–2 | 2–4 | 4–10 | 10–30 | 30–80 | > 80 mm). Innerhalb der Fraktionen erfolgte die Metallabscheidung nach dem Stand der Technik mit Überbandmagnet, Trommelmagnet und Wirbelstromabscheider. Es zeigte sich, dass aus der Trockenschlacke insbesondere ein höherer Anteil an NE-Metallen zurückgewonnen werden kann (vgl. Abb. 40.9). Außerdem waren die Metallqualitäten im Fall der Trockenentschlackung höher, da es bei der Nassentschlackung zu Anhaftungen und Oxidationsvorgängen an den Metalloberflächen kam (vgl. Abb. 40.10).

Abb. 40.9 Wertstoffausbringen bei der mechanischen Aufbereitung von Trocken- und Nassschlacke im Vergleich. Aufgrund der schlechteren Produktqualität wurde das Wertstoffausbringen aus der Nassschlacke um einen Korrekturfaktor (Fe: 10 %, NE: 25 %) reduziert, der einen Schuttabzug und den Materialverlust durch Korrosionsvorgänge berücksichtigt [40]

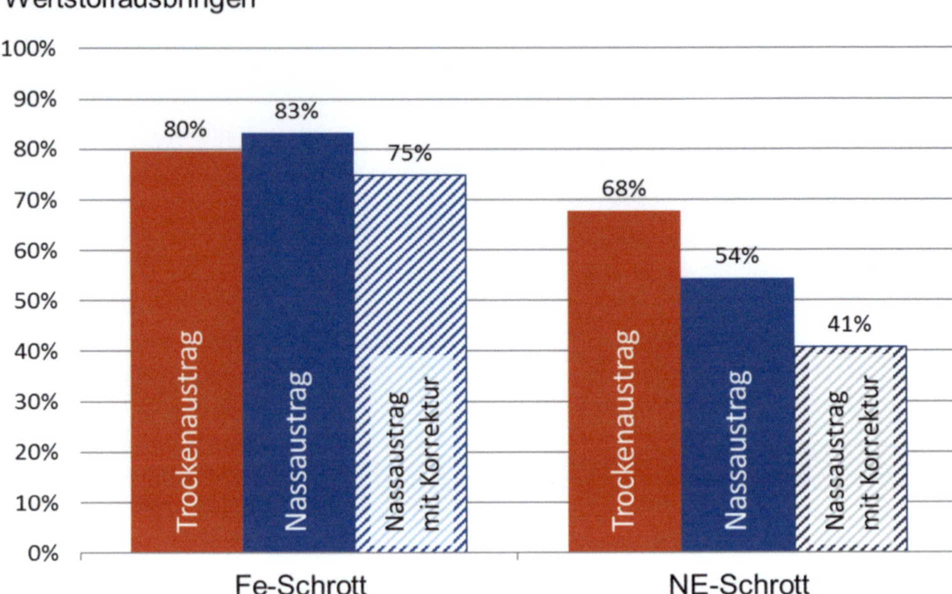

Abb. 40.10 Qualität der Eisenfraktionen aus Trocken- und Nassschlacke im Vergleich [40]

40.4 Rückstände aus der Rauchgasreinigung

Neben der Rostasche fallen Rückstände bei der Abfallverbrennung auch im Bereich der Abgasreinigung an. Neben festen Stoffen, also den Stäuben, sind auch gasförmige Komponenten im Rauchgas enthalten, die durch die Reinigungsmaßnahmen häufig in eine flüssige oder feste Form überführt werden und somit ebenfalls Rückstände bilden. Tab. 40.3 zeigt die Hauptbestandteile im Rohgas von Müllverbrennungsanlagen.

Dominierende Bestandteile des Rauchgases sind Partikel (Staub), Chlorwasserstoff und Schwefeldioxid. Die Rückgewinnung und stoffliche Verwertung von HCl, als Salzsäure, und Schwefel, in Form von Gips, ist grundsätzlich möglich und wird auch praktiziert (vgl. Abschn. 41.4.2 und 41.4.3). Der Staub ist ein Vielstoffgemisch (vgl.Tab. 40.4), eine Wertstoffrückgewinnung aus diesem Gemisch ist entsprechend aufwändig und schwierig. Unter den Schwermetallen, die 10–15 Ma.-% des Staubes ausmachen, dominiert das Zink mit etwa 50 % Anteil am gesamten Schwermetallgehalt. Entsprechend naheliegend ist die Rückgewinnung dieses Elementes aus dem Filterstaub. Eine Pilotanlage zur Zinkrückgewinnung wird in der KVA Solothurn in der Schweiz betrieben (vgl. Abschn. 41.4.4).

Tab. 40.3 Hauptbestandteile im Roh und Reingas von Müllverbrennungsanlagen (Tagesmittelwerte)

Komponente	Rohgas [mg/m^{3}i. N., 11 % O_2, dry]	Reingas [mg/m^{3}i. N., 11 % O_2, dry]
Staub	600–5000 (15.000)	0.1–2
Gesamtkohlenstoff	10–40	0.1–2
Kohlenmonoxid (CO)	2–30[a]	
Chlorwasserstoff (HCl)	400–2000 (5000)	0.02–7
Fluorwasserstoff (HF)	2–30	0.02–0.5
Schwefeldioxid (SO_2)	100–1500	0.1–30
Stickoxide (as NO_2)	200–500	30–190
Quecksilber (Hg)	0.1–1	0.0002–0.01
PCDD[b]/PCDF[c] [ng/m^3 i. N., 11 % O_2, dry]	3–6 (15)	0,001–0,05

[a]Kohlenmonoxid wird in der Abgasreinigung nicht gemindert, daher entsprechen sich Roh- und Reingaswerte

[b]PCDD: Polychlorierte Dibenzodioxine

[c]PCDF: Polychlorierte Dibenzofurane

Tab. 40.4 Elemente im Filterstaub von Schweizer Müllverbrennungsanlagen [43]

Komponente	Massenanteil [mg/kg TM[a]]			Massenanteil [mg/kg TM[14]]	
	Minimum	Maximum		Minimum	Maximum
Aluminium	25.000	45.000	Magnesium	6000	18.000
Antimon	700	5000	Mangan	400	900
Arsen	20	120	Natrium	25.000	70.000
Barium	50	200	Nickel	60	300
Blei	7000	25.000	Phosphor	1000	8000
Cadmium	150	1000	Quecksilber	0	3
Calcium	100.000	250.000	Schwefel	30.000	150.000
Chlor	40.000	150.000	Silber	30	60
Chrom	100	500	Silizium	50.000	100.000
Cobalt	20	100	Titan	2500	5000
Eisen	18.000	55.000	Zink	20.000	120.000
Kalium	30.000	60.000	Zinn	800	3000
Kupfer	1500	5000			

[a]TM: Trockenmasse

40.4.1 Rauchgasreinigungssysteme

Wie bereits einführend erläutert, werden zur Abgasreinigung in Müllverbrennungsanlagen eine ganze Reihe unterschiedlicher Verfahren eingesetzt. Abb. 40.11 zeigt eine Übersicht und Einteilung (nach VDI 3460 [52]) der gängigen Abgasreinigungsverfahren, die in Müllverbrennungsanlagen zum Einsatz kommen. Die Unterscheidung erfolgt hierbei nach

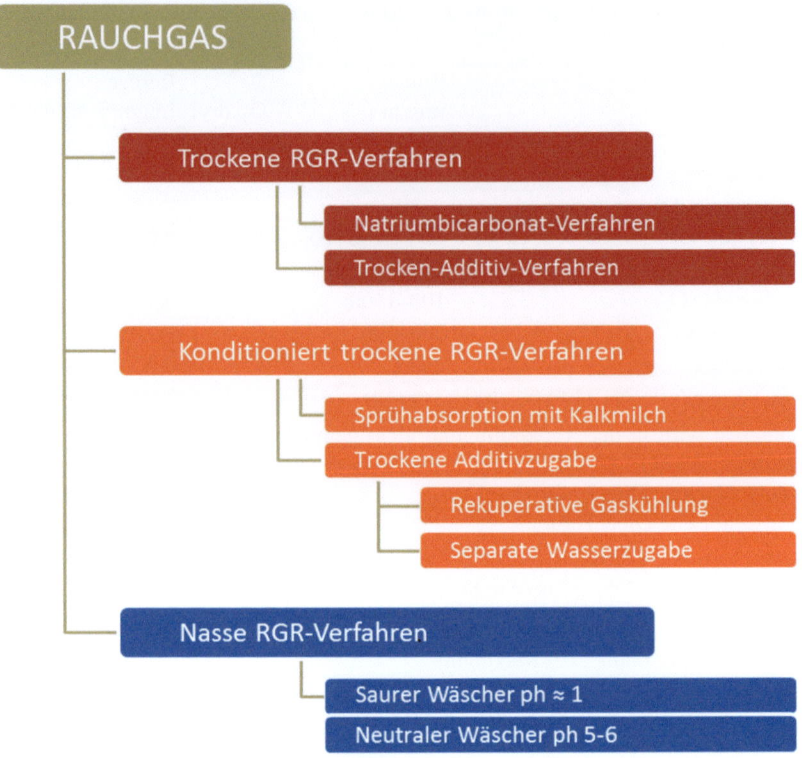

Abb. 40.11 Einteilung von Rauchgasreinigungssystem für Müllverbrennungsanlagen in Anlehnung an VDI 3460 Emissionsminderung – Thermische Abfallbehandlung [52]. (Grafik Peter Quicker)

der Art der Sauergasabscheidung, bzw. nach dem Aggregatzustand des hierfür eingesetzten Ad- oder Absorptionsmittels.

Bei den rein trockenen Verfahren wird das Adsorbens zur Bindung der Sauergase entweder bei hohen Temperaturen in den Feuerraum (Kalkstein ($CaCO_3$) oder Kalkhydrat ($Ca(OH)_2$) beim Trocken-Additiv-Verfahren) oder in das abgekühlte Rauchgas nach Kessel (Natriumbicarbonat, $NaHCO_3$) eingedüst. Sollen Kalkkomponenten (in der Regel Calciumhydroxid) im bereits abgekühlten Rauchgasstrom hinter dem Kessel eingesetzt werden, muss durch entsprechende Konditionierungsmaßnahmen für eine ausreichend hohe Feuchte im Rauchgas und das geeignete Temperaturfenster (i. d. R. etwa 135–145 °C) gesorgt werden (konditioniert trockene Verfahren). Hierzu kann das Absorptionsmittel (Kalkmilch) in Lösung bzw. Suspension in das Rauchgas eingebracht werden. Durch das verdampfende Wasser stellen sich die entsprechenden Bedingungen ein. Größere Flexibilität bietet die separate Wasserzugabe, getrennt vom trockenen Additiv. Höhere Energieeffizienz bietet die rekuperative Gaskühlung. Die gewünschte Feuchte wird in diesem Fall nur durch Absenkung der Temperatur (indirekte Kühlung über Wärmeübertrager) eingestellt.

Sowohl bei den trockenen als auch bei den konditioniert trockenen Abgasreinigungsverfahren fallen die Rauchgasreinigungsprodukte in Mischung mit den Stäuben und den Adsorbentien an. Somit ist eine Wertstoffrückgewinnung aus dem Rauchgasreinigungsprodukt, zumindest unter den aktuellen Rahmenbedingungen, nicht mehr möglich. Gängige Entsorgungsmethode für diese Stoffströme ist derzeit der untertägige Bergversatz.

Werden Wäscher zur Abscheidung der Sauergase eingesetzt, erfolgt dies in der Regel zweistufig. In einem ersten Wäscher werden HCl und HF aber auch Quecksilbersalze bei stark saurem pH-Wert abgeschieden. Die zweite Stufe, die im neutralen Bereich betrieben wird, dient der Abscheidung von Schwefeldioxid. Diese gestufte Abscheidung von HCl und SO_2 ist die Grundlage für deren stoffliche Rückgewinnung. In den 1990er-Jahren wurde eine ganze Reihe von Müllverbrennungsanlagen mit solchen Nasswässern ausgestattet, um entsprechende Produkte rückzugewinnen. Allerdings gibt es bis heute Probleme mit der Akzeptanz und daher auch beim Absatz der rückgewonnenen Stoffe. Dementsprechend werden heute viele MVA-Wäschersysteme so betrieben, dass eine Eindampfung der Wäscherabwässer erfolgt und die erzeugten Salze nachfolgend, wie die Produkte aus den trockenen und konditioniert trockenen RGR-Verfahren, untertägig versetzt werden.

Weiterführende Informationen zur Technik der Abgasreinigung in Müllverbrennungsanlagen finden sich beispielsweise in [20]. In den folgenden Abschnitten werden die aktuell technisch umgesetzten Ansätze zur Rückgewinnung von Wertstoffen aus dem Abgas von Müllverbrennungsanlagen kurz erläutert.

40.4.2 Herstellung von Salzsäure

Zunächst müssen, in einem ersten Reinigungsschritt, die Partikel aus dem Rohgas nach Kessel entfernt werden, um Ablagerungen und Verblockung in den nachgeschalteten Wäschern zu verhindern. Meist werden hierzu elektrostatische Abscheidung eingesetzt, die Verwendung von Gewebefiltern ist ebenso möglich.

In einem Nasswäscher erfolgt dann die Absorption des im Rauchgas enthaltenen Chlorwasserstoffs in wässriger saurer Lösung. Abb. 40.12 zeigt das Schema eines dreistufigen Wäschers zur HCl-Absorption. In der ersten Stufe, der sogenannten Quenche, werden die verbliebenen Reststäube abgeschieden sowie gasförmige Schwermetallsalze und etwas HCl absorbiert. Gleichzeitig wird das Rauchgas auf Sättigungstemperatur abgekühlt.

Im Anschluss folgen zwei Abscheidestufen mit Füllkörperschüttung, die beide über einen separaten Kreislauf für die Waschlösung verfügen. Im Gegenstrom erfolgt eine Aufkonzentration von HCl in den Waschlösungen. Dabei wird eine etwa 15-prozentige Rohsalzsäure erzeugt, die in nachgeschalteten Apparaten weiter aufkonzentriert werden kann.

Die Salzlösung aus der Quenche-Stufe kann gemeinsam mit den Resten aus der Aufkonzentration der Säure (Rektifikation) eingedampft und entsorgt werden [45, 46].

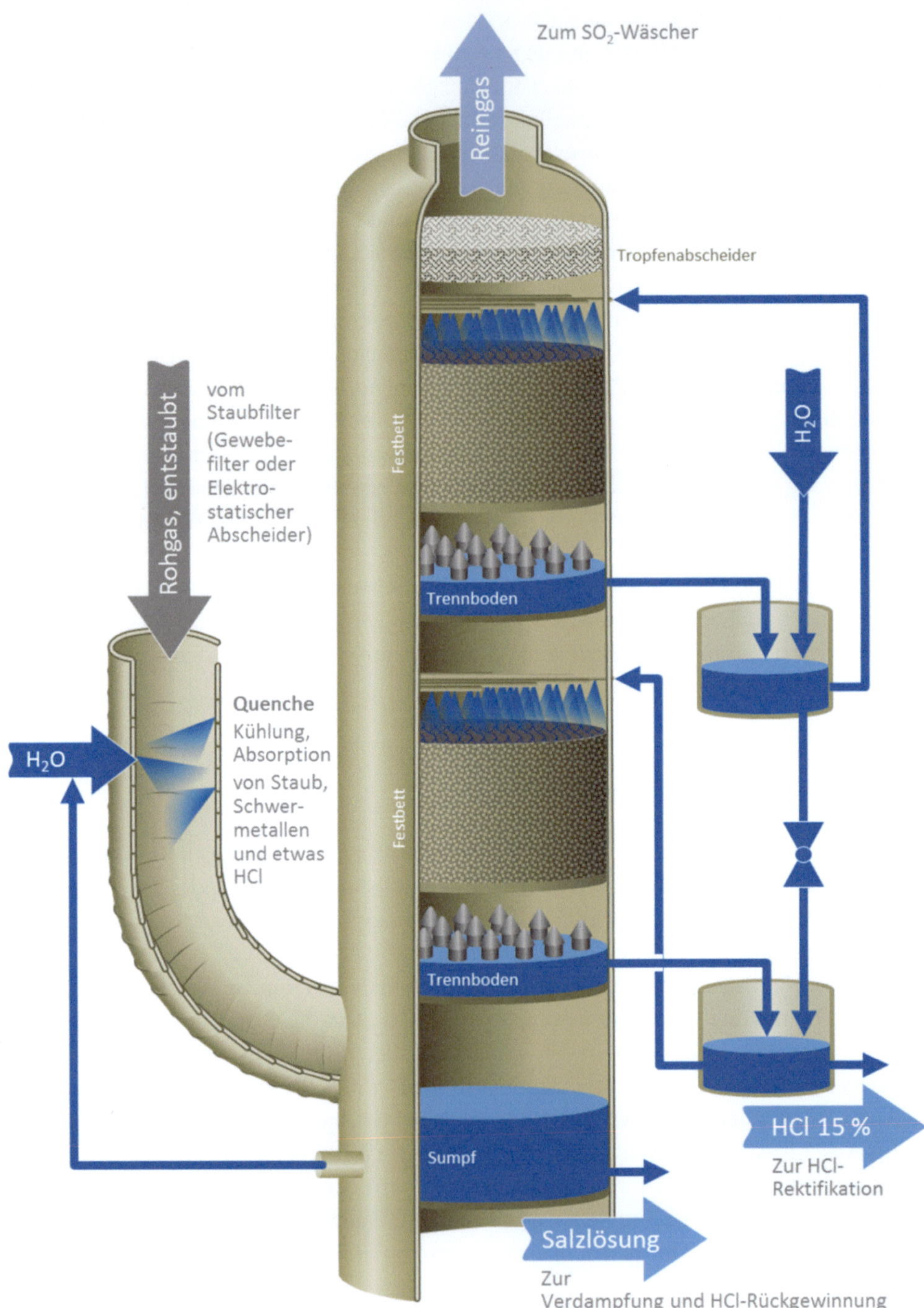

Abb. 40.12 Dreistufiger Nasswäscher zur Absorption von Chlorwasserstoff (HCl) aus dem vorher entstandenen Rauchgas von Müllverbrennungsanlagen, nach [45, 46]. (Grafik Peter Quicker)

40.4.3 Herstellung von Gips

Aufgrund des sauren pH-Wertes im HCl-Wäscher findet dort keine Absorption der im Rauchgas enthaltenen Schwefeldioxid-Gase statt. Diese erfolgt in einem zweiten Wäscher, der durch Zugabe von Kalkkomponenten, beispielsweise Kalksteinmehl ($CaCO_3$) oder Kalkhydrat, auf einem neutralen bis leicht basischen pH-Wert gehalten wird. In Abb. 40.13 ist ein solcher Wäscher schematisch wiedergegeben

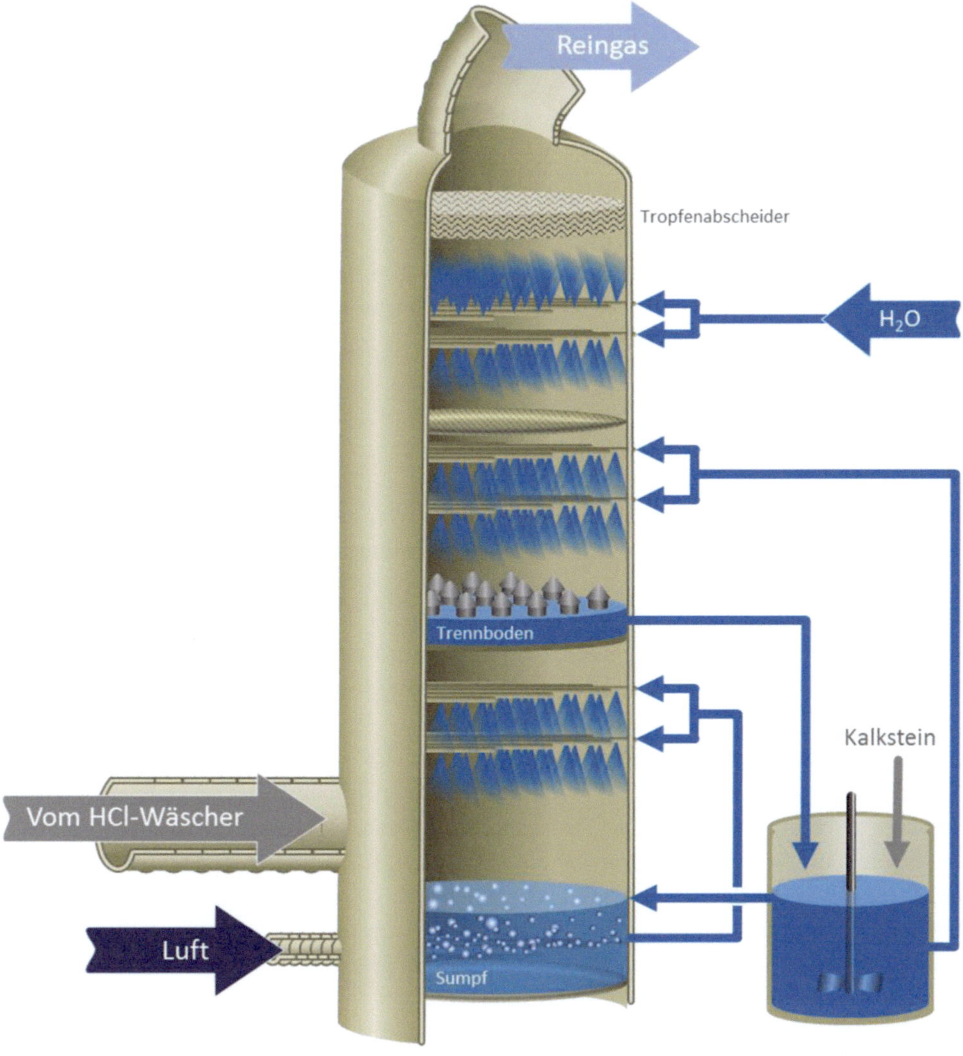

Abb. 40.13 Nasswäscher zur Absorption von Schwefeldioxid (SO_2) aus dem Rauchgas von Müllverbrennungsanlagen (nach Entstaubung und HCl-Abscheidung), nach [45, 46]. (Grafik Peter Quicker)

Wird als Neutralisationsmittel $Ca(OH)_2$ eingesetzt, kommt es im Waschwasser zu folgender Reaktion mit dem Schwefeldioxid:

$$SO_2 + Ca(OH)_2 \rightarrow CaSO_3 \cdot ½H_2O + ½H_2O$$

Das dabei entstehende Sulfit kann sich über eine intermediäre Bildung von Hydrogensulfit und dessen Reaktion mit Sauerstoff, der entweder dem Rauchgas entstammen kann oder durch zusätzliche Oxidationsluft im Wäscher zugegeben wird, zum Wunschprodukt Gips umsetzen:

$$CaSO_3 \cdot ½H_2O + SO_2 + ½H_2O \rightarrow Ca(HSO_3)_2$$
$$Ca(HSO_3)_2 + ½O_2 + H_2O \rightarrow CaSO_4 \cdot 2H_2O + SO_2$$

Auch die direkte Oxidation des Calciumsulfits zu Gips ist möglich:

$$CaSO_3 \cdot ½H_2O + ½O_2 + 1{,}5H_2O \rightarrow CaSO_4 \cdot 2H_2O$$

Auch beim Einsatz von Kalkstein als Absorptionsmittel entsteht zunächst Calciumsulfit, dass zum Gips weiteroxidiert werden muss. Der entstandene Gips kann aus dem Sumpf durch den Einsatz von Hydrozyklonen abgetrennt werden [45, 46].

40.4.4 Rückgewinnung von Zink

Bei einer Staubkonzentration im Rohgas einer MVA, zwischen 1 und 5 $g/m^3_{i.\,N.}$, (vgl. Tab. 40.3) fallen in einer mittelgroßen Müllverbrennungsanlage jährlich zwischen 1100 und 5500 t Filterstäube an,[12] in denen etwa 50–250 t reines Zink enthalten sind. Dieses Potenzial führte dazu, dass in einer großtechnischen Pilotanlage in der KVA Solothurn (Schweiz) ein Verfahren zur Zinkrückgewinnung aus dem Filterstaub im Dauerbetrieb praktiziert wird. Das Prinzipschema des FLUREC-Prozesses (Flugasche Recycling) ist in Abb. 40.14 wiedergegeben.

Der Prozess baut auf der sogenannten Flugaschewäsche (FLUWA) auf, die in der Schweiz schon länger praktiziert wird. Die aus dem Rauchgas abgeschiedenen Filterstäube werden mit prozesseigener Säure aus dem Wäscher versetzt und dabei die im Staub enthaltenen Schwermetalle extrahiert. Gleichzeitig erfolgt eine Neutralisation der Säure durch die alkalischen Bestandteile im Filterstaub. Der schwermetallabgereicherte und entwässerte Filterstaub kann anschließend deponiert werden. Die schwermetallhaltige Extraktionslösung wird mit Kalkmilch gefällt. Der entstehende Hydroxidschlamm wird entwässert und kann aufgrund des hohen Zinkgehaltes (> 25 %) in der Zinkverhüttung eingesetzt werden [50].

[12] Annahmen: MVA-Durchsatz 200.000 t pro Jahr, spezifische Abgasmenge 5500 m^3/t Abfall.

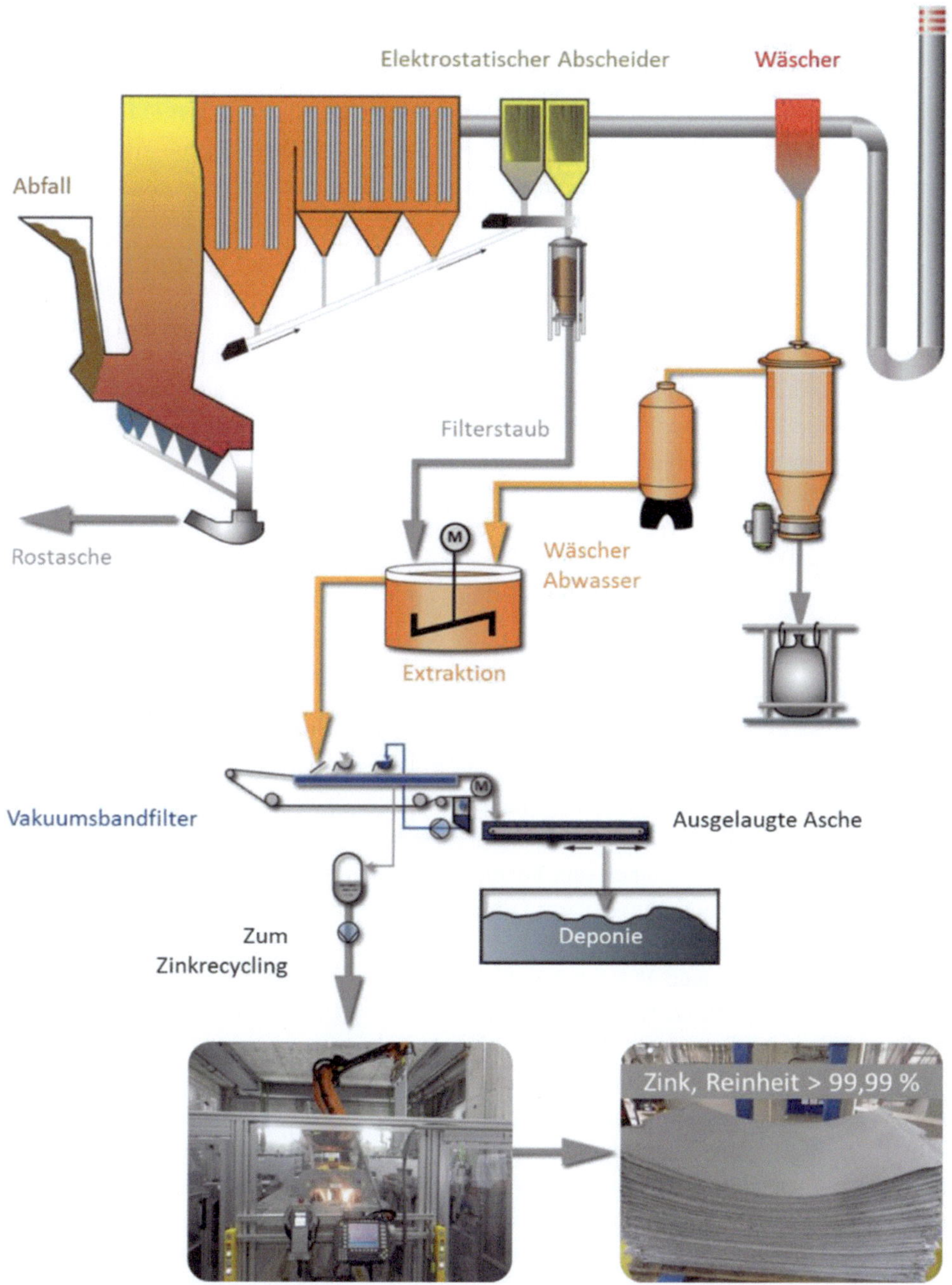

Abb. 40.14 FLUREC-Prozess zur Rückgewinnung von Zink aus dem Rauchgas von Müllverbrennungsanlagen [43, 44]

Das FLUREC-Verfahren geht noch einen Schritt weiter: Hier erfolgt eine anlageninterne Aufbereitung des Hydroxidschlamms bis zum metallischen Zink, mit einer Reinheit von über 99,99 %.

Hierzu werden dem schwermetallhaltigen Filtrat aus der Filterstaubextraktion zunächst die Elemente Blei, Cadmium und Kupfer durch Reduktion entzogen und als metallische Feststoffe in einer Kammerfilterpresse abgeschieden. Der entstehende Feststoff („Zementat“, TM > 60 %) kann aufgrund seines Gehaltes von mehr als 50 % Blei direkt an eine Bleihütte abgegeben werden [43].

Im nächsten Schritt wird das noch in Lösung befindliche Zink durch eine sogenannte Solventextraktion aus dem Filtrat abgetrennt. Dies erfolgt durch Extraktion mit einem organischen Komplexbildungsmittel. Durch anschließende Reextraktion mit verdünnter Schwefelsäure entsteht eine hochreine Zinksulfatlösung mit Zinkkonzentrationen bis zu 160 g/l. Diese Lösung wird der Zinkelektrolyse zugeführt, bei der durch Anlegen einer Gleichstromspannung metallisches Zink erzeugt wird [43].

Es ist geplant, beim anstehenden Neubau der Verbrennungsanlage in Solothurn/Hinwil, die Kapazitäten zu Zinkrückgewinnung soweit auszubauen, dass eine zentrale Rückgewinnungsanlage für die ganze Schweiz entsteht. Im Endausbau soll damit eine Substitution der schweizer Zinkimporte von 30–35 % möglich sein.

40.5 Zusammenfassung und Fazit

Rückstände der Abfallverbrennung fallen als Rostaschen bzw. -schlacken und als Produkte bzw. Reststoffe der Abgasreinigung an.

Die Rückgewinnung von Metallen aus Rostaschen hat eine lange Tradition und vor allem in den letzten Jahren einen sehr hohen technischen Stand erreicht. Auch Nichteisenmetalle werden heutzutage in großem Umfang zurückgewonnen. Zur weiteren Optimierung der Schlackeaufbereitung, und hierbei insbesondere der Metallrückgewinnung, wurden und werden neue Verfahren entwickelt. Diese betreffen sowohl die Abfallverbrennungsanlage selbst (z. B. Trockenentschlackungsverfahren) als auch nachgeschaltete Aufbereitungsschritte.

Die hochwertige Verwertung der mineralischen Bestandteile, die massenmäßig den überwiegenden Anteil der Rostaschen ausmachen, gestaltet sich dagegen nach wie vor schwierig. In Regionen, in denen mineralische Naturbaustoffe verfügbar und kostengünstig sind, können Ersatzbaustoffe aus Müllverbrennungsaschen kaum konkurrenzfähig sein. In der Schweiz ist eine baustoffliche Nutzung der mineralischen Schlackefraktion sogar gesetzlich untersagt. In den Niederlanden dagegen wird die Nutzung durch den sogenannten „Green Deal“, einer Vereinbarung zwischen der holländischen Regierung und der Abfallwirtschaft, die eine weitgehende Nutzung der Rostaschen als Ersatzbaustoffe zum Ziel hat, politisch gefördert.

Auch aus dem Rauchgas von Müllverbrennungsanlagen können Wertstoffe zurückgewonnen werden. Neben den traditionellen Optionen zur Salzsäure- und Gipserzeugung haben sich in der Schweiz weitere Ansätze zur Rückgewinnung von Wertstoffen aus dem Abgas von Müllverbrennungsanlagen entwickelt. Durch eine saure Wäsche werden die in der Flugasche enthaltenen Metalle, insbesondere Zink und Blei, zurückgewonnen und in den Stoffkreislauf zurückgeführt.

Literatur

1. Adam F., Böni D., Böni F.: Technischer Statusbericht Thermo-Recycling. Stiftung Zentrum für nachhaltige Abfall- und Ressourcennutzung. Hinwil (2011). Download: https://zar-ch.ch/fileadmin/user_upload/Contentdokumente/Oeffentliche_Dokumente/zar_technischerzwischenbericht.pdf
2. Ardia P., Böni D., Büchi U., Di Lorenzo F., Schlumberger S.: Geschäftsbericht/Tätigkeitsbericht 2014. Download: http://zar-ch.ch/fileadmin/user_upload/Contentdokumente/Oeffentliche_Dokumente/ZAR_GB_2014_DE.pdf
3. Berkhout P., Rem P.: Separation apparatus
4. Böni D.: Ausbeute aus der Trockenschlacke. VDI Wissensforum Feuerung und Kessel – Beläge und Korrosion in Großfeuerungsanlagen. Frankfurt (2010). Download: https://zar-ch.ch/fileadmin/user_upload/Contentdokumente/Oeffentliche_Dokumente/Ausbeute__aus_Trockenschlacke.pdf
5. Bunge R.: Aufbereitung von Abfallverbrennungsaschen – Eine Übersicht. In: Thomé-Kozmiensky K.J. (Hrsg.): Mineralische Nebenprodukte und Abfälle, Band 3. TK Verlag Karl Thomé-Kozmiensky. Neuruppin (2016) 141–161
6. Bunge R.: Werstoffgewinnung aus KVA-Rostasche. In: Schenk K. (Hrsg.): KVA-Rückstände in der Schweiz. Bundesamt für Umwelt BAFU. (2010) 170–184
7. Creuwels H., van der Wegen G., Heijnsdijk E., Kappetein J.: Aufbereitete Asche aus Abfallverbrennungsanlagen als Zuschlagstoff bei der Herstellung von Betonpflastersteinen. In: Thomé-Kozmiensky K.J. (Hrsg.): Mineralische Nebenprodukte und Abfälle, Band 3. TK Verlag Karl Thomé-Kozmiensky. Neuruppin (2016) 223–232
8. de Fodor A.: Elektrizität aus Kehricht. Budapest (1911). Nachdruck der Originalausgabe. MABEG, Gesellschaft für Abfallwirtschaft und Entsorgung (Hrsg.) (1989)
9. Deike R., Ebert D., Warnecke R., Vogell M.: Recyclingpotenziale bei Rückständen aus der Müllverbrennung. Abschlussbericht (2012). Downmload: https://www.itad.de/information/studien/20130110DEIKEH dasRecyclingpotentialAbschlussbericht.pdf
10. Döring M.: Der Weltmarkt für Abfallverbrennungsanlagen. In: Thomé-Kozmiensky K.J. (Hrsg.): Strategie – Planung – Umweltrecht, Band 8. TK Verlag Karl Thomé-Kozmiensky. Neuruppin (2014) 141–154
11. Eckert S.: Modernisierung der Ofenlinie 2 der KVA Horgen und Umbau auf Trockenschlackenaustrag. Vortrag Informationsveranstaltung ZAR. 27. Mai 2016. Download: https://zar-ch.ch/fileadmin/user_upload/Contentdokumente/Veranstaltungen/Info_2016/ZARInfo16_Eckert_S_ZAR_Tockenaustrag_KVA_Horgen_HZI.pdf
12. Fleck E., Langhein E.-C., Blatter E.: Metallrückgewinnung aus trocken ausgetragenen MVA-Schlacken. In: Thomé-Kozmiensky K.J. (Hrsg.): Aschen, Schlacken, Stäube. TK Verlag Karl Thomé-Kozmiensky. Neuruppin (2013) 323–339
13. Franz M.: KVA – Schlackenaufbereitung in der Schweiz. Von den Anfängen bis heute. (2014). Download: http://www.nutecag.ch/home/images/Nutec/downloads/Schlacke.pdf

14. Gablinger H., Juchli M.: KEBAG-TrockenschlackeaustragfürFeinschlacke. Vortrag Informationsveranstaltung ZAR. 27. Mai 2016. Download: https://zar-ch.ch/fileadmin/user_upload/Contentdokumente/Veranstaltungen/Info_2016/ZARInfo16_DrGablinger_H_Juchli_M_Grate_for_Riddlings.pdf
15. Gillner R.: Nichteisenmetallpotential aus Siedlungsabfällen in Deutschland. Dissertation an der RWTH Aachen (2011)
16. Hitachi Zosen Inova HZI: Nass- und Trockenaustrag von Rostasche? HZIs Grate for Riddlings kombiniert beides. Meldung RecyclingPortal 23.11.2016. Download: http://recyclingportal.eu/Archive/27826
17. Holm O.: r³ Verbundprojekt ATR. Essen (2014)
18. Holm O.: r³ Verbundprojekt ATR. Bonn (2015)
19. IGENASS: Interessengemeinschaft Nassaustrag. www.igenass.ch
20. Karpf R.: Aktueller Stand der Abgasreinigung bei der thermischen Abfallbehandlung. In: Quicker P., Schnurer H., Zeschmar-Lahl B.: Müll-Handbuch. Erich Schmidt Verlag. Berlin (2016)
21. Kersting D.: Aufbereitung und Verwertung von MV-Schlacken. 25. VDI-Fachkonferenz Thermische Abfallbehandlung. VDI-/ITAD-Spezialtag: Aufbereitung und Verwertung von MVA-Schlacken. 9.-11. Oktober 2013 Würzburg
22. Knorr W., Hentschel B.: Rückstände aus der Müllverbrennung. Chancen für eine stoffliche Verwertung von Aschen und Schlacken. Initiativen zum Umweltschutz, Bd. 13. Berlin (1999)
23. Koralewska R.: Naßchemische Behandlung von Rostschlacken aus MVA. Dissertation der TU München. Berichte aus Wassergüte- und Abfallwirtschaft, Bd. 151. München (1999)
24. Koralewska R.: Verfahren zur Inertisierung von Aschen/Schlacken aus der Rostfeuerung. In: Thomé-Kozmiensky K.J. (Hrsg.): Aschen – Schlacken – Stäube – aus Abfallverbrennung und Metallurgie. Neuruppin (2013)
25. Koralewska R., Cheeseman C.R., Bourtsalas A.: Keramische Werkstoffe aus trocken ausgetragener Feinfraktion der Rostschlacke. In: Thomé-Kozmiensky K.J., Thiel S. (Hrsg.): Waste Management, Volume 6. TK Verlag Karl Thomé-Kozmiensky. Neuruppin (2016) 445–456
26. Kuchta K., Enzner V.: Endbericht Metallrückgewinnung aus Rostaschen aus Abfallverbrennungsanlagen – Bewertung der Ressourceneffizienz. Entsorgergemeinschaft der Deutschen Entsorgungswirtschaft e.V. (2015). Download: http://www.entsorgergemeinschaft.de/index.php?id=154
27. Länderarbeitsgemeinschaft Abfall (LAGA): Mitteilung 20 Anforderungen an die stoffliche Verwertung von mineralischen Reststoffen/Abfällen – Technische Regeln. Stand 2003
28. Lamers F.: Treatment of Bottom Ashes of Waste-to-Energy Installations – State of the Art. In: Thomé-Kozmiensky K.J., Thiel S. (Hrsg.): Waste Management, Vol. 5. Waste-to-Energy. TK Verlag Karl Thomé-Kozmiensky. Neuruppin (2015) 271–292
29. Lechner P., Mostbauer P.: Grundlagen für die Verwertung von MV-Rostasche. Teil B: Aufbereitungstechnik und Innovationen (2010). Download: https://www.bmlfuw.gv.at/dam/jcr:3e990e78-f77d-4d52-b9a1-b3b5ffe5630a/BOKU_Grundsatz_Teil_A_Rostasche.pdf
30. Lübben S.: Verwertung von Abfallverbrennungsasche als Zuschlagsstoff in der Beton-, Asphalt- und Zement-industrie. In: Thomé-Kozmiensky K.J. (Hrsg.): Mineralische Nebenprodukte und Abfälle 2. Neuruppin (2015) 321–335
31. Lübben S.: Treatment of bottom ash, metal recovery and recycling of minerals. Hamburg (2015)
32. Lück T.: Verfahren der Scherer + Kohl GmbH zur weitergehenden Schlackeaufbereitung. In: Thomé-Kozmiensky K.J. (Hrsg.): Optimierung der Abfallverbrennung 1. TK Verlag Karl Thomé-Kozmiensky. Neuruppin (2004) 621–643.
33. Martens H.: Recyclingtechnik. Springer Fachmedien. Wiesbaden (2016)

34. Martin J.J.E., Koralewska R., Wohlleben A.: Advanced solutions in combustion-based WtE technologies. Special Thematic Issue: Waste-to-Energy Processes and Technologies, 37. Jg. (2015) 147–156
35. MDSU Mitteldeutsche Schlacken Union: Fortschrittliche Aufbereitungsprozesse verbunden mit hohen Recyclingquoten. Technische Firmenpräsentation
36. Meinfelder T., Richers U.: Entsorgung der Schlacke aus der thermischen Restabfallbehandlung. Wissenschaftliche Berichte, FZKA 7422 (2008)
37. Ministerium für Umwelt und Naturschutz, Landwirtschaft und Verbraucherschutz und Ministeriums für Wirtschaft und Mittelstand, Energie und Verkehr NRW: Anforderungen an den Einsatz von mineralischen Stoffen aus industriellen Prozessen im Straßen- und Erdbau. Gem. RdErl. (2001)
38. Pfrang-Stotz G., Reichelt J.: Einfluss geänderter Stoffströme in der Abfallwirtschaft auf die zukünftige Qualität und die Verwertungsmöglichkeiten von Müllverbrennungsschlacken (2005). Download: http://primo.bibliothek.kit.edu/primo_library/libweb/action/dlDisplay.do?vid=KIT&docId=KITSRCE0270060423&tab=kit_evastar&srt=date
39. Quicker P., Neuerburg F., Noël Y., Huras A.: Sachstand zu den alternativen Verfahren für die thermische Entsorgung von Abfällen. Umweltbundesamt (Hrsg.) TEXTE 17/2017 Download: https://www.umweltbundesamt.de/sites/default/files/medien/1410/publikationen/2017-03-06_texte_17-2017_alternative-thermische-verfahren.pdf
40. Quicker P., Stockschläder J.: Möglichkeiten einer ressourcenschonenden Kreislaufwirtschaft durch weitergehende Gewinnung von Rohstoffen aus festen Verbrennungsrückständen aus der Behandlung von Siedlungsabfällen. Abschlussbericht zum Vorhaben UBA-FB 3713 33 303des Umweltforschungsplans des Bundesministeriums für Umwelt, Naturschutz, Bau und Reaktorsicherheit (2016)
41. Reichelt J.: Mineralogische Aspekte bautechnischer und umweltrelevanter Eigenschaften von Müllverbrennungsschlacken. Dissertation an der TH Karlsruhe. Blauen Reihe, Bd. 47. Karlsruhe (1996)
42. Rüßmann D., Pretz T.: Verlustminimiertes Metallrecycling aus Müllverbrennungsaschen durch sen-sorgestützte Sortierung – VeMRec, TP 6 Aufbereitung : BMBF-Förderprogramm r^3 – Innovative Technologien für Ressourceneffizienz – Strategische Metalle und Mineralien: Urban Mining – Rückgewinnung von Wertstoffen aus anthropogenen Lagern, Gewinnung von Wertstoffen aus dem Rückbau von Altdeponien und Hüttenhalden sowie aus Verbrennungsrückständen": Schlussbericht zu dem vom BMBF geförderten Verbundprojekt. Laufzeit: 01.05.2012 – 31.04.2015. (2015)
43. Schlumberger S., Bühler J.: Metallrückgewinnung aus Filterstäuben der thermischen Abfallbehandlung nach dem FLUREC-Verfahren. In: Thomé-Kozmiensky K.J. (Hrsg.): Aschen – Schlacken – Stäube – aus Abfallverbrennung und Metallurgie. TK Verlag Karl Thomé-Kozmiensky. Neuruppin (2013) 377–398. Download: http://www.vivis.de/phocadownload/2013_ass/2013_ass_377_398_schlumberger.pdf
44. Schlumberger S.: KVA-Hydroxidschlamm – Vom Abfall zum Rohstoff. Erfolgreiche Ressourcenstrategie, Informationsveranstaltung der Stiftung Zentrum für nachhaltige Abfall- und Ressourcennutzung ZAR. Solothurn (2014). Download: https://zar-ch.ch/fileadmin/user_upload/Contentdokumente/Veranstaltungen/Info_2014/Dr._Stefan_Schlumberger.pdf
45. Sattler K.: Thermische Trennverfahren: Grundlagen, Auslegung, Apparate. John Wiley & Sons. Weinheim (2012)
46. Schönbucher A.: Thermische Verfahrenstechnik: Grundlagen und Berechnungsmethoden für Ausrüstungen und Prozesse. Springer Verlag. Berlin Heidelberg (2002)

47. Simon F.-G., Holm O.: Aufschluss, Trennung und Rückgewinnung von Metallen aus Rückständen thermischer Prozesse. Verdoppelung der Metallausbeute aus MVA-Rostasche. In: Thomé-Kozmiensky, K.J. (Hrsg.): Aschen, Schlacken, Stäube. Neuruppin (2013)
48. Statistisches Bundesamt (Hrsg.): Abfallbilanz 2014. Wiesbaden (2016). Download: https://www.destatis.de/DE/Publikationen/Thematisch/UmweltstatistischeErhebungen/Abfallwirtschaft/AbfallbilanzPDF_5321001.pdf?__blob=publicationFile
49. Thomé-Kozmiensky K.J., Pahl U. (Hrsg.): Thermische Abfallbehandlung. 2. Auflage. Berlin (1994)
50. Thomé-Kozmiensky K.J.: Möglichkeiten und Grenzen der Verwertung von Sekundärabfällen aus der Abfallverbrennung. In: Thomé-Kozmiensky K.J. (Hrsg.): Aschen – Schlacken – Stäube aus Metallurgie und Abfallverbrennung. TK Verlag Karl Thomé-Kozmiensky. Neuruppin (2013) 77–278
51. van de Weijer R.: Optimisation of bottom ash treatment. Download: http://www.aebamsterdam.nl/media/1323/04-presen-tatie-bodemas.pdf
52. Verein Deutscher Ingenieure (Hrsg.): VDI 3460 Emission control – Thermal treatment of waste. Beuth Verlag. Düsseldorf (2014)
53. Verein Deutscher Ingenieure (Hrsg.): VDI 3679/2 Wet separators – Waste gas cleaning by adsorption (scrubbers). Beuth Verlag. Düsseldorf (2014)
54. Vries W. de, Rem P., Berkhout M.: ADR – a New Method for Dry Classification. In: Thomé-Kozmiensky, K.J., Thiel S. (Hrsg.): Waste-to-energy. Waste management, Bd. 4. Neuruppin (2014) 331–344
55. Wieduwilt M., Müller R., Luzzatto M., Brison A.: Advanced Urban Mining: A Summary of the State of the Art of Metal Recovery out of Dry Bottom Ash. In: Thomé-Kozmiensky K.J., Thiel S. (Hrsg.): Waste Management, Vol. 5. Waste-to-Energy. TK Verlag Karl Thomé-Kozmiensky. Neuruppin (2015) 293–304

41 Phosphor – Von der Rückgewinnung zum Recycling

Christian Kabbe und Fabian Kraus

41.1 Phosphor – der Flaschenhals des Lebens

Welche Rolle der Ressource Phosphor für das Leben auf dem Planeten Erde zukommt, wurde bereits im April 1959 hinlänglich von Isaac Asimov in seinem Essay „Life's bottleneck" (Asimov 1959) dargestellt. Auch wenn die Verfügbarkeit eher ökonomisch denn physisch begrenzt ist, ist es die geografische Verteilung der P-Reserven auf unserem Planeten, die uns Europäern Unbehagen bereiten kann (De Ridder et al. 2012). Deutschland selbst verfügt über keine eigenen Lagerstätten und ist somit in hohem Maße von Importen abhängig. Im Wirtschaftsjahr 2019/20 wurden rund 108.000 Mg P in Form mineralischer Düngemittel in Deutschland abgesetzt (DESTATIS 2020). Etwa 95 % davon werden importiert (IVA 2016). Zudem kann die Datenlage bzgl. der globalen Lagerstätten und Produktionskapazitäten nicht als gesichert angesehen werden, was nicht zuletzt zu dem Vorschlag zur Einrichtung eines internationalen Ausschusses zum Monitoring der Lagerstätten und Produktionskapazitäten führte (Wellmer und Scholz 2015; acatech 2017). Ende 2020 haben über 500 Wissenschaftler und Akteure dieses Ansinnen in einem „Call for International Action on Phosphorus" nochmals bekräftigt (Brownlie et al. 2021).

Der anthropogene Phosphorgebrauch ist deutlich dissipativ. Das heißt der Phosphor verschwindet nicht, wird aber immer weiter über den Globus verteilt und dabei verdünnt. Global beläuft sich die Ressourceneffizienz für Phosphor entlang der Versorgungskette von der Phosphatmine bis hin zum Nahrungsmittelverzehr auf gerade einmal 5 % (Scholz

C. Kabbe (✉)
EMG EasyMining Germany GmbH, Berlin, Deutschland
E-Mail: christian.kabbe@easymining.se

F. Kraus
Kompetenzzentrum Wasser Berlin gGmbH, Berlin, Deutschland
E-Mail: fabian.kraus@kompetenz-wasser.de

P. Kurth et al. (Hrsg.), *Praxishandbuch der Kreislauf- und Rohstoffwirtschaft*,
https://doi.org/10.1007/978-3-658-36262-1_41

und Wellmer 2015). Davon ausgehend, dass 90 % des als Phosphaterz in Minen abgebauten Phosphors für die Produktion von Nahrungsmitteln eingesetzt werden, wurden im Jahr 2016 von den geschätzten 261 Millionen Tonnen abgebauten Phosphaterzes (USGS 2017) ca. 235 Millionen Tonnen für die Erzeugung von Lebens- und Futtermitteln eingesetzt, von denen global nur ca. 13 Millionen Tonnen veredelt in Form von Lebensmitteln auf unsere Teller gelangten. Diese Zahlen, auch wenn sie mit Unschärfen behaftet sind, verdeutlichen, dass die oben genannte Wertschöpfungskette ein enormes Ressourceneffizienzsteigerungspotenzial in sich birgt. Doch was nützt es, nur von Ressourceneffizienz, Kreislaufwirtschaft und Nachhaltigkeit zu reden? Die folgenden Worte von Johann Wolfgang von Goethe: „Es ist nicht genug zu wissen, man muss auch anwenden; Es ist nicht genug zu wollen, man muss auch tun." sind aktueller denn je.

Ein Ansatzpunkt unter vielen, der die Möglichkeit des tatsächlichen Handelns bietet, ist die Rückgewinnung des Phosphors aus Abfallströmen und die Rückführung in seiner Funktionalität als Nährstoff in die Nahrungskette (Nährstoffrecycling). Im Reigen der Abfallströme enthalten in industrialisierten Staaten vor allem Gülle, Abwasser und Bioabfälle (van Dijk et al. 2015) substanzielle Mengen dieses Nährstoffes, die nicht mehr bzw. nur unzureichend genutzt werden. Dieses Kapitel widmet sich speziell der P-Rückgewinnung und dem P-Recycling aus dem Abwasserpfad und der Verknüpfung mit Akteuren entlang der Wertschöpfungskette.

41.2 Phosphorrückgewinnung aus dem Abwasserpfad

Nachdem der traditionelle Weg des Nährstoffrecyclings aus dem Abwasserpfad in Form der Klärschlammausbringung in der Landwirtschaft nicht nur hierzulande, sondern auch in anderen Mitgliedstaaten der Europäischen Union kritisch hinterfragt oder in einigen Ländern sogar explizit verboten wurde, gilt es umso mehr Alternativrouten zu ermöglichen, um den in diesem Stoffstrom enthaltenen Nährstoff Phosphor dennoch in den Nährstoffkreislauf zurückführen zu können. Abb. 41.1 spiegelt die Klärschlammentsorgung bzw. -verwertung in 29 europäischen Staaten im Zeitraum zwischen 2012 und 2015 wider. Das Spektrum bewegt sich zwischen 100 % Verbrennung (CH, NL) bzw. 100 % stofflicher Verwertung in der Landwirtschaft (CY). Die mit diesen Daten erfasste Klärschlammgesamtmenge beläuft sich auf etwa 10 Millionen Mg Trockensubstanz (TS). Es sei darauf hingewiesen, dass die Darstellung nur die in den jeweiligen Ländern tatsächlich entsorgten bzw. verwerteten Klärschlammmengen reflektiert. Nicht ersichtlich ist zum Beispiel die grenzüberschreitende Entsorgung, wie im Fall des Klärschlammexports vom Königreich der Niederlande nach Deutschland (Entkopplung Ort des Anfalls vom Ort der Entsorgung/Verwertung). In Deutschland fielen im Jahr 2019 nach Angaben des Statistischen Bundesamtes 1.740.089 Mg TS Klärschlamm auf kommunalen Abwasserbehandlungsanlagen an (DESTATIS 2021). Davon wurden 1.293.246Mg verbrannt (74 %). Der Anteil der Klärschlammmonoverbrennung in Bezug zur Gesamtmenge betrug 28 %. In der Landwirtschaft wurden 287.484 Mg (16,5 %) Klärschlamm ausgebracht, was in etwa 8000 Mg P entspricht. Im Vergleich dazu waren es im Jahr 2015 noch etwa 12.000 Mg P.

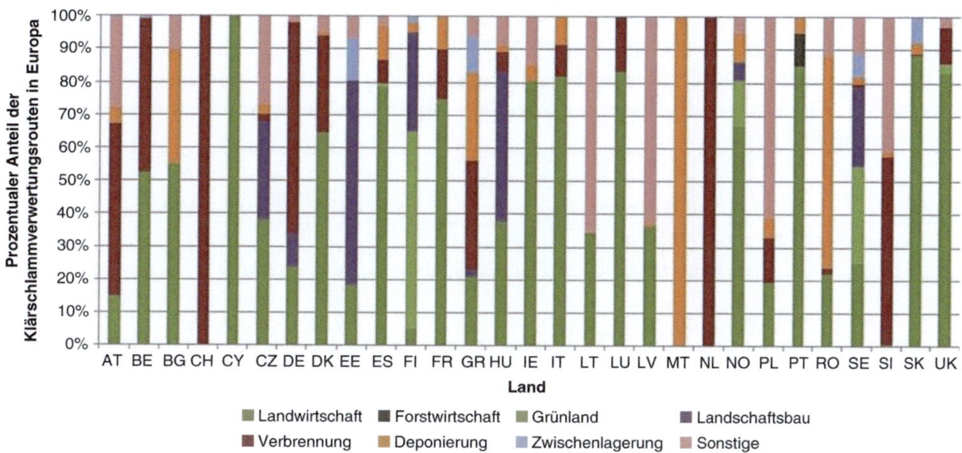

Abb. 41.1 Klärschlammverwertungsrouten in 29 europäischen Staaten basierend auf Daten erhoben zwischen 2012 und 2015 (EurEau 2016; Eurostat 2016; Destatis 2016)

In den letzten Jahren wurden zahlreiche Verfahren zur Rückgewinnung von Phosphor aus dem Abwasserpfad entwickelt. Einige und vor allem praxisnahe Lösungen haben es bereits in die industrielle Umsetzung geschafft, viele sind über den Labormaßstab nicht hinausgekommen. Es sei angemerkt, dass es nicht zielführend ist, möglichst viele Verfahren zu entwickeln, sondern vielversprechende praxisnahe Ansätze umzusetzen. Nur Realanlagen und echte Betriebserfahrungen und -probleme ermöglichen es, den Forschungs- und Optimierungsbedarf aufzuzeigen und seriöse Prognosen über Kosten und Nutzen zu geben. Tab. 41.1 gibt einen Überblick über bereits realisierte Anlagen bzw. konkret geplante Umsetzungen. Hervorzuheben ist, dass keine der bereits großtechnisch umgesetzten Anlagen nur zum Zwecke der P-Rückgewinnung implementiert wurden, sondern anderweitige operative Aspekte den Ausschlag gaben. Abb. 41.2 ermöglicht eine Zuordnung bzgl. des verfahrenstechnischen Ansatzes.

Es müssen selbstverständlich auch die Eigenschaften und Verwertungsoptionen für die jeweiligen Rezyklate Beachtung finden. Denn was nützt es, Phosphor aus Abfallströmen zurückzugewinnen, wenn die resultierenden Materialien keiner sinnvollen Verwendung zugeführt werden können bzw. dürfen. Der denkbar schlimmste Fall wäre, dass Nährstoffe nach der Rückgewinnung als Abfall entsorgt werden müssen, weil das Material nicht für eine nachfolgende Verwertung zugelassen werden kann oder die Spezifikationen nicht den Wünschen bzw. Anforderungen potenzieller Abnehmer entsprechen. Solch volkswirtschaftlichen Unsinn gilt es zu vermeiden. Daher ist es wichtig, bereits bei der Verfahrensentwicklung neben den potenziellen Anlagenbetreibern auch die potenziellen Abnehmer für die Rezyklate einzubeziehen. Nur wenn es gelingt, die Lücke zwischen Rückgewinnung und tatsächlicher nährstofflicher Verwertung zu schließen, wird sich ein substanzielles Nährstoffrecycling umsetzen lassen (Tab. 41.2).

Für die Anwendung im Düngemittelbereich, dem mengenmäßig größten Anwendungsgebiet und damit auch Markt für Phosphate, stehen vor allem die Leitkriterien

Tab. 41.1 Phosphorrückgewinnungsanlagen im Betrieb bzw. in konkreter Umsetzung (Kabbe 2013; Schoumans et al. 2015; Kabbe et al. 2015; Walker 2017; Kabbe und Rinck-Pfeiffer 2019) Eine globale Inventartabelle wird ca. halbjährlich aktualisiert und ist auf der Homepage der European Sustainable Phosphorus Platform zugänglich: https://www.phosphorusplatform.eu/activities/p-recovery-technology-inventory

Prozess	Ort und Betreiber	INB	P-Rezyklat	Menge/a in Mg
P-Rückgewinnung auf Kläranlagen				
AD-HAP (seit 2014 von Hitachi Zosen)	Senboku Blackwater TP (JP), Senboku City Totsugawa Village (JP) Seihokugo Environment Improvement Assoc. (JP) Kushimoto Town (JP) Shimanto Town (JP) Kofu Town (JP)	2007 2008 2009 2011 2011 2015	HAP (aus sog. Night Soil)	15 2 40 11 11 4
AirPrex®	MG-Neuwerk (DE), Niersverband Wassmannsdorf (DE), Berliner Wasserbetriebe Echten (NL), Drents Overijsselse Delta Amsterdam-West (NL), Waternet Salzgitter Nord (DE), ASG Uelzen (DE), SE Uelzen Tianjin (CN), Tianjin CEPG Wolfsburg (DE), SE Wolfsburg Liverpool, OH (USA), Medina County Savage, MD (USA), Howard County Denver, CO (USA), Denver Metro Ft. Collins, CO (USA) Göppingen (DE), SE Göppingen Haifa (IL), Haifa District Industries Association Erlangen (DE), EBE Erlangen	2009 2010 2013 2014 2015 2015 2015 2017 2018 2018 2019 2019 2020 2022 2023	Struvit	100 350 n.i. 500 50 n.i. offline (50) --* --* --* --* -- -- --

(Fortsetzung)

Tab. 41.1 (Fortsetzung)

Prozess	Ort und Betreiber	INB	P-Rezyklat	Menge/a in Mg
ANPHOS®	Well (NL), EcoFuels, (biomass digestion) Odiliapeel (NL), Peka Kroef Kruiningen (NL), Lamb Weston Meijer Bergen op Zoom (NL), Lamb Weston Meijer Budrio (IT), Pizzoli Haps (NL), Waterschap Aa en Maas Oosterbierum (NL), Lamb Weston Meijer Den Bosch (NL), Waterschap Aa en Maas Asturias (ES), Longas Tiel (NL), Waterschap Rivierenland	2005 2006 2003 2007/16 2010 2011 2016 2018 2018 2019	Struvit	n.i. 400 650 290 150 n.i. 580 n.i. n.i. n.i.
Crystalactor®	Nanjing (CN), Royal Haskoning DHV	2010	Struvit	n.i.
EloPhos®	Lingen (DE), SE Lingen	2016	Struvit	--
Gifhorn	Gifhorn (DE), ASG (mothballed)	2007	Struvit/CaP	--
J-Oil	Yokohama (JP), J-Oil Mills Co.		HAP	260
JSA	Kawasaki (JP), Japan Synthetic Alcohol Co.	1998	HAP	n.i.
KURITA	Fukuoka North, South and Wasui (JP), Fukuoka C.	1997	Struvit	120
Kyowa Hakko	Hofu (JP), Kyowa Hakko Bio Corp.	2006	HAP	90
Multiform™ (aquired by Ostara) now called PEARL Fx	Yakima, WA (USA) Boise, ID (USA) Massey, MD (USA), Jones Family Farms (dairy) Green Bay, WI (USA) Paso Robles, CA (USA), City of Paso Robles	2012 2015 2019 2019 2019	Struvit	n.i. n.i. n.i. n.i. 75
Multi-Solid	Hagenow (DE), AZV Hagenow & Umlandgemeinden	2023	Struvit	(100)
NASKEO	Castres (FR)	2015	Struvit	25

(Fortsetzung)

Tab. 41.1 (Fortsetzung)

Prozess	Ort und Betreiber	INB	P-Rezyklat	Menge/a in Mg
NuReSys®	Harelbeke (BE), Agristo	2008	Struvit	250
	2x Niewkuerke (BE), Clarebout Potatoes	2009/12		650
	Waasten (BE), Clarebout Potatoes	2012		n.i.
	Geel (BE), Genzyme	2014		80
	Leuven (BE), Aquafin	2013		50
	Land van Cuijk (NL), Logisticon	2015		150
	Apeldoorn (NL), Vallei & Veluwe	2016		550
	Braunschweig Steinhof (DE), SE|BS /	2019		--*
	AVB	2021		--*
	Pima County, Tres Rios WRF, AZ			
	(USA)			
	Łódź GOź (PL), City of Łódź			
	Warsaw South (PL),			
NutriTec® (Sustec, DMT)	Zutphen (NL), SaNiPhos® GMB	2010	Struvit & DAS	offline
PEARL®	Tigard, OR (USA), Clean Water	2009	Struvit	760
(OSTARA)	Services	2010	(Crystal	400
	Suffolk, VA (USA), Hampton Roads	2010	Green®)	270
	Sanit. District	2012		1000
	York, PA (USA), City of York	2012		130
	Hillsboro, OR (USA), Clean Water	2013		500
	Services	2014		1000
	Slough (UK), Thames Water	2015		1000
	Saskatoon, SK (CDN), City of	2015		500
	Saskatoon	2015		2500
	Madison, WI (USA), Madison Metro.	2016		7700
	Sew. Distr.	2016		500
	Burford, GA (USA), Gwinnett County	2016		500
	Amersfoort (NL), Vallei & Veluwe	2016		500
	Edmonton, AB (CDN), EPCOR Water	2018		500
	Services	2018		1000
	Stickney, IL (USA), Metro. Water	2021		(130)
	Recl. Chicago	2021		(5000)
	Reno, NV (USA), Cities of Reno and	2022		(250)
	Sparks	2023		(5000)
	Madrid (ES), Canal de Isabel II			
	Winchester, VA (USA), F. Winchester			
	Service A.			
	St. Cloud, MN (USA), City of St.			
	Cloud			
	Atlanta, GA (USA), City of Atlanta			
	Jarocin (PL), City of Jarocin			
	Tel Aviv, (IL), Shafdan WWTP, Mey			
	Ezor Dan			
	Ottestad (NO), Hias WWTP, Hias IKS			
	Dublin (IE), Ringsend WWTP, Irish			
	Water			

(Fortsetzung)

Tab. 41.1 (Fortsetzung)

Prozess	Ort und Betreiber	INB	P-Rezyklat	Menge/a in Mg
PhosForce (Veolia)	Schönebeck (DE), OEWA Wasser & Abwasser GmbH	2023	Struvit/ Brushit (DCP)	(1000) konfektioniert
PHOSNIX® (Hitachi Zosen)	7 plants installed in Japan between 1989 and 2011 with capacities between 80–500 m^3/d -- Lake Shinji-East (JP), Matsue City (1998) -- -- -- Kinan Environment Improvement Association (JP)	1989 1992 1995 1998 2000 2009 2011 2014	Struvit	n.i. n.i. n.i. 125 n.i. n.i. n.i. n.i.
PHORWater	Calahorra (ES), El Cidacos	2015 (demo)	Struvit	n.i.
PHOSPAQ™	Olburgen (NL), Waterstromen (municipal & food) Lomm (NL), Waterstromen (food) China (brewery) Poland (bio-ethanol) Nottingham (UK), Severn Trent Water USA (confidential) Hünfeld (DE), BFG-IAR Hünfeld GmbH (dairy) China (food processing) China (ethanol) Tilburg (NL), Waterchap de Dommel UK (municipal)	2006 2007 2011 2011 2012 2013 2014 2015 2016 2016 2017	Struvit	400 260 (1100) (500) 730 (800) 730 (1400) (90) 340 (600)
PhosphoGREEN (SUEZ)	Aaby (DK), Aarhus Water Herning (DK), Herning Water Marselisborg (DK), Aarhus Water Villiers Saint Frederic (FR), SIARNC Sausheim (FR), Mulhouse	2013 2016 2018 2019 2019	Struvit	110 106 302 43 88
P-RoC	Bachgau (DE), Markt Großostheim	2025	CaP an CSH	(40)
REPHOS® (delivered by NuReSys)	Altentreptow (DE), Remondis Aqua (dairy)	2006	Struvit	200
Rintoru®	Mobile unit applying A-CSH to recover P	--	CaP an CSH	--
STRUVIA™	Helsingør Southcoast (DK)	2015	Struvit	40
Swing	Higashi-Nada, Kobe City (JP), Swing Corp.	2012	Struvit	130
Kläranlagen nachgeschaltet bzw. aus Aschen				

(Fortsetzung)

Tab. 41.1 (Fortsetzung)

Prozess	Ort und Betreiber	INB	P-Rezyklat	Menge/a in Mg
Ash2®Phos	Schkopau (DE), Phosphorgewinnung Schkopau GmbH (J/V of EasyMining & Gelsenwasser AG) Helsingborg (SE), EasyMining Sweden AB	2024 2025	HAP	(15.000) (15.000)
AshDec®	Altenstadt (DE), Emter GmbH	2024	Kalziniertes Phosphat	(16.000)**
EUPHORE®	Mannheim (DE), MVV Energie AG	2022/23	Modifizierte Asche	(14.000)**
Düngemittelhersteller	Verschiedene erwägen Einsatz von Aschen (ICL z. B. in Amsterdam)	getestet	Konventionelle DÜM	***
Glatt® PHOS4green	Haldensleben (DE), SERAPLANT GmbH (ohne Schwermetallabscheidung)	2021	SSP, MCP, NPS	Ziel (60.000)*** DÜM
KUBOTA	2 KSMF-Anlagen (4 Schmelzöfen) in Toyama Päfektur, (JP) (Input: 60–80 t/d entwässerter KS)	2014	P reiche Schlacke	1200–1500
METAWATER	Gifu North (JP), Gifu City Akisato (JP), Tottori City	2010 2013	HAP	300 150
Nippon PA	Chiba (JP), Nippon Phosphoric Acid	2009	H_3PO_4	n.i.
TetraPhos®	Hamburg (DE), Hamburger Phosphorrecyclinggesellsch. mbH Lünen (DE), Remondis TetraPhos®GmbH	2021 2025	H_3PO_4	(7000) (5800)

*P-Rezyklat (z. B. Struvit) wird nicht separiert/geerntet, ggf. in der Zukunft
**P verbleibt in der Aschematrix. Schwermetalle partiell entfernt durch Zugabe von Additiven und thermische Behandlung (thermochemische Aschemodifikation)
***Klärschlammaschen werden in Reaktoren mit anderen Chemikalien/Abfällen vermischt und bilden das P-Rezyklat (Schwermetalle werden verdünnt, jedoch nicht entfernt.)

Düngewirksamkeit (Nährstoffverfügbarkeit für Pflanzen), als auch die Unschädlichkeit für Mensch und Umwelt (keine bzw. geringe Schadstoffbelastungen) im Vordergrund. Diese werden je nach Verfahren unterschiedlich erfüllt, wobei das Spektrum von – so gut oder schlecht wie gerade gesetzlich nötig – bis hin zu – so gut wie möglich – abgedeckt wird. Entscheidend hierfür ist, ob das Phosphat aus der Abfallmatrix extrahiert und effizient von Schadstoffen befreit wird und in definierter Form gewonnen werden kann. Verbleibt der Phosphor in der Schlamm- oder Aschematrix, ist es kaum möglich ein definiertes Phosphat und letztlich Produkt unabhängig von der Inputqualität zu erzeugen. Schwermetalle sollten real abgetrennt werden und nicht nur durch Vermischungseffekte unter ggf. existierende Grenzwerte verdünnt werden, damit sie nicht wieder mit dem P-Rezyklat in die Umwelt zu gelangen. Es wird sich noch zeigen, wie ernst die politischen Ziele Schadstoffeinträge in die Umwelt und den Nahrungskreislauf weitestgehend zu ver-

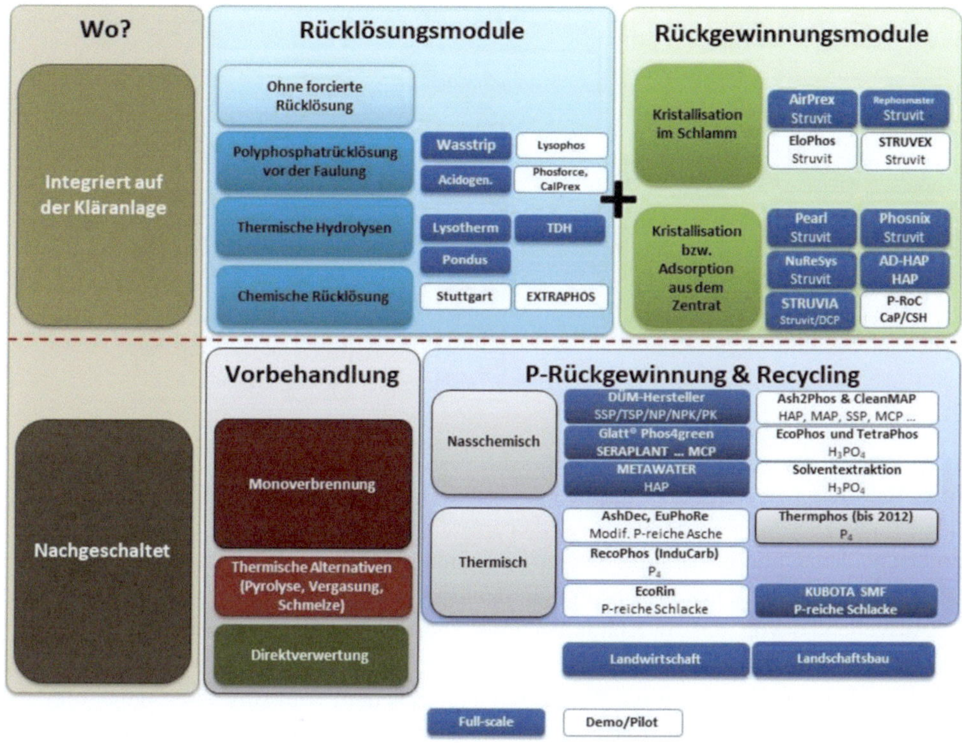

Abb. 41.2 Visible P-Rückgewinnungs- und Recyclingverfahren und ihr Stand der Ausgereiftheit. (aktualisierte Quelle: Kabbe and Rinck-Pfeiffer 2019)

Tab. 41.2 Marktvolumina des Phosphors in verschiedenen Anwendungsfeldern bzw. Qualitätsstufen in Deutschland

	Düngemittel	Futtermittel	Reinigungsmittel	Lebensmittel	Flammschutzmittel
Marktvolumen P [kt/a]	100	30-40	10	10	6
Reinheitsanforderungen	⟹ zunehmend ⟹				

ringern bzw. zu eliminieren gemeint sind und damit auch umgesetzt werden. Sowohl technisch, als auch wirtschaftlich ist dies jedenfalls möglich.

Wie in Abb. 41.3 dargestellt, kann man neben der traditionellen Klärschlammausbringung zwischen zwei prinzipiellen alternativen und teilweise komplementären Hauptrouten für die technische P-Rückgewinnung mit anschließendem Nährstoffrecycling

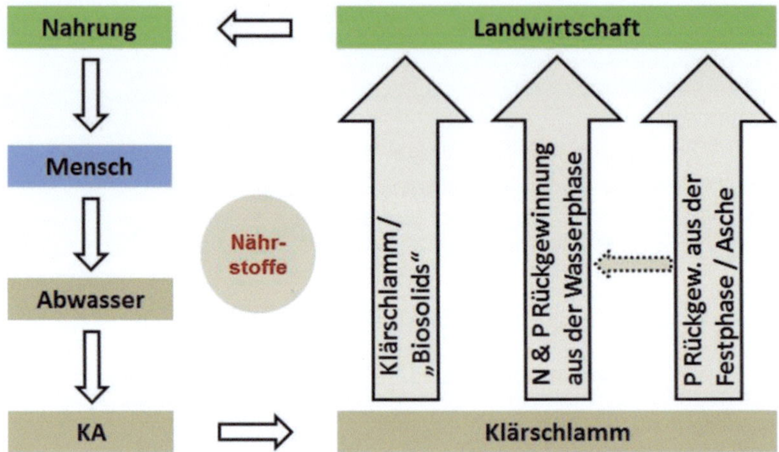

Abb. 41.3 Die drei Säulen des Phosphorrecyclings aus dem Abwasserpfad

unterscheiden. Unberücksichtigt bleiben im Rahmen der nachfolgenden Ausführungen die Rückgewinnungsoptionen in dezentralen Sanitärsystemen.

Ausgehend davon, dass in Kläranlagen mit Phosphatelimination über 90 % des im Zulauf befindlichen Phosphors in den Schlamm überführt und dort in der Festphase konzentriert werden, empfiehlt sich die Rückgewinnung aus dem vom Abwasserhauptstrom abgetrennten Schlamm. Zwar gibt es auch Kläranlagen bei denen Phosphor in Form des Minerals Struvit ($MgNH_4PO_4 \times 6H_2O$) aus dem Abwasserhauptstrom zurückgewonnen wird, jedoch handelt es sich dabei um industrielle Abwässer (Lebensmittel- und Pharmaindustrie) mit entsprechend hohen ortho-Phosphat- und Ammoniumkonzentrationen (z. B. ANPHOS®, NuReSys®, REPHOS®, PHOSPAQ™).

41.2.1 P-Rückgewinnung aus der wässrigen Phase

Aus der wässrigen Schlammphase kann Phosphor auf Kläranlagen mit biologischer P-Elimination (EBPR) in der Regel nach der Faulung entweder vor der Schlammentwässerung oder nach Entwässerung im Zentrat durch Fällung bzw. kontrollierte Kristallisation zurückgewonnen werden. Einige Konzepte schließen mittlerweile auch P-reiches Zentrat aus der Eindickung vor der Faulung in die gezielte Rückgewinnung mit ein (z. B. WASSTRIP®, Lysophos). Da Fällungs- bzw. Kristallisationsprozesse Gleichgewichtsreaktionen sind, bedarf es in diesen Fällen immer Mindestkonzentrationen der beteiligten Ionen. Das heißt, es müssen ausreichend ortho-Phosphat und Ammonium in der Wasserphase vorliegen und fehlende Reaktionspartner wie im Fall der Magnesiumionen hinzu dosiert werden. Für eine effiziente Struvitfällung ist zudem ein erhöhter pH-Wert > 8 erforderlich. Die dafür nötige Anhebung des pH kann durch CO_2-Ausblasen (Strippung) oder Zugabe von Laugen (NaOH) erfolgen. Die in Betrieb befindlichen Struvit-Anlagen haben in der Regel ortho-P-Konzentrationen > 100 mg/l. Allgemein wird davon ausgegangen, dass die Mindestkonzentration des gelösten P für eine Struvitfällung über 50 mg/l betragen sollte. Diese Bedingungen werden zumeist nur von Kläranlagen erfüllt, auf denen der Phosphor größtenteils biologisch eliminiert wird und eine anaerobe Faulung des Schlammes stattfindet. Die Mikrokristallbildung beginnt bereits im Faulbehälter, wo der in der Biomasse akkumulierte Phosphor nach biologischem Abbau wieder in gelöster Form in der Wasserphase vorliegt und Ammonium gebildet wird. Eine Rücklösung chemisch an Eisen oder Aluminium gebundenen Phosphors durch Faulung ist vernachlässigbar.

Somit ist das Anwendungs- und Rückgewinnungspotenzial aus dem Schlammwasser mittels der klassischen Struvit-Verfahren erster Generation bezogen auf die P-Fracht im Kläranlagenzulauf begrenzt. Derzeit bewegt sich die reale Rückgewinnung, d. h. der Teil des Phosphors, der tatsächlich als Rezyklat ausgeschleust bzw. geerntet wird, in den meisten Fällen zwischen 5–25 %.

Erfolgt die Struvitfällung direkt nach der Faulung im Nassschlamm vor der Entwässerung wie mit dem von den Berliner Wasserbetrieben entwickelten und unter dem Namen AirPrex® vermarkteten Verfahren, kann die nachfolgende Schlammbehandlung positiv beeinflusst werden. Operative und damit auch monetäre Vorteile stellen sich in diesem Fall als verbesserte Entwässerbarkeit des Schlamms und als geringerer Polymerverbrauch für die Flockung dar. Durch die daraus resultierende verringerte Schlammmenge (der TS kann um mehrere Prozentpunkte höher liegen) sinken die Entsorgungs- und Betriebsmittelkosten. Bei großen Kläranlagen wie Wassmannsdorf (Berliner Wasserbetriebe) oder Mönchengladbach-Neuwerk (Niersverband) kann das zu jährlichen Kosteneinsparungen von mehreren hunderttausend Euro führen (Ewert und Wagenbach 2013; Heinzmann und Lengemann 2013). In allen Fällen führt die Struvit-Fällung zu einer Reduzierung der Rückbelastung durch ortho-Phosphat und Ammonium im Zentrat und der Verringerung von Instandhaltungskosten, die durch ungewollte Struvitablagerungen in Rohrleitungen und Aggregaten der Schlammbehandlung entstehen.

Eine Option zur Erhöhung der Struvitausbeute ist die Kombination mit einer Hydrolyse (sauer, oder thermo-druck) vor der Faulung (LD) oder innerhalb einer Faulungskaskade (DLD), angewandt für die Desintegration des Überschussschlamms. Somit lassen sich gleichzeitig Biogasausbeute, als auch Struvitausbeute steigern. Die getrennte Behandlung von Primär- und Überschussschlamm bietet ferner den Vorteil, dass der hohe P-Gehalt im Überschussschlamm nicht durch den P-armen Primärschlamm verdünnt wird. Somit lassen sich z. B. bei der Umsetzung solcher Konzepte eine Steigerung der Energieeffizienz bei gleichzeitiger Erhöhung der Phosphorrückgewinnungsrate erzielen. Eine Steigerung auf über 20 % Rückgewinnungsrate gilt als gesichert während Steigerungen über 30, 40 oder gar 50 % zwar angepeilt und hier und da kommuniziert, jedoch noch nicht als robust erwiesen sind. Bei der Angabe von Rückgewinnungsraten ist unbedingt darauf zu achten, dass diese sich auf die tatsächlich ausgeschleuste P-Fracht beziehen. Es genügt nicht, wie bereits vielfach in wissenschaftlichen Publikationen veröffentlicht, den gefällten Phosphor anzugeben, da in der Regel nur die größeren Kristalle geerntet werden können. Die

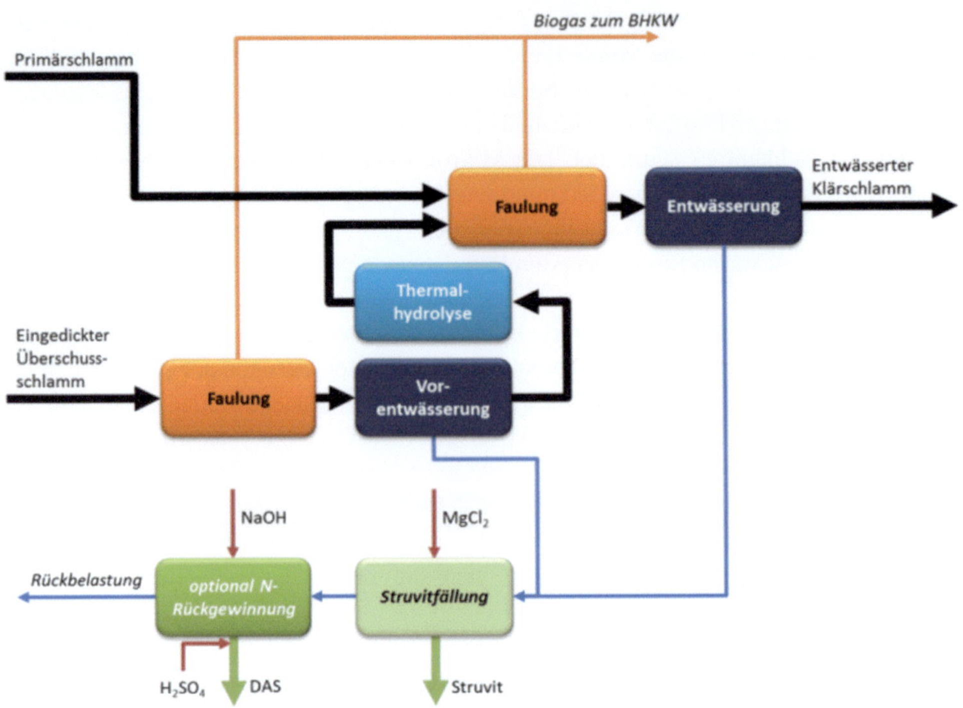

Abb. 41.4 Schematische Darstellung der Kombination von Thermalhydrolyse und Struvitfällung als DLD Konfiguration, wie es auf der Kläranlage Steinhof umgesetzt wurde (Digestion-Lysis-Digestion) (Kraus und Kabbe 2016)

tatsächlichen Ernteraten liegen jedoch teilweise unter 50 % bezogen auf das gefällte Material. Die Menge des letztlich ausgeschleusten Phosphates hängt von der jeweiligen Kläranlagegröße, ihrem technischen Design und der letztlich erzielbaren ortho-Phosphatkonzentration im Schlammwasser ab. Mit Blick auf den oberen Teil der Tab. 41.1 stellt man fest, dass derzeit auf dem Globus derlei Anlagen laufen, die zwischen 0 und ca. 7700 Mg Struvit erzeugen sollen, was ausgedrückt in P 0–ca. 900 Mg entspräche. In den meisten Fällen werden tatsächlich einige 10 bis einige hundert Mg Struvit ausgeschleust, was dann in etwa $X \cdot 1$ bis $1 \cdot 10^2$ Mg P auf einzelnen Anlagen entspricht (Abb. 41.4).

Generell ist festzustellen, dass einer gezielten Rücklösung des in der Festphase fixierten Phosphors im Prinzip jedes der gängigen Fällungs- und Kristallisationsverfahren nachgeschaltet werden kann. Bei Anwesenheit von ausreichend Ammonium (i. d. R. größer 800 mg NH4-N/L), bietet sich Struvit als Fällungsprodukt an. Liegt Ammonium nicht in ausreichender Konzentration vor, ermöglicht eine wohldosierte Zugabe von Kalkmilch die Fällung von Dicalciumphosphat (DCP). Je nach intendierter Verwertungsroute ist eine Überdosierung mit Ca^{2+}-Ionen zu vermeiden, da man sonst das schwer in Wasser lösliche Tricalciumphosphat (TCP) erhält. Letzteres kann jedoch problemlos in DÜM-Herstellungsprozesse eingeschleust werden, die noch einen chemischen Aufschluss beinhalten.

41.2.2 P-Rückgewinnung aus der festen Phase

Die Phosphorrückgewinnung aus der Festphase des Klärschlammes ist bis zum jetzigen Zeitpunkt (mit Ausnahme des Thermphos-Verfahrens zur Herstellung von weißem Phosphor (P_4) bis 2012) großtechnisch nicht umgesetzt worden (Kabbe et al. 2015). Viele Verfahren zielen auf die Rückgewinnung aus Klärschlammasche der Monoverbrennung ab (Ausnahmen sind thermische Schmelzverfahren, wie Kubota). Einige Verfahren (Stuttgart, Gifhorn, EXTRAPHOS) setzen bzw. setzten auch direkt auf der Kläranlage in der Regel nach der Schlammfaulung an. Diese bedienen sich einer nasschemischen Extraktion des in der Festphase des Schlamms gebundenen Phosphors mit Säuren, wobei die Rücklösung stark von der Säure selbst, als auch der Säuremenge abhängig ist.

In Deutschland ist es außerdem möglich, Klärschlammaschen direkt als mineralischen Dünger zu vermarkten, sofern sie die Anforderungen der Düngemittelverordnung erfüllen. Allerdings sieht sich diese Verwertungsroute mit einer verbreiteten Skepsis bezüglich der Düngewirksamkeit der Aschen konfrontiert. Ebenso fraglich ist, ob man die Ascheausbringung ebenso wie die Klärschlammausbringung als nachhaltig ansehen darf. Zwar sind Aschen durch die Verbrennung von Klärschlamm nahezu befreit von organischen Schadstoffen, jedoch werden neben Phosphor auch Schwermetalle konzentriert.

Ferner besteht eine praktikable Option, jedoch nur in begrenztem Umfang, in der direkten Verarbeitung von Klärschlammasche als Teilsubstitut (5–10 %) für fossiles Phosphaterz in Phosphaterz-basierten Prozessen der konventionellen P-Düngemittelproduktion (Langeveld 2014; Langeveld und ten Wolde 2013). Diese Route ist allerdings den sogenannten Premiumaschen vorbehalten, d. h. jenen, die bereits von sich aus die Anforderungen der DÜMV erfüllen. Ferner wird ihr Substitutionspotential für Phosphaterz auch durch andere Inhaltsstoffe limitiert, wie zum Beispiel Eisen und Aluminium. Beide Elemente, hier vor allem das Eisen sind in Klärschlammaschen in höheren Konzentrationen vorhanden, da sie in der Abwasserbehandlung vor allem zur chemischen Phosphatfällung durch Erzeugung schwerlöslicher Phosphate eingesetzt werden.

Die nasschemische Rücklösung des Phosphors im Faulschlamm erfolgt in der Regel durch starke Mineralsäuren. Dabei hängt die Rücklösungsrate direkt vom pH-Wert ab. Je niedriger der pH-Wert, desto höher die Rücklösungsrate. Bei pH = 3 wurden Rücklösungsraten von über 80 % und anschließende Struvitausbeuten von über 60 % erreicht. Leider geschieht dies zum Preis eines hohen Säureverbrauchs für die Rücklösung und einem entsprechenden Laugeneinsatz für die pH-Wertanhebung auf über 8 zur Struvitfällung. Um zu verhindern, dass die gleichzeitig in Lösung gebrachten Schwermetalle das P-Rezyklat verunreinigen, müssen diese entweder durch Komplexbildung (Stuttgarter Verfahren) oder mittels Sulfidfällung (Gifhorn) maskiert bzw. separiert werden. Als bezahlbarer Kompromiss wurde die Rücklösung bei einem pH-Wert um 5 angesehen, jedoch war die Rücklösung dann so gering, dass eine Absenkung des P-Gehaltes unter 20 g/kg TM nur noch für Klärschlämme realistisch war, deren P-Gehalte ohnehin schon nah an diesem Schwellenwert lagen.

Als schonende Alternative zu diesen klassischen Mineralsäureaufschlussverfahren von Klärschlamm wurde eine Zeit lang das EXTRAPHOS®-Verfahren der Fa. Budenheim angesehen, bei dem lediglich CO_2 unter Druck für die Rücklösung des Phosphors eingesetzt wurde. Das für diesen Kohlensäureaufschluss verwandte CO_2 sollte prozessintern recycelt werden. Nach Rücklösung und anschließender Fest-Flüssig-Trennung sollte ein gut pflanzenverfügbares Phosphat (DCP) aus der wässrigen Phase durch Zugabe von Kalkmilch gefällt werden. Zwar ließen Versuche im Labor- und Technikumsmaßstab auf Rückgewinnungsraten von ca. 50 % schließen, doch wurden diese im Rahmen einer von der deutschen Bundesstiftung Umwelt (DBU) geförderten Pilotierung auf der Kläranlage Mainz-Mombach bei Weitem nicht erreicht. Das Patent hinter diesem Verfahren wurde inzwischen von Remondis erworben und liegt seither auf Eis. Eventuell lässt es sich im Bereich der Gülleaufarbeitung zu einem späteren Zeitpunkt einsetzen.

Es ist allerdings fraglich, ob sich Kläranlagenbetreiber für die Implementierung von Verfahren auf ihren Anlagen entscheiden werden, die ihnen keine operativen Vorteile, dafür aber ein deutliches Mehr an Aufwand bescheren, ohne die Entsorgungssicherheit für den Klärschlamm zu erhöhen. Die in der 2017 in Kraft getretenen AbfKlärV formulierten Regelungen mit direktem Einfluss auf die Klärschlammverwertung bzw. -entsorgung, flankiert von der im gleichen Jahr in Kraft getretenen Düngeverordnung bedeuten letztlich eine Favorisierung der Monoverbrennung. Sowohl die Ausbringung von Klärschlamm in der Landwirtschaft, als auch die Mitverbrennung in Kohlekraftwerken bieten mittelfristig keine Entsorgungssicherheit mehr. Inwieweit die Mitverbrennung in Zementwerken Kapazitäten abpuffern kann und wird ist noch offen. Zwar werden dort neue Trocknungskapazitäten geschaffen, die mehr Durchsatz an TS versprechen, doch werden diese kaum neue Monoverbrennungskapazitäten in Frage stellen. Sowohl die Energiewende, als auch die Verschärfung des Düngerechts tragen bereits seit 2017 dazu bei, dass immer weniger Klärschlamm auf den beiden zuvor genannten Routen verwertet bzw. entsorgt werden kann, auch wenn es hier und da noch zu sogenannten Mitnahmeeffekten kommt, die durch die Klärschlammentsorgungskostenexplosion 2017/18 befeuert wurden.

► **Praxishinweis** Da die Novelle der Klärschlammverordnung jedoch keine Mindestanforderungen an die Klärschlämme stellt, die in der Monoverbrennung verbrannt werden können, stellt diese Route die sicherste Option in Sachen Planungs- und langfristiger Entsorgungssicherheit dar.

Wird Klärschlamm unverdünnt, also explizit thermisch vorbehandelt, wird, je nach Verfahren die Organik in thermische Energie transformiert und der Rest in Form von Aschen, Pyrokohlen, Vergasungsrückständen u. ä. konzentriert. Diese können als Ausgangsmaterial für großvolumige P-Rückgewinnung dienen. Je nach Zielanwendung des P-Rezyklates sind allerdings einige rechtliche Bedingungen zu beachten. Während z. B. Klärschlammaschen nach Verbrennung (Oxidation) bei 850 °C für 2 Sekunden als Ausgangsstoff für Düngemittelproduktion gemäß der ab Sommer 2022 gültigen Europäischen Düngeproduktverordnung (FPR) zugelassen sind, gilt dies nicht für Pyrolysate oder Vergaserrückstände. Diese müssten erst noch unter den gleichen Bedingungen wie oben oxidiert werden, um für die Düngemittelproduktion bzw. -verwertung eingesetzt werden zu dürfen. Zwar können die EU-Mitgliedsstaaten auch noch nationale Verordnungen und Kriterien festlegen, doch ist der Düngemittelmarkt ein globaler oder zumindest europäischer, so dass, sobald größere Mengen im Spiel sind, der FPR zu folgen sein wird.

Für Klärschlammaschen gibt es nasschemische Aufschlussverfahren, die den Phosphor, aber auch Schwermetalle rücklösen. Der Vorteil gegenüber dem Säureaufschluss im Nassschlamm auf der Kläranlage direkt liegt im geringeren Chemikalienverbrauch. Während bei Nassschlamm, der hauptsächlich aus Wasser besteht, allein für die pH-Wertabsenkung des Wassers ein großer Teil der Säure verbraucht wird, wirkt die Säure im Fall der Aschen vollständig für die Rücklösung. Wenn sowohl der Phosphor, als auch Schwermetalle aus der Aschematrix gelöst und sauber voneinander getrennt werden, ist es möglich definierte und von der Ascheinputqualität unabhängige Produkte zu erzeugen. Prominente Vertreter sind hier Calziumphosphate (Ash2®Phos) bzw. Phosphorsäure (TetraPhos®). Letztere wird zum Beispiel als P-Rezyklat aus Klärschlammasche der VERA in Hamburg mit dem TetraPhos®-Verfahren erzeugt (Abb. 41.5).

HamburgWasser und Remondis haben eine gemeinsame Gesellschaft Hamburger Phosphorrecyclinggesellschaft mbH gegründet. Die erste großtechnische TetraPhos®-Anlage auf der Kläranlage Köhlbrandhöft befindet sich derzeit (2021) in der Inbetriebnahme und soll ca. 20.000 Mg Klärschlammasche zu sauberer Phosphorsäure aufarbeiten. Neben der Phosphorsäure fallen bei diesem Ansatz noch Gips und eine sogenannte Restasche an. Letztere wird deponiert, für den Gips werden Verwertungsoptionen eruiert. Daneben fällt noch ein Prozesswasser an, welches als verdünnte Metallsalzlösung u. a. mit den Elementen Eisen und Aluminium in die lokale Kläranlage zurückgeführt wird und dort unter Umständen einen Teil der Fällmittel substituiert. Dies bedeutet im Umkehrschluss aber auch, dass die Aschebehandlungskapazität durch die lokale Kläranlage limitiert wird. Sobald mehr Fällmittel generiert wird, als lokal sinnvoll eingesetzt werden kann, müsste dieses in eine kommerzielle Qualität veredelt werden, d. h. Eisen, Aluminium und Schwermetalle müssten voneinander getrennt werden und separat konzentriert werden. Je nachdem, wie die Stöchiometrie und Kinetik des Säureaufschlusses eingestellt wird, kann man auch die

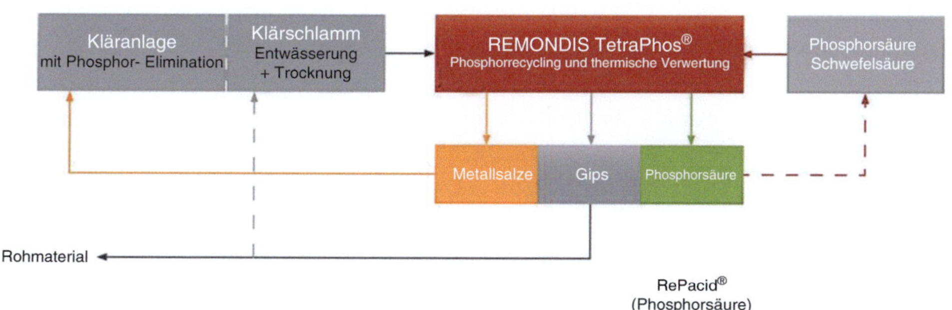

Abb. 41.5 Darstellung der TetraPhos®-Prozesskette von Remondis (© Remondis 2016)

Qualität der Restaschen beeinflussen. Allerdings sind für diesen Zweck andere, stärkere Mineralsäuren, wie zum Beispiel Salzsäure besser geeignet. Neben einer besseren Rücklösung des Phosphors werden auch mehr Matrixelemente (u. a. Schwermetalle) rückgelöst, die sich dann auch, je nach Verfahren, zu einem größeren Anteil ausschleusen, bzw. im Fall von Eisen und Aluminium ebenfalls gewinnen und als Produkt in marktgängiger Qualität verkaufen. Die Qualität der Sandfraktion lässt sich dadurch wesentlich verbessern, was wiederum die Verwertbarkeit erhöht.

Qualität der Restasche und Sandfraktion

Als Beispiel dafür sei hier das Ash2®Phos-Verfahren angeführt. Anders als beim oben genannten Verfahren wird Phosphor hier nicht in Form von Phosphorsäure, sondern als gefälltes Calziumphosphat gewonnen, dem Ausgangsstoff aller von uns Menschen erzeugten und eingesetzten Phosphate (siehe auch Abb. 41.3). Der Einsatz von Salzsäure als Aufschlussagenz gewährleistet eine hohe Rücklösung von Phosphor bei moderatem Säureeinsatz. Daneben werden auch Eisen und Aluminium separat und jeweils in kommerzieller Form erzeugt und Schwermetalle mit hoher Effizienz ausgeschleust, was wiederum auch bedeutet, dass die unaufgeschlossene Fraktion (hauptsächliche Silikate) ebenfalls sauberer als die Inputklärschlammasche ist. Dies wiederum ermöglicht eine weitergehende Verwertung, so dass lediglich das erzeugte und abgetrennte Schwermetallkonzentrat als Abfall übrig bleibt. So ermöglicht das Gesamtkonzept eine reale Abfallreduktion von über 95 %. ◀

Ebenfalls anders als beim Hamburger Konzept, fokussiert man bei der Umsetzung des Ash2®Phos-Verfahrens auf Chemiestandorte (Chemieparks), in denen die Chemikalien wie Säuren und Laugen, allesamt Gefahrstoffe on-site verfügbar sind. Das vermeidet Transporte gefährlicher Güter und ermöglicht gleichzeitig das Zusammenführen größerer, sowohl regionaler, als auch überregionaler Aschemengen. Das wiederum ermöglicht Skaleneffekte und erhöht gleichzeitig die Marktrelevanz für das P-Rezyklat. Denn neben der Qualität spielt auch die Menge (Marktvolumenrelevanz) eine entscheidende Rolle.

In Deutschland sind EasyMining und Gelsenwasser eine strategische Partnerschaft eingegangen, um das Ash2®Phos erstmalig großtechnisch umzusetzen und danach an mehreren Standorten auszurollen. Die erste Anlage ist für den Chemiepark Schkopau (Sachsen-Anhalt), südwestlich von Berlin mit einer Ascheinputkapazität von 30.000 Mg/a vorgesehen.

Als Hauptprodukt werden aus dieser Aschemenge etwa 15.000 Mg/a sauber gefälltes Calziumphosphat gewonnen und in bestehende Wertschöpfungsketten eingespeist, die damit zur Wertschöpfungskreisläufen werden. Dafür wurde eigens die Phosphorgewinnung Schkopau GmbH von beiden Partnern gegründet. Der kommerzielle Betrieb ist für 2024 vorgesehen. Weitere Anlagen sollen ab 2026 an strategisch sinnvollen Standorten folgen (Abb. 41.6).

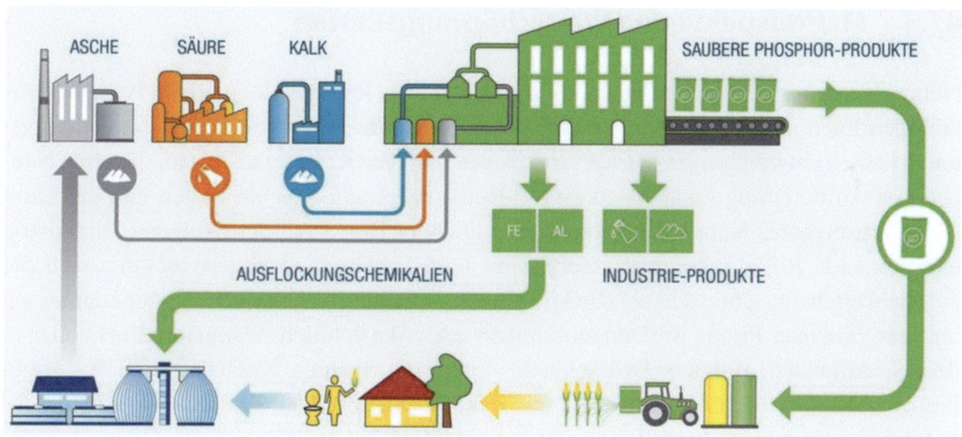

Abb. 41.6 Ash2Phos im Chemiepark (© Gelsenwasser 2020)

Letztlich werden sich auf Dauer nur die Verfahren durchsetzen (können), die unabhängig von der Aschequalität verwertbare Produkte liefern. Ansonsten besteht die Gefahr, dass nur ein Bruchteil der Aschen verwertet werden kann und bestehende Rückgewinnungsanlagen um eine geringe Aschemenge (Premiumasche mit viel P und niedriger Kontamination) konkurrieren und gleichzeitig die „unsauberen" Aschen in den einzurichtenden Zwischenlagern verwittern.

Neben den Aufschlussverfahren gibt es auch thermochemische (AshDec, EuPhoRe), metallurgische (Kubota) und biologische Verfahren (P-bac), auf die hier aber nicht detailliert eingegangen werden soll.

Wichtig ist, dass nach dem Rückgewinnungsaufwand Material zur Verfügung steht, welches den darin enthaltenen Phosphor verwertbar macht. Wird die direkte Verwertung als Düngemittel angestrebt, müssen Wirksamkeit und Unschädlichkeit direkt gegeben sein. Zudem müssen die Materialien als Düngemittel zugelassen sein. Hier wird die neue EU-Düngeprodukteverordnung ab Sommer 2022 eine wichtige Rolle spielen. Soll das Material lediglich als Rohmaterial für weitere Veredlungsprozesse dienen, kommt es auf die Spezifikationen der Nachfolgeprozesse an. Hier ist zum Beispiel die Pflanzenverfügbarkeit kein zwingendes Kriterium.

Wie für das Hauptprodukt, dem P-Rezyklate sind auch für andere, im Prozess gewonnene Produkte sowohl die rechtlichen, als auch die Marktanforderungen zu beachten. Für Produkte gilt generell das Chemikalienrecht und somit ist auch eine REACH-Registrierung vor und für die Verwendung zu beachten. In wenigen Fällen kann eine Ausnahme geltend gemacht werden.

Für Teilströme, die in der Abfalldomäne bleiben, können Verwertungswege genutzt werden bzw. ist eine sachgerechte Entsorgung durchzuführen. Hier spielt wie bei Produkten auch, die Qualität des jeweiligen Stoffes oder Stoffgemisches eine Rolle.

41.3 Marktaspekte und Wertschöpfungsketten

Neben den Prozessen und Anlagen, die speziell auf die Rückgewinnung von Phosphor aus Abfallströmen abzielen müssen bereits bestehende Infrastrukturen in die Betrachtungen und Strategieentwicklungen stärker einbezogen werden (Kraus et al. 2016), die ohne Neubau von Aufbereitungskapazitäten eine P-Rückgewinnung oder im besten Fall ein kurzfristig umsetzbares Nährstoffrecycling ermöglichen. Hier kann der Düngemittelindustrie eine tragende Rolle zukommen. Gerade im Fall der Säureaufschlussverfahren sind die Ähnlichkeiten zwischen den als Rückgewinnungsverfahren entwickelten oder adaptierten und der gängigen Praxis im Düngemittelbereich offensichtlich. Düngemittelhersteller in den Niederlanden, Belgien, Deutschland, Polen und Spanien beschäftigen sich seit geraumer Zeit mit dieser Fragestellung und haben bereits Teilsubstitutionsversuche durchgeführt (Langeveld und ten Wolde 2013; Langeveld 2014). Wie sich im Dialog mit der Düngemittelindustrie herausstellt, werden P-Rezyklate bevorzugt, die folgende Kriterien erfüllen:

- Legal einsetzbar (Legalität)
- Stabile Mengenverfügbarkeit, wobei auch eine Mindestmenge eine tragende Rolle spielt (Mengenrelevanz)
- Stabile, homogene Qualität (Qualität)
- Problemlose Verarbeitung, möglichst ohne notwendige Prozessadaptionen (Aufwand und Einsatzfähigkeit)
- Schadstoffarm (Nachhaltigkeit)
- Funktionalität im Endprodukt muss gegeben sein

Werden diese Kriterien erfüllt, kann man auch marktübliche Preise für das P-Rezyklat erzielen. Sobald aber v. a. die Qualität unter der marktüblichen liegt, ist mit deutlichen Abstrichen auf der Erlösseite zu kalkulieren.

Neben rein stofflichen Aspekten spielen für die Nachhaltigkeit auch soziale und wirtschaftliche Aspekte wie Jobsicherung, Lieferketten usw. eine Rolle. D. h., wenn ein Material relativ weit vorne in die Wertschöpfungskette eingespeist wird, bieten sich folgende Vorteile:

- Größeres Marktvolumen und größere Anwendungsbreite
- Sicherung und ggf. Schaffung von Arbeitsplätzen
- Erhalt von technischem Produktionsknowhow, welches sonst bei Abwanderung/Produktionsauslagerung verloren geht
- Schließung regionaler/nationaler/europäischer Lieferketten/Kreisläufe und damit Risikominimierung hinsichtlich globaler Logistikengpässe bzw. -abhängikeiten

Gerade durch die Versorgungsengpässe mit kritischen Rohstoffen und Komponenten haben diesen Aspekte deutlich an Bedeutung gewonnen.

Im Zuge der Transformation zur Kreislaufwirtschaft werden wir nicht umhin kommen, unsere Definitionen hinsichtlich Ressourcen oder Abfall zu überarbeiten. Gerade Klärschlammverbrennungsaschen eröffnen ganz neue Dimensionen und Möglichkeiten der Wertstoffrückgewinung aus diesem mineralischen Konzentrat. Letztlich ist die Klärschlammmonoverbrennung kein sogenannter „end-of-pipe“-Ansatz sondern vielmehr ein neues Tor, welches eine zuverlässige, von organischen Schadstoffen befreite mineralische Ressource liefert, die neben Phosphor auch andere kritische Rohstoffe beinhaltet. Führt man die Aschen mehrerer Monoverbrennungsanlagen zusammen lassen sich Vorteile wie Mengenrelevanz, „economy-of-scale“ u. a. synergetisch nutzen bis hin zu industrieller Symbiose, wenn der jeweilige Standort entsprechend gewählt wird. Hier ist es sicher hilfreich, auch Konzepte nationaler oder gar europäischer Dimension umzusetzen, anstatt in parteipolitischer Kleinstaaterei zu verharren.

Wie in Abb. 41.7 ersichtlich, liefern Monoverbrennungsanlagen, die ausschließlich kommunale Schlämme verbrennen, Aschen mit über 6 % P; i. d. R > 8 % P. Anlagen, die ausschließlich industrielle Schlämme verbrennen liegen bei unter 3 % P in der Asche.

Das macht deutlich, dass es zweckmäßig ist, die Verbrennungslogistik so umzustellen, dass nur noch kommunale Schlämme in die Monoverbrennung gehen und industrielle Schlämme im Gegenzug in der Mitverbrennung verbrannt werden.

So ließen sich phosphorreiche und gleichzeitig schwermetallarme Aschen generieren, die definitiv geeigneter für ein direktes Phosphorrecycling sind, als die phosphorarmen und schwermetallreichen Industrie- bzw. Mischschlämme. Da aber auch Eisen/Aluminium- als auch Chlorgehalt für einen Einsatz in der Düngemittelproduktion stark limitierend sind, sollte ebenfalls so verbrannt werden, dass Fe/Al-reiche nicht mit Fe/Al-armen Schlämmen vermischt verbrannt werden. Zudem darf der Anteil der Restorganik nach der

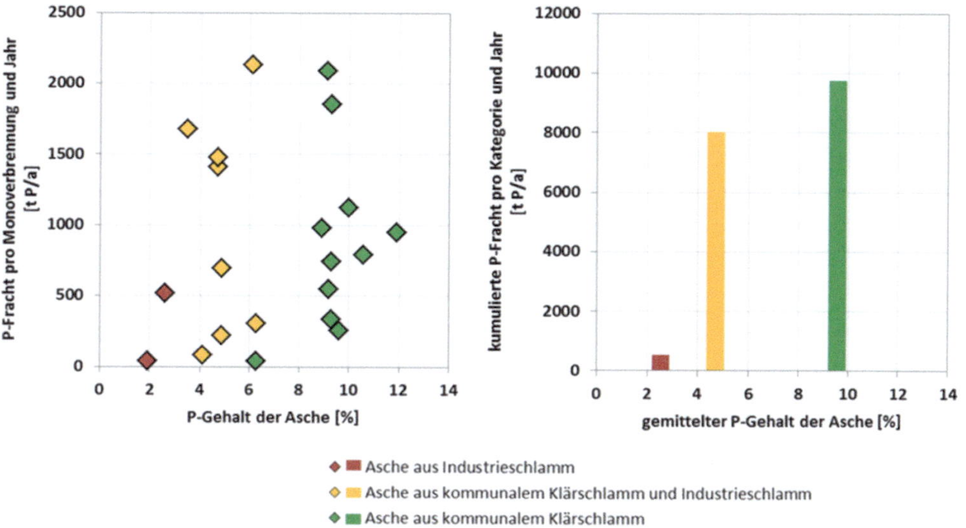

Abb. 41.7 Phosphormengen und -gehalte in den Aschen deutscher Klärschlamm-Monoverbrennungsanlagen (Krüger und Adam 2014; Kraus et al. 2016)

Verbrennung 1 Gew.-% nicht überschreiten. Es muss also auf ein gutes Verbrennungsregime geachtet werden. Dies sind lediglich logistische Aspekte, die man auf nationaler Ebene mit einem sinnvollen Klärschlammverbrennungsmanagement kurzfristig umsetzen kann, bis neue Monoverbrennungskapazitäten, die derzeit im Bau bzw. in Planung sind verfügbar werden. Es ist davon auszugehen, dass in Zukunft ca. 80 % des kommunalen Klärschlamms in Deutschland in Monoverbrennungsanlagen thermisch vorbehandelt wird und damit auch die Hauptroute darstellt, auf der das Gros des aus dem Abwasser stammenden Phosphors gewonnen werden wird.

Mit Hinblick auf die Gewinnung von Phosphor und dessen Rückführung in den Nahrungskreislauf, stellt die Düngemittelroute derzeit die einzig legale dar. Mengenmäßig kann dort das gesamte Rückgewinnungspotenzial an Phosphor aus den in Deutschland generierten, kommunalen Klärschlämmen untergebracht werden, wenn denn die P-Rezyklate dafür geeignet sind. Wie in Abb. 41.8 dargestellt, basieren letztlich alle DÜM-Phosphate auf Calciumphosphaten, hauptsächlich den sogenannten apatitischen Phosphaten, von denen es in Deutschland keine natürlichen Lagerstätten gibt (Kraus et al. 2019).

D. h., mit passenden Calciumphosphaten lässt sich direkt die Importabhängigkeit Deutschlands bei gleichzeitigem Erhalt der vorhandenen produktiven Gewerbe in diesem Bereich umsetzen. Mit einem derartig integrativen Ansatz ist zudem das Risiko gering, in einen direkten Verdrängungswettbewerb mit deutschen oder europäischen Düngemittelherstellern zu geraten, die letztlich seit gut einem Jahrhundert die gesamte Prozess- und Vertriebsinfrastruktur etabliert haben. Ein konkurrierendes Paralleluniversum erscheint da wenig erfolgversprechend.

Wie in Abb. 41.8 ebenfalls zu erkennen, wird aus Calciumphopshaten auch Phosphorsäure produziert, die wiederum als ein Intermediat für die Herstellung verschiedener Düngemittel dient. Die meisten großen Düngemittelhersteller produzieren ihre Phosphorsäure selbst und zwar dort, wo sie auch direkt weiterverarbeitet wird. Lediglich zwei größere Fabriken nehmen noch Phosphorsäure aus externer Produktion an, beide liegen nicht in Deutschland.

Somit stellt sich die Frage, inwieweit mit Phosphorsäure als P-Rezyklat, ein Beitrag zum P-Recycling in seiner essenziellen Funktionalität als Nährstoff dienen kann, da sowohl die Futtermittelroute, als auch Lebensmittelzusatzstoffroute für abwasserbürtige Phosphate, egal wie gut deren Qualität ist, ausgeschlossen ist. Somit ist es eher wahrscheinlich, dass eine abwasser- bzw. klärschlammbürtige Phosphorsäure in Nicht-Nährstoffrouten verwendet wird, die wiederum auch durch saubere Calziumphopshate bedient werden können.

Besonders prominent erscheint angesichts der Entwicklungen in der Batterie- bzw. Akkumulatorentechnik, auch die Anwendung qualitativ hochwertiger P-Rezyklate in eben diesem Applikationsfeld.

Qualitativ kompromissbehaftete P-Rezyklate werden dagegen eher zu niedrigen Erlösen unterhalb des jeweiligen Marktniveaus in den betreffenden P-Kreislauf zurückfließen. Inwieweit diese „sub-standard“ Materialien dann langfristig, also auch nachhaltig

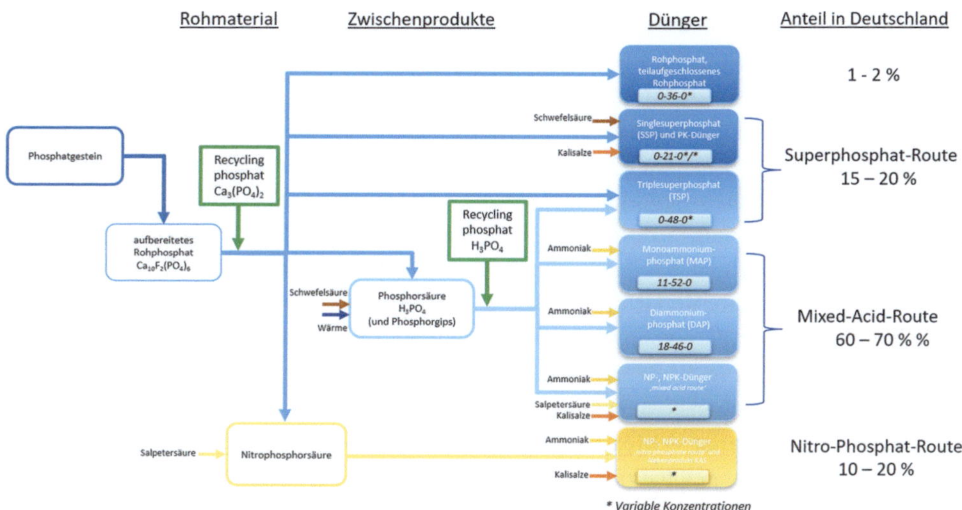

Abb. 41.8 Phosphor in der Düngemittelproduktion (nach Kraus et al. 2019)

existieren wird sowohl von politischen Ambitionen und gesellschaftlicher Akzeptanz geprägt sein.

Die neue europäische Düngeprodukteverordnung stellt zumindest einige Weichen, qualitativ qualifizierten P-Rezyklaten den legalen Marktzugang zu ermöglichen bzw. zu vereinfachen, doch ist die Ambition eines sogenannten „level playing fields" mit aus Primärressourcen erzeugten Phosphaten noch nicht erreicht. Lediglich der Anfang ist gemacht.

Nach wie vor gibt es quasi eine Diskriminierung abfallbürtiger Stoffe oder Stoffgemische für verschiedene Anwendungsfelder, wie zum Beispiel Futtermittel, egal ob die Materialqualität besser oder mindestens genauso gut ist wie die herkömmlichen Materialien. Die Herkunft macht den Unterschied, nicht die Qualität. Das muss im Zuge der Transformation hin zu einer tatsächlichen Kreislaufwirtschaft neu definiert werden. Am Ende muss die Qualität (Reinheit und Funktionalität) über die Verwendbarkeit entscheiden, nicht jedoch die Herkunft. Leider hält die Anpassung der regulativen Rahmenbedingungen mit dem technischen Fortschritt nicht Schritt, so dass Innovationen und letztlich auch Evolution ausgebremst werden. Parallelen zu den „Fortschritten" bei der Bekämpfung des sogenannten Klimawandels sind hier unverkennbar. Kleinstaaterei, Bewahrertum und Ressortfragmentierung innerhalb der Legislative und Exekutive erzeugen leider eine hohe Friktion.

Zudem wäre ein höheres Maß und Transparenz in allen Belangen wünschenswert. Wo haben wir als Verbraucher oder auch schon die Landwirte überhaupt die Möglichkeit nachzuvollziehen, mit welchem Düngemittel bzw. organischen Reststoff das Feld gedüngt wurde, auf dem die Zutaten für das Lebensmittel, welches ich gerade aus dem Supermarktregal entnommen habe, produziert wurden?

Allein dieses kleine Beispiel zeigt schon, dass das Thema Phosphor als Template für ressortübergreifendes Ressourcenmanagement gesellschaftlicher Tragweite taugt.

41.4 Zusammenfassung und Ausblick

Nachdem die technischen Voraussetzungen für Phosphorrückgewinnung und -recycling hinlänglich entwickelt wurden, die Schweiz und Deutschland verbindliche Rückgewinnungsvorgaben gesetzlich verankert haben, ist es nun an der Zeit für die praktische Umsetzung. Im Bereich der Phosphorrückgewinnung aus dem Abwasserpfad zeichnet sich bereits ab, dass die Struvit-Rückgewinnung auf Kläranlagen mit biologischer P-Elimination und Faulung aus betrieblicher Sicht vorteilhaft ist. Weltweit laufen bereits über 60 Anlagen (Kabbe und Rinck-Pfeiffer 2019), vornehmlich in Europa, Nord-Amerika und Ostasien. Dieser Weg kann bereits als Stand der Technik angesehen werden. Jedoch ist die Implementierung dieser Verfahren technisch auf bestimmte Kläranlagendesigns limitiert. Neben der technischen Limitierung ist auch die Limitierung der zurückgewonnen bzw. zurückgewinnbaren P-Mengen, in welcher Form auch immer, ein Aspekt, der für strategische Überlegungen nationaler bzw. europäischer Tragweite zu berücksichtigen ist. Phosphorrückgewinnung aus Kläranlagen ist sinnvoll auf bestimmten Kläranlagen, wird aber nicht die Mengen an Phosphor aus dem Abwasserpfad bergen, die z. B. aus Aschen der Klärschlammmonoverbrennung gewinnbar sind. Die eher dezentrale Rückgewinnung auf Kläranlagen generiert lokal P-Rezyklate die sich im besten Fall lokal als Nischenprodukt einsetzen lassen, schlimmstenfalls aber außer Landes geschafft werden müssen, um überhaupt sinnvoll eingesetzt zu werden. Ein möglicher, sinnvoller Weg für zum Beispiel Struvit stellt der ökologische Landbau dar (EGTOP 2016). Hier könnten Qualität und Menge, natürlich regional abhängig, in etwa übereinstimmen und gleichzeitig den Landwirten eine gute, erneuerbare Alternative zum importierten Rohphosphat bieten. Bis es soweit ist, müssen sowohl die einschlägigen Verbände die Akzeptanz beschließen, als auch die Legalisierung erfolgen. Beide Prozesse befinden sich derzeit in Bearbeitung.

Durch die nun etwas ernster genommene deutsche Implementierung der europäischen Nitratrichtlinie in Form der Düngeverordnung und dem diesbezüglich überfälligen Vollzugsdruck, hat sich ebenfalls der Entsorgungsdruck für Klärschlamm erhöht. Die stärkere Limitierung erlaubter Nährstofffrachten drängt den Klärschlamm immer mehr von der verfügbaren Agrarfläche. Gleichzeitig kam 2017 der Startschuss für eine überdachte Klärschlammverwertung in Form der novellierten AbfklärV, die letztlich ein klares Signal hinsichtlich der thermischen Verwertungsrouten, als auch der Phosphorrückgewinnung setzte.

Nach gut zwei Jahrzehnten intensiverer Forschung und Entwicklung zur P-Rückgewinnung ist es nun an der Zeit, vielversprechende Konzepte umzusetzen und die Brücke zum tatsächlichen P-Recycling zu schlagen. Das heißt nicht nur P aus Abwasser, Klärschlamm oder Aschen zurückzugewinnen, sondern auch die Rezyklate tatsächlich wieder in den Nährstoffkreislauf bzw. P-Kreislauf zurückzuführen.

Hier sind integrative Konzepte gefragt, die Phosphate bereitstellen, die in bestehende Wertschöpfungsketten an verschiedenen Stellen eingespeist werden können und diese dann zu Stoffreisläufen transformieren. Je weiter am Anfang der Wertschöpfungsketten das passiert, umso höher die Anwendungsversatilität, das Marktpotenzial aber auch das Arbeitsplatz- und Produktions-Know-How-Sicherungspotenzial, also auch der gesamtgesellschaftliche Nutzen. Was nützen neue virtuelle High-Tech-Arbeitsplätze, wenn real produktive Arbeitsplätze durch Auslagerung verloren gehen?

Daneben kommen auch immer mehr oder auch wieder logistische Aspekte zum Tragen, da diese Kreisläufe regional, überregional bzw. europäisch geschlossen werden. Die damit verbundene Entkopplung von globalen Lieferketten ist vorteilhaft, verringert die Importabhängigkeit und damit auch die Vulnerabilität des heimischen produzierenden Gewerbes. Gerade wenn es um Ernährungssicherheit geht, ist dies ein essenzieller Aspekt.

Essentiell ist es auch, bei der Schließung von Stoffkreisläufen darauf zu achten, dass Schadstoffe effektiv ausgeschleust werden, um diese nicht über mehrere Lebenszyklen im Nahrungssystem bzw. in der Umwelt zu akkumulieren. Das heißt die Qualität entscheidet, wie nachhaltig Stoffkreisläufe am Ende wirklich sind.

Hier gibt es vor allem auf Seiten der Politik und Gesetzgebers einigen Nachhol- bzw. Beschleunigungsbedarf. Nach wie vor ist das Kriterium der Herkunft eines Materials (also abfallbürtig oder aus Primärrohstoffen erzeugt) prioritäre und nicht die Qualität. So kommt es, dass z. B. P-Rezyklate, die qualitativ besser sind als aus Rohphosphaten hergestellte, nicht im Futtermittelbereich eingesetzt werden dürfen.

Eine flottere Adaption des rechtlichen Rahmens entsprechend des technischen aber auch gesellschaftlichen Fortschritts wäre wünschenswert.

Wurde in der Vergangenheit viel über P-Rezyklatvermarktung diskutiert und spekuliert, ist bereits heute klar, dass neben Qualität vor allem auch Quantität eine entscheidende Rolle spielt. Gerade großvolumige, globalen Interaktionen ausgesetzte Märkte, benötigen marktrelevante Mengen möglichst in bekannter, also marktkonformer Qualität und hoher Lieferzuverlässigkeit. Ferner sollten die P-Rezyklate problemlos mit Standardprozessen verarbeitbar sein und in den Endprodukten mindestens genauso gut funktionieren wie herkömmliche Einsatzstoffe. Diese Anforderungen favorisieren eher ein Rückgewinnung entkoppelt von den Kläranlagen, um Mengen bündeln zu können und weniger anfällig für kläranlagenspezifische Betriebsstörungen zu sein.

Marktrelevant bedeutet hier also nicht nur das richtige Rezyklat zu erzeugen, sondern auch zuverlässig und in ausreichender Menge zu liefern. Diese Bedingungen können hervorragend von Konzepten erfüllt werden, die eher zentralisiert z. B. Klärschlammaschen bündeln und aufbereiten. Aus logistischen, ökonomischen, als auch ökologischen Aspekten erscheinen zentrale Anlagen in Chemieparks prädestiniert für diese Aufgabe. Dort sind benötigte Chemikalien und Betriebsmittel in ausreichendem Maße verfügbar, müssen also nicht durch das Land gefahren werden. Zudem sind sowohl die Düngemittelproduktion, als auch andere Phosphor verarbeitende Industrien ein Teil der chemischen Industrie, so dass sich unter Umständen auch mehrere lokale Kreisläufe synergistisch schließen lassen.

Nun enthalten Klärschlammaschen zwar die höchste Konzentrationen Phosphor im Abwassersystem, doch stellt Phosphor auch nur einen kleineren Bestandteil dieser Aschen dar. Insofern ist es im Sinne von Nachhaltigkeitsaspekten ebenso wichtig, den Rest der Aschematrix sinnvoll zu verwerten. Einige Verfahren nehmen sich dieser Sache an und separieren nicht nur den Phosphor, sondern gewinnen auch andere werthaltige Inhaltsstoffe zurück. Im besten Fall lässt sich so eine nahezu vollständige Abfallreduktion generieren.

Durch die immer besser werdende Verzahnung der Akteure aus Wissenschaft, Politik und Industrie, wie sie vor allem von den verschiedenen Phosphorplattformen (ESPP: European Sustainable Phosphorus Platform: www.phosphorusplatform.eu; DPP e.V.: www.deutsche-phosphor-plattform.de) und anderen Initiativen vorangetrieben wird, ist zu erwarten, dass der Transfer von Wissen in die Praxis beschleunigt wird. Das Selbstverständnis der Wissenschaft muss in Zukunft über das Wissen Generieren, Verwalten, Publizieren und Mahnen hinausgehen. Erst die Anwendung erworbenen Wissens besitzt die Kraft Zukunft zu gestalten. Erste Weichenstellungen erfolgen, die Europa tatsächlich zu einer höheren Ressourceneffizienz führen und vor allem Planungssicherheit für Investitionen geben. Die Transformation unserer derzeitigen Wirtschaft hin zu einer tatsächlichen Kreislaufwirtschaft ist eine gesamtgesellschaftliche Mammutaufgabe und wird so manchen Paradigmenwechsel erfordern. Auf politischer Ebene wird vor allem die Art der Zusammenarbeit der verschiedenen Ressorts bestimmen, wie schnell oder wie langsam diese Transformation gelingt. Es nützt letzten Endes gar nichts, immer neue Experten-Panels, Gremien und Think-Tanks aufzusetzen, wenn die wirklichen Visionäre und Macher nicht zusammenfinden. Think forward, act circular!

Literatur

Acatech, Leopoldina, Union der deutschen Akademmien der Wissenschaften (2017). Rohstoffe für die Energiewende: Wege zu einer sicheren und nachhaltigen Versorgung. Berlin, Februar 2017, ISBN 978-3-8047-3664-1

Asimov I (1959). Life's bottleneck. In The Magazine of Fantasy and Science Fiction. Mercury Press, Inc.

Brownlie WJ et al (2021) Global Action for a Sustainable Phosphorus Future. NATURE FOOD. Vol 2, S 71–74 https://doi.org/10.1038/s43016-021-00232-w

De Ridder M, De Jong S, Polchar J, Lingemann S (2012) Risks and opportunities in the global phosphate rock market: robust strategies in times of uncertainty. The Hague Centre for Strategic Studies (HCSS) Report, The Hague, The Netherlands

DESTATIS (2016). 64 % des Klärschlamms wurden 2015 verbrannt, Pressemitteilung 446 vom 12. Dezember, Statistisches Bundesamt, Wiesbaden

DESTATIS (2020). Düngemittelversorgung, Wirtschaftsjahr 2019/20, Fachserie 4 Reihe 8.2, Statsitisches Bundesamt, Wiesbaden

DESTATIS (2021). Drei Viertel des kommunalen Klärschlamms wurden 2019 verbrannt, ein Viertel stofflich verwertet, Pressemitteilung 036 vom 27. Januar, Statistisches Bundesamt, Wiesbaden

van Dijk, K.C., Lesschen, J.P. and Oenema, O. (2016). Phosphorus flows and balances of the European Union Member States. Sci. Total Environ. 542B:1078–1093

EGTOP (2016). Final Report on Organic Fertilizers and Soil Conditioners (II). Expert Group for Technical Advice on Organic Production, Brussels, 2 Feb 2016

EurEau (2016). Sewage sludge – situation and trends, Brussels. 4 Oct 2016

EUROSTAT (2016). Sewage sludge production and disposal from urban waste water, last update 15.12.2016: http://ec.europa.eu/eurostat/tgm/refreshTableAction.do?tab=table&pcode=ten00030&language=en (Zugriff am 11. Januar 2017)

Ewert W, Wagenbach A (2013). Praktische Umsetzung der MAP-Rückgewinnung aus der Flüssigphase. 8. Klärschlammtage. Fulda, 4. –6. Juni 2013

Heinzmann B, Lengemann A (2013). Vom Betriebsproblem zum Berliner Verfahren – Phosphorrückgewinnung als Magnesiumammoniumphosphat in der Kläranlage Wassmannsdorf. 8. Klärschlammtage. Fulda. 4.–6. Juni 2013

IVA (2016) Wichtige Zahlen – Düngemittel – Produktion, Markt, Landwirtschaft – 2015–2016, Industrieverband Agrar e.V., Frankfurt a. M., November 2016

Kabbe C (2013) Sustainable sewage sludge management fostering phosphorus recovery, Bluefacts S. 36–41

Kabbe C, Remy C, Kraus F (2015) Review of promising methods for phosphorus recovery and recycling from wastewater. Proceedings International Fertiliser Society 763, S 1–29 ISBN 978-0-85310-400-1

Kraus F, Kabbe C, Remy C, Lesjean B (2016) Phosphorrecycling aus Klärschlamm in Deutschland – Eine Abschätzung von Kosten und Umweltauswirkungen. KA Korrespondenz Abwasser, Abfall 63:6, S 528–537

Kraus F, Kabbe C (2016) Phosphorrückgewinnung aus Klärschlamm (Praxisbeispiel). In: DWA (Hrsg.) Klärschlamm: Neue Strategien und Techniken, Wasserwirtschaftskurs P/4, Hennef, S 83–97

Kraus F et al (2019) Ökobilanzieller Vergleich der P-Rückgewinnung aus dem Abwasserstrom mit der Düngemittelproduktion aus Rohphosphaten unter Einbeziehung von Umweltfolgeschäden und deren Vermeidung, UBA Texte 13/2019, Umweltbundesamt, Dessau-Rosslau (FKZ 3716313300)

Kabbe C, Rinck-Pfeiffer S (2019) Global Compendium on Phosphorus Recovery from Sewage/Sludge/Ash. Global Water Research Coalition, Unley, Australia

Krüger O, Adam C (2014) Monitoring von Klärschlammmonoverbrennungsaschen hinsichtlich ihrer Zusammensetzung zur Ermittlung ihrer Rohstoffrückgewinnungspotenziale und zur Erstellung von Referenzmaterial für die Überwachungsanalytik, UBA Texte 49/2014. Dessau-Roßlau

Langeveld CP, ten Wolde KW (2013) Phosphate recycling in mineral fertiliser production. Proceedings International Fertiliser Society 727, ISBN 978-0-85310-364-6

Langeveld CP (2014) Phosphate recycling in the mineral fertiliser industry. Abwasser–Phosphor–Dünger-Workshop inclusive Fachgespräch zum UFOPLAN-Projekt Klärschlammaschemonitoring, Berlin, 28. –29. Januar 2014

Schoumans OF, Bouraoui F, Kabbe C, Oenema O, Dijk van KC (2015) Phosphorus management in Europe in a changing world, AMBIO, 44 S 180–192

Scholz RW, Wellmer FW (2015) Losses and use efficiencies along the phosphorus cycle – Part 2: Understanding the concept of efficiency, Resour Conserv Recy, 105:B, S 252–274. DOI: https://doi.org/10.1016/j.resconrec.2015.10.003

USGS (2017) Phosphate Rock, U.S. Geological Survey, Mineral Commodities Summaries, Januar 2017, S 124–125, https://minerals.usgs.gov/minerals/pubs/commodity/phosphate_rock/

Walker C (2017) Market Map – Beating the burn rate for resource and energy recovery from sludge. Global Water Intelligence Magazine 2017:1 40–47

Wellmer FW, Scholz RW (2015) The Right to Know the Geopotential of Minerals for Ensuring Food Supply Security: The Case of Phosphorus. Journal of Industrial Ecology, 19: 1, S 3–6. DOI:https://doi.org/10.1111/jiec.12230

Deponien

42

Gerhard Rettenberger

42.1 Einleitung

Was mag jemanden interessieren, der in einem Praxishandbuch einen kurzen Beitrag zum Thema Deponien liest. Sicherlich kein Handbuch darüber, wie Deponien nach dem Stand der Technik gebaut werden. Doch hier stockt der Autor bereits. „Stand der Technik" ist der Maßstab für die Technik von Deponien. Und der verändert sich laufend, eine Anpassung ist also laufend erforderlich. Nach geltendem Deponierecht ist eine solche Anpassung ca. alle vier Jahre zu machen. In der Verfahrenstechnik werden häufig für die Überprüfungsperiode fünf Jahre genannt. Also hat jeder Deponiebetreiber ein Dokument in seinen Akten, in dem er sich darüber Rechenschaft ablegt, ob seine Deponie noch dem Stand der Technik entspricht, ansonsten hätte sich die Aufsichtsbehörde die notwendigen Gedanken zu machen (vgl. Kreislaufwirtschaftsgesetz-KrWG § 36, Absatz 4 (Anonym 2012)).

In der Tat hat sich in den letzten Jahren im Bereich der Deponietechnik einiges verändert und damit der Stand der Technik. Somit ist für betriebene Deponien der aktuelle Stand der Technik relevant, aber auch wenn neue Deponiekapazitäten geschaffen werden müssen, ist zu prüfen, welcher aktueller Stand der Deponietechnik zu berücksichtigen ist. Diese Kapazitäten sind insbesondere bei den Deponien der Klasse I zu schaffen, wobei sich hier derzeit die Tendenz abzeichnet, neben einer Deponieerweiterung bzw. einer Erhöhung dies mit dem Konzept „Deponie auf Deponie" zu machen, d. h. es handelt sich um eine Art Erhöhung einer bestehenden Deponie, wobei die Oberflächenabdichtung der alten Deponie als Basisabdichtung einer neuen Deponie dient. Häufig wird dabei die Deponieklasse der bestehenden Deponie um eine Stufe vermindert. Dieses Konzept ist daher attraktiv, da die Einsprüche der Nachbarschaft nach bisherigen Erfahrungen nahezu ausbleiben. Dazuhin kommt, dass die Deponieerhöhung wirtschaftlich große Vorteile mit sich

G. Rettenberger (✉)
Hochschule Trier, Trier, Deutschland

P. Kurth et al. (Hrsg.), *Praxishandbuch der Kreislauf- und Rohstoffwirtschaft*,
https://doi.org/10.1007/978-3-658-36262-1_42

bringt. Bestehende Basis- bzw. Oberflächenabdichtung können hier im Gegensatz zu einer Erweiterung „kostenlos“ mit genutzt werden. Also sollen Hinweise zum Stand der Technik gegeben werden.

Was könnte sonst noch relevant sein? Deponien haben in der Abfallwirtschaft nach wie vor zumindest international die größte Bedeutung, sind sie doch die Entsorgungstechnik, die den weit größten Anteil der anfallenden Abfälle entsorgt, und zwar sowohl industrielle Abfälle als auch Siedlungsabfälle. Die Gründe hierfür sind mannigfaltig, aber relativ leicht nachvollziehbar. Leider wird das in der Abfallwirtschaft nicht immer realistisch gesehen. So sind Deponien für die Anlieferer mit Abstand am kostengünstigsten. Weltweit dürften die Anlieferungsgebühren zwischen 2 und 15 \$/Mg FM liegen. Das ist aber nur einer von vielen Gründen. So sind Deponien betrieblich weit weniger empfindlich als andere Anlagen, haben nahezu keine Stillstandstage, nehmen ein großes Spektrum unterschiedlichster Abfälle, auch industrielle Abfälle auf, werden mit großen Schwankungen bei der Anlieferung fertig und können mit vergleichsweiser einfacher und überlasteter Technik (z. B. zu wenige Kompaktoren, ohne oder unzureichende Sickerwasser- und Deponiegaserfassung, keine Abdichtungssysteme) problemlos betrieben werden und bieten dabei für viele Menschen noch die Möglichkeit zum Recycling, also Geld verdienen, wie aus der Abb. 42.1 beispielhaft zu ersehen ist.

Dies wird mit immensen Auswirkungen auf die Umwelt erkauft. Hierzu gehört vor allen Dingen die Belastung mit Schadstoffen von Grundwasser, Boden (insbesondere durch Staub) einschließlich Bodenluft und der Atmosphäre. Der Schadstoffaustrag von Industrieabfalldeponien dürfte weltweit enorm sein und zu gewaltigen Umweltschäden führen. Abb. 42.2 von einer betriebenen Industrieabfalldeponie mag hierzu anhand der Abfälle einen Eindruck vermitteln. Ein internationaler Bann für Industrieabfalldeponien wäre die einzig richtige Konsequenz. Ohne internationale Hilfen für die meisten der betroffenen Staaten ist das sicherlich nicht zu machen.

Aber auch die Auswirkungen durch das Treibhausgas Methan sind gigantisch. Ein pauschaler Ansatz mag dies unterstreichen. Jede Tonne nicht vorbehandelter Siedlungsabfällen, emittiert nach der Deponierung insgesamt über 2,5 Mg/Mg FM an CO_2-Äquivalente in die Atmosphäre. Sofern eine Deponierung fortgesetzt erfolgt, ist das auch der Wert pro angelieferte Tonne und Jahr (!).

Eine Deponie mit einer arbeitstäglichen Anlieferungsmasse von 1200 Mg FM emittiert also 1 Mio. Mg CO_2-Äquivalente pro Jahr. Rechnet man dies nun auf die Weltbevölkerung um (im Jahr 2021: ca. 7.8 Mia.), und geht von 2,5 Mg/Mg FM CO_2-Äquivalenten aus, unterstellt, dass weltweit 80 % der Abfälle deponiert werden, im Durchschnitt jeder Bürger ca. 300 kg/a FM an haushaltstypischen Siedlungsabfällen in die Mülltonne wirft, (Deutschland 2013:544 kg/a FM) und der Erfassungsgrad für Deponiegase weltweit bei ca. 20 % liegt (Deutschland ca. 40–50 %), so errechnen sich um 3,8 Mia. Mg CO_2-Äquivalente, die von allen Deponien weltweit in die Atmosphäre abgegeben werden. Dies entspricht, bezogen auf den gesamten Anfall an Treibhausgasen im Jahre 2018 (ca. 47,5 Mia. Mg), sage und schreibe 8 % (!). Also deutlich mehr als der gesamte Beitrag der Bundesrepublik Deutschland. Diese Zahlen mögen eine Abschätzung sein, die

Abb. 42.1 Reifenrecycling auf einer Deponie (Elfenbeinküste. ©Rettenberger 2021. All Rights Reserved)

Größenordnung allerdings ist kaum anzweifelbar und zeigt die Bedeutung der weltweiten Abfalldeponierung deutlich auf. Will man ein Zero Emission-Szenario anstreben, dann kann es so bei den Siedlungsabfalldeponien nicht mehr lange weitergehen. So gesehen kann der Autor nur hoffen, dass dieser Text von möglichst vielen Menschen gelesen und umgesetzt wird.

Somit gibt es doch einige Gründe, warum dieser Text gelesen werden sollte und für einige Leser von Interesse sein könnte. Neben der Frage nach der Weiterentwicklung des Standes der Technik möchte vielleicht der eine oder andere verstehen, was sich in Deponien abspielt, damit es zu diesen Emissionen kommt, möchte aber auch der Nutzer von Deponien wissen, ob es in der Zukunft noch genügend Deponiekapazität geben wird und wie er sich dieser bedienen kann, und möchte der Betreiber sowie der Planer einer Deponie wissen, was gerade die relevanten Dinge sind, die für den täglichen Betrieb nützlich sein könnten. Alles zusammen könnte auch für Prüfer, Aufsichtspersonal oder vielleicht sogar für Behörden relevant sein. Daher seien im folgenden Text solche Punkte angesprochen.

Planer, die sich mit Detailfragen befassen müssen, sei auf die tausenden von Seiten der gesetzlichen Normen, der Regelwerke von VDI, DWA und DVWG, Normen und

Abb. 42.2 Abfallablagerung in einer Industrieabfalldeponie (Deutschland. ©Rettenberger 2021. All Rights Reserved)

Unfallverhütungsvorschriften, Lehrbücher und DIN-Normen verwiesen. Allein die VOB mit ihrem Teil C und den dort genannten relevanten DIN-Normen zu den einzelnen Gewerken ist es wert, studiert zu werden. Hier ist es völlig unmöglich, darauf einzugehen, noch diese im Einzelnen zu zitieren, z. B. die Vergabe- und Vertragsordnung für Bauleistungen Teil C(2021).

42.2 Kapazitäten und Deponiekonzepte

Glücklicherweise hat in Europa die Ablagerung von nicht vorbehandelten Abfällen eine deutlich rückläufige Tendenz. In Deutschland wird sogar nur noch 1 % der kommunalen Abfälle deponiert. Tab. 42.1 verdeutlicht den Rückgang der Deponieklasse II bzw. Siedlungsabfalldeponien in Deutschland in den letzten Jahren.

In der Zukunft ist mit einem weiteren Rückgang aktiv betriebener Siedlungsabfalldeponien zu rechnen, aber zwischenzeitlich nur noch vergleichsweise langsam. (Anmerkung: Insgesamt gab es in Deutschland im Jahre 2017 1080 Deponien (2000:1970), davon DK 0: 777, DK I: 131, DK II: 144, DK III: 26 und IV: 4 (Anonym 2012; Haeming 2021)).

Jedoch zeichnet sich derzeit auch in Deutschland ein Bedarf für neue Deponien, insbesondere für inerte Abfälle, also für die Deponieklasse I ab. So hat gegenüber 2012 die auf

Tab. 42.1 Anzahl der Deponien in Deutschland zwischen 1970 und 2017*

	im Jahre						
	vor 1970	1990	1993	2005	2014	2017	2019
Anzahl der (Hausmüll) Deponien	88.500	16.166	854	189	176	144	148

*Quelle: (nach Anonym 2006; Anonym 2021; Anonym 2021) vom Verfasser zusammengestellt

Deponien abgelagerte Masse bis 2018 um fast 20 Mio. Mg/a FM zugenommen (Haeming 2021).

Zwischenzeitlich wurde nunmehr die Mantelverordnung-Ersatzbaustoffverordnung (Bundesanzeiger 2021) verabschiedet, als jene Rechtsnorm, die u. a. die Entsorgung von inerten Abfällen neu regelt. Diese Verordnung wird in den nächsten Jahren ihre Auswirkung entfalten. Naturgemäß werden von den beteiligten bzw. betroffenen Institutionen die Auswirkungen unterschiedlich abgeschätzt. Die folgenden Angaben sind aus (Haeming 2021) entnommen.

Ging das BMU von zusätzlich erforderlichen Deponiekapazitäten von 15 Mio. Mg/a FM aus, werden diese von anderen Akteuren (BDE oder ZDB) auf bis zu 50–70 Mio. Mg FM/a geschätzt.[1] Entsprechend würden die gegebenen Restlaufzeiten der bestehenden Deponien zwischen 11,6 und 5,2 Jahren liegen und selbst unter Berücksichtigung genehmigter bzw. in Planung befindlicher Kapazitäten minimal bei 7,9 Jahren liegen. Die Entsorgungskosten könnten bei verminderten Kapazitäten leicht um 40–50 €/Mg FM ansteigen. Dies muss nicht schlecht sein. Abfälle in Deponien sind möglicherweise dort besser aufgehoben als gleichmäßig verstreut in der Natur. Höhere Kosten führen sicherlich auch zu mehr Vermeidung. Man muss das nur wollen und regeln und in einer Demokratie am besten im Konsens.

Der Neubau von Deponiekapazitäten wäre also, da regional bereits eine Entsorgungssicherheit teilweise nicht mehr gegeben ist, dringend in Angriff zu nehmen, was bei den in Deutschland glücklicherweise üblichen Realisierungszeiten auch nicht aufschiebbar ist.[2]

Hoffen wir nicht auf kürzere Realisierungszeiten (die nicht kommen werden), sondern fangen wir einfach nur rechtzeitig an. Wenn wir das nicht tun, werden wir das Resultat schnell an nicht vorhandenen regionalen Entsorgungsmöglichkeiten, weiten Transportentfernungen und erhöhten Kosten schmerzlich erkennen.

Die Deponietechnik hat weltweit völlig unterschiedliche Aufgaben. Benötigt man in Deutschland zukünftig nahezu ausschließlich Deponien für weitgehend inerte Abfälle (es sei denn, es kommt eine Flut oder es brennt), ist die aktuelle Deponietechnik überwiegend dadurch geprägt, dass teilweise bereits längere Zeit bestehende Deponien betrieben bzw.

[1] Anmerkung: In den Quellen wird nicht zwischen FM: Feuchtmasse und TM: Trockenmasse unterschieden.

[2] Anmerkung: Die Realisierungszeiten werden zwar immer wieder kritisiert, jedoch sind solche Projekte für den Standort aber einschneidende und über viele Jahre dominierende Projekte und daher genau und detailliert zu planen. Was passiert, wenn dies nicht erfolgt, lässt sich leicht im Ausland sehen. Eine Fahrt durch die USA oder aber China macht das ziemlich schnell und ziemlich deutlich sichtbar.

bestehende und noch vor kurzem betriebene Deponien stillgelegt und stillgelegte Deponien nachgesorgt, überwacht und ggf. saniert werden müssen. Weltweit hingegen müssen Deponien erst mal betrieblich weiterentwickelt, bestehende Deponien bautechnisch verbessert und teilweise saniert sowie neue Deponien nach modernen Gesichtspunkten gebaut werden. Damit sind Deponien weltweit technisch unterschiedlich und folgen modifizierten Konzepten. Die ingenieurtechnischen Aufgaben im Umgang mit ihnen und die staatlichen Vorgaben sind entsprechend verschieden.

Dementsprechend können sich Deponien in der Praxis unterscheiden, was aber in vielen Fällen nicht einem fortschrittlichen Stand der Technik entspricht:

- Das Deponievolumen kann zwischen < 50.000 m^3 und > 20 Mio. m^3 liegen. Die Deponiefläche kann < 1 ha sein, aber auch über 100 ha betragen. Die Deponie kann als Halde geschüttet sein (Haldendeponie), aber auch innerhalb einer ausgebeuteten Grube angelegt sein (Grubendeponie). Die Deponie kann dabei sogar teilweise unter dem Grundwasserspiegel angelegt sein.
- Viele Deponien wurden an den Außenböschungen teilweise sehr steil geschüttet (mit einem Gefälle von bis zu 1:1,5), andere sind eher flach, Höhen über 100 Meter kommen vor, aber auch nur Höhen von 1–2 Meter (vgl. Abb. 42.3, Ursache: fehlende Kompaktoren, Auswirkungen: geringe Dichte, daher Vögel).
- Einige Deponien werden auch während des Betriebs immer wieder zwischenabgedeckt, bei anderen wird hierauf verzichtet. Insbesondere bei der Annahme von gefährlichen Abfällen wird der Abfall vor der Deponierung z. B. mit Zement verfestigt und verpackt.
- Die Deponie kann verschiedenste Abfallarten incl. Industrie- und Krankenhausabfälle aufnehmen, aber auch nur ausgewählte, ggf. vorbehandelte Abfälle.
- Die Deponie kann mit oder ohne Anlagen zur Erfassung von Sickerwasser und Deponiegas ausgestattet sein, sie kann über Abdichtungs-(Barriere-)Systeme verfügen.
- An einigen Deponien wird der Abfall lose deponiert, an einigen zuvor zu Ballen gepresst und aufgestapelt (Ballendeponie). Auf vielen Deponien wird der Abfall nach der Anlieferung sofort mit speziellen Maschinen möglichst hoch verdichtet und aufgeschichtet (Verdichtungsdeponie), an anderen Deponien wird er zunächst in Mieten gerottet und erst dann deponiert (Rottedeponie).
- An vielen Deponien wird der Abfall vor dem Einbau aussortiert oder vorbehandelt.

Durch diese unterschiedlichen Deponieformen bedingt, ist die allgemeine Definition des Begriffs Deponie vergleichsweise einfach gehalten. Aus der deutschen Deponieverordnung (Anonym 2009) lässt sich die Definition ableiten, dass es sich bei Deponien um Einrichtungen handelt, die über einen Ablagerungsbereich verfügen, in dem Abfälle auf unbegrenzte Zeit abgelagert werden. Nach der Richtlinie des Rates (1999/31/EG vom 26.04.1999) über Abfalldeponien, ist die Deponie definiert als Abfallbeseitigungsanlage für die Ablagerung oberhalb und unterhalb der Erdoberfläche für länger als einem Jahr vor

Abb. 42.3 Flache Deponie, mit über der Deponie fliegenden Störchen (Marokko. ©Rettenberger 2021. All Rights Reserved)

der Beseitigung (Anonym 1999). Damit lässt sich Deponietechnik nur verstehen, wenn man die regionalen und zeitlichen sowie die politischen Bezüge mit berücksichtigt. Technische Unterschiede zeigen sich überwiegend bei der technischen Ausstattung, der Annahme der Abfälle, dem Betrieb, der Überwachung, der Organisation und den Anforderungen an das Betriebspersonal.

Jedoch zeichnet sich auch international eine deutliche Tendenz ab, die in Deutschland bereits vollzogen ist: Deponien werden zunehmend nur noch für mineralische Abfälle genutzt, wodurch sich eine völlig neuartige Deponie- und Deponiebetriebstechnik mit einem deutlich unterschiedlichen Deponieverhalten ergibt. So wird z. B. die Sickerwasserzusammensetzung nicht mehr mit der früherer Deponien vergleichbar sein, eine Deponiegasentwicklung wird nicht mehr eintreten und der Abfall wird komplett anders in der Deponie eingebaut werden müssen. Viele Techniken, die in Deutschland entwickelt wurden, werden somit zukünftig nur noch im Ausland eingesetzt werden. Anlagen zur Deponiegas- und Sickerwasserentsorgung werden in Deutschland nur noch bei alten Deponien bzw. im Rahmen der Deponiestilllegung benötigt werden.

Von ungeordnet abgekippten Abfällen können verschiedene Gefahren für die Umwelt ausgehen. So können Niederschläge ungehindert auf den Abfall auftreffen. Damit kommt es zur Pfützenbildung und unkontrollierten, übel riechenden Wasseraustritten, insbesondere aber zu einer Durchsickerung der abgelagerten Abfälle mit Sickerwasserbildung und folgender Grundwasserverschmutzung. Aber auch die Bildung von Deponiegas mit der Folge von Geruchs- und Treibhausgasemissionen (Methan, Lachgas), Explosions- und Unfallgefahren (Erstickung, Vergiftung), ein Austrag von Staub, Partikeln und Keimen sowie Brandgasen kann eine Gefahr für die Umwelt darstellen.

Damit diese beschriebenen Effekte nicht oder nur eingeschränkt auftreten, müssen Abfalldeponien systematisch nach einem Konzept gebaut, betrieben und überwacht werden. Folgende Grundkonzepte für Deponien lassen sich unterscheiden:

42.2.1 Verdichtungsdeponie

Bei dieser Deponieform wird der Abfall mit möglichst hoher Dichte schichtweise aufgeschüttet, wodurch er befahrbar wird und zu einer Halde geschüttet werden kann. Um dies zu erreichen, sind spezielle Maschinen (Müllkompaktor) zum Einbau erforderlich. Dieses Deponiekonzept ist das weltweit am verbreitetsten. Der Vorteil ist ein relativ emissionsarmer Betrieb (Staub, Brand, Geruch). Da im Deponieinnern jedoch kein Sauerstoff auftritt, bilden sich Zersetzungsgase. Aus der Abb. 42.4 wird deutlich, dass der Abfall befahrbar ist, Klärschlamm mit deponiert werden kann (Vordergrund) und der Abfalleinbau

Abb. 42.4 Verdichtungsdeponie – Anlieferung und Einbau der Abfälle, im Vordergrund entwässerter Klärschlamm (Rettenberger 2017)

mittels spezieller Maschinen (Abfallkompaktor) erfolgt. Angemerkt sei, dass diese Art der Abfälle zur Ablagerung in Deutschland spätestens seit 2005 nicht mehr erlaubt ist. Kompaktoren sind nicht mehr erforderlich. Die nunmehr abgelagerten Aschen, Böden, Bauabfälle etc. können mit üblichen Erdbaumaschinen verarbeitet werden. International ist diese Deponieform Standard.

42.2.2 Deponie mit mechanisch-biologisch vorbehandelten Abfällen

In diesem Deponiekonzept wird nur mechanisch-biologisch vorbehandelter Abfall verdichtet eingebaut. Durch die besonderen Eigenschaften der so vorbehandelten Abfälle unterscheidet sich dieses Deponiekonzept von üblichen Verdichtungsdeponien mit nicht vorbehandelten Siedlungsabfällen erheblich. Der Abfall, der Eigenschaften ähnlich wie ein Kompost hat, lässt sich bei diesem Deponiekonzept deutlich höher verdichten (bis ca. 1,3/1,6 Mg/m^3 FM), zersetzt sich nur geringfügig (geringe Deponiegasbildung) und weist nach dem Einbau meist eine geringe Wasserdurchlässigkeit auf. Aus Abb. 42.5 ist der Einbaubetrieb bei einer großtechnischen Anwendung zu ersehen.

Abb. 42.5 Einbau der vorbehandelten Abfälle in einer MBA-Deponie mittels Schaffußwalze (Rettenberger 2017)

42.2.3 Deponien mit verfestigten Abfällen

Bei diesem Deponiekonzept wird dem Abfall ein Bindemittel zugegeben, so dass dieser bessere Festigkeitseigenschaften bekommt. Damit kann ein stabilisierter, wenig wasserdurchlässiger und sich nur noch wenig zersetzender Deponiekörper stabil aufgebaut werden. Für gefährliche Abfälle ist diese Deponieform insbesondere im Ausland häufig vertreten. Abb. 42.6 zeigt eine Deponie, bei der die verfestigten Abfälle zunächst in Big-Bags verfüllt und dann abgelagert werden. Solche Deponien können eine Zwischenlösung für gefährliche Abfälle dort darstellen, wo andere Entsorgungstechniken nicht zu Verfügung stehen und die Deponieanforderungen nicht vollständig umgesetzt werden können. Das oben vom Autor geforderte Verbot von Industrieabfalldeponien bleibt davon aber unberührt.

42.2.4 Inertdeponien

Dieses Deponiekonzept ist weitgehend durch die Art der Abfälle charakterisiert. Diese sind nahezu vollständig inert, was u. a. auf Bodenaushub und Bauschutt, Aschen, Schlacken (z. B. auch von Müllverbrennungsanlagen), Asbest und sonstige Mineralstoffe oder kontaminierte Böden aus der Altlastensanierung zutrifft. In der Regel treten an solchen Deponien nur noch geringe Emissionen auf. Deponiegase entstehen praktisch nicht. Die

Abb. 42.6 Deponie mit verfestigten Abfällen in Big-Bags (Frankreich, Rettenberger 2017)

Abb. 42.7 Inertstoffdeponie (Deutschland. ©Rettenberger 2021. All Rights Reserved)

Sickerwässer sind nur wenig verunreinigt. Diese Deponieform wird zukünftig in Deutschland als Deponieklasse I dominieren. Abb. 42.7 und 42.8 zeigen Beispiele.

Daneben kommen noch vereinzelt Rotte-, Ballen-, Reaktor-, Untertage- und Monodeponien, in Japan z. B. Aerob-Deponien neben weiteren Sonderformen in der Praxis vor. Auf eine weitere Darstellung sei hier verzichtet.

42.3 Das Verhalten von Verdichtungsdeponien mit organischen Bestandteilen und Konsequenzen für die Technik

Die Verdichtungsdeponie sei hier hinsichtlich ihrer Auswirkungen auf die Umwelt näher dargestellt, da diese bei Stilllegungs- und Nachsorgeprojekten am häufigsten in der Praxis vorkommt.

▶ **Praxishinweis** Mit den nachfolgenden Ausführungen kann das Verhalten einer Deponie gut charakterisiert und damit prognostiziert werden. Es lässt sich für die verschiedenen Phasen einer Deponie Sickerwassermenge und -zusammensetzung sowie Deponiegasmenge und -zusammensetzung sowie das

Abb. 42.8 DK I Deponie mit Asbestablagerung in verpackter Form (Deutschland. ©Rettenberger 2021. All Rights Reserved)

Setzungsverhalten abschätzten. Hierbei sei insbesondere auf die VDI-Richtlinie 3790 Blatt 2 verwiesen (Emissionen von Gasen, Gerüchen und Stäuben aus diffusen Quellen, Deponien vom Juni 2017). Darin werden die Gasprognosemodelle beschrieben, sowie die Messverfahren zur Ermittlung der diffusen Emissionen. Mit beiden Ansätzen lässt sich der Beitrag von Deponien zum Treibhausgaseffekt bestimmen.

Generell gilt, wie oben bereits beschrieben, dass die Abfälle bei Deponien den meteorologischen Gegebenheiten ausgesetzt sind, so dass Niederschläge während des Betriebes ungehinderten Zugang zum Deponiekörper haben. Deponien unter Dach sind nur vereinzelt und ohne Erfolg versucht worden. Auch die Gasphase im Deponiekörper steht in unmittelbarem Kontakt zur Atmosphäre. Daher müssen im Wesentlichen die in den folgenden Abschn. 42.3.1 und 42.3.3 beschriebenen drei Effekte beachtet werden.

42.3.1 Bildung von Sickerwasser

Durch den ungehinderten Zutritt von Niederschlag in den Deponiekörper wird ein Teil des Wassers durch die Deponie hindurch sickern und an der Deponiebasis austreten. Dieses Wasser wird als Sickerwasser bezeichnet. Es ist dadurch gekennzeichnet, dass es einen

Teil der Inhaltsstoffe aus dem Deponiekörper ausgelaugt hat und somit den Untergrund bzw. das Grundwasser belasten kann. Es lässt sich in etwa mit Jauche vergleichen.

Der Sickerwasserabfluss aus einer Deponie (mit der nicht SI-Einheit mm für alle Bilanzglieder) lässt sich aus der nachstehenden Wasserhaushaltsgleichung ableiten:

$$N - ET_a - S + / - R - A_B - A_0 + / - W_B + W_K = 0 \tag{42.1}$$

N: Niederschlag
ET_a: aktuelle (tatsächliche) Evapotranspiration
S: Speicherung
R: Rückhalt
A_B: Sickerwasserabfluss an der Deponiebasis
A_0: Oberflächenabfluss
W_B: Wasserneubildung/-verbrauch durch biochemische Prozesse
W_K: Wasserabgabe infolge von Konsolidationsprozessen

Die mittlere jährliche Sickerwassermenge beträgt in Deutschland bei nicht abgedeckten/-gedichteten Deponien etwa 25 % des jährlichen Niederschlags bei hochverdichtet betriebenen Deponien und ca. 45 % bei schlecht verdichteten Deponien. Nach Sättigung des Deponiekörpers werden Werte um 50–60 % beobachtet. Die Sickerwassermengen zeigen deutliche Schwankungen, die im Tageswert bis zum 3- bis 5-fachen des durchschnittlichen auf den Tag bezogenen Jahreswertes betragen können.

▶ **Praxishinweis** Sofern in einer Deponie überwiegend nur inerte Abfälle deponiert werden, wie dies z. B. bei einer Deponie der Klasse DK I oder DK 0 der Fall ist, liegen besondere Verhältnisse vor. Da der Deponiekörper über nahezu kein Speichervermögen verfügt, ist der Sickerwasseranfall deutlich erhöht und wird nahezu in der Größenordnung der Regenspende liegen. Gerade bei den derzeit betriebenen und nur noch mit weitgehend inerten Abfällen befüllten Deponien ist ein solches Ansteigen der Sickerwassermengen zu erwarten. Eine temporäre Abdichtung nicht abgedichteter Betriebsflächen führt daher zu einer enormen Verminderung des Sickerwasseranfalls. Für abgedichtete Deponien wurde in der Praxis ein Rückgang innerhalb weniger Monate um bis zu 90 % beobachtet (Puscher 1917).

Die Zusammensetzung der Sickerwässer, wie sie an vielen Deponien festgestellt wurde, kann aus Tab. 42.2 entnommen werden. Hinsichtlich der Beschaffenheit des Sickerwassers bei Deponien mit nicht vorbehandelten Abfällen lassen sich zwei typische Phasen mit deutlich unterschiedlicher Zusammensetzung des Sickerwassers gegeneinander abgren-

Tab. 42.2 Zusammensetzung von Sickerwasser aus Siedlungsabfalldeponien (Rettenberger 2017)

	Saure Phase		Methanphase	
Parameter	Mittel	Bereich	Mittel	Bereich
pH [-]	6,1	4,5–7,5	8	7,5–9
BSB_5 [mg/l]	13.000	4000–40.000	180	20–250
CSB [mg/l]	22.000	6000–60.000	3000	500–4500
BSB_5/CSB [-]	0,59		0,06	
SO_4^{2-} [mg/l]	1200	70–1750	80	10–420
Ca [mg/l]	470	10–2500	60	20–600
Mg [mg/l]	780	50–1,150	180	40–350
Fe [mg/l]	25	20–2100	15	3–280
Mn [mg/l]	5	0,3–65	0,7	0,03–45
Zn [mg/l]	7	0,1–120	0,6	0,03–4
Sr [mg/l]		0,5–15	1	0,3–7

zen. Dies hängt davon ab, ob sich im Deponiekörper bereits eine Methanentstehung ausgebildet hat (Methanphase) oder, ob sich die Deponie noch überwiegend in der sauren Phase (Vorphase der Methanphase) befindet.

> **Praxishinweis** In Deutschland werden zwischenzeitlich sicherlich alle bestehenden Deponien in der Methanphase sein. Lediglich z. B. bei der Umlagerung von Deponien, also in den Fällen, wo die Methanphase unterbrochen wird oder noch gar nicht angefangen hat, treten wieder saure Phasen ein. Bei allen anderen bestehenden Deponien sollte also der BSB_5 bzw. der CSB auf einem stabilen Niveau niedrig sein, der NH_4- Wert ist allerdings erhöht. Interessant ist, dass bei abgedichteten Deponien die Werte, auch der NH_4-Wert weiter rückläufig waren. Dies war so nicht zu erwarten.

> **Praxishinweis** Sickerwässer aus DK I Deponien haben eine völlig verschiedene Zusammensetzung wie in Tab. 42.2 beschrieben. Die Sickerwässer haben nahezu keine organische Belastung und sind überwiegend durch anorganische Stoffe wie Sulfat geprägt. Eine Reinigung vor eine Einleitung in einen Vorfluter ist möglichweise nicht mehr erforderlich.

42.3.2 Bildung von Deponiegas

Aufgrund der vorhandenen Feuchtigkeit im Deponiekörper, entsteht durch mikrobielle Zersetzung der Abfälle Gas, das überwiegend aus Methan und Kohlenstoffdioxid sowie einer Vielzahl von Spurengasen (z. B. Schwefelwasserstoff und Ammoniak aber auch gasförmiges Wasser) zusammengesetzt ist. Dieses Gas wird als Deponiegas bezeichnet. Wird Abfall zur Deponie angeliefert, so ist er zunächst noch mit Luftgasen durchsetzt. Nach Deponierung und Verdichtung wird der Sauerstoff in wenigen Stunden durch spontan ablaufende aerobe mikrobielle Vorgänge verbraucht. Fakultative Mikroorgansimen, die sowohl mit als auch ohne Sauerstoff leben können, setzen dann den Abbau anaerob fort, so dass bei Verdichtungsdeponien bereits wenige Stunden nach Einbau die anaeroben Stufen des anaeroben Abbaus beginnen, da die dazu erforderlichen Mikroorganismen bereits im Abfall vorhanden sind. Bis eine Methanentwicklung im Deponiekörper einsetzt, ist allerdings ein Zeitraum von 1–2 Jahren erforderlich (Rettenberger 2004), da die Entwicklung der methanbildenden Bakterien eine vergleichsweise lange Zeit benötigt. Die Entwicklung des Deponiegases führt im Deponiekörper zu charakteristischen 9 Phasen, wie sie in Abb. 42.9 dargestellt sind. Danach lassen sich unterscheiden:

a) zeitliche Phasen, in denen sich der Deponiekörper mit Deponiegas auffüllt und die noch vorhandenen Luftgase verdrängt werden (kürzeste Phase ca. 1–2 Jahre)
b) zeitliche Phasen, in denen der Deponiekörper praktisch vollständig mit Deponiegas aufgefüllt ist und es aufgrund der Deponiegasbildung zu Emissionen über die Oberfläche kommt (längste Phase 1–3 Jahrzehnte)
c) zeitliche Phasen, in denen sich der Deponiekörper mit Luftgasen auffüllt, Deponiegas verdrängt wird und keine nennenswerten Emissionen über die Oberfläche stattfinden (Dauer ca. 1–2 Jahrzehnte, auch Schwachgasphase genannt)

► **Praxishinweis** Nach Abb. 42.9 wird deutlich, dass sich jede Deponie in der Zukunft mit Luft füllen wird. Dies führt zu einer weitgehenden Inertisierung und Vermeidung einer Methanbildung. Dies kann auch technisch vorzeitig durchgeführt werden. Man spricht dann von einer Aerobisierung, was aktuell

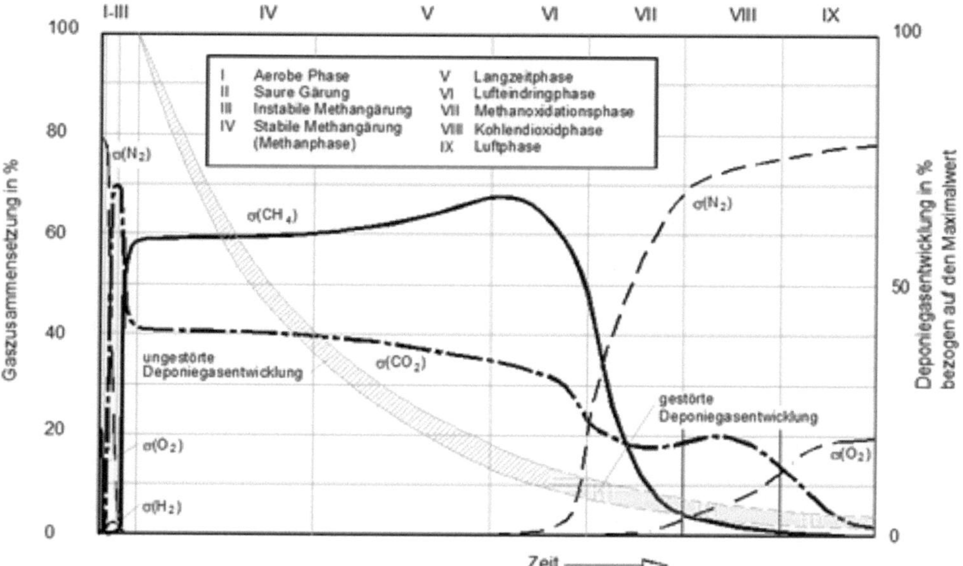

Abb. 42.9 Verlauf der Deponiegaskonzentration im Deponiekörper über die Zeit, qualitativ (Rettenberger 2004)

an vielen Deponien bereits technisch umgesetzt wird. Hierzu gibt es beachtliche finanzielle staatliche Zuschüsse.

42.3.3 Auftreten von Setzungen

Durch die Deponiegasbildung findet eine Umwandlung fester Substanz in gasförmige statt, was zwangsläufig zu Sackungen des Deponiekörpers führt. Ebenso enthält der Deponiekörper auch nach intensiver Verdichtung noch ein gas- und wassergefülltes Porenvolumen von > 40–50 %. So können noch (auch auflastbedingte) Konsolidationsvorgänge ablaufen. Damit überlagern sich mehre Prozesse, so dass die Setzungen schwer zu prognostizieren sind. Letztendlich verlaufen sie aber weitgehend parallel zur Deponiegasbildung oder auch zur Stabilisierung durch Aerobisierung. Aber auch Konsolidationsvorgänge lassen sich berechnen und prognostizieren. Selbst Windräder können auf Deponien sicher gegründet werden.

► **Praxishinweis** Trotz hoher Setzungsempfindlichkeit von Deponien lassen sich Windkraftanlagen auf Deponien gründen.

42.4 Konsequenzen für die Technik einer Deponie

Angesichts der Emissionen, die von Deponien ausgehen, wie sie oben beschrieben wurden, sind technische Maßnahmen erforderlich, um Gefährdungen für die Umwelt zu unterdrücken. Diese Maßnahmen werden nach der Strategie des fünfstufigen Multibarrierenkonzeptes konzipiert, das derzeit um die Barriere *Stabilisierung* (Beeinflussung des Deponiekörpers) weiter entwickelt wird:

1. Barriere Abfallbeschaffenheit
2. Barriere Geologie und Hydrologie des Standortes
3. Barriere Deponiebasisabdichtung mit Sickerwassererfassung und -behandlung
4. Barriere Deponiekörper mit prognostizierbarem Verhalten
5. Barriere Oberflächenabdichtung und getrennte Erfassung des Niederschlagswassers

Dabei sind die Barrieren 2,3 und 5 technische Barrieren (vgl. auch Abb. 42.10). Die Anforderungen daran sind in verschiedenen gesetzlichen Normen beschrieben, in Deutschland ist dies die Deponieverordnung.

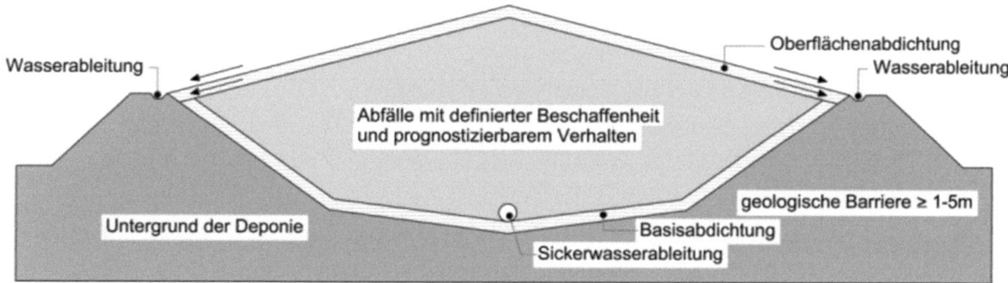

Abb. 42.10 Prinzipskizze des Multibarrierenkonzeptes (Rettenberger 2017)

Tab. 42.3 Deponieklassen nach DepV

Deponieklasse der Klasse 0 (DK 0):	Oberirdische Deponie für Inertabfälle
Deponieklasse der Klasse I (DK I):	Oberirdische Deponie
Deponieklasse der Klasse II (DK II):	Oberirdische Deponie
Deponieklasse der Klasse III (DK III):	Oberirdische Deponie für nicht gefährliche Abfälle und gefährliche Abfälle
Deponieklasse der Klasse IV (DK IV):	Untertagedeponie in einem Bergwerk mit eigenständigem Ablagerungsbereich oder einer Kaverne, die völlig im Gestein eingeschlossen ist

42.5 Anforderungen an die technischen Barrieren

Die nähere Befassung mit der technischen Ausgestaltung des Barrierensystems hat gezeigt, dass dieses mit vergleichsweise großen Aufwendungen verbunden ist, so dass es zweckmäßig erscheint, dieses nicht für alle Abfallarten, die hinsichtlich ihrer Deponierfähigkeit sehr unterschiedlich sein können, in gleicher Weise zu realisieren. Dafür wurden letztendlich unterschiedliche Deponieklassen festgelegt und für unterschiedliche Abfälle mit angepassten Anforderungen ausgestaltet. Nach dem Deponierecht in Deutschland werden folgende Klassen unterschieden (siehe Tab. 42.3, verkürzt dargestellt).

Dabei müssen von den zu der entsprechenden Deponie mit der spezifischen Klasse verbrachten Abfällen die jeweiligen Zuordnungswerte eingehalten werden, die für die einzelnen Deponieklassen unterschiedlich sind. Zuordnungswerte sind Grenzwerte, die die Abfälle, die zur Deponie gebracht werden, hinsichtlich ihrer Zusammensetzung und Eluatbeschaffenheit unterschreiten müssen. Dazu sind verschiedenste Vorgaben zur Ermittlung und zur Überwachung vorgegeben.

Begründungen für die rechtlichen Anforderungen sind, dass auch langfristig keine schädlichen Sickerwässer das Grund- und Trinkwasser gefährden dürfen und die Bildung von Deponiegas verhindert wird. Dies soll dadurch erreicht werden, dass insbesondere die biologisch abbaubaren organischen Bestandteilen im Restabfall und die Eluatbeschaffenheit der Abfälle begrenzt werden. Nur unter der Voraussetzung, dass Abfälle diese Zuordnungswerte einhalten, können sie deponiert werden. Die Zuordnungswerte können der Deponieverordnung (DepV) entnommen werden (Anonym 2009).

Der Rat der Europäischen Union hat am 26. April 1999 die europäische Deponierichtlinie (Richtlinie 1999/31/EG des Rates über Abfalldeponien) beschlossen, die am 16. Juli 1999 in Kraft trat (Anonym 1999). International gesehen stellt die EU-Deponierichtlinie nicht nur den Standard für die Staaten der EU dar, sondern wird auch von vielen Schwellen- und Entwicklungsländern aber auch Industriestaaten beachtet und angestrebt. Sie hat daher gerade international eine große Bedeutung.

Die EU-Deponierichtlinie enthält 20 Artikel und 3 Anhänge:

Anhang I: Allgemeine Anforderungen für alle Deponiekategorien (Standort, Sickerwasser, Gas, Standsicherheit)
Anhang II: Abfallannahmekriterien und -verfahren
Anhang III: Mess- und Überwachungsverfahren während des Betriebs und der Nachsorgephase

Die Richtlinie unterscheidet drei Deponieklassen: Deponie für gefährliche Abfälle, Deponie für nicht gefährliche Abfälle und Deponie für Inertabfälle. Abfälle dürfen nur unter Beachtung eines dreistufigen Verfahrens – grundlegende Charakterisierung, Untersuchung auf Übereinstimmung, Untersuchung auf der Deponie – angenommen werden. Biologisch abbaubare Abfälle sind in Stufen (Stichtag 16. Juli 1999) zu reduzieren und zwar bis in 15 Jahren auf 35 Gew.-% der Gesamtmenge von 1999. (Wird vermutlich in Kürze fortgeschrieben.) Diese Anforderungen bleiben deutlich hinter den Vorgaben des deutschen Deponierechts zurück, nach denen die Ablagerung höherer Anteile biologisch abbaubarer Abfälle ab 2005 nicht mehr erlaubt war, sofern die Abfälle einen Glühverlust von 3 % (DK I) bzw. 5 % (DK II) oder 10 % (DK III) überschreiten. Darüber hinaus ist die Ablagerung von flüssigen Abfällen, von explosiven, korrosiven, brandfördernden oder entzündbaren Abfällen verboten. Das gilt auch für Krankenhausabfälle und ganze Altreifen.

Die Umsetzung in deutsches Recht wurde zusammenfassend durch die „Verordnung zur Vereinfachung des Deponierechts“ umgesetzt, die am 16.07.2009 in Kraft trat und zuletzt am 09.07.2021 geändert wurde. Es handelt sich um eine Artikelverordnung, deren 1. Artikel die Verordnung über Deponie und Langzeitlager (Deponieverordnung – DepV) enthält. Dabei wurden die tangierten bislang geltenden Rechtsnormen (u. a. die TA Siedlungsabfall) aufgehoben (Anonym 2009).

Die Deponieverordnung umfasst detaillierte technische, betriebliche und organisatorische Anforderungen an die Errichtung, Beschaffenheit, Betrieb und Stilllegung von Deponien und Langzeitlagern sowie deren Nachsorge in 6 Teilen, 28 Paragraphen und 6 Anhänge. Im Einzelnen sind das:

Teil 1: Allgemeine Bestimmungen
Teil 2: Errichtung, Betrieb, Stilllegung und Nachsorge von Deponien
Teil 3: Verwertung von Deponieersatzstoffen

Teil 4: Sonstige Vorschriften (u. a. Sicherheitsleistungen, Antrag, Anzeige)
Teil 5: Langzeitlager
Teil 6: Schlussvorschriften (u. a. Altdeponien in der Ablagerungs- und Stilllegungsphase, Ordnungswidrigkeiten und Übergangsvorschriften)
Anhang 1: Anforderungen an den Standort, die geologische Barriere, Basis- und Oberflächenabdichtungssysteme von Deponien der Klasse 0 bis III
Anhang 2: Anforderungen an den Standort, geologische Barriere, Langzeitsicherheitsnachweis und Stilllegungsmaßnahmen von Deponien der Klasse IV im Salzgestein
Anhang 3: Zulässigkeits- und Zuordnungskriterien
Anhang 4: Vorgaben zur Beprobung (Probenahme, Probevorbereitung und Untersuchung von Abfällen und Deponieersatzbaustoffen)
Anhang 5: Information, Dokumentation, Kontrollen, Betrieb
Anhang 6: Besondere Anforderungen an die zeitweilige Lagerung von metallischen Quecksilberabfällen bei einer Lagerdauer von mehr als einem Jahr in Langzeitlagern

Die Anforderungen an die Basis- und Oberflächenabdichtung sind zwischen EU-Deponierichtlinie und deutscher DepV unterschiedlich, nicht zuletzt auch daher, da in Deutschland 4 Deponieklassen eingeführt wurden, d. h. die Deponieklasse „inerte Abfälle“ wurde in Deutschland in die Deponieklassen I und 0 aufgeteilt. Die folgenden zwei Tab. 42.4 und 42.5 enthalten die Anforderungen an die Basis- bzw. Oberflächenabdichtung gemäß DepV. (Die in der Originalliteratur enthaltenen Fußnoten werden hier aus Gründen des Umfangs weggelassen, es wird also auf die DepV verwiesen.)

Wie aus Tab. 42.4 ersichtlich, kommt der geologischen Barriere eine besondere Bedeutung zu. Sie ist bei allen Deponieklassen erforderlich, insbesondere auch der DK 0, da diese über keine Basisabdichtung verfügt. Die geologische Barriere kann in allen Deponieklassen technisch hergestellt werden. Sie ist damit nicht mehr wie in früheren Jahren der Deponietechnik ein vorgegebenes Element des Standortes. Selbstverständlich spielt die geologische Eignung des Standortes nach wie vor eine Rolle, sie ist aber nicht mehr in der DepV durch technische Vorgaben eindeutig festgelegt.

Tab. 42.4 Regelaufbau der geologischen Barriere und des Basisabdichtungssystems (Anonym 2009) ohne Legende der Originalliteratur, modifiziert

Nr.	System-Komponente	DK 0	DK I	DK II	DK III
1	geologische Barriere⁾	$k \leq 1 \cdot 10^{-7}$ m/s $d \geq 1{,}00$ m	$k \leq 1 \cdot 10^{-9}$ m/s $d \geq 1{,}00$ m	$k \leq$ $1 \cdot 10^{-9}$ m/s $d \geq 1{,}00$ m	$k \leq$ $1 \cdot 10^{-9}$ m/s $d \geq 5{,}00$ m
2	Erste Abdichtungs-Komponente⁾	nicht erforderlich	erforderlich	erforderlich	erforderlich
3	Zweite Abdichtungs-Komponente⁾	nicht erforderlich	nicht erforderlich	erforderlich	erforderlich
4	Mineralische Entwässerungsschicht	$d \geq 0{,}30$ m	$d \geq 0{,}50$ m	$d \geq 0{,}50$ m	$d \geq 0{,}50$ m

Tab. 42.5 Regelaufbau des Oberflächenabdichtungssystems (Anonym 2009) ohne Legende der Originalliteratur

Nr.	Systemkomponente	DK 0	DK I	DK II	DK III
1	Ausgleichsschicht	nicht erforderlich	ggf. erforderlich	ggf. erforderlich	ggf. erforderlich
2	Gasdränschicht[)]	nicht erforderlich	nicht erforderlich	ggf. erforderlich	ggf. erforderlich
3	Erste Abdichtungskomponente	nicht erforderlich	erforderlich	erforderlich	erforderlich
4	Zweite Abdichtungskomponente	nicht erforderlich	nicht erforderlich	erforderlich	erforderlich
5	Dichtungskontrollsystem	nicht erforderlich	nicht erforderlich	nicht erforderlich	erforderlich
6	Entwässerungsschicht $d \geq 0{,}30$ m, $k \geq 1 \cdot 10^{-3}$ m/s Gefälle > 5 %	nicht erforderlich	erforderlich	erforderlich	erforderlich
7	Rekultivierungsschicht/ technische Funktionsschicht	erforderlich	erforderlich	erforderlich	erforderlich

Bei der Ausführung der technischen Barrieren spielen in Deutschland die Vorgaben des „Bundeseinheitlichen Qualitätsstandards" eine wesentliche Rolle. Hier sind die Anforderungen zusammengestellt, die die technischen Elemente, z. B. die Dichtungsmembrane, aber auch Rohre oder mineralische Materialien einzuhalten haben bzw. die von dem Ersteller nachzuweisen sind. Insbesondere ist dabei auch die qualitätssichernde Überwachung geregelt. Die Qualitätssicherung ist ein wesentliches Element der weit entwickelten Deponietechnik in Deutschland, z. B. muss die Qualität von Kunststoffdichtungsbahnen für eine Lebenszeit von 100 Jahren nachgewiesen werden (Anonym 2009). Neu ist der BQS 10-1 „Deponiegas", der zum 01.03.2022 veröffentlicht wurde.

42.6 Technische Ausstattung

Aus Abb. 42.11 können die wesentlichen Elemente, die zur Ausstattung einer Deponie gehören, ersehen werden. Diese sind:

- Zufahrtsbereich mit Eingangstor und Anbindung an das öffentliche Verkehrsnetz
- Eingangskontrolle sowie Wägebereich
- Interne Verkehrsführung einschließlich Parkplätze im befestigten Bereich sowie dem Deponiekörper (max. Steigung 8–10 %)
- Bereich für Kleinanlieferer
- Ggf. Müllumschlag- und Behandlungsanlagen
- Betriebsgebäude mit Einrichtungen für das Betriebspersonal, Büroräume, Labor für Abfall-, Wasser- und Gasanalytik sowie Geräte für die Überwachung im Betrieb
- Werkstatt und Garagen mit Wartungsgrube für die Arbeitsmaschinen

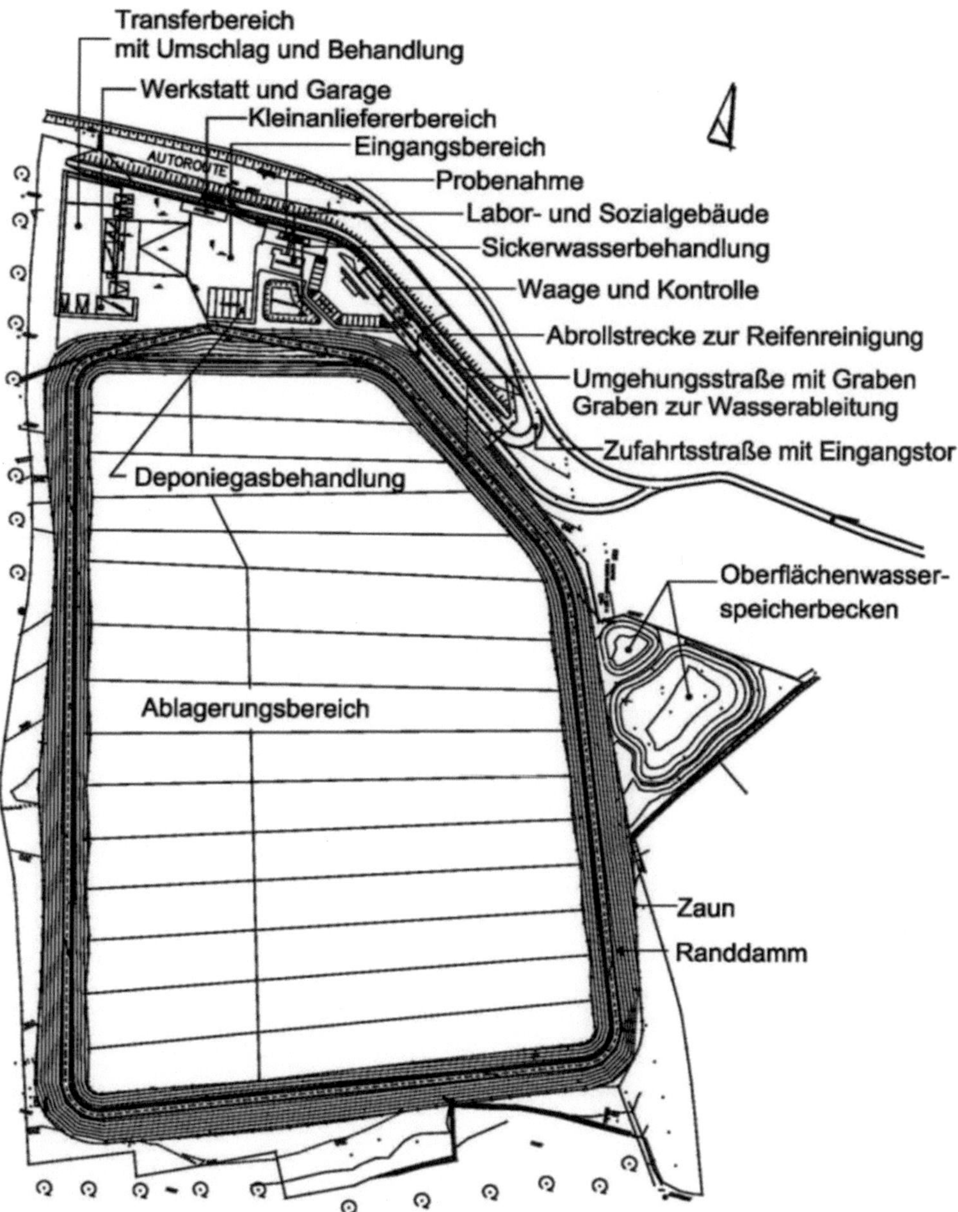

Abb. 42.11 Lageplan einer Abfalldeponie mit den wesentlichen Ausstattungselementen (Rettenberger 2017)

- Reifenreinigungsanlagen
- Einrichtungen zur Deponieüberwachung (GW-Brunnen, Gasmigrationspegel) sowie zur Erfassung meteorologischer Daten

- Einrichtungen zur Ableitung des Oberflächenwassers bestehend aus Gräben und Speicherbecken sowie Übergabebauwerke
- Einrichtungen zur Erfassung, Speicherung und Behandlung von Sickerwasser
- Einrichtungen zur Erfassung, Behandlung und Verwertung von Deponiegas
- Umzäunung
- Die Erfassung der Sickerwässer erfolgt über eine flache Sohldränage, in die zur beschleunigten Wasserableitung Rohrleitungen eingelegt werden

Insbesondere die Sohldränage ist für die Deponie ein relevantes Element, da diese z. B. für eine Deponieerweiterung (Erhöhung) relevant ist und für die Nachsorgekosten (z. B. bei der Reinigung oder gar Sanierung) beträchtliche Auswirkungen haben kann. Eine lange Funktionsdauer und Beständigkeit gegen chemische Angriffe sind somit entscheidend. Dränageleitungen innerhalb der Deponie müssen daher kontrollierbar (kamerabefahrbar) und spülbar sein. Damit können die Leitungen eine gewisse Länge nicht überschreiten (ca. 400–500 m bei beidseitiger Befahrungsmöglichkeit), da die überwindbare Distanz bei einer Kamerabefahrung begrenzt ist. Diese Distanz hat sich in den letzten Jahren verlängert.

Die erfassten Sickerwässer müssen vor der Einleitung in einen Vorfluter oder Abwasserkanal in der Regel nach den Anforderungen von Anhang 51 der Abwasserverordnung gereinigt werden, wobei heute überwiegend Umkehrosmoseverfahren, biologische Verfahren mit anschließender Adsorptionsstufe (A-Kohle) und wieder vermehrt Flockung-/Fällungsverfahren zur Anwendung kommen. Durch die Veränderung bei Volumenstrom und Konzentration der Sickerwässer in den letzten Jahren haben sich jedoch Möglichkeiten zur wirtschaftlichen Modifikation ergeben. Neben den temporären Abdichtungen von Betriebsflächen zur Sickerwasserminderung, die bereits oben besprochen wurden, können aber nunmehr auch wieder Verfahren ohne biologische Stufe nur mit physikalischem Verfahren (A-Kohle) erwogen werden oder ggf. eine Einleitung in ein kommunales Klärwerk oder eine Direkteinleitung in den Vorfluter in Frage kommen. Für kleine Mengen könnte auch eine Mitreinigung in einer Industriekläranlage wirtschaftlich sein. Selbst eine Sickerwasserkreislaufführung könnte wieder möglich werden.

► **Praxishinweis** Die Veränderung der Abfallzusammensetzung sowie die zunehmende Abdichtung ermöglicht neue Sickerwasserreinigungstechniken bzw. Betriebsweisen.

Bei der Gasentsorgung soll ein möglichst hoher Erfassungsgrad erreicht werden. Lag dieser in der Vergangenheit bei kaum über 20–30 %, so ist er in den letzten Jahren bis auf Werte um 40–50 % gestiegen. Werte um 60–70 % sind erstrebenswert, was insbesondere bei noch in Betrieb befindlichen Deponien schwierig zu erreichen ist. Bei an der Oberfläche abgedichteten Deponien, bei stark übersaugten oder aber belüfteten Deponien erscheint ein Erfassungsgrad bis 100 % möglich zu sein. Im Fall der letzten beiden Techniken wird dies durch eine geringe Methankonzentration im abgesaugten Gas erkauft, was eine Verwertung des Gases erschwert/unmöglich macht. Die zu erreichende Größenordnung (was sind

100 %) kann entweder durch eine Gasprognose oder aber durch eine Emissionsmessung bestimmt werden. Hierzu sind in der oben genannten VDI Richtlinie die erforderlichen „Handwerkszeuge" angegeben und ebenso in der neuen BQS 10-1 „Deponiegas".

Zur Gasentsorgung selbst, ebenfalls in der VDI-Richtlinie und der BQS ausführlich beschrieben, können grundsätzlich mehrere Verfahren der Entgasung (aktive/passive Entgasung, Belüftung) zur Anwendung kommen:

- Absaugung der Deponiegase bei einer sich einstellenden Methankonzentration um 50 % bei paralleler Emissionskontrolle und entsprechender Anpassung der Entgasungstechnik (z. B. Zahl der Gasbrunnen). Diese Vorgehensweise ist nur bei einer abgedichteten Deponie möglich. Bei noch betriebenen Deponien bzw. nicht abgedichteten Deponien ist der abgesaugte Volumenstrom bei absinkender Methankonzentration zu erhöhen.
- Übersaugung der Deponie. Übersaugung heißt, dass mehr Gas aus einer Deponie abgesaugt wird, als sich in der Deponie bildet. Dieser Quotient muss bestimmt werden, da er die Entgasungsart und deren Effizienz charakterisiert. In der Regel sinkt dabei die Methankonzentration, so dass ein Schwachgas entsteht. In der Praxis werden Betriebsweisen mit Methankonzentrationen zwischen etwa 12–30 % Methankonzentration und solche unter 12 % betrieben. Diese Gase lassen sich noch sicher thermisch behandeln, solange die Sauerstoffkonzentration nicht über 6 % ansteigt. Eine parallele Emissionskontrolle ist erforderlich. Durch diese Betriebsart kommt es in der Deponie zu einem teilweisen aeroben Abbau der vorhandenen Kohlestoffverbindungen zu Kohlenstoffdioxid.
- Belüftung einer Deponie durch Einblasen von Luft. In der Regel wird das Luft/Deponiegas-Gemisch bei Methankonzentrationen unter 3 % parallel aus der Deponie abgesaugt und thermisch entsorgt. Dadurch ist ein zur Methanunterdrückung zusätzlicher aerober Abbau der Kohlenstoffverbindungen gegeben.
- Ableitung des Gases durch ein Sammelsystem unter der Oberflächenabdichtung aus der Deponie mittels des Gas-Eigendrucks in der Deponie unter Nutzung einer Methanoxidation in einem Filter oder der Rekultivierungsschicht.

► **Praxishinweis** Wesentliche Änderungen haben sich in den letzten Jahren beim Deponiegas ergeben. Details hierzu sind in der VDI-Richtlinie 3899 Blatt 2 beschrieben. Diese sind in den „bundeseinheitlichen Qualitätsstandards" 10-1 „Deponiegas", herausgegeben von der LAGA, ab dem 1.3.2022 2022 zufinden.

Abb. 42.12 zeigt eine Übersicht über ein komplettes Gaserfassungssystems. Wie aus der Abbildung ersichtlich, besteht dieses System aus einer Vielzahl an technischen Elementen.

Im Maschinenhaus sind die Gasverwertungs- und Gasreinigungsanlagen sowie die Schaltwarte und ähnliche Einrichtungen untergebracht.

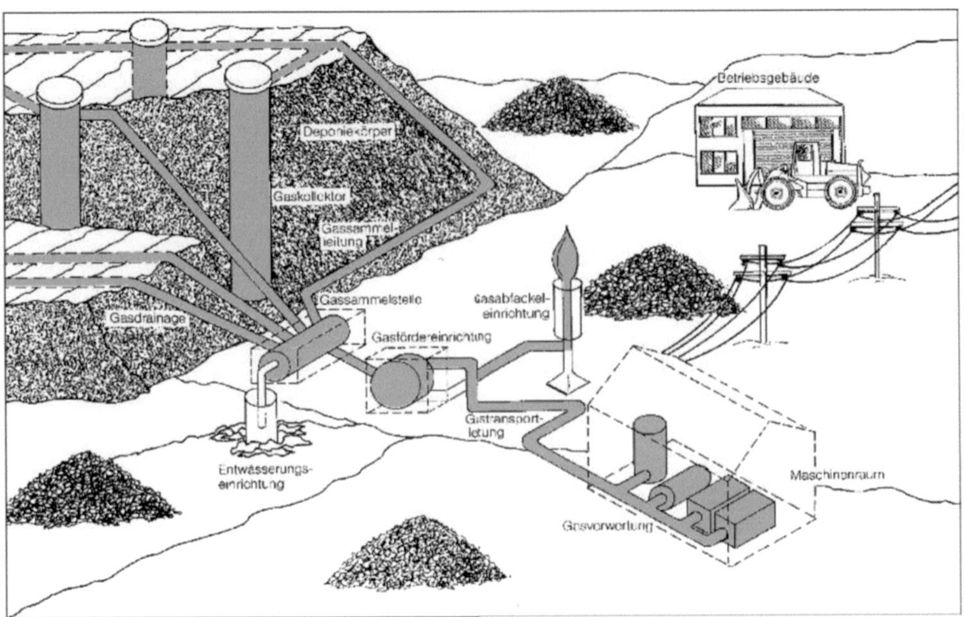

Abb. 42.12 Gaserfassungssystem einer aktiven Entgasung (Deutsche Gesetzliche Unfallversicherung e.V. (DGUV) 2001)

▶ **Praxishinweis** Die in einer Deponie gebildete Gasmenge (m^3/a bzw. Mg/a) lässt sich mit Hilfe verschiedener Prognosemodelle ermitteln. Hierzu wird auf die VDI Richtlinie 3780 verwiesen. Dies ist so auch im BQS 10-1 so enthalten.

Die Deponiegasbildung lässt sich relativ genau mit einer Exponentialgleichung beschreiben. Charakteristisch für eine solche Gleichung ist, dass sich die Funktionswerte in einem gleichen Abstand halbieren bzw. verdoppeln. Sich also Halbwertszeiten angeben lassen. Diese Halbwertszeiten liegen bei Deponien etwa zwischen 4 und 6 Jahren. Im Laufe der Zeit werden diese allerdings länger.

▶ **Praxishinweis** Im Mittel müsste sich alle fünf Jahre die Gasentwicklung bei Deponien halbieren. Ein häufig genutzter Faustwert für die Gasbildung für Deponien mit nicht vorbehandelten Abfällen ist 12 m^3/Mg FM und a zum Zeitpunkt der Deponieschließung bzw. zum Ende der Ablagerung von nicht vorbehandelten Abfällen. Dieser Wert halbiert sich also alle fünf Jahre. Damit kann eine Deponie relativ einfach hinsichtlich einer Deponiegasbildung grob charakterisiert werden.

Zu einer genaueren Ermittlung der Gasbildung, z. B. auch um die Betriebszeit zu berücksichtigen, ist eine Gasprognose erforderlich. Hierzu bietet die erwähnte VDI-Richtlinie bzw. der BQS zwei Modellansätze an, das Tabasaran-Rettenberger (Tabasaran 1976) Modell bzw. das IPCC-Modell(Rettenberger et al. 2014). Wurden in der Vergangenheit die meisten Anlagen in Deutschland mit dem vergleichsweise einfachen und daher unkompliziert (mit einem Taschenrechner auswertbar) anwendbaren Tabasaran-Rettenberger-Modell geplant, so wird jetzt verstärkt auf das aufwendigere IPCC-Modell zurückgegriffen, da es die Abfälle nach leicht, mittel und schwer abbaubar einstuft und daher die variable Halbwertszeit besser abbildet. Ein Beispiel zeigt Abb. 42.13.

Das erfasste Gas muss, soweit technisch möglich und wirtschaftlich zumutbar, einer Verwertung zugeführt werden, was in Deutschland auch bei nahezu allen Deponien durchgeführt wird bzw. wurde. Meist kommen dabei Gas Ottomotoren zum Antrieb eines Generators zur Erzeugung elektrischer Energie zum Einsatz. In den letzten Jahren wurden auch Gasturbinen bzw. Stirlingmotoren installiert. In Schwachgasanlagen ist eine Verwertung des Gases nur noch eingeschränkt oder überhaupt nicht mehr möglich. Jedoch hat sich die Industrie in den letzten Jahren einiges einfallen lassen, um auch Schwachgase verwerten zu können. Hierzu gehören u. a. thermische Anlagen, aber auch modifizierte Motorenanlagen.

Selbstverständlich dürfen von solchen Deponiegasanlagen keine Gefährdungen bzw. Gefahren für Mensch und Umwelt ausgehen. Daher ist der Explosions- und Brandschutz sicher zu stellen. Die erforderlichen Untersuchungen und die daraus resultierenden Maß-

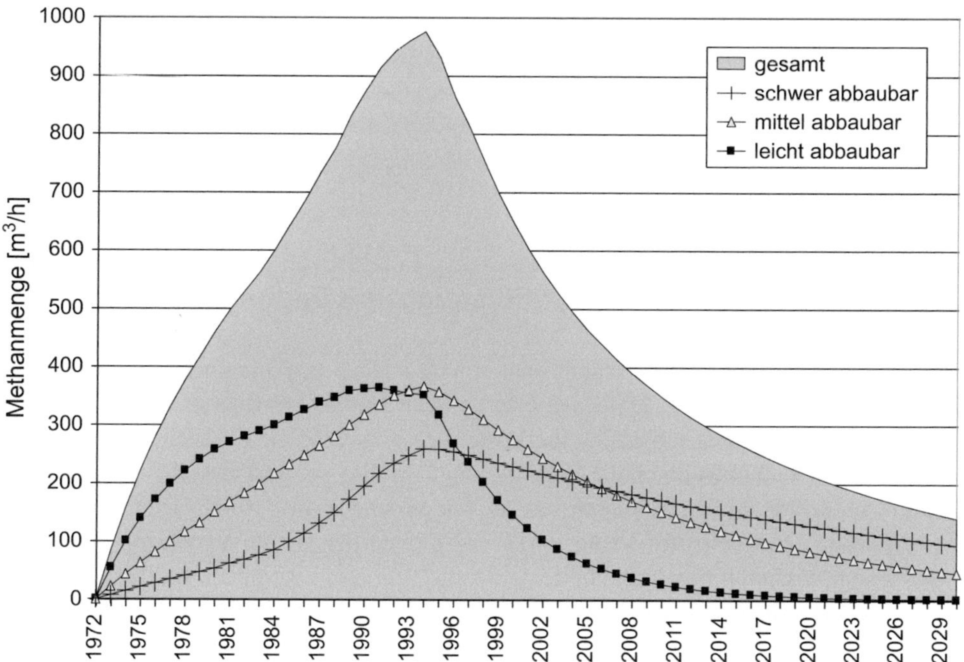

Abb. 42.13 Beispiel einer Gasprognose nach dem IPCC-Modell. (Quelle Rettenberger, ©Rettenberger All Rights Reserved)

nahmen sind in einem Explosionsschutzdokument, das für jede Anlage vor der Inbetriebnahme an der Anlage vorliegen muss zu beschreiben. Weitere Hinweise finden sich auch in der VDI-Richtlinie 3899 Blatt 2 bzw. im BQS 10-1.

Auch sei hier der Hinweis auf die Notwendigkeit eines entsprechend qualifizierten Personals zum Betrieb der Anlage gegeben. Neben der Betriebsführung, dem betrieblichen Monitoring sind Instandhaltung mit Wartung, Inspektion und Instandsetzung sowie einer laufenden Anpassung und Optimierung der Anlage durchzuführen. Nur so lässt sich eine hohe Wirksamkeit der Gaserfassung erzielen. auch hierzu siehe den neuen BQS 10-1.

Für die Beurteilung des Beitrages von Abfalldeponien zum Treibhausgaseffekt ist deren hohe Relevanz deutlich geworden. Die obigen Ausführungen haben dies auch verdeutlicht. Entsprechend können Abfalldeponien, mit einem über den Stand der Technik hinausgehenden höheren Erfassungsgrad zu einer nicht unwesentlichen CO_2-Verminderung führen. Das Bundesumweltministerium (BMU) fördert seit 2013 Investitionen zur Minderung der Deponiegasemissionen durch die „Nationale Klimaschutzinitiative (NKI)". Im Zusammenhang mit dem Klimaschutzgesetz hat das BMU die Förderung von NKI-Deponieprojekten intensiviert und durch zusätzliche Förderschwerpunkte zur optimierten Gaserfassung und Deponiebelüftung erweitert. Bislang wurden Projekte zur Treibhausgasemissionsreduktion durch Technologien mittels aerober In-situ Stabilisierung gefördert. Neu aufgenommen wurden nunmehr auch Projekte zur optimierten Erfassung von Deponiegasen (Butz 2021). Betriebskosten werden nicht gefördert, aber die vorbereitenden Potentialstudien sowie auch Planungen und Untersuchungen.

► **Praxishinweis** Die öffentliche Hand fördert Investitionsmaßnahmen zur Minderung von Treibhausgasemissionen durch eine unbegrenzte Investitionsförderung der aeroben In-situ-Stabilisierung von Deponien und zur optimierten Erfassung von Deponiegasen bis zu 50 % bzw.60 % der zuwendungsfähigen Investitionen.

42.7 Betrieb von Deponien, Stilllegung und Deponierückbau

Grundsätzlich können an der Deponie nur solche Abfälle angenommen werden, die die Zuordnungswerte einhalten. Das dazu erforderliche Annahmeverfahren ist in DepV § 8 ausführlich geregelt. Danach erfolgt die Kontrolle der angelieferten Abfälle im Eingangsbereich im Wesentlichen durch die Registrierung, Verwiegung und visuellen Kontrolle sowie Entnahme von Proben bei einem Teil der Anlieferungen. Insbesondere sind die Abfälle bei Erreichen entsprechender Mengengrenzen zu beproben (Identitätsprüfung), um diese mit der angekündigten Beschaffenheit (Deklarationsprüfung) vergleichen zu können.

Selbstverständlich können Deponien nur solche Abfälle aufnehmen, die einem Code des Abfallverzeichnisses zugeordnet sind. Danach werden Abfälle nach ihrer Herkunft einem von 842 Einträgen des Verzeichnisses zugeordnet. Dieser Prozess ist aufwendig und erfordert vertiefte Bearbeitung, insbesondere dann, wenn zu einem Code sogenannte Spiegeleinträge vorhanden sind, was dann letztendlich darüber entscheidet, ob es sich bei dem Abfall um einen gefährlichen Abfall handelt oder nicht. Immerhin kennt das Abfallverzeichnis 408 gefahrenrelevante Einträge. In diesem Fall ist der Abfall dann nach den 15 gefahrenrelevanten Eigenschaften aus der Abfallrahmenrichtlinie zu bewerten. Ein „Technischer Leitfaden“ zur Abfalleinstufung der „Europäischen Kommission“ umfasst immerhin 128 Seiten (Anonymus 2018). Die Einstufung kann dann darüber entscheiden, ob der Abfall von der Deponie angenommen darf oder nicht, da diese vielleicht für den Abfall mit Sternchen nicht zugelassen ist.

> **Praxishinweis** Eine Anlieferung zur Deponie (nicht von privaten Haushalten) erfordert eine Einstufung der Abfälle zu einem Code des Abfallverzeichnisses gemäß„Technischem Leitfaden" der„Europäischen Kommission".

Nach der Anlieferprozedur erfolgt die Anlieferung des Abfalls zur Einbaustelle. Hierzu sind in der Praxis zwei Varianten üblich:

- Direkte Anlieferung durch die Müllfahrzeuge bis zur Einbaustelle,
- Umladung des Abfalls an einer Umschlagsstation im Deponiebereich und Transport des Abfalls zur Einbaustelle mit deponieeigenen Geräten.

Der Einbau der Abfälle in den Deponiekörper unterscheidet sich in Abhängigkeit der Deponiebetriebsform (Verdichtungsdeponie, Inertdeponie, MBA Deponie) und der Art der Abfälle wie:

- Nicht vorbehandelte organikreiche Siedlungsabfälle (in Deutschland nicht mehr zugelassen)
- MBA-Abfälle
- Inert-Abfälle
- verfestigte Abfälle oder verpackte bzw. zu Ballen gepresste Abfälle

Beim Einbau nicht vorbehandelter Siedlungsabfälle wird eine möglichst große Verdichtung angestrebt. Mit zerkleinernd und verdichtend wirkenden Maschinen (Müllkompaktor) lassen sich Dichten zwischen 0,9 und 1,0 Mg/m^3 FM erreichen. Dazu sind Müllkompaktoren mit speziell gestalteten Laufrädern (Stampffüßen) und einem hohen Eigengewicht erforderlich. Diese besitzen ein Gewicht von bis zu 36 Mg. Da Siedlungsabfälle in Deutschland nicht mehr unbehandelt deponiert werden, sind solche Geräte auf deutschen Deponien im Gegensatz zu ausländischen Deponien nicht mehr im Einsatz. Durch den Einbau mit hoher Dichte wird nicht nur das Deponievolumen optimal ausgenutzt, sondern auch die Brandgefahr wesentlich herabgesetzt, Staubemissionen und Papierflug werden vermindert sowie Tiere (Ratten, Hasen, Vögel, etc.) von der Deponie ferngehalten.

Bei Deponien werden über die Zeit Deponiephasen, Zeitpunkte und Zeitabläufe unterschieden. Nach der Bauphase folgt die Ablagerungsphase. Die Ablagerungsphase endet bei Einstellung der Ablagerung, die Stilllegungsphase durch die Feststellung, dass die erforderlichen Maßnahmen (u. a. Oberflächenabdichtung) abgeschlossen sind. Danach schließt sich die Nachsorgephase an. Nachdem in der Stilllegungsphase die bautechnischen Elemente komplett fertig gestellt worden sind und lediglich noch die technischen Einrichtungen weitergeführt werden, dient die Nachsorgephase überwiegend dazu, die Deponie weiterhin zu überwachen und zu kontrollieren sowie die betrieblichen Einrichtungen weiter zu betreiben.

Wenn diese nicht mehr erforderlich sind, sowie die Deponie weitestgehend in einen stabilen Zustand übergegangen ist, kann die Behörde den Abschluss der Nachsorge feststellen. Hierzu ist ein entsprechender Antrag bei der Behörde zu stellen. Die abzuprüfenden Kriterien sind in der Deponieverordnung genannt. Da dadurch die Deponie relativ lange ungenutzt ist, das heißt nur Kosten verursacht, aber keine Gebühren mehr erbringt, ist der Gedanke einer Nachnutzung naheliegend. Eine solche Nachnutzung kann in unterschiedlicher Art und Weise erfolgen:

- Integration in die Umgebung (Wald, Naturschutzgebiet, Landwirtschaft), Nutzung als Park, Gelände zur Naherholung, Integration in übergeordnete Freizeitnutzungen wie Nutzung für Wanderwege, Golfplätze und Ähnliches, Nutzung als Gelände für stadtnahe Zwecke wie Ansiedlung von Kleingartensiedlungen, Spielplätzen und Ähnliches
- Nutzung als Gewerbegelände u. a. Anlagen der Abfallwirtschaft, Nutzung als Standorte für Energieerzeugungsanlagen wie Photovoltaikanlagen, Windkraftanlagen, Nutzung für den Anbau von Energiepflanzen

▶ **Praxishinweis** Deponien eignen sich gut als Standort für Energieerzeugungsanlagen insbesondere Photovoltaik bzw. Windkraftanlagen. Diese Varianten sollten geprüft werden. Auch ein Deponierückbau kann für eine Standortnutzung, insbesondere als Baugelände, eine wirtschaftliche Lösung darstellen. Auf das Merkblatt der DWA (Anonymus 2012) wird verwiesen. Hier werden die wesentlichen Kriterien für einen Deponierückbau genannt.

Insgesamt stellt sich der Deponierückbau in vielen Fällen in Deutschland als nicht wirtschaftlich dar (Kosten etwa € 35/Mg FM unter Berücksichtigung der Erlöse bei aufsummierten Nachsorgekosten für Deponien von etwa € 10–15/Mg FM). Kommen aber weitere Nutzungsmöglichkeiten (z. B. für Immobilien) für das Deponiegrundstück hinzu, so können sich bereits heute interessante Projekte ergeben, wie dies im Ausland mehrfach gezeigt wurde. Die enorm wachsenden Städte, z. B. in China oder in den arabischen Ländern werden einen ersten systematischen Deponierückbau erzwingen. In Deutschland ist dies heute eine Frage des spezifischen Projektes und in der Zukunft eine Frage des Erlöses für rückgewonnene Abfallfraktionen. Dazuhin wird die eine oder andere Deponie saniert, so dass bei einem Deponierückbau diese Kosten eingespart werden können.

Literatur

Anonym: Gesetz zur Förderung der Kreislaufwirtschaft und Sicherung der umweltverträglichen Bewirtschaftung von Abfällen (Kreislaufwirtschaftsgesetz – KrWG, Ausfertigungsdatum 24.2.2012, zuletzt geändert am 10.8.2021

Vergabe- und Vertragsordnung für Bauleistungen Teil C, Beck'scher VOB-Kommentar, 4.Auflage, 24.9.2021, herausgegeben von Englert, K., Motzke, G., Katzenbach, R.

Anonym: Umweltbundesamt, Daten zur Umwelt 2005, Erich Schmidt Verlag, Berlin, 2006

Anonym: Umweltbundesamt, www.umweltbundesamt.de, 2021

Anonym: D STATIS, Statistisches Bundesamt, www. destatis.de, 2021

Haeming, H.: Marksituation und Marktmechanismen bei Deponien – Aktuelle Situation in den Bundesländern in Bioabfall- und stoffspezifische Verwertung III, herausgegeben von Wiemer, K., Kern, M., Raussen, Th., Verlag: Witzenhausen-Institut für Abfall, Umwelt und Energie GmbH, Witzenhausen 2021

Bundesanzeiger (9.7.2021): Verordnung zur Einführung einer Ersatzbaustoffverordnung zur Neufassung der Bundes-Bodenschutz- und Altlastenverordnung und zur Änderung der Deponieverordnung und der Gewerbeabfallverordnung vom 9.7.2021

Anonym: Verordnung über Deponien und Langzeitlager (Deponieverordnung – DepV), Ausfertigungsdatum 27.4.2009, in Kraft getreten am 16.7.2009, zuletzt geändert am 9.7.2021

Anonym: Richtlinie 1999/31/EG des Rates vom 26.4.1999 über Abfalldeponien, Amtsblatt der Europäischen Gemeinschaften vom 16.7.1999, L 182/1–L 182/19

Puscher, H.J.: Veränderung von Sickerwassermenge und Konzentrationen von abgedichteten Deponien in Deponieforum 2017, herausgegeben von Kranert, M., Deutscher Industrieverlag München, 1917

Rettenberger, G.: Untersuchungen zur Charakterisierung der Gasphase in Abfallablagerungen, Stuttgarter Berichte zur Abfallwirtschaft, Band 82, Kommissionsverlag Oldenbourg Industrieverlag GmbH, München, 2004

Bund-/Länder Arbeitsgemeinschaft Abfall (LAGA): Bundeseinheitliche Qualitätsstandards, www.laga-online.de, Stand November 2021

Deutsche Gesetzliche Unfallversicherung e.V. (DGUV): DGUV Regel 114-004 Deponien, Berlin Ausgabe 2001

Butz, Wolfgang: Neue Fördermöglichkeiten zur optimierten Gaserfassung und Deponiebelüftung im Rahmen der Nationalen Klimaschutzinitiative in Bioabfall- und stoffspezifische Verwertung III, herausgegeben von Wiemer, K., Kern, M., Raussen, Th., Verlag: Witzenhausen-Institut für Abfall, Umwelt und Energie GmbH, Witzenhausen 2021

Anonymus: A Bekanntmachung der Kommission – Technischer Leitfaden zur Abfalleinstufung (2018/C 124/01), Amtsblatt der Europäischen Union vom 9.4.2018

Anonymus: Rückbau von deponierten Abfällen, DWA-Themen T& 2012, herausgegeben von der DWA, Hennef, 2012

Tabasaran, O.: Überlegungen zum Problem Deponiegas, Müll und Abfall, Heft 7 Erich Schmidt Verlag, Berlin, 1976

Rettenberger, G., Haubrich, E., Schneider, R.: Überprüfung der Emissionsfaktoren für die Berechnung der Methanemissionen aus Deponien, Studie im Auftrag des Umweltbundesamtes, Berlin, 2014, www.Umweltbundesamt.de

Rettenberger, G.: Deponie in Einführung in die Kreislaufwirtschaft, hrsg. von Kranert, M., Springer Vieweg, 5. Auflage, 2017

Deponierückbau

43

Kai Münnich, Michael Krüger, Klaus Fricke und Sebastian Wanka

43.1 Einleitung und Zielsetzung

Vor dem Hintergrund knapper werdender Ressourcen kommen anthropogen geschaffenen Lagerstätten wie z. B. Deponien eine wachsende Bedeutung für die zukünftige Ressourcenbereitstellung zu – Abfälle von gestern als Ressourcen von morgen. Der Rückbau deponierter Abfälle wird bzw. wurde weltweit seit über 60 Jahren an ca. 85 Standorten betrieben, vornehmlich mit dem Ziel der Gewinnung von Deponievolumen, der Deponiesanierung, zum Grundwasserschutz und der höherwertigen Nutzung der Deponiefläche. Pioniere in Deutschland waren Standorte in Burghof, Göttingen und Wolfsburg. Erst in der jüngeren Vergangenheit rückte das Landfill Mining im eigentlichen Sinne, nämlich mit dem Ziel der Rückgewinnung von Ressourcen, in den Vordergrund, dem sogenannten Enhanced Landfill Mining nach Jones et al. (2013).

2012 startete unter der Konsortialführerschaft der Tönsmeier Gruppe im Kreis Minden-Lübbecke ein dreijähriges FuE-Vorhaben zum Enhanced Landfill Mining, gefördert durch das Bundesministerium für Bildung und Forschung und das Umweltministerium des Landes Nordrhein-Westfalens. Erstmals sollte eine ganzheitliche Betrachtung des Landfill Minings vorgenommen werden. Basis lieferten systematisch durchgeführte großtechnisch angelegte Praxisversuche, die sämtliche Prozessstufen einschlossen, wie Rückbau, Aufbereitung und Sortierung, Produktentwicklung und Wertstoffkonfektionierung,

K. Münnich · K. Fricke · S. Wanka
TU Braunschweig, Braunschweig, Deutschland
E-Mail: k.muennich@tu-braunschweig.de; klaus.fricke@tu-braunschweig.de; sebastian.wanka@tu-braunschweig.de

M. Krüger (✉)
PreZero Deutschland KG, Porta Westfalica, Deutschland
E-Mail: michael.krueger@prezero.com

P. Kurth et al. (Hrsg.), *Praxishandbuch der Kreislauf- und Rohstoffwirtschaft*,
https://doi.org/10.1007/978-3-658-36262-1_43

Reststoffbehandlung und rückholbarer Wiedereinbau. Das Vorhaben ist abgeschlossen – Teilergebnisse werden in der vorliegenden Veröffentlichung präsentiert. Die Zusammenfassung der Ergebnisse des Forschungsvorhabens ist in Form eines Deponieleitfadens erschienen (Krüger et al. 2016). Im Rahmen des FuE-Vorhabens wurde neben der Hausmülldeponie Pohlsche Heide bei Minden (Westf.) auch die Schlackedeponie Offenbach, auf der ausschließlich Verbrennungsrückstände einer Müllverbrennungsanlage deponiert wurden, nach den gleichen Aspekten untersucht. Die Ergebnisse dieser Untersuchungen sind in Zeiner, 2019 veröffentlicht.

43.2 Charakterisierung des rückgebauten Deponates

Mit Hilfe von Qualitätskennwerten wird das ausgebaute Deponat bewertet und Rückschlüsse für die erforderliche Aufbereitung und Behandlung, Konfektionierung sowie Entsorgung nichtverwertbarer Reststoffe gezogen. Ausgebaut wurden Materialien aus drei Deponierungsperioden. Schurf 1 (K1) beinhaltet Abfälle aus dem Zeitraum 1989 bis 1994, einer Zeit, in der die Getrenntsammlung mit der Verpackungsverordnung (VerpackV 1991) Kontur annahm. Schurf 2 (K2) enthält Abfälle aus den Jahren 1997 bis 2005. In diesem Zeitraum war die Getrenntsammlung etabliert. Bio- und Grünabfälle wurden flächendeckend erfasst.

43.2.1 Stoffliche Zusammensetzung und Korngrößenverteilung

Die stoffliche Zusammensetzung der Abfälle ist von besonderer Bedeutung, wenn die darin enthaltenen Wertstoffe einer Verwertung zugeführt werden sollen. Tab. 43.1 zeigt die prinzipiell verwertbaren Stoffgruppen sowie deren Verwertungsoptionen.

Die stoffliche Zusammensetzung des ausgebauten Deponates der Pohlschen Heide spiegelt Abb. 43.1 wider. Die überwiegend aus bodenähnlichen Bestandteilen bestehende Feinfraktion <20 mm nimmt am Gesamtdeponat einen Massenanteil von knapp 50 % ein. Hierbei ist zu berücksichtigen, dass der vergleichsweise hohe Wassergehalt des Feingutes

Tab. 43.1 Verwertbare Stoffgruppen aus dem Deponierückbau (ergänzt nach Hölzle 2010)

Stoffgruppe	Verwertung
Grobmineralik	Recycling-Baustoff im Straßen- und Wegebau, Deponiebaumaßnahmen
Feinmineralik	Deponiebaumaßnahmen, RC Baustoffe
Gemisch aus Kunststoffen, Textilien, Papier/Pappe/Kartonagen (PPK), Gummi, Windeln, Holz etc.	Thermische und/oder energetische Verwertung
Kunststoffe	Stoffliche Verwertung
Reifen	Energetische Verwertung in der Zementindustrie
Metalle	Stoffliche Verwertung
Organik	Biogaserzeugung
Glas	Stoffliche Verwertung

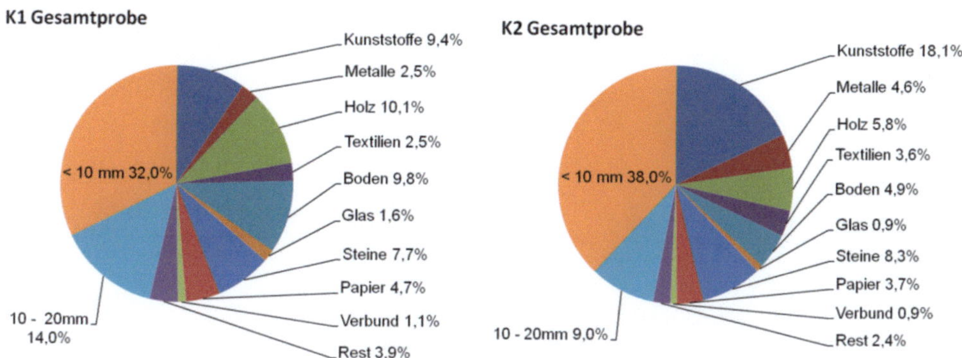

Abb. 43.1 Stoffliche Zusammensetzung des rückgebauten Deponates Pohlsche Heide

von 30 und 40 % die Siebgüte beeinträchtigt. Feine Partikel und bindige Bodenanteile, aber auch feinkörnige Oberflächenanhaftungen, werden nur unzureichend bzw. fehlerhaft abgebildet. Der tatsächliche Anteil feinkörniger Materialien im frischen rückgebauten Deponat fällt somit insgesamt noch höher aus. Nass- und Trockensiebung belegen diesen Sachverhalt (Wanka 2017). Zusammen mit den übrigen Inertstoffen umfassen die mineralischen Komponenten eine Größenordnung von ca. 76 %. Zurückzuführen ist der hohe Feinkorn- und Mineralstoffanteil u. a. auf die während der Deponierung stattgefundenen biologischen Abbauprozesse und der damit zusammenhängenden relativen Aufkonzentration der Mineralik und die mit dem Abbau einhergehende Partikelverkleinerung. Auch die mechanischen Beanspruchungen, welchen das Deponieinventar ausgesetzt ist, sowie die Verwendung mineralstoffreicher Materialien zum Wegebau und zu Zwischenabdeckungen sind Ursache der hohen Feinkorn- und Mineralstoffanteile.

Die zweitgrößte Stoffgruppe stellen Kunststoffe, gefolgt von Holz. Beide Fraktionen bilden den Hauptteil der heizwertreichen Fraktion, die gemeinsam mit den Fraktionen PPK und Textilien 28 bis 32 % umfasst. Eine stoffliche Verwertung der Kunststoffe ist aufgrund der Verschmutzung erst nach einer aufwändigen Aufbereitung des Stoffstroms möglich, die in der Regel wirtschaftlich kaum vertretbar ist.

Der Anteil an Metallen fällt mit Werten von 2,5 % bzw. 4,6 % vergleichsweise hoch aus. Die Qualität der Metalle ist häufig aufgrund der Verschmutzung, der Korrosion, des Kontaktes mit Sickerwasser oder Gasen sowie des Verbundes mit anderen Abfallbestandteilen gering, so dass für das Erzielen einer höheren Vergütung eine weitere Aufbereitung des Fe- und NE-Metallschrottes erforderlich ist.

Abfallfraktionen wie Bioabfälle, PPK und Hygieneartikel sind nur in sehr geringen Mengen wiederfindbar. Zurückzuführen ist dies auf die schon oben genannten biologischen Abbauprozesse während der Deponierung, die einen Großteil der anaerob abbaubaren organischen Abfallfraktionen mineralisieren.

Das rückgebaute Deponat der Pohlschen Heide fällt bezüglich seiner stofflichen Zusammensetzung in den Wertebereich anderer Rückbauprojekte (Vossen und Prent 2011). Abb. 43.2 zeigt zum Vergleich die mittlere Abfallzusammensetzung, wie sie in bereits durchgeführten Rückbauprojekten ermittelt wurde. Ein direkter Vergleich von Daten aus

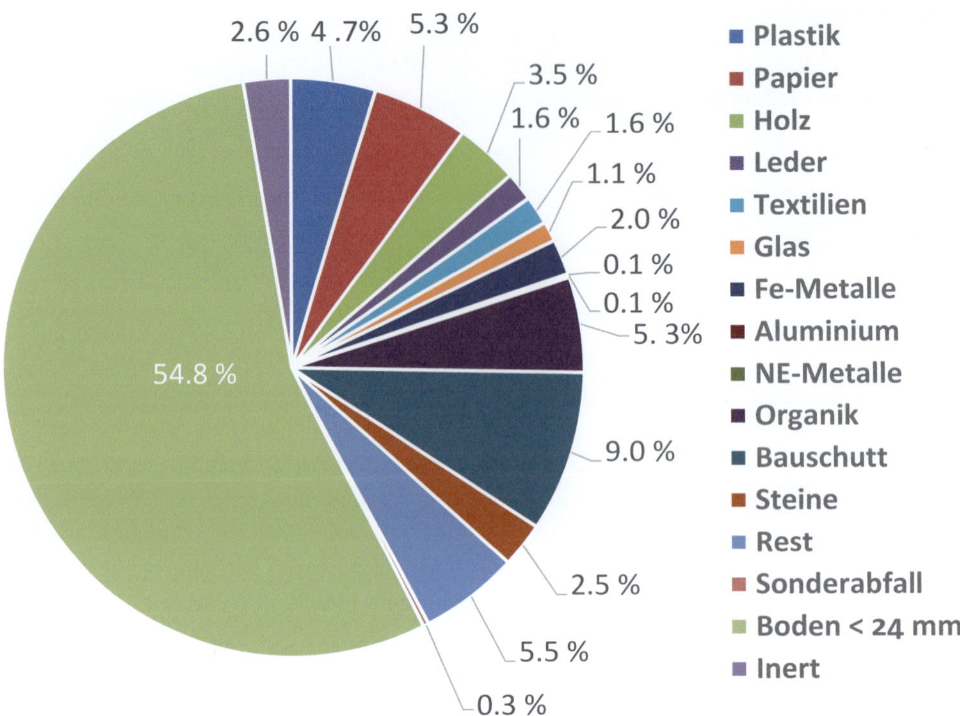

Abb. 43.2 Mittlere stoffliche Zusammensetzung des rückgebauten Deponates aus 60 Rückbauprojekten (Vossen und Prent 2011)

Sortieranalysen mit Literaturwerten ist jedoch schwierig, da es hinsichtlich der Durchführung von Sortieranalysen keine einheitlichen Vorgaben in Bezug auf die zu ermittelnden Stoffgruppen gibt, beziehungsweise mit unterschiedlichen Siebschnitten gearbeitet wird (Münnich et al. 2015).

Ein Zusammenhang zwischen dem Alter des Deponates und der stofflichen Zusammensetzung, beispielsweise durch die Auswirkung abfallwirtschaftlicher Maßnahmen, ist schwer herauszuarbeiten. Begründet ist dies vor allem in den stofflichen Veränderungen des Deponates, die während des Deponierungszeitraumes stattgefunden haben. Anaerobprozesse bauen Teile der Fraktionen Bioabfälle, PPK und Hygieneartikel ab. Mechanische Beanspruchungen überführen Teile der Glasfraktion in die nicht weiter differenzierte Feinfraktion <20 mm. Teile der Fe-Fraktion unterliegen qualitativen und quantitativen Veränderungen durch korrosive Prozesse.

Zur Ermittlung der Partikelgrößenverteilung des Deponates wurden Siebanalysen (Abb. 43.3) und für die jeweiligen Siebfraktionen umfangreiche Stoffanalysen durchgeführt. Die überwiegend aus Mineralstoffen bestehende Feinfraktion <60 mm nimmt am Gesamtdeponat einen Massenanteil zwischen 60 % und 68 % ein. Knapp 50 % stellt die Fraktion <20 mm. Die heizwertreiche Fraktion, bestehend aus Kunststoffen, Holz, Textilien und Papier, findet sich erwartungsgemäß in der Grobfraktionen oberhalb 60 mm wieder (Abb. 43.4).

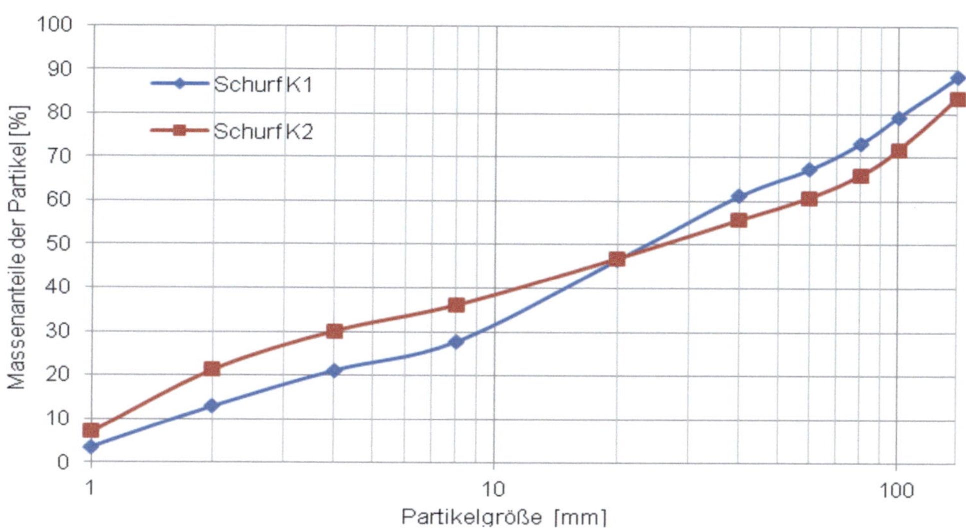

Abb. 43.3 Sieblinien des Deponats <140 mm des rückgebauten Deponates (K1 = Schurf 1, K2 = Schurf 2)

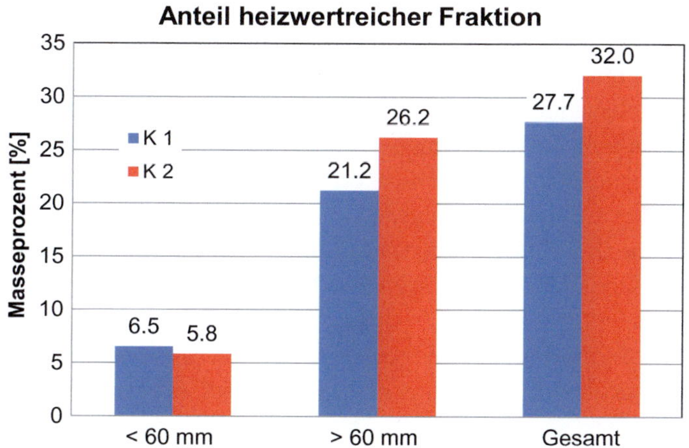

Abb. 43.4 Wiederfindungsraten der heizwertreichen Fraktion in der Fein- und Grobfraktion des rückgebauten Deponates

43.2.2 Biologische Aktivität und biologisches Abbaupotenzial

Neben der stofflichen Zusammensetzung wurde die Feinfraktion <60 mm hinsichtlich der Ablagerungsparameter nach DepV (2016) und weiterer Parameter zur Kennzeichnung der organischen Substanz untersucht. Die Analyseergebnisse sind in Tab. 43.2 zusammengefasst und den Grenzwerten der Deponieverordnung gegenübergestellt.

Tab. 43.2 Biologische Qualitätskennwerte der Feinfraktion <60 mm und Grenzwerte der DepV (Wanka 2017)

		AT_4 [mg O_2/gTS]	GB_{21} [Nl/kgTS]	TOC [%]	CSB [mg/l]	DOC [mg/l]	BSB_5 [mg/l]
Datum derProbenahme	Schurf	Feststoff			Eluat		
26.09.2013	K1	1,44	0,5	11,8	148	37	21,5
	K2	1	0,11	9,2	124	31	16
17.10.2013	K1	0,94	0,18	11,2	139	30	10
	K2	0,44	0,24	15,5	102	23	7
31.10.2013	K1	0,66	0,41	19,0	176	48	8
	K2	0,44	0,08	15,2	125	33	8,6
12.11.2013	K1	0,99	-	9,5	114	32	0,9
	K2	0,33	-	5,0	94	25	-
19.11.2013	K1	0,72	-	17,8	112	31	0,2
	K2	0,55	-	10,4	91	17	1,6
12.12.2013	K1	0,49	1,01	15,3	147	38	1,4
	K2	0,29	0,36	14,1	111	22	1,1
Mittelwert	-	0,69	0,36	12,8	123	30,5	6,9
Grenzwert für DK II nach DepV, Tabelle 2							
		5	20	18	-	300	-

Die Feinfraktion weist eine nur sehr geringe biologische Restaktivität auf. Die Grenzwerte zur Kennzeichnung der biologischen Aktivität wie GB21,[1] AT4[2] und TOC[3]-Feststoff werden deutlich unterschritten. Gleiches gilt bezüglich der Eluatwerte aus der DepV. Eine biologische Behandlung der Feinfraktion ist vor dem Hintergrund einer möglichen Wiederablagerung auf Deponien nach DK II nicht erforderlich. Die geringe biologische Aktivität des Feingutes deutet auf einen weitestgehend inerten Zustand hin. Bei Halbwertzeiten von im Mittel 7 Jahren (IPCC 2006) für den anaeroben Abbau von Abfällen auf Deponien liegen die gemessenen Werte zur anaeroben Verfügbarkeit auf Grund des langen Deponierungszeitraumes von 12 bis 22 Jahren im Erwartungsbereich. Von Wanka (2017) durchgeführte Stoffgruppenanalysen zeigen, dass sich die organische Substanz vorwiegend aus schwer abbaubaren Komponenten wie Hemicellulosen, Cellulosen und Lignin zusammensetzt und somit anaeroben Abbauprozessen nicht zugänglich ist. Auch das BSB_5/CSB-Verhältnis[4] belegt diesen Sachverhalt. Eine Gewinnung relevanter Biogasmengen durch die Vergärung der Feinfraktion <60 mm ist somit nicht gegeben. Ebenso ist eine relevante Massenreduktion durch aerobe Abbauprozesse nicht zu erwarten.

[1] GB: Gasbildungspotential

[2] AT: Atmungstest

[3] TOC: Total Organic Carbon, gesamter organischer Kohlenstoff

[4] BSB: Biologischer Sauerstoffbedarf, CSB: Chemischer Sauerstoffbedarf

43.3 Rückbau, Aufbereitung, Verwertung und Behandlung

43.3.1 Ausbau

Die Methode des Ausbaus der abgelagerten Abfälle aus dem Deponiekörper ist den standortspezifischen Gegebenheiten anzupassen. Entscheidende Kenngrößen sind u. a. Abfallzusammensetzung und -alter, Deponieform, vorhandene Verkehrswege, Zwischenlagerkapazitäten.

Bereits bei den Voruntersuchungen und der Planung des Rückbaus muss geprüft werden, ob vor dem eigentlichen Rückbau, d. h. dem Abgraben, eine Belüftung der Abfälle erfolgen muss. Das Belüften bewirkt eine Umstellung der im Deponiekörper üblicherweise vorhandenen anaeroben Verhältnisse, so dass die Emissionen an klimarelevanten Gasen und Gerüchen sowie der Aufwand in Bezug auf die zu treffenden Arbeitsschutzmaßnahmen erheblich reduziert werden.

Nach der ggf. erforderlichen Belüftung eines Deponieabschnittes erfolgt das Abgraben des Deponats. Dabei kann zwischen zwei Abgrabeverfahren unterschieden werden. Bei der Schichtengrabung erfolgt der Abbau flächig von oben nach unten in einer Schichtstärke von ca. 0,5 bis 1 m. Das Abtragen der Abfälle kann mittels Radlader oder Laderaupe erfolgen, die bei diesem flächenhaften Abtrag eine hohe Leistungsfähigkeit aufweisen. Dieses technisch einfache Verfahren ist sowohl bei Gruben- als auch bei Haldendeponien praktikabel. Nachteil eines großflächigen Abtrags ist die erhöhte Sickerwasserbildung als Folge von Niederschlägen. Bei der Tiefgrabung erfolgt der Abtrag stufenweise von oben nach unten vom Rand der Deponie her. Die Abgrabetiefe beträgt hier ca. 2 bis 3 m, so dass bei Deponien, die noch relevante Gasemissionen beim Aufgraben aufweisen, eine vorherige aktive Belüftung erforderlich ist. Die Standsicherheit der Stufe muss auch für den Fall eines Austritts von Sickerwasser an der Grabeböschung sichergestellt sein. Zu Sickerwasseraustritten kann es als Folge von Regenereignissen bzw. von eingestautem Schichtenwasser kommen. Das Abgraben der Abfälle erfolgt bei diesem Verfahren i. d. R. mit einem Löffelbagger, wobei bei Vorhandensein von großteiligen Abfällen wie z. B. Kunststofffolien der Einsatz eines Baggers mit Polypgreifer vorteilhaft sein kann. Dieses Abgrabeverfahren ist für Haldendeponien, aber auch für Grubendeponien mit großer Grundfläche anwendbar.

Zum Transport des abgegrabenen Deponats zur weiteren Aufbereitung werden i. d. R. LKW oder Dumper eingesetzt. Es sollte nach Möglichkeit versucht werden, die vorhandenen Deponiestraßen zu nutzen. Je nach örtlicher Situation des Deponierückbaus kann der Transport auch mit Förderbändern vorteilhaft sein, die mittels Radlader beschickt werden.

Ein wesentlicher Aspekt beim Rückbau des Deponiekörpers ist der Arbeitsschutz für das eingesetzte Personal. Auch wenn die intensive Phase der Vorerkundung des rückzubauenden Deponiekörpers keine konkreten Hinweise auf kontaminierte Bereiche ergeben hat, kann beim Rückbau nicht ausgeschlossen werden, dass

- trotz vorhergehender Belüftung toxische und/oder explosive Stoffe freigesetzt werden;
- gesundheitsgefährdende Fasern (Asbest), Flüssigkeiten, Stäube angetroffen werden;
- aufgrund der biologischen Umsetzungsprozesse Sporen, Keime oder Pilze freigesetzt werden.

43.3.2 Aufbereitung des Deponates – Vorkonditionierung

Die Aufbereitungstechnologie lässt sich in die Verfahrensstufen Vorkonditionierung, erste Voranreicherung und produktorientierte Stoffstromtrennung einteilen. Die Aufgabenstellung von Vorkonditionierung und Voranreicherung als erste Stufe einer Stofftrennung geht aus Abb. 43.5 hervor (Maul und Pretz 2016):

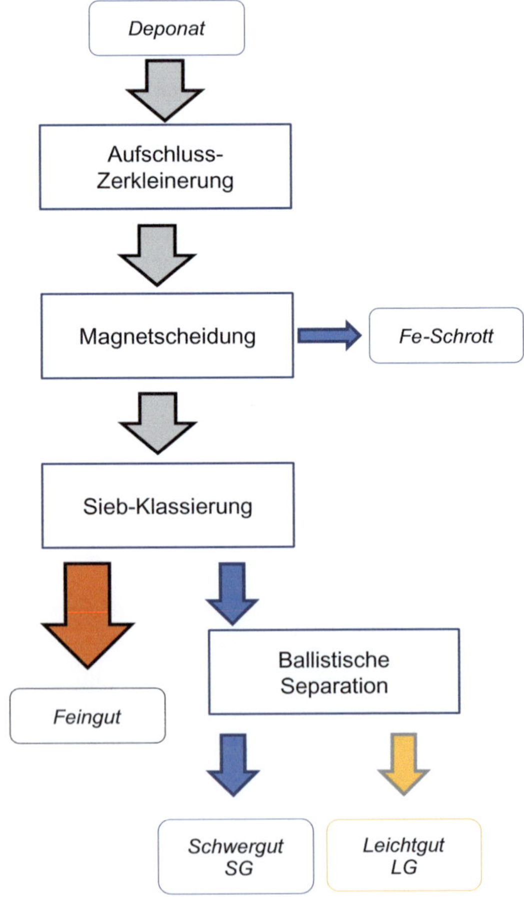

Abb. 43.5 Schema der mechanischen Konditionierung (Maul und Pretz 2016)

- Als erste Prozessstufe ist eine Aufschlusszerkleinerung erforderlich. Hauptaugenmerk liegt hier auf dem Aufschluss von Konglomeraten, die Zerkleinerung von Abfallpartikeln sollte nur große Einzelteile mit Kantenlängen >500 mm betreffen.
- Zum Schutz von Aggregaten sollten schwere Einzelteile wie z. B. Eisenteile vor einer weiteren Behandlung entnommen werden. Diese Prozessstufe erfüllt damit allerdings noch nicht das Ziel des maximalen Ausbringens an Fe-Schrotten.
- Die Siebklassierung erfüllt die anspruchsvolle Aufgabe, feuchtes Feingut mit einer mittleren Korngröße d50 <10 mm aus dem Gemisch zu trennen und den Massenstrom für eine Voranreicherung bzw. nachfolgende produktorientierte Stoffstromtrennung deutlich zu verringern. Die Feingutabtrennung dient weiterhin der Vorkonditionierung von Stoffströmen, die in Folgeprozessen produktorientiert sortiert werden sollen. Diese Prozesse profitieren von einer intensiven oberflächigen Reinigung des Materialgemischs von anhaftenden organischen und mineralischen Verschmutzungen. Daraus erklärt sich für den Prozess der Siebklassierung die Forderung sehr hoher Siebwirkungsgrade bzw. maximierter Prozesseffizienz.
- Die ballistische Separation dient der Aufteilung des bereits auf Schüttdichten von ca. 200 kg/m^3 aufgelockerten Siebüberlaufs in ein Schwergut aus vorwiegend dreidimensionalen Partikeln und in ein Leichtgut, in dem zweidimensionale Abfallbestandteile angereichert werden. Der Prozessschritt kann mit einer Siebklassierung kombiniert werden, um so den Wirkungsgrad der Klassierung insgesamt zu erhöhen.

Die Vorkonditionierung kann sowohl mit mobiler Aufbereitungstechnik direkt am Ort des Rückbaus erfolgen als auch in vorhandenen mechanischen Restabfall-Behandlungsanlagen wie mechanisch-biologischen Abfallbehandlungsanlagen (MBA), die über die notwendigen Basisprozesse verfügen.

43.3.3 Verwertung und Behandlung der Grobfraktion >60 mm

43.3.3.1 Thermische Abfallbehandlung in Müllverbrennungsanlagen (MVA)

Der Einsatz von aufbereitetem Deponat in Müllverbrennungsanlagen erscheint grundsätzlich möglich. Im Rahmen eines großtechnischen Versuches wurde ein Ersatzbrennstoff aus Deponat in einer MVA als Monocharge eingesetzt. Es konnte ein Anstieg des Gehaltes an Chlorwasserstoff im Rohgas um den Faktor 2,7 sowie ein Schwefeldioxid-Anstieg um den Faktor 2,2 festgestellt werden. Die Rauchgasreinigungsanlagen konnten die auftretenden Schadstofffrachten im Rauchgas dennoch sicher abscheiden. Der Additivverbrauch stieg um den Faktor 1,8. Aus den Materialeigenschaften resultierten Schwankungen der Frischdampfproduktion. Basierend auf den Versuchsergebnissen wird die Nutzung von Anlagen mit gut regelbarem Rostsystem, wie beispielsweise Vorschub- oder Rückschubrost, empfohlen (Rotheut et al. 2016).

43.3.3.2 Ersatzbrennstoffkraftwerke

Die Verbrennung von aufbereiteten Ersatzbrennstoffen in einer Energos-Anlage sowie in einem Ersatzbrennstoffkraftwerk mit Rostfeuerung wurde in großtechnischen Versuchen untersucht. Die Monoverbrennung des Materials in der Rostfeuerung konnte problemlos realisiert werden. Die Frischdampfproduktion war unauffällig. Der Einsatz in der Energos-Anlage konnte nur durch eine Zumischung von EBS aus Frischmüll im Verhältnis 2:1 zum Deponat-EBS erfolgreich realisiert werden. Für den Einsatz aufbereiteter, deponiestämmiger Ersatzbrennstoffe wird die Nutzung eines Ersatzbrennstoffkraftwerks mit regelbarem Rost (z. B. Vorschubrost) empfohlen. Auch für diese Anwendung wird die Zumischung von Frischmüll im Verhältnis 1:1 empfohlen. Hierdurch kann auch Schadstoffspitzen vorgebeugt werden (Rotheut et al. 2016).

43.3.3.3 Zementwerke

Als grundsätzlich denkbar wird der Einsatz des Materials in Anlagen mit Vorschaltsystem zur Brennstoffbehandlung erachtet. Möglicherweise in Frage kommt beispielsweise eine vorgeschaltete Verbrennungs- oder Vergasungskammer im Verbund mit einem Kalzinator (Zementwerke Lägerdorf, Rüdersdorf). Da zu den Anlagen keine konkreten Erfahrungen bezüglich des Einsatzes aufbereiteter Fraktionen aus dem Deponierückbau bestehen, wird die Durchführung großtechnischer Vorversuche mit Materialchargen im Bereich von mindestens 100 bis 200 Tonnen empfohlen. Basierend auf den bisherigen Forschungsergebnissen wird vom Einsatz des Materials in Zementwerken, die keine Vorschaltsysteme verwenden und die abfallstämmige Brennstoffe pneumatisch fördern, abgeraten. Die Ergebnisse großtechnischer Versuche haben gezeigt, dass trotz der Einhaltung der geforderten Materialkörnung zum Teil große Probleme im Bereich der Materialförderung in Form von Stopfern und Blockaden auftreten können. Zudem haben hohe Chlorwerte zu Problemen geführt, die in weiteren Untersuchungen auf ihre Reproduzierbarkeit hin verifiziert werden müssten (Rotheut et al. 2016).

43.3.3.4 Werkstofflich verwertbare Kunststoffe

Die produktorientierte Stoffstromtrennung von Leichtgut durch ballistische Separatoren mit dem Ziel, werkstofflich verwertbare Kunststofffraktionen zu erzeugen, wurde in Großversuchen in einer LVP-Sortieranlage nach BAT-Standard (Beste verfügbare Techniken) untersucht. Dieser Standard ist durch eine mehrstufige Sortierung von Polymeren und Metallen gekennzeichnet, die ein maximiertes Wertstoffausbringen unter Einhaltung der Anforderungen der Deutschen Gesellschaft für Kreislaufwirtschaft und Rohstoffe mbH (DKR) an die Mindestqualität von Sortierprodukten zulässt (DKR 2012). Die Sortierung von aus Deponat gewonnenem „Leichtgut" erfolgte ohne Veränderung der Grundparametrierung, jedoch mit Beaufschlagung von nur 50 % der üblichen Stundenkapazität. Unter diesen Umständen waren bestmögliche Sortierergebnisse zu erwarten (siehe auch Tab. 43.3). Die Ergebnisse der Untersuchungen lassen sich wie folgt zusammenfassen:

Tab. 43.3 Erzielbare Qualitäten und DKR-Anforderungen (Auszug)

	PP	PE	Folien
Reinheit			
Erzielte Reinheit (TönsLM Durchschnitt)	89 %	91 %	87 %
DKR-Anforderung	>94 %	>94 %	>92 %
Input LVP-Sortierung (TönsLM Durchschnitt)	6 %	4 %	17 %
Stückgrößen			
Stückgrößen (TönsLM Durchschnitt)	Kein Kriterium		40 %>200 mm
DKR-Anforderung	Kein Kriterium		> DIN A4
Masse- und Wertstoffausbringen*			
Masseausbringen (TönsLM Durchschnitt)	0,8 %	0,8 %	1,4 %
Wertstoffausbringen (TönsLM Durchschnitt)	12,4 %	18,4 %	7,1 %

*Das Masse- und Wertstoffausbringen bezieht sich auf die Stoffstromtrennung von Leichtgut aus Deponat, wie sie in einer LVP-Sortieranlage durchgeführt werden kann

- Die im Deponat gebundene Feuchte erschwert die Abtrennung von Feinanteilen durch Siebung erheblich. Kunststoffe aus dem Rückbau weisen auf den Oberflächen vergleichsweise hohe Verschmutzungsgrade bzw. Anhaftungen auf bis zu 7,5 % auf dreidimensionalen Kunststoffen und bis zu 25 % auf flächigen Kunststoffen.
- Die Qualität der Kunststoffe ist weiterhin aufgrund der langjährigen Kontamination im biologisch aktiven Milieu gemindert, was sich in einer Geruchsbelastung sowie verminderter Elastizität niederschlägt.
- Es lassen sich keine qualitativ definierten Polymermengen entsprechend den DKR-Anforderungen extrahieren. Es sind zusätzliche Aufbereitungsschritte zur weiteren Reinigung erforderlich.
- Aus dem Leichtgut, erzeugt in der Vorkonditionierung, konnten Polymerprodukte in der Größenordnung von 13–64 % generiert werden.
- Werden die Prozesse der Vorkonditionierung und Voranreicherung unter optimierten betrieblichen Bedingungen mit hohen Trennwirkungsgraden geführt, ist eine auf ca. 20–30 % verbesserte Wertstoffausbringung zu erwarten.

43.3.3.5 Stoffliche Verwertung beim Kunststoffaufbereiter

Aus technischer Sicht können für Kunststoffanwendungen nutzbare Regranulate aus Deponaten produziert werden. Mit den festgestellten Eigenschaften erscheint der Einsatz der Regranulate in Extrusions- resp. Spritzgussanwendungen möglich. Die Verwendung der Regranulate ist nur in Einsatzbereichen mit geringen Ansprüchen an die Oberflächenreinheit zu empfehlen. Der Abschluss einer Liefervereinbarung ist Grundlage für die stoffliche Verwertung der Kunststoffe, d. h. letztlich muss eine genügend große Menge an einheitlichen Materialien aus der Sortierung zur Verfügung stehen, damit ein Kunststoffaufbereiter im großtechnischen Maßstab mit entsprechendem Durchsatz kostengünstig ein Recyklat für eine Anwendung aus Deponaten produzieren kann. Für ein Regranulat können üblicherweise 40 bis max. 60 % des Neuware-Niveaus erlöst werden. Das ist auch für Regranulate aus dem Deponierückbau denkbar. Dem erzielten Erlös aus Regranulaten stehen beim Kunststoffaufbereiter die Betriebskosten für notwendige Zerkleinerungs- und Reinigungsschritte bis hin zur Regranulierung inkl. Schmelzfiltration sowie die zu entsorgenden Abfälle gegenüber. Die Entscheidung darüber, ob Kunststoffe aus Deponien recyclingfähig sind oder nicht, wird im Wesentlichen durch die Wirtschaftlichkeit des Sortier- und Aufbereitungsprozesses bestimmt. Unter den aktuellen Rahmenbedingungen ist ein Recycling der Kunststoffe nicht sinnvoll.

43.3.4 Verwertung und Behandlung der Feinfraktion <60 mm

Die Feinfraktion <60 mm mit einem Massenanteil am Gesamtdeponat zwischen 60 und 70 % ist ein stofflich inhomogenes Gemisch mit einem hohen Anteil bodenähnlicher Bestandteile und starken Verschmutzungen der Partikeloberflächen (siehe auch Abschn. 43.2.1). In bisherigen Rückbauprojekten wurde die Feinfraktion kaum berücksichtigt und in der Regel ohne weitere Aufbereitung einer erneuten Deponierung zugeführt. Aufgrund des sehr hohen Massenanteiles ist der Feinfraktion eine besondere Bedeutung hinsichtlich der Wertstoffgewinnung oder auch der Schaffung von neuem Deponievolumen beizumessen. Die Feinfraktion stellt infolge ihrer stofflichen und geometrischen Eigenschaften ein trennschwieriges Gemisch dar, das für die Aufbereitung mit konventionellen trockenmechanischen Sortierverfahren weniger geeignet ist. Zum Einsatz ist daher die nassmechanische Aufbereitung mittels Setzbetttechnik im halbtechnischen Maßstab gekommen. Mit dem Einsatz des nassen Aufbereitungsverfahrens sollte auch dem Problem der für das Deponiegut typischen Oberflächenanhaftungen begegnet und damit die Qualität der Austragsgüter gesteigert werden. Eine schematische Darstellung der verwendeten Technik zeigt Abb. 43.6. Deren Integration in das Gesamtverfahren zur Aufbereitung des Deponates mit den entsprechenden Stoffströmen ist in Abb. 43.7 dargestellt. Neben der Gesamtfraktion <60 mm sind auch die Kornfraktionen <25 mm und 10–60 mm der nassmechanischen Aufbereitung unterzogen worden. Die besten Trennergebnisse bzw. die besten Produktqualitäten sind mit dem Kornspektrum 10–60 mm erzielbar. Das Gesamtverfahrensschema, dargestellt in Abb. 43.7, ist daher nur für diese Variante ausgeführt.

Folgende verwertbare Produkte und Produktgruppen können mit Hilfe der nassmechanischen Aufbereitung ausgeschleust werden:

- Leichtgut,
- Mineralik (10 bis 60 mm),
- Mineralik (0,63 bis 2 mm),
- Metalle und Glas.

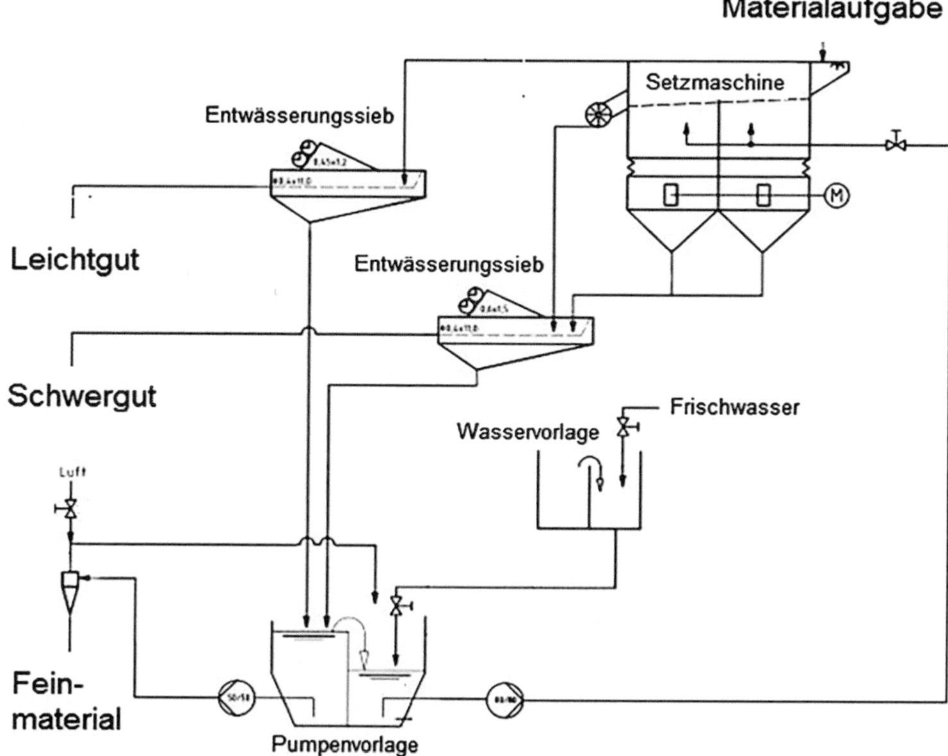

Abb. 43.6 Vereinfachtes Verfahrensfließbild zur nassmechanischen Aufbereitung von Deponat mittels Setzbetttechnik (aus Wanka 2017 nach AGS Anlagen + Verfahren GmbH)

Optionen zur Aufbereitung und Verwertung der vor der nassen Aufbereitung ausgeschleusten Feinfraktion <10 mm werden ebenfalls im vorliegenden Kapitel erläutert.

43.3.4.1 Leichtgut

Der Leichtgutaustrag mit einem Massenanteil von etwa 10 bis 13 % bezogen auf das rückgebaute Deponat setzt sich überwiegend aus heizwertreichen Komponenten wie Kunststoffen, Verbundmaterialien, Textilen, Gummi und Holz zusammen. Charakteristisch für deponiestämmige Kunststoffe sind die Anhaftungen an der Partikeloberfläche. Der Fremdstoffanteil im Leichtgutaustrag in Form von Gestein, Keramik, Glas und Sortierresten beträgt ca. 23 %, wobei dieser mit zunehmender Partikelgröße sinkt. Eine Absenkung ist durch Optimierung der Vorkonditionierung und des Setzprozesses mit einfachen Mitteln möglich (Wanka 2017).

Potenzielle Verwertungs- und Behandlungsformen für den Leichtgutaustrag sind die thermische Behandlung in Müllverbrennungsanlagen (MVA) und die energetische Verwertung in EBS-Kraftwerken (Rostfeuerung) und Zementanlagen (Drehrohröfen). Eine

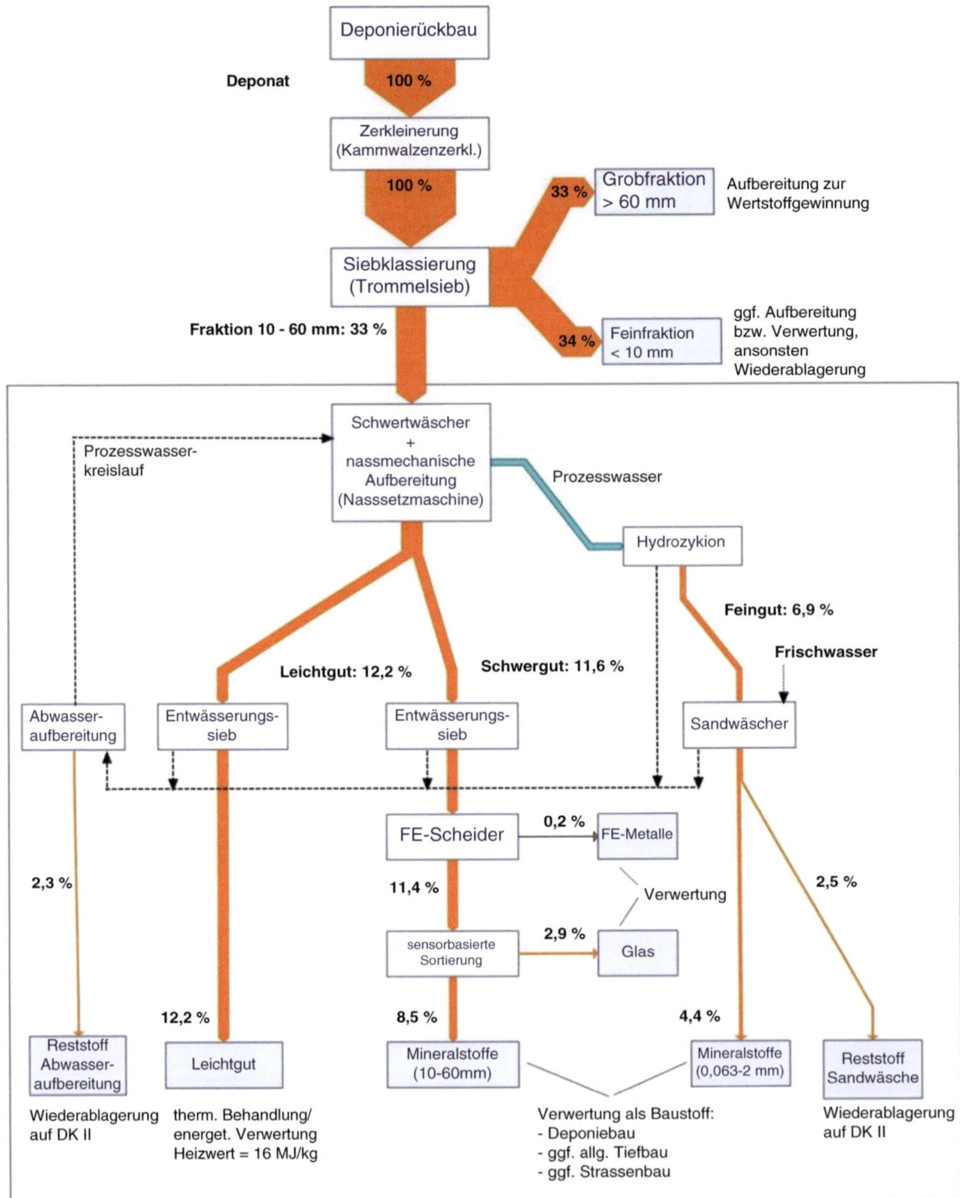

Abb. 43.7 Verfahrensschema zur Aufbereitung des Deponates mit Integration der Nasssetzbetttechnik zur Aufbereitung der Feinfraktion <60 mm

thermische Behandlung in MVA ist grundsätzlich als unproblematischer einzustufen. Zu beachten ist der vergleichsweise hohe Heizwert zwischen 16 und 19 MJ/kg. Bei der energetischen Verwertung in EBS-Kraftwerken (Rostfeuerung) und Drehrohröfen der Zementherstellung sind die erhöhten Chlor- und Schwefelgehalte zu beachten. Beim Einsatz in

Drehrohröfen sind besonders die Schwermetallgehalte für Antimon, Cadmium, Blei, Quecksilber und Zinn als kritisch einzustufen. Sie überschreiten zum Teil deutlich die Vorgaben aus der RAL-GZ 724 (2012), (siehe auch Kaartinen et al. 2013; DWA 2012). Die Abtrennung der „abwaschbaren" Oberflächenanhaftungen führte nicht zu einer Absenkung der o. g. kritischen Elemente im Leichtgut (Wanka 2017).

43.3.4.2 Mineralstoffe (10 bis 60 mm)

Der höherwertigere Einsatz des Schwergutes z. B. als Baustoff im Straßenbau bedingt die Erfüllung umweltrelevanter als auch bautechnischer Anforderungen. Als Mindestanforderungen können dazu die TL- Gestein StB 04, TL-SoB StB 04 und TL BuB E- Stb 09 angesehen werden. Die Mineralstoffe 10 bis 60 mm mit einem Massenanteil von 8 bis 10 % weisen insgesamt geringe Schadstoffkonzentrationen auf und entsprechen den Zuordnungskriterien der Klasse Z1.1 bis Z2 nach LAGA M 20 (2012) beziehungsweise den Klassen RC1 bis RC 3 gemäß TL-Gestein (2007), womit ein Einsatz des Schwergutaustrages als Baustoff unter Umweltaspekten möglich ist. Hinsichtlich der bautechnischen Anforderungen stellen der Fremdstoffgehalt (z. B. Kunststoffe, Holz, Textilien) und der Widerstand gegenüber Frostbeanspruchung, bedingt durch die Anwesenheit von Gips und Beton, kritische Parameter dar. Ein direkter Einsatz des Schwergutaustrages im Straßenbau oder im Erdbau des Straßenbaus ist somit ohne weitere Aufbereitung nicht möglich. Eine Reduktion der oben genannten Fremdstoffe ist durch den Einsatz geeigneter Sortiertechnik möglich. So können vorhandene Metalle mittels Fe-Scheidern entfernt und ggf. einer Verwertung zugeführt werden. Glas ist mit sensorbasierter Sortiertechnik abtrennbar, in der Entwicklung sind auch optische Sortierverfahren zur Abtrennung von Gips- und Betonkomponenten. Damit kann der Fremdstoffgehalt in den Mineralfraktionen gesenkt werden. Unter Einhaltung der entsprechenden Kriterien kann das Schwergut als Produkt einer stofflichen Nutzung zugeführt werden.

43.3.4.3 Mineralstoffe (0,63 bis 2 mm)

Feingut <2 mm, in der Größenordnung von knapp 7 %, entsteht bei der Aufbereitung des Prozesswassers der nassmechanischen Aufbereitung mit Hilfe eines Hydrozyklons. Die direkte Verwertung des Feingutaustrages im Bereich Straßenbau ist aus qualitativen Gründen nicht möglich. Kritische Parameter sind u. a. der Fremdstoff- und Sulfatgehalt sowie der hohe Feinkornanteil <0,063 mm. Zur Verbesserung der bautechnischen Eignungen der Feinfraktion ist das Feingut daher einer Sandwäsche unterzogen worden. Hierdurch konnte der Anteil der Kornfraktion <0,063 mm nach Wanka (2017) von ursprünglich etwa 27 % auf ca. 7 % gesenkt werden. Mit der Abtrennung eines Großteils der Korngrößen <0,063 mm konnte auch eine signifikante Reduktion der Organik- und Sulfatanteile bewirkt werden. Die aufbereiteten Mineralstoffe 0,063 bis 2 mm aus dem Prozesswasser erfüllen die Zuordnungskriterien der Klasse Z2 nach LAGA M 20 (2012) beziehungsweise der Klasse RC 3 nach TL-Gestein- StB. Bei den bautechnischen Anforderungen nach TL-Gestein sind die Werte für Wasseraufnahme und Widerstand gegen Frostbeanspruchung als kritisch zu beurteilen. Die Sandwäsche ist nach ersten orientierenden Untersuchungen vermutlich für das Erreichen dieser Qualitätsanforderungen geeignet.

43.3.4.4 Feinfraktion <10 mm

Die Feinfraktion <10 mm mit einem Mengenanteil von 34 % fällt im Rahmen der Vorkonditionierung des Aufgabegutes vor der nassmechanischen Aufbereitung an. Zur Aufbereitung der Fraktionen <10 mm sind Nasstrenntische oder Wendelscheider geeignet, die eine Sortierung über Unterschiede in der spezifischen Dichte erreichen und Siebe sowie Filteranlagen und ggfs. Eindicker zur Entwässerung eingesetzt werden. Aufbereitungsversuche sind in einer Technikumsanlage der TU Clausthal durchgeführt worden (Breitenstein und Goldmann 2016). Die Stoffströme und Optionen zur Verwertung und Beseitigung zeigt Tab. 43.4. Die Integration eine Fe-Scheidung im Stoffstrom Schwergut ist möglich, mengenmäßig jedoch kaum relevant.

Eine Möglichkeit der stofflichen Verwertung stellt der Einsatz der Bodenfraktion als Deponieersatzbaustoff dar. Dabei sind als Deponieersatzbaustoff oder als Ausgangsstoff zur Herstellung von Deponieersatzbaustoffen gemäß Deponieverordnung Teil 3, § 14 (DepV 2016), außer für die Rekultivierungsschicht des Oberflächenabdichtungssystems, ausschließlich mineralische Abfälle zugelassen, weiterhin sind die Zuordnungskriterien nach Deponieverordnung, Anhang 3, Nummer 2 einzuhalten.

Tab. 43.4 Stoffströme bei der Aufbereitung des ausgebauten Deponates und Optionen zur Verwertung und Beseitigung

Stoffströme/Kornspektrum	Massenanteil[%]	Verwertung, Behandlung,Beseitigung
Fraktion >60 mm, gesamt	**33**	
Leichtgut (Heizwertreiche Fraktion)	31	Thermische Behandlung/energetische Verwertung
Metalle	2	Stoffliche Verwertung
Fraktion 10 bis 60 mm, gesamt	**33**	
Leichtgut(Heizwertreiche Fraktion, >16 MJ/kg)	12	Thermische Behandlung/energetische Verwertung
Schwergut (Mineralstoffe 10 bis 60 mm)	9	Baustoffliche Verwertung
Schwergut (Mineralstoffe 0,063 bis 2 mm)	4	Baustoffliche Verwertung
Reststoffe aus Sandwäsche	5	Deponieklasse I oder II
Glas/Metalle	3	Stoffliche Verwertung
Fraktion <10 mm, gesamt	**34**	
Schwergut	23	Baustoffliche Verwertung
Leichtgut(Heizwertreiche Fraktion, >12 MJ/kg)	6	Thermische Behandlung/energetische Verwertung
Feinstkorn <80 µm	5	Deponieklasse I oder II
Summe potenziell verwertbar Stoffströme	90	
Summe Stoffströme zur Beseitigung	10	

Der Einsatz der Bodenfraktion als Rekultivierungsschicht ist aufgrund der Chlor- und Sulfatgehalte sowie der Schwermetallgehalte, gemäß Deponieverordnung, Anhang 3 (DepV 2016) auszuschließen.

Mit Ausnahme der Parameter Glühverlust und Gesamtkohlenstoffgehalt (Zeile 2 und 3) werden von der Feinfraktion <10 mm die Ablagerungskriterien für die Deponieklasse DK I eingehalten. Gemäß Anhang 3 der Deponieverordnung (2016) sind im Rahmen der Zuordnung von Abfällen zu den jeweiligen Deponieabschnitten oder Deponieklassen Überschreitungen der Parameter Glühverlust und TOC mit Zustimmung der zuständigen Behörde zulässig, wenn die Atmungsaktivität (AT4) unterhalb von 5 mgO_2/gTS oder die Gasbildungsrate (GB21) von 20 Nl/kgTS unterschritten wird. Die Analysen bezüglich der biologischen Aktivität der Bodenfraktion zeigen, dass sowohl die Gasbildungsraten als auch die Atmungsaktivitäten deutlich unterhalb der in der Deponieverordnung genannten Grenzwerte liegen. Eine Ablagerung der Bodenfraktion auf einer DK1-Deponie sollte daher möglich sein (Wanka 2017).

43.3.5 Massenbilanz

Prinzipiell sind 90 % des ausgebauten Deponaten verwertbar. Lediglich für 10 % gibt es zurzeit keine Verwertungsmöglichkeiten, sodass eine erneute Deponierung erforderlich ist. Diese Aussage gilt hinsichtlich der rechtlichen Rahmenbedingungen, der technischen Möglichkeiten zur Aufbereitung und Konfektionierung sowie den anwendungsbezogenen Produktanforderungen (Tab. 43.4). Nicht berücksichtigt sind Aspekte der Wirtschaftlichkeit und die Marktverfügbarkeit für die erzeugten Produkte, Letzteres gilt insbesondere für die mineralischen Produkte.

▶ **Praxishinweis** Damit ein Deponiebetreiber für sich entscheiden kann, ob ein Deponierückbau für seinen Standort eine vorteilhafte Alternative gegenüber der bereits jetzt gesetzlich geregelten „Deponiestilllegung mit Nachsorgeverpflichtung" darstellt, ist der rechtliche Status der Deponie zu ermitteln. Es ist zu prüfen, ob eine Gefährdung über die zu erwartenden Nachsorgeverpflichtungen vorliegt. Zudem sind die relevanten Einflussgrößen auf die Schutzgüter und Wirtschaftlichkeit festzustellen.

Hierbei handelt es sich um Betrachtungen für den jeweiligen Einzelfall. Zur konkreten Entscheidungsfindung ist die Einordnung der eigenen Deponie anhand der Ergebnisse der ökologischen und ökonomischen Sensitivitätsanalysen vorzunehmen. Die Prüfung auf Vorteilhaftigkeit soll mit der Ökologie beginnen, um zunächst ökologisch vorteilhafte Rückbau-Szenarien zu identifizieren, die anschließend ökonomisch eingeordnet werden können. Abschließend sollte verbal-argumentativ abgewogen werden, welche Alternative insgesamt für die jeweils betrachtete Deponie am besten ist. Eine detaillierte Beschreibung über ökonomische und ökologische Aspekte am Beispiel des Rückbaus am Standort Pohlsche Heide ist dem Leitfaden Enhanced Landfill Mining zu entnehmen.

Im Ergebnis des Projekts ergibt sich unter Beachtung der wesentlichen Randbedingungen und Sensitivitäten,

- dass der Deponierückbau technisch machbar ist und prinzipiell bis zu 90 % des ausgebauten Deponates einer Verwertung zugeführt werden können;
- die Wertstoffrückgewinnung allein nach derzeitigem Stand kein Argument für einen Deponierückbau dargestellt;
- dass ein Deponierückbau für Deponien in Deutschland, die dem Stand der Technik entsprechen, in der Regel dann ökonomisch vorteilhaft ist, wenn neues Deponievolumen benötigt wird, die Kosten der Stilllegung und Nachsorge sehr hoch sind sowie Standortvorteile (z. B. freie Aufbereitungskapazitäten, geringe Transportkosten) vorhanden sind, und
- ein Deponierückbau immer dann ökologisch vorteilhaft ist, wenn der Weiterbetrieb der Deponie oder die Stilllegungs- und Nachsorgephase mit hohen Methanemissionen verbunden sind und wenn dem Aufwand für den Rückbau eine relevante Ausbeute an Wertstoffen gegenübersteht.

Literatur

Breitenstein, B./Goldmann, D., 2016: Behandlung der Feinfraktion < 60 mm, in: Krüger, M./Becker, B./Münnich, K./Fricke, K. (Hrsg.), 2016 : Leitfaden zum Enhanced Landfill Mining. Porta Westfalica.

Deutsche Gesellschaft für Kreislaufwirtschaft und Rohstoffe GmbH (DKR), 2012: Produktspezifikation 05/2012 Fraktions-Nr. 324. Sortierfraktion: Polypropylen. http://www.gruener-punkt.de/fileadmin/layout/redaktion/Download/DKR/Spezifikationen/deutsch/324_Polypropylen_2012_150316.pdf, abgerufen am 30.05.2014.

DepV, 2016: Verordnung über Deponien und Langzeitlager (Deponieverordnung – DepV). Vom 27.04.2009, zuletzt geändert durch Verordnung vom 4. März 2016.

Deutsche Vereinigung für Wasserwirtschaft, Abwasser und Abfall e.V. (DWA), 2012: Rückbau von deponierten Abfällen. DWA-Themen T5/2012, Hennef.

Hölzle, I,, 2010: Vom Deponierückbau bis zum landfill mining – eine Synthese internationaler Untersuchungen. Österreichische Wasser- und Abfallwirtschaft, 62 (7-8), 155–161.

IPCC, 2006: IPCC Guidelines for National Greenhouse Gas Inventories. Vol. 5, chap. 3.

Jones, P T./Geysen, D./Tielemans, Y./Passel, S van./Pontikes, Y./Blanpain, B./Quaghebeur, M./Hoekstra, N., 2013: Enhanced Landfill Mining in view of multiple resource recovery: a critical review. Journal of Cleaner Production 55, 45–55.

Kaartinen, T./Sormunen, K./Rintala, J., 2013: Case study on sampling, processing and characterization of landfilled municipal solid waste in the view of landfill mining [online]. Journal of Cleaner Production, 55, 56–66.

Krüger, M./Becker, B./Münnich, K./Fricke, K. (Hrsg.), 2016: Leitfaden zum Enhanced Landfill Mining. Porta Westfalica. (http://www.umwelt.nrw.de/fileadmin/redaktion/Broschueren/landfill_mining_leitfaden.pdf)

LAGA M 20, 2012: Anforderungen an die stoffliche Verwertung von mineralischen Reststoffen/Abfällen. Mitteilungen der Länderarbeitsgemeinschaft Abfall 20. Erich-Schmidt-Verlag, Berlin.

Maul, M./Pretz, Th., 2016: Vorkonditionierung und Stoffstromtrennung, in: Krüger, M./Becker, B./Münnich, K./Fricke, K. (Hrsg.), 2016: Leitfaden zum Enhanced Landfill Mining. Porta Westfalica.

Münnich, K./Wanka, S./Fricke, K., 2015: Neue Deponiekapazitäten durch Deponierückbau?, in: Wiemer, K./Kern, M./Raussen, T. (Hrsg.), 2015: Bio- und Sekundärrohstoffverwertung. Stofflich, energetisch. Baeza-Verlag, Witzenhausen.

RAL-GZ 724, 2012: Gütesicherung Sekundärbrennstoffe RAL GZ 724. Ausgabe Juni 2001. Beuth Verlag, Berlin.

Rotheut, M./Quicker, P./Breitenstein, B./Goldmann, D./Krüger, M./Maul, M./Pretz, Th., 2016: Behandlung der Grobfraktion > 60 mm, in: Krüger, M./Becker, B./Münnich, K./Fricke, K. (Hrsg.), 2016: Leitfaden zum Enhanced Landfill Mining. Porta Westfalica.

TL-Gestein-StB 04, 2007: Forschungsgesellschaft für Straßen- und Verkehrswesen. Technische Lieferbedingungen für Gesteinskörnungen im Straßenbau. Ausgabe 2004, Fassung 2007. FGSV-Verlag, Köln

VerpackV, 1991: Verordnung über die Vermeidung und Verwertung von Verpackungsabfällen (Verpackungsverordnung – VerpackV). Salzwasser Verlag, Paderborn.

Vossen, W J van./Prent, O J., 2011: Feasibility Study Sustainable Material and Energy Recovery from Landfills in Europe. Proceedings Sardinia 2011, Thirteenth International Waste Management and Landfill Symposium. Cagliari, Italy.

Wanka, S., 2017: Nassmechanische Aufbereitung der Feinfraktion von Deponat mit dem Ziel der Erzeugung verwertbarer Stoffströme. Diss. an der Fakultät Architektur, Bauingenieurwesen und Umweltwissenschaften der Technischen Universität Carolo-Wilhelmina zu Braunschweig.

Zeiner, A., 2019: Ermittlung und Bewertung von Rückbauszenarien für abgelagerte Rückstände der thermischen Behandlung von Hausmüll. Diss. an der Fakultät Architektur, Bauingenieurwesen und Umweltwissenschaften der Technischen Universität Carolo-Wilhelmina zu Braunschweig.

Erratum zu: Demontage von Elektroaltgeräten und Altfahrzeugen

Jan Henning Seelig, Martin Faulstich, Jule Jeschonowski
und Klaus Hieronymi

Erratum zu:
J. H. Seelig et al.: Demontage von Elektroaltgeräten und Altfahrzeugen, https://doi.org/10.1007/978-3-658-36262-1_36

Im Kap. 36 wurden Jule Jeschonowski und Klaus Hieronymi versehentlich nicht als Autorin bzw. Autor gelistet. Dies wurde nun korrigiert.

Die korrigierte Version des Kapitels ist verfügbar unter:
https://doi.org/10.1007/978-3-658-36262-1_36

P. Kurth et al. (Hrsg.), *Praxishandbuch der Kreislauf- und Rohstoffwirtschaft*,
https://doi.org/10.1007/978-3-658-36262-1_44

Stichwortverzeichnis

P. Kurth et al. (Hrsg.), *Praxishandbuch der Kreislauf- und Rohstoffwirtschaft*,
https://doi.org/10.1007/978-3-658-36262-1

T

MIX
Papier aus verantwortungsvollen Quellen
Paper from responsible sources
FSC® C105338

If you have any concerns about our products,
you can contact us on
ProductSafety@springernature.com

In case Publisher is established outside the EU,
the EU authorized representative is:
Springer Nature Customer Service Center GmbH
Europaplatz 3, 69115 Heidelberg, Germany

Printed by Libri Plureos GmbH
in Hamburg, Germany